# 冲压工

## 完全自学一本通

## （图解双色版）

陶荣伟　张能武　主编

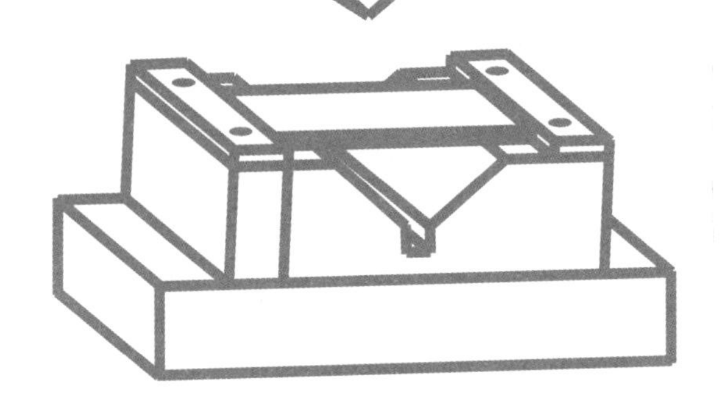

化学工业出版社

·北京·

## 内容简介

冲压加工是金属板料的重要成形方法，本书以图表结合的形式，对冲压常用基础知识、冲压识图、冲裁加工、弯曲加工、拉深加工、挤压加工、成形加工、冲压零件加工尺寸及检测计算、冲压模具的装配与调试、冲压设备使用维修等内容做了详细生动的介绍。书中涉及案例均来自于生产实际，并总结一线工人师傅的经验，有很强的实用性和可操作性，能够指导读者快速掌握和提升冲压技能。

本书以好用、实用为编写原则，注重操作技能技巧，实例贯穿全书，内容翔实，通俗易懂，可作为冲压工等技术工人的自学用书或培训教材，也可供机械加工、模具等相关专业师生阅读参考。

**图书在版编目（CIP）数据**

冲压工完全自学一本通：图解双色版 / 陶荣伟，张能武主编. —北京：化学工业出版社，2021.2

ISBN 978-7-122-38094-4

Ⅰ. ①冲… Ⅱ. ①陶…②张… Ⅲ. ①冲压 - 工艺 Ⅳ. ① TG38

中国版本图书馆 CIP 数据核字（2020）第 244607 号

责任编辑：曾 越 张兴辉　　文字编辑：林 丹 徐 秀
责任校对：宋 玮　　装帧设计：王晓宇

出版发行：化学工业出版社（北京市东城区青年湖南街 13 号 邮政编码 100011）
印 装：三河市延风印装有限公司
787mm×1092mm 1/16 印张 28¾ 字数 777 千字 2021 年 5 月北京第 1 版第 1 次印刷

购书咨询：010-64518888　　售后服务：010-64518899
网 址：http://www.cip.com.cn
凡购买本书，如有缺损质量问题，本社销售中心负责调换。

定 价：99.00 元
版权所有 违者必究

# 前言

冲压加工是金属板料的重要成形方法。冲压加工具有生产效率高、尺寸精度好、重量轻、成本低和易于实现机械化、自动化等优点，在汽车、机械、电器、仪表、日常生活用品以及国防等工业生产部门中占有十分重要的地位。冲压加工需要的从业人员愈来愈多，为了提高从业人员的素质、知识和操作技能，我们编写了本书。

本书在编写时力求好用、实用，指导读者快速入门、步步提高，逐渐成为冲压加工行业的骨干。本书以图解的形式，配以简明的文字说明具体的操作过程与操作工艺，内容主要包括：冲压常用基础知识、冲压识图、冲裁加工、弯曲加工、拉深加工、挤压加工、成形加工、冲压零件加工尺寸及检测计算、冲压模具的装配与调试、冲压设备使用维修等。本书案例均来自于生产实际，并吸取一线工人师傅的经验总结，具有很强的针对性和实用性。书中使用的名词、术语、标准等均贯彻了最新国家标准。

本书内容翔实，通俗易懂，实用性强，可作为冲压工等技术工人的自学用书或培训教材，也可供机械加工、模具等相关专业师生阅读参考。

本书由陶荣伟、张能武共同主编。参加编写的人员还有：王吉华、刘文花、张华瑞、钱革兰、魏金营、王荣、高佳、周文军、邵健萍、邱立功、任志俊、陈薇聪、唐雄辉、张茂龙、钱瑜、张道霞、李稳、邓杨、唐艳玲、张业敏、章奇、陈锡春、方光辉、刘瑞、周小渔、胡俊、王春林、周斌兴、许佩霞、过晓明、李德庆、沈飞、刘瑞、庄卫东、张婷婷、赵富惠、袁艳玲、蔡郭生、刘玉妍、王石昊、刘文军、徐嘉翊、孙南羊、吴亮、刘明洋、周韵、刘欢等。本书编写过程中得到江南大学机械工程学院、江苏机械学会、无锡机械学会等单位大力支持和帮助，在此表示感谢。

由于时间仓促，编者水平有限，书中不妥之处在所难免，敬请广大读者批评指正。

编　者

目录

## 第四章 弯曲加工 / 123



## 第五章 拉深加工 / 180

## 第六章　挤压加工　/ 239



## 第七章　成形加工　/ 273



## 第八章　冲压零件加工尺寸及检测计算　/ 323

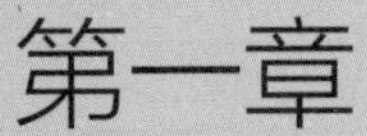

# 第一章 冲压常用基础知识

## 第一节 常用基本计算公式

### 一、常用数学符号（见表 1-1）

表 1-1 常用数学符号［摘自 GB 3102.11—1993］

| 符号 | 意义 | 符号 | 意义 |
|---|---|---|---|
| + | 加、正号 | // | 平行 |
| − | 减、负号 | ∽ | 相似 |
| × 或 · | 乘 | ≌ | 全等 |
| $a \div b$ 或 $\frac{a}{b}$ | $a$ 除以 $b$ 或 $b$ 除 $a$ | ⊙ | 圆 |
| | | ⊥ | 垂直 |
| = | 等于 | ∠ | 平面角，如∠$A$ |
| ≠ | 不等于 | △ | 三角形，如△$ABC$ |
| ≡ | 恒等于 | ▱ | 平行四边形，如▱$ABCD$ |
| < | 小于 | max | 最大 |
| > | 大于 | min | 最小 |
| ⩽ | 小于或等于 | sin$x$ | $x$ 的正弦 |
| ⩾ | 大于或等于 | cos$x$ | $x$ 的余弦 |
| ∝ | 成正比 | tan$x$ | $x$ 的正切 |
| ± | 正或负 | cot$x$ | $x$ 的余切 |

续表

| 符号 | 意义 | 符号 | 意义 |
|---|---|---|---|
| $\mp$ | 负或正 | $\arcsin x$ | $x$ 的反正弦函数 |
| $\sum$ | 总和 | $\arccos x$ | $x$ 的反余弦函数 |
| % | 百分比 | $\arctan x$ | $x$ 的反正切函数 |
| $a:b$ | $a$ 比 $b$ | $\text{arccot}x$ | $x$ 的反余切函数 |
| $a^c$ | $a$ 的 $c$ 次方 | $\log_a x$ | 以 $a$ 为底 $x$ 的对数 |
| $\sqrt{a}$ | $a$ 开平方 | $\lg x$ | 以 10 为底 $x$ 的对数，称常用对数 |
| $\sqrt[n]{a}$ | $a$ 开 $n$ 次方 | $\ln x$ | 以 e 为底 $x$ 的对数，称自然对数 |
| $\infty$ | 无穷大 | e | 常数，e =2.7182 |

## 二、常用三角函数计算公式

### 1. 直角三角函数计算公式（图 1-1）

正弦：$\sin A = a/c$

余弦：$\cos A = b/c$

正切：$\tan A = a/b$

余切：$\cot A = b/a$

正割：$\sec A = c/b$

余割：$\csc A = c/a$

勾股定理：$c^2 = a^2 + b^2$

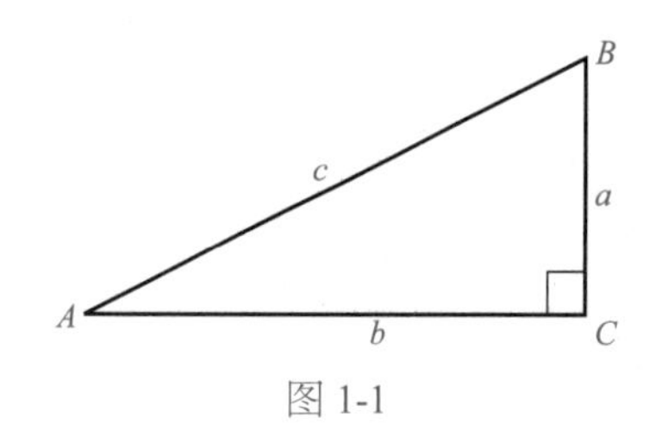

图 1-1

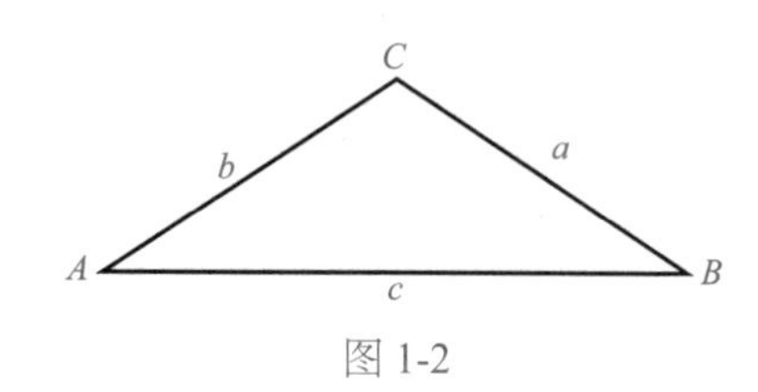

图 1-2

### 2. 正弦定理

$$\frac{a}{\sin A} = \frac{b}{\sin B} = \frac{c}{\sin C}$$

### 3. 余弦定理（图 1-2）

$$a^2 = b^2 + c^2 - 2bc\cos A$$

$$b^2 = a^2 + c^2 - 2ac\cos B$$

$$c^2 = a^2 + b^2 - 2ab\cos C$$

### 4. 三角函数运算公式

（1）$\sin A \csc A = 1$

（2）$\cos A\sec A=1$

（3）$\tan A\cot A=1$

（4）$\tan A=\dfrac{\sin A}{\cos A}$

（5）$\cot A=\dfrac{\cos A}{\sin A}$

（6）$\sin^2 A+\cos^2 A=1$

（7）$\sec^2 A-\tan^2 A=1$

（8）$\csc^2 A-\cot^2 A=1$

（9）$\sin(A\pm B)=\sin A\cos B\pm\cos A\sin B$

（10）$\cos(A\pm B)=\cos A\cos B\mp\sin A\sin B$

（11）$\tan(A\pm B)=\dfrac{\tan A\pm\tan B}{1\mp\tan A\tan B}$

（12）$\cot(A\pm B)=\dfrac{\cot A\cot B\mp 1}{\cot B\pm\cot A}$

（13）$\sin 2A=2\sin A\cos A$

（14）$\cos 2A=\cos^2 A-\sin^2 A$

（15）$\tan 2A=\dfrac{2\tan A}{1-\tan^2 A}$

（16）$\cot 2A=\dfrac{\cot^2 A-1}{2\cot A}$

（17）$\sin\dfrac{A}{2}=\sqrt{\dfrac{1-\cos A}{2}}$

（18）$\cos\dfrac{A}{2}=\sqrt{\dfrac{1+\cos A}{2}}$

（19）$\tan\dfrac{A}{2}=\sqrt{\dfrac{1-\cos A}{1+\cos A}}=\dfrac{1-\cos A}{\sin A}=\dfrac{\sin A}{1+\cos A}$

（20）$\cot\dfrac{A}{2}=\sqrt{\dfrac{1+\cos A}{1-\cos A}}=\dfrac{1+\cos A}{\sin A}=\dfrac{\sin A}{1-\cos A}$

（21）$\sin A\pm\sin B=2\sin\dfrac{A\pm B}{2}\cos\dfrac{A\mp B}{2}$

（22）$\cos A+\cos B=2\cos\dfrac{A+B}{2}\cos\dfrac{A-B}{2}$

（23）$\cos A-\cos B=-2\sin\dfrac{A+B}{2}\sin\dfrac{A-B}{2}$

（24）$\tan A\mp\tan B=\dfrac{\sin\left(A\pm B\right)}{\cos A\cos B}$

（25）$\cot A\pm\cot B=\dfrac{\sin(A\pm B)}{\sin A\sin B}$

## 三、常用几何图形的计算公式

### 1. 常用图形面积计算公式（表 1-2）

表 1-2　常用图形面积计算公式

| 名称 | 简图 | 计算公式 |
|---|---|---|
| 正方形 | | $A=a^2$；$a=\sqrt{A}$<br>$d=1.414a=1.414\sqrt{A}$ |
| 长方形 | | $A=ab=a\sqrt{d^2-a^2}=b\sqrt{d^2-b^2}$<br>$d=\sqrt{a^2+b^2}$<br>$a=\sqrt{d^2-b^2}=\frac{A}{b}$；$b=\sqrt{d^2-a^2}=\frac{A}{a}$ |
| 平行四边形 | | $A=bh$；$h=\frac{A}{b}$；$b=\frac{A}{h}$ |
| 三角形 | | $A=\frac{bh}{2}=\frac{b}{2}\sqrt{a^2-\left(\frac{a^2+b^2-c^2}{2b}\right)^2}$<br>$P=\frac{1}{2}(a+b+c)$<br>$A=\sqrt{P(P-a)(P-b)(P-c)}$ |
| 梯形 | | $A=\frac{(a+b)h}{2}$；$h=\frac{2A}{a+b}$；<br>$a=\frac{2A}{h}-b$；$b=\frac{2A}{h}-a$ |
| 正六 | | $A=2.5981a^2=2.5981R^2=3.4641r^2$<br>$R=a=1.1547r$；<br>$r=0.86603a=0.86603R$ |
| 圆 | | $A=\pi r^2=3.1416r^2=0.7854d^2$<br>$L=2\pi r=6.2832r=3.1416d$<br>$r=\frac{L}{2\pi}=0.15915L=0.56419\sqrt{A}$<br>$d=\frac{L}{\pi}=0.31831L=1.1284\sqrt{A}$ |

续表

| 名称 | 简图 | 计算公式 |
| --- | --- | --- |
| 椭 圆 | 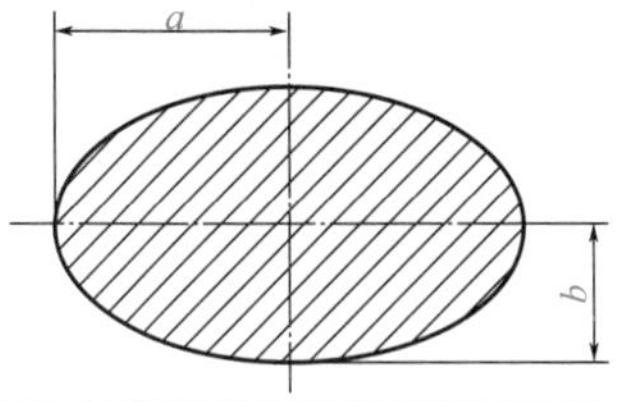 | $A=\pi ab=3.1416ab$；<br>周长的近似值：<br>$2P=\pi\sqrt{2(a^2+b^2)}$；<br>比较精确的值：<br>$2P=\pi[1.5(a+b)-\sqrt{ab}]$ |
| 扇 形 | 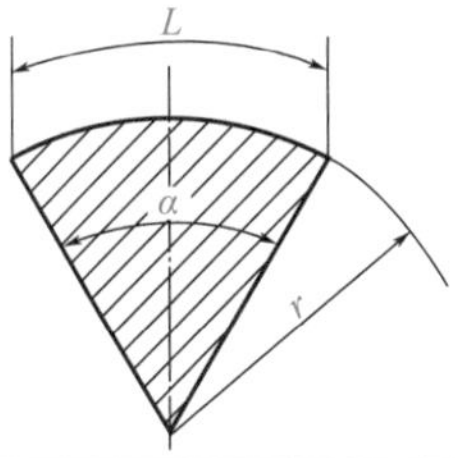 | $A=\frac{1}{2}rl=0.0087266\alpha r^2$；<br>$l=\frac{2A}{r}=0.017453\alpha r$；<br>$r=\frac{2A}{l}=57.296\frac{l}{\alpha}$；<br>$\alpha=\frac{180l}{\pi r}=\frac{57.296l}{r}$ |
| 弓 形 | 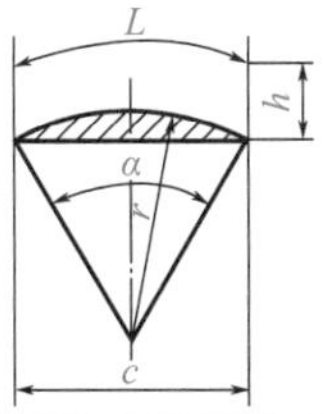 | $A=\frac{1}{2}[rl-c(r-h)]$； $r=\frac{c^2+4h^2}{8h}$<br>$l=0.017453\alpha r$； $c=2\sqrt{h(2r-h)}$；<br>$h=r-\frac{\sqrt{4}r^2-c^2}{2}$； $\alpha=\frac{57.296l}{r}$ |
| 圆 形 | 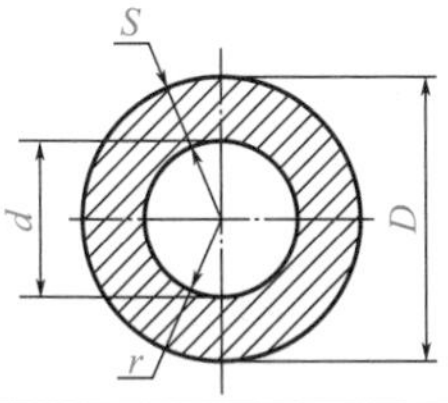 | $A=\pi(R^2-r^2)=3.1416(R^2-r^2)$<br>$=0.7854(D^2-d^2)=3.1416(D-S)S$<br>$=3.1416(d+S)S$<br>$S=R-r=(D-d)/2$ |
| 部分圆环（环式扇形） | 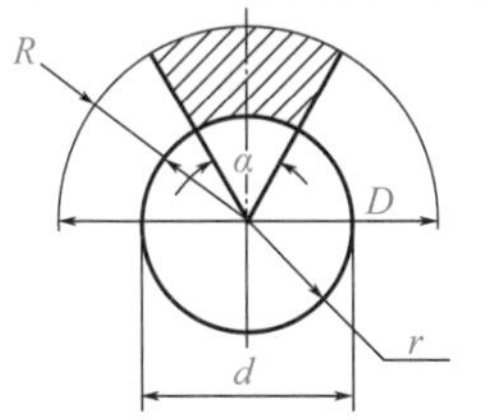 | $A=\frac{\alpha\pi}{360}(R^2-r^2)$<br>$=0.008727\alpha(R^2-r^2)$<br>$=\frac{\alpha\pi}{4\times360}(D^2-d^2)$<br>$=0.002182\alpha(D^2-d^2)$ |

注：$A$—面积；$P$—半周长；$L$—圆周长度；$R$—外接圆半径；$r$—内切圆半径；$l$—弧长。

## 2. 常用图形的体积和表面积计算公式（表1-3）

表1-3 常用图形的体积和表面积计算公式

| 名 称 | 简 图 | 计算公式 | |
| --- | --- | --- | --- |
| | | 表面积 $S$<br>侧表面积 $M$ | 体积 $V$ |
| 正立方体 | 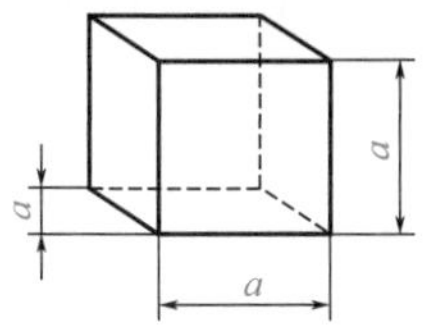 | $S=6a^2$ | $V=a^3$ |

续表

| 名称 | 简图 | 计算公式 | |
|---|---|---|---|
| | | 表面积 $S$<br>侧表面积 $M$ | 体积 $V$ |
| 长立方体 | | $S=2(ah+bh+ab)$ | $V=abh$ |
| 圆柱 | | $M=2\pi rh=\pi dh$ | $V=\pi r^2h=\frac{\pi d^2h}{4}$ |
| 空心圆柱（管） | | $M=$内侧表面积+外侧表面积$=2\pi h(r+r_1)$ | $V=\pi h(r^2-r_1^2)$ |
| 斜底截圆柱 | | $M=\pi r(h+h_1)$ | $V=\frac{\pi r^2(h+h_1)}{2}$ |
| 正六角柱 | | $S=5.1962a^2+6ah$ | $V=2.5981a^2h$ |
| 正方角锥台 | | $S=a^2+b^2+2(a+b)h_1$ | $V=\frac{(a^2+b^2+ab)h}{3}$ |
| 球 | | $S=4\pi r^2=\pi d^2$ | $V=\frac{4\pi r^3}{3}=\frac{\pi d^3}{6}$ |

续表

| 名称 | 简图 | 计算公式 | |
|---|---|---|---|
| | | 表面积 $S$<br>侧表面积 $M$ | 体积 $V$ |
| 圆锥 | | $M=\pi rl=\pi r\sqrt{r^2+h^2}$ | $V=\dfrac{\pi r^2 h}{3}$ |
| 截头圆锥 | | $M=\pi l(r+r_1)$ | $V=\dfrac{\pi h(r^2+r_1^2+r_1 r)}{3}$ |

# 第二节　冲压常用材料

## 一、钢铁材料的基本知识

### 1. 钢铁材料的分类

（1）钢铁的分类（表 1-4）

表 1-4　钢铁的分类

| 名称 | 定义 | 用途 |
|---|---|---|
| 生铁 | 含碳量＞ 2%，并含硅、锰、硫、磷等杂质的铁碳合金 | 通常分为炼钢用生铁和铸造用生铁两大类 |
| 工业纯铁 | 杂质总含量＜ 0.2% 及含碳量在 0.02% ～ 0.04% 的纯铁 | 重要的软磁材料，也是制造其他磁性合金的原材料 |
| 铸铁 | 用铸造生铁为原料，在重熔后直接浇注成铸件，是含碳量＞ 2% 的铁碳合金 | 主要有灰铸铁、可锻铸铁、球墨铸铁、耐磨铸铁和耐热铸铁 |
| 铸钢 | 铸钢是指采用铸造方法产出来的一种钢铸件，其含碳量一般在 0.15% ～ 0.60% 之间 | 一般分为铸造碳钢和铸造合金钢两大类 |
| 钢 | 以铁为主要元素，含碳量一般＜ 2%，并含有其他元素的材料 | 炼钢生铁经炼钢炉熔炼的钢，除少数是直接浇注成钢铸件外，绝大多数是先铸成钢锭、连铸坯，再经过锻压或轧制成锻件或各种钢材。通常所讲的钢，一般是指轧制成各种型材的钢 |

## （2）钢的分类（表 1-5）

表 1-5　钢的分类

| 分类方法 | 分类名称 | 特征说明 |
| --- | --- | --- |
| 按化学成分分 | 碳素钢 | 按含碳量不同，可分为<br>① 低碳钢：含碳量≤ 0.25%<br>② 中碳钢：0.25% ＜含碳量≤ 0.60%<br>③ 高碳钢：含碳量＞ 0.60% |
| | 合金钢 | 在冶炼碳素钢的基础上，加入一些合金元素而炼成的钢。按其合金元素总含量，可分为<br>① 低合金钢：合金元素总含量≤ 5%<br>② 中合金钢：5% ＜合金元素总含量≤ 10%<br>③ 高合金钢：合金元素总含量＞ 10% |
| | 按炉别分 | ① 平炉钢：分为酸性和碱性两种<br>② 转炉钢：分为酸性和碱性两种<br>③ 电炉钢：有电弧炉钢、感应炉钢和真空感应炉钢 |
| | 按脱氧程度分沸腾钢 F、半镇静钢 B、镇静钢 Z、特殊镇静钢 TZ（一般 Z、TZ 予以省略） | ① 沸腾钢：该钢脱氧不完全，浇铸时产生沸腾现象。优点是冶炼成本低，表面质量及深冲性能好；缺点是化学成分和质量不均匀，抗腐蚀性能和机械强度较差，且晶粒粗化，有较大的时效趋向性、冷脆性。在温度 0℃以下焊接时，接头内可能出现脆性裂纹。一般不宜用于重要结构<br>② 镇静钢：完全获得脱氧的钢，化学成分均匀，晶粒细化，不存在非金属夹杂物，其冲击韧性比晶粒粗化的钢提高 1 ～ 2 倍。一般优质碳素钢和合金钢均是镇静钢<br>③ 半镇静钢：脱氧程度介于上述两种钢之间。因生产较难控制，产量较少 |
| 按钢的品质分 | 普通钢 | P 含量≤ 0.045%，S 含量≤ 0.055%；或 P（S）含量≤ 0.05% |
| | 优质钢 | P（S）含量≤ 0.04% |
| | 高级优质钢 | P 含量≤ 0.030%；S 含量≤ 0.020%；通常在钢号后面加“A” |
| 按结构钢的强度等级分 | Q235 | 屈服强度 $\sigma_s$=235MPa，使用很普遍 |
| | Q345 | 屈服强度 $\sigma_s$=345MPa，使用很普遍 |
| | Q390 | 屈服强度 $\sigma_s$=390MPa，综合性能好，如 15MnVR，15MnTi |
| | Q400 | 屈服强度 $\sigma_s$ ≥ 400MPa（如 30SiTi） |
| | Q440 | 屈服强度 $\sigma_s$ ≥ 440MPa（如 15MnVNR） |
| 按钢的用途分 | 结构钢 | 除专用钢外的工程结构钢，例如 Q235、Q345 等 |
| | 专用钢 | 锅炉用钢（牌号末位用 g 表示）<br>桥梁用钢（牌号末位用 q 表示），如 16q、16Mnq 等<br>船体用钢，一般强度钢分为 A、B、C、D、E 五个等级<br>压力容器用钢（牌号末位用 R 表示）<br>低温压力容器用钢（牌号末位用 DR 表示）<br>汽车大梁用钢（牌号末位用 L 表示）<br>焊条用钢（手工电弧焊条冠以“E”，埋弧焊焊条冠以“H”） |
| | 工具钢 | 如碳素工具钢、合金工具钢、高速工具钢等 |
| | 特殊钢 | 如不锈耐酸钢、耐热不起皮钢、耐磨钢、磁钢等 |

### （3）钢材的分类（表 1-6）

表 1-6 钢材的分类

| 类别 | 说明 |
|---|---|
| 型钢 | 按断面形状分圆钢、扁钢、方钢、六角钢、八角钢、角钢、工字钢、槽钢、丁字钢、乙字钢等 |
| 钢板 | ① 按厚度分厚钢板（厚度＞4mm）和薄钢板（厚度≤4mm）<br>② 按用途分一般用钢板、锅炉用钢板、造船用钢板、汽车用厚钢板、一般用薄钢板、屋面薄钢板、酸洗薄钢板、镀锌薄钢板、镀锡薄钢板和其他专用钢板等 |
| 钢带 | 按交货状态分热轧钢带和冷轧钢带 |
| 钢管 | ① 按制造方法分无缝钢管（有热轧、冷拔两种）和焊接钢管<br>② 按用途分一般用钢管、水煤气用钢管、锅炉用钢管、石油用钢管和其他专用钢管等<br>③ 按表面状况分镀锌钢管和不镀锌钢管<br>④ 按管端结构分带螺纹钢管和不带螺纹钢管 |
| 钢丝 | ① 按加工方法分冷拉钢丝和冷轧钢丝等<br>② 按用途分一般用钢丝、包扎用钢丝、架空通信用钢丝、焊接用钢丝、弹簧钢丝、琴钢丝和其他专用钢丝等<br>③ 按表面情况分抛光钢丝、磨光钢丝、酸洗钢丝、光面钢丝、黑钢丝、镀锌钢丝和其他金属钢丝等 |
| 钢丝绳 | ① 按绳股数目分单股钢绳、六股钢绳和十八股钢绳等<br>② 按内芯材料分有机物芯钢绳和金属芯钢绳等<br>③ 按表面状况分不镀锌钢绳和镀锌钢绳 |

## 2. 钢铁材料的性能指标简介

钢铁材料的主要性能包括使用性能和工艺性能，这些指标是满足各种机械的使用和加工的依据。

钢铁材料的使用性能包括物理性能、化学性能、力学性能和工艺性能。工艺性能是指金属材料适应加工工艺要求的能力。

### （1）物理性能

钢铁材料的物理性能是指不发生化学反应就能表现出来的一些本征性能，包括材料与热、电、磁等现象相关的性能。钢铁材料物理性能的有关名词术语见表 1-7。

表 1-7 金属材料物理性能的有关名词术语

| 名称 | 符号 | 单位 | 含义 |
|---|---|---|---|
| 密度 | $\rho$ | $g/cm^3$<br>$kg/cm^3$ | 密度就是指某种物质单位体积的质量 |
| 熔点 | — | K 或℃ | 金属材料由固态转变为液态时的熔化温度 |
| 比热容 | $C$ | J/（kg·K） | 单位质量的某种物质，在温度升高 1℃时所放出的热量 |
| 初始磁导率 | $\mu_0$ | H/m | 当 $H$ 趋于 0 时的磁导率 |
| 最大磁导率 | $\mu_m$ | H/m | $\mu$ 值随 $H$ 而变化，其最大值称为最大磁导率，从原点作与 $B$-$H$ 曲线相切的直线，其斜度即为最大磁导率 |
| 电导率 | $\gamma$，$\sigma$ | S/m | 电阻率的倒数叫电导率，在数值上它等于导体维持单位电位梯度时，流过单位面积的电流 |
| 磁导率 | $\mu$ | H/m | 衡量磁性材料磁化难易程度，即导磁能力的性能指标等于磁性材料之磁感应强度（$B$）和磁场强度（$H$）的比值。磁性材料通常分为软磁材料（$\mu$ 值甚高，可达数万）和硬磁材料（$\mu$ 值在 1 左右）两大类 |
| 热导率 | $\lambda$ 或 $k$ | W/（m·K） | 维持单位温度梯度 $\left(\frac{\Delta L}{\Delta T}\right)$ 时，在单位时间（$t$）内流经物体单位横截面积（$A$）的热量（$Q$）称为该材料的热导率 $\lambda=\frac{1}{A}\times\frac{Q}{t}\times\frac{\Delta L}{\Delta T}$ |

续表

| 名称 | 符号 | 单位 | 含　义 |
| --- | --- | --- | --- |
| 线胀系数 | $\alpha_1$ | $10^{-6}K^{-1}$ | 金属温度每升高1℃所增加的长度与原来长度的比值。随温度增高，热胀系数值相应增大，钢的线胀系数值一般在（10～20）$\times10^{-6}$的范围内 |
| 电阻率 | $\rho$ | $\Omega \cdot mm^2/m$ | 是表示物体导电性能的一个参数。它等于1m长、横截面积为$1mm^2$的导线两端间的电阻。也可以一个单位立方体的两平行端面间的电阻表示 |
| 电阻温度系数 | $\alpha$ | 1/℃ | 温度每升降1℃，材料电阻率的改变量与原电阻率之比 |
| 磁感应强度 | $B$ | T（特斯拉） | 对于磁介质中的磁化过程，可以看作在原先的磁场强度（$H$）上再加上一个由磁化强度（$J$）所决定的，数量等于$4\pi J$的新磁场，因而在磁介质中的磁场$B=H+4\pi J$，叫作磁感应强度 |
| 磁场强度 | $H$ | A/m | 导体中通过电流，其周围就产生了磁场。磁场对原磁矩或电流产生作用力的大小为磁场强度的表征 |
| 磁化强度 | $M$或$H_i$ | A/m | 磁体内任一点，单位体积物质的磁矩 |
| 铁损的各向异性 | — | — | 指沿轧制方向和垂直于轧制方向所测得的铁损值之差，用百分数表示 |
| 饱和磁化强度（磁极化强度） | $J$或$B_i$ | T（特斯拉） | 用足够大的磁场使所有磁畴的磁化强度都沿此磁场方向排列起来所观测到的磁化强度 |
| 饱和磁感应强度 | $B_s$ | T（特斯拉） | 用足够大的磁场来磁化样品使样品达到饱和时，相应的磁感应强度 |
| 矫顽力 | $H_c$ | A/m | 样品磁化到饱和后，由于有磁滞现象，欲要使$B$减为零，须施加一定的负磁场$H_c$，$H_c$就称为矫顽力 |
| 弹性模量温度系数 | $\beta_E$ | 1/℃ | 金属的弹性模量随温度的升降而改变。当温度每升（降）1℃时，弹性模量的增（减）量与原弹性模量之比，称为弹性模量温度系数 |
| 磁致伸缩系数 | $\lambda$ | — | 磁性材料在磁化过程中，材料的形状在该方向的相对变化率$\lambda=\dfrac{\Delta L}{L}$，称为该材料的磁致伸缩系数 |
| 饱和磁滞伸缩系数 | $\lambda_s$ | — | 在自发磁化的方向，磁畴有一个磁致伸缩应变$\lambda_s$，这个应变称为饱和磁滞伸缩系数 |
| 铁损 | $P_{10}/400$ | W/kg | 铁磁材料在动态磁化条件下，由于磁滞和涡流效应所消耗的能量 |
| 比弯曲 | $K$ | 1/℃ | 单位厚度的热双金属片，温度变化1℃时的曲率变化称比弯曲。它是表示热双金属敏感性能好坏的标志之一 |
| 居里点 | $T_c$ | ℃ | 铁磁性物质当温度升高到一定温度时，磁被破坏，变为顺磁体，这个转变温度称为居里点。在居里点时，铁磁物质的自发磁化强度降至为零。居里点是二级相变的转变点，在膨胀曲线上表现为变曲点 |
| 最大磁能积 | $(BH)_{max}$ | $kJ/m^3$ | 它是衡量永磁材料的一个重要质量参数，以$(BH)_{max}$表示。它是材料在外磁场的磁化下，磁感应强度$B$和磁场强度$H$乘积的最大值。有时也称为永磁材料的能量，能量密度是永磁材料性能的常用评价标准 |
| 叠装系数 | — | — | 指压紧无绝缘层钢带条，其实测质量与相同体积的材料计算质量比，以此评价有效的磁性体积 |
| 机械品质因数 | $Q$ | — | 机械品质因数是内耗的倒数。固体由于内部发生的物理过程，把机械振动能变为热能的特性或过程，称为内耗（或内摩擦） |
| 峰值磁导率 | $\mu_p$ | — | 试样在经受对称周期磁化条件下，测得磁通密度峰值$B_m$与测得磁场强度峰值$H_m$之比，即$\mu_p=B_m/H_m$，称为峰值磁导率 |
| 方形系数（矩形比） | $B_r/B_m$ | — | 剩余磁感应强度$B_r$与规定磁场强度所对应的$B_m$（磁通密度峰值）比值 |
| 频率温度系数 | $\beta_f$ | — | 金属和合金的固有振动频率，随温度的升降而改变。当温度每升降1℃时，振动频率的增（减）量与原来固有振动频率之比，称为频率温度系数 |

### （2）化学性能

金属材料的化学性能是指发生化学反应时才能表现出来的性能，包括抗氧化性、耐蚀性和化学稳定性等。金属材料化学性能的有关名词术语见表 1-8。

表 1-8　金属材料化学性能的有关名词术语

| 名称 | 含　义 |
|---|---|
| 化学性能 | 指金属材料在室温或高温条件下，抵抗各种腐蚀性介质对它进行化学侵蚀的一种能力，主要包括耐腐蚀性和抗氧化性两个方面 |
| 化学腐蚀 | 是金属与周围介质直接起化学作用的结果。它包括气体腐蚀和金属在非电解质中的腐蚀两种形式。其特点是腐蚀过程不产生电流，且腐蚀产物沉积在金属表面 |
| 电化学腐蚀 | 金属与酸、碱、盐等电解质溶液接触时发生作用而引起的腐蚀，称为电化学腐蚀。它的特点是腐蚀过程中有电流产生。其腐蚀产物（铁锈）不覆盖在作为阳极的金属表面上，而是在距离阳极金属的一定距离处 |
| 一般腐蚀 | 这种腐蚀是均匀地分布在整个金属内外表面上，使截面不断减小，最终使受力件破坏 |
| 晶间腐蚀 | 这种腐蚀在金属内部沿晶粒边缘进行，通常不引起金属外形的任何变化，往往使设备或机件突然破坏 |
| 点腐蚀 | 这种腐蚀集中在金属表面不大的区域内，并迅速向深处发展，最后穿透金属，是一种危害较大的腐蚀破坏 |
| 应力腐蚀 | 是指在静应力（金属的内外应力）作用下，金属在腐蚀介质中所引起的破坏。这种腐蚀一般穿过晶粒，即所谓穿晶腐蚀 |
| 腐蚀疲劳 | 指在交变应力作用下，金属在腐蚀介质中所引起的破坏。它也是一种穿晶腐蚀 |
| 抗氧化性 | 金属材料在室温或高温下，抵抗氧化作用的能力。金属的氧化过程实际上是属于化学腐蚀的一种形式。它可直接用一定时间内，金属表面经腐蚀之后重量损失的大小，即用金属减重的速度表示 |

### （3）力学性能

力学性能主要指金属在不同环境因素（温度、介质）下，承受外加载荷作用时所表现的行为，这种行为通常表现为变形和断裂。通常的力学性能包括强度、塑性、刚度、弹性、硬度、冲击韧性和疲劳性能等。常用力学性能见表 1-9。

表 1-9　常用力学性能

| 名称 | 符号 | 单位 | 含　义 |
|---|---|---|---|
| 抗拉强度 | $\sigma_b$<br>$R_m$<br>$R$ | N/mm$^2$<br>MPa | 金属试样拉伸时，在拉断前所承受的最大负荷与试样原横截面积之比，称为抗拉强度<br>$\sigma_b = \frac{P_b}{F_0}$<br>式中　$P_b$——试样拉断前的最大负荷<br>$F_0$——试样原横截面积 |
| 抗弯强度 | $\sigma_{bb}$<br>$\sigma_w$ | N/mm$^2$<br>MPa | 试样在位于两支承中间的集中负荷作用下，使其折断时，折断截面所承受的最大正应力<br>对圆试样：　$\sigma_{bb} = \frac{8pl}{\pi d^3}$<br>对矩形试样：　$\sigma_{bb} = \frac{3pl}{2bh^2}$<br>式中　$P$——试样所受最大集中载荷<br>$L$——两支承点间的跨距<br>$d$——圆试样截面外径<br>$b$——矩形截面试样宽度<br>$h$——矩形截面试样高度 |

续表

| 名称 | 符号 | 单位 | 含　义 |
| --- | --- | --- | --- |
| 抗压强度 | $\sigma_{bc}$<br>$R_D$ | N/mm$^2$<br>MPa | 材料在压力作用下不发生碎裂所能承受的最大正应力<br>$$\sigma_{bc}=\frac{P_{bc}}{F_0}$$<br>式中　$P_{bc}$——试样所受最大集中载荷<br>$F_0$——试样原横截面积 |
| 屈服点 | $\sigma_s$ | N/mm$^2$<br>MPa | 金属试样在拉伸过程中，负荷不再增加，而试样仍继续发生变形的现象称为屈服。发生屈服现象时的应力，称为屈服点或屈服极限 |
| 屈服强度 | $\sigma_{0.2}$<br>$R_{0.2}$<br>$R_{p0.2}$ | N/mm$^2$<br>MPa | 对某些屈服现象不明显的金属材料，测定屈服点比较困难，常把产生0.2%永久变形的应力定为屈服点，称为屈服强度或条件屈服极限 |
| 弹性极限 | $\sigma_e$ | N/mm$^2$<br>MPa | 金属能保持弹性变形的最大应力 |
| 比例极限 | $\sigma_p$ | N/mm$^2$<br>MPa | 在弹性变形阶段，金属材料所承受的和应变保持正比的最大应力，称为比例极限<br>$$\sigma_p=\frac{P_p}{F_0}$$<br>式中　$P_p$——规定比例极限负荷<br>$F_0$——试样原横截面积 |
| 断面收缩率 | $\psi$ | % | 金属试样拉断后，其缩颈处横截面积的最大缩减量与原横截面积的百分比 |
| 伸长率 | $\delta$<br>$\delta_5$<br>$A_5$ | % | 金属材料在拉伸时。试样拉断后，其标距部分所增加的长度与原标距长度的百分比。$\delta_5$是标距为5倍直径时的伸长率，$\delta_{10}$是标距为10倍直径时的伸长率 |
| 泊松比 | $\mu$ | — | 对于各向同性的材料，泊松比表示：试样在单位拉伸时，横向相对收缩量与轴向相对伸长量之比<br>$$\mu=\frac{E}{2G}-1$$<br>式中　$E$——弹性模量<br>$G$——切变模量 |
| 冲击值（冲击韧性）、夏氏冲击值U型（KCU或KU）、夏氏冲击值V型（KCV或KV）、德国夏氏冲击值（DVM）、英国艾氏冲击值（IZOd） | $\alpha_k$ | J<br>J/cm$^2$ | 金属材料对冲击负荷的抵抗能力称为韧性，通常用冲击值来度量。用一定尺寸和形状的试样，在规定类型的试验机上受一次冲击负荷折断时，试样刻槽处单位面积上所消耗的功<br>$$\alpha_k=\frac{A_k}{F}$$<br>式中　$A_k$——冲击试样所消耗的冲击功<br>$F$——试样缺口处的横截面积 |
| 抗剪强度 | $\sigma_\tau$ | N/mm$^2$<br>MPa | 试样剪断前，所承受的最大负荷下的受剪截面具有的平均剪应力<br>双剪：$$\sigma_\tau=\frac{P}{2F_0}$$<br>单剪：$$\sigma_\tau=\frac{P}{F_0}$$<br>式中　$P$——剪切时的最大负荷<br>$F_0$——受剪部位的原横截面积 |
| 持久强度 | $\sigma_t^T$ | N/mm$^2$<br>MPa | 指金属材料在给定温度（$T$）下，经过规定时间发生断裂时，所承受的应力值 |
| 蠕变极限 | $\sigma_{\delta t}^T$ | N/mm$^2$<br>MPa | 金属材料在给定温度（$T$）下和规定的试验时间（$t$, $h$）内，使试样产生一定蠕变变形量的应力值 |

续表

| 名称 | 符号 | 单位 | 含义 |
| --- | --- | --- | --- |
| 疲劳极限 | $\sigma_{-1}$ | N/mm$^2$<br>MPa | 材料试样在对称弯曲应力作用下，经受一定的应力循环数 $N$ 而仍不发生断裂时所能承受的最大应力。对钢来说，如应力循环数 $N$ 达 $10^6 \sim 10^7$ 次仍不发生疲劳断裂时，则可认为随循环次数的增加，将不再发生疲劳断裂。因此常采用 $N=(0.5 \sim 1)\times10^7$ 为基数，确定钢的疲劳极限 |
| 应用松弛 | — | — | 由于蠕变，金属材料在总变形量不变的条件下，其所受的应力随时间的延长而逐渐降低的现象称为应力松弛 |
| 弹性模量 | $E$ | N/mm$^2$ | 金属在外力作用下产生变形，当外力取消后又恢复到原来的形状和大小的一种特性。在弹性范围内，金属拉伸试验时，外力和变形成比例增长，即应力和应变成正比例关系时，这个比例系数就称为弹性模量，也叫正弹性模数 |
| 剪切模量 | $G$ | N/mm$^2$ | 金属在弹性范围内，当进行扭转试验时，外力和变形成比例的增长，即应力与应变成正比例关系时，这个比例系数就称为剪切弹性模量 |
| 断裂韧性 | $K_{IC}$ | MN/m$^{3/2}$ | 是材料韧性的一个新参量。通常定义为材料抗裂纹扩展的能力。例如，$K_{IC}$ 表示材料平面应变断裂韧性值，其意为当裂纹尖端处应力强度因子在静加载方式下等于 $K_{IC}$ 时，即发生断裂。相应地，还有动态断裂韧性 $K_{Id}$ 等 |
| 硬度 | — | — | 硬度是指材料抵抗外物压入其表面的能力。硬度不是一个单纯的物理量，而是反映弹性、强度、塑性等的一个综合性指标 |
| 布氏硬度 | HB | （一般不标注） | 用淬硬的钢球压入试样表面，并在规定载荷作用下保持一定时间，以其压痕面积除载荷所得的商表示材料的布氏硬度，它只适用于测量硬度小于450HB 的退火、正火、调质状态下的钢、铸铁及有色金属的硬度<br>$\mathrm{HB}=\dfrac{2P}{\pi D(d-\sqrt{D^2-d^2})}$<br>式中 $P$——所加的规定负荷<br>$D$——钢球直径<br>$d$——压痕直径 |
| 洛氏硬度 | HRA<br>HRB<br>HRC | — | 利用金刚石圆锥或淬硬钢球，在一定压力下压入试件表面，然后根据压痕深度表示材料的硬度。分 HRA、HRB、HRC 三种<br>HRC：用圆锥角为 120°的金刚石压头加 1470N（150kg）的载荷进行试验所得到的硬度值<br>HRB：用压头直径为 1.59mm 的淬硬钢球加 980N（100kg）的载荷进行试验所得到的硬度值<br>HRA：用顶角为 120°的金刚石圆锥加 588N（60kg）的载荷进行试验得到的硬度值<br>HRA 适用于测量表面淬火层、渗透层或硬质合金的材料<br>HRB 适用于测量有色金属、退火和正火钢等较软的金属<br>HRC 适用于测量调质钢、淬火钢等较硬的金属<br>$\mathrm{HR}=\dfrac{k-(h_1-h)}{c}$<br>式中 $K$——常数（钢球：0.25；钢圆锥体：0.2）<br>$h$——预加载荷 98N 时压头压入深度<br>$h_1$——试验后试样上留下的最后深度<br>$C$——硬度机刻度盘上每一小格所代表的压痕深度（洛氏硬度为 0.002，表面洛式硬度为 0.001） |
| 表面洛氏硬度 | HRN<br>HRT | — | 试验原理同 HR 洛氏硬度，不同的是试验载荷较轻。HRN 的压头是顶角为 120°的金刚石圆锥体，载荷分为 15kgf（1kgf=9.8N）、30kgf、45kgf，标注为 HRN15、HRN30、HRN45。HRT 的压头是直径为 1.5875mm 的淬硬钢球，载荷分别为 15kgf、30kgf、45kgf。标注为 HRT15、HRT30、HRT45。表面洛氏硬度只适用于钢材表面渗碳、渗氮等处理的表面层硬度，以及较薄、较小试件的硬度的测定 |

续表

| 名称 | 符号 | 单位 | 含义 |
| --- | --- | --- | --- |
| 维氏硬度 | HV | — | 用夹角 $\alpha$ 为 136°的金刚石四棱锥压头，压入试件，以单位压痕面积上所受载荷表示材料硬度。<br>$$HV=\frac{2P}{d^2}\sin\frac{\alpha}{2}=1.8544\frac{P}{d^2}$$<br>式中 $P$——载荷<br>$d$——压痕对角线的长度<br>维氏硬度的压痕线，广泛用来测定金属薄镀层或化学处理后的表面硬度，以及小型、薄型工件的硬度 |
| 显微硬度 | HM | — | 其原理与维氏硬度一样，只是用小的负荷［小于 9.8N（1kg）的力］，仪器上装有金相显微镜。用于测量金属和合金的显微组织和极薄表面层的硬度值 |
| 肖氏硬度 | HS | — | 利用压头（撞针）在一定高度落于被测试样的表面，以其撞针回跳的高度表示材料的硬度，适用于不易搬动的大型机件，如大的钢结构、轧辊等 |

### （4）工艺性能

钢铁材料的工艺性能是指钢铁材料适应加工工艺要求的能力。在设计机械零件和选择其加工方法时，都要考虑金属材料的工艺性能。按成形工艺方法不同，一般工艺性能有铸造性、锻造性、焊接性、切削加工性。另外，常把与材料最终性能相关的热处理工艺性也作为工艺性能的一部分。

① 铸造性　钢铁材料的铸造性是指金属熔化成液态后，再铸造成形时所具有的一种特性。通常衡量金属材料铸造性的指标有流动性、收缩率和偏析倾向，见表 1-10。

表 1-10　衡量金属材料铸造性能的主要指标名称、含义和表示方法

| 指标名称 | | 计算单位 | 含义解释 | 表示方法 | 有关说明 |
| --- | --- | --- | --- | --- | --- |
| 流动性 | | cm | 液态金属充满铸型的能力，称为流动性 | 流动性通常用浇注法来确定，其大小以螺旋长度来表示。方法是用砂土制成一个螺旋形浇道的试样，它的截面为梯形或半圆形，根据液态金属在浇道中所填充的螺旋长度，就可以确定其流动性 | 液态金属流动性的大小，主要与浇注温度和化学成分有关<br>流动性不好，铸型就不容易被金属充满，造成铸件形状不全而变成废品。在浇注复杂的薄壁铸件时，流动性的好坏，显得尤其重要 |
| 收缩率 | 线收缩率 | % | 铸件从浇注温度冷却至常温的过程中，铸件体积的缩小，叫体积收缩。铸件线体积的缩小，叫线收缩 | 线收缩率以浇注和冷却前后长度尺寸差所得尺寸的百分比（%）来表示。体积收缩率以浇注时的体积和冷却后所得的体积之差与所得体积的百分比（%）来表示 | 收缩是金属铸造时的有害性能，一般希望收缩率愈小愈好<br>体积收缩影响着铸件形成缩孔、缩松倾向的大小<br>线收缩影响着铸件内应力的大小、产生裂纹的倾向和铸件的最后尺寸 |
| | 体积收缩率 | | | | |
| 偏析 | | | 铸件内部呈现化学成分和组织上不均匀的现象，叫作偏析 | | 偏析的结果，导致铸件各处力学性能不一致，从而降低铸件的质量<br>偏析小，各部位成分较均匀，就可使铸件质量提高<br>一般说来，合金钢偏析倾向较大；高碳钢偏析倾向比低碳钢大，因此这类钢需铸后热处理（扩散退火）来消除偏析 |

② 锻造性　锻造性是指金属材料在锻造过程中承受塑性变形的性能。如果金属材料的塑性好，易于锻造成形而不发生破裂，就认为锻造性好。铜、铝的合金在冷态下就具有很好的锻造性；碳钢在加热状态下，锻造性也很好；而青铜的可锻性就差些。至于脆性材料的锻造性就更差，如铸铁几乎就不能锻造。为了保证热压加工能获得好的成品质量，必须制定科学的加热和规范和冷却规范。锻件加热和冷却规范的内容及含义见表 1-11。

表 1-11　锻件加热和冷却规范的内容、含义和使用说明

| 名称 | | 计算单位 | 含义解释 | 使用说明 |
|---|---|---|---|---|
| 加热规范 | 始锻温度 | ℃ | 始锻温度就是开始锻造时加热的最高温度 | 加热时要防止过热和过烧 |
| | 终锻温度 | ℃ | 终锻温度是指热锻结束时的温度 | 终锻温度过低，锻件易于破裂；终锻温度过高，会出现粗大晶粒组织，所以终锻温度应选择某一最合适的温度 |
| 冷却规范 | ①在空气中冷却<br>②堆在空气中冷却<br>③在密闭的箱子中冷却<br>④在密封的箱子中，埋在砂子或炉渣里冷却<br>⑤在炉中冷却 | — | — | 锻件过分迅速冷却会产生热应力所引起的裂纹。钢的热导率愈小，工件的尺寸愈大，冷却必须愈慢。因此在确定冷却规范时，应根据材料的成分、热导率以及其他具体情况来决定 |

③ 切削加工性　金属材料的加工性是指金属在切削加工时的难易程度。加工性与多种因素有关。诸如：材料的组织成分、硬度、强度、塑性、韧性、导热性、金属加工硬化程度及热处理等。具有良好切削性能的金属材料，必须具有适宜的硬度（一般希望硬度控制在 170 ～ 230HBS 之间）和足够的脆性。在切削过程中，由于刀具易于切入，切屑易碎断，就可减少刀具的磨损，降低刃部受热的温度，使切削速度提高，从而降低工件加工表面的粗糙度。

一般说来，有色金属材料比黑色金属材料的加工性好，铸铁比钢的加工性好，中碳钢比低碳钢的可加工性要好。热轧低碳钢加工表面精度差，切削加工中易出现“粘刀”现象，这是由于它的硬度、强度低而塑性、韧性高的缘故。难切削金属材料，如不锈钢和耐热钢是由于它们的强度、硬度（特别是高温强度、硬度）和塑性、韧性都偏高，所以难于加工。

金属材料的加工性很难用一个指标来评定可切削性能的好坏，通常用“切削率”或“切削加工系数”来相对地表示，即“相对切削加工性”。这种表示方法，对于加工部门来说是比较实用的，因而使用较为广泛。

所谓“切削率”或“切削加工系数”，是指选用某一钢种作为标准材料（一般选用易切结构钢——Y12，也有采用其他钢种的），取其在切削加工精度、粗糙度相同和刀具寿命一致的情况下，用被试材料与标准材料的最大切削速度之比值来表示。比值以百分数表示的，称为“切削率”（标准材料的切削率规定为 100%）；比值以整数或小数表示的，称为“切削加工系数”（标准材料的切削加工系数规定为 1）。凡切削率高或切削加工系数大的，这种材料的加工性就较好；反之，就不好。

各种金属材料的可加工性，按其相对切削加工性的大小，可以分为 8 级，见表 1-12。

表 1-12　金属材料的加工性级别及其代表性材料举例

| 加工性级别 | 各种材料的加工性质 | | 以 Y12 为标准材料的切削率 /% | 代表性的工件材料举例 |
|---|---|---|---|---|
| Ⅰ | 很容易加工的材料 | 一般有色金属材料 | 500 ～ 2000 | 镁合金 |
| | | | >100 ～ 250 | 铸造铝合金、锻铝及防锈铝<br>铅黄铜、铅青铜及含铅的锡青铜（如：QSn4-4-4、ZQSn6-6-3 等） |
| Ⅱ | 易加工的材料 | 铸　铁 | 80 ～ 120 | 灰铸铁、可锻铸铁、球墨铸铁 |
| Ⅲ | | 易切削钢 | 100 | 易切结构钢 Y12（179 ～ 229HBS） |
| | | | 70 ～ 90 | 易切结构钢 Y15、Y20、Y30、Y40Mn<br>易切不锈钢 1Cr14Se、1Cr17Se |
| | | 较易切削钢 | 65 ～ 70 | 正火或热轧的 30 钢及 35 中碳钢（170 ～ 217HBS）<br>冷作硬化的 20 钢、25 钢、15Mn、20Mn、25Mn、30Mn<br>正火或调质的 20Cr（170 ～ 212HBS）<br>易切不锈钢 1Cr14S |
| Ⅴ | 普通材料 | 一般钢铁材料 | >50 ～ <65 | 正火或热轧的 40、45、50 及 55 中碳钢（179 ～ 229HBS）<br>冷作硬化的低碳钢 08 钢、10 钢及 15 钢<br>退火的 40Cr、45Cr（174 ～ 229HBS）<br>退火的 35CrMo（187 ～ 229HBS）<br>退火的碳素工具钢<br>铁素体不锈钢及铁素体耐热钢 |
| Ⅵ | | 稍难切削材料 | >45 ～ 50 | 热轧高碳钢（65 钢、70 钢、75 钢、80 钢及 85 钢）<br>热轧低碳钢（20 钢、25 钢）<br>马氏体不锈钢（1Cr13、2Cr13、3Cr13Mo、1Cr17Ni2） |
| Ⅶ | 难加工材料 | 较难切削材料 | >40 ～ 45 | 调质的 60Mn（$\sigma_b$=700 ～ 1000MPa）<br>马氏体不锈钢（4Cr13、9Cr18）<br>铝青铜、铬青铜、锆青铜及锰青铜<br>热轧低碳钢（08 钢、10 钢及 15 钢） |
| Ⅷ | | 难切削材料 | 30 ～ 40 | 奥氏体不锈钢和耐热钢<br>正火的硅锰弹簧钢<br>99.5% 纯铜、德银<br>钨系及钼系高速钢<br>超高强度钢 |
| Ⅸ | | 很难切削材料 | <30 | 高温合金、钛合金<br>耐低温的高合金钢 |

注：本表所列各类材料的切削率，由于资料来源不一，仅供参考。

④ 热处理工艺性能　热处理是指金属或合金在固态范围内，通过一定的加热、保温和冷却方法，以改变金属或合金的内部组织，从而得到所需性能的一种工艺操作。

衡量金属材料热处理工艺性能的指标有淬硬性、淬透性、淬火变形及开裂趋势、表面氧化及脱碳趋势、过热及过烧敏感趋势、回火稳定性、回火脆性、时效趋势等，见表 1-13。

表 1-13　衡量金属材料热处理工艺性能的主要指标名称、含义和评定方法

| 名称 | 含义 | 评定方法 | 说明 |
|---|---|---|---|
| 淬硬性 | 淬硬性是指钢在正常淬火条件下，以超过临界冷却速度所形成的马氏体组织能够达到的最高硬度 | 以淬火加热时固溶钢的高温奥氏体中的含碳量及淬火后所得到的马氏体组织的数量来具体确定<br>一般用 HRC 硬度值来表示 | 淬硬性主要与钢中的含碳量有关。固溶在奥氏体中的含碳量愈多，淬火后的硬度值也愈高<br>在实际操作中，由于工件尺寸、冷却介质的冷却速度以及加热时所形成的奥氏体晶粒度的不同而影响淬硬性 |

续表

| 名称 | 含义 | 评定方法 | 说明 |
|---|---|---|---|
| 淬透性 | 淬透性是指钢在淬火时能够得到的淬硬层深度。它是衡量各个不同钢种接受淬火能力的重要指标之一<br>淬硬层深度，也叫淬透层深度；是指由钢的表面量到钢的半马氏体区（组织中马氏体占50%，其余50%为珠光体类型组织）组织处的深度（也有个别钢种如工具钢、轴承钢需要量到90%或95%的马氏体区组织处）。钢的淬硬层深度越大，就表明这种钢的淬透性越好 | （1）测定钢的淬透性方法很多，在我国通常采用以下三种方法<br>①结构钢末端淬透性试验法<br>②碳素工具钢淬透性试验法<br>③计算法<br>（2）淬透性的表示方法主要有<br>①用淬透性值$J=\frac{HRC}{d}$来表示<br>HRC：指钢中半马氏体区域的硬度值<br>$d$：指淬透性曲线中半马氏体硬度值区距水冷端处的距离（mm）<br>②用淬硬层深度$h$来表示<br>$h$：指钢件表面至半马氏体区组织的距离（mm）<br>③用临界（淬透）直径$D_I$或$D_c$来表示<br>$D_I$：指冷却强度$H=\infty$时，中心获得半马氏体组织的直径（mm），通常称为理想临界直径<br>$D_c$：指冷却强度$H<\infty$时，即在水、油或其他冷却介质中冷却时，中心获得半马氏体组织的直径（mm），通常称为实际临界直径 | 淬透性主要与钢的临界冷却速度有关：临界冷却速度愈低，淬透性一般也愈高。值得注意的是淬透性好的钢，淬硬性不一定高；而淬透性低的钢也可能具有高的淬硬性<br>钢的淬透性指标在实际生产中具有十分重要的意义，一方面可以供机械设计人员作考核钢件经热处理后的综合力学性能，能否满足使用性能的要求；另一方面供热处理工艺人员在淬火过程中，为保证不形成裂纹及减少变形等方面，提供理论根据 |
| 淬火变形或开裂趋势 | 钢件的内应力（包括机械加工应力和热处理应力）达到或超过钢的屈服强度时，钢件将发生变形（包括尺寸和形状的改变）；而钢件的内应力达到或超过钢的破断抗力时，钢件将发生裂纹或导致钢件破断 | 热处理变形程度，常常采用特制的环形试样或圆柱形试样来测量或比较<br>钢件的裂纹分布及深度，一般采用特制的仪器（如磁粉探伤仪或超声波探伤仪）来测量或判断 | 淬火变形是热处理的必然趋势，而开裂则往往是可能趋势。如果钢材原始成分及组织质量良好、工件形状设计合理、热处理工艺得当，则可减少变形及避免开裂 |
| 氧化及脱碳趋势 | 钢件在炉中加热时，炉内的氧、二氧化碳或水蒸气与钢件表面发生化学反应而生成氧化铁皮的现象，叫氧化；同样，在这些炉气的作用下，钢件表面的含碳量比内层降低的现象，叫脱碳。在热处理过程中，氧化与脱碳往往都是同时发生的 | 钢件表面氧化层的评定，尚无具体规定；而脱碳层的深度一般都采用金相法，按GB/T 224—2019规定执行 | 钢件氧化使钢材表面粗糙不平，增加热处理后的清理工作量，而且又影响淬火时冷却速度的均匀性；钢件脱碳不仅降低淬火硬度，而且容易产生淬火裂纹。所以，进行热处理时应对钢件采取保护措施，以防止氧化及脱碳 |
| 过热及过烧敏感趋势 | 钢件在高温加热时，引起奥氏体晶粒粗大的现象，叫过热；同样，在更高的温度下加热，不仅使奥氏体晶粒粗大，而且晶粒间界面因氧化而出现氧化物或局部熔化的现象，叫过烧 | 钢件的过烧无需评定<br>过热趋势则用奥氏体晶粒度的大小来评定，粗于1号以上晶粒度的钢属于过热钢 | 过热与过烧都是钢在超过正常加热温度情况下形成的缺陷，钢件热处理时的过热不仅增加淬火裂纹的可能性，而且又会显著降低钢的力学性能。所以对过热的钢，必须通过适当的热处理加以挽救；但过烧的钢件无法再挽救，只能报废 |
| 回火稳定性 | 淬火钢进行回火时，合金钢与碳钢相比，随着回火温度的升高，硬度值下降缓慢，这种现象称为回火稳定性 | 回火稳定性可用不同回火温度的硬度值，即回火曲线来加以比较、评定 | 合金钢与碳钢相比，其含碳量相近时，淬火后如果要得到相同的硬度值，则其回火温度要比碳钢高，也就是它的回火稳定性比碳钢好。所以合金钢的各种力学性能全面地优于碳钢 |

续表

| 名称 | 含义 | 评定方法 | 说明 |
| --- | --- | --- | --- |
| 回火脆性 | 淬火钢在某一温度区域回火时，其冲击韧性会比其在较低温度回火时反而下降的现象，叫回火脆性<br>在 250 ～ 400℃ 回火时出现的回火脆性叫第 Ⅰ 类回火脆性；它出现在所有钢种中，而且在重复回火时不再出现，又称为不可逆回火脆性 | 回火脆性一般采用淬火钢回火后，快冷与缓冷以后进行常温冲击试验的冲击值之比来表示。即<br>$\Delta = \dfrac{\alpha_k(\text{回火快冷})}{\alpha_k(\text{回火缓冷})}$<br>当 $\Delta>1$，则该钢具有回火脆性；其值愈大，则该钢回火脆性倾向愈大 | 钢的第 Ⅰ 类回火脆性无法抑制，在热处理过程中，应尽量避免在这一温度范围内回火<br>第 Ⅱ 类回火脆性可通过合金化或采用适当的热处理规范来加以防止 |
| 时效趋势 | 纯铁或低碳钢件经淬火后，在室温或低温下放置一段时间后，使钢件的硬度及强度增高，而塑性、韧性降低的现象，称为时效 | 时效趋势一般用力学性能或硬度在室温或低温下随着时间的延长而变化的曲线来表示 | 钢件的时效趋势往往给工程上带来很大危害，如：精密零件不能保持精度，软磁材料失去磁性，某些薄板在长期库存中发生裂纹等。所以，对此必须引起足够的重视，并采取有效的预防措施 |

⑤ 金属材料的工艺性能试验（表 1-14）。

表 1-14　金属材料的工艺性能试验

| 名称 | 说　明 |
| --- | --- |
| 顶锻试验 | 经受打铆、镦头等顶锻作业的金属材料须作常温的冷顶锻试验或热顶锻试验，判定顶锻性能。试验时，将试样锻短至规定长度，如原长度的 1/3 或 1/2 等，然后检查试样是否有裂纹等缺陷 |
| 冷弯试验 | 检验金属材料冷弯性能的一种方法，即将材料试样围绕具有一定直径的弯心弯到一定的角度或不带弯心弯到两面接触（即弯曲 180°，弯心直径 $d$ 为 0）后，检查弯曲处附近的塑性变形情况，看是否有裂纹等缺陷存在，以判定材料是否合格。弯心直径 $d$ 可等于试样厚度的一半、相等、2 倍、3 倍等。弯曲角度可为 90°、120°、180° |
| 杯突试验 | 检验金属材料冲压性能的一种方法。其过程是用规定的钢球或球形冲头顶压在压模内的试样，直至试样产生第一个裂纹为止。压入深度即为杯突深度，其深度小于规定值者为合格 |
| 型材展平弯曲试验 | 检验金属型材在室温或热状态下承受展平弯曲变形的性能，并显示其缺陷。其过程是用手锤或锻锤将型材的角部锤击展平成为平面，随后以试样棱角的一面为弯曲内面进行弯曲。弯曲角度和热状态试验温度，在有关标准中规定 |
| 锻平试验 | 检验金属条材、带材、板材及铆钉等在室温或热状态下承受规定程度的锻平变形性能，并显示其缺陷。锻平作业可在压力机、机械锤或锻锤上进行；亦可使用手锤或大锤。对带材和板材试样，应使其宽度增至有关标准的规定值为止，长度应等于该值的 2 倍。对条材和铆钉，应将试样锻平到头部直径为腿径的 1.5 ～ 1.6 倍、高度为腿径的 0.4 ～ 0.5 倍时为止 |
| 缠绕试验 | 该试验用以检验线材或丝材承受缠绕变形性能，以显示其表面缺陷或镀层的结合牢固性。试验时，将试样沿螺纹方向以紧密螺旋圈缠绕在直径为 $D$ 的芯杆上。$D$ 的尺寸在有关技术条件中规定。缠绕圈数为 5 ～ 10 圈 |
| 扭转试验 | 该试验用于检验直径（或特征尺寸）小于、等于 10mm 的金属线材扭转时承受塑性变形的性能，并显示金属的不均匀性、表面缺陷及部分内部缺陷。其方法是以试样自身为轴线，沿单向或交变方向均匀扭转，直至试样裂断或达到规定的扭转次数 |
| 反复弯曲试验 | 该试验是检验金属（及覆盖层）的耐反复弯曲性能、并显示其缺陷的一种方法。它适用于截面积小于、等于 120mm$^2$ 的线材、条材和厚度小于、等于 5mm 的带材及板材。其方法是将试样垂直夹紧于仪器夹中，在与仪器夹口相互接触线成垂直的平面上沿左右方向作 90° 反复弯曲，其速度不超过 60 次 /min。弯曲次数由有关标准规定 |
| 打结拉力试验 | 该试验用于检验直径较小的钢丝和钢丝绳拆股后的单根钢丝，以代替反复弯曲试验。试验时，将试样打一死结，置于拉力试验机上连续均匀地施加载荷，直至拉断。以试验机上载荷指示器显示的最大载荷（单位为牛顿）除试样原横截面面积所得商为结果。单位为 MPa 或 N/mm$^2$ |

续表

| 名称 | 说　明 |
| --- | --- |
| 压扁试验 | 该试验用以检验金属管压扁到规定尺寸的变形性能，并显示其缺陷。试验时，将试样放在两个平行板之间，用压力机或其他方法，均匀地压至有关的技术条件规定的压扁距，用管子外壁压扁距或内壁压扁距，以毫米表示。试验焊接管时，焊缝位置应按有关技术标准规定，如无规定时，则焊缝应位于同施力方向成90°角的位置。试验均在常温下进行，但冬季不应低于 -10℃。试验后检查试样弯曲变形处，如无裂缝、裂口或焊缝开裂，即认为试验合格 |
| 扩口试验 | 该试验用以检验金属管端扩口工艺的变形性能。将具有一定锥度（如1 ∶ 10、1 ∶ 15等）的顶芯压入管试样一端，使其均匀地扩张到有关技术条件规定的扩口率（%），然后检查扩口处是否有裂纹等缺陷，以判定合格与否 |
| 卷边试验 | 该试验用以检验金属管卷边工艺的变形性能。试验时，将管壁向外翻卷到规定角度（一般为90°），以显示其缺陷。试验后检查变形处有无裂纹等缺陷，以判定是否合格 |
| 金属管液压试验 | 液压试验用以检验金属管的质量和耐液压强度，并显示其有无漏水（或其他流体）、浸湿或永久变形（膨胀）等缺陷的钢管和铸铁管的液压试验，大都用水作压力介质，所以又称水压试验。该试验虽不是为了进一步加工工艺而进行的试验，但目前标准中习惯上还称它为工艺试验 |

# 二、有色金属材料的基本知识

## 1. 有色金属材料的分类（表1-15）

表1-15　有色金属材料的分类方法

| 分类方法 | 分类名称 | 说　明 |
| --- | --- | --- |
| 按密度、储量和分布情况分 | 有色轻金属 | 指密度＜ 4.5g/cm$^3$ 的有色金属，有铝、镁、钙等 |
| | 有色重金属 | 指密度＞ 4.5g/cm$^3$ 的有色金属，有铜、镍、铅、锌、锡等 |
| | 贵金属 | 指矿源少、开采和提取比较困难、价格比一般金属贵的金属，如金、银和铂族元素及其合金 |
| | 稀有金属 | 指在自然界中含量很少、分布稀散或难以提取的金属，如钛、钨、钼、铌等 |
| 按化学成分分 | 铜及铜合金 | 包括纯铜（紫铜）、铜锌合金（黄铜）、铜锡合金（锡青铜等）、无锡青铜（铝青铜）、铜镍合金（白铜） |
| | 轻金属及轻合金 | 包括铝及铝合金、镁及镁合金、钛及钛合金 |
| | 其他有色金属及其合金 | 包括铅及其合金、锡及其合金、锌镉及其合金、镍钴及其合金、贵金属及其合金、稀有金属及其合金等 |
| 按生产方法及用途分 | 有色冶炼合金产品 | 包括纯金属或合金产品，纯金属可分为工业纯度和高纯度 |
| | 铸造有色合金 | 指直接以铸造方式生产的各种形状有色金属材料及机械零件 |
| | 有色加工产品 | 指以压力加工方法生产的各种管、线、棒、型、板、箔、条、带等 |
| | 硬质合金材料 | 指以难熔硬质合金化合物为基体，以铁、钴、镍作黏合剂，采用粉末冶金法制作而成的一种硬质工具材料 |
| | 中间合金 | 指在熔炼过程中为使合金元素能准确而均匀地加入到合金中去，而配制的一种过渡性合金 |
| | 轴承合金 | 指制作滑动轴承轴瓦的有色金属材料 |
| | 印刷合金 | 指印刷工业专用铅字合金，均属于铅、锑、锡系合金 |

### 2. 工业上常见的有色金属（表 1-16）

表 1-16　工业上常见的有色金属

<table>
<tr><td>纯金属</td><td colspan="4">铜（纯铜）、镍、铝、镁、钛、锌、铅、锡等</td></tr>
<tr><td rowspan="16">合金</td><td rowspan="6">铜合金</td><td rowspan="2">黄铜</td><td rowspan="4">压力加工用、铸造用</td><td>普通黄铜（铜锌合金）</td></tr>
<tr><td>特殊黄铜（含有其他合金元素的黄铜）：铝黄铜、铅黄铜、锡黄铜、硅黄铜、锰黄铜、铁黄铜、镍黄铜等</td></tr>
<tr><td rowspan="2">青铜</td><td>锡青铜（铜锡合金，一般还含有磷或锌、铅等合金元素）</td></tr>
<tr><td>特殊青铜（铜与除锌、锡、镍以外的其他合金元素的合金）：铝青铜、硅青铜、锰青铜、铍青铜、锆青铜、铬青铜、镉青铜、镁青铜等</td></tr>
<tr><td rowspan="2">白铜</td><td rowspan="2">压力加工用</td><td>普通白铜（铜镍合金）</td></tr>
<tr><td>特殊白铜（含有其他合金元素的白铜）：锰白铜、铁白铜、锌铜、铝白铜等</td></tr>
<tr><td rowspan="3">铝合金</td><td colspan="2" rowspan="2">压力加工用（变形用）</td><td>不可热处理强化的铝合金：防锈铝</td></tr>
<tr><td>可热处理强化的铝合金：硬铝、锻铝、超硬铝等</td></tr>
<tr><td colspan="2">铸 造 用</td><td>铝硅合金、铝铜合金、铝镁合金、铝锌合金等</td></tr>
<tr><td colspan="2">镍合金</td><td colspan="2">压力加工用：镍硅合金、镍锰合金、镍铬合金、镍铜合金、镍钨合金等</td></tr>
<tr><td colspan="2">锌合金</td><td colspan="2">压力加工用：锌铜合金、锌铝合金　铸造用：锌铝合金</td></tr>
<tr><td colspan="2">铅合金</td><td colspan="2">压力加工用：铅锑合金等</td></tr>
<tr><td colspan="2">镁合金</td><td colspan="2">压力加工用：镁铝合金、镁锰合金、镁锌合金等<br>铸造用：镁铝合金、镁锌合金、镁稀土合金等</td></tr>
<tr><td colspan="2">钛合金</td><td colspan="2">压力加工用：钛与铝、钼等合金元素的合金<br>铸造用：钛与铝、钼等合金元素的合金</td></tr>
<tr><td colspan="2">轴承合金</td><td colspan="2">铅基轴承合金、锡基轴承合金、铜基轴承合金、铝基轴承合金</td></tr>
<tr><td colspan="2">印刷合金</td><td colspan="2">铅基印刷合金</td></tr>
</table>

## 三、冲压生产对材料性能及质量的要求

冲压件所用的材料种类繁多，绝大多数是板料、带料。材料类别包括黑色金属、有色金属和非金属三大类。

冲压用材料与冲压生产关系密切，材料质量的好坏直接影响冲压工艺过程设计、冲压件质量、产品使用寿命和冲压件成本。冲压件材料费用往往要占冲压件成本的 60% ～ 80%。冲压生产用材料应满足以下几点要求，见表 1-17。

表 1-17　冲压生产对材料性能及质量的要求

| 类别 | 说　明 |
|---|---|
| 良好的使用性能 | 从不同产品的使用性能出发，对材料的力学性能、物理性能等提出了各种要求，例如：机械和仪器制造等零件着重要求具有机械强度、刚度和冲击韧度；化学和医疗仪器零件着重要求具有耐腐蚀性；飞机和宇航飞行器等零件着重要求传热和耐热性能；汽车、摩托车等零件着重于表面质量；运输和农业机械等零件着重于耐磨和耐久性 |

续表

| 类别 | 说明 |
| --- | --- |
| 良好的冲压性能 | （1）材料的塑性<br>影响材料塑性的因素是化学成分、金相组织和力学性能。一般来说，钢中碳、硅、硫的含量增加，都会使材料的塑性降低，脆性增加。其中，含碳量对材料塑性影响最大，一般认为 C ≤ 0.05% ～ 0.15% 的低碳钢具有良好的塑性。常用牌号有 08、08F、08Al、10 等，其中以 08Al 的塑性最好<br>晶粒大小对塑性影响甚大。晶粒大，塑性降低，冲压成形时，不仅容易产生破裂，而且制件表面还容易产生粗糙的橘皮，给后续的抛光、电镀、涂漆等工序带来不利的影响。晶粒过细，回弹现象增加。因此，晶粒大小应适中。复杂拉深用的冷轧薄钢板，其晶粒度为 6 ～ 8 级，中板为 5 ～ 7 级，且相邻级别不超过 2 级<br>（2）材料的抗压失稳起皱能力<br>在变形区部位，当材料内部主要是压缩应力时，如直壁零件的拉深、缩口及外凸曲线翻边等，其变形主要是压缩、厚度增加，这时，容易产生失稳起皱。因此，在要求材料具有良好塑性的同时，还要求材料具有良好的抗压失稳起皱能力。这种能力与弹性模量和板料厚向异性系数有关<br>屈强比小的材料，对于压缩类成形工艺有利。在拉深时，如果材料的屈服点低，则变形区的切向压应力小，材料抗压失稳起皱的能力高，防止起皱所必需的压边力和摩擦损失都相应地降低，有利于提高极限变形程度 |
| 良好的表面质量 | 材料应具有良好的表面质量，即材料表面应光洁、平整和无锈等<br>材料表面质量的好坏，直接影响制件的外观性。表面如有裂纹、麻点、划痕、结疤、气泡等缺陷，在冲压过程中，还容易在缺陷部位产生应力集中，而引起破裂<br>材料表面若挠曲不平，会影响剪切和冲压时的定位精度，以及由于定位不稳而造成废品，或因冲裁过程中材料变形时的展开作用而损坏冲头。在变形工序中，材料表面的平面度也会影响材料的流向，引起局部起皱或破裂<br>材料表面有锈，不仅影响冲压性能，损伤模具，而且还会影响后续工序焊接和涂漆等的正常进行 |

## 四、冲压常用材料的力学性能

### 1. 钢铁材料的力学性能（表 1-18、表 1-19）

表 1-18　钢铁材料的力学性能

<table>
<tr><th rowspan="2">材料名称</th><th rowspan="2">材料牌号</th><th rowspan="2">材料状态</th><th colspan="2">极限强度</th><th rowspan="2">伸长率 $\delta$ /%</th><th rowspan="2">屈服强度 $\sigma_s$/MPa</th><th rowspan="2">弹性模量 $E$/MPa</th></tr>
<tr><th>抗剪 $\tau$ /MPa</th><th>抗拉 $\sigma_b$ /MPa</th></tr>
<tr><td>电工用工业纯铁 C ＜ 0.025</td><td>DT1<br>DT2<br>DT3</td><td>已退火的</td><td colspan="2">180</td><td>230</td><td>26</td><td></td></tr>
<tr><td rowspan="7">电工硅钢</td><td>DR530-50</td><td rowspan="7">已退火的</td><td rowspan="7" colspan="2">190</td><td rowspan="7">230</td><td rowspan="7">26</td><td rowspan="7"></td></tr>
<tr><td>DR510-50</td></tr>
<tr><td>DR450-50</td></tr>
<tr><td>DR315-50</td></tr>
<tr><td>DR290-50</td></tr>
<tr><td>DR280-35</td></tr>
<tr><td>DR255-35</td></tr>
<tr><td rowspan="5">普通碳素钢</td><td>Q195</td><td rowspan="5">未经退火的</td><td>260 ～ 320</td><td>320 ～ 400</td><td>28 ～ 33</td><td>—</td><td rowspan="5">—</td></tr>
<tr><td>Q215A</td><td>270 ～ 340</td><td>340 ～ 420</td><td>26 ～ 31</td><td>220</td></tr>
<tr><td>Q235A</td><td>310 ～ 380</td><td>440 ～ 470</td><td>21 ～ 25</td><td>240</td></tr>
<tr><td>Q255A</td><td>340 ～ 420</td><td>490 ～ 520</td><td>19 ～ 23</td><td>260</td></tr>
<tr><td>Q275</td><td>400 ～ 500</td><td>580 ～ 620</td><td>15 ～ 19</td><td>280</td></tr>
</table>

续表

| 材料名称 | 材料牌号 | 材料状态 | 极限强度 | | 伸长率 $\delta$ /% | 屈服强度 $\sigma_s$/MPa | 弹性模量 $E$/MPa |
|---|---|---|---|---|---|---|---|
| | | | 抗剪 $\tau$ /MPa | 抗拉 $\sigma_b$ /MPa | | | |
| 碳素结构钢 | 05 | 已退火的 | 200 | 230 | 28 | — | — |
| | 05F | | 210 ～ 300 | 260 ～ 380 | 22 | — | — |
| | 08F | | 220 ～ 310 | 280 ～ 390 | 32 | 180 | — |
| | 08 | | 260 ～ 360 | 330 ～ 450 | 32 | 200 | 190000 |
| | 10F | | 220 ～ 340 | 280 ～ 420 | 30 | 190 | — |
| | 10 | | 260 ～ 340 | 300 ～ 440 | 29 | 210 | 98000 |
| | 15F | | 250 ～ 370 | 320 ～ 460 | 28 | — | — |
| | 15 | | 270 ～ 380 | 340 ～ 480 | 26 | 230 | 202000 |
| | 20F | | 280 ～ 890 | 340 ～ 480 | 26 | 230 | 200000 |
| | 20 | | 280 ～ 400 | 360 ～ 510 | 25 | 250 | 210000 |
| | 25 | | 320 ～ 440 | 400 ～ 550 | 24 | 280 | 202000 |
| | 30 | | 360 ～ 480 | 450 ～ 600 | 22 | 300 | 201000 |
| | 35 | | 400 ～ 520 | 500 ～ 650 | 20 | 320 | 201000 |
| | 40 | | 420 ～ 540 | 520 ～ 670 | 18 | 340 | 213500 |
| | 45 | | 440 ～ 560 | 550 ～ 700 | 16 | 360 | 204000 |
| | 50 | 已正火的 | 440 ～ 580 | 550 ～ 730 | 14 | 380 | 220000 |
| | 55 | | 550 | ≥ 670 | 14 | 390 | — |
| | 60 | | 550 | ≥ 700 | 13 | 410 | 208000 |
| | 65 | | 600 | ≥ 730 | 12 | 420 | — |
| | 70 | | 600 | ≥ 760 | 11 | 430 | 210000 |
| 优质碳素钢 | 10Mn2 | 已退火的 | 320 ～ 460 | 400 ～ 580 | 22 | 230 | 211000 |
| | 65Mn | | 600 | 750 | 12 | 400 | 211000 |
| 碳素工具钢 | T7 ～ T12<br>T7A ～ T12A | 已退火的 | 600 | 750 | 10 | — | — |
| | T8A | 冷作硬化的 | 600 ～ 950 | 750 ～ 1200 | — | — | — |
| 合金结构钢 | 25CrMnSiA<br>25CrMnSi | 已低温退火的 | 400 ～ 560 | 500 ～ 700 | 18 | 950 | — |
| | 30CrMnSiA<br>30CrMnSi | | 440 ～ 600 | 550 ～ 750 | 16 | 1450<br>850 | — |
| 不锈钢 | 1Cr13 | 已退火的 | 320 ～ 380 | 400 ～ 470 | 21 | 420 | 210000 |
| | 2Cr13 | | 320 ～ 400 | 400 ～ 500 | 20 | 450 | 210000 |
| | 3Cr13 | | 400 ～ 480 | 500 ～ 600 | 18 | 480 | 210000 |
| | 4Cr13 | | 400 ～ 480 | 500 ～ 600 | 15 | 500 | 210000 |
| | 1Cr18Ni9<br>2Cr18Ni9 | 经热处理的 | 460 ～ 520 | 580 ～ 640 | 35 | 200 | 200000 |
| | | 冷辗压的冷作硬化的 | 800 ～ 880 | 100 ～ 110 | 38 | 220 | 200000 |
| | 1Cr18Ni9Ti | 热处理退软的 | 430 ～ 550 | 54 ～ 700 | 40 | 200 | 200000 |
| 优质弹簧钢 | 60Si2Mn<br>60Si2MnA<br>65Si2WA | 已低温退火的 | 720 | 900 | 10 | 1200 | 200000 |
| | | 冷作硬化的 | 640 ～ 960 | 800 ～ 1200 | 10 | 1400<br>1600 | — |

表 1-19　钢在加热状态的抗剪强度　　单位：MPa

| 钢的牌号 \ 加热温度/℃ | 200 | 500 | 600 | 700 | 800 | 900 |
|---|---|---|---|---|---|---|
| Q195、Q215A、10、15 | 360 | 320 | 200 | 110 | 60 | 30 |
| Q235A、Q255A、20 | 450 | 450 | 240 | 130 | 90 | 60 |
| Q275、30、35 | 530 | 520 | 330 | 160 | 90 | 70 |
| 40、50 | 600 | 580 | 380 | 190 | 90 | 70 |

注：材料的抗剪强度 $\tau$ 的数值，应取在冲压温度时的数值，冲压温度通常比加热温度低 150 ～ 200℃。

## 2. 有色金属的力学性能（表 1-20）

表 1-20　有色金属的力学性能

| 材料名称 | 牌　号 | 材料状态 | 极限强度 | | 伸长率 $\delta$ /% | 屈服强度 $\sigma_s$/MPa | 弹性模量 $E$/MPa |
|---|---|---|---|---|---|---|---|
| | | | 抗剪 $\tau$ /MPa | 抗拉 $\sigma_b$ /MPa | | | |
| 铝 | L2、L3 | 已退火的 | 80 | 75 ～ 110 | 25 | 50 ～ 80 | 72000 |
| | L5、L7 | 冷作硬化的 | 100 | 120 ～ 150 | 4 | 120 ～ 240 | |
| 铝锰合金 | LF21 | 已退火的 | 70 ～ 100 | 110 ～ 145 | 19 | 50 | 71000 |
| | | 半冷作硬化的 | 100 ～ 140 | 155 ～ 200 | 13 | 130 | |
| 铝镁合金<br>铝镁铜合金 | LF2 | 已退火的 | 130 ～ 160 | 180 ～ 230 | — | 100 | 70000 |
| | | 半冷作硬化的 | 160 ～ 200 | 230 ～ 280 | | 210 | |
| 高强度的铝镁铜合金 | LC4 | 已退火的 | 170 | 250 | — | — | — |
| | | 淬硬并经人工时效 | 350 | 500 | | 460 | 70000 |
| 镁锰合金 | MB1<br>MB8 | 已退火的 | 120 ～ 140 | 170 ～ 190 | 3 ～ 5 | 98 | 43600 |
| | | 已退火的 | 170 ～ 190 | 220 ～ 230 | 12 ～ 24 | 140 | 40000 |
| | | 冷作硬化的 | 190 ～ 200 | 240 ～ 250 | 8 ～ 10 | 160 | |
| 硬　铝 | LY12 | 已退火的 | 105 ～ 150 | 150 ～ 215 | 12 | — | — |
| | | 淬硬并经自然时效 | 280 ～ 310 | 400 ～ 440 | 15 | 368 | 72000 |
| | | 淬硬后冷作硬化 | 280 ～ 320 | 400 ～ 460 | 10 | 340 | |
| 纯　铜 | T1、T2、T3 | 软的 | 160 | 200 | 30 | 70 | 108000 |
| | | 硬的 | 240 | 300 | 3 | 380 | 130000 |
| 黄　铜 | H62 | 软的 | 260 | 300 | 35 | 380 | 100000 |
| | | 半硬的 | 300 | 380 | 20 | 200 | — |
| | | 硬的 | 420 | 420 | 10 | 480 | — |
| | H68 | 软的 | 240 | 300 | 40 | 100 | 110000 |
| | | 半硬的 | 280 | 350 | 25 | — | |
| | | 硬的 | 400 | 400 | 15 | 25 | 115000 |
| 铅黄铜 | HPb59-1 | 软的 | 300 | 350 | 25 | 142 | 93000 |
| | | 硬的 | 400 | 450 | 5 | 420 | 105000 |

续表

| 材料名称 | 牌号 | 材料状态 | 极限强度 | | 伸长率 $\delta$ /% | 屈服强度 $\sigma_s$/MPa | 弹性模量 $E$/MPa |
|---|---|---|---|---|---|---|---|
| | | | 抗剪 $\tau$ /MPa | 抗拉 $\sigma_b$ /MPa | | | |
| 锰黄铜 | HMn58-2 | 软的 | 340 | 390 | 25 | 170 | 100000 |
| | | 半硬的 | 400 | 450 | 15 | — | |
| | | 硬的 | 520 | 600 | 5 | | |
| 锡磷青铜<br>锡锌青铜 | QSn6.5-0.1<br>QSn6.5-0.4<br>QSn4-3 | 软的 | 260 | 300 | 38 | 140 | 100000 |
| | | 硬的 | 480 | 550 | 3～5 | — | |
| | | 特硬的 | 500 | 650 | 1～2 | 546 | 124000 |
| 铝青铜 | QAl7 | 退火的 | 520 | 600 | 10 | 186 | — |
| | | 不退火的 | 560 | 650 | 5 | 250 | 115000～130000 |
| 铝锰青铜 | QA19-2 | 软的 | 360 | 450 | 18 | 300 | 92000 |
| | | 硬的 | 480 | 600 | 5 | 500 | — |
| 硅锰青铜 | QSi3-1 | 软的 | 280～300 | 350～380 | 40～45 | 239 | 120000 |
| | | 硬的 | 480～520 | 600～650 | 3～5 | 540 | — |
| | | 特硬的 | 560～600 | 700～750 | 1～2 | — | — |
| 铍青铜 | QBe2 | 软的 | 240～480 | 300～600 | 30 | 250～350 | 117000 |
| | | 硬的 | 520 | 660 | 2 | 1280 | 132000～141000 |
| 白铜 | B19 | 软的 | 240 | 300 | 25 | — | — |
| | | 硬的 | 360 | 450 | 25 | | |
| 白铜 | BZn15-20 | 软的 | 280 | 350 | 35 | 207 | — |
| | | 硬的 | 440 | 550 | 1 | 486 | 126000～140000 |
| | | 特硬的 | 520 | 650 | | — | — |
| 镍 | Ni3～Ni5 | 软的 | 350 | 400 | 35 | 70 | — |
| | | 硬的 | 470 | 550 | 2 | 210 | 210000～230000 |
| 德银 | BZn15-20 | 软的 | 300 | 350 | 35 | — | — |
| | | 硬的 | 480 | 550 | 1 | | |
| | | 特硬的 | 560 | 650 | 1 | | |
| 锌 | Zn3～Zn6 | — | 120～200 | 140～230 | 40 | 75 | 80000～130000 |
| 铅 | Pb3～Pb6 | — | 20～30 | 25～40 | 40～50 | 5～10 | 15000～17000 |
| 锡 | Sn1～Sn4 | — | 30～40 | 40～50 | — | 12 | 41500～55000 |
| 钛合金 | TA2 | 退火的 | 360～480 | 450～600 | 25～30 | — | — |
| | TA3 | | 440～600 | 550～750 | 20～25 | | |
| | TA5 | | 640～680 | 800～850 | 15 | 800～980 | 104000 |
| 镁合金 | MB1 | 冷态 | 120～140 | 170～190 | 3～5 | 120 | 40000 |
| | MB8 | | 150～180 | 230～240 | 14～15 | 220 | 41000 |
| | MB1 | 预热300℃ | 30～50 | 30～50 | 50～52 | — | 40000 |
| | MB8 | | 50～70 | 50～70 | 58～62 | — | 41000 |

续表

| 材料名称 | 牌　号 | 材料状态 | 极限强度 | | 伸长率 $\delta$ /% | 屈服强度 $\sigma_s$/MPa | 弹性模量 $E$/MPa |
|---|---|---|---|---|---|---|---|
| | | | 抗剪 $\tau$ /MPa | 抗拉 $\sigma_b$ /MPa | | | |
| 银 | — | — | — | 180 | 50 | 30 | 81000 |
| 可伐合金 | Ni29Co18 | — | 400 ～ 500 | 500 ～ 600 | — | — | — |
| 康铜 | BlVln40.1 | 软的 | — | 400 ～ 600 | — | — | — |
| | | 硬的 | — | 650 | — | — | — |
| 钨 | — | 已退火的 | — | 720 | 0 | 700 | 312000 |
| | | 未退火的 | — | 1491 | 1 ～ 4 | 800 | 380000 |
| 钼 | — | 已退火的 | 20 ～ 30 | 1400 | 20 ～ 25 | 385 | 280000 |
| | | 未退火的 | 32 ～ 40 | 1600 | 2 ～ 5 | 595 | 300000 |

### 3. 非金属材料的极限抗剪强度（表 1-21）

表 1-21　非金属材料的极限抗剪强度

| 材料名称 | 极限抗剪强度 $\tau$/MPa | | 材 料名称 | 极限抗剪强度 $\tau$/MPa | |
|---|---|---|---|---|---|
| | 管状凸模裁切 | 普通凸模冲裁 | | 管状凸模裁切 | 普通凸模冲裁 |
| 纸胶板 | 100 ～ 130 | 140 ～ 200 | 层压布板 | 90 ～ 100 | 120 ～ 180 |
| 布胶板 | 90 ～ 100 | 120 ～ 180 | 绝缘纸板 | 40 ～ 70 | 60 ～ 100 |
| 玻璃布胶板 | 120 ～ 140 | 160 ～ 185 | 厚纸板 | 30 ～ 40 | 40 ～ 80 |
| 金属箔的玻璃布胶板 | 130 ～ 150 | 160 ～ 220 | 软钢纸板 | 20 ～ 40 | 20 ～ 30 |
| 金属箔的纸胶板 | 110 ～ 130 | 140 ～ 200 | 有机玻璃 | 70 ～ 80 | 90 ～ 100 |
| 环氧酚醛玻璃布板 | 180 ～ 210 | 210 ～ 240 | 聚氯乙烯 | 60 ～ 80 | 100 ～ 130 |
| 工业橡胶板 | 1 ～ 6 | 20 ～ 80 | 氯乙烯 | 30 ～ 40 | 50 |
| 石棉橡胶 | 40 | — | 赛璐珞 | 40 ～ 60 | 80 ～ 100 |
| 人造橡胶、硬橡胶 | 40 ～ 70 | — | 皮革 | 6 ～ 8 | 30 ～ 50 |
| 层压纸板 | 100 ～ 130 | 140 ～ 200 | 硬钢纸板 | 30 ～ 50 | 40 ～ 45 |

# 第二章
# 冲压识图

## 第一节　机械图样的技术要求

### 一、表面粗糙度

表面粗糙度是指加工表面所具有的较小间距和微小峰谷的微观几何形状的尺寸特征。工件加工表面的这些微观几何形状误差称为表面粗糙度。

#### 1. 评定表面粗糙度的参数

规定评定表面粗糙度的参数应从幅度参数、间距参数、混合参数及曲线和相关参数中选取。这里主要介绍幅度参数。

**(1)幅度参数**

① 轮廓算术平均偏差($Ra$) 指在取样长度内纵坐标值的算术平均值，代号为 $Ra$，如图 2-1 所示。其表达式近似为：

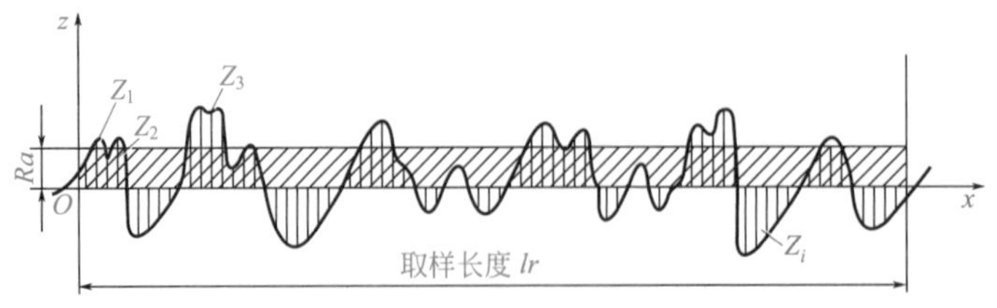


图 2-1　轮廓算术平均偏差 $Ra$

$$Ra \approx \frac{1}{n}\left(|Z_1|+|Z_2|+\cdots+|Z_n|\right)=\frac{1}{n}\sum_{i=1}^{n}|Z_i|$$

式中，$|Z_1|$、$|Z_2|$、…、$|Z_n|$ 分别为轮廓线上各点的轮廓偏距，即各点到轮廓中线的距离。*Ra* 参数测量方便，能充分反映表面微观几何形状的特性。*Ra* 的系列值见表 2-1。

表 2-1　轮廓算术平均偏差 *Ra* 的系列值　　单位：/μm

| 系列值 | 补充系列值 | 系列值 | 补充系列值 | 系列值 | 补充系列值 |
|---|---|---|---|---|---|
| 0.012 | 0.008，0.010 | 0.40 | 0.25，0.32 | 12.5 | 8.0，10.0 |
| 0.025 | 0.016，0.020 | 0.80 | 0.50，0.63 | 25 | 16.0，20 |
| 0.05 | 0.032，0.040 | 1.60 | 1.00，1.25 | 50 | 32，40 |
| 0.10 | 0.063，0.080 | 3.2 | 2.0，2.5 | 100 | 63，80 |
| 0.20 | 0.125，0.160 | 6.3 | 4.0，5.0 | — | — |

② 轮廓最大高度 *Rz*　是指在取样长度内，最大的轮廓峰高 *Rp* 与最大的轮廓谷深 *Rv* 之和的高度，代号为 *Rz*，如图 2-2 所示。*Rz* 的表达式可表示为：

$$Rz=Rp+Rv$$

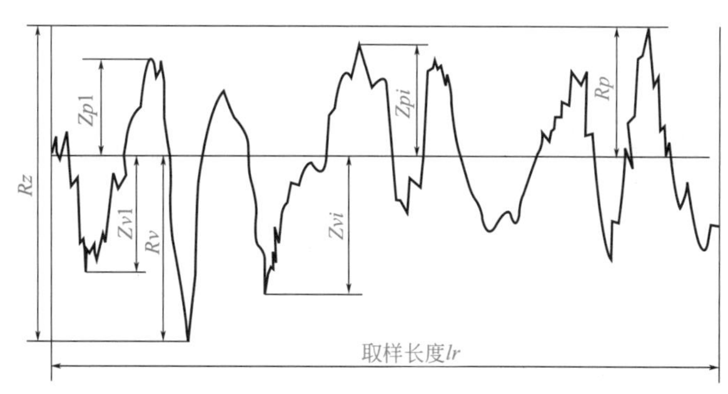


图 2-2　轮廓最大高度 *Rz*

*Rz* 的系列值见表 2-2。

表 2-2　轮廓最大高度 *Rz* 的系列值　　单位：/μm

| 系列值 | 补充系列值 | 系列值 | 补充系列值 | 系列值 | 补充系列值 |
|---|---|---|---|---|---|
| 0.025 | —，— | 1.60 | 1.00，1.25 | 100 | 63，80 |
| 0.05 | 0.032，0.040 | 3.2 | 2.0，2.5 | 200 | 125，160 |
| 0.10 | 0.063，0.080 | 6.3 | 4.0，5.0 | 400 | 250，320 |
| 0.20 | 0.125，0.160 | 12.5 | 8.0，10.0 | 800 | 500，630 |
| 0.40 | 0.25，0.32 | 25 | 16.0，20 | 1600 | 1000，1250 |
| 0.80 | 0.50，0.63 | 50 | 32，40 | — | —，— |

### （2）取样长度（*lr*）

取样长度是指用于判别被评定轮廓不规则特征的 *X* 轴上的长度，代号为 *lr*。为了在测量范围内较好反映表面粗糙度的实际情况，标准规定取样长度按表面粗糙程度选取相应的数值，在取样长度范围内，一般至少包含 5 个轮廓峰和轮廓谷。规定和选择取样长度的目的是为限制和削弱其他几何形状误差，尤其是表面波纹度对测量结果的影响。

### （3）评定长度（*ln*）

评定长度是指用于判别被评定轮廓的 *X* 轴上方向的长度，代号为 *ln*。它可以包含一个或几个取样长度。为了较充分和客观地反映被测表面的粗糙度，须连续取几个取样长度的平均值作为测量结果。国标规定，*ln*=5*lr* 为默认值。选取评定长度的目的是为了减小被测表面上表面粗糙度的不均匀性的影响。

取样长度与幅度参数之间有一定的联系，一般情况下，在测量 *Ra*，*Rz* 时推荐按表 2-3 选取对应的取样长度值。

表 2-3　取样长度（*lr*）和评定长度（*ln*）的数值

| *Ra* | *Rz* | *lr* | *ln*（*ln*=5*lr*） |
|---|---|---|---|
| ＞（0.006）～ 0.02 | ＞（0.025）～ 0.1 | 0.08 | 0.4 |
| >0.02 ～ 0.1 | >0.1 ～ 0.5 | 0.25 | 1.25 |
| >0.1 ～ 2 | >0.5 ～ 10 | 0.8 | 4 |
| >2 ～ 10 | >10 ～ 50 | 2.5 | 12.5 |
| >10 ～ 80 | >50 ～ 200 | 8 | 40 |

## 2. 表面粗糙度符号、代号及标注

### （1）表面粗糙度的图形符号（表 2-4）

表 2-4　表面粗糙度的图形符号

| 符号类型 | | 图形符号 | 意　　义 |
|---|---|---|---|
| 基本图形符号 | | | 仅用于简化代号标注，没有补充说明时不能单独使用 |
| 扩展图形符号 | 要求去除材料的图形符号 | | 在基本图形符号上加一短横，表示指定表面是用去除材料的方法获得，如通过机械加工获得的表面 |
| | 不去除材料的图形符号 | | 在基本图形符号上加一个圆圈，表示指定表面是用不去材料方法获得 |
| 完整图形符号 | 允许任何工艺 | | 当要求标注表面粗糙度特征的补充信息时，应在图形的长边上加一横线 |
| | 去除材料 | | |
| | 不去除材料 | | |
| 工件轮廓各表面的图形符号 | | | 当在图样某个视图上构成封闭轮廓的各表面有相同的表面粗糙度要求时，应在完整图形符号上加一圆圈，标注在图样中工件的封闭轮廓线上。如果标注会引起歧义时，各表面应分别标注 |

### （2）表面粗糙度代号

在表面粗糙度符号的规定位置上，注出表面粗糙度数值及相关的规定项目后就形成了表面粗糙度代号。表面粗糙度数值及其相关的规定在符号中注写的规定位置如图 2-3。其标注方法说明如下：

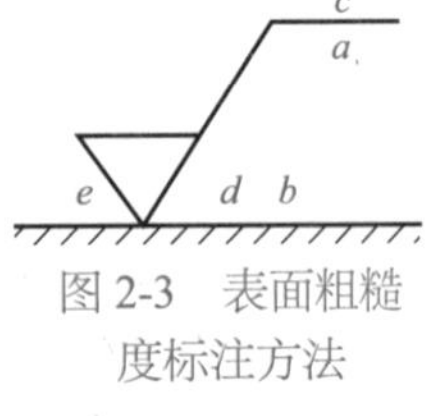


图 2-3　表面粗糙度标注方法

① 位置 *a* 注写表面粗糙度的单一要求　标注表面粗糙度参数代号、极限值和取样长度。为了避免误解，在参数代号和极限值间应插入空格。取样长度后应有一斜线“/”，之后是表面粗糙度参数符号，最后是数值，如：–0.8/*Rz*6.3。

② 位置 *a* 和 *b* 注写两个或多个表面粗糙度要求　在位置 *a* 注写一个表面粗糙度要求，方法同①。在位置 *b* 注写第二个表面粗糙度要求。如果要注写第三个或更多个表面粗糙度要求，图形符号应在垂直方向扩大，以空出足够的空间。扩大图形符号时，*a* 和 *b* 的位置随之上移。

③ 位置 *c* 注写加工方法、表面处理、涂层或其他加工工艺要求等。如车、磨、镀等加工表面。

④ 位置 *d* 注写所要求的表面纹理和纹理的方向，如 “=” “×” “M”。

⑤ 位置 *e* 注写所要求的加工余量，以毫米为单位给出数值。

### (3) 表面粗糙度评定参数的标注

表面粗糙度评定参数必须注出参数代号和相应数值，数值的单位均为微米（μm），数值的判断规则有两种：

① 16% 规则，是所有表面粗糙度要求默认规则。

② 最大规则，应用于表面粗糙度要求时，则参数代号中应加上 “max”。

当图样上标注参数的最大值（max）或（和）最小值（min）时，表示参数中所有的实测值均不得超过规定值。当图样上采用参数的上限值（用 U 表示）或（和）下限值（用 L 表示）时（表中未标注 max 或 min 的），表示参数的实测值中允许少于总数的 16% 的实测值超过规定值。具体标注示例及意义见表 2-5。

表 2-5　表面粗糙度代号的标注示例及意义

| 符号 | 含义 / 解释 |
|---|---|
| *Rz* 0.4 | 表示不允许去除材料，单向上限值，粗糙度的最大高度 0.4μm，评定长度为 5 个取样长度（默认），“16% 规则”（默认） |
| *Rz*max 0.2 | 表示去除材料，单向上限值，粗糙度最大高度的最大值 0.2μm，评定长度为 5 个取样长度（默认），“最大规则”（默认） |
| −0.8/*Ra*3 3.2 | 表示去除材料，单向上限值，取样长度 0.8μm，算术平均偏差 3.2μm，评定长度包含 3 个取样长度，“16% 规则”（默认） |
| U *Ra*max 3.2<br>L *Ra* 0.8 | 表示不允许去除材料，双向极限值，上限值：算术平均偏差 3.2μm，评定长度为 5 个取样长度（默认），“最大规则”，下限值：算术平均偏差 0.8μm，评定长度为 5 个取样长度（默认），“16% 规则”（默认） |
| 车<br>*Rz* 3.2 | 零件的加工表面的粗糙度要求由指定的加工方法获得时，用文字标注在符号上边的横线上 |
| Fe/Ep•Ni1 5pCr0.3r<br>*Rz* 0.8 | 在符号的横线上面可注写镀（涂）覆或其他表面处理要求。镀覆后达到的参数值这些要求也可在图样的技术要求中说明 |
| 铣<br>*Ra* 0.8<br>*Rz*1 3.2<br>⊥ | 需要控制表面加工纹理方向时，可在完整符号的右下角加注加工纹理方向符号 |
| 车<br>3 *Rz* 3.2 | 在同一图样中，有多道加工工序的表面可标注加工余量时。加工余量标注在完整符号的左下方，单位为 mm（左图为 3mm 加工余量） |

注：评定长度（*ln*）的标注。若所标注的参数代号没有 “max”，表明采用的有关标准中默认的评定长度；若不存在默认的评定长度时，参数代号中应标注取样长度的个数，如 *Ra*3、*Rz*3、*Rsm*3……（要求评定长度为 3 个取样长度）。

## 3. 各级表面粗糙度的表面特征、经济加工方法及应用举例（表 2-6）

表 2-6　各级表面粗糙度的表面特征、经济加工方法及应用举例

| 表面粗糙度 | | 表面外观情况 | 获得方法举例 | 应用举例 |
|---|---|---|---|---|
| 级别 | 名称 | | | |
| *Ra* 1.6 | 光面 | 可辨加工痕迹方向 | 金刚石车刀精车、精铰、拉刀加工、精磨、珩磨、研磨、抛光 | 要求保证定心及配合特性的表面，如轴承配合表面、锥孔等 |
| *Ra* 0.8 | | 微辨加工痕迹方向 | | 要求能长期保持规定的配合特性，如标准公差为 IT6、IT7 的轴和孔 |
| *Ra* 0.4 | | 不可辨加工痕迹方向 | | 主轴的定位锥孔，*d*<20mm 淬火的精确轴的配合表面 |

续表

| 表面粗糙度 | | 表面外观情况 | 获得方法举例 | 应用举例 |
|---|---|---|---|---|
| 级别 | 名称 | | | |
| √Ra 12.5 | 半光面 | 可见加工痕迹 | 精车、精刨、精铣、刮研和粗磨 | 支架、箱体和盖等的非配合面，一般螺纹支承面 |
| √Ra 6.3 | | 微见加工痕迹 | | 箱、盖、套筒要求紧贴的表面，键和键槽的工作表面 |
| √Ra 3.2 | | 看不见加工痕迹 | | 要求有不精确定心及配合特性的表面，如支架孔、衬套、带轮工作表面 |
| √Ra 0.2 | 最光面 | 暗光泽面 | 超精磨、研磨抛光、镜面磨 | 保证精确的定位锥面、高精度滑动轴承表面 |
| √Ra 0.1 | | 亮光泽面 | | 精密机床主轴颈、工作量规、测量表面、高精度轴承滚道 |
| √Ra 0.05 | | 镜状光泽面 | | 精密仪器和附件的摩擦面、用光学观察的精密刻度尺 |
| √Ra 0.025 | | 雾状镜面 | | 坐标镗床的主轴颈、仪器的测量表面 |
| √Ra 0.012 | | 镜面 | | 量块的测量面、坐标镗床的镜面轴 |
| √Ra 100 | 粗面 | 明显可见刀痕 | 毛坯经过粗车、粗刨、粗铣等加工方法所获得的表面 | 一般的钻孔、倒角、没有要求的自由表面 |
| √Ra 50 | | 可见刀痕 | | |
| √Ra 25 | | 微见刀痕 | | |

## 二、极限与配合

### 1. 基本术语及定义（表 2-7）

表 2-7　基本术语及定义

| 基本术语 | | 术语定义 |
|---|---|---|
| 尺寸 | 尺寸 | 以特定单位表示线性尺寸值的数值 |
| | 基本尺寸 | 通过它应用上、下偏差可算出极限尺寸的尺寸，如图 2-4 所示（基本尺寸可以是一个整数或一个小数值） 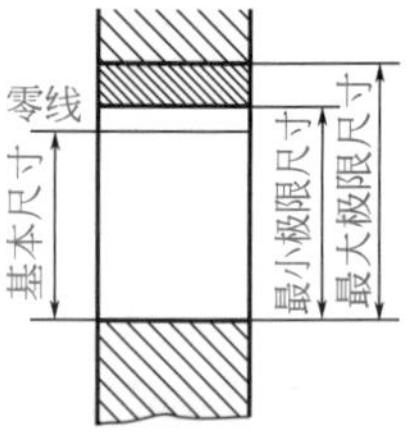<br>零线　基本尺寸　最小极限尺寸　最大极限尺寸<br>图 2-4　基本尺寸、最大极限尺寸和最小极限尺寸 |
| | 局部实际尺寸 | 一个孔或轴的任意横截面中的任一距离，即任何两相对点之间测得的尺寸 |
| | 极限尺寸 | 一个孔或轴允许的尺寸的两个极端。实际尺寸应位于其中，也可达到极限尺寸 |
| | 最大极限尺寸 | 孔或轴允许的最大尺寸 |
| | 最小极限尺寸 | 孔或轴允许的最小尺寸 |
| | 实际尺寸 | 通过测量所得到的尺寸 |
| 极限制 | | 经标准化的公差与偏差制度 |
| 零线 | | 在极限与配合图解中，表示基本尺寸的一条直线，以其为基准确定偏差和公差，如图 2-4 所示。通常零线沿水平方向绘制，正偏差位于其上，负偏差位于其下，如图 2-6 所示 |

续表

| 基本术语 | | 术语定义 |
|---|---|---|
| 偏差 | 偏差 | 某一尺寸（实际尺寸、极限尺寸等）减其基本尺寸所得的代数差 |
| | 极限偏差 | 包含上偏差和下偏差。轴的上、下偏差代号用小写字母 es、ei 表示；孔的上、下偏差代号用大写字母 ES、EI 表示 |
| | 上偏差 | 最大极限尺寸减其基本尺寸所得的代数差 |
| | 下偏差 | 最小极限尺寸减其基本尺寸所得的代数差 |
| | 基本偏差 | 在本标准（GB/T 1800.1—2009）极限与配合制中，确定公差带相对零线位置的那个极限偏差（它可以是上偏差或下偏差），一般为靠近零线的那个偏差为基本偏差，当公差带位于零线上方时，其基本偏差为下偏差，当公差带位于零线下方时，其基本偏差为上偏差，如图 2-5 所示 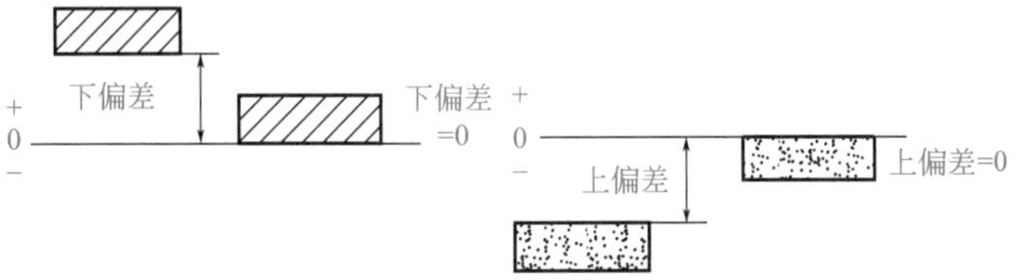<br>(a) 基本偏差为下偏差　(b) 基本偏差为上偏差<br>图 2-5　基本偏差 |
| 尺寸公差 | 尺寸公差（简称公差） | 最大极限尺寸减最小极限尺寸之差，或上偏差减下偏差之差。它是允许尺寸的变动量（尺寸公差是一个没有符号的绝对值） |
| | 标准公差（IT） | 本标准（GB/T 1800.1—2009）极限与配合制中，所规定的任一公差 |
| | 标准公差等级 | 本标准（GB/T 1800.1—2009）极限与配合制中，同一公差等级（如 IT7）对所有基本尺寸的一组公差被认为具有同等精确程度 |
| | 公差带 | 在公差带图解中，由代表上偏差和下偏差或最大极限尺寸和最小极限尺寸的两条直线所限定的一个区域。它是由公差大小和其相对零线的位置（如基本偏差）来确定，如图 2-6 所示 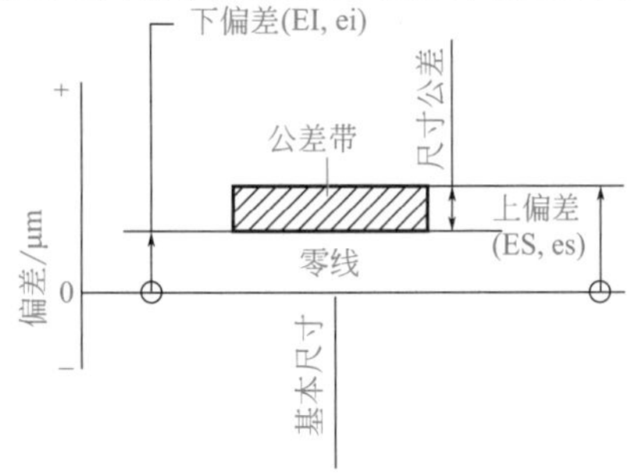<br>图 2-6　公差带图解 |
| | 标准公差因子（$i$，$I$） | 在本标准（GB/T 1800.1—2009）极限与配合制中，用以确定标准公差的基本单位，该因子是基本尺寸的函数（标准公差因子 $i$ 用于基本尺寸至 500mm；标准公差因子，用于基本尺寸大于 500mm） |
| 间隙 | 间隙 | 孔的尺寸减去相配合轴的尺寸之差为正值，如图 2-7 所示 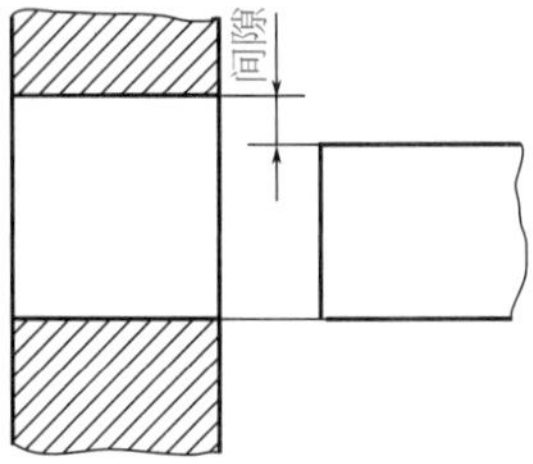<br>图 2-7　间隙图 |

| | 基本术语 | 术语定义 |
|---|---|---|
| 间隙 | 最小间隙 | 在间隙配合中，孔的最小极限尺寸减轴的最大极限尺寸之差，如图 2-8 所示 |
| | 最大间隙 | 在间隙配合或过渡配合中，孔的最大极限尺寸减轴的最小极限尺寸之差，如图 2-8 和图 2-9 所示 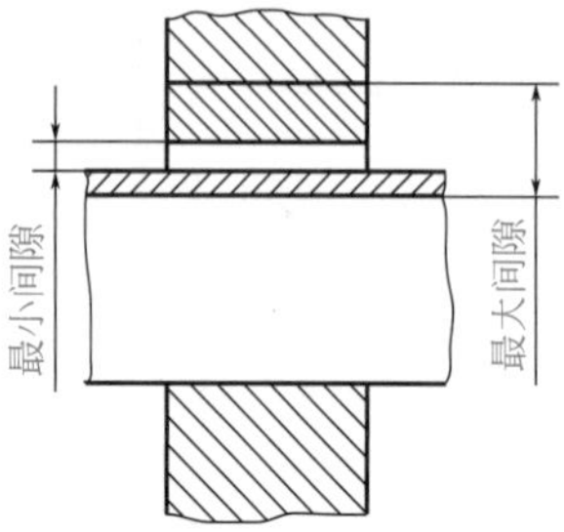<br>图 2-8　间隙配合 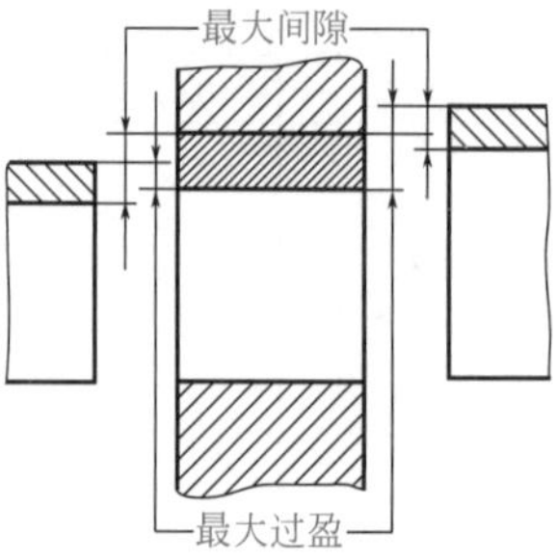<br>图 2-9　过渡配合 |
| 过盈 | 过　盈 | 孔的尺寸减去相配合的轴的尺寸之差为负值，如图 2-10 所示 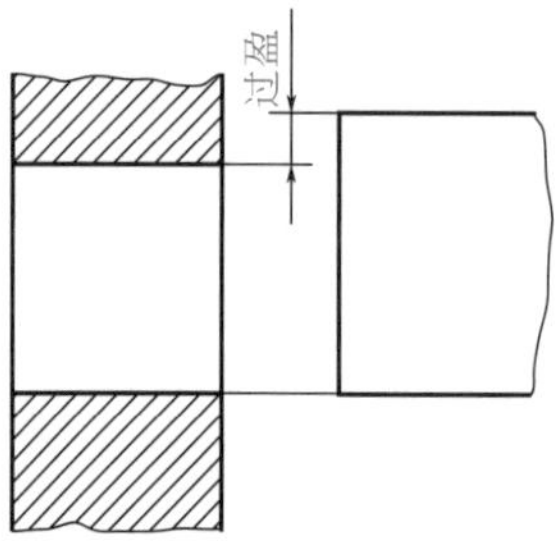<br>图 2-10　过盈 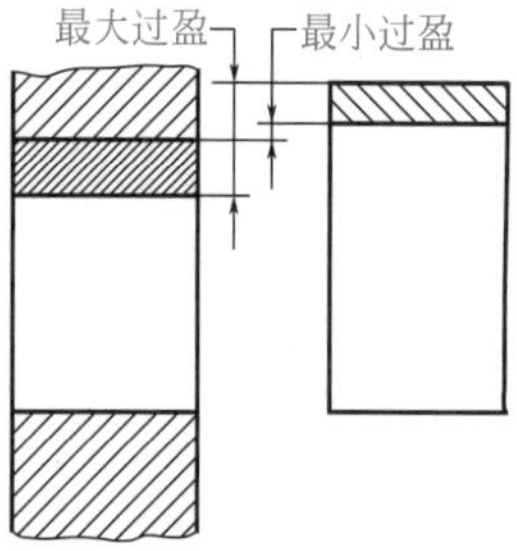<br>图 2-11　过盈配合 |
| | 最小过盈 | 在过盈配合中，孔的最大极限尺寸减轴的最小极限尺寸之差，如图 2-11 所示 |
| | 最大过盈 | 在过盈配合或过渡配合中，孔的最小极限尺寸减轴的最大极限尺寸之差，如图 2-11 所示和如图 2-14 所示 |
| 配合 | 配　合 | 基本尺寸相同、相互结合的孔和轴公差带之间的关系 |
| | 间隙配合 | 具有间隙（包括最小间隙等于零）的配合。此时，孔的公差带在轴的公差带之上，如图 2-12 所示 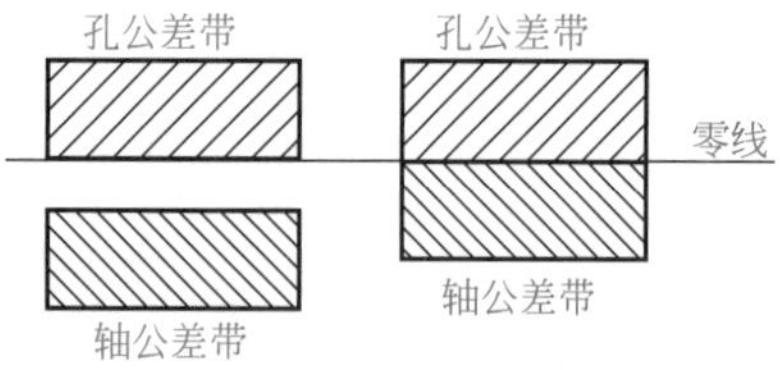<br>图 2-12　间隙配合的示意 |
| | 过盈配合 | 具有过盈（包括最小过盈等于零）的配合。此时，孔的公差带在轴的公差带之下，如图 2-13 所示 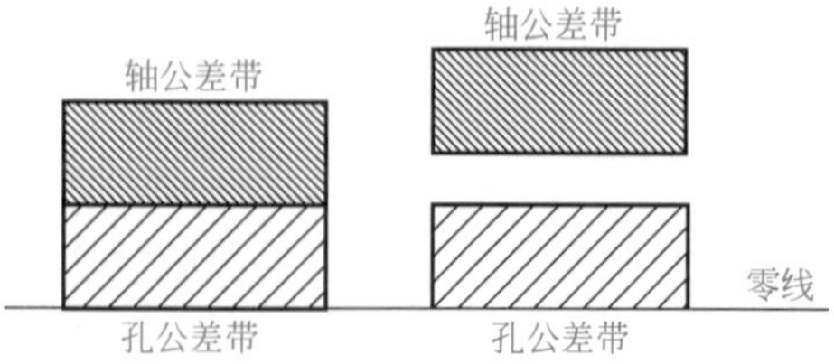<br>图 2-13　过盈配合的示意 |

续表

| 基本术语 | | 术语定义 |
|---|---|---|
| 配合 | 过渡配合 | 可能具有间隙或过盈的配合。此时，孔的公差带与轴的公差带相互交叠，如图 2-14 所示 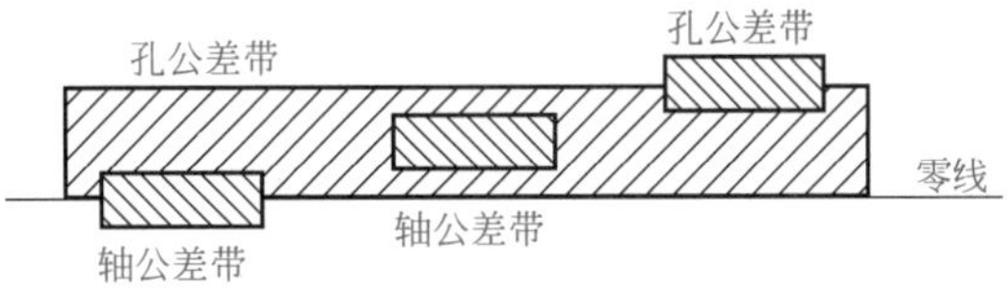<br>图 2-14　过渡配合的示意 |
| | 配合公差 | 组成配合的孔、轴公差之和。它是允许间隙或过盈的变动量（配合公差是一个没有符号的绝对值） |
| 配合制 | 配合制 | 同一极限制的孔和轴组成配合的一种制度 |
| | 基轴制配合 | 基本偏差一定的轴的公差带，与不同基本偏差的孔的公差带形成各种配合的一种制度。对本标准（GB/T 1800.1—2009）极限与配合制，是轴的最大极限尺寸与基本尺寸相等、轴的上偏差为零的一种配合制，如图 2-15 所示 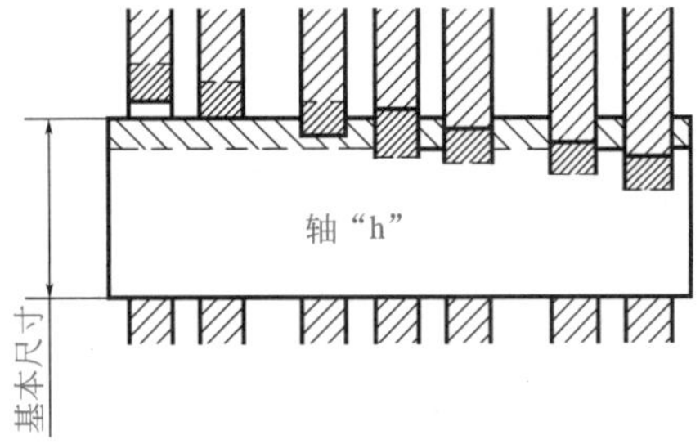<br>图 2-15　基轴配合制<br>水平实线代表轴或孔的基本偏差。<br>虚线代表另一极限，表示轴和孔之间可能的不同组合，与它们的公差等级有关。 |
| | 基孔制配合 | 基本偏差一定的孔的公差带，与不同基本偏差的轴的公差带形成各种配合的一种制度。对本标准（GB/T 1800.1—2009）极限与配合制，是孔的最小极限尺寸与基本尺寸相等，孔的下偏差为零的一种配合制，如图 2–16 所示 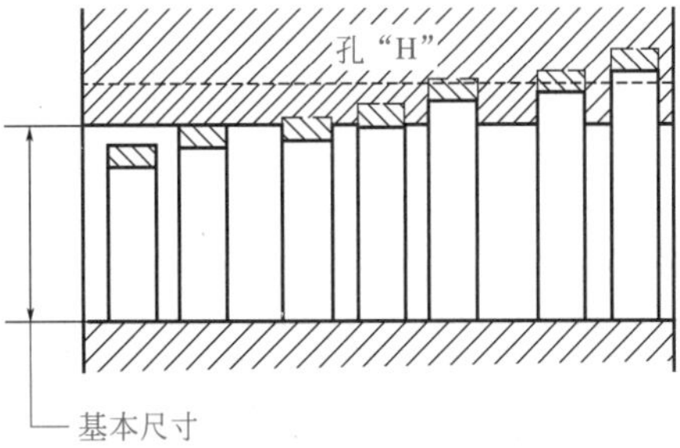<br>图 2-16　基孔配合制<br>水平实线代表孔或轴的基本偏差。<br>虚线代表另一极限，表示孔和轴之间可能的不同组合，与它们的公差等级有关 |
| 轴 | 轴 | 通常指工件的圆柱形外表面，也包括非圆柱形外表面（由二平行平面或切面形成的被包容面） |
| | 基准轴 | 在基轴制配合中选作基准的轴。对本标准极限与配合制，即上偏差为零的轴 |
| 孔 | 孔 | 通常指工件的圆柱形内表面，也包括非圆柱形内表面（由二平行平面或切面形成的包容面） |
| | 基准孔 | 在基孔制配合中选作基准的孔。对本标准极限与配合制，即下偏差为零的孔 |
| 最大实体极限（MML） | | 对应于孔或轴的最大实体尺寸的那个极限尺寸，即：轴的最大极限尺寸、孔的最小极限尺寸。最大实体尺寸是孔或轴具有允许的材料量为最多时状态下的极限尺寸 |
| 最小实体极限（LML） | | 对应于孔或轴的最小实体尺寸的那个极限尺寸，即：轴的最小极限尺寸、孔的最大极限尺寸。最小实体尺寸是孔或轴具有允许材料量为最小的状态下的极限尺寸 |

## 2. 基本规定

### (1) 标准公差的等级、代号及数值

标准公差分 20 级，即 IT01、IT0、IT1 ～ IT18。IT 表示标准公差，公差的等级代号用阿拉伯数字表示。从 IT01 ～ IT18 等级依次降低，当其与代表基本偏差的字母一起组成公差带时，省略“IT”字母，如 h7，各级标准公差的数值规定见表 2-8。

表 2-8 标准公差数值

| 基本尺寸/mm | | 公差等级 | | | | | | | | | |
|---|---|---|---|---|---|---|---|---|---|---|---|
| | | IT01 | IT0 | IT1 | IT2 | IT3 | IT4 | IT5 | IT6 | IT7 | IT8 |
| 大于 | 至 | μm | | | | | | | | | |
| — | 3 | 0.3 | 0.5 | 0.8 | 1.2 | 2 | 3 | 4 | 6 | 10 | 14 |
| 3 | 6 | 0.4 | 0.6 | 1 | 1.5 | 2.5 | 4 | 5 | 8 | 12 | 18 |
| 6 | 10 | 0.4 | 0.6 | 1 | 1.5 | 2.5 | 4 | 6 | 9 | 15 | 22 |
| 10 | 18 | 0.5 | 0.8 | 1.2 | 2 | 3 | 5 | 8 | 11 | 18 | 27 |
| 18 | 30 | 0.6 | 11 | 1.5 | 2.5 | 4 | 6 | 9 | 13 | 21 | 33 |
| 30 | 50 | 0.6 | 1 | 1.5 | 2.5 | 4 | 7 | 11 | 16 | 25 | 39 |
| 50 | 80 | 0.8 | 1.2 | 2 | 3 | 5 | 8 | 13 | 19 | 30 | 46 |
| 80 | 120 | 1 | 1.5 | 2.5 | 4 | 6 | 10 | 15 | 22 | 35 | 54 |
| 120 | 180 | 1.2 | 2 | 3.5 | 5 | 8 | 12 | 18 | 25 | 40 | 63 |
| 180 | 250 | 2 | 3 | 4.5 | 7 | 10 | 14 | 20 | 29 | 46 | 72 |
| 250 | 315 | 2.5 | 4 | 6 | 8 | 12 | 16 | 23 | 32 | 52 | 81 |
| 315 | 400 | 3 | 5 | 7 | 9 | 13 | 18 | 25 | 36 | 57 | 89 |
| 400 | 500 | 4 | 6 | 8 | 10 | 15 | 20 | 27 | 40 | 63 | 97 |
| 基本尺寸/mm | | 公差等级 | | | | | | | | | |
| | | IT9 | IT10 | IT11 | IT12 | IT13 | IT14 | IT15 | IT16 | IT17 | IT18 |
| 大于 | 至 | μm | | | mm | | | | | | |
| — | 3 | 25 | 40 | 60 | 0.10 | 0.14 | 0.25 | 0.40 | 0.60 | 1.0 | 1.4 |
| 3 | 6 | 30 | 48 | 75 | 0.12 | 0.18 | 0.30 | 0.48 | 0.75 | 1.2 | 1.8 |
| 6 | 10 | 36 | 58 | 90 | 0.15 | 0.22 | 0.36 | 0.58 | 0.90 | 1.5 | 2.2 |
| 10 | 18 | 43 | 70 | 110 | 0.18 | 0.27 | 0.43 | 0.70 | 1.10 | 1.8 | 2.7 |
| 18 | 30 | 52 | 84 | 130 | 0.21 | 0.33 | 0.52 | 0.84 | 1.30 | 2.1 | 3.3 |
| 30 | 50 | 62 | 100 | 160 | 0.25 | 0.39 | 0.62 | 1.00 | 1.60 | 2.5 | 3.9 |
| 50 | 80 | 74 | 120 | 190 | 0.30 | 0.46 | 0.74 | 1.20 | 1.90 | 3.0 | 4.6 |
| 80 | 120 | 87 | 140 | 220 | 0.35 | 0.54 | 0.87 | 1.40 | 2.20 | 3.5 | 5.4 |
| 120 | 180 | 100 | 160 | 250 | 0.40 | 0.63 | 1.00 | 1.60 | 2.50 | 4.0 | 6.3 |
| 180 | 250 | 115 | 185 | 290 | 0.46 | 0.72 | 1.15 | 1.85 | 2.90 | 4.6 | 7.2 |
| 250 | 315 | 130 | 210 | 320 | 0.52 | 0.81 | 1.30 | 2.10 | 3.20 | 5.2 | 8.1 |
| 315 | 400 | 140 | 230 | 360 | 0.57 | 0.89 | 1.40 | 2.30 | 3.60 | 5.7 | 8.9 |
| 400 | 500 | 155 | 250 | 400 | 0.63 | 0.97 | 1.55 | 2.50 | 4.00 | 6.3 | 9.7 |

注：基本尺寸小于 1mm 时，无 IT14 至 IT18。

### (2) 基本偏差的代号

基本偏差的代号用拉丁字母表示，大写的代号代表孔，小写的代号代表轴，各 28 个。

孔的基准偏差代号有：A、B、C、CD、D、E、EF、F、FG、G、H、J、JS、K、M、N、P、R、S、T、U、V、X、Y、Z、ZA、ZB、ZC。

轴的基准偏差代号有：a、b、c、cd、d、e、ef、f、fg、g、h、j、js、k、m、n、p、r、s、t、u、v、x、y、z、za、zb、zc。其中，H 代表基准孔，h 代表基准轴。

### （3）轴的极限偏差

轴的基本偏差从 a ～ h 为上偏差，从 j ～ zc 为下偏差。轴的另一个偏差（下偏差或上偏差），根据轴的基本偏差和标准公差，按以下代数式计算：

$$ei=es-IT \text{ 或 } es=ei+IT$$

### （4）孔的极限偏差

孔的基本偏差从 A ～ H 为下偏差，从 J ～ ZC 为上偏差；孔的另一个偏差（上偏差或下偏差），根据孔的基本偏差和标准公差，按以下代数式计算：

$$ES=EI+IT \text{ 或 } EI=ES-IT$$

### （5）公差带代号

孔、轴公差带代号用基本偏差代号与公差等级代号组成。如 H8、F8、K7、P7 等为孔的公差带代号；h7、f7 等为轴的公差带代号。其表示方法可以用下列示例之一：

孔：$\phi50H8$，$\phi50^{+0.039}_{0}$，$\phi50H8(^{+0.039}_{0})$

轴：$\phi50f7$，$\phi50^{-0.025}_{-0.050}$，$\phi50f7(^{-0.025}_{-0.050})$

### （6）基准制

标准规定有基孔制和基轴制。在一般情况下，优先采用基孔制。如有特殊需要，允许将任一孔、轴公差带组成配合。

### （7）配合代号

用孔、轴公差带的组合表示，写成分数形式，分子为孔的公差带，分母为轴的公差带，例如：H8/f7 或$\dfrac{H8}{f7}$。其表示方法可用以下示例之一：

$$\phi50H8/f7 \text{ 或 } \phi50\frac{H8}{f7}；10H7/n6 \text{ 或 } 10\frac{H7}{n6}$$

### （8）配合分类

标准的配合有三类，即间隙配合、过渡配合和过盈配合。属于哪一类配合取决于孔、轴公差带的相互关系。基孔制（基轴制）中，a ～ h（A ～ H）用于间隙配合;j ～ zc（J ～ ZC）用于过渡配合和过盈配合。

### （9）公差带及配合的选用原则

孔、轴公差带及配合，首先采用优先公差带及优先配合，其次采用常用公差带及常用配合，再次采用一般用途公差带。必要时，可按标准所规定的标准公差与基本偏差组成孔、轴公差带及配合。

### （10）极限尺寸判断原则

孔或轴的尺寸不允许超过最大实体尺寸。即对于孔，其尺寸应不小于最小极限尺寸；对于轴，则应不大于最大极限尺寸。

在任何位置上的实际尺寸不允许超过最小实体尺寸，即对于孔，其实际尺寸应不大于最大极限尺寸；对于轴，则应不小于最小极限尺寸。

### 3. 一般公差

GB/T 1804—2000《一般公差　未注公差的线性和角度尺寸的公差》规定了未注出公差的线性和角度尺寸的一般公差的公差等级和极限偏差数值，适用于一般冲压加工的尺寸，也适用于金属切削加工的尺寸。非金属材料和其他工艺方法加工的尺寸可参照采用。

（1）线性尺寸的极限偏差数值（表 2-9）

表 2-9　线性尺寸的极限偏差数值

| 公差等级 | 尺　寸　分　段/mm | | | |
|---|---|---|---|---|
| | 0.5～3 | ＞3～6 | ＞6～30 | ＞30～120 |
| 精密 f | ±0.05 | ±0.05 | ±0.1 | ±0.15 |
| 中等 m | ±0.1 | ±0.1 | ±0.2 | ±0.3 |
| 公差等级 | 尺　寸　分　段/mm | | | |
| | 0.5～3 | ＞3～6 | ＞6～30 | ＞30～120 |
| 粗糙 c | ±0.2 | ±0.3 | ±0.5 | ±0.8 |
| 最粗 v | — | ±0.5 | ±1 | ±1.5 |
| 公差等级 | 尺　寸　分　段/mm | | | |
| | ＞120～400 | ＞400～1000 | ＞1000～2000 | ＞2000～4000 |
| 精密 f | ±0.2 | ±0.3 | ±0.5 | — |
| 中等 m | ±0.5 | ±0.8 | ±1.2 | ±2 |
| 粗糙 c | ±1.2 | ±2 | ±3 | ±4 |
| 最粗 v | ±2.5 | ±4 | ±6 | ±8 |

（2）倒圆半径与倒角高度尺寸的极限偏差（表 2-10）

表 2-10　倒圆半径与倒角高度尺寸的极限偏差数值

| 公差等级 | 尺　寸　分　段/mm | | | |
|---|---|---|---|---|
| | 0.5～3 | ＞3～6 | ＞6～30 | ＞30 |
| 精密 f<br>中等 m | ±0.2 | ±0.5 | ±1 | ±2 |
| 粗糙 c<br>最粗 v | ±0.4 | ±1 | ±2 | ±4 |

（3）角度尺寸的极限偏差（表 2-11）

表 2-11　角度尺寸的极限偏差数值

| 公差等级 | 长　度/mm | | | | |
|---|---|---|---|---|---|
| | ≤10 | ＞10～50 | ＞50～120 | ＞120～400 | ＞400 |
| 精密 f<br>中等 m | ±1° | ±30′ | ±20′ | ±10′ | ±5′ |
| 粗糙 c | ±1°30′ | ±1° | ±30′ | ±15′ | ±10′ |
| 最粗 v | ±3° | ±2° | ±1° | ±30′ | ±20′ |

## 4. 优先、常用和一般用途的孔、轴公差带

### （1）尺寸≤ 500mm 的轴公差带（如图 2-17 所示）

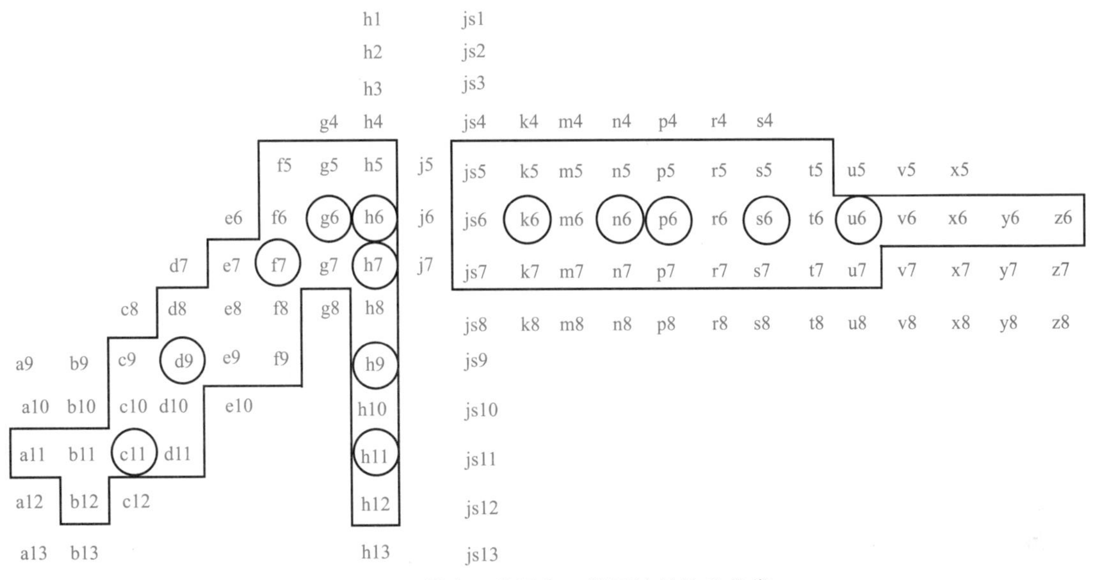


图 2-17　优先、常用和一般用途的轴公差带

轴的一般公差带，共 116 个（包括常用和优先）。带方框的为常用公差带，共 59 个（包括优先）。带圆圈中的为优先公差带，共 13 个。

### （2）尺寸≤ 500mm 的孔公差带（如图 2-18 所示）

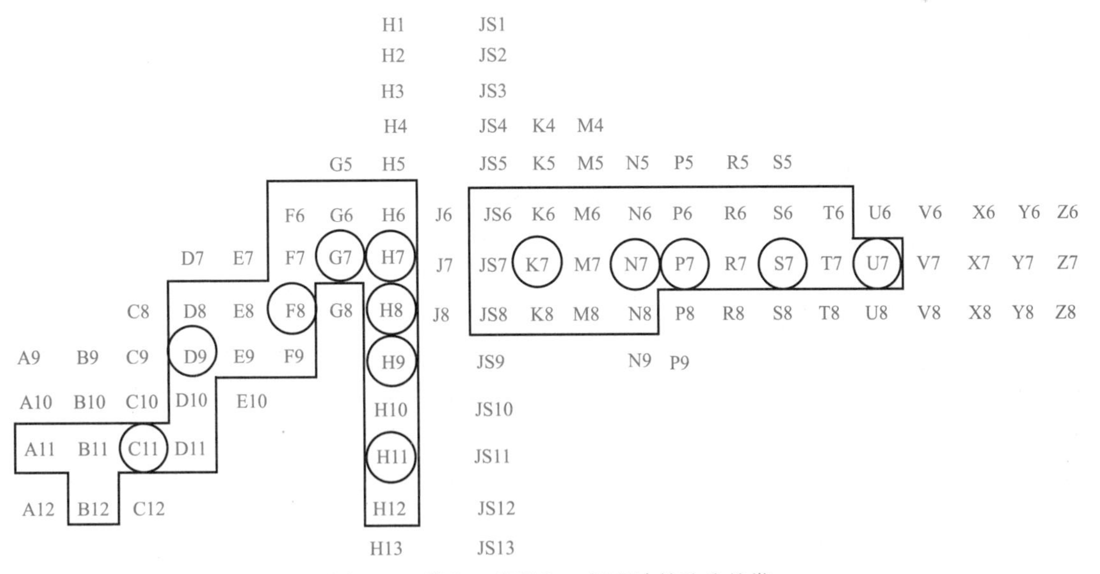


图 2-18　优先、常用和一般用途的孔公差带

孔的一般公差带，共 105 个（包括常用和优先）。带方框的为常用公差带，共 44 个（包括优先）。带圆圈中的为优先公差带，共 13 个。

## 5. 基孔制与基轴制优先、常用配合

### （1）基孔制优先、常用配合（表 2-12）

表 2-12 基孔制优先、常用配合

| 基准孔 | 轴 | | | | | | | | | | | | | | | | | | | | |
|---|---|---|---|---|---|---|---|---|---|---|---|---|---|---|---|---|---|---|---|---|---|
| | a | b | c | d | e | f | g | h | js | k | m | n | p | r | s | t | u | v | x | y | z |
| | 间隙配合 | | | | | | | | 过渡配合 | | | 过盈配合 | | | | | | | | | |
| H6 | — | — | — | — | — | $\frac{H6}{f5}$ | $\frac{H6}{g5}$ | $\frac{H6}{h5}$ | $\frac{H6}{js5}$ | $\frac{H6}{k5}$ | $\frac{H6}{m5}$ | $\frac{H6}{n5}$ | $\frac{H6}{p5}$ | $\frac{H6}{r5}$ | $\frac{H6}{s5}$ | $\frac{H6}{t5}$ | — | — | — | — | — |
| H7 | — | — | — | — | — | $\frac{H7}{f6}$ | $\frac{H7}{g6}$ ■ | $\frac{H7}{h6}$ ■ | $\frac{H7}{js6}$ | $\frac{H7}{k6}$ ■ | $\frac{H7}{m6}$ | $\frac{H7}{n6}$ | $\frac{H7}{p6}$ ■ | $\frac{H7}{r6}$ | $\frac{H7}{s6}$ ■ | $\frac{H7}{t6}$ | $\frac{H7}{u6}$ ■ | $\frac{H7}{v6}$ | $\frac{H7}{x6}$ | $\frac{H7}{y6}$ | $\frac{H7}{z6}$ |
| H8 | — | — | — | — | $\frac{H8}{e7}$ | $\frac{H8}{f7}$ ■ | $\frac{H8}{g7}$ | $\frac{H8}{h7}$ ■ | $\frac{H8}{js7}$ | $\frac{H8}{k7}$ | $\frac{H8}{m7}$ | $\frac{H8}{n7}$ | $\frac{H8}{p7}$ | $\frac{H8}{r7}$ | $\frac{H8}{s7}$ ■ | $\frac{H8}{t7}$ | $\frac{H8}{u7}$ | — | — | — | — |
| H8 | — | — | — | $\frac{H8}{d8}$ | $\frac{H8}{e8}$ | $\frac{H8}{f8}$ | — | $\frac{H8}{h8}$ | — | — | — | — | — | — | — | — | — | — | — | — | — |
| H9 | — | — | $\frac{H9}{c9}$ | $\frac{H9}{d9}$ ■ | $\frac{H9}{e9}$ | $\frac{H9}{f9}$ | — | $\frac{H9}{h9}$ ■ | — | — | — | — | — | — | — | — | — | — | — | — | — |
| H10 | — | — | $\frac{H10}{c10}$ | $\frac{H10}{d10}$ | — | — | — | $\frac{H10}{h10}$ | — | — | — | — | — | — | — | — | — | — | — | — | — |
| H11 | $\frac{H11}{a11}$ | $\frac{H11}{b11}$ | $\frac{H11}{c11}$ ■ | $\frac{H11}{d11}$ | — | — | — | $\frac{H11}{h11}$ ■ | — | — | — | — | — | — | — | — | — | — | — | — | — |
| H12 | — | $\frac{H12}{b12}$ | — | — | — | — | — | $\frac{H12}{h12}$ | — | — | — | — | — | — | — | — | — | — | — | — | — |

注：1. $\frac{H6}{n5}$、$\frac{H7}{p6}$在基本尺寸小于或等于 3mm 和$\frac{H8}{r7}$在小于或等于 10mm 时，为过渡配合。

2. 标注■的配合为优先配合。

## （2）基轴制优先、常用配合（表 2-13）

表 2-13　基轴制优先、常用配合

| 基准孔 | 孔 | | | | | | | | | | | | | | | | | | | | |
|---|---|---|---|---|---|---|---|---|---|---|---|---|---|---|---|---|---|---|---|---|---|
| | A | B | C | D | E | F | G | H | JS | K | M | N | P | R | S | T | U | V | X | Y | Z |
| | 间隙配合 | | | | | | | | 过渡配合 | | | 过盈配合 | | | | | | | | | |
| h5 | — | — | — | — | — | F6/h5 | G6/h5 | H6/h5 | s6/h5 | K6/h5 | M6/h5 | N6/h5 | P6/h5 | R6/h5 | S6/h5 | T6/h5 | — | — | — | — | — |
| h6 | — | — | — | — | — | F7/h6 | ■G7/h6 | ■H7/h6 | JS7/h6 | ■K7/h6 | M7/h6 | ■N7/h6 | ■P7/h6 | R7/h6 | ■S7/h6 | T7/h6 | ■U7/h6 | — | — | — | — |
| h7 | — | — | — | — | E8/h7 | ■F8/h7 | — | ■H8/h7 | JS8/h7 | K8/h7 | M8/h7 | N8/h7 | — | — | — | — | — | — | — | — | — |
| h8 | — | — | — | D8/h8 | E8/h8 | F8/h8 | — | H8/h8 | — | — | — | — | — | — | — | — | — | — | — | — | — |
| h9 | — | — | — | ■D9/h9 | E9/h9 | F9/h9 | — | ■H9/h9 | — | — | — | — | — | — | — | — | — | — | — | — | — |
| h10 | — | — | — | D10/h10 | — | — | — | H10/h10 | — | — | — | — | — | — | — | — | — | — | — | — | — |
| h11 | A11/h11 | B11/h11 | ■C11/h11 | D11/h11 | — | — | — | ■H11/h11 | — | — | — | — | — | — | — | — | — | — | — | — | — |
| h12 | — | B11/h12 | — | — | — | — | — | H11/h12 | — | — | — | — | — | — | — | — | — | — | — | — | — |

注：标注■的配合为优先配合。

## 6. 优先配合选用说明（表 2-14）

表 2-14　优先配合选用说明

| 优先配合 | | 说明 |
|---|---|---|
| 基孔制 | 基轴制 | |
| $\frac{H11}{c11}$ | $\frac{C11}{h11}$ | 间隙非常大，用于很松的、转动很慢的动配合，要求大公差与大间隙的外露组件，要求装配方便的很松的配合 |
| $\frac{H9}{d9}$ | $\frac{D9}{h9}$ | 间隙很大的自由转动配合，用于精度为非主要要求时，或有大的温度变动、高转速或大的轴颈压力时 |
| $\frac{H8}{f7}$ | $\frac{F7}{h7}$ | 间隙不大的转动配合，用于中等转速与中等轴颈压力的精确转动；也用于装配较易的中等定位配合 |
| $\frac{H7}{g6}$ | $\frac{G7}{h6}$ | 间隙很小的滑动配合，用于不希望自由转动但可自由移动和滑动并精密定位时，也可用于要求明确的定位配合 |
| $\frac{H7}{h6}$<br>$\frac{H8}{h7}$<br>$\frac{H9}{h9}$<br>$\frac{H11}{h11}$ | $\frac{H7}{h6}$<br>$\frac{H8}{h7}$<br>$\frac{H9}{h9}$<br>$\frac{H11}{h11}$ | 均为间隙定位配合，零件可自由装拆，而工作时一般相对静止不动。在最大实体条件下的间隙为零，在最小实体条件下的间隙由公差等级决定 |
| $\frac{H7}{k6}$ | $\frac{K7}{h6}$ | 过渡配合，用于精密定位 |
| $\frac{H7}{n6}$ | $\frac{N7}{n6}$ | 过渡配合，允许有较大过盈的更精密定位 |
| $\frac{H7}{p6}$ | $\frac{P7}{h6}$ | 过盈定位配合，即小过盈配合，用于定位精度特别重要时，能以最好的定位精度达到部件的刚性及对中的性能要求，而对内孔承受压力无特殊要求，不依靠配合的紧固性传递摩擦负荷 |
| $\frac{H7}{s6}$ | $\frac{S7}{h6}$ | 中等压入配合，适用于一般钢件，或用于薄壁件的冷缩配合，用于铸铁件可得到最紧的配合 |
| $\frac{H7}{u6}$ | $\frac{U7}{h6}$ | 压入配合，适用于可以受高压力的零件或不宜承受大压入力的冷缩配合 |

# 三、形状和位置公差

## 1. 形状和位置公差符号

### （1）形状公差特征项目的符号（表 2-15）

表 2-15　形状公差特征项目的符号表

| 公差 | | 特征项目 | 符号 | 有无基准要求 |
|---|---|---|---|---|
| 形状 | 形状 | 直线度 | — | 无 |
| | | 平面度 | ▱ | 无 |
| | | 圆度 | ○ | 无 |
| | | 圆柱度 | ⌭ | 无 |
| 形状或位置 | 轮廓 | 线轮廓度 | ⌒ | 有或无 |
| | | 面轮廓度 | ⌓ | 有或无 |

续表

| 公差 | | 特征项目 | 符号 | 有无基准要求 |
|---|---|---|---|---|
| 位置 | 定向 | 平行度 | // | 有 |
| | | 垂直度 | ⊥ | 有 |
| | | 倾斜度 | ∠ | 有 |
| | 定位 | 位置度 | ⌖ | 有或无 |
| | | 同轴（同心）度 | ◎ | 有 |
| | | 对称度 | ⌯ | 有 |
| | 跳动 | 圆跳动 | ↗ | 有 |
| | | 全跳动 | ⌰ | 有 |

(2) 被测要素、基准要素的标注方法

被测要素、基准要素的标注方法见表 2-16。如要求在公差带内进一步限制被测要素的形状，则应在公差值后面加注符号（表 2-17）。

表 2-16 被测要素、基准要素的标注方法

| 符号 | 说明 | | 符号 | 说明 |
|---|---|---|---|---|
| [arrow onto surface] | 直接 | 被测要素的标注 | Ⓜ | 最大实体要求 |
| [A, arrow onto surface] | 用字母 | | Ⓛ | 最小实体要求 |
| [boxed A on surface] | 基准要素的标注 | | Ⓡ | 可逆要求 |
| ϕ2 / A1 | 基准目标的标注 | | Ⓟ | 延伸公差带 |
| 50 | 理论正确尺寸 | | Ⓕ | 自由状态（非刚性零件）零件 |
| Ⓔ | 包容要求 | | [circle with leader arrow] | 全周（轮廓） |

表 2-17 被测要素形状的限制符号

| 含义 | 符号 | 举例 |
|---|---|---|
| 只许中间向材料内凹下 | (−) | ⏤ t (−) |
| 只许中间向材料外凸起 | (+) | ▱ t (+) |
| 只许从左至右减小 | (▷) | ⌭ t (▷) |
| 只许从右至左减小 | (◁) | ⌭ t (◁) |

## 2. 形状和位置公差未注公差值

### （1）形状公差的未注公差值

① 直线度和平面度的未注公差值见表2-18。选择公差值时，对于直线度应按其相应线的长度选择；对于平面应按其表面的较长一侧或圆表面的直径选择。

表2-18 直线度和平面度的未注公差值

| 公差等级 | 基本长度范围/mm | | | | | |
|---|---|---|---|---|---|---|
| | ≤10 | >10～30 | >30～100 | >100～300 | >300～1000 | >1000～3000 |
| H | 0.02 | 0.05 | 0.1 | 0.2 | 0.3 | 0.4 |
| K | 0.05 | 0.1 | 0.2 | 0.4 | 0.6 | 0.8 |
| L | 0.1 | 0.2 | 0.4 | 0.8 | 1.2 | 1.6 |

② 圆度的未注公差值等于标准的直径公差值，但不能大于表2-19中圆跳动的未注公差值。

表2-19 圆跳动的未注公差值

| 公差等级 | 圆跳动公差值/mm |
|---|---|
| H | 0.1 |
| K | 0.2 |
| L | 0.5 |

③ 圆柱度的未注公差值不做规定。圆柱度误差由三个部分组成；圆度、直线度和相对素线的平行度误差，而其中每一项误差均由它们的注出公差或未注公差控制。如因功能要求，圆柱度应小于圆度、直线度和平行度的未注公差的综合结果，应在被测要素上按GB/T11802的规定注出圆柱度公差值，或采用包容要求。

### （2）位置公差的未注公差值

① 平行度的未注公差值等于给出的尺寸公差值，或直线度和平面度未注公差值中的相应公差值取较大者。应取两要素中的较长者作为基准；若两要素的长度相等，则可选任一要素为基准。

② 垂直度的未注公差值，见表2-20。取形成直角的两边中较长的一边作为基准，较短的一边作为被测要素；若边的长度相等则可取其中的任意一边为基准。

表2-20 垂直度的未注公差值

| 公差等级 | 基本长度范围/mm | | | |
|---|---|---|---|---|
| | ≤100 | >100～300 | >300～1000 | >1000～3000 |
| H | 0.2 | 0.3 | 0.4 | 0.5 |
| K | 0.4 | 0.6 | 0.8 | 1 |
| L | 0.6 | 1 | 1.5 | 2 |

③ 对称度的未注公差值，见表2-21。应取两要素中较长者作为基准，较短者作为被测要素；若两要素长度相等则可选任一要素为基准。

④ 同轴度的未注公差值未做规定。在极限状况下，同轴度的未注公差值与圆跳动的未注公差值相等。

⑤ 圆跳动（径向、端面和斜向）的未注公差值，见表2-22。对于圆跳动未注公差值，应以设计和工艺给出的支承面作为基准，否则应取两要素中较长的一个作为基准；若两要素

的长度相等，则可选任一要素为基准。

表 2-21　对称度的未注公差值

| 公差等级 | 基本长度范围/mm | | | |
|---|---|---|---|---|
| | ≤ 100 | > 100 ～ 300 | > 300 ～ 1000 | > 1000 ～ 3000 |
| H | 0.5 | | | |
| K | 0.6 | | 0.8 | 1 |
| L | 0.6 | 1 | 1.5 | 2 |

### 3. 图样上注出公差值的规定

#### （1）规定了公差值或数系表的项目

① 直线度、平面度。

② 圆度、圆柱度。

③ 平行度、垂直度、倾斜度。

④ 同轴度、对称度、圆跳动和全跳动。

⑤ 位置度数系。

GB/T 1182—2018 附录提出的公差值，是以零件和量具在标准温度（20℃）下测量为准。

#### （2）公差值的选用原则

① 根据零件的功能要求，并考虑加工的经济性和零件的结构、刚性等情况，按表中数系确定要素的公差值，并考虑下列情况：

a. 在同一要素上给出的形状公差值应小于位置公差值。如果要求平行的两个表面，其平面度公差值应小于平行度公差值。

b. 圆柱形零件的形状公差值（轴线的直线度除外）一般情况下应小于其尺寸公差值。

c. 平行度公差值应小于其相应的距离公差值。

② 对于下列情况，考虑到加工的难易程度和除主参数外其他参数的影响，在满足零件功能的要求下，适当降低 1 ～ 2 级选用。

a. 孔相对于轴。

b. 长径比较大的轴或孔。

c. 距离较大的轴或孔。

d. 宽度较大（一般大于 1/2 长度）的零件表面。

e. 线对线和线对面相对于面对面的平行度。

f. 线对线和线对面相对于面对面的垂直度。

# 第二节　典型冲压模具图

## 一、底板产品图识读

### 1. 底板产品图样分析

底板二维图如图 2-19 所示，尺寸省略。从标题栏可以看到，这是第一角投影，图纸采用 1 ∶ 1。从图纸的布局看，此产品由一个俯视图、一个仰视图和两个剖视图组成，没有技术说明。

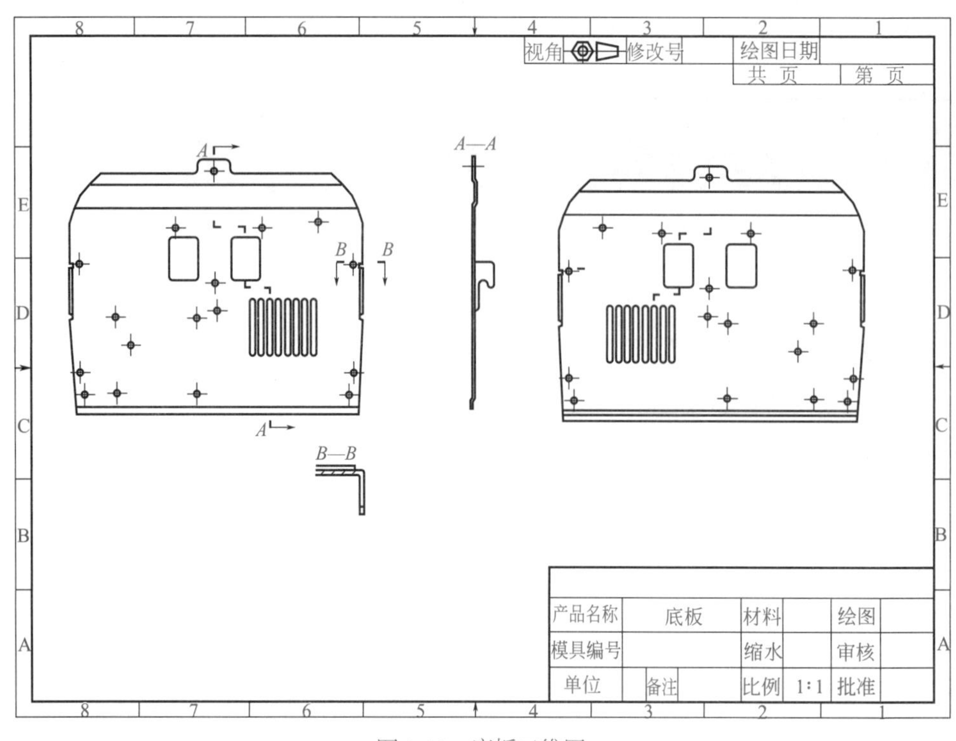


图 2-19　底板二维图

## 2. 底板产品图识读过程

### （1）识读思路分析

下面将详细介绍各个视图所对应的三维效果图，具体过程见表 2-22。

表 2-22　底板图识读思路分析

| 名称 | 二维图样 | 对应的三维结果 | 说明 |
| --- | --- | --- | --- |
| 俯视图 | 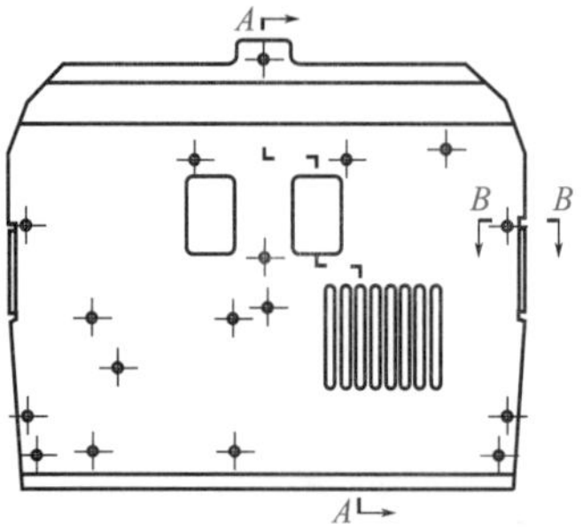 | 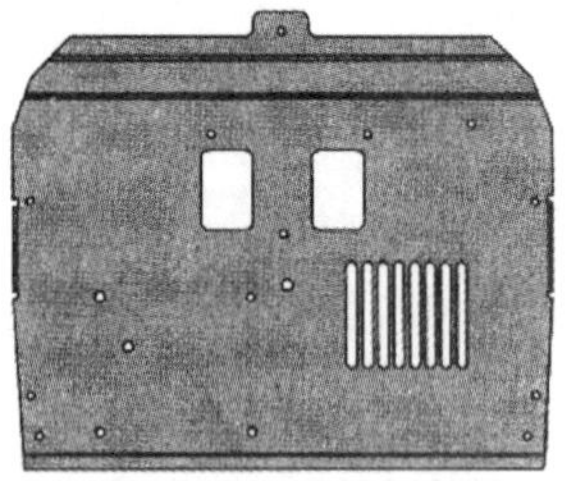 | 俯视图表达了产品的整体外形，包括产品的长度、宽度等 |
| 仰视图 | 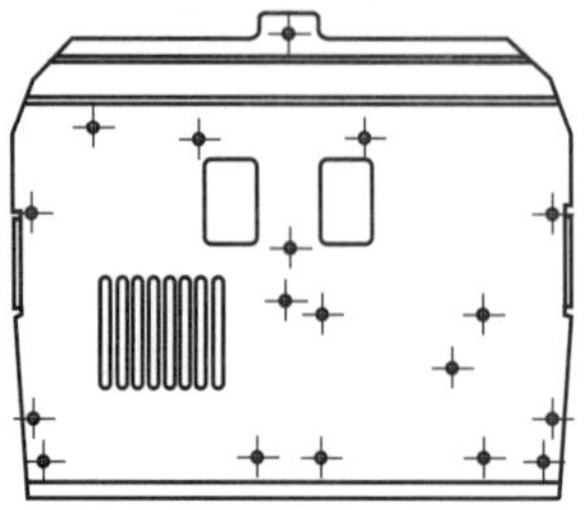 |  | 仰视图反映底板的底部对象 |

续表

| 名称 | 二维图样 | 对应的三维结果 | 说明 |
|---|---|---|---|
| 剖视图<br>*A—A* | | | 剖视图*A—A*表达了底板内部槽、孔的形状 |
| 剖视图<br>*B—B* | | | 剖视图*B—B*是为了表达护耳处的侧圆形状 |

### （2）识读步骤详解

通过二维与三维图样分析，我们对底板总体形式有了初步认识，底板结构比较简单，我们只需对各视图再详细识读就能想象出三维实体。首先从俯视图和仰视图出发，可以先想象出是一个不规则的方体，如图 2-20 所示。接着再识读俯视图和仰视图内部，可以发现两面都有相同结构，是否通穿，还需要再识读剖视图 *A—A*。在剖视图 *A—A* 中可以发现底板顶部内部槽为通穿，同时侧面为一薄板，如图 2-21 所示。

再结合图 2-20 和图 2-21 的实体进行组合，也就是说仰视图表达了外形主体，而剖视图 *A—A* 表达了这个视图的厚度或高度，最终可合并成如图 2-22 所示的实体。再通过其他视图的细节识读，最终可以完成底板产品的图纸细节创建，结果如图 2-23 所示。

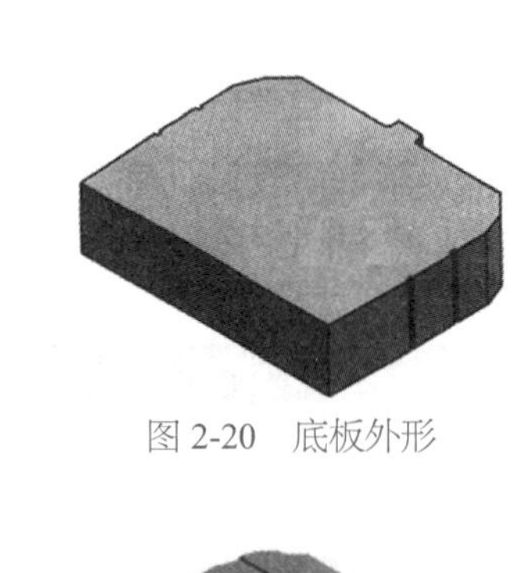

图 2-20　底板外形

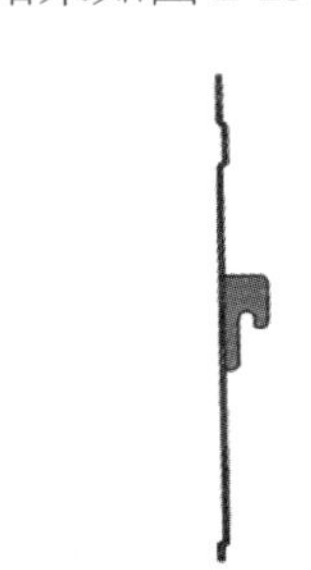

图 2-21　底板侧面板厚

图 2-22　两视图合并结果

图 2-23　底板识读结果

## 二、矩形支架产品图识读

### 1. 矩形支架产品图样分析

矩形支架产品二维图如图 2-24 所示，尺寸省略。从标题栏可以看到，这是第一角投影，图纸采用 1 ∶ 1。从图纸的布局看，此产品由一个主视图、一个俯视图、一个仰视图、两个剖视图和一个正等轴测图组成，没有技术说明。

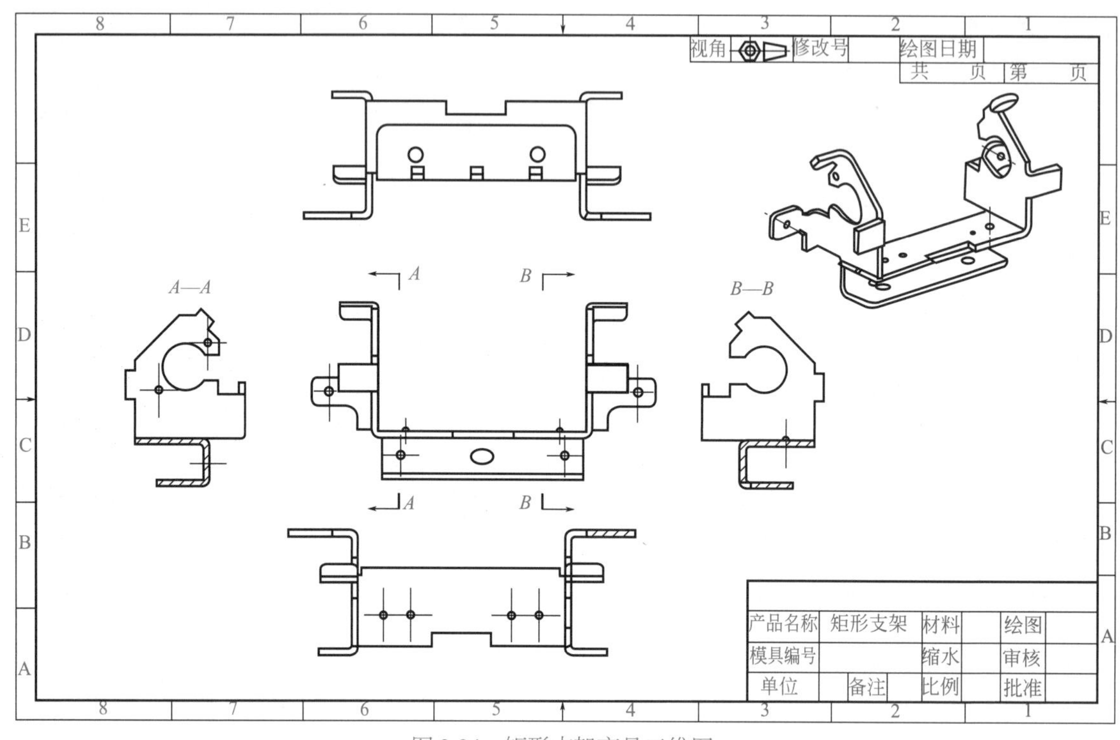


图 2-24 矩形支架产品二维图

### 2. 矩形支架产品图识读过程

（1）识读思路分析

下面将详细解剖每个视图所对应的三维效果图，具体过程见表 2-23。

表 2-23 矩形支架图识读思路分析

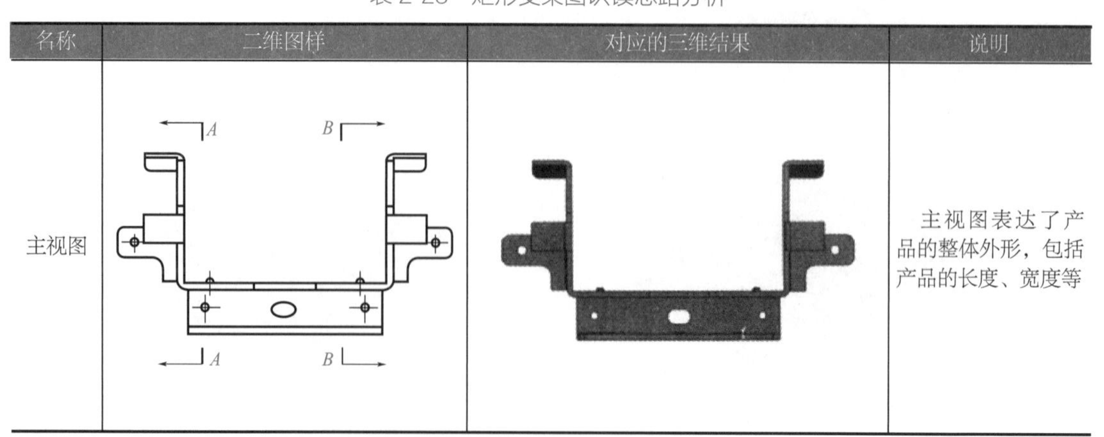

| 名称 | 二维图样 | 对应的三维结果 | 说明 |
|---|---|---|---|
| 主视图 |  |  | 主视图表达了产品的整体外形，包括产品的长度、宽度等 |

续表

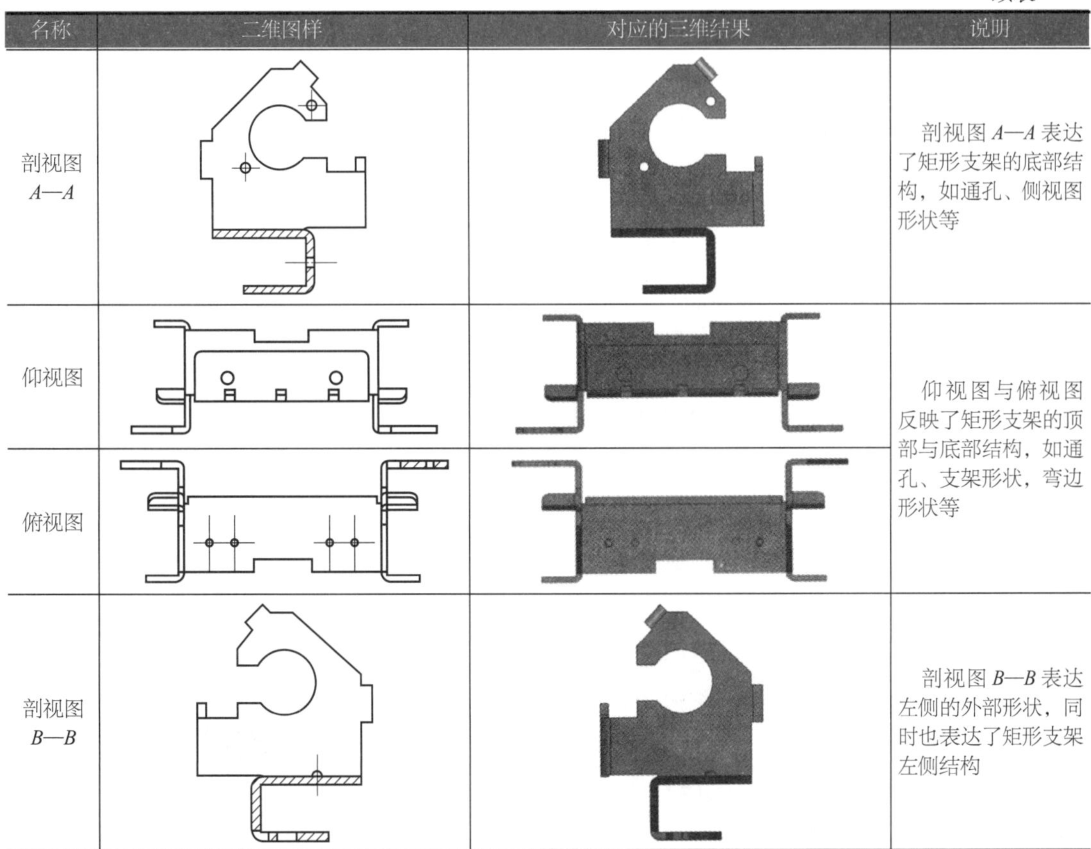

| 名称 | 二维图样 | 对应的三维结果 | 说明 |
|---|---|---|---|
| 剖视图<br>*A*—*A* | | | 剖视图 *A*—*A* 表达了矩形支架的底部结构，如通孔、侧视图形状等 |
| 仰视图 | | | 仰视图与俯视图反映了矩形支架的顶部与底部结构，如通孔、支架形状，弯边形状等 |
| 俯视图 | | | |
| 剖视图<br>*B*—*B* | | | 剖视图 *B*—*B* 表达左侧的外部形状，同时也表达了矩形支架左侧结构 |

（2）识读步骤详解

从以上分析，可以发现这个矩形支架不像之前的产品那样规矩，在识读时应该结合组合体知识来完成。首先，可以将这个矩形支架分成左、右侧架和弯边三部分，如图 2-25 所示，接着进行拆分体的视图识读，以降低识读复杂程度。

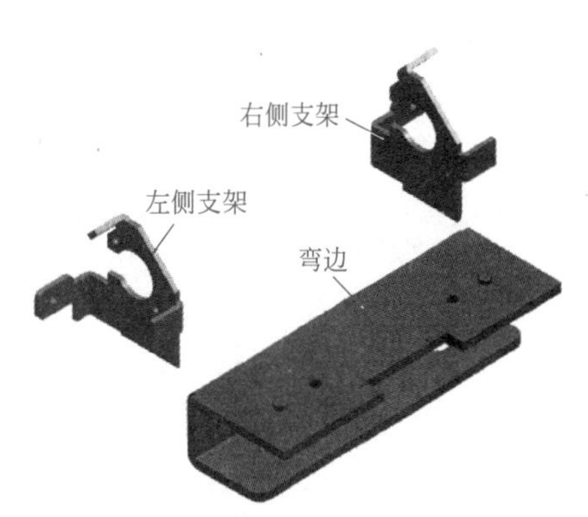


图 2-25　矩形支架的组合体分解

① 边对象识读　在矩形支架二维图中，可以只识读弯边视图那部分，从图纸的布局中可以看到，左、右两侧的剖视图就最能表达弯边对象的外形，如图 2-26 所示。因此只需将这个视图外形线段叠加一实体就可以得出弯边实体，结果如图 2-27 所示（此处不考虑内部细节）。

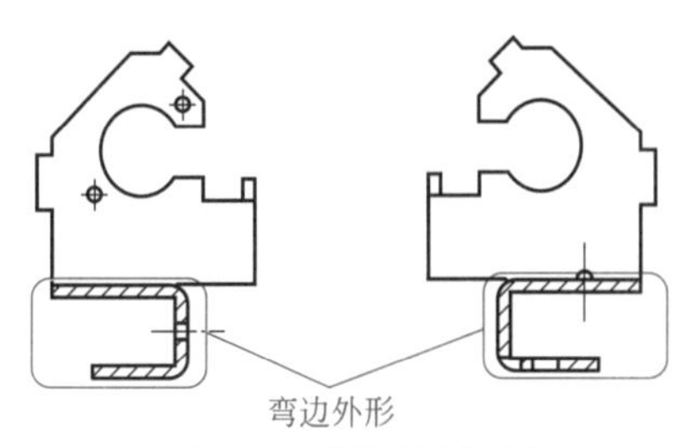


图 2-26　弯边外形对象

图 2-27　弯边外形识读结果

接着再识读弯边内部细节，从仰视图中可以看到弯边内部有矩形槽、圆孔（台）等，如图 2-28 所示。内部槽到底是凸还是凹或其他还需再识读相关视图。下面接着识读剖视图 *A—A* 和剖视图 *B—B*，剖视图 *A—A* 能表达弯边内侧的孔，如图 2-29 所示；剖视图 *B—B* 能表达弯边的槽、圆台，如图 2-30 所示。最后再识读其他对应关系，最终想象出弯边结果如图 2-31 所示。

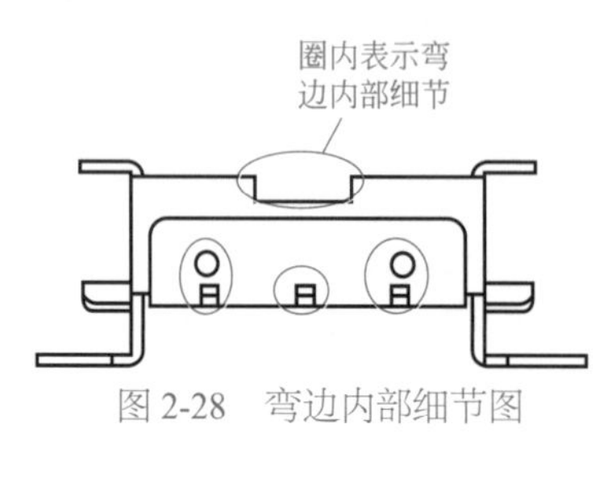


图 2-28　弯边内部细节图

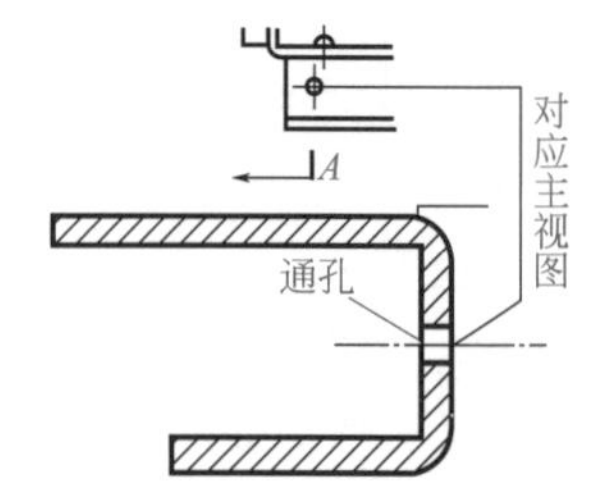


图 2-29　剖视图 *A—A* 与其他视图的对应关系

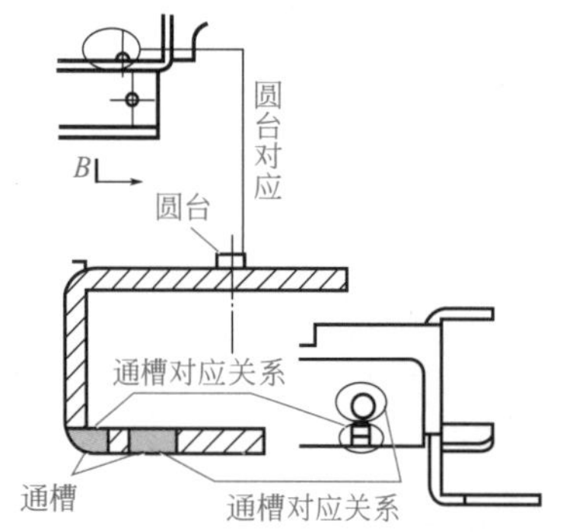


图 2-30　剖视图 *B—B* 与其他视图的对应关系

图 2-31　弯边识读结果

② 左、右侧支架识读　在矩形支架二维图中，能够表达左右侧支架的对象包括每一个视图，但剖视图 *A—A* 和剖视图 *B—B* 中最能表达左右侧支架形状，因此可以先识读这两个视图。从二维图纸中识读可以发现，左右侧支架有对称关系，只是剖视图 *A—A* 中多了两个侧孔，其余都是一样的，因此只识读其中一个剖视图即可。

从剖视图 *A—A* 出发，在剖视图 *A—A* 中可看作支架侧面为一块带有不同形状的薄板（不考虑细节），如图 2-32 所示。左侧支架外形识读完毕后，接着识读支架另一方向视图，从俯视图和仰视图可以看到，有些长出的护耳，如图 2-33 所示。

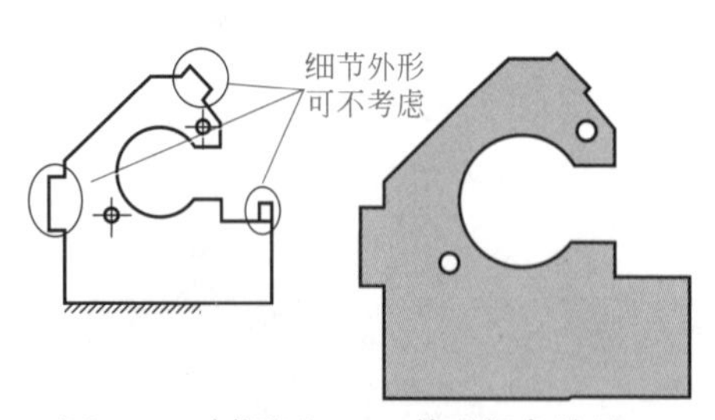


图 2-32　剖视图 *A—A* 外形想象结果

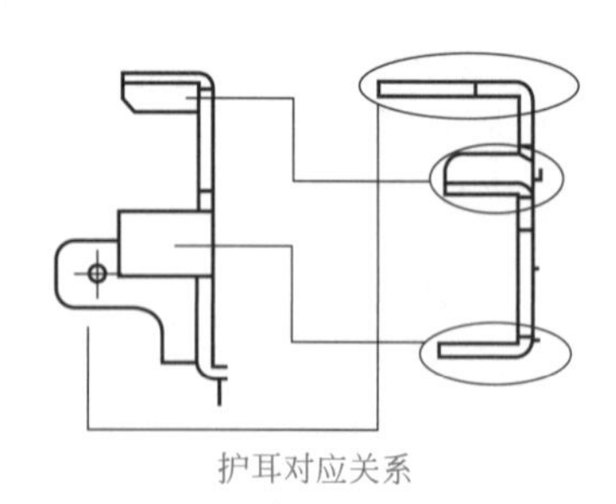


图 2-33　左侧支架对应细节对象

结合矩形支架二维图纸中的轴测图，最终可以想象出左侧支架的实体如图 2-34 所示，同时右侧支架如图 2-35 所示，最后将这两个支架组合到弯边处，结果如图 2-36 所示。

图 2-34　左侧支架识读结果

图 2-35　右侧支架识读结果

图 2-36　矩形支架合并结果

## 三、双型挡片模具装配图的识读

### 1. 冲压模装配图的组成要素

由于模具属于加工装备，所以模具装配图的内容要求与一般机械结构装配图也有所不同，如图 2-37 所示给出了冲压模装配图的一般表达要素和各要素在装配图中的位置。

如图 2-38 所示为某冲压模装配图。从图中可看出，一张完整的冲压模装配图应具有下列内容（表 2-24）。

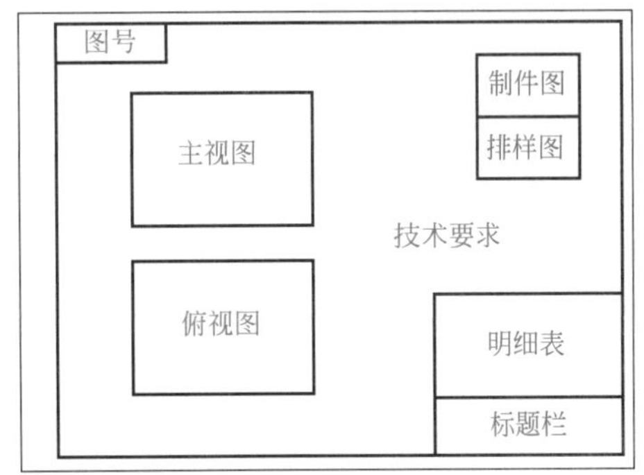


图 2-37　冲压模具图的基本要素及其在图中位置

表 2-24　冲压模装配图的组成要素

| 类别 | 说　　明 |
|---|---|
| 冲压件零件图和生产要求 | 如图 2-38 所示中右上角给出了冲压件的零件图和生产数量、零件材料和厚度等信息，这些是模具装配图中固有的要素之一 |
| 冲压排样图 | 在冲压件零件图的下方是冲压排样图。一般情况下，排样图的排样方向应与冲压时的送料方向一致，以保证读图的准确性 |
| 表达模具结构的图形 | 图 2-38 所示中用两个视图给出了该套模具的结构，其中主视图采用全剖视图。在模具装配图中，由于模具是由很多板类零件叠加而成，所以在主视图的表达时往往采用阶梯剖的表达形式，但是一般情况下并不绘制剖切位置<br>俯视图则只表达下模部分（拆去上模后再绘制俯视图），这种表达形式是模具装配图特有的表达形式 |
| 必要的尺寸 | 在模具装配图中，主要标注总高、总长和总宽等总体尺寸。同时要给出凹模板的尺寸，以确定工作范围 |
| 零件编号、明细栏和标题栏 | 明细栏和标题栏书写在图样的右下方，如图 2-38 中所示为企业常应用的样式 |
| 技术要求等 | 在模具装配图中，一般会用文字形式写出工作要求、特殊加工要求、装配或调试要求等信息 |

### 2. 识读冲压模具装配图

通过识读装配图应了解装配体的名称、用途和工作原理；各零件间的相对位置及装配关系，其调整方法和拆装顺序；主要零件的形状、结构以及在装配体中的作用。现以图 2-38 所示为例，说明识读冲压模具装配图的一般方法和步骤。

#### （1）基于模具典型结构进行初步了解

在识读模具装配图前，必须对该模具的工作原理、结构特点，以及装配体中零件间的装配关系等有一个全面、充分的了解和认识。这一部分的内容，需要读者结合所学的模具结构知识进行分析。

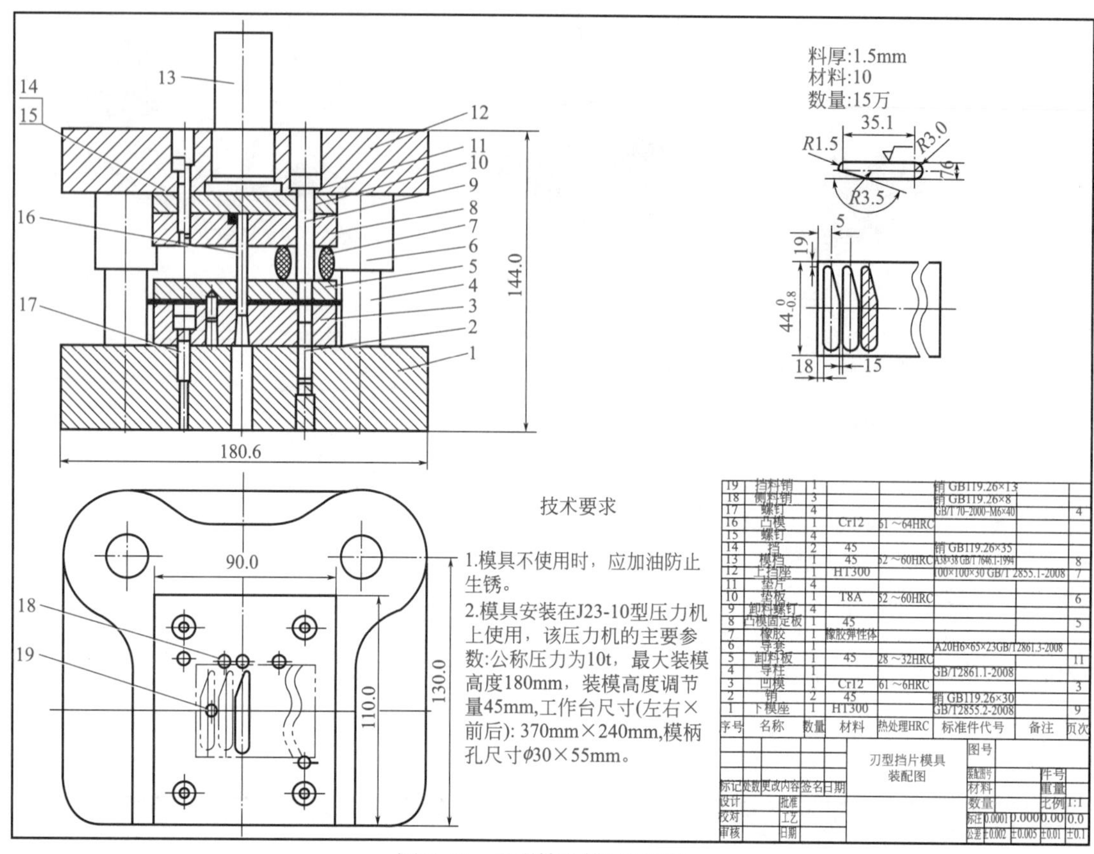


图 2-38　双型挡片模具装配图

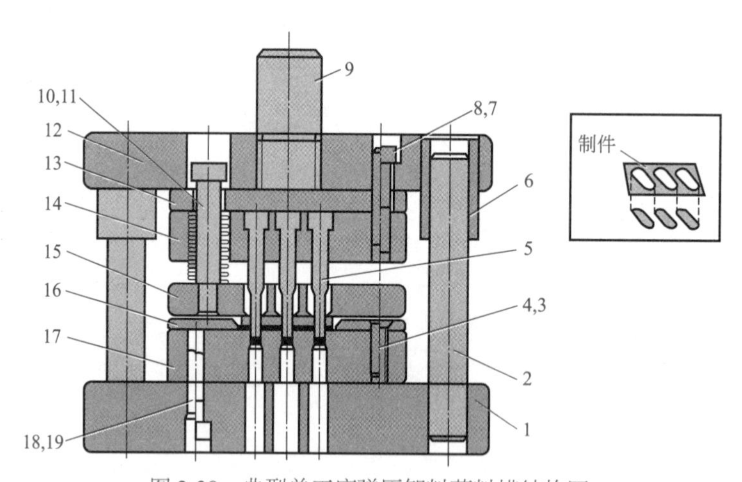


图 2-39　典型单工序弹压卸料落料模结构图

1—下模座；2—导柱；3,7,18—销；4,8,19—螺钉；5—凸模；6—导套；9—模柄；10—卸料螺钉；11—弹簧；12—上模座；13—凸模垫板；14—凸模固定板；15—弹压卸料板；16—导料板；17—凹模

首先，从图 2-38 所示右上角的冲压零件图和排样图可知，该图表达的是一套单工序的落料冷冲压模具；从主视图中可知，该模具采用橡胶垫、卸料螺栓和弹压卸料板组合而成，所以这是一套单工序弹压卸料落料的冲压模。此外，从俯视图可知，采用的是后置导柱导套配合的标准模架。

这类模具的典型结构如图 2-39 所示，模具整体分为上模部分和下模部分。

① 上模部分由模柄、上模座、凸模垫板、凸模固定板、凸模、导套、弹性元件和卸料板等零件组成。

② 下模部分由凹模、下模座和导柱等零件组成。其固定方式采用螺栓固定，定位方式采用销定位。

### （2）识读标题栏、明细栏和零件序号等信息

从标题栏中了解装配体名称；按照图上序号对照明细栏，了解组成该装配体的各零件的名称、材料和数量信息；同时结合图形的简要信息和模具知识，对模具装配图所表达的模具结构、零件间的关系作进一步的理解。

### （3）分析视图

绘图时要根据装配体的装配关系、工作原理等来选择视图表达的方案，反之，在识读装配图时，也要通过分析装配图的表达方案，分析所选用的视图、剖视图等表达形式来确定其侧重表达的内容。

和其他装配图不同，模具装配图有自己的表达特点和惯用模式。一般情况下，冷冲压模具图有两个图组，一组是冲压件零件图和排样图，另一组是模具结构图；一般采用两个视图，即主视图和俯视图。

如图 2-38 中的零件图和排样图，能使我们初步确定该模具的基本类型和送料方向为单工序落料冲压模。

模具装配图的主视图一般清楚地显示了该模具的形状、结构特征，以及大部分零件间的相对位置和装配关系，我们从中可以确定该模具的类型，例如是正装还是倒装，是单工序还是多工序，是弹压卸料还是固定卸料等，这些内容的确定可以帮助我们更快地识读模具结构。

如图 2-38 中的主视图就能反映出该模具为单工序落料和弹压卸料的模具类型；由于凸模在上模部分，凹模在下模部分，所以本套模具还是属于正装式冲压模，从而确定了该模具的基本结构组成和工作原理。

另外，在主视图的表达中一般采用阶梯剖的全剖视图，来体现零件间的固定及定位方式。如图 2-38 中，主视图所展示的各零件间的装配关系见表 2-25。

表 2-25　主视图所展示的各零件间的装配关系

| 类别 | 说　　明 |
|---|---|
| 配合关系 | 凸模与凸模固定板有配合关系。上模座、凸模固定板和销有配合关系，凸模垫板与销无配合关系。下模座、凹模板和销有配合关系 |
| 固定形式 | 凸模采用单边挂台形式进行固定。上模座、凸模垫板、凸模固定板采用螺栓固定，销定位。下模座、凹模板采用螺栓固定，销定位。卸料螺栓则穿过上模座、凸模垫板和凸模固定板及橡胶垫，与弹压卸料板采用螺纹固定连接，达到弹压卸料的作用<br>装配图中的每一个视图，都应有其要表达的侧重内容。在冲压模具图中，俯视图采用拆卸画法，只表达下模部分的投影。从俯视图中可以得到以下信息<br>① 模架的类型和尺寸。从图 2-38 的主视图中只能知道模架采用导柱、导套的导向定位，只有在俯视图中才能确定其模架为后置式，而且还从标注的尺寸中确定了该套模架的尺寸大小<br>② 凹模板的形状和尺寸。在模具设计中，凹模板的形状与其他模板的形状应该是一致的，所以从俯视图中得到该模具所有模板的形状都是矩形，周界尺寸也与凹模一致<br>③ 送料的方向和定距方式等。从图 2-38 的俯视图中可以看出，当模具在工作中，料带从右向左进行送料时，使用挡料销和导料销进行定位 |

综上所述，该冷冲模装配图选用主、俯两个视图，配合冲压件零件图和排样图，已经可以清晰表达出该装配体的结构、原理、零件之间的装配关系等，因此，增选左视图的意义不大。所以，一般结构难度的冷冲压模具装配图不再增设左视图。

（4）读懂零件形状

识读模具装配图的目的，除了理解模具的工作原理和装配关系等，还有一个重要的目的就是要将组成装配体的各个零件进行拆解，绘制成零件图后进行加工生产。所以在分析清楚各视图所表达的内容后，要对照明细栏和图中的序号，按照先简单后复杂的顺序，逐一了解各零件的结构形状。

在识图时，除了利用冲压模具本身的组成特点（如模板零件都是板类零件），还可以根据剖视图中的剖面线方向、间隔等信息来确定各个零件在视图中的投影范围，即零件轮廓。在明确零件轮廓后，就可以按照形体分析法、线面分析法来读懂该装配图所表达的零件图形。

在分析零件时，首先要"拆除"标准件，再"去掉"简单件，最后分析复杂结构件。对于冲压模具图其分解基本步骤如下。

① 根据主视图，确定模板的名称、数量和装配关系。

② 根据俯视图中的凹模周界尺寸，确定其他模板的周界尺寸和形状。

③ 根据明细栏中的信息，对照主视图确定标准件，如螺栓、销、卸料螺栓等的位置和数量，然后将这些零件从图中"分离"出去。

④ 根据"分离"出的标准件尺寸和数量，初步确定各个模板上的孔位和直径大小，并绘制零件图草图。

⑤ 根据装配关系补充凸模的固定孔位和尺寸。

⑥ 根据加工要求、装配要求等补全零件图的技术要求，并填写标题栏。

如图 2-38 所示，从俯视图中读出凹模的俯视图投影形状是矩形，所以这套模具中的其他模板（如凸模垫板、固定板、卸料板等）的形状也是矩形；凹模的周界尺寸是 100mm×80mm，根据投影规律，从主视图可以读出各个模板的周界尺寸是一样的，所以各个模板的周界尺寸都是 100mm×80mm，厚度尺寸可以从主视图中逐一量取。

从主视图中确定各个模板间的装配关系，通过这个步骤不仅读出螺栓固定和销定位，还要确认螺栓安装的方向，继而确定哪个模板上是通孔，哪个模板上是台阶孔，哪个模板上是配合销孔和螺纹孔等。如图 2-38 所示的主视图中，上模部分的固定螺栓从上向下固定，所以在上模座中有台阶孔、凸模垫板的同样位置是通孔（即尺寸比螺纹公称直径大）、凸模固定板上则是螺纹孔；同样的方法可以分析出销穿过上模座、垫板和固定板，则在垫板上的孔位是过孔（即尺寸比销的公称直径略大），其余两个模板上都是配合销孔。

根据凸模的固定形式，确定卸料板中间有一个凸模过孔，固定板上有凸模固定孔和侧面挂台孔。虽然从图样中已确定了以上结构信息，但是并不能清楚确定孔的位置，如螺栓过孔是在模板的四角布置还是中线布置。此时就需要依据模具结构合理性的原则对孔位进行权衡，最终可以得到凸模垫板（如图 2-40 所示）、凸模固定板（如图 2-41 所示）和卸料板（如图 2-42 所示）的零件图。

用同样的方法可以分解下模部分的零件，如图 2-38 所示，从主视图可以读出下模部分的固定螺栓是从凹模面往下模座旋入的，所以在凹模四角应有与螺栓（零件 17）头部配合的台阶孔，下模座的同样位置应有 4 个螺纹孔；凹模的零件图如图 2-43 所示。

在完成上述各步骤的基础上，再将所有信息加以归纳及综合，从而该套模具的工作原理、装配关系、拆装顺序、使用和维护的注意事项等信息将更明确，于是我们就能更清晰地想象出这套模具的整体形象（如图 2-44 所示），从而全面地读懂这张装配图。

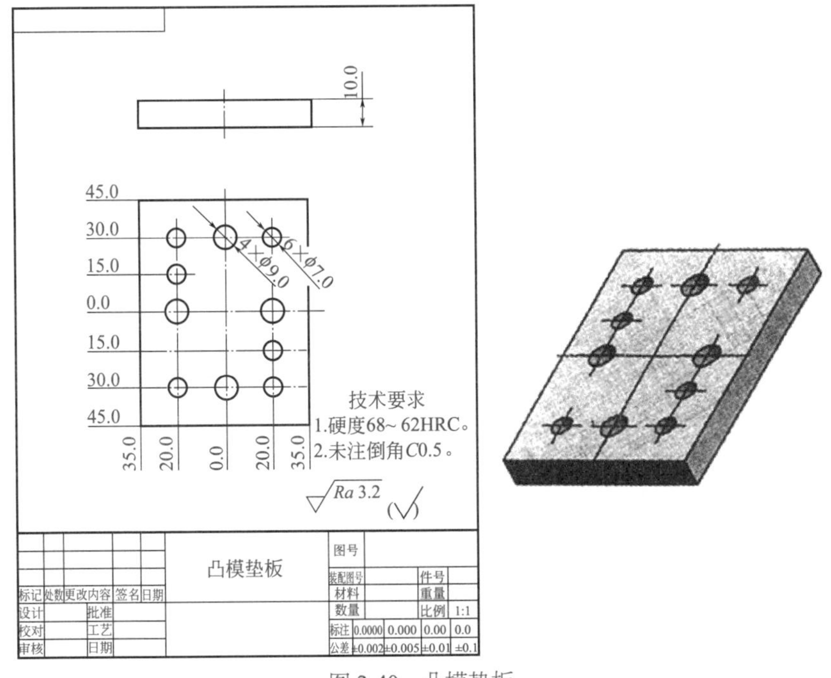


图 2-40　凸模垫板

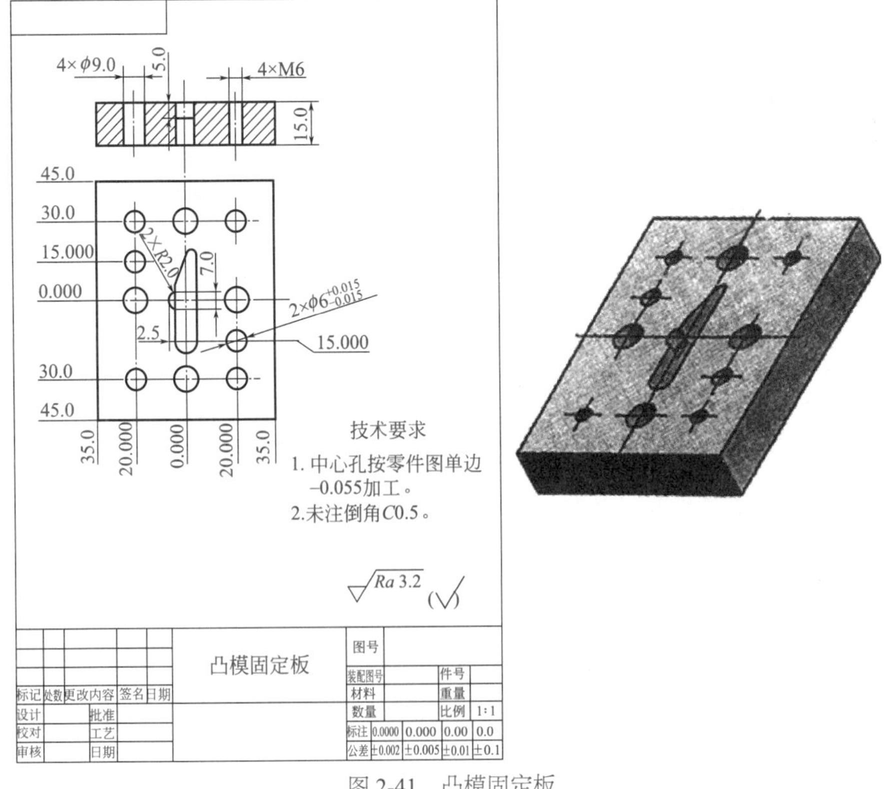


图 2-41　凸模固定板

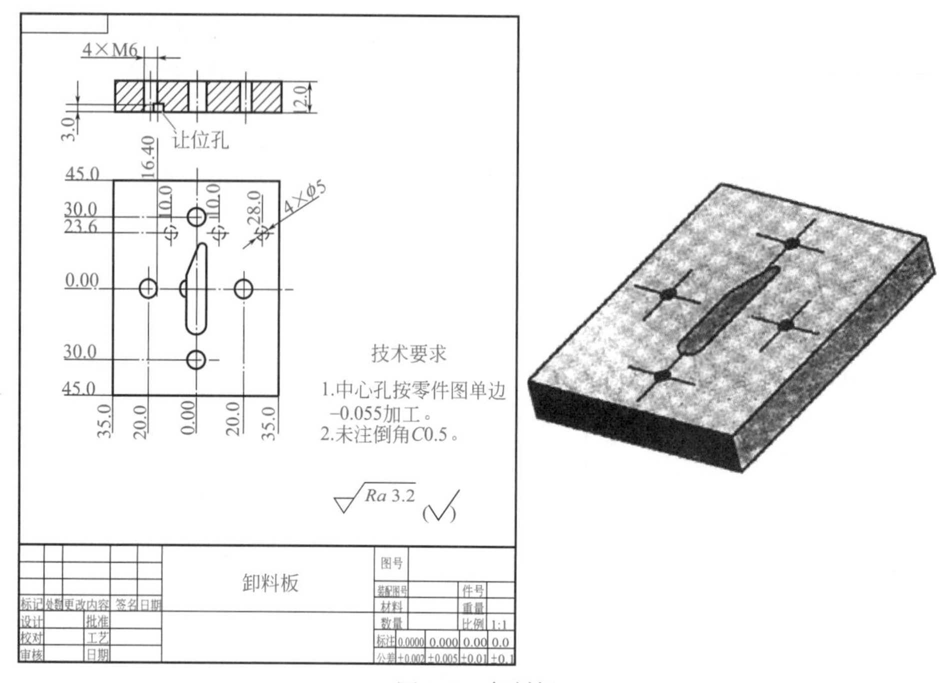


图 2-42　卸料板

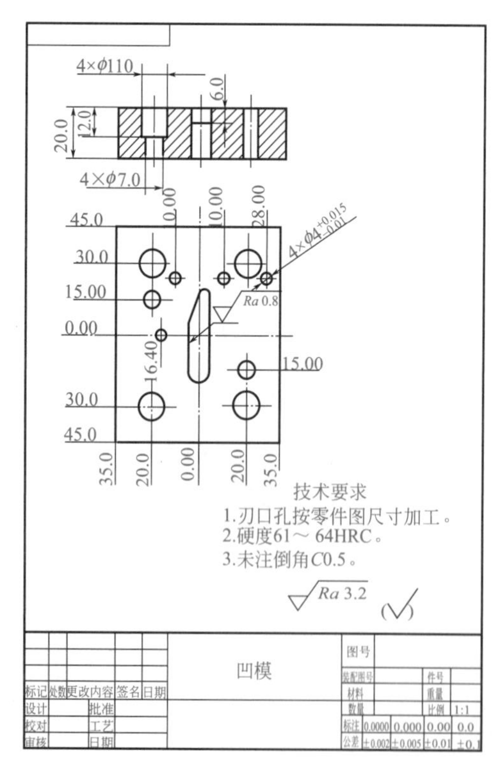

图 2-43　凹模

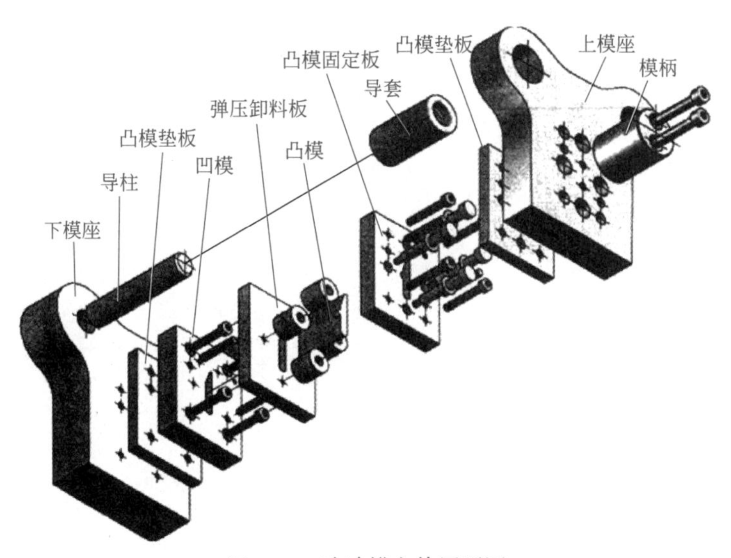


图 2-44　冷冲模立体展开图

# 第三章 冲裁加工

## 第一节 冲裁简介

冲裁是冲压生产中的主要工序之一，是安装在压力机上的裁模，使板料分离，得到所需形状和尺寸的平板毛坯或平板零件。一般来说，冲裁主要包括落料、冲孔、切口、切边、剖切、切断等工序。

冲裁所使用的模具称为冲裁模，如落料模、冲孔模、切边模等。冲裁加工技术与冲裁模具在冲压生产中是必需的，只有合二为一，才可以直接制造机器零件，也可以为弯曲、拉深等冲压成形工序准备毛坯料。

### 一、冲裁工序的分类

利用冲裁模使板料的一部分材料与另一部分材料分离的加工方法，称为冲裁工序。冲裁是在冲压生产中应用很广泛的工序，可用来加工各种形状的平板零件，如平垫圈、挡圈[如图 3-1（a）所示]，各种电器零件[如图 3-1（b）所示]，也可用来为变形工序准备坯料[如图 3-1（c）所示]，还可以对拉深件进行切边[如图 3-1（d）所示]。冲裁工序的分类见表 3-1。

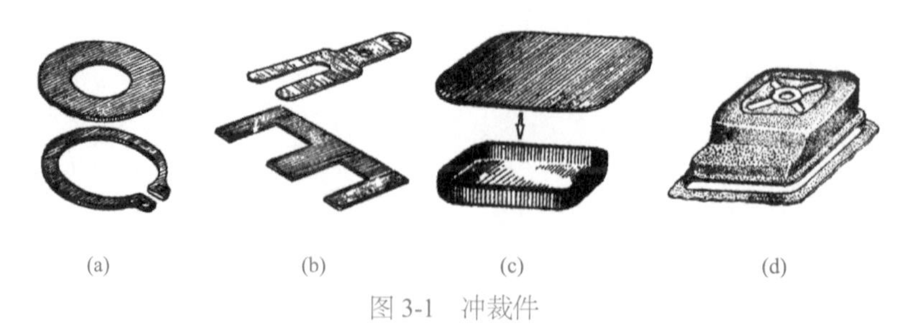


图 3-1　冲裁件

表 3-1　冲裁工序的分类

| 名称 | 简图 | 特点 |
| --- | --- | --- |
| 切断 |  | 用剪刀或冲模切断板材，切断线不封闭 |
| 落料 | 废料　零件 | 用冲模沿封闭线冲切板料，冲下来的部分为冲件 |
| 冲孔 | 零件　废料 | 用冲模沿封闭线冲切板料，冲下来的部分为废料 |
| 切口 |  | 在坯料上沿不封闭线冲出缺口，切口部分发生弯曲 |
| 切边 |  | 将冲件的边缘部分切掉 |
| 剖切 |  | 把工序件切开成两个或几个制件 |
| 精冲 |  | 利用有带齿压料板的精冲模使冲件整个断面全部或基本光洁 |
| 整修 | 零件　废料 | 沿外形或内形轮廓切去少量材料，从而降低边缘粗糙度和垂直度 |

## 二、冲裁过程分析

### 1. 冲裁过程

冲裁的加工过程与剪切过程基本相同，主要区别是冲裁采用的是凸模与凹模，以封闭轮廓的刃口，代替了剪切用的剪刃。如图 3-2 所示是普通冲裁模过程，由装在滑块上的上模（包括凸模及模柄）和固定在工作台上的凹模组成，凸模与凹模之间存在一定的间隙。工作时，冲模在冲床压力作用下由凸模与凹模刃口将板料沿封闭周边切断，被切下的部分材料由凸模推到凹模里。

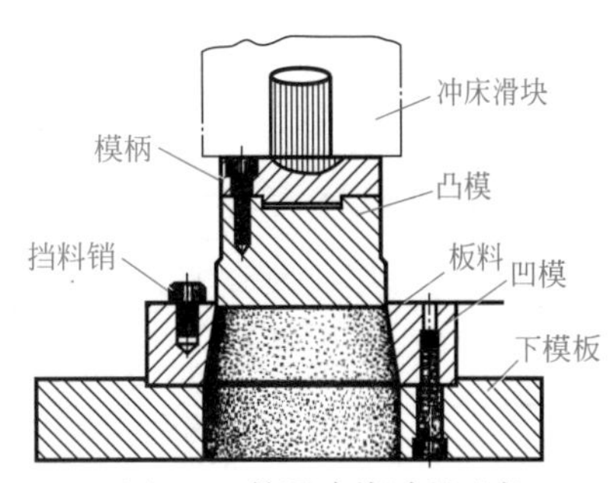

图 3-2　普通冲裁过程示意

冲裁过程是在瞬间完成的，在模具刃口尖锐，凸、凹模间隙正常时，这个过程大致可以分为三个阶段（表 3-2），如图 3-3 所示为板料冲裁变形过程。

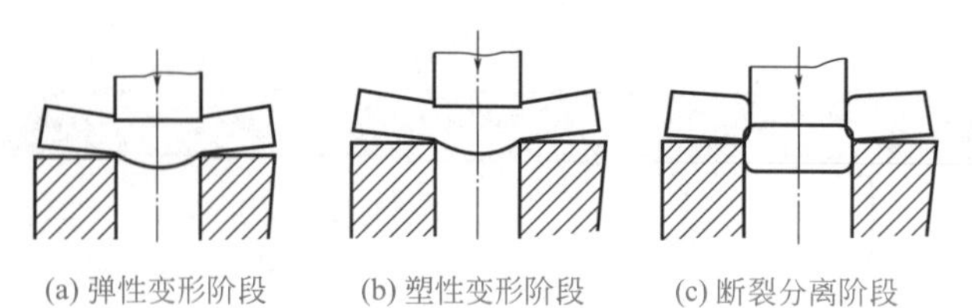
(a) 弹性变形阶段　(b) 塑性变形阶段　(c) 断裂分离阶段

图 3-3　板料冲裁变形过程

表 3-2　板料冲裁变形阶段

| 类别 | 说　明 |
| --- | --- |
| 弹性变形阶段 | 当凸模开始接触板料并下压时，在凸、凹模压力作用下，板料表面受到压缩产生弹性变形，板料略有压入凹模洞口现象。由于凸、凹模间隙的存在，在冲裁力作用下产生弯矩，使板料同时受到弯曲和拉伸作用，凸模下的材料略有弯曲，凹模上的材料则向上翘起。间隙越大，弯曲和上翘现象越明显。而材料的弯曲和上翘又使凸、凹模端面与材料的接触面越来越移向刃口的附近。此时，凸、凹模刃口周围材料应力集中现象严重。位于刃口端面的材料出现压痕，而位于刃口侧面的材料则形成圆角。由于开始时压力不大，材料的内应力还未达到屈服点，仍在弹性范围内，若撤去压力，板料可回复原状 |
| 塑性变形阶段 | 凸模继续下压，材料内应力达到屈服点，板料在与凸、凹模刃口接触处产生塑性剪切变形，凸模切入板料，板料下部被挤入凹模洞内。板料剪切面边缘的弯角由于弯曲和拉伸作用的加大而形成明显塌角，剪切面出现明显的滑移变形，形成一段光亮且与板面垂直的剪切断面。凸模继续下压，光亮剪切带加宽，而冲裁间隙造成的弯矩使材料产生弯曲应力。当弯曲应力达到材料抗弯强度时便发生弯曲塑性变形，使冲裁件平面边缘出现“穹弯”现象。随着塑性剪切变形的发展，分离变形应力随之增加，终至凸、凹模刃口侧面材料内应力超过抗剪强度，便出现微裂纹。由于微裂纹产生的位置是在离刃尖不远的侧面，裂纹的产生也就留下了毛刺 |
| 断裂分离阶段 | 凸模继续下行，刃口侧面附近产生的微裂纹不断扩大并向内延伸发展，至上、下两裂纹相遇重合，板料便完全分离，粗糙的断裂带同时也留在冲裁件断面上。此后凸模再下压，已分离的材料便从凹模型腔中推出，而已形成的毛刺同时被拉长并留在冲裁件上 |

## 2. 断面特征

在正常冲裁工作条件下，冲裁后的零件断面不很整齐，断面有明显的 4 个特征区：圆角带、光亮带、断裂带和毛刺，如图 3-4 所示，其说明见表 3-3。

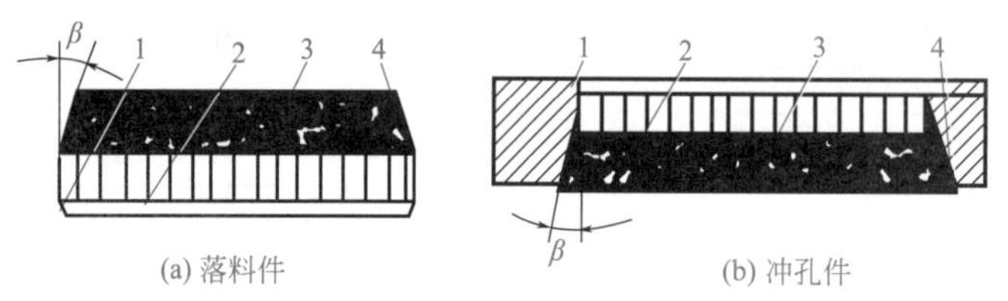

(a) 落料件　(b) 冲孔件

图 3-4　冲裁件剪切断面特征

1—圆角带；2—光亮带；3—断裂带；4—毛刺

表 3-3　断面特征

| 类别 | 说　明 |
| --- | --- |
| 圆角带（塌角） | 圆角带是产生于板料靠近凸模或凹模刃口又不与模具接触的材料表面受到弯曲、拉伸作用而形成的。冲裁间隙愈大，材料塑性愈好，塌角愈严重 |
| 光亮带 | 光亮带是冲裁断面质量最好的区域，既光亮平整又与板平面垂直。由于是凸模切入板料，板料被挤入凹模而产生塑性剪切变形所形成的，因此表面质量较好。而且冲裁间隙越小，材料塑性越好，光亮带越宽 |
| 断裂带 | 断裂带表面粗糙，并有 5°左右的斜度，是冲裁时形成的裂纹扩展而成。由于凸、凹模间隙的影响，除有切应力 $\tau$ 的作用外，还有正向拉应力 $\sigma$ 的作用。这种应力状态促使冲裁变形区的塑性下降，导致产生裂纹并形成粗糙表面。间隙越大，断裂带越宽且斜度大 |
| 毛刺 | 毛刺紧挨着断裂带边缘，由于裂纹产生的位置不是正对着刃口而是在靠近刃口的侧面上形成，并在冲裁件被推出凹模口时可能加重。而间隙过大或过小，会形成明显的拉断毛刺或挤出毛刺，因此小毛刺不可避免。当刃口圆角（磨损）后，裂纹起点远离刃口，又会产生大毛刺 |

## 三、冲裁件的工艺性

冲裁件的工艺性是指该工件在冲裁加工中的难易程度。良好的冲裁工艺性，应保证材料消耗少、工序数目少、模具结构简单而寿命长、产品质量稳定、操作简单。影响冲裁件工艺性的因素很多，如冲裁件的形状特点、尺寸大小、尺寸标注方法、精度要求和材料性能等。下面分析影响冲裁件工艺性的一些主要因素，提出对冲裁件的工艺要求。

① 冲裁件的形状应该尽量简单、对称，最好由圆弧和直线组成，使排料时的废料最少。如图 3-5 所示。

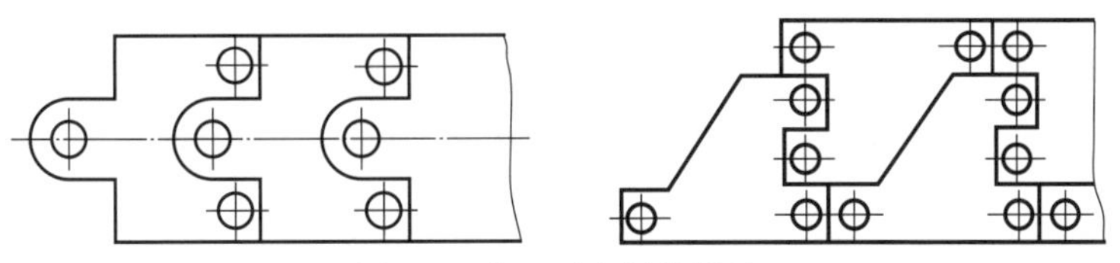

图 3-5　少、无废料排样法

② 应该避免冲裁件上有过长的悬臂和狭槽，其最小宽度 $b$ 要大于料厚 $t$ 的两倍，即 $b > 2t$，如图 3-6（a）所示。冲裁件上的孔与孔、孔与边缘的距离 $b$、$b_1$ 的值也不能过小，一般取 $b \geqslant 1.5t$，$b_1 \geqslant t$，如图 3-6（b）、（c）所示。

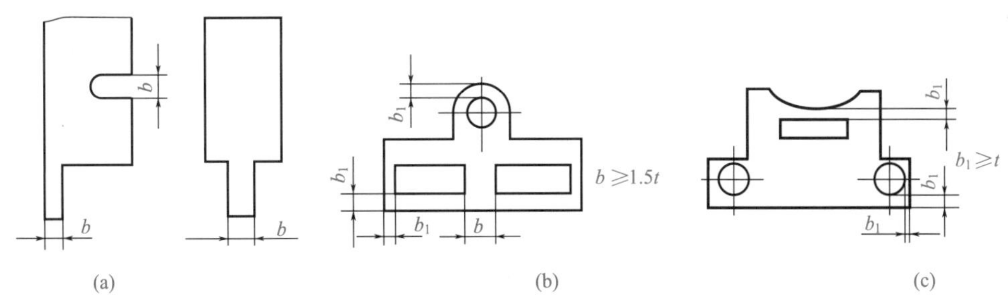


图 3-6　冲裁件窄槽尺寸与最小孔边距的确定

③ 为了防止冲裁时凸模折断或压弯，冲孔的尺寸不能太小，其最小孔径与孔的形状、材料的力学性能、材料的厚度等有关。用一般冲孔模可以冲压的最小孔径见表 3-4。

表 3-4　一般冲孔模可冲压的最小孔径　　单位：mm

| 材料 | （圆孔，$d$，$t$） | （长方孔，$b$，$t$） | （长圆孔，$b$，$t$） | （方孔，$b$，$t$） |
|---|---|---|---|---|
| 钢 $\tau >$ 700MPa | $d \geqslant 1.5t$ | $b \geqslant 1.35t$ | $b \geqslant 1.1t$ | $b \geqslant 1.2t$ |
| 钢 $\tau$=400 ～ 700MPa | $d \geqslant 1.3t$ | $b \geqslant 1.2t$ | $b \geqslant 0.9t$ | $b \geqslant t$ |
| 钢 $\tau <$ 400MPa | $d \geqslant t$ | $b \geqslant 0.9t$ | $b \geqslant 0.7t$ | $b \geqslant 0.8t$ |
| 黄铜、铜 | $d \geqslant 0.9t$ | $b \geqslant 0.8t$ | $b \geqslant 0.6t$ | $b \geqslant 0.7t$ |
| 铝、锌 | $d \geqslant 0.8t$ | $b \geqslant 0.7t$ | $b \geqslant 0.5t$ | $b \geqslant 0.6t$ |
| 纸胶板、布胶板 | $d \geqslant 0.7t$ | $b \geqslant 0.7t$ | $b \geqslant 0.4t$ | $b \geqslant 0.5t$ |
| 硬纸、纸 | $d \geqslant 0.6t$ | $b \geqslant 0.5t$ | $b \geqslant 0.3t$ | $b \geqslant 0.4t$ |

④ 一般情况下，冲裁件的外形不能有尖角，应采用 $r > 0.5t$ 的圆角半径过渡。满足以上工艺要求的冲裁件，有利于模具的制造和提高模具寿命及冲裁件的质量。

⑤ 工件两端弧形与宽度应满足如图 3-7 所示的要求。

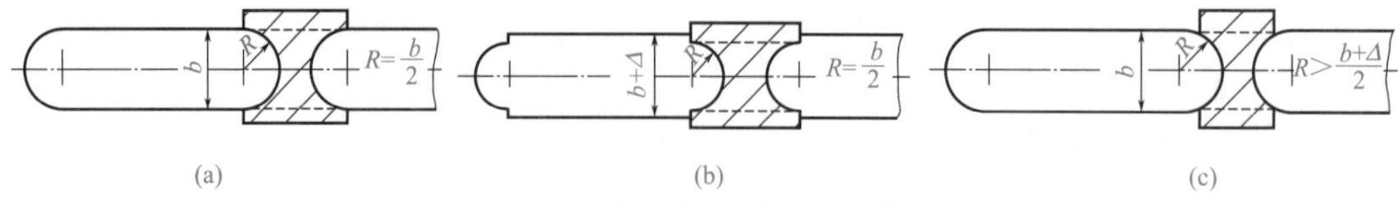


图 3-7 工件两端弧形与宽度的关系

⑥ 为了保证冲裁模的强度及冲裁工件的质量，冲裁件的孔间距及孔到工件外边缘的距离不能过小，一般要大于 $2t$，并不得小于 3 ～ 4mm。如果小于上述距离，则孔形或工件边缘将会产生变形。

⑦ 冲裁件上冲孔孔边与工件壁的距离。在成形件（如弯曲或拉深件）上冲孔时，孔边与工件直壁之间的距离不能过小。一旦距离过小，如果是先冲孔后弯曲，弯曲时孔会产生变形；如果是先弯曲（或拉深）后冲孔，则冲孔凸模刃部部分边缘将处在弯曲区内，会受到横向力而极易折断，使冲孔十分困难。弯曲件或拉深件的冲孔位置如图 3-8 所示，孔边距的最小尺寸见表 3-5。

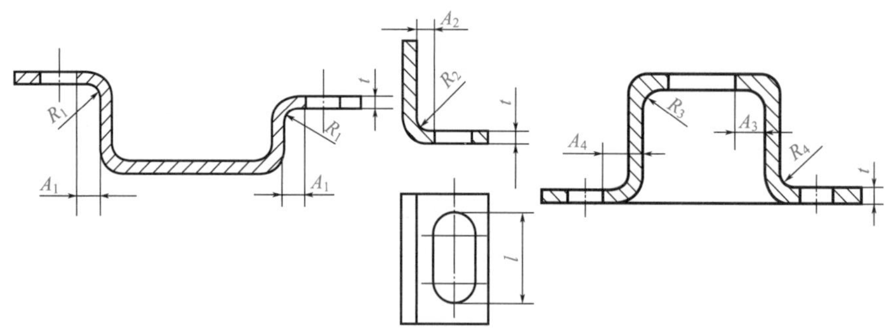


图 3-8 弯曲件或拉深件的冲孔位置

表 3-5 孔边距的最小尺寸 单位：mm

| 料厚 $t$ | $A_1$ | $L$ | $A_2$ | $A_3$ | $A_4$ |
|---|---|---|---|---|---|
| ≤ 2 | ≥ $t+R_1$ | ≤ 25 | $2t-l-R_2$ | > $R_3+0.5t$ | > $R_4+0.5t$ |
| | | > 25 ～ 50 | > $2.5t+R_2$ | | |
| > 2 | ≥ $1.5t+R_1$ | > 50 | ≥ $3t+R_2$ | | |

⑧ 最小切口的位置如图 3-9 所示，最小切口宽度值见表 3-6。

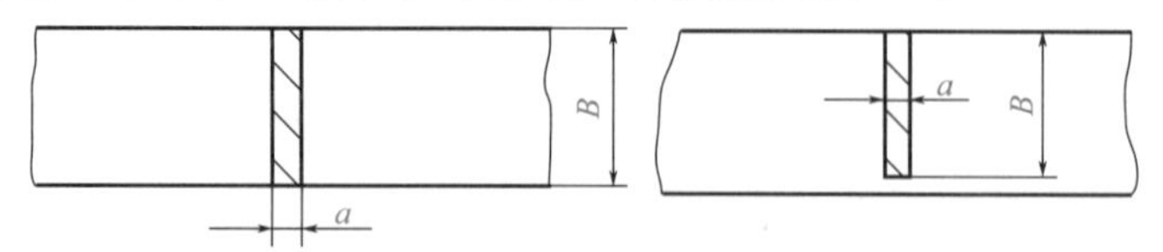


图 3-9 最小切口宽度

表 3-6 最小切口宽度值 单位：mm

| $B$ | $a$ | $a$ 的最小值 | $B$ | $a$ | $a$ 的最小值 |
|---|---|---|---|---|---|
| < 20 | $1.2t$ | 2.0 | 45 ～ 75 | $2t$ | 3.5 |
| 20 ～ 45 | $1.5t$ | 3.0 | > 75 | $2.5t$ | 4.0 |

⑨ 侧面切直线切口的极限尺寸与切口长度、料厚等因素有关，如图 3-10 及表 3-7 所示。

表 3-7　侧面切直线切口的极限尺寸　　单位：mm

| $L$ 或 $B$ | $b$ | $b$ 的最小值 | $L$ 或 $B$ | $b$ | $b$ 的最小值 |
| --- | --- | --- | --- | --- | --- |
| < 10 | $1.0t$ | 1.0 | 20 ～ 50 | $1.3t$ | 1.5 |
| 10 ～ 20 | $1.2t$ | 1.2 | > 50 | $1.5t$ | 2.0 |

⑩ 侧面切曲线切口时的极限尺寸与曲率半径、料厚等因素有关，如图 3-11 和表 3-8 所示。

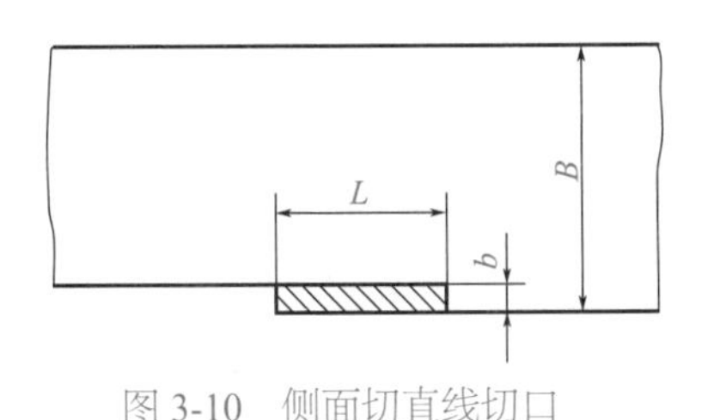

图 3-10　侧面切直线切口

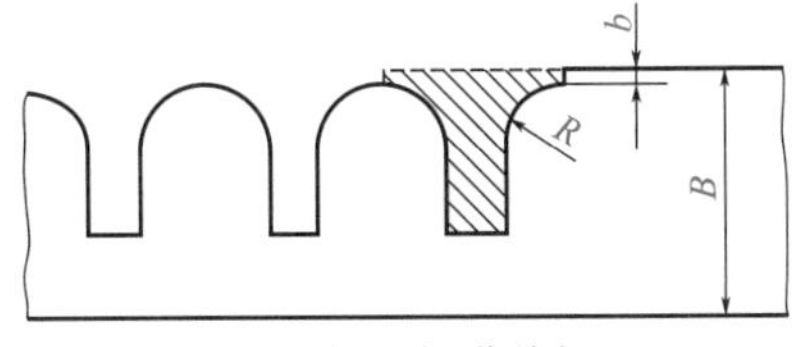

图 3-11　侧面切曲线切口

表 3-8　侧面切曲线时的极限尺寸值　　单位：mm

| $2R$ | $b$ | $b$ 的最小值 | $2R$ | $b$ | $b$ 的最小值 |
| --- | --- | --- | --- | --- | --- |
| < 20 | $0.5t$ | 1.0 | 47 ～ 75 | $2t$ | 1.5 |
| 20 ～ 45 | $1.0t$ | 1.2 | > 75 | $1.5t$ | 1.8 |

## 四、冲裁件的精度与粗糙度

冲裁件的精度与粗糙度主要指冲裁工件表面的平整度、尺寸精度等。

### 1. 冲裁件的表面平整度

在一般冲裁中，应符合工件选用的原材料供货状态的平整度要求。冲裁时，为防止工件产生拱弯或凹陷等不平整，应在模具设计时加弹性压料板或顶板等，防止材料在冲制中变形。对平整度有特殊要求时，可增加平整工序，对冲件表面进行压平。

### 2. 冲裁件的尺寸精度

冲裁件内、外形的经济精度不高于 IT11 级。一般要求落料件精度最好低于 IT10 级，冲孔件最好低于 IT9 级。一般冲裁件内、外形所能达到的经济精度见表 3-9；两孔中心距离公差见表 3-10；冲裁件外形与内孔尺寸公差见表 3-11；孔中心与边缘距离尺寸公差见表 3-12；冲裁件孔对外缘轮廓的尺寸公差见表 3-13；冲裁件角度偏差值见表 3-14。

表 3-9　冲裁件内、外形所能达到的经济精度　　单位：mm

<table>
<tr><th>材料厚度 t</th><th>≤ 3</th><th>3 ～ 6</th><th>6 ～ 10</th><th>10 ～ 18</th><th>18 ～ 50</th></tr>
<tr><td>≤ 1</td><td colspan="3">IT12 ～ IT13</td><td colspan="2">IT11</td></tr>
<tr><td>1 ～ 2</td><td>IT14</td><td colspan="3">IT12 ～ IT13</td><td>IT11</td></tr>
<tr><td>2 ～ 3</td><td colspan="3">IT14</td><td colspan="2">IT12 ～ IT13</td></tr>
<tr><td>3 ～ 5</td><td>—</td><td colspan="3">IT14</td><td>IT12 ～ IT13</td></tr>
</table>

表 3-10　两孔中心距离公差　　单位：mm

| 材料厚度 | 普通精度（模具） | | | 较高精度（模具） | | |
|---|---|---|---|---|---|---|
| | 孔距基本尺寸 | | | | | |
| | ≤ 50 | 50 ～ 150 | 150 ～ 300 | ≤ 50 | 50 ～ 150 | 150 ～ 300 |
| ≤ 1 | ±0.1 | ±0.15 | ±0.2 | ±0.03 | ±0.05 | ±0.08 |
| >1 ～ 2 | ±0.12 | ±0.2 | ±0.3 | ±0.04 | ±0.06 | ±0.1 |
| >2 ～ 4 | ±0.15 | ±0.25 | ±0.35 | ±0.06 | ±0.08 | ±0.12 |
| >4 ～ 6 | ±0.2 | ±0.3 | ±0.40 | ±0.08 | ±0.10 | ±0.15 |

注：1. 表中所列孔距公差，适用于两孔同时冲出的情况。

2. 普通精度指模具工作部分达 IT8，凹模后角为 15′～ 30′ 的情况；较高精度指模具工作部分达 IT7 以上，凹模后角不超过 15′。

表 3-11　冲裁件外形与内孔尺寸公差　　单位：mm

| 冲裁精度 | 零件 | 材料厚度 | | | | |
|---|---|---|---|---|---|---|
| | | 0.2 ～ 0.5 | 0.5 ～ 1 | 1 ～ 2 | 2 ～ 4 | 4 ～ 6 |
| 普通冲裁精度 | <10 | — | — | — | — | — |
| | 10 ～ 50 | — | — | — | — | — |
| | 50 ～ 150 | 0.14<br>0.12 | 0.22<br>0.12 | 0.30<br>0.16 | 0.40<br>0.20 | 0.50<br>0.25 |
| | 150 ～ 300 | 0.20 | 0.30 | 0.50 | 0.70 | 1.00 |
| 较高冲裁精度 | <10 | 0.025<br>0.02 | 0.03<br>0.02 | 0.04<br>0.03 | 0.06<br>0.04 | 0.10<br>0.06 |
| | 10 ～ 50 | 0.03<br>0.04 | 0.04<br>0.04 | 0.06<br>0.06 | 0.08<br>0.08 | 0.12<br>0.10 |
| | 50 ～ 150 | 0.05<br>0.08 | 0.06<br>0.08 | 0.08<br>0.10 | 0.10<br>0.12 | 0.15<br>0.15 |
| | 150 ～ 300 | 0.08 | 0.10 | 0.12 | 0.15 | 0.20 |

表 3-12　孔中心与边缘距离尺寸公差　　单位：mm

| 材料厚度 $t$ | 孔中心与边缘距离尺寸 | | | |
|---|---|---|---|---|
| | ≤ 50 | 50 ～ 120 | 120 ～ 220 | 220 ～ 360 |
| ≤ 2 | ±0.5 | ±0.6 | ±0.7 | ±0.8 |
| 2 ～ 4 | ±0.6 | ±0.7 | ±0.8 | ±1.0 |
| >4 | ±0.7 | ±0.8 | ±1.0 | ±1.2 |

注：本表适用于先落料再冲孔的情况。

表 3-13　冲裁件孔对外缘轮廓的尺寸公差　　单位：mm

| 模具型式和定位方法 | 模具精度 | 工件尺寸 | | |
|---|---|---|---|---|
| | | <30 | 30 ～ 100 | 100 ～ 200 |
| 复合模 | 高级 | ±0.015 | ±0.020 | ±0.025 |
| | 普通 | ±0.02 | ±0.03 | ±0.04 |
| 有导正销的连续模 | 高级 | ±0.05 | ±0.10 | ±0.12 |
| | 普通 | ±0.10 | ±0.15 | ±0.20 |
| 无导正销的连续模 | 高级 | ±0.10 | ±0.15 | ±0.25 |
| | 普通 | ±0.20 | ±0.30 | ±0.40 |
| 外形定位的冲孔模 | 高级 | ±0.08 | ±0.12 | ±0.18 |
| | 普通 | ±0.15 | ±0.20 | ±0.30 |

表 3-14　冲裁件角度偏差值

| 精度等级 | 短边长度范围 /mm | | | | | | |
|---|---|---|---|---|---|---|---|
| | ≤ 6 | >6 ～ 18 | >18 ～ 50 | >50 ～ 180 | >180 ～ 400 | >400 ～ 1000 | >1000 ～ 3150 |
| A | ±1°00′ | ±0°50′ | ±0°30′ | ±0°20′ | ±0°10′ | ±0°05′ | ±0°05′ |
| B | ±1°30′ | ±1°00′ | ±0°50′ | ±0°25′ | ±0°15′ | ±0°10′ | ±0°10′ |
| C、D | ±3°00′ | ±2°30′ | ±2°00′ | ±1°00′ | ±0°30′ | ±0°20′ | ±0°20′ |

### 3. 冲裁件的粗糙度

一般冲裁件剪断面表面粗糙度见表 3-15，冲裁件的允许毛刺高度见表 3-16。

表 3-15　一般冲裁件剪断面表面粗糙度

| 材料厚度 $t$/mm | ≤ 1 | >1 ～ 2 | >2 ～ 3 | >3 ～ 4 | >4 ～ 5 |
|---|---|---|---|---|---|
| 剪切断面表面粗糙度 $Ra$/μm | 3.2 | 6.3 | 12.5 | 25 | 50 |

注：如果冲压件剪断面表面粗糙度要求高于本表所列，则需要另加整修工序。各种材料通过整修后的表面粗糙度：黄铜 0.4μm；软钢 0.4 ～ 0.8μm；硬钢 0.8 ～ 1.6μm。

表 3-16　冲裁件的允许毛刺高度　　单位：mm

| 材料厚度 | >0.3 | >0.3 ～ 0.5 | >0.5 ～ 1.0 | >1.0 ～ 1.5 | >1.5 ～ 2.0 |
|---|---|---|---|---|---|
| 新模试冲时允许毛刺高度 | ≤ 0.015 | ≤ 0.02 | ≤ 0.03 | ≤ 0.04 | ≤ 0.05 |
| 生产时允许毛刺高度 | ≤ 0.05 | ≤ 0.08 | ≤ 0.10 | ≤ 0.13 | ≤ 0.15 |

# 第二节　冲裁间隙

从图 3-12 所示可以看出，冲裁模上凹模与凸模间刃口侧壁相应位置的距离，即冲裁间隙。冲裁零件的尺寸取决于冲裁模的工作零件尺寸；落料件尺寸取决于凹模尺寸，缩小匹配凸模尺寸，取得冲裁间隙；冲孔时，孔的尺寸等于冲孔凸模尺寸，以放大匹配冲孔凹模尺寸，取得冲孔间隙。

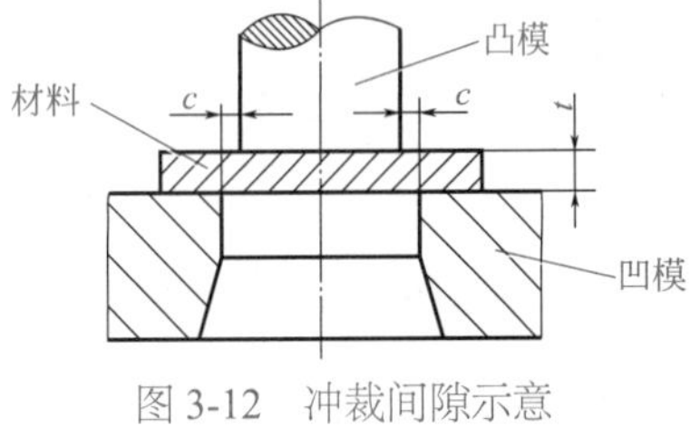

图 3-12　冲裁间隙示意
$c$—单边冲裁间隙；$t$—材料厚度

## 一、冲裁间隙选用依据

在保证冲裁尺寸精度和满足剪切面质量要求的前提下，考虑模具寿命、模具结构、冲裁件尺寸和形状、生产条件等因素所占的权重，综合分析后确定，对下列情况应酌情增减冲裁间隙值：

① 在同样条件下，冲孔间隙比落料间隙大些。

② 冲小孔（一般为孔径 $d$ 小于料厚）时，凸模易折断，间隙应取大些，但这时要采取有效措施，防止废料回升。

③ 硬质合金冲裁模应比钢模的间隙大 30% 左右。

④ 复合模的凸凹模壁单薄时，为防止胀裂，应放大冲孔凹模间隙。

⑤ 冲裁硅钢片时随含硅量增加，间隙相应取大些。

⑥ 采用弹性压料装置时，间隙应取大些。

⑦ 高速冲压时，模具容易发热，间隙应增大。如行程次数超过 200 次 /min 时，间隙应增大 10% 左右。

⑧ 电火花穿孔加工凹模型孔时，其间隙应比磨削加工取小些。

⑨ 加热冲裁时，间隙应减小。

⑩ 凹模为斜壁刃口时，应比直壁刃口间隙小。

⑪ 对需攻螺纹的孔，间隙应取小些。

⑫ 落料时，凹模尺寸为工件要求尺寸，间隙值由减小凸模尺寸获得；冲孔时，凸模尺寸为工件要求尺寸，间隙值由增大凹模尺寸获得。

## 二、冲裁间隙对冲裁作业的影响

冲裁间隙对冲裁作业的影响见表 3-17。

表 3-17　冲裁间隙对冲裁作业的影响

| 主要影响项目 | 冲裁模结构形式 | | | | | | | | | | | | | | |
|---|---|---|---|---|---|---|---|---|---|---|---|---|---|---|---|
| | 无导向冲裁模 | | | | | | 有导向冲裁模 | | | | | | | | |
| | 敞开式 | | | 固定卸料 | | | 导板式 | | | 导柱模架固定卸料 | | | 导柱模架弹压卸料 | | |
| | 使用冲裁间隙类别 | | | | | | | | | | | | | | |
| | Ⅰ | Ⅱ | Ⅲ | Ⅰ | Ⅱ | Ⅲ | Ⅰ | Ⅱ | Ⅲ | Ⅰ | Ⅱ | Ⅲ | Ⅰ | Ⅱ | Ⅲ |
| | 影响程度及效应 | | | | | | | | | | | | | | |
| 冲切面质量 | — | 一般 | 差 | — | 一般 | 差 | 好 | 一般 | 差 | 好 | 一般 | 差 | 好 | 一般 | 差 |
| 尺寸精度 | — | 差 | 很差 | — | 差 | 很差 | 好 | 一般 | 差 | 好 | 一般 | 差 | 很好 | 好 | 差 |
| 工件平直度 | — | 差 | 很差 | — | 差 | 很差 | 一般 | 一般 | 差 | 一般 | 一般 | 差 | 很好 | 好 | 一般 |
| 毛刺 | — | 大 | 很大 | — | 大 | 很大 | 小 | 一般 | 大 | 小 | 一般 | 大 | 小 | 一般 | 大 |
| 塌角 | — | 大 | 很大 | — | 大 | 很大 | 一般 | 一般 | 大 | 一般 | 一般 | 大 | 一般 | 一般 | 大 |
| 刃口磨损 | — | 一般 | 一般 | — | 一般 | 一般 | 大 | 小 | 小 | 大 | 小 | 小 | 大 | 小 | 小 |
| 防止废料增加 | — | 差 | 很差 | — | 差 | 很差 | 好 | 一般 | 差 | 好 | 一般 | 差 | 好 | 好 | 差 |
| 刃磨寿命 | — | 一般 | 长 | — | 一般 | 长 | 短 | 长 | 更长 | 短 | 长 | 更长 | 短 | 长 | 更长 |
| 使用寿命 | — | 一般 | 长 | — | 一般 | 长 | 短 | 长 | 更长 | 短 | 长 | 更长 | 短 | 长 | 更长 |

注：Ⅰ表示小间隙；Ⅱ表示适中间隙；Ⅲ表示大间隙。

### 1. 冲裁间隙与冲切面质量

由于冲裁模存在间隙而使冲裁件冲切面具有一定斜度，随着冲裁间隙值增减及其分布情况的不同，冲裁件冲切面质量也随之发生变化。冲裁间隙对冲切面质量的影响如图 3-13 所示。不同冲裁间隙时冲切面的情况见表 3-18。

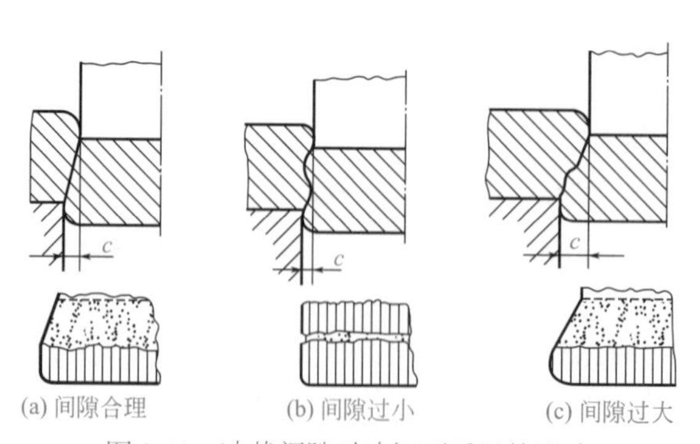

(a) 间隙合理　(b) 间隙过小　(c) 间隙过大

图 3-13　冲裁间隙对冲切面质量的影响

表 3-18　冲裁间隙对冲裁作业的影响

| 材料种类 | | 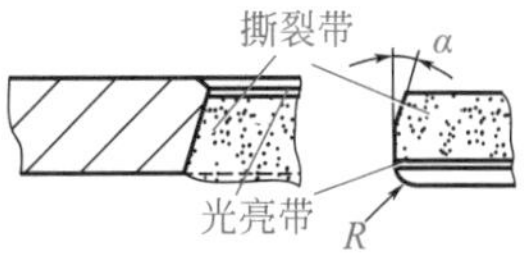 撕裂带 α 光亮带 R | 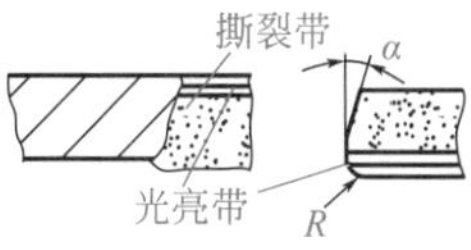 撕裂带 α 光亮带 R | 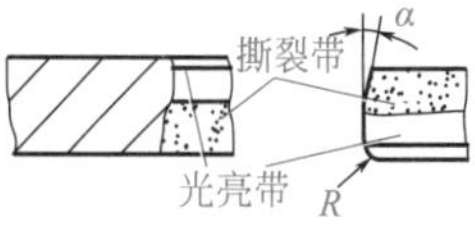 撕裂带 α 光亮带 R |
|---|---|---|---|---|
| | | 单面间隙 $c$ | | |
| 低碳钢板 | | 最大 21%$t$ | (11.5% ～ 12.5%)$t$ | (8% ～ 10%)$t$ |
| 高碳钢板 | | 最大 25%$t$ | (17% ～ 19%)$t$ | (14% ～ 16%)$t$ |
| 合金钢板 | | 最大 23%$t$ | (12.5% ～ 13.5%)$t$ | (9% ～ 11%)$t$ |
| 铝合金板 | $\sigma_b$ < 230MPa | 最大 17%$t$ | (8% ～ 10%)$t$ | (6% ～ 8%)$t$ |
| | $\sigma_b \geqslant$ 230MPa | 最大 20%$t$ | (12.5% ～ 14%)$t$ | (9% ～ 10%)$t$ |
| 黄铜板 | 软态 | 最大 21%$t$ | (8% ～ 10%)$t$ | (6% ～ 8%)$t$ |
| | 半硬态 | 最大 24%$t$ | (9% ～ 11%)$t$ | (6% ～ 8%)$t$ |
| 磷青铜板 | | 最大 25%$t$ | (12.5% ～ 13.5%)$t$ | (10% ～ 12%)$t$ |
| 铜　板 | 软态 | 最大 25%$t$ | (8% ～ 9%)$t$ | (5% ～ 7%)$t$ |
| | 半硬态 | 最大 25%$t$ | (9% ～ 11%)$t$ | (6% ～ 8%)$t$ |
| 主　要　技　术　指　标 | | | | |
| 冲切面倾角 $\alpha$/(°) | | 14 ～ 16 | 9 ～ 11 | 7 ～ 11 |
| 塌角 $R$ 占料厚 $t$ 的百分数 /% | | 20 ～ 25 | 18 ～ 20 | 15 ～ 18 |
| 光亮带占料厚 $t$ 的百分数 /% | | <20 | <25 | <40 |
| 撕裂带占料厚 $t$ 百分数 /% | | 70 ～ 80 | 60 ～ 75 | 50 ～ 60 |
| 冲切面特征 | | 很粗糙 | 粗糙 | 较粗糙 |
| 主要优、缺点及适用范围 | | 冲切面很粗糙有台阶，倾角大，毛刺大，适用于一般无配合要求及不重要的冲压件 | 冲切面粗糙但模具寿命最长，适用于一般冲压件的加工 | 残留应力小，加工硬化少，模具寿命长，适于一般精度的冲压件 |
| 材料种类 | | 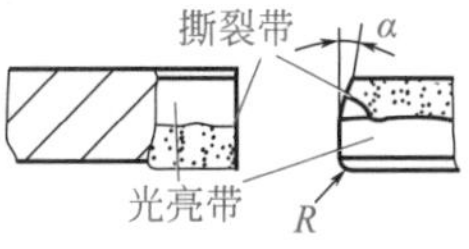 撕裂带 α 光亮带 R | 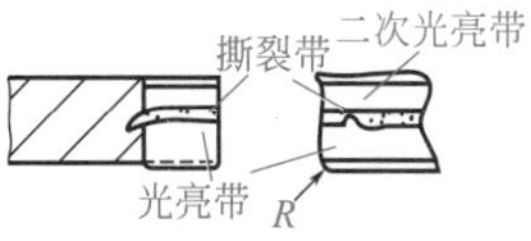 撕裂带 二次光亮带 光亮带 R | 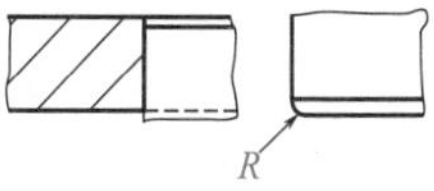 R |
| 单面间隙 $c$ | | | | |
| 低碳钢板、 | | (5% ～ 7%)$t$ | (1% ～ 2%)$t$ | (0.5% ～ 0.75%)$t$ |
| 高碳钢板 | | (11% ～ 13%)$t$ | (2.5% ～ 5%)$t$ | (0.5% ～ 0.75%)$t$ |
| 合金钢板 | | (3% ～ 5%)$t$ | (1% ～ 2%)$t$ | (0.5% ～ 0.75%)$t$ |
| 铝合金板 | $\sigma_b$ < 230MPa | (2% ～ 4%)$t$ | (0.5% ～ 1%)$t$ | 0.5%$t$ |
| | $\sigma_b \geqslant$ 230MPa | (5% ～ 6%)$t$ | (0.5% ～ 1%)$t$ | 0.5%$t$ |
| 黄铜板 | 软态 | (2% ～ 3%)$t$ | (0.5% ～ 1%)$t$ | 0.5%$t$ |
| | 半硬态 | (3% ～ 5%)$t$ | (0.5% ～ 1.5%)$t$ | 0.5%$t$ |
| 磷青铜板 | | (3.5% ～ 5%)$t$ | (1.5% ～ 2.5%)$t$ | (0.5% ～ 0.75%)$t$ |
| 铜板 | 软态 | (2% ～ 4%)$t$ | (0.5% ～ 1%)$t$ | 0.5%$t$ |
| | 半硬态 | (3% ～ 5%)$t$ | (1% ～ 2%)$t$ | 0.5%$t$ |

续表

| 主要技术指标 | | | |
|---|---|---|---|
| 冲切面倾角 $\alpha$/(°) | 6 ～ 11 | 0.5 ～ 3 | 0.5 |
| 塌角 $R$ 占料厚 $t$ 的百分数 /% | >15 | >10 ～ 15 | >10 |
| 光亮带占料厚 $t$ 的百分数 /% | <55 | <70 | 100 |
| 撕裂带占料厚 $t$ 百分数 /% | 35 ～ 50 | 20 ～ 45 | 0 |
| 冲切面特征 | 微粗糙 | 一般，平整 | 光洁 |
| 主要优、缺点及适用范围 | 毛刺小，冲切面倾角小，尺寸精度较高，适于薄小精度高的精密冲件加工 | 残留应力大，模具寿命短，不推荐采用 | 尺寸和形位精度高，冲切面表面粗糙度 $Ra$ 在 1.6μm 以下，适于高精度冲件的精冲 |

## 2. 冲裁间隙对冲裁模寿命的影响

冲裁模具的寿命是以冲出合格制品的冲裁次数来衡量的，分为两次刃磨间的寿命与全磨损后总的寿命。当间隙小时，摩擦发热严重，导致模具磨损加剧，使模具与材料之间产生黏结现象，还会引起刃口的压缩疲劳破坏，使之崩刃。间隙过大时，板料弯曲拉伸相对增加，使模具刃口端面上的正压力增大，容易产生崩刃或产生塑性变形，使磨损加剧。可见，间隙过小与过大都会导致模具寿命降低。冲裁间隙对冲裁模寿命的影响见表 3-19。

模具刃口磨损，导致刃口的钝化和间隙增加，使制件尺寸精度降低，断面粗糙，毛刺增大，冲裁能量增大。为了提高模具寿命，一般需采用较大间隙，若制件要求精度不高时，采用合理大间隙，模具寿命可以提高。若采用小间隙，就必须提高模具硬度与制造精度，对冲模刃口进行充分润滑，以减少磨损。

表 3-19 冲裁间隙对冲裁模寿命的影响

| 材料 | 厚度 $t$/mm | 硬度 | 小间隙 | | 大间隙 | | 寿命提高倍数 /% |
|---|---|---|---|---|---|---|---|
| | | | 单面间隙 $c$ | 刃磨寿命 / 千次 | 单面间隙 $c$ | 刃磨寿命 / 千次 | |
| 低碳钢 | 0.5 | 22HRC | 2.5%$t$ | 115 | 5.0%$t$ | 230 | 100 |
| 低碳钢 | 1.2 | — | 5.0%$t$ | 10 | 12.5%$t$ | 68 | 580 |
| 低碳钢 | 1.5 | 77HRB | 4.5%$t$ | 130 | 12.5%$t$ | 400 | 208 |
| 高碳钢 | 3.2 | 39HRC | 2.5%$t$ | 30 | 8.5%$t$ | 240 | 700 |
| 不锈钢 | 0.12 | 45HRC | 20.0%$t$ | 15 | 42.0%$t$ | 125 | 900 |
| 不锈钢 | 1.2 | 16HRC | 6.5%$t$ | 12 | 11.0%$t$ | 30 | 150 |
| 黄铜 | 1.2 | — | 3.5%$t$ | 15 | 7.0%$t$ | 110 | 633 |
| 铍青铜 | 0.08 | 95HRB | 8.5%$t$ | 300 | 25.0%$t$ | 600 | 100 |

## 3. 间隙对冲裁力的影响

一般认为，增大间隙可以降低冲裁力，而小间隙则使冲裁力增大。当间隙合理时，上下裂纹重合，最大剪切力较小。而小间隙时，材料所受力矩和拉应力减小，压应力增大，材料不易产生撕裂，上下裂纹不重合，产生二次剪切，使冲裁力、冲裁功有所增大；增大间隙时，材料所受力矩与拉应力增大，材料易于剪裂分离，故最大冲裁力有所减小。如对冲裁件质量要求不高，为降低冲裁力、减少模具磨损，倾向于取偏大的冲裁间隙。

## 三、冲裁间隙的确定

由以上分析可见，冲裁间隙对冲裁件质量、冲裁力、模具寿命等都有很大的影响。生产中通常是选择一个适当的范围作为合理间隙。这个范围的最小值称为最小合理间隙（$z_{min}$），最大值称最大合理间隙（$z_{max}$）。考虑到生产过程中的磨损使间隙变大，故设计与制造模具时，通常采用最小合理间隙值 $z_{min}$。

确定合理间隙值有理论确定法和查表选取法两种方法。

### 1. 理论确定法

理论确定法的主要依据是保证裂纹重合，以获得良好的冲裁断面。如图 3-14 所示是冲裁过程中开始产生裂纹的瞬时状态。由图中几何关系可得出计算合理间隙 $c$ 的公式：

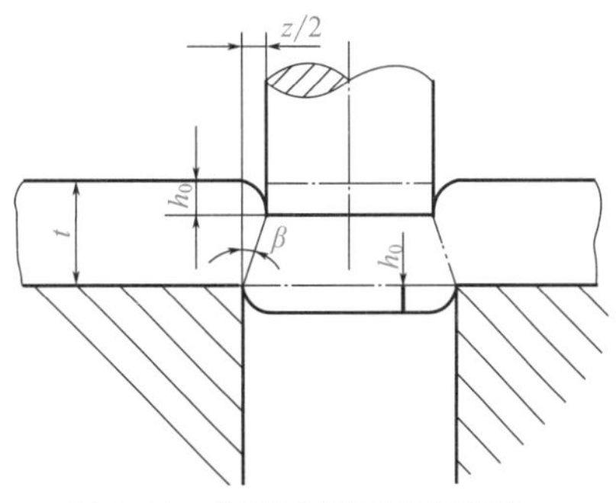

图 3-14　合理冲裁间隙的确定

$$c=(t-h_0)\tan\beta=t\frac{h_0}{t}\tan\beta$$

式中　$t$——板料厚度，mm；

$h_0$——产生裂纹时凸模相对压入深度，mm；

$\beta$——裂纹与垂线间的夹角，(°)。

由上述可知，间隙 $z$ 与板材厚度、相对压入深度 $h_0/t$、裂纹方向角 $\beta$ 有关。而 $h_0$、$\beta$ 又与材料性质有关，表 3-20 为常用材料的 $h_0/t$ 与 $\beta$ 的近似值。由表可知，影响间隙值的主要因素是板材力学性能及其厚度。

表 3-20　$h_0/t$ 与 $\beta$ 值　　单位：mm

| 材料 | $h_0/t$ | | | | $\beta$/(°) |
|---|---|---|---|---|---|
| | $t<1$ | $t$=1～2 | $t$=2～4 | $t>4$ | |
| 软钢 | 75～70 | 70～65 | 65～55 | 50～40 | 5～6 |
| 中硬钢 | 65～60 | 60～55 | 55～48 | 45～35 | 4～5 |
| 硬钢 | 54～47 | 47～45 | 44～38 | 35～25 | 4 |

### 2. 查表选取法

间隙的选取主要与材料的种类、厚度有关。由于各种冲压件对其断面质量和尺寸精度要求不同，以及生产条件的差异，在实际生产中，很难有一种统一的间隙数值，而应区别对待，在保证冲裁件断面质量和尺寸精度的前提下，使模具寿命最高。首先按表 3-21 确定拟采用的间隙类别，然后按表 3-22 相应选取该类间隙的比值，经计算便可得到间隙数值。常用非金属材料冲裁间隙值见表 3-23。

确定模具间隙时还应注意以下几点：

① 当不要求特殊光洁、垂直的剪切面时，应采用表中推荐的正常间隙值；

② 厚料冲件，对冲裁断面无特殊要求时，应采用大间隙；

③ 厚料冲件，要求冲裁断面光洁、比较平整时，应采用小间隙（凹模带圆角或椭圆圆角刃部）；

④ 当冲制材料厚度小于 0.3mm 的薄料时，可不用间隙，而将淬硬后的凸模（或凹模）在第一次试冲时，直接在未淬硬的凹模（或凸模）刃部冲出间隙来；

⑤ 在高速冲床（>200 次 /min）上进行冲裁，应采用较大间隙，以增加模具使用寿命；

⑥ 当冲床吨位较小时，应采用较大间隙。

表 3-21　金属材料冲裁间隙分类

| 分类依据 | | 类别 Ⅰ | 类别 Ⅱ | 类别 Ⅲ |
|---|---|---|---|---|
| 冲压件断面质量 | 剪切面特征 | 毛刺一般、$\alpha$小、光亮带大、塌角小 | 毛刺小、$\alpha$中等、光亮带中等、塌角中等 | 毛刺一般、$\alpha$大、光亮带小、塌角大 |
| 冲压件断面质量 | 塌角高度 $R$ | $(4\% \sim 7\%)t$ | $(6\% \sim 8\%)t$ | $(8\% \sim 10\%)t$ |
| 冲压件断面质量 | 光亮带高度 $B$ | $(35\% \sim 55\%)t$ | $(25\% \sim 40\%)t$ | $(15\% \sim 25\%)t$ |
| 冲压件断面质量 | 断裂带高度 $H$ | 小 | 中 | 大 |
| 冲压件断面质量 | 毛刺高度 $h$ | 一般 | 小 | 一般 |
| 冲压件断面质量 | 断裂角 $\alpha$ | $4^\circ \sim 7^\circ$ | $>7^\circ \sim 8^\circ$ | $>8^\circ \sim 11^\circ$ |
| 冲压件精度 | 平面度 | 稍小 | 小 | 较大 |
| 冲压件精度 | 尺寸精度 落料件 | 接近凹模尺寸 | 稍小凹模尺寸 | 小于凹模尺寸 |
| 冲压件精度 | 尺寸精度 冲孔件 | 接近凸模尺寸 | 稍大凸模尺寸 | 大于凸模尺寸 |
| 模具寿命 | | 较低 | 较长 | 最长 |
| 力能消耗 | 冲裁力 | 较大 | 小 | 最小 |
| 力能消耗 | 卸、推料力 | 较大 | 最小 | 小 |
| 力能消耗 | 冲裁功 | 较大 | 小 | 稍小 |
| 适用场合 | | 冲压件断面质量、尺寸精度要求高时，采用小间隙。冲模寿命较短 | 冲压件断面质量、尺寸精度一般要求时，采用中等间隙。因残余应力小，能减少破裂现象，适用于继续塑性变形的工件 | 冲压件断面质量、尺寸精度要求不高时，应优先采用大间隙，以利于提高冲模寿命 |

表 3-22　金属材料冲裁间隙值

| 材料 | 抗剪强度 $\tau_b$ /MPa | 初始间隙（单边间隙）Ⅰ类 | Ⅱ类 | Ⅲ类 |
|---|---|---|---|---|
| 低碳钢<br>08F、10F、10、20、Q235A | ≥ 210 ～ 400 | $(3.0\% \sim 7.0\%)t$ | $>(7.0\% \sim 10.0\%)t$ | $>(10.0\% \sim 12.5\%)t$ |
| 中碳钢 45<br>不锈钢 1Cr18Ni9Ti、4Cr13<br>膨胀合金（可伐合金）4J29 | ≥ 420 ～ 560 | $(3.5\% \sim 8.0\%)t$ | $>(8.0\% \sim 11.0\%)t$ | $>(11.0\% \sim 15.0\%)t$ |
| 高碳钢<br>T8A、T10A<br>65Mn | ≥ 590 ～ 930 | $(8.0\% \sim 12.0\%)t$ | $>(12.0\% \sim 15.0\%)t$ | $>(15.0\% \sim 18.0\%)t$ |
| 纯铝 1060、1050A、1035、1200<br>铝合金（软态）3A21<br>黄铜（软态）H62<br>纯铜（软态）Tl、T2、T3 | ≥ 65 ～ 255 | $(2.0\% \sim 4.0\%)t$ | $(4.5\% \sim 6.0\%)t$ | $(6.5\% \sim 9.0\%)t$ |
| 黄铜（硬态）H62<br>铅黄铜 HPb59.1<br>纯铜（硬态）T1、T2、T3 | ≥ 290 ～ 420 | $(3.0\% \sim 5.0\%)t$ | $(5.5\% \sim 8.0\%)t$ | $(8.5\% \sim 11.0\%)t$ |

续表

| 材料 | 抗剪强度 $\tau_b$ /MPa | 初始间隙（单边间隙） | | |
|---|---|---|---|---|
| | | Ⅰ类 | Ⅱ类 | Ⅲ类 |
| 铝合金（硬态）2A12<br>锡磷青铜 QSn4-4-2.5<br>铝青铜 QAl7<br>铍青铜 QBe2 | ≥ 225 ～ 550 | (3.5% ～ 6.0%)$t$ | (7.0% ～ 10.0%)$t$ | (11.0% ～ 13.0%)$t$ |
| 镁合金 MB1、MB8 | ≥ 120 ～ 180 | (1.5% ～ 2.5%)$t$ | — | — |
| 电工硅钢 D21、D31、D41 | 190 | (2.5% ～ 5.0%)$t$ | >(5.0% ～ 9.0%)$t$ | — |

表 3-23　常用非金属材料冲裁间隙值

| 材　料 | 初始间隙（单边间隙） | 材料 | 初始间隙（单边间隙） |
|---|---|---|---|
| 酚醛层压板 | | 磁布板 | (0.5% ～ 2.0%)$t$ |
| 石棉板 | | 云母片 | |
| 橡胶板 | (1.5% ～ 3.0%)$t$ | 皮革 | (0.25% ～ 0.75%)$t$ |
| 有机玻璃板 | | 纸 | |
| 环氧酚醛玻璃布 | | 纤维板 | 2.0%$t$ |
| 红纸板 | (0.5% ～ 2.0%)$t$ | 毛毡 | 0 ～ 0.2%$t$ |
| 胶纸板 | | | |

## 四、不同行业采用的冲裁间隙经验值

不同行业对冲压件的精度要求不同，采用的冲裁间隙差异较大。绝大多数企业都采用查表法，即根据冲压件材料种类、抗剪强度 $\tau_b$ 或抗拉强度 $\sigma_b$、冲裁料厚 $t$ 等技术参数，从行业（或地区或工厂）既定采纳的冲裁间隙表中，查取具体间隙值。

### 1. 落料、冲孔模初始双面间隙（表 3-24）

表 3-24　落料、冲孔模初始双面间隙　　单位：mm

| 材料名称 | 45<br>T7、T8<br>（退火）<br>65Mn<br>（退火）<br>磷青铜<br>（硬）<br>铍青铜<br>（硬） | | 10、15、20<br>冷轧钢带<br>30 钢板<br>H62、H68（硬）<br>2A12（硬铝）<br>硅钢片 | | Q215A、Q235A<br>钢板<br>08、10、15<br>钢板<br>H62、H68（半硬）<br>纯铜（硬）<br>磷青铜（软）<br>铍青铜（软） | | H62、H68（软）<br>纯铜（软）<br>防锈铝<br>3A21、5A02<br>软铝<br>1060 ～ 8A06<br>2A12（退火）<br>铜母线<br>铝母线 | | 酚醛环氧层压玻璃布板、酚醛层压纸板、酚醛层压布板 | | 钢纸板<br>（反白板）<br>绝缘纸板<br>云母板<br>橡胶板 | |
|---|---|---|---|---|---|---|---|---|---|---|---|---|
| 力学性能 | 硬度≥ 190HBW<br>$\sigma_b$ ≥ 600MPa | | 硬度 =140 ～ 190HBW<br>$\sigma_b$=400 ～ 600MPa | | 硬度 =70 ～ 140HBW<br>$\sigma_b$=300 ～ 400MPa | | 硬度≤ 70HBW<br>$\sigma_b$ ≤ 300MPa | | | | | |
| 厚度 $t$ | 初始双面间隙 $2c$ | | | | | | | | | | | |
| | $2c_{min}$ | $2c_{max}$ | $2c_{min}$ | $2c_{max}$ | $2c_{min}$ | $2c_{max}$ | $2c_{min}$ | $2c_{max}$ | $2c_{min}$ | $2c_{max}$ | $2c_{min}$ | $2c_{max}$ |
| 0.1 | 0.015 | 0.035 | 0.01 | 0.03 | * | — | * | — | * | — | | |
| 0.2 | 0.025 | 0.045 | 0.015 | 0.035 | 0.01 | 0.03 | * | — | * | — | | |
| 0.3 | 0.04 | 0.06 | 0.03 | 0.5 | 0.02 | 0.04 | 0.01 | 0.03 | * | — | * | — |
| 0.5 | 0.08 | 0.10 | 0.06 | 0.08 | 0.04 | 0.06 | 0.025 | 0.045 | 0.01 | 0.02 | | |
| 0.8 | 0.13 | 0.16 | 0.10 | 0.13 | 0.07 | 0.10 | 0.045 | 0.075 | 0.015 | 0.03 | | |

续表

| 厚度 $t$ | 初始双面间隙 $2c$ | | | | | | | | | | | |
|---|---|---|---|---|---|---|---|---|---|---|---|---|
| | $2c_{min}$ | $2c_{max}$ | $2c_{min}$ | $2c_{max}$ | $2c_{min}$ | $2c_{max}$ | $2c_{min}$ | $2c_{max}$ | $2c_{min}$ | $2c_{max}$ | $2c_{min}$ | $2c_{max}$ |
| 1.0 | 0.17 | 0.20 | 0.13 | 0.16 | 0.10 | 0.13 | 0.065 | 0.095 | 0.025 | 0.04 | 0.01～0.03 | 0.015～0.045 |
| 1.2 | 0.21 | 0.24 | 0.16 | 0.19 | 0.13 | 0.16 | 0.075 | 0.105 | 0.035 | 0.05 | | |
| 1.5 | 0.27 | 0.31 | 0.21 | 0.25 | 0.15 | 0.19 | 0.10 | 0.14 | 0.04 | 0.06 | | |
| 1.8 | 0.34 | 0.38 | 0.27 | 0.31 | 0.20 | 0.24 | 0.13 | 0.17 | 0.05 | 0.07 | | |
| 2.0 | 0.38 | 0.42 | 0.30 | 0.34 | 0.22 | 0.26 | 0.14 | 0.18 | 0.06 | 0.08 | | |
| 2.5 | 0.49 | 0.55 | 0.39 | 0.45 | 0.29 | 0.35 | 0.18 | 0.24 | 0.07 | 0.10 | | |
| 3.0 | 0.62 | 0.68 | 0.49 | 0.55 | 0.36 | 0.42 | 0.23 | 0.29 | 0.10 | 0.13 | 0.04 | 0.06 |
| 3.5 | 0.73 | 0.81 | 0.58 | 0.66 | 0.43 | 0.51 | 0.27 | 0.35 | 0.12 | 0.16 | | |
| 4.0 | 0.86 | 0.94 | 0.68 | 0.76 | 0.50 | 0.58 | 0.32 | 0.40 | 0.14 | 0.18 | | |
| 4.5 | 1.00 | 1.08 | 0.78 | 0.86 | 0.58 | 0.66 | 0.37 | 0.45 | 0.6 | 0.20 | — | — |
| 5.0 | 1.13 | 1.23 | 0.90 | 1.00 | 0.65 | 0.75 | 0.42 | 0.52 | 0.18 | 0.23 | 0.05 | 0.07 |
| 6.0 | 1.40 | 1.50 | 1.10 | 1.20 | 0.82 | 0.92 | 0.53 | 0.63 | 0.24 | 0.29 | | |
| 8.0 | 2.00 | 2.12 | 1.60 | 1.72 | 1.17 | 1.29 | 0.76 | 0.88 | — | — | — | — |
| 10 | 2.60 | 2.72 | 2.10 | 2.22 | 1.56 | 1.68 | 1.02 | 1.14 | — | — | | |
| 12 | 3.30 | 3.42 | 2.60 | 2.72 | 1.97 | 2.09 | 1.30 | 1.42 | — | — | | |

注：有 * 号处均系无间隙。

## 2. 国产各种钢板推荐的冲裁间隙（表 3-25）

表 3-25　国产各种钢板推荐的冲裁间隙

| 材料牌号 | 料厚 $t$ /mm | 合理间隙（径向双面） | 材料牌号 | 料厚 $t$ /mm | 合理间隙（径向双面） |
|---|---|---|---|---|---|
| 08 | 0.05 | 无间隙 | Q235 | 0.9 | （10%～14%）$t$ |
| | 0.1 | | 08 | | |
| 08 | 0.2 | | 65Mn | | |
| 50 | | | 09Mn | | |
| 08 | 0.22 | | 08 | 1 | （10%～14%）$t$ |
| 08 | 0.3 | | 09Mn | | |
| 50 | | | 08 | 1.2 | （11%～15%）$t$ |
| 08 | 0.4 | | 09Mn | | |
| 65Mn | | | Q235 | 1.5 | （11%～15%）$t$ |
| 08 | 0.5 | （8%～12%）$t$ | Q235 | | |
| 65Mn | | | 08 | | |
| 35 | | | 20 | | |
| 08 | 0.6 | （8%～12%）$t$ | 09Mn | | |
| 08 | 0.7 | （9%～13%）$t$ | 16Mn | | |
| 65Mn | | | 08 | 1.75 | （12%～18%）$t$ |
| 09Mn | | | Q235 | 2 | （12%～18%）$t$ |
| 08 | 0.8 | （9%～13%）$t$ | Q235 | | |
| 20 | | | 08 | | |
| 65Mn | | | 10 | | |
| 09Mn | | | 20 | | （13%～19%）$t$ |
| Q345 | | | 09Mn | | （12%～18%）$t$ |
| | | | 16Mn | | （13%～19%）$t$ |

续表

| 材料牌号 | 料厚 $t$ /mm | 合理间隙（径向双面） | 材料牌号 | 料厚 $t$ /mm | 合理间隙（径向双面） |
|---|---|---|---|---|---|
| 50 | 2.1 | （13%～19%）$t$ | Q235 | 4.5 | （16%～22%）$t$ |
| Q235 | 2.5 | （14%～20%）$t$ | 08 | | |
| Q235 | | | 20 | | （17%～23%）$t$ |
| 08 | | | Q345 | | （15%～21%）$t$ |
| 20 | | （15%～21%）$t$ | Q235 | 5 | （17%～23%）$t$ |
| 09Mn | | （14%～20%）$t$ | 08 | | |
| Q345 | | （15%～21%）$t$ | 20 | | （18%～24%）$t$ |
| 08 | 2.75 | （14%～20%）$t$ | Q345 | | （15%～21%）$t$ |
| Q235 | 3 | （15%～21%）$t$ | 08 | 5.5 | （17%～23%）$t$ |
| 08 | | | Q345 | | （14%～20%）$t$ |
| 20 | | （16%～22%）$t$ | Q235 | 6 | （18%～24%）$t$ |
| 09Mn | | （15%～21%）$t$ | 08 | | |
| Q345 | | （16%～22%）$t$ | 20 | | （19%～25%）$t$ |
| Q235 | 3.5 | （15%～21%）$t$ | Q345 | | （14%～20%）$t$ |
| Q235 | 4 | （16%～22%）$t$ | Q345 | 6.5 | （14%～20%）$t$ |
| 08 | | | Q345 | 8 | （15%～21%）$t$ |
| 20 | | （17%～23%）$t$ | Q345 | 12 | （11%～15%）$t$ |
| Q345 | | | | | |

## 3. 机械制造行业用冲裁模初始双面间隙（表 3-26）

表 3-26　机械制造行业用冲裁模初始双面间隙　　单位：mm

| 材质 | 软铜、黄铜、铝 | | 中硬钢（30～40 钢） | | 硬钢（45 钢、50 钢以上） | | 夹布胶木 | | 纸板、皮革、石棉、橡胶板 | |
|---|---|---|---|---|---|---|---|---|---|---|
| 料厚 $t$ | $2c_{max}$ | $2c_{min}$ | $2c_{max}$ | $2c_{min}$ | $2c_{max}$ | $2c_{min}$ | $2c_{max}$ | $2c_{min}$ | $2c_{max}$ | $2c_{min}$ |
| 0.1 | 0.025 | 0.005 | 0.025 | 0.005 | 0.03 | 0.005 | 0.020 | 0.005 | 0.015 | 0.005 |
| 0.2 | 0.025 | 0.005 | 0.030 | 0.010 | 0.035 | 0.010 | 0 020 | 0.005 | 0.015 | 0.005 |
| 0.3 | 0.030 | 0.010 | 0.035 | 0.015 | 0.035 | 0.015 | 0.020 | 0.010 | 0 015 | 0.005 |
| 0.4 | 0.035 | 0.015 | 0.040 | 0.020 | 0.045 | 0.025 | 0.020 | 0.010 | 0.015 | 0.005 |
| 0.5 | 0.040 | 0.020 | 0.050 | 0.025 | 0.055 | 0.030 | 0.025 | 0.010 | 0.015 | 0.005 |
| 0.6 | 0.050 | 0.025 | 0.060 | 0.030 | 0.070 | 0.040 | 0.025 | 0.010 | 0.015 | 0.005 |
| 0.8 | 0.065 | 0.030 | 0.080 | 0.040 | 0.090 | 0.050 | 0.030 | 0.015 | 0.015 | 0.005 |
| 1.0 | 0.080 | 0.040 | 0.100 | 0.050 | 0.110 | 0.060 | 0.040 | 0.020 | 0.020 | 0.010 |
| 1.2 | 0.120 | 0.060 | 0.130 | 0.070 | 0.160 | 0.080 | 0.055 | 0.030 | 0.030 | 0.015 |
| 1.5 | 0.140 | 0.075 | 0.165 | 0.090 | 0.195 | 0.100 | 0.070 | 0.035 | 0.035 | 0.015 |
| 1.8 | 0.160 | 0.090 | 0.200 | 0.110 | 0.230 | 0.130 | 0.080 | 0.045 | 0 040 | 0.020 |
| 2.0 | 0.180 | 0.100 | 0.220 | 0.120 | 0.260 | 0.140 | 0.090 | 0.050 | 0.045 | 0.025 |
| 2.5 | 0.225 | 0.125 | 0.275 | 0.150 | 0.325 | 0.175 | 0.100 | 0.060 | 0.050 | 0.030 |
| 3.0 | 0.270 | 0.150 | 0.330 | 0.180 | 0.390 | 0.210 | 0.130 | 0.075 | 0.060 | 0.035 |
| 3.5 | 0.350 | 0.210 | 0.420 | 0.245 | 0.490 | 0.280 | 0.170 | 0.090 | — | — |
| 4.0 | 0.400 | 0.240 | 0.480 | 0.280 | 0.560 | 0.320 | 0.200 | 0.100 | — | — |
| 4.5 | 0.450 | 0.270 | 0.540 | 0.315 | 0.630 | 0.360 | 0.230 | 0.120 | — | — |
| 5.0 | 0.500 | 0.300 | 0.600 | 0.350 | 0.700 | 0.400 | 0.250 | 0.150 | — | — |
| 6.0 | 0.660 | 0.400 | 0.800 | 0.500 | 0.900 | 0.500 | — | — | — | — |

续表

| 材质 | 软铜、黄铜、铝 | | 中硬钢（30～40钢） | | 硬钢（45钢、50钢以上） | | 夹布胶木 | | 纸板、皮革、石棉、橡胶板 | |
|---|---|---|---|---|---|---|---|---|---|---|
| 料厚 $t$ | $2c_{max}$ | $2c_{min}$ | $2c_{max}$ | $2c_{min}$ | $2c_{max}$ | $2c_{min}$ | $2c_{max}$ | $2c_{min}$ | $2c_{max}$ | $2c_{min}$ |
| 7.0 | 0.770 | 0.500 | 0.900 | 0.500 | 1.100 | 0.600 | — | — | — | — |
| 8.0 | 0.880 | 0.600 | 1.100 | 0.700 | 1.200 | 0.700 | — | — | — | — |
| 9.0 | 1.00 | 0.700 | 1.300 | 0.800 | 1.400 | 0.900 | — | — | — | — |
| 10.0 | 1.200 | 0.800 | 1.400 | 0.900 | 1.600 | 1.000 | — | — | — | — |
| 11.0 | 1.300 | 0.900 | 1.500 | 1.000 | 1.800 | 1.100 | — | — | — | — |
| 12.0 | 1.500 | 1.00 | 1.700 | 1.100 | 2.000 | 1.200 | — | — | — | — |
| 13.0 | 1.800 | 1.300 | 2.000 | 1.400 | 2.100 | 1.600 | — | — | — | — |
| 14.0 | 2.000 | 1.400 | 2.100 | 1.500 | 2.200 | 1.700 | — | — | — | — |
| 15.0 | 2.200 | 1.500 | 2.300 | 1.600 | 2.400 | 1.800 | — | — | — | — |
| 16.0 | 2.300 | 1.600 | 2.400 | 1.800 | 2.600 | 2.000 | — | — | — | — |

## 4. 汽车、拖拉机制造行业用冲裁模初始双面间隙（表3-27）

表3-27　汽车、拖拉机制造行业用冲裁模初始双面间隙　　单位：mm

| 材料厚度 | 08、10、35、09Mn、Q235A | | 16Mn | | 40、50 | | 65Mn | |
|---|---|---|---|---|---|---|---|---|
| | $2c_{min}$ | $2c_{max}$ | $2c_{min}$ | $2c_{max}$ | $2c_{min}$ | $2c_{max}$ | $2c_{min}$ | $2c_{max}$ |
| ＜0.5 | 极小间隙 | | | | | | | |
| 0.5 | 0.040 | 0.060 | 0.040 | 0.060 | 0.040 | 0.060 | 0.040 | 0.060 |
| 0.6 | 0.048 | 0.072 | 0.048 | 0.072 | 0.048 | 0.072 | 0.048 | 0.072 |
| 0.7 | 0.064 | 0.092 | 0.064 | 0.092 | 0.064 | 0.092 | 0.064 | 0.092 |
| 0.8 | 0.072 | 0.104 | 0.072 | 0.104 | 0.072 | 0.104 | 0.064 | 0.092 |
| 0.9 | 0.090 | 0.126 | 0.090 | 0.126 | 0.090 | 0.126 | 0.090 | 0.126 |
| 1.0 | 0.100 | 0.140 | 0.100 | 0.140 | 0.100 | 0.140 | 0.090 | 0.126 |
| 1.2 | 0.126 | 0.180 | 0.132 | 0.180 | 0.132 | 0.180 | — | — |
| 1.5 | 0.132 | 0.240 | 0.170 | 0.240 | 0.170 | 0.230 | — | — |
| 1.75 | 0.220 | 0.320 | 0.220 | 0.320 | 0.220 | 0.320 | — | — |
| 2.0 | 0.246 | 0.360 | 0.260 | 0.380 | 0.260 | 0.380 | — | — |
| 2.1 | 0.260 | 0.380 | 0.280 | 0.400 | 0.280 | 0.400 | — | — |
| 2.5 | 0.360 | 0.500 | 0.380 | 0.540 | 0.380 | 0.540 | — | — |
| 2.75 | 0.400 | 0.560 | 0.420 | 0.600 | 0.420 | 0.600 | — | — |
| 3.0 | 0.460 | 0.640 | 0.480 | 0.660 | 0.480 | 0.660 | — | — |
| 3.5 | 0.540 | 0.740 | 0.580 | 0.780 | 0.580 | 0.780 | — | — |
| 4.0 | 0.640 | 0.880 | 0.680 | 0.920 | 0.680 | 0.920 | — | — |
| 4.5 | 0.720 | 1.000 | 0.680 | 0.960 | 0.780 | 1.040 | — | — |
| 5.5 | 0.940 | 1.280 | 0.780 | 1.100 | 0.980 | 1.320 | — | — |
| 6.0 | 1.080 | 1.440 | 0.840 | 1.200 | 1.140 | 1.500 | — | — |
| 6.5 | — | — | 0.940 | 1.300 | — | — | — | — |
| 8.0 | — | — | 1.200 | 1.680 | — | — | — | — |

注：冲裁皮革、石棉和纸板时，间隙取08钢的25%。

## 5. 仪表电器制造行业用冲裁模初始双面间隙（表 3-28）

表 3-28　仪表电器制造行业用冲裁模初始双面间隙　　单位：mm

| 材料厚度 | 软　铝 | | 纯铜、黄铜、软钢 C0.08% ~ 0.2% | | 杜拉铝、中等硬钢 C0.3% ~ 0.4% | | 硬　钢 C0.5% ~ 0.6% | |
|---|---|---|---|---|---|---|---|---|
| | $2c_{min}$ | $2c_{max}$ | $2c_{min}$ | $2c_{max}$ | $2c_{min}$ | $2c_{max}$ | $2c_{min}$ | $2c_{max}$ |
| 0.2 | 0.008 | 0.012 | 0.010 | 0.014 | 0.012 | 0.016 | 0.014 | 0.018 |
| 0.3 | 0.012 | 0.018 | 0.015 | 0.021 | 0.018 | 0.024 | 0.021 | 0.027 |
| 0.4 | 0.016 | 0.024 | 0.020 | 0.028 | 0.024 | 0.032 | 0.028 | 0.036 |
| 0.5 | 0.020 | 0.030 | 0.025 | 0.035 | 0.030 | 0.040 | 0.035 | 0.015 |
| 0.6 | 0.024 | 0.036 | 0.030 | 0.042 | 0.036 | 0.048 | 0.042 | 0.054 |
| 0.7 | 0.028 | 0.042 | 0.035 | 0.049 | 0.042 | 0.056 | 0.049 | 0.063 |
| 0.8 | 0.032 | 0.048 | 0.040 | 0.056 | 0.048 | 0.064 | 0.056 | 0.072 |
| 0.9 | 0.036 | 0.054 | 0.045 | 0.063 | 0.054 | 0.072 | 0.063 | 0.081 |
| 1.0 | 0.040 | 0.060 | 0.050 | 0.070 | 0.060 | 0.080 | 0.070 | 0.090 |
| 1.2 | 0.060 | 0.084 | 0.072 | 0.096 | 0.084 | 0.108 | 0.096 | 0.120 |
| 1.5 | 0.075 | 0.105 | 0.090 | 0.120 | 0.105 | 0.135 | 0.120 | 0.150 |
| 1.8 | 0.090 | 0.126 | 0.108 | 0.144 | 0.126 | 0.162 | 0.144 | 0.180 |
| 2.0 | 0.100 | 0.140 | 0.120 | 0.160 | 0.140 | 0.180 | 0.160 | 0.200 |
| 2.2 | 0.132 | 0.176 | 0.154 | 0.198 | 0.176 | 0.220 | 0.198 | 0.242 |
| 2.5 | 0.150 | 0.200 | 0.175 | 0.225 | 0.200 | 0.250 | 0.225 | 0.275 |
| 2.8 | 0.168 | 0.224 | 0.196 | 0.252 | 0.224 | 0.280 | 0.252 | 0.308 |
| 3.0 | 0.180 | 0.240 | 0.210 | 0.270 | 0.240 | 0.300 | 0.270 | 0.330 |
| 3.5 | 0.245 | 0.315 | 0.280 | 0.350 | 0.315 | 0.385 | 0.350 | 0.420 |
| 4.0 | 0.280 | 0.360 | 0.320 | 0.400 | 0.360 | 0.440 | 0.400 | 0.480 |
| 4.5 | 0.315 | 0.405 | 0.360 | 0.450 | 0.405 | 0.495 | 0.450 | 0.540 |
| 5.0 | 0.350 | 0.450 | 0.400 | 0.500 | 0.450 | 0.550 | 0.500 | 0.600 |
| 6.0 | 0.480 | 0.600 | 0.540 | 0.660 | 0.600 | 0.720 | 0.660 | 0.780 |
| 7.0 | 0.560 | 0.700 | 0.630 | 0.770 | 0.700 | 0.840 | 0.770 | 0.910 |
| 8.0 | 0.720 | 0.880 | 0.800 | 0.960 | 0.880 | 1.040 | 0.960 | 1.120 |
| 9.0 | 0.810 | 0.990 | 0.900 | 1.080 | 0.990 | 1.170 | 1.080 | 1.260 |
| 10.0 | 0.900 | 1.100 | 1.000 | 1.200 | 1.100 | 1.300 | 1.200 | 1.400 |

注：1. 初始间隙的最小值相当于间隙的公称数值。
2. 初始间隙的最大值是考虑到凸模和凹模的制造公差所增加的数值。
3. 在使用过程中，由于模具工作部分的磨损，间隙将有所增加，因而间隙的使用最大数值要超过表列数值。

## 6. 电动机制造行业用冲裁模双面间隙（表 3-29）

表 3-29　电动机制造行业用冲裁模双面间隙　　单位：mm

| 材料厚度 $t$ | 合　金 | | | | | | | |
|---|---|---|---|---|---|---|---|---|
| | T8、45、1Cr18Ni9 | | Q215、Q235、35CrMo、QSnP10-1、D41、D44 | | 08F、10、15、H62、T1、T2、T3 | | 1060、1050A、1035 | |
| | 双面间隙 $2c$ | | | | | | | |
| | $2c_{min}$ | $2c_{max}$ | $2c_{min}$ | $2c_{max}$ | $2c_{min}$ | $2c_{max}$ | $2c_{min}$ | $2c_{max}$ |
| 0.35 | 0.03 | 0.05 | 0.02 | 0.05 | 0.01 | 0.03 | — | — |
| 0.5 | 0.04 | 0.08 | 0.03 | 0.07 | 0.02 | 0.04 | 0.02 | 0.03 |
| 0.8 | 0.09 | 0.12 | 0.06 | 0.10 | 0.04 | 0.07 | 0.023 | 0.045 |

续表

| 材料厚度 $t$ | 合金 | | | | | | | |
|---|---|---|---|---|---|---|---|---|
| | T8、45、1Cr18Ni9 | | Q215、Q235、35CrMo、QSnP10-1、D41、D44 | | 08F、10、15、H62、T1、T2、T3 | | 1060、1050A、1035 | |
| | 双面间隙 $2c$ | | | | | | | |
| | $2c_{min}$ | $2c_{max}$ | $2c_{min}$ | $2c_{max}$ | $2c_{min}$ | $2c_{max}$ | $2c_{min}$ | $2c_{max}$ |
| 1.0 | 0.11 | 0.15 | 0.08 | 0.12 | 0.05 | 0.08 | 0.04 | 0.06 |
| 1.2 | 0.11 | 0.18 | 0.10 | 0.11 | 0.07 | 0.10 | 0.05 | 0.07 |
| 1.5 | 0.19 | 0.23 | 0.13 | 0.17 | 0.08 | 0.12 | 0.06 | 0.10 |
| 1.8 | 0.23 | 0.27 | 0.17 | 0.22 | 0.12 | 0.16 | 0.07 | 0.11 |
| 2.0 | 0.28 | 0.32 | 0.20 | 0.24 | 0.13 | 0.18 | 0.08 | 0.12 |
| 2.5 | 0.37 | 0.43 | 0.25 | 0.31 | 0.16 | 0.22 | 0.11 | 0.17 |
| 3.0 | 0.43 | 0.54 | 0.33 | 0.39 | 0.21 | 0.27 | 0.14 | 0.20 |
| 3.5 | 0.58 | 0.65 | 0.42 | 0.49 | 0.25 | 0.33 | 0.13 | 0.26 |
| 4.0 | 0.68 | 0.76 | 0.52 | 0.60 | 0.32 | 0.10 | 0.21 | 0.29 |
| 4.5 | 0.79 | 0.88 | 0.64 | 0.72 | 0.38 | 0.46 | 0.36 | 0.34 |
| 5.0 | 0.90 | 1.0 | 0.75 | 0.85 | 0.45 | 0.55 | 0.30 | 0.40 |
| 6.0 | 1.16 | 1.26 | 0.97 | 1.07 | 0 60 | 0.70 | 0.40 | 0.50 |
| 8.0 | 1.75 | 1.87 | 1.46 | 1.58 | 0.85 | 0.97 | 0.60 | 0.72 |
| 10 | 2.41 | 2.56 | 2.01 | 2.16 | 1.14 | 1.26 | 0.80 | 0.92 |

#### 7. 不锈钢的冲裁间隙（表 3-30）

表 3-30　不锈耐酸钢 1Cr18Ni9Ti 的冲裁间隙　　单位：mm

| 料厚 $t$ | 双面间隙 $2c$ | | | 料厚 $t$ | 双面间隙 $2c$ | | |
|---|---|---|---|---|---|---|---|
| | 最小值 | 合适值 | 最大值 | | 最小值 | 合适值 | 最大值 |
| 0.6 | 0.040 | 0.055 | 0.110 | 1.8 | 0.110 | 0.190 | 0.360 |
| 0.8 | 0.050 | 0.090 | 0.160 | 2.0 | 0.120 | 0.200 | 0.400 |
| 1.0 | 0.080 | 0.130 | 0.220 | 2.5 | 0.150 | 0.250 | 0.500 |
| 1.2 | 0.085 | 0.145 | 0.265 | 3.0 | 0.180 | 0.300 | 0.600 |
| 1.5 | 0.090 | 0.165 | 0.300 | | | | |

## 第三节　冲裁力与冲裁功

冲裁力是选择冲压设备的主要依据，也是选择模具结构、校验模具强度的重要依据。

### 一、冲裁力的计算

冲裁力在冲裁变形过程中并不是一个常数，工程术语定义冲裁力，是指冲裁过程中的最大剪切抗力。计算冲裁力的目的是合理选择压力机吨位和校核模具强度。

#### 1. 平刃口冲裁的冲裁力计算

平刃口冲裁的冲裁力计算公式为：

$$F_0 = A_0\tau_b = L_0 t\tau_b \qquad (3\text{-}1)$$

式中　$F_0$——计算的理论冲裁力，kN；

$A_0$——冲（剪）切面的面积，$mm^2$；

$L_0$——冲裁件的冲裁线长度，mm；

$t$——冲裁件料厚，mm；

$\tau_b$——材料的抗剪强度，MPa。

考虑到冲裁材料厚度的偏差大，尤其热轧钢板，而且总有同板差，实际冲裁料厚 $t$ 总是在一定范围波动；冲裁模刃口工作一段后就逐渐磨损而变钝，冲裁力会随之增大；冲裁间隙分布不够合理和不均匀、材料力学性能的波动等因素，使实际冲裁力还会比计算的理论冲裁力增加 10% ～ 30%，故要在理论计算冲裁力 $F_0$ 的基础上，增加安全系数 $K$，即：

$$F_{平}=KF_0=KL_0t\tau \tag{3-2}$$

式中　$K$——安全系数，通常 $K$ 值为 1.1 ～ 1.3；其余符号同式（3-1）。

以上各式中的 $\tau_b$ 值，即材料的抗剪强度是一个随剪切工具结构形式及剪切条件变化较大的数值，通常都要在真实或相似条件下试验获取接近实用的数据，一般资料中难以查到。鉴于材料的抗拉强度 $\sigma_b$ 与抗剪强度 $\tau_b$ 有 $\sigma_b=(1.1\sim1.3)\tau_b$ 的近似关系，所以，通常用 $\sigma_b$ 代入式（3-2）获得常用实际冲裁力，计算公式如下：

$$F_{平}=Lt\sigma_b \tag{3-3}$$

常用材料的抗冲剪强度和抗拉强度见表 3-31。

表 3-31　常用材料的抗冲剪强度和抗拉强度

| 材料 | 抗冲剪强度 /MPa | | 抗拉强度 /MPa | |
|---|---|---|---|---|
| | 软 | 硬 | 软 | 硬 |
| 铅 | 20 ～ 30 | — | 25 ～ 40 | — |
| 锡 | 30 ～ 40 | — | 40 ～ 50 | — |
| 铝 | 70 ～ 110 | 130 ～ 180 | 80 ～ 120 | 170 ～ 220 |
| 硬铝 | 220 | 380 | 260 | 480 |
| 锌 | 120 | 200 | 150 | 250 |
| 铜 | 180 ～ 220 | 250 ～ 300 | 220 ～ 280 | 300 ～ 400 |
| 黄铜 | 220 ～ 300 | 350 ～ 400 | 280 ～ 350 | 400 ～ 600 |
| 青铜 | 320 ～ 400 | 400 ～ 600 | 400 ～ 500 | 500 ～ 750 |
| 锌白铜 | 280 ～ 360 | 450 ～ 560 | 350 ～ 450 | 550 ～ 700 |
| 铁板 | 320 | 400 | — | 450 |
| 钢板 | 400 ～ 500 | 550 ～ 600 | — | 600 ～ 700 |
| 钢 0.1%C | 250 | 320 | 320 | 400 |
| 钢 0.2%C | 320 | 400 | 400 | 500 |
| 钢 0.3%C | 360 | 480 | 450 | 600 |
| 钢 0.4%C | 450 | 560 | 560 | 720 |
| 钢 0.6%C | 560 | 720 | 720 | 900 |
| 钢 0.8%C | 720 | 900 | 900 | 1100 |
| 钢 1.0%C | 800 | 1050 | 1000 | 1300 |
| 硅钢板 | 450 | 560 | 550 | 650 |
| 不锈钢 | 520 | 560 | 650 ～ 700 | — |

对斜刃口冲裁力还可以用下式进行简化的概略计算：

$$F_{斜}=K_{斜}F_{平} \tag{3-4}$$

式中　$F_{斜}$——斜刃口冲裁时实际冲裁力，kN；

$K_{斜}$——斜刃口冲裁时的减力系数，见表 3-32。

$F_{平}$——同一冲裁件的平刃口冲裁力，kN。

表 3-32　斜刃口冲裁力系数 $K_{斜}$

| 料厚 $t$/mm | 斜刃口高度 $H$/mm | 斜角 $\phi$/（°） | 减力系数 $K_{斜}$ |
|---|---|---|---|
| ＜3 | $2t$ | ＜5 | 0.3 ～ 0.4 |
| ≥3 ～ 10 | $t$ ～ $2t$ | 5 ～ 8 | 0.60 ～ 0.65 |

## 2. 斜刃口冲裁的冲裁力计算方法（表 3-33）

表 3-33　斜刃口冲裁形式及冲裁力计算方法

| 名称 | 简图 | 计算公式 |
|---|---|---|
| 斜刃口落料（凸模或凹模单面斜刃） | 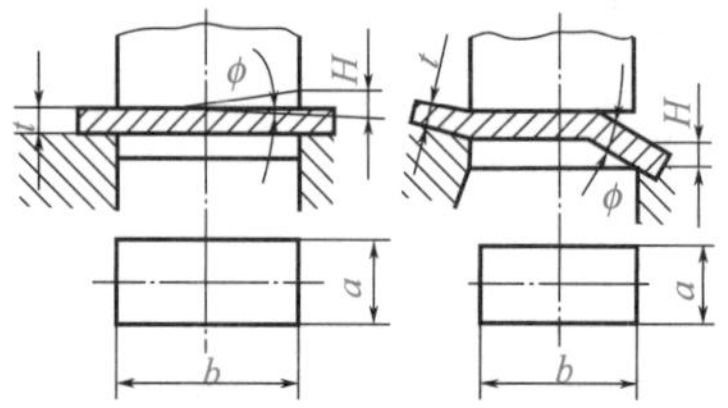  | 当 $H>t$ 时：$F=t\tau_b\left(a+b\dfrac{t}{H}\right)$<br>当 $H=t$ 时：$F=t\tau_b(a+b)$ |
| 斜刃口冲孔（凸模或凹模单面单倾角斜刃） | 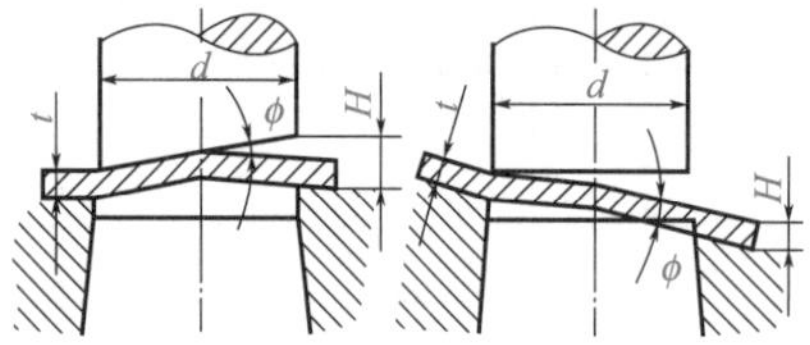  | 当 $H>t$ 时：$F=d\tau_b\arccos\dfrac{H-t}{H}$<br>当 $H=t$ 时：$F=\dfrac{\pi}{2}d\tau_b$ |
| 斜刃口冲孔（凸模或凹模单面人字双倾角斜刃） | 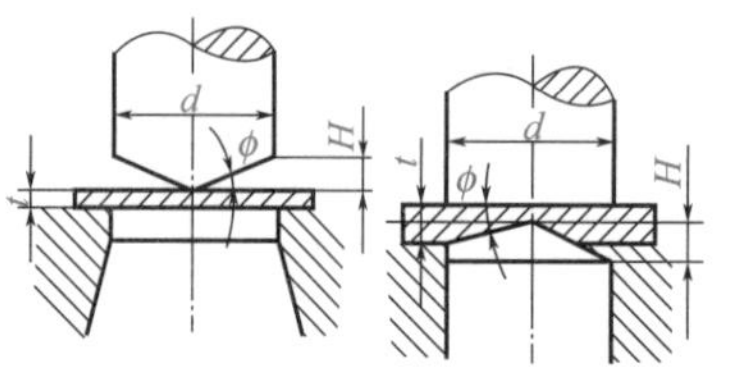  | 当 $0.5t<H\leqslant t$ 时：$F=2d\tau_b\arccos\dfrac{H-0.5t}{H}$<br>当 $H=t$ 时：$F=\dfrac{3}{2}\pi d\tau_b$ |
| 斜刃口冲孔（凸模或凹模单面人字刃口都呈斜刃） | 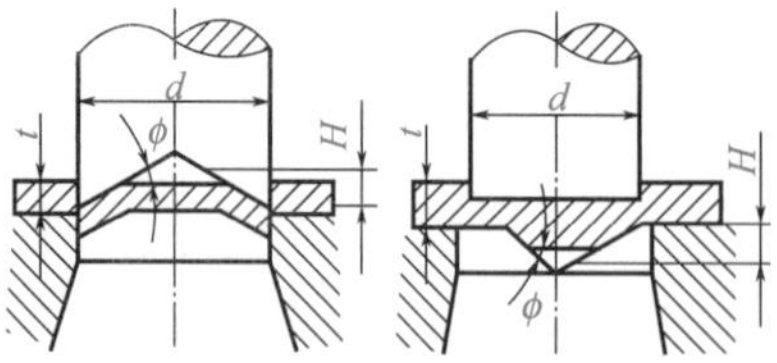  | 当 $0.5t<H\leqslant t$ 时：$F=2d\tau_b\arccos\dfrac{H-0.5t}{H}$<br>当 $H=t$ 时：$F=\dfrac{3}{2}\pi d\tau_b$ |
| 斜刃口落料（凸模或凹模单面呈斜刃） | 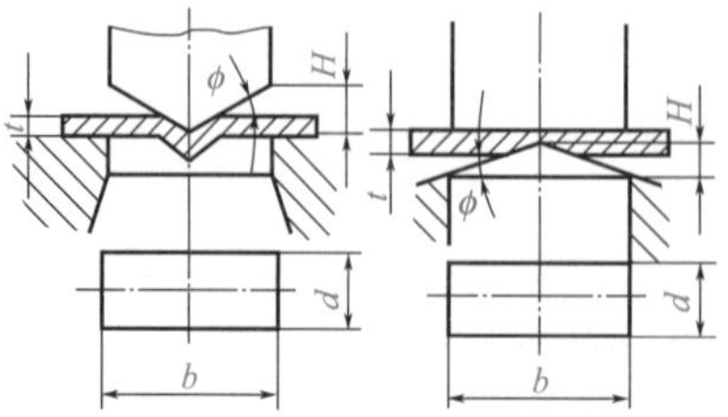  | 当 $H>t$ 时：$F=2t\tau_b\left(a+b\times\dfrac{0.5t}{H}\right)$<br>当 $H=t$ 时：$F=2t\tau_b(a+0.5b)$ |

## 二、冲裁力的查表法

表 3-34 ～表 3-36 列出了当冲裁线长度 $L$=10mm 时，冲裁钢铁材料、非铁金属材料和青铜板时所需的实际压力。使用方法：知道冲裁件的材料牌号、软硬状态和抗剪强度 $\tau_b$、料厚 $t$、冲裁线长度 $L$，即可查表求得所需冲压设备的实际压力。

应用举例：已知冲裁件材料为 H62 硬态冷轧黄铜板，料厚 $t$=3.5mm，材料抗剪强度 $\tau_b$ =420MPa，冲裁件总计冲裁线长度 $L$=1200mm，试求其最小冲裁公称压力。

根据已知参数，查表 3-35 得 $L$=10mm 时所需压力为 18.38kN，则 $L$=1200mm 时，所需冲压设备的实际压力为：18.38kN×(1200/10)=2205kN。

表 3-34　当 $L$=10mm 时冲裁钢铁材料所需的压力　　单位：10kN

| 材料厚度/mm | 碳素结构钢 | | | 锰钢 | 弹簧钢和工具钢 | | | | 铬锰硅钢 | | 不锈钢 | |
|---|---|---|---|---|---|---|---|---|---|---|---|---|
| | 10 | 20 | 45 | 10Mn2 | 65Mn T8A | | 60Si2MnA | | 25CrMnSiA | 30CrMnSiA | 1Cr18Ni9 2Cr18Ni9 | |
| | 已退火的 | | | 软 | 软 | 硬 | 软 | 硬 | 已退火的 | | 软 | 冷作硬化 |
| | 抗剪强度 $\tau_b$/10MPa | | | | | | | | | | | |
| | 26～34 | 28～40 | 44～56 | 32～46 | 52 | 60～95 | 72 | 64～95 | 40～56 | 44～60 | 46～52 | 80～88 |
| 0.2 | 0.085 | 0.10 | 0.14 | 0.115 | 0.130 | 0.238 | 0.180 | 0.238 | 0.14 | 0.150 | 0.130 | 0.22 |
| 0.5 | 0.213 | 0.25 | 0.35 | 0.288 | 0.325 | 0.594 | 0.450 | 0.594 | 0.35 | 0.375 | 0.325 | 0.55 |
| 0.8 | 0.340 | 0.40 | 0.56 | 0.460 | 0.520 | 0.950 | 0.72 | 0.950 | 0.56 | 0.600 | 0 520 | 0.88 |
| 1.0 | 0.425 | 0.50 | 0.70 | 0.575 | 0.650 | 1.188 | 0.900 | 1.188 | 0.70 | 0.750 | 0.650 | 1.10 |
| 1.2 | 0.510 | 0.60 | 0.84 | 0.690 | 0.780 | 1.425 | 1.080 | 1.425 | 0.84 | 0.900 | 0.780 | 1.32 |
| 1.5 | 0.638 | 0.75 | 1.05 | 0.863 | 0.975 | 1.781 | 1.350 | 1.781 | 1.05 | 1.125 | 0.975 | 1.65 |
| 1.8 | 0.765 | 0.90 | 1.26 | 1.035 | 1.170 | 2.138 | 1.620 | 2.138 | 1.26 | 1.350 | 1.170 | 1.98 |
| 2.0 | 0.850 | 1.00 | 1.40 | 1.150 | 1.300 | 2.375 | 1.800 | 2.375 | 1.40 | 1.500 | 1.300 | 2.20 |
| 2.2 | 0 935 | 1.10 | 1.54 | 1.265 | 1.430 | 2.613 | 1.980 | 2.613 | 1.54 | 1.650 | 1.430 | 2.42 |
| 2.5 | 1.063 | 1.25 | 1.75 | 1.438 | 1.625 | 2.969 | 2.250 | 2.969 | 1.75 | 1.875 | 1.625 | 2.75 |
| 3.0 | 1.275 | 1.50 | 2.10 | 1.725 | 1.950 | 3.563 | 2.700 | 3.563 | 2.10 | 2.250 | 1.950 | 3.30 |
| 3.5 | 1 488 | 1.75 | 2.45 | 2.013 | 2.275 | 4.156 | 3.15 | 4.156 | 2.45 | 2.625 | 2.275 | 3.85 |
| 4.0 | 1.700 | 2.00 | 2.80 | 2.300 | 2.600 | 4.750 | 3.600 | 4.750 | 2.80 | 3.000 | 2.600 | 4.40 |
| 4.5 | 1.913 | 2.25 | 3.15 | 2.588 | 2.925 | 5.344 | 4.05 | 5.344 | 3.15 | 3.375 | 2.925 | 4.95 |
| 5.0 | 2.126 | 2.50 | 3.50 | 2.875 | 3.250 | 5.938 | 4.500 | 5.938 | 3.50 | 3.750 | 3.250 | 5.50 |
| 6.0 | 2.550 | 3.00 | 4.20 | 3.450 | 3.900 | 7.125 | 5.400 | 7.125 | 4.20 | 4.500 | 3.900 | 6 60 |
| 7.0 | 2.975 | 3.50 | 4.90 | 4.025 | 4.550 | 8.313 | 6.300 | 8.313 | 4.90 | 5.250 | 4.550 | 7.70 |
| 8.0 | 3.400 | 4.00 | 5.60 | 4.60 | 5.200 | 9.500 | 7.200 | 9.500 | 5.60 | 6.000 | 5.200 | 8.80 |
| 9.0 | 3.825 | 4.50 | 6.30 | 5.17 | 5 850 | 10.688 | 8.10 | 10.688 | 6.30 | 6.750 | 5.850 | 9.90 |
| 10.0 | 4.250 | 5.00 | 7.00 | 5.75 | 6.500 | 11.875 | 9.000 | 11.875 | 7.00 | 7.500 | 6.500 | 11.00 |

表 3-35　当 $L$=10mm 时冲裁非铁金属材料所需的压力　　单位：10kN

| 材料厚度 $t$/mm | 铝 | | 硬铝合金 | | | 防锈铝合金 | | | | 超硬铝合金 | | 黄铜 | | 铜 | |
|---|---|---|---|---|---|---|---|---|---|---|---|---|---|---|---|
| | 1070A、1060、1050A、1035、1200、8A06 | | 2A12 | | | 3A21 | | 5A02 | | 7A04 | | H62 H68 | | T1、T2 T3、T4 | |
| | 软 | 硬 | 软 | 淬硬 | 硬 | 软 | 硬 | 软 | 硬 | 软 | 淬火 | 软 | 硬 | 软 | 硬 |
| | 抗剪强度 $\tau_b$/10MPa | | | | | | | | | | | | | | |
| | 5～8 | 8～10 | 10～16 | 28～31 | 30～32 | 7～10 | 10～14 | 13～16 | 16～20 | 17 | 35 | 24 | 42 | 16 | 24 |
| 0.2 | 0.02 | 0.025 | 0.04 | 0.078 | 0.08 | 0.025 | 0.035 | 0.04 | 0.050 | 0.043 | 0.088 | 0.06 | 0.105 | 0.04 | 0.06 |
| 0.5 | 0.05 | 0.063 | 0.10 | 0.194 | 0.20 | 0.063 | 0.088 | 0.10 | 0.126 | 0.107 | 0.219 | 0.15 | 0.263 | 0.10 | 0.15 |

续表

| 材料厚度 $t$ /mm | 铝 | | 硬铝合金 | | | 防锈铝合金 | | | | 超硬铝合金 | | 黄铜 | | 铜 | |
|---|---|---|---|---|---|---|---|---|---|---|---|---|---|---|---|
| | 1070A、1060、1050A、1035、1200、8A06 | | 2A12 | | | 3A21 | | 5A02 | | 7A04 | | H62 H68 | | T1、T2 T3、T4 | |
| | 软 | 硬 | 软 | 淬硬 | 硬 | 软 | 硬 | 软 | 硬 | 软 | 淬火 | 软 | 硬 | 软 | 硬 |
| | 抗剪强度 $\tau_b$/10MPa | | | | | | | | | | | | | | |
| | 5～8 | 8～10 | 10～16 | 28～31 | 30～32 | 7～10 | 10～14 | 13～16 | 16～20 | 17 | 35 | 24 | 42 | 16 | 24 |
| 0.8 | 0.08 | 0.100 | 0.16 | 0.310 | 0.32 | 0.100 | 0.140 | 0.16 | 0.200 | 0.170 | 0.350 | 0.24 | 0.420 | 0.16 | 0.24 |
| 1.0 | 0.10 | 0.125 | 0.20 | 0.388 | 0.40 | 0.125 | 0.175 | 0.20 | 0.250 | 0.213 | 0.438 | 0.30 | 0.525 | 0.20 | 0.30 |
| 1.2 | 0.12 | 0.150 | 0.24 | 0.466 | 0.48 | 0.150 | 0.210 | 0.24 | 0.300 | 0.256 | 0.526 | 0.36 | 0.630 | 0.24 | 0.36 |
| 1.5 | 0.15 | 0.188 | 0.30 | 0.582 | 0.60 | 0.188 | 0.263 | 0.30 | 0.375 | 0.319 | 0.657 | 0.45 | 0.788 | 0.30 | 0.45 |
| 1.8 | 0.18 | 0.225 | 0.36 | 0.698 | 0.72 | 0.225 | 0.315 | 0.36 | 0.450 | 0.383 | 0.788 | 0.54 | 0 945 | 0.36 | 0.54 |
| 2.0 | 0.20 | 0.250 | 0.40 | 0.776 | 0.80 | 0.250 | 0.350 | 0.40 | 0.500 | 0.426 | 0.876 | 0.60 | 1.050 | 0.40 | 0.60 |
| 2.2 | 0.22 | 0.275 | 0.44 | 0.854 | 0.88 | 0.275 | 0.385 | 0.44 | 0.550 | 0.469 | 0.964 | 0.66 | 1.155 | 0.44 | 0.66 |
| 2.5 | 0.25 | 0.313 | 0.50 | 0.970 | 1.00 | 0.313 | 0.438 | 0.50 | 0.625 | 0.533 | 1.095 | 0.75 | 1.313 | 0.50 | 0.75 |
| 3.0 | 0.30 | 0.375 | 0.60 | 1.164 | 1.20 | 0.375 | 0.525 | 0.60 | 0.750 | 0 639 | 1.314 | 0.90 | 1.575 | 0.60 | 0.90 |
| 3.5 | 0.35 | 0.438 | 0.70 | 1.358 | 1.40 | 0.438 | 0.613 | 0.70 | 0.875 | 0.746 | 1.533 | 1.05 | 1.838 | 0.70 | 1.05 |
| 4.0 | 0.40 | 0.500 | 0.80 | 1.552 | 1.60 | 0.500 | 0.700 | 0.80 | 1.000 | 0.852 | 1.752 | 1.20 | 2.100 | 0.80 | 1.20 |
| 4.5 | 0.45 | 0.563 | 0.90 | 1.746 | 1.80 | 0.563 | 0.788 | 0.90 | 1.125 | 0.958 | 1.971 | 1.35 | 2.363 | 0.90 | 1.35 |
| 5.0 | 0.50 | 0.625 | 1.00 | 1.940 | 2.00 | 0.625 | 0.875 | 1.00 | 1.250 | 0.065 | 2.190 | 1.50 | 2.625 | 1.00 | 1.50 |
| 6.0 | 0.60 | 0.750 | 1.20 | 2.328 | 2.40 | 0.750 | 1.050 | 1.20 | 1.500 | 1.278 | 2.628 | 1.80 | 3.150 | 1.30 | 1.80 |
| 7.0 | 0.70 | 0.875 | 1.40 | 2.716 | 2.80 | 0.875 | 1.225 | 1.40 | 1.750 | 1.491 | 3.066 | 2.10 | 3.675 | 1.40 | 2.10 |
| 8.0 | 0.80 | 1.000 | 1.60 | 3.104 | 3.20 | 1.000 | 1.400 | 1.60 | 2.000 | 1.704 | 3.504 | 2.40 | 4.20 | 1.60 | 2.40 |
| 9.0 | 0.90 | 1.125 | 1.80 | 3.492 | 3.60 | 1.125 | 1.575 | 1.80 | 2.250 | 1.917 | 3 942 | 2.70 | 4.725 | 1.80 | 2.70 |
| 10.0 | 1.00 | 1.250 | 2.00 | 3.880 | 4.00 | 1.250 | 1.750 | 2.00 | 2.500 | 2.130 | 4.380 | 3.00 | 5.250 | 2.00 | 3.00 |

表 3-36　当 $L$=10mm 时冲裁各种青铜板所需的压力　　单位：10kN

| 材料厚度 $t$ /mm | 锡青铜 | | | 铍青铜 | | 硅青铜 | |
|---|---|---|---|---|---|---|---|
| | QSn6.5-0.1、QSn6.5-0.4 | | | QBe2 | | QSi3-1 | |
| | 软 | 硬 | 特硬 | 软 | 硬 | 软 | 硬 |
| | 抗剪强度 $\tau_b$/10MPa | | | | | | |
| | 26 | 48 | 52 | 32～48 | 52 | 28～30 | 56～60 |
| 0.10 | 0.033 | 0.060 | 0.065 | 0.060 | 0.065 | 0.038 | 0.075 |
| 0.15 | 0.049 | 0.090 | 0.098 | 0.090 | 0.098 | 0.056 | 0.113 |
| 0.20 | 0.065 | 0.120 | 0.130 | 0.120 | 0.130 | 0.075 | 0.150 |
| 0.25 | 0.081 | 0.150 | 0.163 | 0.150 | 0.163 | 0.094 | 0.188 |
| 0.30 | 0.098 | 0.180 | 0.195 | 0.180 | 0.195 | 0.113 | 0.215 |
| 0.35 | 0.110 | 0.210 | 0.228 | 0.210 | 0.228 | 0.131 | 0.263 |
| 0.40 | 0.130 | 0.240 | 0.260 | 0.240 | 0.260 | 0.150 | 0.300 |
| 0.45 | 0.150 | 0.270 | 0.293 | 0.270 | 0.293 | 0.169 | 0.338 |
| 0.50 | 0.162 | 0.300 | 0.325 | 0.300 | 0.325 | 0.188 | 0.375 |
| 0.60 | 0.195 | 0.360 | 0.390 | 0.360 | 0.390 | 0.225 | 0.450 |
| 0.80 | 0.260 | 0.480 | 0.520 | 0.480 | 0.520 | 0.300 | 0.600 |
| 1.00 | 0.325 | 0.600 | 0.650 | 0.600 | 0.650 | 0.375 | 0.750 |
| 1.20 | 0.390 | 0.720 | 0.790 | 0.720 | 0.790 | 0.450 | 0.900 |
| 1.50 | 0.488 | 0.900 | 0.975 | 0.900 | 0.975 | 0.562 | 1.125 |
| 1.80 | 0.585 | 1.080 | 1.170 | 1.080 | 1.170 | 0.675 | 1.350 |
| 2.00 | 0.650 | 1.200 | 1.300 | 1.200 | 1.300 | 0.750 | 1.500 |
| 2.20 | 0.715 | 1.320 | 1.430 | 1.320 | 1.430 | 0.825 | 1.650 |
| 2.50 | 0.813 | 1.500 | 1.625 | 1.500 | 1.625 | 0.938 | 1.875 |

## 三、推件力、顶件力及卸料力

冲裁使板料分离后，材料的弹性变形回复使冲裁工件、冲孔废料尺寸都会稍稍增大，而阻塞在凹模、凸凹模中，必须在冲模回程中，把冲裁工件和冲孔废料从凹模中沿冲压方向推出模或逆冲压方向顶出模，如图 3-15 所示。通常顶件力 $F_{顶}$ 比推件力 $F_{推}$ 要大约 20% ～ 40%。搭边框也会卡在凸模外侧，也要施加卸料力 $F_{卸}$，将其从凸模上卸下。通常这些力的影响因素太多，波动又大，详细计算十分繁杂，一般可根据冲裁力粗略估算。

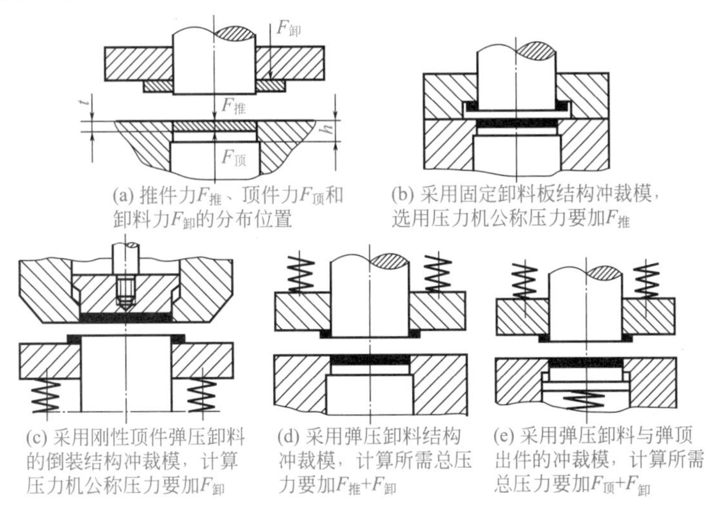


图 3-15　推件力、顶件力和卸料力及计算场合示意

$$F_{顶}=K_{顶}F_{平}$$
$$F_{推}=nK_{推}F_{平}$$
$$F_{卸}=K_{卸}F_{平}$$

式中　$F_{推}$——推件力，kN；

$F_{顶}$——顶件力，kN；

$F_{卸}$——卸件力，kN；

$F_{平}$——平刃口冲裁力，kN；

$n$——同时阻塞在凹模的件数，计算公式为$n=\dfrac{h}{t}$，$h$ 为凹模直壁刃口高度（mm），$t$ 为冲裁料厚（mm）；

$K_{顶}$——顶件力系数，见表 3-37；

$K_{推}$——推件力系数，见表 3-37；

$K_{卸}$——卸料力系数，见表 3-37。

表 3-37　推件力、顶件力和卸料力的系数值

| 材料 | 材料及厚度 /mm | $K_{卸}$ | $K_{推}$ | $K_{顶}$ |
|---|---|---|---|---|
| 钢 | ≤ 0.1 | 0.065 ～ 0.075 | 0.1 | 0.14 |
| | ＞ 0.1 ～ 0.5 | 0.045 ～ 0.055 | 0.065 | 0.08 |
| | ＞ 0.5 ～ 2.5 | 0.04 ～ 0.05 | 0.055 | 0.06 |
| | ＞ 2.5 ～ 6.5 | 0.03 ～ 0.04 | 0.045 | 0.05 |
| | >6.5 | 0.02 ～ 0.03 | 0.025 | 0.03 |
| 铝、铝合金 | 0.1 ～ 6.5 | 0.025 ～ 0.07 | 0.03 ～ 0.07 | 0.03 ～ 0.07 |
| 纯铜、黄铜 | 0.1 ～ 6.5 | 0.02 ～ 0.06 | 0.03 ～ 0.09 | 0.03 ～ 0.09 |

注：$K_{卸}$在冲多孔、大搭边和轮廓复杂的工件时取上限值。

## 四、冲裁功的计算

### 1. 平刃口冲裁的冲裁功

$$W_{平}=\frac{x_1F_{平}t}{1000}$$

式中　$W_{平}$——平刃口冲裁的冲裁功，J；
$F_{平}$——平刃口冲裁力，N；
$t$——冲裁料厚，mm；
$x_1$——平均冲裁力与最大冲裁力的比值，由材料种类及厚度确定，见表 3-38。

表 3-38　系数 $x_1$ 的数值

| 材料 | 料厚 $t$/mm | | | |
|---|---|---|---|---|
| | ＜1 | 1～2 | 2～4 | ＞4 |
| 软钢 $\tau_b$=250～350MPa | 0.70～0.65 | 0.65～0.60 | 0.60～0.50 | 0.45～0.35 |
| 中硬钢 $\tau_b$=350～500MPa | 0.60～0.55 | 0.55～0.50 | 0.50～0.42 | 0.40～0.30 |
| 硬钢 $\tau_b$=500～700MPa | 0.45～0.40 | 0.40～0.35 | 0.35～0.30 | 0.30～0.15 |
| 铝、铜（软态） | 0.75～0.70 | 0.70～0.65 | 0.65～0.55 | 0.50～0.40 |

### 2. 斜刃口冲裁的冲裁功

$$W_{斜}=x_2F_{斜}\frac{t+H}{1000}$$

式中　$W_{斜}$——斜刃口冲裁的冲裁功，J；
$F_{斜}$——斜刃口冲裁力，N；
$H$——斜刃高度，mm；
$t$——料厚，mm；
$x_2$——系数，对于软钢，当 $H=t$ 时，取 $x_2\approx0.5\sim0.6$，当 $H=2t$ 时，取 $x_2\approx0.7\sim0.8$。

# 第四节　排样、搭边与料宽

## 一、排样与材料的利用率

冲裁件在板、条等材料上的布置方法称为排样。排样的合理与否，影响到材料的经济利用率，还会影响到模具结构、生产率、制件质量、生产操作方便与安全等。因此，排样是冲裁工艺与模具设计中一项很重要的工作。

冲压件大批量生产成本中，毛坯材料费用占 60% 以上，排样的目的就在于合理利用原材料。衡量排样经济性、合理性的指标是材料的利用率。其计算公式如下：

一个进距内的材料利用率 $\eta$ 为：

$$\eta=\frac{nA}{Bh}\times100\%$$

式中　$A$——冲裁件面积（包括冲出的小孔在内），$mm^2$；

$n$——一个进距内冲件数目；

$B$——条料宽度，mm；

$h$——进距，mm。

一张板料上的材料利用率 $\eta_{\Sigma}$为：

$$\eta_{\Sigma}=\frac{NA}{BL}\times100\%$$

式中 $N$——一张板料上冲件总数目；

$L$——板材长度，mm。

条料、带料和板料的利用率 $\eta_{\Sigma}$比一个进距内的材料利用率 $\eta$ 要低。其原因是条料和带料有料头和料尾的影响，另外用板材剪成条料还有料边的影响。

要提高材料的利用率，就必须减少废料面积。冲裁过程中所产生的废料可分为两种情况，如图 3-16 所示。

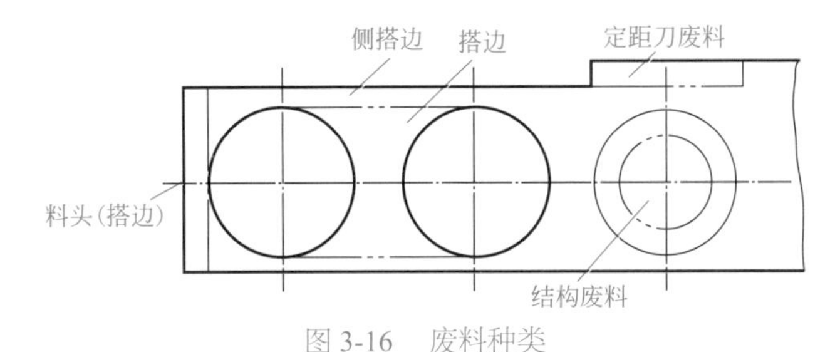


图 3-16 废料种类

（1）结构废料

由于工件结构形状的需要，如工件内孔的存在而产生的废料，称为结构废料，它决定于工件的形状，一般不能改变。

（2）工艺废料

工件之间和工件与条料边缘之间存在的搭边，定位需要切去的料边与定位孔，不可避免的料头和料尾废料，称为工艺废料，它决定于冲压方式和排样方法。

因此，提高材料利用率主要应从减少工艺废料着手。同一个工件，可以有几种不同的排样方法。合理的排样方法，应是将工艺废料减到最少。如图 3-16 所示的最简单的圆形工件，采用图 3-17（a）的排样法，材料的利用率为 64%，采用图 3-17（b）的排样法，材料利用率提高到 72%，采用图 3-17（c）的方法可达 76.5%。有时在不影响零件使用要求的前提下，对零件结构作些适当改进，可以减少设计废料，提高材料利用率。如图 3-18 所示零件，改进前的材料利用率为 50%，适当改进后，材料利用率可达 80%。冲裁排样、冲压件精度和材料利用率见表 3-39。

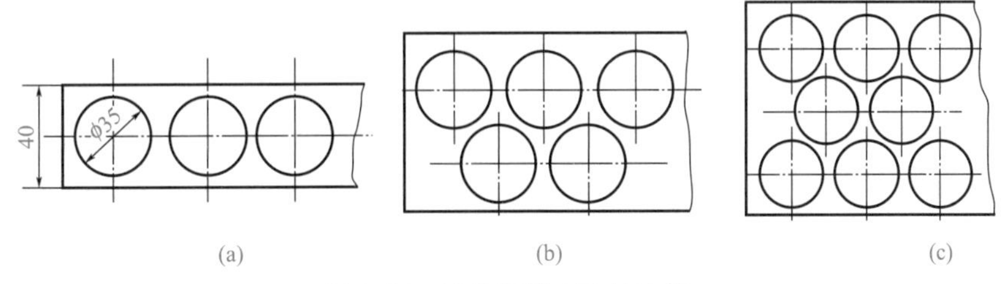


图 3-17 冲件排样方法的比较

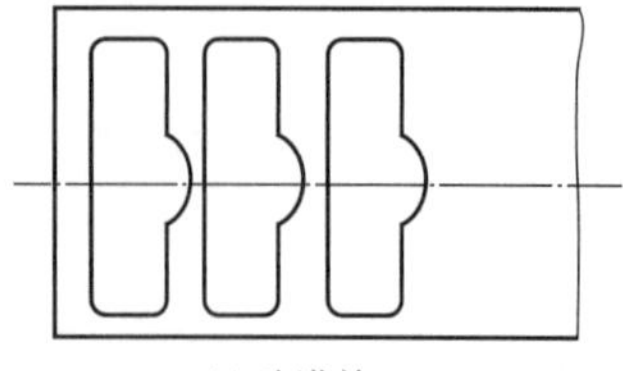

(a) 改进前

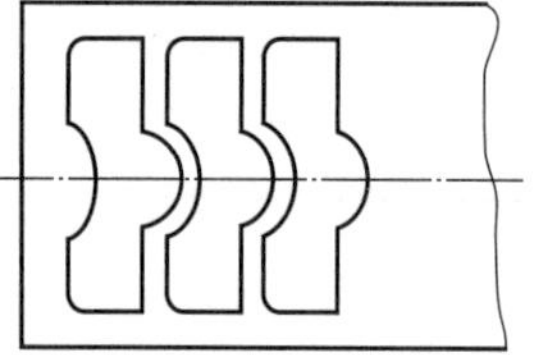
(b) 改进后

图 3-18　材料的经济利用

表 3-39　冲裁排样、冲压件精度和材料利用率

| 排样方式及特点 | 冲裁类型 | 冲压件尺寸精度（IT 精度） | 材料利用率/% | 说明 |
|---|---|---|---|---|
| 有沿边、有搭边排样，冲压件有内孔且外廓不规则，有结构废料产生 | 有废料冲裁 | IT10 ～ IT8 级 | ≤ 70 | 有内孔、群孔、群槽孔及外形复杂的 $\eta$ 值更低 |
| 无沿边、有搭边或有沿边无搭边排样，冲压件有内孔结构废料 | 少废料冲裁 | IT11 ～ IT9 级 | >70 ～ 90 | 有大孔和群孔、群槽以及外形有凸台、凹口时 $\eta$ 值会降低 |
| 无沿边、无搭边排样，但有结构废料 | 少废料冲裁 | IT14 ～ IT12 级 | >70 ～ 95 | 属于无搭边排样，少废料冲裁 |
| 无沿边、无搭边排样，同时无外形与内孔结构废料 | 无废料冲裁 | IT14 ～ IT12 级 | >90 ～ 100 | 属于完全的无废料冲裁 |

## 二、排样方法

### 1. 常用排样方法

根据材料的利用情况，排样的方法可分为三种，其说明见表 3-40。

表 3-40　常用排样方法

| 类别 | 图示 | 说明 |
|---|---|---|
| 有废料排样 |  | 沿工件的全部外形冲裁，工件与工件之间、工件与条料侧边之间都有工艺余料（搭边）存在，冲裁后搭边成为废料 |
| 少废料排样 |  | 沿工件的部分外形轮廓切断或冲裁，只在工件之间或是工件与条料侧边之间有搭边存在 |
| 无废料排样 |  | 工件与工件之间、工件与条料侧边之间均无搭边存在，条料沿直线或曲线切断而得工件 |

有废料排样的材料利用率较低，但制件的质量和冲模寿命较高，常用于工件形状复杂、尺寸精度要求较高的排样。

少废料和无废料排样法的材料利用率较高，在无废料排样时，材料只有料头、料尾损失，材料利用率可达 85% ～ 95%，少废料排样法也可达 70% ～ 90%。采用有废料排样法时，$\eta$=60%，采用少废料排样法时，$\eta$=72%，采用无废料排样法 $\eta$=94%。同时，少废料和无废料排样法有利于一次冲裁多个工件，可以提高生产率。由于这两种排样法冲切周边减少，所以还可简化模具结构，降低冲裁力。但是，少废料和无废料排样的应用范围有一定的局限性，受到工件形状结构的限制，且由于条料本身的宽度公差，条料导向与定位所产生的误差，会直接影响工件尺寸而使工件的精度降低，在几个工件的汇合点容易产生毛刺。由于采用单边剪切，也会加快模具磨损而降低冲模寿命，并直接影响到工件的断面质量，所以少废料和无废料排样常用于精度要求不高的工件排样。

有废料、少废料或无废料排样，按工件的外形特征、排样的形式又可分为直排、斜排、对排、混合排、多排和裁搭边等，各种排样方式的应用情况可见表 3-41 和表 3-42。

表 3-41　平板冲件按外形分类及其经济排样方式

| 类别 | 1 | 2 | 3 | 4 | 5 | 6 | 7 | 8 | 9 | 10 | 11 |
|---|---|---|---|---|---|---|---|---|---|---|---|
| | 方形 | 梯形 | 三角 | 圆 | 半圆 | 长圆 | 十字 | T 字 | L 字 | 山字 | 工字 |
| 平面图形 | 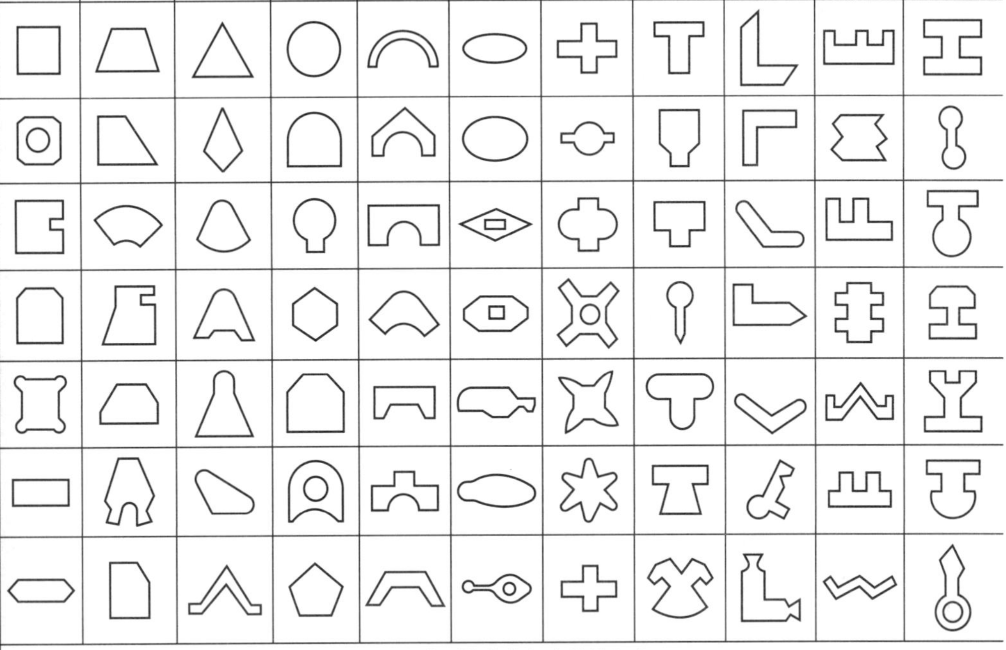 | | | | | | | | | | |
| 排样方式 | 按形状类别推荐的经济排样方式 | | | | | | | | | | |
| | 1 | 2 | 3 | 4 | 5 | 6 | 7 | 8 | 9 | 10 | 11 |
| 单列直排 |  | |  | | 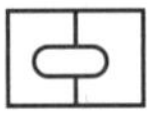 | | | | |  |  |
| 单列斜排 | | | | | |  |  | |  | | |
| 双列对排 | | 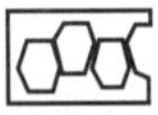 |  |  |  | | | 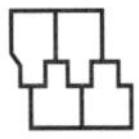 |  |  | |
| 双列斜（对）排 | | | | | | | |  | | | |
| 多列直排与参插排 | 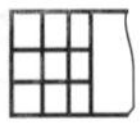 | | | 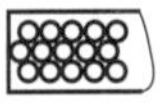 | | | | | | | |
| 裁搭边排 |  | | | | | | | | | |  |

表 3-42　板料冲件常用的排样方式

| 排样类型 | 各种排样方式简图 | | | 说明 |
|---|---|---|---|---|
| | 有沿边有搭边 | 有沿边无搭边 | 无沿边无搭边 | |
| 单列排样 | | | | |
| 直排 | 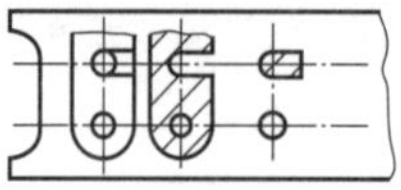 | 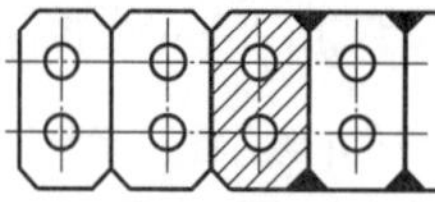 | 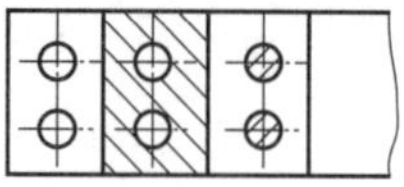 | 适于方形、矩形、长圆形及类似形状的外形复杂的冲压件 |
| 斜排 | 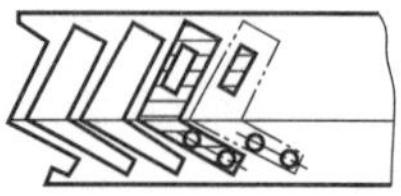 | 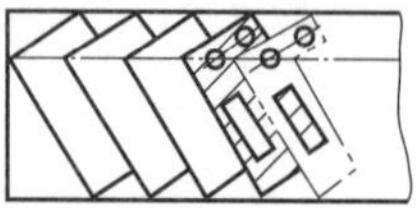 | 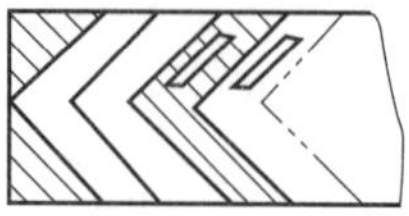 | 适于角尺形、T字形、十字形及类似形状的冲压件 |
| 对头排 | 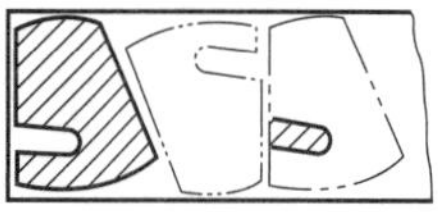 | 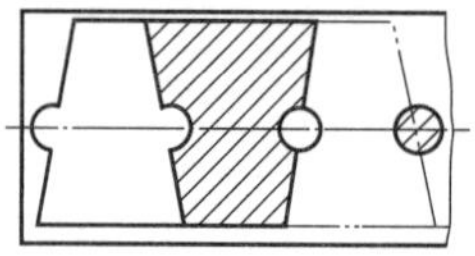 | 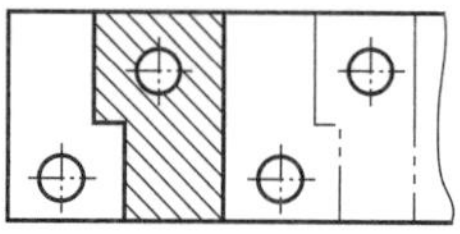 | 适于三角形、┌形、梯形、⊓形及类似形状的冲压件 |
| 双列排样 | | | | |
| 直排 | 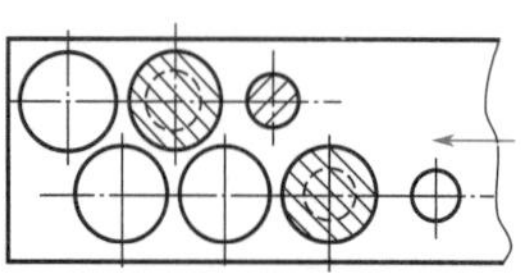 | 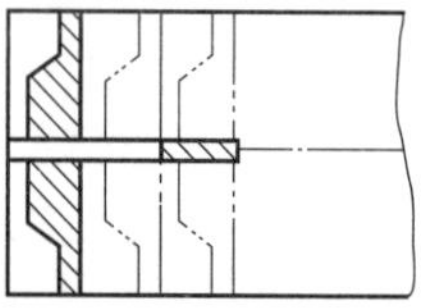 | 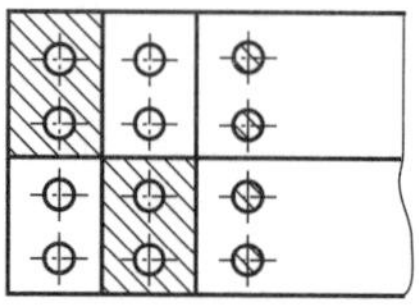 | 适于圆形、正多边形、矩形及类似形状的冲压件 |
| 斜排 | 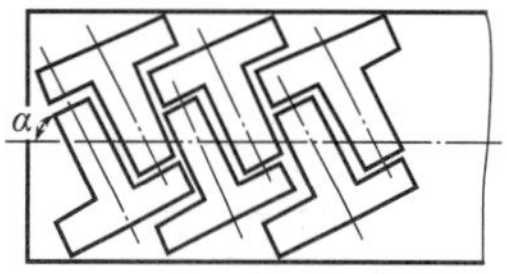 | 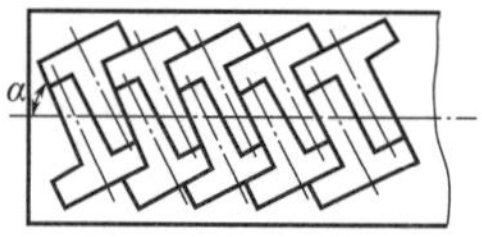 |  | 适于T形、F形、斜角形、有台阶形及类似形状的冲压件 |
| 对头排 | 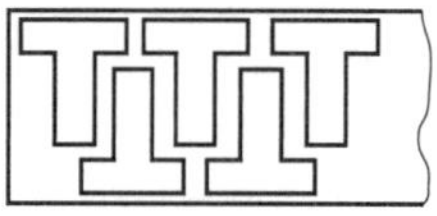 | 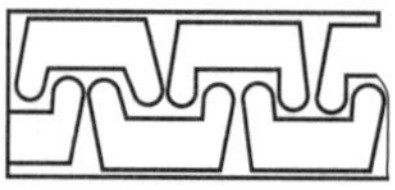 | 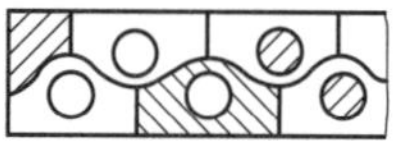 | 适于T形、⊓形、半圆形、梯形及类似形状的冲压件 |
| 多列排样 | | | | |
| 三列及三列以上的直排、斜排、参错排 | 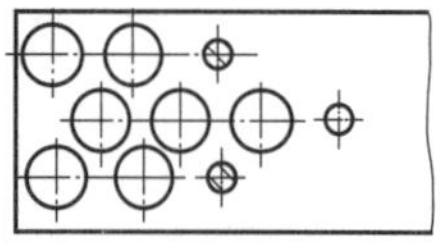 | 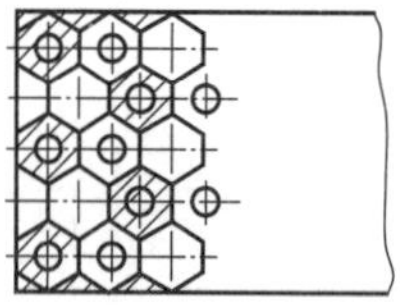 | 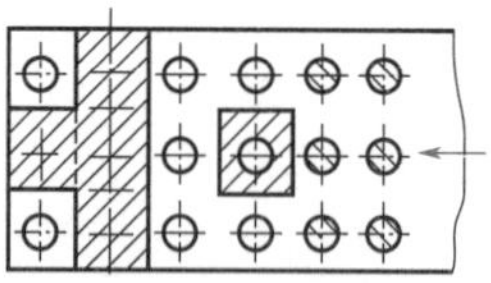 | 适于圆形、方形、正多边形及近似形状的冲压件 |
| 混合排样 | | | | |
| 套裁排样 | 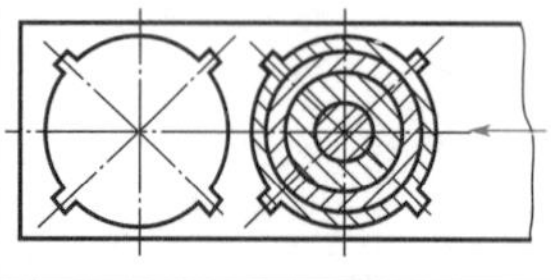 | 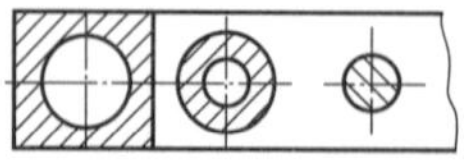 |  | 适于相同材料、相同料厚、而形状与尺寸适合套料冲裁的冲压件 |
| 拼切及裁搭边排样 | 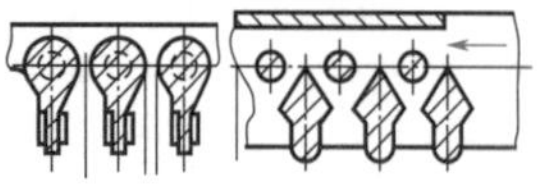 | 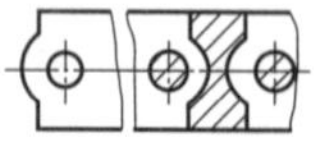 | 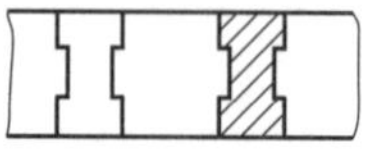 | 适于细长、可以裁两头成形及多种冲压拼合冲裁的冲压件 |

## 2. 少废料及无废料冲裁排样方法（表 3-43）

表 3-43　少废料及无废料冲裁排样方法

<table>
<tr><th colspan="2">类别</th><th>说　明</th></tr>
<tr><td colspan="2">少废料冲裁排样</td><td>与常规的有废料冲裁所采用的有搭边、有沿边排样相比，少废料冲裁是采用减少搭边与沿边等工艺废料的消耗，利用冲件在冲压过程中可能产生的冲孔、冲内形而必然产生的纯结构废料冲制其他相同材料的较小尺寸的零件；或利用冲件外形复杂而必然出现的结构废料以及与搭边和与沿边连在一起面积更大的组合废料，冲制其他适形而材料相同、料厚相等的冲件，从而大幅度提高材料利用率的冲裁方法</td></tr>
<tr><td rowspan="3">无废料冲裁排样</td><td colspan="2">欲实施无废料冲裁，必须能够进行无搭边又无沿边排样而且无孔和内形冲切，才有可能进行真正意义上的无废料冲裁。如果在其冲模机构设计与制造上，存在难以解决的困难或冲件精度达不到要求，即使可以进行无搭边排样，也无法进行无废料冲裁</td></tr>
<tr><td>无搭边排样的条件</td><td>排样图总是按冲件形状设计的，可以进行无搭边排样的冲件必须可以在条料上排列成无缝隙拼合的、连续的闭合平面图形，即冲件在两条平行直线间无缝隙拼合成连续而无限的闭合平面图形，实际上已成为一定宽度的条料。而这个闭合平面图形的形成，正是冲件的任意一边或几边作为母线在条料上按既定规律运动的结果。也就是平面几何学中，关于点、线、面、体形成定律的应用：点动成线，线动成面，面动成体。而无搭边排样图正是线动成面的结果。线即母线，可以是冲件的一边或几边，也可以是同种两个冲件拼合后的一边。母线的运动方式，可以是任意的，诸如：上下平移、旋转整个图形，包括两件甚至几件无缝隙拼合后的整个图形平移、旋转，但必须在两条平行直线边内运动</td></tr>
<tr><td>改进冲件形状实现少废料或无废料冲裁</td><td>冲件的形状对其排样方式及冲裁类型有决定性的影响，与冲件的冲压精度和生产成本密切相关。在不影响冲件使用功能及寿命的前提下，按照上述无搭边排样的理论和构成闭合平面图及形成无搭边排样图的过程，改进冲件形状，实现少废料或无废料冲裁是节能降耗的重要途径之一</td></tr>
</table>

## 3. 典型冲件排样

角尺形冲件排样方式如图 3-19 所示。

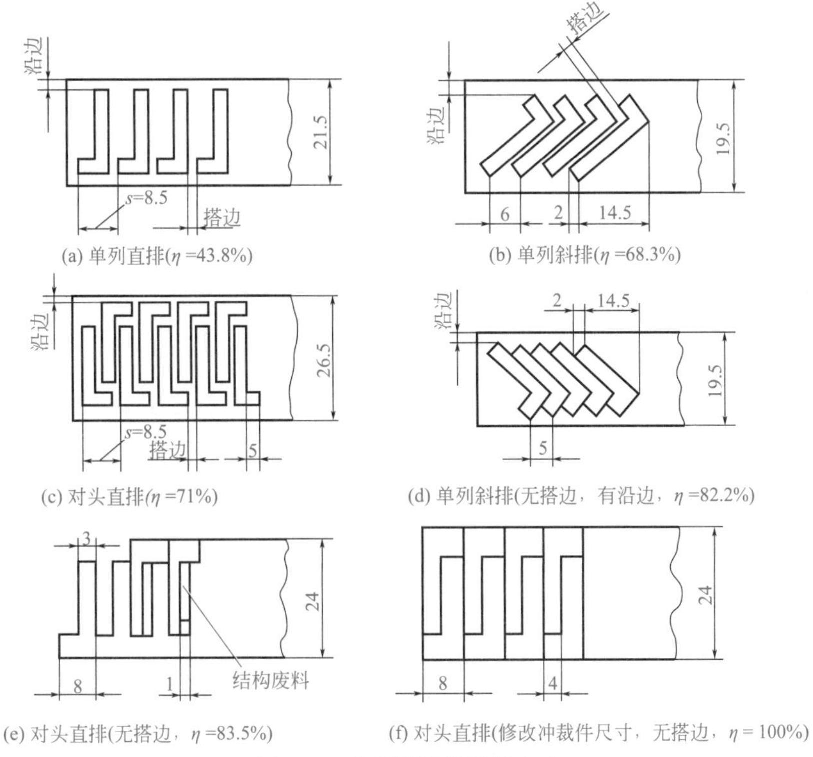

(a) 单列直排($\eta$ =43.8%)　(b) 单列斜排($\eta$ =68.3%)

(c) 对头直排($\eta$ =71%)　(d) 单列斜排(无搭边，有沿边，$\eta$ =82.2%)

(e) 对头直排(无搭边，$\eta$ =83.5%)　(f) 对头直排(修改冲裁件尺寸，无搭边，$\eta$ = 100%)

图 3-19　角尺形冲件排样方式

## 三、搭边宽度与条料宽度

### 1. 搭边宽度的计算

对于金属板冲裁件，其排样时的搭边最小宽度 $b_{min}$（mm），可按下式计算：

当 $t \leqslant 1.5$mm 时

$$b_{min}=3.7-\sqrt{6.51-t(t-0.4)}$$

当 $t > 1.5$mm 时

$$b_{min}=0.57t+0.64$$

根据上述经验公式求出表 3-44 值供参考。

表 3-44　最小搭边 $b_{min}$ 与材料厚度 $t$ 的关系　　单位：mm

| 材料厚度 $t$ | 搭边 $b_{min}$ | 沿边 $b_1$ | 材料厚度 $t$ | 搭边 $b_{min}$ | 沿边 $b_1$ |
|---|---|---|---|---|---|
| 0.2 | 1.21 | 1.40 | 2.2 | 1.92 | 1.97 |
| 0.4 | 1.18 | 1.32 | 2.4 | 2.03 | 2.10 |
| 0.6 | 1.17 | 1.30 | 2.6 | 2.15 | 2.25 |
| 0.8 | 1.20 | 1.35 | 2.8 | 2.27 | 2.35 |
| 1.0 | 1.25 | 1.40 | 3.0 | 2.40 | 2.46 |
| 1.2 | 1.33 | 1.45 | 3.2 | 2.52 | 2.60 |
| 1.4 | 1.43 | 1.50 | 3.4 | 2.46 | 2.53 |
| 1.6 | 1.56 | 1.63 | 3.6 | 2.76 | 2.82 |
| 1.8 | 1.67 | 1.75 | 3.8 | 2.88 | 2.95 |
| 2.0 | 1.80 | 1.90 | 4.0 | 3.0 | 3.10 |

### 2. 搭边

排样中相邻两工件之间的余料或工件与条料边缘间的余料称为塔边。搭边的作用是补偿定位误差，防止由于条料的宽度误差、送料步距误差、送料歪斜误差等原因而冲裁出残缺的废品。此外，还应保持条料有一定的强度和刚度，保证送料的顺利进行，从而提高制件质量，使凸、凹模刃口沿整个封闭轮廓线冲裁，使受力平衡，提高模具寿命和工件断面质量。

搭边值要合理确定。搭边值过大，材料利用率低。搭边值小，材料利用率虽高，但过小时就不能发挥搭边的作用，在冲裁过程中会被拉断，造成送料困难，使工件产生毛刺，有时还会被拉入凸模和凹模间隙，损坏模具刃口，降低模具寿命。搭边值过小，会使作用在凸模侧表面上的法向应力沿着落料毛坯周长的分布不均匀，引起模具刃口的磨损。为避免这一现象，搭边的最小宽度大约取为毛坯的厚度，使之大于塑变区的宽度。

影响搭边值大小的因素主要有：

① 材料的力学性能　好的材料（硬度和强度不是很大），搭边值要大一些，硬度高与强度大的材料，搭边值可小一些。

② 材料的厚度　材料越厚，搭边值也越大。

③ 工件的形状和尺寸　工件外形越复杂，圆角半径越小，搭边值越大。

④ 排样的形式　对排的搭边值大于直排的搭边。

⑤ 送料及挡料方式　用手工送料，有侧压板导向的搭边值可小一些。

搭边值一般由经验确定，冲裁金属材料的沿边与搭边宽度值可直接查表 3-45 及表 3-46。

对于其他材料，应将表中数值乘以下列系数：

中碳钢：0.9；

高碳钢：0.8；

硬黄铜：1 ～ 1.1；

软黄铜、紫铜：1.2；
硬铝：1～1.2；
铝：1.3～1.4；
非金属（皮革纸、纤维板等）：1.5～2。

表 3-45　冲裁金属材料的沿边与搭边宽度值　　单位：mm

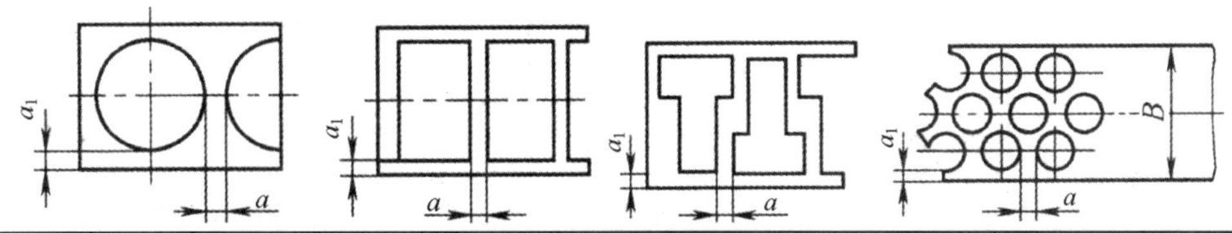


| 材料厚度 $t$ | 手工送料 | | | | | | 自动送料 | |
|---|---|---|---|---|---|---|---|---|
| | 圆形 | | 非圆形 | | 往复送料 | | | |
| | $a_1$ | $a$ | $a_1$ | $a$ | $a_1$ | $a$ | $a_1$ | $a$ |
| ≤1 | 1.5 | 1.5 | 2 | 1.5 | 3 | 2 | | |
| >1～2 | 2 | 1.5 | 2.5 | 2 | 3.5 | 2.5 | 3 | 2 |
| >2～3 | 2.5 | 2 | 3 | 2.5 | 4 | 3.5 | | |
| >3～4 | 3 | 2.5 | 3.5 | 3 | 5 | 4 | 4 | 3 |
| >4～5 | 4 | 3 | 5 | 4 | 6 | 5 | 5 | 4 |
| >5～6 | 5 | 4 | 6 | 5 | 7 | 6 | 6 | 5 |
| >6～8 | 6 | 5 | 7 | 6 | 8 | 7 | 7 | 6 |
| >8 | 7 | 6 | 8 | 7 | 9 | 8 | 8 | 7 |

注：1. 冲非金属材料（皮革、纸板、石棉板等）时，搭边宽度值应乘 1.5～2。
2. 有侧刃的沿边 $a_1'=0.75a_1$。

表 3-46　搭边 $a$ 和 $a_1$ 数值（低碳钢）　　单位：mm

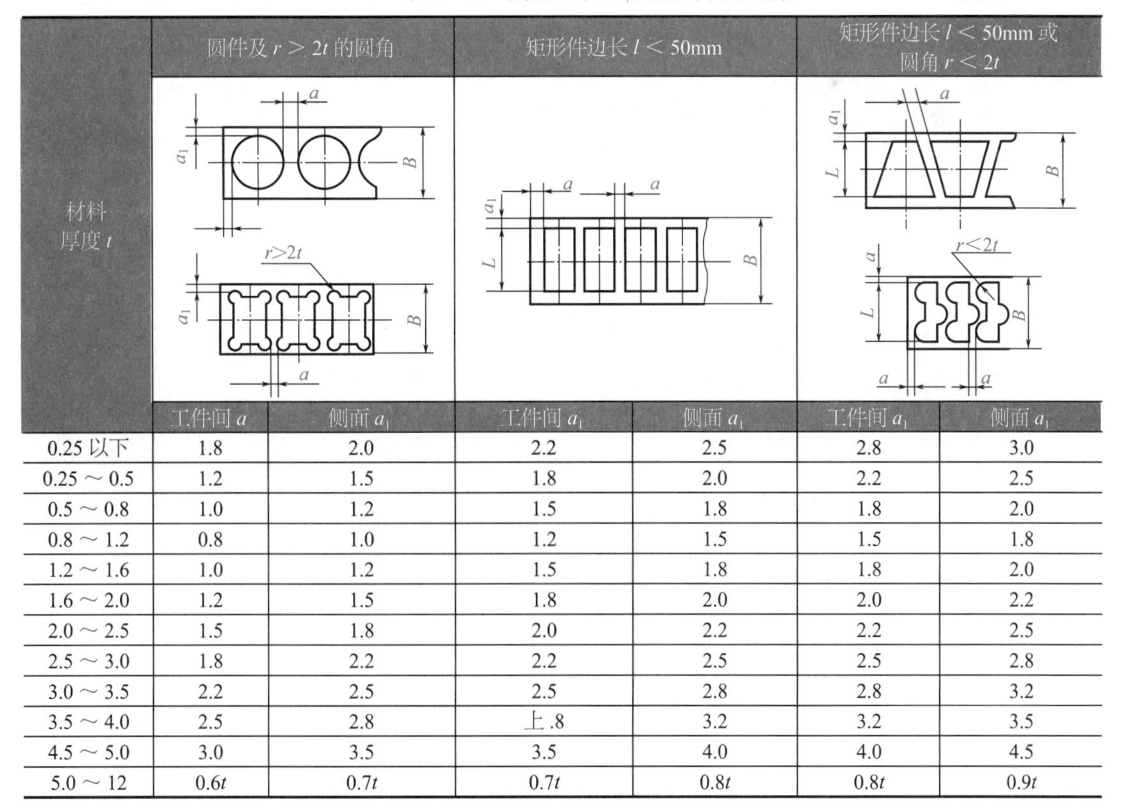

| 材料厚度 $t$ | 圆件及 $r>2t$ 的圆角 | | 矩形件边长 $l<50$mm | | 矩形件边长 $l<50$mm 或圆角 $r<2t$ | |
|---|---|---|---|---|---|---|
| | 工件间 $a$ | 侧面 $a_1$ | 工件间 $a_1$ | 侧面 $a_1$ | 工件间 $a_1$ | 侧面 $a_1$ |
| 0.25 以下 | 1.8 | 2.0 | 2.2 | 2.5 | 2.8 | 3.0 |
| 0.25～0.5 | 1.2 | 1.5 | 1.8 | 2.0 | 2.2 | 2.5 |
| 0.5～0.8 | 1.0 | 1.2 | 1.5 | 1.8 | 1.8 | 2.0 |
| 0.8～1.2 | 0.8 | 1.0 | 1.2 | 1.5 | 1.5 | 1.8 |
| 1.2～1.6 | 1.0 | 1.2 | 1.5 | 1.8 | 1.8 | 2.0 |
| 1.6～2.0 | 1.2 | 1.5 | 1.8 | 2.0 | 2.0 | 2.2 |
| 2.0～2.5 | 1.5 | 1.8 | 2.0 | 2.2 | 2.2 | 2.5 |
| 2.5～3.0 | 1.8 | 2.2 | 2.2 | 2.5 | 2.5 | 2.8 |
| 3.0～3.5 | 2.2 | 2.5 | 2.5 | 2.8 | 2.8 | 3.2 |
| 3.5～4.0 | 2.5 | 2.8 | 上.8 | 3.2 | 3.2 | 3.5 |
| 4.5～5.0 | 3.0 | 3.5 | 3.5 | 4.0 | 4.0 | 4.5 |
| 5.0～12 | 0.6$t$ | 0.7$t$ | 0.7$t$ | 0.8$t$ | 0.8$t$ | 0.9$t$ |

## 3. 条料宽度

按冲压工艺要求确定了排样方式及其搭边、沿边宽度之后，便可计算所需条料（或带料）宽度 $B$。由于料宽还与冲模的导料系统结构有关，其实际尺寸按下面三种情况，分别计算。

### （1）冲模的导料槽无侧压装置

冲模的导料槽无侧压装置如图 3-20 所示，条料宽度计算公式为：

$$B=\left[D+2(b_1+\Delta)\right]_{-\Delta}^{\ 0}$$

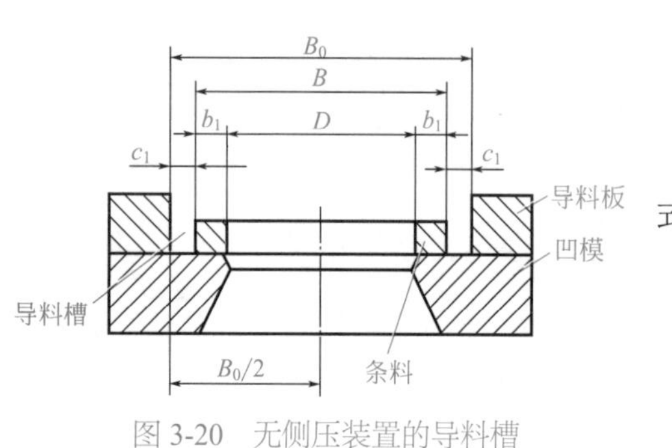

图 3-20　无侧压装置的导料槽

导料槽宽度计算公式为：

$$B_0=B+2c_1=D+2(b_1+\Delta+c_1)$$

式中　$D$——垂直于送料方向的工件最大尺寸；

$b_1$——沿边宽度；

$\Delta$——条料（或带料）宽度的单向极限下偏差，mm，见表 3-47 和表 3-48；

$c_1$——条料（或带料）与导料板之间的间隙，mm，见表 3-49。

表 3-47　一般精度条料宽度的极限下偏差（$-\Delta$）

| 条料宽度 $B$/mm | 材料厚度 $t$/mm | | | | 条料宽度 $B$/mm | 材料厚度 $t$/mm | | | |
|---|---|---|---|---|---|---|---|---|---|
| | <1 | 1～2 | 2～3 | 3～5 | | <1 | 1～2 | 2～3 | 3～5 |
| <50 | −0.4 | −0.5 | −0.7 | −0.9 | 150～220 | −0.7 | −0.8 | −1.0 | −1.2 |
| 50～100 | −0.5 | −0.6 | −0.8 | −1.0 | 220～300 | −0.8 | −0.9 | −1.1 | −1.3 |
| 100～150 | −0.6 | −0.7 | −0.9 | −1.1 | | | | | |

表 3-48　较高精度条料宽度的极限下偏差（$-\Delta$）

| 条料宽度 $B$/mm | 材料厚度 $t$/mm | | |
|---|---|---|---|
| | ～0.5 | >0.5～1 | >1～2 |
| <20 | −0.05 | −0.08 | −0.10 |
| >20～30 | −0.08 | −0.10 | −0.15 |
| >30～50 | −0.10 | −0.15 | −0.20 |

表 3-49　条料（或带料）与导料板之间的间隙

| 材料厚度 /mm | 条料导向方式 | | | | | 材料厚度 /mm | 条料导向方式 | | | | |
|---|---|---|---|---|---|---|---|---|---|---|---|
| | 无侧压装置 | | | 有侧压装置 | | | 无侧压装置 | | | 有侧压装置 | |
| | 条料宽度 /mm | | | | | | 条料宽度 /mm | | | | |
| | <100 | 100～200 | 200～300 | <100 | ≥100 | | <100 | 100～200 | 200～300 | <100 | ≥100 |
| ≤0.5 | 0.5 | 0.5 | 1 | 5 | 8 | >2～3 | 0.5 | 1 | 1 | 5 | 8 |
| >0.5～1 | 0.5 | 0.5 | 1 | 5 | 8 | >3～4 | 0.5 | 1 | 1 | 5 | 8 |
| >1～2 | 0.5 | 1 | 1 | 5 | 8 | >4～5 | 0.5 | 1 | 1 | 5 | 8 |

### （2）冲模的导料槽有侧压装置

冲模的导料槽有侧压装置如图 3-21 所示，条料宽度计算公式为：

$$B=(D+2b_1+\Delta)_{-\Delta}^{\ 0}$$

导料槽宽度为：

$$B_0 = B + c_1 = D + 2b_1 + \Delta + c_1$$

式中　$D$——垂直于送料方向的工件最大尺寸；

$b_1$——沿边宽度；

$\Delta$——条料（或带料）宽度的单向极限下偏差，mm，见表 3-47 和表 3-48；

$c_1$——条料（或带料）与导料板之间的间隙，mm，见表 3-49。

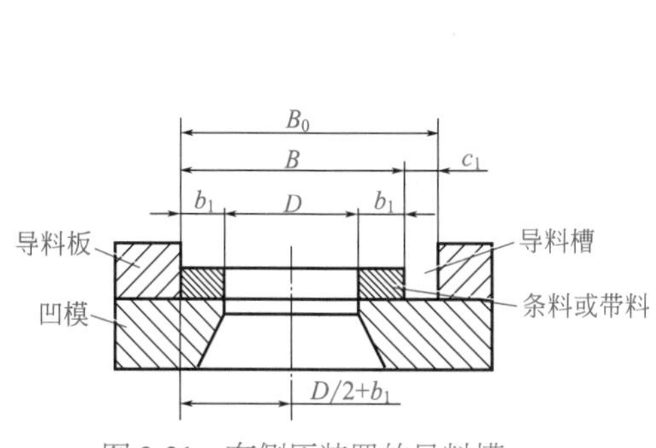

图 3-21　有侧压装置的导料槽

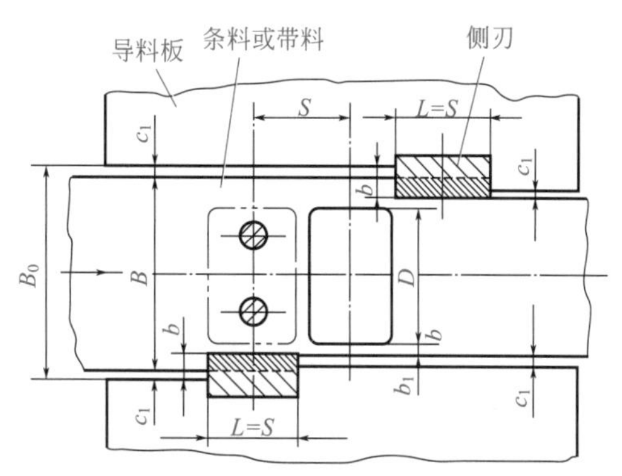

图 3-22　有侧刃的导料槽

### （3）冲模的导料槽有侧刃

如图 3-22 所示，条料宽度计算公式为：

$$B = (D + 2b_1 + nb)_{-\Delta}^{0}$$

导料槽宽度计算公式为：

$$B_0 = B + 2c_1 = D + 2b_1 + nb + 2c_1$$

式中　$n$——侧刃数；

$b$——侧刃冲切料边的宽度，mm，一般取 $b$=1.5 ～ 2.5mm，薄料取小值，厚料取大值。

## 第五节　常用冲裁模

冲裁模是冲压生产中不可缺少的工艺装备，良好的模具结构是实现工艺方案的可靠保证。冲压零件的质量好坏和精度高低，主要取决于冲裁模的质量和精度。冲裁模结构是否合理、先进，又直接影响到生产效率及冲裁模本身的使用寿命和操作的安全、方便性等。因此，设计出切合实际的先进模具是冲压生产的首要任务。

### 一、冲裁模的分类

按冲裁工序种类可分为落料模、冲孔模、切断模、切口模、剖切模、切边模、整修模等，如图 3-23 所示。

按工序组合方式可分为单工序模、复合模、连续模。按导向方式分为无导向的敞开模和有导向的导板模、导柱模、导筒模等。按自动化程度分为手工送料模、半自动模和自动模等。根据冲裁零件材料的不同，可分为金属冲裁模和非金属冲裁模两类。根据冲裁变形机理的不同，冲裁模可分为普通冲裁模和精密冲裁模两大类。

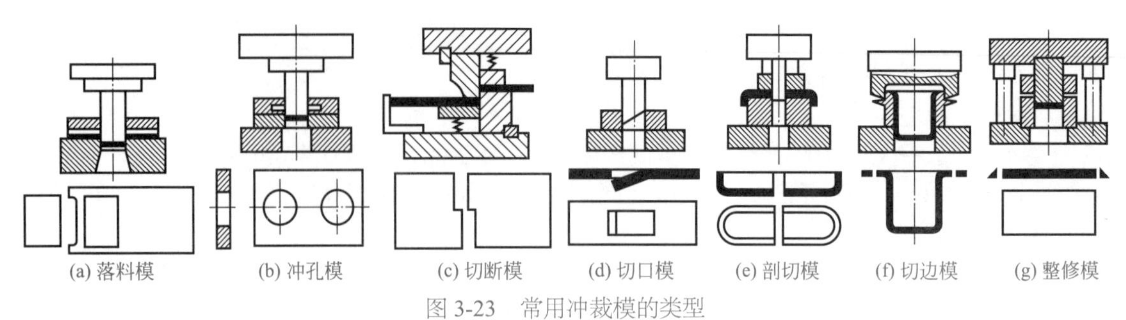
(a) 落料模　(b) 冲孔模　(c) 切断模　(d) 切口模　(e) 剖切模　(f) 切边模　(g) 整修模

图 3-23　常用冲裁模的类型

## 二、常用冲裁模典型结构

### 1. 单工序冲裁模

单工序冲裁模又称简单模，是指在压力机一次行程内只完成一个工序的冲裁模，如落料模、冲孔模、切断模、切口模、切边模等。

#### （1）落料模

落料模常见的有三种形式，其说明见表 3-50。

表 3-50　落料模常见的形式

| 形式 | 说明 |
| --- | --- |
| 无导向的敞开式落料模 | 无导向的敞开式落料模如图 3-24 所示，上模部分由模柄、凸模组成，并通过模柄安装在压力机滑块上；下模部分由固定卸料板、导料板、凹模、下模座和定位板等组成。其结构特点是上、下模无直接导向关系，结构简单，制造容易，可用边角余料冲裁。这种模具安装使用麻烦，间隙的均匀性靠压力机滑块的导向精度保证，冲模的寿命较低，冲件精度较差。常用于料厚而精度要求低的小批量冲裁件的生产<br>图 3-24　无导向的敞开式落料模 |

续表

<table>
<tr><th>形式</th><th>说明</th></tr>
<tr><td>导板式<br>落料模</td><td>

导板式落料模如图 3-25 所示，将凸模与导板（又是固定卸料板）选用 H7/h6 的配合，其配合值小于冲裁间隙，实现上、下模部分的定位。回程时不允许凸模离开导板，以保证对凸模的导向作用，为此要求压力机的行程较小。根据排样的需要，这副冲模的固定挡料销所设置的位置对首次冲裁起不到定位作用，为此采用了始用挡料销。在首次冲压前，用手将始用挡料销压入，以限定条料的位置；在以后各次冲裁中，放开始用挡料销，始用挡料销被弹簧弹出，不再起挡料作用，而靠固定挡料销（钩形挡料销）继续对料边或搭边进行定位

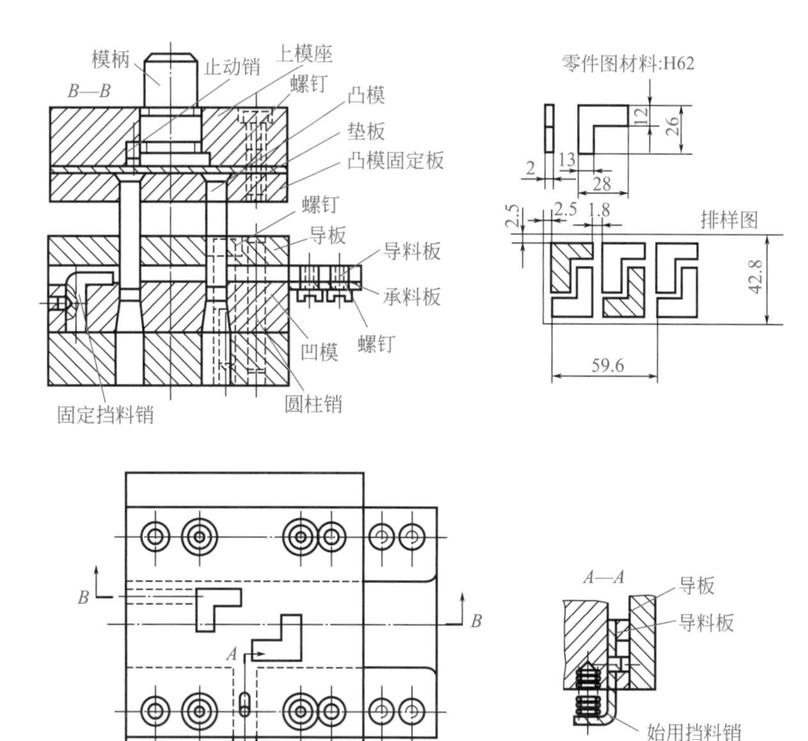


图 3-25　导板式落料模

该模具的冲裁过程：当条料沿导料板送到始用挡料销时，凸模由导板导向而进入凹模，完成首次冲裁，冲下一个冲件；条料继续送至固定挡料销定位，进行第二次冲裁，此时落下两个冲件。如此继续，直至冲完条料。分离后的零件靠凸模从凹模孔口依次推下

该模具与无导向落料模相比，精度较高，模具寿命长，但制造要复杂一些，一般仅用于料厚大于 0.3mm 的简单冲件

</td></tr>
<tr><td>导柱式弹<br>顶落料模</td><td>

导柱式弹顶落料模如图 3-26 所示

其模具结构特点是利用安装在上模座中的两个导套与安装在下模座中的两个导柱（导柱与下模座的配合、导套与上模座的配合均为 H7/r6）之间 H7/h6 或 H6/h5 的滑动配合导向，实现上、下模部分的精确定位，从而保证冲裁间隙的均匀性。该模具是采用弹压卸料和弹顶顶出的结构分离废料和工件，工件的变形小，平面度高。该种结构广泛用于材料厚度较小，且有平面度要求的金属件和易于分层的非金属件

导柱式落料模比导板式落料模的导向准确可靠，模具使用寿命长，使用安装方便，但制造工艺复杂，成本高。它广泛应用于生产批量大、精度要求高的冲裁件

</td></tr>
</table>

续表

| 形式 | 说明 |
| --- | --- |
| 导柱式弹顶落料模 | 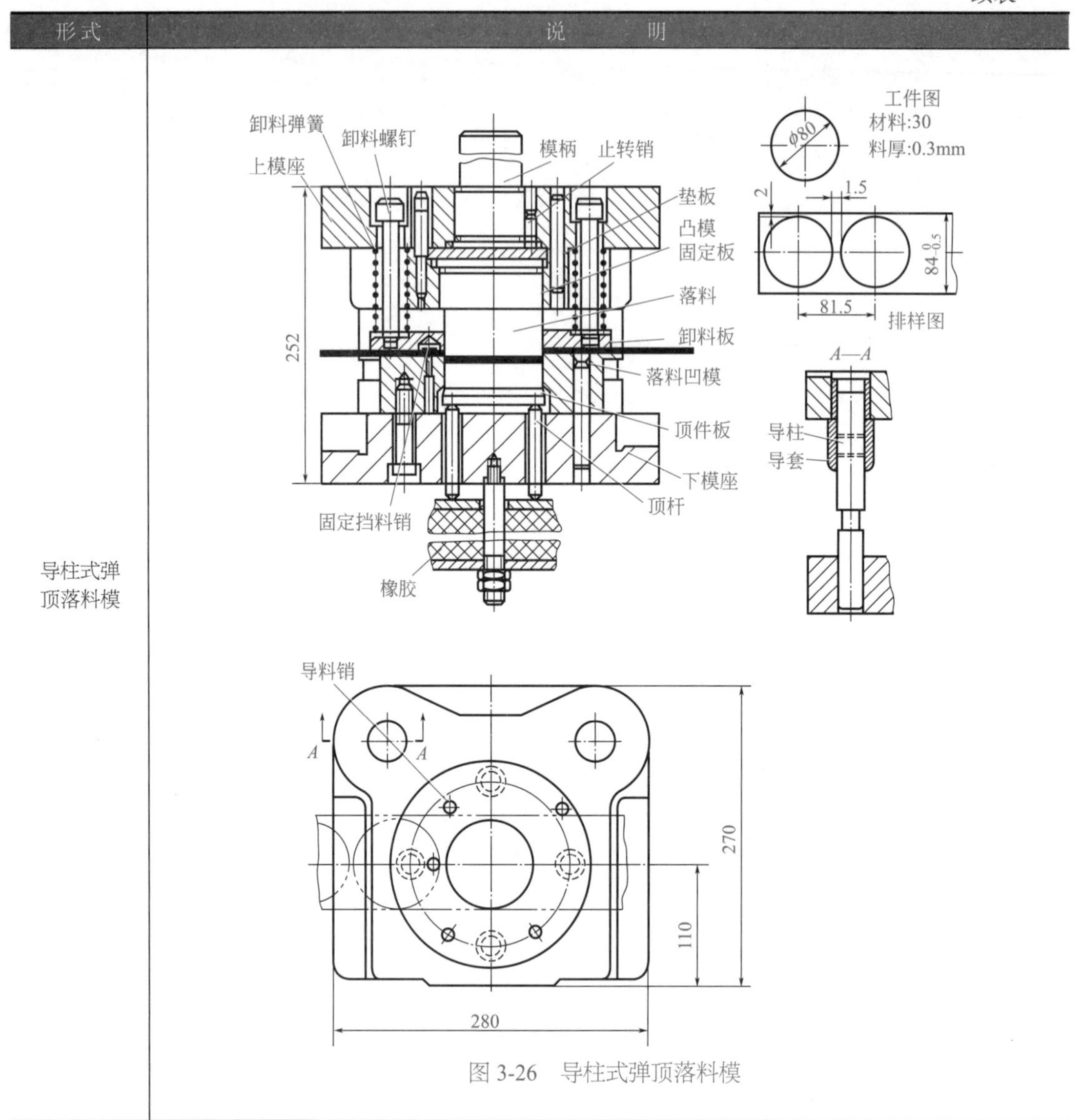<br>图 3-26　导柱式弹顶落料模 |

（2）冲孔模

冲孔模可以在平板毛坯上冲孔，也可以在成形毛坯上冲制平面孔，在成形零件的侧壁冲孔，其说明见表 3-51。

表 3-51　冲孔模在不同零件上的冲孔方法

| 类别 | 说明 |
| --- | --- |
| 在平板毛坯上冲孔 | 上述 3 种落料模的结构，只要由条料的定位改成平板毛坯的定位，都可以形成在平板毛坯上冲孔的冲孔模 |
| 在成形毛坯上冲制平面孔 | 也可用上述 3 种落料模的结构，除改变毛坯的定位方式外，还应使模具工作时不影响已成形工件的形状，也可形成在成形毛坯上冲制平面孔的冲孔模 |

续表

| 类别 | 说明 |
| --- | --- |
| 在成形零件的侧壁冲孔 | 在成形零件的侧壁冲孔一般采用图 3-27 所示的两种方式。如图 3-27（a）所示采用了比较简单的悬臂式凹模结构，可用于筒形件的侧壁冲孔、冲槽等。工作时将毛坯套入凹模体，由定位环控制轴向位置。凸模经导板导向冲孔后，将毛坯转动 180°，使已冲出的孔对准定位销，定位销在弹簧的作用下插入孔中定位，再冲其对称孔。如图 3-27（b）所示是依靠固定在上模的斜楔来推动滑块，使凸模做水平方向移动，完成筒形件或 U 形件的侧壁冲孔、冲槽、切口等工序。其凹模的结构形式与悬壁式凹模相似，但它是竖装于下模上，为了排出废料，凹模的漏料孔必须与下模座的漏料孔相通。斜楔的返回行程运动靠橡胶或弹簧完成。斜楔的角度 $\alpha$ 以 40° ～ 45° 为宜。40° 的斜楔滑块机构的机械效率最高，45° 滑块的移动距离与斜楔的行程相等。需较大冲裁力的冲孔件，$\alpha$ 可采用 35°，以增大水平推力。此种结构凸模常对称布置，最适合壁部对称孔的冲裁<br>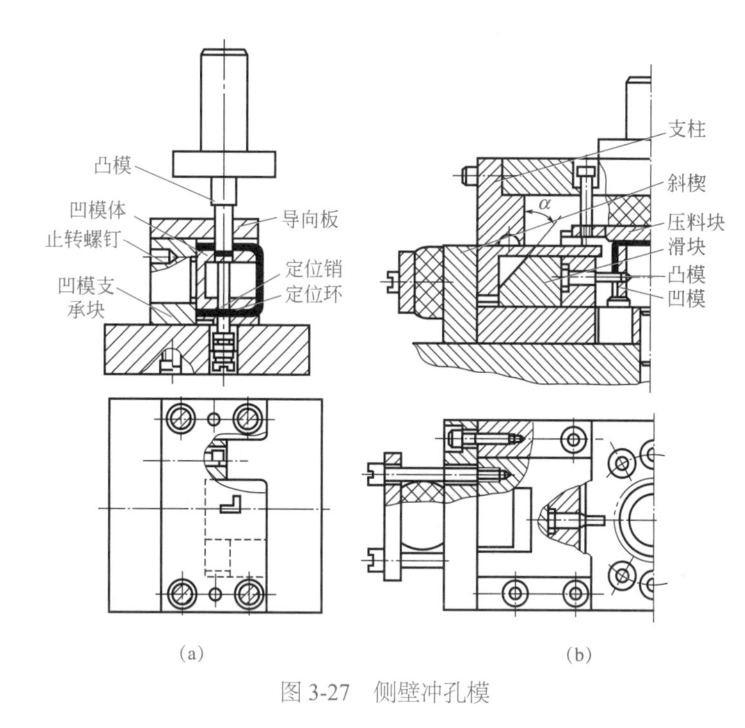<br>图 3-27　侧壁冲孔模 |

## 2. 复合模

在压力机的一次工作行程中，在模具同一部位同时完成数道分离工序的模具，称为复合冲裁模。复合模的设计难点是如何在同一工作位置上合理地布置好几对凸、凹模。

如图 3-28 所示是冲孔落料复合模的基本结构。在模具的一方是落料凹模，中间装着冲孔凸模；而另一方是凸凹模，外形是落料的凸模，内孔是冲孔的凹模。落料凹模装在上模上，称为倒装复合模，反之称为正装复合模。

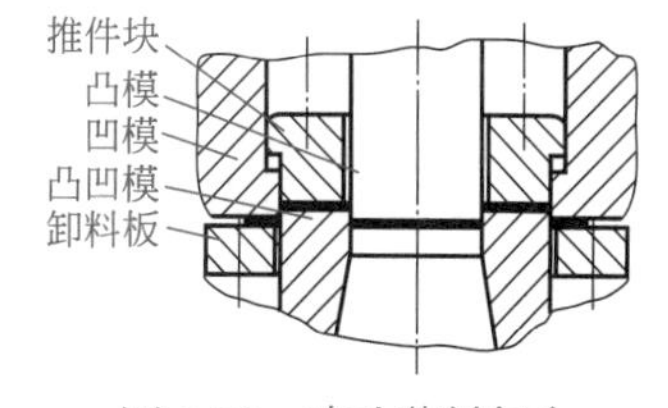

图 3-28　冲孔落料复合模的基本结构

复合模的特点是结构紧凑，生产率高，冲件精度高，特别是冲裁件孔对外形的位置度容易保证，但其结构复杂，对模具精度要求较高，模具装配精度也要求高，使成本提高，主要用于批量大、精度要求高的冲裁件。

复合模按落料凹模的安装位置一般分为正装复合模和倒装复合模两种。

### （1）倒装复合模

倒装复合模在图 3-29 中，冲孔凸模 1、2 和落料凹模装于上模中，凸凹模装于下模内，因该零件具有冲孔凹模和落料凸模的双重作用，故称它为凸凹模。该模具冲裁的制件材料软而薄，故除具有弹压卸料板外，还有由调节螺钉、压板和橡胶、顶杆、推板组成的弹压推件器，使材料在卸料板和推板的反向压紧固定支承下完成冲裁，因此制件质量较高。但制件容易嵌入废料中，冲后需排出制件，使生产率受到影响。故在冲裁较硬或较厚（$t>0.3$mm）的材料时，仍可采用普通模柄和刚性推件器，或将模具宽度增大后，在后侧设置推板，自动从冲过的条料中推出制件。

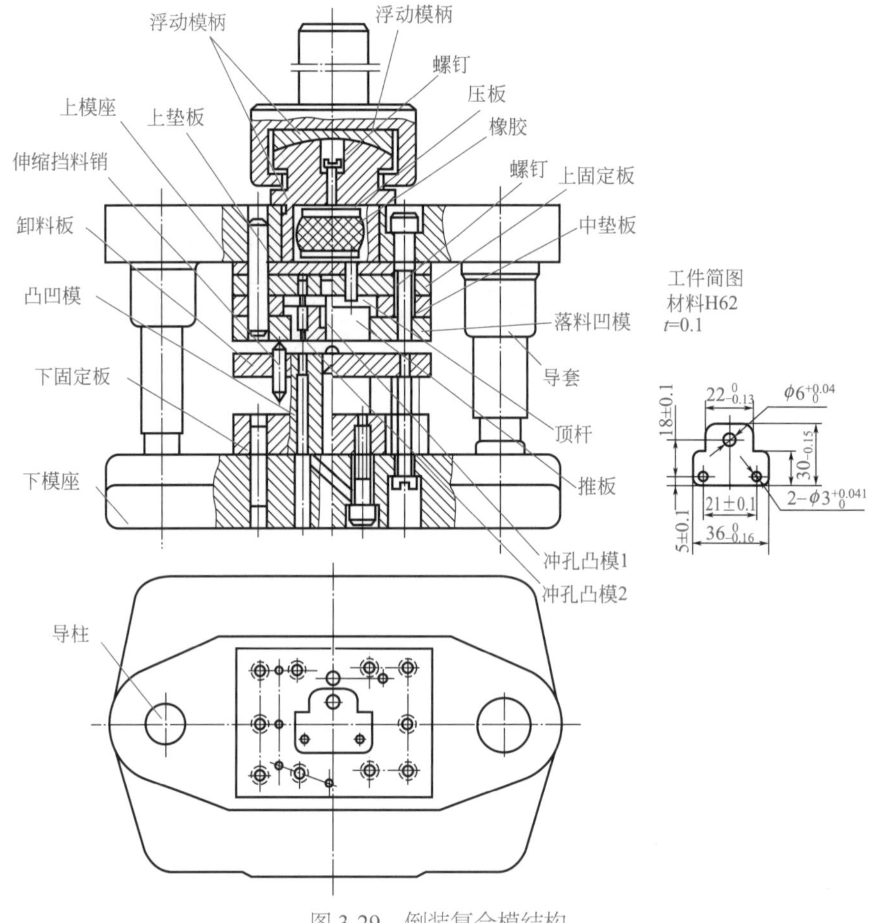


图 3-29　倒装复合模结构

上述模具因被冲材料软而薄，故模具间隙极小。为了满足冲裁间隙小的要求，导杆与导套组成：H6/h5 配合，同时采用浮动模柄来消除压力机导向误差对模具的影响。因模柄的 T 形槽在一方是开通的（呈 U 形），故模具在回程时导套不能离开导柱，所以带浮动模柄的模具必须选用小行程或行程可调的压力机，否则应用同等效果的弹簧模架：在导套外套上有足以顶开上模的弹簧，工作时，由滑块夹持带凸缘的模柄直接压接头，使弹簧压缩，模具冲裁；当滑块回升时，弹簧顶开上模，使上、下模离开一个距离，以便送料后继续冲裁。上述倒装复合模的冲孔废料阻塞在凸凹模的型孔内，靠冲孔凸模依次推出，故增加了废料对凸凹模的胀裂力，所以它不能冲制孔径太小、孔壁太薄的制件。倒装复合模的最小壁厚见表 3-52。

表 3-52　倒装复合模的最小壁厚　　单位：mm

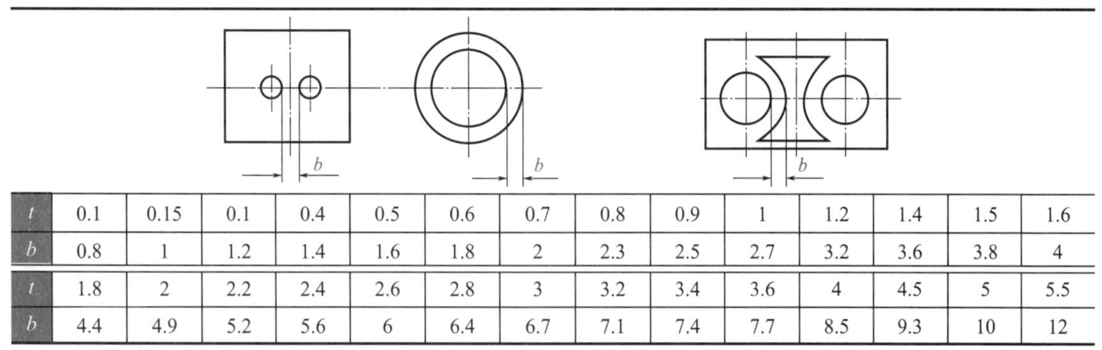


| $t$ | 0.1 | 0.15 | 0.1 | 0.4 | 0.5 | 0.6 | 0.7 | 0.8 | 0.9 | 1 | 1.2 | 1.4 | 1.5 | 1.6 |
|---|---|---|---|---|---|---|---|---|---|---|---|---|---|---|
| $b$ | 0.8 | 1 | 1.2 | 1.4 | 1.6 | 1.8 | 2 | 2.3 | 2.5 | 2.7 | 3.2 | 3.6 | 3.8 | 4 |
| $t$ | 1.8 | 2 | 2.2 | 2.4 | 2.6 | 2.8 | 3 | 3.2 | 3.4 | 3.6 | 4 | 4.5 | 5 | 5.5 |
| $b$ | 4.4 | 4.9 | 5.2 | 5.6 | 6 | 6.4 | 6.7 | 7.1 | 7.4 | 7.7 | 8.5 | 9.3 | 10 | 12 |

注：$t$ 为材料厚度；$b$ 为最小壁厚。

### （2）正装复合模

正装复合模在图 3-30 所示中，落料凹模和冲孔凸模 1、2 装于下模。在下模中有顶杆和推板组成的顶件器，通过通用弹顶器将冲下来的制件顶出模面。弹压卸料板、凸凹模装于上模。在上模内有打杆、打板、2 个推杆组成的刚性推件装置，可把冲孔废料从凸凹模中推出，使型孔内不积聚废料，凸凹模胀裂力小，故壁厚可比倒装复合模的最小壁厚小。

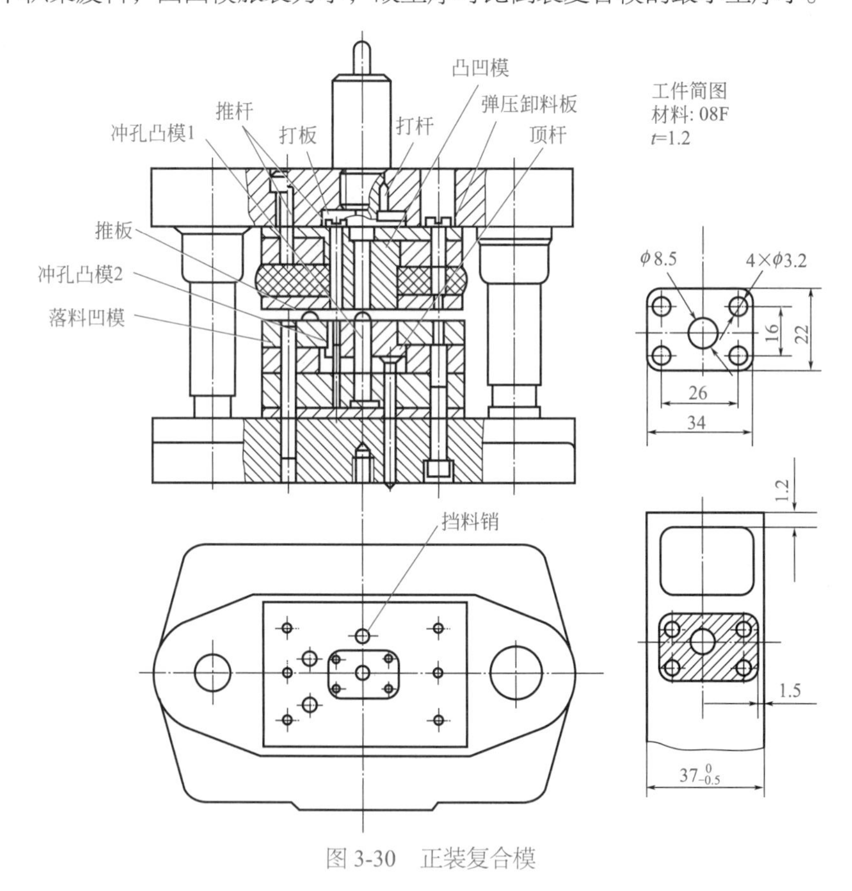


图 3-30　正装复合模

根据经验，对黑色金属等硬材料，正装复合模的凸凹模最小壁厚为工件材料厚度的 1.5 倍，即 $b=1.5t$，但不小于 0.7mm；对有色金属等软材料，$b=t$，但不小于 0.5mm。

由于弹性顶件板和弹压卸料板的作用，正装复合模冲裁的制件平整度高，但制件容易嵌入废料孔中，为了不影响生产率，应添设推件板，使嵌入废料孔中的制件在下一工位自动推出。打板的设计，要考虑推力均衡分布，能平稳地将冲孔废料或工件推出，同时不能削弱模柄或上模座的强度。因此，制件形状不同，打板的形状也不一样。常用打板形状如图 3-31 所示。

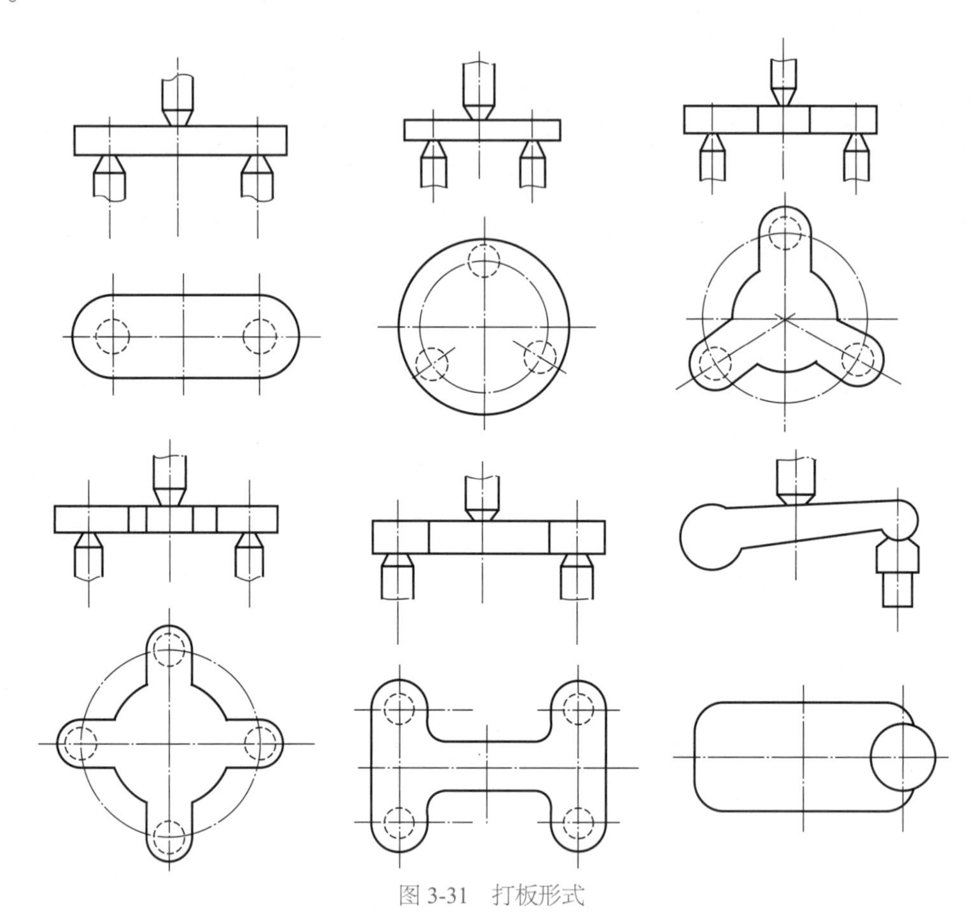

图 3-31　打板形式

一般制件的冲裁，应用固定模柄、刚性推件器的倒装复合模，其制造比较容易，生产率也较高（因采用刚性推件器，制件就不会嵌入废料孔中）。当凸凹模壁厚较小时，应采用固定模柄的正装复合模，以保证凸凹模的侧壁强度。对于公差小或料薄的制件，必须采用浮动模柄和导柱、导套配合间隙小的复合模。

### 3. 连续模

连续模又称级进模、跳步模，是指压力机在一次行程中，依次在几个不同的位置上同时完成多道工序的冲模。整个冲件的成形是在连续过程中逐步完成的。连续成形是工序集中的工艺方法，可使切边、切口、切槽、冲孔、塑性成形、落料等多种工序在一副模具上完成。连续模可分为普通连续模和多工位精密级进模。多工位精密级进模在此不再详细介绍。

#### （1）连续模结构类型

由于用连续模冲压时，冲裁件是依次在几个不同位置上逐步成形的，因此要控制冲裁件的孔与外形的相对位置精度就必须严格控制送料步距。为此，连续模有两种基本结构类型：用导正销定距的连续模与用侧刃定距的连续模，其说明见表 3-53。

表 3-53　连续模结构类型

<table>
<tr><th>类别</th><th>说　　明</th></tr>
<tr><td>用导正销定距的冲孔落料连续模</td><td>用导正销定距的冲孔落料连续模如图 3-32 所示。上、下模用导板导向。冲孔凸模与落料凸模之间的距离就是送料步距 s。送料时由固定挡料销进行初定位，由两个装在落料凸模上的导正销进行精定位。导正销与落料凸模的配合为 H7/r6，其连接应保证在修磨凸模时的装拆方便，因此落料凹模安装导正销的孔是个通孔。导正销头部的形状应有利于在导正时插入已冲的孔，它与孔的配合应略有间隙。为了保证首件的正确定距，在带导正销的连续模中，常采用始用挡料装置，它安装在导板下的导料板中间。在条料上冲制首件时，用手推始用挡料销，使它从导料板中伸出来抵住条料的前端即可冲第一件上的两个孔。以后各次冲裁时就都由固定挡料销控制送料步距作粗定位<br>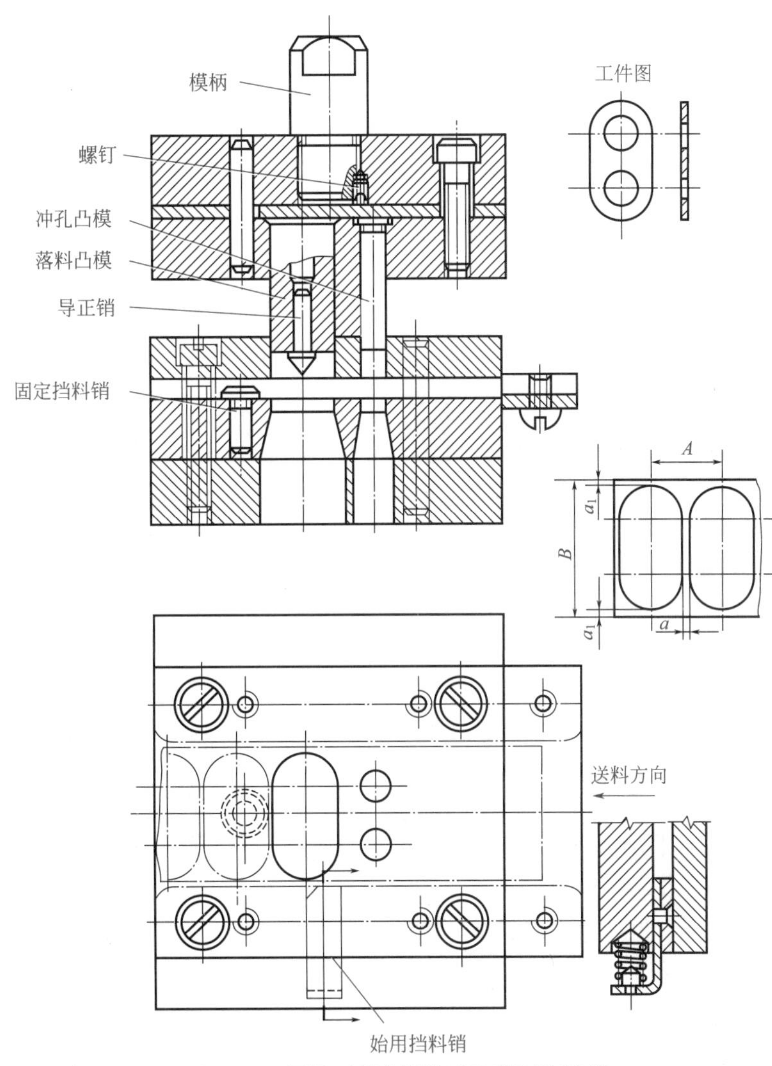<br><br>图 3-32　用导正销定距的冲孔落料连续模<br>此定距方式多用于较厚板料、冲件上有孔、精度低于 IT12 级的冲件二工位的冲裁。它不适用于软料或板厚 $t<0.3$mm 的冲件，不适于孔径小于 1.5mm 或落料凸模较小的冲件</td></tr>
</table>

续表

| 类别 | 说明 |
| --- | --- |
| 双侧刃冲孔落料连续模 | 如图 3-33 所示为冲裁接触环的双侧刃定距的冲孔落料连续模。它与上述连续模相比，用成形侧刃代替了始用挡料销，挡料销和导正销控制条料送进距离（亦称步距），用弹压卸料板代替了固定卸料板，用对角导柱模架代替了中间导柱模架。该模具中侧刃是有特殊功用的凸模，其作用是在压力机每次冲压行程中，沿条料边缘切下一块长度等于步距的料边。由于沿送料方向上，在侧刃前后，两导料板间距不同，前宽后窄形成一个凸肩，所以条料上只有切去料边的部分才能通过，通过的距离即等于步距。本模具因工位较多，双侧刃前后对角排列，可使料尾的全部冲裁件冲下<br>弹压卸料板装于上模，用卸料螺钉与上模座连接。它的作用是当上模下降，凸模冲裁时，弹簧（可用橡胶代替）被压缩而压料；当凸模回升时，弹簧回复，推动卸料板卸料 |

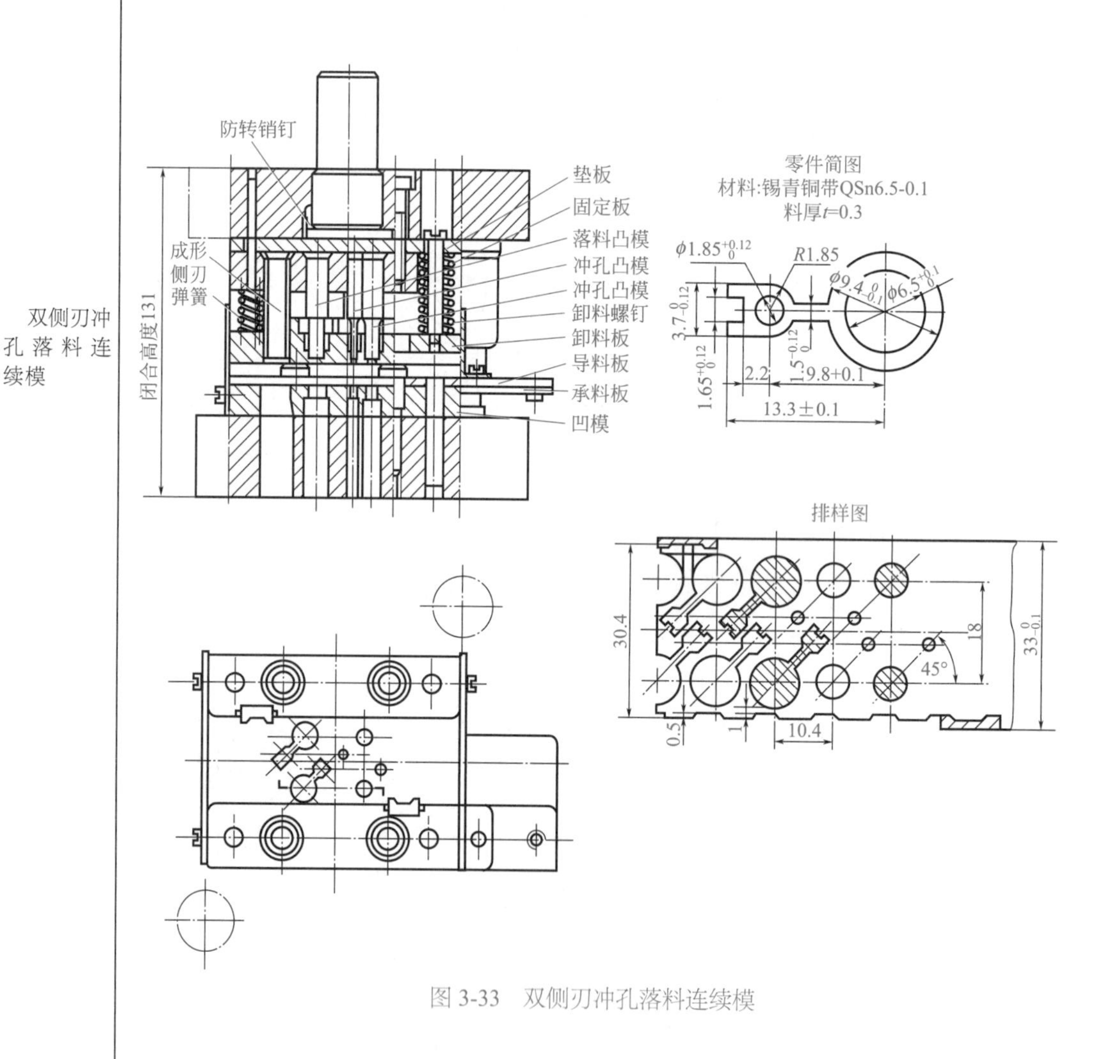


图 3-33　双侧刃冲孔落料连续模

续表

<table>
<tr><th>类别</th><th>说　　明</th></tr>
<tr><td>侧刃定距的弹压导板连续模</td><td>侧刃定距的连续模是连续模中常用的控制步距和导正条料的装置。它一般用于 3 ～ 6 工位的冲裁，适用于不便采用始用和固定挡料销与导正销组合方式定位的冲件或料厚为 0.1 ～ 1.5mm 的冲件。它的定距精度，一般低于导正销，模具结构比较复杂，材料有额外浪费<br>如图 3-34 所示为侧刃定距的弹压导板连续模。此类模具除了具有双侧刃定距连续模的特点外，还有如下特点：各凸模（如冲孔凸模）与凸模固定板成间隙配合（普通导柱模多为过渡配合），凸模的装卸、更换方便；凸模以弹压导板导向，导向准确；弹压导板由安装在下模座上的导柱 1 和 2 导向，导板由 6 根卸料螺钉与上模连接，因此能消除压力机导向误差对模具的影响，模具寿命长，零件质量好<br>这种模具用于冲压零件尺寸小而复杂、需保护凸模的场合<br>当冲件的精度较高（可达 IT10 级），且采用多工位冲压时，可采用定距侧刃与导正销联合定距。此时，定距侧刃相当于始用和固定挡料销，用于粗定位，导正销作为精定位，不同的是导正销是专用的，像凸模一样安装在凸模固定板上，在凹模的相应位置有让位孔，在条料的废料处预冲工艺孔供导正销导正条料<br>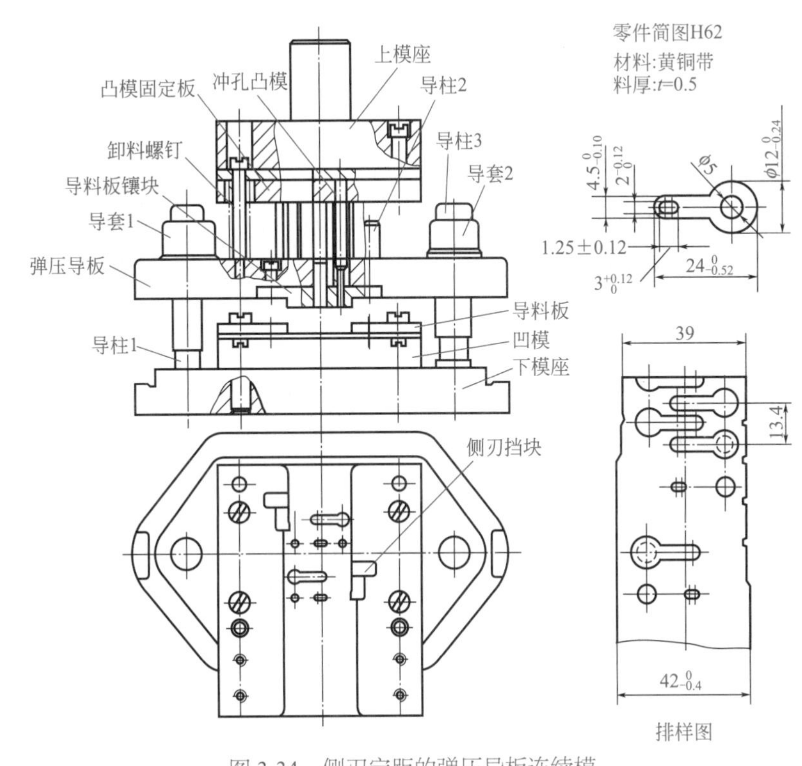<br><br>图 3-34　侧刃定距的弹压导板连续模</td></tr>
</table>

### （2）连续冲裁排样

连续冲裁排样采用连续冲裁，排样设计十分重要，它不仅考虑材料的利用率，还要考虑冲件的精度要求、冲压成形规律、模具结构及强度等。当冲件精度要求高时，除了注意采用精确的定位方法外，还应尽量减少工步数，以减小工步积累误差。孔距公差较小的孔应尽量在同一工步中冲出。

模具结构对排样的要求：孔壁距小的冲压件，其孔可分步冲出，如图 3-35（b）所示；工位之间凹模壁厚小的，应增设空步，如图 3-35（c）所示；外形复杂的冲裁件，应分步冲出，以简化凸、凹模形状，增加强度，便于加工和装配，如图 3-35（d）所示；侧刃的位置应尽量避免导致凸、凹模局部工作，以免损坏刃口，影响模具寿命，见图 3-35（b），用侧刃与落料凹模刃口距离增大 0.2 ～ 0.4mm 来实现。

零件成形规律对排样的要求：需要弯曲、拉深、翻边等成形工序的零件，采用连续冲压时，位于变形部位上的孔应安排在成形工序之后冲裁；落料或切断工序一般安排在最后工位上。

全部是冲裁工位的连续模，一般是先冲孔后落料或切断。先冲出的孔可作后续工位的定位孔。若该孔不适于定位或定位精度要求较高，则可在料边冲出辅助定位孔（亦称导正孔），如图 3-35（a）所示。套料连续冲裁，如图 3-35（e）所示，按由里向外的顺序，先冲内轮廓后冲外轮廓。

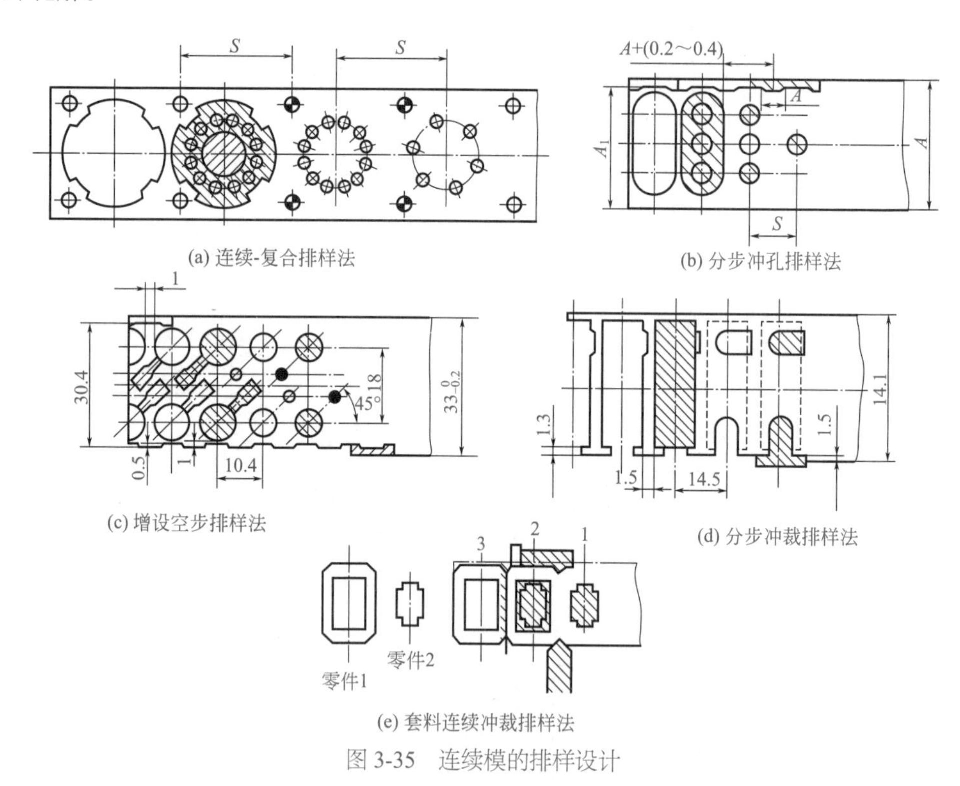

(a) 连续-复合排样法　(b) 分步冲孔排样法　(c) 增设空步排样法　(d) 分步冲裁排样法　(e) 套料连续冲裁排样法

图 3-35　连续模的排样设计

## 三、其他冲裁模结构

由于有些零件生产批量较大或特小，有的形状特殊，因此生产上还采用下面一些冲裁工艺及模具。

### 1. 小孔冲裁模

冲制孔径小于料厚的孔属于小孔冲裁。小孔模具的主要问题是凸模断面尺寸小、刚性差、易折断。现介绍几种防止凸模折断的措施（表 3-54）。

表 3-54　防止凸模折断的措施

| 类别 | 说　　明 |
| --- | --- |
| 增加凸模刚性 | 如缩短凸模工作部分长度、台阶处圆弧过渡、采用三级或多级台阶式凸模等，如图 3-36 中所示的凸模 3 |
| 准确地引导凸模运动，防止凸模受侧向力 | 准确地引导凸模运动，防止凸模受侧向力。在图 3-36 所示中，卸料板用小导柱导向，以防止卸料板运动时产生歪斜，将小凸模折断 |

续表

| 类别 | 说明 |
| --- | --- |
| 采用凸模护套稳定凸模 | 如图 3-37 所示为两种护套。图 3-37（a）为简易护套，下端固定在卸料板内，上端可在支承板内滑动。冲裁时护套随卸料板一起运动，保护凸模。图 3-37（b）中，固定在卸料板上的有扇形槽的护套和固定在扇形块固定板上的扇形块护套 2 能相对滑动，冲裁时凸模始终在护套 1 和 2 内，凸模稳定性好 |
| 减小凸模整体长度 | 凸模长度短，刚性就好。如图 3-36 中凸模 2 所冲的孔径很小，如取与凸模 1 等高，则刚性差。可将凸模 2 的长度缩短并与固定板成 H9/h9 配合，用螺钉和销钉经过垫板与固定板连为整体。凸模 2 与卸料板成 H7/h6 配合，用卸料板引导凸模 2 运动 |
| 其他措施 | 如适当增大凸模与凹模之间的间隙并保持间隙均匀，采用活动模柄等 |

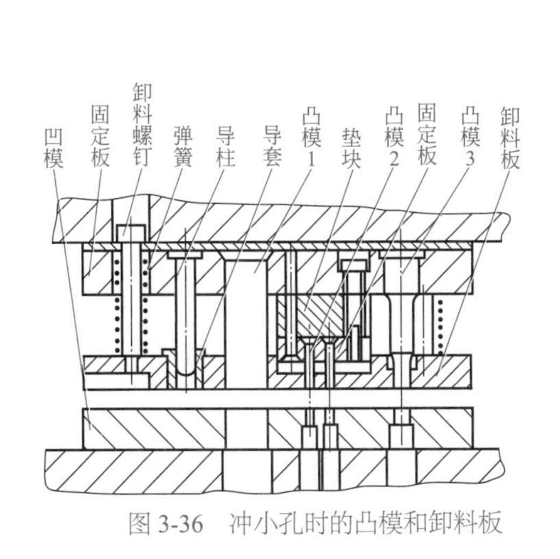

图 3-36　冲小孔时的凸模和卸料板

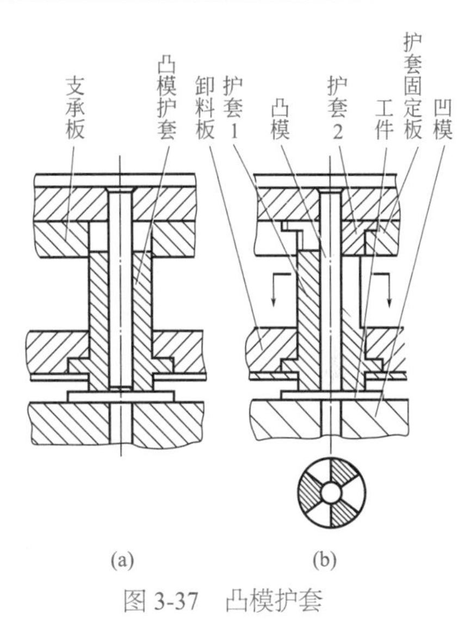

图 3-37　凸模护套

## 2. 硬质合金模具

### （1）硬质合金模具的概念

用硬质合金制造凸模或凹模，或凸模、凹模都用硬质合金制造的模具称为硬质合金模具。凸模和凹模可用整块硬质合金制造，也可在钢质件上粘或镶上一块硬质合金作为冲裁用的工作部分，还可以在钢质模具刃口上喷涂一层硬质合金。由于硬质合金有高的硬度和耐磨性，所以硬质合金模具寿命比一般钢质模具高几倍到几十倍。又由于硬质合金脆性，冲裁过程又有冲击载荷，常采用韧性较好的 YG15、YG20、YG30 等作为模具用的硬质合金。

### （2）硬质合金模具的特点及设计时应注意的问题

如图 3-38 所示为一副硬质合金模具结构图。凸模与凹模均由硬质合金制成。模具的结构形式与一般模具相似，但也有它的特点。现根据硬质合金本身的特点，说明硬质合金模具设计时应注意的问题。

① 硬质合金承受弯曲载荷的能力较低，排样时应注意第一个侧刃的位置，防止出现冲切半个外形或半个孔，以免凸模单边受力。

② 搭边较一般冲裁大，并大于料厚，防止搭边过小冲裁时挤入凹模，损坏模具。

③ 冲裁间隙应适当加大。

④ 模架刚性要足够，模具上各零件应与高寿命的凹模相适应。如上、下模座均用钢料制成，并为一般模具厚度的 1.5 倍。定位钉、导料板等用 45 钢制成并经淬火处理。凸模与凹模的后面应加上加厚的垫板，并经淬火处理。

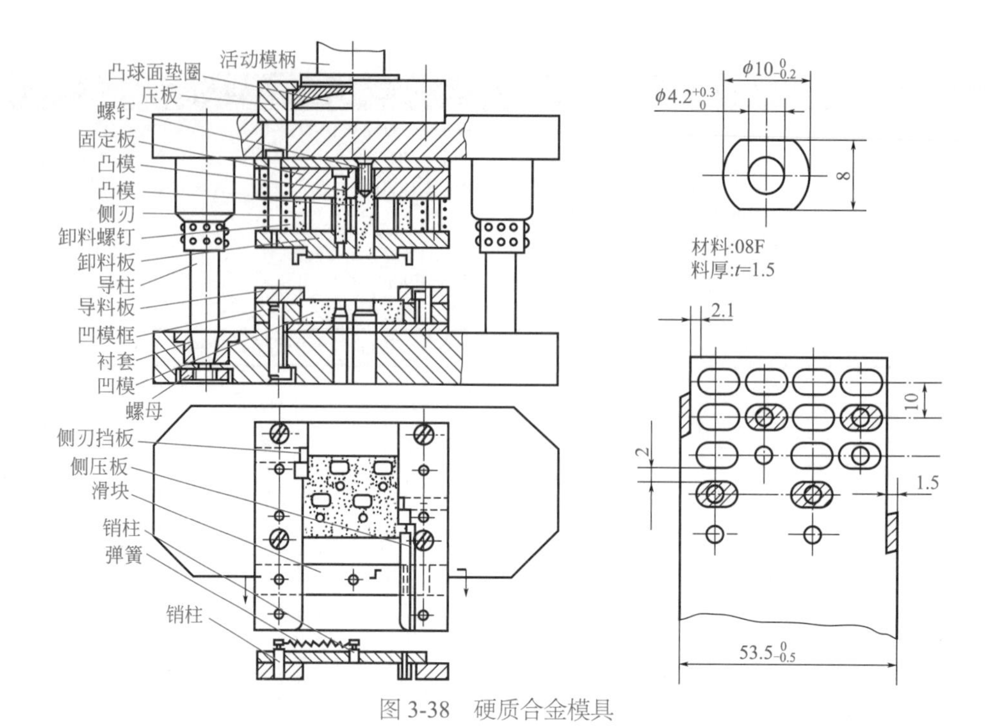

图 3-38　硬质合金模具

⑤ 模架的导向精度和使用寿命要高，以便与高寿命的凹模相适应。常采用滚动导向模架和可换导柱，大型或复杂工件常用 4 根导柱。一般常用浮动式模柄，以克服压力机误差对导向精度的影响。

⑥ 凸模和凹模可用整块硬质合金制成，也可采用镶拼的形式，如图 3-39 所示。还可以采用粘接或焊接办法在钢质件上镶拼硬质合金。

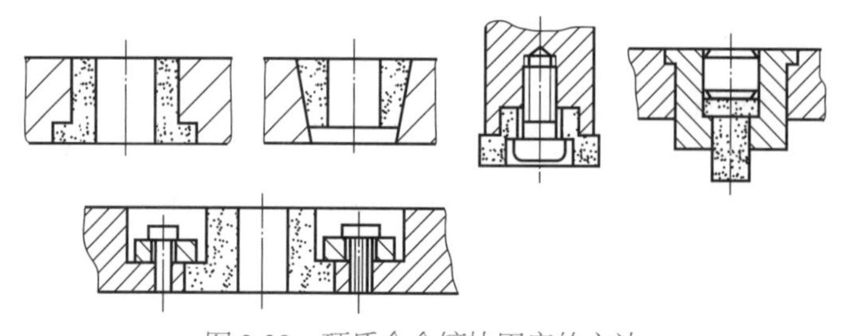
图 3-39　硬质合金镶块固定的方法

⑦ 如采用弹压卸料板卸料，则应防止卸料板撞击硬质合金凹模，使凹模受力不均匀而产生裂纹。为此，卸料板的台高度应比导料板高度——材料厚度的高度低 0.05 ～ 0.01mm，这时卸料板仅起卸料作用而不起压料作用。冲裁薄料必须进行压紧冲裁时，可在卸料板与凹模或凸模固定板之间增加导柱，引导卸料板均匀压紧工件。

如模具所用条料宽度误差大时，需采用侧压装置。侧压板固定在滑块上，由弹簧产生拉力，使侧压板始终保持一个向左的压力，使条料始终靠紧左边导料板，以消除条料误差对冲裁的影响。

### 3. 板模和薄板模

在新产品试制和小批量生产时，为缩短生产准备周期和降低成本，常采用薄板模、板模等简易模具。

### （1）薄板模

薄板模指凹模用薄板直接冲制而成的模具。它又称为弹簧冲模，是一种半通用模具，如图 3-41 所示。模具由两部分组成：一部分为通用模架，如上模座、下模座、小导柱 2、导柱 1 等；另一部分是根据工件设计的专用部分，包括凸模、凹模、导板、垫板等。专用部分制造时先做好凸模和导板。凹模、垫板等可用 T10A 或 65Mn 钢板为坯料，用已加工好的凸模和导板将凹模和垫板型孔冲出，锉修出所要求的间隙。批量大时可进行淬火处理。

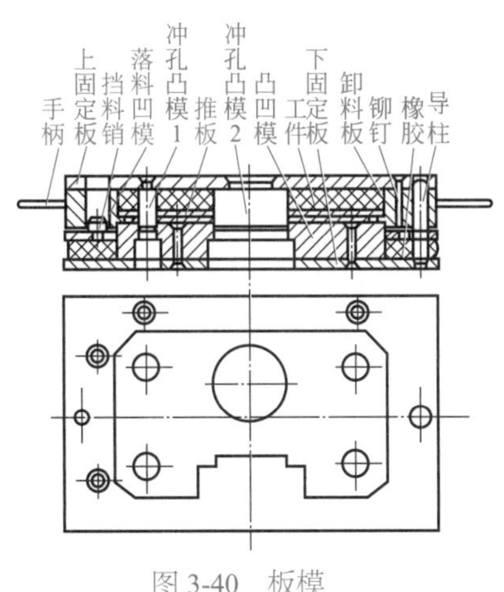

图 3-40　板模

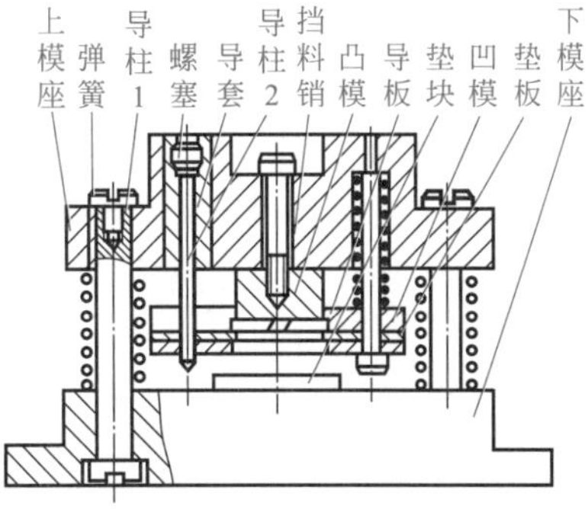

图 3-41　薄板模

薄板模工作时，将条料放在凹模和导板之间，利用导板上的槽对条料导向，用挡料销控制步距。冲裁时上模下冲，垫板与垫块接触，上模再往下压，凸模突出导板，对工件进行冲裁。薄板模结构简单，通用性大，主要用于批量很小且厚度小于 2mm 的软材料。

### （2）板模

板模指凸模、凹模、凸凹模都用厚度较小的材料制成，整个模具类似板状。

如图 3-40 所示为一复合模式板模结构图。落料凹模、冲孔凸模 1 和 2、凸凹模均为厚度或高度较小的材料制成，分别铆接在上、下固定板上。用挡料销导向和定距。工作时抬起上模送料，上模由导柱导向扣在下模上，冲床滑块直接冲击上模进行冲裁。板模主要用于工件尺寸较大、材料较软、批量很小的情况下。

## 4. 聚氨酯橡胶冲模

用聚氨酯橡胶作为落料时的凹模和冲孔时的凸模的模具称为聚氨酯橡胶冲裁模，简称为橡胶冲模。

### （1）橡胶冲裁模的结构特征

如图 3-42 所示为一顺装橡胶复合模。下面以此模为例，说明橡胶冲模的主要特征及设计时应注意的问题。

① 模具结构与一般复合模相似，使用钢质凸凹模，用橡胶代替冲孔凸模落料。橡胶容框与压边圈保持 0.1 ～ 0.15mm 间隙。

② 橡胶选择。一般橡胶性能差，寿命低，不能满足冲裁需要，要选择硬度高、弹性高、耐撕裂和具有良好加工性的聚氨酯橡胶。

③ 钢质凸模或凹模刃口尺寸计算方法与一般冲裁相反，即落料计算钢质凸模刃口尺寸，冲孔计算钢质凹模刃口尺寸。

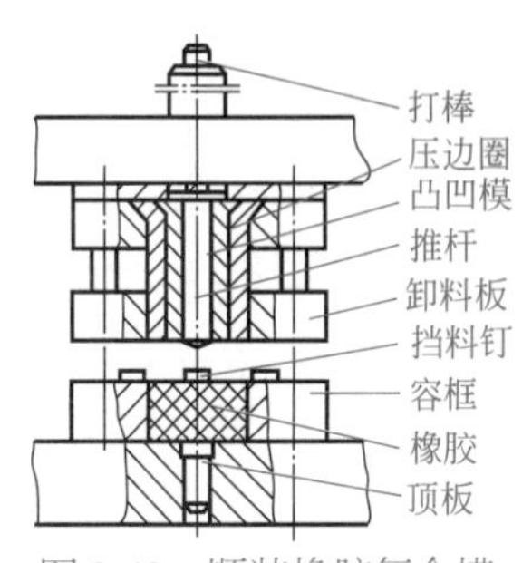

图 3-42　顺装橡胶复合模

落料：
$$N=\left(L_{\max}-0.5\Delta\right)_{-0.25\Delta}^{0}$$

冲孔：
$$M=\left(L_{\min}+0.5\Delta\right)_{0}^{-0.25\Delta}$$

式中，$M$、$N$ 分别为钢质凹模、凸模的刃口尺寸；$L_{max}$、$\Delta$ 表示料件外形最大极限尺寸和公差；$L_{min}$、$\Delta$ 表示冲孔孔径最小极限尺寸和公差。

（2）橡胶冲裁模特点和应用

① 冲裁力小，宜加工薄料和软金属材料。

② 模具结构简单，制造容易，钢质刃口部分寿命高，特别适用于小批量生产。

③ 工件精度好，剪切面质量好，毛刺小，但不宜加工具有小孔、小槽的零件。

④ 搭边较一般冲裁大，橡胶寿命低。

## 5. 超塑材料模具

某些材料在特定的温度下，如 ZnAl22 在 270℃时，具有特高的伸长率和特小的变形抗力，这些材料称为超塑材料。用超塑性材料制成凹模或凸模的模具称超塑材料模具。超塑性材料凹模的制造过程：首先将超塑材料制成毛坯，用钢质凸模在超塑条件下挤出凹模型孔，修出间隙，即成凹模。这种模具间隙小、制造容易、成本低，主要用于薄料和软金属冲裁。

为了提高超塑材料凹模的寿命，常用钢质凸模和超塑材料凹模对 65Mn 或贝氏体钢板冲出型孔，将型孔再修磨出冲裁间隙，盖在超塑材料凹模上（也可盖在锌基合金模具或一般冲裁模上），从而提高模具寿命。

## 6. 锌基合金模具

锌基合金是以锌为基础，加上少量铝（3.9% ～ 4.3%）、铜（2.8% ～ 3.4%）、镁（约 0.1%）和其他一些微量元素组成的合金。这种合金具有一定的力学性能和优良的加工性。用锌基合金制成凹模或凸模的模具称为锌基合金模具。

（1）模具结构

如图 3-43 所示未加卸料部分的凹模，用锌基合金制成落料模；凸模用工具钢制成并保持锋利的刃口。如是冲孔，则用锌基合金制造凸模，工具钢制造凹模。钢质凹模或凸模的刃口尺寸计算公式，与橡胶冲模中钢质凹模或凸模的刃口尺寸计算公式相同。由于锌基合金强度不高，型孔孔壁到凹模边的距离应大于 40mm，厚度大于 30mm。

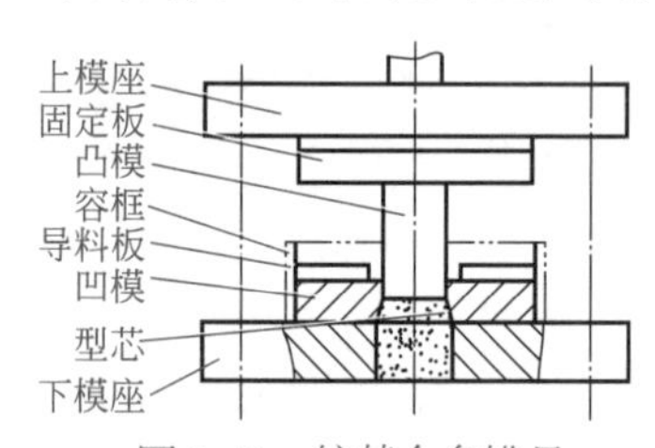

图 3-43　锌基合多模具

（2）锌基合金模具制造方法

常用铸造的方法制造锌基合金的凹模或凸模。现以图 3-43 所示为例说明制造凹模的过程。将制造好的钢质凸模安装在上模，用一容框放在凹模位置上（图 3-43 中双点画线所示），调整好上、下模的位置，使凸模形成凹模型孔的直壁刃口。直壁刃口以下的扩大部分用其他材料制成型芯，并安放在凸模下面。将凸模和容框预热到 200℃，再将熔化好的锌基合金注入容框，待锌基合金全部凝固以后，取出凸模急冷到常温，凹模冷却后体积要收缩，型孔略有缩小，再用凸模冲出凹模刃口，并加工凹模的顶面、螺孔、销孔等，从而得到锌基合金制成的凹模。

（3）锌基合金模具特点

① 锌基合金模具是由单边裂纹扩张使板料分离和自动调节冲裁间隙的，故工作断面质量好。

② 合金含有铜、铝等，形成较软的固溶体组织，具有良好的自润性、耐磨性，模具寿命长，也不易损坏其他零件。

③ 锌基合金模具生产周期短、成本低，分别为钢模的 1/2 ～ 1/3 和 1/4 ～ 1/7。

④ 锌基合金熔点低，仅 300℃，铸造性好，而且可以重熔，多次重复使用。

⑤ 搭边比一般冲裁搭边加大。

## 四、冲裁模的主要零件

冲裁模中的零部件种类繁多，为了简化和提高冷冲模的设计、制造及维修工作，促进模具技术及模具专业化生产的发展，我国模具行业制定了一系列国家标准。设计冲裁模时，可以优先选用标准件，然后设计非标准件。

### 1. 冲裁模零部件分类

按冲裁模功能，零部件分类如图 3-44 所示。

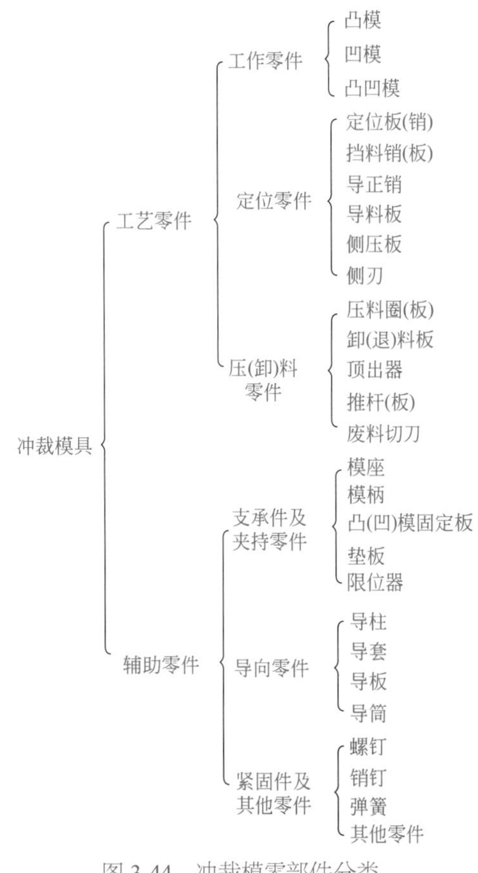


图 3-44　冲裁模零部件分类

### 2. 冲裁模的主要结构零件

构成冲模的零件主要由工作零件、定位零件、固定零件、导向零件、卸料零件及紧固件组成。其中，工作零件、定位零件和卸料零件统称工艺构件，导向零件、固定零件及紧固件统称辅助构件。

#### （1）工作零件

直接使材料发生分离或变形的零件称为工作零件。冲裁、弯曲、拉深等各种工序中所用模具的凸模、凹模及凸凹模等均为工作零件。凸模、凹模形式及各种凹模的应用说明见表 3-55。

表 3-55　凸模、凹模形式及各种凹模的应用说明

| 类别 | 说　　明 |
| --- | --- |
| 凸模形式及其固定 | 凸模的结构形式主要根据冲裁件的形状和尺寸而定。常见的圆形凸模，相关国家标准提供了三种选用形式。为避免应力集中并保证强度与刚度方面的要求，对冲裁直径为 1 ～ 30mm 的圆形凸模选用如图 3-45（a）所示的圆滑过渡的阶梯形或如图 3-45（b）所示的中部增加过渡形状的结构；对直径为 5 ～ 29mm 的圆形凸模，也可以选用如图 3-45（c）所示的快换凸模结构形式<br>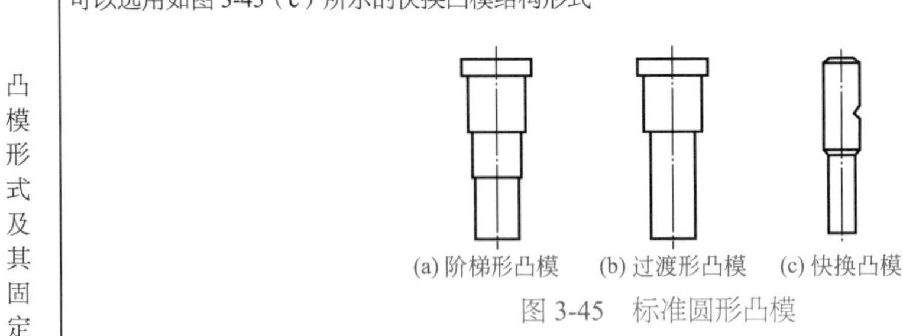<br>(a) 阶梯形凸模　(b) 过渡形凸模　(c) 快换凸模<br>图 3-45　标准圆形凸模<br>如图 3-45(a)、(b) 所示的阶梯形凸模与凸模固定板一般采用基孔制过渡配合（H7/m6），结构形式如图 3-46(a) 所示；如图 3-45（c）所示的快换凸模与凸模固定板采用基孔制间隙配合（H7/h6），结构形式如图 3-46（d）、(e)、(f) 所示；对冲制或落料尺寸较大的凸模与固定板则采用螺钉连接形式；对冲制小孔的易损凸模除采用如图 3-46（c）所示的衬套结构外，也常采用图 3-46（d）、(e)、(f) 所示的快换结构及图 3-46（b）所示的铆接结构。此外，还可以采用图 3-46（g）所示的利用低熔点合金、环氧树脂、无机黏合剂等将凸模粘接在固定板上的方法 |

续表

| 类别 | 说明 |
| --- | --- |
| 凸模形式及其固定 | 上述固定形式同样适用于非圆形凸模。一般说来，非圆形凸模与凸模固定板配合的固定部分做成圆形或矩形，如图 3-47 所示。采用如图 3-46（a）、（b）所示的基孔制过渡配合（H7/m6）的连接形式<br>当采用线切割加工时，固定部分和工作部分的尺寸应一致，与凸模固定板配合的固定部分一般采用过盈配合或铆接。若采用铆接则凸模铆接部分的硬度为 40 ～ 45HRC（长度为 10 ～ 25mm），如图 3-48 所示<br>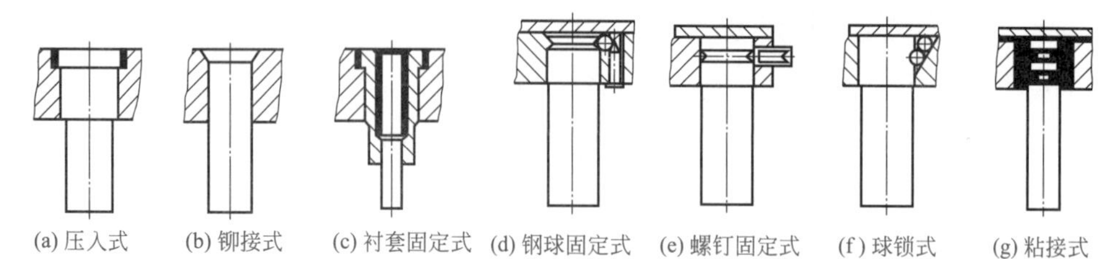<br>(a) 压入式　(b) 铆接式　(c) 衬套固定式　(d) 钢球固定式　(e) 螺钉固定式　(f) 球锁式　(g) 粘接式<br>图 3-46　圆形凸模的固定形式<br>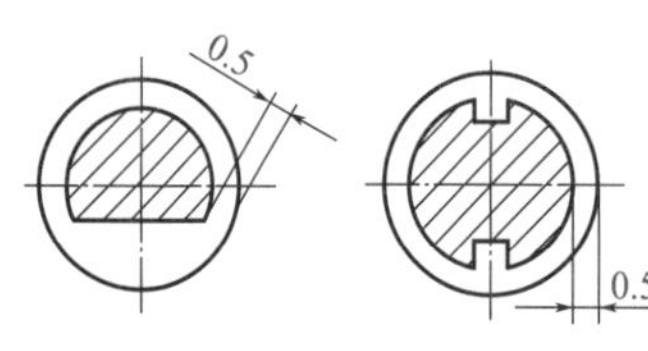<br><br>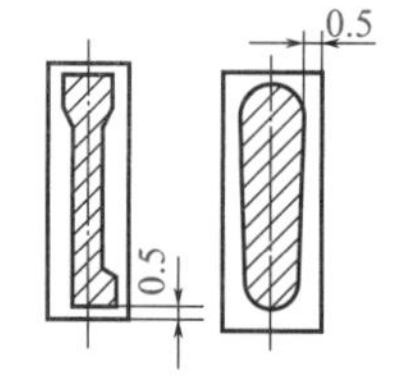<br><br>图 3-47　非圆形凸模固定部分的结构<br>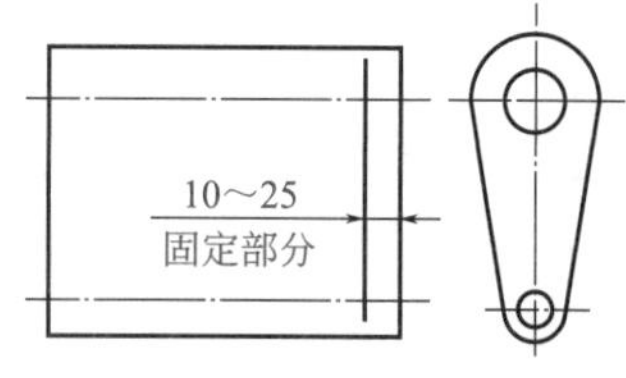<br><br>图 3-48　铆接凸模的结构 |
| 凹模形式及其固定 | 根据刃口形状，凹模主要分为直壁刃口型（以下简称Ⅰ型）、锥形刃口型（以下简称Ⅱ型）和铆刀刃口型（以下简称Ⅲ型）。各种类型的结构形状分别如图 3-49、图 3-50 和图 3-51 所示。其中，各种凹模洞口的主要参数见表 3-56<br>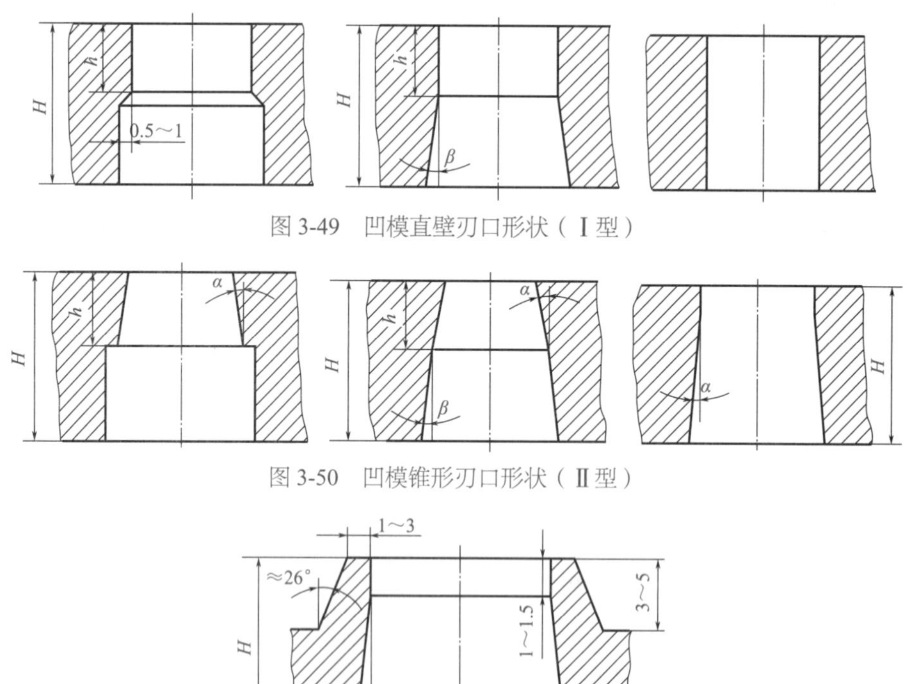<br><br>图 3-49　凹模直壁刃口形状（Ⅰ型）<br>图 3-50　凹模锥形刃口形状（Ⅱ型）<br>图 3-51　凹模铆刀刃口形状（Ⅲ型） |

续表

| 类别 | 说明 |
|---|---|
| 各种凹模的应用 | 各种凹模的应用如下：<br>Ⅰ型孔壁垂直于顶面，刃口尺寸不随修磨刃口增大，刃口强度也较好，适用于冲裁精度较高或形状复杂的工件或冲件，以及废料逆冲压方向推出的冲裁模加工。该种凹模刃口孔内易聚集废料或工件，增大了凹模的胀裂力、推件力和孔壁的磨损<br>Ⅱ型适用于形状简单，公差等级要求不高，材料较薄的零件加工，以及要求废料向下落的模具结构。该种模具工件或废料很容易从凹模孔内落下，孔壁所受的摩擦力及胀裂力很小<br>Ⅲ型的淬火硬度为 35 ～ 40HRC，是一种低硬度的凹模刃口，可用锤打斜面的方法来调整冲裁间隙，直到试出合格的冲裁件为止。主要用于冲裁板料厚度在 0.3mm 以下的小间隙、无间隙模具<br>凹模的固定形式主要有如图 3-52 所示的直接固定及凹模固定板固定两种形式。其中图 3-30（a）所示固定形式主要用于外形尺寸较小且易损的凹模；图 3-52（b）所示固定形式主要用于外形尺寸较大的凹模的固定；图 3-52（c）、（d）所示固定形式主要用于外形尺寸较小的凹模的固定<br>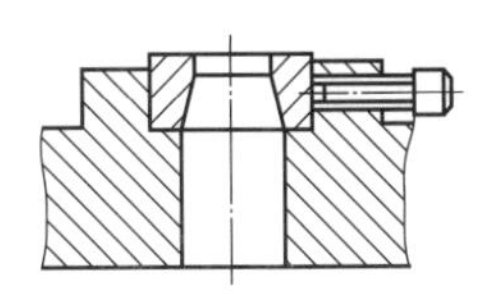<br>(a) 直接固定(外形尺寸较小)<br>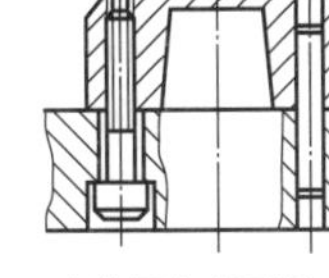<br>(b) 直接固定(外形尺寸较大)<br>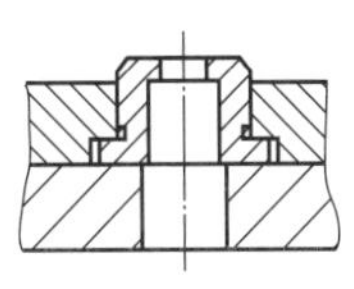<br>(c) 凹模固定板固定一<br>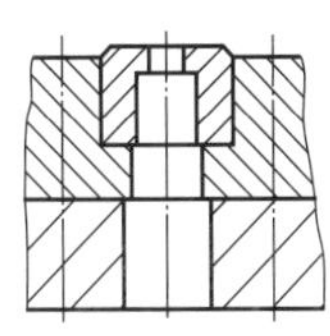<br>(d) 凹模固定板固定二<br>图 3-52　凹模的固定形式 |

表 3-56　凹模洞口的主要参数

| 板料厚度 /mm | $\alpha$/(′) | $\beta$/(°) | $h$/mm | 板料厚度 /mm | $\alpha$/(′) | $\beta$/(°) | $h$/mm |
|---|---|---|---|---|---|---|---|
| ≤ 0.5 | 15 | 2 | ≥ 4 | >1 ～ 2.5 | 15 | 2 | ≥ 6 |
| >0.5 ～ 1 | 15 | 2 | ≥ 5 | >2.5 | 30 | 3 | ≥ 8 |

## （2）定位零件

毛坯在模具上的定位有两个内容，即在送料方向上的定位（即挡料）以及与送料方向垂直的方向上的定位（即送进导向）。不同的定位方式根据毛坯形状、尺寸及模具的结构形式进行选择。常用的定位零件有定位件、挡料件和导正销等，见表 3-57。

表 3-57　定位零件类型及说明

| 类型 | 说明 |
|---|---|
| 定位件 | 常用于单个毛坯冲压加工时的内孔或外形轮廓定位的定位零件有定位销和定位板，如图 3-53 所示。为保证定位可靠，一般要求定位销圆柱头高度及定位板厚度大于板料厚度。而且采用定位板定位时，必须保证每个定位板上有两个圆柱销<br>(a) 定位销内孔定位　(b) 定位销外形定位　(c) 定位板内孔定位<br>图 3-53　定位形式 |

续表

<table>
<tr><th>类型</th><th></th><th>说　　明</th></tr>
<tr><td rowspan="4">挡料件</td><td colspan="2">为保证条料或带料送进时有准确的送进距，一般采用挡料销。挡料销主要分固定挡料销、活动挡料销、始用挡料销和定距侧刃等</td></tr>
<tr><td>固定挡料销</td><td>固定挡料销主要用于带固定及弹压卸料板模具的条料定位，同时保证送进时的送进距，一般装在凹模上，主要有圆柱形挡料销及钩形挡料销两种。圆柱形挡料销又称台肩式挡料销，其固定及工作部分的直径差别较大，不至于削弱凹模强度，使用简单、方便，如图 3-54（a）所示。钩形挡料销的固定及工作部分形状不对称，需要钻孔并加定向装置，一般用于冲制较大和料厚的工件，如图 3-54（b）所示<br>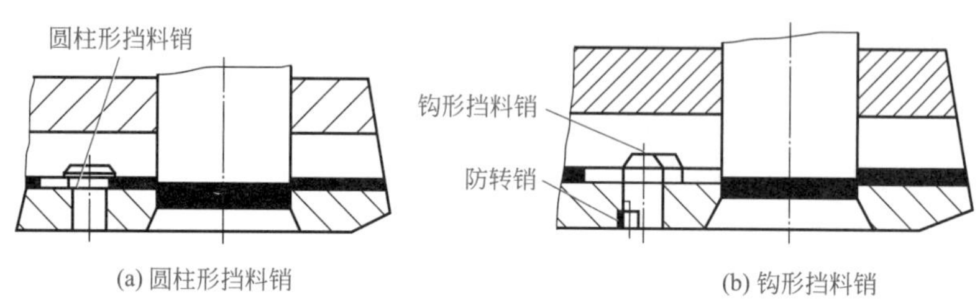<br><br>图 3-54　固定挡料销的应用</td></tr>
<tr><td>活动挡料销</td><td>如图 3-55（a）、（b）所示活动挡料销常用于带有活动的下卸料板的敞开式冲模，冲裁时后端带有弹簧或弹簧片的挡料销随凹模下行而压入孔内；图 3-55（c）所示为回带式挡料销，在送进方向上带有斜面。当条料向前送进时，就对挡料销的斜面施加压力，而将挡料销抬高，并将弹簧顶起，挡料销越过条料上的搭边而进入下一个孔中，此时将条料后拉，挡料销抵住搭边而定位。常用于刚性卸料板的冲裁模，适用于冲制料厚大于 0.8mm 的窄形（一般为 6 ～ 20mm）工件<br>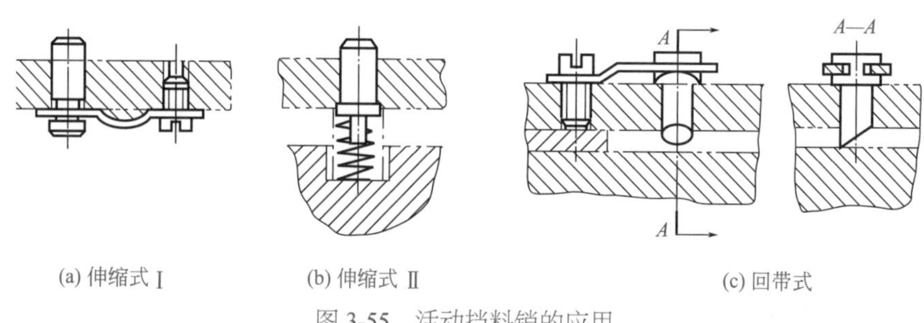<br><br>图 3-55　活动挡料销的应用</td></tr>
<tr><td>始用挡料销</td><td>始用挡料销一般用在级进模上，用于条料送进时的初始定位，常与固定挡料销配合使用，起辅助定位用，用时向里压紧，其结构如图 3-56 所示<br>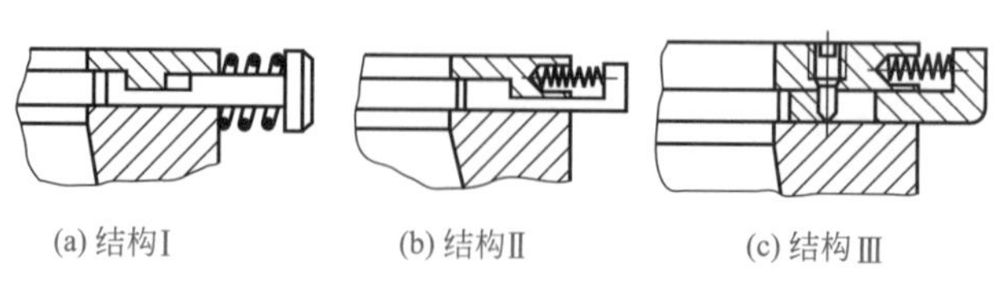<br><br>图 3-56　始用挡料销的结构</td></tr>
</table>

| 类型 | | 说明 |
|---|---|---|
| 挡料件 | 定距侧刃 | 定距侧刃可以切去条料旁侧少量材料，使条（卷）料形成台阶，从而达到挡料的目的。定距侧刃常用于级进模。如图 3-57（a）所示的矩形定距侧刃，制造方便，但当侧刃尖角磨钝后，条料的边缘出现毛刺，将影响送料。侧刃断面长度 $B$ 等于送料步距公称尺寸加上 0.05 ～ 0.1mm，断面宽度 $m$ 一般取 6 ～ 8mm，侧刃裁切下来的料边宽度 $a$ 可近似等于料厚 $t$；如图 3-57（b）所示的成形定距侧刃两端做成凸模，此时条料的边缘出现毛刺不影响送料，定位精度较高，但制造复杂；如图 3-57（c）所示的尖角定距侧刃每一进距需把条料往后拉，以后端定位，其特点是不浪费材料，但操作不便<br>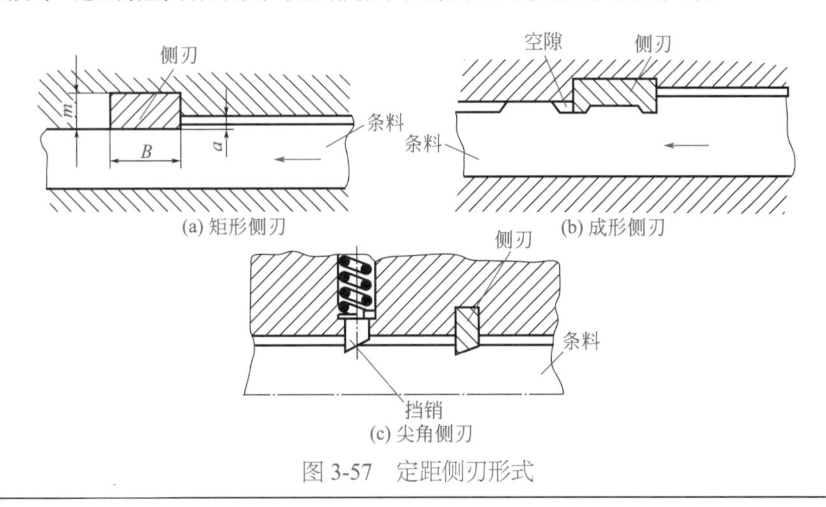<br><br>图 3-57　定距侧刃形式 |
| 导正销 | | 为保证级进模冲裁件内孔和外缘的相对位置精度，消除送料及导向中产生的误差，在级进模第二工位以后的凸模上常设置导正销，以使模具在工作前通过导正销先插入已冲好的孔中，使孔与外形的相对位置准确，从而消除送料步距的误差，起精确定位作用。根据导正销与凸模装配方法的不同，如图 3-58 所示的 5 种典型结构<br>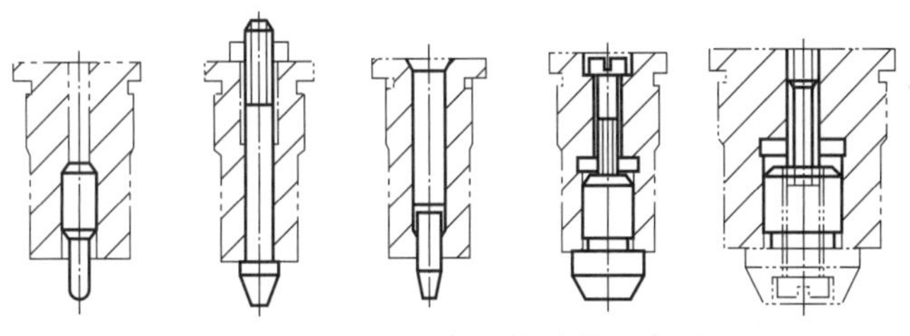<br>图 3-58　导正销与凸模的装配类型<br>① 用于直径为 1.5 ～ 6mm 的孔<br>② 用于直径为 3 ～ 10mm 的孔<br>③ 用于直径为 1.5 ～ 10mm 的孔<br>④ 用于直径为 10 ～ 30mm 的孔<br>⑤ 用于直径为 20 ～ 50mm 的孔<br>设计导正销时，考虑到上一工位冲孔后的孔径会发生弹性收缩而变小，因此导正销的直径应比冲孔凸模直径减小 0.04 ～ 0.15mm；导正销的头部分圆弧（圆锥）及圆柱两部分，圆柱部分的高度 $h$ 按材料厚度和冲孔直径确定，一般取 $(0.5 \sim 1)t$。当设计带有挡料销与导正销的级进模时，应根据导正销在导正条料时条料的活动方向，留出一定的活动余量（条料被拉回或推前），一般取 0.1mm<br>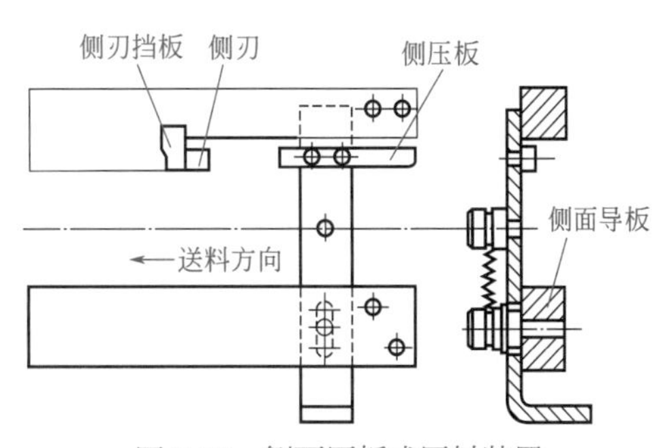<br><br>图 3-59　侧面压板式压料装置<br>此外，条料或带料定位或级进模定位还有导尺等。选用导尺时，导尺间的宽度一般应等于条料最大宽度尺寸加上 0.2 ～ 1.5mm 的间隙。若条料宽度公差过大，则需在一侧导尺上加装侧压装置，以避免送料时条料在导料板中摆动。如图 3-59 所示为侧面压板式压料装置的结构图 |

### （3）固定零件

固定零件主要包括上、下模板及模柄、垫板、固定板等零件。这类零件已经标准化。

① 上、下模板　上、下模板是整个模具的基础，模具的各个零件都直接或间接地固定在上、下模板上。上模板通过模柄安装在冲床滑块上，下模板用压板和螺栓固定在工作台上。按标准选择模板时，应根据凹模（或凸模）、卸料和定位装置等的平面布置选择模板尺寸，一般取模板尺寸大于凹模尺寸 40 ～ 70mm，模板厚度为凹模厚度的 1 ～ 1.5 倍，下模板的外形尺寸每边应超出冲床台面孔边 40 ～ 50mm。

模板常见材料一般为铸铁 HT250，有时也采用铸钢 ZG230-450，或用厚钢板 Q235A 和 Q275A 制作。其中，铸铁 HT250 的许用压应力 $[\sigma]$ 为 90 ～ 140MPa，铸钢 ZG230-450 的许用压应力 $[\sigma]$ 为 110 ～ 150MPa。

② 模柄　模柄的作用是将模具的上模板固定在冲床的滑块上，并将作用力由压力机传递给模具。常用的模柄类型如图 3-60 所示。

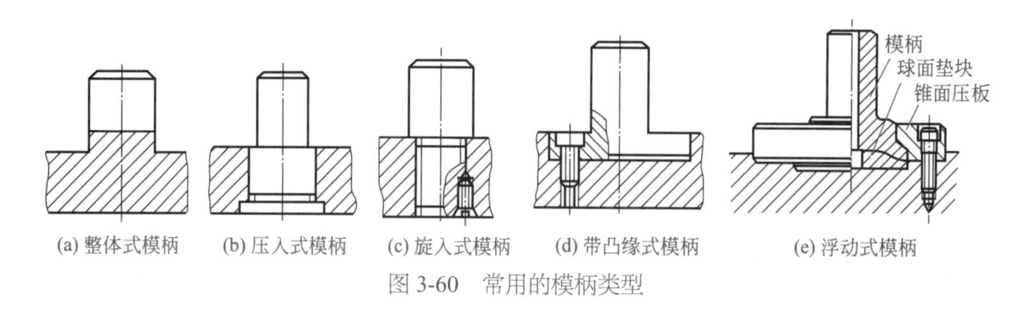

图 3-60　常用的模柄类型

整体式模柄是将模柄与上模板做成整体，主要用于小型有导柱或无导柱的模具；带台阶的压入式模柄（其标准号为 JB/T 7646.1—2008）安装时与模板安装孔用 H7/m6 配合，并加销钉以防转动，主要用于上模板较厚而又没有开设推件板孔的场合；带螺纹的旋入式模柄（其标准号为 JB/T 7646.2—2008）是通过螺纹与上模板相固定连接，并加防松螺钉，以防止转动，主要用于中、小型有导柱的模具；带凸缘式的模柄（其标准号为 JB/T 7646.3—2008）是用 3 ～ 4 个螺钉和附加销钉与上模板固定连接，主要用于大型上模中开设推件板孔的中、小型模具。

采用上述结构，往往由于压力机滑块和导轨之间存在间隙以及水平侧向分力的作用而使模具精度受到一定的影响，也使冲床导轨和模具寿命有所降低。为了消除这种不利的影响，当冲压件的尺寸精度要求较高或采用精冲模加工时，可选用图 3-60（e）所示的浮动式模柄。模柄的压力通过球面垫块传递给上模板，从而可以避免压力机滑块导向误差对模具导向的影响，消除水平侧向分力的影响，克服垂直度方面的误差，保证模具运动部分在冲压过程中动作的平稳与准确。采用浮动式模柄结构形式进行冲压时，冲压件的尺寸精度一般可保持在 ±0.1mm 之内。其选用可参见 JB/T 7646.5—2008。

各种上、下模板及模柄与导向装置已组装成标准的模架。如图 3-61 所示为常用的滑动导向模架结构。

如图 3-61（a）所示对角导柱模架的两个导柱装在对角线上，冲压时可防止由于偏心力矩而引起的模具歪斜，适用于在快速行程的冲床上冲制一般精度冲压件的冲裁模或级进模。如图 3-61（b）所示后侧导柱模架具有三面送料、操作方便等优点。但由于冲压时容易引起偏心矩而使模具歪斜，因此适用于冲压中等精度的较小尺寸冲压件的模具，大型冲模不宜采用此种形式。如图 3-61（c）所示中间导柱模架，适用于横向送料和由单个毛坯冲制的较精密的冲压件。如图 3-61（d）所示四导柱模架，导向性能最好，适用于冲制比较精密的冲压件。

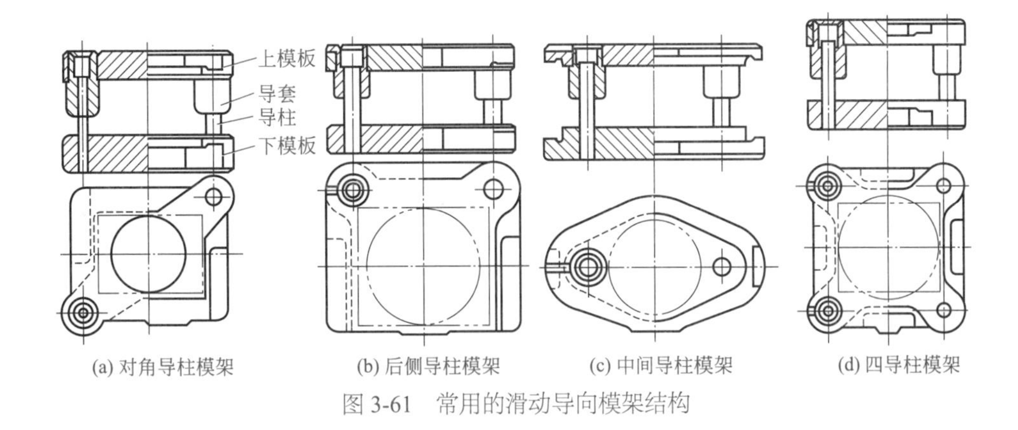


(a) 对角导柱模架　(b) 后侧导柱模架　(c) 中间导柱模架　(d) 四导柱模架

图 3-61　常用的滑动导向模架结构

其余各类型模架可根据上述原则依据标准选用。其中，滚动导向中间导柱楔架和滚动导向四导柱模架对应标准为 GB/T 2852—2008。

### (4) 导向零件

导向零件主要有导柱、导套。按其结构形式可分为滑动和滚动两种结构，见表 3-58。

表 3-58　导向零件结构

| 类别 | 说　　明 |
| --- | --- |
| 滑动导柱、导套 | 选用滑动导柱、导套时，导柱长度 $L$ 应保证上模板在如图 3-62 所示的最低位置时（模具处于闭合状态），导柱上端与上模板顶面距离为 10 ～ 15mm，而下模板底面与导柱底面的距离一般为 2 ～ 3mm，导柱的下部与下模板导柱孔采用过盈配合，导套的外径与上模板导套孔采用过盈配合，导套的总长需保证在冲压时导柱一定要进入导套 10mm 以上<br>导柱与导套之间采用间隙配合：对冲裁模，导柱和导套的配合可根据凸、凹模的间隙选择。凸、凹模间隙小于 0.03mm，采用 H6/h5 配合；凸凹模间隙大于 0.03mm 时，采用 H7/h6 配合；拉深厚度为 4 ～ 8mm 的金属板时，采用 H7/f7 配合。所有的配合中，导柱和导套的配合间隙均应小于冲裁或拉深的模具间隙，否则应选用滚珠导柱、导套或采取其他措施<br>图 3-62　滑动导柱、导套 |
| 滚珠导柱、导套 | 滚珠导柱、导套是一种无间隙、精度高、寿命较长的导向装置，适用于高速冲模、精密冲裁模以及硬质合金模的冲压工作。如图 3-63 所示为常见的滚珠导柱、导套的结构形式<br>滚珠导套与上模板导套孔采用过盈配合，导柱与下模板导柱孔为过盈配合，滚珠与导柱、导套之间为微量过盈。工作时，模具在上止点，仍有 2 ～ 3 圈滚珠与导柱、导套配合起导向作用。导柱和导套都已标准化，在使用时可根据 GB/T 2861.1 ～ 9—2008 选用<br>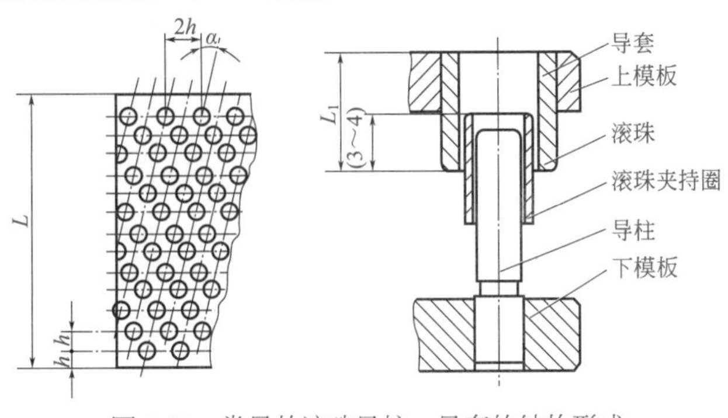<br><br>图 3-63　常见的滚珠导柱、导套的结构形式 |

## （5）卸料装置

卸料装置是用于将条料、废料从凸模上卸下的装置，分刚性卸料和弹性卸料两大类，见表 3-59。

表 3-59　卸料装置分类

<table>
<tr><th>类别</th><th>说　　明</th></tr>
<tr><td>刚性卸料装置</td><td>刚性卸料装置是靠卸料板与冲压件（或废料）的硬性碰撞实现卸料的，其特点是卸料力不可调节，但卸料比较可靠，其结构如图 3-64 所示<br>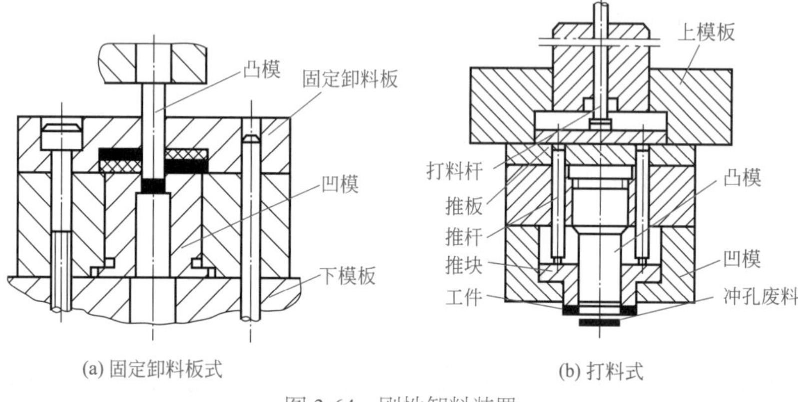<br><br>(a) 固定卸料板式　(b) 打料式<br>图 3-64　刚性卸料装置<br>如图 3-64（a）所示固定卸料板式用于正装模（形成冲压件外轮廓的凹模装在下模的冲模），固定卸料板多装在下模。这种卸料装置结构简单，卸料力大，卸料可靠，操作安全，多用于单工序模和级进模，尤其适宜于冲厚料（料厚大于 0.8mm）的冲裁模。缺点是冲裁件精度和平整度较低。固定卸料板和凸模的单边间隙一般取 0.1 ～ 0.5mm，刚性卸料板的厚度与卸料力大小及卸料尺寸有关，一般取 5 ～ 12mm。如图 3-64（b）所示打料式卸料装置装在上模，连同冲床的打料横杆共同产生卸料作用，将废料或冲压件从凹模中推卸出来</td></tr>
<tr><td>弹性卸料装置</td><td>弹性卸料装置是靠弹性零件的弹力、气压或液压力的作用产生卸料力的，具有敞开的工作空间，操作方便，生产效率高。冲压前可对毛坯有预压作用，冲压后可使冲压件平稳卸料，具有卸料力可以调节的特点。主要用于冲制薄料（厚度小于 1.5mm）及要求平整的零件加工。弹性卸料板和凸模的单边间隙一般取 0.1 ～ 0.3mm。当弹性卸料板用来作凸模导向时，凸模与卸料板的配合为 H7/h6。弹性卸料装置的结构如图 3-65 所示<br>如图 3-65（a）、（b）所示弹性卸料装置的弹性零件（弹簧、橡胶）可安装在模具的上模内，也可安装在下模内使用。卸料力依靠装在模具内的弹簧、橡胶等弹性零件获得，由于受模具安装空间的限制，使卸料力受限。如图 3-65（c）、（d）所示弹性卸料装置中的弹性零件（弹簧、橡胶）安装在下模板下或压力机工作台面的孔内使用，由于安装空间加大，使卸料力也有所增大。此外，冲床上的附件，如气垫、液压垫等，多数装设在冲床工作台下面，因此可按图 3-65（d）所示结构设计模具<br>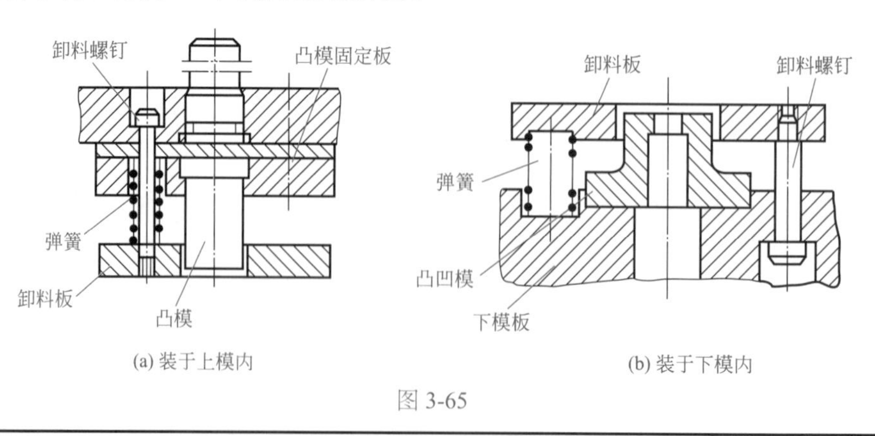<br><br>(a) 装于上模内　(b) 装于下模内<br>图 3-65</td></tr>
</table>

续表

| 类别 | 说明 |
| --- | --- |
| 弹性卸料装置 | 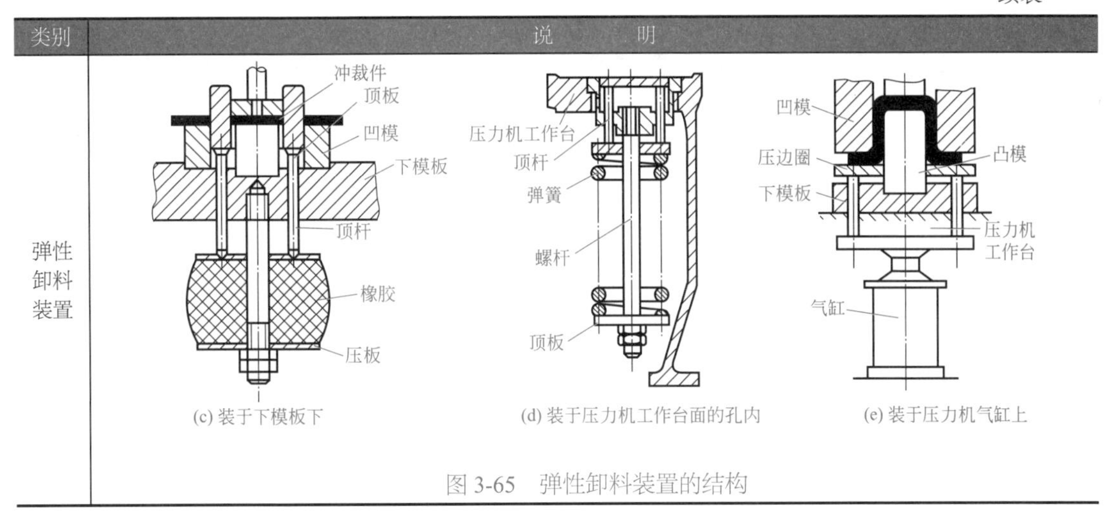 (c) 装于下模板下　(d) 装于压力机工作台面的孔内　(e) 装于压力机气缸上<br>图 3-65　弹性卸料装置的结构 |

## 五、冲裁模结构类型的选择

### 1. 冲裁模具结构类型选择原则

模具结构类型选择是以合理的工艺方案为基础，综合考虑冲裁件的结构特点、精度等级、尺寸形状和厚度、材料种类、生产批量，以及制模条件、操作等因素，合理选择模具结构类型。其选择原则如下：

① 根据冲裁件生产批量的多少来确定采用简易冲裁模结构还是复杂冲模结构。一般说来，生产批量小则考虑采用寿命短、成本低的简易冲裁模较为合适，生产批量大则考虑采用寿命较长的常规冲裁模结构较为合适，见表 3-60。

表 3-60　冲压生产批量与模具类型

| 生产性质 | 生产批量 / 万件 | 模具类型 | 设备类型 |
| --- | --- | --- | --- |
| 小批量或试制 | ＜ 1 | 简易模、组合模、单工序模 | 通用压力机 |
| 中批量 | 1 ～ 30 | 单工序模、复合模、连续模、半自动模 | 半自动、自动通用压力机、高速压力饥 |
| 大批量 | 30 ～ 150 | 复合模、多工位自动连续模、自动模 | 机械化高速压力机、自动化压力机 |
| 大量 | ＞ 150 | 硬质合金模、多工位自动连续模 | 自动化压力机、专用压力机 |

② 根据冲裁件的尺寸要求来确定冲裁模类型。复合模冲裁的冲件质量高（尤其是正装复合模），简易冲裁模冲裁的冲件质量较差，连续模冲裁的冲件质量一般高于简易模而低于复合模。不同冲裁方法的冲裁质量比较见表 3-61，普通冲裁模的对比关系见表 3-62。

表 3-61　不同冲裁方法的冲裁质量近似比较

| 项目 | 冲裁性质 | | | |
| --- | --- | --- | --- | --- |
| | 连续冲裁 | 复合冲裁 | 整修 | 精密冲裁 |
| 公差等级 | IT13 ～ IT10 | IT10 ～ IT6 | IT ～ IT 6 | IT8 ～ IT6 |
| 粗糙度 $Ra$/μm | 25 ～ 6.5 | 12.5 ～ 3.2 | 0.8 ～ 0.4 | 0.8 ～ 0.4 |
| 毛刺高度 $h$/mm | ≤ 0.15 | ≤ 0.10 | 无 | 微 |
| 平面度 | 较差 | 较高 | 高 | 高 |

表 3-62 普通冲裁模的对比关系

| 比较项目 | 单工序模 | | 连续模 | 复合模 |
|---|---|---|---|---|
| | 无导向的 | 有导向的 | | |
| 冲压精度 | 低 | 一般 | IT13、IT10 级 | 可达 IT10 ~ IT8 级 |
| 零件平整程度 | 差 | 一般 | 不平整、高质量件需校平 | 因压料较好，零件平整 |
| 零件最大尺寸和材料厚度 | 尺寸不受限制厚度不限 | 中小型尺寸厚度较厚 | 尺寸在 250mm 以下，厚度在 0.1 ~ 6mm 之间 | 尺寸在 300mm 以下，厚度在 0.05 ~ 3mm 之间 |
| 冲压生产率 | 低 | 较低 | 工序间自动送料，可以自动排除冲件，生产效率高 | 冲件落到或被顶到模具工作面上，必须用手工或机械排除，生产效率稍低 |
| 使用高速自动压力机的可能性 | 不能使用 | 可以使用 | 可以在行程次数为 400 次 / min 或更多的高速压力机上工作 | 操作时出件困难，可能损坏弹簧缓冲机构（不推荐） |
| 多排冲压法的应用 | — | | 广泛应用于尺寸较小的冲件 | 很少采用 |
| 模具制造的工作量和成本 | 低 | 比无导向的略高 | 冲裁较简单的零件时比复合模低 | 冲裁复杂零件时比连续模低 |
| 安全性 | 不安全，需采取安全措施 | | 比较安全 | 不安全，需采取安全措施 |

③ 根据制模条件和经济性来选择模具类型。在有相当制模设备和技术的情况下，为了能提高模具寿命，满足大批量生产及冲件的质量要求，则应选择较复杂、精度较高的冲模结构。

## 2. 冲裁模具结构类型选择步骤

模具结构类型选择的程序框图如图 3-66 所示。该框图根据零件结构特点、使用要求和

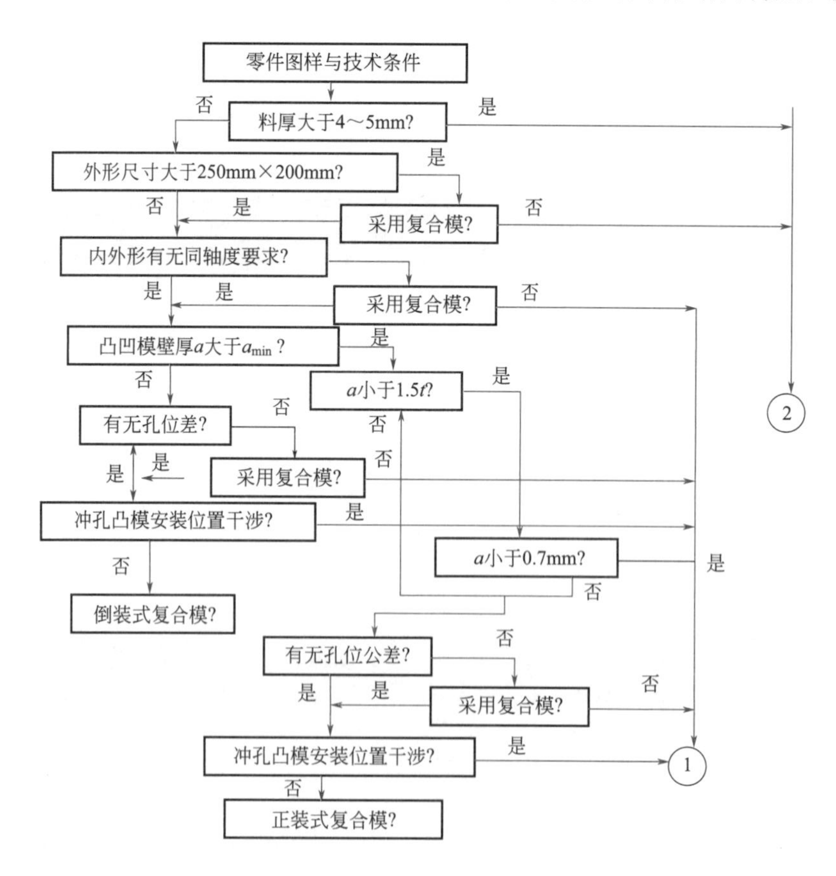

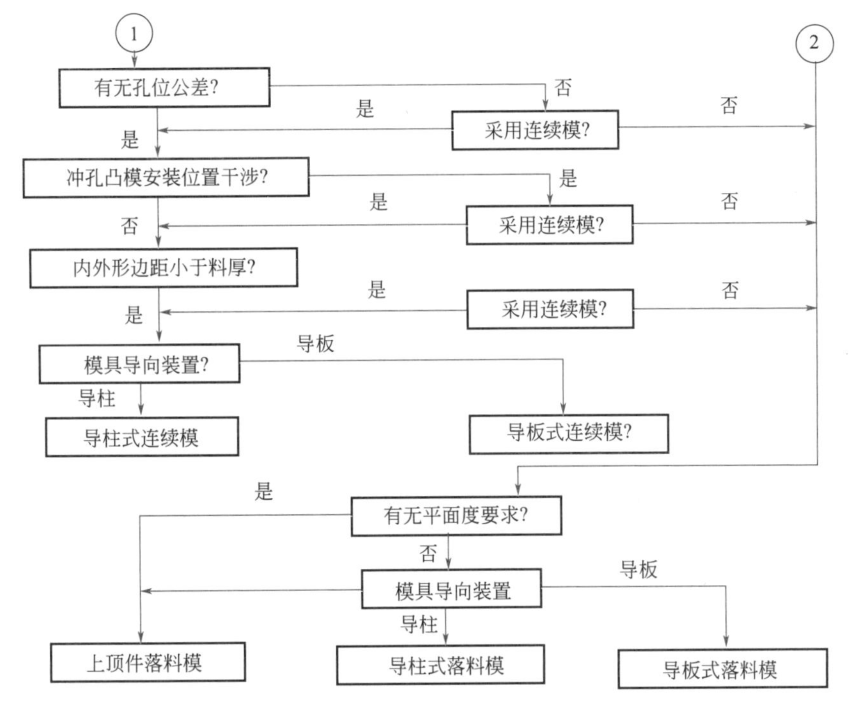


图 3-66　模具结构类型选择的程序框图

各类模具的职能与使用条件，较详细地表达了模具结构类型的选择步骤、选择过程、选择依据、经过比较与判断需做出合理选择的可能方案，直至选择出符合实际生产条件使用要求的模具结构类型与形式。

模具结构方案确定后，如果不是特殊情况，都应选用标准结构形式，以缩短模具的设计和制造周期，降低制造费用。

# 第六节　冲裁件常见缺陷

## 一、凸模折断

设计、制造和操作不当等，都有可能造成凸模的损坏。尤其是凸模的折断，在冲裁过程中属于较常见的问题。下面分别就设计、制造以及操作等方面的原因予以说明，见表 3-63。

表 3-63　造成凸模损坏的原因说明

| 类别 | 说　　明 |
|---|---|
| 设计方面的问题 | 从设计上考虑，当凸模强度低时，应根据使用条件选择强度更高的材料来制造。凸模的形状对改善刚性有密切影响。例如，阶梯式凸模具有较好刚性；带有斜刃口的凸模能减小冲裁力等；细长冲头的刚性也差，若必须采用，则应该设计有前端导向或压板等结构以增加其刚性。在设计时，凸模的合理布置极为重要。若冲模冲裁力的合力中心位置与冲柄中心有较大偏移，则会产生较大力矩而保证不了冲模工作的平衡，如果再与冲机滑块本身的偏移方向重合，凸模的横向挠度更要增大，所以各凸模应尽可能布置在对称的位置上<br>如果材料搭边值太小，材料变形不规则，圆角层也会增大，这时凸模的左右侧压力不同，凸模受弯，就极易发生折断事故。尤其在往复冲裁时，搭边应至少是材料厚度的 1.5 ～ 2 倍。板料厚度大、废料变形、圆角大，也能引起凸模的早期折断损坏，这时应增大退料板对毛坯材料的压紧力 |

续表

| 类别 | 说　　明 |
| --- | --- |
| 冲裁过程中的问题 | 在冲裁过程中，有时会由于操作事故而缩短冲模使用寿命甚至损坏凸模。例如，冲床选用不当或模具在冲床工作台上安装不良，都可能发生事故；没有注意到废料堵塞或废料落入凹模仍继续作业时，不仅会发生冲出残缺件的状况，而且凸模也很易遭到损坏甚至折断。上述情况都应尽力避免。在连续模和自动连续模上安装报警器或故障自动停机装置，对模具有很好的保护作用 |

## 二、冲裁条件对冲裁质量的影响

在冲压生产中，冲裁质量受到多方面因素影响。冲裁条件包括模具、压力机和工件本身的材料。冲裁条件对冲裁质量的影响见表 3-64。

表 3-64　冲裁条件对冲裁质量的影响

| 类别 | 说　　明 |
| --- | --- |
| 模具的影响 | 合理的模具结构是保证冲裁质量的前提条件。在模具中凸、凹模应具有足够的强度、刚度和尺寸、形状精度。坯料在模具中要有可靠的定位，这样才能保证送料定位的准确性。模具的其他部分也应该满足不同的使用要求，这样才能够保证工件的质量 |
| 压力机的影响 | 模具通过压力机进行工作，压力机的优劣直接影响冲裁的质量。压力机的机身要具有足够的刚度，机身导轨的精度要求高，滑块运动平稳；压力机应能提供足够的冲裁力和合适的行程次数；压力机还应操作灵活，安全可靠 |
| 工件的材料 | 工件所选择的材料应具有良好的冲压性能，即有高的伸长率、高的屈强比和合适的硬度。有了良好的材料，才能保证高的冲裁质量 |

## 三、刃口磨损与寿命

模具的正常磨损受许多因素的影响，因此它是一个模糊的概念。想要单纯地处理和研究模具的正常磨损是相当困难的。例如，即使模具的设计合理、制造正确，符合所要求的加工精度，但在冲裁工作中，单是压力机的精度就有相当大的影响，这一因素对工件尺寸的影响有时甚至比凸、凹模本身的磨损引起的变化还要多。所以，在考虑正常磨损时，只能在排除外部因素影响的情况下进行。如采用精度较高的压力机，凸、凹模均采用优质的合金工具钢，并经过正确的热处理加工。在这种情况下进行冲裁加工时的自然磨损叫作正常磨损。

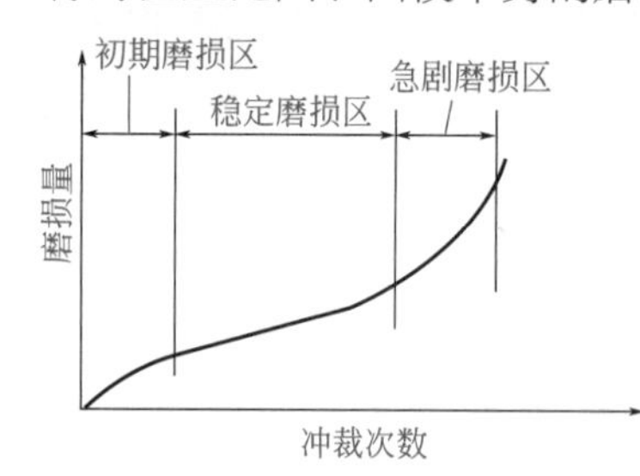

图 3-67　冲模刃口的磨损曲线

在正常使用情况下，凸、凹模刃口磨损过程如图 3-67 所示。模具刃口的磨损往往存在这样三个阶段：刚使用初期，磨损量增加较快，这时叫做初期磨损，也称为第一次磨损，曲线的这一区域称为初期磨损区域；以后在一个相当长的工作时间里，磨损量几乎不发生变化，这时该磨损曲线的区域称为稳定磨损区域；此后，刃口的磨损量又急剧增加，该曲线的区域称为急剧磨损区域，也称为第二磨损区域。应尽可能地增加稳定磨损区域和推迟第二磨损区域的到来，就能延长冲模第一次刃磨前的使用寿命。

润滑与磨损有很大的关系，良好的润滑能有效地减少磨损。提高模具的使用寿命。

对于初期磨损值非常大或尺寸公差要求高的工件，可以在模具制造时就把刃口事先做成初期磨损状态，以便在使用时就能够在稳定磨损区域正常工作。也可以把初期磨损区域内加工的这部分工件报废，然后在稳定磨损区域进行正常加工，以保证工件的尺寸要求。

## 四、毛刺

在板料冲裁中，产生不同程度的毛刺，一般来讲是很难避免的，但是提高制件的工艺性，改善冲压条件，就能减少毛刺。具体产生毛刺的原因及减少毛刺的措施见表3-65。

表3-65 产生毛刺的原因及减少毛刺的措施

| 类型 | | 说明 |
| --- | --- | --- |
| 产生毛刺的原因 | 间隙 | 冲裁间隙过大、过小或不均匀，均会产生毛刺。造成间隙过大、过小和不均的因素有<br>① 制造误差。冲模零件加工不符合图纸要求时，会影响装配后的间隙。如底板平行度不好，凸凹模有反锥，凸凹模尺寸制造的偏差都会造成冲裁间隙不合理<br>② 装配误差。如凸模与凸模固定板装配不垂直，导向部分间隙大，凸凹模装配不同心，均能改变冲裁间隙<br>③ 压力机精度差。如压力机导轨间隙过大，滑块底面与工作台表面的平行度不好，或是滑块行程与压力机台面的垂直度不好，工作台刚度差，在冲裁时产生挠度，均能引起间隙的变化<br>④ 安装误差。如冲模上下底板表面在安装时未擦干净，或对大型冲模上模紧固方法不当，冲模上下模安装不同心（尤其是无导柱冲模）而引起工作部分倾斜<br>⑤ 冲模结构不合理。如冲模及其工作部分刚度不够，在冲裁过程中发生变形而影响间隙的变化；或者是设计时没有注意冲裁力的平衡，在冲压过程中产生侧压力，使模具发生窜动<br>⑥ 钢板的瓢曲度大。钢板板形不好，在冲裁过程中变形使刚度小的凸模相应发生变形而影响间隙的变化 |
| | 刃口钝 | 刃口磨损变钝或啃伤（如图3-68所示）均能产生毛刺。影响刃口变钝的因素有模具凸、凹模的材质及其表面处理状态不良，耐磨性差；冲模结构不良，刚性差，造成啃伤；操作时不及时润滑，磨损快；没有及时磨利刃口 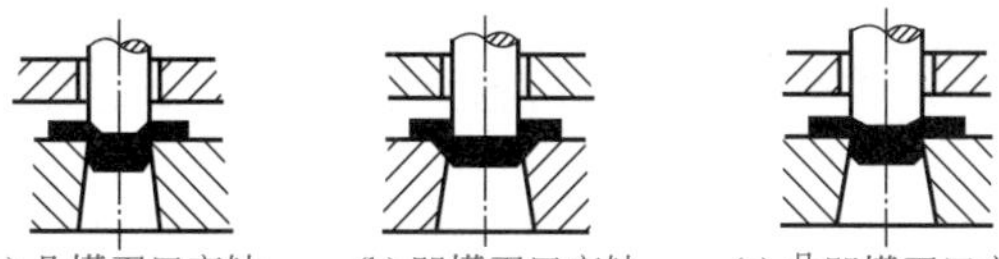<br>(a) 凸模刃口变钝 (b) 凹模刃口变钝 (c) 凸凹模刃口变钝<br>图3-68 刃口变钝时毛刺的形式 |
| 产生毛刺的原因 | 冲裁状态不当 | 如毛坯（包括中间制件）与凸模或凹模接触不好，在定位相对高度不当的修边冲孔时，也会由于制件高度低于定位相对高度，在冲裁过程中制件形状与刃口形状不服贴而产生毛刺，如图3-69所示 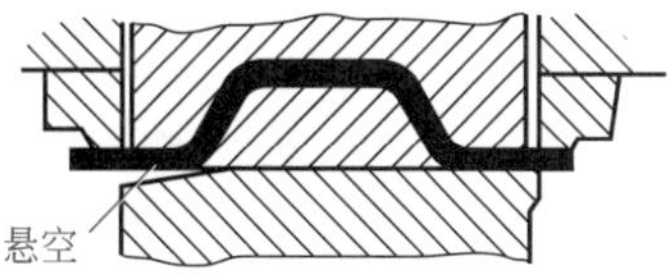<br>悬空<br>图3-69 示意图 |
| | 模具结构不当 | 在单面冲裁时，由于没有反侧块平衡结构，在冲裁过程中模具发生移动或工作部分刚性不足产生变化使间隙增大而产生毛刺 |
| | 材料不符工艺规定 | 材料厚度严重超差或用错料（如钢号不对）引起相对间隙不合理，而使制件产生毛刺 |
| | 制件的工艺性差 | 如形状复杂、有凸出或凹入的尖角，均易因磨损过快而产生毛刺 |
| | 毛刺的产生，不仅使冲裁以后的变形工序由于产生应力集中而容易开裂，也给后续工序毛坯的分层带来困难；大的毛刺容易把手划伤；焊接时两张钢板会因毛刺接合不好，易焊穿，焊不牢；铆接时则易产生铆接间隙或引起铆裂。因此，出现允许范围以外的毛刺是极其有害的。对已经产生的毛刺可用锉削、滚光、电解、化学处理等方法消除。在大量生产中多采用滚光的办法来消除毛刺 | |
| 减少毛刺的措施 | | 在实际生产中，减小毛刺的措施有如下几方面<br>① 保证凸、凹模加工精度和装配精度，保证凸模的垂直度和承受侧压的刚性；整个模具要有足够的刚度。在模具使用中经常检查凸、凹模刃口的锋利程度，发现磨损后，及时修理<br>② 保证模具安装后上模与下模的间隙均匀；安装要牢固，防止在冲压加工过程中松动；要保证模具与压力机的平行度<br>③ 压力机的刚性好，弹性变形小；滑块导轨精度高，滑块运动平稳，垫板与滑块底面平行；要有足够大的工作压力 |
| 对于工件上的毛刺可以通过后处理的方法去除，最常用的就是采用滚光的方法 | | |

## 五、翘曲不平

材料冲裁过程的剖面情况，如图 3-70 所示。材料在与凸模、凹模接触的瞬间首先要拉伸弯曲，然后剪断、撕裂。拉深、弯曲、横向挤压各种力的作用下，使制件展料出现波浪形状，制件因而产生翘曲。

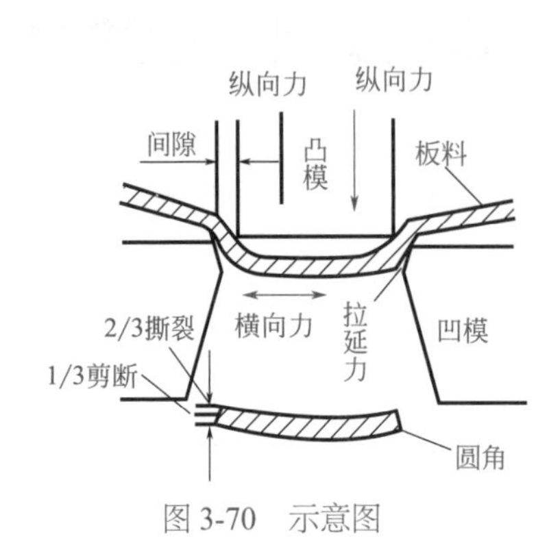

图 3-70　示意图

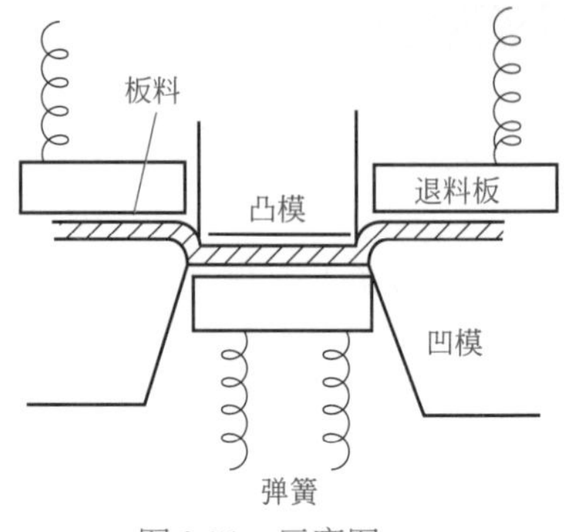

图 3-71　示意图

制件翘曲产生的原因见表 3-66。

表 3-66　制件翘曲产生的原因

| 类别 | 说　　明 |
| --- | --- |
| 冲裁间隙大 | 间隙过大，则在冲裁过程中，制件的拉深、弯曲力大，易产生翘曲。改善的办法，可在冲裁时用凸模和压料板（或顶出器）将制件紧紧地压住，或用凹模面和退料板将搭边部位紧紧压住，以及保持锋利的刃口，都能收到良好的效果，如图 3-71 所示 |
| 凹模洞口有反锥 | 制件在通过尺寸小的部位时，外周就要向中心压缩，从而产生弯曲，如图 3-72 所示 |
| 制件结构形状产生的翘曲 | 当制件形状复杂时，制件周围的剪切力就不均匀，因此产生了由周围向中心的力，使制件出现翘曲。在冲压接近板厚的细长孔时，制件的翘曲集中在两端，使其不能成为平面。解决这类挠曲的办法，首先是考虑冲裁力合理、均匀地分布，这样可以防止挠曲的产生；增大压料力，用较强的弹簧、橡胶等，通过压料板、顶料器等将板料压紧，便能得到良好的效果 |
| 材料内部应力产生的翘曲 | 材料在轧制、卷绕时所产生的内部应力，在冲裁后移到表面，制件将出现翘曲。解决的办法是在冲裁前就应把内应力消除（可以通过矫平机或退火来消除），也可以在冲裁加工后矫平，或利用热处理退火等方法进行 |
| 油、空气和接触不良产生的翘曲 | 在冲模和制件、制件和制件之间有油、空气等压迫制件时，制件将产生翘曲，特别是薄料、软材料更易产生。若均匀地涂油、设置排气孔，可以消除翘曲现象。制件和冲模之间表面有杂物也易使制件产生翘曲，所以注意清除模具及板料工作表面的脏物也是十分必要的<br>冲裁时接触面不良也会产生翘曲。如图 3-73 所示是凸模或凹模与毛坯接触部位不符，使制件产生翘曲 |

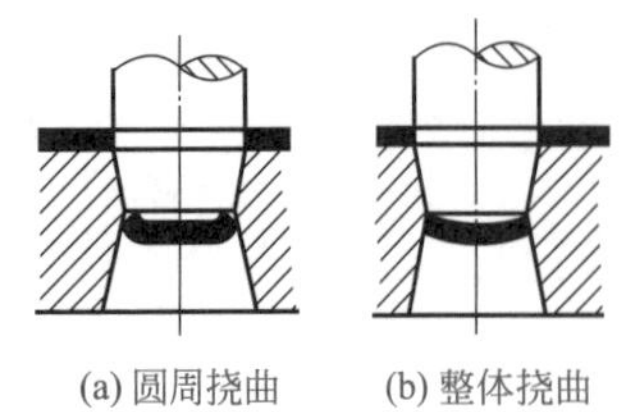
(a) 圆周挠曲　(b) 整体挠曲

图 3-72　凹模反锥引起的挠曲

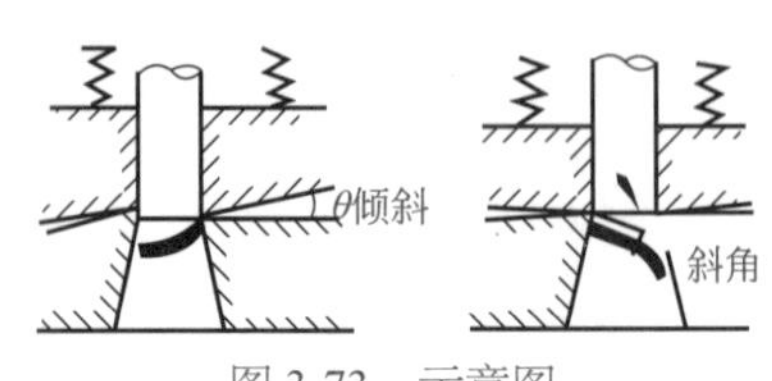

图 3-73　示意图

## 六、小制件孔产生斜曲

小制件孔产生斜曲的原因：模具技术状态不良，如间隙不均匀，或凹模与凸模中心不重合；加工件上相邻的孔非常接近或孔距外边缘太近，如图 3-74 所示。解决的办法是提高冲孔模精度，改进冲模结构。

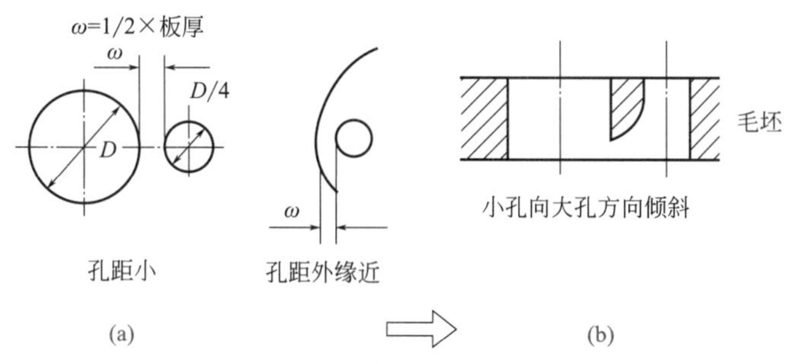


图 3-74　小制件孔产生斜曲的原因

## 七、尺寸精度超差

影响尺寸精度超差的因素有：

① 模具刃口尺寸制造超差。

② 冲裁过程中的回弹。上道工序的制件形状与下道工序模具工作部分的支承面形状不一致，使制件在冲裁过程中发生变形，冲裁完毕后产生弹性回复，因而影响尺寸精度。

③ 板形不好。在多孔冲裁中，毛坯的伸展也影响尺寸精度。

④ 对多工序的制件，上道工序调整不当或圆角磨损，破坏了变形时体积均等的原则，引起了冲裁后尺寸的变化。

⑤ 由于操作时定位不好，或者定位机构设计得不好，冲裁过程中毛坯发生了窜动，或者是剪切件的缺陷（如棱形度、缺边等）而引起定位的不准，均能引起尺寸超差。

⑥ 冲裁顺序不对。如图 3-75 所示零件的冲裁过程中，如果先冲内孔 $\phi$66mm，则在外缘落料时，由于凹模表面采用斜刃，冲裁力的水平分力作用，能使已冲成的内孔变成椭圆，并胀大 2 ～ 3mm，引起尺寸超差，造成废品。解决的办法：把凸模长度减小，先进行外缘落料后再冲孔，这样可避免内孔扩大。

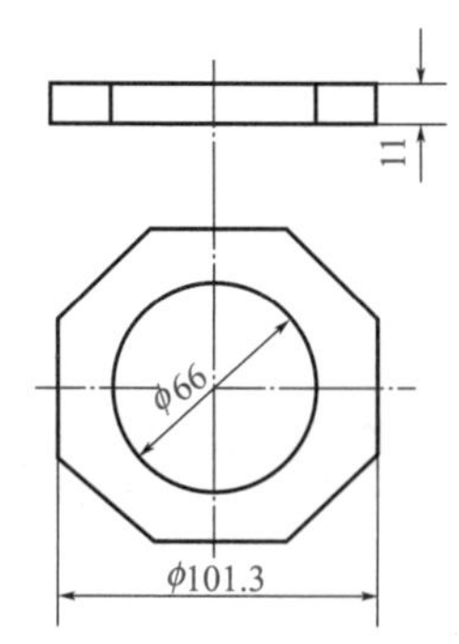


图 3-75　零件的冲裁过程

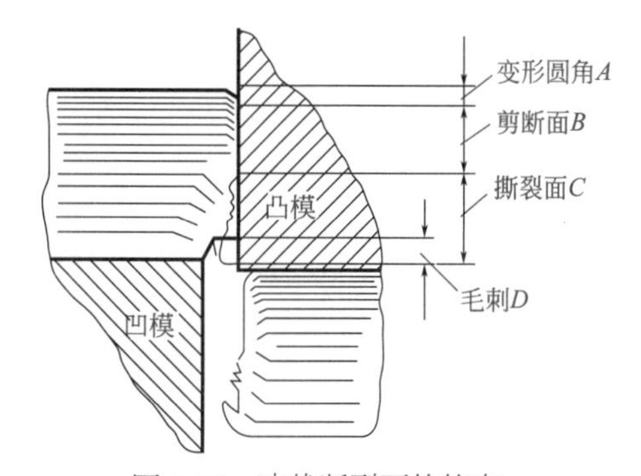


图 3-76　冲裁断裂面的状态

## 八、断面粗糙

由于冲裁加工的特点，冲裁件的断裂面可以分为如图 3-76 所表示那样的四个部分。在

图中 $A$ 部，当凸模下压时，冲裁件材料表面承受拉伸力及压缩力，并由于这些应力的作用而产生变形，形成圆角，这一过程称为变形过程；接着，如图中 $B$ 部，随着凸模继续下冲，对材料所产生的压缩力，使材料内部产生相对滑移，也就是起剪断作用，这一过程称为剪断过程；在图中 $C$ 部，这时凸模下冲对材料的拉伸力随着向下滑移而增加，则由于拉伸力的作用，接近刃口的前端部位产生裂纹。显然，在凹模刃口附近的拉伸力比凸模刃口处的拉伸力大，所以裂纹主要产生靠近凹模刃口附近，产生这一撕裂情况的同时产生毛刺，这个过程称为撕裂过程或裂纹成长过程；而在 $D$ 部中，当凸、凹模上下两端产生的撕裂裂纹增大并重合时，材料即断裂分离，此时称为断裂分离过程。

从上述分析可以知道，断裂面质量最好的部位发生在剪断过程的 $B$ 部，这一部位才具有光滑的剪断面，而其余三个部位则产生圆角、撕裂面和毛刺。所谓断面粗糙，即剪断面窄，而圆角、撕裂面和毛刺部位大的情况。由于普通冲裁加工的全部过程并非都是剪断过程，因此冲裁件断面不同程度的粗糙将是不可避免的。尽可能延长剪断过程，并推迟发生裂纹撕裂过程，则是获得较大光滑断面的关键。为此，应尽量减小作用于材料内部的拉应力和弯曲力矩，显然，这可以通过减小凸、凹模的间隙、压紧凹模上的材料，并对凸模下面的材料施加反向压力、减小搭边宽度及使用润滑剂等措施来得到改善。

正确地选用凸、凹模的间隙值，是获得比较光滑断面的一个重要因素。合理的间隙应根据加工材料的性质选取。表 3-67 中所规定的间隙要求，已考虑了冲裁断面的状况。如果间隙值取表值的一半，将可能得到更光滑的断面，但无疑将增加模具制造时的困难。

表 3-67　凸、凹模合理的间隙值

| 冲裁材料 | | 间隙（单面） | 冲裁材料 | | 间隙（单面） |
|---|---|---|---|---|---|
| 金属 | 软质（软钢、黄铜） | （4% ～ 5%）$t$ | 非金属 | 酚醛电木，云母纸 | （1% ～ 3%）$t$ |
| | 中硬质（中硬钢板） | （5% ～ 6%）$t$ | | 硬化纸板 | 0 |
| | 硬质（硬钢板） | （5% ～ 7%）$t$ | | | |

注：1. 表中 $t$ 为冲裁材料厚度；
2. 单面间隙值即为括弧中的百分数与材料厚度的乘积；
3. 此表所列的间隙值是指仅考虑断面光滑状况的合理间隙。

当然，冲裁件的光滑断面也可采用特殊的方法获得，如精密冲裁等。但精密冲裁必须具备特殊的冲床，冲模造价也高，因此目前除某些大、中型工厂企业能部分应用外，还不能普遍地推广应用。

## 九、精冲裁件缺陷

精冲裁件在调整和正常生产过程中，常见的缺陷见表 3-68。

表 3-68　精冲裁件常见的缺陷

| 剪切面状况 | 产生原因 | 消除办法 |
|---|---|---|
| 表面质量不佳 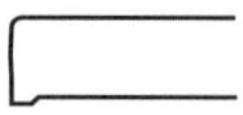 | ①材料不合适 | ①退火或更换材料 |
| | ②凹模工作部分表面粗糙，润滑油少 | ②当凸凹模间隙和公差允许时，对凹模表面重新加工，并改善润滑方法 |
| | ③润滑剂不合适 | ③改换润滑剂 |
| | ④凹模刃口圆角半径太小 | ④适当增大凹模刃口圆角半径 |

续表

| 剪切面状况 | 产生原因 | 消除办法 |
| --- | --- | --- |
| 中间有断裂带 | ①齿圈压板压力太小 | ①增大齿圈压板压力 |
| | ②凹模刃口圆角太小或不均匀 | ②修正凹模刃口圆角半径 |
| | ③材料不合适 | ③退火处理或更换材料 |
| | ④搭边或沿边距离太小 | ④增大送料步距和条料宽度 |
| | ⑤齿圈的齿高度太小或距离过近 | ⑤修正齿圈有关参数或双面压齿 |
| | ⑥制件转角半径小 | ⑥适当加大转角处凹模刃口圆角半径，或在该部位采用双面压齿 |
| 制件外形在靠近凸模侧有撕裂带 | 凸模与凹模之间的剪切间隙过大 | 重新制造凸模或凹模，缩小剪切间隙 |
| 光洁切面上呈现不正常锥形 | ①凹模刃口圆角半径太大 | ①重磨凹模刃口，减小圆角半径 |
| | ②凹模刃口部分有弹性变形 | ②提高凹模刚性，或在凹模外锥增加预应力套 |
| 制件靠凸模侧有毛边并呈锥形 | 凸模与凹模之间的剪切间隙太小 | 适当增大剪切间隙（特殊性质的材料在间隙合适时，也可能出现一定程度的毛边） |
| 剪切面呈波纹状有斜度，并在凸模侧有毛边 | ①凹模刃口圆角半径太大 | ①重磨凹模刃口，减小圆角半径 |
| | ②剪切间隙太小 | ②重新修整凸模或凹模，放大剪切间隙 |
| 剪切面上有波纹并带有撕裂 | ①凹模刃口圆角半径太大 | ①重磨凹模刃口，减小圆角半径 |
| | ②剪切间隙太大 | ②重新制造凸模或凹模 |
| 制件周边毛刺过大 | ①剪切间隙太小，落料凸模刃口变钝 | ①增大剪切间隙，重磨凸模刃口 |
| | ②间隙合适，但凸模刃口磨损 | ②重新把凸模刃口磨锋利 |
| | ③凸模过多进入凹模 | ③重新调整机床滑块位置 |
| 制件一侧撕裂，另一侧有波纹状并带毛边 | ①凸模与凹模之间的剪切间隙不均匀 | ①重新调整凸、凹模剪切间隙 |
| | ②齿圈压板形孔与凸模配合缝隙大或不均匀 | ②修正缝隙或更换齿圈压板 |
| | ③齿圈压板受偏心载荷时产生位移 | ③提高齿圈压板受力时稳定性 |
| 制件塌角过大 | ①凹模刃口圆角半径太大 | ①重磨凹模刃口，减小圆角半径 |
| | ②推件板反压力太小 | ②增大推件板反压力 |
| | ③制件轮廓上尖角的过渡圆角较小 | ③采用双面压齿 |

续表

| 剪切面状况 | 产生原因 | 消除办法 |
| --- | --- | --- |
| 制件不平，靠近凹模侧拱起  | ①推件板反压力太小 | ①增大反压力 |
| | ②条料涂油过多 | ②齿圈上开溢油槽 |
| 制件沿长度方向弯曲 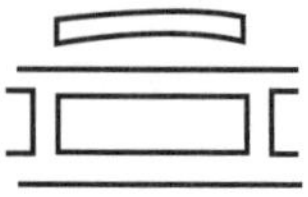 | ①原材料不平 | ①增加校平工序 |
| | ②材料内部组织有应力存在 | ②退火处理 |
| 制件有扭曲现象  | ①材料内部张力或压延纹向不合适 | ①改变制件工艺排样或将原材料作消除应力处理 |
| | ②推件板推件时作用力不平衡 | ②检查推件板厚度、平行度，一组顶杆的长度是否一致 |
| 制件被磨损坏 | ①制件在条料上被卡住或被压入废料孔内 | ①调整机床送料装置和推件滞后时间 |
| | ②喷射零件的压缩空气太多 | ②减少喷气量和喷射时间 |
| | ③喷气嘴位置不合适 | ③重新调整位置 |
| | ④导向销或模具的其他零件造成精冲件损坏 | ④拆下导向销或改进模具 |
| | ⑤制件掉下来时相互碰坏 | ⑤把制件冲进油中或装一个橡胶软垫 |

# 第四章 弯曲加工

## 第一节 弯曲变形过程

弯曲就是将板材、管材和型材等钢材制件弯成所需形状的加工方法称为弯形。弯形是使材料产生塑性变形，因此只有塑性好的材料才能进行弯形。按其加工材料的不同，可分为板料弯曲、管料弯曲、型材弯曲和棒料弯曲等。按弯曲成形所用设备的不同，又可分为折弯、滚弯、拉弯和辊弯等。

### 一、板材弯曲件的基本类型及弯曲工艺

板材弯曲件的基本类型及弯曲工艺见表 4-1 及表 4-2。

表 4-1 板材弯曲件的基本类型

| 类型 | | 简图 | 弯曲方法 |
|---|---|---|---|
| 开式 | 口部敞开 | | 用一般万能通用弯曲模或专用弯曲模在压力机上压弯成形。若纵向长度大，宜采用滚弯方法或用弯板机弯曲成形 |

续表

| 类型 | | 简 图 | 弯曲方法 |
| --- | --- | --- | --- |
| 闭式 | 口部半封闭 | 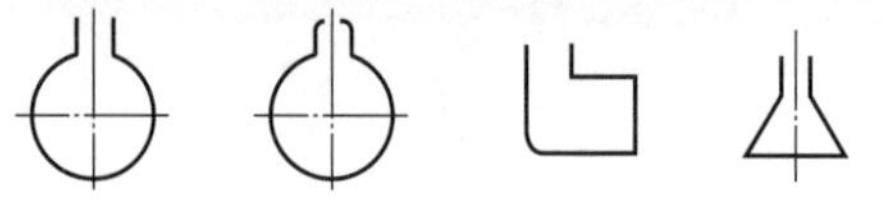 | 通常采用有芯弯曲模在压力机上压弯成形闭式弯曲件，小尺寸卷圆、重叠式弯曲件用专用弯曲模在压力机上压弯成形；批量较小的大型制件，可在折边机、弯板机、卷板机上弯曲成形 |
| | 口部封闭 |  | |
| | 重叠 |  | |
| 不同部位向多个方向弯曲 | | 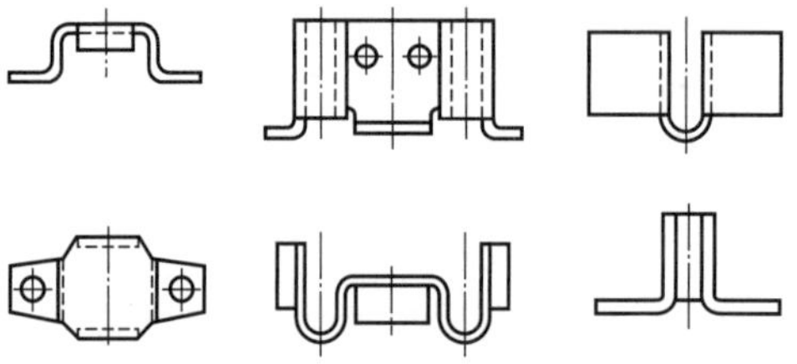 | 要用多工位连续弯曲模、有横向冲压机构的弯曲模或多套专用冲模在压力机上压弯成形 |

表 4-2　板材弯曲工艺

| 类型 | 简图 | 特　点 |
| --- | --- | --- |
| 压弯 | 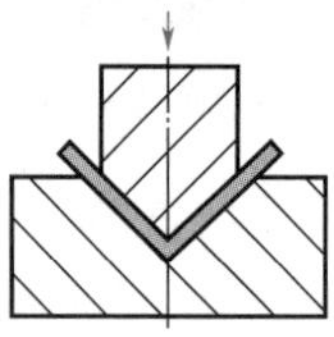 | 板料在压力机或弯板机、折边机上的弯曲 |
| 拉弯 | 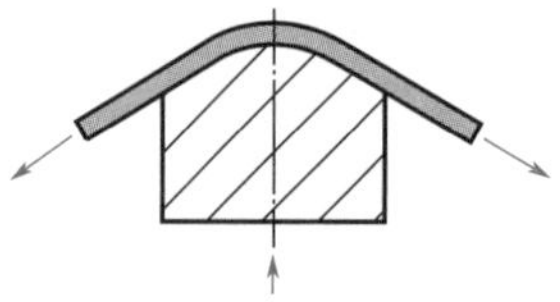 | 对于弯曲半径大（曲率小）的零件，在拉力作用下进行弯曲，从而得到塑性变形 |
| 滚弯 | 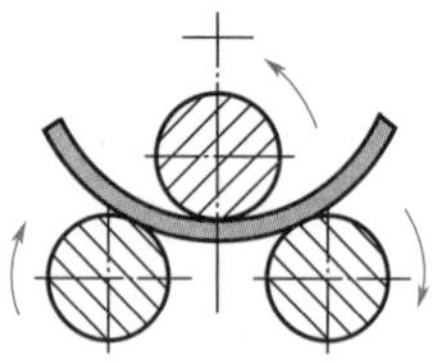 | 用 2 ～ 4 个滚轮，完成大曲率半径的弯曲；可用二辊、三辊、四辊通用卷板机滚弯大型、厚板弯曲件 |
| 滚压成形（辊形） | 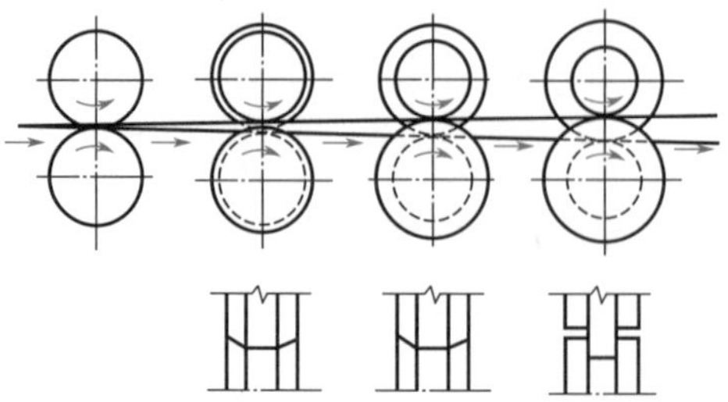 | 在带料纵向连续运动过程中，通过几组滚轮逐步弯成所需的形状 |

续表

| 类型 | 简图 | 特　点 |
|---|---|---|
| 绕弯 | 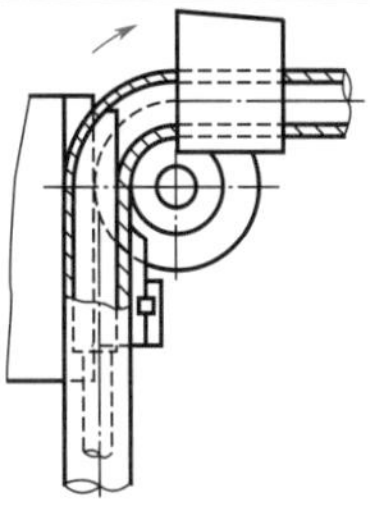  | 用于薄壁管材等型材的弯曲，坯料一端被夹紧在旋转模具上，并对其侧向施压，使坯料绕固定弯模实现弯曲成形 |
| 推（挤）弯 | 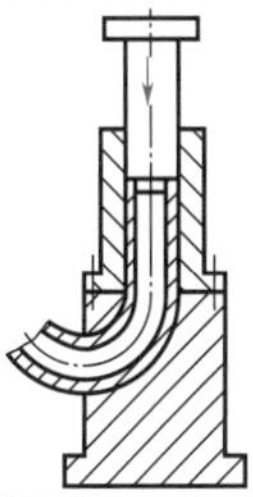  | 借助简单的模具，在型材轴向施压，毛坯沿轴向逐点逐渐成形 |
| 非接触弯曲（激光弯曲） | 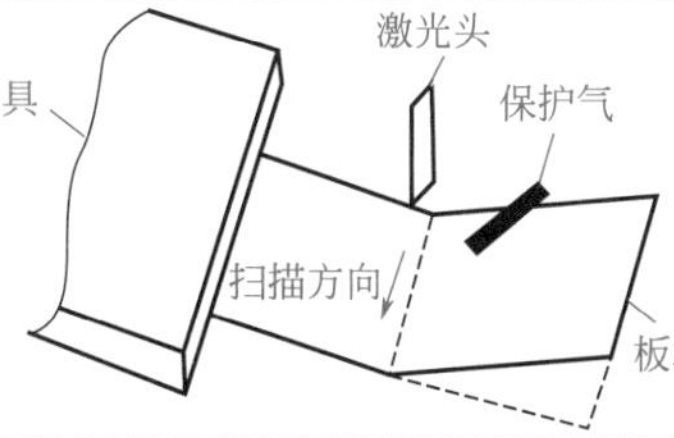 夹具<br>激光头<br>保护气<br>扫描方向<br>板材 | 利用高能激光束扫描板料表面，产生不均匀温度场，诱发热应力使板料产生塑性变形 |

## 二、弯曲变形过程与特点

尽管弯曲方法很多，但毛坯（条料）在弯曲过程中，其材料的变形过程及特点是基本相同的，下面以 V 形件为例，说明材料弯曲变形的过程及特点，其说明见表 4-3。

表 4-3　材料弯曲变形的过程及特点

| 类别 | 图示 | 说　明 |
|---|---|---|
| 弹性变形 | 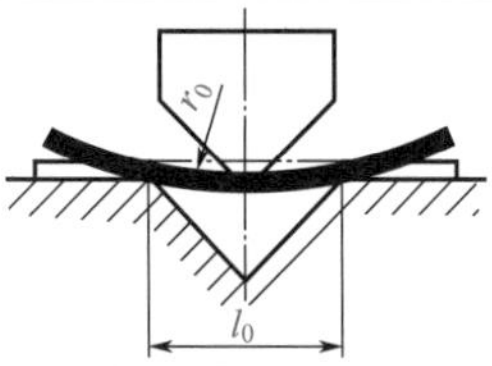 $r_0$<br>$l_0$ | 弯曲开始时，毛坯的弯曲半径 $r_0$ 大于凸模的圆角半径 $r_3$，是自由弯曲状态（如左图所示） |
| 塑性变形 | 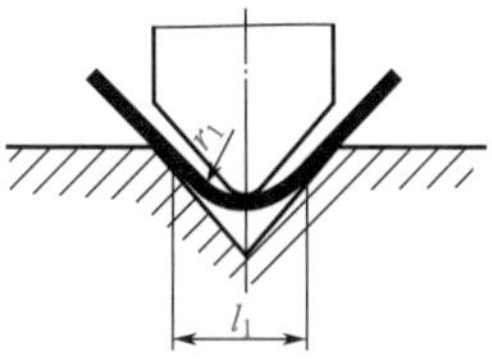 $r_1$<br>$l_1$ | 凸模下降，毛坯与凹模工作表面更为接近。毛坯的弯曲半径由 $r_0$ 变为 $r_1$，弯曲力臂由 $l_0$ 变为 $l_1$（如左图所示） |
| 三点接触 | 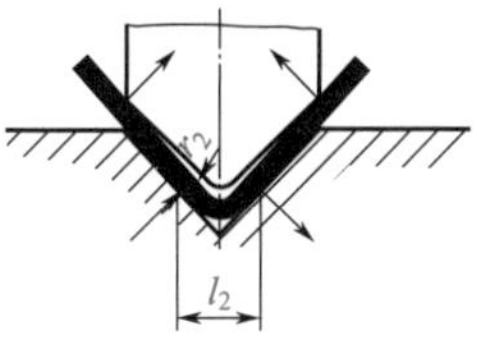 $r_2$<br>$l_2$ | 凸模继续下降，毛坯与凸模成三点接触，弯曲半径由 $r_1$ 变为 $r_2$，弯曲力臂由 $l_1$ 变为 $l_2$（如左图所示） |

续表

| 类别 | 图示 | 说明 |
| --- | --- | --- |
| 校正 | 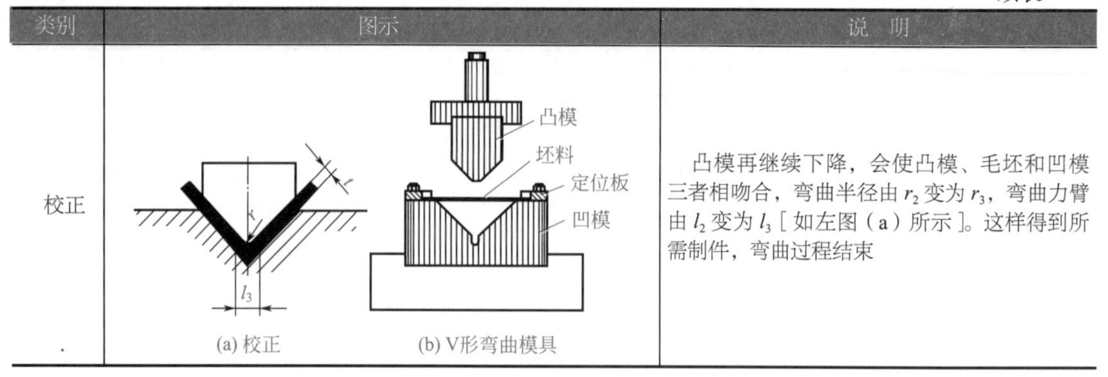  (a) 校正　(b) V形弯曲模具 | 凸模再继续下降，会使凸模、毛坯和凹模三者相吻合，弯曲半径由 $r_2$ 变为 $r_3$，弯曲力臂由 $l_2$ 变为 $l_3$ [ 如左图（a）所示 ]。这样得到所需制件，弯曲过程结束 |

弯曲有自由弯曲和校正弯曲之分。区别在于自由弯曲是在凸模、板料、凹模三者完全贴合时就不再往下压，而校正弯曲则是在自由弯曲的基础上凸模再往下压，使工件产生进一步的塑性变形，以减小弯曲件的回弹。采用弯曲前在板材侧面设置正方形网格，观察弯曲后该网格变化的方法来分析弯曲过程。弯曲前后网格的变化如图 4-1 所示，从中可以发现：

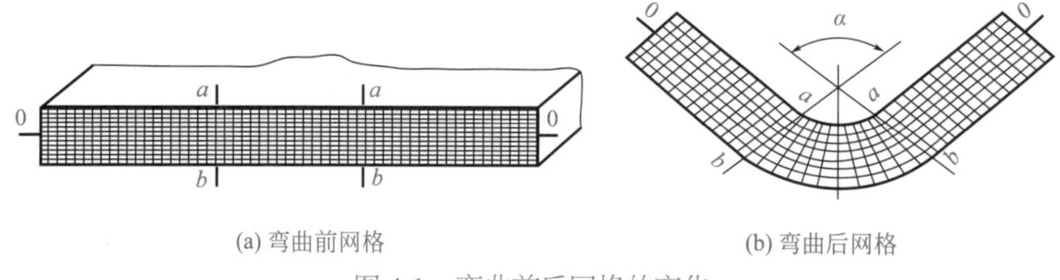

(a) 弯曲前网格　　(b) 弯曲后网格

图 4-1　弯曲前后网格的变化

① 圆角部分的正方形坐标网格由正方形变成了扇形，其他部位则没有变形或变形很小。

② 变形区内，侧面网格由正方形变成了扇形，靠近凹模的外侧受切向拉伸，长度伸长，靠凸模的内侧受切向压缩，长度缩短。由内、外表面至板料中心，其缩短和伸长的程度逐渐变小。在缩短和伸长两者之间变形前后长度不变的那层金属称为中性层。

弯曲变形区断面的变化如图 4-2 所示，观察弯曲后断面的变化可以发现：

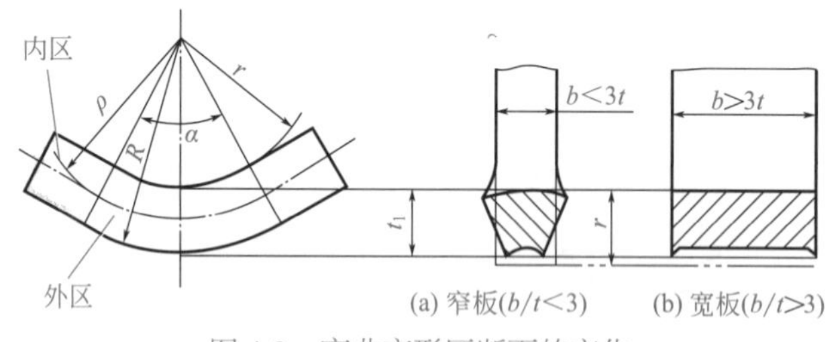

(a) 窄板($b/t$<3)　(b) 宽板($b/t$>3)

图 4-2　弯曲变形区断面的变化

① 变形区内的板料横截面发生变形。对弯曲窄板（$b/t<3$），内层材料受到切向压缩后向宽度方向流动，使宽度增大。外层材料受到切向拉伸后，材料的不足便由宽度和厚度方向来补充，致使宽度变窄。整个截面呈内宽外窄的扇形；对宽度较大的宽板（$b/t>3$），由于宽度方向材料多，阻力大，材料向宽度方向流动困难，横截面形状基本保持不变，仍为矩形。

② 厚度减薄。板料弯曲时，内层受切向压缩而缩短，厚度应增加，但由于凸模紧压板料，厚度增加阻力很大。而外层受切向拉伸而伸长，厚度方向变薄不受约束，在整个厚度上增厚量小于变薄量，从而出现厚度变薄现象。

## 三、板料与型材弯曲时中性层位置的确定

### 1. 板料弯曲时中性层位置的确定

要确定板料弯曲件的展开毛坯尺寸，必须首先确定其中性层的位置。将平板料在弯曲模上弯曲成V形弯曲件，在弯角部位的板料发生很大变形：贴着凸模一面内角处材料聚集并受压；贴着凹模一面角顶材料受拉伸减薄。当弯曲钝角且角部圆角半径较大，弯曲变形程度不大时，应变中性层位于料厚中间；变形程度增加，中性层位置会向内侧移动，使弯角外侧的拉伸变形区大于内侧的压缩变形区，板料在外层的减薄量大于内侧增厚量，使工件料厚减薄。弯角内侧相对圆角半径 $r/t$ 越小，变形程度越大，料厚减薄越严重。在冲压生产中，绝大多数弯曲件是属于宽度大于3倍料厚的宽板弯曲件，其弯曲角部中性层的曲率半径 $\rho$，可依弯曲前后体积不变条件导出。

$$\rho=\left(r+\frac{\eta}{2}t\right)\eta$$

式中 $\eta$——料厚变薄系数，等于板料弯曲后与弯曲前厚度之比，见表4-4；
$r$——弯曲角的弯曲内半径，mm；
$t$——弯曲前料厚，mm。

表4-4 弯曲角为90°时，变薄系数 $\eta$ 和中性层位移系数 $x$ 值（低碳钢）

| $r/t$ | 0.1 | 0.25 | 0.5 | 1.0 | 2.0 | 3.0 | 4.0 | >4 |
|---|---|---|---|---|---|---|---|---|
| $\eta$ | 0.82 | 0.87 | 0.92 | 0.96 | 0.985 | 0.992 | 0.995 | 1.0 |
| $x$ | 0.27 | 0.32 | 0.37 | 0.42 | 0.455 | 0.47 | 0.475 | 0.5 |

现场常用如下简化公式求中性层弯曲半径 $\rho$：

$$\rho=r+xt$$

式中 $x$——中性层位移系数，见表4-4。

考虑弯曲模结构对弯曲件弯曲变形的约束及对其中性层位置的影响，推荐从表4-5中查得 $x$ 值。

表4-5 与弯曲模结构有关的中性层位移系数 $x$ 值

| 相对弯曲半径 $r/t$ | 有顶板或压板的V形、U形弯曲 | 无顶板的V形弯曲 | 相对弯曲半径 $r/t$ | 有顶板或压板的V形、U形弯曲 | 无顶板的V形弯曲 |
|---|---|---|---|---|---|
| | 中性层位移系数 $x$ 值 | | | 中性层位移系数 $x$ 值 | |
| 0.1 | 0.23 | 0.30 | 1.60 | 0.439 | 0.443 |
| 0.15 | 0.26 | 0.32 | 1.70 | 0.440 | 0.446 |
| 0.20 | 0.29 | 0.33 | 1.80 | 0.445 | 0.45 |
| 0.25 | 0.31 | 0.35 | 1.90 | 0.447 | 0.452 |
| 0.30 | 0.32 | 0.36 | 2.00 | 0.449 | 0.455 |
| 0.40 | 0.35 | 0.37 | 2.50 | 0.458 | 0.46 |

续表

| 相对弯曲半径 $r/t$ | 有顶板或压板的V形、U形弯曲 | 无顶板的V形弯曲 | 相对弯曲半径 $r/t$ | 有顶板或压板的V形、U形弯曲 | 无顶板的V形弯曲 |
|---|---|---|---|---|---|
| | 中性层位移系数 $x$ 值 | | | 中性层位移系数 $x$ 值 | |
| 0.50 | 0.37 | 0.38 | 3.00 | 0.464 | 0.47 |
| 0.60 | 0.38 | 0.39 | 3.50 | 0.468 | 0.473 |
| 0.70 | 0.39 | 0.40 | 3.75 | 0.470 | 0.475 |
| 0.80 | 0.40 | 0.408 | 4.00 | 0.472 | 0.476 |
| 0.90 | 0.405 | 0.414 | 4.50 | 0.474 | 0.478 |
| 1.0 | 0.410 | 0.420 | 5.00 | 0.477 | 0.480 |
| 1.10 | 0.42 | 0.425 | 6.00 | 0.479 | 0.482 |
| 1.20 | 0.424 | 0.430 | 10.00 | 0.488 | 0.49 |
| 1.30 | 0.429 | 0.433 | 15.00 | 0.493 | 0.495 |
| 1.40 | 0.433 | 0.436 | 30.00 | 0.496 | 0.498 |
| 1.50 | 0.436 | 0.44 | | | |

$x$ 值受弯曲件材料性能差异、材料厚度的偏差、弯曲角的大小、弯曲方式、模具结构等诸多因素的制约和影响，准确计算很难，其值波动较大。

表4-6给出了中性层半径 $\rho$ 值，可供参考。由于 $\rho$ 值的影响因素较多，如同 $x$ 值制约因素一样，故表4-6中数值要根据具体情况适当修正。

在现场，对于精度要求高的弯曲件，其展开毛坯的精准尺寸，都是通过试模后修准确定的。

表4-6 中性层半径 $\rho$ 值

| 弯曲内半径 $r$ /mm | 材料厚度 $t$/mm | | | | | | | | | | | | | | | |
|---|---|---|---|---|---|---|---|---|---|---|---|---|---|---|---|---|
| | 0.5 | 0.8 | 1.0 | 1.2 | 1.5 | 2 | 2.5 | 3 | 3.5 | 4 | 4.5 | 5 | 6 | 7 | 8 | 10 |
| 0.2 | 0.31 | — | — | — | | | | | | | | | | | | |
| 0.3 | 0.44 | 0.48 | 0.49 | — | — | — | — | — | — | — | — | — | — | — | — | — |
| 0.4 | 0.55 | 0.60 | 0.63 | 0.65 | | | | | | | | | | | | |
| 0.5 | 0.66 | 0.72 | 0.75 | 0.78 | 0.81 | — | — | | | | | | | | | |
| 0.6 | 0.77 | 0.84 | 0.87 | 0.90 | 0.94 | 0.99 | — | — | — | — | — | — | — | — | — | — |
| 0.8 | 0.99 | 1.06 | 1.10 | 1.14 | 1.19 | 1.25 | 1.30 | | | | | | | | | |
| 1.0 | 1.20 | 1.28 | 1.33 | 1.37 | 1.42 | 1.50 | 1.57 | 1.62 | — | — | — | — | | | | |
| 1.2 | 1.41 | 1.50 | 1.55 | 1.59 | 1.65 | 1.74 | 1.81 | 1.88 | 1.93 | 1.98 | — | — | — | — | — | — |
| 1.5 | 1.72 | 1.81 | 1.87 | 1.92 | 1.99 | 2.09 | 2.18 | 2.25 | 2.32 | 2.38 | 2.43 | 2.47 | | | | |
| 2 | 2.24 | 2.34 | 2.40 | 2.46 | 2.53 | 2.65 | 2.75 | 2.84 | 2.92 | 3.00 | 3.07 | 3.13 | 3.24 | — | — | — |
| 2.5 | 2.75 | 2.86 | 2.92 | 2.99 | 3.07 | 3.20 | 3.31 | 3.42 | 3.51 | 3.60 | 3.67 | 3.75 | 3.88 | 3.99 | 4.09 | — |
| 3 | 3.25 | 3.38 | 3.44 | 3.51 | 3.60 | 3.74 | 3.86 | 3.98 | 4.08 | 4.18 | 4.26 | 4.35 | 4.50 | 4.63 | 4.75 | 4.94 |
| 4 | 4.25 | 4.40 | 4.48 | 4.55 | 4.65 | 4.80 | 4.94 | 5.07 | 5.19 | 5.30 | 5.40 | 5.51 | 5.69 | 5.85 | 6.00 | 6.26 |
| 5 | 5.25 | 5.40 | 5.50 | 5.58 | 5.68 | 5.85 | 6.00 | 6.14 | 6.27 | 6.40 | 6.51 | 6.63 | 6.83 | 7.02 | 7.19 | 7.50 |
| 6 | 6.25 | 6.40 | 6.50 | 6.60 | 6.71 | 6.89 | 7.05 | 7.20 | 7.34 | 7.48 | 7.60 | 7.73 | 7.95 | 8.16 | 8.35 | 8.70 |

续表

| 弯曲内半径 $r$ /mm | 材料厚度 $t$/mm | | | | | | | | | | | | | | | |
|---|---|---|---|---|---|---|---|---|---|---|---|---|---|---|---|---|
| | 0.5 | 0.8 | 1.0 | 1.2 | 1.5 | 2 | 2.5 | 3 | 3.5 | 4 | 4.5 | 5 | 6 | 7 | 8 | 10 |
| 8 | 8.25 | 8.40 | 8.50 | 8.60 | 8.75 | 8.95 | 9.13 | 9.29 | 9.45 | 9.60 | 9.74 | 9.88 | 10.14 | 10.38 | 10.60 | 11.01 |
| 10 | 10.25 | 10.40 | 10.50 | 10.60 | 10.75 | 11.00 | 11.19 | 11.37 | 11.54 | 11.70 | 11.85 | 12.00 | 12.28 | 12.55 | 12.79 | 13.25 |
| 12 | 12.25 | 12.40 | 12.50 | 12.60 | 12.75 | 13.00 | 13.24 | 13.43 | 13.61 | 13.78 | 13.94 | 14.10 | 14.40 | 14.69 | 14.95 | 15.45 |
| 15 | 15.25 | 15.40 | 15.50 | 15.60 | 15.75 | 16.00 | 16.25 | 16.50 | 16.69 | 16.88 | 17.05 | 17.22 | 17.54 | 17.86 | 18.14 | 18.69 |
| 20 | 20.25 | 20.40 | 20.50 | 20.60 | 20.75 | 21.00 | 21.25 | 21.50 | 21.75 | 22.00 | 22.19 | 22.38 | 22.74 | 23.07 | 23.39 | 24.00 |
| 25 | 25.25 | 25.40 | 25.50 | 25.60 | 25.75 | 26.00 | 26.25 | 26.50 | 26.75 | 27.00 | 27.25 | 27.50 | 27.88 | 28.24 | 28.59 | 29.24 |
| 30 | 30.25 | 30.40 | 30.50 | 30.60 | 30.75 | 31.00 | 31.25 | 31.50 | 31.75 | 32.00 | 32.25 | 32.50 | 33.00 | 33.38 | 33.75 | 34.44 |
| 35 | 35.25 | 35.40 | 35.50 | 35.60 | 35.75 | 36.00 | 36.25 | 36.50 | 36.75 | 37.00 | 37.25 | 37.50 | 38.00 | 38.50 | 38.88 | 39.61 |
| 40 | 40.25 | 40.40 | 40.50 | 40.60 | 40.75 | 41.00 | 41.25 | 41.50 | 41.75 | 42.00 | 42.25 | 42.50 | 43.00 | 43.50 | 44.00 | 44.76 |
| 45 | 45.25 | 45.40 | 45.50 | 45.60 | 45.75 | 46.00 | 46.25 | 46.50 | 46.75 | 47.00 | 47.25 | 47.50 | 48.00 | 48.50 | 49.00 | 49.88 |
| 50 | 50.25 | 50.40 | 50.50 | 50.60 | 50.75 | 51.00 | 51.25 | 51.50 | 51.75 | 52.00 | 52.25 | 52.50 | 53.00 | 53.50 | 54.00 | 55.00 |
| 60 | 60.25 | 60.40 | 60.50 | 60.60 | 60.75 | 61.00 | 61.25 | 61.50 | 61.75 | 62.00 | 62.25 | 62.50 | 63.00 | 63.50 | 64.00 | 65.00 |

### 2. 板料卷圆时中性层位置的确定

由板料卷圆弯制的正圆和偏圆铰链形零件，其中性层位置因其弯曲成形过程中受力情况不同而与普通弯曲件压弯成形有别，纵向推卷板料靠模腔圆弧形模壁挤压、摩擦，实施卷圆。板料卷圆件的类型及中性层的位置如图 4-3 所示。板料承受纵向挤压和侧向推弯双重作用，材料增厚，中性层由料厚中间向外层转移。$r/t$ 的比值越小，中性层位移系数越大，见表 4-7。

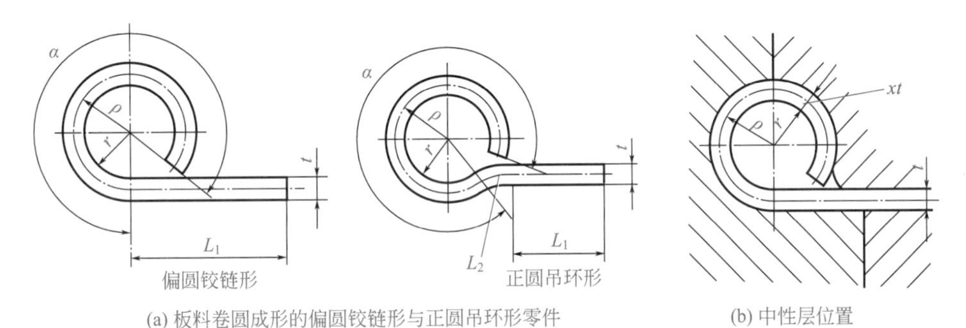


(a) 板料卷圆成形的偏圆铰链形与正圆吊环形零件　　(b) 中性层位置

图 4-3　板料卷圆件的类型及中性层的位置

表 4-7　板料卷圆时中性层位移系数 $x$

| 相对弯曲半径 $r/t$ | 中性层位移系数 $x$ | 相对弯曲半径 $r/t$ | 中性层位移系数 $x$ |
|---|---|---|---|
| 0.5 | 0.77 | 1.3 | 0.66 |
| 0.6 | 0.76 | 1.4 | 0.64 |
| 0.7 | 0.75 | 1.5 | 0.62 |
| 0.8 | 0.73 | 1.6 | 0.60 |
| 0.9 | 0.72 | 1.8 | 0.58 |
| 1.0 | 0.70 | 2.0 | 0.54 |
| 1.1 | 0.69 | 2.5 | 0.52 |
| 1.2 | 0.67 | ≥ 3.0 | 0.50 |

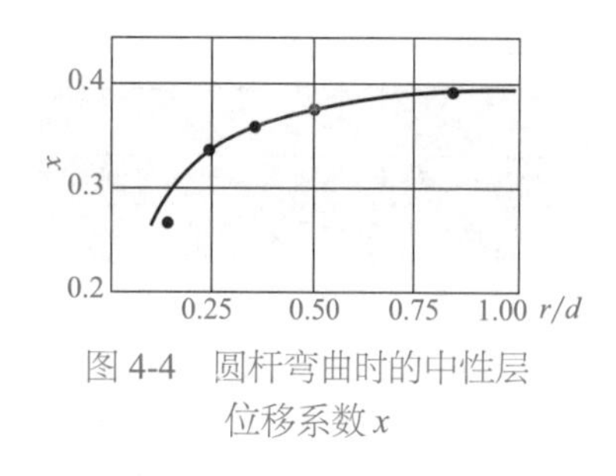

图 4-4　圆杆弯曲时的中性层位移系数 $x$

### 3. 圆杆弯曲时中性层位置的确定

圆杆类弯曲件包括圆断面杆料、棒料及线材弯曲件，其中性层的位置及位移规律与板料弯曲件有所不同。当弯曲半径 $r \geqslant 1.5d$ 时（$d$ 是弯曲杆料直径），其断面形状弯曲后基本不变，中性层位移系数近似等于 0.5；但当弯曲半径 $r < 1.5d$ 时，弯曲后断面发生畸变，中性层向外偏移，其值 $x$ 可以从图 4-4 或表 4-8 查得。

表 4-8　圆杆弯曲时的中性层位移系数 $x$ 值

| 圆杆弯曲半径 /mm | 中性层位移系数 $x$ | 圆杆弯曲半径 /mm | 中性层位移系数 $x$ |
|---|---|---|---|
| $\geqslant 1.5d$ | 0.50 | $\leqslant 0.5d$ | 0.53 |
| $\leqslant d$ | 0.51 | $\leqslant 0.25d$ | 0.55 |

### 4. 型材弯曲时中性层位置的确定

热轧、冷轧或冷拉生产的各种不同断面形状的工字钢、槽钢、角钢、方形与矩形管等型材，多在型材弯曲机上进行弯曲。以弯曲半径 $r > 10h$（$h$ 为型材高度）的大曲率弯制大尺寸弯曲件，其中性层均通过型材的断面重心。弯曲过程中，型材断面上受力不均，中性层位置变化不大。型材弯曲展开毛坯长度计算公式见表 4-9。

表 4-9　型材弯曲展开毛坯长度计算公式

| 类型 | 简　图 | 计算公式 |
|---|---|---|
| 等边角钢内弯圆环 | | $L=(d-2z_0)\pi$ |
| 等边角钢外弯椭圆 | | $L=\dfrac{(d_1+d_2+4z_0)\pi}{2}$ |
| 不等边角钢内弯圆环 | | $L=(d-2y_0)\pi$ |
| 槽钢横弯圆环 | | $L=(d+h)\pi$ |
| 槽钢竖弯圆环 | | $L=(d+2z_0)\pi$ |
| 工字钢横弯圆环 | | $L=(d+h)\pi$ |
| 工字钢竖弯圆环 | | $L=(d+b)\pi$ |

注：表内公式中 $z_0$ 和 $y_0$ 为重心距。

# 第二节　弯曲件毛坯长度计算

## 一、板料弯曲件的展开长度计算

### 1. 一般弯曲件

一般的板料弯曲件计算其毛坯（展开）长度，当 $r \geqslant 0.5t$ 时的弯曲件的常用展开毛坯长度计算公式，毛坯长度可用表4-10所列的经验公式进行计算。中性层位移系数 $x$ 值见表4-11。V形弯曲 90°时圆角部分中性层弧长 $l$ 值见表4-12。弯曲角 90°时补偿值 $K$ 的数值见表4-13。

表 4-10　$r \geqslant 0.5t$ 时的弯曲件的常用展开毛坯长度计算公式

| 弯曲形式 | 简图 | 计算公式 |
| --- | --- | --- |
| 半圆弯曲 | 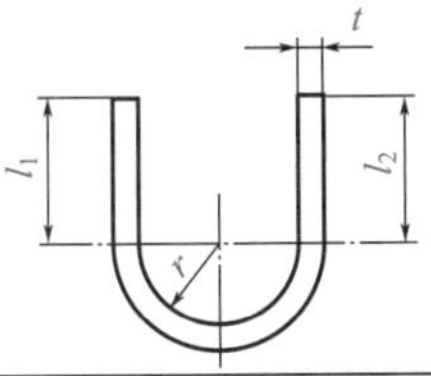 | $L = l_1 + l_2 + \pi(r + xt)$ |
| 单角弯曲 | 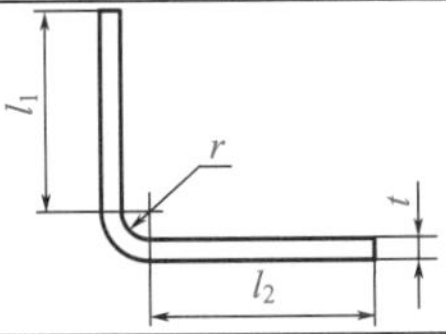 | $L = l_1 + l_2 + \frac{\pi}{2}(r + xt)$ |
| | 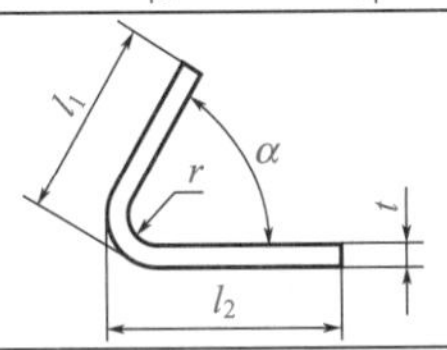 | $L = l_1 + l_2 + \frac{x(180° - \alpha)}{180°}(r + xt) - 2(r + t)$ |
| | 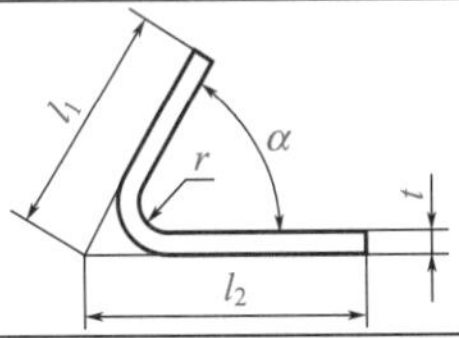 | $L = l_1 + l_2 + \frac{\pi(180° - \alpha)}{180°}(r + xt) - 2\cot\frac{\alpha}{2}(r + t)$ |
| | 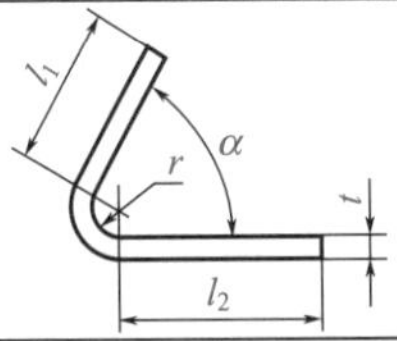 | $L = l_1 + l_2 + \frac{\pi(180° - \alpha)}{180°}(r + xt)$ |
| 四直角弯曲 | 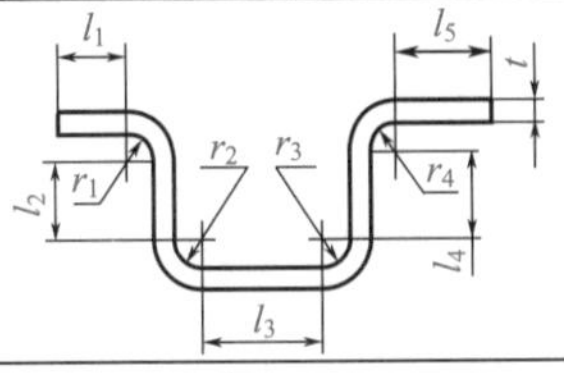 | $L = l_1 + l_2 + l_3 + l_4 + l_5 + \frac{\pi}{2}(r_1 + r_2 + r_3 + r_4) + \frac{\pi}{2}(x_1 + x_2 + x_3 + x_4)t$ |
| 双直角弯曲 | 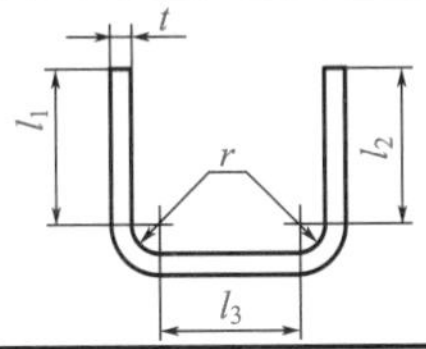 | $L = l_1 + l_2 + l_3 + \pi(r + xt)$ |

表 4-11　中性层位移系数 $x$ 值

| $r/t$ | 0.3 | 0.4 | 0.5 | 0.6 | 0.7 | 0.8 | 0.9 | 1.0 | 1.1 | 1.2 |
|---|---|---|---|---|---|---|---|---|---|---|
| $x$ | 0.18 | 0.22 | 0.24 | 0.25 | 0.26 | 0.28 | 0.29 | 0.30 | 0.32 | 0.33 |
| $r/t$ | 1.3 | 1.4 | 1.5 | 1.6 | 1.8 | 2.0 | 2.5 | 3.0 | 4.0 | ≥ 5.0 |
| $x$ | 0.34 | 0.35 | 0.36 | 0.37 | 0.39 | 0.40 | 0.43 | 0.46 | 0.48 | 0.50 |

注：表中数值适用于低碳钢 90°角 V 形校正弯曲。

表 4-12　V 形弯曲 90° 时圆角部分中性层弧长 $l$ 值　　　单位：mm

| $t$ \ $r$ | 0.1 | 0.2 | 0.3 | 0.5 | 0.8 | 1.0 | 1.2 | 1.5 | 2 | 2.5 | 3 | 4 | 5 | 6 |
|---|---|---|---|---|---|---|---|---|---|---|---|---|---|---|
| 0.15 | 0.28 | 0.34 | 0.57 | 0.90 | 1.37 | 1.69 | 2.00 | 2.47 | — | — | — | — | — | — |
| 0.20 | 0.35 | 0.41 | 0.58 | 0.92 | 1.41 | 1.73 | 2.04 | 2.51 | 3.30 | — | — | — | — | — |
| 0.25 | 0.46 | 0.48 | 0.60 | 0.94 | 1.44 | 1.76 | 2.08 | 2.55 | 3.34 | 4.12 | — | — | — | — |
| 0.3 | 0.50 | 0.55 | 0.61 | 0.96 | 1.46 | 1.79 | 2.11 | 2.59 | 3.38 | 4.16 | 4.95 | — | — | — |
| 0.4 | — | — | 0.64 | 1.00 | 1.51 | 1.84 | 2.17 | 2.65 | 3.46 | 4.24 | 5.03 | 6.60 | — | — |
| 0.5 | — | — | 0.67 | 1.02 | 1.55 | 1.88 | 2.22 | 2.72 | 3.52 | 4.32 | 5.12 | 6.68 | 8.25 | — |
| 0.6 | — | — | 0.70 | 1.05 | 1.58 | 1.92 | 2.26 | 2.76 | 3.59 | 4.38 | 5.18 | 6.75 | 8.33 | 9.90 |
| 0.8 | — | — | — | 1.10 | 1.63 | 1.99 | 2.34 | 2.85 | 3.68 | 4.51 | 5.31 | 6.91 | 8.48 | 10.05 |
| 0.9 | — | — | — | 1.13 | 1.65 | 2.02 | 2.37 | 2.89 | 3.72 | 4.56 | 5.38 | 6.98 | 8.56 | 10.13 |
| 1.0 | — | — | — | 1.16 | 1.69 | 2.04 | 2.40 | 2.92 | 3.77 | 4.60^ | 5.43 | 7.04 | 8.64 | 10.21 |
| 1.2 | — | — | — | — | 1.74 | 2.09 | 2.45 | 2.99 | 3.85 | 4.68 | 5.52 | 7.16 | 8.76 | 10.37 |
| 1.5 | — | — | — | — | 1.83 | 2.18 | 2.53 | 3.06 | 3.95 | 4.82 | 5.65 | 7.32 | 8.97 | 10.56 |
| 1.75 | — | — | — | — | — | 2.25 | 2.59 | 3.13 | 4.02 | 4.90 | 5.75 | 7.41 | 9.09 | 10.74 |
| 2.0 | — | — | — | — | — | 2.32 | 2.67 | 3.20 | 4.08 | 4.98 | 5.84 | 7.54 | 9.20 | 10.87 |
| 2.5 | — | — | — | — | — | — | 2.83 | 3.34 | 4.22 | 5.10 | 6.00 | 7.74 | 9.42 | 11.09 |
| 3.0 | — | — | — | — | — | — | — | 3.49 | 4.35 | 5.24 | 6.13 | 7.90 | 9.64 | 11.31 |
| 3.5 | — | — | — | — | — | — | — | — | 4.50 | 5.36 | 6.26 | 8.05 | 9.80 | 11.50 |
| 4.0 | — | — | — | — | — | — | — | — | 4.65 | 5.52 | 6.40 | 8.17 | 9.96 | 11.69 |
| 4.5 | — | — | — | — | — | — | — | — | — | 5.66 | 6.53 | 8.28 | 10.12 | 11.85 |
| 5.0 | — | — | — | — | — | — | — | — | — | 5.81 | 6.68 | 8.44 | 10.21 | 12.01 |
| 5.5 | — | — | — | — | — | — | — | — | — | — | 6.82 | 8.57 | 10.32 | 12.15 |
| 6 | — | — | — | — | — | — | — | — | — | — | 6.97 | 8.71 | 10.48 | 12.25 |
| 7 | — | — | — | — | — | — | — | — | — | — | — | 9.00 | 10.73 | 12.50 |
| 8 | — | — | — | — | — | — | — | — | — | — | — | 9.30 | 11.02 | 12.79 |
| 9 | — | — | — | — | — | — | — | — | — | — | — | — | 11.32 | 13.06 |
| 10 | — | — | — | — | — | — | — | — | — | — | — | — | 11.62 | 13.35 |

续表

| r / t | 8 | 10 | 12 | 15 | 20 | 25 | 30 | 35 | 40 | 45 | 50 | 63 | 80 | 100 |
|---|---|---|---|---|---|---|---|---|---|---|---|---|---|---|
| 0.15 | — | — | — | — | | | | | | | — | — | — | — |
| 0.20 | — | — | — | — | | | | | | | — | — | — | — |
| 0.25 | — | — | — | — | | | | | | | — | — | — | — |
| 0.3 | — | — | — | — | | | | | | | — | — | — | — |
| 0.4 | — | — | — | — | | | | | | | — | — | — | — |
| 0.5 | — | — | — | — | | | | | | | — | — | — | — |
| 0.6 | — | — | — | — | | | | | | | — | — | — | — |
| 0.8 | 13.19 | — | — | — | — | — | — | — | — | — | — | — | — | — |
| 0.9 | 13.27 | — | — | — | — | — | — | — | — | — | — | — | — | — |
| 1.0 | 13.35 | 16.49 | — | — | — | — | — | — | — | — | — | — | — | — |
| 1.2 | 13.51 | 16.65 | — | — | — | — | — | — | — | — | — | — | — | — |
| 1.5 | 13.74 | 16.89 | 20.03 | 24.74 | — | — | — | — | — | — | — | — | — | — |
| 1.75 | 13.92 | 17.08 | 20.22 | 24.94 | — | — | — | — | — | — | — | — | — | — |
| 2.0 | 14.07 | 17.28 | 20.48 | 25.13 | 32.99 | — | — | — | — | — | — | — | — | — |
| 2.5 | 14.40 | 17.59 | 20.80 | 25.53 | 33.38 | — | — | — | — | — | — | — | — | — |
| 3.0 | 14.64 | 17.92 | 21.11 | 25.92 | 33.77 | — | — | — | — | — | — | — | — | — |
| 3.5 | 14.82 | 18.18 | 21.49 | 26.23 | 34.16 | — | — | — | — | — | — | — | — | — |
| 4.0 | 15.08 | 18.41 | 21.74 | 26.55 | 34.56 | — | — | — | — | — | — | — | — | — |
| 4.5 | 15.27 | 18.64 | 21.95 | 26.86 | 34.87 | — | — | — | — | 74.22 | — | — | — | — |
| 5.0 | 15.47 | 18.85 | 22.18 | 27.17 | 35.19 | 43.20 | 51.05 | 58.97 | 66.76 | 74.61 | 82.47 | — | — | — |
| 5.5 | 15.63 | 19.03 | 22.43 | 27.40 | 35.58 | 43.51 | 51.44 | 59.30 | 67.15 | 75.01 | 82.86 | — | — | — |
| 6 | 15.80 | 19.29 | 22.62 | 27.61 | 35.85 | 43.83 | 51.84 | 59.69 | 67.54 | 75.40 | 83.25 | — | — | — |
| 7 | 16.11 | 19.60 | 23.00 | 28.07 | 36.36 | 44.55 | 52.40 | 60.48 | 68.33 | 76.18 | 84.04 | 104.46 | — | — |
| 8 | 16.34 | 19.92 | 23.37 | 28.48 | 36.82 | 45.4 | 53.15 | 61.14 | 69.12 | 76.97 | 84.82 | 105.24 | 131.95 | — |
| 9 | 16.55 | 20.18 | 23.70 | 28.86 | 37.24 | 45.63 | 53.63 | 61.76 | 69.74 | 77.75 | 85.61 | 106.03 | 132.73 | — |
| 10 | 16.88 | 20.42 | 24.03 | 29.23 | 37.70 | 46.02 | 54.35 | 62.36 | 70.69 | 78.38 | 86.39 | 106.81 | 133.52 | 164.93 |

表 4-13 弯曲角 90° 时补偿值 $K$ 的数值　　单位：mm

| r / t | 0.1 | 0.2 | 0.3 | 0.5 | 0.8 | 1.0 | 1.2 | 1.5 | 2 | 2.5 | 3 | 4 | 5 | 6 |
|---|---|---|---|---|---|---|---|---|---|---|---|---|---|---|
| 0.15 | +0.02 | -0.01 | -0.03 | -0.10 | -0.23 | -0.31 | -0.40 | -0.53 | — | — | — | — | — | — |
| 0.20 | +0.03 | +0.01 | -0.02 | -0.08 | -0.19 | -0.27 | -0.36 | -0.49 | -0.70 | — | — | — | — | — |
| 0.25 | +0.04 | +0.02 | -0.00 | -0.06 | -0.16 | -0.24 | -0.32 | -0.45 | -0.66 | -0.88 | — | — | — | — |
| 0.3 | +0.04 | +0.03 | +0.01 | -0.04 | -0.14 | -0.21 | -0.29 | -0.41 | -0.62 | -0.84 | -1.05 | — | — | — |
| 0.4 | — | +0.06 | +0.04 | +0.00 | -0.09 | -0.16 | -0.23 | -0.35 | -0.54 | -0.76 | -0.97 | -1.40 | — | — |
| 0.5 | — | +0.08 | +0.07 | +0.02 | -0.05 | -0.12 | -0.18 | -0.28 | -0.48 | -0.68 | -0.88 | -1.32 | -1.75 | — |
| 0.6 | — | — | +0.10 | +0.05 | -0.02 | -0.07 | -0.14 | -0.24 | -0.41 | -0.62 | -0.82 | -1.25 | -1.67 | -2.10 |

续表

| r / t | 0.1 | 0.2 | 0.3 | 0.5 | 0.8 | 1.0 | 1.2 | 1.5 | 2 | 2.5 | 3 | 4 | 5 | 6 |
|---|---|---|---|---|---|---|---|---|---|---|---|---|---|---|
| 0.8 | — | — | — | +0.10 | +0.03 | −0.01 | −0.06 | −0.15 | −0.32 | −0.49 | −0.69 | −1.09 | −1.52 | −1.95 |
| 0.9 | — | — | — | +0.13 | +0.06 | +0.02 | −0.03 | −0.11 | −0.27 | −0.44 | −0.62 | −1.02 | −1.44 | −1.87 |
| 1.0 | — | — | — | +0.16 | +0.09 | +0.04 | +0.00 | −0.08 | −0.23 | −0.40 | −0.57 | −0.96 | −1.36 | −1.79 |
| 1.2 | — | — | — | — | +0.14 | +0.09 | +0.05 | −0.01 | −0.15 | −0.31 | −0.48 | −0.84 | −1.24 | −1.63 |
| 1.5 | — | — | — | — | +0.23 | +0.18 | +0.13 | +0.06 | −0.05 | −0.18 | −0.27 | −0.68 | −1.01 | −1.44 |
| 1.75 | — | — | — | — | — | +0.25 | +0.19 | +0.13 | +0.03 | −0.10 | −0.25 | −0.58 | −0.91 | −1.26 |
| 2.0 | — | — | — | — | — | +0.32 | +0.27 | +0.20 | +0.08 | −0.02 | −0.16 | −0.46 | −0.80 | −1.13 |
| 2.5 | — | — | — | — | — | — | +0.43 | +0.34 | +0.22 | +0.11 | +0.01 | −0.26 | −0.58 | −0.91 |
| 3.0 | — | — | — | — | — | — | — | +0.49 | +0.35 | +0.24 | +0.13 | −0.10 | −0.36 | −0.69 |
| 3.5 | — | — | — | — | — | — | — | — | +0.50 | +0.36 | +0.26 | +0.05 | −0.21 | −0.50 |
| 4.0 | — | — | — | — | — | — | — | — | +0.65 | +0.51 | +0.40 | +0.17 | −0.04 | −0.31 |
| 4.5 | — | — | — | — | — | — | — | — | — | +0.66 | +0.52 | +0.28 | +0.09 | −0.15 |
| 5.0 | — | — | — | — | — | — | — | — | — | +0.81 | +0.68 | +0.44 | +0.21 | +0.22 |
| 5.5 | — | — | — | — | — | — | — | — | — | — | +0.82 | +0.57 | +0.32 | +0.15 |
| 6 | — | — | — | — | — | — | — | — | — | — | +0.97 | +0.70 | +0.47 | +0.25 |
| 7 | — | — | — | — | — | — | — | — | — | — | — | +1.00 | +0.73 | +0.51 |
| 8 | — | — | — | — | — | — | — | — | — | — | — | +1.30 | +1.03 | +0.80 |
| 9 | — | — | — | — | — | — | — | — | — | — | — | — | +1.32 | +1.06 |
| 10 | — | — | — | — | — | — | — | — | — | — | — | — | +1.62 | +1.35 |

| r / t | 8 | 10 | 12 | 15 | 20 | 25 | 30 | 35 | 40 | 45 | 50 | 63 | 80 | 100 |
|---|---|---|---|---|---|---|---|---|---|---|---|---|---|---|
| 0.15 | — | — | | | | | | | | | — | — | — | — |
| 0.20 | — | — | | | | | | | | | — | — | — | — |
| 0.25 | — | — | | | | | | | | | — | — | — | — |
| 0.3 | — | — | | | | | | | | | — | — | — | — |
| 0.4 | — | — | | | | | | | | | — | — | — | — |
| 0.5 | — | — | | | | | | | | | — | — | — | — |
| 0.6 | — | — | | | | | | | | | — | — | — | — |
| 0.8 | −2.81 | — | | | | | | | | | — | — | — | — |
| 0.9 | −2.73 | — | — | — | — | — | — | — | — | — | — | — | — | — |
| 1.0 | −2.65 | −3.51 | — | — | — | — | — | — | — | — | — | — | — | — |
| 1.2 | −2.49 | −3.35 | — | — | — | — | — | — | — | — | — | — | — | — |
| 1.5 | −2.26 | −3.11 | −3.97 | −5.26 | — | — | — | — | — | — | — | — | — | — |
| 1.75 | −2.08 | −2.92 | −3.78 | −5.06 | — | — | — | — | — | — | — | — | — | — |
| 2.0 | −1.93 | −2.72 | −3.58 | −4.87 | −7.01 | — | — | — | — | — | — | — | — | — |
| 2.5 | −1.61 | −2.41 | −3.20 | −4.47 | −6.62 | −8.77 | — | — | — | — | — | — | — | — |
| 3.0 | −1.36 | −2.08 | −2.89 | −4.08 | −6.23 | −8.37 | — | — | — | — | — | — | — | — |
| 3.5 | −1.18 | −1.82 | −2.51 | −3.77 | −5.84 | −7.98 | — | — | — | — | — | — | — | — |
| 4.0 | −0.92 | −1.59 | −2.26 | −3.45 | −5.44 | −7.59 | −9.73 | — | — | — | — | — | — | — |

$l_1$ 90° $r$ $t$ $l_2$

$$L = l_1 + l_2 + K$$

续表

| t \ r | 8 | 10 | 12 | 15 | 20 | 25 | 30 | 35 | 40 | 45 | 50 | 63 | 80 | 100 |
|---|---|---|---|---|---|---|---|---|---|---|---|---|---|---|
| 4.5 | –0.73 | –1.36 | –2.04 | –3.14 | –5.13 | –7.20 | –9.34 | — | — | — | — | — | — | — |
| 5.0 | –0.53 | –1.15 | –1.82 | –2.83 | –4.81 | –6.08 | –8.95 | — | — | — | — | — | — | — |
| 5.5 | –0.37 | –0.96 | –1.59 | –2.60 | –4.42 | –6.49 | –8.60 | — | — | — | — | — | — | — |
| 6 | –0.20 | –0.73 | –1.38 | –2.39 | –4.11 | –6.17 | –8.16 | — | — | — | — | — | — | — |
| 7 | +0.11 | –0.41 | –0.99 | –1.93 | –3.64 | –5.45 | –7.59 | –9.52 | — | — | — | — | — | — |
| 8 | +0.34 | –0.08 | –0.63 | –1.52 | –3.18 | –4.89 | –6.97 | –8.86 | — | — | — | — | — | — |
| 9 | +0.55 | +0.19 | –0.30 | –1.14 | –2.73 | –4.44 | –6.37 | –8.24 | — | — | — | — | — | — |
| 10 | +0.89 | +0.42 | +0.03 | –0.77 | –2.30 | –3.98 | –5.65 | –7.64 | –9.31 | — | — | — | — | — |

## 2. 板料卷圆

板料卷圆时，中性层位移系数 $x$ 值见表 4-14，表 4-15 列出了常见卷圆毛坯（展开）长度计算公式。

表 4-14　板料卷圆的中性层位移系数 $x$ 值

| $r/t$ | >0.5～0.6 | >0.6～0.8 | >0.8～1.0 | >1.0～1.2 | >1.2～1.5 | >1.5～1.8 | >1.8～2.0 | >2～2.2 | >2.2 |
|---|---|---|---|---|---|---|---|---|---|
| $x$ | 0.76 | 0.73 | 0.7 | 0.67 | 0.64 | 0.61 | 0.58 | 0.54 | 0.5 |

表 4-15　计算卷圆毛坯（展开）长度的公式

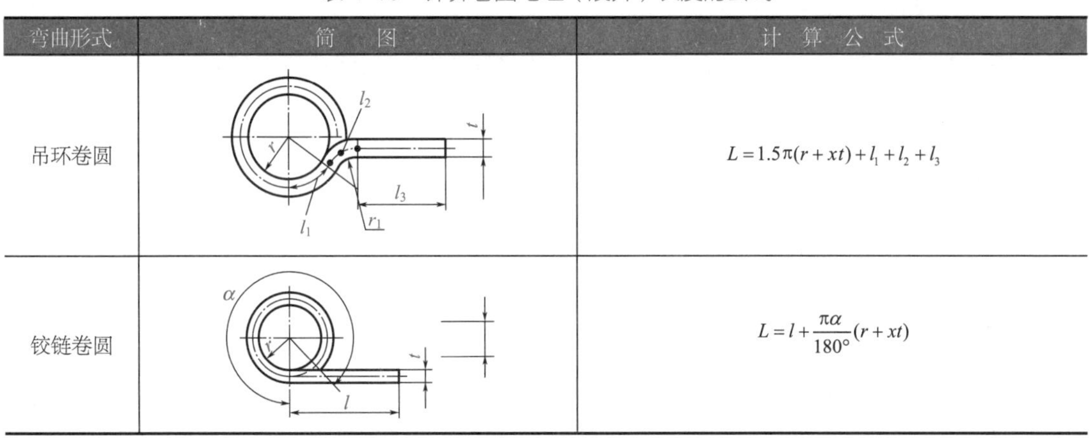

| 弯曲形式 | 简图 | 计算公式 |
|---|---|---|
| 吊环卷圆 | | $L=1.5\pi(r+xt)+l_1+l_2+l_3$ |
| 铰链卷圆 | | $L=l+\dfrac{\pi\alpha}{180^\circ}(r+xt)$ |



注：式中 $l_1$、$l_2$ 按板料弯曲计算中性层长度（表 4-17 和表 4-18）。

## 3. 小（无）圆角弯曲件

当 $r<0.5t$ 时，毛坯长度可用表 4-16 所列的经验公式进行计算。

表 4-16　当 $r<0.5t$ 的弯曲中，求毛坯展开长度的公式

| 弯曲形式 | 简图 | 计算公式 |
|---|---|---|
| 三角弯曲 | $l_1$ $l_2$ $l_4$ $l_3$ | 同时弯三个角时<br>$L=l_1+l_2+l_3+l_4+0.75t$<br>先弯二个角后弯另一角时<br>$L=l_1+l_2+l_3+l_4+t$ |

续表

| 弯曲形式 | 简　图 | 计算公式 |
|---|---|---|
| 四角弯曲 | | $L=l_1+l_2+l_3+2l_4+t$ |
| 单角弯曲 | | $L=l_1+l_2+0.5t$ |
| | | $L=l_1+l_2+\dfrac{\alpha}{90°}\times 0.5t$ |
| | | $L=l_1+l_2+t$ |
| 双角弯曲 | | $L=l_1+l_2+l_3+0.5t$ |

## 二、型材弯曲件的展开长度

型材与管材弯曲时，毛坯（展开）长度的计算原则和方法同板材弯曲是一样的，即：

$$L=l_1+l_2+l_3=l_1+l_2+\rho\alpha$$

式中　$L$——毛坯（展开）长度，mm；

$l_1$，$l_2$——直线部分长度，mm；

$l_3$——弯曲部分的展开长度，mm；

$\rho$——中性层曲率半径，mm；

$\alpha$——弯曲角，(°)。

由于型材与管材弯曲时，中性层位置很难确定，所以生产中多用经验公式来计算弯曲部分的展开长度，见表 4-17。表 4-17 各计算公式里的代表符号的含义，都标在表中的插图上；其中 $z_0$ 和 $y_0$ 是型材断面重心到型材底边的距离。角钢和槽钢的重心距可近似地取 $b/4$，如图 4-5 所示。

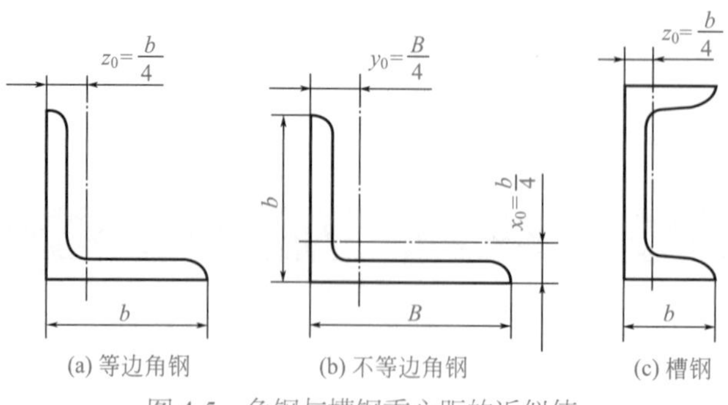


(a) 等边角钢　(b) 不等边角钢　(c) 槽钢

图 4-5　角钢与槽钢重心距的近似值

表 4-17　型材弯曲部分展开长度的计算

| 型材及弯曲形式 | 简　图 | 计 算 公 式 |
|---|---|---|
| 等边角形型材外弯角度 $\alpha$ | 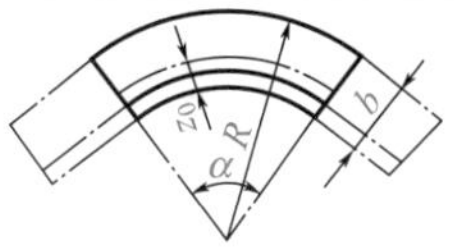 | $l=(R-b+z_0)\alpha$ |
| 等边角形型材内弯角度 $\beta$ | 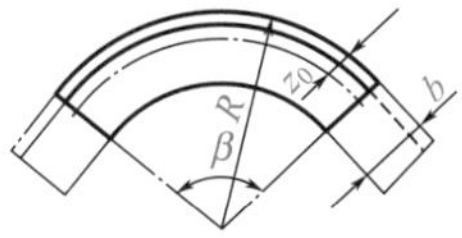 | $l=(R-z_0)\beta$ |
| 等边角形型材内弯圆环 | 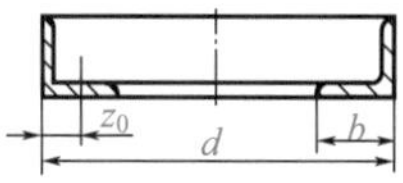 | $l=\pi(d+2z_0)$ |
| 不等边角形型材内弯圆环 | 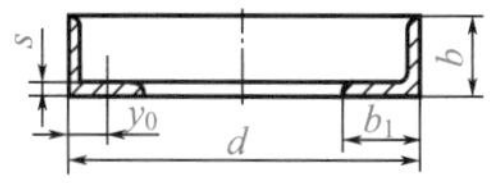 | $l=\pi(d+2y_0)$ |
| 槽形型材竖弯圆环 | 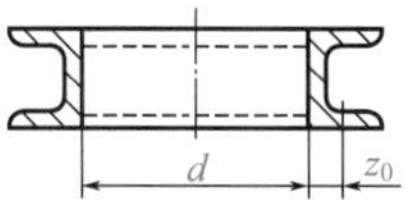 | $l=\pi(d+2z_0)$ |
| 等边角形型材内弯 90° | 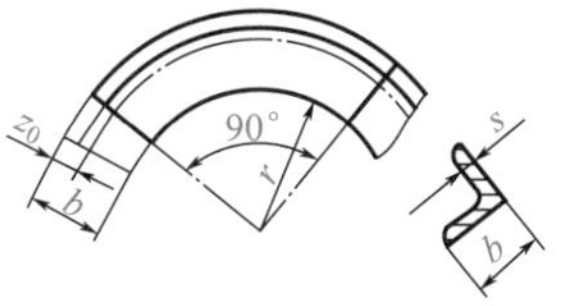 | $l=\dfrac{\pi(r+b+z_0)}{2}$ |
| 等边角形型材外弯 90° | 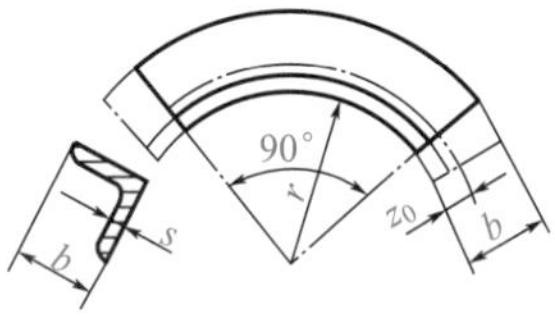 | $l=\dfrac{\pi(r+z_0)}{2}$ |

## 三、圆杆弯曲件的展开长度

圆杆弯曲件，如图 4-6 所示的毛坯（展开）长度按下式计算：

$$L=l_1+l_2+\pi(R+xd)$$

式中　$L$——毛坯（展开）长度，mm；

$l_1$，$l_2$——直线部分长度，mm；

$R$——内弯曲半径，mm；

$d$——圆杆直径，mm；

$x$——中性层位移系数，见表 4-18。

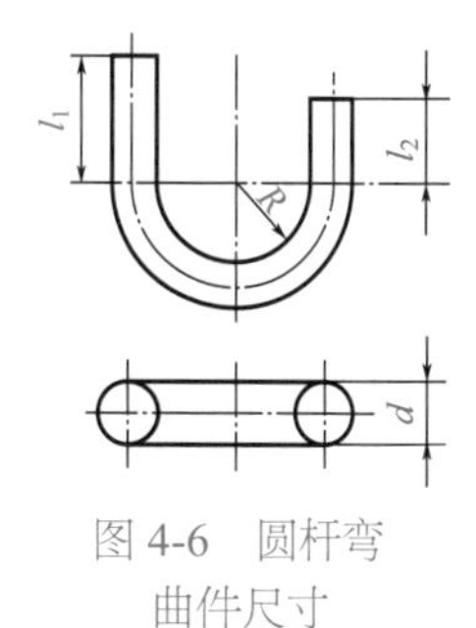

图 4-6　圆杆弯曲件尺寸

表 4-18　圆杆弯曲时中性层位移系数 $x$ 值

| $R/d$ | ≥1.5 | 1 | 0.50 | 0.25 |
|---|---|---|---|---|
| $x$ | 0.50 | 0.51 | 0.53 | 0.55 |

## 四、圆弧与直线的连接计算

在弯曲件复杂形状展开毛坯尺寸计算中，常常遇到不同曲率弧线与弧线连接、圆弧与直线连接，都是其展开毛坯长度的组成部分。圆弧与直线的连接计算见表 4-19。

表 4-19　圆弧与直线的连接计算

| 简图 | 已知 | 求 | 计算公式 |
| --- | --- | --- | --- |
| 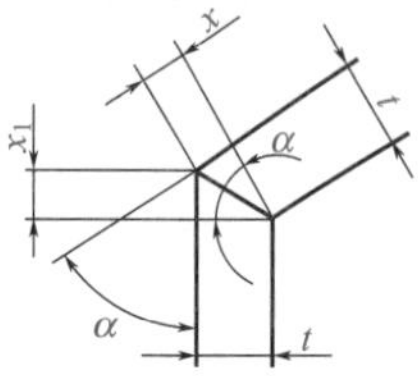  | $\alpha$<br>$t$ | $x$ | $x = t\tan\frac{\alpha}{2}$ |
| 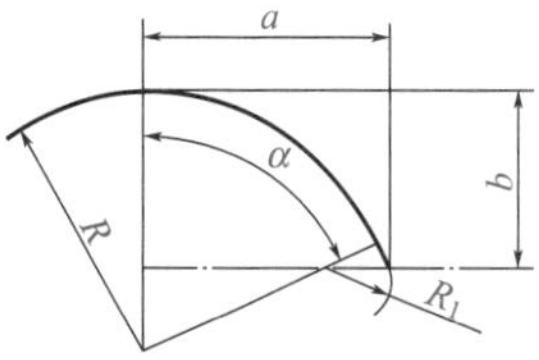  | $R$<br>$R_1$<br>$a$ | $b$<br>$\alpha$ | $b = R - \sqrt{(R-R_1)^2-(\alpha-R_1)^2}$<br>$\sin\alpha = \frac{\alpha-R_1}{R-R_1}$ |
|  | $b$<br>$a$<br>$R$ | $R_1$ | $R_1 = \frac{a^2+b^2-2bR}{2(a-R)}$ |
|  | $a$<br>$b$<br>$R_1$ | $R$ | $R = \frac{a^2+b^2-2bR_1}{2(b-R_1)}$ |
| 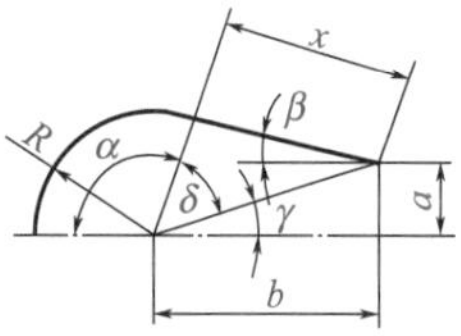  | $b$<br>$a$<br>$R$ | $x$<br>$\alpha$<br>$\beta$<br>$\gamma$<br>$\delta$ | $x = \sqrt{a^2+b^2-R^2}$<br>$\tan\gamma = \frac{a}{b}$; $\tan\delta = \frac{x}{R}$<br>$\alpha = 180° - (\gamma+\delta)$<br>$\beta = \alpha - 90°$ |
| 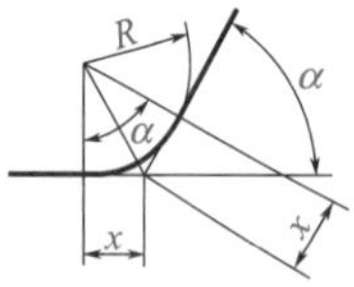  | $R$<br>$\alpha$ | $x$ | $x = R\tan\frac{\alpha}{2}$ |
| 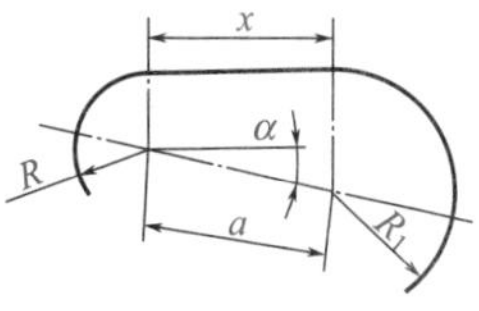  | $a$<br>$R$<br>$R_1$ | $\alpha$<br>$x$ | $\sin\alpha = \frac{R_1-R}{a}$<br>$x = a\cos\alpha$ |
| 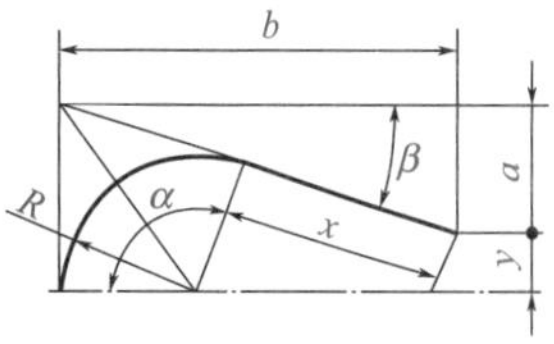  | $a$<br>$b$<br>$R$ | $x$<br>$y$<br>$\alpha$<br>$\beta$ | $\tan\beta = \frac{a}{b}$; $\alpha = 90° + \beta$<br>$x = \sqrt{a^2+b^2} - R\tan\frac{\alpha}{2}$<br>$y = R\tan\frac{\alpha}{2} - a$ |
| 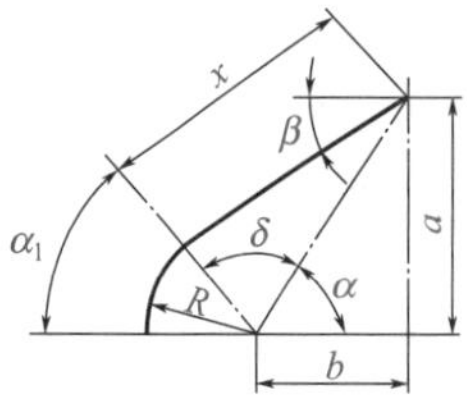  | $a$<br>$b$<br>$R$ | $x$<br>$\alpha$<br>$\beta$<br>$\delta$<br>$\alpha_1$ | $x = \sqrt{a^2+b^2-R^2}$<br>$\tan\alpha = \frac{a}{b}$; $\tan\delta = \frac{x}{R}$<br>$\alpha_1 = 180° - (\alpha+\delta)$<br>$\beta = 90° - \alpha_1$ |

续表

| 简图 | 已知 | 求 | 计算公式 |
| --- | --- | --- | --- |
| 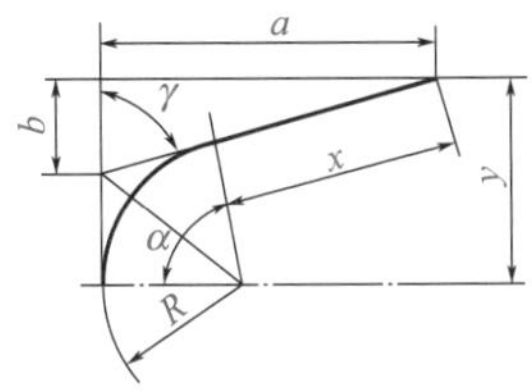  | $a$<br>$b$<br>$R$ | $x$<br>$y$<br>$\alpha$ | $\tan\alpha=\dfrac{a}{b}$<br>$x=\sqrt{a^2+b^2}-R\tan\dfrac{\alpha}{2}$<br>$y=R\tan\dfrac{\alpha}{2}+b$ |
| 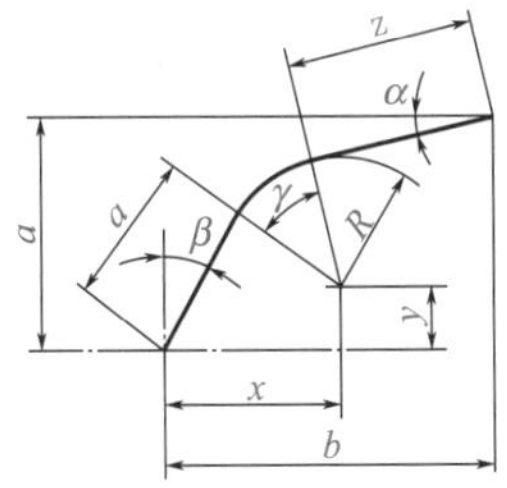  | $a$<br>$b$<br>$\alpha$<br>$\beta$<br>$R$ | $\gamma$<br>$x$<br>$y$<br>$z$<br>$u$ | $\gamma=90°-\alpha-\beta$<br>$z=\dfrac{(b-\alpha\tan\beta)\cos\beta}{\sin\gamma}-R\tan\dfrac{\gamma}{2}$<br>$u=\dfrac{(a-b\tan\alpha)\cos\alpha}{\sin\gamma}-R\tan\dfrac{\gamma}{2}$<br>$x=[\dfrac{(a-b\tan\alpha)\cos\alpha}{\sin\gamma}-R\tan\dfrac{\gamma}{\alpha}]\sin\beta+R\cos\beta$<br>$y=u\cos\beta-R\sin\beta$ |
| 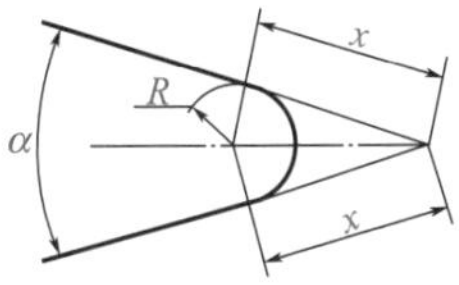  | $R$<br>$\alpha$ | $x$ | $x=R\cot\dfrac{\alpha}{2}$ |
| 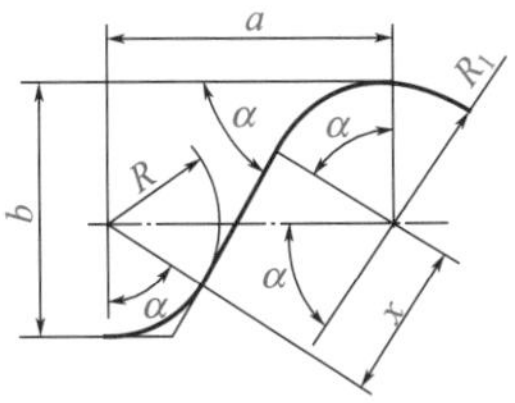  | $a$<br>$b$<br>$R$<br>$R_1$<br>$R+R_1=b$ | $x$<br>$\alpha$ | $x=\sqrt{a^2-(R+R_1)^2}$<br>$\sin\alpha=\dfrac{R+R_1}{a}$ |
| 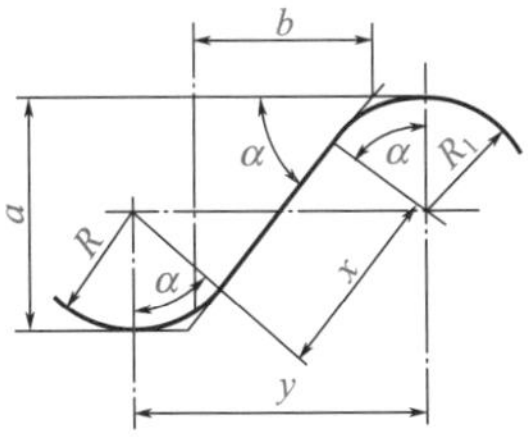  | $a$<br>$b$<br>$R$，$R_1$<br>$R+R_1=a$ | $x$<br>$y$<br>$\alpha$ | $\tan\alpha=\dfrac{a}{b}$<br>$y=b+a\tan\dfrac{\alpha}{2}$<br>$x=\sqrt{a^2+b^2}-\alpha\tan\dfrac{\alpha}{2}$ |
|  | $a$<br>$y$<br>$R$，$R_1$<br>$R+R_1=a$ | $x$<br>$\alpha$ | $\sin\alpha=\dfrac{a}{y}$<br>$x=\sqrt{y^2-a^2}$ |
| 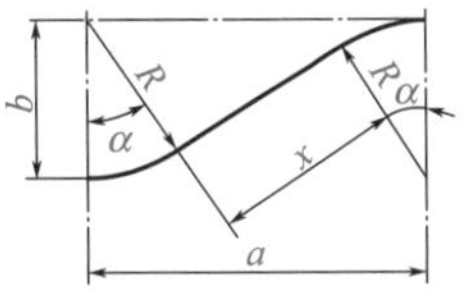  | $a$<br>$b$<br>$R$，$R_1$<br>$R+R_1<a$ | $x$<br>$\alpha$ | $x=\sqrt{a^2-3R^2}$<br>$\tan\dfrac{\alpha}{2}=\dfrac{b}{a+x}$ |
| 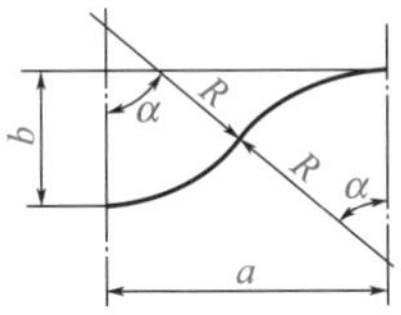  | $a$<br>$R$<br>$x=0$ | $\alpha$<br>$b$ | $\sin\alpha=\dfrac{a}{2R}$<br>$b=2R(1-\cos\alpha)$ |

| 简图 | 已知 | 求 | 计算公式 |
| --- | --- | --- | --- |
| 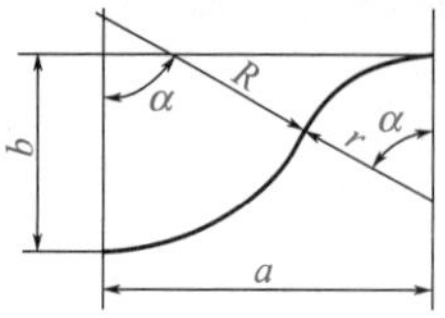  | $a$<br>$r$<br>$R$<br>$R \neq r$<br>$x=0$ | $b$<br>$\alpha$ | $\sin\alpha = \dfrac{a}{R+r}$<br>$b=(R+r)(1-\cos\alpha)$ |
| 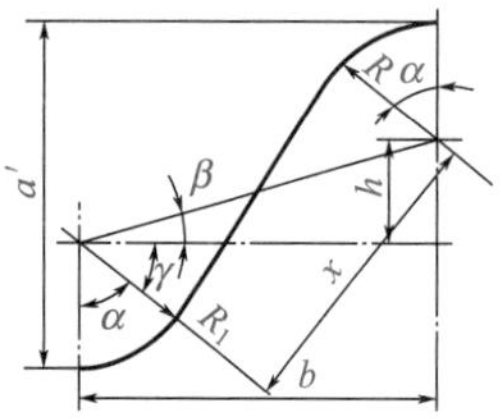  | $a$<br>$b$<br>$R$，$R_1$<br>$R+R_1<a$ | $x$<br>$\beta$<br>$\gamma$<br>$\alpha$ | $x=\sqrt{b^2+a^2-2a(R+R_1)}$<br>$\tan\beta = \dfrac{a-(R+R_1)}{b}$<br>$\tan\gamma = \dfrac{x}{R+R_1}$<br>$\alpha = 90° - (\gamma-\beta)$或$\tan\dfrac{\alpha}{2} = \dfrac{a}{b+x}$ |
| 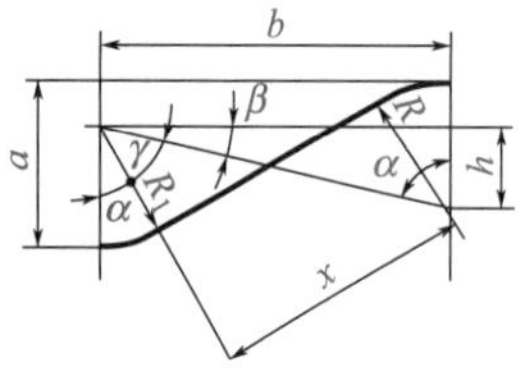  | $b$<br>$a$<br>$R$，$R_1$<br>$R=R_1$<br>但<br>$R+R_1>b$ | $x$<br>$\beta$<br>$\gamma$<br>$\alpha$ | $x=\sqrt{a^2+b^2-2b(R+R_1)}$<br>$\tan\beta = \dfrac{R+R_1-b}{a}$<br>$\tan\gamma = \dfrac{x}{R+R_1}$<br>$\alpha = 90° - (\beta+\gamma)$<br>或$\tan\dfrac{a}{2} = \dfrac{a}{b+x}$ |
| 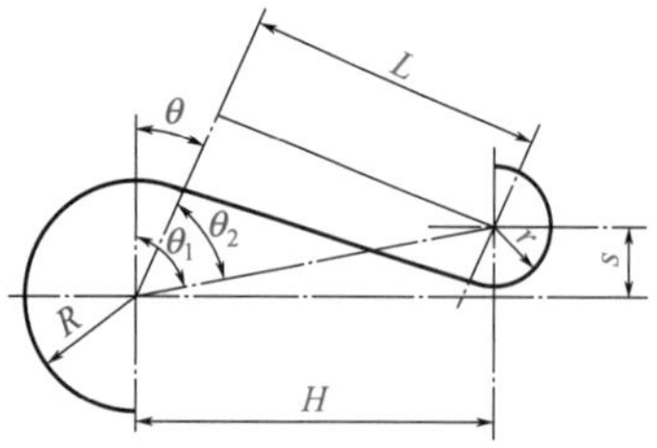  | $H$<br>$s$<br>$R$<br>$r$ | $\theta$<br>$L$ | $\tan\theta_1 = \dfrac{H}{s}$<br>$\cos\theta_2 = \dfrac{R+r}{s}\cos\theta_1$<br>$\theta=\theta_1-\theta_2$或近似计算：<br>$\tan\theta = \dfrac{(R+r-s)}{H}$<br>$L=\dfrac{H}{\cos\theta}-(R+r)\tan\theta$<br>$s=\dfrac{3R-r}{2}$ |
| 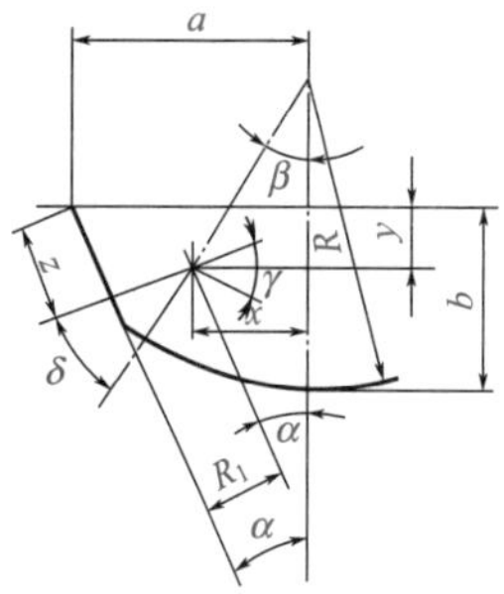  | $a$<br>$b$<br>$\alpha$<br>$R$<br>$R_1$ | $x$<br>$y$<br>$z$<br>$\beta$<br>$\delta$ | $\sin\gamma = \dfrac{\sin\alpha(R-b)+a\cos\alpha-R_1}{R-R_1}$<br>$\beta=\gamma-\alpha$<br>$\delta=90°-\gamma$<br>$x=(R-R_1)\cos\beta-R+b$<br>$z=\dfrac{a}{\sin\alpha}-R_1\cot\alpha-\left(R-R_1+\dfrac{R_1}{\cos\delta}\right)\dfrac{\sin\beta}{\sin\alpha}$ |

## 五、用查表法计算弯曲件展开毛坯的长度

将弯曲件的展开毛坯的长度分成两大部分：不参与弯曲变形的直线部分与弯角的变形部分。根据弯曲零件的尺寸及其标注方法，在相关表格中查出弯角变形部分相应修正补偿值，求出两大部分之和，即其展开毛坯的长度。直角展开补偿值见表 4-20 ～表 4-22。弯曲角不

是 90°时，采用表 4-20 ～表 4-22 中列的第 1 种计算方法，从表 4-23 ～表 4-28 查得相应的 $s_1$ 后，求出弯曲件展开毛坯的长度。

表 4-20　直角展开补偿值 $s_1$、$s_2$ 和 $s_3$

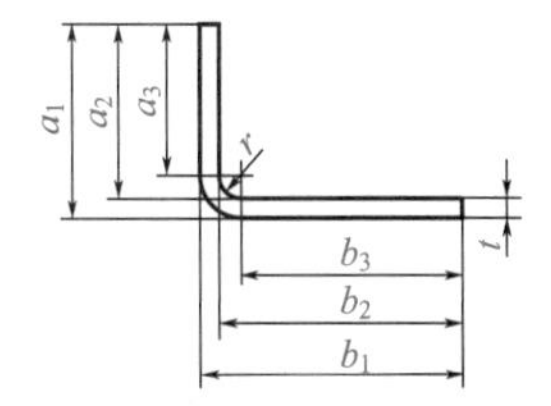


展开长度：$L=a_1+b_1+s_1=a_2+b_2+s_2=a_3+b_3+s_3$

| 弯曲内半径 $r$/mm | 补偿值 | 材料厚度 $t$/mm | | | | | | | | | | | |
|---|---|---|---|---|---|---|---|---|---|---|---|---|---|
| | | 1 | 1.5 | 2 | 2.5 | 3 | 3.5 | 4 | 4.5 | 5 | 6 | 7 | 8 |
| 1 | $s_1$ | −1.92 | — | — | — | — | — | — | — | — | — | — | — |
| | $s_2$ | +0.08 | | | | | | | | | | | |
| | $s_3$ | +2.08 | | | | | | | | | | | |
| 1.2 | $s_1$ | −1.97 | — | — | — | — | — | — | — | — | — | — | — |
| | $s_2$ | +0.03 | | | | | | | | | | | |
| | $s_3$ | +2.43 | | | | | | | | | | | |
| 1.6 | $s_1$ | −2.10 | −2.90 | — | — | — | — | — | — | — | — | — | — |
| | $s_2$ | −0.10 | +0.10 | | | | | | | | | | |
| | $s_3$ | +3.10 | +3.30 | | | | | | | | | | |
| 2 | $s_1$ | −2.23 | −3.02 | — | — | — | — | — | — | — | — | — | — |
| | $s_2$ | −0.23 | −0.02 | | | | | | | | | | |
| | $s_3$ | +3.77 | +3.98 | | | | | | | | | | |
| 2.5 | $s_1$ | −2.41 | −3.18 | −3.98 | −4.80 | — | — | — | — | — | — | — | — |
| | $s_2$ | −0.41 | −0.18 | +0.02 | +0.20 | | | | | | | | |
| | $s_3$ | +4.59 | +4.82 | +5.02 | +5.20 | | | | | | | | |
| 3 | $s_1$ | −2.59 | −3.34 | −4.13 | −4.93 | −5.76 | — | — | — | — | — | — | — |
| | $s_2$ | −0.59 | −0.34 | −0.13 | +0.07 | +0.24 | | | | | | | |
| | $s_3$ | +5.41 | +5.66 | +5.87 | +6.07 | +6.24 | | | | | | | |
| 4 | $s_1$ | −2.97 | −3.70 | −4.46 | −5.24 | −6.04 | −6.85 | — | — | — | — | — | — |
| | $s_2$ | −0.97 | −0.70 | −0.46 | −0.24 | −0.04 | +0.15 | | | | | | |
| | $s_3$ | +7.03 | +7.30 | +7.54 | +7.76 | +7.96 | +8.15 | | | | | | |
| 5 | $s_1$ | −3.36 | −4.07 | −4.81 | −5.57 | −6.35 | −7.15 | −7.95 | — | — | — | — | — |
| | $s_2$ | −1.36 | −1.07 | −0.81 | −0.57 | −0.35 | −0.15 | +0.05 | | | | | |
| | $s_3$ | +8.64 | +8.93 | +9.19 | +9.43 | +9.65 | +9.85 | +10.05 | | | | | |
| 6 | $s_1$ | −3.76 | −4.45 | −5.18 | −5.93 | −6.69 | −7.47 | −8.26 | −9.06 | −9.87 | — | — | — |
| | $s_2$ | −1.76 | −1.45 | −1.18 | −0.93 | −0.69 | −0.47 | −0.26 | −0.06 | +0.13 | | | |
| | $s_3$ | +10.24 | +10.55 | +10.82 | +11.07 | +11.31 | +11.53 | +11.74 | +11.94 | +12.13 | | | |
| 8 | $s_1$ | −4.57 | −5.24 | −5.94 | −6.66 | −7.40 | −8.15 | −8.92 | 9.69 | −10.48 | −12.08 | — | — |
| | $s_2$ | −2.57 | −2.24 | −1.94 | −1.66 | −1.40 | −1.15 | −0.92 | −0.69 | −0.48 | −0.08 | | |
| | $s_3$ | +13.43 | +13.76 | +14.06 | +14.34 | +14.60 | +14.85 | +15.08 | +15.31 | +15.52 | +15.92 | | |
| 10 | $s_1$ | −5.39 | −6.04 | −6.72 | −7.42 | −8.14 | −8.88 | −9.62 | −10.38 | −11.15 | −12.71 | −14.29 | — |
| | $s_2$ | −3.39 | −3.04 | −2.72 | −2.42 | −2.14 | −1.88 | −1.62 | −1.38 | −1.15 | −0.71 | −0.29 | |
| | $s_3$ | +16.61 | +16.96 | +17.28 | +17.58 | +17.86 | +18.12 | +18.38 | +18.62 | +18.85 | +19.29 | +19.71 | |
| 12 | $s_1$ | −6.22 | −6.85 | −7.52 | −8.21 | −8.91 | −9.63 | −10.36 | −11.10 | −11.85 | −13.38 | −14.93 | −16.51 |
| | $s_2$ | −4.22 | −3.85 | −3.52 | −3.21 | −2.91 | −2.63 | −2.36 | −2.10 | −1.85 | −1.38 | −0.93 | −0.51 |
| | $s_3$ | +19.78 | +20.15 | +20.48 | +20.79 | +21.09 | +21.37 | +21.64 | +21.90 | +22.15 | +22.62 | +23 07 | +23.49 |

续表

| 弯曲内半径 r/mm | 补偿值 | 材料厚度 t/mm | | | | | | | | | | | |
|---|---|---|---|---|---|---|---|---|---|---|---|---|---|
| | | 1 | 1.5 | 2 | 2.5 | 3 | 3.5 | 4 | 4.5 | 5 | 6 | 7 | 8 |
| 16 | $s_1$ | −7.88 | −8.50 | −9.14 | −9.80 | −10.48 | −11.17 | −11.88 | −12.60 | −13.32 | −14.80 | −16.31 | −17.84 |
| | $s_2$ | −5.88 | −5.50 | −5.14 | −4.80 | −4.48 | −4.17 | −3.88 | −3.60 | −3.32 | −2.80 | −2.31 | −1.84 |
| | $s_3$ | +26.12 | +26.50 | +26.86 | +27.20 | +27.52 | +27.83 | +28.12 | +28.40 | +28.68 | +29.20 | +29.69 | +30.16 |
| 20 | $s_1$ | −9.56 | −10.16 | −10.78 | −11.42 | −12.08 | −12.76 | −13.44 | −14.14 | −14.85 | −16.29 | −17.76 | −19.25 |
| | $s_2$ | −7.56 | −7.16 | −6.78 | −6.42 | −6.08 | −5.76 | −5.44 | −5.14 | −4.85 | −4.29 | −3.76 | −3.25 |
| | $s_3$ | +32.44 | +32.84 | +33.22 | +33.58 | +33.92 | +34.24 | +34.56 | +34.86 | +35.15 | +35.71 | +36.24 | +36.75 |
| 25 | $s_1$ | −11.67 | −12.24 | −12.85 | −13.47 | −14.11 | −14.77 | −15.44 | −16.12 | −16.81 | −18.21 | −19.64 | −21.09 |
| | $s_2$ | −9.67 | −9.24 | −8.85 | −8.47 | −8.11 | −7.77 | −7.44 | −7.12 | −6.81 | −6.21 | −5.64 | −5.09 |
| | $s_3$ | +40.33 | +40.76 | +41.15 | +41.53 | +41.89 | +42.23 | +42.56 | +42.88 | +43.19 | +43.79 | +44.36 | +44.91 |
| 28 | $s_1$ | −12.94 | −13.50 | −14.10 | −14.71 | −15.34 | −15.99 | −16.65 | −17.32 | −18.00 | −19.38 | −20.79 | −22.22 |
| | $s_2$ | −10.94 | −10.50 | −10.10 | −9.71 | −9.34 | −8.99 | −8.65 | −8.32 | −8.00 | −7.38 | −6.79 | −6.22 |
| | $s_3$ | +45.06 | +45.50 | +45.90 | +46.29 | +46.66 | +4.01 | +47.35 | +4.68 | +48.00 | +48.62 | +49.21 | +49.78 |
| 32 | $s_1$ | −14.63 | −15.19 | −15.77 | −16.37 | −16.99 | −17.63 | −18.27 | −18.93 | −19.60 | −20.96 | −22.35 | −23.76 |
| | $s_2$ | −12.63 | −12.19 | −11.77 | −11.37 | −10.99 | −10.63 | −10.27 | −9.93 | −9.60 | −8.96 | −8.35 | −7.76 |
| | $s_3$ | +51.37 | +51.81 | +52.23 | +52.63 | +53.01 | +53.37 | +53.73 | +54.07 | +54.40 | +55.04 | +55.65 | +56.24 |
| 36 | $s_1$ | −16.33 | −16.87 | −17.44 | −18.04 | −18.65 | −19.27 | −19.91 | −20.56 | −21.22 | −22.55 | −23.92 | −25.32 |
| | $s_2$ | −41.33 | −13.87 | −13.44 | −13.04 | −12.65 | −12.27 | −11.91 | −11.56 | −11.22 | −10.55 | −9.92 | −9.32 |
| | $s_3$ | +57.67 | +58.13 | +58.56 | +58.96 | +59.35 | +59.73 | +60.09 | +60.44 | +60.78 | +61.45 | +62.08 | +62.68 |
| 40 | $s_1$ | −18.03 | −18.56 | −19.13 | −19.71 | −20.31 | −20.93 | −21.56 | −22.19 | −22.84 | −24.16 | −25.51 | −26.89 |
| | $s_2$ | −16.03 | −15.56 | −15.13 | −14.71 | −14.31 | −13.93 | −13.56 | −13.19 | −12.84 | −12.16 | −11.51 | −10.89 |
| | $s_3$ | +63.97 | +64.44 | +64.87 | +65.29 | +65.69 | +66.07 | +66.44 | +66.81 | +67.16 | +67.84 | +68.49 | +69.11 |

表 4-21　小 $r$ 直角展开补偿值 $s_1$、$s_2$ 和 $s_3$

| 弯曲内半径 r/mm | 补偿值 | 材料厚度 t/mm | | | | | | | | | | | |
|---|---|---|---|---|---|---|---|---|---|---|---|---|---|
| | | 0.5 | 0.8 | 1.0 | 1.2 | 1.5 | 1.8 | 2 | 2.5 | 3 | 4 | 5 | 6 |
| 0.2 | $s_1$ | −0.90 | −1.33 | −1.61 | −1.90 | −2.33 | −2.76 | −3.06 | −3.77 | −4.45 | −5.83 | −7.28 | −8.94 |
| | $s_2$ | +0.10 | +0.27 | +0.39 | +0.50 | +0.67 | +0.84 | +0.94 | +1.23 | +1.55 | +2.17 | +2.72 | +3.06 |
| | $s_3$ | +0.50 | +0.67 | +0.79 | +0.90 | +1.07 | +1.24 | +1.34 | +1.63 | +1.95 | +2.57 | +3.12 | +3.46 |
| 0.3 | $s_1$ | −0.93 | −1.37 | −1.65 | −1.94 | −2.37 | −2.80 | −3.09 | −3.78 | −4.47 | −5.84 | −7.29 | −8.95 |
| | $s_2$ | +0.07 | +0.23 | +0.35 | +0.46 | +0.63 | +0.80 | +0.91 | +1.22 | +1.53 | +2.16 | +2.71 | +3.05 |
| | $s_3$ | +0.67 | +0.83 | +0.95 | +1.06 | +1.23 | +1.40 | +1.51 | +1.82 | +2.13 | +2.76 | +3.31 | +3.65 |
| 0.4 | $s_1$ | −0.97 | −1.40 | −1.69 | −1.98 | −2.40 | −2.83 | −3.12 | −3.80 | −4.50 | −5.86 | −7.30 | −8.96 |
| | $s_2$ | +0.03 | +0.20 | +0.31 | +0.42 | +0.60 | +0.77 | +0.88 | +1.20 | +1.50 | +2.14 | +2.70 | +3.04 |
| | $s_3$ | +0.83 | +1.00 | +1.11 | +1.22 | +1.40 | +1.57 | +1.68 | +2.00 | +2.30 | +2.94 | +3.50 | +3.84 |
| 0.5 | $s_1$ | −1.01 | −1.44 | −1.73 | −2.01 | −2.44 | −2.86 | −3.15 | −3.83 | −4.52 | −5.89 | −7.32 | −8.96 |
| | $s_2$ | −0.01 | +0.16 | +0.27 | +0.39 | +0.56 | +0.74 | +0.85 | +1.17 | +1.48 | +2.11 | +2.68 | +3.04 |
| | $s_3$ | +0.99 | +1.16 | +1.27 | +1.39 | +1.56 | +1.74 | +1.85 | +2.17 | +2.48 | +3.11 | +3.68 | +4.04 |
| 0.6 | $s_1$ | — | −1.47 | −1.76 | −2.05 | −2.47 | −2.90 | −3.18 | −3.88 | −4.56 | −5.93 | −7.34 | −8.96 |
| | $s_2$ | | +0.13 | +0.24 | +0.35 | +0.53 | +0.70 | +0.82 | +1.12 | +1.44 | +2.07 | +2.66 | +3.04 |
| | $s_3$ | | +1.33 | +1.44 | +1.55 | +1.73 | +1.90 | +2.02 | +2.32 | +2.64 | +3.27 | +3.86 | +4.24 |
| 0.8 | $s_1$ | — | −1.55 | −1.84 | −2.13 | −2.56 | −2.98 | −3.24 | −3.93 | −4.62 | −5.96 | −7.36 | −8.97 |
| | $s_2$ | | +0.05 | +0.16 | +0.27 | +0.44 | +0.62 | +0.76 | +1.07 | +1.38 | +2.04 | +2.64 | +3.03 |
| | $s_3$ | | +1.65 | +1.76 | +1.87 | +2.04 | +2.22 | +2.36 | +2.67 | +2.98 | +3.64 | +4.24 | +4.63 |

续表

| 弯曲内半径 $r$ /mm | 补偿值 | 材料厚度 $t$/mm | | | | | | | | | | | |
|---|---|---|---|---|---|---|---|---|---|---|---|---|---|
| | | 0.5 | 0.8 | 1.0 | 1.2 | 1.5 | 1.8 | 2 | 2.5 | 3 | 4 | 5 | 6 |
| 1.0 | $s_1$<br>$s_2$<br>$s_3$ | — | — | −1.92<br>+0.08<br>+2.08 | −2.21<br>+0.19<br>+2.19 | −2.64<br>+0.36<br>+2.36 | −3.05<br>+0.55<br>+2.55 | −3.33<br>+0.67<br>+2.67 | −4.02<br>+0.98<br>+2.98 | −4.68<br>+1.32<br>+3.32 | −5.98<br>+2.02<br>+4.02 | −7.39<br>+2.61<br>+4.61 | −8.99<br>+3.01<br>+5.01 |
| 1.2 | $s_1$<br>$s_2$<br>$s_3$ | — | — | — | −2.29<br>+0.11<br>+2.51 | −2.71<br>+0.29<br>+2.69 | −3.12<br>+0.48<br>+2.88 | −3.38<br>+0.62<br>+3.02 | −4.06<br>+0.94<br>+3.34 | −4.73<br>+1.27<br>+3.67 | −6.02<br>+1.98<br>+4.38 | −7.45<br>+2 55<br>+4.95 | −9.01<br>+2.99<br>+5.39 |
| 1.6 | $s_1$<br>$s_2$<br>$s_3$ | — | — | — | — | — | −3.26<br>+0.34<br>+3.54 | −3.53<br>+0.47<br>+3.67 | −4.20<br>+0.80<br>+4.00 | −4.84<br>+1.16<br>+4.36 | −6.12<br>+1.88<br>+5.08 | −7.52<br>+2.48<br>+5.68 | −9.04<br>+2.96<br>+6.16 |
| 2.0 | $s_1$<br>$s_2$<br>$s_3$ | — | — | — | — | — | — | −3.68<br>+0.32<br>+4.32 | −4.34<br>+0.66<br>+4.66 | −4.98<br>+1.02<br>+5.02 | −6.22<br>+1.78<br>+5. 78 | −7.59<br>+2.41<br>+6.41 | −9.10<br>+2.90<br>+6.90 |
| 2.5 | $s_1$<br>$s_2$<br>$s_3$ | — | — | — | — | — | — | — | −4.50<br>+0.50<br>+5.50 | −5.12<br>+0.88<br>+5.88 | −6.38<br>+1. 62<br>+6.62 | −7.70<br>+2.90<br>+7.30 | −9.17<br>+2.83<br>+7.83 |
| 3.0 | $s_1$<br>$s_2$<br>$s_3$ | — | — | — | — | — | — | — | — | −5.32<br>+0.68<br>+6.68 | −6.52<br>+1.48<br>+7.48 | −7.84<br>+2.16<br>+8.16 | −9.25<br>+2.75<br>+8.75 |
| 4.0 | $s_1$<br>$s_2$<br>$s_3$ | — | — | — | — | — | — | — | — | — | −6.90<br>+1.10<br>+9.10 | −8.19<br>+1.81<br>+9.81 | −9.49<br>+2.51<br>+10.51 |
| 5.0 | $s_1$<br>$s_2$<br>$s_3$ | — | — | — | — | — | — | — | — | — | — | −8.62<br>+1.38<br>+11.38 | −9.91<br>+2.09<br>+12.09 |

注：展开长度（见表4-22图示）$L=a_1+b_1+s_1=a_2+b_2+s_2=a_3+b_3+s_3$。

表4-22　小 $r$ 双直角展开补偿值 $s_1$、$s_2$ 和 $s_3$

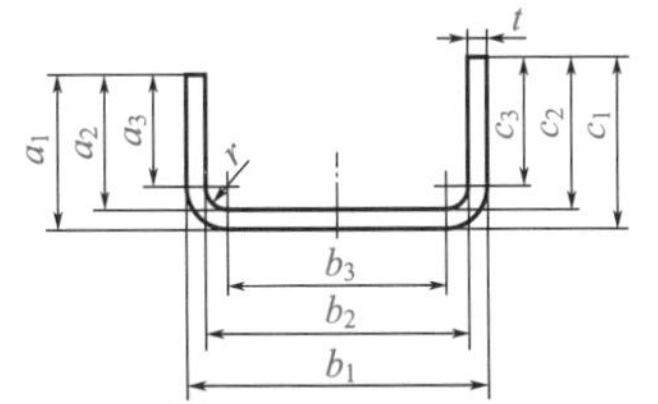


展开长度：$L=a_1+b_1+c_1+s_1$
$=a_2+b_2+c_2+s_2$
$=a_3+b_3+c_3+s_3$

| 弯曲内半径 $r$/mm | 补偿值 | 材料厚度 $t$/mm | | | | | | | | | | | |
|---|---|---|---|---|---|---|---|---|---|---|---|---|---|
| | | 0.5 | 0.8 | 1.0 | 1.2 | 1.5 | 1.8 | 2.0 | 2.5 | 3 | 4 | 5 | 6 |
| 0.2 | $s_1$<br>$s_2$<br>$s_3$ | −1.90<br>+0.10<br>+0.90 | −2.84<br>+0.36<br>+1.16 | −3.44<br>+0.56<br>+1.36 | −4.06<br>+0.74<br>+1.54 | −4.94<br>+1.06<br>+1.86 | −5.84<br>+1.36<br>+2.16 | −6.42<br>+1.58<br>+2.38 | −7.86<br>+2.14<br>+2.94 | −9.26<br>+2.74<br>+3.54 | −12.16<br>+3.84<br>+4.64 | −15.34<br>+4.66<br>+5 46 | −18.56<br>+5.44<br>+6.24 |
| 0 3 | $s_1$<br>$s_2$<br>$s_3$ | −1.98<br>+0.02<br>+1.22 | −2.90<br>+0.30<br>+1.50 | −3.50<br>+0.50<br>+1.70 | −4.12<br>+0.68<br>+1.88 | −4.98<br>+1.02<br>+2.22 | −5.88<br>+1.32<br>+2.52 | −6.44<br>+1.56<br>+2.76 | −7.90<br>+2.10<br>+3.30 | −9.30<br>+2.70<br>+3.90 | −12.20<br>+3.80<br>+5.00 | −15.36<br>+4.64<br>+5.84 | −18.56<br>+5.44<br>+6.64 |
| 0 4 | $s_1$<br>$s_2$<br>$s_3$ | −2.02<br>−0.02<br>+1.58 | −2.94<br>+0.26<br>+1.86 | −3.56<br>+0.44<br>+2.04 | −4.16<br>+0.64<br>+2.24 | −5.02<br>+0.98<br>+2.58 | −5.90<br>+1.30<br>+2.90 | −6.46<br>+1.54<br>+3.14 | −7.92<br>+2.08<br>+3.68 | −9.36<br>+2.64<br>+4.24 | −12.24<br>+3.76<br>+5.36 | −15.36<br>+4.64<br>+6.24 | −18.56<br>+5.44<br>+7.04 |

续表

| 弯曲内半径 $r$/mm | 补偿值 | 材料厚度 $t$/mm | | | | | | | | | | | |
|---|---|---|---|---|---|---|---|---|---|---|---|---|---|
| | | 0.5 | 0.8 | 1.0 | 1.2 | 1.5 | 1.8 | 2.0 | 2.5 | 3 | 4 | 5 | 6 |
| 0.5 | $s_1$ | −2.08 | −3.00 | −3.62 | −4.18 | −5.06 | −5.94 | −6.52 | −7.96 | −9.40 | −12.28 | −15.38 | −18.58 |
| | $s_2$ | −0.08 | +0.20 | +0.38 | +0.62 | +0.94 | +1.26 | +1.48 | +2.04 | +2.60 | +3.72 | +4.62 | +5.42 |
| | $s_3$ | +1.92 | +2.20 | +2.38 | +2.62 | +2.94 | +3.26 | +3.48 | +4.04 | +4.60 | +5.72 | +6.62 | +7.42 |
| 0.6 | $s_1$ | — | −3.06 | −3.66 | −4.26 | −5.10 | −5.96 | −6.58 | −8.00 | −9.46 | −12.32 | −15.38 | −18.60 |
| | $s_2$ | | +0.14 | +0.34 | +0.54 | +s.90 | +1.24 | +1.42 | +2.00 | +2.54 | +3.68 | +4.62 | +5.40 |
| | $s_3$ | | +2.54 | +2.74 | +2.94 | +3.30 | +3.64 | +3.82 | +4.40 | +4.94 | +6.08 | +7.02 | +7.80 |
| 0.8 | $s_1$ | — | −3.18 | −3.78 | −4.36 | −5.22 | −6.08 | −6.68 | −8.10 | −9.54 | −12.42 | −15.44 | −18.64 |
| | $s_2$ | | +0.02 | +0.22 | +0.44 | +0.78 | +1.12 | +1.32 | +1.90 | +2.46 | +3.58 | +4.56 | +5.36 |
| | $s_3$ | | +3.22 | +3.42 | +3.64 | +3.98 | +4.32 | +4.52 | +5.10 | +5.66 | +6.78 | +7.76 | +8.56 |
| 1.0 | $s_1$ | — | — | −3.90 | −4.48 | −5.36 | −6.20 | −6.78 | −8.20 | −9.66 | −12.52 | −15.50 | −18.68 |
| | $s_2$ | | | +0.10 | +0.32 | +0.64 | +1.00 | +1.22 | +1.80 | +2.34 | +3.48 | +4.50 | +5.32 |
| | $s_3$ | | | +4.10 | +4.32 | +4.64 | +5.00 | +5.22 | +5.80 | +6.34 | +7.48 | +8.50 | +9.32 |
| 1.2 | $s_1$ | — | — | — | −4.60 | −5.48 | −6.32 | −6.90 | −8.32 | −9.72 | −12.64 | −15.56 | −18.74 |
| | $s_2$ | | | | +0.20 | +0.52 | +0.88 | +1.10 | +1.68 | +2.28 | +3.36 | +4.44 | +5.26 |
| | $s_3$ | | | | +5.00 | +5.32 | +5.68 | +5.90 | +6.48 | +7.08 | +8.16 | +9.24 | +10.06 |
| 1.6 | $s_1$ | — | — | — | — | — | −6.60 | −7.18 | −8.56 | −9.08 | −12.86 | −15.72 | −18.88 |
| | $s_2$ | | | | | | +0.60 | +0.82 | +1.44 | +2.02 | +3.14 | +4.28 | +5.12 |
| | $s_3$ | | | | | | +7.00 | +7.22 | +7.84 | +8.42 | +9.54 | +10.68 | +11.52 |
| 2.0 | $s_1$ | — | — | — | — | — | — | −7.46 | −8.80 | −10.22 | −13.08 | −15.92 | −19.02 |
| | $s_2$ | | | | | | | +0.54 | +1.20 | +1.78 | +2.92 | +4.08 | +4.98 |
| | $s_3$ | | | | | | | +8.54 | +9.20 | +9.78 | +10.92 | +12.08 | +12.98 |
| 2.5 | $s_1$ | — | — | — | — | — | — | — | −9.16 | −10.56 | −13.38 | −16.18 | −19.36 |
| | $s_2$ | | | | | | | | +0.84 | +1.44 | +2.62 | +3.82 | +4.64 |
| | $s_3$ | | | | | | | | +10.84 | +11.44 | +12.62 | +13.82 | +14.64 |
| 3.0 | $s_1$ | — | — | — | — | — | — | — | — | −10.90 | −13.70 | −16 46 | −19.60 |
| | $s_2$ | | | | | | | | | +1.10 | +2.30 | +3.54 | +4.40 |
| | $s_3$ | | | | | | | | | +13.10 | +14.30 | +15.54 | +16.40 |
| 4.0 | $s_1$ | — | — | — | — | — | — | — | — | — | −14.42 | −17.16 | −20.24 |
| | $s_2$ | | | | | | | | | | +1.58 | +2.84 | +3.76 |
| | $s_3$ | | | | | | | | | | +17.58 | +18.84 | +19.76 |
| 5.0 | $s_1$ | — | — | — | — | — | — | — | — | — | — | −18.04 | −20.98 |
| | $s_2$ | | | | | | | | | | | +1.96 | +3.02 |
| | $s_3$ | | | | | | | | | | | +21.96 | +23.02 |

表 4-23　弯曲角为 15° 时的展开补偿值

| 料厚 $t$/mm | 弯曲内半径 $r$/mm | | | | | | | | | | | |
|---|---|---|---|---|---|---|---|---|---|---|---|---|
| | 1 | 1.2 | 1.6 | 2 | 2.5 | 3 | 4 | 5 | 6 | 8 | 10 | 12 |
| | 平均值 $s_1$/mm | | | | | | | | | | | |
| 1 | −0.18 | −0.17 | −0.17 | −0.16 | −0.16 | −0.15 | −0.14 | −0.14 | −0.14 | −0.13 | −0.13 | −0.13 |
| 1.5 | — | — | −0.27 | −0.26 | −0.25 | −0.24 | −0.23 | −0.22 | −0.22 | −0.21 | −0.20 | −0.20 |
| 2 | — | — | — | — | −0.35 | −0.34 | −0.32 | −0.31 | −0.30 | −0.29 | −0.28 | −0.27 |

续表

| 料厚 $t$/mm | 弯曲内半径 $r$/mm | | | | | | | | | | | |
| --- | --- | --- | --- | --- | --- | --- | --- | --- | --- | --- | --- | --- |
| | 1 | 1.2 | 1.6 | 2 | 2.5 | 3 | 4 | 5 | 6 | 8 | 10 | 12 |
| | 平均值 $s_1$/mm | | | | | | | | | | | |
| 2.5<br>3<br>3.5 | — | — | — | — | -0.45<br>—<br>— | -0.44<br>-0.54<br>— | -0.42<br>-0.52<br>-0.62 | -0.40<br>-0.50<br>-0.60 | -0.39<br>-0.48<br>-0.58 | -0.37<br>-0.46<br>-0.55 | -0.36<br>-0.45<br>-0.53 | -0.35<br>-0.43<br>-0.52 |
| 4<br>4.5<br>5 | — | — | — | — | — | — | — | -0.70<br>—<br>— | -0.68<br>-0.77<br>-0.87 | -0.65<br>-0.74<br>-0.84 | -0.62<br>-0.71<br>-0.81 | -0.61<br>-0.69<br>-0.78 |
| 6<br>7<br>8<br>9 | — | — | — | — | — | — | — | — | — | -1.03<br>—<br>—<br>— | -1.00<br>-1.19<br>—<br>— | -0.97<br>-1.16<br>-1.35<br>— |

| 料厚 $t$/mm | 弯曲内半径 $r$/mm | | | | | | | | | | | |
| --- | --- | --- | --- | --- | --- | --- | --- | --- | --- | --- | --- | --- |
| | 16 | 20 | 25 | 28 | 32 | 36 | 40 | 45 | 50 | 63 | 80 | 100 |
| | 平均值 $s_1$/mm | | | | | | | | | | | |
| 1<br>1.5<br>2 | -0.12<br>-0.19<br>-0.26 | -0.12<br>-0.19<br>-0.26 | -0.12<br>-0.19<br>-0.26 | -0.13<br>-0.19<br>-0.25 | -0.13<br>-0.19<br>-0.25 | -0.13<br>-0.19<br>-0.25 | -0.13<br>-0.19<br>-0.25 | -0.14<br>-0.19<br>-0.25 | -0.14<br>-0.19<br>-0.25 | -0.16<br>-0.20<br>-0.26 | -0.17<br>-0.22<br>-0.27 | -0.20<br>-0.24<br>-0.28 |
| 2.5<br>3<br>3.5 | -0.34<br>-0.42<br>-0.50 | -0.33<br>-0.40<br>-0.48 | -0.32<br>-0.39<br>-0.47 | -0.32<br>-0.38<br>-0.45 | -0.31<br>-0.37<br>-0.45 | -0.31<br>-0.37<br>-0.44 | -0.31<br>-0.37<br>-0.44 | -0.31<br>-0.37<br>-0.43 | -0.31<br>-0.37<br>-0.43 | -0.31<br>-0.37<br>-0.43 | -0.32<br>-0.38<br>-0.43 | -0.33<br>-0.39<br>-0.44 |
| 4<br>4.5<br>5 | -0.58<br>-0 66<br>-0.75 | -0.56<br>-0.64<br>-0.72 | -0.54<br>-0.62<br>-0.70 | -0.53<br>-0.61<br>-0.69 | -0.52<br>-0.60<br>-0.68 | -0.52<br>-0.59<br>-0.66 | -0.51<br>-0.58<br>-0.66 | -0.51<br>-0.58<br>-0.65 | -0.50<br>-0.57<br>-0.64 | -0.49<br>-0.56<br>-0.63 | -0.49<br>-0.55<br>-0.62 | -0.50<br>-0.56<br>-0.62 |
| 6<br>7<br>8 | -0.93<br>-1.11<br>-1.29 | -0.89<br>-1.07<br>-1.25 | -0.86<br>-1.03<br>-1.20 | -0.85<br>-1.01<br>-1.18 | -0.83<br>-0.99<br>-1.16 | -0.82<br>-0.98<br>-1.14 | -0.81<br>-0.96<br>-1.12 | -0.79<br>-0.95<br>-1.10 | -0.78<br>-0.93<br>-1.08 | -0.76<br>-0 91<br>-1.05 | -0.75<br>-0 88<br>-1.02 | -0.74<br>-0.87<br>-1.00 |
| 9<br>10<br>11 | -1.48<br>-1.67<br>— | -1.43<br>-1.62<br>-1.80 | -1.38<br>-1.56<br>-1.74 | -1.36<br>-1.53<br>-1.71 | -1.33<br>-1.50<br>-1.67 | -1.30<br>-1.47<br>-1.64 | -1.28<br>-1.45<br>-1.62 | -1.26<br>-1.42<br>-1.59 | -1.24<br>-1.40<br>-1.56 | -1.20<br>-1.35<br>-1 51 | -1.17<br>-1.31<br>-1.46 | -1.14<br>-1.28<br>-1.42 |
| 12<br>13<br>14 | — | -1.99<br>—<br>— | -1.93<br>-2.11<br>-2.30 | -1.89<br>-2.08<br>-2.26 | -1.85<br>-2.03<br>-2.21 | -1.82<br>-1.99<br>-2.17 | -1.79<br>-1.96<br>-2.14 | -1.76<br>-1.93<br>-2.10 | -1.73<br>-1.89<br>-2.06 | -1.67<br>-1.83<br>-1.99 | -1.61<br>-1.77<br>-1.92 | -1.57<br>-1.71<br>-1.86 |
| 15<br>16<br>17 | — | — | — | -2.45<br>-2.64 | -2.40<br>-2.58<br>-2.77 | -2.35<br>-2.54<br>-2.72 | -2.32<br>-2.50<br>-2.68 | -2.27<br>-2.45<br>-2.63 | -2.24<br>-2.41<br>-2.58 | -2.16<br>-2.32<br>-2.49 | -2.08<br>-2.24<br>-2.40 | -2.01<br>-2.17<br>-2.32 |
| 18<br>19<br>20 | — | — | — | — | — | -2.91<br>—<br>— | -2.86<br>-3.04<br>-3.23 | -2.81<br>-2.99<br>-3.17 | -2.76<br>-2.94<br>-3.12 | -2.66<br>-2.83<br>-3.01 | -2.57<br>-2.73<br>-2.90 | -2.48<br>-2.64<br>-2.80 |

表 4-24　弯曲角为 30° 时的展开补偿值

| 料厚 $t$/mm | 弯曲内半径 $r$/mm | | | | | | | | | | | |
|---|---|---|---|---|---|---|---|---|---|---|---|---|
| | 1 | 1.2 | 1.6 | 2 | 2.5 | 3 | 4 | 5 | 6 | 8 | 10 | 12 |
| | 平均值 $s_1$/mm | | | | | | | | | | | |
| 1 | -0.38 | -0.37 | -0.36 | -0.35 | -0.34 | -0.34 | -0.34 | -0.34 | -0.34 | -0.35 | -0.36 | -0.37 |
| 1.5 | — | — | -0.56 | -0.55 | -0.54 | -0.53 | -0.51 | -0.51 | -0.50 | -0.50 | -0.51 | -0.52 |
| 2 | — | — | — | — | -0.74 | -0.72 | -0.70 | -0.69 | -0.68 | -0.67 | -0.67 | -0.68 |
| 2.5 | | | | | -0.95 | -0.93 | -0.90 | -0.88 | -0.86 | -0.85 | -0.84 | -0.84 |
| 3 | — | — | — | — | — | -1.13 | -1.10 | -1.07 | -1.05 | -1.03 | -1.01 | -1.01 |
| 3.5 | | | | | — | — | -1.30 | -1.27 | -1.25 | -1.21 | -1.19 | -1.18 |
| 4 | | | | | | | | -1.47 | -1.44 | -1.40 | -1.38 | -1.36 |
| 4.5 | — | — | — | — | — | — | — | — | -1.65 | -1.60 | -1.56 | -1.54 |
| 5 | | | | | | | | — | -1.85 | -1.79 | -1.75 | -1.73 |
| 6 | | | | | | | | | | -2.19 | -2.14 | -2.11 |
| 7 | — | — | — | — | — | — | — | — | — | — | -2.54 | -2.49 |
| 8 | | | | | | | | | | — | — | -2.89 |
| 9 | | | | | | | | | | — | — | — |

| 料厚 $t$/mm | 弯曲内半径 $r$/mm | | | | | | | | | | | |
|---|---|---|---|---|---|---|---|---|---|---|---|---|
| | 16 | 20 | 25 | 28 | 32 | 36 | 40 | 45 | 50 | 63 | 80 | 100 |
| | 平均值 $s_1$/mm | | | | | | | | | | | |
| 1 | -0.40 | -0.44 | -0.49 | -0.52 | -0.56 | -0.60 | -0.65 | -0.70 | -0.76 | -0.91 | -1.10 | -1.33 |
| 1.5 | -0.54 | -0.57 | -0.62 | -0.64 | -0.68 | -0.72 | -0.76 | -0.81 | -0.86 | -1.00 | -1.19 | -1.42 |
| 2 | -0.69 | -0.72 | -0.75 | -0.78 | -0.81 | -0.85 | -0.88 | -0.93 | -0.98 | -1.11 | -1.30 | -1.52 |
| 2.5 | -0.85 | -0.86 | -0.89 | -0.92 | -0.95 | -0.98 | -1.01 | -1.06 | -1.10 | -1.23 | -1.41 | -1.62 |
| 3 | -1.01 | -1.02 | -1.04 | -1.06 | -1.09 | -1.12 | -1.15 | -1.19 | -1.23 | -1.35 | -1.52 | -1.73 |
| 3.5 | -1.17 | -1.18 | -1.20 | -1.21 | -1.23 | -1.26 | -1.29 | -1.33 | -1.37 | -1.48 | -1.64 | -1.84 |
| 4 | -1.34 | -1.34 | -1.35 | -1.36 | -1.38 | -1.41 | -1.43 | -1.47 | -1.50 | -1.61 | -1.77 | -1.96 |
| 4.5 | -1.52 | -1.51 | -1.51 | -1.52 | -1.54 | -1.56 | -1.58 | -1.61 | -1.64 | -1.75 | -1.89 | -2.08 |
| 5 | -1.69 | -1.68 | -1.68 | -1.68 | -1.69 | -1.71 | -1.73 | -1.76 | -1.79 | -1.88 | -2.02 | -2.21 |
| 6 | -2.06 | -2.03 | -2.02 | -2.01 | -2.02 | -2.03 | -2.04 | -2.06 | -2.09 | -2.17 | -2.29 | -2.46 |
| 7 | -2.43 | -2.39 | -2.36 | -2.35 | -2.35 | -2.35 | -2.36 | -2.37 | -2.39 | -2.46 | -2.57 | -2.73 |
| 8 | -2.81 | -2.76 | -2.72 | -2.70 | -2.69 | -2.68 | -2.69 | -2.69 | -2.71 | -2.76 | -2.86 | -3.01 |
| 9 | -3.19 | -3.13 | -3.08 | -3.06 | -3.04 | -3.03 | -3.02 | -3.02 | -3.03 | -3.07 | -3.16 | -3.29 |
| 10 | -3.59 | -3.51 | -3.44 | -3.42 | -3.39 | -3.37 | -3.36 | -3.36 | -3.36 | -3.39 | -3.46 | -3.58 |
| 11 | — | -3.90 | -3.82 | -3.78 | -3.75 | -3.72 | -3.71 | -3.70 | -3.69 | -3.71 | -3.77 | -3.87 |
| 12 | | -4.29 | -4.20 | -4.16 | -4.11 | -4.08 | -4.06 | -4.04 | -4.03 | -4.03 | -4.08 | -4.17 |
| 13 | — | — | -4.58 | -4.53 | -4.48 | -4.44 | -4.42 | -4.39 | -4.37 | -4.36 | -4.40 | -4.48 |
| 14 | | — | -4.97 | -4.91 | -4.86 | -4.81 | -4.78 | -4.74 | -4.72 | -4.70 | -4.72 | -4.79 |
| 15 | | | | -5.30 | -5.23 | -5.18 | -5.14 | -5.10 | -5.07 | -5.04 | -5.04 | -5.10 |
| 16 | — | — | — | -5.69 | -5.61 | -5.56 | -5.51 | -5.46 | -5.43 | -5.38 | -5.37 | -5.41 |
| 17 | | | | — | -6.00 | -5.94 | -5.88 | -5.83 | -5.79 | -5.73 | -5.70 | -5.73 |
| 18 | | | | | | -6.32 | -6.26 | -6.20 | -6.15 | -6.08 | -6.04 | -6.06 |
| 19 | — | — | — | — | — | — | -6.64 | -6.57 | -6.43 | -6.43 | -6.38 | -6.38 |
| 20 | | | | | | — | -7.02 | -6.95 | -6.78 | -6.78 | -6.72 | -6.71 |

表 4-25　弯曲角为 60° 时的展开补偿值

| 料厚 $t$/mm | 弯曲内半径 $r$/mm | | | | | | | | | | | |
|---|---|---|---|---|---|---|---|---|---|---|---|---|
| | 1 | 1.2 | 1.6 | 2 | 2.5 | 3 | 4 | 5 | 6 | 8 | 10 | 12 |
| | 平均值 $s_1$/mm | | | | | | | | | | | |
| 1 | -0.92 | -0.92 | -0.93 | -0.95 | -0.98 | -1.01 | -1.09 | -1.17 | -1.26 | -1.44 | -1.63 | -1.82 |
| 1.5 | — | — | -1.38 | -1.39 | -1.40 | -1.43 | -1.48 | -1.55 | -1.63 | -1.80 | -1.97 | -2.16 |
| 2 | — | — | — | — | -1.85 | -1.86 | -1.90 | -1.96 | -2.02 | -2.17 | -2.34 | -2.51 |
| 2.5 | | | | | -2.30 | -2.31 | -2.33 | -2.38 | -2.43 | -2.57 | -2.72 | -2.88 |
| 3 | — | — | — | — | | -2.77 | -2.77 | -2.81 | -2.85 | -2.97 | -3.11 | -3.26 |
| 3.5 | | | | | | | -3.23 | -3.25 | -3.28 | -3.33 | -3.51 | -3.65 |
| 4 | | | | | | | | -3.69 | -3.72 | -3.80 | -3.92 | -4.05 |
| 4.5 | — | — | — | — | — | — | — | — | -4.16 | -4.23 | -4.33 | -4.45 |
| 5 | | | | | | | | — | -4.61 | -4.66 | -4.75 | -4.86 |
| 6 | | | | | | | | | | -5.55 | -5.61 | -5.70 |
| 7 | — | — | — | — | — | — | — | — | — | — | -6.49 | -6.56 |
| 8 | | | | | | | | | | — | — | -7.44 |
| 9 | | | | | | | | | | — | — | — |
| **料厚 $t$/mm** | **弯曲内半径 $r$/mm** | | | | | | | | | | | |
| | 16 | 20 | 25 | 28 | 32 | 36 | 40 | 45 | 50 | 63 | 80 | 100 |
| | 平均值 $s_1$/mm | | | | | | | | | | | |
| 1 | -2.22 | -2.62 | -3.14 | -3.45 | -3.86 | -4.28 | -4.70 | -5.22 | -5.74 | -7.12 | -8.92 | -11.04 |
| 1.5 | -2.54 | -2.93 | -3.43 | -3.73 | -4.14 | -4.55 | -4.96 | -5.48 | -6.00 | -7.36 | -9.14 | -11.26 |
| 2 | -2.88 | -3.26 | -3.74 | -4.04 | -4.44 | -4.84 | -5.25 | -5.76 | -6.27 | -7.62 | -9.39 | -11.49 |
| 2.5 | -3.23 | -3.59 | -4.07 | -4.36 | -4.75 | -5.15 | -5.55 | -6.05 | -6.56 | -7.89 | -9.65 | -11.74 |
| 3 | -3.59 | -3.95 | -4.41 | -4.69 | -5.08 | -5.47 | -5.86 | -6.36 | -6.86 | -8.18 | -9.92 | -12.00 |
| 3.5 | -3.97 | -4.31 | -4.76 | -5.03 | -5.41 | -5.79 | -6.18 | -6.67 | -7.17 | -8.47 | -10.21 | -12.27 |
| 4 | -4.35 | -4.68 | -5.11 | -5.38 | -5.75 | -6.13 | -6.51 | -6.99 | -7.48 | -8.78 | -10.50 | -12.54 |
| 4.5 | -4.74 | -5.05 | -5.47 | -5.74 | -6.10 | -6.47 | -6.85 | -7.32 | -7.81 | -9.09 | -10.79 | -12.83 |
| 5 | -5.13 | -5.43 | -5.84 | -6.10 | -6.46 | -6.82 | -7.19 | -7.66 | -8.14 | -9.40 | -11.10 | -13.12 |
| 6 | -5.94 | -6.21 | -6.60 | -6.85 | -7.18 | -7.53 | -7.89 | -8.35 | -8.81 | -10.05 | -11.72 | -13.72 |
| 7 | -6.76 | -7.02 | -7.37 | -7.61 | -7.93 | -8.27 | -8.61 | -9.06 | -9.51 | -10.72 | -12.36 | -14.33 |
| 8 | -7.60 | -7.83 | -8.17 | -8.39 | -8.69 | -9.02 | -9.35 | -9.78 | -10.22 | -11.41 | -13.02 | -14.97 |
| 9 | -8.46 | -8.66 | -8.97 | -9.18 | -9.47 | -9.78 | -10.10 | -10.52 | -10.95 | -12.11 | -13.69 | -15.62 |
| 10 | -9.33 | -9.51 | -9.79 | -9.98 | -10.26 | -10.56 | -10.87 | -11.27 | -11.69 | -12.82 | -14.38 | -16.28 |
| 11 | — | -10.36 | -10.6 | -10.80 | -11.06 | -11.35 | -11.64 | -12.03 | -12.44 | -13.55 | -15.08 | -16.95 |
| 12 | | -11.23 | -11.46 | -11.63 | -11.87 | -12.14 | -12.43 | -12.81 | -13.20 | -14.28 | -15.78 | -17.63 |
| 13 | — | — | -12.31 | -12.46 | -12.70 | -12.95 | -13.23 | -13.59 | -13.97 | -15.03 | -16.50 | -18.32 |
| 14 | | — | -13.17 | -13.31 | -13.53 | -13.77 | -14.03 | -14.38 | -14.75 | -15.78 | -17.23 | -19.02 |
| 15 | | | | -14.16 | -14.36 | -14.59 | -14.84 | -15.18 | -15.54 | -16.54 | -17.96 | -19.73 |
| 16 | — | — | — | -15.02 | -15.21 | -15.42 | -15.66 | -15.99 | -16.33 | -17.31 | -18.70 | -20.45 |
| 17 | | | | — | -16.06 | -16.26 | -16.49 | -16.80 | -17.13 | -18.08 | -19.45 | -21.17 |
| 18 | | | | | | -17.11 | -17.32 | -17.62 | -17.94 | -18.87 | -20.21 | -21.90 |
| 19 | — | — | — | — | — | — | -18.16 | -18.45 | -18.76 | -19.66 | -20.97 | -22.64 |
| 20 | | | | | | — | -19.01 | -19.28 | -19.58 | -20.45 | -21.74 | -23.38 |

表 4-26　弯曲角为 120° 时的展开补偿值

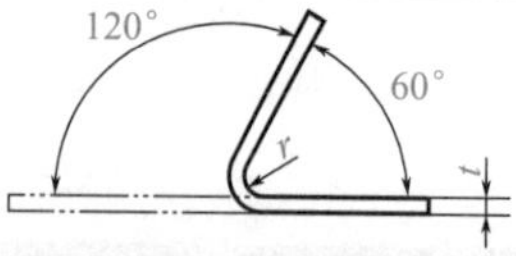

| 料厚 $t$/mm | 弯曲内半径 $r$/mm | | | | | | | | | | | |
|---|---|---|---|---|---|---|---|---|---|---|---|---|
| | 1 | 1.2 | 1.6 | 2 | 2.5 | 3 | 4 | 5 | 6 | 8 | 10 | 12 |
| | 平均值 $s_1$/mm | | | | | | | | | | | |
| 1 | −1.22 | −1.16 | −1.06 | −0.97 | −0.87 | −0.79 | −0.63 | −0.48 | −0.35 | −0.09 | +0.15 | +0.38 |
| 1.5 | — | — | −1.81 | −1.69 | −1.57 | −1.46 | −1.27 | −1.10 | −0.94 | −0.65 | −0.39 | −0.14 |
| 2 | — | — | — | — | −2.30 | −2.17 | −1.95 | −1.75 | −1.57 | −1.25 | −0.96 | −0.69 |
| 2.5 | — | — | — | — | −3.06 | −2.91 | −2.65 | −2.43 | −2.23 | −1.88 | −1.57 | −1.27 |
| 3 | — | — | — | — | — | −3.67 | −3.38 | −3.14 | −2.92 | −2.53 | −2.19 | −1.88 |
| 3.5 | — | — | — | — | — | — | −4.13 | −3.86 | −3.62 | −3.20 | −2.84 | −2.50 |
| 4 | — | — | — | — | — | — | — | −4.60 | −4.34 | −3.89 | −3.50 | −3.15 |
| 4.5 | — | — | — | — | — | — | — | — | −5.08 | −4.59 | −4.18 | −3.80 |
| 5 | — | — | — | — | — | — | — | — | −5.82 | −5.31 | −4.86 | −4.47 |
| 6 | — | — | — | — | — | — | — | — | — | −6.77 | −6.28 | −5.84 |
| 7 | — | — | — | — | — | — | — | — | — | — | −7.72 | −7.24 |
| 8 | — | — | — | — | — | — | — | — | — | — | — | −8.68 |
| 9 | — | — | — | — | — | — | — | — | — | — | — | — |

| 料厚 $t$/mm | 弯曲内半径 $r$/mm | | | | | | | | | | | |
|---|---|---|---|---|---|---|---|---|---|---|---|---|
| | 16 | 20 | 25 | 28 | 32 | 36 | 40 | 45 | 50 | 63 | 80 | 100 |
| | 平均值 $s_1$/mm | | | | | | | | | | | |
| 1 | +0.82 | +1.25 | +1.77 | +2.08 | +2.49 | +2.89 | +3.30 | +3.79 | +4.29 | +5.57 | +7.23 | +9.17 |
| 1.5 | +0.34 | +0.79 | +1.34 | +1.66 | +2.09 | +2.50 | +2.92 | +3.43 | +3.94 | +5.24 | +6.93 | +8.89 |
| 2 | −0.18 | +0.30 | +0.87 | +1.20 | +1.64 | +2.07 | +2.50 | +3.03 | +3.54 | +4.88 | +6.59 | +8.58 |
| 2.5 | −0.73 | −0.23 | +0.37 | +0.72 | +1.17 | +1.62 | +2.05 | +2.59 | +3.12 | +4.48 | +6.22 | +8.24 |
| 3 | −1.31 | −0.78 | −0.15 | +0.21 | +0.68 | +1.14 | +1.58 | +2.14 | +2.68 | +4.07 | +5.83 | +7.87 |
| 3.5 | −1.90 | −1.34 | −0.69 | +0.32 | +0.16 | +0.64 | +1.10 | +1.66 | +2.22 | +3.63 | +5.42 | +7.49 |
| 4 | −2.51 | −1.93 | −1.25 | −0.86 | −0.37 | +0.12 | +0.59 | +1.17 | +1.74 | +3.18 | +5.00 | +7.09 |
| 4.5 | −3.13 | −2.52 | −1.82 | −1.42 | −0.91 | −0.41 | +0.07 | +0.67 | +1.25 | +2.71 | +4.56 | +6.68 |
| 5 | −3.76 | −3.13 | −2.41 | −1.99 | −1.47 | −0.95 | −0.46 | +0.15 | +0.74 | +2.23 | +4.11 | +6.25 |
| 6 | −5.07 | −4.39 | −3.61 | −3.17 | −2.61 | −2.07 | −1.55 | −0.92 | −0.30 | +1.24 | +3.17 | +5.36 |
| 7 | −6.41 | −5.68 | −4.85 | −4.39 | −3.80 | −3.23 | −2.69 | −2.03 | −1.39 | +0.21 | +2.19 | +4.44 |
| 8 | −7.78 | −7.00 | −6.12 | −5.63 | −5.01 | −4.42 | −3.85 | −3.16 | −2.50 | −0.85 | +1.19 | +3.48 |
| 9 | −9.19 | −8.35 | −7.42 | −6.91 | −6.26 | −5.64 | −5.05 | −4.33 | −3.64 | −1.94 | +0.15 | +2.49 |
| 10 | −10.61 | −9.73 | −8.75 | −8.21 | −7.53 | −6.88 | −6.27 | −5.53 | −4.81 | −3.06 | −0.91 | +1.48 |
| 11 | — | −11.13 | −10.10 | −9.53 | −8.82 | −8.15 | −7.51 | −6.74 | −6.01 | −4.20 | −2.00 | +0.45 |
| 12 | — | −12.55 | −11.47 | −10.88 | −10.13 | −9.44 | −8.77 | −7.98 | −7.22 | −5.36 | −3.10 | −0.61 |
| 13 | — | — | −12.86 | −12.24 | −11.47 | −10.74 | −10.05 | −9.23 | −8.45 | −6.54 | −4.23 | −1.68 |
| 14 | — | — | −14.26 | −13.62 | −12.82 | −12.07 | −11.35 | −10.51 | −9.70 | −7.74 | −5.37 | −2.77 |
| 15 | — | — | — | −15.02 | −14.18 | −13.41 | −12.67 | −11.79 | −10.96 | −8.95 | −6.53 | −3.88 |
| 16 | — | — | — | −16.43 | −15.57 | −14.76 | −14.00 | −13.10 | −12.24 | −10.18 | −7.70 | −5.00 |
| 17 | — | — | — | — | −16.96 | −16.13 | −15.34 | −14.42 | −13.54 | −11.42 | −8.89 | −6.14 |
| 18 | — | — | — | — | — | −17.51 | −16.70 | −15.75 | −14.85 | −12.67 | −10.09 | −7.29 |
| 19 | — | — | — | — | — | — | −18.08 | −17.09 | −16.17 | −13.94 | −11.30 | −8.45 |
| 20 | — | — | — | — | — | — | −19.46 | −18.45 | −17.50 | −15.22 | −12.53 | −9.63 |

表 4-27　弯曲角为 150° 时的展开补偿值



| 料厚 $t$/mm | 弯曲内半径 $r$/mm | | | | | | | | | | | |
|---|---|---|---|---|---|---|---|---|---|---|---|---|
| | 1 | 1.2 | 1.6 | 2 | 2.5 | 3 | 4 | 5 | 6 | 8 | 10 | 12 |
| | 平均值 $s_1$/mm | | | | | | | | | | | |
| 1 | −0.53 | −0.36 | −0.03 | +0.28 | +0.66 | +1.02 | +1.72 | +2.40 | +3.07 | +4.39 | +5.69 | +6.97 |
| 1.5 | — | — | −0.71 | −0.37 | +0.04 | +0.43 | +1.17 | +1.88 | +2.58 | +3.93 | +5.27 | +6.58 |
| 2 | — | — | — | — | −0.63 | −0.21 | +0.57 | +1.31 | +2.03 | +3.43 | +4.80 | +6.14 |
| 2.5 | — | — | — | — | −1.33 | −0.89 | −0.07 | +0.71 | +1.46 | +2.90 | +4.29 | +5.65 |
| 3 | — | — | — | — | — | −1.59 | −0.73 | +0.08 | +0.85 | +2.33 | +3.76 | +5.15 |
| 3.5 | — | — | — | — | — | — | −1.42 | −0.58 | +0.22 | +1.74 | +3.20 | +4.62 |
| 4 | — | — | — | — | — | — | — | −1.25 | −0.43 | +1.14 | +2.63 | +4.07 |
| 4.5 | — | — | — | — | — | — | — | — | −1.10 | +0.51 | +2.03 | +3.50 |
| 5 | — | — | — | — | — | — | — | — | −1.78 | −0.13 | +1.42 | +2.91 |
| 6 | — | — | — | — | — | — | — | — | — | −1.46 | +0.16 | +1.70 |
| 7 | — | — | — | — | — | — | — | — | — | — | −1.15 | +0.44 |
| 8 | — | — | — | — | — | — | — | — | — | — | — | −0.86 |
| 9 | — | — | — | — | — | — | — | — | — | — | — | — |

| 料厚 $t$/mm | 弯曲内半径 $r$/mm | | | | | | | | | | | |
|---|---|---|---|---|---|---|---|---|---|---|---|---|
| | 16 | 20 | 25 | 28 | 32 | 36 | 40 | 45 | 50 | 63 | 80 | 100 |
| | 平均值 $s_1$/mm | | | | | | | | | | | |
| 1 | +9.53 | +12.06 | +15.22 | +17.10 | +19.6 | +22.12 | +24.62 | +27.74 | +30.86 | +38.96 | +49.54 | +61.96 |
| 1.5 | +9.17 | +11.74 | +14.93 | +16.83 | +19.36 | +21.88 | +24.40 | +27.54 | +30.67 | +38.80 | +49.41 | +61.87 |
| 2 | +8.77 | +11.37 | +14.59 | +16.51 | +19.05 | +21.59 | +24.12 | +27.28 | +30.43 | +38.60 | +49.24 | +61.72 |
| 2.5 | +8.33 | +10.96 | +14.21 | +16.15 | +18.71 | +21.27 | +23.82 | +26.99 | +30.16 | +38.35 | +49.03 | +61.55 |
| 3 | +7.87 | +10.53 | +13.81 | +15.76 | +18.35 | +20.92 | +23.48 | +26.67 | +29.85 | +38.08 | +48.79 | +61.34 |
| 3.5 | +7.38 | +10.07 | +13.38 | +15.35 | +17.96 | +20.54 | +23.12 | +26.33 | +29.52 | +37.79 | +48.53 | +61.11 |
| 4 | +6.87 | +9.59 | +12.94 | +14.92 | +17.54 | +20.15 | +22.74 | +25.96 | +29.17 | +37.47 | +48.25 | +60.86 |
| 4.5 | +6.34 | +9.10 | +12.47 | +14.47 | +17.11 | +19.74 | +22.34 | +25.58 | +28.81 | +37.14 | +47.95 | +60.59 |
| 5 | +5.80 | +8.58 | +11.99 | +14.01 | +16.67 | +19.31 | +21.93 | +25.19 | +28.43 | +36.79 | +47.63 | +60.31 |
| 6 | +4.67 | +7.52 | +10.99 | +13.04 | +15.74 | +18.41 | +21.06 | +24.35 | +27.62 | +36.05 | +46.96 | +59.70 |
| 7 | +3.49 | +6.40 | +9.94 | +12.02 | +14.76 | +17.46 | +20.14 | +23.47 | +26.77 | +35.26 | +46.24 | +59.05 |
| 8 | +2.27 | +5.25 | +8.85 | +10.96 | +13.73 | +16.47 | +19.19 | +22.54 | +25.87 | +34.43 | +45.48 | +58.35 |
| 9 | +1.02 | +4.06 | +7.72 | +9.86 | +12.68 | +15.45 | +18.19 | +21.58 | +24.94 | +33.57 | +44.69 | +57.62 |
| 10 | −0.27 | +2.84 | +6.56 | +8.74 | +11.59 | +14.40 | +17.17 | +20.59 | +23.98 | +32.67 | +43.86 | +56.85 |
| 11 | — | +1.59 | +5.38 | +7.58 | +10.47 | +13.31 | +16.12 | +19.57 | +22.99 | +31.75 | +43.00 | +56.06 |
| 12 | — | +0.31 | +4.16 | +6.40 | +9.33 | +12.21 | +15.04 | +18.53 | +21.98 | +30.80 | +42.12 | +55.24 |
| 13 | — | — | +2.93 | +5.20 | +8.17 | +11.07 | +13.93 | +17.46 | +20.94 | +29.83 | +41.21 | +54.40 |
| 14 | — | — | +1.67 | +3.97 | +6.98 | +9.92 | +12.81 | +16.37 | +19.88 | +28.83 | +40.29 | +53.53 |
| 15 | — | — | — | +2.73 | +5.77 | +8.74 | +11.66 | +15.26 | +18.80 | +27.81 | +39.34 | +52.65 |
| 16 | — | — | — | +1.46 | +4.54 | +7.55 | +10.56 | +14.13 | +17.70 | +26.78 | +38.37 | +51.75 |
| 17 | — | — | — | — | +3.30 | +6.34 | +9.32 | +12.98 | +16.58 | +25.73 | +37.39 | +50.83 |
| 18 | — | — | — | — | — | +5.11 | +8.12 | +11.81 | +15.44 | +24.66 | +36.39 | +49.89 |
| 19 | — | — | — | — | — | — | +6.91 | +10.63 | +14.29 | +23.57 | +35.37 | +48.93 |
| 20 | — | — | — | — | — | — | +5.68 | +9.44 | +1.13 | +22.47 | +34.34 | +47.97 |

表 4-28　弯曲角为 180° 时的展开补偿值



| 料厚 $t$/mm | 弯曲内半径 $r$/mm | | | | | | | | | | | |
|---|---|---|---|---|---|---|---|---|---|---|---|---|
| | 1 | 1.2 | 1.6 | 2 | 2.5 | 3 | 4 | 5 | 6 | 8 | 10 | 12 |
| | 平均值 $s_1$/mm | | | | | | | | | | | |
| 1 | +0.16 | +0.45 | +1.01 | +1.54 | +2.19 | +2.82 | +4.06 | +5.28 | +6.48 | +8.86 | +11.22 | +13.57 |
| 1.5 | — | — | +0.39 | +0.96 | +1.65 | +2.31 | +3.60 | +4.86 | +6.09 | +8.52 | +10.92 | +13.29 |
| 2 | — | — | — | — | +1.05 | +1.74 | +3.08 | +4.38 | +5.64 | +8.12 | +10.56 | +12.96 |
| 2.5 | — | — | — | — | +0.41 | +1.13 | +2.52 | +3.85 | +5.15 | +7.68 | +10.15 | +12.59 |
| 3 | — | — | — | — | — | +0.49 | +1.92 | +3.29 | +4.62 | +7.20 | +19.71 | +12.18 |
| 3.5 | — | — | — | — | — | — | +1.30 | +2.71 | +4.07 | +6.69 | +19.24 | +11.74 |
| 4 | — | — | — | — | — | — | — | +2.10 | +3.49 | +6.16 | +8.75 | +11.28 |
| 4.5 | — | — | — | — | — | — | — | — | +2.89 | +5.61 | +8.24 | +10.80 |
| 5 | — | — | — | — | — | — | — | — | +2.27 | +5.04 | +7.70 | +10.30 |
| 6 | — | — | — | — | — | — | — | — | — | +3.85 | +6.59 | +9.24 |
| 7 | — | — | — | — | — | — | — | — | — | — | +5.41 | +8.13 |
| 8 | — | — | — | — | — | — | — | — | — | — | — | +6.97 |
| 9 | — | — | — | — | — | — | — | — | — | — | — | — |

| 料厚 $t$/mm | 弯曲内半径 $r$/mm | | | | | | | | | | | |
|---|---|---|---|---|---|---|---|---|---|---|---|---|
| | 16 | 20 | 25 | 28 | 32 | 36 | 40 | 45 | 50 | 63 | 80 | 100 |
| | 平均值 $s_1$/mm | | | | | | | | | | | |
| 1 | +18.23 | +22.87 | +28.66 | +32.12 | +36.73 | +41.34 | +45.94 | +51.69 | +57.43 | +72.35 | +91.84 | +114.75 |
| 1.5 | +18.01 | +22.69 | +28.51 | +31.99 | +36.63 | +41.25 | +45.87 | +51.64 | +57.41 | +72.36 | +91.89 | +114.84 |
| 2 | +17.73 | +22.44 | +28.30 | +31.81 | +36.46 | +41.11 | +45.75 | +51.54 | +57.32 | +72.32 | +91.89 | +114.87 |
| 2.5 | +17.40 | +22.16 | +28.06 | +31.58 | +36.26 | +40.92 | +45.58 | +51.39 | +57.19 | +72.22 | +91.84 | +114.86 |
| 3 | +17.04 | +21.84 | +27.77 | +31.31 | +36.02 | +40.70 | +45.38 | +51.21 | +57.02 | +72.10 | +91.75 | +114.81 |
| 3.5 | +16.65 | +21.49 | +27.46 | +31.02 | +35.75 | +40.45 | +45.15 | +50.99 | +56.83 | +71.94 | +91.64 | +114.73 |
| 4 | +16.24 | +21.11 | +27.12 | +30.70 | +35.45 | +40.18 | +44.89 | +50.76 | +56.61 | +71.77 | +91.50 | +114.63 |
| 4.5 | +15.81 | +20.72 | +26.77 | +30.37 | +35.14 | +39.88 | +44.61 | +50.50 | +56.37 | +71.57 | +91.34 | +114.51 |
| 5 | +15.35 | +20.30 | +26.39 | +30.01 | +34.80 | +39.57 | +44.32 | +50.22 | +56.11 | +71.35 | +91.16 | +114.37 |
| 6 | +14.40 | +19.42 | +25.59 | +29.24 | +34.08 | +38.89 | +43.67 | +49.62 | +55.54 | +70.68 | +90.75 | +114.04 |
| 7 | +13.39 | +18.49 | +24.73 | +28.42 | +33.31 | +38.15 | +42.97 | +48.96 | +54.92 | +70.31 | +90.29 | +113.66 |
| 8 | +12.32 | +17.50 | +23.82 | +27.55 | +32.48 | +37.37 | +42.22 | +48.25 | +54.25 | +69.72 | +89.78 | +113.22 |
| 9 | +11.22 | +16.47 | +22.87 | +26.64 | +31.61 | +36.54 | +41.43 | +47.50 | +53.53 | +69.08 | +89.22 | +112.74 |
| 10 | +10.08 | +15.41 | +21.88 | +25.69 | +30.71 | +35.68 | +40.60 | +46.71 | +52.78 | +68.41 | +88.63 | +112.22 |
| 11 | — | +14.31 | +20.85 | +24.70 | +29.77 | +34.78 | +39.74 | +4.89 | +51.99 | +67.70 | +88.00 | +111.67 |
| 12 | — | +13.17 | +19.80 | +23.68 | +28.80 | +33.85 | +38.84 | +45.03 | +51.17 | +66.96 | +87.34 | +111.09 |
| 13 | — | — | +18.71 | +22.64 | +27.80 | +32.89 | +37.92 | +44.15 | +50.33 | +66.19 | +86.66 | +110.48 |
| 14 | — | — | +17.60 | +21.57 | +26.77 | +31.90 | +36.97 | +43.24 | +49.45 | +65.40 | +85.94 | +109.84 |
| 15 | — | — | — | +20.47 | +25.72 | +30.89 | +36.00 | +42.31 | +48.55 | +64.58 | +85.21 | +109.18 |
| 16 | — | — | — | +19.35 | +24.65 | +29.86 | +35.00 | +41.35 | +47.63 | +63.74 | +84.45 | +108.50 |
| 17 | — | — | — | — | +23.56 | +28.81 | +33.98 | +40.37 | +46.69 | +62.87 | +83.67 | +107.79 |
| 18 | — | — | — | — | — | +27.73 | +32.94 | +39.38 | +45.73 | +61.99 | +82.86 | +107.07 |
| 19 | — | — | — | — | — | — | +31.89 | +38.36 | +44.75 | +61.09 | +82.04 | +106.32 |
| 20 | — | — | — | — | — | — | +30.81 | +37.32 | +43.75 | +60.17 | +81.20 | +105.56 |

# 第三节　弯曲件的工艺性

在设计需要进行弯曲加工的工件时，应根据弯曲成形的原理，考虑压弯加工的工艺性。弯曲工件的结构具有良好的工艺性，不仅可以大大简化压弯模具的设计和压弯工艺过程，而且有利于提高弯曲件的加工精度。只有在设计上有特殊要求时，才允许超一般的工艺性要求，但此时应有相应的工艺措施保证。

## 一、板料弯曲件结构工艺性的一般要求（表 4-29）

表 4-29　板料弯曲件结构工艺性的一般要求

| 弯曲工艺对零件结构的要求 | | 图例 | |
|---|---|---|---|
| | | 改进前 | 改进后 |
| 形状尽量对称 | 弯曲件形状尽量对称，否则工件受力不均，不易达到预定尺寸 |  | 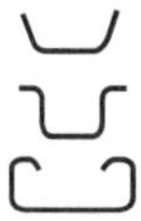 |
| 弯曲部分压筋 | 可增加工件刚度，减小回弹 |  | 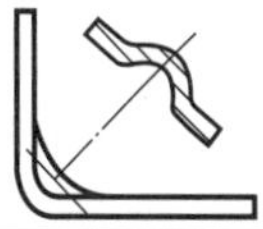 |
| 弯曲处缺口 | 窄料小半径弯曲时，为防止弯曲处变宽，工件弯曲处应有缺口 | 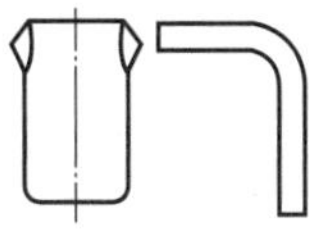 | 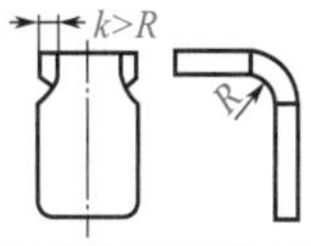 k>R<br>R |
| 预冲月牙槽 | 弯曲带孔的工件时，如孔在弯曲线附近，可预冲出月牙槽或孔，以防止孔变形 | 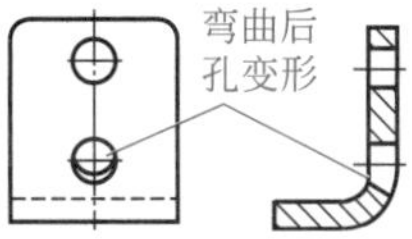 弯曲后孔变形 | 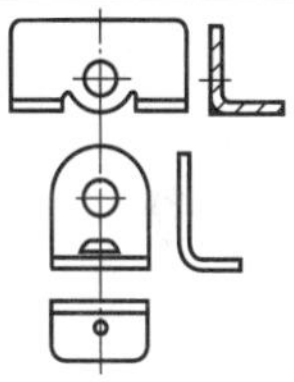 |
| 预冲防裂槽 | 在局部弯曲时，预冲防裂槽或外移弯曲线，以免交界处撕裂 | 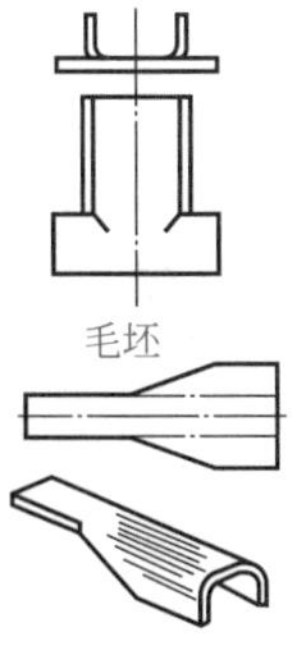 毛坯 | 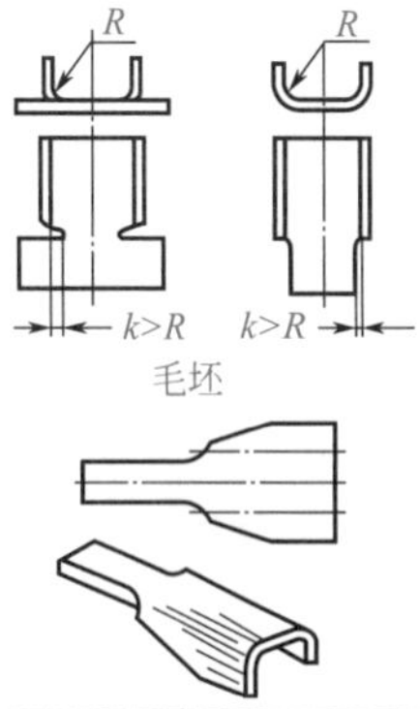 R　R<br>k>R　k>R<br>毛坯 |
| 坯料形状简单 | 工件外形利于简化展开料形状 | 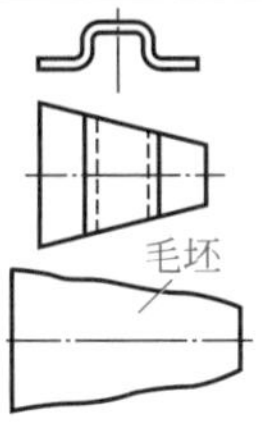 毛坯 | 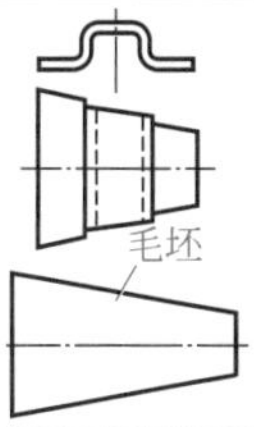 毛坯 |

续表

| 弯曲工艺对零件结构的要求 | | 图例 | |
|---|---|---|---|
| | | 改进前 | 改进后 |
| 弯曲部分进行预切 | 防止弯曲部分起皱 | A—A | A—A A—A |
| 弯角部分料窄造成弯边外胀 | 加大弯角部位料宽 | 向外胀 | |
| 弯边过窄的单角弯曲件 | 可成对弯曲后剖切亦可弯曲后切成形 | <2t | 成对弯形后切开 |

## 二、弯曲件的加工精度

弯曲件的加工精度与很多因素有关，如弯曲件材料的力学性能和材料厚度、模具结构和模具精度、工序的多少和工序的先后顺序，以及弯曲件本身的形状尺寸等。精度要求较高的弯曲件，必须严格控制材料厚度公差。一般弯曲件的尺寸精度不高于IT13级，见表4-30；弯曲件的角度公差见表4-31。若要达到弯曲件精密级的角度公差，必须在工艺上增加校正工序。

表4-30　弯曲件的尺寸精度

| | 材料厚度/mm | A | B | C | A | B | C |
|---|---|---|---|---|---|---|---|
| | | 经济型 | | | 精密型 | | |
| | ≤1 | IT13 | IT15 | IT16 | IT11 | IT13 | IT13 |
| | >1～4 | IT14 | IT16 | IT17 | IT12 | IT13～IT14 | IT13～IT14 |

表4-31　弯曲件的角度公差

| 弯角短边尺寸/mm | 1～6 | >6～10 | >10～25 | >25～63 | >63～160 | >160 |
|---|---|---|---|---|---|---|
| 经济型 | ±1°30′～3° | ±1°30′～3° | ±50′～2° | ±50′～2° | ±25′～1° | ±15′～30′ |
| 精密型 | ±1° | ±1° | ±30′ | ±30′ | ±20′ | ±10′ |

## 三、弯曲件的尺寸与形位精度

### 1. 板料弯曲件的角度公差（表 4-32）

表 4-32　板料弯曲件的角度公差

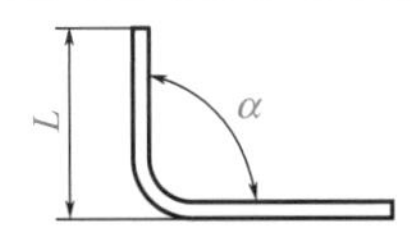


| 弯曲件弯角短边尺寸 $L$/mm | 弯曲件弯角 $\alpha$ 的公差 | | |
|---|---|---|---|
| | 经济级 | 精密级 | 高精密级 |
| ≤ 6 | ±3° | ±1°30′ | ±1° |
| >6 ～ 10 | ±2°30′ | ±1°30′ | ±1° |
| >10 ～ 18 | ±2° | ±1° | ±0°30′ |
| >18 ～ 30 | ±1°30′ | ±1° | ±0°25′ |
| >30 ～ 63 | ±1°15′ | ±0°45′ | ±0°20′ |
| >63 ～ 80 | ±1° | ±0°30′ | ±0°15′ |
| >80 ～ 120 | ±0°50′ | ±0°25′ | ±0°15′ |
| >120 ～ 180 | ±0°40′ | ±0°20′ | ±0°10′ |
| >180 ～ 260 | ±0°30′ | ±0°15′ | ±0°10′ |
| >260 ～ 400 | ±0°25′ | ±0°15′ | ±0°10′ |

### 2. 板料弯曲件弯边尺寸精度（表 4-33）

表 4-33　板料弯曲件弯边尺寸精度

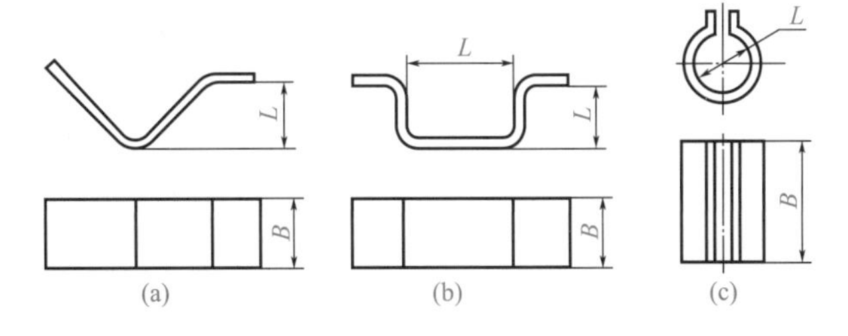


| 弯曲零件料厚 $t$/mm | 弯曲件尺寸 $B$/mm | 弯曲件尺寸 $L$ 精度等级（IT） | | |
|---|---|---|---|---|
| | | 经济级 | 精密级 | 高精密级 |
| ≤ 1 | ≤ 100 | 13 | 12 | 11 |
| | >100 ～ 200 | 14 | 13 | 12 |
| | >200 ～ 400 | 14 | 13 | 12 |
| | >400 ～ 700 | 15 | 14 | 13 |
| >1 ～ 3 | ≤ 100 | 14 | 13 | 12 |
| | >100 ～ 200 | 14 | 13 | 12 |
| | >200 ～ 400 | 15 | 14 | 13 |
| | >400 ～ 700 | 15 | 14 | 13 |
| >3 ～ 6 | ≤ 100 | 15 | 14 | 13 |
| | >100 ～ 200 | 15 | 14 | 13 |
| | >200 ～ 400 | 16 | 15 | 14 |
| | >400 ～ 700 | 16 | 15 | 14 |

## 四、最小弯曲半径

板料弯曲时所得到的最小曲率半径，叫作最小弯曲半径。在板料弯曲过程中，板料外层受到拉伸应力。对一定厚度的板料来说，弯曲半径越小，则拉伸应力越大，当弯曲半径小到一定程度时，材料外层产生过大的应力，造成裂纹或折断现象。各种材料的最小弯曲半径见表 4-34 ～表 4-39。

表 4-34　常用金属板料的最小弯曲半径

| 材料名称与牌号 | 软态（退过火的） | | 硬态（冷作硬化的） | |
|---|---|---|---|---|
| | 弯曲线位置 | | | |
| | 垂直于轧制纹向 | 平行于轧制纹向 | 垂直于轧制纹向 | 平行于轧制纹向 |
| | 最小弯曲半径（弯曲料厚 $t$ 的倍数） | | | |
| 08F、08、08Al | 0 | $0.3t$ | $0.3t$ | $0.5t$ |
| 10、15、Q195 | 0 | $0.4t$ | $0.4t$ | $0.8t$ |
| 20、Q215A、Q235A | $0.1t$ | $0.5t$ | $0.5t$ | $1.0t$ |
| 25、30、Q255A | $0.2t$ | $0.6t$ | $0.6t$ | $1.2t$ |
| 35、40、Q275A | $0.3t$ | $0.8t$ | $0.8t$ | $1.5t$ |
| 45、50、Q295A | $0.5t$ | $1.0t$ | $1.0t$ | $1.7t$ |
| 55、60、Q345A | $0.7t$ | $1.3t$ | $1.3t$ | $2.0t$ |
| 65Mn、T7、T8 | $1.2t$ | $2.0t$ | $2.0t$ | $2.5t$ |
| 0Cr18Ni10Ti、1Cr18Ni9Ti | $1.0t$ | $2.0t$ | $2.0t$ | $2.5t$ |
| 1Cr13、2Cr13 | $1.2t$ | $2.2t$ | $2.2t$ | $2.8t$ |
| 纯铜 T1、T2、T3 | $0.1t$ | $0.35t$ | $0.5t$ | $2.0t$ |
| 无氧铜 TU0、TU1、TU2 | $0.1t$ | $0.35t$ | $0.5t$ | $2.0t$ |
| 黄铜 H90、H85、H80 | $0.1t$ | $0.35t$ | $0.5t$ | $0.8t$ |
| 黄铜 H68、H62、H59 | $0.1t$ | $0.35t$ | $0.5t$ | $1.2t$ |
| 铅黄铜 HPb59-1、HPb59-3 | $0.5t$ | $1.0t$ | $1.0t$ | $1.7t$ |
| 锌白铜 BZn15-20、BZn18-18 | $0.2t$ | $0.6t$ | $0.6t$ | $1.2t$ |
| 锡青铜 QSn6.5-0.1、QSn6.5-0.4 | $0.3t$ | $1.0t$ | $1.0t$ | $3.0t$ |
| 铍青铜 QBe2、QBe1.7、QBe1.9 | $0.1t$ | $0.35t$ | $0.5t$ | $2.0t$ |
| 铝青铜 QAl7、QAl5、QAl9-2 | $0.5t$ | $1.0t$ | $1.0t$ | $1.7t$ |
| 锰青铜 QMn1.5、QMn2 | $0.5t$ | $1.0t$ | $1.2t$ | $1.8t$ |
| 工业用高纯铝 1A85、1A90、1A97 | $0.1t$ | $0.2t$ | $0.25t$ | $0.5t$ |
| 工业用纯铝 1050A、1060、1A30 | $0.1t$ | $0.2t$ | $0.3t$ | $0.8t$ |
| 包覆铝 7A01、1A50 | $0.6t$ | $1.2t$ | $2.0t$ | $3.0t$ |
| 防锈铝 5A02、5A05、5B05 | $0.1t$ | $0.3t$ | $0.35t$ | $0.8t$ |
| 铝锰系列防锈铝 3A21 | $0.1t$ | $0.3t$ | $0.35t$ | $0.8t$ |
| 铝镁系高镁防锈铝 5083、5056 | $0.6t$ | $1.5t$ | $1.5t$ | $2.5t$ |
| 硬铝 2A01、2A04、2B12、2A10 | $1.0t$ | $1.5t$ | $1.5t$ | $2.5t$ |
| 高强度硬铝 2A12、2A06 | $2.0t$ | $3.0t$ | $3.0t$ | $4.0t$ |
| 耐热硬铝 2A16、2A17 | $2.0t$ | $3.0t$ | $3.0t$ | $4.0t$ |

续表

| 材料名称与牌号 | 软态（退过火的） | | 硬态（冷作硬化的） | |
|---|---|---|---|---|
| | 弯曲线位置 | | | |
| | 垂直于轧制纹向 | 平行于轧制纹向 | 垂直于轧制纹向 | 平行于轧制纹向 |
| | 最小弯曲半径（弯曲料厚 $t$ 的倍数） | | | |
| 锻铝 6A02、2A50、6061、6063 | $1.2t$ | $1.5t$ | $1.5t$ | $2.5t$ |
| 特殊铝 4A01、4A13、5A66 | $1.5t$ | $2.5t$ | $2.5t$ | $4.0t$ |
| 超硬铝 7A03、7A09、7003 | $2.0t$ | $3.0t$ | $3.0t$ | $4.0t$ |
| 工业用钛合金板 | 加热到 300 ～ 400℃热弯 | | 冷弯 | |
| a 型钛合金 TA4、TA5、TA7、TA8 | $3.0t$ | $4.0t$ | $5.0t$ | $6.0t$ |
| β 型钛合金 TB2 | $1.5t$ | $2.0t$ | $3.0t$ | $4.0t$ |
| a+β 型钛合金 TC1、TC2、TC4 | $1.5t$ | $2.0t$ | $3.0t$ | $4.0t$ |
| α+β 型钛合金 YC9、YC10 | $2.0t$ | $3.0t$ | $3.0t$ | $4.0t$ |
| 镁合金 | 加热到 300℃热弯 | | 冷弯 | |
| MB1、MB2、MB7、MB8 | $2.0t$ | $3.0t$ | $6.0t$ | $8.0t$ |
| Au-Cu、 Au-Al | $0.1t$ | $0.2t$ | $0.3t$ | $0.5t$ |
| Ag-Cu、Ag-Al | $0.1t$ | $0.2t$ | $0.3t$ | $0.5t$ |
| 钛 - 钢板 | $0.5t$ | $1.0t$ | $1.2t$ | $2.0t$ |
| 钛 - 不锈钢板 | $1.0t$ | $2.0t$ | $2.0t$ | $2.5t$ |
| 铜 - 钢复合板 | $0.3t$ | $0.8t$ | $0.8t$ | $1.5t$ |
| 镍 - 钢复合板 | $1.23t$ | $2.0t$ | $2.0t$ | $3.0t$ |
| 钼合金 | 加热到 400 ～ 500℃热弯 | | 冷弯 | |
| BM1、BM2（$t \leqslant 2$mm） | $2.0t$ | $3.0t$ | $4.0t$ | $5.0t$ |

表 4-35　型钢最小弯曲半径

| 弯曲条件 | 型　钢 | | | | | |
|---|---|---|---|---|---|---|
| 作为弯曲的轴线<br>轴线位置<br>最小弯曲半径 | I—I<br>$l_1$=0.95$t$<br>$R$=5（$b$–0.95$t$） | I—I<br>$l_2$=1.12$t$<br>$R$=5（$b_2$–1.12$t$） | Ⅱ—Ⅱ<br>$l_1$=0.8$t$<br>$R$=5（$b_1$–0.8$t$） | I—I<br>—<br>$R$=2.5$H$ | Ⅱ—Ⅱ<br>$l_1$=1.15$t$<br>$R$=4.5$B$ | I—I<br>—<br>$R$=2.5$H$ |

表 4-36　管子最小弯曲半径　　单位：mm

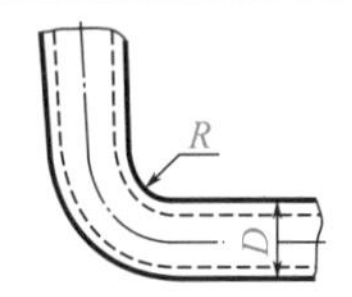

续表

| 硬聚氯乙烯管 | | | 铝管 | | | 纯铜与黄铜管 | | | 焊接钢管 | | | | 无缝钢管 | | | | | |
|---|---|---|---|---|---|---|---|---|---|---|---|---|---|---|---|---|---|---|
| *D* | 壁厚 *t* | *R* | *D* | 壁厚 *t* | *R* | *D* | 壁厚 *t* | *R* | *D* | 壁厚 *t* | *R* | | *D* | 壁厚 *t* | *R* | *D* | 壁厚 *t* | *R* |
| | | | | | | | | | | | 热 | 冷 | | | | | | |
| 12.5 | 2.25 | 30 | 6 | 1 | 10 | 5 | 1 | 10 | 13.5 | — | 40 | 80 | 6 | 1 | 15 | 45 | 3.5 | 90 |
| 15 | 2.25 | 45 | 8 | 1 | 15 | 6 | 1 | 10 | 17 | — | 50 | 100 | 8 | 1 | 15 | 57 | 3.5 | 110 |
| 25 | 2 | 60 | 10 | 1 | 15 | 7 | 1 | 15 | 21.25 | 2.75 | 65 | 130 | 10 | 1.5 | 20 | 57 | 4 | 150 |
| 25 | 2 | 80 | 12 | 1 | 20 | 8 | 1 | 15 | 26.75 | 2.75 | 80 | 160 | 12 | 1.5 | 25 | 76 | 4 | 180 |
| 32 | 3 | 110 | 14 | 1 | 20 | 10 | 1 | 15 | 33.5 | 3.25 | 100 | 200 | 14 | 1.5 | 30 | 89 | 4 | 220 |
| 40 | 3.5 | 150 | 16 | 1.5 | 30 | 12 | 1 | 20 | 42.25 | 3.25 | 130 | 250 | 14 | 3 | 18 | 108 | 4 | 270 |
| 51 | 4 | 180 | 20 | 1.5 | 30 | 14 | 1 | 20 | 48 | 3.5 | 150 | 290 | 16 | 1.5 | 30 | 133 | 4 | 340 |
| 65 | 4.5 | 240 | 25 | 1.5 | 50 | 15 | 1 | 30 | 60 | 3.5 | 180 | 360 | 18 | 1.5 | 40 | 159 | 4.5 | 450 |
| 76 | 5 | 330 | 30 | 1.5 | 60 | 16 | 1.5 | 30 | 75.5 | 3.75 | 225 | 450 | 18 | 3 | 28 | 159 | 6 | 420 |
| 90 | 6 | 400 | 40 | 1.5 | 80 | 18 | 1.5 | 30 | 88.5 | 4 | 265 | 530 | 20 | 1.5 | 40 | 194 | 6 | 500 |
| 114 | 7 | 500 | 50 | 2 | 100 | 20 | 1.5 | 30 | 114 | 4 | 340 | 680 | 22 | 3 | 50 | 219 | 6 | 500 |
| 140 | 8 | 600 | 60 | 2 | 125 | 24 | 1.5 | 40 | — | — | — | — | 25 | 3 | 50 | 245 | 6 | 600 |
| 166 | 8 | 800 | — | — | — | 25 | 1.5 | 40 | — | — | — | — | 32 | 3 | 60 | 273 | 8 | 700 |
| — | — | — | — | — | — | 28 | 1.5 | 50 | — | — | — | — | 32 | 3.5 | 60 | 325 | 8 | 800 |
| — | — | — | — | — | — | 35 | 1.5 | 60 | — | — | — | — | 38 | 3 | 80 | 371 | 10 | 900 |
| — | — | — | — | — | — | 45 | 1.5 | 80 | — | — | — | — | 38 | 3.5 | 70 | 426 | 10 | 1000 |
| — | — | — | — | — | — | 55 | 2 | 100 | — | — | — | — | 44.5 | 3 | 100 | — | — | — |

表 4-37 圆管拉弯的最小弯曲半径　　单位：mm

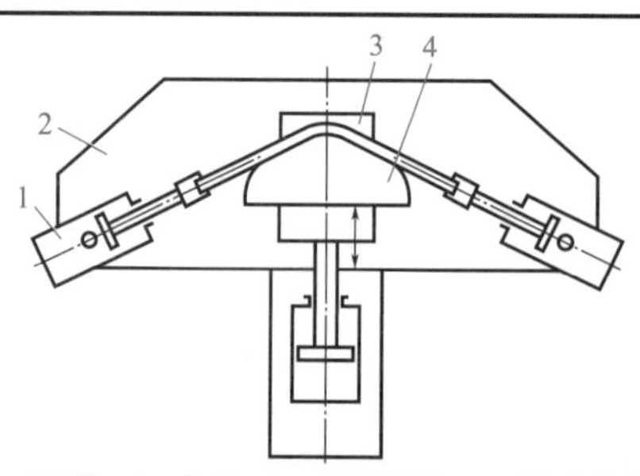

1—夹座；2—台板；3—固定凹模；4—活动凸模

| 外径 /mm | 壁厚 /mm | 无芯棒 | 有芯棒 | | 模具与球形芯棒合并使用 |
|---|---|---|---|---|---|
| | | | 柱状芯棒 | 球状芯棒 | |
| 12.7 ～ 22.225 | 0.89<br>1.25<br>1.65 | 6.5*D*<br>5.5*D*<br>4 *D* | 2.5*D*<br>2*D*<br>1.5*D* | 3*D*<br>2.5*D*<br>1.75*D* | 1.5*D*<br>1.25*D*<br>1*D* |
| 25.4 ～ 38.1 | 0.89<br>1.25<br>1.65 | 9*D*<br>7.5*D*<br>6*D* | 3*D*<br>2.5*D*<br>2*D* | 4.5*D*<br>3*D*<br>2.5*D* | 2*D*<br>1.75*D*<br>1.5*D* |
| 41.275 ～ 53.975 | 1.25<br>1.65<br>2.11 | 8.5*D*<br>7*D*<br>6*D* | 3.5*D*<br>3*D*<br>2.5*D* | 4.5*D*<br>3.5*D*<br>3*D* | 2.25*D*<br>1.75*D*<br>1.5*D* |
| 57.15 ～ 76.2 | 1.65<br>2.11<br>2.77 | 9*D*<br>8*D*<br>7*D* | 3.5*D*<br>3*D*<br>2.5*D* | 4*D*<br>3.5*D*<br>3*D* | 2.5*D*<br>2.25*D*<br>2*D* |
| 88.9 ～ 101.6 | 2.11<br>2.77 | 9*D*<br>8*D* | 3.5*D*<br>3*D* | 4.5*D*<br>4*D* | 3*D*<br>2.5*D* |

表 4-38　薄壁管最小弯曲半径　　　单位：mm

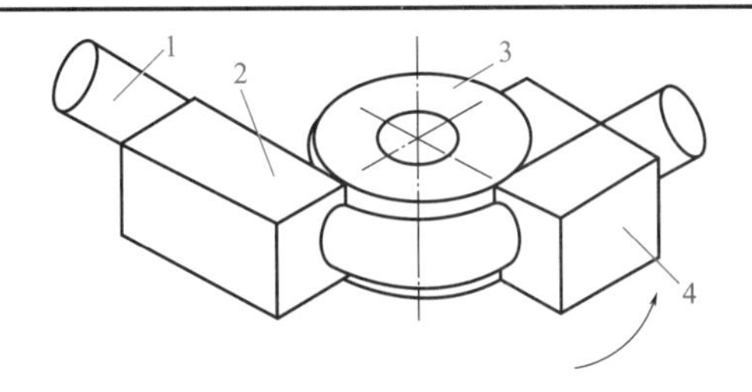


1—管材；2—挡块；3—型轮；4—夹紧轮

| 材料 | 外径 | 壁厚 | 弯曲半径 | 弯曲角 |
|---|---|---|---|---|
| 321 SS | 63.5 | 0.31 | 76.2 | 90° |
| AM350CRES 钢 | 38.1 | 0.71 | 38.1 | 180° |
| 钛 A40 | 101.6 | 0.89 | 152.4 | 90° |
| 耐腐蚀耐热镍基合金 | 88.9 | 0.71 | 88.9 | 45° |
| 因科镍铬合金 | 38.1 | 0.46 | 38.1 | 90° |
| 铝 6061T6–0 | 50.8 | 0.71 | 44.5 | 90° |
| 304 SS | 177.8 | 0.89 | 177.8 | 180° |

表 4-39　矩形管最小弯曲半径　　　单位：mm

| 尺寸 | 壁　厚 | | | |
|---|---|---|---|---|
| | 2.11 | 1.65 | 1.24 | 0.89 |
| 12.7 | 41.28 | 44.45 | 49.63 | 50.0 |
| 19.05 | 50.8 | 50.8 | 63.5 | 76.2 |
| 25.4 | 76.2 | 76.2 | 88.9 | 101.6 |
| 20.58 | 76.2 | 76.2 | 88.9 | 101.6 |
| 31.75 | 88.9 | 88.9 | 101.6 | — |
| 38.10 | 114.3 | 114.3 | 127.0 | — |
| 44.45 | 152.4 | 165.1 | 177.8 | — |
| 50.80 | 177.8 | 215.9 | 228.6 | — |
| 63.50 | 228.6 | 266.7 | — | — |
| 76.20 | 304.8 | 381.0 | — | — |

## 五、角形弯曲件的弯边长度（表 4–40）

表 4-40　角形弯曲件的弯边长度

| 简示 | | 弯边最小长度计算 | 说明 |
|---|---|---|---|
| 不良结构 | 推荐结构 | | |
| | t　b | $b$=1.5$t$ | 弯曲线不应与另一弯曲边的轮廓线连在一起。否则，由于压缩和拉伸，会在弯曲区出现牵扯现象或裂纹 |

续表

| 简示 | | 弯边最小长度计算 | 说明 |
|---|---|---|---|
| 不良结构 | 推荐结构 | | |
| 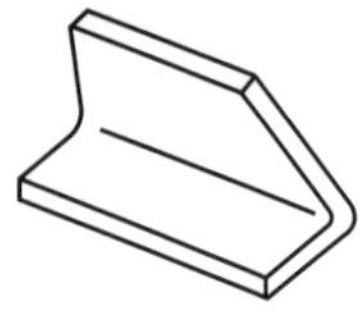 | 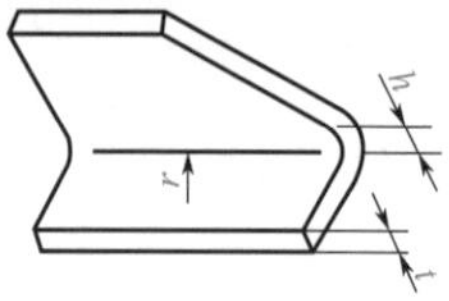 | $h \geqslant 2t+r$ | 应避免使工件斜面角与弯曲角交汇在一起，诱发材料滑移，加大尺寸误差 |
| 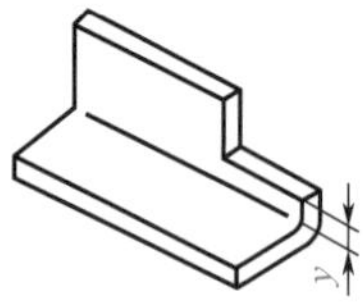 | 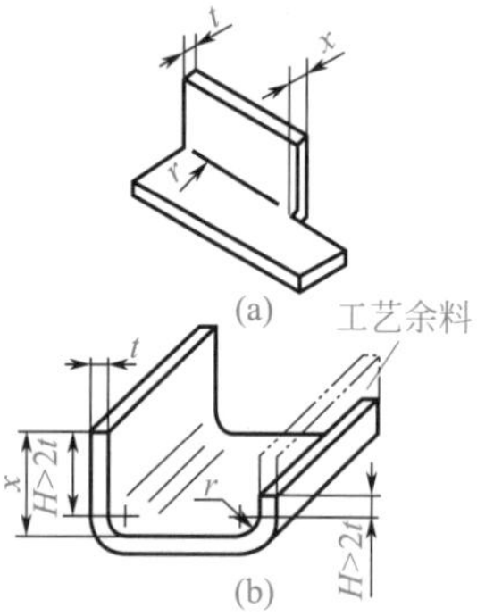 (a)<br>工艺余料<br>(b) | $x=1.5t+r$ | 将短弯曲边 $y$ 改为使另一弯曲边向弯曲角后延伸 $x$ 的距离；也可加大弯边，弯曲后切除 |
| 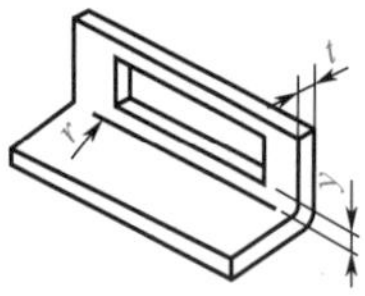 | 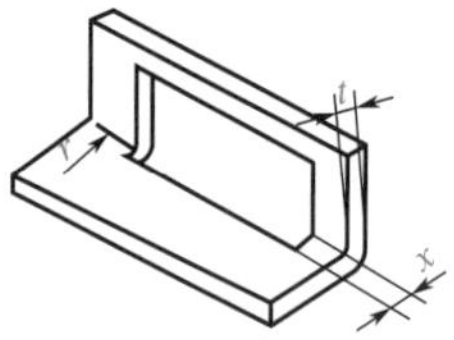 | $x=1.5t+r$ | 当 $y < 1.5t+r$ 时，可将矩形孔扩大越过弯角；亦可缩小或上移矩形孔，使 $y > 1.5t+r$ |
| 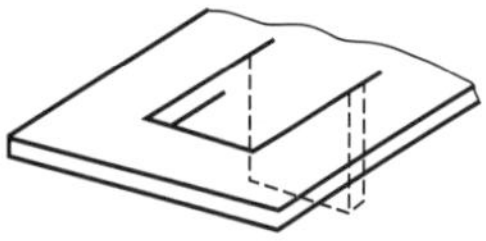 | 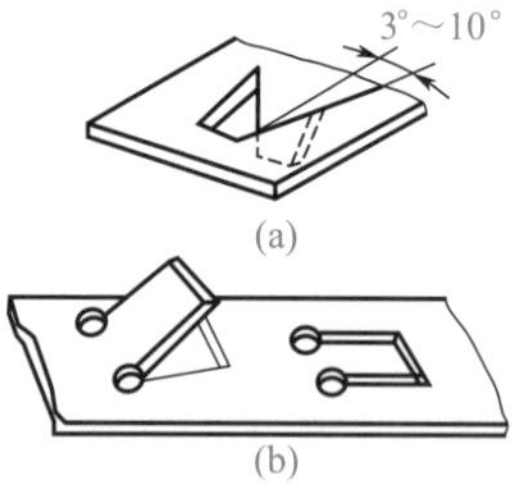 3°～10°<br>(a)<br>(b) | — | 切舌、切口或翻窗孔，可采用截头锥形，预冲孔形结构 |
| 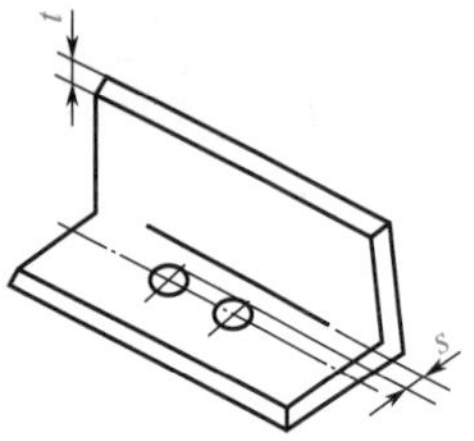 | 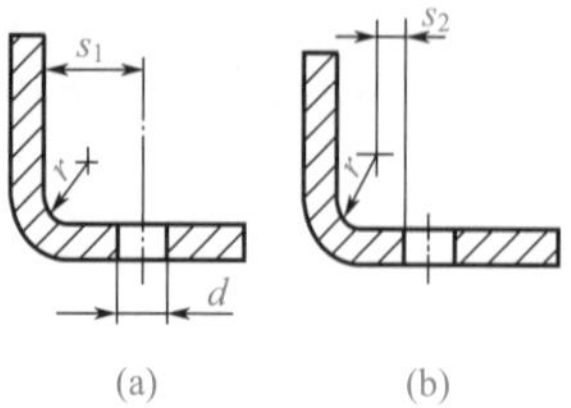 (a) (b) | （a）弯曲后冲孔 $s_1 \geqslant r+d/2$<br>（b）冲孔后弯曲 $s_2 \geqslant 1.5t$ | — |

## 六、保证弯曲件质量的结构措施（表 4-41）

表 4-41　保证弯曲件质量的结构措施

| 方法 | 措施简图 |
| --- | --- |
| 防止弯角宽度两边材料聚积产生畸变的几种方法 | (a) 压圆凸肩　(b) 单面压槽　(c) 双角压槽　(d) 毛坯上切圆弧口　(e) 毛坯切槽口 |
| 防止尖角接口开裂的方法 | (a) 预冲工艺槽一　(b) 预冲工艺槽二　(c) 预冲工艺孔 |
| 防止弯角处孔变形的方法 | (a) 切口　(b) 切槽　(c) 冲孔 |

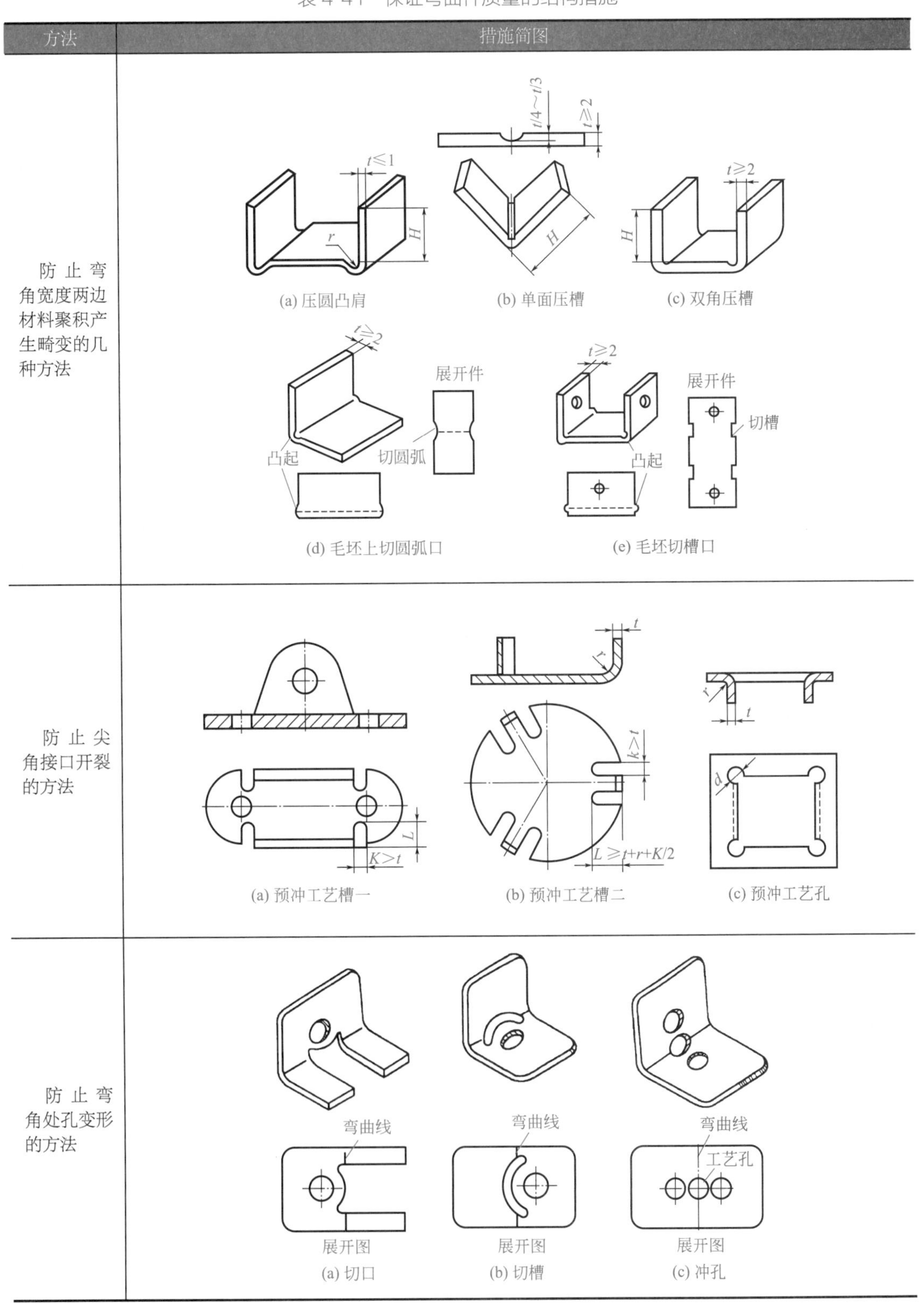

续表

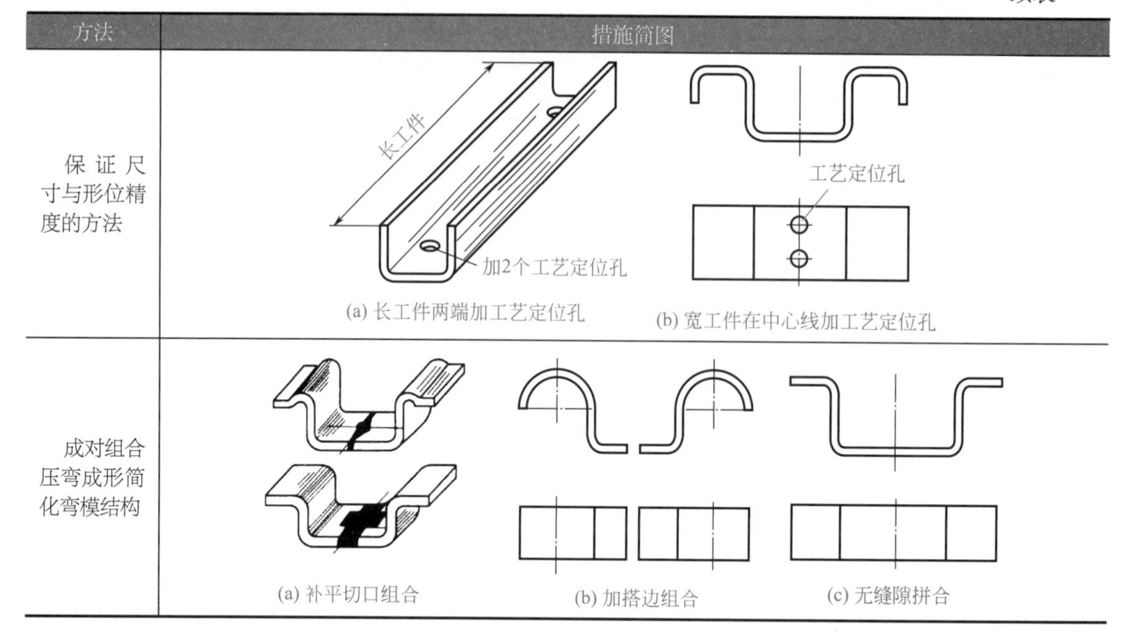


| 方法 | 措施简图 |
| --- | --- |
| 保证尺寸与形位精度的方法 | (a) 长工件两端加工艺定位孔　(b) 宽工件在中心线加工艺定位孔 |
| 成对组合压弯成形简化弯模结构 | (a) 补平切口组合　(b) 加搭边组合　(c) 无缝隙拼合 |

# 第四节　弯曲件的回弹

应当指出，材料特性、工件厚度、弯曲形状与尺寸、弯曲方式与弯曲加工条件等因素都会影响弯曲件长度的变化。因此，上述各种弯曲件展开尺寸的计算方法，仅适用于形状简单、尺寸精度要求不高的弯曲件。对于形状比较复杂或尺寸精度要求高的弯曲件，按上述方法计算出来的展开尺寸，还要经过反复试弯，最后才能确定出合适的弯曲件毛坯尺寸。

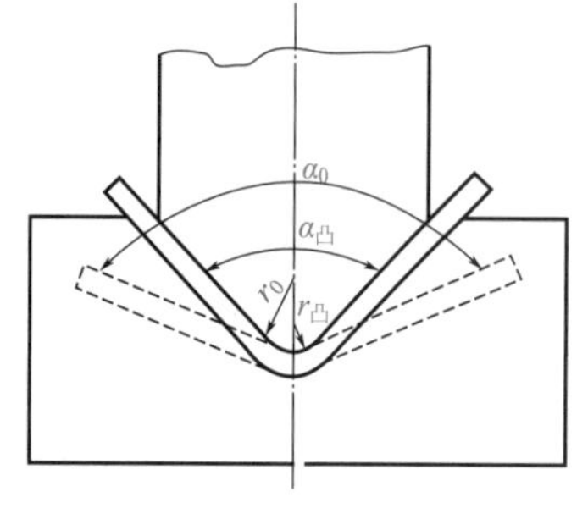


图 4-7　弯曲件的回弹

弯曲过程是弹性和塑性变形兼有的变形过程。由于弹性变形在外力去除后恢复，所以弯曲后制件的形状与模具成形部位的形状不一样。金属板材在弯曲时总是很难达到全部是塑性变形。弯曲件从模具中取出后，其角度和圆角半径会发生变化，与模具相应形状不一致，这种现象称为回弹。如图 4-7 所示，弯角从 $\alpha_凸$增大至 $\alpha_0$，根据图 4-7 所示回弹角 $\Delta\alpha$ 应按下式计算：

回弹角：$\Delta\alpha=\alpha_0-\alpha_凸$

弹复半径：$\Delta r=r_0-r_凸$

式中　$\alpha_凸$，$r_凸$——弹复前的弯曲夹角、内表层半径（即凸模圆角半径）；

$\alpha_0$，$r_0$——弹复后弯曲件的弯曲夹角、内表层半径。

## 一、影响回弹量的因素

由于回弹量的大小影响弯曲件的最终形状，所以弯曲凸、凹模的准确尺寸须经反复修整与试冲才能最后决定，这样增加修模工作量，延长了模具制造周期，提高了模具制造成本。因此，设计弯曲模时，需要掌握回弹规律，才能缩短模具制造周期，降低模具制造成本。影响回弹量的因素见表 4-42。

表 4-42 影响回弹量的因素

| 类别 | 说　明 |
| --- | --- |
| 材料的力学性能 | 回弹角的大小与材料屈服压力 $\sigma_s$ 成正比，与弹性模具 $E$ 成反比，即材料越硬，塑性越差，弯曲时产生的回弹就越大 |
| 相对弯曲半径 $r/t$ | 当其他条件相同时，$r/t$ 越小，弯曲后产生的回弹量就越小 |
| 弯曲工件的形状 | U 形弯曲件比 V 形弯曲件的回弹要小，一般弯曲件越复杂，一次弯曲成形角的数量越多，回弹量就越小 |
| 模具间隙 | U 形弯曲模的凸、凹模单边间隙越大，则回弹越大 |
| 校正力 | 增加校正力可以使板料弯曲时的弹性变形转化为塑性变形，从而减小回弹 |

## 二、回弹值的确定

为了减少回弹对工件精度的影响，应当确定回弹值。

① 相对弯曲半径 $r/t$ 较小的工件，弯曲后弯曲夹角发生了变化，而曲率半径变化不大，在这种情况下，弹复角数值根据下述情况确定：

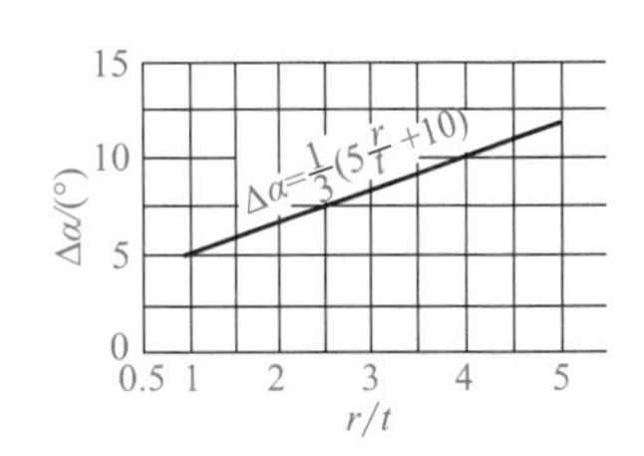


图 4-8 锡磷青铜回弹角

a. 对于锡磷青铜弹性材料，进行 90°单角校正弯曲时，其弹复角数值按图 4-8 所示查出。

b. 单角 90°自由弯曲和校正弯曲时，回弹角数值按表 4-43 和表 4-44 查出。

表 4-43 单角 90° 自由弯曲时的弹复角 $\Delta\alpha$

| 材　料 | $r/t$ | 材料厚度 $t$/mm | | |
| --- | --- | --- | --- | --- |
| | | ＜ 0.8 | 0.8 ～ 2 | ＞ 2 |
| 软钢 $\sigma_b$ =350MPa<br>黄铜 $\sigma_b$ =350MPa<br>铝和锌 $\sigma_b$ =350MPa | ＜ 1<br>1 ～ 5<br>＞ 5 | 4°<br>5°<br>6° | 2°<br>3°<br>4° | 0°<br>1°<br>2° |
| 中等硬度的钢 $\sigma_b$ =400 ～ 500MPa<br>硬黄铜 $\sigma_b$ =350 ～ 400MPa<br>硬青铜 $\sigma_b$ =350 ～ 400MPa | ＜ 1<br>1 ～ 5<br>＞ 5 | 5°<br>6°<br>8° | 2°<br>3°<br>5° | 0°<br>1°<br>3° |
| 硬钢 $\sigma_b$ ＞ 550MPa | ＜ 1<br>1 ～ 5<br>＞ 5 | 7°<br>9°<br>12° | 4°<br>5°<br>7° | 2°<br>3°<br>6° |
| AlT 钢<br>电工钢<br>XH78T（CrNi78Ti） | ＜ 1<br>1 ～ 5<br>＞ 5 | 1°<br>4°<br>5° | 1°<br>4°<br>5° | 1°<br>4°<br>5° |
| 30CrMnSiA | ＜ 2<br>2 ～ 5<br>＞ 5 | 2°<br>4°30′<br>8° | 2°<br>4°30′<br>8° | 2°<br>4°30′<br>8° |
| 硬铝 LY12 | ＜ 2<br>2 ～ 5<br>＞ 5 | 2°<br>4°<br>6°30′ | 3°<br>6°<br>10° | 4°30′<br>8°30′<br>14° |
| 超硬铝 LC4 | ＜ 2<br>2 ～ 5<br>＞ 5 | 2°30′<br>4°<br>7° | 5°<br>8°<br>12° | 8°<br>11°30′<br>19° |

表 4-44　单角 90° 校正弯曲时的回弹角

| 2A12Y（LY12Y） | | 2A12M（LY12M） | | 7A04Y（LC4Y） | | 7A04M（LC4M） | | 30CrMnSiA（已退火） | | 20（已退火） | | 1Cr18Ni9Ti | |
|---|---|---|---|---|---|---|---|---|---|---|---|---|---|
| $r/t$ | $\Delta\alpha$ | $r/t$ | $\Delta\alpha$ | $r/t$ | $\Delta\alpha$ | $r/t$ | $\Delta\alpha$ | $r/t$ | $\Delta\alpha$ | $r/t$ | $\Delta\alpha$ | $r/t$ | $\Delta\alpha$ |
| 2 | 4°30′ | 2 | 2° | — | — | 2 | 2°30′ | 2 | 2°30′ | 2 | 2° | 0.5 | 1° |
| 3 | 6° | 3 | 2°30′ | 3 | 8°30′ | 3 | 3° | 3 | 3° | 3 | 2°30′ | 1 | ° |
| 4 | 7°30′ | 4 | 3° | 4 | 9° | 4 | 3°30′ | 4 | 4° | 4 | 3° | 2 | 2° |
| 5 | 8°30′ | 5 | 4° | 5 | 11°30′ | 5 | 4° | 5 | 4°30′ | 5 | 3°30′ | 3 | 2°30′ |
| 6 | 9°30′ | 6 | 4°30′ | 6 | 13°30′ | 6 | 5° | 6 | 5°30′ | 6 | 4° | 4 | 3°30′ |
| 8 | 12° | 8 | 5°30′ | 8 | 16°30′ | 8 | 6° | 8 | 6°30′ | 8 | 5° | 5 | 4° |
| 10 | 14° | 10 | 6°30′ | 10 | 19° | 10 | 7° | 10 | 8° | 10 | 5°30′ | 6 | 4°30′ |
| 12 | 16°30′ | 12 | 7°30′ | 12 | 21°30′ | 12 | 8° | 12 | 9°30′ | 12 | 7° | — | — |

c. 接触镦压（V 形件）弯曲时的回弹角见表 4-45。

表 4-45　接触镦压（V 形件）弯曲时的回弹角

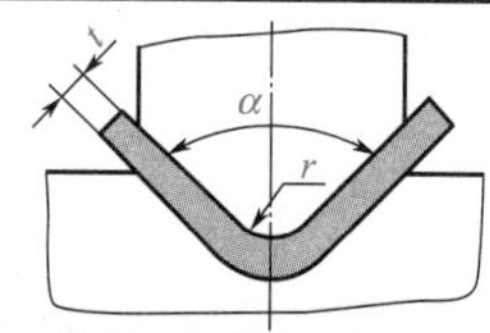


| 材料牌号和状态 | $r/t$ | 折弯角度 $\alpha$ | | | | | | |
|---|---|---|---|---|---|---|---|---|
| | | 150° | 135° | 120° | 105° | 90° | 60° | 30° |
| | | 回弹角 $\Delta\alpha$ | | | | | | |
| 2A12（T4） | 2 | 2° | 2°30′ | 3°30′ | 4° | 4°30′ | 6° | 7°30′ |
| | 3 | 3° | 3°30′ | 4° | 5° | 6° | 7°30′ | 9° |
| | 4 | 3°30′ | 4°30′ | 5° | 6° | 7°30′ | 9° | 10°30′ |
| | 5 | 4°30′ | 5°30′ | 6°30′ | 7°30′ | 8°30′ | 10° | 11°30′ |
| | 6 | 5°30′ | 6°30′ | 7°30′ | 8°30′ | 9°30′ | 11°30′ | 13°30′ |
| | 8 | 7°30′ | 9° | 10° | 11° | 12° | 14° | 16° |
| | 10 | 9°30′ | 11° | 12° | 13° | 14° | 15° | 18° |
| | 12 | 11°30′ | 13° | 14° | 15° | 16°30′ | 18°30′ | 21° |
| 2A12（O） | 2 | 0°30′ | 1° | 1°30′ | 2° | 2° | 2°30′ | 3° |
| | 3 | 1° | 1°30′ | 2° | 2°30′ | 2°30′ | 3° | 4°30′ |
| | 4 | 1°30′ | 1°30′ | 2° | 2°30′ | 3° | 4°30′ | 5° |
| | 5 | 1°30′ | 2° | 2°30′ | 3° | 4° | 5° | 6° |
| | 6 | 2°30′ | 3° | 3°30′ | 4° | 4°30′ | 5°30′ | 6°30′ |
| | 8 | 3° | 3°30′ | 4°30′ | 5° | 5°30′ | 6°30′ | 7°30′ |
| | 10 | 4° | 4°30′ | 5° | 6° | 6°30′ | 8° | 9° |
| | 12 | 4°30′ | 5°30′ | 6° | 6°30′ | 7°30′ | 9° | 11° |
| 7A04（T4） | 3 | 5° | 6° | 7° | 8° | 8°30′ | 9° | 11°30′ |
| | 4 | 6° | 7°30′ | 8° | 8°30′ | 9° | 12° | 14° |
| | 5 | 7° | 8° | 8°30′ | 10° | 11°30′ | 13°30′ | 16° |
| | 6 | 7°30′ | 8°30′ | 10° | 12° | 13°30′ | 15°30′ | 18° |
| | 8 | 10°30′ | 12° | 13°30′ | 15° | 16°30′ | 19° | 21° |
| | 10 | 12° | 14° | 16° | 17°30′ | 19° | 22° | 25° |
| | 12 | 14° | 16°30′ | 18° | 19° | 21°30′ | 25° | 28° |

续表

| 材料牌号和状态 | $r/t$ | 折弯角度 $\alpha$ | | | | | | |
|---|---|---|---|---|---|---|---|---|
| | | 150° | 135° | 120° | 105° | 90° | 60° | 30° |
| | | 回弹角 $\Delta\alpha$ | | | | | | |
| 7A04（O） | 2 | 1° | 1°30′ | 1°30′ | 2° | 2°30′ | 3° | 3°30′ |
| | 3 | 1°30′ | 2° | 2°30′ | 2° | 3° | 3°30′ | 4° |
| | 4 | 2° | 2°30′ | 3° | 3° | 3°30′ | 4° | 4°30′ |
| | 5 | 2°30′ | 3° | 3°30′ | 3°30′ | 4° | 5° | 6° |
| | 6 | 3° | 3°30′ | 4° | 4°30′ | 5° | 6° | 7° |
| | 8 | 3°30′ | 4° | 5° | 5°30′ | 6° | 7° | 8° |
| | 10 | 4° | 5° | 5°30′ | 6° | 7° | 8° | 9° |
| | 12 | 5° | 6° | 6°30′ | 7° | 8° | 9° | 11° |
| 30CrMnSiA（已退火的） | 1 | 0°30′ | 1° | 1° | 1°30′ | 2° | 2°30′ | 3° |
| | 2 | 0°30′ | 1°30′ | 1°30′ | 2° | 2°30′ | 3°30′ | 4°30′ |
| | 3 | 1° | 1°30′ | 2° | 2°30′ | 3° | 4° | 5°30′ |
| | 4 | 1°30′ | 2° | 3° | 3°30′ | 4° | 5° | 6°30′ |
| | 5 | 2° | 2°30′ | 3° | 4° | 4°30′ | 5°30′ | 7° |
| | 6 | 2°30′ | 3° | 4° | 4°30′ | 5°30′ | 6°30′ | 8° |
| | 8 | 3°30′ | 4°30′ | 5° | 6° | 6°30′ | 8° | 9°30° |
| | 10 | 4° | 5° | 6° | 7° | 8° | 9°30′ | 11°30′ |
| | 12 | 5°30′ | 6°30′ | 7°30′ | 8°30′ | 9°30′ | 11° | 13°30′ |
| 20（已退火的） | 1 | 0°30′ | 1° | 1° | 1°30′ | 1°30′ | 2 | 2°30′ |
| | 2 | 0°30′ | 1° | 1°30′ | 2° | 2° | 3° | 3°30′ |
| | 3 | 1° | 1°30′ | 2° | 2° | 2°30′ | 3°30′ | 4° |
| | 4 | 1° | 1°30′ | 2° | 2°30′ | 3° | 4° | 5° |
| | 5 | 1°30′ | 2° | 2°30′ | 3° | 3°30′ | 4°30′ | 5°30′ |
| | 6 | 1°30′ | 2° | 2°30′ | 3° | 4° | 5° | 6° |
| | 8 | 2° | 3° | 3°30′ | 4°30′ | 5° | 6° | 7° |
| | 10 | 3° | 3°30′ | 4°30′ | 5° | 5°30′ | 7° | 8° |
| | 12 | 3°30′ | 4°30′ | 5° | 6° | 7° | 8° | 9° |
| 1Cr18Ni9Ti | 0.5 | 0° | 0 | 0°30′ | 0°30′ | 1° | 1°30′ | 2° |
| | 1 | 0°30′ | 0°30′ | 1° | 1° | 1°30′ | 2° | 2°30′ |
| | 2 | 0°30′ | 1° | 1°30′ | 1°30′ | 2° | 2°30′ | 3° |
| | 3 | 1° | 1° | 2° | 2° | 2°30′ | 3°30′ | 4° |
| | 4 | 1° | 1°30′ | 2°30′ | 3° | 3°30′ | 4° | 4°30′ |
| | 5 | 1°30′ | 2° | 3° | 3°30′ | 4° | 4°30′ | 5°30′ |
| | 6 | 2° | 3° | 3°30′ | 4° | 4°30′ | 5°30′ | 6°30′ |

d. 对于U形件的弯曲，回弹角还与凸模和凹模的间隙 $c$ 成正比。回弹角数值可参图4-9所示选取，或按表4-46选取。

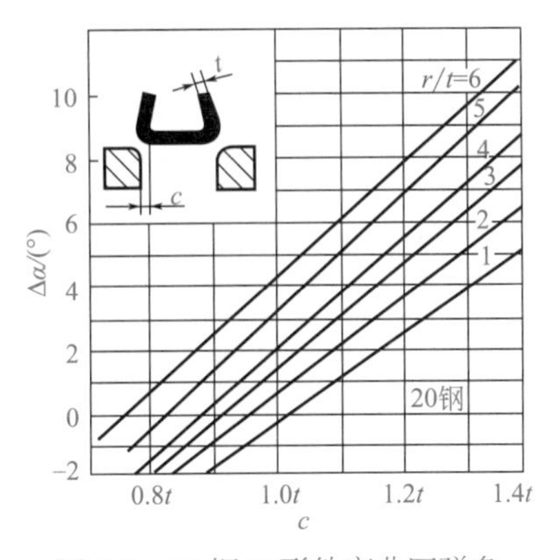


图4-9 20钢U形件弯曲回弹角

表 4-46　U 形件弯曲时的回弹角

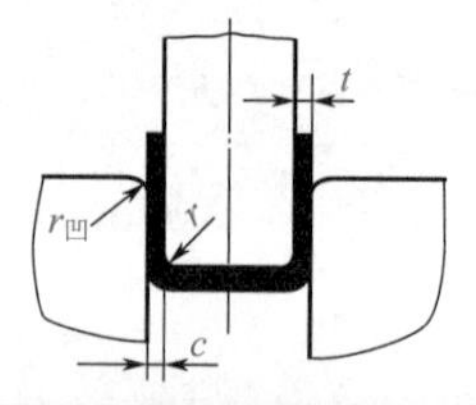


| 材料牌号 | $r/t$ | 凹模和凸模的单边间隙 $c$ | | | | | | |
|---|---|---|---|---|---|---|---|---|
| | | $0.8t$ | $0.9t$ | $1t$ | $1.1t$ | $1.2t$ | $1.3t$ | $1.4t$ |
| | | 回弹角 $\Delta\alpha$ | | | | | | |
| LY12CZ | 2 | −2° | 0° | 2°30′ | 5° | 7°30′ | 10° | 12° |
| | 3 | −1° | 1°30′ | 4° | 6°30′ | 9°30′ | 12° | 14° |
| | 4 | 0° | 3° | 5°30′ | 8°30′ | 11°30′ | 14° | 16°30′ |
| | 5 | 1° | 4° | 7° | 10° | 12°30′ | 15° | 18° |
| | 6 | 2° | 5° | 8° | 11° | 13°30′ | 16°30′ | 19°30′ |
| LY12M | 2 | −1°30′ | 0° | 1°30′ | 3° | 5° | 7° | 8°30′ |
| | 3 | −1°30′ | 0°30′ | 2°30′ | 4° | 6° | 8° | 9°30′ |
| | 4 | −1° | 1° | 3° | 4°30′ | 6°30′ | 9° | 10°30′ |
| | 5 | −1° | 1° | 3° | 5° | 7° | 9°30′ | 11° |
| | 6 | 0°30′ | 1°30 | 3°30′ | 6° | 8° | 10° | 12° |
| LC4CZ | 3 | 3° | 7° | 10° | 12°30′ | 14° | 16° | 17° |
| | 4 | 4° | 8° | 11° | 13°30′ | 15° | 17° | 18° |
| | 5 | 5° | 9° | 12° | 14° | 16° | 18° | 20° |
| | 6 | 6° | 10° | 13° | 15° | 17° | 20° | 23° |
| | 8 | 8° | 13°30′ | 16° | 19° | 21° | 23° | 26° |
| LC4M | 2 | −3° | −2° | 0° | 3° | 5° | 6°30′ | 8° |
| | 3 | −2° | −1°30′ | 2° | 3°30′ | 6°30′ | 8° | 9° |
| | 4 | −1°30′ | −1° | 2°30′ | 4°30′ | 7° | 8°30′ | 10° |
| | 5 | −1° | −1° | 3° | 5°30′ | 8° | 9° | 11° |
| | 6 | 0° | −0°30′ | 3°30′ | 6°30′ | 8°30′ | 10° | 12° |
| 20（已退火的） | 1 | −2°30′ | −1° | 0°30′ | 1°30′ | 3° | 4° | 5° |
| | 2 | −2° | −0°30′ | 1° | 2° | 3°30′ | 5° | 6° |
| | 3 | −1°30′ | 0° | 1°30′ | 3° | 4°30′ | 6° | 7°30′ |
| | 4 | −1° | 0°30′ | 2°30′ | 4° | 5°30′ | 7° | 9° |
| | 5 | −0°30′ | 1°30′ | 3° | 5° | 6°30′ | 8° | 10° |
| | 6 | −0°30′ | 2° | 4° | 6° | 7°30′ | 9° | 11° |
| 30CrMnSiA | 1 | −1° | −0°30′ | 0° | 1° | 2° | 4° | 5° |
| | 2 | −2° | −1° | 1° | 2° | 4° | 5°30′ | 7° |
| | 3 | −1°30′ | 0° | 2° | 3°30′ | 5° | 6°30′ | 8°30′ |
| | 4 | −0°30′ | 1° | 3° | 5° | 6°30′ | 8°30′ | 10° |
| | 5 | 0° | 1°30′ | 4° | 6° | 8° | 10° | 11° |
| | 6 | 0°30′ | 2° | 5° | 7° | 9° | 11° | 13° |
| 1Cr18Ni9Ti | 1 | −2° | −1° | −0°30′ | 0° | 0°30′ | 1°30′ | 2° |
| | 2 | −1° | −0°30′ | 0° | 1° | 1° | 2° | 3° |
| | 3 | −0°30′ | 0° | 1° | 2° | 2°30′ | 3° | 4° |
| | 4 | 0° | 1° | 2°30′ | 2°30′ | 3° | 4° | 5° |
| | 5 | 0°30′ | 1°30′ | 2° | 3° | 4° | 5° | 6° |
| | 6 | 1°30′ | 2° | 3° | 4° | 5° | 6° | 7° |

② 相对弯曲半径 $r/t$ 较大的工件（$r/t \geqslant 10$），不仅弹复角数值大，而且曲率半径也有较大的变化（如图 4-10 所示）。这时，凸模角半径为：

弯曲凸模圆角半径为：

$$r_{凸}=\frac{r}{1+A\frac{r}{t}}$$

回弹角数值为：

$$\Delta\alpha=(180^{\circ}-\alpha)\left(\frac{r}{r_{凸}}-1\right)$$

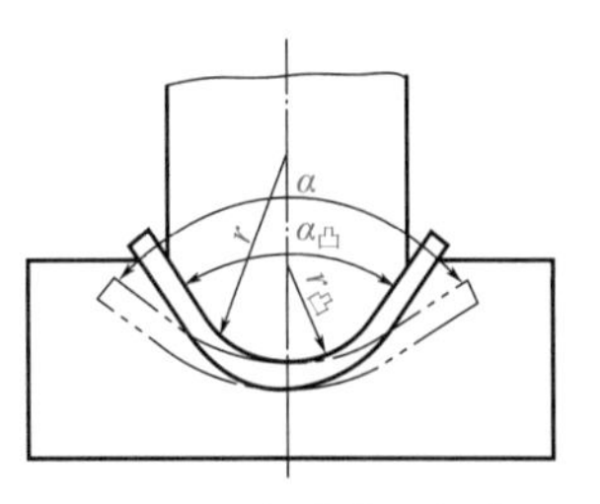

图 4-10　弯曲半径较大时的回弹现象

式中　$r_{凸}$——凸模的圆角半径，mm；

$r$——弯曲件内侧圆角半径，mm；

$\Delta\alpha$——回弹角度，(°)，$\Delta\alpha=\alpha-\alpha_{凸}$；

$\alpha$——弯曲件要求的角度，(°)，如图 4-10 所示；

$\alpha_{凸}$——凸模的角度，(°)，如图 4-10 所示；

$A$——系数值，见表 4-47。

表 4-47　系数 $A$ 值

| 名称 | 牌号 | 状态 | $A$ 值 |
| --- | --- | --- | --- |
| 铝 | 1035、8A06 | 退火 | 0.0012 |
| | | 冷硬 | 0.0041 |
| 防锈铝 | 3A21 | 退火 | 0.0021 |
| | | 冷硬 | 0.0054 |
| | 5A12 | 软 | 0.0024 |
| 硬铝 | 2A11 | 软 | 0.0064 |
| | | 硬 | 0.0175 |
| | 2A12 | 软 | 0.007 |
| | | 硬 | 0.026 |
| 铜 | T1、T2、T3 | 软 | 0.0019 |
| | | 硬 | 0.0088 |
| 黄铜 | H62 | 软 | 0.0033 |
| | | 半硬 | 0.008 |
| | | 硬 | 0.015 |
| | H68 | 软 | 0.0026 |
| | | 硬 | 0.0148 |
| 锡青铜 | QSn6.5-0.1 | 硬 | 0.015 |
| 铍青铜 | QBe2 | 软 | 0.0064 |
| | | 硬 | 0.0265 |
| 铝青铜 | QAl5 | 硬 | 0.0047 |
| 碳钢 | 08 钢、10 钢、Q215 | — | 0.0032 |
| | 20 钢、Q235 | — | 0.005 |
| | 30 钢、35 钢 | — | 0.0068 |
| | 50 钢、Q275 | — | 0.015 |
| 高碳钢 | T8 | 退火 | 0.0076 |
| | | 冷硬 | 0.0035 |
| 不锈钢 | 1Cr18Ni9Ti | 退火 | 0.0044 |
| | | 冷硬 | 0.018 |
| 弹簧钢 | 65Mn | 退火 | 0.0076 |
| | | 冷硬 | 0.015 |
| | 60Si2MnA | 冷硬 | 0.021 |

## 三、减小回弹措施

如图 4-11 所示为减小回弹措施后的测试结果。在实际生产中，可以采取一些措施来减小或补偿回弹所产生的误差，常见的措施见表 4-48。

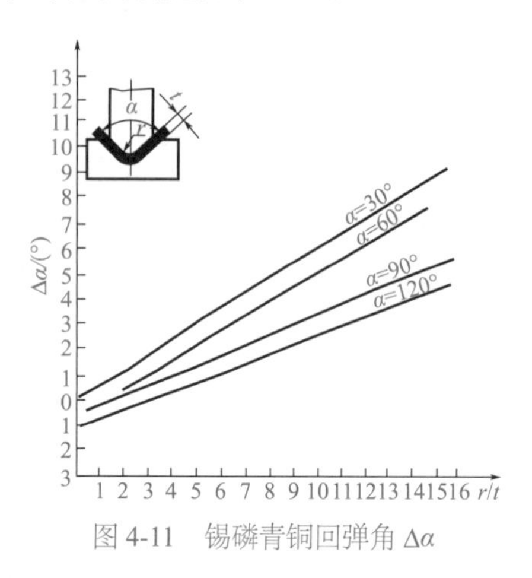


图 4-11　锡磷青铜回弹角 Δα

表 4-48　减小弯曲回弹措施

| 措施 | 简　　图 | 说明 |
| --- | --- | --- |
| 对于一般材料 | Δα　α−Δα　α−Δα | 可在凸模和凹模上做出等于回弹角的斜度 |
| 增加弯角部分的塑性变形 | 0.2～0.5　r　s=r+(1.5～2)t　(0.08～0.1)t　r+(1.5～2)t | 对于厚度在 0.8mm 以上的塑性材料，可在凸模上做出“突起”部分。弯曲时，“突起”部分对弯角处进行挤压，使校正力集中在较小的接触面上，从而增加塑性变形，以减小回弹 |
| 以回弹补偿回弹 | t　R≈20t | 将凸模和顶板做成圆弧曲面，在弯曲件从模具中取出后，曲面部分伸直补偿了回弹，这种方法适用于回弹较大的材料 |
| 使弯曲圆角部分材料变薄 | t　r　R　25°～30° | 使凹模圆角半径 $R$ 大于凸模圆角半径 $r$ 与料厚 $t$ 之和，以促使弯曲件圆角部分材料变薄，从而获得消除回弹的效果。一般取 $R=r+(1.2\sim1.5)t$。这种方法适用于多工位进模 |

续表

| 措施 | 简图 | 说明 |
| --- | --- | --- |
| 拉弯法 | 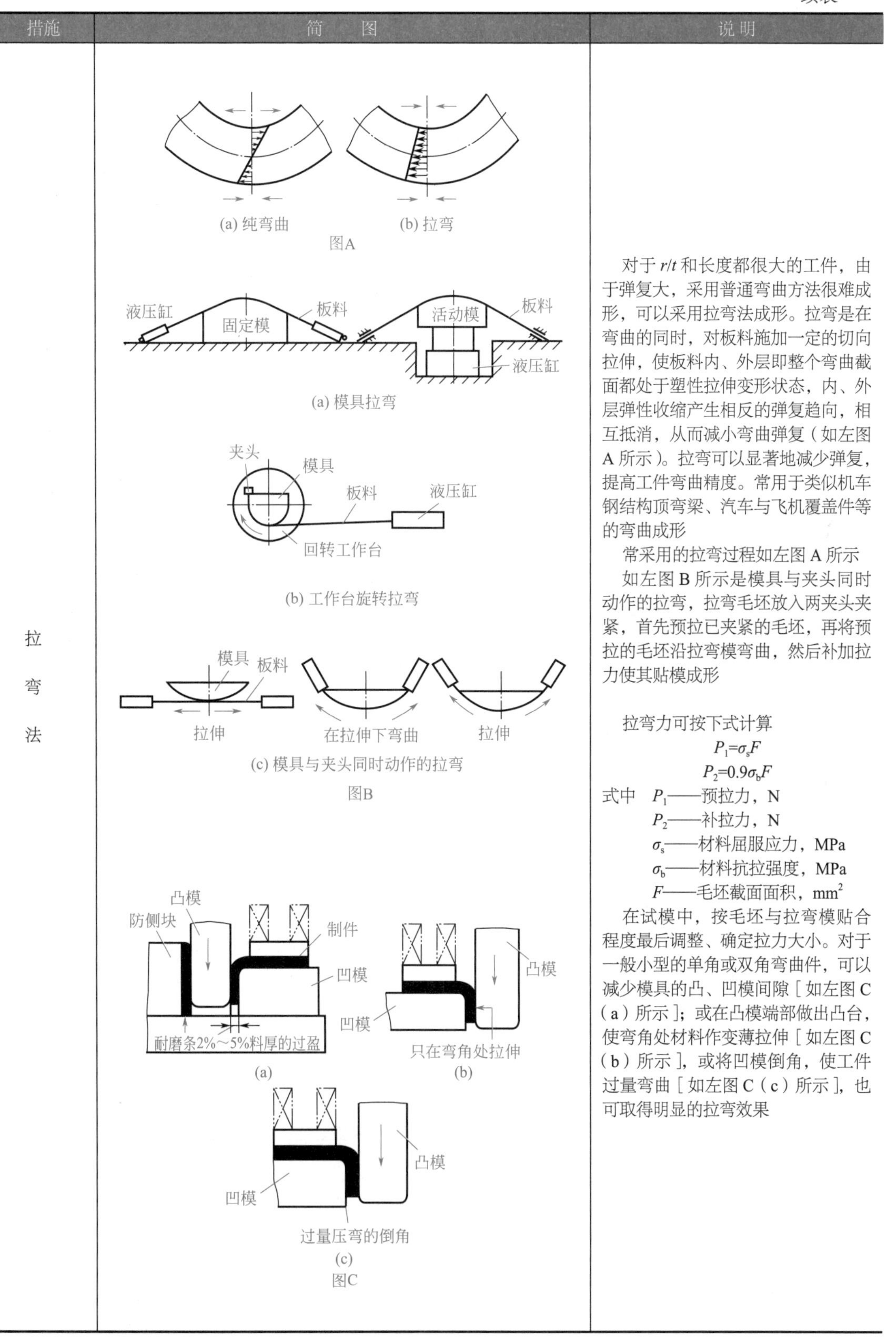 | 对于 $r/t$ 和长度都很大的工件，由于弹复大，采用普通弯曲方法很难成形，可以采用拉弯法成形。拉弯是在弯曲的同时，对板料施加一定的切向拉伸，使板料内、外层即整个弯曲截面都处于塑性拉伸变形状态，内、外层弹性收缩产生相反的弹复趋向，相互抵消，从而减小弯曲弹复（如左图A所示）。拉弯可以显著地减少弹复，提高工件弯曲精度。常用于类似机车钢结构顶弯梁、汽车与飞机覆盖件等的弯曲成形<br>常采用的拉弯过程如左图A所示<br>如左图B所示是模具与夹头同时动作的拉弯，拉弯毛坯放入两夹头夹紧，首先预拉已夹紧的毛坯，再将预拉的毛坯沿拉弯模弯曲，然后补加拉力使其贴模成形<br><br>拉弯力可按下式计算<br>$P_1=\sigma_s F$<br>$P_2=0.9\sigma_b F$<br>式中 $P_1$——预拉力，N<br>$P_2$——补拉力，N<br>$\sigma_s$——材料屈服应力，MPa<br>$\sigma_b$——材料抗拉强度，MPa<br>$F$——毛坯截面面积，$mm^2$<br>在试模中，按毛坯与拉弯模贴合程度最后调整、确定拉力大小。对于一般小型的单角或双角弯曲件，可以减少模具的凸、凹模间隙［如左图C（a）所示］；或在凸模端部做出凸台，使弯角处材料作变薄拉伸［如左图C（b）所示］，或将凹模倒角，使工件过量弯曲［如左图C（c）所示］，也可取得明显的拉弯效果 |

续表

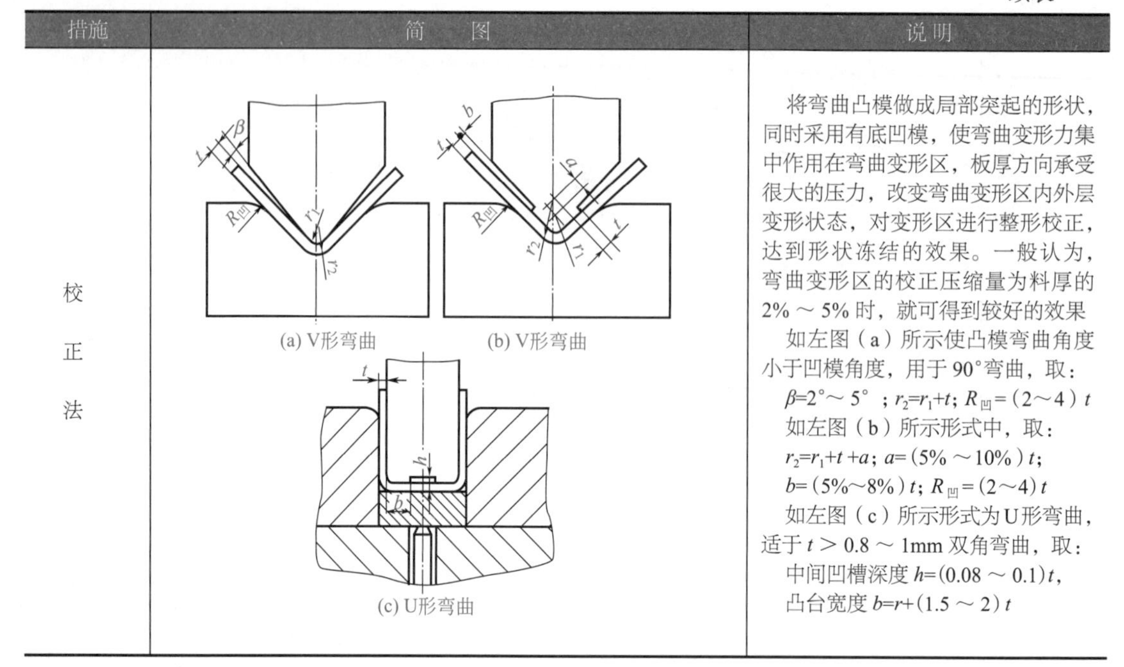

| 措施 | 简图 | 说明 |
| --- | --- | --- |
| 校正法 | (a) V形弯曲　(b) V形弯曲　(c) U形弯曲 | 将弯曲凸模做成局部突起的形状，同时采用有底凹模，使弯曲变形力集中作用在弯曲变形区，板厚方向承受很大的压力，改变弯曲变形区内外层变形状态，对变形区进行整形校正，达到形状冻结的效果。一般认为，弯曲变形区的校正压缩量为料厚的2%～5%时，就可得到较好的效果<br>如左图（a）所示使凸模弯曲角度小于凹模角度，用于90°弯曲，取：<br>$\beta$=2°～5°；$r_2=r_1+t$；$R_{凹}=(2\sim4)t$<br>如左图（b）所示形式中，取：<br>$r_2=r_1+t+a$；$a=(5\%\sim10\%)t$；<br>$b=(5\%\sim8\%)t$；$R_{凹}=(2\sim4)t$<br>如左图（c）所示形式为U形弯曲，适于$t>0.8\sim1$mm双角弯曲，取：<br>中间凹槽深度$h=(0.08\sim0.1)t$，<br>凸台宽度$b=r+(1.5\sim2)t$ |

# 第五节　弯曲模常用结构与斜楔滑块机构

## 一、弯曲模的常用结构

弯曲件的形状千变万化，按外形结构划分主要有V形件、U形件、⎍形件、夹箍形圆筒件以及由上述单一结构要素组成的具有不同形状弯角、圆弧等构成的多向弯曲的半封闭或封闭件。不同形状的零件一般需要制定不同的加工工艺方案，且要有不同的弯曲模来满足其加工要求。

### 1.V、U形件弯曲模结构

V、U形件形状简单，最简单的模具结构为敞开式，如图4-12所示。

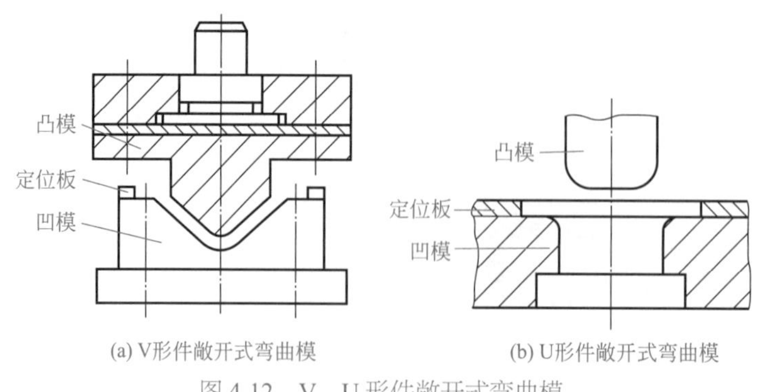


(a) V形件敞开式弯曲模　(b) U形件敞开式弯曲模

图4-12　V、U形件敞开式弯曲模

这种模具制造方便，通用性强，但采用这种模具弯曲时，板料容易滑动，弯曲件的边长不易控制，工件弯曲精度不高且U形件的底部不平整。为提高V形件的弯曲精度，防止板料滑动，可采用如图4-13所示结构。其中，如图4-13（a）所示弹簧顶杆3是为了防止压弯时坯料偏移而采用的压料装置。如图4-13（b）、（c）所示均设置了压料装置，并以定位销定位。为克服弯曲的侧向力作用，分别设置了止推块，使凸模接触坯料前先行与止推块紧贴，能防止毛坯及凸模的偏移，从而保证弯曲件的质量。

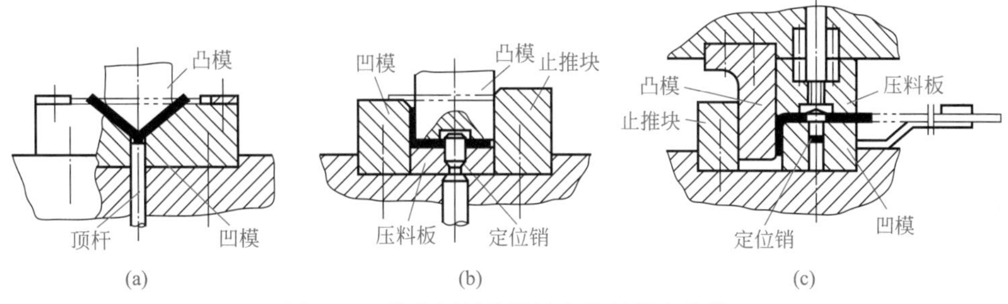


图4-13　带有压料装置及定位销的弯曲模

如图4-14所示为U形件弯曲模。冲压时，毛坯被压在凸模和压料板之间逐渐下降，两端未被压住的材料沿凹模圆角滑动并弯曲，进入凸模和凹模的间隙，将零件弯成U形。由于弯曲过程中，板料始终处于凸模和压料板之间的压力作用下，因此能较好地控制U形件底部的平整，并较好地保证弯曲精度。

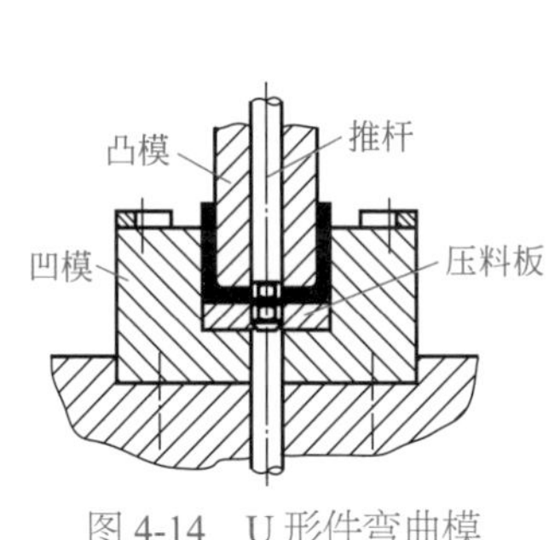


图4-14　U形件弯曲模

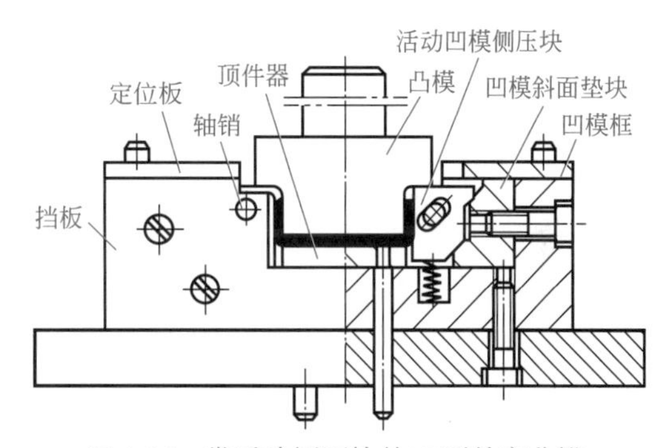


图4-15　带活动侧压块的U形件弯曲模

如图4-15所示为带活动侧压块的U形件弯曲模。活动侧压块对弯曲件有校正作用，回弹小。工作时凸模下行，首先与毛坯接触弯成U形，随之凸模肩部压住活动凹模侧压块向下。由于斜面作用使活动凹模侧压块向中心滑动，对弯曲件两侧施压起到校正作用，弯曲的零件能达到整形精度的要求。

## 2. ┌┐└形件弯曲模结构

根据零件的生产批量，┌┐└形弯曲件可以二次压弯成形，也可以一次压弯成形。

如图4-16（a）所示为二次压弯成形，第一道先压成U形，第二道工序压成零件。如图4-16（b）所示为一次压弯成形模，压弯时先压成U形，然后凸凹模继续下压与活动凸模作用，最后将毛坯压成零件。这种结构需要凹模下腔空间较大，以方便工件侧边的摆动。如图4-16（c）所示为一次压弯成形的另一种形式，其特点是采用了摆动式凹模结构，两凹模能绕销轴转动，工作前由缓冲器通过顶杆将它顶起。

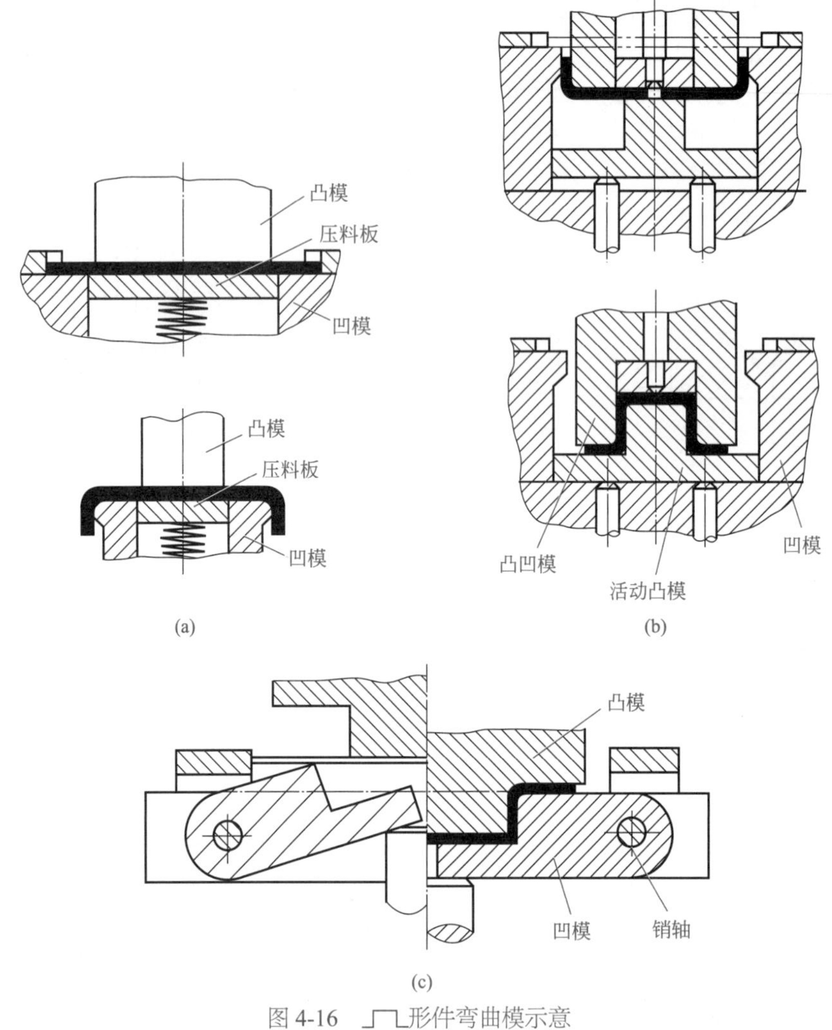


图 4-16　⎍形件弯曲模示意

### 3. 夹箍类圆筒件弯曲模结构

夹箍类圆筒件的加工，按其尺寸大小可分别采用如下两种模具加工。直径小于 10mm 的零件，根据生产批量的不同，采取不同的加工方案和模具。小批量生产时，采取先弯成 U 形，再由 U 形弯成圆形的二次成形法，模具结构如图 4-17 所示；大批量生产时，采取一次直接成形法，如图 4-18 所示为一次成形卷圆模。

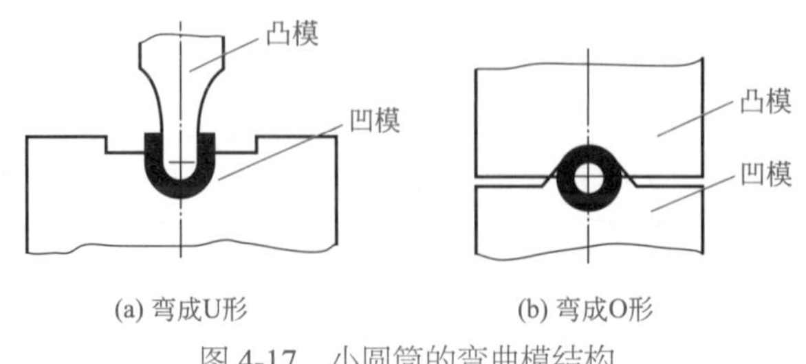


(a) 弯成U形　(b) 弯成O形

图 4-17　小圆筒的弯曲模结构

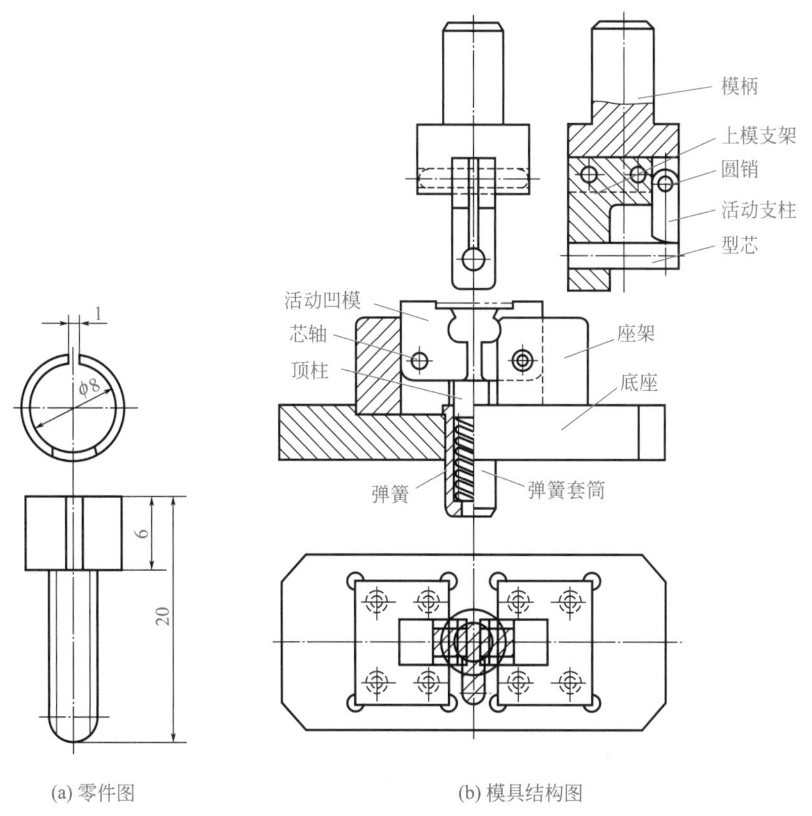


(a) 零件图　　(b) 模具结构图

图 4-18　一次成形卷圆模

毛坯件用活动凹模上的定位槽定位。上模下行时，型芯先将毛坯弯成 U 形，然后型芯压活动凹模，使其向中心摆动，将工件弯曲成形。上模回升后，活动凹模在弹簧的作用下，被顶柱顶起分开。工件留在型芯上，由纵向取出。活动凹模的型腔中心必须高出摆动芯轴一定距离，以使型芯上下运动时能有一定的旋转力矩，使活动凹模在整个零件压制过程中能灵活地摆动，且不与其他零件发生干涉。

一次卷圆成形时，两活动凹模和型芯使材料成形，工件成形质量比分二次成形好。为保证型芯工作稳定可靠，应设置一活动支柱，以避免型芯在悬臂状态工作。直径大于 20mm 的圆环、夹箍形零件，一般采用二工序成形，即先预弯，再弯曲成形，其弯曲模的结构如图 4-19 所示。

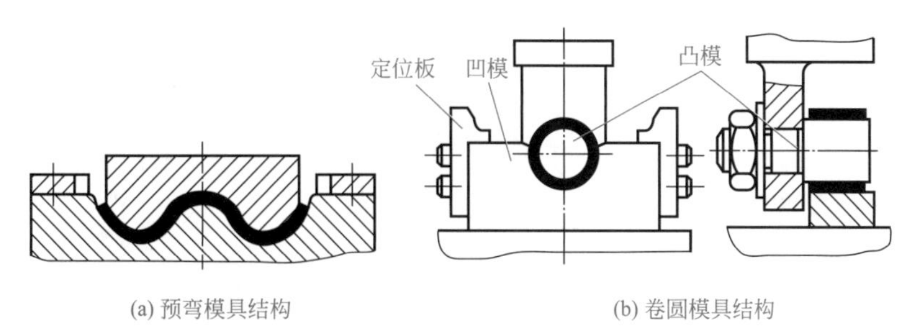


(a) 预弯模具结构　　(b) 卷圆模具结构

图 4-19　夹箍卷圆模具结构简图

### 4. 多向弯曲的半封闭或封闭件弯曲模结构

具有多向弯曲的半封闭或封闭件，有时由于弯曲件的工艺性不好，往往要在模具结构中采取一些措施。如图 4-20 所示为弯曲角小于 90°的转轴式弯曲模。由于弯曲用的转动凹模可围绕其轴线转动，故俗称为转轴式弯曲模。工作时，两侧的转动凹模可在圆腔内回转，当凸模上升后，弹簧使转动凹模复位。由于这种结构的模具强度好、弯曲力较大，适用于弯曲的料厚范围广。因此，生产中既可用于弯曲角小于 90°的较薄板料的弯制，又可用于较厚板料的弯曲。

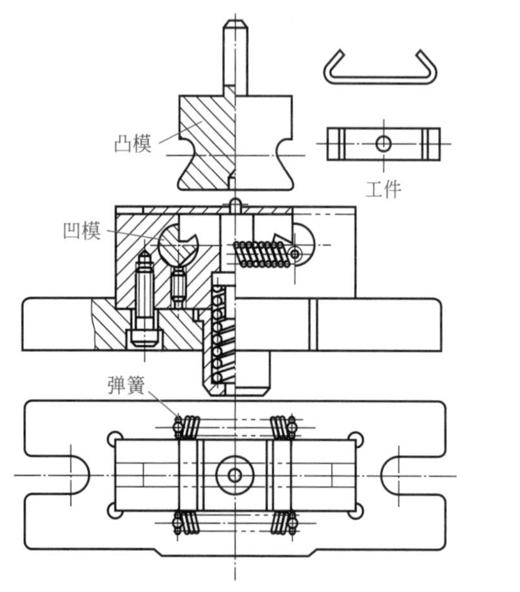

图 4-20　弯曲角小于 90°的转轴式弯曲模

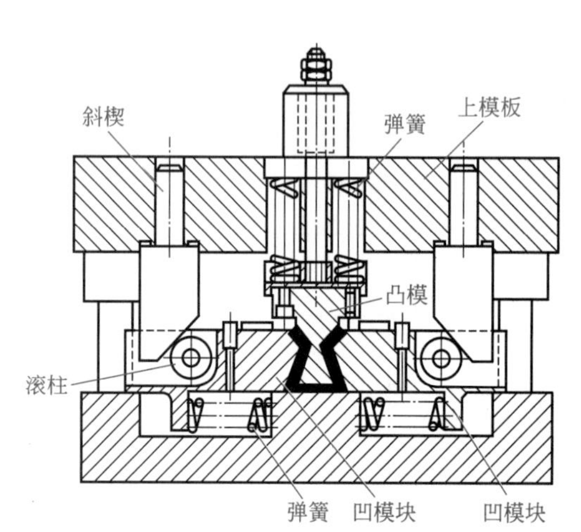

图 4-21　弯曲角小于 90°的带斜楔弯曲模

如图 4-21 所示为带斜楔的弯曲角小于 90°的弯曲模结构。毛坯首先在凸模作用下被压成 U 形件。随着上模板继续向下移动，弹簧被压缩，装于上模板上的两块斜楔压向滚柱，使装有滚柱的活动凹模块分别向中间移动，将 U 形件两侧边向里弯成小于 90°。当上模回程时，弹簧使凹模块复位。由于模具结构是靠弹簧的弹力将毛坯压成 U 形件的，受弹簧弹力的限制，只适用于弯曲薄料。

多向弯曲的半封闭或封闭件由于弯曲的多方向性，在很多情况下，仅靠压力机输出的垂直方向的压力是不能完全弯曲成形的，而需要从水平与冲压方向呈任意角度倾斜的、由里向外和由外向里，甚至由下向上的施力方向冲弯成形，以满足各方向弯曲力的要求。如图 4-22 所示为常见的用于多向弯曲的半封闭件或封闭件的弯曲模结构简图。

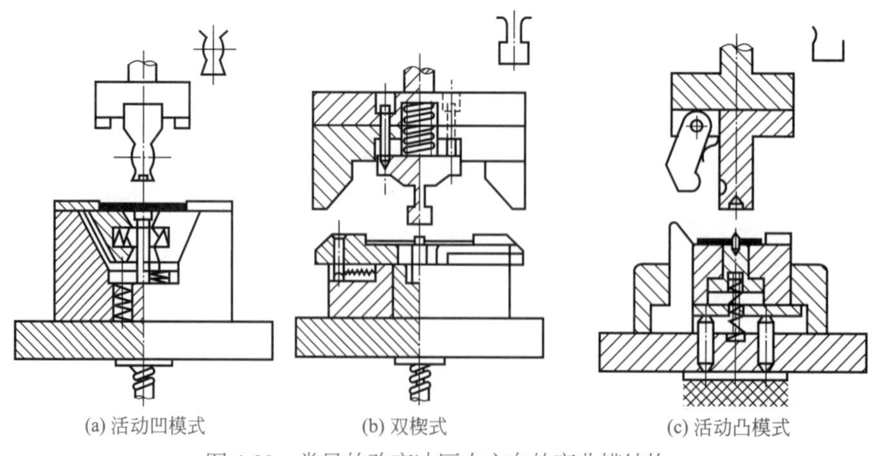
(a) 活动凹模式　(b) 双楔式　(c) 活动凸模式

图 4-22　常见的改变冲压力方向的弯曲模结构

### 5. 弯曲级进模

对于批量大、尺寸小的弯曲件，为提高生产效率，确保操作安全和产品质量等，可采用级进模进行多工位的冲裁、弯曲和切断等。如图 4-23 所示为同时进行冲孔、切断和弯曲的级进模。条料以导料板导向并从刚性卸料板下面送至挡块右侧定位。上模下行时，条料被凸凹模切断，并随即将所切断的坯料压弯成形，与此同时冲孔凸模在条料上冲出孔。上模回程时，刚性卸料板卸下条料，顶件销在弹簧的作用下推出工件。这样，就获得了侧壁带孔的 U 形弯曲件。

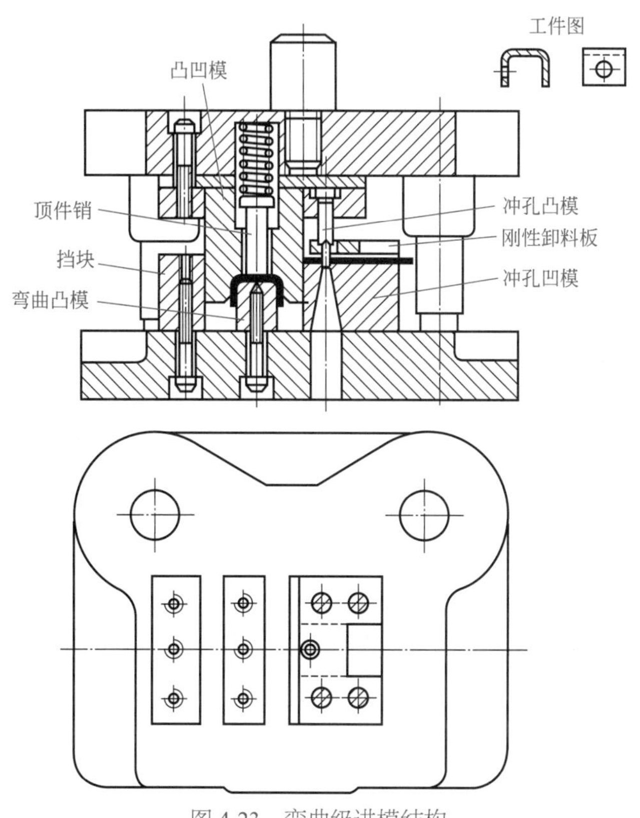


图 4-23 弯曲级进模结构

## 二、弯曲模中常用的斜楔滑块机构

弯曲模构成的零件与冲模基本一致。与冲模不同的是，由于弯曲件的多方向性，特别是对多向弯曲件，弯曲模中多采用如图 4-24 所示的斜楔滑块机构。当然，本节所述的所有机构可用于其他类型的模具。

由于斜楔的作用，除了垂直作用力以外，总还会有一个水平或倾斜力的存在。为了使斜楔工作可靠，在斜楔模结构中应设置防偏挡块，特别是对受力较大、工作条件较恶劣的斜楔则必须设置挡块，挡块与斜楔在工作初期即紧密贴合。在大型的斜楔模上，则常把后挡块与模座做成一个整体。为使滑块工作迅速、可靠，在斜楔模中应设置导向及复位机构，复位一般采用弹簧、橡胶或气缸做储能件。如果斜楔间的接触面和滑动面上的单位压力过大，则应设置防磨板，以提高寿命并方便日后的维修和保养。此外，模具中还常用以下的斜楔滑块机构：

① 如图 4-25 所示结构，斜楔 2 向下运动，滑块 1、3 沿水平面分别向左、右移动。用于滑块力较大的冲模时，这种结构常采用弹簧、液压或压缩空气进行复位。

② 如图 4-26 所示结构，斜楔 2 每上、下运动一次，滑块 3 就左右往复运动一次，一般

用于滑块力较大的冲模。这种结构不但能推动滑块，还可同时对滑块进行强制复位。

③ 如图 4-27 所示结构，斜楔 1 每上、下运动一次，斜楔 1 就通过滚轮 2 推动滑块 3 左右往复运动一次。用于滑块受力较小件。

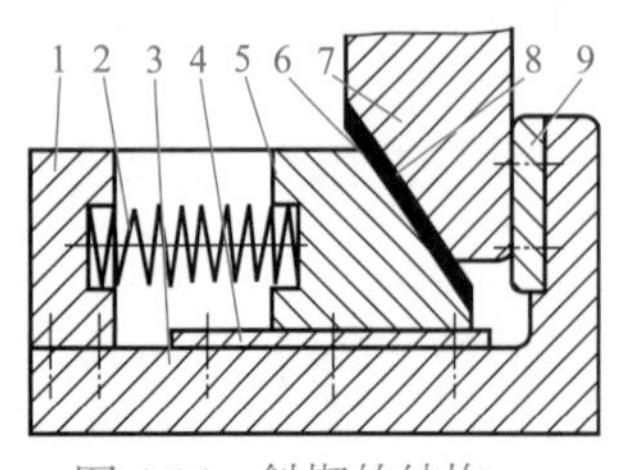

图 4-24　斜楔的结构

1—弹簧座；2—弹簧；3—下模板；4—导向块；5—滑块；6，8—防磨板；7—斜楔；9—防偏挡块

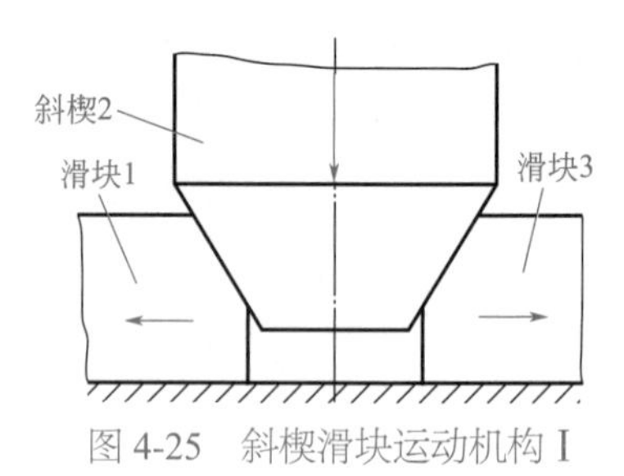

图 4-25　斜楔滑块运动机构 Ⅰ

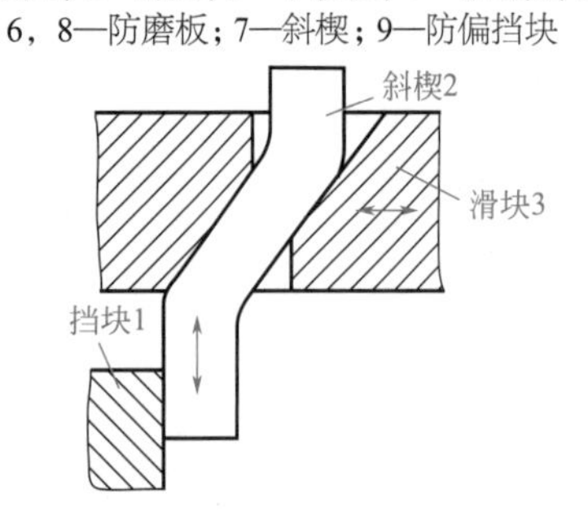

图 4-26　斜楔滑块运动机构 Ⅱ

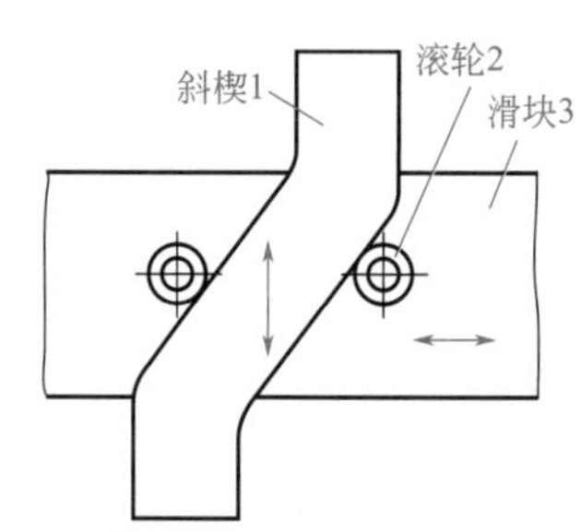

图 4-27　斜楔滑块运动机构 Ⅲ

# 第六节　弯曲件常见缺陷与预防

## 一、弯曲件常见缺陷及其预防措施

弯曲件常见的缺陷有形状和尺寸不符、弯裂、表面擦伤、挠度和扭曲等。弯曲件常见缺陷及其预防措施见表 4-49。

表 4-49　弯曲件常见缺陷及其预防措施

| 常见缺陷 | | 预防措施 |
| --- | --- | --- |
| 形状和尺寸不符 | 压紧毛坯 | 形状和尺寸不符的主要原因是回弹和定位不当。解决的办法除采取措施以减小回弹外，提高毛坯定位的可靠性也是很重要的，通常采用以下几种措施<br>采用气垫、橡胶或弹簧产生压紧力，在弯曲开始前就把板料压紧。为达到此目的，压料板或压料杆的顶出高度应做得比凹模平面稍高一些，如图 4-28 所示<br>压料杆　压料圈<br>图 4-28　压料件高于凹模 |
| | 可靠的定位方法 | 毛坯的定位形式主要有以外形为基准和以孔为基准两种。外形定位操作方便，但定位准确性较差。孔定位方式操作不大方便，使用范围较窄，但定位准确可靠。在特定的条件下，有时用外形初定位，大致使毛坯控制在一定范围内，最后以孔作最后定位，吸取两者的优点，使之定位既准确又操作方便 |

续表

| 常见缺陷 | | 预防措施 |
| --- | --- | --- |
| 弯曲裂纹 | 产生的原因 | 裂纹产生的原因是多方面的，主要有以下几方面<br>① 材料塑性差。如材料的伸长率低，晶粒度大小不均，出现有害的魏氏组织，冷弯性能不符合技术标准规定，以及表面质量差（有划痕、锈等毛病）等，均导致塑性的降低，都会在弯曲时引起开裂<br>② 弯曲线与板料轧纹方向夹角不符合规定。排样时，弯曲线与板料轧纹方向夹角不符合工艺规定。单向V形弯曲时，弯曲线应垂直于轧纹方向；双向弯曲时，弯曲线与轧纹方向最好成45°<br>③ 弯曲半径过小。弯曲时外层金属变形程度超过变形极限<br>④ 毛坯剪切和冲裁断面质量差。如毛刺大，或弯曲部位的板料有裂纹等<br>⑤ 凸、凹模圆角半径磨损或间隙过小。凹模表面拉毛（粗糙度高）或设计结构不当等因素造成进料阻力大，易把制件拉裂<br>⑥ 润滑不够。润滑不够，则摩擦力较大，容易造成拉裂<br>⑦ 料厚尺寸严重超差。尺寸超差会造成进料困难而开裂<br>⑧ 酸洗质量差。不认真执行材料酸洗工艺，产生过酸洗或氢脆现象，以致塑性降低而引起开裂 |
| | 解决措施 | 为减少或防止产生弯曲裂纹，通常采用以下措施<br>①改善毛坯条件。主要包括选择塑性好的材料（如冷弯性能好），在变形大的部位进行局部退火，提高剪切（冲裁）毛坯断面质量等方面<br>②提高模具工作部分的技术状态。主要是降低凸凹模工作表面的粗糙度及调整合理的间隙等<br>③改善润滑条件。合理润滑，以及采用润滑性能好的润滑剂，从而减小弯曲过程中材料流动时的阻力<br>④制定正确的工艺方案。选择恰当的工艺方案，使弯曲过程中材料流动阻力小，变形容易<br>⑤改善产品结构的工艺性。选用合理的圆角半径，在局部弯曲部位增加工艺切口，以避免根部断裂 |
| 挠度和扭曲 | | 弯曲件挠度，就是弯曲件垂直于加工方向产生的变形。扭曲是在产生挠度变形的基础上又发生其他方向的变形，如图4-29所示<br>材料进行弯曲时，在长度方向（纵向）产生变形的同时，宽度（横向）方向上的材料也发生移动。中性层外侧的材料由于受拉而变薄，这时宽度方向（横向）的材料便流过来补充，因此中性层外侧的材料在宽度（横向）方向上收缩。与此相反，在中性层内侧的材料产生收缩变厚的趋势，但因加工条件的限制，使得中性层内侧的宽度加大，如图4-30所示。弯曲后宽度方向产生变形，被弯曲部位在宽度方向上（横向）出现弓形挠度，如图4-31所示<br>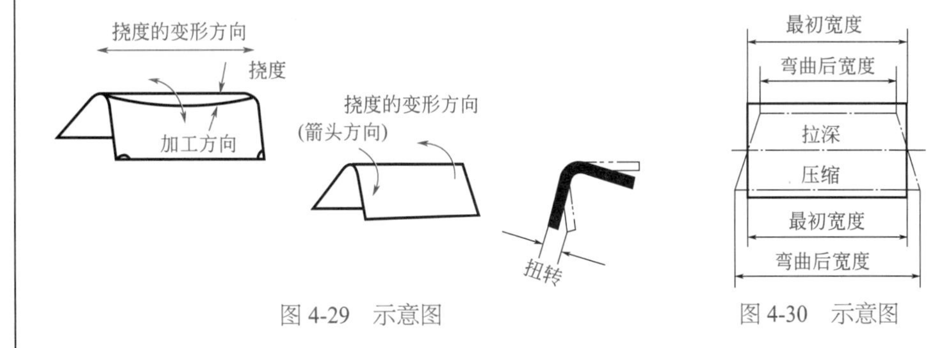<br><br>图4-29　示意图　　图4-30　示意图<br>当宽度方向（横向）的拉伸和收缩量不一致时，弯曲件就产生扭曲。另外，冲模结构设计不当，特别是退料机构力的作用不平衡，也易产生扭曲<br>减少或防止扭曲的措施如下<br>① 对于横向很长，回弹后对装配有影响的制件，可在压弯模上，预先把估算的弹性变形量设计在与挠度方向相反的方向上（如图4-32所示）。但这样有副作用，对于横向回弹不易控制<br>② 增加弯曲时的单位压力<br>③ 选择材质均匀、方向性不明显的材料<br>④ 对板形不好的材料，应采取措施校平后再进行弯曲加工<br>⑤ 改善弯曲过渡件结构，如图4-33所示。如图4-33(a）所示的结构，按箭头方向产生挠度；如图4-33（b）所示的结构，则可避免如图4-33（a）所示的缺陷，但需增加一道工序<br>⑥ 增强模具刚性，特别对于模具横向长度制件尤为重要。刚性好可减轻挠度 |

续表

| 常见缺陷 | 预防措施 |
| --- | --- |
| 挠度和扭曲 | 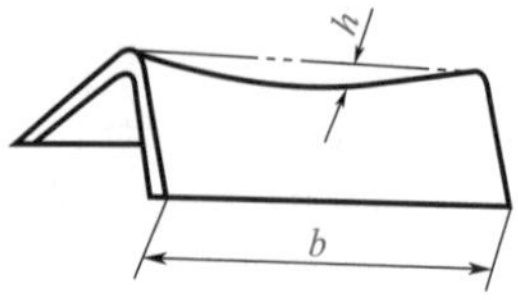 图 4-31　示意图 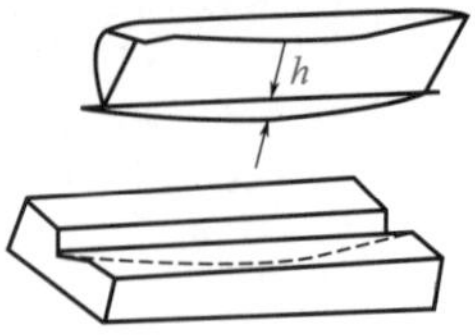　　图 4-32　示意图 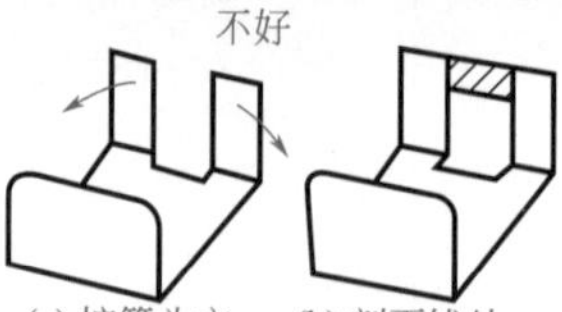　　(a) 按箭头方向产生挠度　(b) 剖面线处弯曲后切除　图 4-33　示意图 |
| 偏移 | 偏移是指毛坯在弯曲时产生滑移，使其尺寸与图样不符。生产中，常采用先冲孔（或工艺孔）并利用定位销定位，或者在弯曲时，增大对毛坯的压紧力的方法来解决 |
| 表面擦伤 | ① 表面擦伤是指制件表面受到损伤而造成的表面缺陷<br>② 对于表面质量要求高的（光滑、美观）弯曲件是不允许有表面擦伤的<br>③ 造成表面擦伤的原因是毛坯表面不清洁，断（侧）面毛刺过大，或凹模的圆角半径处磨损严重等<br>④ 采取加强毛坯的清洁工作，提高毛坯断面质量；提高凹模圆角半径处的硬度并降低表面粗糙度；使用合乎要求的润滑剂等措施，能有效地防止和减少表面擦伤 |
| 弯曲模的磨损与寿命 | 在大批量的弯曲件生产中，由于模具的磨损引起产品质量问题，是实际生产中经常遇到的。为解决这个问题，应注意以下几个方面<br>① 弯曲件的材料、厚度及形状。对于加工精度要求高的工件，其所用材料的加工性必须良好。如果材料的加工硬化情况严重、热传导性不好，在弯曲过程中黏附模具工作表面等，都会导致模具产生严重的磨损，甚至损坏<br>板料厚度对弯曲件尺寸精度有很大影响。对于精度要求较高的弯曲件，最好使用误差小、厚度均匀一致的材料进行加工。特别是 3 ～ 4mm 以上厚度的弯曲件，弯曲时模具的工作压力较大，易于磨损。弯曲件的形状也会引起模具各部位的不均匀磨损，弯曲毛坯上的冲裁毛刺等缺陷会加速模具的磨损，因此在生产中必须注意<br>② 模具结构及材料。为了提高模具工作部分承受磨损的能力，应选择合适的模具材料。模具材料应具有必要的硬度、强度和耐磨性，机械加工性能好，易于热处理，并且在热处理中的变形小<br>在模具结构上，对于凸模、凹模等易磨损件，在磨损后应能方便地调整、更换，以延长模具的使用寿命<br>③ 润滑条件。采用适当的润滑方法，可以有效地改善模具的工作条件，对减少磨损非常有利。例如，将润滑油涂在模具和毛坯表面，形成润滑油膜，弯曲时模具与毛坯表面不直接接触，从而避免了金属之间的干摩擦，减少了模具的磨损，提高了模具的使用寿命 |
| 底部不平服 | 常见的 U 形弯曲件的底部，有时会产生如图 4-34 所示的鼓起情况。这种底部不平服的现象，大都是由于在弯曲过程的最后，没有使用顶料板，而是仅依靠凹模底部进行压料造成的。不使用顶料板进行 U 形弯曲时，从压弯开始到最后成形，板料与凸模底部是在没有紧紧贴合的情况下进行压弯加工的，这样就不可能使材料得到完全的塑性变形，往往使制件底部呈鼓起状态<br>如图 4-35 所示为板料在压弯过程中的变形情况。图 4-35（a）所示表示当凸模开始下压刚与板料接触时，板料在凸凹模圆角施加的压力下产生弯曲，这时板料离开凸模的顶面而鼓起。图 4-35（b）所示则表示在凸模进入凹模而继续进行弯曲的过程中，虽然板料在凹模圆角的作用下发生弯曲，但凸模下面最初形成 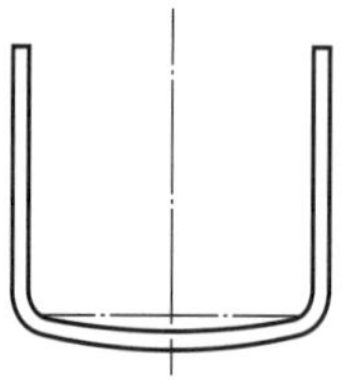<br>图 4-34　弯曲件底部鼓起 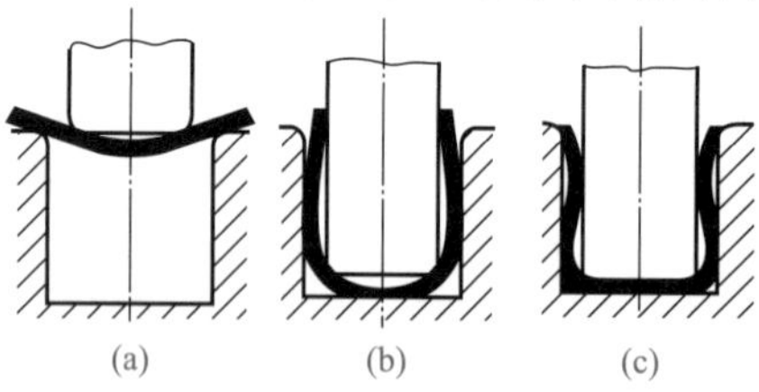　　(a)　(b)　(c)　图 4-35　弯曲过程中板料受力变形的情况<br>的鼓起情况，由于没有顶料板的压服，却不再发生明显的变化。在图 4-35（c）中所示，当凸模压至底部，即弯曲过程的最后阶段，由凸模和凹模底部将鼓起部位压平，而在弯曲结束、工件从模具中取出时，被压平的鼓起部分因回弹而得到恢复，使底部仍有不平服的弯曲变形残留下来<br>带有顶料板的模具能防止这种现象的发生，如图 4-36 所示。显然，从弯曲过程一开始，顶料板便对板料施加足够的压力，使板料不会因离开凸模顶面而鼓起，同时在弯曲的最后阶段，即在凹模底部起到镦压的作用，这样就能获得较理想的底部平服而且两侧弯曲良好的制件，不至于出现底部鼓起或底部虽平整而两侧外张的情况 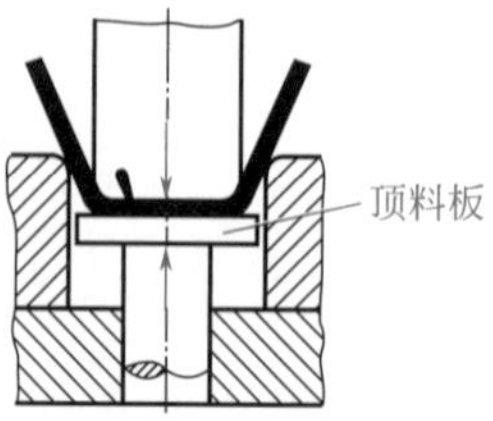<br>顶料板<br>图 4-36　顶料板防止底部鼓起 |

续表

| 常见缺陷 | 预防措施 |
| --- | --- |
| 弯曲件高度不稳定 | 弯曲加工时，制件的外侧与凹模表面的摩擦而受拉，从而引起制件滑移，使弯曲高度达不到尺寸和公差的要求。如图 4-37（a）所示的制件，可以在制件中增加工艺孔，以便在弯曲时由定位销定位，从而防止弯曲过程中制件的移动。在实际工作中，工艺孔本身多少也会产生如图 4-37（b）所示的变形，有使 $L_1$ 尺寸减小的倾向，故可在设计时预先将 $L_1$ 尺寸适当放大，以便确保压制后的尺寸和公差<br>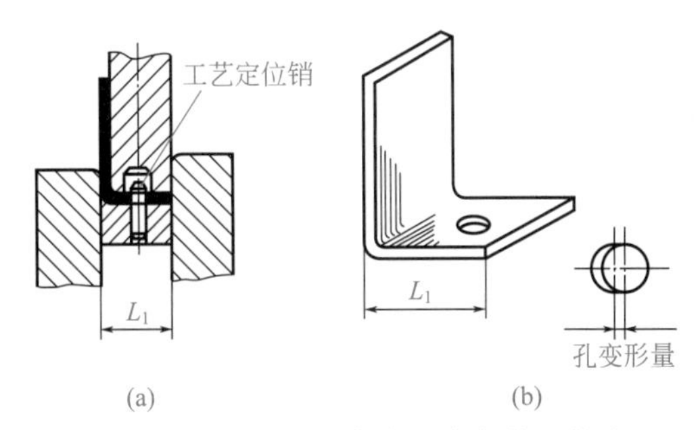<br><br>图 4-37　防止弯曲高度不稳定的工艺孔<br>对于尺寸较大的零件，可以采用如图 4-38 所示的方法定位。图 4-38（a）为定位板定位，适合于无孔零件的定位，结构较简单。但采用定位板定位时，受毛坯落料冲裁时的毛刺、脏物等的影响，保证不了基准面的准确，往往毛坯定位面不可能与定位板全面接触，只是局部接触，故应尽可能减小毛坯定位尺寸的变化量。对于尺寸精度要求较高因而定位精度也必须提高的零件，应对落料冲裁后的毛坯增加去除毛刺的工序。如图 4-38（b）所示为定位销的定位形式，图中较大零件可采用一个圆形定位销定位以保证制件的尺寸，另一个菱形定位销防止毛坯转动<br>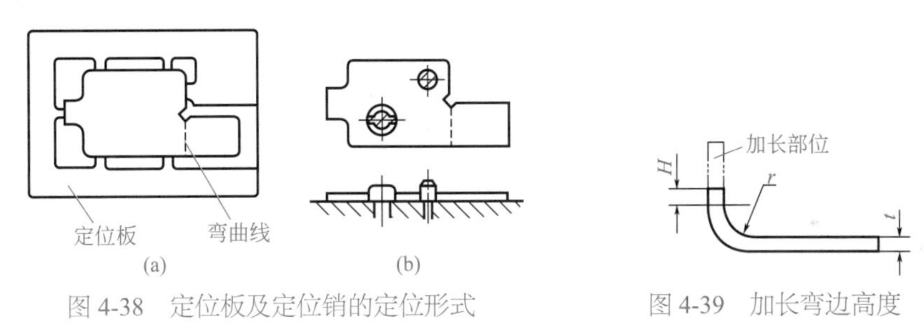<br><br>图 4-38　定位板及定位销的定位形式　　图 4-39　加长弯边高度<br>大批生产时，一般都采用连续冲裁、弯曲模来进行加工。显然，这种加工方式较单工序的弯曲模加工精度低<br>定位时，定位销或定位板与制件的间隙可按下列数值选取：单工序弯曲模，其间隙一般取 0.005 ～ 0.01mm；连续冲裁、弯曲模，考虑到送入和定位板的误差，间隙一般取 0.015 ～ 0.025mm<br>弯边高度 $H$，对板厚来说不应过小，应如前述取 $H \geqslant 2.5t+r$，如图 4-39 所示。当材料厚度、硬度及较短的弯边高度使高度尺寸不稳定时，可采取加大弯边高度的方法进行压弯加工。弯曲后再切除其加大部分，以确保正确的弯边高度<br>在考虑弯曲高度不稳定等尺寸精度时，还应考虑材料厚度的误差问题。板厚误差对回弹量、材料的延伸及模具的使用效果都有直接影响，极易使制件达不到尺寸精度的要求<br>对精度要求较高的制件，应确定和限制板厚的公差，否则板厚的变化在压弯过程中会产生使制件在弯曲部位拉薄而使弯边高度伸长等缺陷。因而板厚变化较大的制件，最好采用油压机压制。油压机工作时不仅能保持一定的压力而且能消除板厚变化的影响。曲柄压力机由于其刚性的结构而不能消除板厚变化的影响，但可以通过改变模具结构，以收到同样的效果。如图 4-40 所示，为吸收板厚变化的一种模具结构。该结构可以在顶料板作用的压紧状态下承受缓冲力。或如图 4-41 所示，将凹模做成可换镶块式的，通过调整的方法加以解决，以消除板厚变化对加工精度的影响<br>此外，材料的力学性能由于板纹的方向不同而异。特别是采用最小弯曲半径进行加工时，弯曲部的外侧面将容易出现缩颈和裂纹，弯曲高度也容易发生变化，故应注意选取弯曲线方向与板纹方向的合理夹角<br>冲床的能力、工作速度等不同，也会使弯曲尺寸发生变化。由于在实际工作中，冲床的工作中心与模具的压力中心往往不一致，且弯曲、校正、压实等所需力的计算也较复杂和困难，因此一般宜选用吨位大一些的冲床进行加工，通常取加工力为压力机吨位的 70% ～ 80% |

续表

| 常见缺陷 | 预防措施 |
| --- | --- |
| 弯曲件高度不稳定 | 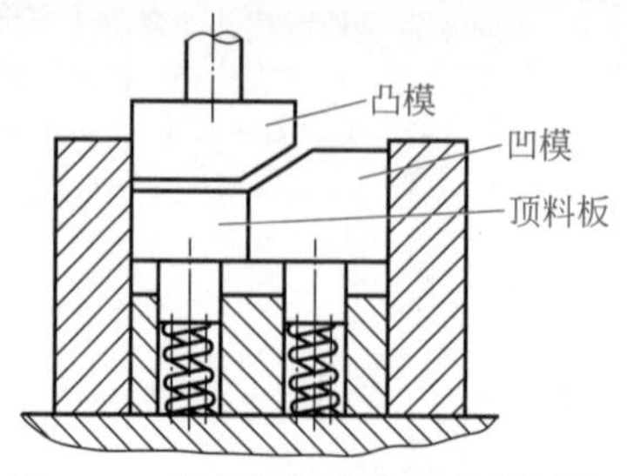<br>图 4-40　吸收板厚变化的模具结构<br>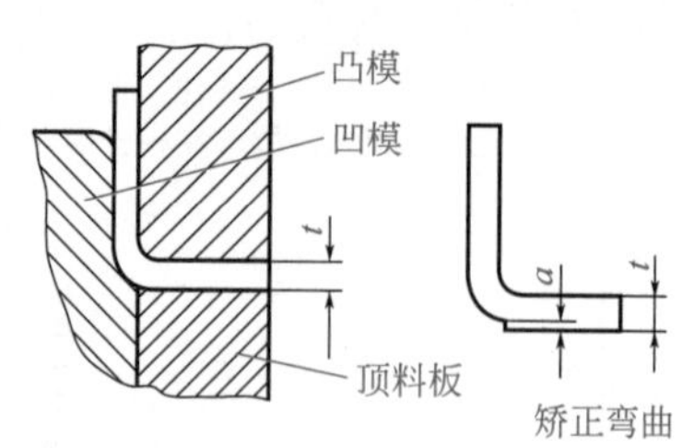<br>图 4-41　消除板厚变化对加工精度影响的模具结构 |
| 弯曲部厚度变薄 | 板料弯曲后，从板厚的断面来看，弯曲部位的厚度变薄，如图 4-42 所示。弯曲半径相对厚度越小，这种现象表现得越明显。如前所述，在弯曲过程中，弯曲部材料中性层的外侧受拉伸，内侧受压缩，这时，在宽度方向收缩的同时，厚度方向也收缩，并向弯曲中心靠近。又由于外侧面的材料受到沿弯曲半径圆周方向拉应力的作用，上述现象就更加突出，结果使外侧材料向弯曲中心，即在板厚方向产生压应力。板料中性层的内侧面由于受压缩，故在宽度方向变宽、厚度方向变厚的同时，内表面也有向弯曲中心靠近的倾向，这一倾向的影响使曲率半径变小，弯曲变形加大，所以向中心靠近的倾向就会受到一定的限制，结果使断面内侧表面的材料也产生板厚方向的压应力<br>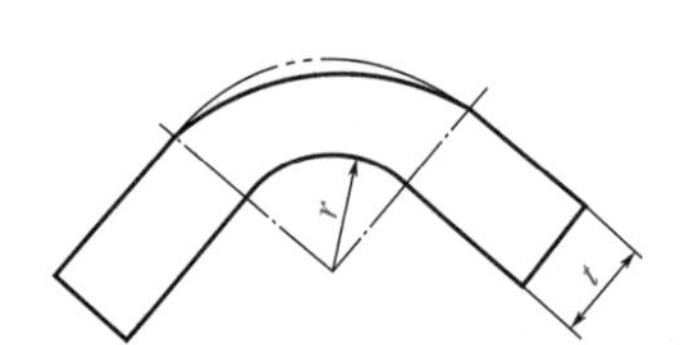<br>图 4–42　弯曲部位厚度变薄的情况<br>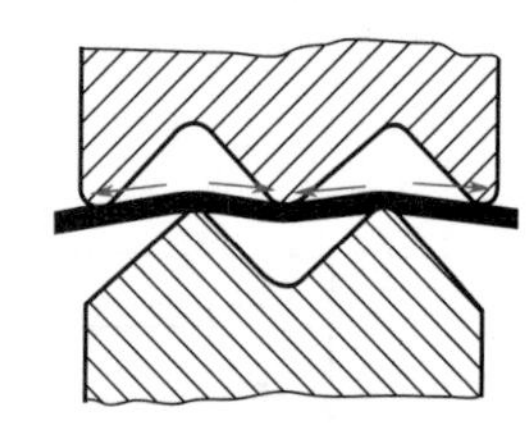<br>图 4–43　板料多角弯曲时被拉伸的情况<br>在板料弯曲过程中，板料内部产生上述厚度方向压应力的结果，使板厚在弯曲部位变薄。当宽度较大时，由于在两端部以外的其他部位不能自由地伸长和压缩，因而增加了在厚度方向上产生压应力的倾向，厚度则更加容易变薄。弯曲部厚度变薄，是弯曲变形的性质造成的，所以不可能完全避免。但如果弯曲内侧半径 $r$ 和板料厚度 $\delta$ 的比值大于一定值时，其变薄量将是非常小的<br>在进行直角弯曲时，若 $r/t > 3$，弯曲部厚度的变薄量将极为微小。但是如图 4–43 所示，当进行一次完成的多角弯曲时，虽然 $r/t$ 值大于上述数值，但弯曲部位仍将因相互拉深而变薄。在这类加工中，一定要注意板料是以什么样的形态与模具接触和变形的。如用尖角的凸模进行弯曲时，角部压入材料后，会使厚度明显地减小 |
| 弯曲件孔的位置精度 | 对于带孔的弯曲件，要在弯曲后保持这些孔的位置精度是十分困难的。所以，孔的位置精度要求较高的零件，一般应在弯曲后再加工。当然，这样要分两次工序或采用连续模进行加工，会使制件的加工成本有所提高。一般情况下，大的弯曲件都是先落料、冲孔，然后进行弯角，孔的位置精度往往会出现下述问题：如图 4-44（a）所示，孔的位置尺寸发生变化，特别是那些包含有弯曲线在内的位置尺寸 $m$、$n$，很难保证准确，误差较大；图 4-44（b）所示是对称孔的中心线位置发生歪斜或偏移的情况；图 4-44（c）表示两孔中心线的连线与弯曲线不平行<br>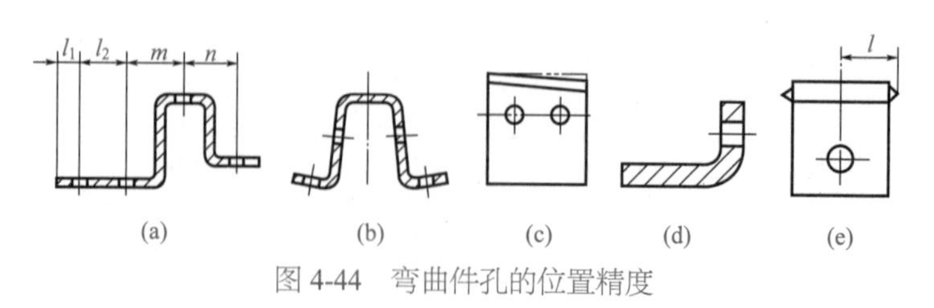<br>图 4-44　弯曲件孔的位置精度 |

## 二、弯曲件形状与精度

弯曲件形状与精度受多种因素的影响，其具体说明见表 4-50。

表 4-50　弯曲件形状与精度的影响因素

| 类别 | 说　　明 |
|---|---|
| 模具对弯曲件形状与精度的影响 | 弯曲模具是弯曲工件的工具，通常弯曲工件的形状和尺寸取决于模具工作部分的尺寸精度。模具制造精度越高，弯曲件的形状尺寸精度就越高。另外，模具结构中采用的压料装置和定位装置的可靠性，对弯曲件的形状与尺寸精度也会有较大的影响 |
| 材料对弯曲件形状与精度的影响 | 弯曲件所采用的材料不同也会影响弯曲件的形状与精度。这主要有两方面的原因：一方面是材料的力学性能、成分分布不均，则对于同一板料所弯曲的工件，由于压力及回弹值不同，而使形状和尺寸精度产生偏差；另一方面，材料的厚度不均，也会使弯曲的工件在尺寸与形状上有所差异 |
| 弯曲工艺顺序对弯曲件形状与精度的影响 | 当弯曲工件的工序增多时，由各工序的偏差所引起的累积误差也会增大。此外，工序前后安排顺序不同，也会对精度有很大影响。例如，对于有孔的弯曲件，当先弯曲后冲孔时，孔的形状和位置精度比先冲孔后弯曲时要高得多 |
| 工艺操作对弯曲件形状与精度的影响 | 模具的安装、调整及生产操作的熟练程度都会产生一定的影响。例如，送料时的准确性，坯料定位的可靠性，都会对弯曲件形状及精度产生影响 |
| 压力机对弯曲件形状与精度的影响 | 在弯曲时，压力机型号不同、吨位大小不同、工作速度不同等，都会使弯曲件尺寸发生变化。此外，压力机本身的精度也会产生一定的影响 |
| 弯曲件本身对形状与精度的影响 | 弯曲件形状不对称，或者其外形尺寸较大，都会在弯曲过程中产生较大的偏差 |

针对以上主要原因，在实际生产中加以预防和修正，就能够生产出具有较高精度的弯曲件。

# 第五章 拉深加工

## 第一节 拉深工艺和变形过程

利用模具将面板毛坯变形成开口空心零件的冲压加工方法称为拉深。拉深工序习惯上又曾称为拉延、压延、延伸、拉伸及引伸等。拉深是主要冲压工序之一，应用很广，采用拉深冲压方法可得到筒形、阶梯形、锥形、方形、球形和各种不规则形状的薄壁零件。拉深件加工的精度与很多因素有关，如材料的力学性能和材料厚度、模具结构和模具精度、工序的多少和工序的先后顺序等。拉深件的制造精度一般不高，合适的精度在IT11 级以下。拉深件的种类很多，按照成形前后壁厚的变化可将拉深分为变薄拉深和不变薄拉深两种。同时，由于拉深本身的特性，拉深件上下壁适当变薄，拉深后的厚度约为（1.2 ～ 0.6）$t$。且多次拉深的零件外壁或凸缘表面一般会留下拉深过程中所产生的印痕。

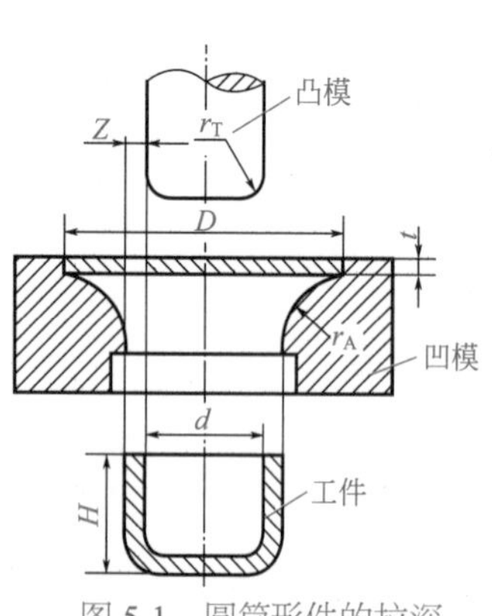

图 5-1 圆筒形件的拉深

### 一、拉深工艺过程及拉深特点

如图 5-1 所示为圆筒形件的拉深过程。拉深所用的模具主要由凸模、凹模和压边圈三部分组成。与冲裁所不同的是，凸模、凹模工作部分没有锋利的刃口，而是有一定的圆角，并且其间隙稍大于板料的厚度。直径为 $D$、厚度为 $t$ 的圆形毛坯经过拉深模拉深，得到具有外径为 $d$、高度为 $H$ 的开口圆筒形工件。

拉深工艺过程及拉深特点见表 5-1。

表 5-1 拉深工艺过程及拉深特点

| 类别 | 说明 |
|---|---|
| 拉深变形现象 | 在拉深过程中，毛坯的中心部分成为筒形件的底部，基本不变形，是不变形区；毛坯的凸缘部分（即 $D-d$ 的环形部分）是主要变形区。拉深过程实质上就是将毛坯的凸缘部分材料逐渐转移到筒壁的过程 |
| 拉深变形过程中金属的流动 | 为了了解金属的流动和形状、尺寸变化情况，可以通过如下网格实验：在圆形板料上画许多间距都等于 $a$ 的同心圆和分度相等的辐射线，如图 5-2 所示。这些同心圆和辐射线组成网格。拉深后，圆筒形件底部网格的形状基本没变，而筒壁部分的网格发生了很大变化：原来的同心圆变成筒壁上的水平圆周线，其间距由底部向上逐渐增大，越靠近筒的口部越大，即 $a_1 > a_2 > \cdots > a$；原来等分的辐射线变成了筒壁上的垂直平行线，其间距相等，即 $b_1=b_2=\cdots=b$。如果就网格中一个小单元体 $A_1$ 而言，在拉深前是扇形，拉深后则变成了矩形 $A_2$。由于拉深后，板料厚度变化很小，可认为拉深前后单元的面积不变，即 $A_1=A_2$<br>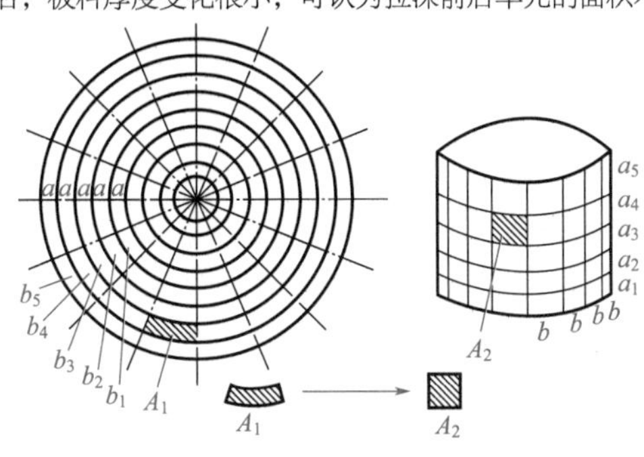<br><br>图 5-2 拉伸变形 |
| 拉深变形过程 | 如图 5-3 所示为在拉深过程中材料的转移情况。如把阴影部分切除，将余下部分沿直径 $d$ 圆周折弯并焊接，就可以成为高度 $h=0.5(D-d)$ 的圆筒形工件。而在拉深过程中，凸缘部分材料由于拉深力的作用，径向产生拉应力 $\sigma_1$，切向产生压应力 $\sigma_3$。在 $\sigma_1$ 和 $\sigma_3$ 的共同作用下，凸缘部分金属材料产生塑性变形，其“多余的三角形”材料沿径向伸长，切向压缩，且不断被拉入凹模中变为筒壁，形成高度为 $h_1$ 的筒侧壁。最终得到高度 $h > 0.5(D-d)$ 圆筒形开口空心件，这增加的高度部分相当于由三角形部分转移形成<br>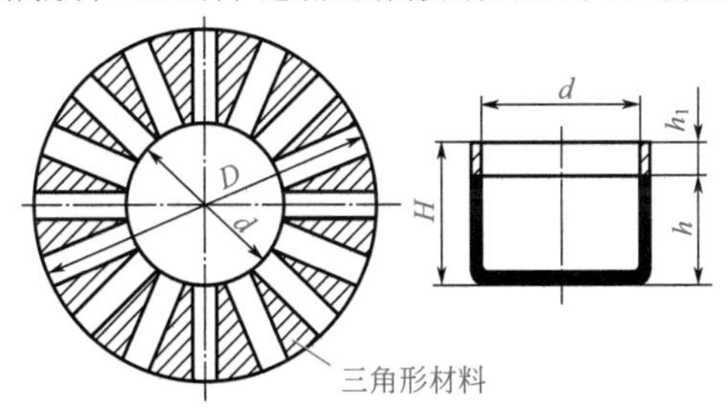<br><br>图 5-3 拉深过程中材料的转移<br>从拉深件的纵截面上观察，厚度和硬度沿筒壁纵向是变化的，变化规律如图 5-4 所示。底部略有变薄，但基本上等于原板料的厚度；筒壁上端增厚，越接近上边缘厚度越大；筒壁下端变薄，越靠近圆角处变薄越严重；由筒壁向底部转角偏上处，出现明显变薄，严重时可产生破裂。硬度沿高度方向也是变化的，越接近上边缘硬度越高，这说明在拉深过程中，板料各部分的应力、应变状态是不一样的<br>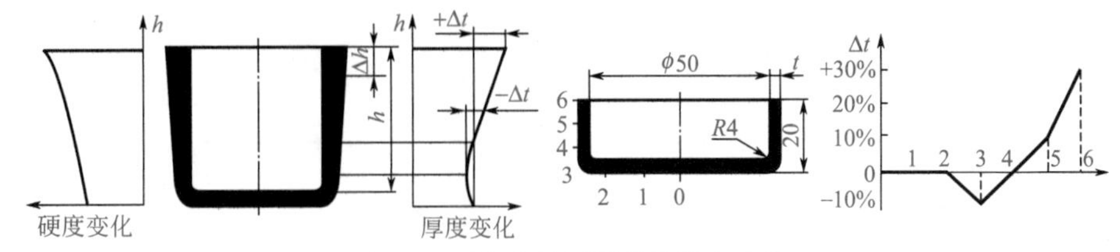<br><br>图 5-4 硬度和壁厚沿筒壁纵向变化 |
| 拉深变形程度表示方法 | 圆筒形件拉深的变形程度，通常以筒形件直径 $d$ 与毛坯直径 $D$ 的比值来表示，即<br>$m=\dfrac{d}{D}$<br>其中 $m$ 称为拉深系数，$m$ 越小，拉深变形程度越大；相反，$m$ 越大，拉深变形程度就越小 |

## 二、拉深件的材料及结构工艺性

### 1. 拉深件的材料

用于拉深件的材料，要求具有较好的塑性，屈强比 $\sigma_s/\sigma_b$ 小，板厚方向性系数大，板平面方向性系数小。屈强比 $\sigma_s/\sigma_b$ 值越小，一次拉深允许的极限变形程度越大，拉深的性能越好。例如，低碳钢的屈强比 $\sigma_s/\sigma_b\approx0.57$，其一次拉深的最小拉深系数为 $m$=0.48 ～ 0.50；65Mn 钢的 $\sigma_s/\sigma_b\approx0.63$，其一次拉深的最小拉深系数为 $m$=0.68 ～ 0.70。所以有关材料标准规定，作为拉深用的钢板，其屈强比不大于 0.66。

板厚方向性系数和板平面方向性系数反映了材料的各向异性性能。当板厚方向性系数较大且板平面方向性系数较小时，材料宽度方向的变形比厚度方向的变形容易，板平面方向性能差异较小，拉深过程中材料不易变薄或拉裂，因而有利于拉深成形。

### 2. 拉深件的结构工艺性

① 拉深件应尽量简单、对称，并能一次拉深成形。

② 拉深件壁厚公差或变薄量要求一般不应超出拉深工艺壁厚变化规律。根据统计，不变薄拉深工艺的筒壁最大增厚量约为（0.2 ～ 0.3）$t$（$t$ 为板料厚度），最大变薄量约为（0.1 ～ 0.18）$t$。

③ 当零件一次拉深的变形程度过大时，为避免拉裂，需采用多次拉深，这时在保证必要的表面质量前提下，应允许内、外表面存在拉深过程中可能产生的痕迹。

④ 在保证装配要求的前提下，应允许拉深件侧壁有一定的斜度。

⑤ 拉深件的底部或凸缘上有孔时，孔边到侧壁的距离应满足 $a\geqslant R+0.5t$（或 $r+0.5t$），如图 5-5（a）所示。

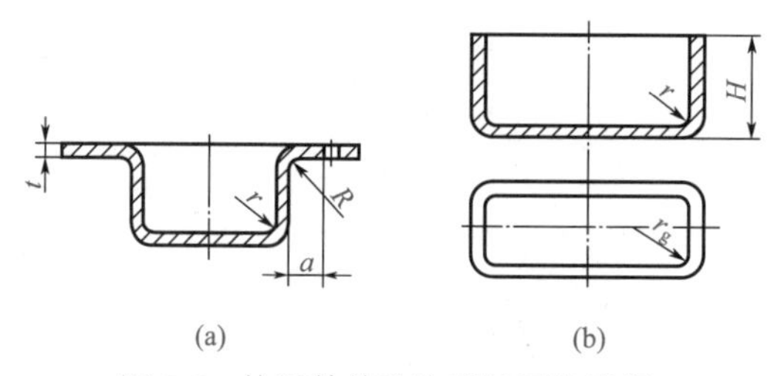

图 5-5　拉深件的孔边距及圆角半径

⑥ 拉深件的底与壁、凸缘与壁、矩形件的四角等处的圆角半径应满足：$r\geqslant t$，$R\geqslant 2t$，$r_g\geqslant 3t$，如图 5-5 所示。否则，应增加整形工序。一次整形的，圆角半径可取 $r\geqslant(0.1\sim0.3)t$，$R\geqslant$（0.1 ～ 0.3）$t$。

⑦ 拉深件的径向尺寸应只标注外形尺寸或内形尺寸，而不能同时标注内、外形尺寸。带台阶的拉深件，其高度方向的尺寸标注一般应以拉深件底部为基准，如图 5-6（a）所示。若以上部为基准 [ 如图 5-6（b）所示 ]，高度尺寸不易保证。

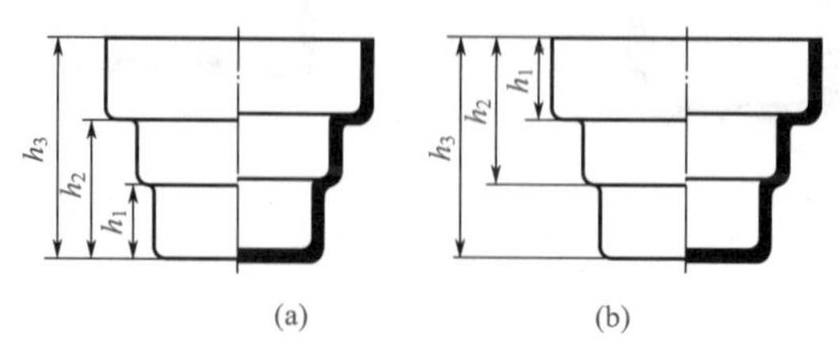

图 5-6　带台阶拉深件的尺寸标注

## 三、拉深工艺的种类

拉深工艺的种类及其应用范围见表 5-2。

表 5-2　拉深工艺的种类及其应用范围

| 拉深工艺 | 拉深原理简图 | 应用范围 |
| --- | --- | --- |
| 变薄拉深 | 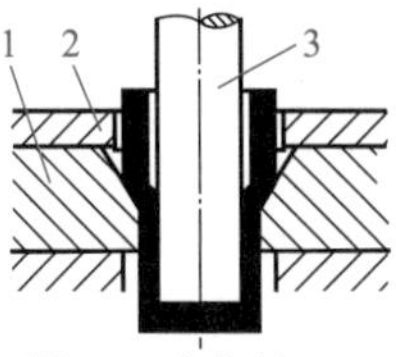 1—凹模；2—定位板；3—凸模 | 用于冲制厚底、薄壁的长筒形拉深件，如弹壳、套管。特种、专用零件大量采用 |
| 无压边圈拉深 | 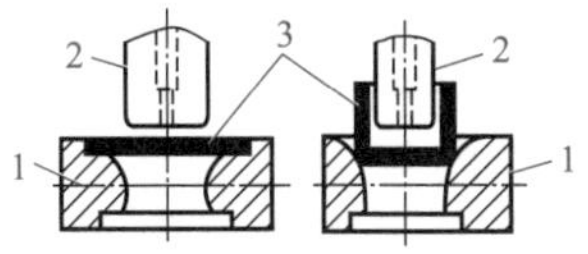 (a) 首次拉深　(b) 第2次及以后各次拉深<br>1—凹模；2—凸模；3—坯件 | 用于薄料浅拉深和较厚板料拉深。在普通压力机上实施，应用广泛 |
| 有压边圈拉深 | 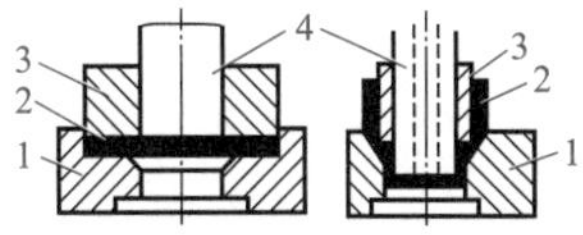 (a) 首次拉深　(b) 第2次及以后各次拉深<br>1—凹模；2—坯件；3—压边圈；4—凸模 | 用于较薄板料的深拉深。多用普通压力机拉深，应用更广泛 |
| 反拉深 | 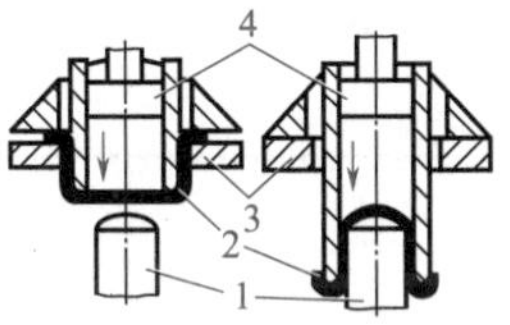 (a) 初始　(b) 终了<br>1—凸模；2—坯件；3—凹模；4—顶件器 | 用于双层空心件拉深。应用较少，主要拉深双层筒形件 |
| 落料拉深复合 | 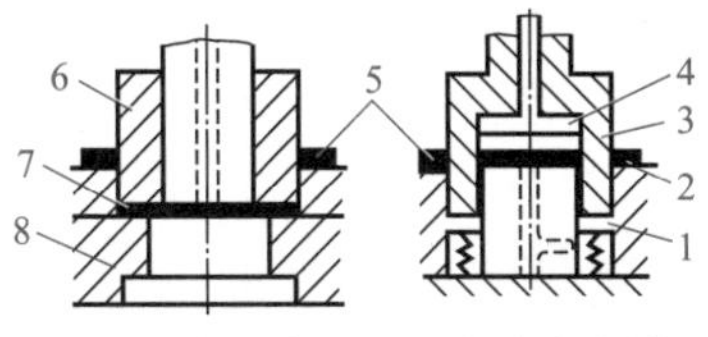 (a) 在双动压力机上　(b) 在单动压力机上<br>1—压边圈；2—落料凹模；3—凸凹模；4—顶件器；5—材料；6—凸模；7—冲裁凹模；8—拉深凹模 | 在单动和双动压力机上拉深中小形拉深件。在大量生产和深拉深零件多次拉深的首次拉深中广为采用 |
| 滚珠变薄拉深 | 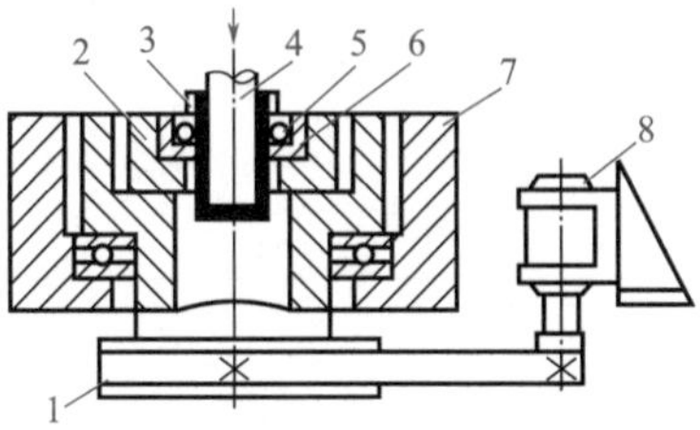 1—传动带；2—凹模；3—坯料；4—凸模；5—钢珠<br>6—座圈；7—支座；8—电动机 | 用于中小直径长筒薄壁管的拉深，最薄壁厚可达 0.05 ~ 0.03mm，适用拉深波纹管管坯等长管形零件。多用于仪表行业弹性元件生产中 |

续表

| 拉深工艺 | 拉深原理简图 | 应用范围 |
| --- | --- | --- |
| 带料连续拉深 | 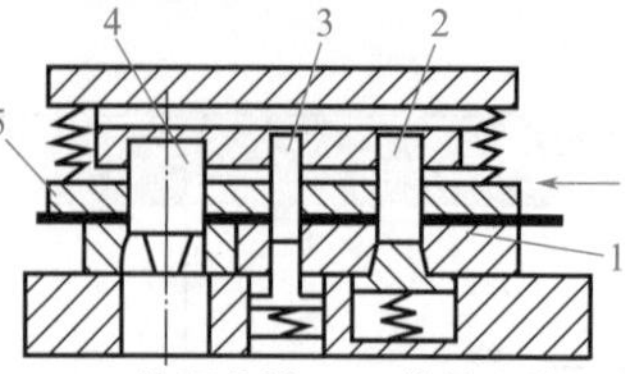 1—凹模；2，3—拉深凸模；4—落料凸模；5—压边圈 | 用于拉深直径≤ φ50mm 的小形拉深件。深拉深须在带料上加工艺切口。在大量生产中采用，效率高、自动化程度高 |
| 用橡胶拉深 | 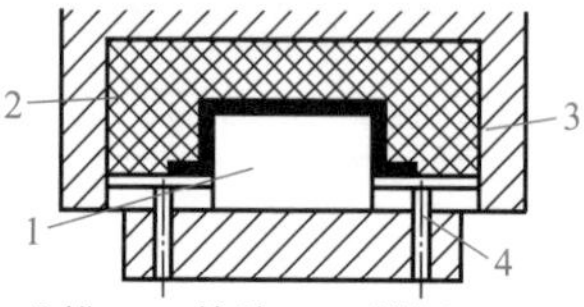 1—凸模；2—橡胶；3—模框；4—顶杆 | 用于拉深料厚 $t<1.5$mm 的非铁金属制件和料厚 $t<1$mm 以下的软钢板拉深件。用简易拉深模拉深新品，试制用零件的小批量生产 |
| 充水拉深 | 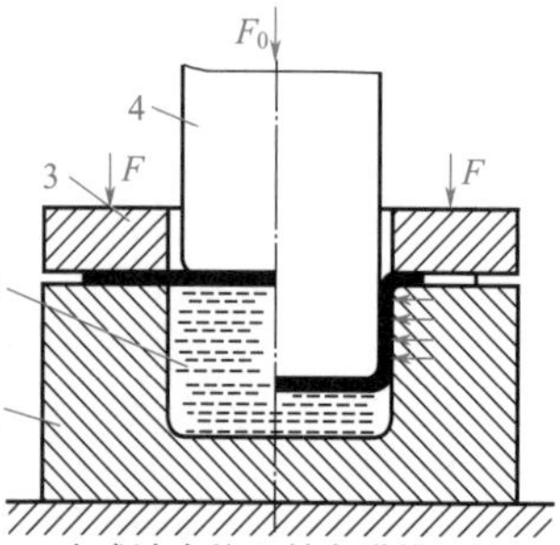 1—钢凹模；2—水或油在拉深前充满模腔，凸模下压后增压而拉深；3—压料板；4—凸模 | 试验与研究可使拉深系数 $m<0.35$～0.4，实际应用不多。液体受凸模压力而增压，密封容易出问题，泄漏难以杜绝 |
| 软凹模拉深 | 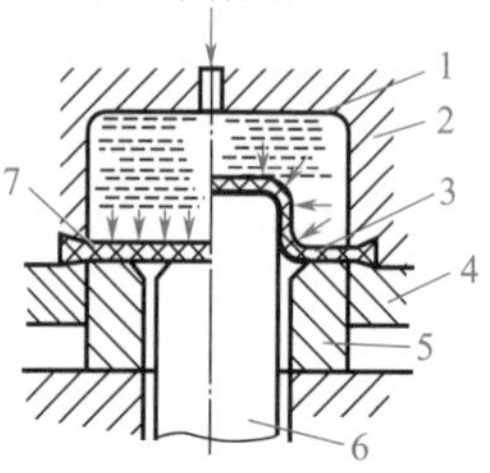 高压液体入口<br>1—高压液体；2—凹模腔；3—密封橡胶；4—压板；5—压边圈；6—凸模；7—原材料 | 生产单位应用很少 |
| 落锤上拉深 | 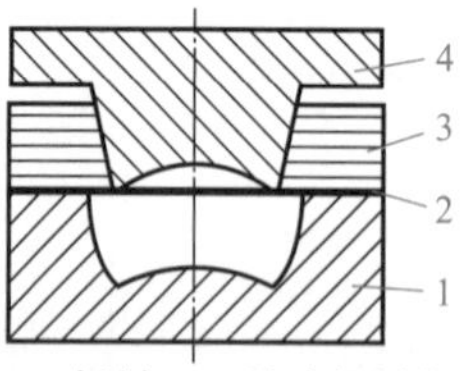 1—凹模；2—板料；3—胶合板衬垫；4—凸模 | 用于 $t\leqslant 3$～4mm 铝及铝合金板和 $t\leqslant 1.5$mm 软钢板大型及复杂形状大尺寸拉深件的小批量生产。新产品试制中，需要量小而尺寸大的拉深件的拉深 |
| 压缩空气拉深 | 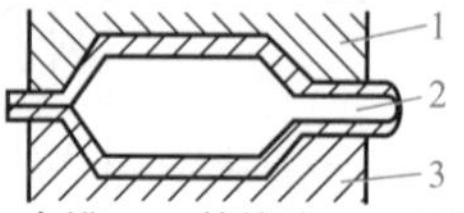 1—上模；2—管接头；3—下模 | 用于薄的锡、铝等箔材、薄板拉深成形。特殊零件专用 |

续表

| 拉深工艺 | 拉深原理简图 | 应用范围 |
| --- | --- | --- |
| 爆炸拉深成形 | 1—容器；2—炸药；3—板料；4—模体；5—水 | 适用厚板料的拉深成形。在船舶制造、国防、航天装备制造中应用 |
| 水电拉深成形 | 1，3—电极；2—板料；4—模框；5—模体；6—衬垫 | 与爆炸拉深成形相当，都属于高能成形，用于厚板拉深成形。使用不如爆炸成形广泛 |
| 液压机上拉深 | 1—拉形胎模；2—夹头；3—液压机活塞 | 用于大型且形状简单的薄板拉深。大型简单形状拉深件小批量生产 |

# 第二节　拉深件的毛坯尺寸计算

## 一、拉深件的尺寸精度

一般情况下，拉深件的截面尺寸精度应在IT13级以下，不宜高于IT11级，板料厚度大的精度低。对于精度要求高的拉深件，应在拉深后增加整形工序，以提高其精度。由于材料各向异性的影响，拉深件的口部或凸缘外缘一般是不整齐的，俗称“凸耳”，需要增加切边工序。在一般情况下拉深件的精度不应超过表5-3～表5-5中所列数值。

表5-3　拉深件直径的极限偏差

| 材料厚度 $t$/mm | 拉深件直径的基本尺寸 $d$/mm | | | 材料厚度 $t$/mm | 拉深件直径的基本尺寸 $d$/mm | | | 附图 |
| --- | --- | --- | --- | --- | --- | --- | --- | --- |
| | ≤50 | ＞50～100 | ＞100～300 | | ≤50 | ＞50～100 | ＞100～300 | |
| 0.5 | ±0.12 | — | — | 2.0 | ±0.40 | ±0.50 | ±0.70 | |
| 0.6 | ±0.15 | ±0.20 | — | 2.5 | ±0.45 | ±0.60 | ±0.80 | |
| 0.8 | ±0.20 | ±0.25 | ±0.30 | 3.0 | ±0.50 | ±0.70 | ±0.90 | |
| 1.0 | ±0.25 | ±0.30 | ±0.40 | 4.0 | ±0.60 | ±0.80 | ±1.00 | |
| 1.2 | ±0.30 | ±0.35 | ±0.50 | 5.0 | ±0.70 | ±0.90 | ±1.10 | |
| 1.5 | ±0.35 | ±0.40 | ±0.60 | 6.0 | ±0.80 | ±1.00 | ±1.20 | |

注：拉深件外形要求取正偏差，内形要求取负偏差。

表 5-4 圆筒拉深件高度的极限偏差

| 材料厚度/mm | 拉深件高度的基本尺寸 h/mm | | | | | 附 图 |
|---|---|---|---|---|---|---|
| | ≤18 | ＞18～30 | ＞30～50 | ＞50～80 | ＞80～120 | |
| ≤1 | ±0.5 | ±0.6 | ±0.7 | ±0.9 | ±1.1 | |
| ＞1～2 | ±0.6 | ±0.7 | ±0.8 | ±1.0 | ±1.3 | |
| ＞2～3 | ±0.7 | ±0.8 | ±0.9 | ±1.1 | ±1.5 | |
| ＞3～4 | ±0.8 | ±0.9 | ±1.0 | ±1.2 | ±1.8 | |
| ＞4～5 | — | — | ±1.2 | ±1.5 | ±2.0 | |
| ＞5 | — | — | — | ±1.8 | ±2.2 | |

注：本表为不切边情况达到的数值。

表 5-5 带凸缘拉深件高度的极限偏差

| 材料厚度/mm | 拉深件高度的基本尺寸 h/mm | | | | | 附图 |
|---|---|---|---|---|---|---|
| | ≤18 | ＞18～30 | ＞30～50 | ＞50～80 | ＞80～120 | |
| ≤1 | ±0.3 | ±0.4 | ±0.5 | ±0.6 | ±0.7 | |
| ＞1～2 | ±0.4 | ±0.5 | ±0.6 | ±0.7 | ±0.8 | |
| ＞2～3 | ±0.5 | ±0.6 | ±0.7 | ±0.8 | ±0.9 | |
| ＞3～4 | ±0.6 | ±0.7 | ±0.8 | ±0.9 | ±1.0 | |
| ＞4～5 | — | — | ±0.8 | ±1.0 | ±1.1 | |
| ＞5～6 | — | — | — | ±1.1 | ±1.2 | |

注：本表为未经整形所达到的数值。

## 二、拉深件的毛坯尺寸计算

### 1. 基本计算方法

由于拉深前后材料密度不变，故可用等量法计算拉深件毛坯尺寸，即拉深件的体积、质量与拉深件毛坯相等。对于料厚基本不变的不变薄拉深，其拉深件的表面积也与毛坯表面积相等。因此，拉深件毛坯尺寸可根据上述理论基础，按照拉深过程中料厚变薄与否、拉深件的形状复杂程度来选取表 5-6 所列公式进行计算。

表 5-6 常用拉深件展开毛坯计算法

| 计算原理与方法 | 计算参数 | 拉深件展开毛坯尺寸直径 $D_{坯}$/mm | 适用范围与说明 |
|---|---|---|---|
| （1）等面积法 | 拉深件分解后各部分面积（$mm^2$）$A_1$、$A_2$、$A_3$、…、$A_n$，则拉深件总的表面积 $A_\Sigma$ 为 $A_\Sigma=\sum_{i=1}^{n}A_i=A_1+A_2+A_3+\cdots+A_n$ | $1.13\sqrt{\sum_{i=1}^{n}A_i}$ | 适用范围：不变薄回转体拉深件、圆形压波件及压筋件<br>说明：限使用圆形毛坯的拉深件、成形件；欲采用其他任意形状的毛坯，要确定毛坯料厚之后，按等面积原则转换 |
| （2）等体积法 | 拉深件分解后各部分体积（$mm^3$）$V_1$、$V_2$、$V_3$、…、$V_n$，则拉深件总的体积 $V_\Sigma$ 为 $V_\Sigma=\sum_{i=1}^{n}V_i=V_1+V_2+V_3+\cdots+V_n$ | $1.13\sqrt{\frac{1}{t}\sum_{i=1}^{n}V_i}$<br>$t$——毛坯料厚，mm | 适用范围：变薄与不变薄的任意形状的拉深件、成形件<br>说明：限使用圆形毛坯的变薄与不变薄回转体拉深件与成形件。采用任意形状的毛坯需在确定料厚 $t$ 情况下，按等面积换算后转换成任意形状毛坯 |

续表

| 计算原理与方法 | 计算参数 | 拉深件展开毛坯尺寸直径 $D_{坯}$/mm | 适用范围与说明 |
| --- | --- | --- | --- |
| (3)等质量法 | 拉深件分解后各部分质量(g):$m_1$、$m_2$、$m_3$、…、$m_n$,则拉深件总质量 $m_\Sigma$ 为<br>$m_\Sigma=\sum_{i=1}^{n}m_i$<br>$=m_1+m_2+m_3+\cdots+m_n$ | $1.13\sqrt{\frac{1}{t\rho_0}\sum_{i=1}^{n}m_i}$<br>$\rho_0$——毛坯材料密度,$g/cm^3$ | 适用范围:任意形状、厚度不等的拉深件、成形件、体积冲压件<br>说明:限使用圆形毛坯的任意形状,厚度不等的拉深件、成形件、体积冲压件等。欲采用其他任意形状的毛坯,需在确定毛坯料厚的情况下按等面积原则转换 |
| (4)等面积转换计算法 | ① 按本表序号(1)~(3)任选一种方法求出任意拉深件或成形件的 $A_\Sigma$、$V_\Sigma$ 或 $m_\Sigma$<br>② 先代入序号(1)~(3)相应公式求出 $D_{坯}$<br>③ 非圆形毛坯,可根据已定料厚,按等面积法换算 | ① 方形毛坯边长 $L_{坯}$ 为<br>$L_{坯}=0.886D_{坯}$<br>② 矩形毛坯长 × 宽 $=L_{坯}\times B_{坯}$<br>$L_{坯}=\frac{0.785D_{坯}^2}{B_{坯}}$<br>$B_{坯}=\frac{0.785D_{坯}^2}{L_{坯}}$ | 适用范围:任意形状平板毛坯的转换计算<br>说明<br>① 方形毛坯面积($mm^2$)<br>$A_{坯}=L_{坯}^2\frac{\pi D_{坯}^2}{4}$<br>② 矩形毛坯面积($mm^2$)<br>$A_{坯}=长\times宽=L_{坯}\times B_{坯}$<br>$=\frac{\pi D_{坯}^2}{4}$ |

## 2. 常用旋转体表面积的计算公式(表 5-7)

表 5-7 常用旋转体表面积计算公式

| 名称 | 简图 | 表面积 $A$ |
| --- | --- | --- |
| 圆 形 | d | $A=\frac{\pi d^2}{4}=0.785d^2$ |
| 圆筒形 | h, d | $A=\pi dh$ |
| 圆锥形 | d, h, l | $A=\frac{\pi d}{4}\sqrt{d^2+4h^2}=\frac{\pi dl}{2}$ |
| 环 形 | $d_1$, $d_2$ | $A=\frac{\pi}{4}(d_2^2-d_1^2)$ |
| 斜边筒形 | $h_1$, $h_2$, d | $A=\frac{\pi d}{2}(h_1+h_2)$ |

续表

| 名称 | 简图 | 表面积 $A$ |
|---|---|---|
| 截头锥形 | 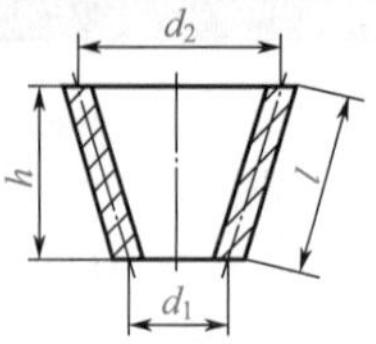 $d_2$ $h$ $l$ $d_1$ | $l=\sqrt{h^2+\left(\frac{d_2-d_1}{2}\right)^2}$<br>$A=\frac{\pi l}{2}(d_1+d_2)$ |
| 球面体 | 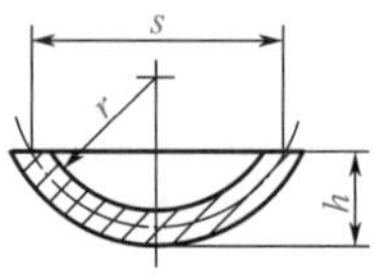 $s$ $r$ $h$ | $A=\frac{\pi}{4}(S^2+4h^2)$<br>或$A=2\pi rh$ |
| 半球面 | 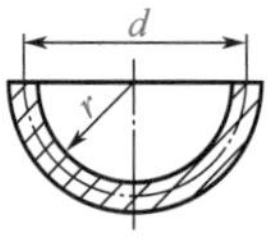 $d$ $r$ | $A=2\pi r^2=6.28r^2$ |
| 半圆截面环 | 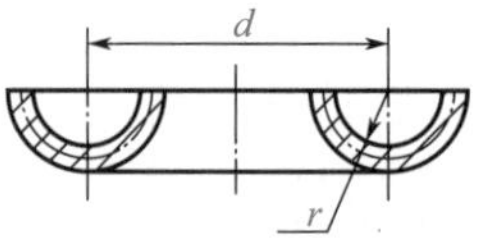 $d$ $r$ | $A=\pi^2 dr=9.87rd$ |
| 半球形底环 | 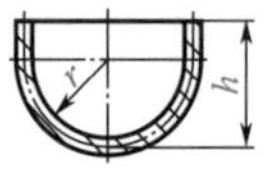 $r$ $h$ | $A=2\pi rh=6.28rh$ |
| 凸形球环 | 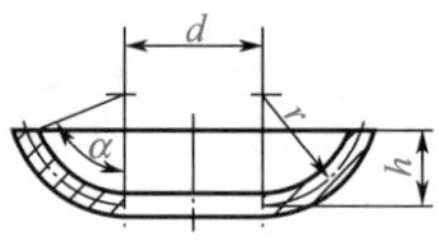 $d$ $r$ $\alpha$ $h$ | $A=\pi(dl+2rh)$<br>$h=r(1-\cos\alpha)$<br>$l=\frac{\pi r\alpha}{180°}$ |
| | 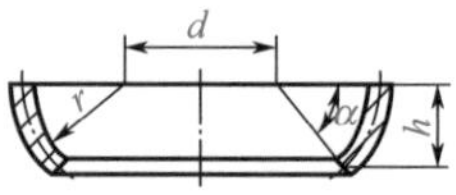 $d$ $r$ $\alpha$ $h$ | $A=\pi(dl+2rh)$<br>$h=r\sin\alpha$<br>$l=\frac{\pi r\alpha}{180°}$ |
| | 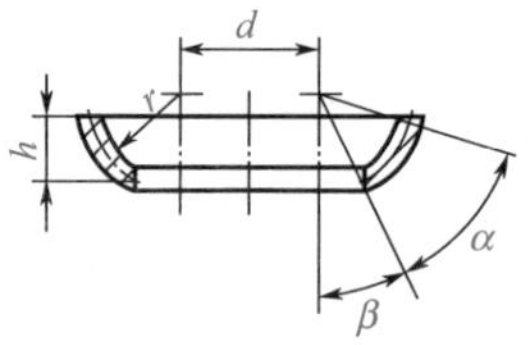 $d$ $r$ $h$ $\alpha$ $\beta$ | $A=\pi(dl+2rh)$<br>$h=r[\cos\beta-\cos(\alpha+\beta)]$<br>$l=\frac{\pi r\alpha}{180°}$ |
| 四分之一的凸形球环 | 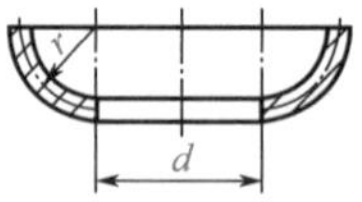 $r$ $d$ | $A=\frac{\pi r}{2}(\pi d+4r)$ |
| 四分之一的凹形球环 | 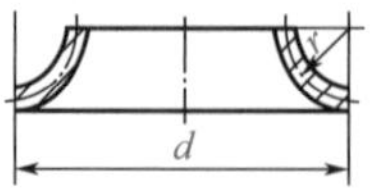 $r$ $d$ | $A=\frac{\pi r}{2}(\pi d-4r)$ |
| 凹形球环 | 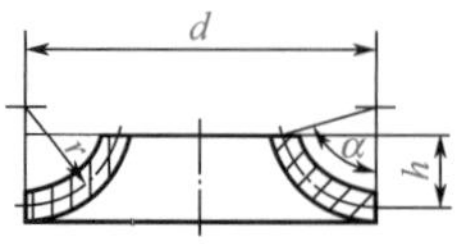 $d$ $r$ $\alpha$ $h$ | $A=\pi(dl-2rh)$<br>$h=r(1-\cos\alpha)$<br>$l=\frac{\pi r\alpha}{180°}$ |

续表

| 名称 | 简图 | 表面积 $A$ |
| --- | --- | --- |
| 凹形球环 | 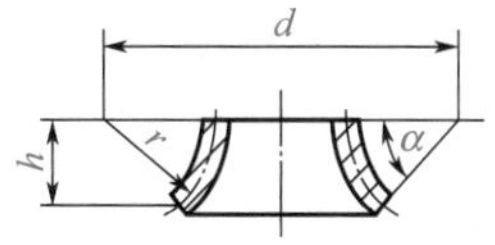  | $A=\pi(dl-2rh)$<br>$h=r\sin\alpha$<br>$l=\dfrac{\pi r\alpha}{180°}$ |
|  | 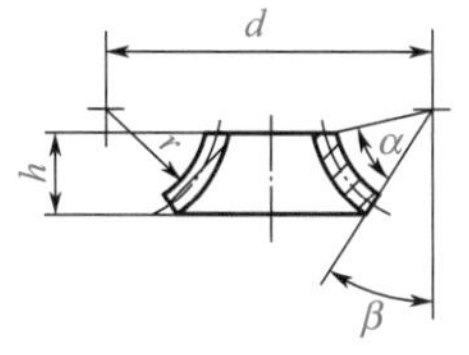  | $A=\pi(dl-2rh)$<br>$h=r[\cos\beta-\cos(\alpha+\beta)]$<br>$l=\dfrac{\pi r\alpha}{180°}$ |
| 截头锥体 | 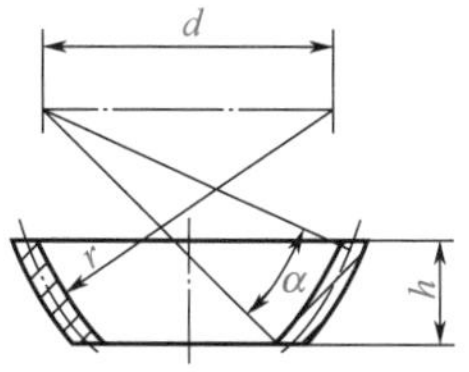  | $A=2\pi r\left(h-d\dfrac{\pi\alpha}{360°}\right)$ |
| 旋转抛物面 | 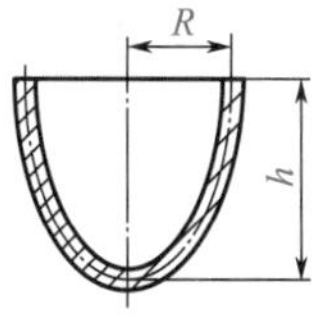  | $A=\dfrac{2\pi}{3P}\sqrt{(R^2+P^2)^3}-P^3$<br>$P=\dfrac{R^2}{2h}$ |
| 截头旋转抛物面 | 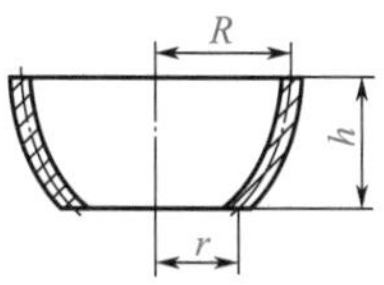  | $A=\dfrac{2\pi}{3P}\left[\sqrt{(P^2+R^2)^3}-\sqrt{(P^2+r^2)^3}\right]$<br>$P=\dfrac{R^2-r^2}{2h}$ |
| 带边环体 | 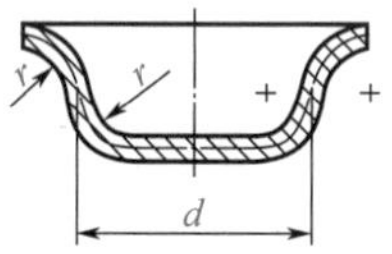  | $A=\pi^2rd+\dfrac{\pi}{4}(d-2r)^2$ |
| 凸形筒 | 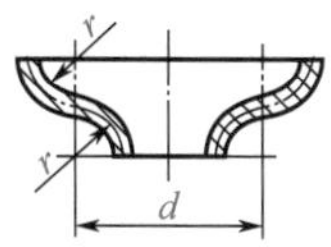  | $A=\pi^2rd=9.87rd$ |

### 3. 常用旋转体毛坯直径的计算公式（表 5-8）

表 5-8　常用旋转体毛坯直径的计算公式

| 简图 | 毛坯直径 $D$ |
| --- | --- |
| 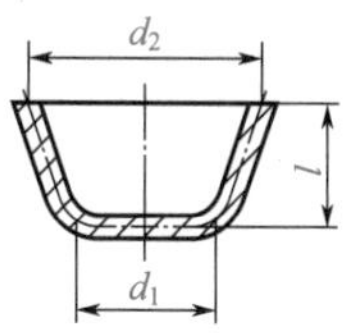  | $D=\sqrt{d_1^2+2l(d_1+d_2)}$ |

续表

| 简图 | 毛坯直径$D$ |
| --- | --- |
| 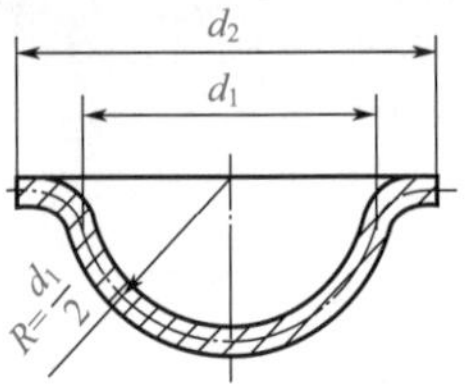  | $D=\sqrt{d_1^2+d_2^2}$ |
| 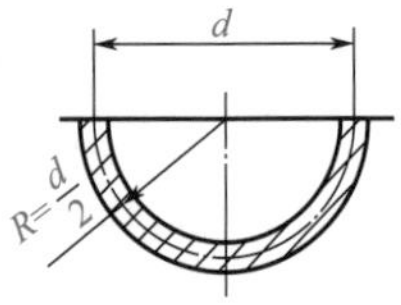  | $D=\sqrt{2d^2}=1.414d$ |
| 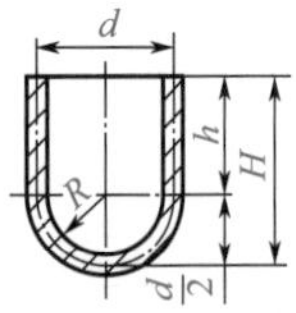  | $D=1.414\sqrt{d^2+2dh}$<br>或$D=2\sqrt{dH}$ |
| 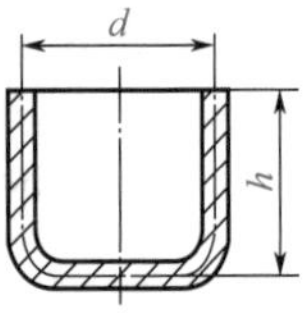  | $D=\sqrt{d^2+4dh}$ |
| 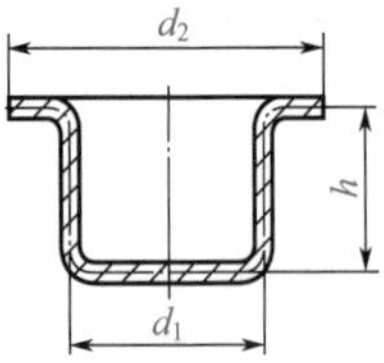  | $D=\sqrt{d_2^2+4d_1h}$ |
| 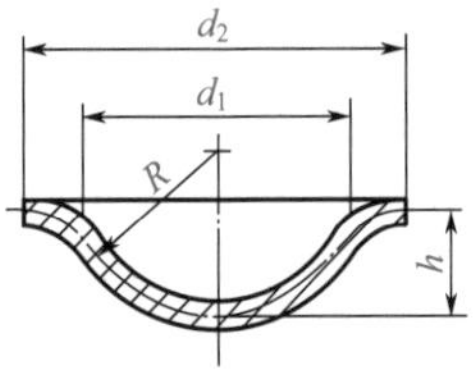  | $D=\sqrt{d_2^2+4h^2}$ |
| 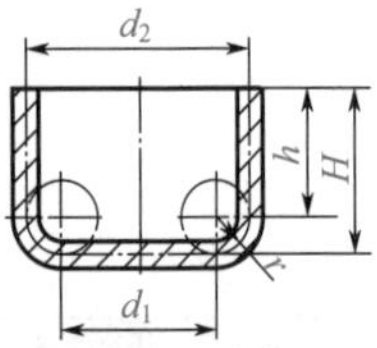  | $D=\sqrt{d_1^2+4d_2h+6.28rd_1+8r^2}$<br>或$D=\sqrt{d_2^2+4d_2H-1.72rd_2-0.56r^2}$ |
| 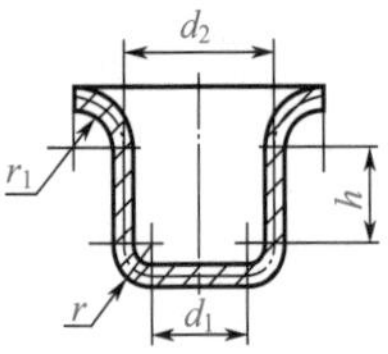  | 当$r_1=r$时<br>$D=\sqrt{d_1^2+4d_2h+2\pi r(d_1+d_2)+4\pi r^2}$<br>当$r_1\neq r$时<br>$D=\sqrt{d_1^2+6.28rd_1+8r^2+4d_2h+6.28r_1d_2+4.56r^2}$ |

续表

| 简图 | 毛坯直径 $D$ |
|---|---|
| 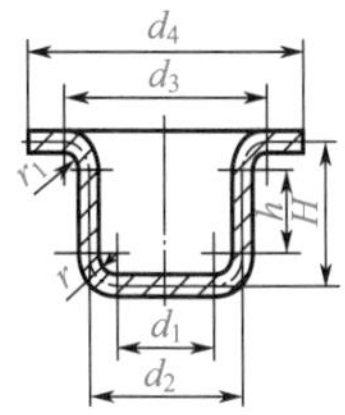  | 当 $r_1 = r$ 时<br>$D=\sqrt{d_1^2+4d_2h+2\pi r(d_1+d_2)+4\pi r^2+d_4^2-d_3^2}$<br>或 $D=\sqrt{d_4^2+4d_2H-3.44rd_2}$<br>当 $r_1 \neq r$ 时<br>$D=\sqrt{d_1^2+6.28rd_1+8r^2+4d_2h+6.28r_1d_2+4.56r_1^2+d_4^2-d_3^2}$ |
| 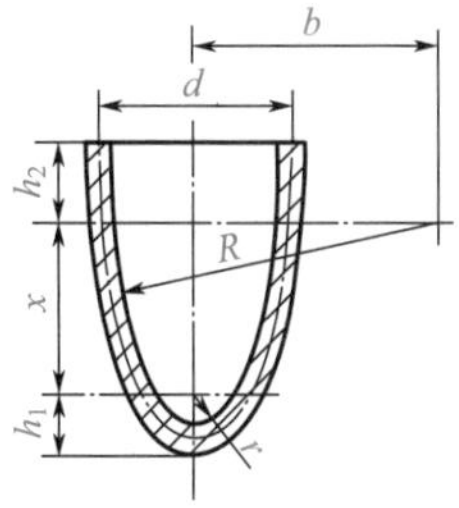  | $D=\sqrt{8R\left(x-b\arcsin\frac{x}{R}\right)+4dh_2+8rh_1}$ |
| 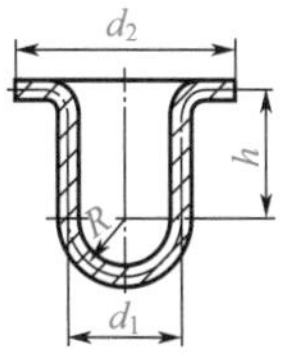  | $D=\sqrt{d_1^2+d_2^2+4d_1h}$ |
| 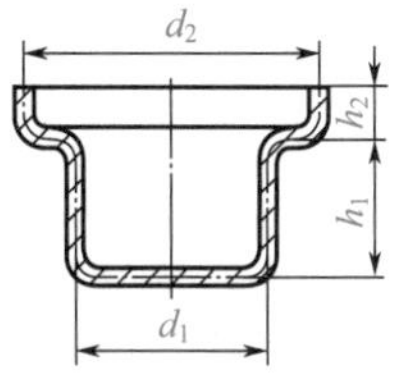  | $D=\sqrt{d_2^2+4(d_1h_1+d_2h_2)}$ |
| 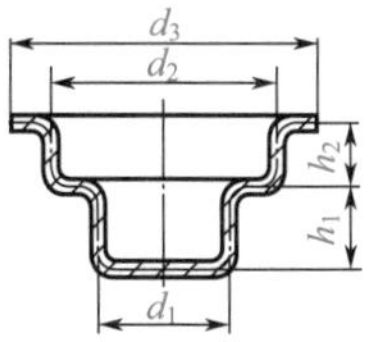  | $D=\sqrt{d_3^2+4(d_1h_1+d_2h_2)}$ |
| 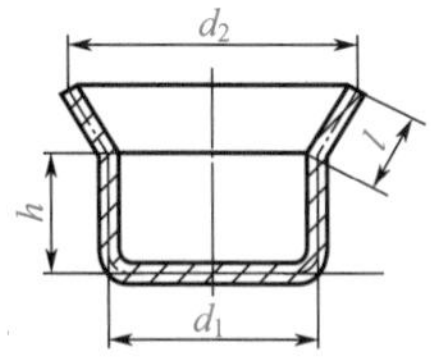  | $D=\sqrt{d_1^2+4d_1h+2l\,(d_1+d_2)}$ |
| 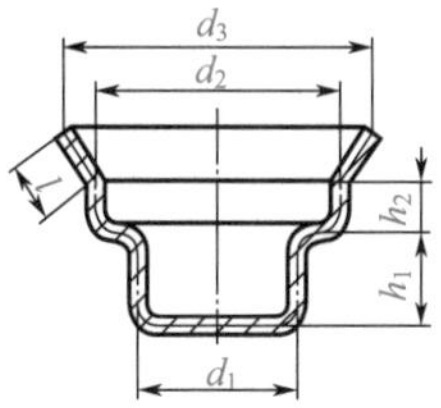  | $D=\sqrt{d_2^2+4(d_1h_1+d_2h_2)+2l\,(d_2+d_3)}$ |

续表

| 简图 | 毛坯直径 $D$ |
| --- | --- |
| 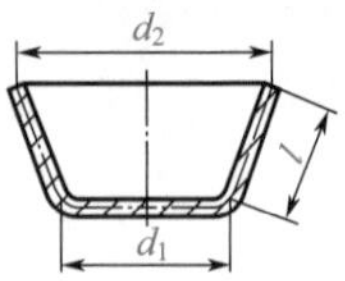  | $D=\sqrt{d_1^2+2l\ (d_1+d_2)}$ |
| 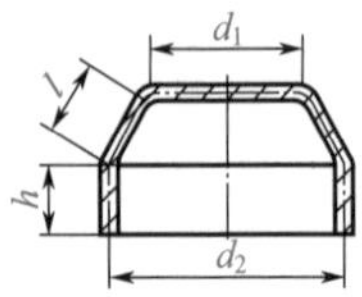  | $D=\sqrt{d_1^2+2l\ (d_1+d_2)+4d_2h}$ |
| 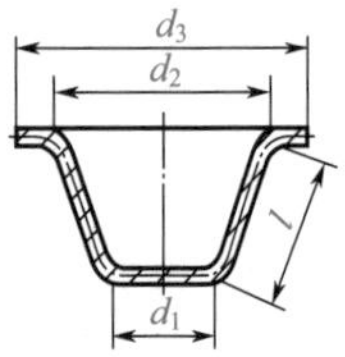  | $D=\sqrt{d_1^2+2l\ (d_1+d_2)+d_3^2-d_2^2}$ |
| 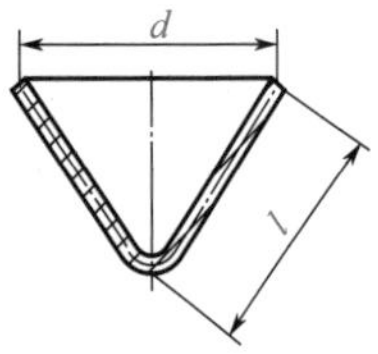  | $D=\sqrt{2dl}$ |
| 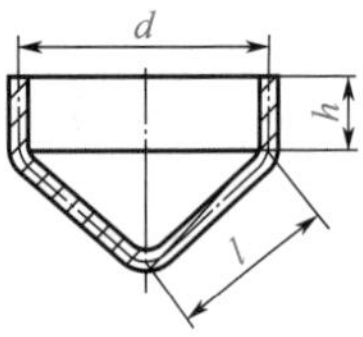  | $D=\sqrt{2d(l+2h)}$ |
| 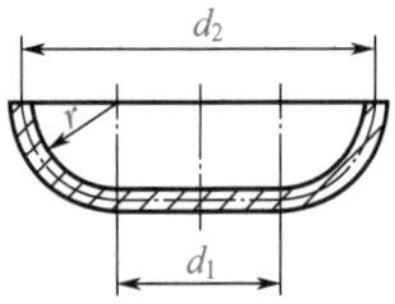  | $D=\sqrt{d_1^2+2r(\pi d_1+4r)}$ |
| 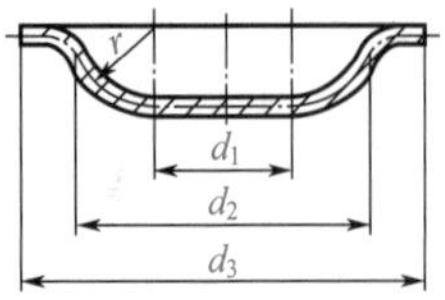  | $D=\sqrt{d_1^2+6.28rd_1+8r^2+d_3^2-d_2^2}$ |
| 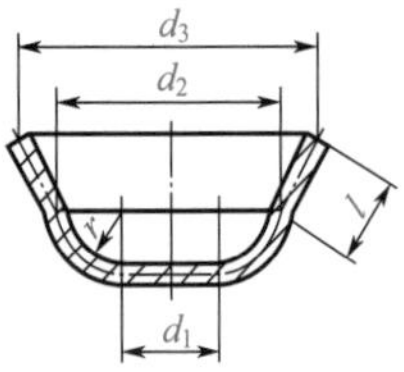  | $D=\sqrt{d_1^2+2\pi rd_1+8r^2+2l(d_2+d_3)}$ |

续表

| 简图 | 毛坯直径 $D$ |
| --- | --- |
| 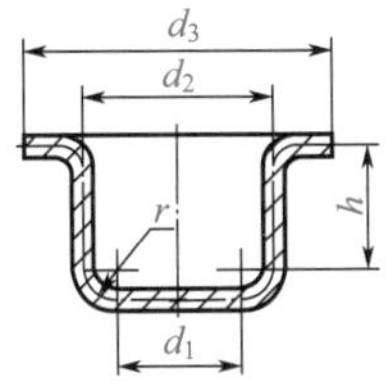  | $D=\sqrt{d_1^2+2\pi r d_1+8r^2+4d_2h+d_3^2-d_2^2}$ |
| 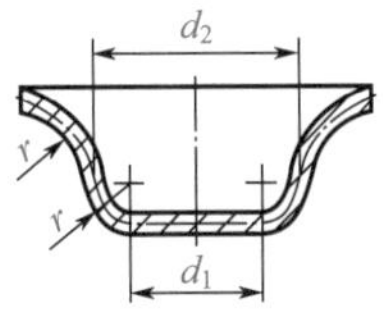  | $D=\sqrt{d_1^2+2\pi r(d_1+d_2)+4\pi r^2}$ |
| 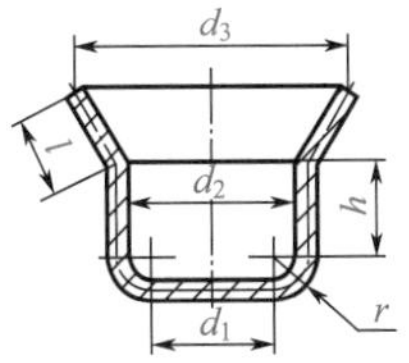  | $D=\sqrt{d_1^2+2\pi r d_1+8r^2+4d_2h+2l(d_2+d_3)}$ |
| 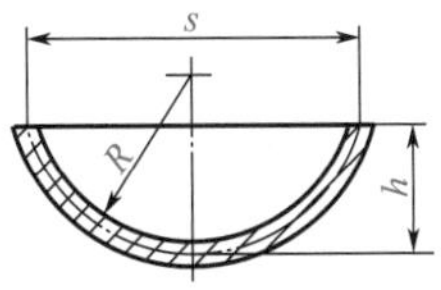  | $D=\sqrt{8Rh}$ 或 $D=\sqrt{s^2+4h^2}$ |
| 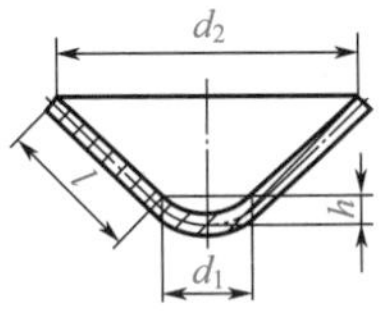  | $D=\sqrt{d_1^2+4h^2+2l(d_1+d_2)}$ |
| 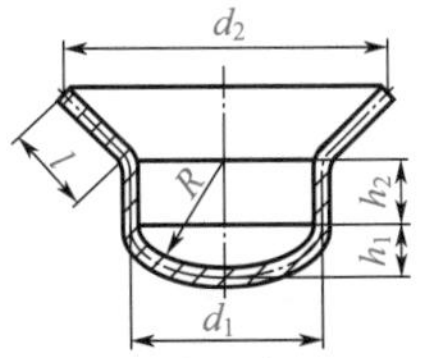  | $D=\sqrt{d_1^2+4\left[h_1^2+d_1h_2+\frac{l}{2}(d_1+d_2)\right]}$ |
| 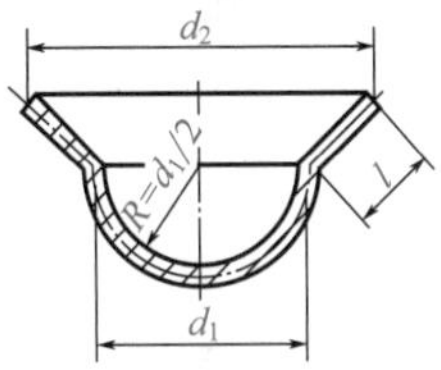  | $D=1.414\sqrt{d_1^2+l(d_1+d_2)}$ |
| 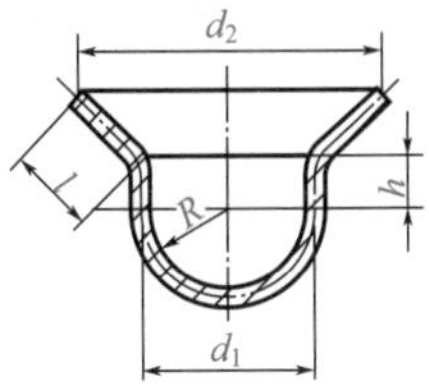  | $D=1.414\sqrt{d_1^2+2d_1h+l(d_1+d_2)}$ |

续表

| 简图 | 毛坯直径 $D$ |
| --- | --- |
|  | $D=\sqrt{d^2+4(h_1^2+dh_2)}$ |
|  | $D=\sqrt{d_2^2+4(h_1^2+d_1h_2)}$ |
|  | $D=\sqrt{d_1^2+d_2^2+4d_1h}$ |

注：1. 尺寸按工件材料厚度中心层尺寸计算。

2. 对于厚度小于 1mm 的拉深件，可不按材料厚度中心层尺寸计算，而根据工件外形尺寸计算。

3. 对于部分未考虑工件圆角半径的计算公式，在计算有圆角半径的工件时计算结果要偏大，因而可不计入修边余量值，或选用较小的修边余量值。

按表 5-7 和表 5-8 所列公式计算所得毛坯直径，还要按表 5-9 和表 5-10 另行增加拉深件的修边余量 $b_{修}$。则其毛坯直径应按下式确定：

$$D=\sqrt{\frac{4}{\pi}A_0}=\sqrt{\frac{4}{\pi}\Sigma A_i}$$

式中 $A_0$——含修边余量的拉深件表面积，$mm^2$；

$\sum A_i$——拉深件分段计算的各段表面积的代数和，$mm^2$。

表 5-9 无凸缘圆筒形拉深件的切边余量 $\Delta h$

| 工件高度 $h$/mm | 工件的相对高度（$h/d$）/mm | | | | 附图 |
| --- | --- | --- | --- | --- | --- |
| | >0.5 ~ 0.8 | >0.8 ~ 1.6 | >1.6 ~ 2.5 | >2.5 ~ 4.0 | |
| ≤ 10 | 1.0 | 1.2 | 1.5 | 2 | |
| >10 ~ 20 | 1.2 | 1.6 | 2 | 2.5 | |
| >20 ~ 50 | 2 | 2.5 | 3.3 | 4 | |
| >50 ~ 100 | 3 | 3.8 | 5 | 6 | |
| >100 ~ 150 | 4 | 5 | 6.5 | 8 | |
| >150 ~ 200 | 5 | 6.3 | 8 | 10 | |
| >200 ~ 250 | 6 | 7.5 | 9 | 11 | |
| >250 | 7 | 8.5 | 10 | 12 | |

表 5-10　有凸缘圆筒形拉深件的切边余量 $\Delta R$

| 凸缘直径 $d_t$/mm | 凸缘的相对直径（$d_t/d$）/mm | | | | 附　图 |
|---|---|---|---|---|---|
| | 1.5 以下 | >1.5 ～ 2 | >2 ～ 2.5 | >2.5 | |
| ≤ 25 | 1.8 | 1.6 | 1.4 | 1.2 | |
| >25 ～ 50 | 2.5 | 2.0 | 1.8 | 1.6 | |
| >50 ～ 100 | 3.5 | 3.0 | 2.5 | 2.2 | |
| >100 ～ 150 | 4.3 | 3.6 | 3.0 | 2.5 | |
| >150 ～ 200 | 5.0 | 4.2 | 3.5 | 2.7 | |
| >200 ～ 250 | 5.5 | 4.6 | 3.8 | 2.8 | |
| >250 | 6 | 5 | 4 | 3 | |

表 5-6 和表 5-7 的公式均未考虑在不变薄拉深中料厚发生变化的工艺特点。当需要准确计算毛坯尺寸时，应考虑拉深后料厚变薄的因素，也应兼顾到工件不修边的要求，应按照下式计算：

$$D=1.13\sqrt{A\alpha}=1.13\sqrt{\frac{A}{\beta}}$$

式中　$D$——毛坯直径，mm；

$A$——不加修边余量的拉深总表面积，mm$^2$；

$\alpha$——平均变薄系数，见表 5-11；

$\beta$——面积改变系数，见表 5-11。

表 5-11　用压边圈拉深时料厚变薄系数与面积改变系数

| 相对圆角半径 $R_0=\frac{r_{凹}+r_{凸}}{t}$ | 相对间隙 $C=\frac{D_{凹}-d_{凸}}{2t}$ | 单位压边力 $f_{边}$/MPa | 拉深速度 $v$ /（m/s） | 平均变薄系数 $\alpha=\frac{t_1}{t}$ | 面积改变系数 $\beta=\frac{A_1}{A}$ |
|---|---|---|---|---|---|
| >3 | >1.1 | 1.0 ～ 2.0 | <0.2 | 1.0 ～ 0.97 | 1.00 ～ 1.03 |
| 3 ～ 2 | 1.1 ～ 1.0 | 2.0 ～ 2.5 | 0.2 ～ 0.4 | 0.97 ～ 0.93 | 1.03 ～ 1.08 |
| <2 | <1.0 ～ 0.98 | 2.5 ～ 3.0 | >0.4 | 0.93 ～ 0.90 | 1.08 ～ 1.11 |

注：1. 表中符号意义是 $r_{凹}$为拉深凹模圆角半径（mm）；$r_{凸}$为拉深凸模圆角半径（mm）；$D_{凹}$为拉深凹模直径（mm）；$d_{凸}$为拉深凸模直径（mm）；$t$ 为拉深材料厚度（mm）；$t_1$ 为拉深件平均厚度（mm）；$A$ 为拉深毛坯表面积（mm$^2$）；$A_1$ 为拉深件实际面积（mm$^2$）。

2. 对于形状简单的、只进行一次拉深的拉深件，表中 $\alpha$ 系数应取较大数值；对于形状复杂，需进行多次拉深的拉深件，取较小数值。

## 4. 复杂旋转体拉深件毛坯尺寸的确定

复杂旋转体拉深件是指母线较复杂的旋转体零件，其母线可能由一段曲线组成，也可能由若干直线段与圆弧段相接组成。复杂旋转拉深件的表面积可根据久里金法则求出。即任何形状的母线绕轴转一周所得到的旋转体表面积，等于该母线的长度与其形心绕该轴线旋转所得周长的乘积。如图 5-7 所示，旋转体表面积为：

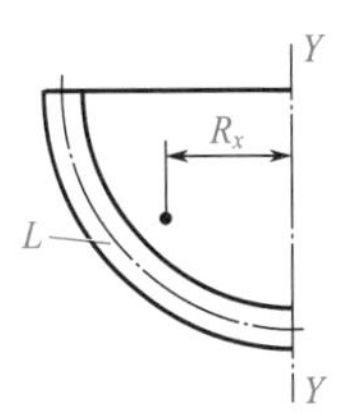

图 5-7　旋转体表面积计算示意图

$$A = 2\pi R_x L$$

根据拉深前后表面积相等的原则，毛坯直径可按下式求出：

$$\pi D^2 / 4 = 2\pi R_x L$$

$$D = \sqrt{8R_x L}$$

式中　$A$——旋转体表面积，$mm^2$；

$R_x$——旋转体母线形心到旋转轴线的距离（称旋转半径），mm；

$L$——旋转体母线长度，mm；

$D$——毛坯直径，mm。

由上式可知，只要知道旋转体母线长度及其形心的旋转半径，就可以求出毛坯的直径。当母线较复杂时，可先将其分成简单的直线和圆弧，分别求出各直线和圆弧的长度 $L_1$、$L_2$、…、$L_n$ 和其形心到旋转轴的距离 $R_{x_1}$、$R_{x_2}$、…、$R_{x_n}$（直线的形心在其中点，圆弧的长度及形心位置可按表 5-12 计算），再根据下式进行计算：

$$D = \sqrt{8\sum_{i=1}^{n} R_{x_i} L_i}$$

表 5-12　圆弧长度和形心到旋转轴的距离计算公式

| 计算公式 | 简　图 |
| --- | --- |
| 中心角 $\alpha < 90°$ 时的弧长 $L$<br>$L = \pi R \frac{\alpha}{180°}$ | 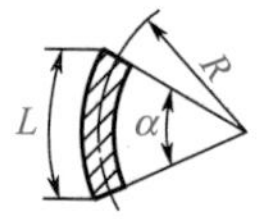 L α R |
| 中心角 $\alpha = 90°$ 时的弧长 $L$<br>$L = \frac{\pi}{2} R$ | 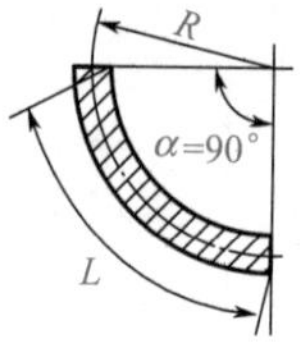 R α=90° L |
| 中心角 $\alpha < 90°$ 时，弧的重心到 $Y$ 轴的距离 $R_x$<br>（a）$R_x = R\frac{180° \sin\alpha}{\pi\alpha}$　（b）$R_x = R\frac{180°(1-\cos\alpha)}{\pi\alpha}$ | 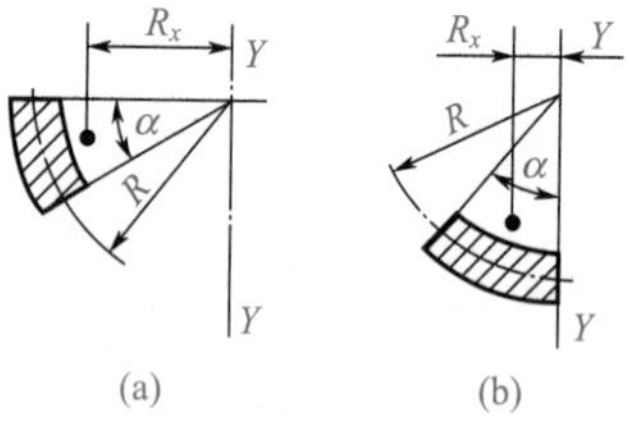 $R_x$ Y α R Y (a)　$R_x$ Y R α Y (b) |
| 中心角 $\alpha = 90°$ 时，弧的重心到 $Y$ 轴的距离 $R_x$<br>$R_x = \frac{2}{\pi} R$ | 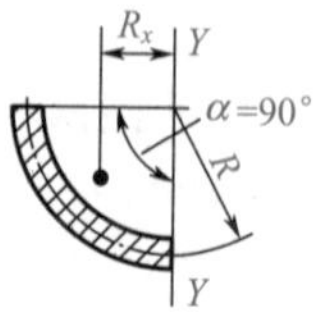 $R_x$ Y α=90° R Y |

如图 5-8 所示为拉深件，板料厚度为 1mm，求毛坯直径。

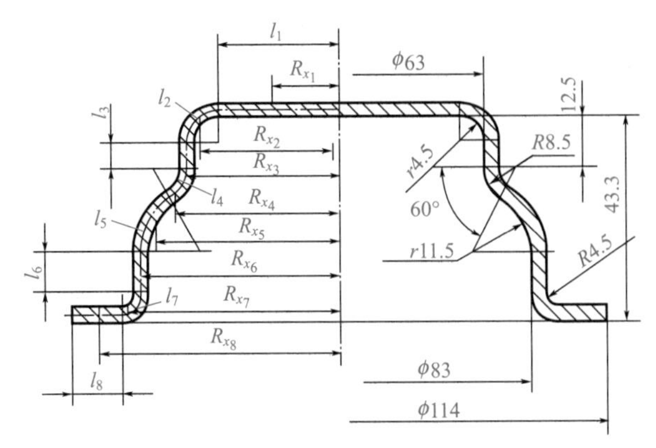


图 5-8　用解析法计算坯料直径

经计算，各直线段和圆弧长度为：

$l_1$=27mm，$l_2$=7.85mm，$l_3$=8mm，$l_4$=8.376mm，$l_5$=12.564mm，$l_6$=8mm，$l_7$=7.85mm，$l_8$=10mm。

各直线和圆弧形心的旋转半径为：

$R_{x_1}$=13.5mm，$R_{x_2}$=30.18mm，$R_{x_3}$=32mm，$R_{x_4}$=33.384mm，$R_{x_5}$=39.924mm，$R_{x_6}$=42mm，$R_{x_7}$=43.82mm，$R_{x_8}$=52mm。

故毛坯直径为：

$$D=\sqrt{8\times(27\times13.5+7.85\times30.18+8\times32+8.38\times33.38+12.56\times39.92+8\times42+7.85\times43.82+10\times52}$$
$$=150.6\ \text{(mm)}$$

# 第三节　拉深系数与拉深次数

## 一、拉深系数及其极限

拉深件是否可以用一道工序拉成，或是需要几道工序才能拉成，主要决定于拉深时毛坯内部的应力既不超过材料的强度极限，而且还能充分利用材料的塑性，采用最大可能的变形程度。为此要掌握衡量拉深变形的指标，即拉深系数的考核，并得出需要的拉深次数。从广义上说，圆筒形件的拉深系数 $m$ 是以每次拉深后的直径与拉深前的毛坯（工序件）直径之比表示（如图 5-9 所示），即：

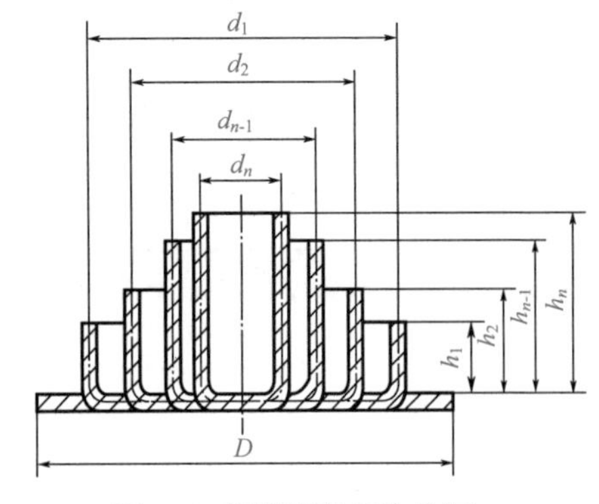


图 5-9　圆筒形件多次拉深

第一次拉深系数：　$m_1=\dfrac{d_1}{D}$

第二次拉深系数：　$m_2=\dfrac{d_2}{d_1}$

…

第 $n$ 次拉深系数：　$m_n=\dfrac{d_n}{d_{n-1}}$

式中　$D$——坯料直径，mm；

$d_1$、$d_2$、…、$d_{n-1}$、$d_n$——各次拉深后的直径（中径），mm。

总拉深系数 $m_{总}$ 表示毛坯直径 $D$ 拉深至 $d_n$ 的总变形程度，即：

$$m_{总}=\frac{d_n}{D}=\frac{d_1}{D}\times\frac{d_2}{d_1}\times\frac{d_3}{d_2}\times\cdots\times\frac{d_{n-1}}{d_{n-2}}\times\frac{d_n}{d_{n-1}}=m_1m_2m_3\cdots m_{n-1}m_n$$

拉深系数表示了拉深前后毛坯直径或周长的变化率，且反映了毛坯外边缘在拉深时切向压缩变形的大小，因此可用它作为衡量拉深变形程度的指标，其数值永远小于 1。拉深系数愈小，说明拉深变形程度愈大；相反，变形程度愈小。为了防止在拉深过程中产生起皱和拉裂的缺陷，就应减小拉深变形程度（即增大拉深系数），从而减小切向压应力和径向拉应力，以减小起皱和破裂的可能性。

如图 5-10 所示为用同一材料、同一厚度的毛坯，在凸、凹模尺寸相同的模具上用逐步加大毛坯直径（即逐步减小拉深系数）的办法进行试验的情况。其中，图 5-10（a）所示表示在无压边装置情况下，当毛坯尺寸较小时（即拉深系数较大时），拉深能够顺利进行；当毛坯直径加大，使拉深系数减小到一定数值（如 $m$=0.75）时，会出现起皱。如果增加压边装置 [ 如图 5-10（b）所示 ]，则能防止起皱，此时进一步加大毛坯直径、减少拉深系数，拉深还可以顺利进行。但当毛坯直径加大到一定数值，或拉深系数减少到一定数值（如 $m$=0.50）后，筒壁出现拉裂现象，拉深过程被迫中断。

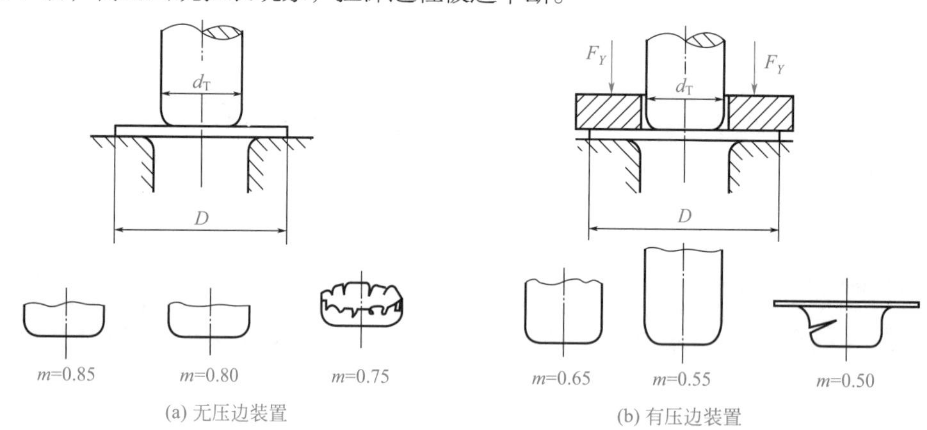


图 5-10　拉深试验

因此，为了保证拉深工艺的顺利进行，就必须使拉深系数大于一定数值，这个一定的数值即为在一定条件下的极限拉深系数，用符号“[$m$]”表示。小于这个数值，就会使拉深件起皱、拉裂或严重变薄而超差。另外，在多次拉深过程中，由于材料的加工硬化，使得变形抗力不断增大，所以以后各次极限拉深系数必须逐次递增，即 $[m_1]<[m_2]<[m_3]<\cdots<[m_n]$。

### 1. 影响极限拉深系数的具体因素（表 5-13）

表 5-13　影响极限拉深系数的具体因素

| 类别 | 说　明 |
| --- | --- |
| 材料的组织与力学性能 | 一般来说，材料组织均匀、晶粒大小适当、屈强比 $\sigma_s/\sigma_b$ 小、塑性好、板平面方向性系数小、板厚方向系数大、硬化指数大的板料，变形抗力小，筒壁传力区不容易产生局部严重变薄和拉裂，因而拉深性能好，极限拉深系数较小 |
| 板料的相对厚度 $t/D$ | 当板料相对厚度较大时，抵抗失稳起皱的能力大，不容易起皱；否则反之。且为了防皱而增加压边力，又会引起摩擦阻力相对增大。因此板料相对厚度小，极限拉深系数较大；板料相对厚度大，极限拉深系数较小 |

续表

| 类别 | | 说明 |
|---|---|---|
| 材料的表面质量 | | 材料的表面光滑，拉深时摩擦阻力小，从而使得材料容易流动，所以极限拉深系数可以减小 |
| 摩擦与润滑条件 | | 凹模与压边圈的工作表面光滑、润滑条件较好，可以减小拉深系数。但为避免在拉深过程中凸模与板料或工序件之间产生相对滑移造成危险断面的过度变薄或拉裂，在不影响拉深件内表面质量和脱模的前提下，凸模工作表面可以比凹模粗糙一些，并避免涂润滑剂 |
| 模具的几何参数 | 凸模圆角半径 $r_T$ | $r_T$ 太小，增大了板料绕凸模弯曲的拉应力，使得坯料在此处的弯曲变形程度增加，降低了危险断面的抗拉强度，因而会降低极限变形程度。但凸模圆角半径也不宜过大，因为过大的凸模圆角半径会减少坯料与凸模的接触面积，坯料悬空面积增大，容易产生失稳起皱 |
| | 凹模圆角半径 $r_A$ | $r_A$ 对筒壁拉应力影响很大，拉深过程中，由于板料绕凹模圆角弯曲和校直，增大了筒壁的拉应力，故要减少拉应力，降低拉深系数，应增大凹模圆角半径。同理，凹模圆角半径也不宜过大，过大的圆角半径会减少板料与凹模断面的接触面积及压边圈的压边面积，板料悬空面积增大，也容易产生失稳起皱 |
| | 凸、凹模之间间隙 | 间隙应适当。间隙太小时，坯料进入间隙后会受到太大的挤压作用和摩擦阻力，增大了拉深力，故极限拉深系数要提高；间隙太大，则会影响拉深件的精度，拉深件锥度和回弹较大 |

总之，影响极限拉深系数的因素很多，如拉深方法、拉深次数、拉深速度、拉深件的形状、反拉深、软模拉深等。在所有的因素中，相对厚度 $t/D$ 是主要因素，其次是凹模圆角半径 $r_A$。因此在实际生产中应尽量采取有利于减少拉深系数的措施，以减少拉深次数，提高生产率，降低成本。当拉深工艺及模具已经确定之后，也可以根据实际需要与可能，采取上述降低拉深系数的措施，以提高拉深工艺的稳定性，减少废品率。

### 2. 拉深系数的确定

对于圆筒形（不带凸缘）的拉深件，每次拉深后圆筒形直径与拉深前毛坯（或半成品）直径的比值称为拉深系数，如图 5-9 所示。

#### （1）无凸缘圆筒形件拉深系数（用压边圈）（表 5-14）

表 5-14　无凸缘圆筒形件拉深系数（用压边圈）

| 各次拉深系数 | 毛坯相对厚度（$t/D$）×100 | | | | | |
|---|---|---|---|---|---|---|
| | ≤2～1.5 | <1.5～1.0 | <1.0～0.6 | <0.6～0.3 | <0.3～0.15 | <0.15～0.08 |
| $m_1$ | 0.48～0.50 | 0.50～0.53 | 0.53～0.55 | 0.55～0.58 | 0.58～0.60 | 0.60～0.63 |
| $m_2$ | 0.73～0.75 | 0.75～0.76 | 0.76～0.78 | 0.78～0.79 | 0.79～0.80 | 0.80～0.82 |
| $m_3$ | 0.76～0.78 | 0.78～0.79 | 0.79～0.80 | 0.80～0.81 | 0.81～0.82 | 0.82～0.84 |
| $m_4$ | 0.78～0.80 | 0.80～0.81 | 0.81～0.82 | 0.82～0.83 | 0.83～0.85 | 0.85～0.86 |
| $m_5$ | 0.80～0.82 | 0.82～0.84 | 0.84～0.85 | 0.85～0.86 | 0.86～0.87 | 0.87～0.88 |

注：1. 表中拉深系数适用于 08 钢、10 钢、15 钢、H62、H68。当拉深塑性更大的金属时（05 钢、08Z 钢及 10Z 钢、铝等），应比表中数值减小 1.5%～2%，而当拉深塑性较小的金属时（20 钢、25 钢、Q235、酸洗钢、硬铝、硬黄铜等），应比表中数值增大 1.5%～2%（符号 S 为拉深钢，Z 为最深拉深钢）。

2. 表中较小值适用于大的凹模圆角半径（$R_{凹}=8t～15t$），较大值适用于小的凹模圆角半径（$R_{凹}=4t～8t$）。

## （2）无凸缘圆筒形件拉深系数（不用压边圈）（表 5-15）

表 5-15　无凸缘圆筒形件拉深系数（不用压边圈）

| 相对厚度 $(t/D)\times100$ | 各次拉深系数 | | | | | |
|---|---|---|---|---|---|---|
| | $m_1$ | $m_2$ | $m_3$ | $m_4$ | $m_5$ | $m_6$ |
| 0.8 | 0.80 | 0.88 | — | — | — | — |
| 1.0 | 0.75 | 0.85 | 0.90 | — | — | — |
| 1.5 | 0.65 | 0.80 | 0.84 | 0.87 | 0.90 | — |
| 2.0 | 0.60 | 0.75 | 0.80 | 0.84 | 0.87 | 0.90 |
| 2.5 | 0.55 | 0.75 | 0.80 | 0.84 | 0.87 | 0.90 |
| 3.0 | 0.53 | 0.75 | 0.80 | 0.84 | 0.87 | 0.90 |
| ＞3 | 0.50 | 0.70 | 0.75 | 0.78 | 0.82 | 0.85 |

## （3）带凸缘筒形件（10 钢）第一次拉深系数（表 5-16）

表 5-16　带凸缘筒形件（10 钢）第一次拉深系数

| 凸缘的相对直径 $\frac{d_\varphi}{d_1}$ | 材料相对厚度 $(t/D)\times100$ | | | | |
|---|---|---|---|---|---|
| | ≤2～1.5 | ＜1.5～1.0 | ＜1.0～0.6 | ＜0.6～0.3 | ＜0.3～0.15 |
| ≤1.1 | 0.51 | 0.53 | 0.55 | 0.57 | 0.59 |
| ＞1.1～1.3 | 0.49 | 0.21 | 0.53 | 0.54 | 0.55 |
| ＞1.3～1.5 | 0.47 | 0.49 | 0.50 | 0.51 | 0.52 |
| ＞1.5～1.8 | 0.45 | 0.46 | 0.47 | 0.48 | 0.48 |
| ＞1.8～2.0 | 0.42 | 0.43 | 0.44 | 0.45 | 0.45 |
| ＞2.0～2.2 | 0.40 | 0.41 | 0.42 | 0.42 | 0.42 |
| ＞2.2～2.5 | 0.37 | 0.38 | 0.38 | 0.38 | 0.38 |
| ＞2.5～2.8 | 0.34 | 0.35 | 0.35 | 0.35 | 0.35 |
| ＞2.8～3.0 | 0.32 | 0.33 | 0.33 | 0.33 | 0.33 |

## （4）其他金属材料拉深系数（表 5-17）

表 5-17　其他金属材料拉深系数

| 材料名称 | 材料牌号 | 第一次拉深 $m_1$ | 以后各次拉深 $m_n$ |
|---|---|---|---|
| 铝和铝合金 | 8A06M、1035M、5A12M | 0.52～0.55 | 0.70～0.75 |
| 硬铝 | 2A12M、2A11M | 0.56～0.58 | 0.75～0.80 |
| 黄铜 | H62 | 0.52～0.54 | 0.70～0.72 |
| | H68 | 0.50～0.52 | 0.68～0.72 |
| 纯铜 | T2、T3、T4 | 0.50～0.55 | 0.72～0.80 |
| 无氧铜 | — | 0.50～0.58 | 0.75～0.82 |
| 镍、铁镍、硅镍 | — | 0.48～0.53 | 0.70～0.75 |
| 康铜（铜镍合金） | — | 0.50～0.56 | 0.74～0.84 |
| 白铁皮 | — | 0.58～0.65 | 0.80～0.85 |

续表

| 材料名称 | 材料牌号 | 第一次拉深 $m_1$ | 以后各次拉深 $m_n$ |
|---|---|---|---|
| 酸洗钢板 | — | 0.54 ～ 0.58 | 0.75 ～ 0.78 |
| 不锈钢 | Cr13 | 0.52 ～ 0.56 | 0.75 ～ 0.78 |
| | Cr18Ni | 0.50 ～ 0.52 | 0.70 ～ 0.75 |
| | 1Cr18Ni9Ti | 0.52 ～ 0.55 | 0.78 ～ 0.81 |
| | Cr18Ni11Nb、Cr23Ni18 | 0.52 ～ 0.55 | 0.78 ～ 0.80 |
| 镍铬合金 | Cr20Ni80Ti | 0.54 ～ 0.59 | 0.78 ～ 0.84 |
| 合金结构钢 | 30CrMnSiA | 0.62 ～ 0.70 | 0.80 ～ 0.84 |
| 可伐合金 | — | 0.65 ～ 0.67 | 0.85 ～ 0.90 |
| 钼铱合金 | — | 0.72 ～ 0.82 | 0.91 ～ 0.97 |
| 钽 | — | 0.65 ～ 0.67 | 0.84 ～ 0.87 |
| 钛及钛合金 | TA2、TA3 | 0.58 ～ 0.60 | 0.80 ～ 0.85 |
| | TA5 | 0.60 ～ 0.65 | 0.80 ～ 0.85 |
| 锌 | — | 0.65 ～ 0.70 | 0.85 ～ 0.90 |

注：1. 凹模圆角半径 $r_d < 6t$ 时拉深系数取大值；凹模圆角半径 $r_d \geqslant (7\sim8)\,t$ 时拉深系数取小值。

2. 材料相对厚$\frac{t}{D}\times100\geqslant0.62$时拉深系数取小值；材料相对厚度$\frac{t}{D}\times100<0.62$时拉深系数取大值。

由于在拉深带凸缘筒形件时，可在同样的比例关系 $m_1=d_1/D$ 的情况下，即采用相同的毛坯直径 $D$ 和相同的工件直径 $d_1$ 时，拉深出各种不同凸缘直径 $d_\varphi$ 和不同高度 $h$ 的工件（如图 5-11 所示）。因此，用 $m_1=d_1/D$ 便不能表达各种不同情况下实际的变形程度，为此必须同时考核凸缘的相对直径 $d_\varphi/d_1$。

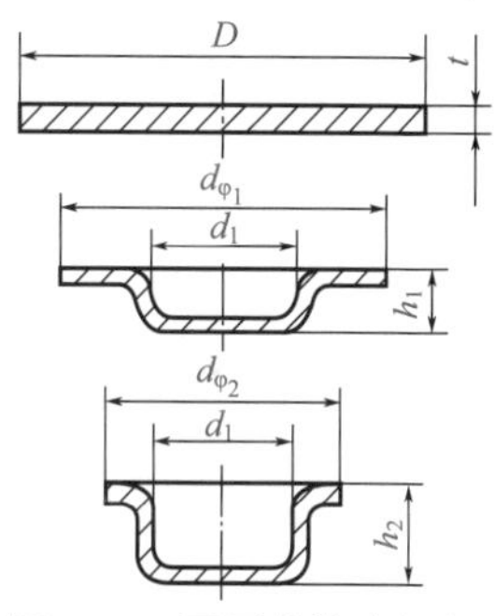

图 5-11　不同凸缘直径和高度的拉深件

宽凸缘筒形件的拉深方法：在第一道拉深工序时，就应得到宽凸缘的直径 $d_\varphi$，而在以后的各次拉深时，$d_\varphi$ 不变，仅使拉深件的筒部直径减小，高度增加，直至得到零件的尺寸。因此宽凸缘筒形件的第二次及以后各次的拉深系数可参照无凸缘圆筒形件的拉深系数。

## 二、拉深次数的判定及计算

### 1. 圆筒形拉深件拉深次数及计算

圆筒形拉深件的拉深次数，可用下列方法进行计算和确定：

#### （1）计算法

按下式计算拉深次数：

$$n=1+\frac{\lg(d_n)-\lg([m_1]D)}{\lg[m_n]}$$

式中　$n$——拉深次数；

$d_n$——工件直径，mm；

$D$——毛坯直径，mm；

$[m_1]$——第一道拉深工序的极限拉深系数；

［$m_n$］——以后各道拉深工序平均的极限拉深系数。

极限拉深系数的值见表 5-14 ～表 5-17。

（2）推算法

根据极限拉深系数和毛坯直径，从第一道拉深工序开始逐步向后推算各工序的直径，一直算到得出的直径小于或等于工件直径，即可确定所需的拉深次数。推算用公式：

$$d_1=[m_1]D$$

$$d_2=[m_2]d_1$$

$$\cdots$$

$$d_n=[m_n]d_{n-1}$$

式中 $d_1$、$d_2$、…、$d_{n-1}$、$d_n$——第 1、2、…、($n-1$)、$n$ 道工序的直径，mm；

［$m_1$］、［$m_2$］、…、［$m_n$］——第 1、2、…、$n$ 道工序的极限拉深系数，见表 5-14 ～表 5-17。

$D$——毛坯直径，mm。

（3）查表法

根据工件的相对高度 $h/d$ 和毛坯的相对厚度 $t/D$，从表 5-18 中查得所需的拉深次数 $n$。

表 5-18 圆筒形拉深件的最大相对高度 $h/d$

| 拉深次数 | 毛坯相对厚度（$t/D$）×100 | | | | | |
|---|---|---|---|---|---|---|
| | 2 ～ 1.5 | ＜ 1.5 ～ 1.0 | ＜ 1.0 ～ 0.6 | ＜ 0.6 ～ 0.3 | ＜ 0.3 ～ 0.15 | ＜ 0.15 ～ 0.08 |
| 1 | 0.94 ～ 0.77 | 0.84 ～ 0.65 | 0.70 ～ 0.57 | 0.62 ～ 0.5 | 0.52 ～ 0.45 | 0.46 ～ 0.38 |
| 2 | 1.88 ～ 1.54 | 1.60 ～ 1.32 | 1.36 ～ 1.1 | 1.13 ～ 0.94 | 0.96 ～ 0.83 | 0.9 ～ 0.7 |
| 3 | 3.5 ～ 2.7 | 2.8 ～ 2.2 | 2.3 ～ 1.8 | 1.9 ～ 1.5 | 1.6 ～ 1.3 | 1.3 ～ 1.1 |
| 4 | 5.6 ～ 4.3 | 4.3 ～ 3.5 | 3.6 ～ 2.9 | 2.9 ～ 2.4 | 2.4 ～ 2.0 | 2.0 ～ 1.5 |
| 5 | 8.9 ～ 6.6 | 6.6 ～ 5.1 | 5.2 ～ 4.1 | 2.1 ～ 3.3 | 3.3 ～ 2.7 | 2.7 ～ 2.0 |

注：1. 大的 $h/d$ 比值适用于在第一道工序内大的凹模圆角半径 $r_d \geqslant (8\sim15)t$，小的比值适用于小的凹模圆角半径 $r_d \geqslant (4\sim8)t$。

2. 表中拉深次数适用于 08 钢及 10 钢的拉深件。

## 2. 带凸缘筒形拉深件拉深工艺计算

### （1）拉深次数的判断

用带凸缘筒形件第一次拉深的最大相对深度$\frac{h_1}{d_1}$和极限拉深系数 $m_1$ 判断。

① 计算拉深件拉深系数$m=\frac{d}{D}$ 当 $m \geqslant m_1$ 时，可以一次拉深成形；当 $m < m_1$ 时，需多次拉深。

② 计算拉深工件相对高度$\frac{h}{d}$ 当$\frac{h}{d}\leqslant\frac{h_1}{d_1}$时，可以一次拉深成形；$\frac{h}{d}>\frac{h_1}{d_1}$时，需多次拉深。

式中 $m_1$——有凸缘筒形件第一次拉深时的极限拉深系数，见表 5-19；

$\frac{h_1}{d_1}$——有凸缘筒形件第一次拉深时的极限相对高度，见表 5-20。

表 5-19 带凸缘筒形件第一次拉深时的极限拉深系数 $m_1$

| 法兰相对直径 $\frac{d_凸}{d_1}$ | 毛坯相对厚度（$t/D$）×100 | | | | |
|---|---|---|---|---|---|
| | ＞0.06～0.2 | ＞0.2～0.5 | ＞0.5～1.0 | ＞1.0～1.5 | ＞1.5 |
| ≤1.1 | 0.59 | 0.57 | 0.55 | 0.53 | 0.50 |
| ＞1.1～1.3 | 0.55 | 0.54 | 0.53 | 0.51 | 0.49 |
| ＞1.3～1.5 | 0.52 | 0.51 | 0.50 | 0.49 | 0.47 |
| ＞1.5～1.8 | 0.48 | 0.48 | 0.47 | 0.46 | 0.45 |
| ＞1.8～2.0 | 0.45 | 0.45 | 0.44 | 0.43 | 0.42 |
| ＞2.0～2.2 | 0.42 | 0.42 | 0.42 | 0.41 | 0.40 |
| ＞2.2～2.5 | 0.38 | 0.38 | 0.38 | 0.38 | 0.37 |
| ＞2.5～2.8 | 0.35 | 0.35 | 0.34 | 0.34 | 0.33 |
| ＞2.8～3.0 | 0.33 | 0.33 | 0.32 | 0.32 | 0.31 |

注：适用于 08 钢、10 钢。

表 5-20 带凸缘筒形件第一次拉深时的极限相对高度 $\frac{h_1}{d_1}$

| 法兰相对直径 $\frac{d_凸}{d_1}$ | 毛坯相对厚度（$t/D$）×100 | | | | |
|---|---|---|---|---|---|
| | ＞0.06～0.2 | ＞0.2～0.5 | ＞0.5～1.0 | ＞1.0～1.5 | ＞1.5 |
| ≤1.1 | 0.45～0.52 | 0.50～0.62 | 0.57～0.70 | 0.60～0.80 | 0.75～0.90 |
| ＞1.1～1.3 | 0.40～0.47 | 0.45～0.53 | 0.50～0.60 | 0.56～0.72 | 0.65～0.80 |
| ＞1.3～1.5 | 0.35～0.42 | 0.40～0.48 | 0.45～0.53 | 0.50～0.63 | 0.58～0.70 |
| ＞1.5～1.8 | 0.29～0.35 | 0.34～0.39 | 0.37～0.44 | 0.42～0.53 | 0.48～0.58 |
| ＞1.8～2.0 | 0.25～0.30 | 0.29～0.34 | 0.32～0.38 | 0.32～0.46 | 0.42～0.51 |
| ＞2.0～2.2 | 0.22～0.26 | 0.25～0.29 | 0.27～0.33 | 0.31～0.40 | 0.35～0.45 |
| ＞2.2～2.5 | 0.17～0.21 | 0.20～0.23 | 0.22～0.27 | 0.25～0.32 | 0.28～0.35 |
| ＞2.5～2.8 | 0.13～0.16 | 0.15～0.18 | 0.17～0.21 | 0.10～0.24 | 0.22～0.27 |
| ＞2.8～3.0 | 0.10～0.13 | 0.12～0.15 | 0.14～0.17 | 0.16～0.20 | 0.18～0.22 |

注：1. 适用于 08 钢、10 钢。

2. 较大值相应于零件圆角半径较大情况，即 $r_凹$、$r_凸$为（10～20）$t$；较小值相应于零件圆角半径较小情况，即 $r_凹$、$r_凸$为（4～8）$t$。

### （2）窄凸缘筒形件多次拉深计算

当凸缘直径与工件直径之比$\frac{d_凸}{d}=1.1\sim1.4$时为窄凸缘，常用如图 5-12 所示两种拉深方法。

第一种：前几次拉深中不留凸缘，在以后拉深中切成凸缘，切边后校平，如图 5-12（a）所示；

第二种：在缩小直径的过程中留下凸缘圆角部分，在整形的前一工序将凸缘压成锥形，最后整形时压平凸缘，如图 5-12（b）所示。

窄凸缘筒形件拉深工艺按无凸缘筒形件计算方法。

### （3）宽凸缘$\left(\frac{d_凸}{d}>1.4\right)$筒形件多次拉深计算

① 计算原则 宽凸缘筒形件多次拉深，在以后各次拉深时不再发生收缩变形，以避免开裂，在工艺设计时，通常把第一次拉入凹模的毛坯面积加大 3%～5%。这些多余材料在

以后各次拉深中，逐次被挤回到凸缘部分，使凸缘增厚。对于料厚小于 0.5mm 的带凸缘拉深件，效果尤为显著。

② 拉深工艺

a. 变高度拉深法，如图 5-13（a）所示。圆角半径基本不变或逐次减小，以缩小筒形直径来增加其高度。本法适用于材料较薄、拉深深度比直径大的零件。应用本法时，最后要加一道校形工序，以减少工件表面残留的印痕。

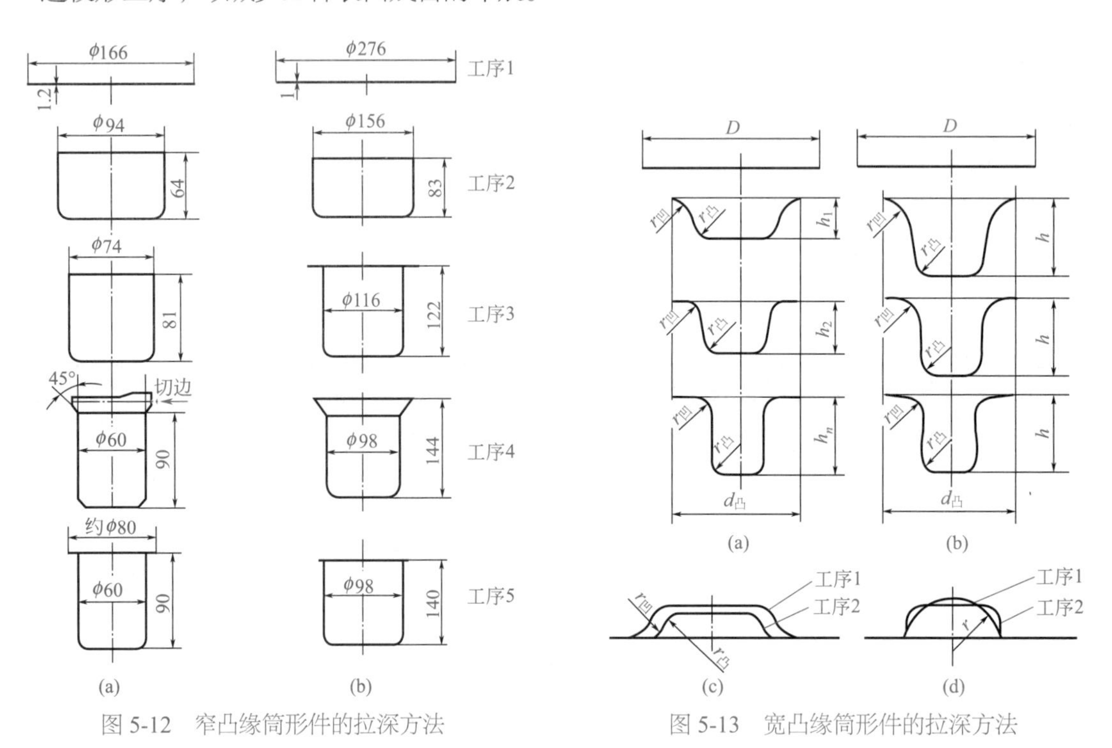


图 5-12　窄凸缘筒形件的拉深方法

图 5-13　宽凸缘筒形件的拉深方法

b. 高度不变法，如图 5-13（b）所示。高度 $h$ 基本不变，首次拉深选用较大的 $r_{凹}$，以后各次拉深逐次减小圆角半径和筒形直径。本法适用于材料较厚、直径和深度相近的零件。

c. 凸缘小直径拉深法。凸缘直径过大、圆角半径过小时，可先以适当的圆角半径成形，然后整形到零件要求的尺寸，如图 5-13（c）所示。

当凸缘直径过大时，可用大直径的球形凸模进行胀形成形，在较大范围内聚料及均化变形，然后成形到所要求的尺寸，如图 5-13（d）所示。

③ 计算方法。

a. 选用修边余量，见表 5-13，计算毛坯直径 $D$。

b. 检查能否一次拉深成形，见表 5-19、表 5-20。

c. 计算拉深次数及各次拉深直径。从表 5–20 查出第一次拉深系数 $m_1$，从表 5-21 查出以后各次拉深系数 $m_2$、$m_3$ 用逼近法预算各次拉深直径：$d = m_1D$、$d_2 = m_2d_1$、$d_3 = m_3d_2$……直至 $d_n = m_nd_{n-1}-1 \leqslant d$，得出所需拉深次数。

d. 确定拉深次数后，调整各工序拉深系数，合理分配各工序变形程度。

e. 根据调整后的各工序拉深系数，再计算各工序拉深直径。

f. 选用各工序圆角半径。

g. 计算第一次拉深高度 $h_1$，并按表 5-20 校核 $h_1$ 是否安全。如不安全，需重新选用 $m$，计算各次拉深直径和 $h_1$。

h. 计算以后各次拉深高度。

表 5-21　带凸缘筒形件以后各次的拉深系数

| 拉深系数 $m_n$ | 材料相对厚度 $n=(t/D)\times 100$ | | | | |
|---|---|---|---|---|---|
| | $1.5 \leqslant a \leqslant 2$ | $1.0 \leqslant a < 1.5$ | $0.6 \leqslant a < 1.0$ | $0.3 \leqslant a < 0.6$ | $0.15 \leqslant a < 0.3$ |
| $m_2$ | 0.73 | 0.75 | 0.76 | 0.78 | 0.80 |
| $m_3$ | 0.75 | 0.78 | 0.79 | 0.80 | 0.82 |
| $m_4$ | 0.78 | 0.80 | 0.82 | 0.83 | 0.84 |
| $m_5$ | 0.80 | 0.82 | 0.84 | 0.85 | 0.86 |

注：在应用中间退火的情况下，可以将以后各次的拉深系数减小 5% ～ 8%。

④ 带凸缘拉深件拉深高度计算。

$$h_1=\frac{0.25}{d_1}(D^2-d_{凸}^2)+0.43(r_1+R_1)+\frac{0.14}{d_1}(r_1^2-R_1^2)$$

$$h_2=\frac{0.25}{d_2}(D^2-d_{凸}^2)+0.43(r_2+R_2)+\frac{0.14}{d_2}(r_2^2-R_2^2)$$

$$h_n=\frac{0.25}{d_n}(D^2-d_{凸}^2)+0.43(r_n+R_n)+\frac{0.14}{d_n}(r_n^2-R_n^2)$$

式中　$h_1$，$h_2$，…，$h_n$——各次拉深高度；

$D$——毛坯直径；

$h_{凸}$——工件凸缘直径；

$d_1$，$d_2$，…，$d_n$——各次拉深直径；

$r_1$，$r_2$，…，$r_n$——各次拉深件底部圆角半径；

$R_1$，$R_2$，…，$R_n$——各次拉深件凸缘处圆角半径。

# 第四节　拉深模间隙与圆角半径

## 一、凸、凹模间隙

拉深模的间隙直接影响拉深力的大小与拉深件质量。当凸、凹模间隙大时，则摩擦小，能减小拉深力，许用拉深系数 $m$ 也减小，但精度不易控制。间隙过大时，拉深后的零件高度缩小，侧壁不平整。而当间隙略小于材料厚度时，由于使材料稍稍变薄，故能消除小皱褶，对拉深件的精度及表面粗糙度要求高的较适宜。凸模与凹模间隙的单边间隙 $c$ 按下式计算：

$$c=t_{\max}+Kt$$

式中　$c$——凸模与凹模间的单边间隙，mm；

$t_{\max}$——材料最大厚度，mm；

$t$——材料公称厚度，mm；

$K$——间隙系数，见表 5-22。

表 5-22　拉深模间隙系数 $K$ 值

| 材料厚度 /mm | | ≤ 0.4 | > 0.4 ～ 1.2 | > 1.2 ～ 3 | > 3 |
| --- | --- | --- | --- | --- | --- |
| 一般精度 | 一次拉深 | 0.07 ～ 0.09 | 0.08 ～ 0.10 | 0.10 ～ 0.12 | 0.12 ～ 0.14 |
| | 多次拉深 | 0.08 ～ 0.10 | 0.10 ～ 0.14 | 0.14 ～ 0.16 | 0.16 ～ 0.20 |
| 较精密拉深 | | 0.04 ～ 0.05 | 0.05 ～ 0.06 | 0.07 ～ 0.09 | 0.08 ～ 0.10 |
| 精密拉深 | | 0 ～ 0.04 | | | |

在确定间隙系数 $K$ 时，对高强度的材料 $K$ 取较小值。对精度要求高的拉深件，建议最后一道工序采用拉深系数 0.9 ～ 0.95 的整形拉深。

盒形件在拉深时，由于材料在角部变厚较多，凸、凹模圆角部分的间隙应再增大 $0.1t$，如图 5-14 所示。大件或异形件在拉深时，在形状不规则的情况下，由于材料的流动也不规则，虽然应尽可能地在局部上改变间隙，但仍应在最后试模时需再进行修整。

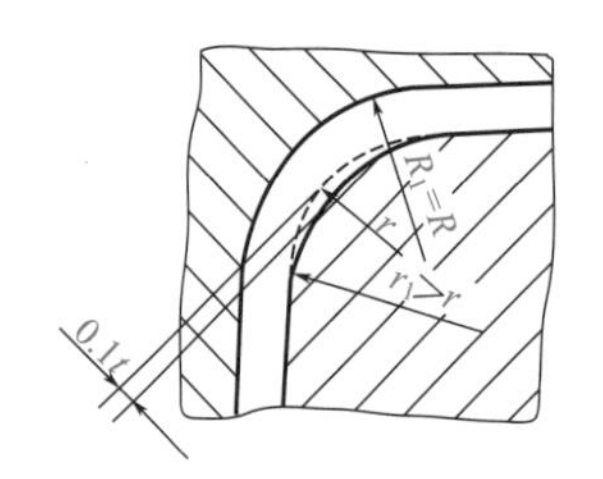


(a) 用于工件以外形为准

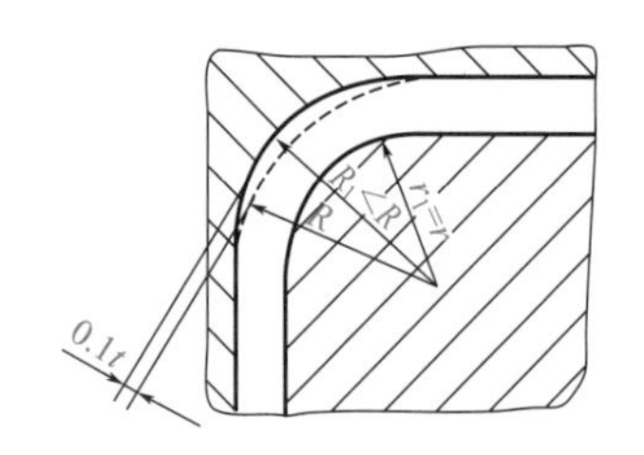


(b) 用于工件以内形为准

图 5-14　盒形件拉深模圆角部分间隙

$R_1$—凹模圆角半径；$R$—间隙未放大时凹模的圆角半径；

$r_1$—凸模圆角半径；$r$—间隙未放大时凸模的圆角半径

除最后一道工序外，在所有工序中拉深模取间隙的方向不作规定。最后一道工序中拉深模取间隙的方向按如下规则：当工件外形尺寸要求一定时，以凹模为准，凸模尺寸按凹模减小取得间隙；当工件内形尺寸要求一定时，以凸模为准，凹模尺寸按凸模增大取得间隙。

## 二、凸、凹模的圆角半径

### 1. 凹模圆角半径

凹模的圆角半径 $R$ 对拉深工作有一定的影响，当 $R$ 过大时，会使压边圈下面被压的毛坯面积减小，使悬空段增大，易起皱；当 $R$ 太小时，坯料拉入凹模的阻力大，拉深力增大，致使拉深件产生划痕或裂纹。筒形件首次拉深凹模圆角半径可按下式计算：

$$R=0.8\sqrt{(D-d_1)t}$$

式中　$R$——首次拉深凹模圆角半径，mm；

$d_1$——内径，mm；

$D$——毛坯直径，mm；

$t$——工件料厚，mm。

### 2. 凸模圆角半径

凸模的圆角半径 $r$ 对拉深工作有一定的影响，当 $r$ 太大，则压边面积减小，悬空部分增加，容易产生底部的内皱；当 $r$ 太小，则角部弯曲变形大，危险断面容易拉断。首次拉深凸模圆角半径，可取等于或略小于凹模洞口的圆角半径 $R$，可按下式确定：

$$r=(0.6 \sim 1.0)R$$

以后各次拉深凸模圆角半径可取工件直径减小值的一半。末次拉深凸模的圆角半径值，决定于工件尺寸的要求。如工件要求的圆角半径很小时，则增加整形工序来减小圆角。

凹模圆角半径一般不宜小于表中数值，以免材料破裂。但对拉深性能良好的材料，凹模圆角半径可适当减小。表 5-23 给出按经验公式算得的凹模圆角半径 $R$ 的数值。

表 5-23　拉深凹模圆角半径 $R$ 值　　单位：mm

| 直径差 $D-d_1$ | | ＞10～20 | ＞20～30 | ＞30～40 | ＞40～50 | ＞50～60 | ＞60～70 | ＞70～80 | ＞80～90 | ＞90～100 |
|---|---|---|---|---|---|---|---|---|---|---|
| 材料厚度 $t$ | ≤1 | 4 | 4.5 | 5.5 | 6 | 6.5 | 7 | 7.5 | 8 | 8.5 |
| | ＞1～1.5 | 4.5 | 5.5 | 6.5 | 7 | 8 | 8.5 | 9 | 9.5 | 10 |
| | ＞1.5～2 | 5.5 | 6.5 | 7.5 | 8 | 9 | 10 | 10.5 | 11 | 11.5 |
| | ＞2～3 | 6.5 | 8 | 9 | 10 | 11 | 12 | 12.5 | 13.5 | 14 |
| | ＞3～4 | 7.5 | 9 | 10.5 | 11.5 | 12.5 | 13.5 | 14.5 | 15.5 | 16 |
| | ＞4～6 | 9 | 11 | 12.5 | 14 | 15.5 | 16.5 | 18 | 19 | 20 |

# 第五节　拉深力与拉深功

## 一、拉深力的计算

拉深力是指工件拉深时所需加在凸模上的总压力，它包括材料变形抗力及克服各种阻力所需要的力。由于影响拉深力的因素比较复杂，按实际受力和变形情况来准确计算拉深力是比较困难的，所以，实际生产中通常是以危险断面的拉应力不超过其材料抗拉强度为依据，采用经验公式进行计算。各种形状拉深件的拉深力计算见表 5-24。

表 5-24　各种形状拉深件的拉深力计算

| 拉深件名称 | 拉深工序 | 拉深件形状简图 | 拉深力计算公式及备注 |
|---|---|---|---|
| 无凸缘的圆筒形拉深件 | 首次 | | $F_{拉}=\pi d_1 t\sigma_b n_1$<br>注：$n_1$ 系数值见表 5-25 |
| 无凸缘的圆筒形拉深件 | 第二次及以后各次 | | $F_{拉}=\pi d_n t\sigma_b n_2$<br>注：$n_2$ 系数值见表 5-26 |

续表

| 拉深件名称 | 拉深工序 | 拉深件形状简图 | 拉深力计算公式及备注 |
| --- | --- | --- | --- |
| 宽凸缘的圆筒形拉深件 | 首次 | 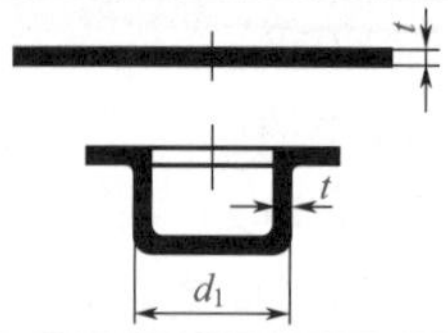 | $F_{拉}=\pi d_1 t\sigma_b n_{凸}$<br>注：$n_{凸}$系数值见表5-27 |
| 有凸缘的锥形及球形件 | 首次 | 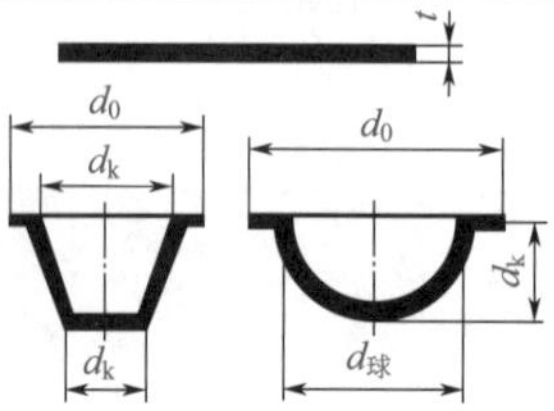 | $F_{拉}=\pi d_k t\sigma_b n_{凸}$<br>注：$d_{球}=2d_k$ |
| 无凸缘的椭圆的匣形拉深件 | 首次 | 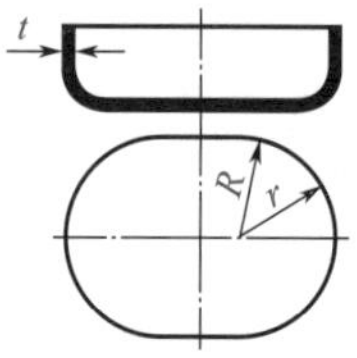 | $F_{拉}=\pi d_{均} t\sigma_b n_1$<br>注：$R+r=d_{均}$ |
| 无凸缘的椭圆的匣形拉深件 | 第二次及以后各次 | 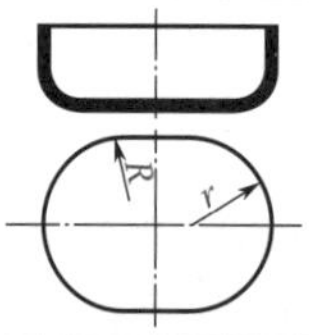 | $F_{拉}=\pi d_{均} t\sigma_b n_2$ |
| 低的矩形匣拉深件 $h<(0.7\sim0.8)B$ | 一次成形 | 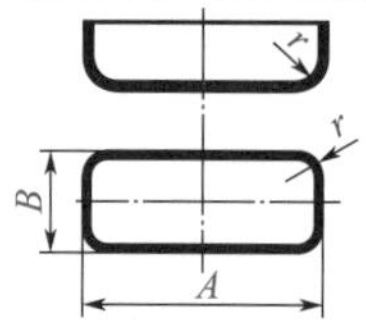 | $F_{拉}=(2A+2B-1.72r)t\sigma_b n_4$<br>注：$n_4$系数值见表5-28 |
| 低的方形匣拉深件 $h<0.6B$，边长比小于1.5 | 一次成形 | 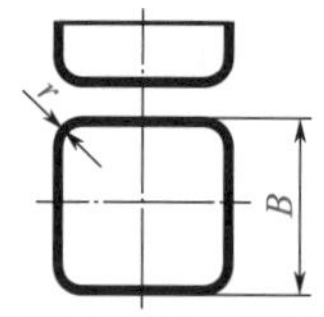 | $F_{拉}=(4B-1.72r)t\sigma_b n_1$ |
| 高矩形匣拉深件 $h>0.8B$ | 首次 | 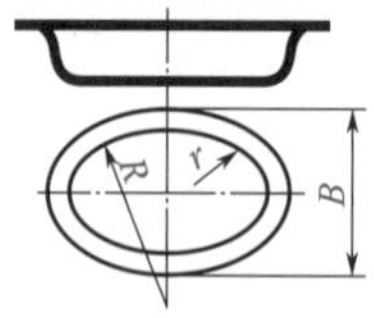 | $F_{拉}=\pi d_{均} t\sigma_b n_1$ |
| 高矩形匣拉深件 | 二次及最后一次前各次 | 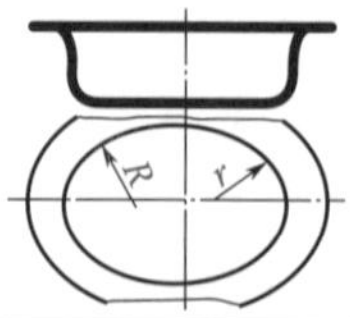 | $F_{拉}=\pi d_{均} t\sigma_b n_2$ |
| 高矩形匣拉深件 | 最后一次 | 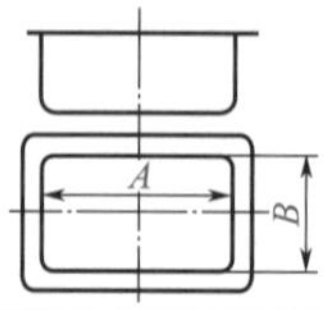 | $F_{拉}=(2A+2B-1.72r)t\sigma_b n_5$<br>注：$n_5$系数值见表5-29 |

续表

| 拉深件名称 | 拉深工序 | 拉深件形状简图 | 拉深力计算公式及备注 |
| --- | --- | --- | --- |
| 高方形匣拉深件 $h > 0.6B$，边长比大于 1.15 | 首次 | 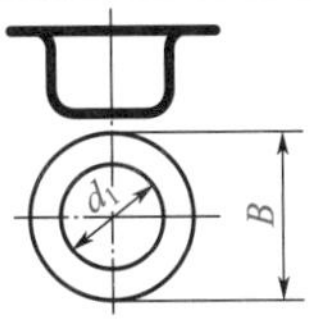 $d_1$ $B$ | $F_{拉} = \pi d_1 t \sigma_b n_2$ |
| 高方形匣拉深件 | 二次及最后一次前各次 | 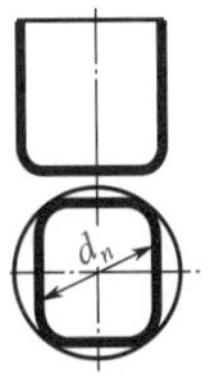 $d_n$ | $F_{拉} = \pi d_n t \sigma_b n_2$ |
| 高方形匣拉深件 | 最后一次 | 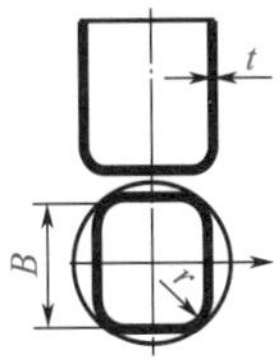 $t$ $B$ $r$ | $F_{拉} = (4B - 1.72r) t \sigma_b n_5$ |
| 各种矩形拉深件 | 各次 | 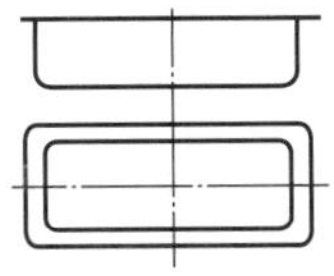 | $F_{拉} = (0.5 \sim 0.8) L t \sigma_b$ |
| 变薄拉深圆筒形拉深件 | 二次及以后各次 | 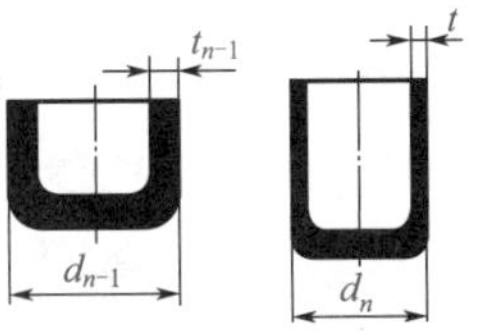 $t_{n-1}$ $t$ $d_{n-1}$ $d_n$ | $F_{拉} = \pi d_n i \sigma_b n_3$<br>$n_3$ 系数值：黄铜为 1.6 ～ 1.8，钢为 1.8 ～ 2.25<br>注：变薄量（$i=t_{n-1}-t_n$）均指上次和本次即几次拉深件壁厚 |
| 无凸缘的圆筒形拉深件 | 无压边圈首次 | 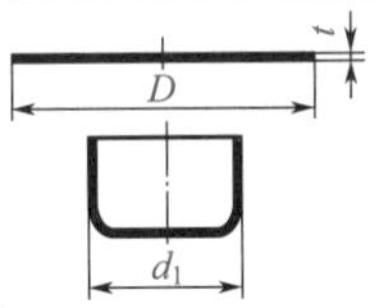 $t$ $D$ $d_1$ | $F_{拉} = 1.25\pi t \sigma_b (D - d_1)$ |
| 无凸缘的圆筒形拉深件 | 无压边圈的二次及以后各次 | 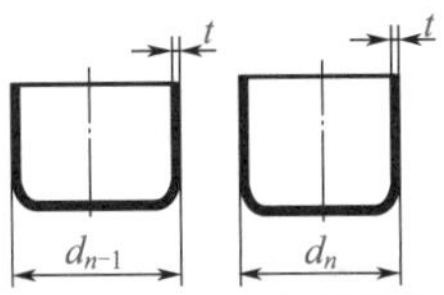 $t$ $t$ $d_{n-1}$ $d_n$ | $F_{拉} = 1.3\pi t \sigma_b (d_{n-1} - d_n)$ |
| 无凸缘的圆筒形拉深件 | 使用锥形凹模洞口拉深 | 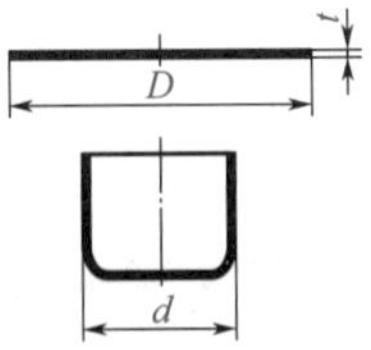 $t$ $D$ $d$ | $F_{拉} = 0.73\pi t \sigma_b (D - 1.08d)$ |
| 硬铝材料的圆筒形拉深件 | 有压边圈首次拉深 | 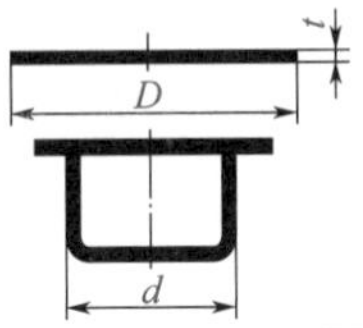 $t$ $D$ $d$ | $F_{拉} = \pi t \sigma_b (D - d) \dfrac{D}{0.75D + 30t}$ |

续表

| 拉深件名称 | 拉深工序 | 拉深件形状简图 | 拉深力计算公式及备注 |
|---|---|---|---|
| 对底部呈任意不规则形状的拉深件 | 各次拉深 | | $F_{拉}=KLt\sigma_b$<br>注：安全系数 $K$=1.1～1.3，$L$ 为压边件周边长度（mm） |

注：表中符号意义是 $F_{拉}$为拉深力（kN）；$d$ 为圆筒形拉深件或拉深凹模直径（mm）；$d_n$ 为 $n$ 次拉深直径（mm）；$d_k$ 为截锥筒形拉深件小头直径（mm）；$d_{球}$为半球形拉深件球径（mm）；$d_{均}$为圆筒及类圆筒拉深件的平均直径（mm）；$t$ 为拉深件料厚；$t_n$ 为 $n$ 次变薄拉深壁厚（mm）。

表 5-25　圆筒形拉深件首次拉深时拉深力的计算系数 $n_1$ 值

| 毛坯的相对厚度 $(t/D_{坯})\times100$ | 首次拉深系数 $m_1$ | | | | | | | | | |
|---|---|---|---|---|---|---|---|---|---|---|
| | 0.45 | 0.48 | 0.50 | 0.52 | 0.55 | 0.60 | 0.65 | 0.70 | 0.75 | 0.80 |
| 5.0 | 0.95 | 0.85 | 0.75 | 0.65 | 0.60 | 0.50 | 0.43 | 0.35 | 0.28 | 0.20 |
| 2.0 | 1.10 | 1.00 | 0.90 | 0.80 | 0.75 | 0.60 | 0.50 | 0.42 | 0.35 | 0.25 |
| 1.2 | — | 1.10 | 1.00 | 0.90 | 0.80 | 0.68 | 0.56 | 0.47 | 0.37 | 0.30 |
| 0.8 | — | — | 1.10 | 1.00 | 0.90 | 0.75 | 0.60 | 0.50 | 0.40 | 0.33 |
| 0.5 | — | — | — | 1.10 | 1.00 | 0.82 | 0.67 | 0.55 | 0.45 | 0.36 |
| 0.2 | 断裂区 | | | — | 1.10 | 0.90 | 0.75 | 0.60 | 0.50 | 0.40 |
| 0.1 | — | — | — | — | — | 1.10 | 0.90 | 0.75 | 0.60 | 0.50 |

注：在小圆角半径的情况下［$r$=(4～6)$t$］，表值应增大 5%，断裂区（拉断）也略为增大。

表 5-26　圆筒形拉深件第二次拉深时拉深力的计算系数 $n_2$ 值

| 毛坯的相对厚度 $(t/D_{坯})\times100$ | 第一次最大拉深的相对厚度 $(t/d_1)\times100$ | 第二次拉深系数 $m_2$ | | | | | | | | | |
|---|---|---|---|---|---|---|---|---|---|---|---|
| | | 0.70 | 0.72 | 0.75 | 0.78 | 0.80 | 0.82 | 0.85 | 0.88 | 0.90 | 0.92 |
| 5.0 | 11 | 0.85 | 0.70 | 0.60 | 0.50 | 0.42 | 0.32 | 0.28 | 0.20 | 0.15 | 0.12 |
| 2.0 | 4 | 1.1 | 0.90 | 0.75 | 0.60 | 0.52 | 0.42 | 0.32 | 0.25 | 0.20 | 0.14 |
| 1.2 | 2.5 | — | 1.10 | 0.90 | 0.75 | 0.62 | 0.52 | 0.42 | 0.30 | 0.25 | 0.16 |
| 0.8 | 1.5 | — | — | 1.00 | 0.82 | 0.70 | 0.57 | 0.46 | 0.35 | 0.27 | 0.18 |
| 0.5 | 0.9 | — | — | 1.10 | 0.90 | 0.76 | 0.63 | 0.50 | 0.40 | 0.30 | 0.20 |
| 0.2 | 0.3 | 断裂区 | | | 1.00 | 0.85 | 0.70 | 0.56 | 0.44 | 0.33 | 0.23 |
| 0.1 | 0.15 | — | — | — | 1.10 | 1.00 | 0.82 | 0.68 | 0.55 | 0.44 | 0.30 |

注：在小圆角半径的情况下，表值应增大 5% 断裂区也略增大；以后各次拉深亦按 $m_n$ 之值对应表中 $m_2$ 查表。但当坯件退火时，取表中靠近上面一个较小的值。如无中间退火，可取靠近下面的一个较大值。

表 5-27　拉深宽凸缘圆筒形拉深件拉深力的计算系数 $n_{凸}$值

| 比值 $d_{凸}/d_{件}$ | 第一次拉深系数 $m_1=d_1/D_{坯}$ | | | | | | | | | | |
|---|---|---|---|---|---|---|---|---|---|---|---|
| | 0.35 | 0.38 | 0.40 | 0.42 | 0.45 | 0.50 | 0.55 | 0.60 | 0.65 | 0.70 | 0.75 |
| 3.0 | 1.0 | 0.9 | 0.83 | 0.75 | 0.68 | 0.56 | 0.45 | 0.37 | 0.30 | 0.23 | 0.18 |
| 2.8 | 1.1 | 1.0 | 0.90 | 0.83 | 0.75 | 0.62 | 0.50 | 0.42 | 0.34 | 0.26 | 0.20 |
| 2.5 | — | 1.1 | 1.0 | 0.9 | 0.82 | 0.70 | 0.56 | 0.46 | 0.37 | 0.30 | 0.22 |
| 2.2 | — | — | 1.1 | 1.0 | 0.90 | 0.77 | 0.64 | 0.52 | 0.42 | 0.33 | 0.25 |

续表

| 比值 $d_凸/d_件$ | 第一次拉深系数 $m_1=d_1/D_坯$ | | | | | | | | | | |
|---|---|---|---|---|---|---|---|---|---|---|---|
| | 0.35 | 0.38 | 0.40 | 0.42 | 0.45 | 0.50 | 0.55 | 0.60 | 0.65 | 0.70 | 0.75 |
| 2.0 | — | — | — | 1.1 | 1.0 | 0.85 | 0.70 | 0.58 | 0.47 | 0.37 | 0.28 |
| 1.8 | — | — | — | — | 1.1 | 0.95 | 0.80 | 0.65 | 0.53 | 0.43 | 0.33 |
| 1.5 | — | 断 | 裂 | 区 | — | 1.10 | 0.90 | 0.75 | 0.62 | 0.50 | 0.40 |
| 1.3 | — | — | — | | — | | 1.0 | 0.85 | 0.70 | 0.56 | 0.45 |

注：表值亦适用于带凸缘的锥形及球形拉深件在无拉深筋模具上的拉深。若采用带拉深筋的模具，表值要增大10%～20%，断裂区也要相应增大。

表 5-28　用平板毛坯在一道工序中拉深成低矩形盒（匣）拉深力的计算系数 $n_4$ 值

| 毛坯的相对厚度（$t/D_坯$）×100 | | | | 角部的相对圆角半径 $r/B$ | | | | |
|---|---|---|---|---|---|---|---|---|
| 2.0～1.5 | 1.5～1.0 | 1.0～0.6 | 0.6～0.3 | 0.3 | 0.2 | 0.15 | 0.10 | 0.05 |
| 拉深件的相对高 $h/b$ | | | | 系数 $n_4$ | | | | |
| 1.0 | 0.95 | 0.90 | 0.85 | 0.7 | — | — | — | — |
| 0.90 | 0.85 | 0.76 | 0.70 | 0.6 | 0.7 | — | — | — |
| 0.75 | 0.70 | 0.65 | 0.60 | 0.5 | 0.6 | 0.7 | — | — |
| 0.60 | 0.55 | 0.50 | 0.45 | 0.4 | 0.5 | 0.6 | 0.7 | — |
| 0.40 | 0.35 | 0.30 | 0.25 | 0.3 | 0.4 | 0.5 | 0.6 | 0.7 |

注：表值适用于 08 钢、10 钢、15 钢，其他材料按其塑性好坏修正表值。

表 5-29　用空心的圆筒形及椭圆形坯件（半成品）拉深高的方形、矩形盒拉深件最后工序拉深力的计算系数 $n_5$ 值

| 毛坯的相对厚度（×100） | | | 角部相对之圆角半径 $r/B$ | | | | |
|---|---|---|---|---|---|---|---|
| | | | 0.3 | 0.2 | 0.12 | 0.10 | 0.05 |
| $t/D_坯$ | $t/d_1$ | $t/d_2$ | 系数 $n_5$ | | | | |
| 2.0 | 4.0 | 5.5 | 0.40 | 0.50 | 0.60 | 0.70 | 0.80 |
| 1.2 | 2.5 | 3.0 | 0.50 | 0.60 | 0.75 | 0.80 | 1.0 |
| 0.8 | 1.5 | 2.0 | 0.55 | 0.65 | 0.80 | 0.90 | 1.1 |
| 0.5 | 0.9 | 1.1 | 0.60 | 0.75 | 0.90 | 1.0 | — |

注：1. 对于矩形盒，$d_1$、$d_2$ 取椭圆形的第一次及第二次拉深的小直径的数值。
2. 表值适用于 08 钢、10 钢、15 钢，其他材料可按塑性变化修正。
3. 各种情况下压边力计算（表 5-30）。

表 5-30　各种情况下压边力计算

| 拉深情况 | 公式 |
|---|---|
| 拉深任何形状的工件 | $F_边 = Ap$ |
| 圆筒形件第一次拉深 | $F_边 = \frac{\pi}{4}\left[D^2-(d_1+2r_凹)^2\right]p$ |
| 圆筒形件以后各次拉深 | $F_边 = \frac{\pi}{4}\left[d_{n-1}^2-(d_n+2r_凹)^2\right]p$ |

注：$A$ 为在压边圈下的毛坯投影面积，mm$^2$；$p$ 为单位压边力，MPa，其值见表 5-30、表 5-31 和表 5-32；$D$ 为平板毛坯直径，mm；$d_1$、…、$d_n$ 为第 1、…、$n$ 次拉深后工件直径，mm；$r_凹$为拉深凹模圆角半径，mm。

表 5-31　单动压力机上拉深的单位压边力

| 材料名称 | | 单位压边力 /MPa | 材料名称 | 单位压边力 /MPa |
|---|---|---|---|---|
| 铝 | | 0.8 ～ 1.2 | 镀锡钢板 | 2.5 ～ 3.0 |
| 纯铜、硬铝（已退火） | | 1.2 ～ 1.8 | 高合金钢、高锰钢、不锈钢 | 3.0 ～ 4.5 |
| 软钢① | $t<0.5$mm | 2.5 ～ 3.0 | 黄铜 | 1.5 ～ 2.0 |
| | $t>0.5$mm | 2.0 ～ 2.5 | 高温合金（软化状态） | 2.8 ～ 3.5 |

① 指碳的质量分数为 0.20% ～ 0.30% 的钢。

表 5-32　双动压力机上拉深的单位压边力

| 工作复杂程度 | 难加工件 | 普通加工件 | 易加工件 |
|---|---|---|---|
| 单位压边力 $p$/MPa | 3.7 | 3.0 | 2.5 |

## 二、拉深功的计算

### 1. 不变薄拉深的拉深功

不变薄拉深的拉深功计算公式为：

$$W = CF_{拉}h \times 10^{-3}$$

式中　$W$——拉深功，J；

$F_{拉}$——拉深力，N，取最大值；

$h$——拉深深度，mm；

$C$——系数，$C$=0.64 ～ 0.80，系数 $C$ 与拉深系数 $m$ 的关系见表 5-33。

表 5-33　系数 $C$ 与拉深系数 $m$ 的关系

| 拉深系数 $m$ | 0.55 | 0.60 | 0.65 | 0.70 | 0.75 | 0.80 |
|---|---|---|---|---|---|---|
| 系数 $C$ | 0.80 | 0.77 | 0.74 | 0.70 | 0.67 | 0.64 |

### 2. 变薄拉深的拉深功

变薄拉深的拉深功计算公式为：

$$W_0 = F'_{拉}h \times 1.2 \times 10^{-3}$$

式中　$W_0$——变薄拉深的拉深功，J；

$F'_{拉}$——变薄拉深力，N，取最大值；

$h$——拉深深度，mm；

1.2——安全系数。

## 三、压力机吨位的选择

### 1. 压力机的压力

对于单动压力机：　$F_{公称} > F_{拉} + F_{边}$；

对于双动压力机：　$F_{公称1} > F_{拉}$；$F_{公称2} > F_{边}$。

式中　$F_{公称}$——压力机的公称压力，kN；

$F_{拉}$——拉深力，kN；

$F_{边}$——压边力，kN；

$F_{公称1}$——双动压力机的内滑块的公称压力，kN；
$F_{公称2}$——双动压力机的外滑块的公称压力，kN。

### 2. 压力机的电动机功率

计算公式为：

$$P = \frac{KWn}{1.36 \times 60 \times 750 \eta_1 \eta_2}$$

式中 $P$——压力机的电动机功率，kW；
$K$——不平衡系数，$K$=1.2 ～ 1.4；
$W$——拉深功，J；
$\eta_1$——压力机效率，$\eta_1$=0.6 ～ 0.8；
$\eta_2$——电动机效率，$\eta_2$=0.9 ～ 0.95；
$n$——压力机每分钟行程次数，r/min；
1.36——系数。

## 第六节 锥形件、球面件及抛物面件的拉深

锥形件、球面件及抛物面件均属于曲面旋转体零件。曲面旋转体零件的冲压成形，在生产中也称为拉深，但其变形区的位置、受力状态、变形特点和直壁的圆筒件拉深不同，因而对这类零件不能只用拉深次数这一工艺参数来衡量和判断拉深工序的难易程度，也不能用来作为模具设计和工艺过程设计的依据。

### 一、锥形件的拉深

锥形件的拉深过程取决于锥形零件各部分的尺寸关系。在确定锥形件的拉深方法和设计工艺过程时，应从其几何参数 $h/d_{凹}$、$d_{凸}/d_{凹}$、$t_a/D_b$ 作为依据，其说明见表 5-34。

表 5-34 锥形零件各部分的尺寸关系

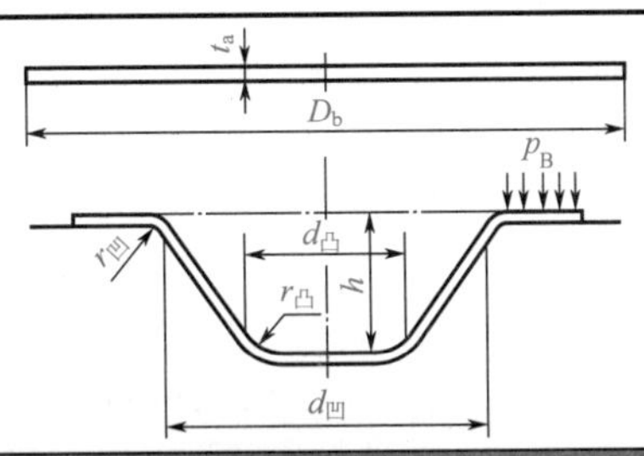


| 类别 | 说明 |
|---|---|
| 锥形件的相对高度 $h/d_{凹}$ | 假如其他条件相同，当锥形件的高度 $h$ 较大时，如不产生胀形变形，毛坯贴模所要求的径向收缩量要增大，于是毛坯中间悬空部分起皱的可能性增大。虽然增大胀形成形部分的办法可以减小径向收缩量，但是在高度 $h$ 过大时，胀形成分的增大受到板材塑性的限制。另一方面，锥形件的高度大时，毛坯的直径也要增大，这就增加了在压边圈下的变形区宽度，其结果使拉深变形所需的径向拉应力增大，这是毛坯中间部分的承载能力不允许的。所以，$h/d_{凹}$越大，成形难度越大 |
| 相对锥顶直径 $d_{凸}/d_{凹}$ | $d_{凸}/d_{凹}$越小时，毛坯中间部分的承载能力越差，易于拉裂。而且毛坯的悬空部分宽度大，容易起皱，所以成形难度大 |
| 相对厚度 $t_a/D_b$ | 毛坯相对厚度小时，中间部分容易失稳起皱，所以成形难度大 |

上述分析可知，从防止破裂的角度出发，要减小中间部分的胀形成分，减小凸缘部分的约束，使材料多流入凹模；从防止中间悬空部分起皱出发，要增加胀形部分，加大对凸缘部分的约束使材料少流入凹模。因此，如果对凸缘部分的约束过小，会使悬空部分起皱，相反则中部发生破裂。显然，合适的约束条件下，既不发生破裂，又不起皱的最大成形高度 $h_{max}$ 锥形件的成形极限如图 5-15 所示。

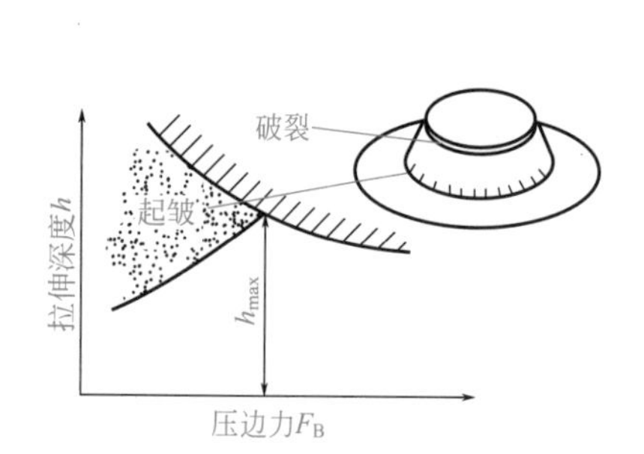


图 5-15　锥形件拉深时极限成形深度

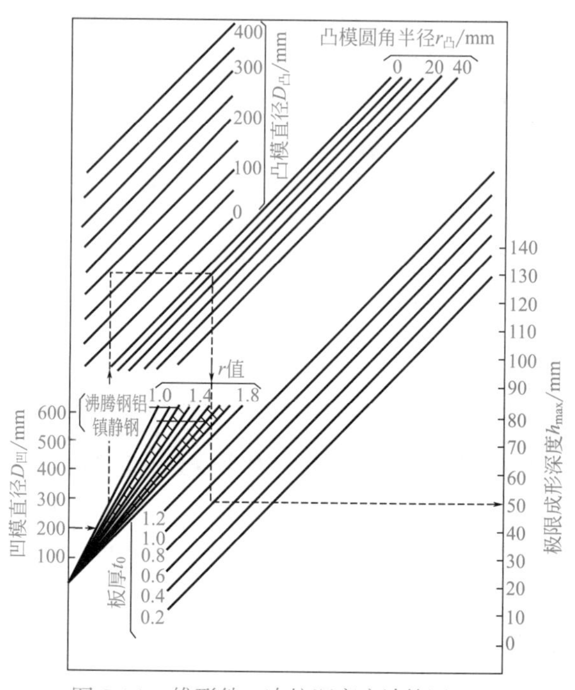


图 5-16　锥形件一次拉深高度计算图

极限成形深度 $h_{max}$ 与零件几何尺寸、模具几寸、材料特性及板材厚度等有关。锥形件的极限成形深度可用下式计算，也可用图 5-16 所示来计算确定。

$$h_{max}=(0.057r-0.0035)\ d_{凹}+0.171d_{凸}+0.58r_{凸}+36.6t_{a}-12.1$$

式中　$r$——板厚异向系数，其他符号见表 5-34。

应该指出，当 $t_a/D_b<0.002$，且 $d_{凸}/d_{凹}>0.5$ 时，上式不适用。因为这时毛坯中间部分的起皱极易产生，极限成形高度接近材料无法流入的胀形深度，这种情况最好按胀形极限考虑。

为保证拉深工艺的稳定性，锥形件拉深过程中一般都需拉出凸缘，再采用修边工序切去多余部分，只有在相对高度不大，材料相对厚度 $t/D>2.5\%$ 时，可以不加凸缘，而直接在拉深结束时精整锥形部分。

锥形件的拉深过程，取决于它的几何参数（如图 5-17 所示），即相对高度、锥度及材料的相对厚度的不同，拉深方法亦不同。

**1. 浅锥形件**

指 $h/d$=0.1 ～ 0.25，$\alpha$=50° ～ 80° 一类零件。这种零件由于拉深变形不足，回弹量大，因此对形状精度要求高时，须设法增加压边力，以加大径向拉应力，具体措施有：

① 无凸缘的可补加凸缘；

② 采用带拉深筋的凹模（如图 5-18 所示）；

③ 用橡胶或液压代替凸模进行拉深。

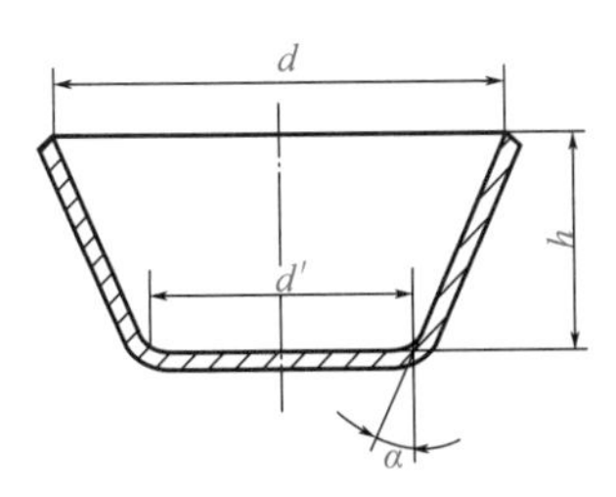

图 5-17　锥形拉深件

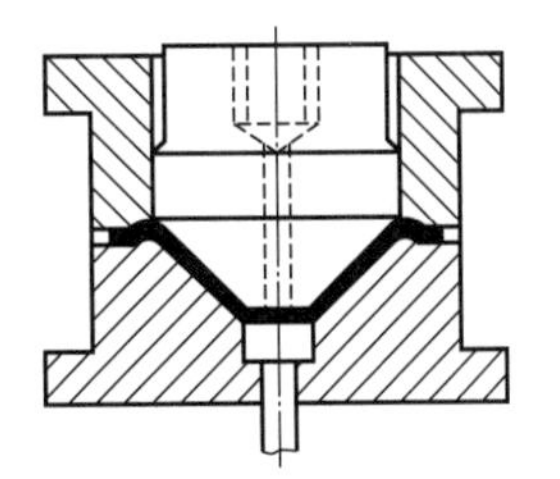
图 5-18　带拉深筋的凹模

## 2. 中等深度锥形件

指 $h/d$=0.3 ～ 0.7，$\alpha$=50° ～ 80° 一类零件，这种零件变形程度也不大，主要问题是在拉深过程中，有很大一部分毛坯处在压边圈之外呈悬空状态，而容易起皱。

按材料的相对厚度 $t/D$ 不同，又可分以下三种情况：

① 当$\frac{t}{D}\times100>2.5$时，由于稳定性好，可用无压边的拉深模一次拉出。

② 当$\frac{t}{D}\times100=2.5\sim2$时，应采用带压边装置的模具一次拉出。

③ 当$\frac{t}{D}\times100<2.5$或有较宽的凸缘时，须用压边装置，经两三次拉深而成。首次拉深常拉出大圆角或半球形圆筒件，然后按图样尺寸成形，如图 5-19 所示。有时第二次采用反拉深可有效地防止皱纹的产生，如图 5-20 所示。

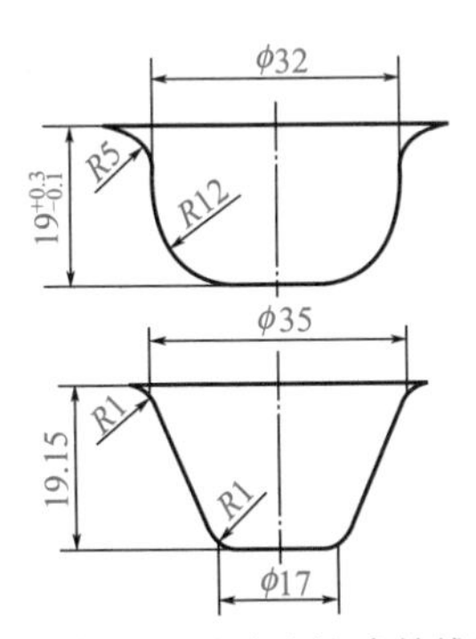

图 5-19　由大圆弧过渡拉成的锥形件

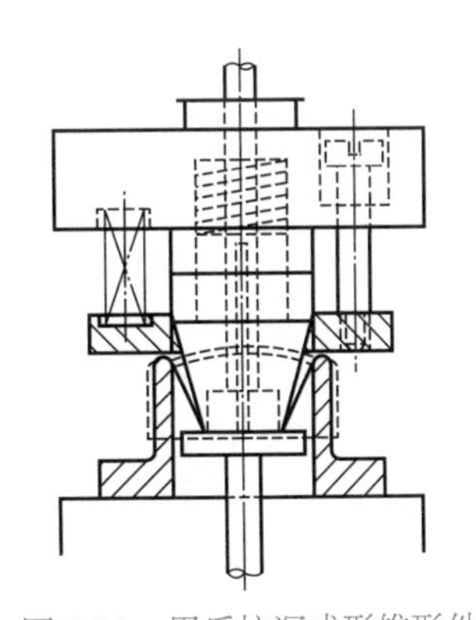
图 5-20　用反拉深成形锥形件

## 3. 深锥形件

深锥形件是指$\frac{h}{d}>0.8$的一类零件。这种零件由于变形程度大，且锥角大，凸模的压力仅通过毛坯中部分的一小块面积传递到变形区，因而产生很大的局部变薄，有时甚至使材料拉裂。故需进行多次拉深。

深锥形件的拉深方法见表 5-35。

表 5-35　深锥形件的拉深方法

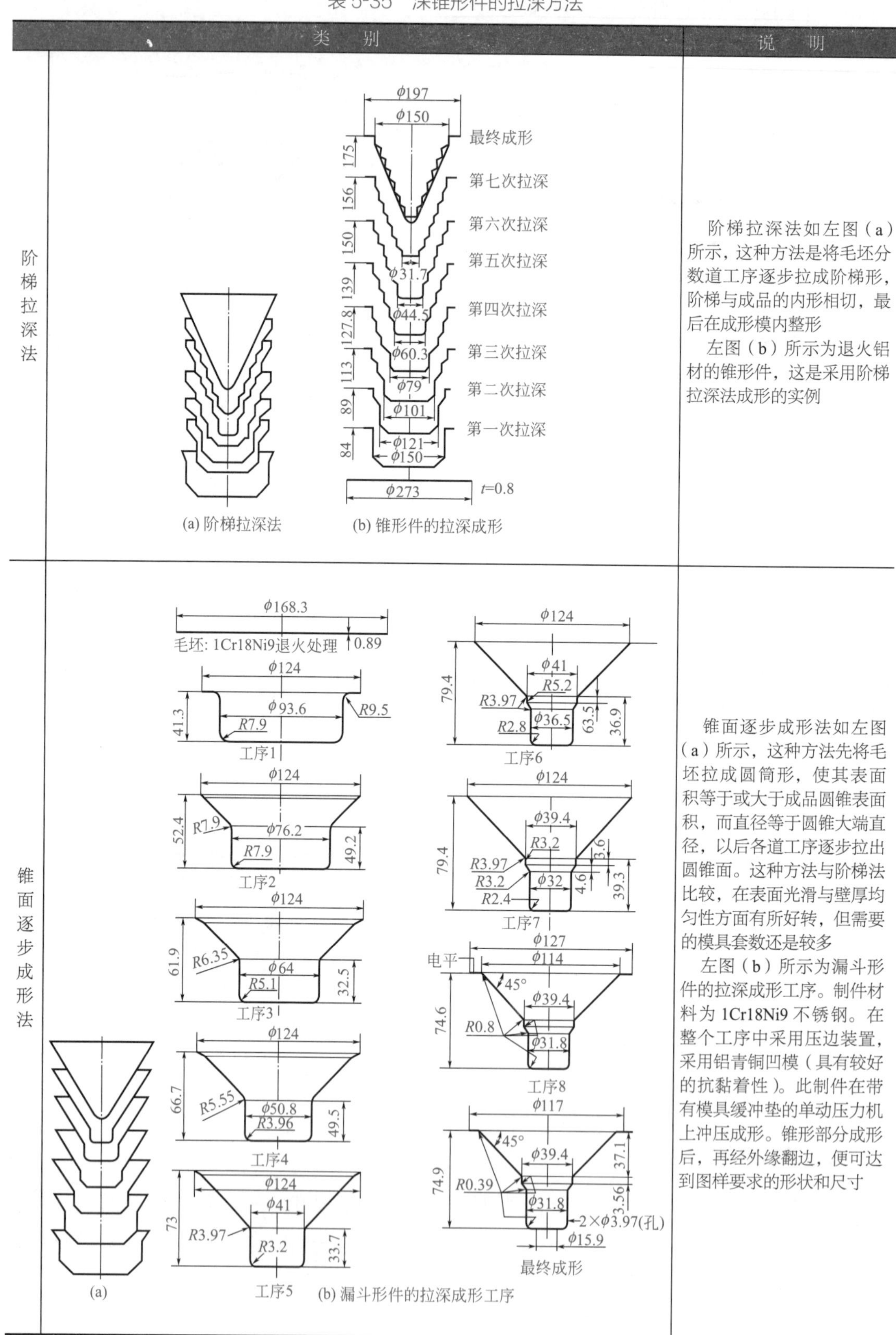


| 类　别 | | 说　明 |
| --- | --- | --- |
| 阶梯拉深法 | (a) 阶梯拉深法　(b) 锥形件的拉深成形 | 阶梯拉深法如左图（a）所示，这种方法是将毛坯分数道工序逐步拉成阶梯形，阶梯与成品的内形相切，最后在成形模内整形<br>左图（b）所示为退火铝材的锥形件，这是采用阶梯拉深法成形的实例 |
| 锥面逐步成形法 | (a)　(b) 漏斗形件的拉深成形工序 | 锥面逐步成形法如左图（a）所示，这种方法先将毛坯拉成圆筒形，使其表面积等于或大于成品圆锥表面积，而直径等于圆锥大端直径，以后各道工序逐步拉出圆锥面。这种方法与阶梯法比较，在表面光滑与壁厚均匀性方面有所好转，但需要的模具套数还是较多<br>左图（b）所示为漏斗形件的拉深成形工序。制件材料为 1Cr18Ni9 不锈钢。在整个工序中采用压边装置，采用铝青铜凹模（具有较好的抗黏着性）。此制件在带有模具缓冲垫的单动压力机上冲压成形。锥形部分成形后，再经外缘翻边，便可达到图样要求的形状和尺寸 |

续表

| 类别 | | 说明 |
| --- | --- | --- |
| 曲面过渡法 | 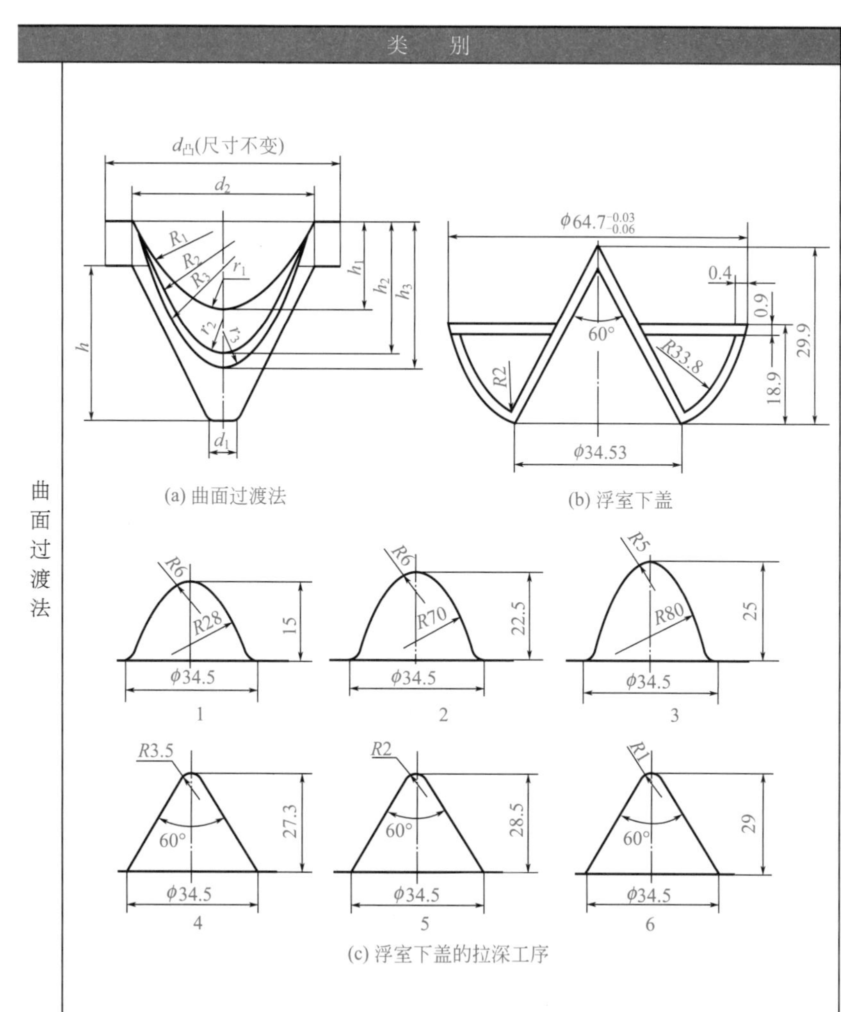<br><br>(a) 曲面过渡法　(b) 浮室下盖<br>(c) 浮室下盖的拉深工序 | 曲面过渡法如左图（a）所示，这种方法首先将毛坯拉深成圆弧曲面的过渡形状，取其表面积等于或略大于锥形件面积，曲面开口处的直径，等于或略小于锥形件的大端直径。在以后各道的变形过程中，凸缘外径尺寸不变，只是逐渐增大曲面的曲率半径和制件高度。曲面过渡法的锥面壁厚较均匀，表面光滑无印痕，模具套数较少，结构比较简单。这种方法适用于拉深尖顶的锥形件<br>如左图（b）所示为浮室下盖，相对高度 $h/d_2=0.87>0.8$ 的高深锥形件<br>如左图（c）所示为浮室下盖的拉深工序，包括 6 次拉深工序，第 1 次的拉深面积大于或等于成品锥面积。大头直径可以略小于或等于锥形大头直径。第 1、2、3 次工序拉出的形体的母线为曲线形，经过这 3 次工序，锥形部分已具雏形，同时具备了多余的金属材料以保证以后 3 次工序的成形。第 4、5、6 次工序拉出锥顶角为 60° 的锥形体，仅是逐次减小锥顶圆弧的 $R$ 值，逐次加高锥体高度。使锥顶逐渐变尖锐。锥形部分成形后，再经外缘翻边，便达到了图样要求的形状和尺寸 |
| 整个锥面一次成形法 | 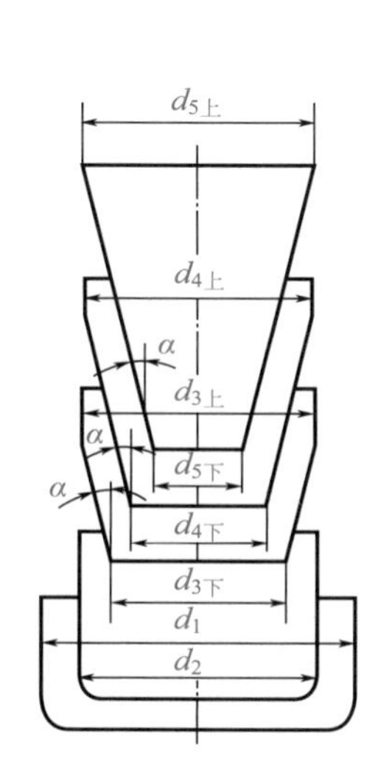<br> | 整个锥面一次成形法如左图所示，这种方法是先拉出相应的圆筒形，然后锥面从底部开始成形，在各道工序中，锥面逐渐增大，直到最后锥面一次成形。该方法的优点是零件表面质量高，无工序间的压痕。这种拉深法的拉深系数采用平均直径来计算，即<br>$n-1$ 次拉深 $d_{n-1}=\dfrac{d_{(n-1)上}+d_{(n-1)下}}{2}$<br>$n$ 次拉深 $d_n=\dfrac{d_{n上}+d_{n下}}{2}$<br>$n$ 次拉深的拉深系数 $m=\dfrac{d_n}{d_{n-1}}$<br>式中　$d_{n上}$——锥形件上端直径，mm<br>$d_{n下}$——锥形件下端直径，mm<br>根据平均直径确定的深锥形件的极限拉深系数，见表 5-36 |

表 5-36　深锥形件的拉深系数

| 毛坯的相对厚度 $\frac{t}{d_{n-1}}\times100$ | 0.5 | 1.0 | 1.5 | 2.0 |
| --- | --- | --- | --- | --- |
| 拉深系数 $m=\frac{d_n}{d_{n-1}}$ | 0.85 | 0.8 | 0.75 | 0.7 |

注：$d_n$ 和 $d_{n-1}$ 为本次和前次拉深的平均直径。

## 二、球面件的拉深

球面件分为半球面件［如图 5-21（a）所示］与非半球面件［如图 5-21（b）～（d）所示］两大类。

半球面件的拉深系数 $m$ 为：

$$m=\frac{d}{D}=\frac{d}{\sqrt{2d}}=0.71$$

它是与零件直径无关的常数。变形中容易起皱，故毛坯的相对厚度 $t/D$ 是决定拉深难易和选定拉深方法的主要依据。

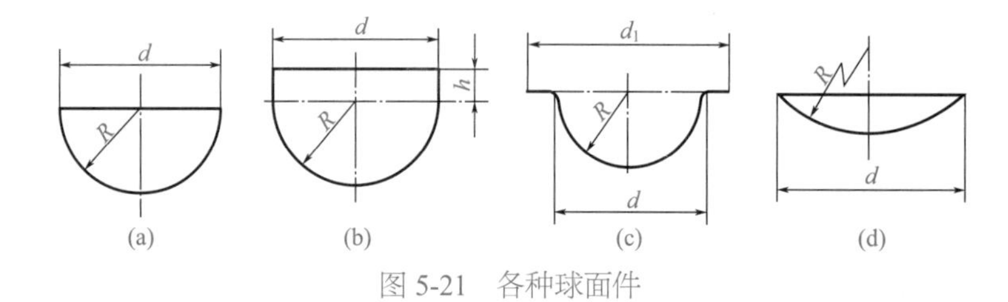


图 5-21　各种球面件

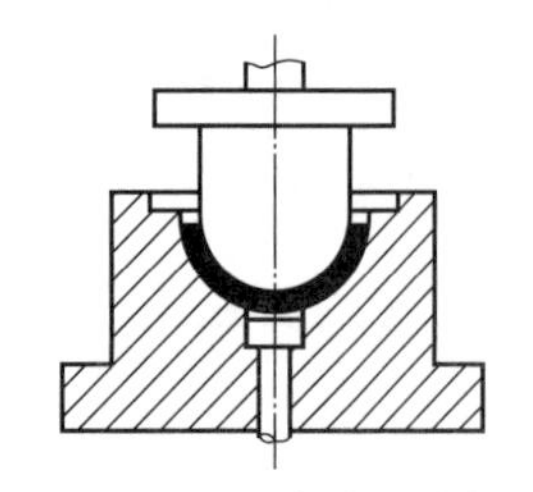

图 5-22　半球零件带整形的拉深模

在实际生产中，可根据相对厚度的大小，采取不同的拉深方法。

① 相对厚度 $\frac{t}{D}\times100>3$ 时，由于稳定性好，可不用压边一次拉成，在行程终了时须进行整形（如图 5-22 所示）。拉深这种零件最好采用摩擦压力机。

② 相对厚度 $\frac{t}{D}\times100=0.5\sim3$ 时，一般需要采用压边装置进行拉深。

③ 相对厚度很小 $\frac{t}{D}\times100<0.5$ 时，稳定性差，需要采取有效的防皱措施。

常用的方法有：

① 采用带拉深筋的凹模［图 5-23（a）所示］。

② 采用反向拉深法［图 5-23（b）所示］。

③ 正、反向联合拉深［图 5-23（c）所示］，既提高了生产率，又可防止皱纹的产生。

对于带有高度为（0.1～0.2）$d$ 的圆筒直边或带有宽度为（0.1～0.15）$d$ 的圆筒直边或带有宽度为（0.1～0.15）$d$ 的凸缘的非半球面零件［如图 5-21（b）、（c）所示］，虽然拉深系数有一定降低，但对零件的拉深却有一定的好处。对半球零件的表面质量和尺寸精度要求较高时，可先拉成带圆筒直边和带凸缘的非半球面零件，然后在拉深后将直径和凸缘切断。

高度小于球面半径（浅球面零件）的零件［如图 5-21（d）所示］，其拉深工艺按几何形状可分为两类：当毛坯直径 $D \leqslant 9\sqrt{Rt}$（$t$ 为板厚）时，毛坯不易起皱，但成形时毛坯易窜动，而且可能产生一定的回弹，常采用带底拉深模；当毛坯直径 $D \geqslant 9\sqrt{Rt}$ 时，起皱将成为必须解决的问题，故常采用强力压边装置或用带拉深筋的模具，拉成有一定宽度凸缘的浅球面零件。这时的变形含有拉深和胀形两种成分。因此，零件回弹小、尺寸精度和表面质量均提高了，其加工余料在成形后予以切除。

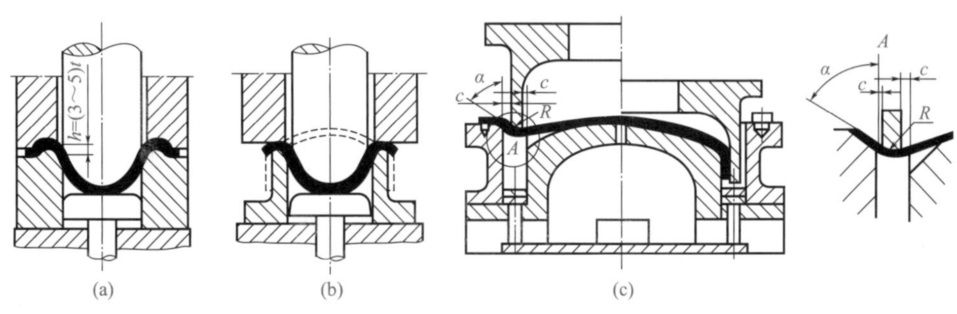


图 5-23　半球零件拉深的防皱方法

对于大球形拉深件，有时需采用内、外两圈拉深筋的凹模（如图 5-24 所示），以进一步增加径向拉应力，才能有效地解决起皱问题。外圈拉深筋比内圈拉深筋稍高些，高出两倍料厚。拉深开始时，外圈拉深筋起主要作用，随着拉深深度的增加，毛坯向里收缩，内圈拉深筋起主要作用，工件壁部和凸缘不易起皱，材料能顺利进入凸、凹模的间隙之中，拉出平整光洁的零件。如图 5-25 所示的不锈钢外锅底就是采用这种模具结构拉深的。

如图 5-23（c）所示为正、反向联合拉深模具，设计的关键是 $a$、$c$ 及 $R$ 数值的确定，只要取值合理，就不会产生起皱和破裂现象，成品合格率可达 100%。根据实际生产经验，可取 $a$=60°，$c$=（1+0.05）$t$，$R$=5$t$（$t$ 为材料厚度）即可。此模具磨损极小，寿命高，用一般铸铁就可以制造。此模具拉深大球形件（如图 5-26 所示）生产率高，成本低，经济效益好。

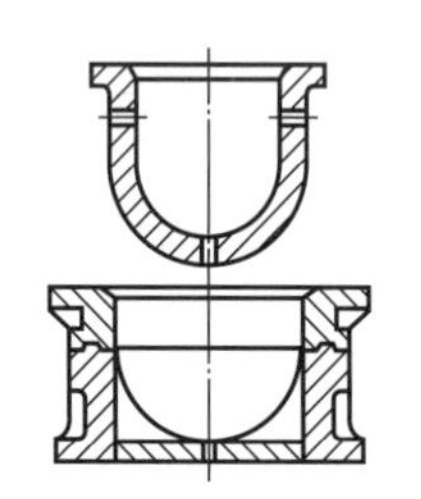

图 5-24　具有内外拉深筋的模具结构

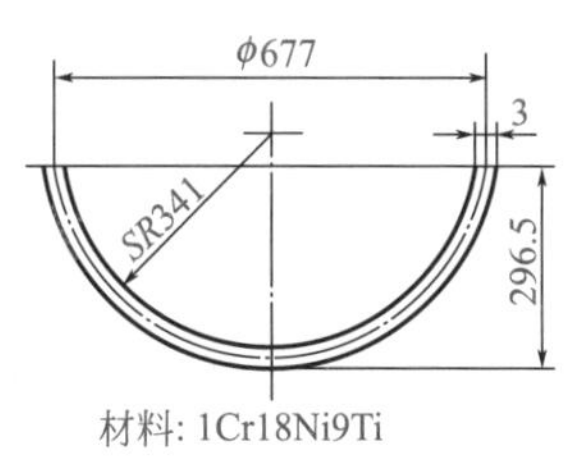


图 5-25　不锈钢外锅底

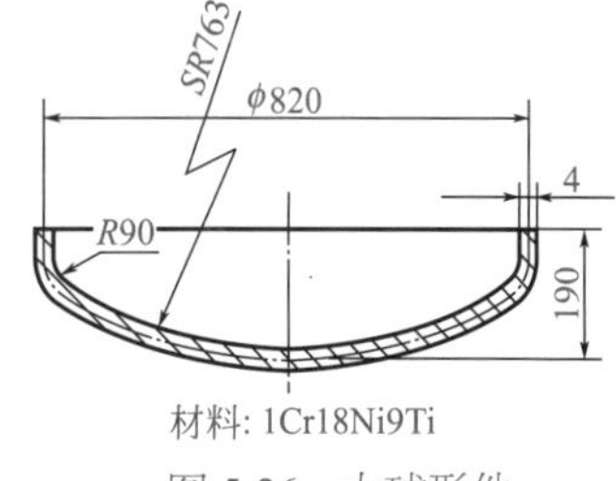


图 5-26　大球形件

## 三、抛物面件的拉深

抛物线形件也按相对高度和材料相对厚度，相应采用合适的拉深方法来制造。

### 1. 浅的抛物线形件（$h/d$ < 0.5 ~ 0.6）

由于它的高度小，与半球形零件差不多，因此，拉深方法与半球形件相似。例如汽车灯的外罩（如图 5-27 所示）$d$=126mm，$h$=76mm，$t$=0.7mm，材料：08 钢，毛坯直径 $D$=190mm。按照 $h/d$=76/126=0.603，$\frac{t}{D} \times 100 = 0.37$ 属于半球形第三种情况，该零件采

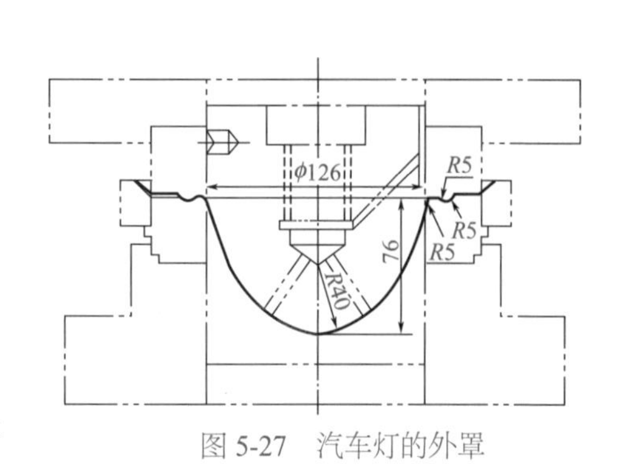


图 5-27　汽车灯的外罩

用具有两道拉深筋的压边装置在双动压机上拉成。

### 2. 深的抛物线形件（$h/d > 0.6$）

特别是 $t/D$ 较小时，需要多次拉深，逐步成形。深抛物线形件的拉深方法见表 5-37。

表 5-37　深抛物线形件的拉深方法

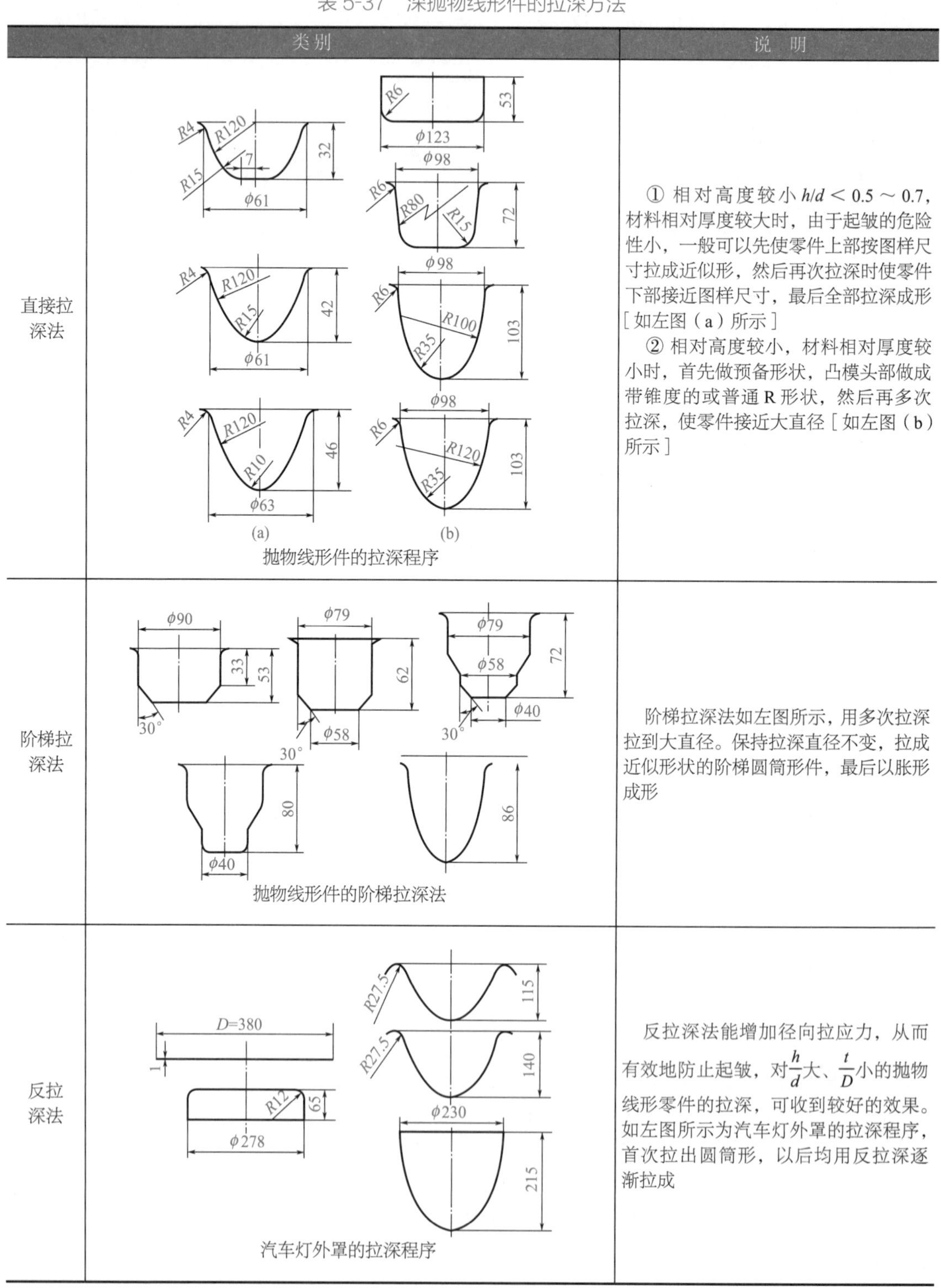

| 类别 | | 说　明 |
| --- | --- | --- |
| 直接拉深法 | (a)　(b)<br>抛物线形件的拉深程序 | ① 相对高度较小 $h/d < 0.5 \sim 0.7$，材料相对厚度较大时，由于起皱的危险性小，一般可以先使零件上部按图样尺寸拉成近似形，然后再次拉深时使零件下部接近图样尺寸，最后全部拉深成形［如左图（a）所示］<br>② 相对高度较小，材料相对厚度较小时，首先做预备形状，凸模头部做成带锥度的或普通 R 形状，然后再多次拉深，使零件接近大直径［如左图（b）所示］ |
| 阶梯拉深法 | 抛物线形件的阶梯拉深法 | 阶梯拉深法如左图所示，用多次拉深拉到大直径。保持拉深直径不变，拉成近似形状的阶梯圆筒形件，最后以胀形成形 |
| 反拉深法 | 汽车灯外罩的拉深程序 | 反拉深法能增加径向拉应力，从而有效地防止起皱，对 $\frac{h}{d}$ 大、$\frac{t}{D}$ 小的抛物线形零件的拉深，可收到较好的效果。如左图所示为汽车灯外罩的拉深程序，首次拉出圆筒形，以后均用反拉深逐渐拉成 |

续表

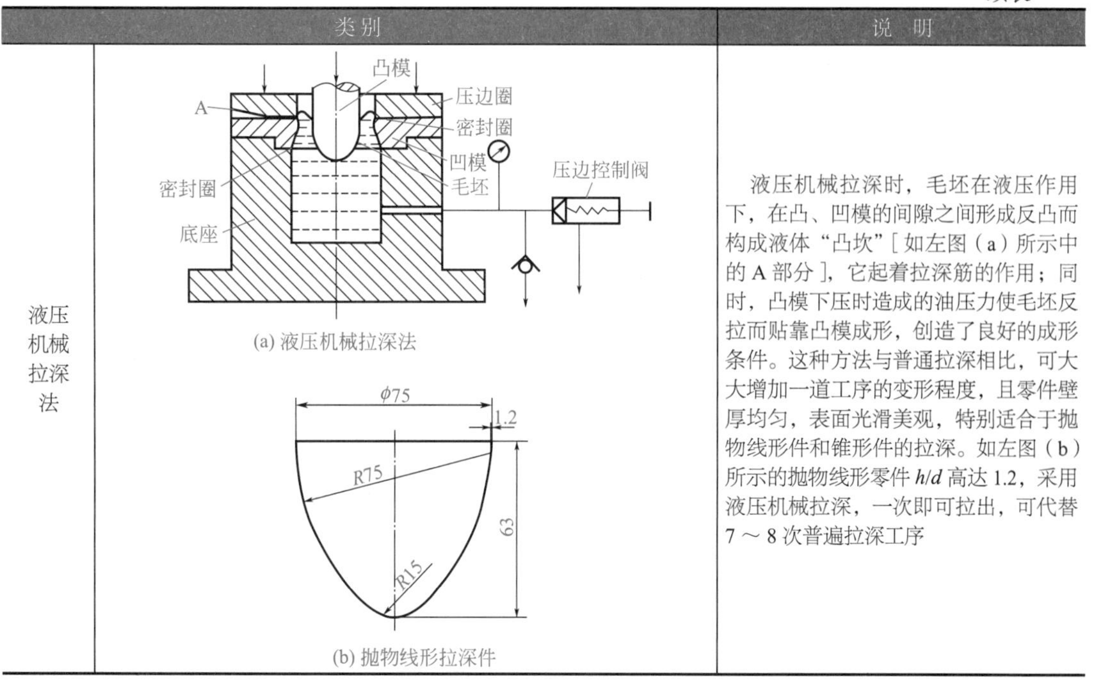


| 类别 | | 说明 |
| --- | --- | --- |
| 液压机械拉深法 | (a) 液压机械拉深法<br>(b) 抛物线形拉深件 | 液压机械拉深时，毛坯在液压作用下，在凸、凹模的间隙之间形成反凸而构成液体“凸坎”［如左图（a）所示中的A部分］，它起着拉深筋的作用；同时，凸模下压时造成的油压力使毛坯反拉而贴靠凸模成形，创造了良好的成形条件。这种方法与普通拉深相比，可大大增加一道工序的变形程度，且零件壁厚均匀，表面光滑美观，特别适合于抛物线形件和锥形件的拉深。如左图（b）所示的抛物线形零件 $h/d$ 高达1.2，采用液压机械拉深，一次即可拉出，可代替7～8次普遍拉深工序 |

# 第七节　盒形件的拉深

## 一、盒形件拉深的变形特点

盒形件属于非轴对称零件，它包括方形盒形件、矩形盒形件和椭圆形盒形件等。根据矩形盒几何形状的特点，可以将其划分为4个长度分别为 $L-2r$ 和 $B-2r$ 的直边部分及4个半径均为 $r$ 的圆角（1/4圆柱面）部分（如图5-28所示）。假设圆角部分与直边部分没有联系，由平板毛坯拉深成盒形件时，直边相当于弯曲变形，圆角相当于圆筒形件拉深。即零件的成形可以假想为由直边部分的弯曲和圆角部分的拉深变形所组成。但实际上直边和圆角是一个整体，在成形过程中必然会相互制约。

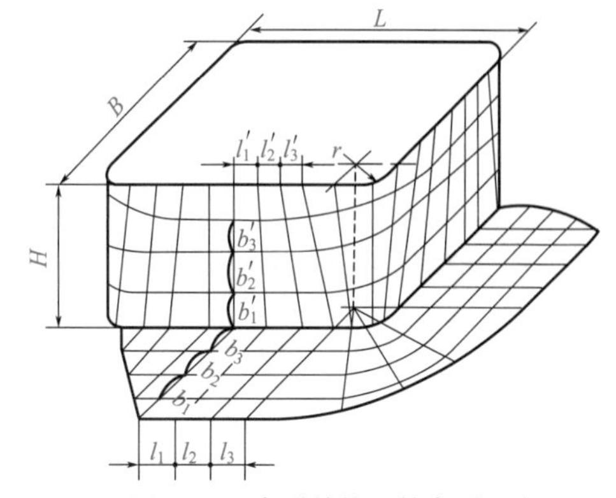


图5-28　盒形件拉深的变形示意

为了观察盒形件拉深的变形特点，在拉深成形之前将坯料表面划分网格，圆角由同心圆和半径线组成，直边为矩形网格（$l_1=l_2=l_3=b_1=b_2=b_3$），如图5-28所示。经过拉深成形后，其圆角部分网格的变化特点与圆筒形件拉深的情况相似，但其变形程度比圆筒小。即平板坯料上的径向放射线，经变形后不是成为与底面垂直的平行线，而是口部距离大底部距离小的斜线。这说明盒形件拉紧时，圆角部分的材料向直边流动，使直边产生横向压缩，从而减轻了圆角的变形程度。圆角部分的金属材料向直边转移，直边部分经过变形后，发生横向压缩和纵向伸长现象，即横向尺寸 $l_1>l'_1>l'_2>l'_3$，纵向尺寸 $b_1<b'_1<b'_2<b'_3$。直壁中间变形最小（接近弯曲变形），靠近圆角处压缩变形大，说明直边部分在变形过程中

受到圆角部分材料的挤压作用。且横向压缩变形是不均匀分布的，而沿高度方向伸长变形也是不均匀的，靠近口部处变形大，而靠近底部处变形小。

由此可以看出，盒形件拉深变形有以下特点。

① 盒形件拉深的变形性质与圆筒形件相同，坯件变形区（凸缘）也是一拉一压的应力状态。

② 与圆筒形件拉深的最大区别在于，盒形件拉深时，沿坯料周边无论是直边部分，还是圆角部分上的应力和变形分布是不均匀的。由于圆角部分金属向直边流动，减轻了圆角部分材料的变形程度。这就减小了危险断面拉裂的可能性，因此盒形件可以取较小的拉深系数。圆角部分与相应圆筒形件相比，起皱的趋向性减小。直边部分破裂和起皱趋向性很小。

③ 由于直边部分的主要变形为弯曲变形，而圆角部分的主要变形为拉深变形，因此直边部分流入凹模块，而圆角部分流入凹模慢。毛坯在这两部分连接处产生了剪切变形和切应力。两部分的材料在变形过程中相互影响，其影响程度取决于相对圆角半径（$r/B$）和相对高度（$H/B$），$r/B$ 愈小，直边部分对圆角部分的变形影响愈显著。如果 $r/B=0.5$，则盒形件成为圆筒形件，也就不存在直边与圆角变形的相互影响了。$H/B$ 愈大，直边与圆角变形相互影响也愈显著。因此，$H/B$ 参数不同的盒形件在展开尺寸和工艺计算上都有较大不同。

## 二、盒形件坯料的形状与尺寸

### 1. 盒形件的修边余量 Δ$h$

一般情况下，盒形件在拉深后都需要修边，所以在确定其坯料尺寸前，应在工作高度或凸缘宽度上加修边余量。无凸缘盒形件的修边余量见表 5-38。

表 5-38　无凸缘盒形件的修边余量 Δ$h$

| 简　图 | 相对高度 $h/r$ | Δ$h$ |
|---|---|---|
| 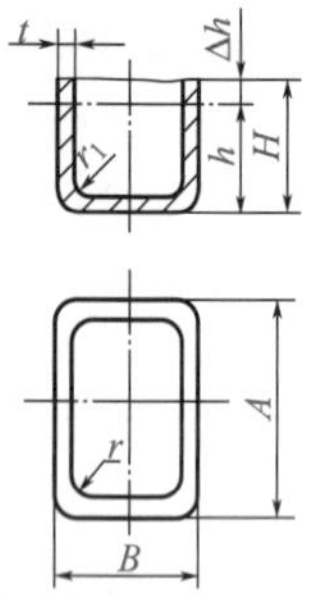 | 2.5 ～ 6 | （0.03 ～ 0.05）$h$ |
| | 7 ～ 17 | （0.04 ～ 0.06）$h$ |
| | 18 ～ 44 | （0.05 ～ 0.08）$h$ |
| | 45 ～ 100 | （0 .06 ～ 0.1）$h$ |

### 2. 低盒形件的拉深

#### （1）变形特点

① 盒形件一次拉深成形时，零件表面网格发生了明显变化（如图 5-28 所示），由此表明凸缘变形区直边部位发生了横向压缩变形，使圆角处的应变强化得到缓和，从而降低了圆角部分传力区的轴向拉应力，相对提高了传力区的承载能力。

② 拉深盒形件时，凸缘变形区圆角处的拉深阻力大于直边处的拉深阻力，圆角处的变形程度大于直边处的变形程度。因此，变形区内金属质点的位移量直边处大于圆角处，导致了这两处的位移速度不同，而毛坯的这两部分又是联系在一起的整体，变形时必然相互牵制，这种位移速度差会引起剪应力，这种剪应力称为位移速度诱发剪应力。虽然诱发剪应力

在两处交界面处达到最大值，并由此向直边和圆角处的中心线逐渐减小。变形区内应力状态与剪应力分布情况可定性地用图 5-29 示意。由图 5-29 可知，圆角部分传力区内轴向拉应力减小了一个剪应力值，从而也相对地提高了传力区的承载能力。由于上述原因，盒形件成形极限高于直径为 $2r$ 的圆筒形件的成形极限。

③ 如图 5-29 所示的剪应力形成的弯矩引起变形区平面内的弯曲变形，从而使变形区内的变形变得相当复杂。板平面内的弯曲变形使变形区直边处外缘和圆角处内缘形成起皱的危险区，同时还可能引起盒形件开裂的产生。

矩形盒的几何特征可以用相对圆角半径 $r/B$ 表示，$0 < r/B \leqslant 0.5$，当 $r/B=0.5$ 时为圆筒形零件。拉深矩形盒时，毛坯变形区的变形分布与相对圆角半径 $r/B$ 和毛坯形状有关。相对圆角半径不同，毛坯变形区直边处与圆角处之间的应力应变间的相互影响不同，在实际生产中，应根据矩形盒的相对圆角半径 $r/B$ 和相对高度 $H/r$ 来设计毛坯和拉深工艺。

### （2）毛坯形状和尺寸的确定

拉深盒形件时，确定毛坯形状与尺寸的原则是在保证零件质量的前提下，尽可能节约原材料，有利于提高成形极限。由于变形区周边上应力应变分布不均匀，而且零件的几何参数、材料性能、模具结构等因素对这种不均匀变形的影响极为复杂，所以现在不能精确计算出毛坯的形状和尺寸，使零件的口部非常整齐。另外，欲设计一种理想的毛坯形状适用于不同几何参数的盒形件也是不可能的。因此，只能对不同几何参数范围给出相应的较为合理的毛坯形状。

合理毛坯形状分为三类：A 形毛坯、B 形毛坯和 C 形毛坯。三种类型毛坯所适用的范围如图 5-30 及表 5-39 所示。因此，对不同几何参数的盒形件，可从图 5-30 或表 5-39 选用一次拉深成形的毛坯形状。

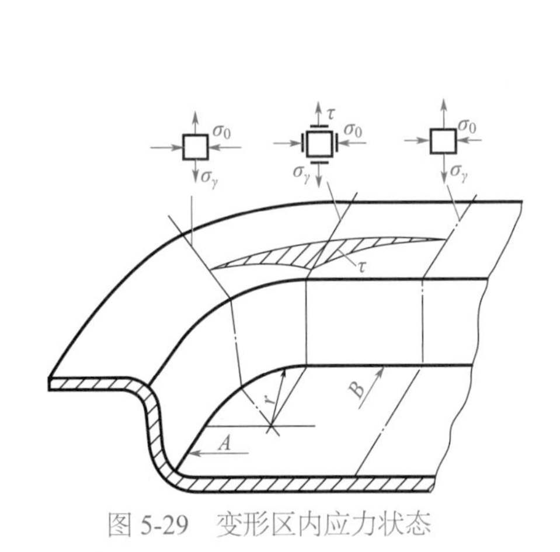


图 5-29　变形区内应力状态

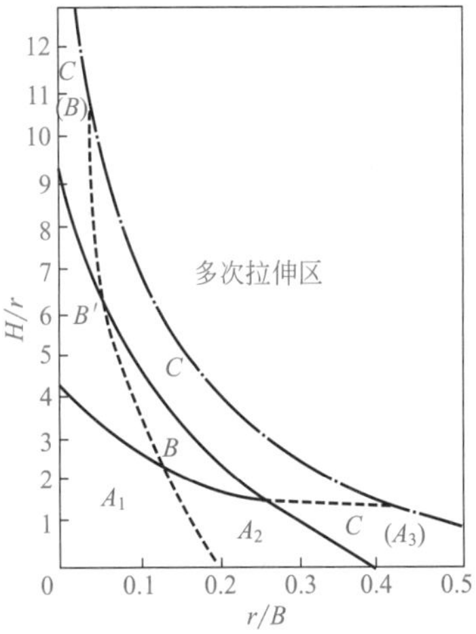

图 5-30　方盒形件一次成形毛坯选用图

表 5-39　盒形件合理毛坯分区法

| 毛坯形状 | | H/r | | | | |
|---|---|---|---|---|---|---|
| | | < 0.08 | 0.05 ~ 0.13 | 0.13 ~ 0.17 | 0.27 ~ 0.35 | > 0.35 |
| r/B | < 1.8 | $A_1$ | $A_1$ | $A_1/A_2$ | $A_2/A_3$ | $A_3$（C） |
| | 1.8 ~ 4 | $A_1$ | A/B | B/C | C | |
| | 4 ~ 6 | B′ | B/C | C | | |
| | > 6 | B′（c） | C | | | |

注：$H/r$ 及 $r/B$ 较大者选用“/”下方的类型。

盒形件拉深用毛坯计算高度可用下式表示：

$$H = H_0 + \Delta H$$

式中　$H_0$——盒形件的高度，mm；

$\Delta H$——盒形件修边余量，mm，查表 5-37。

盒形件坯料尺寸除根据盒形件面积与坯料面积相等的原则确定外，还要根据盒形件在拉深时沿周边的切向压缩与径向拉伸变形不均匀性，对坯料形状和尺寸做修正。用一道拉深工序能冲压成功的低盒形件所用的毛坯形状和尺寸，用以下方法进行计算：

弯曲变形展开的直边部分长度 $l$ 为：

$$l = H + 0.57r_1$$

式中　$r_1$——工件底部圆角半径，mm。

当角部圆弧半径较小，即 $r/(B-H) \leqslant 0.22$ 时，展开图按下述步骤：首先，将盒形件的直边按弯曲变形，而圆角部分按四分之一圆筒拉深变形，在盒形底部的平面上展开，得如图 5-31 所示待修正的展开图。

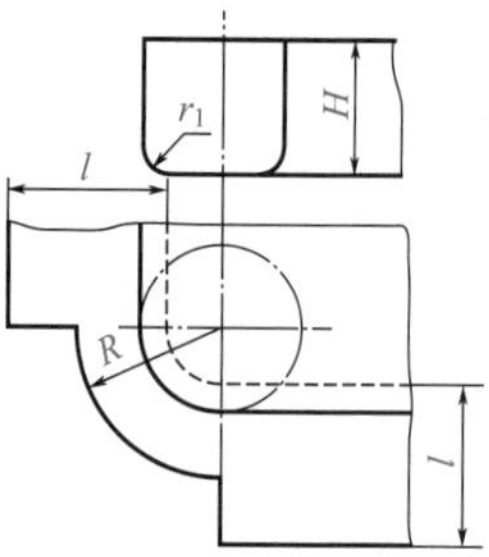

图 5-31　待修正的展开图

圆角部分按四分之一圆筒展开，得半径 $R$ 为：

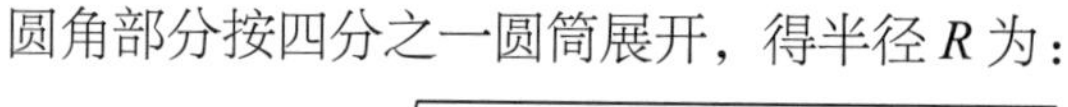

$$R = \sqrt{r^2 + 2rH - 0.86r_1(r + 0.16r_1)}$$

当 $r = r_1$ 时：

$$R = \sqrt{2rH}$$

以上步骤获得的展开图形，其面积等于拉深件面积，但圆弧与直线的连接显然不符合展开图形的要求，在基本不改变面积的条件下，将 $\widehat{a_1b_2}$ 展开图形做适当修正。

从 $a_1b_1$ 的中点 $c_1$ 及 $a_2b_2$ 的中点 $c_2$，作圆弧的切线，出现三种情况：两切线重合［如图 5-32（a）所示］；两切线 $c_1e_1$ 与 $c_2e_2$ 向外交叉［如图 5-32（b）所示］；两切线 $c_1e_1$ 与 $c_2e_2$ 向内交叉［如图 5-32（c）所示］。

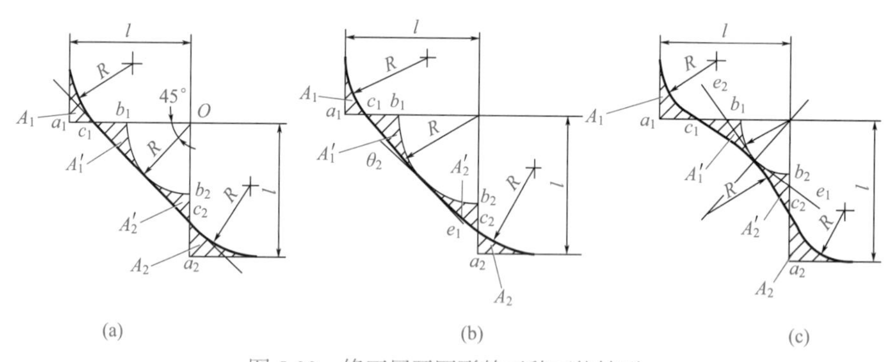


图 5-32　修正展开图形的三种可能情形

用半径 $R$ 的圆弧连接切线与直边的展开部分，完成修正的展开图形。与图 5-31 比较，修正的展开图减少了面积 $A_1$ 和 $A_2$，增加了面积 $A_1'$ 和 $A_2'$。$A_1 \approx A_1'$，$A_2 \approx A_2'$，故面积基本不变。在两切线向内交叉的情况下［如图 5-32（c）所示］，需另增一半径为 $R$ 的圆弧。

当角部圆弧半径较大即 $0.22 < r/(B-H) < 0.4$ 时，按上述步骤作出待修正的展开图形后，增加展开图形角部的面积，相应地减少直边部分的面积，以适应坯料拉深时角部有部分材料要流动至直边侧面的情况。加大了的展开半径 $R$ 见下式：

$$R_1 = xR$$

式中　$R$——计算所得的展开半径，mm；

　　　$x$——系数，见表 5-40。

表 5-40　系数 $x$ 值

| 角部相对圆弧半径 $r/B$ | 矩形件相对高度 $H/B$ | | | |
|---|---|---|---|---|
| | 0.3 | 0.4 | 0.5 | 0.6 |
| 0.10 | — | 1.09 | 1.12 | 1.16 |
| 0.15 | 1.05 | 1.07 | 1.10 | 1.12 |
| 0.20 | 1.04 | 1.06 | 1.08 | 1.10 |
| 0.25 | 1.035 | 1.05 | 1.06 | 1.08 |
| 0.30 | 1.03 | 1.04 | 1.05 | — |

从半径 $R$ 的圆弧中心作半径 $R_1$ 的圆弧［如图 5-33（a）所示］。在待修正的展开图中，直边展开部分上扣除宽度为 $\Delta l_a$ 及 $\Delta l_b$ 的狭条形面积。

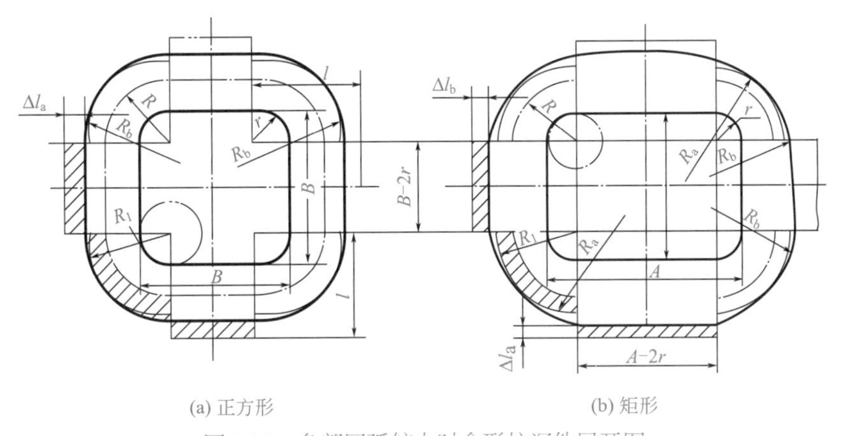


图 5-33　角部圆弧较大时盒形拉深件展开图

在图 5-33 中，扣除宽度按下式：

$$\Delta l_a = \frac{yR^2}{A-2r}; \ \Delta l_b = \frac{yR^2}{B-2r}$$

式中　$A$——矩形拉深件长度，mm；

　　　$B$——矩形件宽度或正方形拉深件边长，mm；

　　　$y$——系数，见表 5-41。

表 5-41　系数 $y$ 值

| 角部相对圆弧半径 $r/B$ | 矩形件相对高度 $H/B$ | | | |
|---|---|---|---|---|
| | 0.3 | 0.4 | 0.5 | 0.6 |
| 0.10 | — | 0.15 | 0.20 | 0.27 |
| 0.15 | 0.08 | 0.11 | 0.17 | 0.20 |
| 0.20 | 0.06 | 0.10 | 0.12 | 0.17 |

续表

| 角部相对圆弧半径 $r/B$ | 矩形件相对高度 $H/B$ | | | |
| --- | --- | --- | --- | --- |
| | 0.3 | 0.4 | 0.5 | 0.6 |
| 0.25 | 0.05 | 0.08 | 0.10 | 0.12 |
| 0.30 | 0.04 | 0.06 | 0.08 | — |

经过以上修正的展开图，圆弧与直线仍未平滑连接，可用试凑的方法，用半径为 $R_a$ 或 $R_b$ 的圆弧过渡连接，如图 5-33 所示。

上述作图法，对长、短边比值 $A : B$=1.5～2.0 的矩形拉深件比较准确。

当角部为大圆弧半径，即 $r/(B-H) \geqslant 0.4$ 时，拉深过程中有大量材料从圆角部分流动至直边侧面，因而可将方形拉深件展开成圆形坯料（如图 5-34 所示），坯料直径 $D$ 按下式计算：

$$D=1.13\sqrt{B^2+4B(H-0.43r_1)-1.72r(H+0.5r)-2r_1(0.22r_1-0.36r)}$$

当$r=r_1$时：

$$D=1.13\sqrt{B^2+4B(H-0.43r_1)-1.72r(H+0.33r)}$$

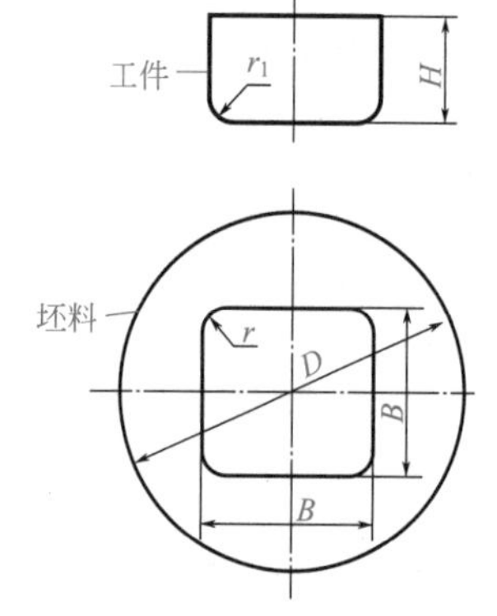

图 5-34　大圆角方形拉深件展开图

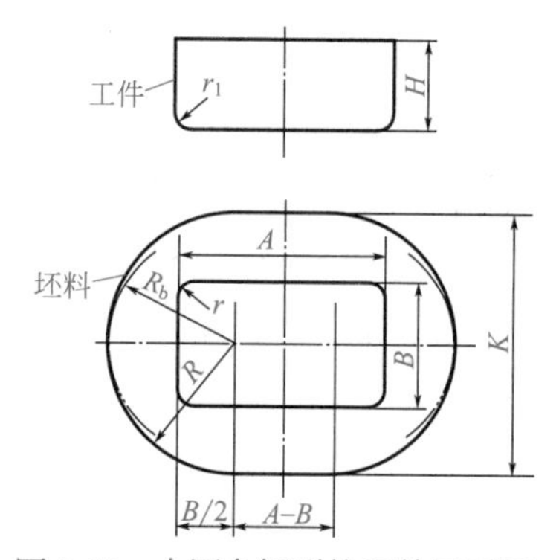

图 5-35　大圆角矩形拉深件展开图

长、短边尺寸为 $A$、$B$ 的矩形拉深件，其展开图形应同 $A$ 与 $B$ 的比值有关。一般可把这种矩形件看作是由分成两半、边长为 $B$ 的方形拉深件，连以尺寸 $A-B$ 的中间部分所组成。计算拉深件的展开直径 $D$，在矩形件短边 $B/2$ 处，以半径 $R_b=D/2$ 作圆弧（如图 5-35 所示），这样展开图的长轴计算公式为：

$$L=D+(A-B)$$

椭圆短轴及半径计算公式：

短轴：
$$K=\frac{0.5D^2+\left[B+2(H-0.43r_1)\right](A-B)}{A-B+0.5D}$$

半径：
$$R=0.5K$$

在尺寸 $A$ 和 $B$ 的差别不大，即在 $A<1.3B$ 且 $H<0.8B$ 的情况下，椭圆宽度可取为：$K$=2，$R_b=D$。

在实际生产中，为改善矩形拉深件的变形条件，尽量减小拉深件四角部分的坯料尺寸，使原来需要两次拉深的矩形件只要一次就可拉深出。这时可在图 5-35 所示坯料的基础上，通过试模修正坯料，得出最有利的坯料展开形状和尺寸。

## 三、拉深系数与拉深次数

如图 5-36 所示按综合主要因素 $H/B$、$r/B$ 和 $t/D$，制订出盒形件不同拉深情况的分区图。图中 $H$ 为计入修边余量的工件高度；$B$ 为矩形件的短边长度；$r$ 为壁与壁之间的圆角半径；$D$ 为坯料尺寸，对圆形坯料为其直径，对矩形坯料为其短边长度。

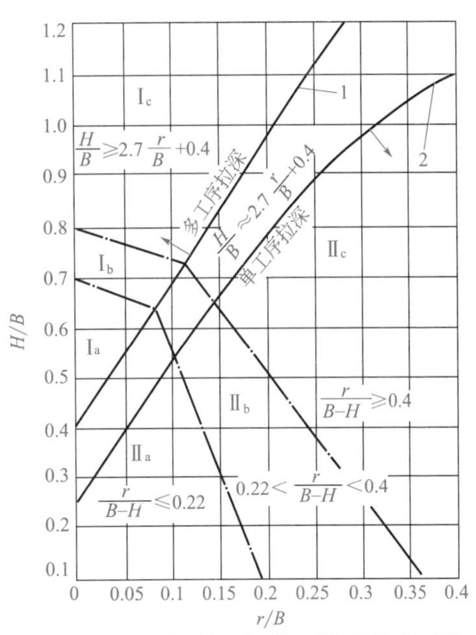

图 5-36 盒形件不同拉深情况的分区图

在图 5-36 所示中，由曲线 1 及曲线 2 表明：当坯料相对厚度（$t/D$）×100=2 及（$t/D$）×100=0.6 时，在一道工序内所能拉深的盒形件最大高度，对于在 $Ⅱ_a$、$Ⅱ_b$、$Ⅱ_c$ 区域的零件，一般都能一次拉出。

### 1. 高盒形件的拉深系数

如图 5-36 所示中 $Ⅰ_a$、$Ⅰ_b$、$Ⅰ_c$ 区域的零件，属多次拉成的高盒形件。$Ⅰ_a$ 区的矩形件主要由于圆角半径过小，需两次拉深，第二次拉深近似整形。根据盒形件的相对高度，可由表 5-42 中查出所需的拉深次数。但以后各次的拉深系数必须大于表 5-43 所列的数值。

表 5-42 盒形件多次拉深所能达到的最大相对高度 $H/B$

| 拉深次数 | 毛坯料相对厚度（$t/D$）×100 | | | |
|---|---|---|---|---|
| | 0.3 ~ 0.5 | 0.5 ~ 0.8 | 0.8 ~ 1.3 | 1.3 ~ 2.0 |
| 1 | 0.50 | 0.58 | 0.65 | 0.75 |
| 2 | 0.70 | 0.80 | 1.0 | 1.2 |
| 3 | 1.20 | 1.30 | 1.6 | 2.0 |
| 4 | 2.0 | 2.2 | 2.6 | 3.5 |
| 5 | 3.0 | 3.4 | 4.0 | 5.0 |
| 6 | 4.0 | 4.5 | 5.0 | 6.0 |

表 5-43 盒形件以后各次许可拉深系数 $m_a$

| $r/B$ | 毛坯料相对厚度（$t/D$）×100 | | | |
|---|---|---|---|---|
| | 0.3 ~ 0.5 | 0.6 ~ 1 | 1 ~ 1.5 | 1.5 ~ 2 |
| 0.025 | 0.52 | 0.50 | 0.48 | 0.45 |
| 0.05 | 0.56 | 0.53 | 0.50 | 0.48 |
| 0.10 | 0.60 | 0.56 | 0.53 | 0.50 |
| 0.15 | 0.65 | 0.60 | 0.56 | 0.53 |
| 0.20 | 0.70 | 0.65 | 0.60 | 0.56 |
| 0.30 | 0.72 | 0.70 | 0.65 | 0.60 |
| 0.40 | 0.75 | 0.73 | 0.70 | 0.67 |

注：拉深件材料为 08 钢、10 钢。

### 2. 核算角部的拉深系数

盒形件圆角处的变形最大，因此核算角部的拉深系数来确定是否可一次拉深出工件。其计算程序如下：

① 计算坯料尺寸，参见图 5-31 和图 5-32。核算圆角部分的拉深系数 $m$，参见图 5-31。

$$m=\frac{r}{R}$$

式中 $r$——角部圆角半径，mm；

$R$——坯料圆角部分半径，mm。

② 若 $m$ 大于或等于表 5-44 中的 $m_1$ 值，则可一次拉成。当 $r=r_1$ 时，拉深系数同时可用比值 $H/r$ 表示，即：

$$m=\frac{d}{D}=\frac{2r}{\sqrt{2rH}}=\frac{1}{\sqrt{\frac{H}{2r}}}$$

表 5-44 盒形件角部第一次拉深系数 $m_1$

| $r/B_1$ | 坯料相对厚度（$t/D$）×100 | | | | | | | |
|---|---|---|---|---|---|---|---|---|
| | 0.3 ~ 0.6 | | 0.6 ~ 1.0 | | 1.0 ~ 1.5 | | 1.5 ~ 2.0 | |
| | 矩形 | 方形 | 矩形 | 方形 | 矩形 | 方形 | 矩形 | 方形 |
| 0.025 | 0.31 | | 0.30 | | 0.29 | | 0.28 | |
| 0.05 | 0.32 | | 0.31 | | 0.30 | | 0.29 | |
| 0.10 | 0.33 | | 0.32 | | 0.31 | | 0.30 | |
| 0.15 | 0.35 | | 0.34 | | 0.33 | | 0.32 | |
| 0.20 | 0.36 | 0.38 | 0.35 | 0.36 | 0.34 | 0.35 | 0.33 | 0.34 |
| 0.30 | 0.40 | 0.42 | 0.38 | 0.40 | 0.37 | 0.39 | 0.36 | 0.38 |
| 0.40 | 0.44 | 0.48 | 0.42 | 0.45 | 0.41 | 0.43 | 0.40 | 0.42 |

注：拉深件材料为 08 钢、10 钢。

根据工件相对高度 $H/r$ 值，从表 5-45 也可判断能否一次拉成盒形件。

表 5-45 盒形件第一次拉深最大允许比值 $H/r$

| $r/B_1$ | 坯料相对厚度（$t/D$）×100 | | | | | |
|---|---|---|---|---|---|---|
| | 方 形 盒 | | | 矩 形 盒 | | |
| | 0.3 ~ 0.6 | 0.6 ~ 1 | 1 ~ 2 | 0.3 ~ 0.6 | 0.6 ~ 1 | 1 ~ 2 |
| 0.4 | 2.2 | 2.5 | 2.8 | 2.5 | 2.8 | 3.1 |
| 0.3 | 2.8 | 3.2 | 3.5 | 3.2 | 3.5 | 3.8 |
| 0.2 | 3.5 | 3.8 | 4.2 | 3.8 | 4.2 | 4.6 |
| 0.1 | 4.5 | 5.0 | 5.5 | 4.5 | 5.0 | 5.5 |
| 0.05 | 5.0 | 5.5 | 6.0 | 5.0 | 5.5 | 6.0 |

注：工件材料为 10 钢。而对于塑性较差的金属材料拉深时，$H/r$ 的数值比表值小 5% ~ 7%，对塑性较好的金属拉深时，则比表值大 5% ~ 7%。

# 第八节 拉深模结构与拉深模的压边形式

## 一、拉深模的分类

拉深模的分类方式较多，按工序顺序可分为首次拉深模和后续各次工序拉深模，它们之间的本质区别是压边圈的结构和定位方式上的差异；按使用的压力机类型不同，又可分为单动压力机上用拉深模和双动压力机上用拉深模，它们的本质区别在于压边装置的不同（弹性压边和刚性压边）；按工序组合情况不同，可分为单工序拉深模、复合工序拉深模、级进式拉深模；按有无压边装置，分为无压边装置拉深模和有压边装置拉深模；按出料的方向可分为下出件拉深模与上出件拉深模等。

## 二、拉深模典型结构

### 1. 单动压力机用拉深模结构（表 5-46）

表 5-46 单动压力机用拉深模结构

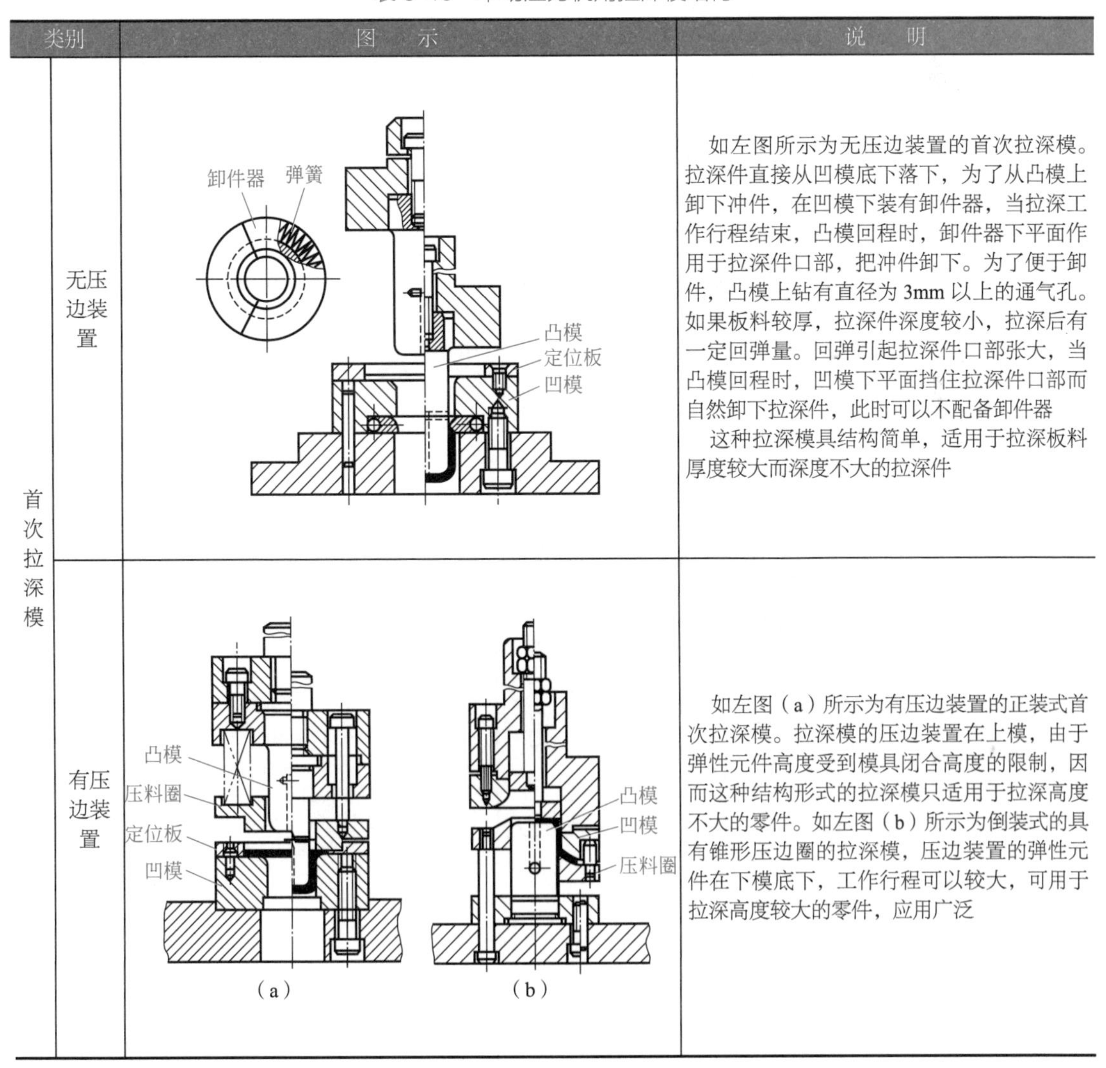


| 类别 | | 图示 | 说明 |
| --- | --- | --- | --- |
| 首次拉深模 | 无压边装置 | | 如左图所示为无压边装置的首次拉深模。拉深件直接从凹模底下落下，为了从凸模上卸下冲件，在凹模下装有卸件器，当拉深工作行程结束，凸模回程时，卸件器下平面作用于拉深件口部，把冲件卸下。为了便于卸件，凸模上钻有直径为 3mm 以上的通气孔。如果板料较厚，拉深件深度较小，拉深后有一定回弹量。回弹引起拉深件口部张大，当凸模回程时，凹模下平面挡住拉深件口部而自然卸下拉深件，此时可以不配备卸件器<br>这种拉深模具结构简单，适用于拉深板料厚度较大而深度不大的拉深件 |
| | 有压边装置 | (a) (b) | 如左图（a）所示为有压边装置的正装式首次拉深模。拉深模的压边装置在上模，由于弹性元件高度受到模具闭合高度的限制，因而这种结构形式的拉深模只适用于拉深高度不大的零件。如左图（b）所示为倒装式的具有锥形压边圈的拉深模，压边装置的弹性元件在下模底下，工作行程可以较大，可用于拉深高度较大的零件，应用广泛 |

续表

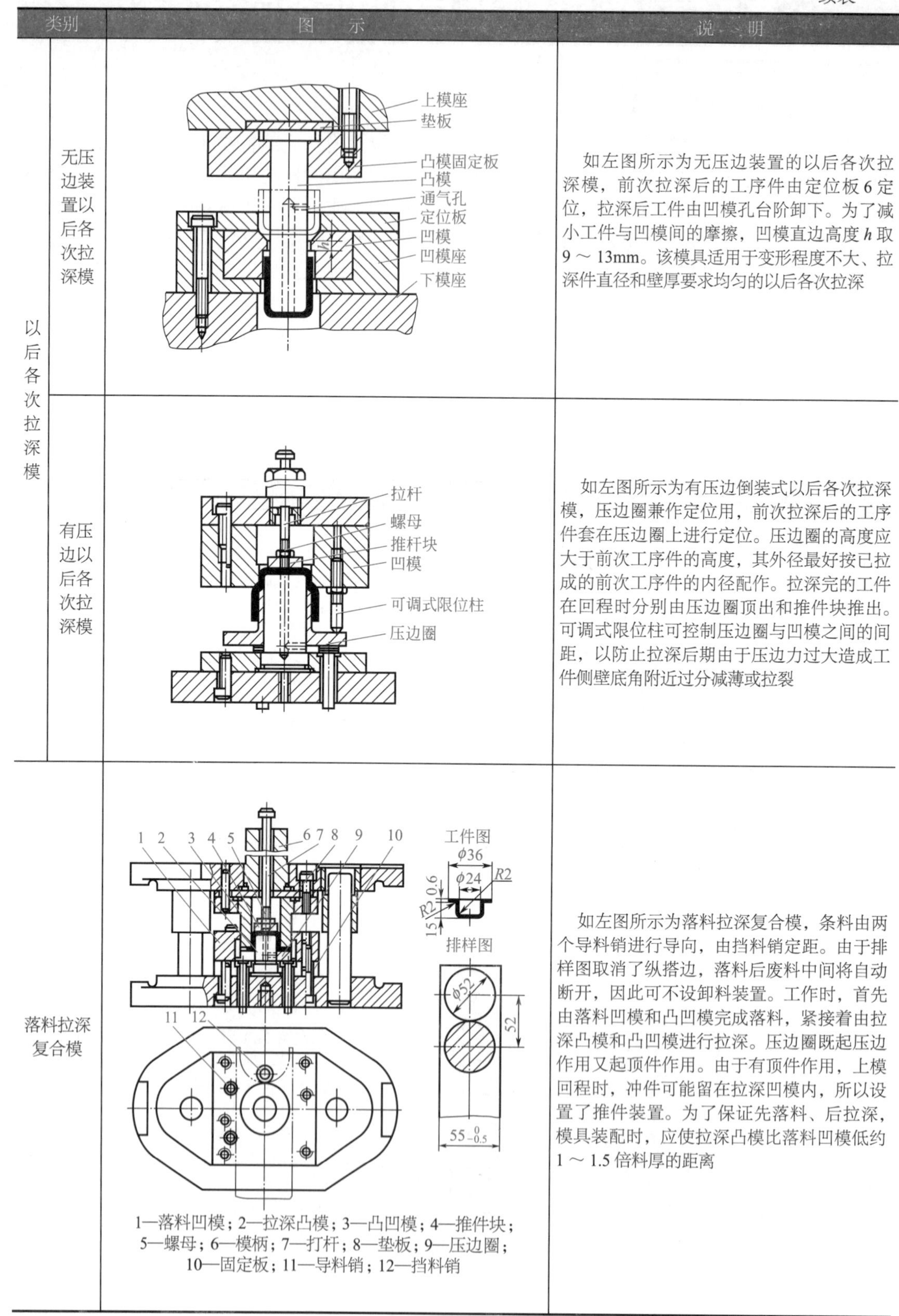


| 类别 | | 图示 | 说明 |
|---|---|---|---|
| 以后各次拉深模 | 无压边装置以后各次拉深模 | | 如左图所示为无压边装置的以后各次拉深模，前次拉深后的工序件由定位板 6 定位，拉深后工件由凹模孔台阶卸下。为了减小工件与凹模间的摩擦，凹模直边高度 $h$ 取 9 ～ 13mm。该模具适用于变形程度不大、拉深件直径和壁厚要求均匀的以后各次拉深 |
| | 有压边以后各次拉深模 | | 如左图所示为有压边倒装式以后各次拉深模，压边圈兼作定位用，前次拉深后的工序件套在压边圈上进行定位。压边圈的高度应大于前次工序件的高度，其外径最好按已拉成的前次工序件的内径配作。拉深完的工件在回程时分别由压边圈顶出和推件块推出。可调式限位柱可控制压边圈与凹模之间的间距，以防止拉深后期由于压边力过大造成工件侧壁底角附近过分减薄或拉裂 |
| 落料拉深复合模 | | 1—落料凹模；2—拉深凸模；3—凸凹模；4—推件块；5—螺母；6—模柄；7—打杆；8—垫板；9—压边圈；10—固定板；11—导料销；12—挡料销 | 如左图所示为落料拉深复合模，条料由两个导料销进行导向，由挡料销定距。由于排样图取消了纵搭边，落料后废料中间将自动断开，因此可不设卸料装置。工作时，首先由落料凹模和凸凹模完成落料，紧接着由拉深凸模和凸凹模进行拉深。压边圈既起压边作用又起顶件作用。由于有顶件作用，上模回程时，冲件可能留在拉深凹模内，所以设置了推件装置。为了保证先落料、后拉深，模具装配时，应使拉深凸模比落料凹模低约 1 ～ 1.5 倍料厚的距离 |

## 2. 双动压力机上使用的拉深模结构（表 5-47）

表 5-47　双动压力机上使用的拉深模结构

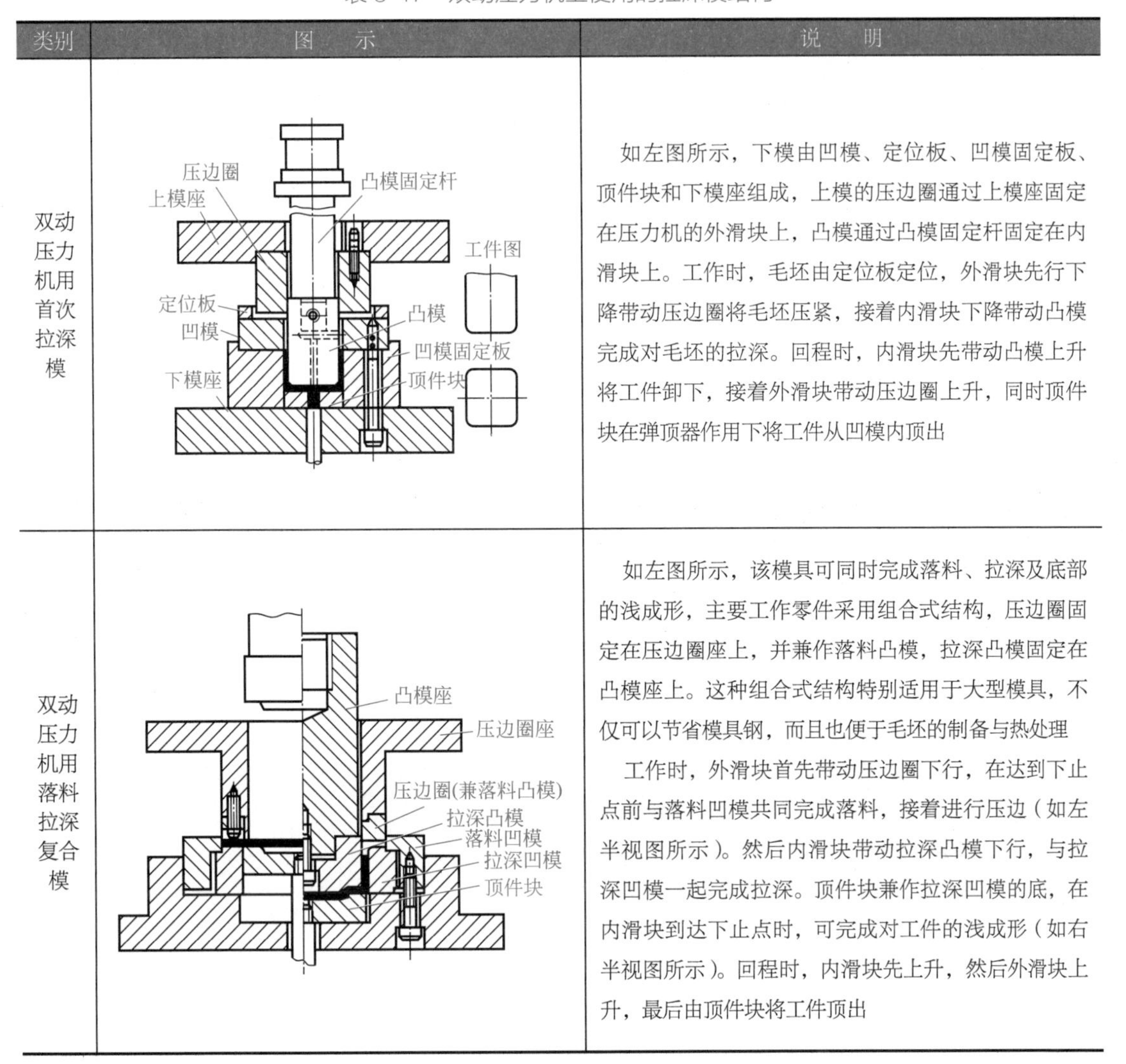


| 类别 | 图　示 | 说　明 |
|---|---|---|
| 双动压力机用首次拉深模 | | 如左图所示，下模由凹模、定位板、凹模固定板、顶件块和下模座组成，上模的压边圈通过上模座固定在压力机的外滑块上，凸模通过凸模固定杆固定在内滑块上。工作时，毛坯由定位板定位，外滑块先行下降带动压边圈将毛坯压紧，接着内滑块下降带动凸模完成对毛坯的拉深。回程时，内滑块先带动凸模上升将工件卸下，接着外滑块带动压边圈上升，同时顶件块在弹顶器作用下将工件从凹模内顶出 |
| 双动压力机用落料拉深复合模 | | 如左图所示，该模具可同时完成落料、拉深及底部的浅成形，主要工作零件采用组合式结构，压边圈固定在压边圈座上，并兼作落料凸模，拉深凸模固定在凸模座上。这种组合式结构特别适用于大型模具，不仅可以节省模具钢，而且也便于毛坯的制备与热处理<br>工作时，外滑块首先带动压边圈下行，在达到下止点前与落料凹模共同完成落料，接着进行压边（如左半视图所示）。然后内滑块带动拉深凸模下行，与拉深凹模一起完成拉深。顶件块兼作拉深凹模的底，在内滑块到达下止点时，可完成对工件的浅成形（如右半视图所示）。回程时，内滑块先上升，然后外滑块上升，最后由顶件块将工件顶出 |

# 三、拉深模的压边形式

构成拉深模的零件与冲模、弯曲模基本一致。与它们不同的是拉深模的压边不仅仅有压料和卸料的作用，更重要的是直接影响到拉深件质量，甚至关系到整个加工的成败。

在拉深过程中，若凸缘变形区的切向压应力 $\sigma_3$ 过大，将使凸缘部分失去稳定而产生波浪形的连续弯曲，即所谓的起皱，因此压边具有防皱的作用。但压边力大小不可随意，压边力太小，防皱效果不好；压边力太大，则拉深力也将增大。并会增加危险断面处的拉应力，导致拉裂破坏或严重变薄超差。为此，根据零件特性及结构形式，零件拉深成形时，材料流动的需要设置压边。压边装置与冲裁模结构一样可通过弹簧、橡胶或气缸等实施压边，但压边形式有多种，常用的压边形式见表 5-48。

表 5-48　拉深模常用的压边形式

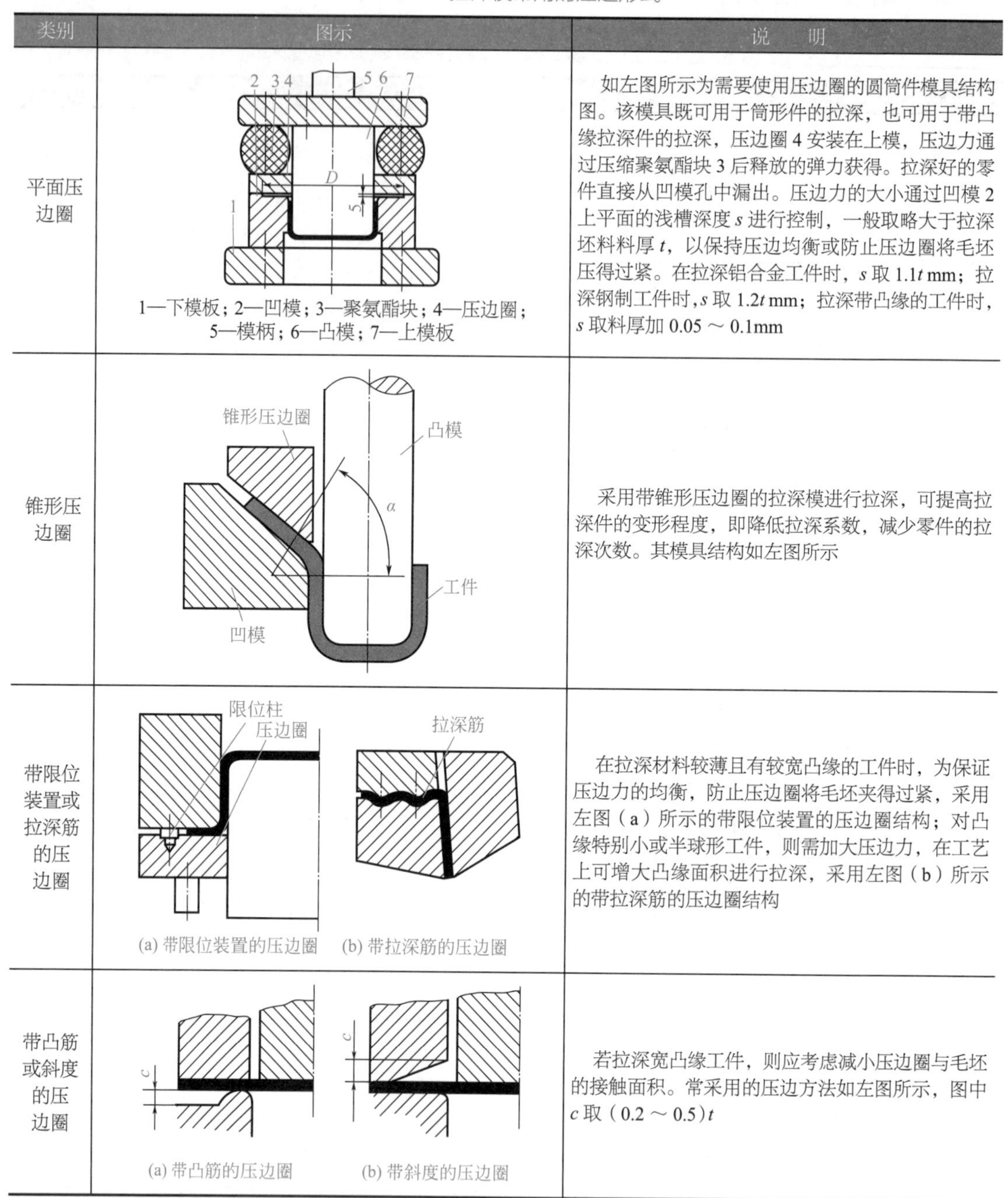

| 类别 | 图示 | 说　明 |
|---|---|---|
| 平面压边圈 | 1—下模板；2—凹模；3—聚氨酯块；4—压边圈；5—模柄；6—凸模；7—上模板 | 如左图所示为需要使用压边圈的圆筒件模具结构图。该模具既可用于筒形件的拉深，也可用于带凸缘拉深件的拉深，压边圈 4 安装在上模，压边力通过压缩聚氨酯块 3 后释放的弹力获得。拉深好的零件直接从凹模孔中漏出。压边力的大小通过凹模 2 上平面的浅槽深度 $s$ 进行控制，一般取略大于拉深坯料料厚 $t$，以保持压边均衡或防止压边圈将毛坯压得过紧。在拉深铝合金工件时，$s$ 取 1.1$t$ mm；拉深钢制工件时，$s$ 取 1.2$t$ mm；拉深带凸缘的工件时，$s$ 取料厚加 0.05 ～ 0.1mm |
| 锥形压边圈 | 锥形压边圈；凸模；工件；凹模；α | 采用带锥形压边圈的拉深模进行拉深，可提高拉深件的变形程度，即降低拉深系数，减少零件的拉深次数。其模具结构如左图所示 |
| 带限位装置或拉深筋的压边圈 | 限位柱；压边圈；拉深筋<br>(a) 带限位装置的压边圈　(b) 带拉深筋的压边圈 | 在拉深材料较薄且有较宽凸缘的工件时，为保证压边力的均衡，防止压边圈将毛坯夹得过紧，采用左图（a）所示的带限位装置的压边圈结构；对凸缘特别小或半球形工件，则需加大压边力，在工艺上可增大凸缘面积进行拉深，采用左图（b）所示的带拉深筋的压边圈结构 |
| 带凸筋或斜度的压边圈 | (a) 带凸筋的压边圈　(b) 带斜度的压边圈 | 若拉深宽凸缘工件，则应考虑减小压边圈与毛坯的接触面积。常采用的压边方法如左图所示，图中 $c$ 取（0.2 ～ 0.5）$t$ |

## 四、采用压边圈的条件与作用

### 1. 采用压边圈的条件

在拉深时，坯料（或一次拉深后的坯件）被拉入凹模圆角之前，要保持稳定状态，其稳定程度主要决定于坯料的相对厚度（$t/D$）×100，或以后各次拉深的坯件相对厚度（$t/d_{n-1}$）×100。

为了作出更准确的估计，还应考虑拉深系数的大小。因此，根据图 5-37 来确定是否采用压边圈更符合实际情况。图 5-37 中，在区域Ⅰ内的应采用压边圈，在区域Ⅱ内的可不采用压边圈。

为了克服制件在拉深过程中出现起皱现象，生产中常采用压边圈的方法来解决。判断是否需要采用压边圈，可参阅表 5-49。

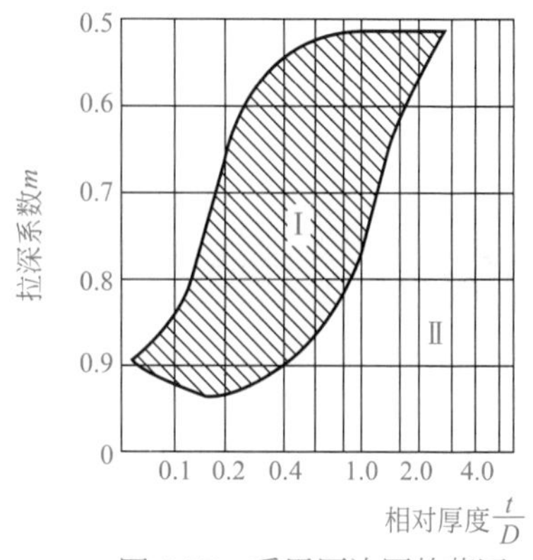

图 5-37　采用压边圈的范围

## 2. 采用压边圈的作用

拉深过程中，坯料凸缘内受到切向压应力 $\sigma_3$ 的作用（如图 5-38 所示），常会失去稳定性而产生起皱现象。在拉深工序中，起皱是造成废品的重要原因之一。因此，防止出现起皱现象是拉深工艺中的一个重要问题。

表 5-49　采用或不采用压边圈的条件

| 拉深方法 | 首次拉深 | | 以后各次拉深 | |
|---|---|---|---|---|
| | $(t/D)\times100$ | $m_1$ | $(t/d_{n-1})\times100$ | $m_n$ |
| 用压边圈 | ＜1.5 | ＜0.6 | ＜1 | ＜0.8 |
| 可用不可用 | 1.5～2.0 | 0.6 | 1～1.5 | 0.8 |
| 不用压边圈 | ＞2.0 | ＞0.6 | ＞1.5 | ＞0.8 |

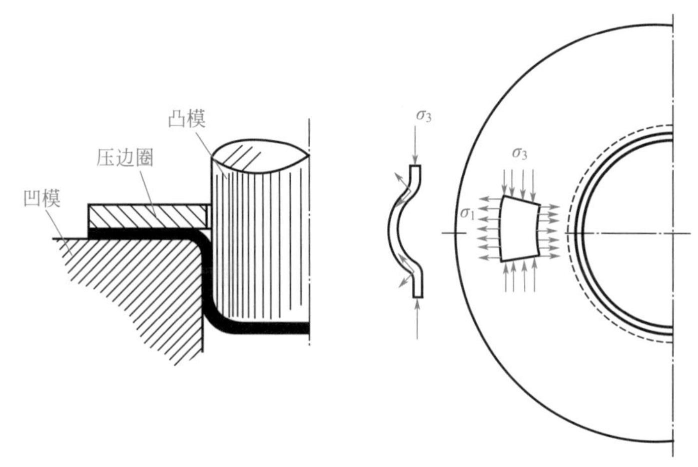

图 5-38　拉深时的起皱现象

影响起皱现象的因素很多，例如，坯料的厚度直接影响到材料的稳定性。所以，坯料的相对厚度值 $t/D$ 越大（$D$ 为坯料的直径），坯料的稳定性就越好，这时压应力 $\sigma_3$ 的作用只能使材料在切线方向产生压缩变形（变厚），而不至于起皱。坯料越薄，则越容易产生起皱现象。在拉深过程中，轻微的皱褶出现以后，坯料仍可能被拉入凹模，而在直筒的上端形成褶痕。如出现严重皱褶，坯料不可能被拉入凹模里，则在凹模圆角处产生破裂。

防止起皱现象的可靠途径是提高坯料在拉深过程中的稳定性，其有效措施是在拉深时采用压边圈将坯料压住。压边圈的作用是将坯料约束在压边圈与凹模平面之间，坯料虽受有切向压应力 $\sigma_3$ 的作用，但它在厚度方向上不能自由起伏，从而提高了坯料在流动时的稳定性。另外，压边力的作用，使坯料与凹模平面间、坯料与压边圈之间产生了摩擦力，这两部分摩擦力都与坯料流动方向相反，其中有一部分抵消了 $\sigma_3$ 的作用，使材料的切向压应力不会超过对纵向弯曲的抗力，从而避免了起皱现象的产生。

由此可见，在拉深工艺中，正确地选择压边圈的形式，确定所需压边力的大小是很重要的。

# 第九节　拉深件的质量分析

拉深变形工艺是比较复杂的，拉深件的质量问题受诸多因素的影响，具体分析如下。

## 一、拉深件擦伤及高温黏结问题

拉深件侧面擦伤是很普遍的问题，常见的有两种情况。

### 1. 毛坯在通过凹模圆角部位时出现的细微划痕

这是在凹模表面上滑动的痕迹，并具有金属表面光泽，通常称为拉深痕迹或擦伤。还有当模具间隙不均匀，或研配不好，或导向不良等，都可能造成局部压料力增高，使侧面产生划痕现象，这种划痕与前者有所不同，称为局部接触划痕或所谓变薄擦伤。取均匀合适的模具间隙，并注意保证凸、凹模的研配质量，高的粗糙度和尺寸的一致性，这样可以改善或消除接触划痕这类缺陷。正确地选用模具材料和确定其热处理硬度，是减轻拉深擦伤的一个有效措施。一般来说，应选用硬材质的模具来加工较软材料，选用软材质的模具来加工硬材料。例如，加工拉深铝制件时，可采用热处理硬度较高的材料制作模具，也可用镀硬质铬的模具；加工不锈钢制件时，可采用铝青铜模具（或用铝青铜镶拼覆盖的结构形式），这样可以收到较好的拉深效果。另外，在拉深时，采用带有耐压添加剂的高黏度润滑油，或毛坯使用表面保护涂层（如不锈钢采用乙烯涂层）等，效果也较好。当然，毛坯质量和操作工是否有文明清洁的良好习惯，对防止这类缺陷也有直接影响。因此，必须注意彻底清除毛坯剪切面的毛刺，以及模具及材料上的脏物或杂质。

### 2. 摩擦高温黏结

所谓摩擦高温黏结，是在侧壁的拉深方向上产生的表面熔化和堆积状的痕迹，这种痕迹往往呈条形或线状，不仅给制件表面质量造成损害，严重时甚至引起生产故障。这种情况最易发生在凹模的棱边部位，也即在凹模的圆角部位。因为在拉深过程中，这些部位的压力很大，因而滑动面的摩擦阻力很大，甚至可能产生达1000℃左右的摩擦高温，从而导致模具表面硬度降低，并使被软化的材料呈颗粒状脱落，局部熔化黏结在模具上，拉坏制件。它类似于机械加工中，在刀具工作表面产生的切削瘤所造成的破坏情况。

这种摩擦高温黏结开始出现时，在模具或制件表面产生一两条短的、浅的线痕，如不及时消除，将很快出现更多、更深的线痕直至模具不能使用。

对于摩擦高温黏结，必须引起充分重视。用硬而厚的难加工材料（如钢、不锈钢等）进行复杂形状和变形程度大的拉深时，容易发生这类问题，因此应在拉深工作开始前就进行充分研究和采取预防性措施，当发生问题时再行修复或解决就比较困难了。

凹模表面的加工质量是影响摩擦高温黏结的主要因素。因此，对于在拉深过程中容易发生高温黏结情况的模具，应选用材质较好的合金工具钢、优质模具钢或硬质合金这类材料，并应执行正确的热处理工艺，以保持材料良好的组织、足够的硬度和刚性。凹模材料及其热处理是极为重要的。对于凹模的边棱、圆角表面，应进行仔细的精加工，使之有利于材料的滑动。此外，对润滑技术的综合考虑也很重要，在凹模和材料的接触表面应正确使用润滑剂。

对于摩擦高温黏结特别严重的模具部位，应考虑采用镶拼式结构，以便于及时更换和维修。

## 二、盒形件侧壁双曲度凹陷及回弹

盒形件在拉深后，侧壁向内呈双曲度凹陷的情况如图 5-39 所示，即四个侧壁平面在 $x$ 和 $y$ 两个方向上均向内凹陷。这种情况同样是由于盒形件的四角和直边部分不同的成形原理而造成的。转角部属于拉深成形，在拉深过程中有多余的材料向直壁部转移，而直壁部一般来说仅属于简单的弯曲成形，因此同时还有转角部引伸时的切向压应力向直壁部的传递，从而引起直壁部分的周向压应力，当这些因素的影响超过材料允许的极限值时，直壁部位由于失稳而呈内凹。显然，材料愈薄、直壁部分愈长、刚性愈差，则愈易失稳；而且零件高度愈高、转角愈小、剩余的材料愈多，则流向直壁部分的材料转移愈严重，内凹情况也就愈明显。

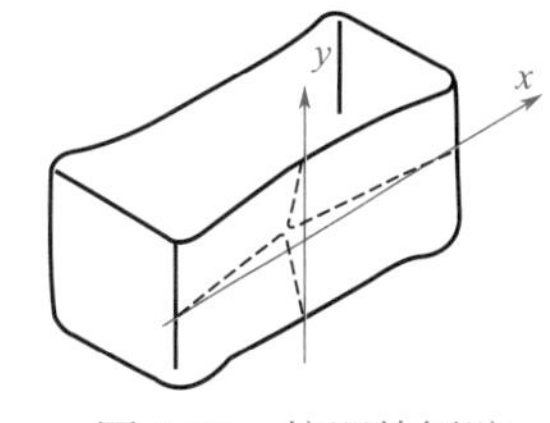

图 5-39　拉深件侧壁双曲度凹陷

为了消除这种状况，对于一次拉深成形的盒形零件，其直壁部分的凸、凹模间隙值应适当缩小。单面的间隙值可取 $Z=(0.9\sim0.95)t$，即适当地小于材料厚度的公称尺寸。对于相对深度大的需多次引伸成形的盒形件，在直壁部位应采用有引伸凸梗的模具结构，以增大径向拉应力。

拉深件也有类似压弯件的回弹现象。所谓拉深件的回弹，是指制件在凹模圆角区由于弯曲恢复而出现翘曲，以及由于材料剩余而出现堆积这两种共存的情况，也即是弯曲部位的回弹恢复和侧壁局部区域的凹陷或起翘的变形。

这类缺陷也是由于盒形件存在转角部拉深区域和直壁部弯曲区域不同的成形性质，因而在不同应力状态的作用下所造成的。

## 三、中小型拉深件常见缺陷、产生原因及消除

中小型拉深件常见缺陷、产生原因及消除见表 5-50。

表 5-50　中小型拉深件常见缺陷、产生原因及消除

| 发生废次品现象 | 简　图 | 产生废次品原因与消除方法 |
|---|---|---|
| 盒形件角部断裂 | | 次品原因：拉深间隙过小，角部圆角半径太小<br>消除方法：增大间隙，加大角部圆角半径 |
| 口部边缘出现裂纹、开口、缺肉 | | 次品原因：毛坯形状不对且偏小，转角部分料不够不足，直壁部分料不够<br>消除方法：加大毛坯尺寸，并改进毛坯形状 |
| 盒形件转角处出现裂纹 | | 次品原因：凸模圆角半径太小，压边力偏大<br>消除方法：加大凸模圆角半径，调整压边力 |
| 凸缘起皱 | | 次品原因：压边力太小或没有压边，因而使凸缘无法抵消过大的切向压力，造成切向变形失去稳定而起皱<br>消除方法：没有压边时增加压边；已有压边时适当增大压边力 |

续表

| 发生废次品现象 | 简图 | 产生废次品原因与消除方法 |
| --- | --- | --- |
| 底部破裂并有皱缩凸鼓现象 | 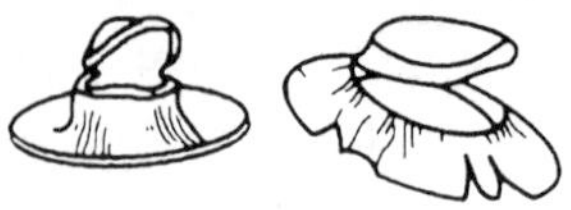 | 次品原因：凸模圆角半径过小，压边力过大，拉深间隙偏小；凸、凹模同心度不好<br>消除方法：加大凸模圆角半径及拉深间隙并改善凸、凹模同心度，减小压边力；注意料厚均匀性 |
| 凸缘与圆筒转角处出现裂口 |  | 次品原因：拉深凹模太小，压边力有些大<br>消除方法：加大凹模圆角半径，调整压边力 |
| 壁部出现凸鼓和皱褶 |  | 次品原因：无压边装置，或压边力过小<br>消除方法：增加压边装置，适当加大压边力，涂敷润滑剂要薄而均匀 |
| 拉深件口部边缘呈锯齿状 | 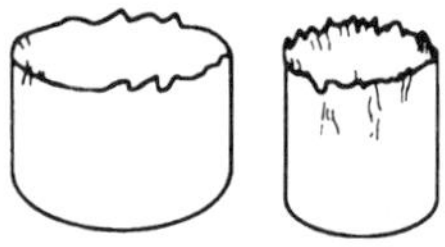 | 次品原因：毛坯边缘有毛刺、材料杂质过多或模具口部有缺口，粗糙不光滑<br>消除方法：修理和刃磨毛坯落料模刃口，消减毛坯边缘毛刺；提高材料质量 |
| 口部起波或出现凸耳 | 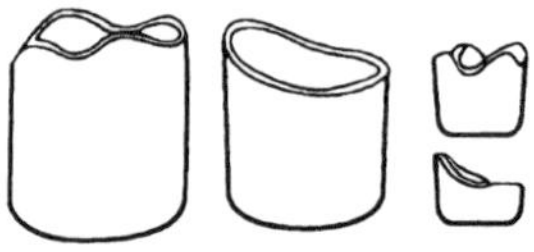 | 次品原因：毛坯放偏，压边力不均或料厚不一致、间隙不均匀<br>消除方法：毛坯定位要准，压边力调一致，防止料厚波动和间隙不均匀 |
| 底部周边出现鼓泡 | 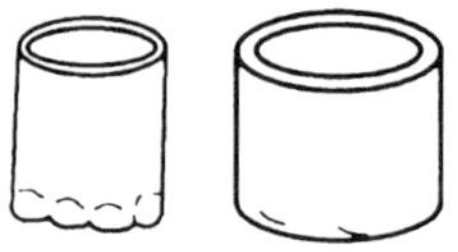 | 次品原因：润滑剂流下汇集在一起，无法排除或无排气孔<br>消除方法：涂敷润滑剂要薄而均匀，模具结构上要考虑排气、排油孔 |
| 局部出现凸鼓畸变 |  | 次品原因：润滑剂局部集中或异物混入<br>消除方法：及时清理排除，注意合理涂敷润滑剂 |
| 扭曲、翘曲 |  | 次品原因：变形不均匀，取件或顶件不合理或压边力不均匀<br>消除方法：改变取件、顶件方法，调整压边力 |
| 拉深件口部边缘起皱 | 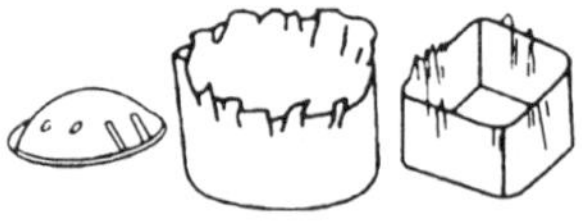 | 次品原因：凹模圆角半径太大，在压边最末阶段材料脱离压边圈后皱起<br>消除方法：缩小凹模圆角半径，尽可能采用圆弧形压边圈 |
| 壁部破裂、凸缘起皱 |  | 次品原因：压边力过小或模具间隙太小和圆角半径过小<br>消除方法：首先调整压边力或加大模具间隙和圆角半径 |
| 盒形件角部向内折拢，局部起皱 | 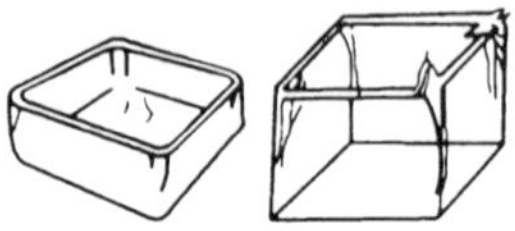 | 次品原因：压边圈形状不合适，压边力小或角部材料少<br>消除方法：改进压边圈形状，调整压边力，加大角部材料 |

续表

| 发生废次品现象 | 简　图 | 产生废次品原因与消除方法 |
| --- | --- | --- |
| 拉深件扭曲 |  | 次品原因：模具型腔内无排气孔或排气孔太小，顶料杆太长把拉深件顶坏顶歪<br>消除方法：疏通或扩大排气孔，磨短顶杆 |
| 底和壁部凸鼓 |  | 次品原因：润滑剂涂敷太厚，没有排气孔或排气孔堵塞<br>消除方法：改进润滑，疏通或开排气孔 |
| 阶梯形拉深件皱裂 |  | 次品原因：台阶转角处圆角太小，材料拉深性能差，润滑剂涂敷不均匀<br>消除方法：加大转角处圆角，改进润滑和选用好材料 |
| 壁部拉裂 |  | 次品原因：压边力过大，润滑不当<br>消除方法：调整压边力，加强润滑 |
| 拉深件口部划伤 |  | 次品原因：模具型腔粗糙有裂纹<br>消除方法：修理和抛光模具工作表面 |
| 直壁挺直、皱曲 |  | 次品原因：角部间隙过小，直壁间隙偏大<br>消除方法：增加角部间隙，减小直壁部分间隙 |
| 底盖拉断、脱开 |  | 次品原因：圆角半径太小，材料被切断<br>消除方法：加大拉深凹模口部圆角半径 |
| 材料回弹畸变 |  | 次品原因：因材料弹性大，变形程度小，回弹造成<br>消除方法：加大压边力，减小圆角半径 |

## 四、模具磨损问题

所谓模具磨损问题，是指模具的非正常磨损，导致拉深件质量和精度的严重降低，以及模具正常使用寿命大大缩短的程度。

### 1. 拉深模产生磨损的部位

① 在毛坯材料流入较多和流动阻力较大的地方，如凹模圆角处、凹模表面的拉深凸梗处等。这些部位由于表面压力大，模具的磨损也就大。模具在这些部位的磨损和黏结是造成划痕的异物凸起等问题的主要原因。

② 在板厚增加较大的部位，磨损也大。因为板厚加大，虽然在这个拉深变形区域不会产生皱纹，但该部位的表面压力就要增加，同样容易引起黏结和磨损。

③ 在形成皱纹的部位，也使磨损增加。皱纹的高低不同部位，对凸模和凹模的局部表面都增加了表面压力，并造成磨损。通常，容易发生皱纹是因为拉深深度过大、材料流动量大，这一因素和皱纹的共同影响，将使磨损变得更加严重。

**2. 改善磨损采取的措施**

① 应根据板料变厚的实际情况，取凸、凹模的间隙值。这样可以防止局部压力增强，以减少黏结和磨损。

② 正确的润滑。在黏度不高的润滑油里添加耐高压的附加剂，对减少模具磨损往往能起到很大作用。此外，正确和合理的润滑也改善了引伸条件，有时还能减少制件起皱现象。

③ 使用耐磨性好的材料，并进行正确的热处理，使模具具有高的硬度和耐磨性。

④ 消除皱纹。通过消除皱纹来减少由于皱纹引起的磨损，如改善凹模表面形状和精度，合理地布置引伸凸梗。

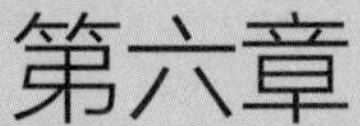

# 第六章 挤压加工

## 第一节 冷挤压

在常温下，将模具装在压力机上，利用压力机的往复运动，使金属在三向受压的情况下产生塑性变形，从而挤出所需尺寸、形状及精度的零件，称为冷挤压。

### 一、冷挤压的分类及优点与问题

#### 1. 分类

冷挤压是将冷挤压模具装在压力机上，利用压力机的往复运动，在室温下使金属在三向应力状态下产生塑性变形，从而挤出所需尺寸、形状及性能的零件。轴向挤压是冷挤压工艺中常用的方法，其特点是金属流动的方向与凸模运动方向平行，它又可分为正挤压、反挤压、复合挤压、径向挤压和镦挤压。其分类特点见表 6-1。

表 6-1 冷挤压的分类

| 类型 | 简 图 | 特点及应用 |
| --- | --- | --- |
| 正挤压 |  | 金属被挤出的方向与加压方向相同<br>主要应用于圆柱形、矩形和复杂形状的实心件、空心件 |
| 反挤压 |  | 金属被挤出的方向与加压方向相反<br>主要应用于各种形状断面的空心件 |

续表

| 类型 | 简图 | 特点及应用 |
| --- | --- | --- |
| 复合挤压 | | 一部分金属被挤出的方向与加压方向相同，另一部分金属被挤出的方向与加压方向相反<br>主要应用于加工较复杂的零件 |
| 径向挤压 | | 金属被挤出的方向与加压方向垂直<br>主要应用于加工具有凸缘或凸台的轴对称零件 |
| 镦挤压 | | 金属的流动具有镦和挤的双重特点<br>主要应用于加工头部较大的阶梯形轴类零件 |

## 2. 冷挤压的优点（表 6-2）

表 6-2　冷挤压的优点

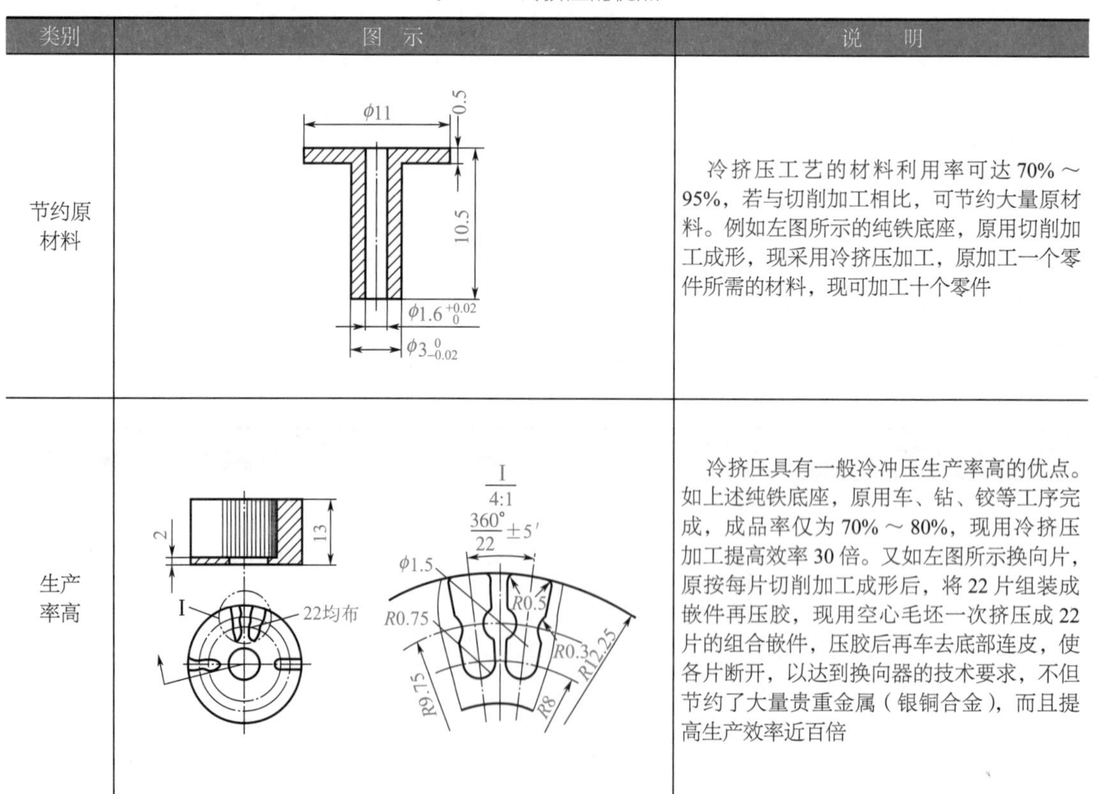


| 类别 | 图示 | 说明 |
| --- | --- | --- |
| 节约原材料 | | 冷挤压工艺的材料利用率可达 70% ～ 95%，若与切削加工相比，可节约大量原材料。例如左图所示的纯铁底座，原用切削加工成形，现采用冷挤压加工，原加工一个零件所需的材料，现可加工十个零件 |
| 生产率高 | | 冷挤压具有一般冷冲压生产率高的优点。如上述纯铁底座，原用车、钻、铰等工序完成，成品率仅为 70% ～ 80%，现用冷挤压加工提高效率 30 倍。又如左图所示换向片，原按每片切削加工成形后，将 22 片组装成嵌件再压胶，现用空心毛坯一次挤压成 22 片的组合嵌件，压胶后再车去底部连皮，使各片断开，以达到换向器的技术要求，不但节约了大量贵重金属（银铜合金），而且提高生产效率近百倍 |

续表

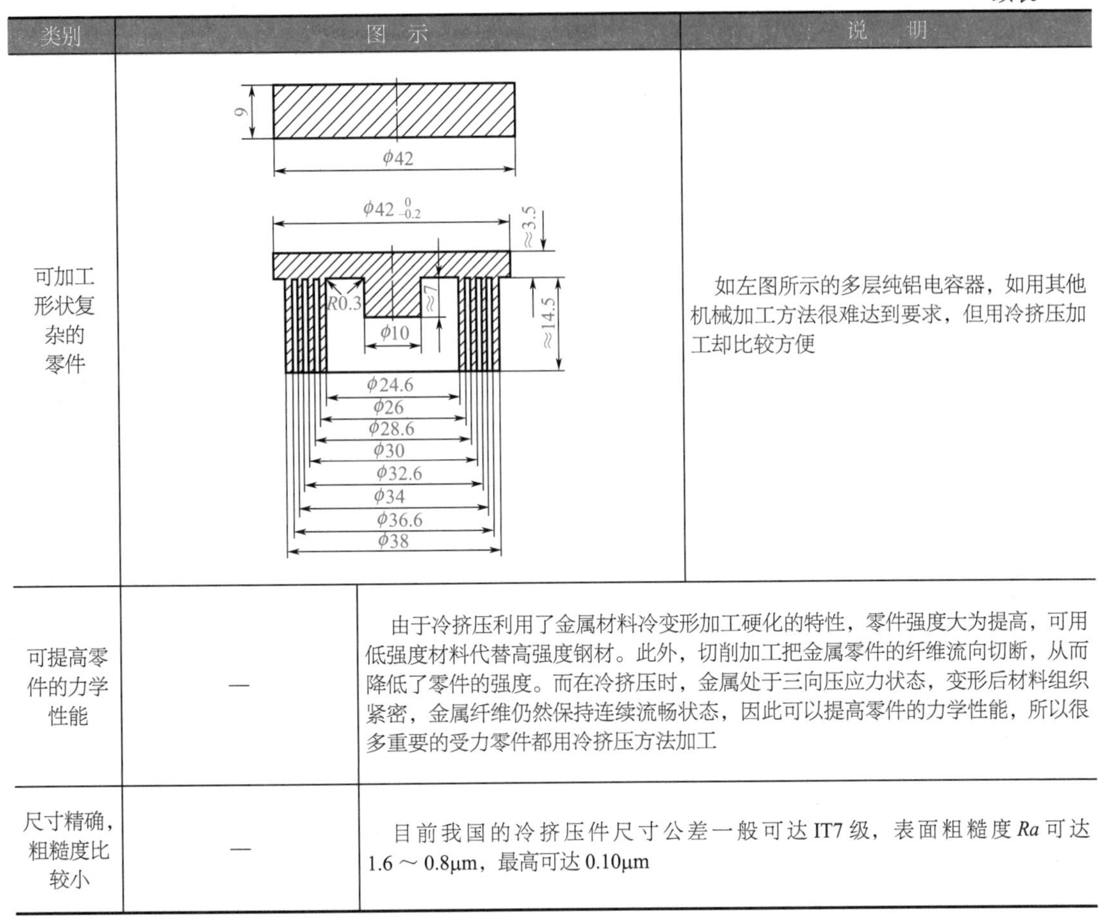


| 类别 | 图示 | 说明 |
| --- | --- | --- |
| 可加工形状复杂的零件 |  | 如左图所示的多层纯铝电容器，如用其他机械加工方法很难达到要求，但用冷挤压加工却比较方便 |
| 可提高零件的力学性能 | — | 由于冷挤压利用了金属材料冷变形加工硬化的特性，零件强度大为提高，可用低强度材料代替高强度钢材。此外，切削加工把金属零件的纤维流向切断，从而降低了零件的强度。而在冷挤压时，金属处于三向压应力状态，变形后材料组织紧密，金属纤维仍然保持连续流畅状态，因此可以提高零件的力学性能，所以很多重要的受力零件都用冷挤压方法加工 |
| 尺寸精确，粗糙度比较小 | — | 目前我国的冷挤压件尺寸公差一般可达IT7级，表面粗糙度*Ra*可达1.6～0.8μm，最高可达0.10μm |

### 3. 采用冷挤压必须解决的主要问题

冷挤压时毛坯处于立体应力应变状态，三向压应力的平均值很大，即静水压作用很强，因此材料的允许变形程度可以大大提高，从而可用少量的冷挤压工序来代替多道工序的引伸工艺。冷挤压毛坯变形所需的单位压力很大，可能达到毛坯材料强度极限的4～6倍或更高，有时接近甚至超过现有模具材料的抗压强度极限（2500～3000MPa），因此解决模具的强度、刚度和寿命就成为冷挤压的关键。为此，必须对下列技术问题加以综合考虑：

① 设计合理的、工艺性良好的冷挤压零件结构；

② 制定合理的冷挤压工艺方案；

③ 选用合理的毛坯软化热处理规范，采用理想的毛坯表面处理方法与润滑剂；

④ 选择耐疲劳、耐磨损的高强度模具材料，采用合理的模具加工方法与热处理方法；

⑤ 设计合理的模具结构；

⑥ 选择合适的压力机。

## 二、冷挤压的金属流动分析

研究冷挤压时的金属流动情况，有助于分析和解决冷挤压中所出现的工艺问题和挤压件的质量问题。

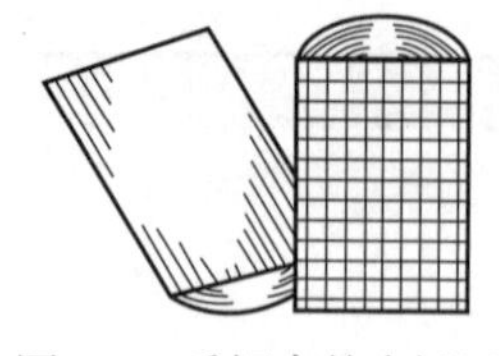

图 6-1　毛坯上的坐标网

研究冷挤压金属流动的实验方法很多，其中使用最广泛、最简单的方法是坐标网法：把毛坯做成如图 6-1 所示的两块半圆柱体，其中一块刻有正方形的网格，并在拼合面上涂润滑油，将两半块拼合成圆柱体的毛坯进行各种形式的挤压后再分开，便可得到各种挤压的金属流动情况。用坐标网法，可以将变形大的区域、变形金属流动困难的区域及不均匀变形的状态明显地表示出来。

### 1. 正挤压的金属流动

正挤压实心件的金属流动情况如图 6-2 所示。假如凹模出口形状和润滑状态理想的话（不考虑摩擦），则挤出的材料变形情况如图 6-2（b）所示，是均匀的、无剪切变形的理想变形。但是，这种理想变形状态是不容易实现的，因为毛坯与凹模表面存在着摩擦阻力，所以材料的实际变形是不均匀的，存在着剪切变形的复杂变形状态，如图 6-2（c）～（f）所示。从图 6-2（c）～（e）所示中可以明显地看到：凸模端面至虚线，金属基本上不变形，只起传递压力的作用；在两虚线之间，金属产生强烈的压缩变形，坐标网产生弯曲，一旦材料冲出出口就不再产生变形了。在图 6-2（c）所示的稳定状态期间，强烈变形区的变形状态基本上是不变的，材料相继沿着同样的流线进行流动。横坐标的弯曲，纵坐标在变形结束处（第二虚线以下）开始呈射线式的分开，都说明因凹模摩擦阻力的影响，周围金属的流动滞后于中心处金属，即中心处金属流动得最快。这种坐标线的弯曲程度与摩擦力和凹模入口角 $\alpha_d$ 的大小有关。摩擦力和入口角越大，曲线的弯曲程度也越大，如图 6-2（c）～（e）所示。同时，摩擦力和入口角太大，不仅会使不参与流动的“死角”区 D 增大，严重的还会形成挤压件表面的鱼鳞形裂纹。但是，增大凸模端面的摩擦阻力，却能避免金属产生“涡流”，防止挤压件上端面以内产生缩孔裂纹。

当凸模继续下行到凹模入口处附近使凸缘厚度减小到一定值时，如图 6-2（c）所示的稳定变形状态就成了图 6-2（f）所示的非稳定变形状态了，也就是凸模下端面处的金属也开始变形，整个变形都趋向于中心。

正挤压空心件时，除了上述凹模表面摩擦的影响以外，还有芯轴表面摩擦的影响。不难想象，正挤出的空心件壁部，仍然是壁部表层（与芯轴和凹模接触的表层）金属的流动滞后于中间层金属的流动。

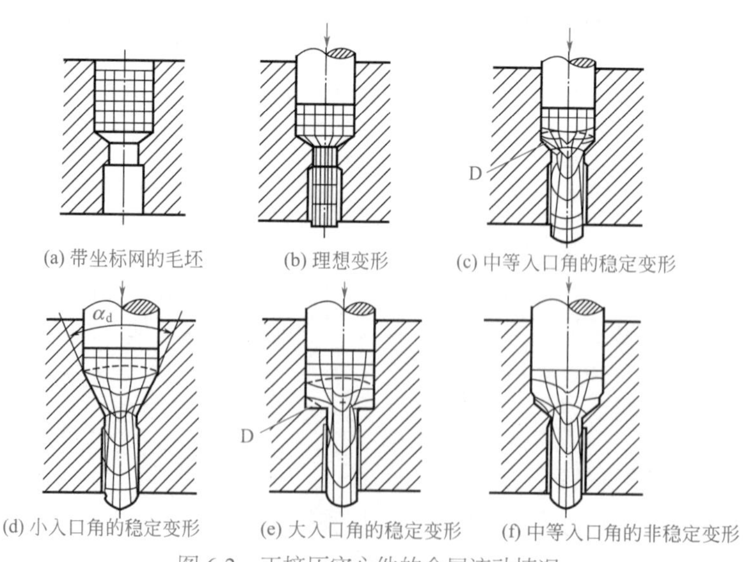


图 6-2　正挤压实心件的金属流动情况

## 2. 反挤压的金属流动

如图 6-3（a）所示的高度大于直径的毛坯进行反挤压时，便会产生如图 6-3（b）所示的稳定变形状态。在凹模底部和虚线之间的金属无大的变形，两虚线之间是强烈变形区，而在虚线以上与凸模端面之间成为不参与变形的黏滞区（死区）。在稳定变形中，黏滞区和强烈变形区的大小保持不变，其位置随凸模的下行逐渐下移，而毛坯下部不变形区的高度也随之减小。当底厚减小到一定值时，底部的全部材料都向外侧流动，产生如图 6-3（c）所示的非稳定变形状态。

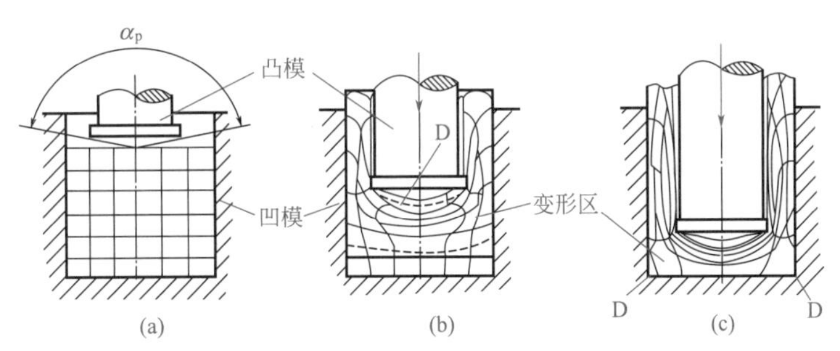


图 6-3　反挤压时金属流动情况

由图 6-3 可以看出，反挤压时内壁的变形程度大于外壁。同时，强烈变形区的金属一旦到达筒壁后，就不再继续变形，仅在后续变形金属的推动和流动金属本身的惯性力作用下，以刚性平移的形式向上运动。

## 3. 复合挤压的金属流动

复合挤压的形式不同，金属流动情况也不一样。从图 6-4 所示的几种复合挤压的金属流动情况可以看出，在变形区，分别有向其他出口流出的区域边界，但在各出口处究竟以何种比例进行挤出，不能简单地决定，即使稍微改变一点滑润方法（即改变阻力），材料的流出也会有大幅度的变化。

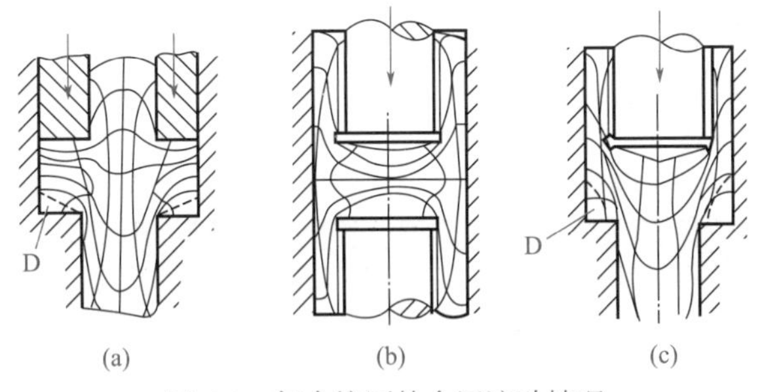


图 6-4　复合挤压的金属流动情况

从图 6-4（a）、（c）所示中可以看出，复合挤压也会与正挤压一样，出现图中 D 所示的“死区”。

## 4. 影响金属流动的主要因素

影响冷挤压金属流动的主要因素是模具与变形金属之间的摩擦力，模具工作部分的形状、变形程度，金属材料的性质等（表 6-3）。

从上述分析可知，在设计模具时采用合理的凹模入口角 $\alpha_d$ 和凸模顶锥角 $\alpha_p$，尽力减小凹模与金属之间、反挤压和复合挤压的凸模与金属之间的摩擦阻力，则有利于金属的流动，保证制件质量，减小变形所需的压力。

表 6-3　影响金属流动的主要因素

| 类别 | 说　　明 |
| --- | --- |
| 摩擦力的影响 | 假设在完全没有摩擦的情况下挤压，金属流动情况将出现图 6-2（b）所示的“理想变形”状态。但是，摩擦阻力的作用造成了金属“滞后”流动现象，导致挤压件表面附加拉应力的产生，致使挤压件表层具有产生裂纹的可能性。摩擦系数愈大，金属变形愈不均匀，“滞后”流动现象愈严重，附加拉应力愈大，挤压件质量愈不能得到保证 |
| 模具工作部分形状的影响 | 由图 6-2（c）～（e）可以看出，凹模入口角 $\alpha_d$ 对金属流动的影响也较大。$\alpha_d$ 愈大，则金属流动阻力愈大，“滞后”流动现象愈严重，“死角”愈大，出现涡流的可能性也愈大。对于反挤压，凸模顶锥角 $\alpha_p$，愈大，则金属流动阻力愈大，“滞后”流动现象愈严重 |
| 变形程度的影响 | 当其他条件相同时，变形程度愈大，变形的不均匀性也愈大，“滞后”流动现象也愈严重 |
| 金属材料性质的影响 | 塑性愈差，硬度愈高，金属流动愈困难。金属与模具的摩擦系数愈大，“滞后”流动现象愈严重 |

## 三、冷挤压的坯料准备

坯料准备是指确定坯料的尺寸和形状、坯料的软化热处理及润滑处理。

### 1. 坯料的尺寸计算

冷挤压毛坯尺寸的计算是根据体积不变条件计算的。如果冷挤压后还要进行切削加工，则计算毛坯体积时还应加上修正量，即：

$$V_0 = V_{工} + V_{修}$$

式中　$V_0$——毛坯体积，$mm^3$；

$V_{工}$——挤压件体积，$mm^3$；

$V_{修}$——修正余量体积，一般为挤压件体积的 3% ～ 5%，$mm^3$。

为方便毛坯放入凹模，毛坯的外径一般比凹模尺寸小 0.1 ～ 0.2mm，而内径一般比挤压件内孔（或芯棒）大 0.1 ～ 0.2mm，但当挤压件内孔的精度要求很高时，毛坯内径一般比挤压件孔径小 0.01 ～ 0.05mm。

### 2. 坯料的下料方法（表 6-4）

表 6-4　冷挤压毛坯的常见下料方法

| 坯料 | 下料方法 | 材料利用率 | 形 状 特 点 |
| --- | --- | --- | --- |
| 板形坯料 | 冲裁 | 低 | 生产效率较高，毛坯平直，但断面质量较差，若采用小间隙圆角凹模冲裁可以得到精度较高的毛坯。常用于有色金属挤压毛坯的加工 |
| 棒料 | 切削 | 低 | 常用的切削方法有车削、铣削、锯切，其优点是得到的毛坯形状规则、精度较高，但缺点是生产效率较低（除高速带锯锯切外）。常用于生产批量不大的场合 |
|  | 剪切 | 高 | 普通的棒料剪切一般是在冲床上进行的，也有在专用的棒料剪切机或冲剪机上进行的，生产效率较高，缺点是毛坯断面有塌角，断裂面质量不太好 |

### 3. 冷挤压坯料的软化处理

为了降低坯料的硬度，提高塑性，从而得到良好的金相组织和消除内应力，坯料在冷挤压前需要进行软化热处理。常用材料的软化热处理规范见表 6-5。

表 6-5　常用冷挤压材料的软化热处理规范

| 毛坯材料 | | 热处理 | 规　范 | 热处理前（HBS） | 热处理后（HBS） |
|---|---|---|---|---|---|
| 纯铁 | | 退火 | （900±10）℃保温 3h，随炉冷却 | 60 ～ 80 | — |
| Q215A | 普通碳素钢 | 长时间退火 | 920 ～ 960℃保温 8h，随炉冷却至 680℃，再升温至 960℃，保温 4h，随炉冷却至 250℃（时间较长，需要 8 昼夜，但热处理后坯料硬度较低） | — | 100 ～ 110 |
| 10、15、20、30、45 | 优质碳素钢 | 退火 | （720±10）℃保温 3h，随炉冷却 | — | 107 ～ 162 |
| 1Crl8Ni9Ti | 奥氏体不锈钢 | 退火 | 115℃保温 5min，用 100℃的沸水淬软 | — | 130 |
| 1070A、1060、1050A、1035、1200 | 纯铝 | 退火 | 420℃保温 2 ～ 4h，随炉冷却 | — | 15 ～ 19 |
| 2A11、2A12 | 硬铝 | 退火 | 410 ～ 420℃保温 4h，随炉冷却至 150℃ | 105 | 55 ～ 60 |
| 8A06Y | | | | — | 53.5 ～ 55 |
| 2A50 | 锻铝 | 退火 | （420±10）℃保温 6h，随炉冷却至 150℃ | — | 50 ～ 51 |
| 5A02 | 铝镁合金 | 退火 | 390 ～ 400℃保温 5h，随炉冷却 | — | 38 ～ 39 |
| T1 | 纯铜 | 退火 | 710 ～ 720℃保温 4h，随炉冷却（也可采用水淬软化处理） | 110 | 38 ～ 42 |
| H62 | 黄铜 | 退火 | 670 ～ 680℃保温 4h，随炉冷却（也可采用 100℃水冷） | 150 | 50 ～ 55 |
| H68 | | 退火 | 600 ～ 670℃保温 4h，随炉冷却 | — | 45 ～ 55 |

## 4. 冷挤压工件的表面处理和润滑

表面处理与润滑是进行冷挤压的一个关键问题，它对工件表面质量及模具的寿命有很大的影响。推荐的磷酸盐 - 皂化处理的工艺流程见表 6-6。各种金属材料冷挤压时润滑剂推荐配方见表 6-7。

表 6-6　推荐的磷酸盐 - 皂化处理的工艺流程

| 工序名称 | 成分 | 数量 /（g/L） | 温度 /℃ | 时间 /min | 备注 |
|---|---|---|---|---|---|
| 热水洗 | | | ＞80 | ≥1 | |
| 化学除油 | NaOH<br>$Na_3PO_4$<br>$Na_2CO_3$<br>$Na_2SiO_3$ | 70 ～ 80<br>30 ～ 35<br>40 ～ 50<br>5 ～ 10 | ＞90 | 5 ～ 10 | |
| 热水洗 | | | ＞80 | 1 ～ 2 | |
| 冷水洗 | | | 室温 | 1 ～ 2 | |
| 酸洗 | $H_2SO_4$<br>HCl | 150 ～ 250<br>50 ～ 60 | 40 ～ 60 | 5 ～ 10 | |
| 冷水洗 | | | 室温 | 1 ～ 2 | |

续表

| 工序名称 | 成分 | 数量 /（g/L） | 温度 /℃ | 时间 /min | 备注 |
|---|---|---|---|---|---|
| 冷水洗 | | | 室温 | 1 ～ 2 | |
| 中和 | $Na_2CO_3$ | 50 ～ 70 | 室温 | 2 ～ 3 | |
| 冷水洗 | | | 室温 | 1 ～ 2 | |
| 冷水洗 | | | 室温 | 1 ～ 2 | |
| 磷酸盐处理 | $Zn(H_2PO_4)_2$<br>$Zn(NO_3)_2$ | 50 ～ 60<br>60 ～ 120 | 65 ～ 70 | 15 ～ 20 | 总酸度：80 ～ 120 点<br>游离酸度：8 ～ 10 点 |
| 热水洗 | | | 65 ～ 70 | 1 ～ 2 | |
| 冷水洗 | | | 室温 | 1 ～ 2 | |
| 皂化 | 中华牌肥皂 | 200 | 30 ～ 40 | 3 ～ 5 | |
| 晾干 | | | | | 自然干燥 |

表 6-7　各种金属材料冷挤压时润滑剂推荐配方

| 冷挤压材料 | 润滑剂成分（质量分数） | 制作方法 | 说　明 |
|---|---|---|---|
| 纯铝<br>纯铜<br>黄铜 | 猪油 100% | 纯猪油加温熔化 | ① 冷挤压时金属流动性较好<br>② 天冷时易凝固，应加温涂擦 |
| 纯铝 | 猪油 5%<br>甘油 5%<br>气缸油 15%<br>四氯化碳 75% | 猪油、甘油加热到 200℃，稍冷却后加入四氯化碳搅拌均匀，最后加入气缸油 | ① 冷挤压时金属流动性较好<br>② 冷挤压件表面光洁，$Ra \leqslant 1.6\mu m$ |
| 纯铝<br>纯铜<br>黄铜 | 猪油 25%<br>液体石蜡 30%<br>十二醇 10%<br>四氯化碳 35% | 猪油加热到 200℃，稍冷却后加入四氯化碳，搅拌均匀后加入十二醇，冷却后加入石蜡（液体） | ① 冷挤压时流动性和润滑性较好<br>② 冷挤零件表面光洁，$Ra \leqslant 1.6\mu m$ |
| 纯铝 | 硬脂酸锌 | 将毛坯与粉状硬脂酸锌一起放入滚筒内滚 15min，使毛坯上牢固而均匀地沾上一层硬脂酸锌，每 $1\times10^6$ 支铝质牙膏管毛坯耗硬脂酸锌 3kg | ① 冷挤压时壁厚均匀，流动性能好<br>② 缸料力小，冷挤压件表面光洁，$Ra \leqslant 1.6\mu m$<br>③ 如产量不大，可将硬脂酸锌溶于酒精中，用喷筒洒在毛坯上或用刷子刷上均可 |
| 纯铝 | 硫黄粉 40%<br>石蜡 40%<br>全损耗系统用油 20% | 将石蜡熔化，注入全损耗系统用油中搅拌均匀后，加入硫黄粉再搅拌均匀 | ① 冷挤压件表面光洁，$Ra \leqslant 1.6\mu m$<br>② 金属流动性较好 |
| 纯铝 | 硬脂酸锌加适量的十八醇 | 铝坯加热到 100℃，将十八醇加入，完全冷却后加硬脂酸锌 | ① 冷挤时金属流动尚佳<br>② 卸料力小，冷挤压件表面光洁，$Ra \leqslant 1.6\mu m$ |
| 纯铝 | 十四醇 80%<br>酒精 20% | 一般按比例混合后即可使用<br>当天冷时，将十四醇稍加烘热，以增加其流动性，使其与酒精混合良好 | 使用效果较好 |
| 纯铝 | 石蜡 40%<br>蓖麻油 20%<br>全损耗系统用油 40% | 先将全损耗系统用油与蓖麻油混合搅匀，然后将熔化的石蜡液注入，搅拌均匀即可使用 | ① 冷挤压件表面光洁，$Ra \leqslant 1.6\mu m$<br>② 卸料力小<br>③ 金属流动较好 |

续表

| 冷挤压材料 | 润滑剂成分（质量分数） | 制作方法 | 说　明 |
| --- | --- | --- | --- |
| 铝合金<br>3A21<br>5A02 | 猪油 18%<br>气缸油 22%<br>石蜡 22%<br>十四醇 3%<br>四氯化碳 35% | 猪油加热到 200℃后，加入少许四氯化碳，然后加入气缸油及液体石蜡，加热至 250℃稍冷后加入十四醇，当冷至 150℃时，把余下四氯化碳全部加入搅拌均匀 | ① 润滑性能较好<br>② 冷挤压件表面光洁，$Ra \leqslant 0.8\mu m$ |
| 纯铜<br>（T1、T2、T3）<br>黄铜<br>（H62、H68） | 猪油 13%<br>十四醇 3%<br>全损耗系统用油 84% | 将猪油加热熔化后注入全损耗系统用油，搅匀后放入十四醇 | ① 冷挤工件表面光洁，$Ra \leqslant 0.8\mu m$<br>② 金属流动好 |
| 紫铜<br>（T1、T2、T3）<br>黄铜<br>（H62、H68） | 工业豆油 100% | — | 使用效果良好，方便 |
| 黄铜<br>（H62、H68） | 钝化配方<br>铬酐 200 ～ 250g/L<br>硝酸 30 ～ 50g/L<br>硫酸 8 ～ 16g/L<br>溶液温度 20℃<br>时间 5 ～ 10s | 黄铜毛坯可以用钝化膜润滑<br>钝化是将退火毛坯经酸洗去氧化皮后钝化。钝化工艺流程如下：汽油洗（脱脂）→热水洗（60 ～ 120℃）→冷水洗二次→钝化（5 ～ 10s）→冷水洗→热水洗→干燥 | — |
| 锌镉合金 | 工业汽油 50%（60%）<br>羊毛脂 50%（40%） | 先将羊毛脂加热，在 50 ～ 60℃熔化后，加入汽油混合即可使用 | ① 冷挤时壁厚均匀<br>② 表面光洁，$Ra \leqslant 0.4\mu m$<br>③ 减少摩擦，保持热量<br>④ 对零件和模具无腐蚀 |
| 钢 | 猪油加适量二硫化钼 | 将猪油加热熔化后，加入适量二硫化钼搅拌均匀即可使用 | 钢冷挤压件磷化后采用此种润滑剂润滑挤压，一般效果还好，也较方便 |
| 钢 | 磷酸钠 80 ～ 100g/L<br>肥皂 10 ～ 20g/L<br>水 1L | 混合加热至 50 ～ 60℃搅匀使用 | 用于磷化后的钢冷挤压件润滑，效果较好 |
| 钢② | 二硫化钼 10%<br>中性肥皂 3% ～ 5%<br>其余为全损耗系统用油 | 混合加热后搅匀即可使用 | 用于磷化后的钢冷挤压件润滑，可有效降低摩擦力，减少冷挤压力，零件表面光洁，$Ra \leqslant 1.6\mu m$ |
| 钢① | 硬脂酸 57g/L<br>氢氧化钠 8g/L<br>水 1L<br>（皂化） | 混合加热至 90℃，1 ～ 2h，当溶液呈透明黄色即得硬脂酸钠。制备后即可长期使用 | 钢冷挤压件经磷化、皂化后表面光洁，$Ra \leqslant 0.8\mu m$ |
| 钢 | 皂化配方为<br>肥皂 60 ～ 70g/L<br>水 1L<br>温度 45 ～ 65℃<br>时间 30min | 混合加热 | 效果一般，比上述方案①、②差 |

## 四、冷挤压的变形程度

### 1. 变形程度的表示方法

冷挤压的变形程度的表示方法有断面缩减率（$\varepsilon_A$）、挤压比（$R$）和对数挤压比（$\varphi$）三种，即挤压前后横断面积之差与毛坯横断面积之比。

断面缩减率 $\varepsilon_A$：

$$\varepsilon_A = \frac{A_0 - A_1}{A_0} \times 100\%$$

挤压比 $R$：

$$R = \frac{A_0}{A_1}$$

显然

$$\varepsilon_A = \frac{A_0 - A_1}{A_0} = 1 - \frac{A_1}{A_0} = 1 - \frac{1}{R}$$

对数挤压比 $\varphi$：

$$\varphi = \ln R = \ln \frac{A_0}{A_1}$$

式中　$A_0$——冷挤压变形前坯料横断面面积，$mm^2$；

$A_1$——冷挤压变形后坯料横断面面积，$mm^2$；

$\varepsilon_A$——断面缩减率。

典型件冷挤压变形程度公式见表 6-8。

材料的冷挤压许用变形程度 $\varepsilon_A$ 见表 6-9。

表 6-8　典型件冷挤压变形程度计算公式

| 挤压形式 | 坯料简图 | 工件简图 | 计算公式 |
| --- | --- | --- | --- |
| 正挤压实心工件 | 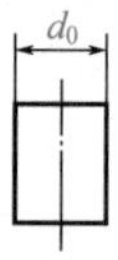 | 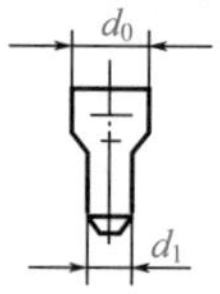 | $\varepsilon_A = \frac{d_0^2 - d_1^2}{d_0^2} \times 100\%$ |
| 正挤压空心工件 | 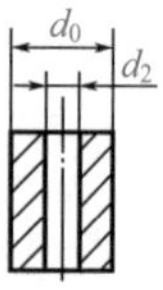 | 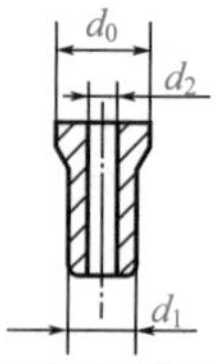 | $\varepsilon_A = \frac{d_0^2 - d_1^2}{d_0^2 - d_2^2} \times 100\%$ |
| 反挤压筒形件 | 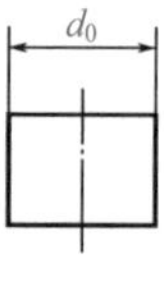 | 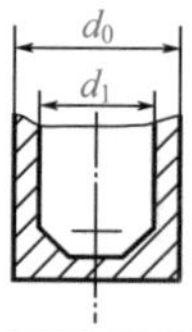 | $\varepsilon_A = \frac{d_1^2}{d_0^2} \times 100\%$ |
| 反挤压带芯件 | 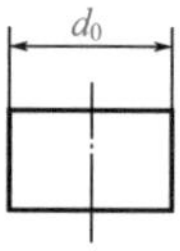 | 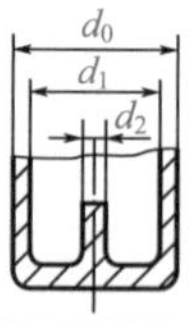 | $\varepsilon_A = \frac{d_1^2 - d_2^2}{d_0^2} \times 100\%$ |
| 反挤压盒形件 | 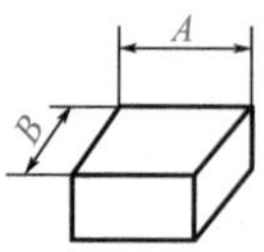 | 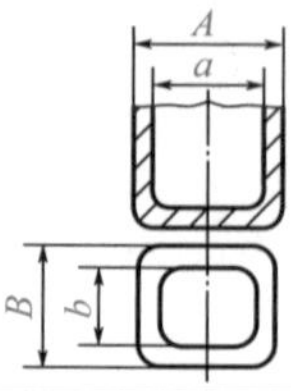 | $\varepsilon_A = \frac{ab}{AB} \times 100\%$ |

表 6-9　材料的冷挤压许用变形程度 $\varepsilon_A$

| 材料及型号 | | 正挤压 /% | 反挤压 /% | 自由镦粗 /% |
|---|---|---|---|---|
| 有色金属 | 纯铝 | 97 ～ 99 | 97 ～ 99 | 93 ～ 96 |
| | 铝合金 5A03 | 95 ～ 98 | 92 ～ 98 | 88 ～ 92 |
| | 2A11 | 92 ～ 95 | 75 ～ 82 | 45 ～ 50 |
| | 黄铜 | 75 ～ 87 | 75 ～ 78 | 73 ～ 80 |
| 钢 | 10 | 82 ～ 87 | 75 ～ 80 | 75 ～ 81 |
| | 15 | 80 ～ 82 | 70 ～ 73 | 70 ～ 73 |
| | 35 | 55 ～ 62 | 50 | 63 |
| | 45 | 45 ～ 48 | 40 | 40 ～ 45 |
| | 15Cr | 53 ～ 63 | 42 ～ 50 | 53 ～ 60 |
| | 34CrMo | 50 ～ 60 | 40 ～ 45 | 50 ～ 60 |

## 2. 许用变形程度

冷挤压时毛坯处于三向压应力状态，即静水压作用很强。从理论上讲，金属毛坯的变形程度是不受限制的。但是，当一次挤压的变形程度过大时，单位压力过大，会显著地降低模具寿命或者超过模具钢强度所允许的数值，致使挤压加工无法正常进行。所以，冷挤压时材料的许用变形程度，实际上是指在模具强度允许的条件下，能保持模具有合理寿命的一次挤压的变形程度。许用变形程度大，工序数目就少，生产率就高。

模具的许用单位压力由模具的材质、结构和要求模具的寿命等因素来确定。模具的许用单位压力越大，冷挤压的许用变形程度也越大，工序数目越少，生产率越高，因此模具的耐压强度是决定许用变形程度的关键。目前模具钢的许用单位压力只能达到 2500 ～ 3000MPa，因此，凡是能减小挤压时所需单位压力的措施，都有利于在相同模具强度下，提高变形程度。在批量很大或自动冲压时，为了提高模具寿命，应采用较小的变形程度，以减小单位挤压力。表 6-10 是正挤压 35 钢时变形程度对模具寿命的影响。

表 6-10　钢件正挤压变形程度对模具寿命的影响

| 断面缩减率 $\varepsilon_A$/% | 单位挤压力 $P$/MPa | 模具寿命 / 万件 |
|---|---|---|
| 60 | 1250 | 20 |
| 80 | 2000 | 5 ～ 8 |
| 90 | 3000 | 0.5 ～ 0.8 |

此外，在相同的模具耐压强度下，许用变形程度还与下列因素有关：

① 被挤压金属的材料强度越大，变形抗力也越大。因此，随着挤压金属材料强度与硬度的增加，其许用变形程度是趋于减小的。挤压前硬度越高，许用变形程度越小。对碳钢而言，含碳量越高，许用变形程度越小。材料的冷作硬化指数越大，许用变形程度越小。

② 由于正挤压的单位压力小于反挤压，因此正挤压的许用变形程度大于反挤压。

③ 合理的模具几何形状，可以降低单位挤压力，从而可以提高变形程度。

④ 毛坯表面处理与润滑情况越好，许用变形程度便可增大。

有色金属的许用变形程度见表 6-11。碳钢的许用变形程度，是按模具耐压强度为 2500MPa 的条件下，用相对高度 $h_0/d_0$=0.7 ～ 1 的毛坯，经过退火、磷化、润滑处理后进行挤压实验而得到的，如图 6-5 ～图 6-7 所示。图中斜线以下是许用区，斜线以上是待发展区，斜线范围内是过渡区（当模具钢质量较好、润滑良好时取上限，反之取下限）。

表 6-11　有色金属一次挤压的许用变形程度

| 金属名称 | 断面减缩率 $\varepsilon_A$/% | | 备　注 |
|---|---|---|---|
| 铅、锡、锌、铝、防锈铝、无氧铜等软金属 | 正挤 | 95 ～ 99 | 低强度的金属取上限<br>高强度的金属取下限 |
| | 反挤 | 90 ～ 99 | |
| 硬铝、紫铜、黄铜、镁 | 正挤 | 90 ～ 95 | |
| | 反挤 | 75 ～ 90 | |

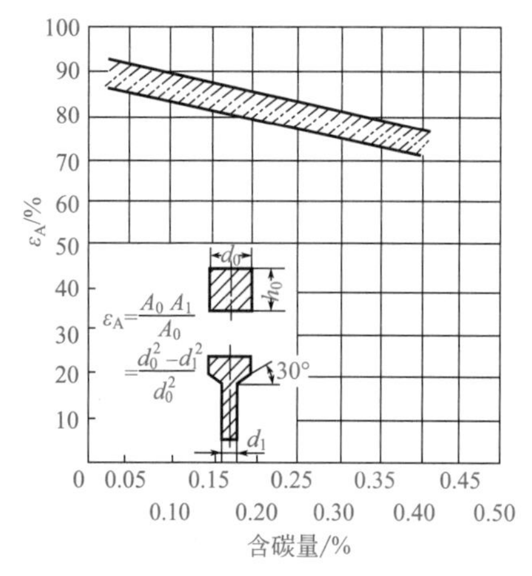


图 6-5　正挤压碳钢实心件的许用变形程度

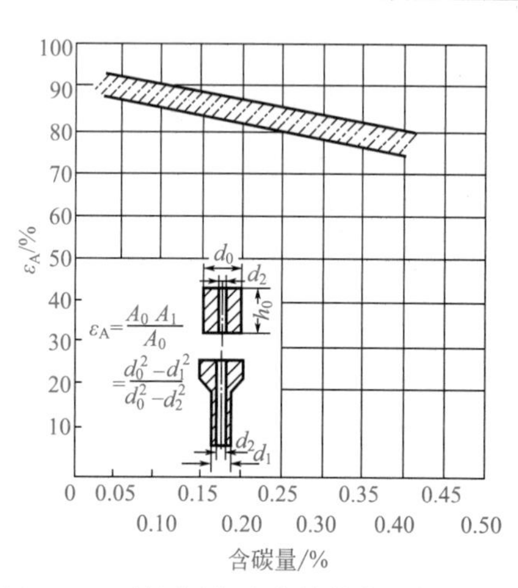


图 6-6　正挤压碳钢空心件的许用变形程度

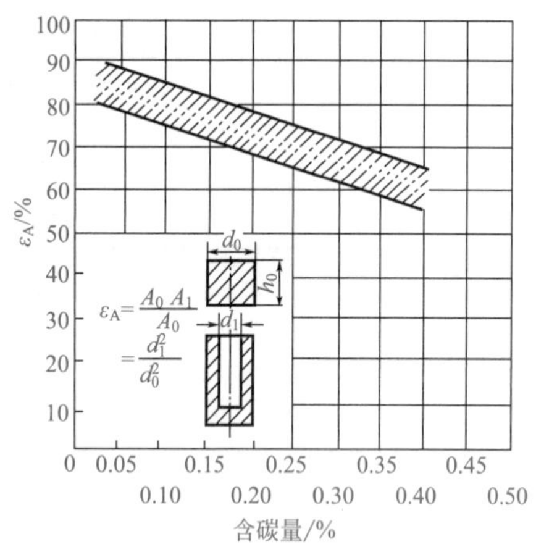


图 6-7　反挤压碳钢的许用变形程度

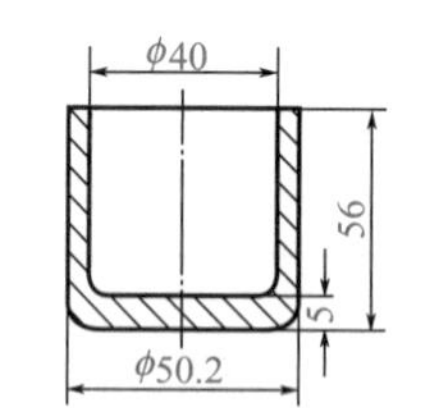


图 6-8　零件（10 钢）尺寸

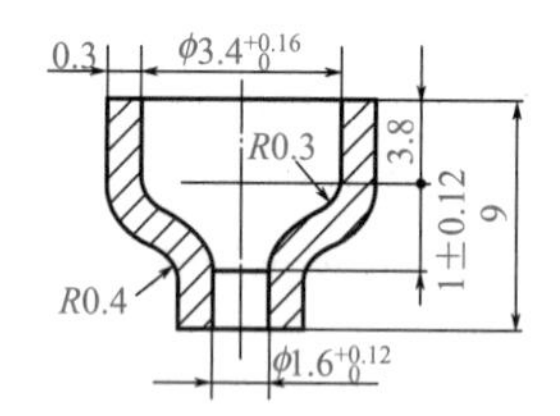


图 6-9　复合挤压件尺寸

许用变形程度，主要用来校核一次挤压的变形量。当计算变形程度 $\varepsilon_A$ 小于或等于许用变形程度时，则可一次挤压成形，否则必须分成两道或多道挤压工序完成。

例如，如图 6-8 所示零件（10 钢）的变形程度为：

$$\varepsilon_A=\frac{A_0-A_1}{A_0}=\frac{\frac{\pi}{4}\times50^2-\frac{\pi}{4}\times(50.2^2-40^2)}{\frac{\pi}{4}\times50^2}\approx\frac{40^2}{50^2}=64\%$$

因此，从图 6-7 所示可知，$\varepsilon_A$ 在许用的范围内，故可一次挤压成形。

对于复合挤压，应分别对正、反挤的变形程度进行校核。只有当正、反挤压的变形程度均在许用变形程度的范围内，零件才有一次挤压成形的把握。

**例：** 如图 6-9 所示挤压零件为黄铜 H62，校核其变形程度。

**解：** 为计算简便起见，可将环状毛坯外径视为与零件大端外径相等，环状毛坯孔径视为与零件小端内径相等，故：

$$\varepsilon_{A_1}=\frac{A_0-A_1}{A_0}=\frac{\frac{\pi}{4}\times(4^2-1.6^2)-\frac{\pi}{4}\times(4^2-3.4^2)}{\frac{\pi}{4}\times(4^2-1.6^2)}\approx 67\%$$

$$\varepsilon_{A_2}=\frac{A_0-A_1}{A_0}=\frac{\frac{\pi}{4}\times(4^2-1.6^2)-\frac{\pi}{4}\times(2.2^2-1.6^2)}{\frac{\pi}{4}\times(4^2-1.6^2)}\approx 83\%$$

由表 6-11 可知；黄铜正挤压许用变形程度为 90% ～ 95%，反挤压为 75% ～ 90%，而 $\varepsilon_{A_1}=67\%<75\%$、$\varepsilon_{A_2}=83\%<90\%$，因此可以一次挤压成形。

由于复合挤压的变形力略小于单纯的单向挤压变形力，因此复合挤压的变形程度可取较单纯的单向挤压时略大的许用值。

## 五、冷挤压材料与加工过程设计

### 1. 冷挤压材料

冷挤压时，摩擦的影响会导致挤压件表层金属在附加拉应力的作用下开裂。所以，金属材料塑性越好，硬度越低，含碳量越低，含硫、磷等夹杂物越少，冷作硬化敏感性愈弱，则对冷挤压越有利，工艺性越好。

目前可供冷挤压的金属材料有铅、锡、银、纯铝（L1 ～ L5）、铝合金（LF2、LF5、LF21、LY11、LY12、LD10 等）、紫铜与无氧铜（T1、T2、T3、TU1、TU2 等）、黄铜（H62、H68、H80 等）、锡磷青铜（QSn6.5–0.1 等）、镍（N1、N2 等）、锌及锌镉合金、纯铁、碳素钢（A1、A2、A3、B1、B2、B3、08 钢、10 钢、15 钢、20 钢、25 钢、30 钢、35 钢、40 钢、45 钢、50 钢等）、低合金钢（15Cr、20Cr、20MnB、16Mn、30CrMnSiA、12CrNiTi、35CrMnSi 等）和不锈钢（1Cr13、2Cr13、1Cr18Ni9Ti 等）。

此外，对于钛和某些钛合金、钽、锆，以及可伐合金、坡莫合金等，也可进行冷挤压，甚至对轴承钢 GCr9、GCr15 及高速钢 W6Mo5Cr4V2 也可进行一定变形量的冷挤压加工。

### 2. 冷挤压加工过程设计

冷挤压加工过程设计包括以下内容：挤压件的加工分析；确定包括冷挤压方式、工序数目及有关辅助工序在内的挤压加工方案；制定冷挤压件图；确定坯料的形状、尺寸、重量及备料方法；挤压力估算和设备的选用；冷挤压模设计；制订加工卡片。

#### （1）冷挤压加工方案的确定

冷挤压件分类及其挤压方式见表 6-12。

表6-12　冷挤压件分类及其挤压方式

| 类别 | 说　　明 |
| --- | --- |
| 杯形类冷挤压件 | 这类零件一般采用反挤压［如图6-10(a)～(c)所示］，或反挤压制坯后再以正挤压成形［如图6-10(e)所示］，有的杯形件也可用正挤压成形［如图6-10（d）所示］。带凸缘的，则用反挤压与径向挤压联合成形［如图6-10（f）所示］ 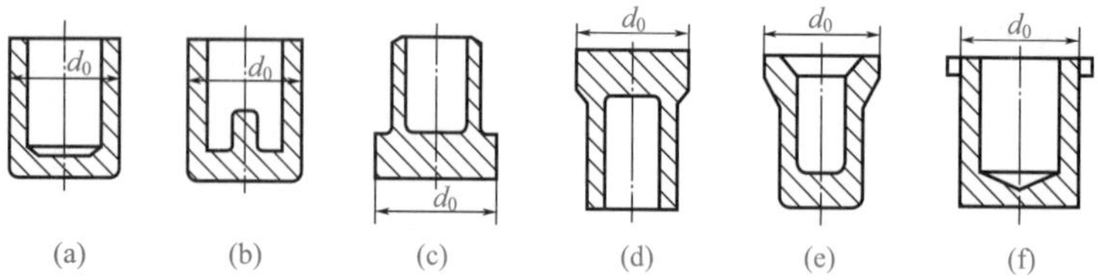<br>(a)　(b)　(c)　(d)　(e)　(f)<br>图6-10　杯形类冷挤压件 |
| 管类、轴类挤压件 | 这类零件一般采用正挤压，有的零件也可用反挤压［如图6-11（d）所示］，有的用径向挤压［如图6-11（e）、（f）所示］，阶梯相差较大的可用正挤压与径向挤压联合的镦挤成形［如图6-11（g）所示］，双杆的零件［如图6-11（h）所示］也可用复合挤压 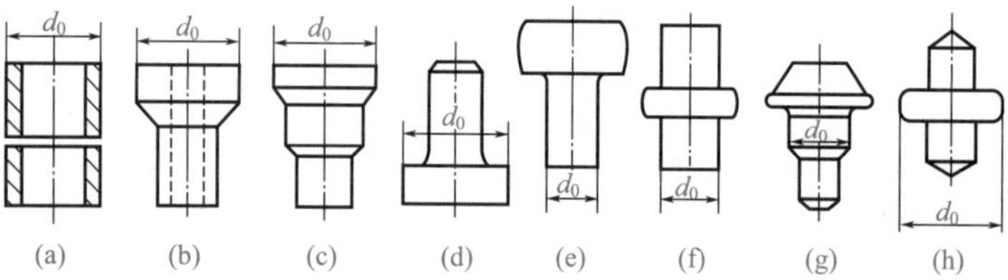<br>(a)　(b)　(c)　(d)　(e)　(f)　(g)　(h)<br>图6-11　管类、轴类冷挤压件 |
| 杯杆类、双杯类冷挤压件 | 杯杆类、双杯类冷挤压件（如图6-12所示），这类挤压件一般采用复合挤压，也有的用正挤压和反挤压两次挤压 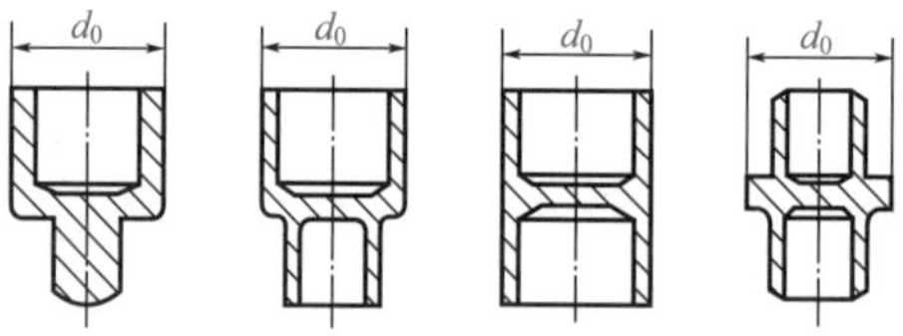<br>图6-12　杯杆类、双杯类冷挤压件 |
| 复杂形状的冷挤压件 | 复杂形状的冷挤压件（如图6-13所示），带有齿形或花键等的轴对称挤压件，可以用正挤压、反挤压、复合挤压或径向挤压成形 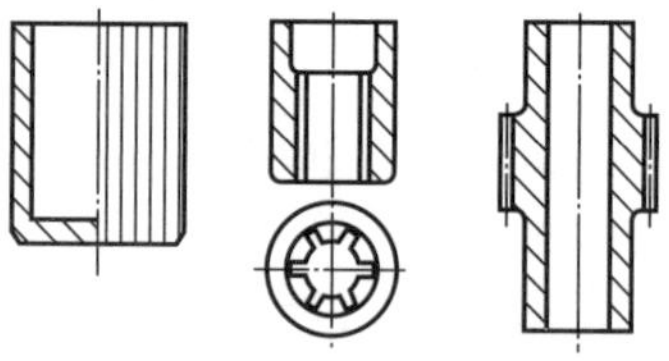<br>图6-13　复杂形状冷挤压件 |

### （2）冷挤压件图的设计

冷挤压件图是根据零件图、冷挤压工艺性、机械加工工艺要求而设计的适合于冷挤压的图形。它是编制冷挤压工艺过程、设计冷挤压模具及设计机械加工用夹具等的依据。

冷挤压件图设计时首先应充分了解零件的性能和使用要求，对零件进行全面的工艺性分析，初步确定零件的成形工艺路线、冷挤压方式。在此基础上，对零件进行必要的简化，确定冷挤压件的形状、尺寸。需要机械加工的部位应根据需要加上余量和公差，不需要机械加工的部分应直接按零件要求的尺寸与公差设计，其他的尺寸参数均应按照挤压工艺性要求确定。此外，还有其他特殊问题的考虑及技术条件的制定等。

## 六、冷挤压件的形状及尺寸计算

根据冷挤压工艺的特点，理想的冷挤压件形状，要保证金属在挤出方向的变形均匀，流速一致，能使挤压力较低，模具寿命较高。最适宜挤压的是图 6-14 所示的各种轴对称旋转体零件，其次是轴对称非旋转体，如断面为方形、矩形、正多边形和齿形等零件。

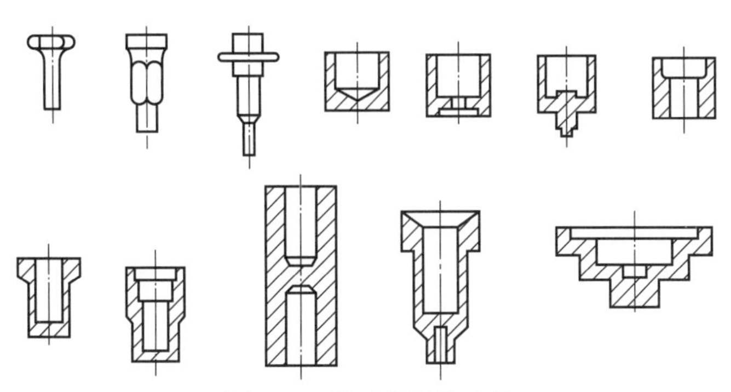

图 6-14　轴对称零件示意

轴向非对称零件挤压时，金属流速差较大，凸模因偏负荷大而易折断，零件成形困难。

挤压件应尽量避免以下结构（如图 6-15 所示）：锥体、锐角、直径小于 10mm 的深孔（孔深为直径的 1.5 倍以上）、径向孔和轴向两端小而中间大的阶梯孔、径向局部凸耳、凹槽、加强筋等（如图 6-16 所示）。如果零件使用要求必须具有上述结构，则应将零件加以简化，以改善挤压工艺性，在挤压后用切削加工等方法进行加工。

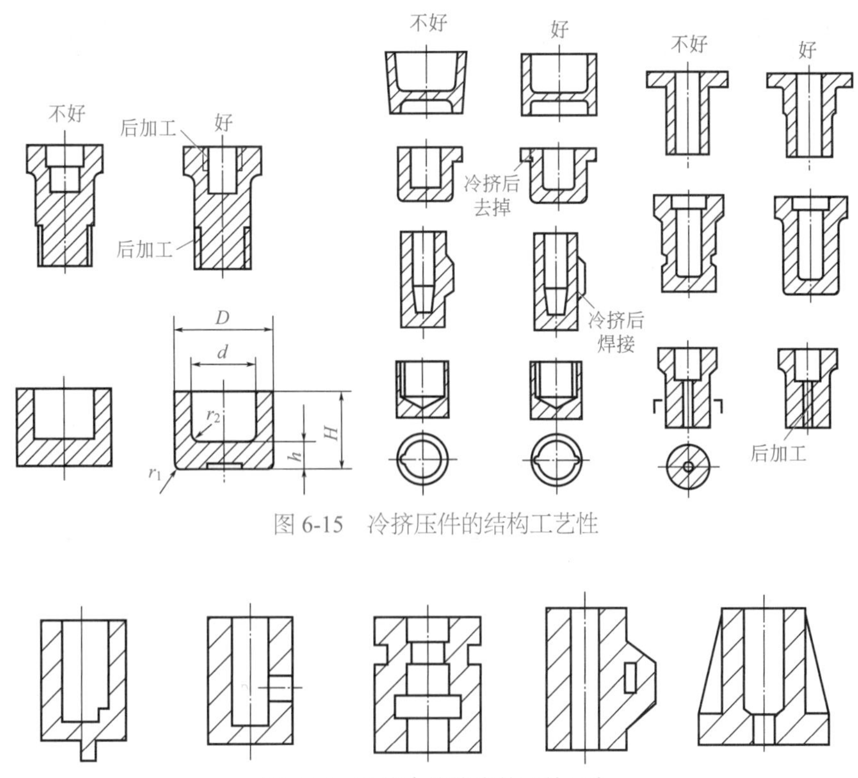


图 6-15　冷挤压件的结构工艺性

图 6-16　不能直接挤出的零件示意

## 1. 冷挤压零件一次成形允许的尺寸

冷挤压零件一次成形允许的尺寸可参考图 6-17、表 6-13 和表 6-14。复合挤压的尺寸参数参照单一的正挤压和反挤压的尺寸。

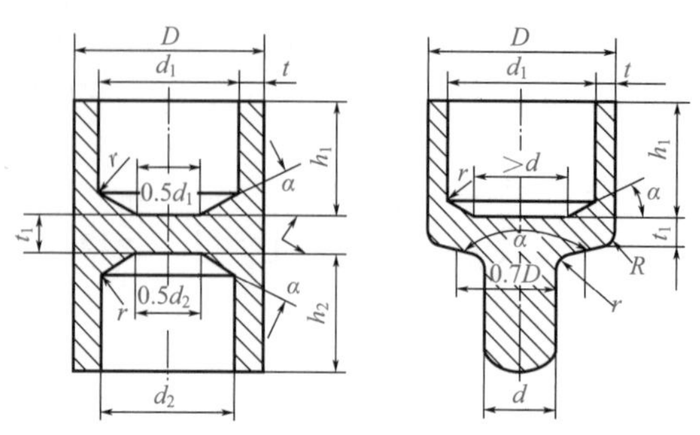


图 6-17　复合挤压件的形状及尺寸参数

表 6-13　反挤压件的尺寸参考表

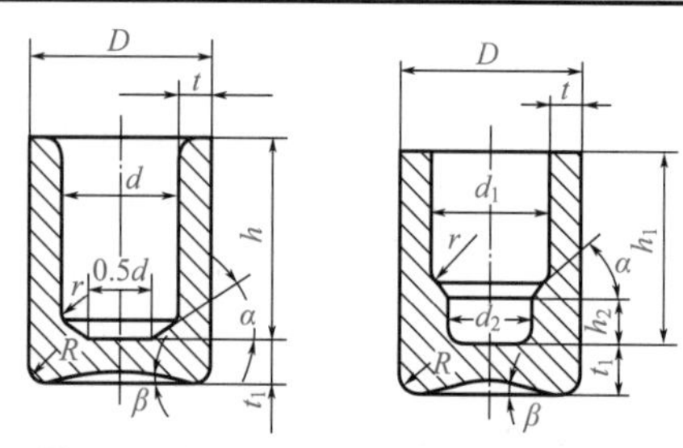


| 尺寸参数 | 低碳钢 | 有色金属 |
|---|---|---|
| 内孔直径 $d$ | $\leqslant 0.86D$ | $< 0.99D$（纯铝）$< 0.9D$（硬铝、黄铜） |
| $d_1$ | $\leqslant 0.86D$ | $< 0.99D$（纯铝）$< 0.9D$（硬铝、黄铜） |
| $d_2$ | $\geqslant 0.55D$ | $> 0.55D$ |
| 壁厚 $t$ | $\geqslant$（1/10）$d$ | $>$（1/200）$d$（纯铝）$>$（1/18 ～ 1/20）$d$（硬铝、黄铜） |
| 内孔深度 $h$ | $\leqslant 3.0d$ | $\leqslant 3.0d$ |
| $h_1$ | $\leqslant 3.0d_1$ | $\leqslant 3.0d_1$ |
| $h_2$ | $\leqslant d_2$ | $\leqslant d_2$ |
| 底部厚度 $t_1$ | $\geqslant 1.2t$ | 铜及其合金$> 1.0t$ 纯铝$> 0.5$t |
| 孔底锥角 $\alpha$ | 0.5° ～ 3° | 0° ～ 2° |
| 过渡锥角 $\alpha_1$ | 27° ～ 40° | 12° ～ 25° |
| 底部锥角 $\beta$ | $<$ 0.5° | 0° |
| 凹角半径 $r$ | 0.5 ～ 1.0mm | 0.2 ～ 0.5mm |
| 凸角半径 $R$ | 0.5 ～ 5mm | 0.5 ～ 1.0mm |

表 6-14　正挤压件尺寸选取参考表

| 尺寸参数 | 低碳钢 | 纯铝 |
|---|---|---|
| 圆锥角 $\alpha_A$ | 120° ～ 170° | 140° ～ 170° |
| 顶端锥角 $\beta$ | 0.5° | 0° |
| 凸角半径 $R$ | 3mm | 3 ～ 5mm |
| 凹角半径 $r$ | 0.5 ～ 1.0mm | 0.2 ～ 0.5mm |
| 杆部直径 $d_1$ | $\geqslant 0.45D$ | $\geqslant 0.22D$ |
| 杆部长度 $h$ | $\leqslant 10d_1$ | $\leqslant 10d_1$ |
| 压余厚度 $\delta_1$ | $\geqslant 0.5d_1$ | $\geqslant 0.5d_1$ |

如果给定零件的尺寸超出以上各表所列的尺寸范围，应考虑增加工序或改变挤压方法。

## 2. 冷挤压件推荐的形状与结构尺寸

冷挤压件推荐的形状与结构尺寸见表 6-15。非铁金属反挤压可达到的尺寸及精度见表 6-16 及非铁金属正挤压空心件可达到的尺寸及精度见表 6-17。

表 6-15　冷挤压件推荐的形状与结构尺寸　　单位：mm

| 图中符号意义 | 反挤压 | | | | 正挤压 | | | | 复合挤压 | | | |
|---|---|---|---|---|---|---|---|---|---|---|---|---|
| $r$——挤压件内圆角半径<br>$R$——挤压件外圆角半径<br>$\alpha$——凸模前角<br>$\beta$——凸模顶角<br>$\theta$——凹模夹角 | | | | | | | | | | | | |
| 挤压件材料 | 推荐的标准尺寸 | | | | | | | | | | | |
| | $r$ | $R$ | $\alpha$ | $\beta$ | $r$ | $R$ | $\alpha$ | $\beta$ | $r$ | $R$ | $\alpha$ | $\beta$ |
| 低碳钢 | 0.2～0.5 | 0.5～1.0 | 0.5°～3° | 0.5° | 0.5～1.0 | 3.0 | 120°～170° | 0.5° | 0.2～0.5 | 1.0～2.0 | 140°～175° | 0.5°～3° |
| 中碳钢 | 0.5～1.5 | 1.0～2.0 | 3°～5° | 1° | 1.0～1.5 | 3.0～5.0 | 110°～140° | 1° | 0.5～1.0 | 2.0～3.0 | 130°～150° | 3°～5° |
| 高碳钢 | 1.5～3.0 | 2.0～3.0 | 5°～7° | 1.5° | 1.5～2.0 | 5.0～8.0 | 100°～130° | 1.5° | 1.0～2.0 | 3.0～5.0 | 120°～140° | 5°～7° |
| 低碳合金钢 | 0.5～1.0 | 1.0～2.0 | 2°～5° | 0.5° | 1.0～1.5 | 3.0～5.0 | 20°～150° | 1° | 0.5～1.0 | 1.0～2.0 | 130°～170° | 2°～5° |
| 中碳合金钢 | 1.0～2.0 | 2.0～3.0 | 5°～7° | 1° | 1.5～2.5 | 5.0～8.0 | 110°～130° | 1.5° | 1.0～1.5 | 2.0～3.0 | 120°～140° | 5°～7° |
| 高碳合金钢 | 2.0～3.0 | 3.0～5.0 | 5°～7° | 1.5° | 2.0～3.0 | 8.0～12.0 | 100°～120° | 2° | 1.5～2.0 | 3.0～5.0 | 110°～130° | 5°～7° |
| 铝合金 | 0.2～0.5 | 0.5～1.0 | 0°～2° | 0° | 0.2～0.5 | 3.0～5.0 | 140°～170° | 0° | 0.2～0.5 | 0.5～1.0 | 150°～178° | 0°～2° |

注：$\varepsilon_A \geqslant 40\%$。

表 6-16　非铁金属反挤压可达到的尺寸及精度　　单位：mm

| 简　图 | 材料<br>参数 | 铅、锌、锡、铝 | | 铜、黄铜、AlCuMg（铝合金） | | 精度 |
|---|---|---|---|---|---|---|
| | | 下限尺寸 | 上限尺寸 | 下限尺寸 | 上限尺寸 | |
| 加工后<br>坯件 | 圆管直径 | 8 | 80～100 | 10 | 30～40 | ±（0.03～0.05） |
| | 方管的断面尺寸 | 5×7 | 70×80 | 6×9 | 20×40 | ±（0.03～0.051 |
| | 壁厚 | 0.08 | 0.23 | 0.5（铜）<br>1.0（黄铜） | ≥1.0 | ±（0.03～0.075） |
| | 底厚 | 0.25～0.3 | 0.5 | 0.5（铜）<br>1.0（黄铜） | >壁厚 | ±（0.1～0.2） |
| | 长度 / 直径的比值 | 3 ∶ 1 | 10 ∶ 1（铅）<br>8 ∶ 1（铝） | 3 ∶ 1 | 5 ∶ 1 | ±（1～3） |

表 6-17　非铁金属正挤压空心件可达到的尺寸及精度　　单位：mm

| 简图 | 材料<br>参数 | 铅、锌、锡、铝 | | 铜、黄铜、AlCuMg（铝合金） | | 精度 |
|---|---|---|---|---|---|---|
| | | 下限尺寸 | 上限尺寸 | 下限尺寸 | 上限尺寸 | |
| 加工后　坯件 | 圆管直径 | 3 | 100 | 5 | 100 | ±（0.03 ~ 0.05） |
| | 方管的断面尺寸 | 2×4 | 70×80 | 3×5 | 70×80 | ±（0.03 ~ 0.051） |
| | 壁厚 | 0.05 | 0.1 | 0.3（黄铜）<br>0.5（铜） | ≥ 1.0 | ±（0.03 ~ 0.075） |
| | 底厚 | 0.2 ~ 0.3 | 0.5 | 0.3（黄铜）<br>0.5（铜） | ≥壁厚 | ±（0.05 ~ 1.0） |
| | 长度 / 直径的比值 | 5 | 60 | 3 | 40 | ±（1 ~ 5） |

冷挤压用毛坯尺寸根据体积相等原则进行计算：

$$V_0 = V$$

式中　$V$——工件体积（应加上修边余量）；

$V_0$——毛坯体积。

**（1）修边余量**

冷挤压后工件的修边余量的平均值 $\Delta h$ 根据工件高度决定，见表 6-18。

表 6-18　冷挤压后修边余量 Δh

| 工件高度 /mm | ≤ 10 | > 10 ~ 20 | > 20 ~ 30 | > 30 ~ 40 | > 40 ~ 60 | > 60 ~ 80 | > 80 ~ 100 |
|---|---|---|---|---|---|---|---|
| $\Delta h$/mm | 2 | 2.5 | 3 | 3.5 | 4 | 4.5 | 5 |

注：1. 工件高度大于 100mm 时，$\Delta h$ 值取工件高度的 5%；

2. 复合挤压时，应适当加大；

3. 矩形件挤压，按表中所列数值加倍。

**（2）毛坯高度 *H***

$$H = \frac{V}{F_0}$$

式中　$V$——工件体积（加修边余量）；

$F_0$——毛坯横断面积。

**（3）正挤压时毛坯外径**

$$d_0 = \sqrt{1.274F_0 + d_2^2}$$

式中　$d_0$——毛坯外径，mm；

$F_0$——毛坯横断面积，$mm^2$；

$d_2$——毛坯内径，mm。

其中，毛坯横断面积 $F_0$ 按下式计算：

$$F_0 = \frac{F}{\varphi}$$

式中　$F$——工件横断面积，$mm^2$；

　　　$\varphi$——冲挤系数，铝 0.1，纯铜 0.2，黄铜 0.3。

毛坯内径 $d_2$：

$$d_2 = d_{凹} + (0.1 \sim 0.2)\text{mm}$$

（4）反挤和复合挤时，毛坯外径 $d_0$

$$d_0 = D_{凹} - (0.1 \sim 0.2)\text{mm}$$

式中　$D_{凹}$——凹模型腔直径。

### 3. 冷挤压件的尺寸公差与表面粗糙度

冷挤压件的尺寸精度受模具精度、压力机刚度和导向精度、挤压坯料的制造及表面处理、冷挤压工艺方案的合理性等因素影响较大。随着冷挤压技术的进步，目前已经可以获得尺寸精度相当高的冷挤压件，一般可以达到 IT7。冷挤压件的表面粗糙度与模具的表面粗糙度、润滑等因素有关，目前表面粗糙度 $Ra$ 达 0.2μm。

## 七、冷挤压凸、凹模设计与工作部分尺寸计算

### 1. 正挤压凹模

正挤压凹模是正挤压模的关键零件，一般采用预应力组合结构，结构形式如图 6-18 所示。其中，图 6-18（a）所示凹模内层是整体式结构，制造容易，应用较广，但型腔内转角处容易因应力集中而产生横向开裂。如图 6-18（b）、（c）所示凹模内层为纵向分割结构，最内层小凹模与挤压筒之间为过盈配合，过盈量一般应大于 0.02mm。图 6-18（d）～（f）所示凹模为横向分割结构，制造时应严格保证上、下两部分的同轴度，为防止金属流入拼合面，上、下两部分的拼合面不宜过宽，一般取 1 ～ 3mm，而且要求抛光。图 6-18（f）所示结构能有效地防止金属流入拼合面，但寿命较低。

正挤压凹模重要的几何参数如图 6-19 所示。凹模中心锥角 $\alpha_A$ 一般取 90° ～ 126°，塑性好的挤压材料可以增大。凹模工作带高度，对于纯铝 $h_A$=1 ～ 2mm，对于硬铝、纯铜、黄铜 $h_A$=1 ～ 3mm，对于低碳钢 $h_A$=2 ～ 4mm。凹模型腔的过渡圆角 $r_1$ 最好取 $(D_A-d_A)/2$，不小于 2 ～ 3mm；$R$=3 ～ 5mm。

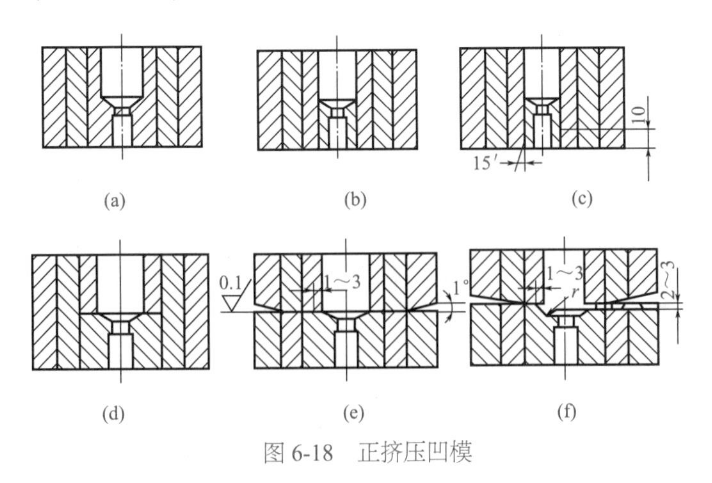

图 6-18　正挤压凹模

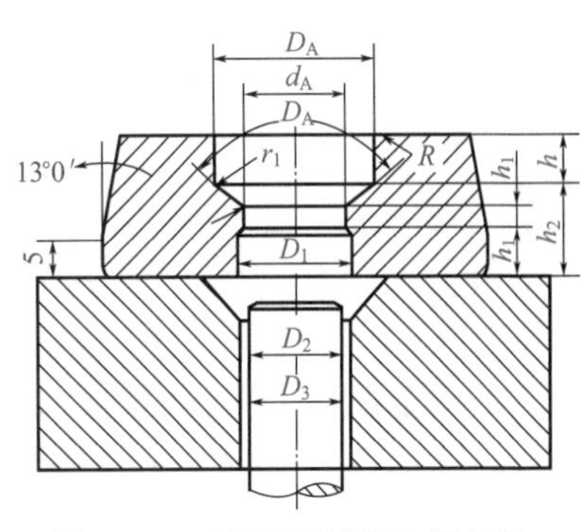

图 6-19　正挤压凹模的几何参数

凹模型腔深度为：

$$h=h_0+R+r_1+h_3$$

式中　$h$——为凹模型腔深度；

$h_0$——为坯料高度；

$h_3$——为凸模接触坯料时已进入凹模直壁部分的深度，对于钢 $h_3$=10mm，对于有色金属 $h_3$=3 ～ 5mm。

### 2. 正挤压凸模

正挤压凸模的结构形式如图 6-20 所示。其中，图 6-20（a）所示是正挤压实心件用凸模，图 6-20（b）～（e）所示为正挤压空心件用凸模。正挤压空心件凸模设计的关键是芯轴结构。芯轴受径向压力和轴向拉力的作用，工作条件差，容易产生断裂。图 6-20（b）所示是整体式的凸模，适用于挤压纯铝等软金属或芯轴与凸模直径相差不大、芯轴长度不长的情况。图 6-20（c）所示是固定组合式的凸模，适用于较硬金属的正挤压。图 6-20（d）、（e）所示是浮动式组合凸模，用于黑色金属的正挤压。在挤压过程中，芯轴可随变形金属的流动一起向下滑动，减少了芯轴被拉断的可能，提高了芯轴的寿命。

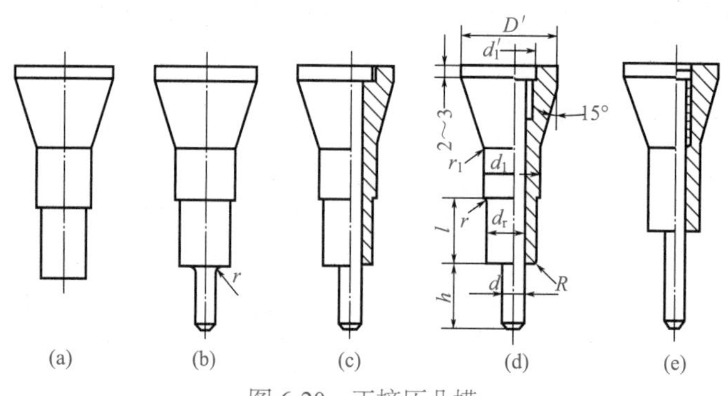


图 6-20　正挤压凸模

正挤压凸模重要的几何参数如图 6-20（d）所示。凸模的横截面形状取决于挤压件的头部形状，$d_T$ 等于挤压件头部尺寸，并与凹模保持最小间隙等于零的间隙配合。芯轴直径 $d$ 等于空心件内孔直径。芯轴露出凸模端面的长度 $l_1$，对于正挤压杯形件，为坯料内孔深度；对于正挤压无底空心件，为坯料高度加上凹模工作带高度。

凸模工作部分长度 $l$ 等于坯料变形高度加上凸模接触坯料时已导入凹模的深度。

### 3. 反挤压凸、凹模的设计

#### （1）反挤压凸模

反挤压凸模是反挤压模的关键零件。黑色金属反挤压凸模结构形式如图 6-21 所示。其中，图 6-21（a）所示应用较普遍；图 6-21（b）所示挤压力小，但容易受到坯料不平度的不良影响，易造成挤压件壁厚不均匀；图 6-21（c）所示挤压力较大，用于挤压件为平底结构或单位挤压力不大的情况；图 6-21（d）所示结构有利于金属流动，但制造较麻烦。

黑色金属反挤压凸模的重要几何参数如下：凸模锥顶角 $\alpha_T=180°-2\alpha$，$\alpha=7° \sim 27°$；工作带高度 $h_T$=2 ～ 3mm；圆角半径 $r$=0.5 ～ 4mm，$R_1=0.05d_T$；小圆台直径 $d_1=0.5d_T$。

有色金属反挤压凸模原则上与黑色金属是一样的，但因为单位挤压力较小，因而工作带高度可以较小（$h_T$=0.5 ～ 1.5mm）$\alpha$ 角亦较小，$r$=0.2 ～ 0.5mm。纯铝反挤压凸模工作部分的结构及尺寸如图 6-22 所示。对于铜和硬铝等的反挤压凸模，可参照黑色金属和纯铝的反挤压凸模进行设计。

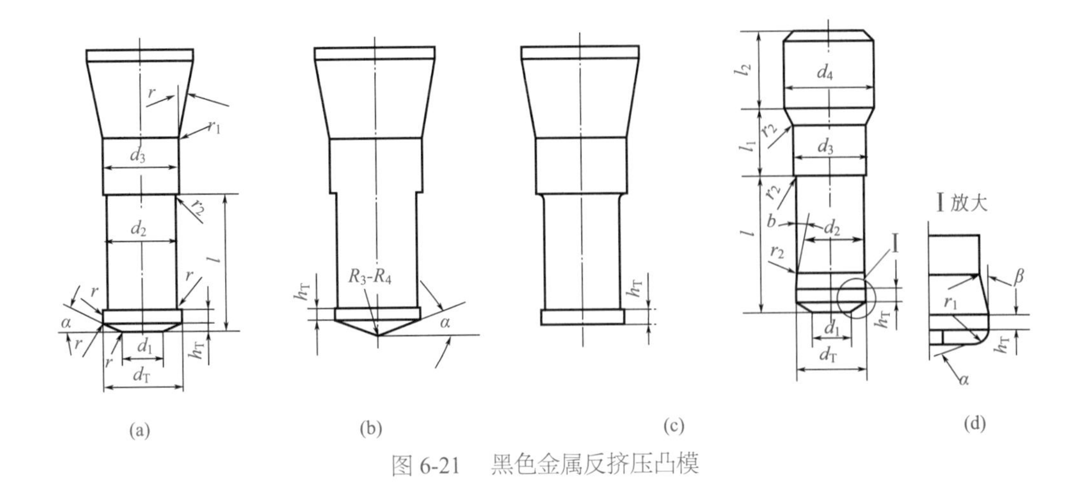


图 6-21 黑色金属反挤压凸模

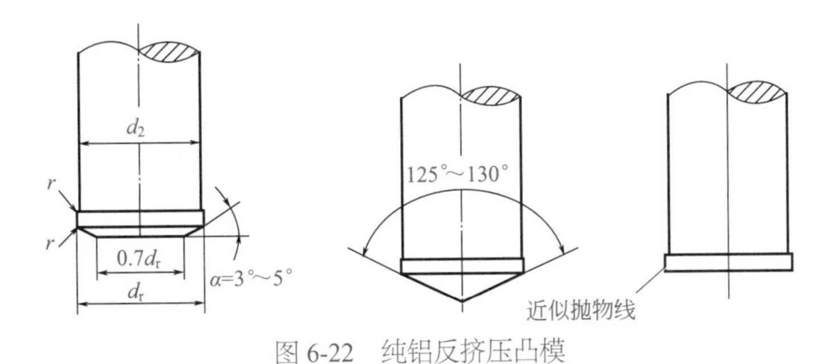


图 6-22 纯铝反挤压凸模

反挤压凸模的工作部分长度 $l$ 不宜过长，否则会失稳折断。其长度范围如下：

纯铝：$l \leqslant (6 \sim 8)d_T$

黄铜：$l \leqslant (4 \sim 5)d_T$

纯铜：$l \leqslant (5 \sim 6)d_T$

钢：$l \leqslant (2.5 \sim 3)d_T$

对反挤压塑性较好、深度较大的有色金属薄壁件，为增强凸模稳定性，可在其工作端面开设对称的工艺槽（如图 6-23 所示），以增大端面与金属的摩擦，从而防止凸模滑向一侧造成挤压件壁厚不均匀和凸模折断。

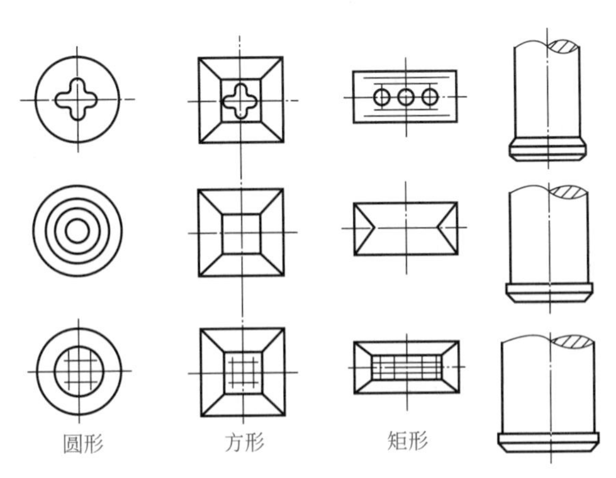


图 6-23 凸模工作端面的工艺槽形状

### （2）反挤压凹模

反挤压凹模的结构形式如图 6-24 所示。图 6-24（a）、（b）所示设有顶出装置，适用于反挤压后工件留在凹模的情况，常用于黑色金属的反挤压。图 6-24（d）～（f）所示用于有色金属反挤压。图 6-24（d）、（e）为整体式结构，型腔转角处容易产生横向破裂，寿命短，用于挤压力小、生产量不大的场合；图 6-24（e）、（f）所示为组合式结构，其中图 6-24（e）所示设有硬质合金镶块，寿命较长，但对制造要求较高，适用于大批量生产。

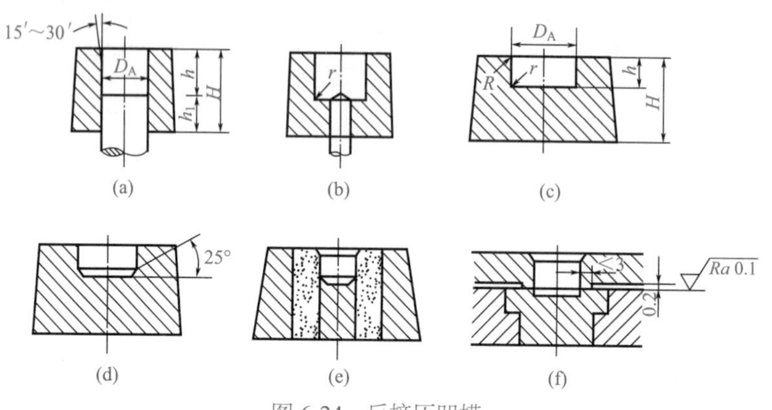


图 6-24　反挤压凹模

反挤压凹模的几何参数如下：型腔内壁有一定斜度，以利于金属的流动；凹模底部圆角根据挤压件要求而定，$r$ 可取（0.1 ～ 0.2）$D_A$，但应大于 0.5mm；$R$=2 ～ 3 mm。型腔深度为：$h=h_0+r+R$（mm）。

式中，$h_0$ 为坯料高度。

### 4. 冷挤压凸、凹模工作部分横向尺寸的计算

反挤压凸、凹模工作部分横向尺寸计算方法如下：

当零件要求外形尺寸时：

$$D_A=(D_{max}-0.75\Delta)_{0}^{+t_A}$$

$$d_T=(D_A-1.9t)_{-t_T}^{0}$$

当零件要求内形尺寸时：

$$d_T=(d_{min}+0.5\Delta)_{-t_T}^{0}$$

$$D_A=(D_T-1.9t)_{0}^{+t_A}$$

式中　$D_A$——为冷挤压凹模的基本尺寸，当采用组合凹模时，应增加（0.005 ～ 0.01）$D_A$ 的收缩量；

$d_T$——为冷挤压凸模的基本尺寸；

$D_{max}$——为挤压件外形最大极限尺寸；

$d_{min}$——为挤压件内形最小极限尺寸；

$t_A$，$t_T$——为凹、凸模制造公差，取 $t_A=t_T=(1/5\sim1/10)\varDelta$；$t$ 为挤压件壁厚；$\varDelta$ 为挤压件公差。

正挤压凹模工作带和芯轴横向尺寸可参照上式计算。

必须指出，冷挤压凸、凹模横向尺寸除了应考虑磨损这一因素外，还应考虑模具的弹性变形、挤压件的热胀冷缩等因素。

## 八、冷挤压模具结构

### 1. 对冷挤压模具的要求

由于冷挤压单位压力很大，因此对冷挤压模具有以下要求：

① 模具要有足够的强度和刚度，垫板有足够的厚度和硬度，上、下模座都用碳钢制作；

② 模具工作部分的形状和尺寸合理，有利于金属的塑性变形，从而降低挤压力；

③ 模具的材料选择、加工方案和热处理规范的确定都应合理；

④ 模具的安装牢固可靠，易损件的更换、拆卸、安装方便；

⑤ 模具导向良好，足以保证制件的公差和模具寿命；

⑥ 容易制造，成本低；

⑦ 进、出件方便，操作简单、安全。

### 2. 冷挤压模具的分类

冷挤压模具结构类型很多，一般可按下列原则分类：

① 按工艺特征分为正挤压模、反挤压模、复合挤压模及其他各种冷挤压模；

② 导向装置分为无导向的、模口导向的、导板导向的、套筒导向的和导柱导套导向的；

③ 按通用性分为专用冷挤压模和通用冷挤压模两大类；

④ 按调整方法分为可调式和不可调式两大类。

### 3. 冷挤压模具结构

#### （1）反挤压模具结构

如图 6-25 所示是应用较广的不可调整的通用模架，凸、凹模的同轴度由模具制造保证，适用于反挤压壁厚 $t > 0.07$mm 的铝质筒形零件。

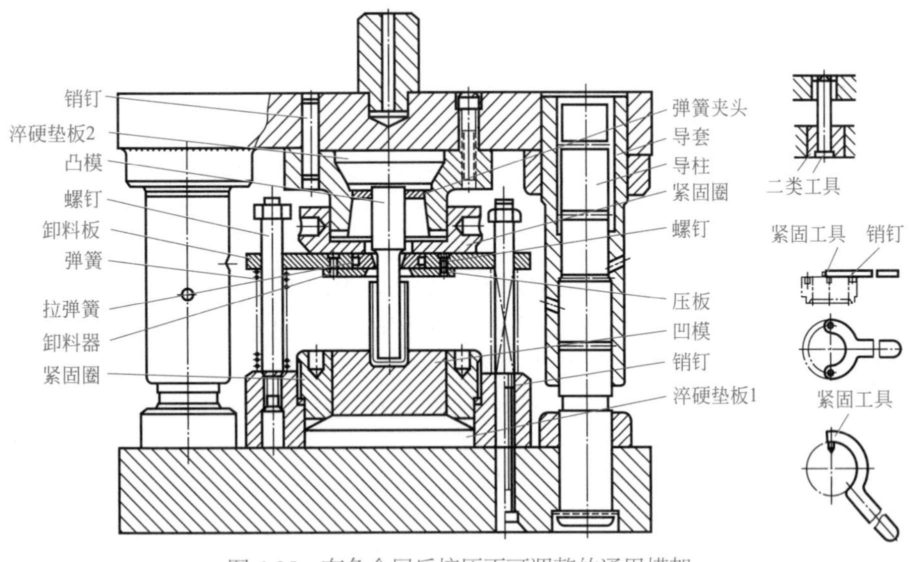

图 6-25　有色金属反挤压不可调整的通用模架

为了保证高的同轴度要求，以保证工件薄壁均匀，应采取以下措施：

① 提高导柱导套的公差等级，最好采用配合加工，使导柱导套的配合间隙小于 0.005 ～ 0.010mm。为使导柱导套安装稳定可靠，导套与导柱在上模座与下模座上的固定长度应大于导柱直径的 1.5 ～ 2.0 倍。为了便于清洗，曲槽最好开在导柱上。

② 模具装配时采用二类工具。所谓二类工具，就是将挤压凸、凹模换成落料刃口，其

凸、凹模刃口成 H6/h5 配合，粗糙度 *Ra* 值为 0.8μm，各自的内外同轴度小于 0.01mm。装配时先将下模的销钉装好，再将上模装上后用薄纸冲裁来保证上下模的同轴度，最后加工上模销孔。如果不用二类工具，也可用比工件壁厚略大的软黄铜片放在冷挤模中，用“变薄引伸”测定四周壁厚，均匀后打销钉孔装配。

有色金属反挤压薄壁零件，挤压后通常箍在凸模上，在压力机回程时由卸料板通过卸料器将挤压件从凸模上刮下。卸料器是由等分 120°的三件扇形块组成的，为了使卸料器紧贴于凸模，在外表的环形槽内套上小拉簧。为了减小凸模长度以增加其稳定性，卸料板不直接固定在下模上，而用弹簧托起。

上、下模座均由 A5 或 45 钢制成。垫板 1、2 较厚，用 45 钢制成并淬硬。

该模具虽然加工要求较高，但在变更挤压零件或凸、凹模损坏时，更换凸、凹模简便迅速，不需调整上下模的同轴度，故应用较广。

如图 6-26 所示是黑色金属挤压用的可调式通用模架。其特点是：

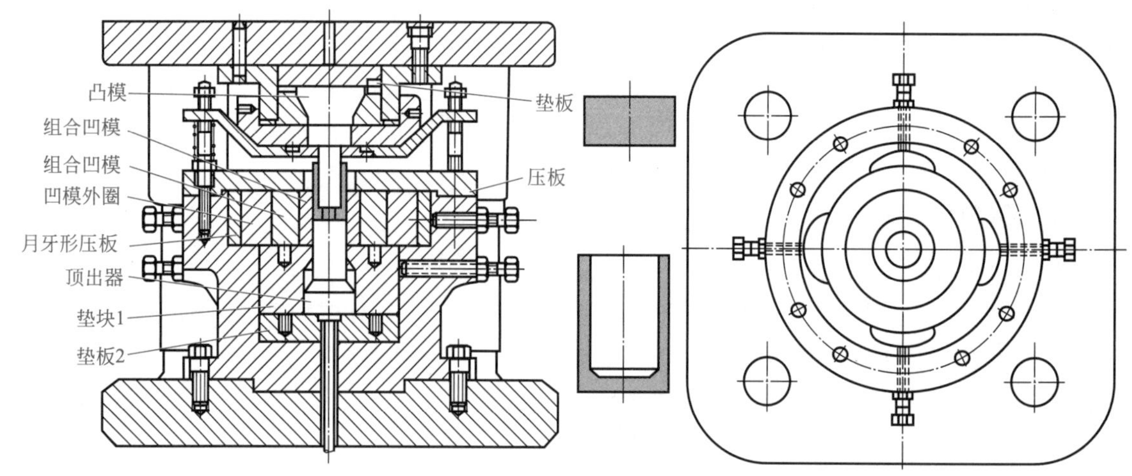


图 6-26　黑色金属可调式冷挤通用框架

① 因挤压力很大，所以一般将凸模的上端做成锥度，用以扩大支承面积，并在凸模上端垫以淬硬的垫板。

② 黑色金属反挤压。挤压后工件可能箍在凸模上，应设置卸料装置，但更容易卡在凹模内，因此也要设置顶出装置。由于挤压力完全由顶出器承受，所以把顶出器下端直径加大，以扩大承压面积，这样虽然增大了模架高度，但可提高顶出器和垫板的抗碎能力。

③ 为使凹模在很大的挤压力下工作而不产生位移，并使上、下模同轴，特采用了四块月牙形压板将凹模外圈夹紧，并在组合凹模上用压板压紧，所以夹紧可靠，调整上、下模同轴度十分简便。

④ 根据需要，将凸模、组合凹模、顶出器、垫块 1、垫板 2 加以更换，即可挤压不同尺寸的零件。

⑤ 当取出反挤压模工作部分后，装上正挤压或复合挤压模的工作部分，便可进行正挤压或复合挤压工作，也适用于有色金属薄壁零件的挤压。

### （2）正挤压模具结构

如图 6-27 所示是正挤压带凸缘的铝质零件不可调的通用模架。其结构与图 6-25 所示基本相同。一般正挤压后的零件卡在凹模内，因此模具设置了一副拉杆式顶出机构，通过顶出器顶出零件。为了增加导柱长度，特将导柱固定在上模，也可以根据需要将导柱固定在下模。对于导柱导套的配合要求，与图 6-26 所示相同。

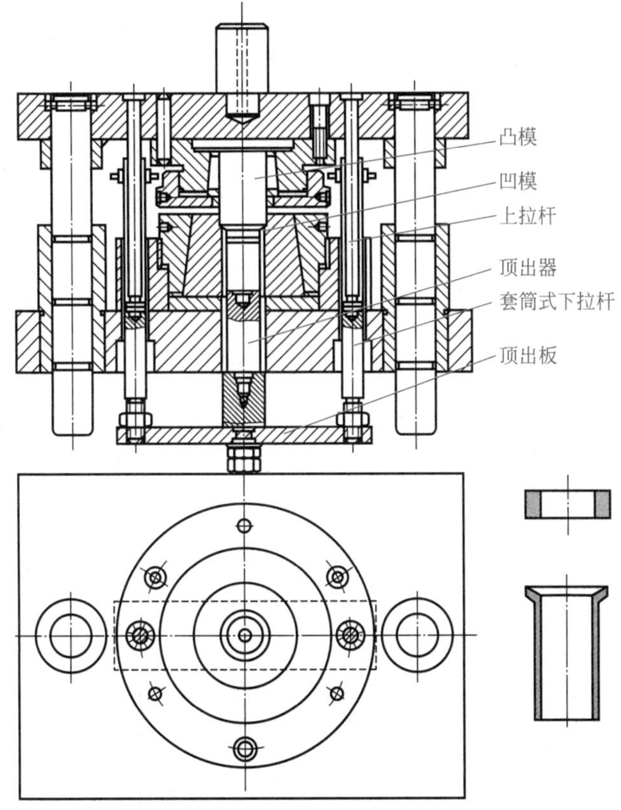


图 6-27　有色金属正挤压不可调的通用模架

### （3）复合挤压模具结构

复合挤压模具的结构与一般冷挤压模具结构基本上相同。如图 6-28 所示是挤压紫铜件的专用冷挤模。该模具采用了弹性卸件器，零件由橡胶通过卸料板从凸模上刮下。顶件器与图 6-27 所示相似。

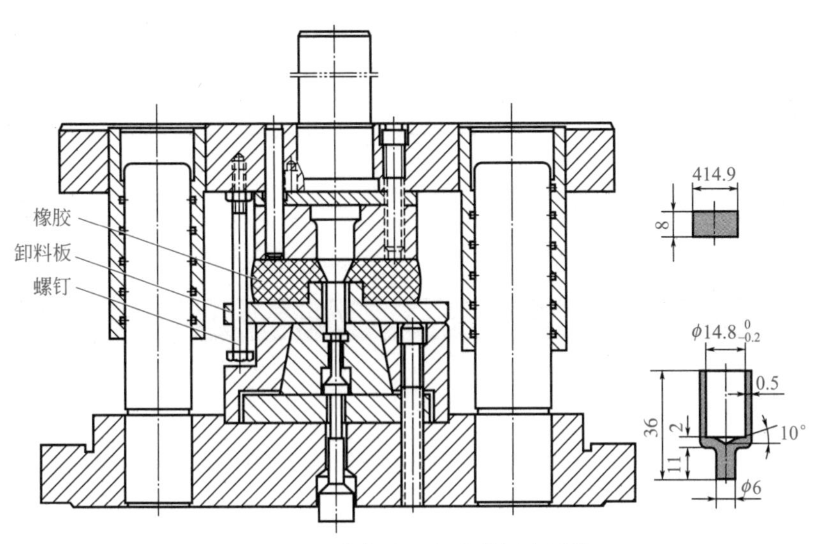


图 6-28　有色金属复合挤压专用模

# 第二节 温挤压

温挤压工艺是在冷挤压工艺基础上发展起来的一种少切削、无切削的成形技术。所谓温挤压是指对坯料在室温以上、再结晶温度以下的某一温度区域进行挤压。它与冷、热挤压不同，挤压前已对毛坯进行加热。对温挤压的温度范围目前还没有一个严格的规定。目前，常见的温挤压温度范围，对黑色金属是 200 ～ 850℃；对奥氏体不锈钢是 200 ～ 400℃；对铝及铝合金是室温到 250℃；铜及铜合金是室温到 350℃。温挤压成形的制件尺寸精度和表面粗糙度要明显优于热挤压，稍逊于冷挤压，具有加工硬化等特征。正是因为温挤压的这些特点，其适应范围要比冷挤压大得多，凡是冷挤压难以成形的大尺寸、高强度材料都可进行温挤压。温挤压自 20 世纪 60 年代问世以来，随着技术的不断完善，已被广泛用于各种机器零件的成形，是零件少切削、无切削成形的有效手段之一。

目前，温挤压成形工艺已被广泛用于汽车、轴承、电器、航空航天等工业部门。所涉及的成形材料有：碳素钢、合金结构钢、合金工具钢、不锈钢、高速钢、耐热钢和各类有色金属等。

## 一、温挤压工艺的特点

### 1. 与冷挤压相比的特点（表 6-19）

表 6-19 与冷挤压相比的特点说明

| 特点 | 说明 |
| --- | --- |
| 金属塑性提高，压机吨位降低 | 温挤压时可以将坯料加热到再结晶温度以下的塑性好、变形抗力较低的温度区域，以降低变形力。经测试，一般情况下温挤压的成形力仅为冷挤压的 1/3 ～ 1/2，降低了设备吨位和模具负荷 |
| 可连续生产，有利于降低成本 | 冷挤压在多工步成形时，工步间需要进行软化和润滑处理。温挤压在多工步成形时，一般可在一次加热后连续成形，不需要进行工步间的软化和表面处理，降低了生产成本 |
| 每道工步的变形量较冷挤压大，可减少工步数 | 由于温挤压时金属塑性好，金属的流动性能要明显优于冷挤压，在冷挤压时可能要数道工步完成的成形，在温挤压时只要一道即可完成，生产效率提高 |
| 温挤压件的尺寸精度和表面质量接近冷挤压件 | 温挤压的成形温度越低，其制件的尺寸精度也越高，表面粗糙度值也低，更接近于冷挤压件的质量。反之，尺寸精度和表面质量随温度上升而下降 |
| 对模具的使用要求高 | 冷挤压时仅需对模具进行润滑，不考虑模具的冷却，而温挤压时不仅要对模具进行润滑，还要给予模具充分冷却。模具冷却和润滑是否得当，是温挤压成败的关键之一 |

### 2. 与热挤压相比的特点（表 6-20）

表 6-20 与热挤压相比的特点说明

| 特点 | 说明 |
| --- | --- |
| 尺寸精度和表面质量远优于热挤压件 | 由于温挤压坯料的加热温度要低于热挤压，避开了钢的剧烈氧化温度，同样在非保护气氛中，温挤压坯料的氧化极微，无脱碳现象，避免了因氧化、脱碳等造成的缺陷，使挤压件的尺寸精度和表面质量大大提高 |
| 挤压件得到强化，不需要进行挤压后热处理 | 温挤压后可以使挤压件产生加工硬化，对于低碳钢而言可以改善切削性能，不需要进行正火调节硬度。对于过共析钢，一般温挤压温度在相变温度以下，加热和挤压时金属不会发生相变，仍可保持球状珠光体组织，且能使球状珠光体均匀分布，不需要进行挤压后的球化退火。对于一些不需要进行最终热处理的零件，温挤压的强化作用足以满足其对力学性能的要求 |

续表

| 特点 | 说　明 |
| --- | --- |
| 对模具的使用要求高 | 热挤压时可对模具进行模内循环水冷却，也可进行外部喷射水冷却，而不影响金属的成形性能。温挤压时只能采用模内循环水冷却，因为外部冷却水接触坯料足以使坯料过冷，使温挤压无法进行。对于一些变形量不大的零件，热挤压时可不对坯料进行润滑处理，也可使模具达到相当的寿命。温挤压时，坯料与模具的接触应力虽比冷挤压时小得多，但在无润滑的条件下，模具会出现早期失效。由此可见，温挤压对模具的要求比冷、热挤压高得多 |
| 对坯料的加热方法要求高 | 由于温挤压坯料加热时不得出现严重的氧化和脱碳现象，所以其对炉温的准确性要求高，故应尽可能采用电加热方法，如感应加热和电阻加热等。火焰加热也仅限于煤气或天然气加热，一般情况下不采用煤或油加热 |

### 3. 与冷挤压比较的技术经济指标

钢在温挤压塑性成形时，与冷挤压技术经济比较如表 6-21 所示。

表 6-21　冷、温挤压的技术经济指标比较

| 项目 | 变形方法 | |
| --- | --- | --- |
| | 冷挤压 | 温挤压 |
| 变形温度范围 /℃ | 室温 | 200 ～ 850 |
| 产品精度 /mm | ±(0.03 ～ 0.25) | ±(0.05 ～ 0.25) |
| 零件组织 | 晶粒细化 | |
| 零件表面质量 | 无氧化、脱氧 | 几乎没有氧化、脱氧 |
| 工序数量 | 多 | 比冷挤压少 |
| 能量消耗 | 少 | 较少 |
| 劳动条件 | 好、难于组织连续生产 | 好、易于组织连续生产 |

## 二、温挤压温度的选择

### 1. 温挤压温度的选择原则

成形温度是温挤压工艺能否顺利进行的关键因素。确定温挤压成形温度的原则如下：

① 选择在金属材料的塑性好、变形抗力显著下降的温度范围。

② 选择在金属材料发生剧烈氧化前的温度范围，以保证在非保护性气氛中加热时氧化极微、无脱碳现象。

③ 选择在润滑剂能达到最小摩擦系数，不致因高温或低于其使用温度而失效。

④ 选择在金属材料成形后能强化和不改变其组织结构的温度范围。过共析钢最终热处理前要求为球状珠光体，在温挤压前的坯料应经过球化退火，在温挤压的加热和成形过程中不改变其球状珠光体组织，挤压成形后可直接进行零件最终热处理，不再需要挤压后的退火等处理。

### 2. 各类金属材料温挤压成形温度范围

根据挤压温度的确定原则，结合国内外的生产实践，对常用金属材料的温挤压温度推荐如下：

① 对 10 钢、15 钢、20 钢、35 钢、40 钢、45 钢、50 钢等碳素钢和 40Cr、45Cr、30CrMnSi、12CrNi3 低合金结构钢等在曲柄压力机上温挤压时，可选择在 650 ～ 800℃温度范围；在液压机上温挤压时，可选择在 500 ～ 800℃温度范围。

② 对调质合金结构钢 38CrA 等可选择在 600 ～ 800℃进行温挤压。

③ 对中合金结构钢 18Cr2Ni4WA 可选择在（670±20）℃进行温挤压。

④ 对 T8、T12、GCrl5、Cr12MoV、W18Cr4V 等工具钢和轴承钢，可选择在 700 ～ 800℃之间进行温挤压。对挤压后组织有要求时，应控制在相变温度前挤压。

⑤ 对马氏体不锈钢 2Cr13、4Cr13 以及马氏体 - 铁素体不锈钢 1Cr13 等，可在 700 ～ 850℃进行温挤压。

⑥ 对奥氏体不锈钢 1Cr18Ni9Ti 等，可选择在 260 ～ 350℃或 800 ～ 900℃进行温挤压。

⑦ 对耐热钢及耐热合金，可在 280 ～ 340℃或 850 ～ 900℃进行挤压。

⑧ 对铝及铝合金，可在 250℃以下进行温挤压。

⑨ 对一般铜及铜合金可在 350℃以下进行温挤压。

⑩ 对铅黄铜 HPb59-1 可在 300 ～ 400℃或 680℃左右进行温挤压。

⑪ 对室温塑性较差的镁及镁合金可在 175 ～ 390℃进行温挤压。

⑫ 对室温塑性较差的钛及钛合金可在 260 ～ 550℃进行温挤压。

## 三、温挤压用润滑剂

温挤压兼具了冷挤压和热挤压的特点，因此其润滑方法与润滑剂的选择也有自己的要求，温挤压润滑剂的要求及选用见表 6-22。

表 6-22　温挤压润滑剂的要求及选用

| 类别 | 说　　明 |
|---|---|
| 温挤压润滑剂的要求 | 当挤压温度在 250℃以上时，采用冷挤压时的润滑方法，会使磷化层和皂化剂烧损，使润滑条件恶化，因此，在温挤压时，润滑应满足下列要求<br>① 润滑剂对摩擦表面应具有最大活性和足够的黏度，不易流失，较好地黏附摩擦表面。润滑剂的黏度大，活性高，有利于摩擦表面形成牢固的足够厚的润滑层，并保证其在单位挤压力达 2000MPa 时不被挤走<br>② 润滑剂应具有一定的热稳定性、耐热性和绝热性，使润滑剂在温挤压温度下不失效，具有良好的润滑性能，同时也能部分隔绝模具与高温坯料接触，延长模具寿命<br>③ 润滑剂的化学稳定性要高，在温挤压程度下不分解、不氧化，且无毒、无臭，对制件及模具无腐蚀作用<br>④ 在温挤压温度下能均匀地黏附在毛坯表面或模具表面上，形成均匀牢固的润滑膜<br>⑤ 润滑剂应具有良好的悬浮分散和可喷涂性能，使用方便，易于实现机械化、自动化作业，劳动条件好，成形后易于清除 |
| 在温挤压温度下润滑剂的选用 | 通过对温挤压润滑剂使用的大量试验，人们总结出了在不同挤压温度下不同材料所使用的各种润滑剂<br>① 在 450℃以下、室温以上温挤压碳铜和合金结构钢时，可以采用石墨或二硫化钼（用气缸油调和，调和比是石墨或二硫化钼与油之比 1 ∶ 2，以体积计），但在温挤压前，坯料应做磷酸盐处理<br>② 在 400 ～ 800℃范围内温挤压碳钢和合金结构钢、模具结构钢、高速工具钢等时，可以采用石墨油剂（调和比例 1 ∶ 2）。在 600℃以上温挤压，坯料不能做磷酸盐处理。只进行表面清洁处理<br>③ 在 600 ～ 800℃范围内温挤压除不锈钢外的其他钢，可以采用水剂石墨（成分：石墨、二硫化钼、滑石粉、纤维素和水）。挤压前将坯料做喷砂或抛丸等处理，清除锈迹、污垢等。然后加热至 200℃左右，出炉浸入水剂石墨润滑剂中，快速搅匀，吊起沥干残液，在干燥处摊开晾干。干燥后的坯料即可进行加热、挤压。浸涂润滑剂后的坯料表面必须留有 0.03 ～ 0.1mm 厚的薄膜，呈黑炭色，并有明显的黑灰色小点。若不然须重新浸涂<br>④ 在 350℃以下温挤压不锈钢时，可以与冷挤压一样，坯料采用草酸盐表面处理后，使用氯化石蜡 85% 加二硫化钼 15% 作润滑剂<br>⑤ 在 400 ～ 800℃温挤压不锈钢时，小批量生产可采用氧化铅（PbO，用油调和）做润滑剂；若是大批量生产时，可以试用氧化硼 $B_2O_3$+25%（质量）石墨或氧化硼 +33%（质量）二硫化钼；或者使用硼砂 $Na_2B_4O_7$+10%（质量）$Bi_2O_3$ 作润滑剂。在 400 ～ 600℃温挤压不锈钢时有时也要对坯料做草酸盐处理或者镀铜<br>⑥ 在温挤压有色金属时，可以采用石墨或者使用铝金属粉 |

## 四、温挤压压力计算

温挤压压力的大小对温挤压变形工艺的制定、压机吨位的选用、模具结构的设计及对模具寿命的影响等，都具有重要作用。

### 1. 影响温挤压压力的因素

影响温挤压压力的因素主要有挤压温度、被挤压材料的化学成分、组织状态、变形程度、挤压方式（正挤压、反挤压或复合挤压等）、模具结构、润滑剂性能和挤压件的尺寸、形状等。

除了加热温度以外，其他的影响因素与冷挤压的情况类似。在前面分析温度对变形抗力的影响时，我们知道，随着挤压温度的升高，挤压变形抗力逐步下降，温挤压力也明显降低。一般情况下，低温温挤压的变形抗力与室温时相比，可减少 15%，中温或高温温挤压的变形抗力较室温时可减小 50% ～ 75% 以上。由此可见，温挤压压力与冷挤压时相比有显著下降，这对于挤压加工硬化敏感的材料更为明显。

有色金属温挤压时，加热温度对挤压力的影响也是很明显的。例如对纯铝和铝合金进行反挤压试验时发现，在 150℃时挤压力为室温时的 59%，200℃时为 41%，250℃时为 37%，挤压铝合金或其他有色金属时情况类似。

根据单位挤压力和所选择的模具材料，同时考虑挤压时模具的升温情况，便可决定挤压变形程度的极限值。据有关资料介绍，坯料在 700 ～ 800℃下进行正挤压，而且润滑和模具条件正常时，其极限变形程度 $\varepsilon$ 如下：

1Cr18Ni9Ti、W9Cr4V2 等钢，$\varepsilon \leqslant 0.6$；

1Cr13、GCr15、T12、30CrMnSi 等钢，$\varepsilon \leqslant 0.65 \sim 0.7$；

35 钢、40 钢、45Cr、50 钢等钢，$\varepsilon \leqslant 0.7 \sim 0.75$；

10 钢、15 钢、20 钢、20Cr、20Mn 等钢，$\varepsilon \leqslant 0.8 \sim 0.85$。

### 2. 温挤压力的计算方法

温挤压的成形温度范围较宽，与冷、热挤压相比，影响温挤压压力的因素相对较多。在实际生产中，较多的是使用经验计算法和图表计算法来确定温挤压压力。下面推荐几种温挤压压力的计算方法。

① 经验公式计算法。对于在 200 ～ 600℃反挤压时凸模单位压力可按下式计算：

$$p_T=1.575(76\omega_C+1.3\omega_{Ni}-0.08\omega_{Cr}-0.1t+0.36\omega_A+143)$$

式中 $p_T$——凸模最大单位挤压力，MPa；

$\omega_C$，$\omega_{Ni}$，$\omega_{Cr}$——含碳量，%；含镍量，%；含铬量，%；

$t$——坯料加热温度，℃；

$\varepsilon_A$——断面收缩率，%。

从上式中可知，钢的含碳量对温挤压压力的影响最大。式中未列出的元素在温挤压时影响很小，可忽略。经测试这一经验公式计算结果的误差在 10% 以内。

已知凸模的单位挤压力 $p_T$，则反挤压力为：

$$P=p_TA_T$$

式中 $P$——挤压力，kN；

$A_T$——凸模工作部分的水平投影面积，$mm^2$。

使用这一经验公式计算时应注意：仅适用于 200 ～ 600℃时的反挤压力；适用于一般碳钢和低合金钢及常用的奥氏体、铁素体和马氏体不锈钢。

② 图表计算法。如图 6-29 所示是温挤压单位挤压力计算图。其使用方法是根据温挤压的挤压温度和挤压件的材料，可在计算图的中部找到未经修正的单位挤压力 $p'$，然后由挤压方式（正挤压、反挤压）确定向左或向右，寻找相应于挤压件的变形程度，最后向下决定修正后的单位挤压力 $p_A$（正挤压）和 $p_T$（反挤压）。最终按单位挤压力 $p_A$ 或 $p_T$ 决定挤压力 $P$。

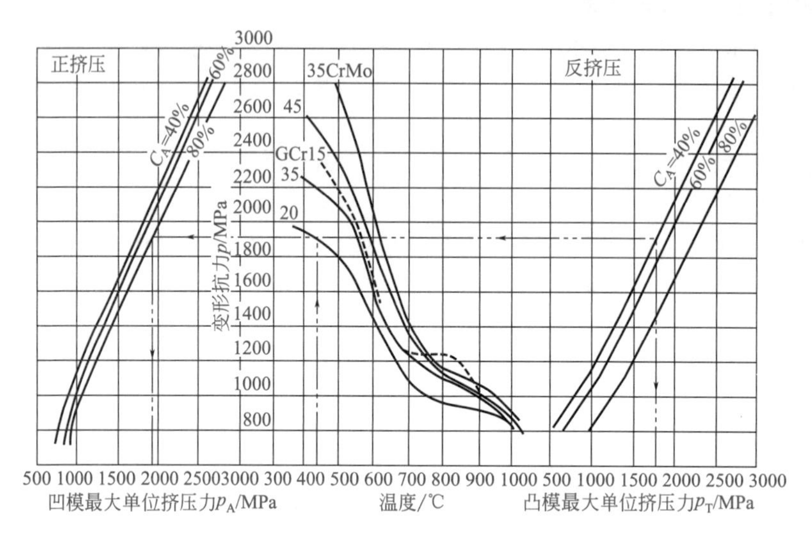


图 6-29 温挤压单位压力计算示意图

正挤压时：

$$P = \frac{\pi}{4}(D^2 - d_A^2)p_A$$

反挤压时：

$$P = \frac{\pi}{4}d_T^2 p_T$$

式中 $P$——最大挤压力，N；

$d_A$——正挤压凹模工作带直径，mm；

$D$——凹模内径，mm；

$d_T$——反挤压凸模直径，mm；

$p_A$——正挤压时凹模最大单位挤压力，MPa；

$p_T$——反挤压时凸模最大单位挤压力，MPa。

例如：在 440℃正挤压 20 钢时，可沿图中横坐标 440℃：向上交到 20 钢的曲线上，然后箭头向左标到正挤压断面收缩率 80% 曲线上的一点，这一点垂直指向横坐标上的数据为 1900MPa；这就是 20 钢在 440℃、变形程度为 80% 时的正挤压单位挤压力 $p_A$ 也即作用在凹模上的最大单位挤压力。如果是反挤压，则箭头向右标去，同样可查到反挤压时某一断面收缩率的单位挤压力 $p_T$，也即作用在凸模上的最大单位挤压力。图中断面收缩率 40% 与 60% 的曲线相当接近，说明在 60% 以下时，断面收缩率的大小对单位挤压力的影响不太显著。

图中轴承钢 GCr15 的曲线比较特殊，它在 700 ～ 800℃温挤压时的单位挤压力几乎保持不变，只有当成形温度大于 850℃以后，单位挤压力才有所下降。因为，在 800℃时，GCr15 的球状珠光体变为片状珠光体组织，后者的强度要高于前者，850℃以后，当珠光体完全转变为奥氏体组织后，单位挤压力才有明显下降。

③ 近似计算。前面介绍的两种计算法，所适用的钢种有限，特别是不适用于有色金属

和合金。在无法使用上述两种计算方法时，可以采用近似计算法。计算方法如下：

正挤压时，凸模单位挤压力（即单位挤压力）

$$p_T = Cn\sigma_b$$

式中　$C$——拘束系数（可查表 6-23）；

$n$——材料硬化的硬化指数（可查表 6-23），挤压温度较低时，取较大值；反之，取较小值；

$\sigma_b$——在温挤压温度时的材料强度极限（几种材料的 $\sigma_b$ 值可查表 6-24）。

表 6-23　拘束系数 $C$ 和材料硬化的硬化指数 $n$

| 断面收缩率 /% | 拘束系数 $C$ | | 硬化指数 $n$ | |
|---|---|---|---|---|
| | 正挤压 | 反挤压 | 正挤压 | 反挤压 |
| 40 | 1.8 | 1.6 | 1.5 ~ 2 | 1.5 ~ 2 |
| 60 | 2.6 | 2.6 | 1.7 ~ 2.2 | 1.7 ~ 2.2 |
| 80 | 3.6 | 4.0 | 1.8 ~ 2.2 | 1.8 ~ 2.2 |

表 6-24　几种有色金属材料在常用温挤压温度时的强度极限 $\sigma_b$

| 材料 | 温度 /℃ | 在该温度下的 $\sigma_b$/MPa |
|---|---|---|
| 铅黄铜 | 300 | 26 |
| HPb59-1 | 400 | 16 |
| 黄铜 H62 | 300 | 28 |
| 铝合金 LY12 | 250 | 22 |

反挤压时，相对于坯料断面积的单位挤压力

$$p_m = Cn\sigma_b$$

在反挤压时，因坯料断面积与凸模断面积不一致，所以凸模单位压力，即相对于凸模的单位挤压力

$$p_T = \frac{A_m}{A_A} p_m = Cn\sigma_b \frac{A_m}{A_A}$$

式中　$p_T$——凸模单位挤压力，MPa；

$p_m$——坯料断面单位挤压力，MPa；

$A_m$——坯料断面积，$mm^2$；

$A_A$——凸模断面积，$mm^2$。

如图 6-30 所示给出了根据材料室温抗拉强度查寻在不同温度下材料抗拉强度的图表（适用于钢）。图中曲线上所列数据为材料在室温时的抗拉强度，纵坐标为温度，根据不同温度，便可在横坐标上查出该材料在该温度下的抗拉强度。例如：室温时 $\sigma_b$ 为 600MPa 的材料，在 600℃时 $\sigma_b$ 为 240MPa，在 700℃时为 150MPa，在 800℃时为 110MPa。

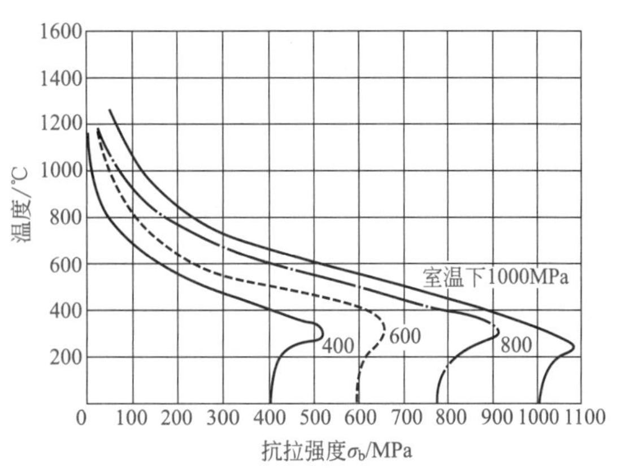


图 6-30　随温度而变化的抗拉强度 $\sigma_b$

## 五、温挤压坯料的加热及模具预热

### 1. 毛坯形状与尺寸计算

与冷挤时一样，温挤压毛坯的体积可以按照变形前后体积不变的假设来计算。

为了保证产品的质量和模具寿命，毛坯的直径尺寸要基本上接近凹模模腔直径尺寸，但要考虑到毛坯加热后直径会因膨胀而增加，否则毛坯加热后可能会放不进凹模模腔。

毛坯加热后的直径 $D_t$ 可按下式计算：

$$D_t=D_0(1+\alpha t)$$

式中 $D_0$——室温时的毛坯直径，mm；

$\alpha$——线胀系数，℃$^{-1}$；

$t$——毛坯高于室温的温差，℃。

常用温挤钢材的线胀系数如表 6-25 所列。

表 6-25 温挤常用钢材的线胀系数

| 材料 | 线胀系数 $\alpha$/℃$^{-1}$ | 材料 | 线胀系数 $\alpha$/℃$^{-1}$ |
|---|---|---|---|
| 10 钢、20 钢、30 钢、40 钢、50 钢 | $(13.5 \sim 14.3)\times10^{-6}$ | 1Cr13 | $12\times10^{-6}$ |
| 20Cr | $13.6\times10^{-6}$ | 1Cr18Ni9Ti | $17.6\times10^{-6}$ |
| 18CrMnTi | $13.8\times10^{-6}$ | GCr15 | $13.6\times10^{-6}$ |

毛坯形状的确定可参考冷挤压的有关部分。

温挤压坯料的加热方法与热挤压时基本相同，鉴于温挤压对坯料加热的要求较热挤压时高得多，所以温挤压时主要采用电加热，可采用感应加热、电热炉加热，有时也采用煤气、天然气加热。

### 2. 温挤压坯料的加热

① 温挤压成形方法属于少切削、无切削加工，对挤压件的质量要求较高。因此，加热前必须将坯料上的毛刺、油污、氧化皮和污垢去除。处理方法可采用抛丸、喷砂、滚筒或磨削等，要求较高时可采用酸洗的方法来清理坯料。

② 温挤压件对产品精度要求较高，因此要求温挤压坯料的加热温度差要小。所以，用感应加热时，其加热方法采用连续式要优于分批式。连续式感应加热只要将加热功率、进料速度与挤压节拍匹配好，就可保证挤压坯料温度的一致性。直径较大的坯料采用感应加热时，应按坯料直径选用较低频率或工频感应加热炉加热。当电流穿透层深度不能至坯料芯部时，应在感应加热后再经电阻炉均热，以保证坯料断面温度的均匀。

③ 严格控制加热过程，减少氧化程度。对于有特殊要求的零件，可采用保护性气氛加热。不具备条件时，应采用快速加热方法，减少坯料在高温下的停留时间。此外，坯料在加热前涂覆润滑剂，润滑剂可起隔绝空气的作用，有助于防止坯料在加热时的氧化。采用浸涂润滑方法后，在温挤压过程中可不再在模具上喷涂润滑剂，也能起到良好的润滑作用。值得注意的是，浸涂过润滑剂的坯料在加热时，要避免在高温下停留较长时间。如果加热温度是 800℃，加热时间达 3 ～ 4min 时，润滑层将被烧损过半，影响润滑效果。采用连续式的感应加热就不会出现类似的现象。

### 3. 模具的预热和冷却

① 模具的预热。温挤压用的模具在挤压之前要进行预热，原因有二：一是由于坯料与冷模具的温度差，会使模具和坯料接触面与模中心层产生温度差，形成温度应力，当温度应力的方

向与挤压变形时模具所形成的拉应力方向相同时，则加剧了模具破裂的趋势；二是坯料与冷模具的温度差，会使坯料迅速降温，变形抗力增大，给挤压造成困难。因此，在开始挤压前，需对与坯料直接接触的凹模、凸模和顶件杆等模具零件进行预热。预热方法有：在模具上安装专门的电阻预热器，或者用喷灯或在模具上放烧红的钢块进行预热。预热温度视温挤压温度而定。

② 模具的冷却。温挤压模具在连续生产过程中，温度迅速上升，当模具的温度达到其回火软化温度时，在很高的挤压应力的作用下，模具会发生变形，表面硬度下降，这会使模具迅速失效。因此，必须对模具进行充分的冷却，使其维持在200℃左右，保证其性能的发挥。

由于外部喷射冷却水，会严重影响润滑剂的作用，所以温挤压模具的冷却方式主要是采用模内循环冷却装置，而不能采用外部的喷射冷却，以免坯料迅速降温，使挤压无法进行。

## 六、温挤压用模具材料和温挤压模具

### 1. 温挤压用模具材料

因为温挤压时金属的变形特点兼具了冷、热挤压时的特点，因此，模具升温后模具材料的屈服极限应高于挤压时作用在模具上的单位挤压力；在高温下具有足够的耐磨性；温挤压时模具承受一定程度的冲击，故模具材料应有足够的韧性，防止裂纹产生；要求有较好的物理性能，如热膨胀率小，热导率大，比热容大。

温挤压用模具材料选用可根据成形温度、单位挤压力等参数在冷挤压模具材料和热挤压模具材料中选取，见表6-26。

表6-26 温挤压模具材料

| 模具材料 | 淬火温度/℃ | 回火温度/℃ | 使用硬度/HRC | 温挤压温度/℃ |
|---|---|---|---|---|
| Cr12MoV | 1000～1050（空冷） | 450～550 | 55～58 | 200～400 |
| W18Cr4V | 1200～1240（油冷） | 550～700 | 50～63 | 200～800 |
| W6Mo5CrV2 | 1160～1270（油冷） | 550～680 | 50～63 | 200～800 |
| 3Cr2W8V | 1150～1250（油冷） | 550～600 | 48～52 | 650～850 |
| 5CrNiMo | 830～870（油冷） | 450～570 | 48～52 | 650～850 |

值得说明的是，在200～400℃范围内温挤压时，可以采用与冷挤压相同的模具材料，如Cr12MoV或高速钢W18Cr4V、W6Mo5CrV2和6W6Mo5Cr4V等。Cr12MoV作为冷挤压模具钢，其特点是强度高、耐磨性好，但在400～500℃以上温挤压时力学性能急剧下降，特别是在高温下的耐磨性下降较快，不能再作为温挤压模具材料使用。热作模具钢3Cr2W8V、5CrNiMo、5CrMnMo等，作为温挤压模具材料时，强度不高，高温下的耐磨性较差，但其韧性较好，在700～850℃温挤压，单位压力在1100MPa时，也是一种较好的温挤压模具材料。高速钢W18Cr4V、W6Mo5CrV2和6W6Mo5Cr4V等，回火温度较高，在高温下具有较高的硬度和耐磨性，在温挤压时注意模具预热和连续冷却，避免急冷急热，高速钢可作为一种较好的温挤压模具材料。其允许承受的单位挤压力可达2000～2200MPa。

### 2. 温挤压模具

温挤压模具在结构上与冷、热挤压模具基本相同。但基于温挤压兼具了冷、热挤压的特点，但其结构也有自己的特点，特别是模具的冷却系统设计，不能采用热挤压时的外部喷射冷却，应采用模内循环冷却系统。在选用模具材料时也与冷、热挤压有一定的区别。

#### （1）温挤压模具的结构特点

温挤压模具在挤压成形过程中，要经受高压及变形热的作用，最大单位变形力可高达

2000～2500MPa，在连续生产时模具温度可达300～500℃或更高。因此，作为温挤压模具应具备如下特点：

① 具有抗室温及中温破坏的足够的硬度、强度与韧性；

② 在反复变形力与热的作用下，必须具有高的抗磨损、耐疲劳性能；

③ 模具工作部分易损零件应装拆方便，固定可靠；

④ 在模具上应设计循环冷却系统，使凸模、凹模等模具工作零件充分冷却；

⑤ 所选用的模具材料应有良好的加工工艺性。

### （2）温挤压模具典型结构

如图6-31所示为反挤压模具简图。其基本结构与冷挤压模具相同。组合凹模采用三层预应力圈冷压合，其计算和压合过程见冷挤压。凸模采用螺母、锥套固定在上模板上，更换凸模时拆装方便，且固定可靠。

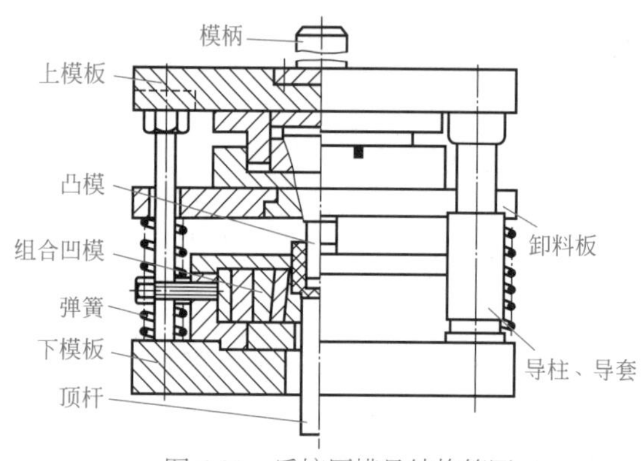


图6-31 反挤压模具结构简图

如图6-32所示为一联轴器零件的温挤压模具结构图。该模具的一个显著特点就是凸模拆装方便，固定可靠。图中可见，凸模23的外形尺寸较大，若采用螺母、衬套方法固定，加上凸模的重量，整套固定装置的重量会很大，不利于操作人员的拆装和更换。图中的凸模采用了斜楔固定方法，其固定方法是将凸模斜楔34插入上模座18的导槽，用手锤敲击斜楔，使斜楔的斜面与凸模的斜面配合，并利用自锁现象来固定凸模。该结构定位准确且更换方便，更换凸模时无需卸下斜楔，只要将其敲松便可卸下凸模。凸模的冷却采用外部喷雾冷却。凹模采用冷却水循环冷却，冷却水从冷却水管31注入，经预应力圈12和凹模13间的冷却水槽流出，使模具降温。

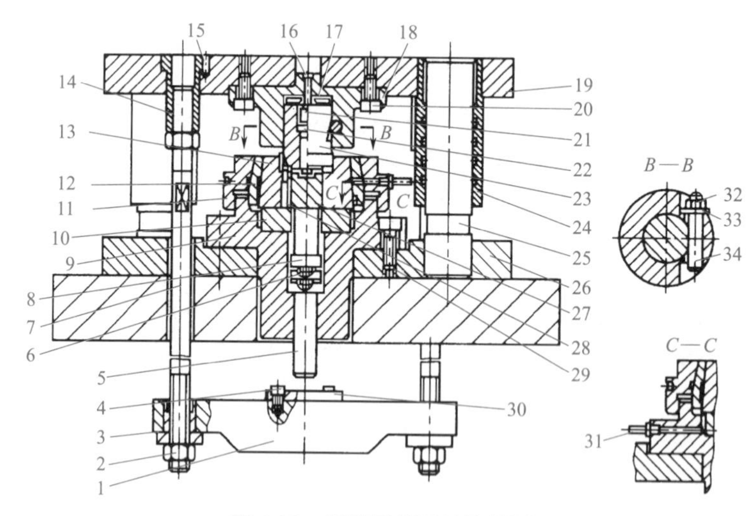


图6-32 温挤压模具结构简图

1—顶料板；2，32—螺母；3—拉杆下柱套；4，16，20，29—螺栓；5—顶杆；6—垫板；7—拉杆；8—成形顶杆；9—下模座；10—凹模垫板；11—下螺母；12—预应力圈；13—凹模；14—拉杆上衬套；15—圆衬套；17—凸模垫块；18—上模座；19—上模板；21—碟形弹簧；22—定位杆；23—凸模；24—导套；25—导柱；26—下模板；27—顶料块；28—小凸模；30—顶料垫板；31—冷却水管；33—垫圈；34—凸模斜楔

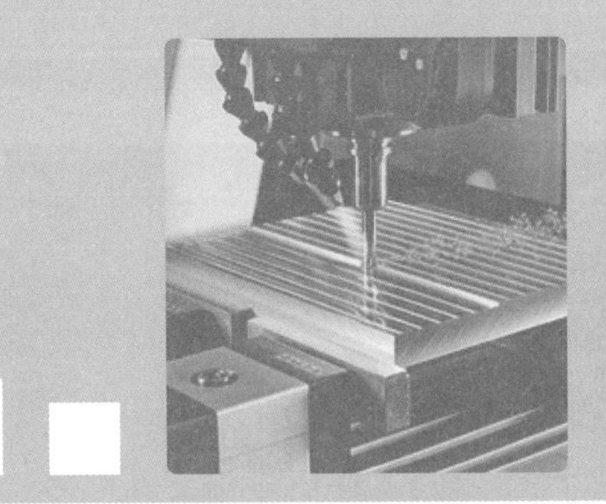

# 第七章

# 成形加工

成形，泛指除冲裁、弯曲、拉深等基本工序以外，用各种不同性质的局部变形来改变毛坯形状的冲压工序，包括胀形、旋压、翻边、扩（缩）口以及校平等。

## 第一节 胀 形

在外力（主要是拉应力）作用下使板料的局部材料厚度减薄而表面积增大，以得到所需几何形状和尺寸的制件的加工方法称为胀形。胀形可在制件或大或小的范围内进行。由于胀形时材料一般处于双拉应力状态，成形可能出现的问题是板料拉深破裂，而不会压缩失稳。

常见的胀形方式有：圆筒形坯件或管坯上成形凸肚或起伏波纹、起伏成形（平板毛坯压鼓包）、加强筋或图案文字及标记的局部成形、与弯曲结合一起的较大区域范围的拉胀以及与拉深结合一起的拉胀复合成形。

板坯局部胀形与浅拉深、宽凸缘拉深或带有胀形性质拉深等工艺的区别主要取决于成形部分尺寸与坯料尺寸之比$\dfrac{d}{D_0}$不同，如图 7-1 所示。图 7-1 中曲线以上为破裂区，曲线以下为安全区，线上为临界状态。此外，分界点还取决于材料的应变强化率、模具几何参数以及压边力大小，分界点一般约在$\dfrac{d}{D_0}=0.35\sim0.38$之间。

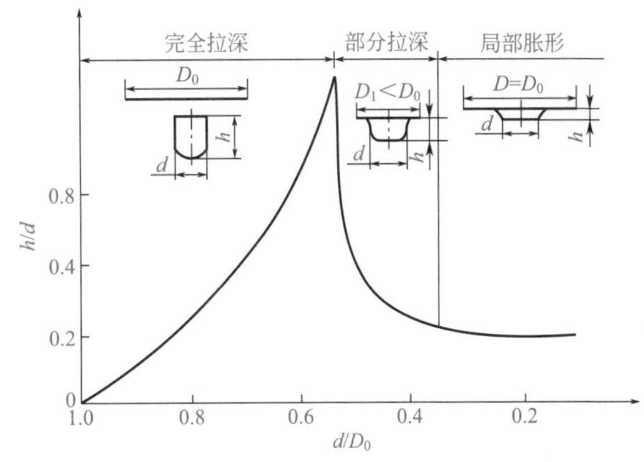


图 7-1 局部胀形与拉深的分界

## 一、胀形模具结构

### 1. 平板毛坯的局部胀形模具

平板毛坯的局部胀形模具采用刚性凸模为宜，模具结构简单，在这里不讨论。

### 2. 空心毛坯的胀形模具

（1）刚性凸模胀形

空心毛坯的刚性凸模胀形模具结构复杂，质量不高，一般用于工件要求不高，和形状简单的工件。如图 7-2 所示为刚性凸模胀形，分瓣凸模 3 在向下动时因锥形芯轴 5 的作用向外胀开，使毛坯 1 胀形成所需形状尺寸的工件。胀形结束后，分瓣凸模在顶杆 7 的作用下复位，拉簧使分瓣凸模合拢复位，便可取出工件。凸模分瓣越多，所得到的工件精度越高，但模具结构复杂，成本也较高。因此，用分瓣凸模刚性凸模胀形不宜加工形状复杂的零件。

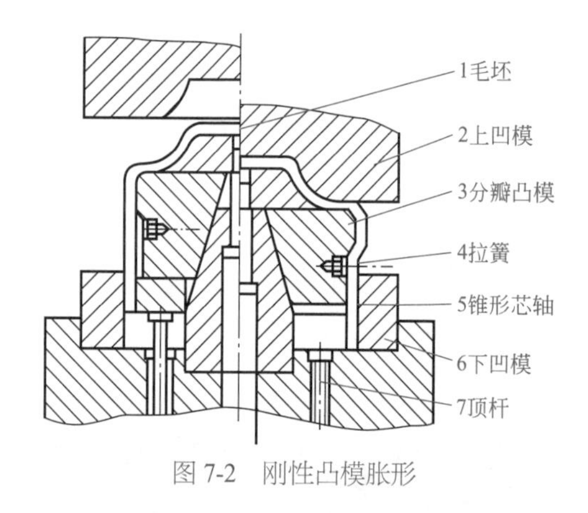


图 7-2　刚性凸模胀形

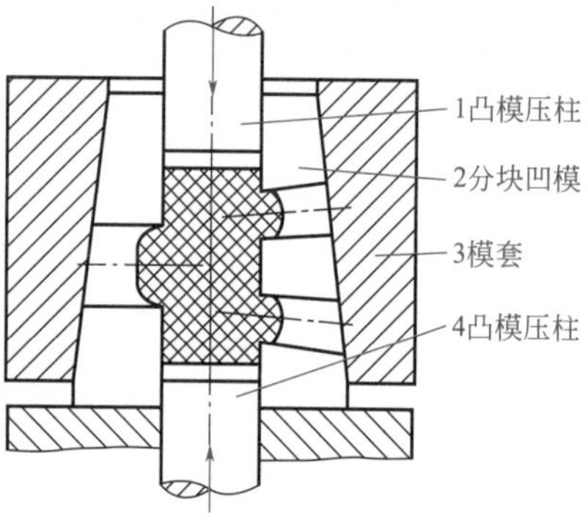

1凸模压柱
2分块凹模
3模套
4凸模压柱

图 7-3　自行车多通接头软模胀形

（2）软模胀形

软模胀形是以气体、液体、橡胶及石蜡等作为传力介质，代替金属凸模进行胀形的方法。软模胀形板料的变形比较均匀，容易保证工件的几何形状和尺寸精度要求，而且对于不对称的形状复杂的空心件也很容易实现胀形加工。因此软模胀形的应用比较广泛，并有广阔的发展前途。

如图 7-3 所示自行车多通接头软模胀形中，凸模压柱 1、4 将力传递给橡胶棒等软体介质，软体介质再将力作用于毛坯上使之胀形，材料向阻力最小的方向变形，并贴合于可以分开的分块凹模 2，从而得到所需形状尺寸的工件。冲床回程时，橡胶棒复原为柱状，下模推出分块凹模，取出工件。

## 二、圆柱形空心坯料的胀形

圆柱形空心坯料的胀形是将空心零件或管毛坯，在径向上向外扩张成形的一种冲压加工方法。用该法可以生产高压气瓶、波纹管、带轮、三通接头以及其他一些异形空心件。

### 1. 胀形方法与模具说明（表 7-1）

胀形使用的毛坯一般经过几次拉深，金属已有硬化现象，因此，胀形前应退火。胀形过程中，在对毛坯径向施加压力的同时，如果也在轴向加压，可以增大胀形成形极限。对毛坯变形区进行局部加热也会增大胀形成形极限。

表 7-1　胀形方法与模具说明

| 胀形方法 | 模具简图 | 方 法 说 明 |
| --- | --- | --- |
| 圆柱形空心坯料的胀形 | 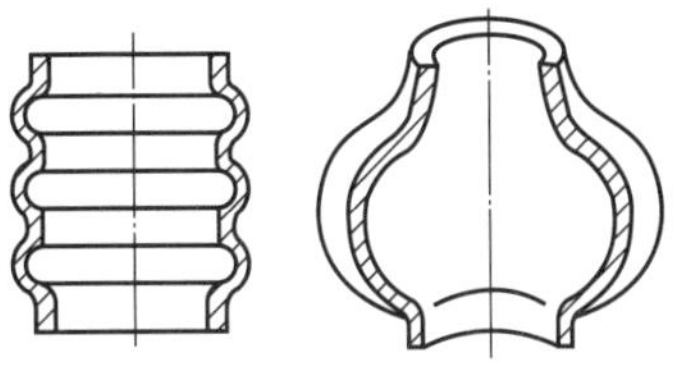 (a)　(b) | 圆柱形空心坯料的胀形是将直径较小的圆柱形空心毛坯（管状或桶状），在半径方向上向外扩张成曲面空心零件的胀形方法。用这种方法可以生产各种形状复杂的零件（如左图所示）。胀形时一般用可分式凹模，以便于成形后取出零件。凸模可以采用多种介质 |
| 刚体分辨凸模胀形 | 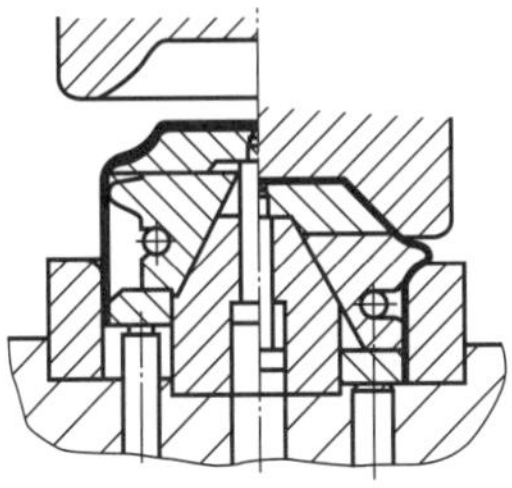  | 对圆柱形空心毛坯胀形时，可以采用刚体凸模，但凸模需要分瓣，如左图所示。刚体凸模结构较复杂，难以得到精度较高的零件，所以生产中常用软模进行圆柱形空心毛坯胀形。软模介质有橡胶、PVC 塑料、石蜡、高压液体和压缩空气等 |
| 橡胶凸模胀形 | 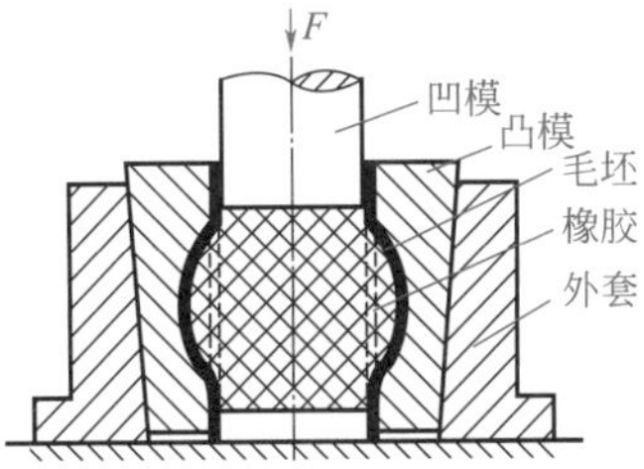  | 如左图所示是聚氨酯橡胶凸模胀形。优点是模具结构简单。零件变形均匀，容易保证几何形状，便于成形复杂的空心件。橡胶胀形方法应用很普遍，如高压气瓶、自行车架中的接头、火箭发动机上的异形空心件等 |
| PVC 塑料凸模胀形波纹套 | 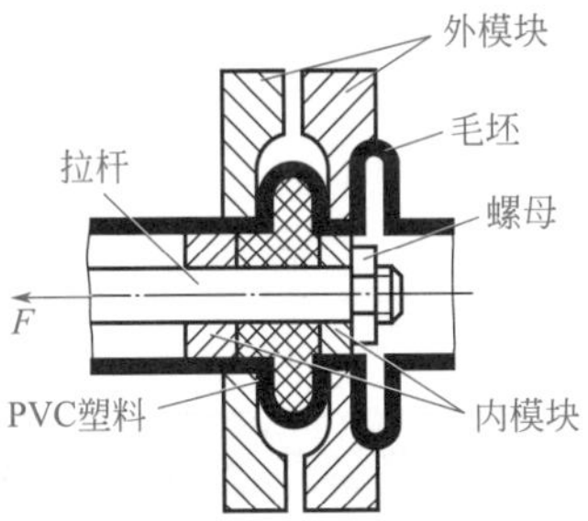  | PVC 塑料胀形原理（如左图所示）与橡胶胀形相似，PVC 塑料也是一种优质传压介质，主要由聚氯乙烯树脂、增塑剂和稳定剂三种成分组成 |
| 石蜡胀形 | 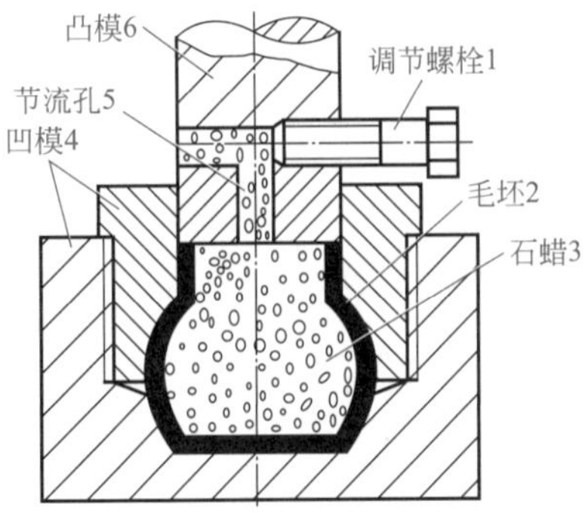  | 如左图所示是石蜡胀形。胀形前先将碾碎的石蜡装入毛坯 2 中（亦可将石蜡熔化后注入毛坯），然后凸模 6 下压毛坯和石蜡，当石蜡所受压力超过一定数值后，会由节流孔 5 溢出，同时迫使毛坯贴靠凹模成形。调节螺栓 1 用来调节节流孔大小，控制石蜡压力并保证模具正常工作。石蜡胀形的优点是毛坯和石蜡同时受轴向压力作用，成形极限比一般胀形方法大。石蜡的熔点为 60 ～ 80℃，成形后，零件内的石蜡在 90 ～ 100℃热水中脱除，并可回收使用。脱蜡后，零件表面黏附一层石蜡薄膜，需要在 90 ～ 100℃的 5% ～ 10% 的苛性钠溶液中洗涤 3 ～ 5min |

续表

| 胀形方法 | 模具简图 | 方法说明 |
|---|---|---|
| 液压胀形 | 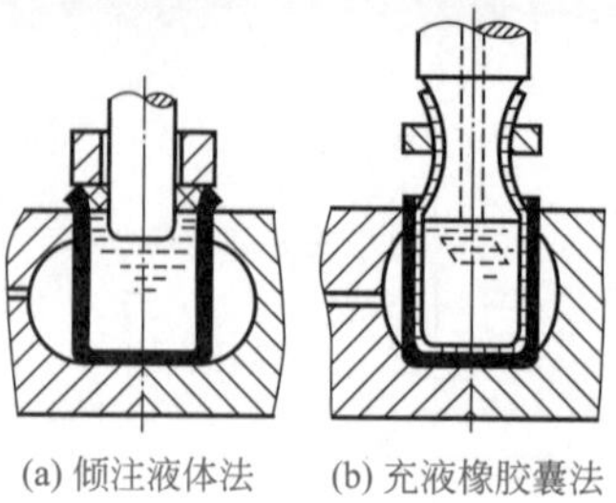 (a) 倾注液体法 (b) 充液橡胶囊法 | 如左图所示是液压胀形。毛坯放在凹模内，利用高压液体充入毛坯空腔，使其直径胀大，最后贴靠凹模成形。液压胀形传力均匀、成本低、表面质量好，适于中、大型零件成形，胀形直径可达 200 ～ 1500mm |
| 锥形空心件胀形 | 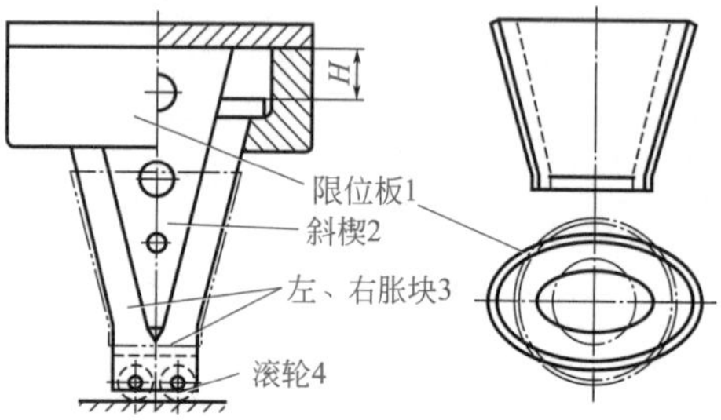 限位板1 斜楔2 左、右胀块3 滚轮4 $H$ | 如左图所示是由圆锥形空心件胀形成椭圆形的模具，本身无凹模；将半成品套在模具上，当压力机滑块压下时，斜楔 2 迫使左、右胀块 3 撑开，胀块下端由滚轮 4 支承在垫板上向外滑动，上端由限位板 1 限制，达到最低位置 $H$ 时，将工件扩胀成形 |

## 2. 胀形变形程度

胀形时的变形程度可用胀形系数 $K$ 表示：

$$K=\frac{d_{max}}{d_0}$$

式中 $d_{max}$——胀形后制件的最大直径，mm；

$d_0$——毛坯原始直径，mm。

由于材料塑性的限制，胀形存在一个变形极限，可用极限胀形系数表示。表 7-2 列出了部分材料的极限胀形系数值。

表 7-2　极限胀形系数

| 材料 | 厚度 /mm | 材料许用伸长率 $\delta$/% | 极限胀形系数 $K$ |
|---|---|---|---|
| 高塑性铝合金（如 3A21 等） | 0.5 | 25 | 1.25 |
| | 1.0 | 28 | 1.28 |
| | 1.2 | 32 | 1.32 |
| | 2.0 | 32 | 1.32 |
| 低碳钢（如 08F、10 钢及 20 钢） | 0.5 | 20 | 1.20 |
| | 1.0 | 24 | 1.24 |
| 耐热不锈钢（如 1Crl8Ni9Ti 等） | 0.5 | 26 ～ 32 | 1.26 ～ 1.32 |
| | 1.0 | 23 ～ 34 | 1.28 ～ 1.34 |
| 黄铜（如 H62、H68 等） | 0.5 ～ 1.0 | 35 | 1.35 |
| | 1.5 ～ 2.0 | 40 | 1.40 |

胀形的极限变形程度主要取决于变形的均匀性和材料的塑性。材料的塑性好，加工硬化指数 $n$ 值大，变形均匀，对胀形则有利。模具工作部分表面粗糙度值小、圆滑无棱以及良好的润滑，都可使材料变形趋于均匀，因此可以提高胀形的变形程度。反之毛坯上的擦伤、划痕、皱纹等缺陷则易导致毛坯的拉裂。

在对毛坯径向施加压力胀形的同时，也在轴向加压的话，胀形变形程度可以增大。因此为了得到较大的变形程度，在胀形时常常施加轴向推力使管坯压缩。此外，对毛坯进行局部加热（变形区加热）也会增大变形程度。

### 3. 坯料尺寸计算

胀形的坯料尺寸如图 7-4 所示。坯料直径 $d_0$ 由下式计算

$$d_0 = \frac{d_{\max}}{K}$$

圆柱形空心坯料胀形时，为增加材料在圆周方向的变形程度和减少材料的变薄，坯料两端一般不固定，使其自由收缩，故毛坯长度 $L_0$ 应比制件长度增加一定收缩量。$L_0$ 计算式如下：

$$L_0 = L[1 + (0.3\sim0.4)\delta] + \Delta l$$

式中　$L$——制件母线长度，mm；

$\delta$——制件切向最大伸长率，$\delta = \frac{d_{\max} - d_0}{d_0}$；

$\Delta l$——修边余量，约为 10 ～ 20mm。

波纹管的毛坯计算可按表面积相等考虑，再根据胀形系数大小对管坯变薄的影响进行适当修正。

### 4. 胀形方法

按照胀形模具的不同，圆柱形空心坯料的胀形方法可分为刚模胀形、半刚性模胀形以及软模胀形。半刚性模胀形采用钢球和砂子作为填充物来进行胀形，操作相对较麻烦。下面主要介绍刚模胀形和软模胀形。

#### （1）刚模胀形

胀形凹模一般采用可分式，凸模为刚性分块式（由楔状心块将其分开）。刚模胀形时，模瓣和毛坯之间有较大的摩擦，材料受力不均，制件上易出现加工痕迹，也不便加工复杂的形状。增加模瓣数目可以使变形均匀，提高加工精度，但模瓣数目太多后效果不明显。一般模瓣数目在 8 ～ 12 块之间。如图 7-5 所示为刚模胀形。

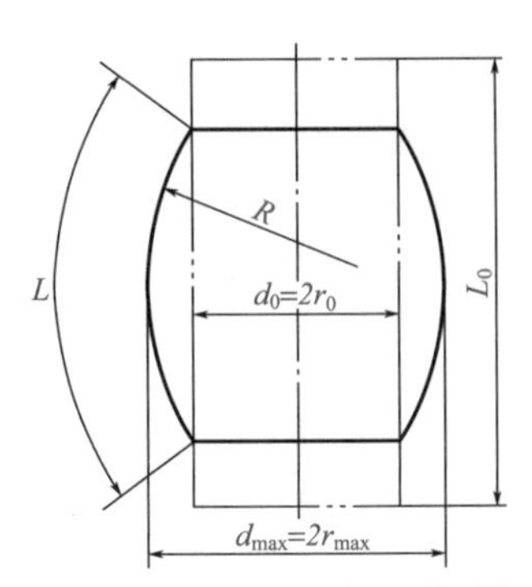

图 7-4　圆柱形空心坯料胀形坯料尺寸

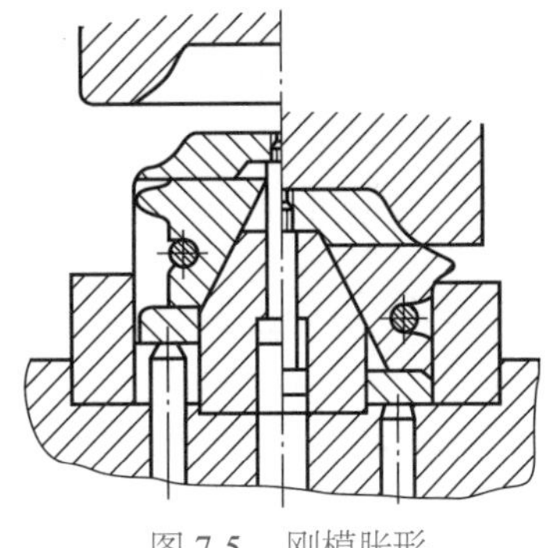
图 7-5　刚模胀形

### （2）软模胀形

利用弹性体或流体代替凸模或凹模压制金属板料、管料的冲压方法称为软模成形。软模成形可用于冲裁、弯曲、拉深、胀形等多种工艺。对胀形而言，软模胀形制件上无痕迹，变形比较均匀，便于加工复杂的形状，所以应用较多。

弹塑性材料通常用天然橡胶或聚氨酯橡胶，后者耐油、耐磨和耐温性较好，因此使用更多。此外也有用 PVC 塑料胀形的。PVC 塑料虽然弹性和强度均不如聚氨酯橡胶，但价格比较低廉。利用液体作为软体凸模进行薄板或管坯的胀形方法称为液压胀形，液体通常是用油、乳化液、水等。液压胀形可得到较高压力，且作用均匀，容易控制，可以成形形状复杂、表面质量和精度要求高的零件。缺点是机构复杂，成本高。

近年来发展了玻璃基复合材料作为热流体用于热态成形，取得良好效果。当超塑材料成形时，由于变形抗力低，有时也用气压成形。另外，还有将液体装在橡胶囊内的皮囊成形。

软模胀形有以下特点：

① 不会划伤板坯表面。

② 可以省去一个凸模或凹模，降低了模具制造精度要求。

③ 生产率较低，适合于批量不大的冲压件生产。

④ 软模胀形可用于制造某些特殊形状的零件，如波纹管等。

⑤ 采用液压胀形时工件在高压液体作用下成形，实际上可以起到水压试验的作用，保证工件有良好的质量。

如图 7-6 所示为聚氨酯橡胶胀形。零件毛坯尺寸为 $\varphi$39mm×100mm×2.5mm 的管材，经磷化 - 皂化处理后胀形。聚氨酯橡胶棒尺寸为 $\varphi$32mm×100mm。冲压时上下凸模同时作用于坯料和橡胶棒，在凸模挤压橡胶棒使零件成形的同时，上下凸模的边缘推动坯料流动，以补充成形需要的材料。

如图 7-7 所示为波纹管液压胀形。将管坯安装在弹性夹头和夹紧胎之间，夹紧管坯使成形时液体不会由夹头处流出。可分栅片式凹模按一定距离均匀排列，当管内通入液体并使管坯稍微起鼓后，沿轴向推压管端，直到栅片式凹模靠紧，这时管内多余液体通过溢流阀排出。成形完毕，卸去液压，松开弹性夹头，打开栅片式凹模，取出波纹管并进行清洗。波纹管胀形系数一般可取 1.3 ～ 1.5。

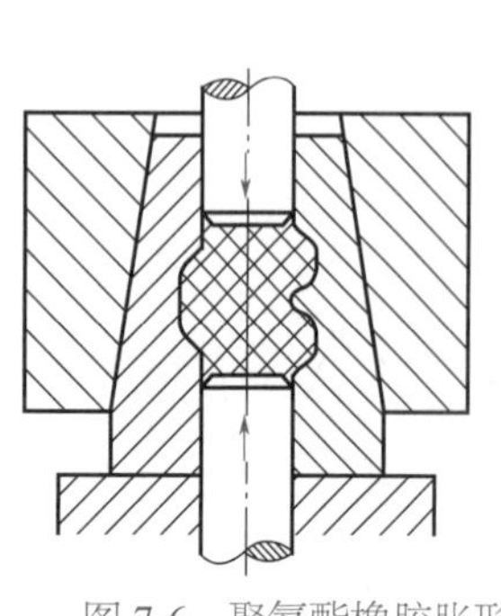

图 7-6　聚氨酯橡胶胀形

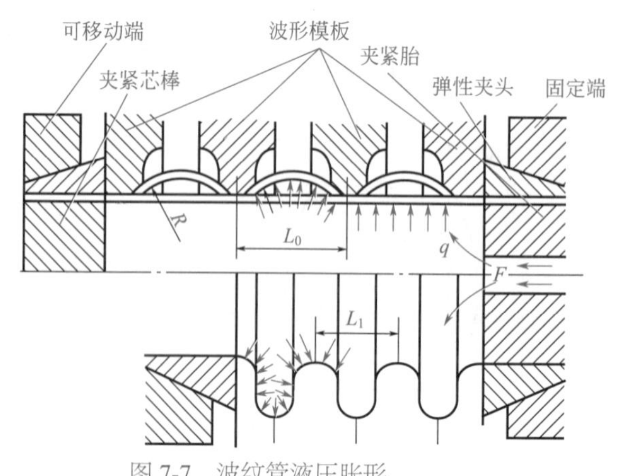


图 7-7　波纹管液压胀形

### 5. 胀形力

胀形力可按下式计算：

$$F = pA$$

式中　$F$——胀形力，N；

$p$——胀形单位压力，MPa；

$A$——胀形面积，$mm^2$。

胀形单位压力 $p$ 由下式计算：

$$p = 1.15S\frac{2t}{D}$$

式中　$p$——胀形单位压力，MPa；

$S$——胀形变形区正应力，近似计算可取为材料抗拉强度 $\sigma_b$，MPa；

$D$——胀形最大直径，mm；

$t$——坯料原始厚度，mm。

液压胀形时液体压力可按下式计算：

$$p = \frac{20\sigma_b t}{d_{min}}$$

式中　$\sigma_b$——材料的抗拉强度，MPa；

$t$——材料厚度，mm；

$d_{min}$——管料最小直径，mm。

### 6. 高内压胀形

传统液压胀形的液体压力小于 30MPa。随着高压液压系统以及相关技术的发展，内压高达 200 ～ 400MPa，甚至达 1000MPa 的“高内压胀形”得到发展。高内压胀形不仅可以简化模具结构，而且可以成形出其他方法不能制造的复杂、异形中空工件，如用于航空航天和汽车领域的沿构件轴线变化的圆形、矩形截面或各种异形截面空心构件，汽车排气系统异形管件、非圆形截面空心框架等。

与传统液压胀形相比，高内压胀形一般具有独立控制的轴向送进内压和背压，通过内部加压和轴向进给补料把管坯压入到模具型腔使其成形。如图 7-8 所示为高内压成形工艺过程，首先将管坯放入下模，闭合上模，然后在管坯内充满液体并开始加压，在加压的同时管坯在两端轴向推杆的作用下送料进给，两者保持特定的匹配关系，最终使管坯成形。对于轴线为曲线的构件，需要把管坯预弯成接近零件形状，再加压成形。

应用管材高内压胀形，可一次成形出复杂截面及轴线形状的空心构件，从而减少零件和模具数量，降低模具费用。由于坯料是空心管坯，可以大大减轻零件重量、节约材料。内高压成形件与机加工件相比，可减重 40% ～ 50%，如图 7-9 所示的空心阶梯轴。

与传统的板材成形等方法相比，高内压胀形需要大型且昂贵的液压装置和压机设备，技术难度高。此外，由于高内压胀形时的压力上升速度受限，单一成形过程一般要 20s 以上。

高压流体通常使用水或液压油，在某些特殊情况下也可使用气体、低熔点金属、粉末、黏性聚合物等。适用于冷成形的材料均适用于内高压成形工艺，如碳钢、不锈钢、铝合金、钛合金、铜合金及镍合金等。

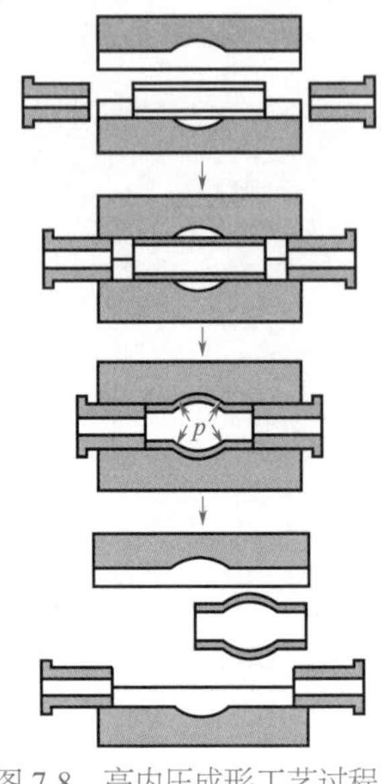


图 7-8　高内压成形工艺过程

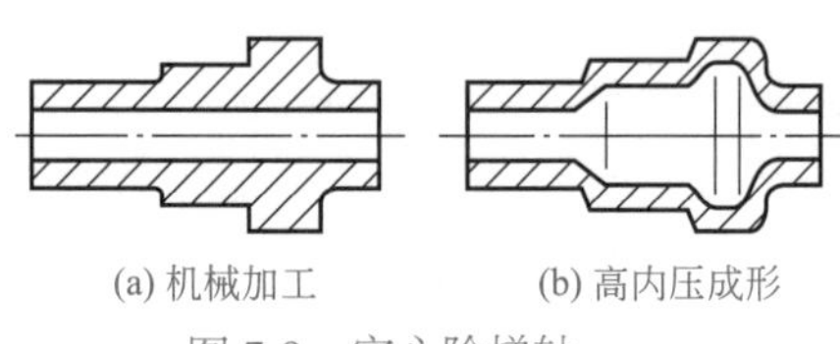

(a) 机械加工　　(b) 高内压成形

图 7-9　空心阶梯轴

## 三、起伏成形

平板毛坯在模具的作用下发生局部胀形而形成各种形状的凸起或凹下的冲压方法称为起伏成形，起伏成形主要用于加工加强筋、局部凹槽、文字、花纹等，如图 7-10 所示。

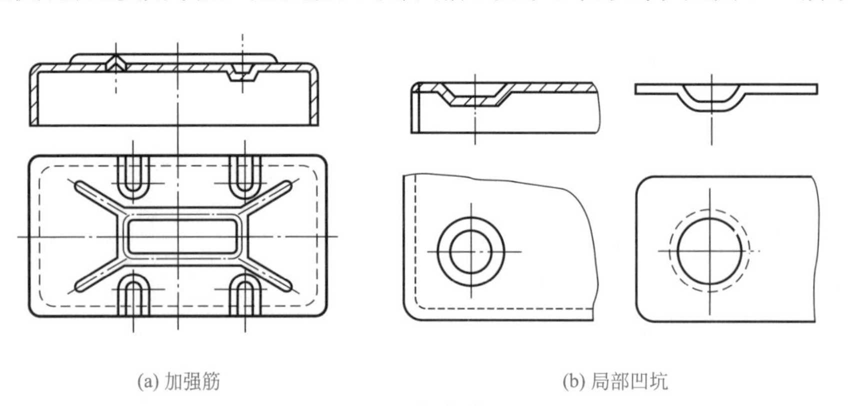

(a) 加强筋　　(b) 局部凹坑

图 7-10　起伏成形

由宽凸缘圆筒形零件的拉深可知，当毛坯的外径超过凹模孔直径的 3 ～ 4 倍时，拉深就变成了胀形。平板毛坯起伏成形时的局部凹坑或凸台，主要是由凸模接触区内的材料在双向拉应力作用下的变薄来实现的，如图 7-11 所示。起伏成形的极限变形程度，多用胀形深度表示，对于形状比较简单的零件可以近似地按单向拉伸变形处理，即：

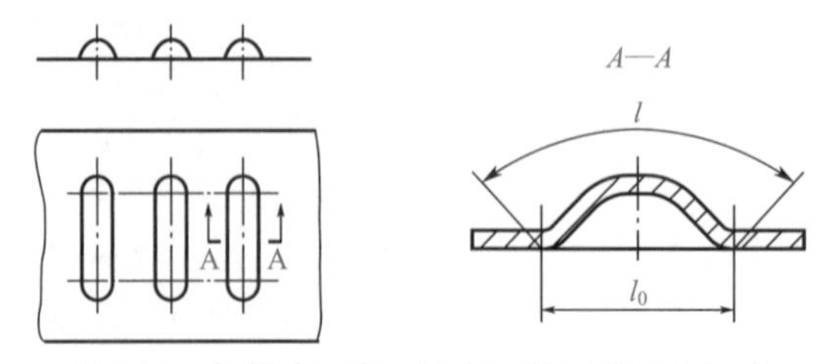


图 7-11　起伏成形变形区变形前后截面的长度

$$\varepsilon_{极} = \frac{l_1}{l_2} \times 100\% \leqslant K\delta$$

式中　$\varepsilon_{极}$——起伏成形的极限变形程度；

$\delta$——材料单向拉伸的伸长率；

$l_1$，$l_2$——起伏成形变形区变形前后截面的长度，mm；

$K$——形状系数，加强筋 $K$=0.7 ～ 0.75，半圆加强筋取大值，梯形加强筋取小值。

在计算时如果满足上式的条件，即可一次成形；否则，可先压制弧形过渡形状，可以采用如图 7-12 所示的两次胀形法：第一次用大直径的球头凸模使变形区达到在较大范围内聚料和均化变形的目的，得到最终所需的表面积材料；第二次成形到所要求的尺寸。如果制件圆角半径超过了极限范围，还可以采用先加大胀形凸模圆角半径和凹模圆角半径，胀形后再整形的方法成形。另外，降低凸模表面粗糙度值、改善模具表面的润滑条件也能取得一定的效果。

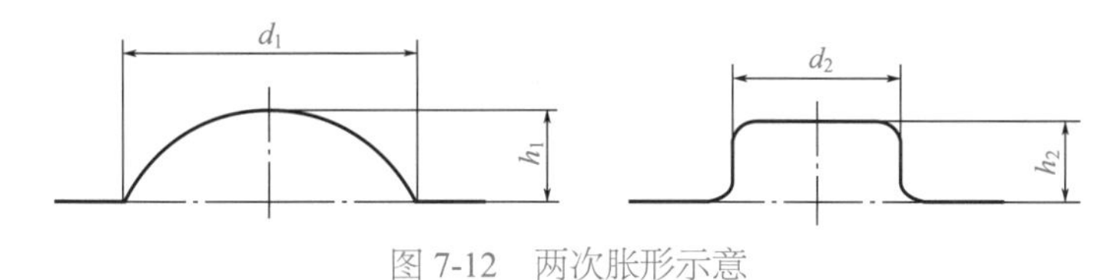


图 7-12　两次胀形示意

### 1. 起伏成形的种类

在成形模腔中的毛坯，在凸模冲击下，按既定模腔形状，产生局部的凹下与凸起，达到成形的目的，通称起伏。在现场进行这类起伏加工的零件主要有：

① 压制不同类型与断面形状的加强筋；

② 打凸包；

③ 压花，如艺术装饰品的浮雕、像章、纪念章；

④ 压字、压标志；

⑤ 弹性元件膜盒、膜片。

上述各种起伏作业，应用广泛。特别是压加强筋，是用薄料取代厚料制造各种容器、车辆、门窗等产品的主要工艺手段。这种平板起伏作业，除用普通全钢冲模外，用橡胶或液体的软模也相当普遍。

### 2. 起伏成形的变形程度

起伏成形大多采用金属模压制，对于较薄材料、较小批量的工件，则用橡胶模、聚氨酯模成形。如图 7-13（a）所示盖板，采用 1mm 厚的 Q235A 制成，要在直径为 220mm 的材料表面压制一个球径为 150mm 的鼓包。考虑到零件属于宽凸缘球形拉深件，球冠高度不大，属于浅球形件，因此采用 7-13（b）所示简易橡胶模成形。

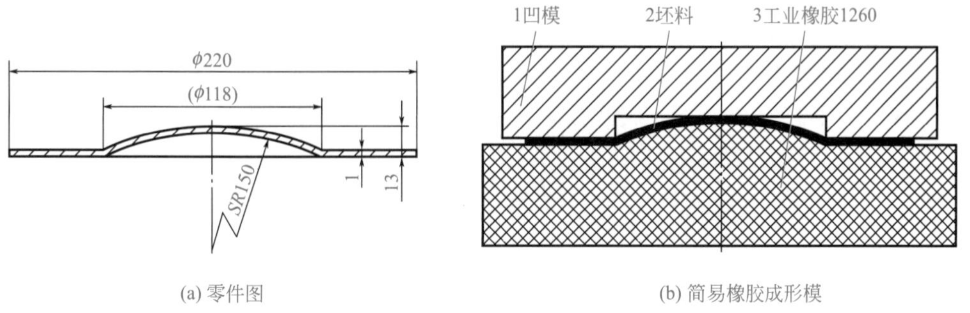


(a) 零件图　　(b) 简易橡胶成形模

图 7-13　简易橡胶成形模结构示意图

整个模具置于J53-160摩擦压力机上工作，橡胶3置于压力机工作台上，坯料2放在橡胶3上，凹模1放在坯料2上，操纵压力机使其上滑块打击凹模1几次，通过凹模1的压力使橡胶3产生弹性变形，便可使坯料2胀形成所需零件。

由于各种起伏成形是让材料承受拉伸应力，使其减薄而起伏成形。为使起伏加工中保证材料不破裂，应按下式控制其变形程度 $K_{伏}$。

$$K_{伏}=\frac{L-L_0}{L}\times 100\% \leqslant 0.75\delta_5$$

式中　$L$——起伏成形后沿截面的材料长度，mm；

$L_0$——起伏成形前原材料长度，mm；

$\delta_5$——材料的伸长率，%。

## 3. 压筋与打凸

### （1）压加强筋

常见的加强筋形式和尺寸见表7-3。加强筋结构比较复杂，所以成形极限多用总体尺寸表示。当加强筋与边框距离小于（3～3.5）$t$ 时，由于在成形过程中，边缘材料要向内收缩，成形后需增加切边工序，因此应预留切边余量。多凹坑胀形时，还要考虑到凹坑之间的影响。

表7-3　加强筋形式和尺寸

| 简图 | $R$ | $h$ | $r$ | $B$ 或 $D$ | $\alpha$ |
| --- | --- | --- | --- | --- | --- |
| （图：R, h, t, r, B） | （3～4）$t$ | （2～3）$t$ | （1～2）$t$ | （7～10）$t$ | |
| （图：α, D, t, r, h） | | （1.5～2）$t$ | （0.5～1.5）$t$ | ≥3$h$ | 15°～30° |

用刚性凸模压制加强筋的变形力按下式计算：

$$F=KLt\sigma_b$$

式中　$F$——变形力，N；

$K$——系数，$K$=0.7～1，加强筋形状窄而深时取大值，宽而浅时取小值；

$L$——加强筋的周长，mm；

$t$——料厚，mm；

$\sigma_b$——材料的抗拉强度，MPa。

软模胀形的单位压力可按下式近似计算（不考虑材料厚度变薄）：

$$p=K\frac{t}{R}\sigma_b$$

式中　$p$——单位压力，MPa；

$K$——形状系数，球面形状 $K$=2，长条形筋 $K$=1；

$R$——球半径或筋的圆弧半径，mm；

$\sigma_b$——材料的抗拉强度（考虑材料硬化的影响），MPa。

推荐的压加强筋与打凸尺寸见表 7-4、表 7-5。

表 7-4　压加强筋和打凸尺寸

| 名称 | 压加强筋与打凸简图 | 相关尺寸 | | | | |
|---|---|---|---|---|---|---|
| | | $R$ | $h$ | $B$ 或 $D$ | $r$ | $\alpha$ |
| 加强筋 | 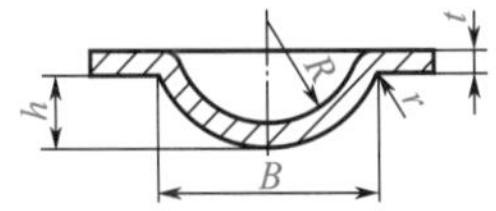 | $(3\sim4)t$ | $(3\sim2)t$ | $(7\sim10)t$ | $(1\sim2)t$ | — |
| 打凸 | 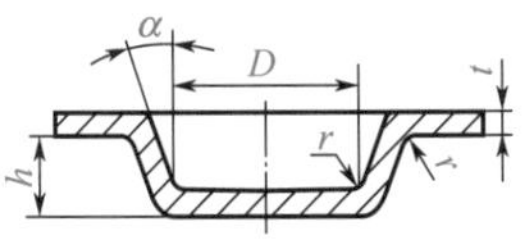 | — | $(2\sim1.5)t$ | $\geqslant 3h$ | $(0.5\sim1.5)t$ | $15°\sim30°$ |

表 7-5　打凸包间距及边距

| 打凸包简图 | $D$/mm | $L$/mm | $l$/mm |
|---|---|---|---|
| 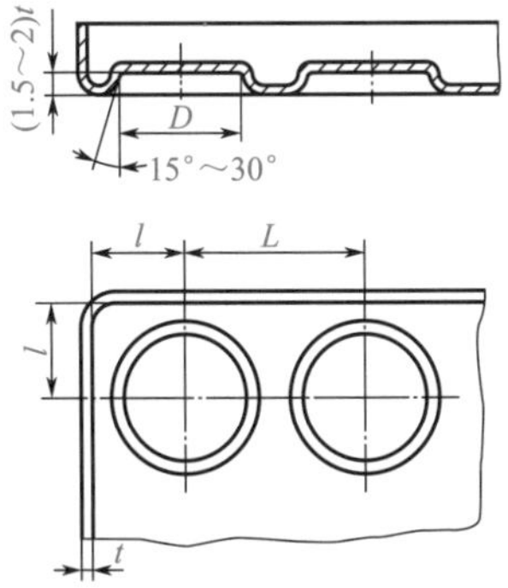 | 6.5 | 10 | 6 |
| | 8.5 | 13 | 7.5 |
| | 10.5 | 15 | 9 |
| | 13 | 18 | 11 |
| | 15 | 22 | 13 |
| | 18 | 26 | 16 |
| | 24 | 34 | 20 |
| | 31 | 44 | 26 |
| | 36 | 51 | 30 |
| | 43 | 60 | 35 |
| | 48 | 68 | 40 |
| | 55 | 78 | 45 |

### （2）压凹坑

压凹坑时，成形极限常用极限胀形深度表示，如果是纯胀形，凹坑深度因受材料塑性限制不能太大。用球头凸模对低碳钢、软铝等胀形时，可达到的极限胀形深度 $h$ 约等于球头直径 $d$ 的 1/3。用平头凸模胀形可能达到的极限深度取决于凸模的圆角半径，其取值范围见表 7-6。

表 7-6　平板毛坯压凹坑的极限深度

| 简　图 | 材　料 | 极限深度 $h$ |
|---|---|---|
| | 软钢 | $\leqslant(0.15\sim0.20)d$ |
| | 铝 | $\leqslant(0.10\sim0.15)d$ |
| | 黄铜 | $\leqslant(0.15\sim0.22)d$ |

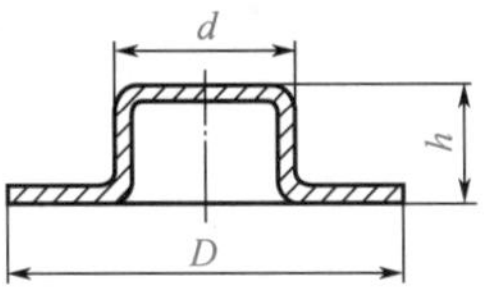

若工件底部允许有孔，可以预先冲出小孔，使其底部中心部分材料在胀形过程中易于向外流动，以达到提高成形极限的目的，这有利于达到胀形要求。

### 4. 压筋起伏的冲压力计算

冲制加强筋及类似成形冲压时，所需冲压力推荐用下式进行近似计算：

$$F = K_{j}Lt\sigma_{b}$$

式中　$F$——所需冲压力，N；

$L$——加强筋长度，mm；

$\sigma_b$——冲压材料抗拉强度，MPa；

$t$——零件料厚，mm；

$K_j$——与加强筋尺寸相关系数，一般取 0.7 ～ 1，当筋的宽深比小于 2 时，取 0.7。

## 四、张拉成形

有许多曲率半径很大的钣金件，如某些汽车覆盖件和飞机蒙皮等，冲压时底部曲面的变形性质属于胀形，但曲面变形量小。此类件脱模后的弹复常使曲面变平，造成较大形状误差。

大曲率半径胀形的汽车覆盖件，一般生产批量较大，通常在压力机上用冲模冲压成形。为了解决曲面弹复，采取增大进料阻力的工艺措施（如调整压边力、使用拉深筋和增大毛坯尺寸等）提高曲面变形程度，并采用屈强比 $\sigma_s/\sigma_b$ 较小的板料。

对于飞机蒙皮等多品种、小批量曲面零件，常采用张拉成形，简称拉形。张拉成形的优点是零件弹复小，模具结构简单，可以防止因曲面变形量小而在零件表面产生滑移线痕迹，同时还能提高零件刚性。缺点是生产率低，原材料消耗大，需要专用设备。

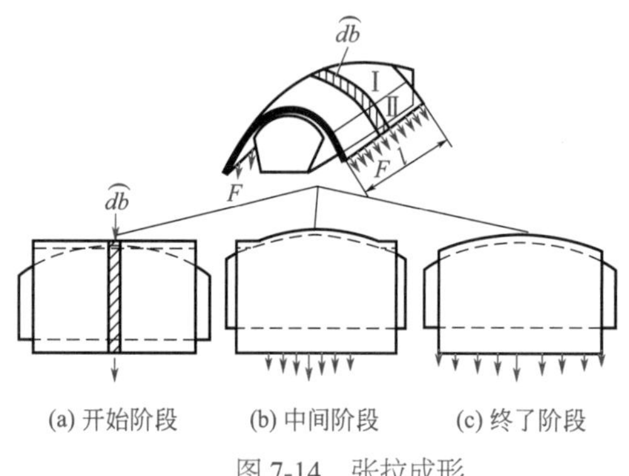

图 7-14　张拉成形

张拉成形原理与拉弯相似，如图 7-14 所示。在毛坯贴靠凸模曲面成形时，对毛坯附加张拉力 $F$，增大材料变形程度，同时改变贴模时毛坯截面上的变形分布情况，从而减少零件的弹复量。

张拉成形时，毛坯分为成形区Ⅰ和悬空部分的传力区Ⅱ。传力区不与模具接触，没有模具表面的摩擦作用，另外，传力区在夹头附近还有应力集中，因此，成形时容易在此区域发生拉破现象。

设想毛坯和零件划分成许多宽度为 $\widehat{db}$（如图 7-14 和图 7-15 所示）的狭窄条带，并以拉形系数 $K_1$ 表示变形程度。

$$K_1 = l_{max} / l_0$$

式中　$l_{max}$——零件脊背最高处条带的长度，mm；

$l_0$——条带的原始长度，mm。

因为　$l_{max} = l_0 + \Delta l$，所以

$$K_1 = 1 + \Delta l / l_0 = 1 + \delta_1$$

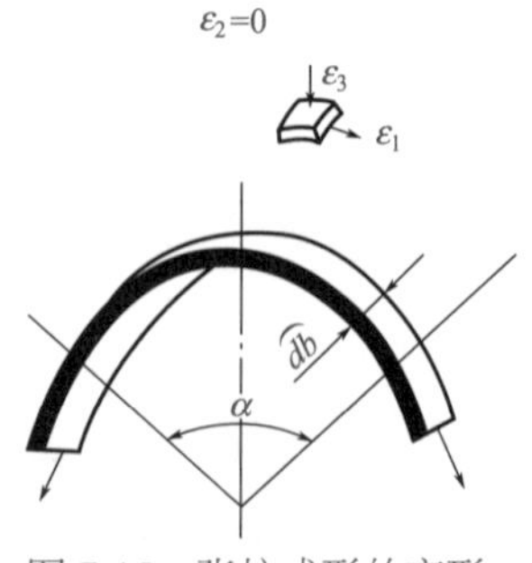

图 7-15　张拉成形的变形

式中　$\Delta l$——零件脊背最高处条带的伸长量，mm；

$\delta_1$——零件脊背最高处条带的伸长率。

传力区和变形区两个区域伸长变形不等，两者具有近似关系：

$$\delta_{cl} = \delta_1 e^{\mu\alpha/(2n)}$$

式中　$\delta_{cl}$——传力区的伸长率；

$\mu$——摩擦系数（一般取 $\mu$=0.15）；

$\alpha$——毛坯在模具上的包角，弧度；

$n$——应变硬化指数。

为了保证传力区不被拉破，规定：

$$\delta_{cl} \leqslant 0.8\delta$$

式中　$\delta$——单向拉伸试验时的材料伸长率。

所以，张拉成形极限可用极限拉形系数 $K_{lmax}$ 表示。

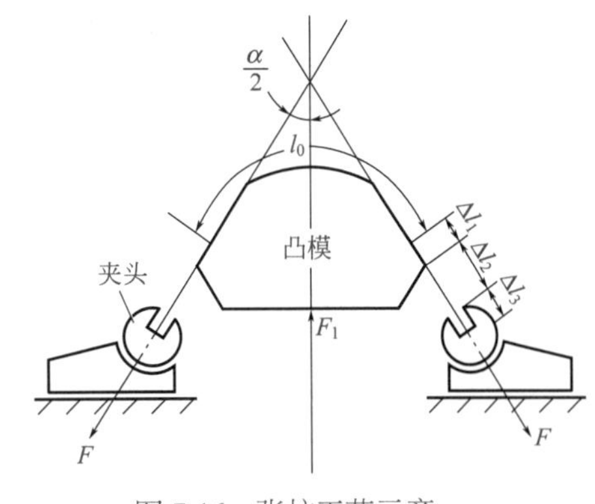

图 7-16　张拉工艺示意

$$K_{lmax} = 1 + 0.8\delta e^{-\mu\alpha/(2n)}$$

计算张拉成形的毛坯尺寸时，应本着节约的原则，在零件四周只留合理的最小余量，根据如图 7-16 所示，毛坯长度：

$$L = l_0 + 2(\Delta l_1 + \Delta l_2 + \Delta l_3)$$

式中　$l_0$——零件展开长度，mm；

$\Delta l_1$——修边余量，一般取 10 ～ 20mm；

$\Delta l_2$——凸模与夹口间过渡区长度，与设备和模具结构有关，一般取 150 ～ 200mm；

$\Delta l_3$——夹持长度，一般取 50mm。

毛坯宽度：

$$b = b_1 + 2\Delta l_4$$

式中　$b_1$——零件展开宽度，mm；

$\Delta l_4$——修边余量，一般取 20mm。

为了保证夹头附近材料不被拉破，一般取张拉力：

$$F=0.9\sigma_b A$$

式中　$\sigma_b$——材料的强度极限，MPa；

$A$——夹头夹紧材料的截面积，$mm^2$。

根据图 7-16 所示，凸模力 $F_1$ 为：

$$F_1=2F\cos(\alpha/2)$$

张拉成形模具结构比较简单，受力也小，所以，凸模除用钢材制作之外，也可用锌基合金、环氧树脂、混凝土和木材等材料制作。凸模宽度应比零件最大宽度大 15mm 以上，其曲面长度 $l_p$（如图 7-17 所示）按下式计算。

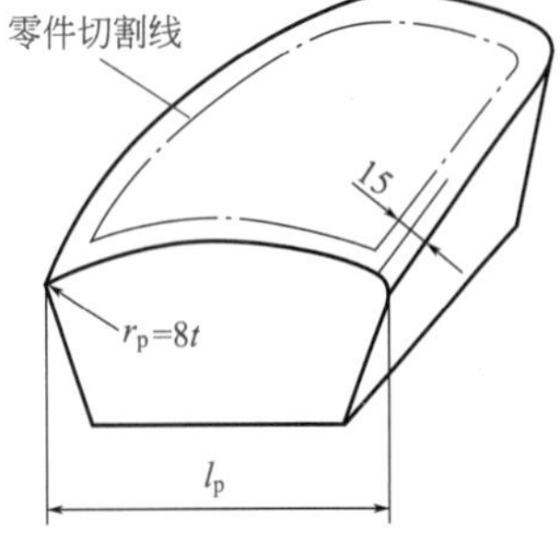

图 7-17　张拉零件切割线

$$l_p = l + 2r_p + 30$$

式中　$l$——零件曲面长度，mm；

$r_p$——凸模圆角半径，mm，$r_p \geqslant 8t$，$t$ 是料厚。

凸模高度与零件尺寸、形状及凸模材料有关，一般不应小于 300mm。

# 第二节 旋 压

旋压是借助赶棒、旋轮或压头对随旋压模转动的板料或空心零件的毛坯作进给运动并旋压，使其直径尺寸改变逐渐成形为薄壁空心回转体零件的特殊成形工艺。旋压主要分为普通旋压和薄旋压两种。前者在旋压过程中材料厚度不变，或只有少许变化，后者在旋压过程中壁厚减薄明显，又叫强力旋压。

旋压多用于搪瓷和铝制品工业中，在航天和导弹工业中应用也较广泛。近几十年来，随着工业的发展，在普通旋压的基础上，又发展了强力旋压（旋薄）工艺。

## 一、旋压成形的特点与基本类型

### 1. 旋压成形的特点

旋压成形工艺是一种多功能的特殊加工方法，可以对平板毛坯或空心坯件进行拉深、胀形、翻边、缩口、扩口等多种成形作业，尤其适于大中型空心薄壁零件的单件、中小批量的生产，而且使用的工艺装备标准化、系列化、通用化程度高，生产设备可用专用旋压机或普通车床，故生产成本低。虽生产效率不如压力机高，但在复杂形体的回转体空心件成形加工中，成本低，质量高，操作安全，噪声不大，对环境污染小，劳动条件好，技术经济与环保优势突出。

### 2. 旋压成形的基本类型

#### （1）普通旋压（亦称不变薄旋压）

在旋压过程中，普通旋压只改变毛坯形状，将毛坯旋压成预期成品形状，其料厚不变或基本不变，如图 7-18 所示。其优点是所使用的设备和工具都比较简单，但是它的生产率低，劳动强度大，所以限制了它的使用范围。

#### （2）强力旋压（亦称变薄旋压）

在旋压过程中，强力旋压不仅改变毛坯的形状而且要求或必然明显改变其料厚，如图 7-19 所示。分析图 7-19 强力旋压过程，可归纳成如下特点：

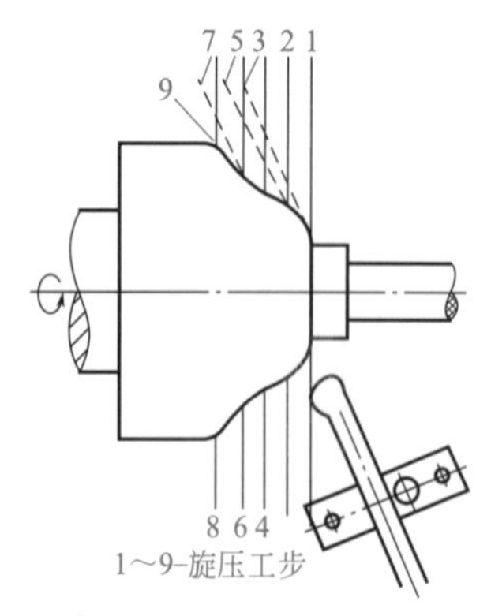

图 7-18 用圆头赶棒实施普通旋压的工步与过程

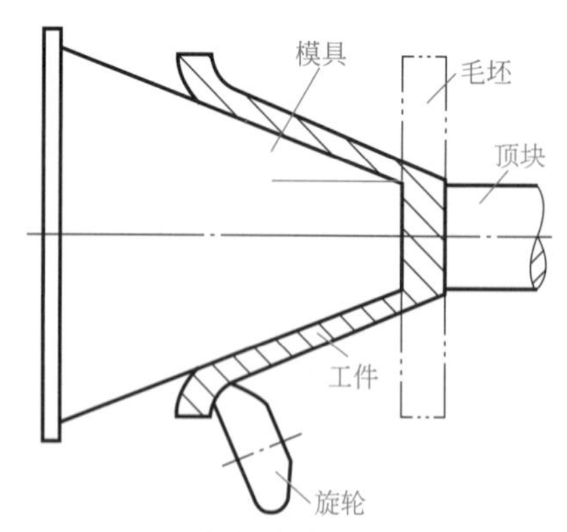

图 7-19 用旋轮实施强力旋压

① 与普通旋压比，强力旋压在加工过程中毛坯凸缘不产生收缩变形，因而没有凸缘起皱的问题，也不受坯料相对厚度的限制，可以一次旋压出相对深度较大的零件。

② 与冷挤压比较，强力旋压是局部变形，而冷挤压是整体变形，因此强力旋压的变形力较冷挤压小得多。

③ 经强力旋压后，材料晶粒紧密细化，提高了强度，减小了表面粗糙度，可以用较薄筒壁的零件代替较厚筒壁的零件，这样既减轻了重量又节约了材料。

④ 强力旋压一般要求使用功率大、刚度大的旋压机床。

⑤ 强力旋压要求旋压零件形状简单（一般为筒形或锥形）。

⑥ 对于圆筒形强力旋压件，一般毛坯内径在成形过程中变化不大，其长度增加是通过变薄来实现的。

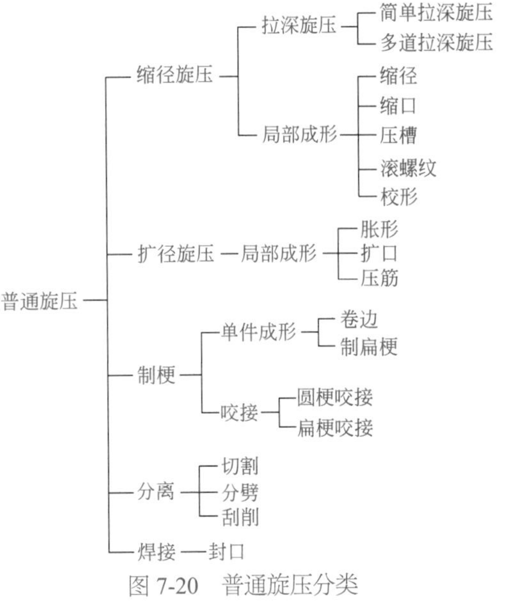

图 7-20　普通旋压分类

## 二、普通旋压

### 1. 普通旋压的工艺作业形式及其胎具结构

普通旋压主要包括缩径旋压、扩径旋压等，可以完成拉深、缩口、胀形、翻边等工序，如图 7-20 所示。常见的旋压方法如图 7-21 所示及其胎具结构如图 7-22 所示。

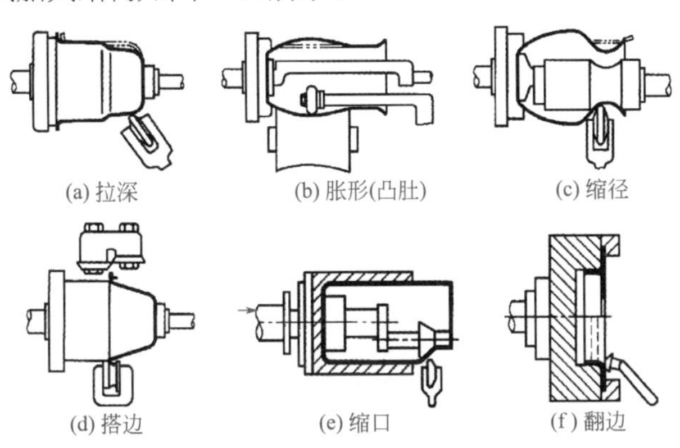
(a) 拉深　(b) 胀形(凸肚)　(c) 缩径　(d) 搭边　(e) 缩口　(f) 翻边

图 7-21　常见的旋压方法

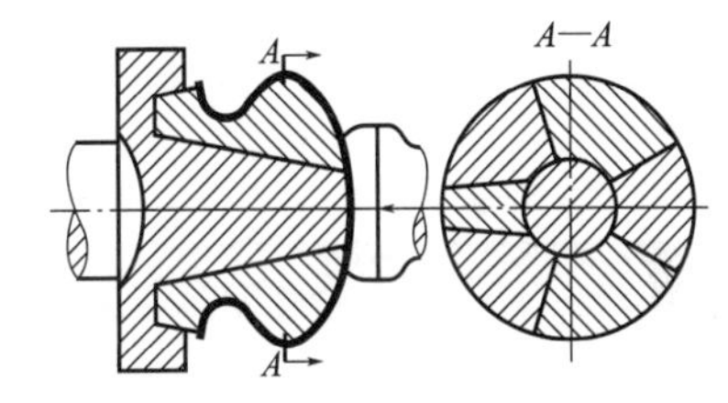

图 7-22　缩径翻口胎具结构

### 2. 旋压用旋轮形状与主要尺寸（表 7-7）

表 7-7　旋压用旋轮形状与主要尺寸

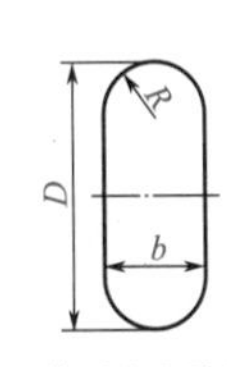

(a) 旋压空心零件

(b) 变薄旋压

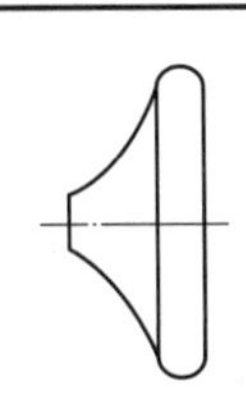
(c) 缩口加工波纹管

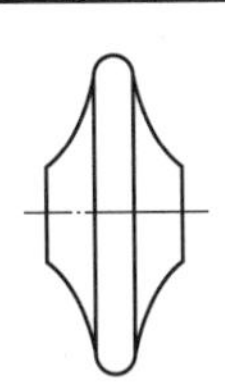
(d) 缩径加工波纹管

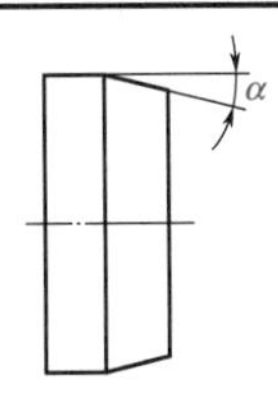

(e) 精加工用

| 序号 | 旋轮直径 $D$ | 旋轮宽度 $b$ | 旋轮圆角半径 | | | | |
|---|---|---|---|---|---|---|---|
| | | | 图（a） | 图（b） | 图（c） | 图（d） | 图（e）[$\alpha$/（°）] |
| 1 | 140 | 45 | 23.5 | 6 | 5 | 6 | 4（2） |
| 2 | 160 | 47 | 23.5 | 8 | 6 | 10 | 4（2） |

续表

| 序号 | 旋轮直径 $D$ | 旋轮宽度 $b$ | 旋轮圆角半径 | | | | |
|---|---|---|---|---|---|---|---|
| | | | 图（a） | 图（b） | 图（c） | 图（d） | 图（e）[$\alpha$/（°）] |
| 3 | 180 | 47 | 23.5 | 8 | 8 | 10 | 4（2） |
| 4 | 200 | 47 | 23.5 | 10 | 10 | 12 | 4（2） |
| 5 | 220 | 52 | 26 | 10 | 10 | 12 | 4（2） |
| 6 | 250 | 62 | 31 | 10 | 10 | 12 | 4（2） |

普通旋压优点是机动性好，能用简单的设备和模具制造出形状复杂的零件，生产周期短，适用于小批生产及制造有凸起及凹进形状的空心零件。旋压件的表面一般留有赶棒或旋轮的痕迹，其表面粗糙度值约为 $Ra$3.2 ～ 1.6μm。普通旋压件可达到的直径公差为工件直径的 0.5% 左右，见表 7-8。

表 7-8　旋压用旋轮形状与主要尺寸

| 工件直径 | | < 610 | 610 ～ 1220 | 1220 ～ 2440 | 2440 ～ 5335 | 5335 ～ 6605 | 6605 ～ 7915 |
|---|---|---|---|---|---|---|---|
| 直径公差 | 一般 | ±0.4 | ±0.8 | ±1.6 | ±3.2 | ±4.8 | ±7.9 |
| | | ～ 0.8 | ～ 1.6 | ～ 3.2 | ～ 4.8 | ～ 7.9 | ～ 12.7 |
| | 殊特 | ±0.02 | ±0.12 | ±0.38 | ±0.63 | ±1.01 | ±1.27 |
| | | ～ 0.12 | ～ 0.38 | ～ 0.63 | ～ 1.01 | ～ 1.27 | ～ 1.52 |

### 3. 旋压材料

旋轮材料多选择工具钢或含钒的高速钢制造，并淬火到高硬度和抛光成镜面状态。表 7-9 给出了旋压芯模材料。

表 7-9　旋压芯模材料

| 材　料 | 特　点 | 用　　途 |
|---|---|---|
| 硬木 | | 普通旋压（软料、小批量） |
| 工程塑料 | 回弹较大 | |
| 夹布胶木 | 价格昂贵 | |
| 铸铝 | 轻、寿命短 | |
| 铸铁（优质、球墨） | 要求表面无砂眼 | 普通旋压，变薄旋压（软料） |
| 结构钢（45 钢等） | 硬度≥ 30 ～ 35HRC | |
| 渗氮钢（18CrNiW 等） | 硬度 50 ～ 55HRC，深 0.3mm | |
| 冷作工具钢、轴承钢、轧辊钢 | 硬度≥ 55 ～ 58HRC | 通用 |

为防止坯料与工具因摩擦而黏结，旋压时应该采用润滑剂。常用旋压润滑剂见表 7-10。

此外，为了保持工具、坯料温度平衡，可用有机油、防锈水溶性油以及乳化液作冷却剂。

表 7-10　常用旋压润滑剂

| 坯　料 | | 润滑剂 |
|---|---|---|
| 铝、铜、低碳钢 | 一般场合 | 全损耗系统用油 |
| | 对工件表面要求高 | 肥皂、凡士林、白蜡、动植物脂等 |

续表

| 坯料 | 润滑剂 |
|---|---|
| 钢 | 二硫化钼油剂 |
| 不锈钢 | 氯化石蜡油剂 |

## 三、变薄旋压

变薄旋压与普通旋压的区别是变薄旋压壁厚减薄明显。变薄旋压分类如图 7-23 所示。

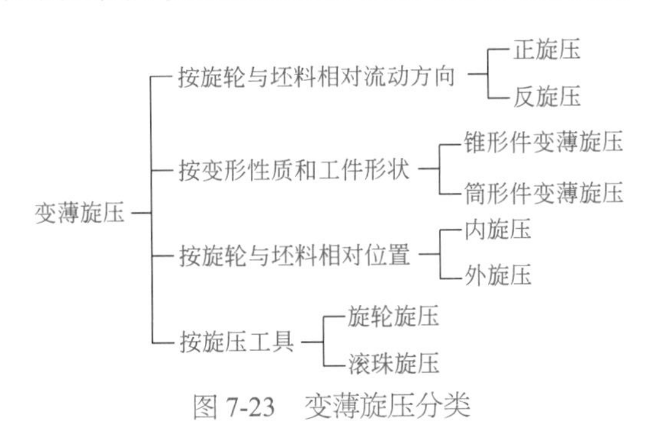


图 7-23　变薄旋压分类

锥形件变薄旋压又称为剪切旋压，用于加工锥形、抛物线形和半球形以及扩张形件。筒形件变薄旋压又称为挤出旋压或流动旋压，用于筒形件和管形件的加工。

与普通旋压以及拉深相比，变薄旋压可以得到较高的直径精度。表 7-11 给出了筒形变薄旋压件尺寸精度。

表 7-11　筒形变薄旋压件尺寸精度　　单位：mm

| 内径 | ≤150 | | | >150<br>≤250 | | | >250<br>≤400 | | | >400<br>≤600 | | |
|---|---|---|---|---|---|---|---|---|---|---|---|---|
| 壁厚 | <1 | 1～2 | >2 | <1 | 1～2 | >2 | <1 | ～2 | >2 | <1 | 1～2 | >2 |
| 内径公差（±） | 0.10 | 0.10 | 0.15 | 0.10 | 0.15 | 0.15 | 0.20 | 0.25 | 0.25 | 0.25 | 0.30 | 0.35 |
| 椭圆度（≤） | 0.05 | 0.05 | 0.10 | 0.10 | 0.12 | 0.15 | 0.20 | 0.25 | 0.30 | 0.35 | 0.40 | 0.50 |
| 弯曲度 /m（≤） | 0.20 | 0.15 | 0.15 | 0.35 | 0.25 | 0.25 | 0.45 | 0 45 | 0 45 | 0.45 | 0.50 | 0.50 |
| 每批壁厚差（±） | 0.02 | 0.03 | 0.03 | 0.03 | 0.03 | 0.04 | 0.03 | 0.03 | 0.04 | 0.03 | 0.04 | 0.05 |
| 每件壁厚差（±） | 0.02 | 0.02 | 0.02 | 0.02 | 0.02 | 0.03 | 0.02 | 0.02 | 0.04 | 0.03 | 0.03 | 0 04 |

锥形件变薄旋压在纯剪切变形时才能获得最佳的金属流动。此时毛坯在旋压过程中只有轴向的剪切滑移而无其他变形，因此旋压前后工件的直径和轴向厚度不变。对具有一定圆锥角和壁厚的锥形件进行变薄旋压时，根据纯剪切变形原理，可求出旋压时的最佳减薄率，即合理的毛坯厚度。变薄旋压时壁厚变化满足所谓正弦定律（如图 7-24 所示）。

$$t = t_0 \sin\alpha$$

正弦定律虽由锥形件所推出，但对其他异形件基本上都适用。

旋压半球形或抛物线形零件，板坯可用等断面的，也可用变断面的。等断面毛坯旋压后所得零件的壁厚是不相等的。如图 7-25 所示即为用等断面毛坯旋压半球形零件的变形原理图，在零件凸缘直径不变的情况下，在不同的位置（不同的 $\alpha$ 角）上得到不同的壁厚。

变薄旋压的毛坯可以用板材、预冲压成形的杯形件、经过车削的锻件或铸件、经预成形或车削的焊接件和管材，也可直接车制。采用热环轧毛坯可减少旋压前切削量，节约金属。坯料状态可为退火、调质、正火等。

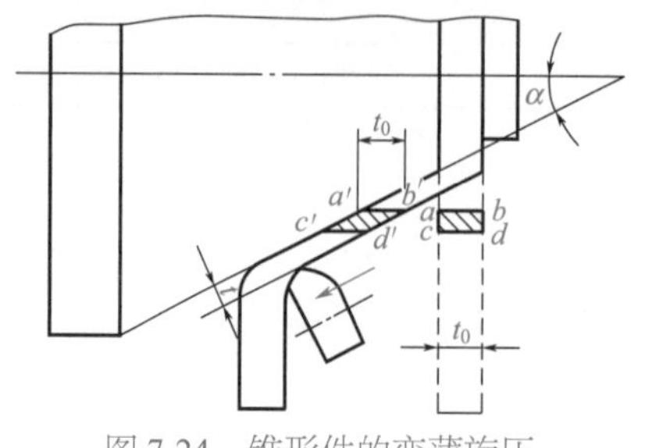

图 7-24　锥形件的变薄旋压

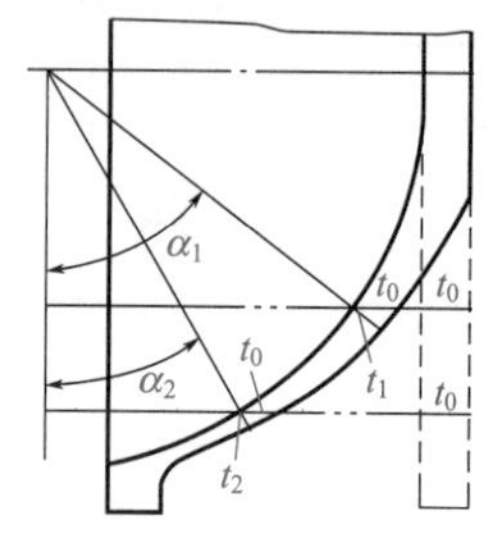

图 7-25　用等断面毛坯旋压半球形零件

筒形件的变薄旋压变形不存在锥形件的那种正弦关系，而只是体积的位移，所以这种旋压也叫挤出旋压。它遵循塑性变形体积不变条件和金属流动的最小阻力定律。

确定变薄旋压工艺常要考虑以下主要参数，见表 7-12。

表 7-12　确定变薄旋压工艺常要考虑的主要参数

| 类别 | 说　　明 |
|---|---|
| 旋压方向 | 分正旋压和反旋压。正旋压时材料的流动方向与旋轮的运动方向相同，反旋压时材料的流动方向与旋轮的运动方向相反。异形件、筒形件一般采用正旋压，管形件一般采用反旋压 |
| 减薄率 | 它直接影响到旋压力的大小和旋压精度的高低，表示如下<br>$$\varphi=\frac{t_0-t}{t_0}$$<br>式中　$\varphi$——强力旋压的减薄率，见表 7-13<br>$t_0$——毛坯厚度，mm<br>$t$——制件厚度，mm<br>旋压时各种金属的最大总减薄率见表 7-13<br>试验表明，许多材料一次旋压中常取减薄率≤ 30% ～ 40% 可保证零件达到较高的尺寸精度 |
| 主轴转速 | 它对旋压过程影响不显著，但提高转速可提高生产率和零件表面质量。对于铝、黄铜和锌最大转速约为 1500r/min，对于钢则为此数的 35% ～ 50%，不锈钢板常取为 120 ～ 300r/min |
| 进给量 | 芯模转一周旋轮沿素线移动的距离，即进给量，对旋压过程影响较大。对大多数体心立方晶格的金属可取 0.3 ～ 3mm/r |
| 其他 | 其他如芯模与旋轮之间的间隙、旋压温度、旋轮的结构尺寸等对旋压过程也有影响 |

表 7-13　强力旋压（无中间退火）的减薄率 $\varphi$

| 材　　料 | 减薄率 $\varphi$/% | | |
|---|---|---|---|
| | 截锥形制件 | 半球形制件 | 圆筒形制件 |
| 不锈钢 | 60 ～ 75 | 45 ～ 50 | 65 ～ 75 |
| 高合金钢 | 65 ～ 75 | 50 | 75 ～ 82 |
| 铝合金 | 50 ～ 75 | 35 ～ 50 | 70 ～ 75 |
| 钛合金（加热） | 30 ～ 55 | — | 30 ～ 35 |

注：钛合金为加热旋压。

对壁部特薄的旋转体空心件，可用图 7-26 所示的钢球旋压法生产。

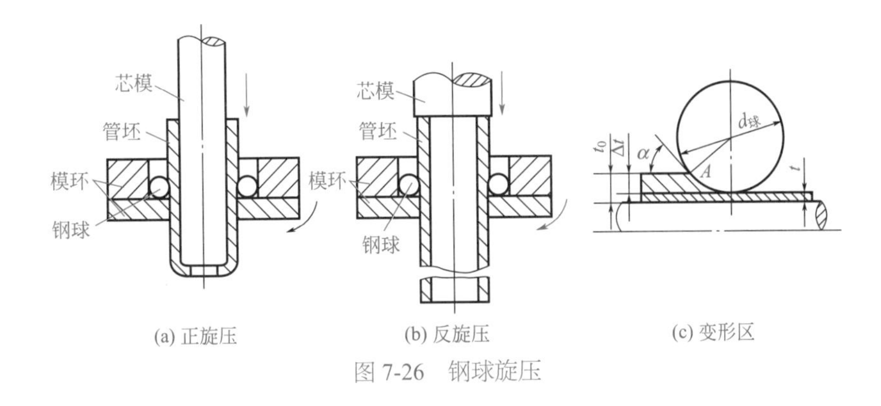

图 7-26　钢球旋压

## 四、旋压工艺参数的选择

### 1. 旋压机主轴转速

主轴转速过低，坯件边缘易起皱，增加旋压变形阻力，导致工件破裂；主轴转速过高，材料变薄严重。旋压机主轴转速的推荐值见表 7-14。制件料厚与毛坯尺寸加大，主轴转速一般要降低，见表 7-15。

表 7-14　旋压机主轴转速的推荐值

| 旋压制件材料 | 主轴转速 /（r/min） | 旋压制件材料 | 主轴转速 /（r/min） |
|---|---|---|---|
| 铝合金 | 250 ～ 1200 | 黄铜 | 800 ～ 1100 |
| 铜 | 600 ～ 800 | 软钢 | 400 ～ 600 |

表 7-15　不同料厚的铝合金旋压件的主轴转速

| 料厚 $t$/mm | 毛坯直径 $D$/mm | 加工温度 /℃ | 主轴转速 /（r/min） |
|---|---|---|---|
| 1.0 ～ 1.5 | <300 | 室温 | 600 ～ 1200 |
| 1.5 ～ 3.0 | 300 ～ 600 | 室温 | 400 ～ 750 |
| 3.0 ～ 5.0 | 600 ～ 900 | 室温 | 250 ～ 600 |
| 5.0 ～ 10 | 900 ～ 1800 | 200 | 50 ～ 250 |

### 2. 旋压进给量

一般旋压进给量推荐值为 0.25 ～ 1.0mm/r，最大值为 2 ～ 4mm/r。根据材料力学性能与软、硬状态及工件作业变形方式，经试验后选定合适进给量。

### 3. 毛坯尺寸计算

根据不同的旋压类型，采用如下不同的计算方法。

① 普通旋压料厚不变薄，按等面积法计算。依旋压件的形状，因为都是旋转体空心件，可采用相当的拉深件毛坯计算公式。由于旋压时金属发生减薄，工件表面积会有所增加，虽非刻意追求，但加工过程不可避免，一般实际需要比理论计算毛坯直径小约 3% ～ 5%，应对计算结果在试验后调整。

② 强力变薄工件的毛坯应按等体积法计算，其计算公式见表 7-11。

### 4. 旋压变形程度的计算

① 旋压截锥形制件的成形极限：

$$\frac{d_{\min}}{D} = 0.2 \sim 0.3$$

② 旋压圆筒形制件的成形极限：

$$\frac{d}{D}=0.6\sim0.8$$

式中　$D$——毛坯直径，mm；

$d_{min}$——截锥筒小头直径，mm；

$d$——圆筒直径，mm。

**5. 强力施压的减薄率计算及选择**

在强力旋压锥形件的过程中，旋压前后壁厚的变化是按照正弦定律变化的，即变形后的工件厚度等于变形前毛坯厚度与工件半锥角正弦的乘积，即：

$$t=t_0\sin\frac{\alpha}{2}$$

式中　$t$——工件厚度，mm；

$t_0$——毛坯厚度，mm；

$\alpha$——工件锥角。

强力旋压的变形程度用变薄率 $\varphi$ 表示：

$$\varphi=\frac{t_0-t}{t_0}=1-\frac{t}{t_0}$$

式中　$\varphi$——强力旋压的减薄率，见表 7-13；

$t_0$——毛坯厚度，mm；

$t$——制件厚度，mm。

用正弦公式$\frac{t}{t_0}=\sin\frac{\alpha}{2}$代入变薄率公式，则得：

$$\varphi=1-\sin\frac{\alpha}{2}，\ \sin\frac{\alpha}{2}=1-\varphi$$

由此可知，工件锥角（芯模锥角）$\alpha$ 也可表示变形程度的大小。$\alpha$ 愈小，变形程度愈大。在一定的条件下（如变形温度为常温），对每种材料都可以测定出它的极限变形程度，即最小锥角 $\alpha_{min}$。

如工件的锥角小于材料允许的最小锥角，则不仅需要多次旋压，而且要用锥形过渡毛坯，同时工序之间必须进行退火处理。

经过多次强力旋压，可能达到的总的变形程度为 $\varphi$=0.9 ～ 0.95（即 $\alpha$=6°～ 12°）。

**6. 筒形件的强力旋压**

筒形件的强力旋压，不可能用平面毛坯旋出，因为圆筒形件的锥角 $\alpha$=0，根据正弦定律，毛坯厚度$t_0-\frac{t}{\sin\frac{\alpha}{2}}=\infty$，因此圆筒形件强力旋压，只能采用壁厚较大、长度较短而内径与制件相同的圆筒形毛坯。

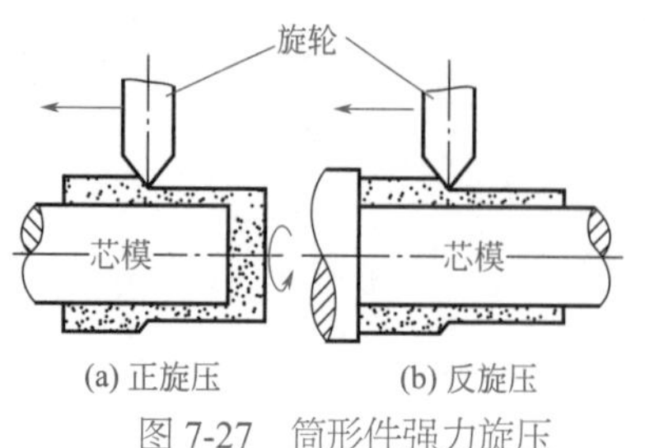

图 7-27　筒形件强力旋压

筒形件强力旋压可以分为正旋和反旋压两种（如图 7-27 所示），按使用机床也可分为卧式和立式旋压。

正旋时，材料流动方向与旋轮移动方向相同，一般是朝向机头架。反旋时，材料流动方向与旋轮移动的方向相反，一般是材料流动向尾架。

反旋的特点是未旋压的部分不动，已旋压的部分向旋轮移动的反方向移动，这样使坯料夹持简化，旋轮移动距离短，被旋出的筒壁长度长（可以取下机床的尾架，使旋出长度超过机床的正常加工长度），但已旋出部分脱离芯模后，工件易产生轴向弯曲（不直）。正旋的特点是毛坯已旋压后的部分不再移动，贴模性好，但由于旋轮移动距离长（应等于工件长度），因此生产率低。如工件小而长，芯模易产生纵弯曲。

筒形件强力旋压的变形程度仍然用变薄率 $\varphi$ 表示。一般塑性好的材料一次的旋薄量可达 50% 以上（如铝可达 60% ～ 70%），多次旋压总的变薄量也可达 90% 以上。

## 第三节　翻　　边

翻边是将毛坯或半成品的外边缘或孔边缘沿一定的曲线翻成竖立的边缘的冲压方法，如图 7-28 所示。当翻边的沿线是一条直线时，翻边变形就转变成为弯曲，所以也可以说弯曲是翻边的一种特殊形式。但弯曲时毛坯的变形仅局限于弯曲线的圆角部分，而翻边时毛坯的圆角部分和边缘部分都是变形区，所以翻边变形比弯曲变形复杂得多。用翻边方法可以加工形状较为复杂且有良好刚度的立体零件，能在冲压件上制取与其他零件装配的部位，如客车中墙板翻边、客车脚蹬门压铁翻边、汽车外门板翻边、摩托车油箱翻孔、金属板小螺纹孔翻边等。翻边可以代替某些复杂零件的拉深工序，改善材料的塑性流动而避免破裂或起皱，代替先拉后切的方法制取无底零件，可减少加工次数，节省材料。

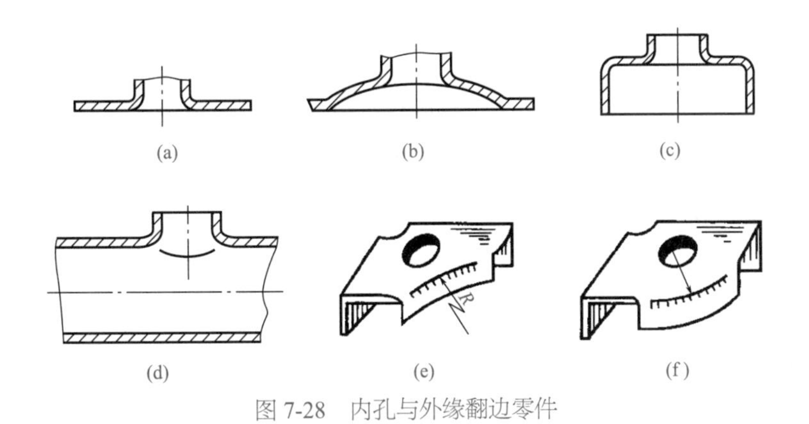


图 7-28　内孔与外缘翻边零件

按变形的性质，翻边可分为伸长类翻边和压缩类翻边。伸长类翻边的共同特点是毛坯变形区在切向拉应力的作用下产生切向的伸长变形，极限变形程度主要受变形区开裂的限制，如图 7-28 所示。压缩类翻边的共同特点是除靠近竖边根部圆角半径附近区域的金属产生弯曲变形外，毛坯变形区的其余部分在切向压应力的作用下产生切向的压缩变形，其变形特点属于压缩类变形，应力状态和变形特点与拉深相同，极限变形程度主要受毛坯变形区失稳起皱的限制，如图 7-28（f）所示翻边属于压缩类翻边。此外，按竖边壁厚是否有强制变薄，可分为变薄翻边和不变薄翻边。按翻边的毛坯及工件边缘的形状，可分为内孔（圆孔或非圆孔）翻边、平面外缘翻边和曲面翻边等。

## 一、内孔翻边

### 1. 内孔翻边的变形特点

如图 7-29 所示是圆孔翻边及网格试验示意图。如图 7-29（a）所示，在平板毛坯上制出直径为 $d_0$ 的底孔，随着凸模的下压，孔径将被逐渐扩大。变形区为（$D+2r$）$-d_0=D_1$ 的环形部分，靠近凹模口的板料贴紧凹模圆角半径区后就不再变形了，而进入凸模圆角区的板料被反复折弯，最后转为直壁，当全部转为直壁时，翻边也就结束了。在翻边过程中，毛坯外缘部分由于受到压边力的约束或由于外缘宽度与翻边孔直径之比较大，通常是不变形的（不变形区），竖壁部分已经变形，属传力区，带孔底部是变形区。如图 7-29（b）和（c）所示，变形区处于双向拉应力状态（板厚方向的应力忽略不计），变形区在拉应力的作用下要变薄，这一点与胀形相同。孔边缘为单向应力状态，根据屈服准则可以判定孔边部是最先发生塑性变形的部位，厚度变薄最严重，因而也最容易产生裂纹。

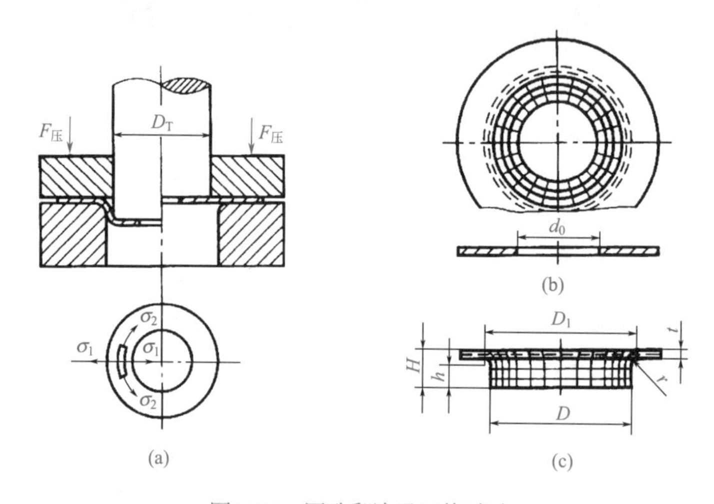


图 7-29　圆孔翻边及网格试验

因此翻边孔的破坏形式主要是底孔边缘拉裂。为了防止出现裂纹，需限制翻边孔的变形程度。

### 2. 圆孔翻边的极限变形程度

圆孔翻边的变形程度用翻边系数 $K_f$ 表示，翻边系数为翻边前孔径 $d_0$ 与翻边后孔径 $D$ 的比值，圆孔翻边的变形程度用翻边系数 $K_f$ 表示：

$$K_f=\frac{d_0}{D}$$

式中　$d_0$——翻边前底孔的直径，mm；

　　　$D$——翻边后孔的中径，mm。

显然，$K_f$ 值越小，变形程度越大。当翻边孔边缘不破裂所能达到的最小翻边变形程度为极限翻边系数，极限翻边系数用 $K_{f\min}$ 表示。表 7-16 给出了低碳钢的一组极限翻边系数值。

表 7-16　低碳钢的极限翻边系数 $K_{f\min}$

| 凸模形状 | 预制孔形状 | 预制孔相对直径 $d_0/t$ | | | | | | | | | |
|---|---|---|---|---|---|---|---|---|---|---|---|
| | | 100 | 50 | 35 | 20 | 15 | 10 | 8 | 5 | 3 | 1 |
| 球形凸模 | 钻孔 | 0.70 | 0.60 | 0.52 | 0.45 | 0.40 | 0.36 | 0.33 | 0.30 | 0.25 | 0.20 |
| | 冲孔 | 0.75 | 0.65 | 0.57 | 0.52 | 0.48 | 0.45 | 0.44 | 0.42 | 0.42 | — |

续表

| 凸模形状 | 预制孔形状 | 预制孔相对直径 $d_0/t$ | | | | | | | | | |
|---|---|---|---|---|---|---|---|---|---|---|---|
| | | 100 | 50 | 35 | 20 | 15 | 10 | 8 | 5 | 3 | 1 |
| 平底凸模 | 钻孔 | 0.80 | 0.70 | 0.60 | 0.50 | 0.45 | 0.42 | 0.40 | 0.35 | 0.30 | 0.25 |
| | 冲孔 | 0.85 | 0.75 | 0.65 | 0.60 | 0.55 | 0.52 | 0.50 | 0.48 | 0.47 | — |

注：采用表中 $K_{f\min}$ 值时，实际翻边后口部边缘会出现小的裂纹，如果工件不允许开裂，则翻边系数须加大 10% ～ 15%。

## 3. 影响极限翻边系数的主要因素（表 7-17）

表 7-17 影响极限翻边系数的主要因素

<table>
<tr><th>主要因素</th><th>说　　明</th></tr>
<tr><td>材料的塑性</td><td>材料的伸长率 $\delta$、应变硬化指数和各向异性系数越大，极限翻边系数就越小，有利于翻边</td></tr>
<tr><td>凸、凹模形状及尺寸</td><td>如图 7-30 所示为几种常见凸模的结构形式和其主要尺寸，其中图 7-30（a）～（c）所示为凸模端部无定位部分，工作时由凸模端部的圆角、球面或抛物线部分导正后再翻孔，翻孔质量好；图 7-30（d）～（e）所示为凸模端部有定位部分，由定位部分导正定位预制孔后再翻孔；图 7-30（f）所示是用于无预制孔的不精确翻孔凸模。而翻孔凹模结构如图 7-30（g）所示，由于翻孔凹模圆角半径对成形影响不大，因此常取其半径值等于零件的圆角半径<br>凸、凹模尺寸可参照拉深模的尺寸确定原则，只是应注意保证翻边间隙。凸模圆角半径 $r$ 越大越好，最好用曲面或锥形凸模，对平底凸模一般取 $r \geqslant 4t$。凹模圆角半径可以直接按工件要求的大小设计，但当工件凸缘圆角半径小于最小值时应加整形工序<br>
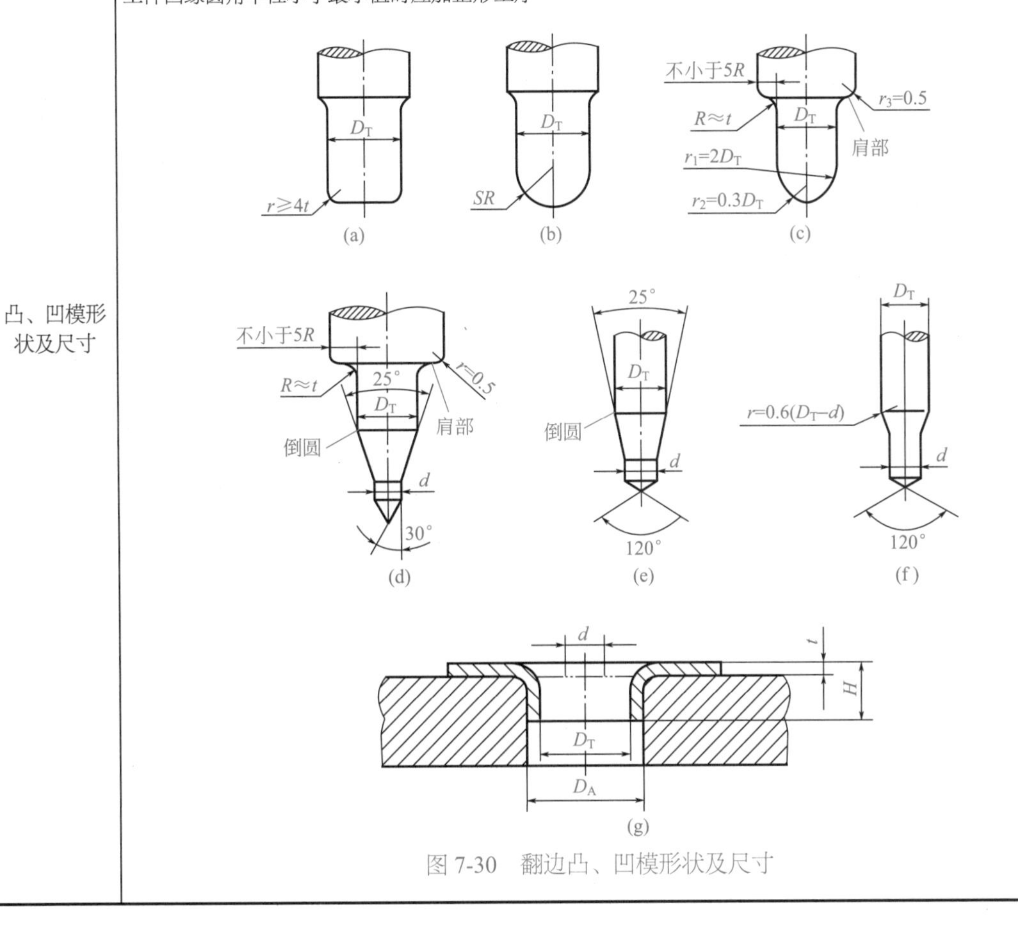

图 7-30 翻边凸、凹模形状及尺寸</td></tr>
</table>

续表

| 主要因素 | 说　　明 |
|---|---|
| 孔的加工方法 | 预制孔的加工方法决定了孔的边缘状况，孔的边缘无毛刺、撕裂、硬化层等缺陷时，极限翻边系数就越小，有利于翻边。目前，预制孔主要用冲孔或钻孔方法加工，表 7-16 中数据显示，钻孔比冲孔的 $K_{f_{min}}$ 小。但采用冲孔方法生产效率高，但冲孔会形成孔口表面的硬化层、毛刺、撕裂等缺陷，导致极限翻边系数变大。采取冲孔后进行热处理退火、修孔或沿与冲孔方向相反的方向进行翻孔使毛刺位于翻孔内侧等方法，能获得较低的极限翻边系数 |
| 预制孔的相对直径 | 见表 7-16 所示，预制孔的相对直径 $d_0/t$ 越小，极限翻边系数越小，有利于翻边 |
| 凸模的形状 | 见表 7-16 所示，球形凸模的极限翻边系数比平底凸模的小。此外，抛物面、锥形面和较大圆角半径的凸模也比平底凸模的极限翻边系数小。因为在翻边变形时，球形或锥形凸模是凸模前端，最先与预制孔口接触，在凹模口区产生的弯曲变形比平底凸模的小，更容易使孔口部产生塑性变形。所以相同翻边孔径 $D$ 和材料厚度 $t$ 时，可以翻边的预制孔径更小，因而极限翻边系数就更小 |

### 4. 内孔翻边尺寸的计算

#### （1）预制孔直径 $d_0$ 和翻边高度 $H$

① 一次翻边成形　当翻边系数 $K_f$ 大于极限翻边系数 $K_{f_{min}}$ 时，可采用一次翻边成形。当 $K_f \leqslant K_{f_{min}}$。可采用多次翻边，由于在第二次翻边前往往要将中间毛坯进行软化退火，故该方法较少采用。对于一些较薄料的小孔翻边，可以不先加工预制孔，而是使用带尖的锥形凸模在翻边前先完成刺孔继而进行翻边的方法。

如图 7-31 所示是平板毛坯上一次翻孔示意图，$d_0$ 与 $H$ 按下式计算：

$$d_0=D-2(H-0.43r-0.72t)$$

变换上式，可得翻边高度 $H$ 的计算公式：

$$H=0.5D(1-d_0/D)+0.43r+0.72t$$

或

$$H=0.5D(1-K_f)+0.43r+0.72t$$

将上式中的翻边系数 $K_f$ 以极限翻边系数 $K_{f_{min}}$ 代替，可得最大翻边高度 $H_{max}$ 的计算公式：

$$H_{max}=0.5D(1-K_{f_{min}})+0.43r+0.72t$$

上式是按中性层长度不变的原则推导的，是近似公式，生产实际中往往通过试冲来检验和修正计算值。

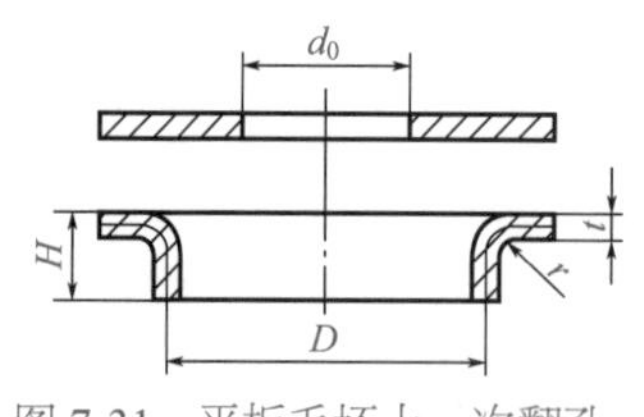

图 7-31　平板毛坯上一次翻孔

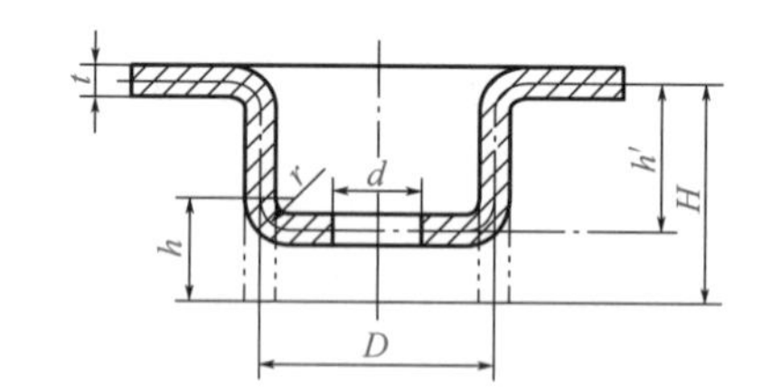

图 7-32　拉深件底部冲孔后翻边

② 拉深后再翻边　当 $K_f \leqslant K_{f_{min}}$ 时，可采用先拉深后翻边的方法达到要求的翻边高度，如图 7-32 所示。这时应先确定翻边高度 $H$，再根据翻边高度确定预制孔直径 $d_0$ 和拉深高度 $h'$，从图中的几何关系可得：

$$H=0.5(D-d_0)-(r+0.5t)+0.5\pi(r+0.5t)\approx 0.5D(1-K_f)+0.57r$$

则

$$H_{max}=0.5D(1-K_{f_{min}})+0.57r$$

这时，底孔直径 $d_0$ 可由下式求得：

$$d_0=D+1.14r-2h$$

底孔直径 $d_0$ 也可按下式计算：

$$d_0=DK_{fmin}$$

最大翻边高度 $H_{max}$ 确定之后，便可按下式计算拉深工序件的高度 $h'$：

$$h'=H-H_{max}+r+t$$

先拉深后翻边的方法是一种很有效的方法，但若是先加工预制孔后拉深，则孔径有可能在拉深过程中变大，使翻边后达不到要求的高度。

### （2）凸、凹模间隙

由于翻边变形区材料变薄，为了保证竖边的尺寸及其精度，翻边凸、凹模之间的间隙以稍小于材料厚度为宜，可取单边间隙 $c=(0.75\sim0.85)t$。若翻边成螺纹底孔或需与轴配合的小孔，则取 $c=0.7t$ 左右。凸、凹模间隙也可按表 7-18 选取。

表 7-18 翻边时凸、凹模的单边间隙　　单位：mm

| 材料厚度 | 0.3 | 0.5 | 0.7 | 0.8 | 1.0 | 1.2 | 1.5 | 2.0 |
|---|---|---|---|---|---|---|---|---|
| 平毛坯翻边 | 0.25 | 0.45 | 0.6 | 0.7 | 0.85 | 1.0 | 1.3 | 1.7 |
| 拉深后翻边 | — | — | — | 0.6 | 0.75 | 0.9 | 1.1 | 1.5 |

### 5. 翻边力与压边力计算

在所有凸模形状中，圆柱形平底凸模翻边力最大，其计算公式为：

$$F=1.1\pi(D-d_0)t\sigma_s$$

式中　$F$——翻孔力，N；

$\sigma_s$——材料的屈服极限，MPa；

$t$——材料的厚度，mm；

$D$——翻孔后的孔的直径，mm；

$d_0$——坯料的预制孔直径，mm。

曲面凸模的翻边力可选用平底凸模的翻边力的 70% ～ 80%。

由于翻边时压边圈下的坯料是不变形的，所以在一般情况下，其压边力比拉深时的压边力要大。压边力的计算可参照拉深压边力计算并取偏大值。当外缘宽度相对竖边直径较大时，所需的压边力较小，甚至可不需压边力。这一点刚好与拉深相反，拉深时外缘宽度相对拉深直径越大，越容易失稳起皱，所需压边力越大。

## 二、非圆孔翻边

零件结构中，常有带竖边的非圆形孔（椭圆、矩形以及凹凸弧和直线组合形）结构。这些非圆孔翻边多是为减轻重量和增加结构刚性，竖边高度不大，一般为 $(4\sim6)t$。

非圆孔翻边时，可根据开口轮廓的形状分段考虑。如图 7-33 所示可分为 8 个线段，其中 2、4、6、7 和 8 属于切向发生伸长类型的翻边，厚度减薄，可视为圆孔的翻边；1 和 5 看作简单弯曲；内凹弧 3 属于切向发生压缩类型的翻边，厚度增厚，可视为与拉深相同。因此，这类非圆孔翻边属于“压缩类翻边—弯曲—伸长类翻边”的复合成形。

非圆孔翻边所用的预制孔形状和尺寸，可根据各段孔缘曲线的性质分别按圆孔翻边、弯曲与拉深计算。通常，翻边后弧线段的竖边高度较直线段竖边高度稍低，为消除误差，弧线

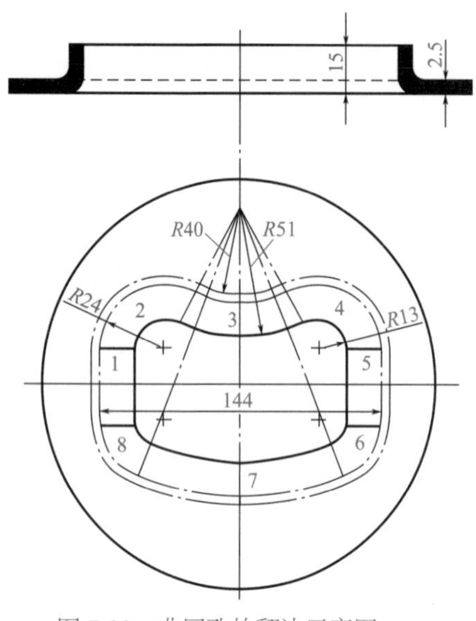

图 7-33　非圆孔的翻边示意图

段的展开宽度应比直线段大 5% ～ 10%。计算出的孔形应加以适当修正，使各段孔缘能平滑过渡。

非圆孔翻边时，要对最小圆角部分进行允许变形程度的核算。由于材料是连续的，不同部分之间的变形也是连续的，伸长类翻边区的变形可以扩展到与其相连的弯曲变形区或压缩类翻边区，从而可减轻伸长类翻边区的变形程度，因此，最小圆角部分极限翻边系数 $K_{1\min}$ 比相应的圆孔翻边要小些。

$$K_{1\min}=(0.85 \sim 0.9)K_{\min}$$

表 7-19 列出了低碳钢材料在非圆孔翻边时的极限翻边系数 $K_{1\min}$。由表 5-5 可知，非圆孔孔缘弧线段对应的圆心角 $\alpha$ 对 $K_{1\min}$ 有影响，$K_{1\min}$ 随着角度 $\alpha$ 的减小而相应地减小，翻边逐步地转变为弯曲，在角度 $\alpha$ 为零时变成纯弯曲。$K_{1\min}$ 也可以按下式计算：

$$K_{1\min}=K_{\min}\alpha/180^\circ$$

式中　$K_{\min}$——圆孔极限翻边系数；

　　　$\alpha$——弧线段圆心角，(°)。

上式适用于 $\alpha \leqslant 180^\circ$，当 $\alpha > 180^\circ$ 时，直边部分的影响已很不明显，应按圆孔翻边确定极限翻边系数。当直边部分很短，或者不存在直边部分时，也应按圆孔翻边确定极限翻边系数。

表 7-19　非圆孔极限翻边系数 $K_{1\min}$（低碳钢材料）

| $\alpha$ | 比值 $d/t$ | | | | | | |
|---|---|---|---|---|---|---|---|
| | 50 | 33 | 20 | 12.5 ～ 8.3 | 6.6 | 5 | 3.3 |
| 180° ～ 360° | 0.8 | 0.6 | 0.52 | 0.5 | 0.48 | 0.46 | 0.45 |
| 165° | 0.73 | 0.55 | 0.48 | 0.46 | 0.44 | 0.42 | 0.41 |
| 150° | 0.67 | 0.5 | 0.43 | 0.42 | 0.4 | 0.38 | 0.37 |
| 135° | 0.6 | 0.45 | 0.39 | 0.38 | 0.36 | 0.35 | 0.34 |
| 120° | 0.53 | 0.4 | 0.35 | 0.33 | 0.32 | 0.31 | 0.3 |
| 105° | 0.47 | 0.35 | 0.30 | 0.29 | 0.28 | 0.27 | 0.26 |
| 90° | 0.4 | 0.3 | 0.26 | 0.25 | 0.24 | 0.23 | 0.22 |
| 75° | 0.33 | 0.25 | 0.22 | 0.21 | 0.2 | 0.19 | 0.18 |
| 60° | 0.27 | 0.2 | 0.17 | 0.17 | 0.16 | 0.15 | 0.14 |
| 45° | 0.2 | 0.15 | 0.13 | 0.13 | 0.12 | 0.12 | 0.11 |
| 30° | 0.14 | 0.1 | 0.09 | 0.08 | 0.08 | 0.08 | 0.08 |
| 15° | 0.07 | 0.05 | 0.04 | 0.04 | 0.04 | 0.04 | 0.04 |
| 0° | 压　弯　变　形 | | | | | | |

由于弧线段圆心角 $\alpha$ 对 $K_{1\min}$ 有影响，非圆孔翻边时选取的翻边系数应该满足各个弧线段的翻边要求。

## 三、平面外缘翻边

### 1. 平面外缘翻边的变形特点

平面外缘翻边可分为内凹外缘翻边和外凸缘翻边，由于不是封闭轮廓，故变形区内沿翻边线上的应力和变形是不均匀的。如图 7-34（a）所示为内凹外缘翻边，其应力应变特点与内孔翻边近似，变形区主要受切向拉应力作用，属于伸长类平面翻边，材料变形区外缘边所受拉伸变形最大，容易开裂。如图 7-34（b）所示是外凸缘翻边（也称为折边），其应力应变特点类似于浅拉深，变形区主要受切向压应力作用，属于压缩类平面翻边，材料变形区受压缩变形容易失稳起皱。

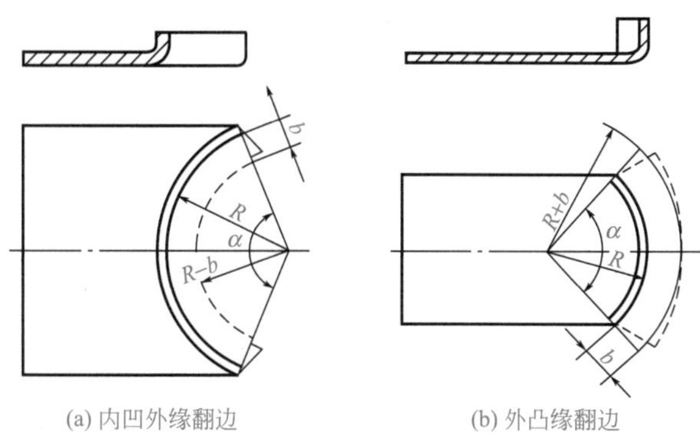


图 7-34　外缘翻边示意

### 2. 极限变形程度

内凹外缘翻边的变形程度用翻边系数 $E_s$ 表示，其计算式为：

$$E_s = \frac{b}{R-b}$$

外凸缘翻边的变形程度用翻边系数 $E_y$ 表示，其计算式为：

$$E_y = \frac{b}{R+b}$$

式中　$b$——为毛坯上需翻边的高度，mm；

　　　$R$——为翻边线的曲率半径，mm。

内凹外缘翻边的极限变形程度主要受材料变形区外缘边开裂的限制，外凸缘翻边的极限变形程度主要受材料变形区失稳起皱的限制。假如在相同翻边高度的情况下，曲率半径 $R$ 越小，$E_s$ 和 $E_y$ 越大，变形区的切向应力和切向应变的绝对值越大；相反，当 $R$ 趋向于无穷大时，$E_s$ 和 $E_y$ 为零，此时变形区的切向应力和切向应变值为零，翻边变成弯曲。表 7-20 为部分材料的极限翻边系数。

表 7-20　外缘翻边的极限翻边系数

| 材　料 | $E_{Ymax}$/% | | $E_{smax}$/% | |
|---|---|---|---|---|
| | 用橡胶成形 | 用模具成形 | 用橡胶成形 | 用模具成形 |
| L4M | 6 | 40 | 25 | 30 |
| L4Y1 | 3 | 12 | 5 | 8 |
| LF21M | 6 | 40 | 23 | 30 |

续表

| 材料 | $E_{ymax}$/% | | $E_{smax}$/% | |
|---|---|---|---|---|
| | 用橡胶成形 | 用模具成形 | 用橡胶成形 | 用模具成形 |
| LF21Y1 | 3 | 12 | 5 | 8 |
| LF2M | 6 | 35 | 20 | 25 |
| LF3Y1 | 3 | 12 | 5 | 8 |
| LY12M | 6 | 30 | 14 | 20 |
| LY12Y | 0.5 | 9 | 6 | 8 |
| LY11M | 4 | 30 | 14 | 20 |
| LY11Y | 0 | 0 | 5 | 6 |
| H62 软 | 8 | 45 | 30 | 40 |
| H62 半硬 | 4 | 16 | 10 | 14 |
| H68 软 | 8 | 55 | 35 | 45 |
| H68 半硬 | 4 | 16 | 10 | 14 |
| 10 | — | 10 | — | 38 |
| 20 | — | 10 | — | 22 |
| 1Cr18Ni9 软 | — | 10 | — | 15 |
| 1Cr18Ni9 硬 | — | 10 | — | 40 |

### 3. 平面外缘翻边的毛坯尺寸

内凹外缘翻边的毛坯形状计算可参照内孔翻边的方法计算，外凸缘翻边的毛坯形状计算可参照浅拉深的方法计算。但是，在确定毛坯最后形状和尺寸时，如果翻边高度较大，应对毛坯轮廓进行修正，如图 7-34 所示。最终通过试模来确定毛坯尺寸。

## 四、变薄翻边

变薄翻边是使已成形的竖边在较小的凸、凹模之间间隙中挤压，使之强制变薄的方法。变薄翻边属体积成形，如果用一般翻边方法达不到要求的翻边高度时，可采用变薄翻边方法增加竖边高度。

### 1. 变薄翻边计算

变薄翻边时，凸、凹模之间采用小间隙，凸模下方的材料变形与圆孔翻边相似，但它们翻为竖边后，将在凸模和凹模之间的小间隙内受到挤压，进一步发生较大塑性变形，厚度显著减薄，从而提高翻边高度。

变薄翻边要求材料具有良好的塑性，预冲孔后的坯料最好经过软化退火。在翻边过程中需要强有力的压边，零件单边凸缘宽度 $B \geqslant 2.5t$，以防止凸缘移动和翘起。在变薄翻边中，变形程度不仅取决于翻边系数，还取决于壁部的变薄程度 $t_0/t_1$（即翻边前后壁厚之比）。在采用相同极限翻边系数的情况下，变薄边可以得到更高的竖边高度。试验表明，一次变薄翻边的可能变薄程度 $t_0/t_1$=2 ～ 2.5。

变薄翻边预制孔尺寸的计算，应按翻边前后体积相等的原则进行，如图 7-35 所示。

当 $r<3$ 时，

$$d_0=\sqrt{\frac{d_3^2t-d_3^2h+d_1^2h}{t}}$$

当 $r \geqslant 3$ 时，应考虑圆角处的体积，这时 $d_0$ 按下式计算：

$$d_0 = \sqrt{\frac{d_1^2 h - d_3^2 h_1 + \pi r^2 D_1 - D_1^2 r}{h - h_1 - r}}$$

变薄翻边后的竖边高度按体积不变原则计算。

中型孔的变薄翻边，一般采用阶梯形环状凸模，凸模上带有直径逐渐增大的凸环，通过在一次行程内对坯料作多次变薄加工来完成。如图 7-36 所示是变薄翻边的一个例子，毛坯厚度为 2mm，变薄翻边后竖边厚度为 0.8mm。采用阶梯凸模，毛坯经过凸模上各阶梯的挤压，竖边厚度逐步变薄。凸模上各阶梯的间距应大于零件高度，以便前一阶梯挤压竖边之后再用后一阶梯挤压。变薄翻边时，需要用压板紧紧压住工件，并应有足够的润滑油。

凸模上凸环的数量与达到所需变薄量的挤压延伸次数相同，按下式计算：

$$n = \frac{\lg t_0 - \lg t_1}{\lg\left(\frac{100}{100 - E}\right)}$$

式中　$t_0$——材料的厚度，mm；

$t_1$——变薄后材料厚度，mm；

$E$——变形程度，见表 7-21。

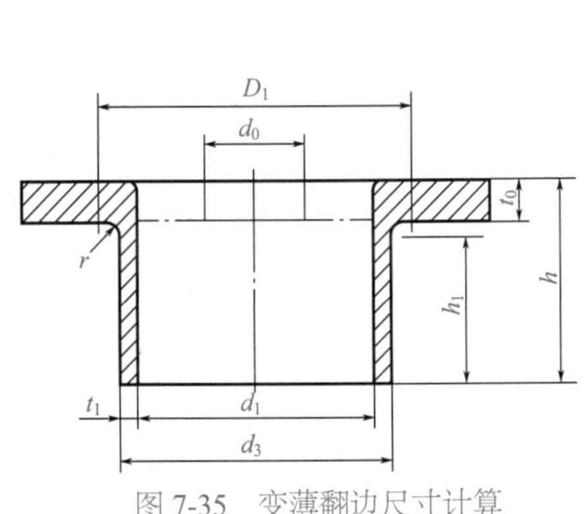

图 7-35　变薄翻边尺寸计算

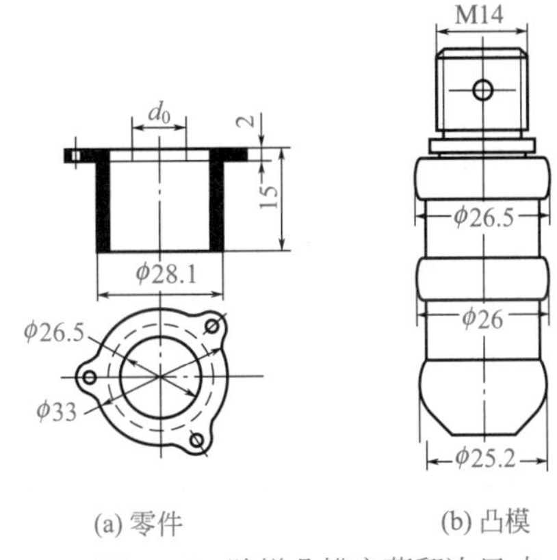

图 7-36　阶梯凸模变薄翻边尺寸

表 7-21　延伸时平均变形程度 $E$　　单位：%

| 材料 | 第一次伸延 | 继续伸延 |
|---|---|---|
| 软钢 | 55 ～ 60 | 35 ～ 45 |
| 黄钢 | 60 ～ 77 | 50 ～ 60 |
| 铝 | 60 ～ 65 | 40 ～ 50 |

如图 7-37 所示为在双动压力机上用的变薄翻边模（零件见图 7-36 所示）。

变薄翻边力比普通翻边力大得多，且与变薄量成正比。翻边时凹模受到较大的侧压力，因此，有时把凹模压入套圈内。为保证产品质量和提高模具寿命，凸、凹模之间应有良好的导向，以保证均匀的间隙。

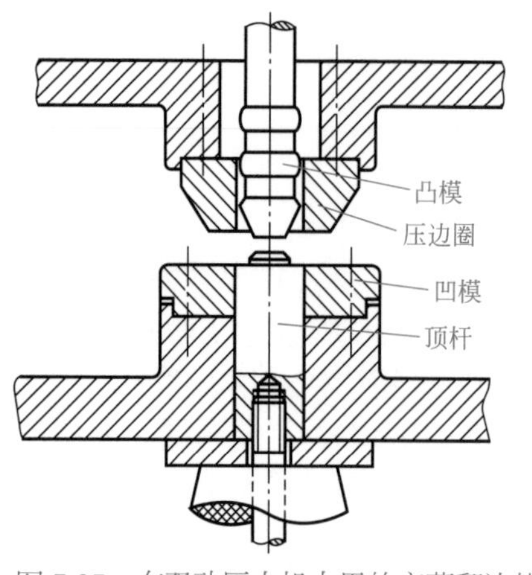

图 7-37　在双动压力机上用的变薄翻边模

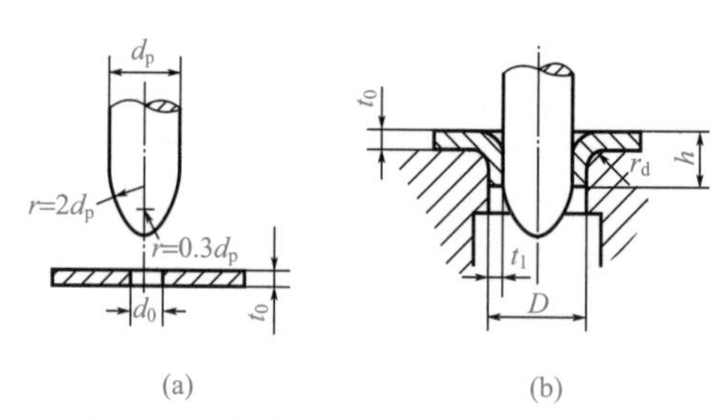

图 7-38　变薄翻边成形小螺纹底孔

## 2. 螺纹底孔的变薄翻边

生产中常采用变薄翻边方法，在零件上冲压小螺纹底孔（M5 以下）。为了保证螺纹连接强度，低碳钢或黄铜零件上的螺纹底孔深度不应小于螺纹直径的 1/2，铝制零件的螺纹底孔深度不应小于螺纹直径的 2/3。如图 7-38 所示是用抛物形凸模变薄翻边成形小螺纹底孔时的毛坯和模具，它们之间的几何尺寸关系如下：

变薄翻边后的孔壁厚度：$t_1=(D-d_p)/2=0.65t_0$；

毛坯预制孔直径：$d_0=0.45d_p$；

凸模直径 $d_p$ 由螺纹内径 $d_s$ 决定，保证：$d_s \leqslant (d_p+D)/2$；

凹模内径（竖边外径）：$D=d_p+1.3t_0$；

翻边高度 $h$ 可由体积不变原则算出：$h=(2 \sim 2.5)t_0$。

在材料性能允许的情况下，在一道工序中，用一个凸模同时进行冲孔和变薄翻边。在其他情况下，要在毛坯上预制翻边圆孔，然后在第二道工序下进行变薄翻边。如果在连续模上进行翻边，最好预先冲孔。

表 7-22 是变薄翻边加工小螺纹底孔的尺寸。表 7-23 和表 7-24 是变薄翻边的凸模尺寸。

表 7-22　在金属板上翻边小螺纹底孔的尺寸　　单位：mm

| 螺纹直径 | $t_0$ | $d_0$ | $d_p$ | $h$ | $D$ | $r_d$ |
|---|---|---|---|---|---|---|
| M2 | 0.8 | 0.8 | 1.6 | 1.6 | 2.7 | 0.2 |
| | 1.0 | | | 1.8 | 3.0 | 0.4 |
| M2.5 | 0.8 | 1 | 2.1 | 1.7 | 3.2 | 0.2 |
| | 1.0 | | | 1.9 | 3.5 | 0.4 |
| M3 | 0.8 | 1.2 | 2.5 | 2.0 | 3.6 | 0.2 |
| | 1.0 | | | 2.1 | 3.8 | 0.4 |
| | 1.2 | | | 2.2 | 4.0 | 0.4 |
| | 1.5 | | | 2.4 | 4.5 | |
| M4 | 1.0 | 1.6 | 3.3 | 2.6 | 4.7 | 0.4 |
| | 1.2 | | | 2.8 | 5.0 | |
| | 1.5 | | | 3.0 | 5.4 | |
| | 2.0 | | | 3.2 | 6.0 | 0.6 |

注：表中符号意义见图 7-38。

表 7-23　有预制孔时变薄翻边的凸模尺寸　　单位：mm

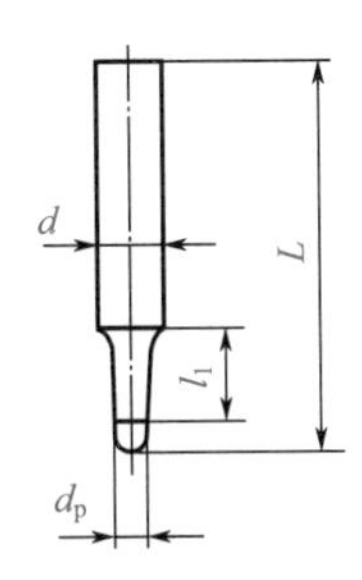


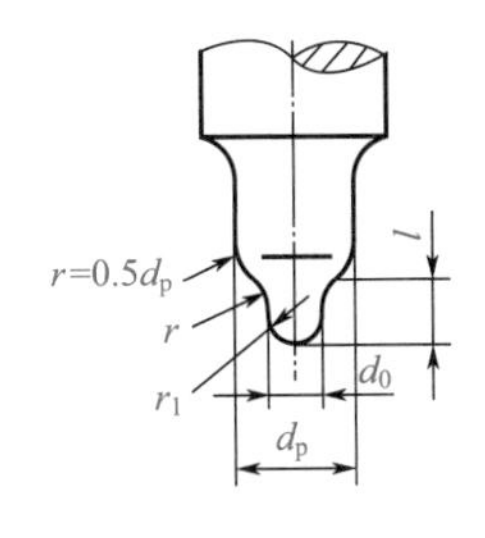


| 螺纹直径 | $d_0$ | $d_p$ | $d$ | $l$ | $l_1$ | $r$ | $r_1$ |
|---|---|---|---|---|---|---|---|
| M2 | 0.8 | 1.6 | 4 | 1.5 | 4.5 | 1 | 0.4 |
| M2.5 | 1.0 | 2.1 | | 2 | 5.5 | | 0.5 |
| M3 | 1.2 | 2.5 | 5 | 2.5 | 6.0 | | 0.7 |
| M4 | 1.6 | 3.3 | | 3.5 | 6.5 | 1.5 | 0.9 |

表 7-24　同时冲孔和变薄翻边的凸模尺寸　　单位：mm

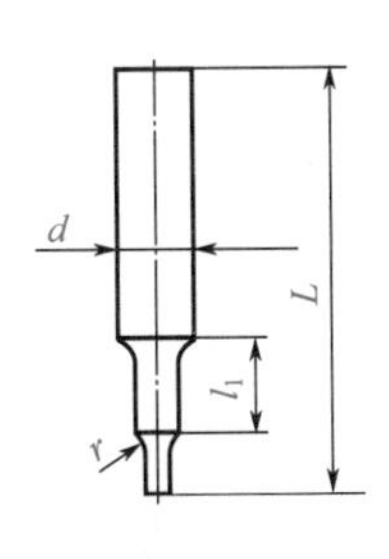


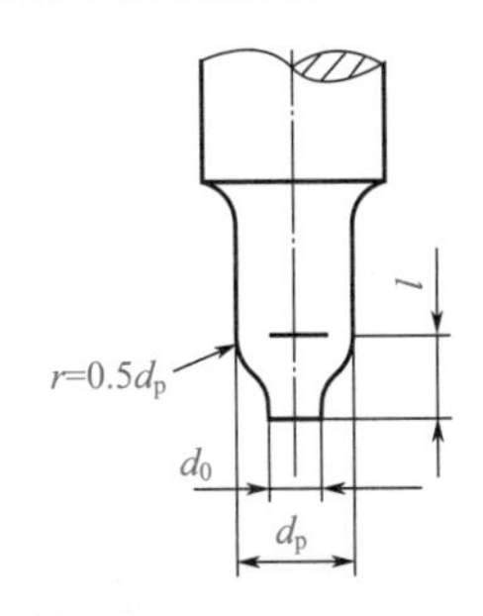


| 螺纹直径 | $d_0$ | $d_p$ | $d$ | $l$ | $l_1$ | $r$ |
|---|---|---|---|---|---|---|
| M2 | 0.8 | 1.6 | 4 | 1.5 | 4.5 | 1 |
| M2.5 | 1.0 | 2.1 | | 2 | 5.5 | |
| M3 | 1.2 | 2.6 | 5 | 2.5 | 6.0 | |
| M4 | 1.6 | 3.3 | | 3.5 | 6.5 | 1.5 |

# 第四节　缩口和扩口

## 一、缩口

缩口是将预先成形好的圆筒件或管件坯料，通过缩口模具将其口部缩小的一种成形工艺。缩口工艺的应用比较广泛，可用于子弹壳、炮弹壳、钢制气瓶、自行车车架立管、自行车坐垫鞍管等零件的成形。对细长的管状类零件，有时用缩口代替拉深可取得更好的效果。

如图 7-39（a）所示是采用拉深和冲底孔工艺成形的制件，共需 5 道工序；如图 7-39（b）所示采用管状毛坯缩口工艺，只需 3 道工序。与缩口相对应的是扩口工艺。

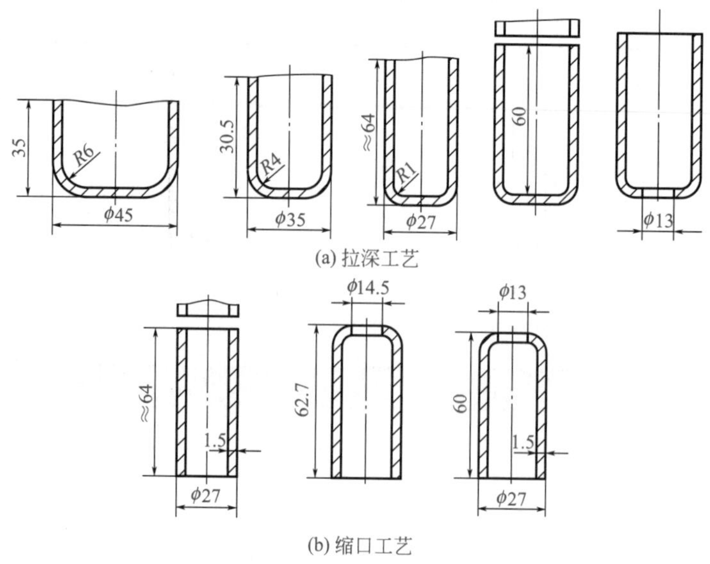


(a) 拉深工艺

(b) 缩口工艺

图 7-39　缩口与拉深工艺的比较

## 1. 缩口成形的变形特点

缩口成形的变形特点如图 7-40 所示。在缩口变形过程中，材料主要受切向压应力作用，其结果使直径减少，壁厚和高度增加。变形区由于受到较大切向压应力的作用易产生切向失稳而起皱，起传力作用的筒壁区由于受到轴向压应力的作用也容易产生轴向失稳而起皱，所以如何防止失稳起皱是缩口工艺的主要问题。缩口属于压缩类成形工艺，常见的缩口形式有斜口式、直口式和球面式，如图 7-41 所示。

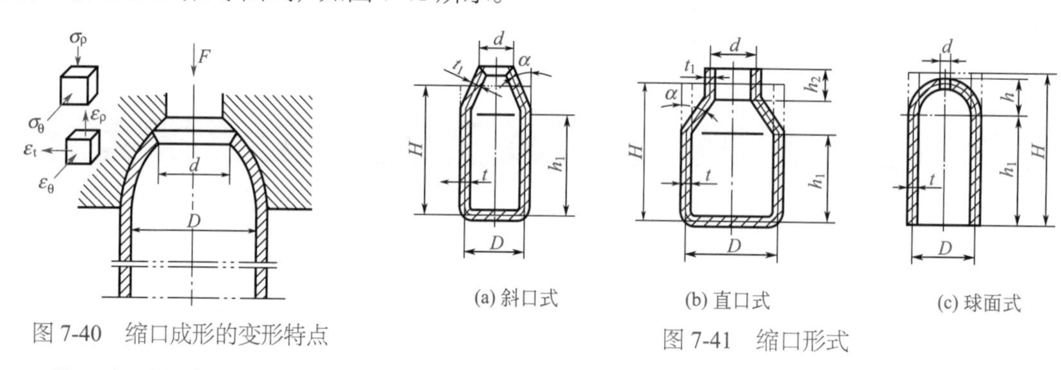


图 7-40　缩口成形的变形特点

(a) 斜口式　(b) 直口式　(c) 球面式

图 7-41　缩口形式

缩口变形程度用缩口系数 $m$ 表示，$m$ 可按下式计算：

$$m=\frac{d}{D}$$

式中　$d$——工件缩口加工后的直径，mm；

$D$——工件未缩口加工前的空心毛坯直径，mm。

缩口极限变形程度用极限缩口系数 $m_{\min}$ 表示，$m_{\min}$ 取决于对失稳条件的限制，其值大小主要与材料的力学性能、坯料厚度、模具的结构形式和坯料表面质量有关。材料的塑性好、屈强比值大，允许的缩口变形程度大（极限缩口系数 $m_{\min}$ 小）；坯料越厚，抗失稳起皱的能力就越强，有利于缩口成形；采用内支承（模芯）模具结构，口部不易起皱；合理的模具半锥角度、小的锥面粗糙度值和好的润滑条件，可以降低缩口力，对缩口成形有利。当缩口变形所需压力大于筒壁材料失稳临界压力时，此时非变形区筒壁将先失稳，也将限制一次缩口的极限变形程度。

表 7-25 是不同材料和厚度的平均缩口系数 $m_0$。表 7-26 是一些材料在不同模具结构形式下的极限缩口系数。当计算出的缩口系数 $m$ 小于表中值时，要进行多次缩口。

表 7-25　不同材料和厚度的平均缩口系数 $m_0$

| 材　料 | 材料厚度 /mm | | |
|---|---|---|---|
| | ≤ 0.5 | ＞ 0.5 ～ 1.0 | ＞ 1.0 |
| 黄铜 | 0.85 | 0.80 ～ 0.70 | 0.70 ～ 0.65 |
| 软钢 | 0.85 | 0.75 | 0.70 ～ 0.65 |

表 7-26　不同模具结构的极限缩口系数 $m_{min}$

| 材　料 | 模具结构形式 | | |
|---|---|---|---|
| | 无支承 | 外支承 | 内外支承 |
| 软钢 | 0.70 ～ 0.75 | 0.55 ～ 0.60 | 0.30 ～ 0.35 |
| 黄铜（H62、H68） | 0.65 ～ 0.70 | 0.50 ～ 0.55 | 0.27 ～ 0.32 |
| 铝 | 0.68 ～ 0.72 | 0.53 ～ 0.57 | 0.27 ～ 0.32 |
| 硬铝（退火） | 0.73 ～ 0.80 | 0.60 ～ 0.63 | 0.35 ～ 0.40 |
| 硬铝（淬火） | 0.75 ～ 0.80 | 0.68 ～ 0.72 | 0.40 ～ 0.43 |

## 2. 缩口工艺参数

### （1）缩口次数及缩口系数确定

当计算出的缩口系数 $m$ 小于极限缩口系数 $m_{min}$ 时，要进行多次缩口，其缩口次数 $n$ 由下式确定：

$$n=\frac{\lg m}{\lg m_0}=\frac{\lg d-\lg D}{\lg m_0}$$

式中　$m$——总缩口系数，$m=d/D$；

$m_0$——平均缩口系数，其值参见表 7-25。

$n$ 的计算值一般是小数，应进位成整数。

第一次缩口系数：

$$m_1=0.9m_0$$

第二次缩口系数：

$$m_2=(1.05\sim1.10)\,m_0$$

考虑材料的加工硬化以及后续缩口可能增加的生产成本等因素，缩口次数不宜过多。每次缩口后最好进行一次退火处理。

### （2）毛坯尺寸计算

毛坯尺寸的主要设计参数是缩口毛坯高度 $H$，按照图 7-41 所示的不同的缩口形式，根据体积不变条件，可得如下毛坯高度计算公式：

如图 7-41（a）所示的斜口式：

$$H=(1\sim1.05)\left[h_1+\frac{D^2-d^2}{8D\sin\alpha}\left(1+\sqrt{\frac{D}{d}}\right)\right]$$

如图 7-41（b）所示的直口式：

$$H=(1\sim1.05)\left[h_1+h_2\sqrt{\frac{D}{d}}+\frac{D^2-d^2}{8D\sin\alpha}\left(1+\sqrt{\frac{D}{d}}\right)\right]$$

如图 7-41（c）所示的球面式：

$$H=h_1+\frac{1}{4}\left(1+\sqrt{\frac{D}{d}}\right)\sqrt{D^2-d^2}$$

**（3）缩口力**

在有外支承和无支承的缩口模上缩口，其缩口力可按下式计算：

$$F=K\left[1.1\pi Dt_0\sigma_b\left(1-\frac{D}{d}\right)(1+\mu\cot\alpha)\frac{1}{\cos\alpha}\right]$$

式中　$F$——缩口力，N；

$K$——速度系数，用曲柄压力机 $K$=1.15；

$\sigma_b$——材料的抗拉强度，MPa；

$\mu$——工件与凹模接触面的摩擦系数；

$t_0$——缩口前料厚，mm；

$D$——缩口前直径，mm；

$d$——缩口后直径，mm；

$\alpha$——凹模圆锥半角。

值得注意的是，当缩口变形所需压力大于筒壁材料失稳临界压力时，此时筒壁将先失稳，缩口就无法进行。此时，要对有关工艺参数进行调整。

### 3. 缩口模具结构

缩口模结构根据支承情况分为无支承、外支承和内外支承三种形式，如图 7-42 所示。设计缩口模时，可根据缩口变形情况和缩口件的尺寸精度要求选取相应的支承结构。此外还可采用旋压缩口法，即靠旋轮沿一定的轨迹（或芯模）进行缩口变形，其模具是旋轮和芯模。

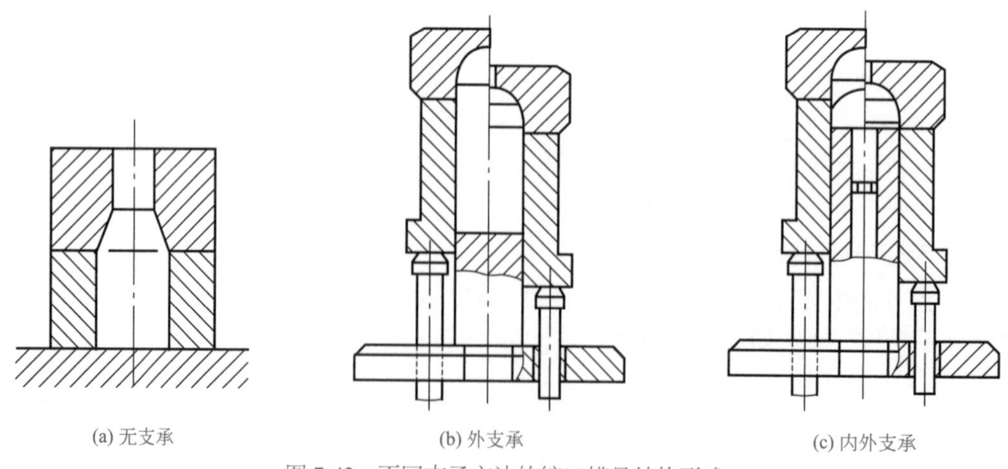

图 7-42　不同支承方法的缩口模具结构形式

缩口凹模锥角的正确选用很关键。在相同缩口系数和摩擦系数条件下，锥角越小缩口变形力在轴向的分力越小，但同时变形区范围增大使摩擦阻力增加，所以理论上应存在合理锥角 $\alpha$，在此合理锥角缩口时缩口力最小，变形程度得到提高，通常可取 $2\alpha \approx 52.5°$。

由于缩口变形后的回弹，使缩口工件的尺寸往往比凹模内径的实际尺寸稍大。所以对有配合要求的缩口件，在模具设计时应进行修正。

如图 7-43 所示是钢制气瓶缩口模。材料为 1mm 的 08 钢。缩口模采用外支承结构，一次缩口成形。由于气瓶锥角接近合理锥角，所以凹模锥角也接近合理锥角，凹模表面粗糙度 $Ra$=0.4μm。如图 7-44 所示为缩口与扩口同时成形复合模。

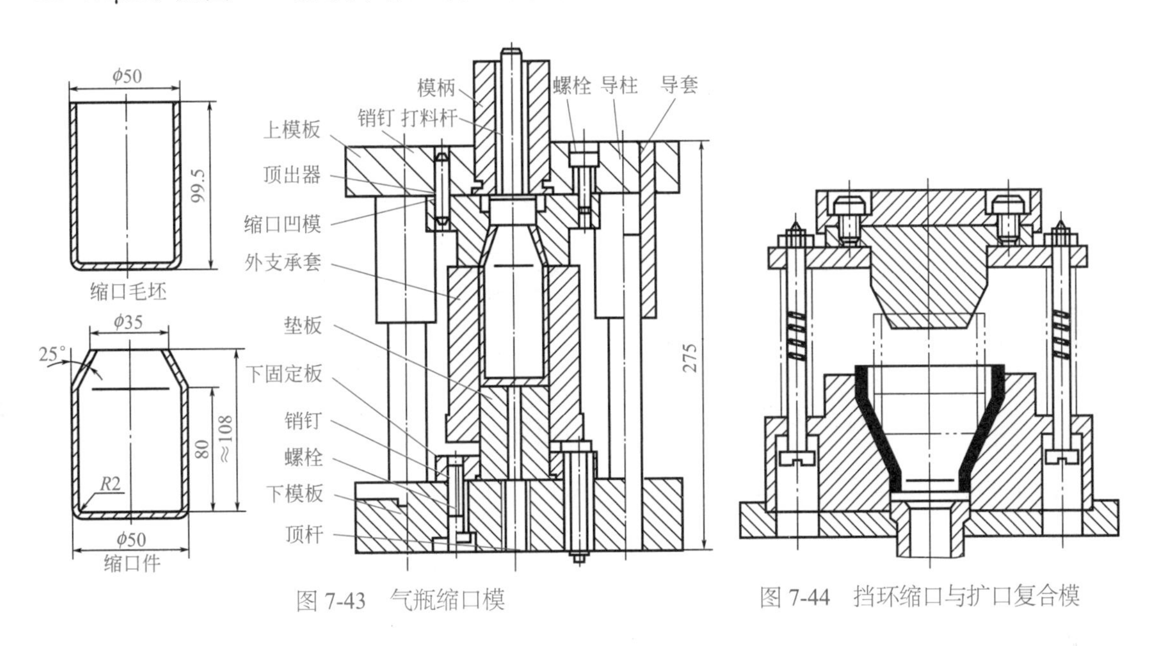


图 7-43　气瓶缩口模　　图 7-44　挡环缩口与扩口复合模

## 二、扩口

与缩口相反，扩口是将圆筒拉深件口部或圆管口部扩大。扩口加工的类型如图 7-45 所示。较常见的扩口加工为如图 7-45（b）所示的带圆筒形扩口，也称扩径圆筒形扩口。

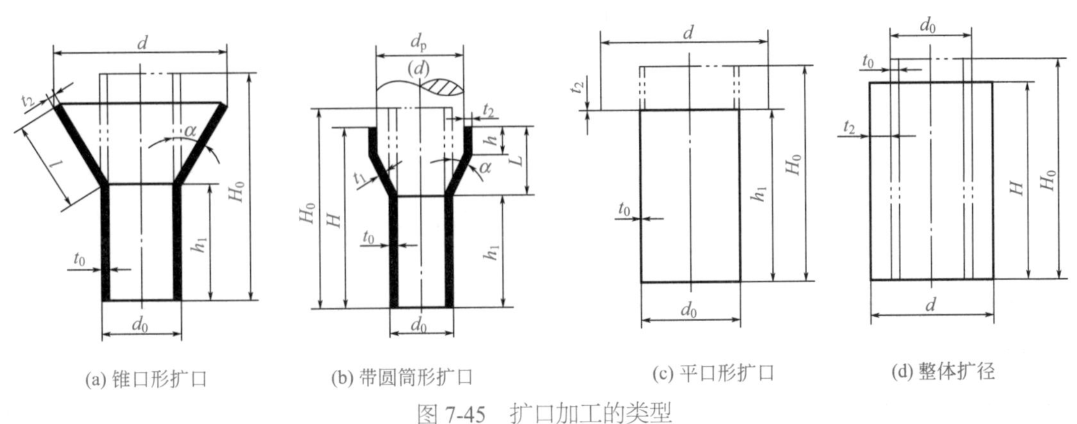


图 7-45　扩口加工的类型

### 1. 扩口工艺参数

#### （1）扩口系数 $K_C$

扩口变形程度的大小用扩口系数 $K_C$ 表示，$K_C$ 按下式计算：

$$K_C = \frac{d_C}{d_0}$$

式中　$K_C$——扩口系数；

$d_C$——零件扩口部分的最大直径，mm；

$d_0$——扩口前的坯件直径，mm。

从上式中可以看出，$K_C$ 越大，扩口变形程度越大。

#### （2）毛坯尺寸计算

扩口零件的毛坯尺寸，按不同的扩口类型（扩口形状，详见图 7-45 所示），分别依以下各式计算。

① 锥口形扩口件［见图 7-45（a）所示］毛坯尺寸为：

$$H_0 = (0.97\sim1.0)\left[h_1 + \frac{1}{8} \times \frac{d^2 - d_0^2}{8d_0 \sin\alpha}\left(1 + \sqrt{\frac{d_0}{d}}\right)\right]$$

② 带圆筒形扩口件［见图 7-45（b）所示］毛坯尺寸为：

$$H_0 = (0.97\sim1.0)\left[h_1 + \frac{1}{8} \times \frac{d^2 - d_0^2}{8d_0 \sin\alpha}\left(1 + \sqrt{\frac{d_0}{d}}\right) + h\sqrt{\frac{d}{d_0}}\right]$$

③ 平口形扩口件［见图 7-45（c）所示］毛坯尺寸为：

$$H_0 = (0.97\sim1.0)\left[h_1 + \frac{1}{8} \times \frac{d^2 - d_0^2}{d_0}\left(1 + \sqrt{\frac{d_0}{d}}\right)\right]$$

④ 整体扩径的扩口形零件［见图 7-45（d）所示］毛坯尺寸为：

$$H_0 = H\sqrt{\frac{d_0}{d}}$$

以上式中符号意义，见图 7-45。

### 2. 扩口力的简化计算

$$F_C = C\pi d_0 t \sigma_s$$

式中　$F_C$——扩口力，N；

$d_0$——扩口毛坯直径（按中心层计），mm；

$t$——毛坯壁厚，mm；

$\sigma_s$——材料屈服点，MPa；

$C$——与扩口系数 $K_C$ 值有关的系数，见表 7-27。

表 7-27　系数 $C$ 值

| 扩口系数 $K_C$ | 1.05 | 1.11 | 1.18 | 1.25 | 1.33 | ≥ 1.42 |
|---|---|---|---|---|---|---|
| 系数 $C$ | 0.30 | 0.40 | 0.60 | 0.75 | 0.90 | 1.0 |

# 第五节　校平和整形

## 一、校平

把不平整的制件在校平模内压平的校形工艺叫校平。校平主要用于消除或减少冲裁件（特别是自由漏料）平面的平直度误差。校平时，板料在上下两块平模板的作用下产生反向弯曲变形，出现微量塑性变形，从而使板料压平。当冲床处于止点位置时，上模板对材料强制压紧，使材料处于三向压应力状态，卸载后回弹小，在模板作用下的平直状态就被保留下来。

### 1. 校平的使用

对于平板冲裁件，通常是采用校平作业，消除其穹弯、局部不平，提高其平面度。普通冲裁件通过校平才能消除冲裁，尤其落料是产生的肉眼可见的穹弯。根据平板冲裁件的材料种类、供应状态、料厚、冲裁工件的技术要求，选用如图 7-46 所示不同结构形式的校平模进行校平。

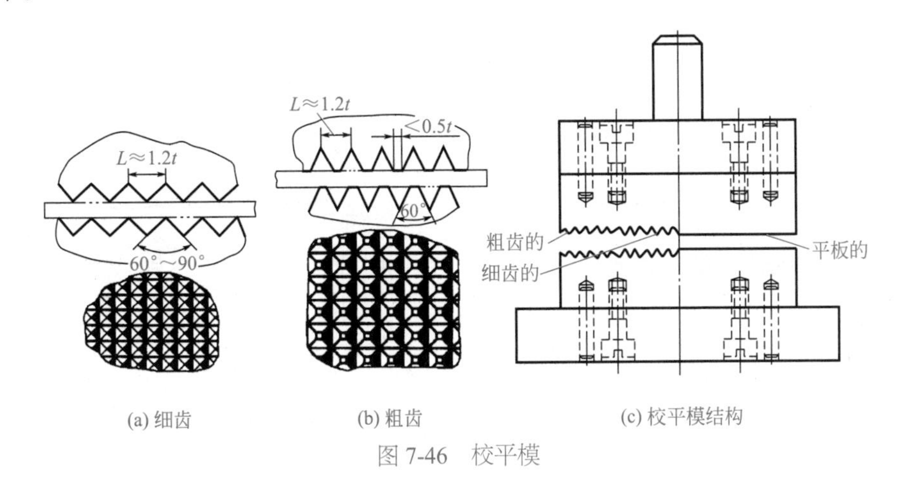


(a) 细齿　(b) 粗齿　(c) 校平模结构

图 7-46　校平模

### 2. 校平模的类型与结构

校平模可分为以下两类：

① 平板校平模。

② 点牙或称齿形校平模。这一类校平模又分为细齿的校平模、粗齿的校平模两种，也称细点牙校平模、粗（平）点牙校平模。

校平模是一种标准通用模具，可按照冲压零件图样的给定的材料、尺寸及技术要求，选用合适的校平模校平。

### 3. 校平模的选用

#### （1）平板校平模

料厚小于 3mm，表面不允许有压痕的平板零件，可选用平板校平模。平板校平模对校平零件是面接触，可均匀施压。落料零件产生的穹弯及原材料或零件的局部凹坑、小的凸起等，很难一次校平，特别是高强度、弹性大的材料，校平后回弹严重，往往要经多次校平。对于 10 钢冷轧板，用平板校平模校平可达到的平面度与直线度见表 7-28。

表 7-28　用平板校平模校平可达到的平面度与直线度（10 钢冷轧板）

| 料厚 $t$/mm | 每 100mm×100mm 范围的平面度，每 100mm 长度的直线度 | | |
|---|---|---|---|
| | 一次校平 | 二次校平 | 多次校平 |
| | 偏差值 /mm | | |
| 0.5 | 0.15 | 0.10 | 0.08 |
| 1 | 0.13 | 0.08 | 0.06 |
| 2 | 0.12 | 0.065 | 0.05 |
| 3 | 0.11 | 0.055 | 0.04 |
| 4.75 | 0.09 | 0.05 | 0.035 |
| 6 | 0.085 | 0.045 | 0.035 |
| 10 | 0.075 | 0.035 | 0.030 |

为了排除压力机动态精度波动的影响，消除压力机滑块行程对其工作台面垂直度偏差、滑块底面与工作台面平行度误差，以及滑块导向误差等对校平质量的影响，校平模可以做成如图 7-47 所示浮动式校平模。

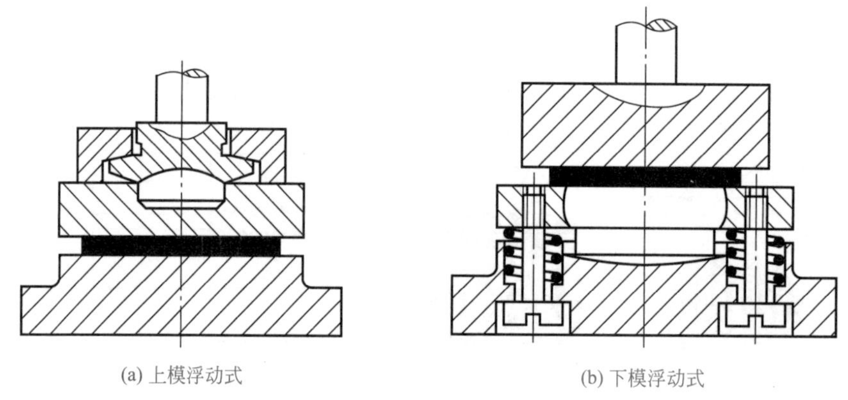

(a) 上模浮动式　　(b) 下模浮动式

图 7-47　浮动式校平模结构形式

### （2）齿形校平模（亦称点牙校平模）

使用齿形校平模校平不同材质、不等料厚的平板冲裁件，均可以收到很好的效果。但经点牙校平的零件表面留下齿点痕迹，有碍外观及表面装饰质量。但对于一些平面度、直线度要求高的内装零件，如钟表机芯底板、夹板、片齿轮（头轮）等核心结构零件，都要用点牙校平模校平；高精度仪器仪表中，类似上述需要点牙校平的平板零件也相当普遍，主要有机械仪表指针机构、钟表机构、执行机构的板状扇形齿轮、片齿轮、基板、连杆、链片等。用点牙校平可以达到比平板校平更高的平面度、直线度。

① 细齿（即尖齿）校平模：适用于校平材料强度高、硬度大、回弹很严重的平板零件。经校平的零件，尖齿压入其表层一定深度，使不平的零件在卸载之后回弹很小，故可以达到很高的平面度、直线度。但在校平后，尖齿易挤入材料中，工件容易黏在模具齿形上不易脱模。因此，选用细齿校平模要注意这一点。

② 粗齿（即平齿）校平模：适用于校平材料强度不高、硬度不大、回弹不很严重的中碳钢以及较软的材料制作的平板零件。因为粗齿的齿尖是一个具有一定宽度的方形平面，见图 7-46 所示。虽然校平零件也会在其表面留下印痕，但很浅，也不影响校平零件脱模。如果校平零件不允许在其表面留有校平压痕，可采用一面是平板，另一面用齿形

模板校平。

### 4. 校平力的计算

校平所需冲压力，即校平力可按下式计算：

$$F_C = Aq$$

式中　$F_C$——校平所需冲压力，N；

$A$——校平零件的投影面积，$mm^2$；

$q$——单位校平力，MPa，可查表 7-29。

表 7-29　校平与整形单位压力

| 工艺类别 | 方法及内容 | $q$/MPa |
|---|---|---|
| 校平 | 平板校平模校平 | 50 ～ 80 |
| | 细齿校平模校平 | 80 ～ 120 |
| | 粗齿校平模校平 | 100 ～ 150 |
| 整形 | 敞开式制作整形（弯曲件） | 50 ～ 100 |
| | 拉深件整形（减小圆角及对底侧壁整形） | 150 ～ 200 |

## 二、整形

对弯曲和拉深后的立体零件进行形状和尺寸修整的校形叫整形，其目的是提高形状和尺寸精度。

整形时要在压力机下止点对材料刚性卡压一下，所以应选用精压机或有过载保护装置的刚度较好的机械压力机。整形力按上式计算。

对敞开式制件整形：$p$=50 ～ 100MPa；

对底面、侧面减小圆角半径的整形：$p$=150 ～ 200MPa。

### 1. 弯曲件的整形

弯曲件的整形方法有压校和镦校两种。

#### （1）压校

如图 7-48 所示，变形特点与弯曲时相似，整形效果一般。压校 V 形件时应注意选择弯曲件在模具中的位置，尽量使两侧的水平分力平衡，并使校平单位压力分布均匀。压校 U 形件时，若只整形圆角须用两道工序分别压两个圆角。有尺寸精度要求时要取较小的模具间隙，以形成挤压状态，提高尺寸精度。

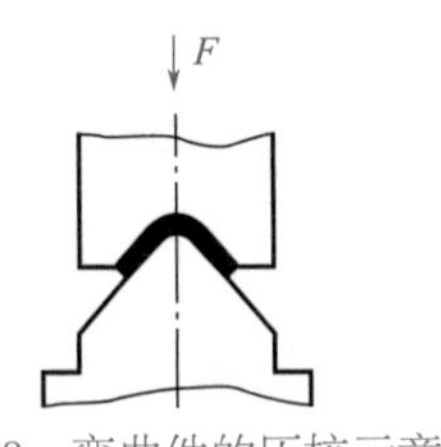

图 7-48　弯曲件的压校示意

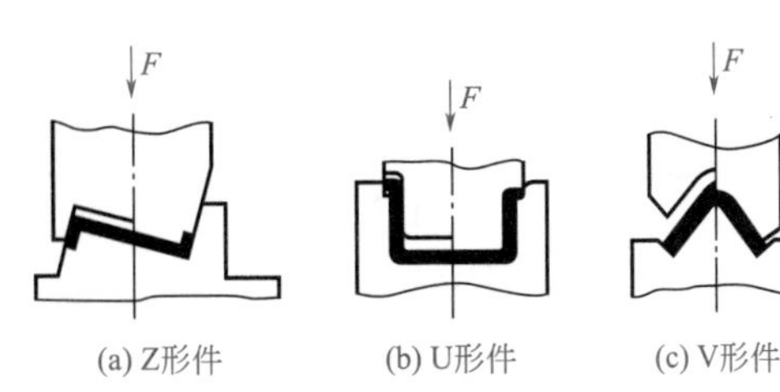

图 7-49　弯曲件的镦校示意

#### （2）镦校

如图 7-49 所示，镦校前半成品的长度略大于零件长度，以保证校形时材料处于三向应力状态。镦校后在材料厚度方向上压应力分布较均匀，回弹减小，从而能获得较高的尺寸精度。但带孔的零件和宽度不等的弯曲件不宜用镦校整形。

### 2. 拉深件的整形

直壁拉深件筒壁整形时，常用变薄拉深的方法。把模具间隙取小，一般为（0.9～0.95)$t$，而取较大的拉深系数，把最后一道的拉深与整形合为一道工序。

对有凸缘的拉深件，小凸缘根部圆角半径的整形要求外部向圆角部分补充材料。如果圆角半径变化大，在工艺设计时，可以使半成品高度大于零件高度，整形时从直壁部分获得材料补充，如图 7-50（a）所示（$h'$ 为半成品高度，$h$ 为成品高度）；如果半成品高度与零件高度相等，也可以由凸缘处收缩来获得材料补充，但当凸缘直径过大时，整形过程中无法收缩，此时只能靠根部及附近材料变薄来补充材料，如图 7-50（b）所示。从变形特点看，相当于变形不大的胀形，因而整形精度高，但变形部位材料伸长量不得大于 2% ～ 5%，否则，校形时零件会破裂。

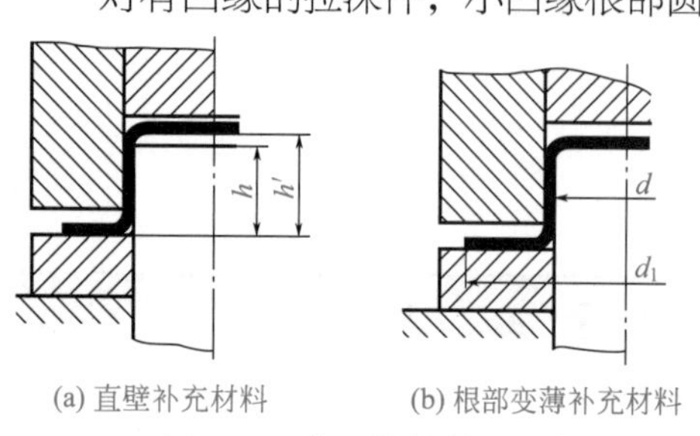


图 7-50　拉深件的整形示意图

较小底部圆角的整形也可以采用半成品高度略大于成品高度的办法或使圆角部分胀形的方法。

凸缘平面和底部平面的整形主要是利用模具的校平作用。因为凸缘刚性差，只单独对凸缘校平效果一般不好。因此，常对拉深件的筒壁、圆角、平面同时整形，此时要注意控制半成品高度和表面积，使整形时各部分都处于相应的应力状态，既可以减少工序数又可达到满意的整形效果。

## 第六节　覆盖件的成形

覆盖件主要指汽车上覆盖发动机、底盘，或构成驾驶室和车身表面和内部的薄钢板异形体零件。与普通冲压件相比，覆盖件具有形状复杂、材料薄、表面质量要求高、刚性好、结构尺寸大以及多为空间曲面等特点。覆盖件冲压生产过程一般要经过落料（或剪切下料）、成形、修边、冲孔、翻边等多道工序才能完成。覆盖件成形过程主要以拉深（拉延）为主，局部包含胀形、翻边以及弯曲等成分。在多数情况下，成形是制造这类零件的关键，它直接影响产品质量、材料利用率、生产率和制造成本。如图 7-51 所示为各种覆盖件例子。

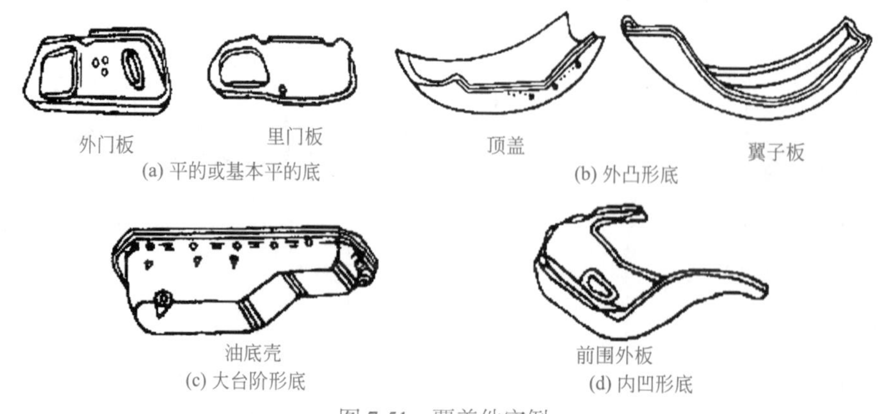


图 7-51　覆盖件实例

## 一、覆盖件成形特点

与一般冲压零件相比，覆盖件的冲压成形有以下特点：

① 由于覆盖件表面质量要求高，形状复杂且生产批量大，成形模具结构复杂，因此一般不经过多次成形，而采用单动（或双动）压力机一次成形。

② 覆盖件大多数都由复杂空间曲面组成，成形时毛坯在模内的变形甚为复杂，应力、应变分布很不均匀，因此，不能按简单零件拉深或胀形那样来判断或计算它的成形次数和成形可能性。实际生产中大多用类比的方法，经试模调整确定。

③ 覆盖件一般形状复杂，深度不均且不对称，压边面积小，因而需要采用拉深筋来加大进料阻力或是利用拉深筋的合理布排，改善毛坯在压边圈下的流动条件，使各区段金属流动趋于均匀，才能有效地防止起皱。

④ 一般零件拉深成形时，由于变形区（凸缘区）的变形抗力超出传力区（侧壁与底部过渡区）危险断面强度而导致破裂是成形过程的主要问题。但有些覆盖件，由于成形深度浅（如汽车外门板），成形时材料得不到充分的拉伸变形，容易起皱，且刚性不够，这时需采用拉深槛来加大压边圈下材料的牵引力，从而增大塑性变形程度，保证零件在修边后弹性畸变小，刚性好。

⑤ 为保证覆盖件在成形时能经受最大限度的塑性变形而不破裂，对原材料的力学性能、金相组织、化学成分、表面粗糙度和厚度精度都提出很高的要求。

⑥ 大型覆盖件的成形，需要的变形力和压边力都较大。所用压力加工设备有双动压力机和单动压力机等。双动压力机具有拉深（内滑块）与压边（外滑块）两个滑块，压边力大，且四点连接的外滑块可进行压边力的局部调节，可满足覆盖件成形的特殊要求，但价格较高。普通带气垫的单动压力机上，压边力小，而且压边力调节的可能性小，故不适合复杂零件的成形，但价格相对便宜。

## 二、覆盖件常用材料及要求

覆盖件一般形状复杂且不对称，在成形过程中应力、变形很不均匀，且一般要求工件一次成形，因此对钢板坯料的冲压性能提出了很高要求。正确地选用钢板的成形性能等级对减少废品率和降低成本是十分重要的。影响钢板冲压性能的因素很多，钢板的表面质量、厚度公差、化学成分、力学性能、工艺性能和金相组织都直接或间接地影响其冲压性能。覆盖件对原材料提出的要求如下。

① 对钢板的表面质量和厚度偏差要求很高。覆盖件表面质量分 A 级和 B 级，除被遮盖的表面为 B 级外，其余表面均为 A 级。

A 级覆盖件表面不允许有裂纹、波纹、皱纹、凹痕、边缘拉痕、擦伤以及其他破坏表面完美的缺陷。覆盖件上的装饰棱线、装饰筋条要求清晰、平滑、左右对称及过渡均匀。覆盖件之间的装饰棱线衔接处应吻合，不允许参差不齐。表面上一些微小缺陷都会在涂漆后引起光的漫反射而损坏外观。微型载货汽车前围板、车门外蒙皮、后立柱外蒙皮表面质量为 A 级。

B 级覆盖件表面不允许有裂纹，但允许有轻微的拉痕、波纹，筋条棱线要求清晰、平滑、过渡均匀。地板等为 B 级。

② 含碳量低有利于成形，深成形钢板中碳的质量分数应介于 0.06% ～ 0.09% 范围内。同时要严格控制使材料变脆的硅、磷、硫的含量。

③ 具有均匀而细小晶粒组织的材料塑性较好，便于成形，冲压的表面质量也好。晶粒粗大虽易于变形，但容易使工件表面产生麻点与橘皮纹。晶粒过细，由于难于变形而使工件

产生裂纹，并且弹性也大，影响工件精度。

④ 球状珠光体比片状珠光体有利于成形。游离渗碳体性硬且脆，当它沿铁素体晶界分布时，成形时易产生裂纹。非金属夹杂物（尤以条状、方块状连续分布时）对成形十分不利。

实践证明，因工艺问题而产生的废品，一般裂口比较整齐；因材料质量差而产生的废品裂口多半为锯齿状或不规则形状。

⑤ $\sigma_s$ 与 $\sigma_b$ 的比值（屈强比）越小，意味着应力不大时，就开始塑性变形，而且变形阶段长，能持久而不破裂。用于覆盖件的深拉深钢板，要求$\frac{\sigma_s}{\sigma_b} \leqslant 0.65$。

另外，硬化指数 $n$ 值大的材料具有扩展变形区，使变形均匀化，减少局部变薄和增大极限变形的作用，成形性能好。厚向异性指数 $r$ 值大，材料在成形过程中不易变薄，对成形也有利。覆盖件一般是由厚度为 0.6 ～ 1.5mm 的 08F 或 08Al 的冷轧薄钢板冲压而成。

## 三、覆盖件成形工艺

### 1. 成形方向

成形方向影响到工艺补充部分的多少和压料面形状，以及成形后各工序（如整形、修边、翻边）的方案选定。合理的成形方向应符合如下原则：

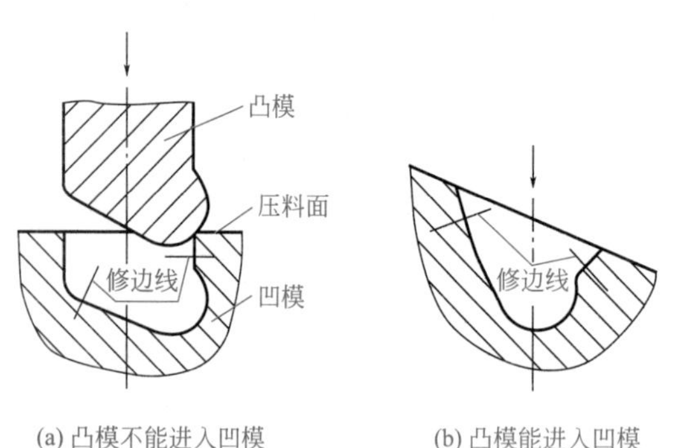

(a) 凸模不能进入凹模　(b) 凸模能进入凹模

图 7-52　成形方向的选择

① 保证凸模能将工件需成形的部位在一次成形中完成，不应有凸模接触不到的死角或死区，如图 7-52 所示。

② 成形开始时，凸模两侧的包容角尽可能做到基本一致（$\alpha \approx \beta$），使由两侧流入凹模的材料保持均匀［如图 7-53（a）所示］，且凸模开始成形时与毛坯的接触地方应靠近中间，以免成形过程中材料窜动而影响表面质量。

③ 凸模表面同时接触毛坯面积要大，并尽可能分布均匀，防止毛坯窜动［如图 7-53（b）所示］。

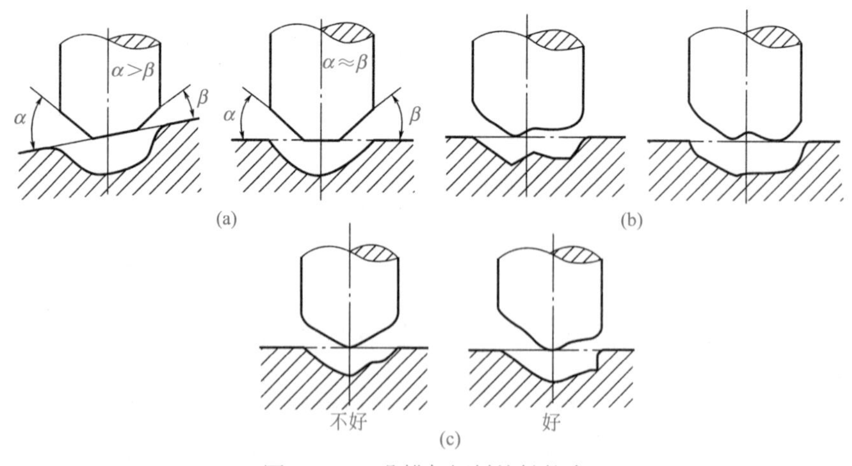

图 7-53　凸模与坯料接触状态

④ 当凸模与毛坯为点接触时，应适当增大接触面积［如图 7-53（c）所示］，防止材料

应力集中，造成局部破裂。但是也要避免凸模表面与毛坯以大平面接触的状态，否则由于平面上的拉应力不足。材料得不到充分的塑性变形，影响工件的刚性，并容易起皱。

### 2. 工艺补充部分

为了实现成形，弥补工件在冲压工艺中的缺陷，对覆盖件成形往往在工件本体部分以外，增添必要的材料，如将覆盖件上的翻边展开，缺口补满等，即加上工艺补充部分构成一个冲压成形件。

工艺补充部分是成形件不可缺少的组成部分，它的确定直接影响到成形以及成形后修边、整形、翻边等工序的方案，因此，必须慎重考虑工艺补充部分。

#### （1）工艺补充部分确定原则（表 7-30）

表 7-30　工艺补充部分确定原则

| 类别 | 说　　明 |
| --- | --- |
| 成形深度尽量浅 | 深度的大小直接影响到成形，成形深度深，成形困难，容易产生开裂。因此，工艺补充部分应尽量使成形深度浅，便于成形 |
| 尽量采用垂直修边 | 垂直修边比水平或倾斜修边工艺补充部分少，模具结构简单，废料也好排除 |
| 工艺补充部分尽量小 | 工艺补充部分在成形以后将被修掉，工艺补充部分也是工艺上必要的材料消耗，因此在能够成形出满意的覆盖件的前提下，尽可能减少工艺补充部分以节约材料 |
| 定位可靠 | 成形件在修边时和修边以后工序的定位必须在确定成形件工艺补充部分时考虑，一定要定位可靠，否则会影响修边和翻边的质量。深的成形件如微型汽车前围板、后围板、左右车门内蒙皮等均用成形件侧壁定位。浅的成形件如微型汽车顶盖、左右车门外蒙皮、地板等用拉深槛定位。而对一些不能用成形件侧壁和拉深槛定位的零件，可采用成形时穿刺孔或冲工艺孔来定位，如图 7-54 所示 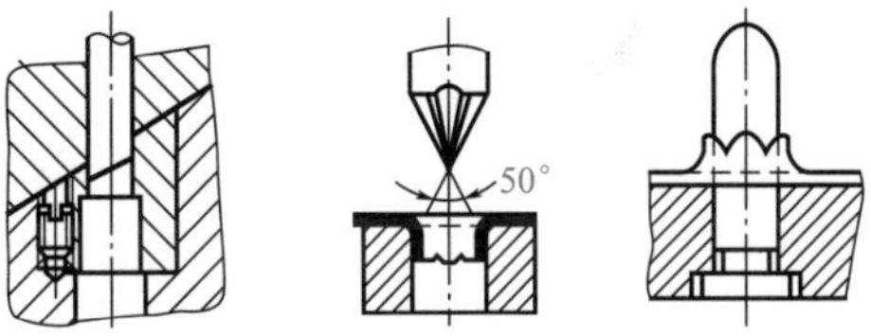<br>(a)　(b)　(c)<br>图 7-54　覆盖定位成形定位形式 |
| 成形条件 | 斜面大的成形件要考虑凸模对成形毛坯的成形条件，凸模对成形毛坯的成形条件（材料紧贴凸模）主要取决于零件形状。如图 7-55 所示为零件形状决定凸模对成形毛坯的成形条件示意图。图 7-55（a）所示为成形件没有直壁，因此凸模 1 的 *A* 点一直到压力机滑块下死点才和成形毛坯接触。如果由于进料阻力小，在成形过程中斜壁部分已经形成了波纹，虽然凸模 1 和凹模 2 最后是压合的，也不可能将波纹压平。如在成形件工艺补充部分上加一直壁 *AB* [图 7-55（b）所示]，这样凸模 1 和凹模 2 之间就形成一段垂直料厚间隙 *AB*，在成形直壁 *AB* 的进程中，增大了进料阻力，使成形毛坯紧贴凸模成形，这样可以减少或消除成形过程中产生的波纹，同时也增加了拉深件的刚度。直壁 *AB* 一般取 10 ～ 20mm，因此，表面质量要求高的成形件最好加一段直壁 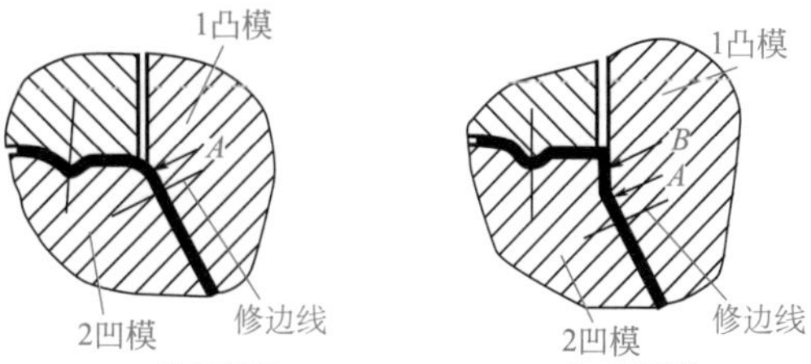<br>(a) 没有直壁　(b) 有直壁<br>图 7-55　成形条件示意图 |

## （2）工艺补充部分的种类（表 7-31）

表 7-31　工艺补充部分的种类

| 类别 | 图示 | 说　明 |
| --- | --- | --- |
| 修边线在成形件压料面上，垂直修边 | 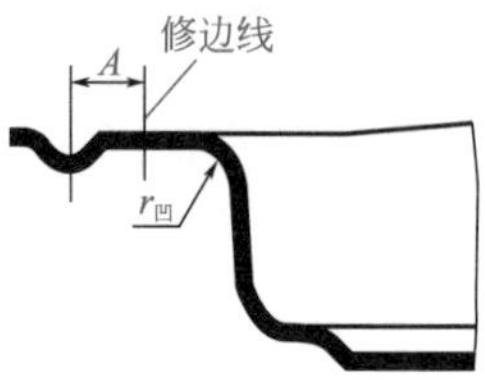  | 修边线在成形件压料面上，垂直修边，压料面就是覆盖件本身的凸缘面（如左图所示）。修边线至拉深筋的距离 $A$ 应保证修磨拉深筋槽而不影响到修边线，同时应考虑覆盖件开口端朝下放置修边时凹模刃口的强度，一般取 25mm。成形凹模圆角半径 $r_{凹}$应根据覆盖件具体情况来确定，由于覆盖件要求的圆角半径一般都比较小，采用它作成形凹模圆角半径是不可能的，必须加大，利用以后的工序进行整压圆角 |
| 修边线在成形件底面上，垂直修边 | 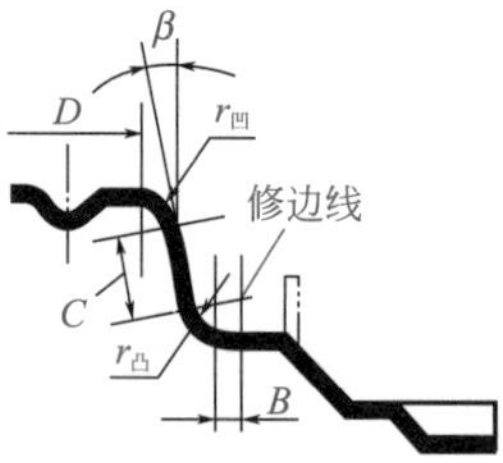  | 修边线在成形件底面上，垂直修边（如左图所示）。修边线距凸模圆角半径 $r_{凸}$的距离 $B$ 一般取 3 ～ 5mm。凸模圆角半径 $r_{凸}$应根据成形深度和形状来确定，一般取 3 ～ 10mm。对于成形深度浅和直线部分取下限，对于成形深度深的和曲线形状部分取上限。凹模圆角半径 $r_{凹}$对成形毛坯的阻力影响很大，因此，其半径大小必须适当，一般取 6 ～ 10mm。凹模圆角半径以外的压料面部分，$D$ 一般按一根或一根半拉深筋来选取 |
| 修边线在成形件翻边展开斜面上，垂直修边 | 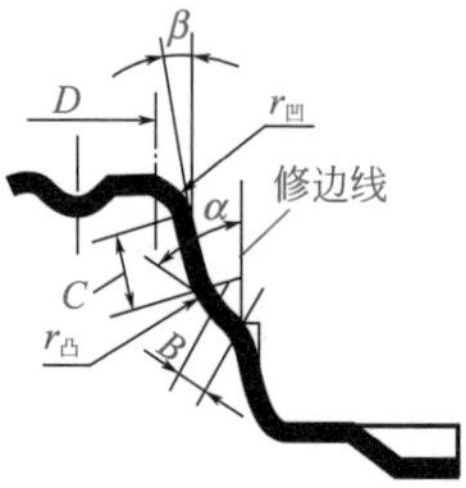  | 修边线在成形件翻边展开斜面上，垂直修边（如左图所示）。修边线至凸模圆角半径 $r_{凸}$的距离 $B$ 和修边线在成形件底面上，垂直修边图中的 $B$ 相似。修边方向和修边表面的夹角 $\alpha$ 应不小于 60°，如角 $\alpha$ 过小，修出的边切面过尖，同时凸模刃口成钝角，容易产生毛刺 |
| 修边线在成形件的斜面上，垂直修边 | 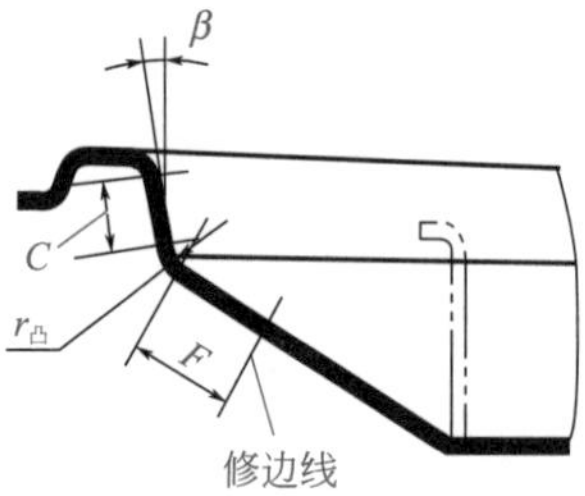  | 修边线在成形件的斜面上，垂直修边（如左图所示）。修边线是按覆盖件翻边轮廓展开的，有些翻边轮廓复杂，如果成形件轮廓完全平行于修边线，则使成形件轮廓复杂，成形条件不好。应尽量使成形件轮廓成规则形状，因此修边线距凸模圆角半径的距离 $F$ 是变化的，一般只控制几个最小的尺寸。为了从成形模中取出成形件和放入修边模定位方便，成形件侧壁斜度 $\beta$ 一般取 3°～ 10°。成形件侧壁深度 $C$ 应考虑定位稳定和可靠，同时根据压料面形状的需要，一般取 10 ～ 20mm |
| 修边线在成形件侧壁上，水平修边 | 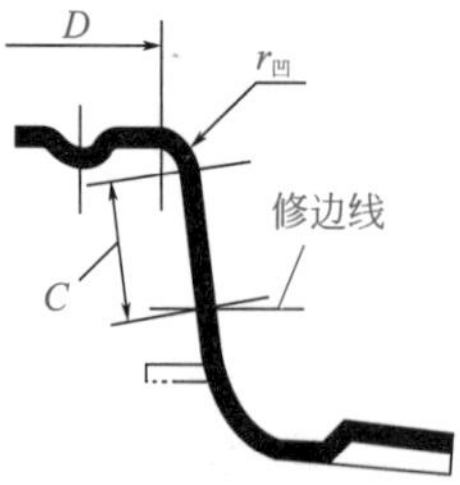  | 修边线在成形件侧壁上，水平修边（如左图所示）。修边线至凹模圆角半径 $r_{凹}$的距离 $C$ 根据压料面形状的需要，不能完全平行于修边线，局部地方可能很大。一般只控制几个最小尺寸，这个尺寸应考虑凹模镶块的强度 |

### 3. 压料面

压料面有两种情况，一种是由工件本体部分所组成，另一种是由工艺补充部分所组成。这两种压边面的区别在于，前者作为工件本体部分保留下来，后者在以后的修边工序中将被切除。

制定压料面的基本原则：

① 压料面与成形凸模的形状应保持一定的几何关系，保证在成形过程中毛坯处于张紧状态，并能平稳地、渐次地紧贴（包拢）凸模，以防产生皱纹。为此，必须满足如下关系（如图 7-56 所示）。

$$L>L_1$$

$$\alpha<\beta$$

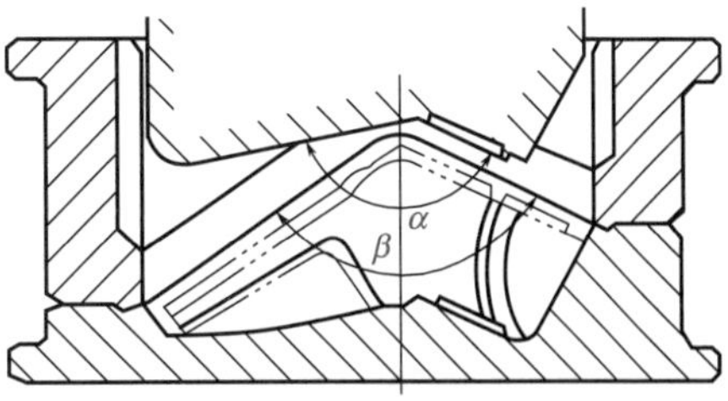

图 7-56　压料面与成形凸模的几何关系

式中　$L$——凸模展开长度，mm；

$L_1$——压边面展开长度，mm；

$\alpha$——凸模仰角，(°)；

$\beta$——压边面仰角，(°)。

当 $L<L_1$，$\alpha>\beta$ 时，则压边面下会产生多余材料，这部分多余材料拉入凹摸腔后，由于延展不开而形成皱纹。

② 为了在成形时毛坯压边可靠，必须合理选择压料面与成形方向的相对位置。最有利的压料面位置是水平位置［如图 7-57（a）所示］；相对于水平面由上向下倾斜的压边面，只要倾角 $\alpha$ 不太大，也是允许的［如图 7-57（b）所示］。压边面相对水平面由下向上倾斜时，倾角 $\varphi$ 必须采用非常小的角度。例如图 7-57（c）所示的倾角是不恰当的，因为在成形过程中金属的流动条件太差。

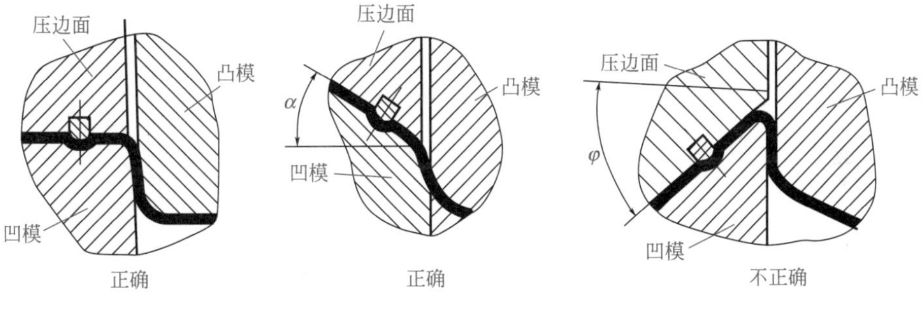

(a) 水平位置的压边面　(b) $\alpha\leqslant 40°\sim 50°$ 的倾斜压边面　(c) 由下向上倾斜的压边面

图 7-57　压料面与成形方向的相对位置

当采用如图 7-57（b）所示的倾斜压边面时，为保证压边圈足够的强度，必须控制压边面的倾角 $\alpha\leqslant 40°\sim 45°$，否则压边圈工作时，会产生很大的侧向分力和弯矩，使压边圈角部极易损坏。另外，随着压边圈倾角增大，凹模边缘至拉深筋中心线的距离也须相应增加（表 7-32）。

表 7-32　凹模边缘至拉深筋中心线的距离

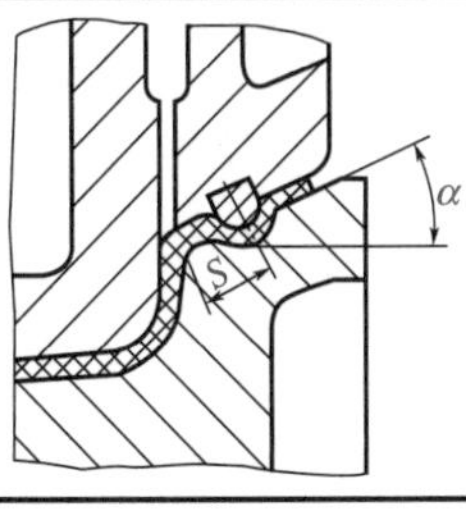


| | | | | | |
|---|---|---|---|---|---|
| 压边圈倾角 $\alpha$ /（°） | ＜20 | 20～25 | 25～30 | 30～35 | 35～40 |
| 凹模边缘至拉深筋中心线的距离 $s$/mm | 30 | 35 | 40 | 45 | 50 |

③ 压边面形状还要考虑到毛坯定位的稳定、可靠和送料取件方便。

④ 在满足压边面合理条件的基础上，应尽量减小工艺补充面，以降低材料消耗。

### 4. 拉深筋（槛）

#### （1）拉深筋（槛）的作用

① 增加进料阻力，使成形件表面承受足够的拉应力，提高成形件的刚度和减少由于弹复而产生的凹面、扭曲、松弛和波纹等缺陷。

② 控制进料阻力，调节材料的流动情况，使成形过程中各部分流动阻力均匀。

③ 扩大压边力的调节范围。在双动压力机上，调节外滑块四个角的高低，只能粗略地调节压边力，并不能完全控制各处的进料量正好符合工件的需要，因此还需靠压边面和拉深筋来辅助控制各处的压边力。

④ 当具有拉深筋时，有可能降低对压边面的表面粗糙度要求，这便降低了大型成形模的制造劳动量。同时，由于拉深筋的存在，增加了上、下压边面之间的间隙，使压边面的磨损减少，因而延长它的使用寿命。

⑤ 增加覆盖件的刚性。

#### （2）拉深筋的种类（表 7-33）

表 7-33　拉深筋的种类

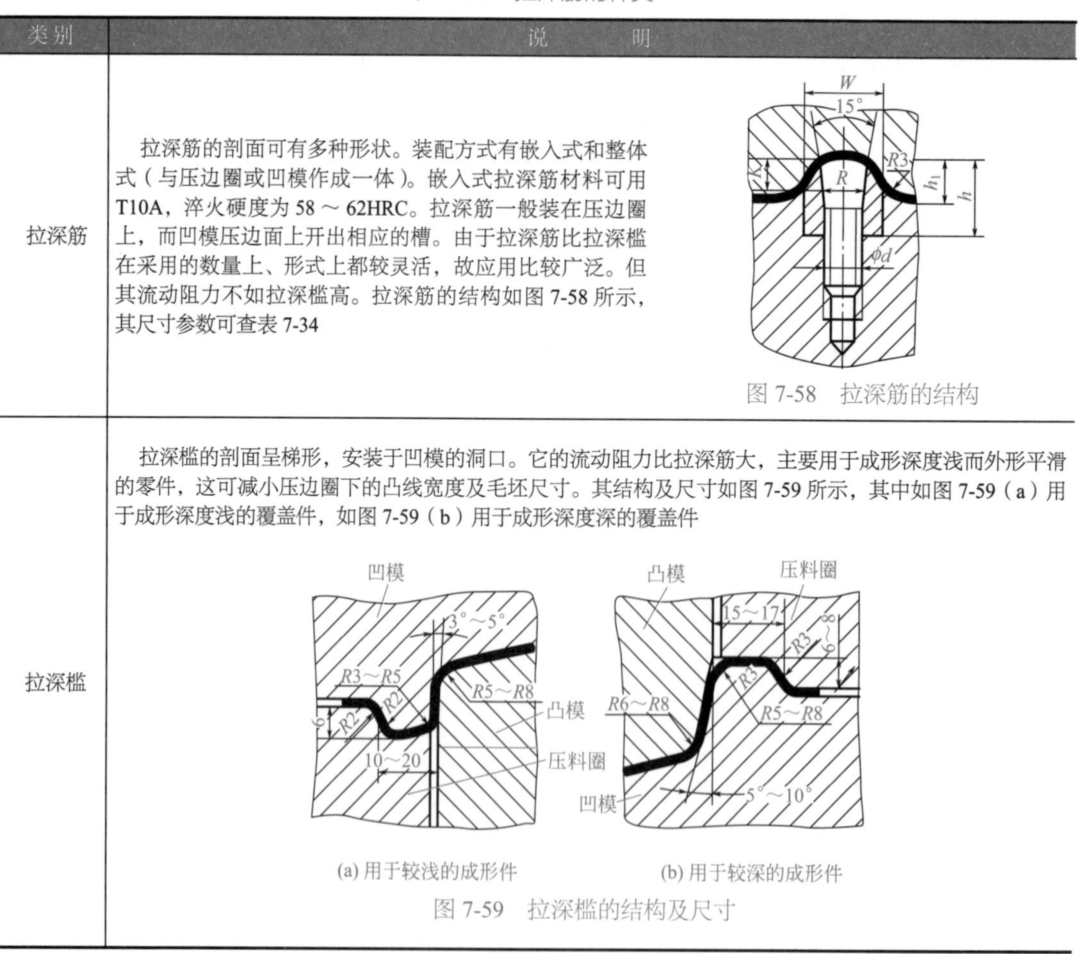


| 类别 | 说　明 |
|---|---|
| 拉深筋 | 拉深筋的剖面可有多种形状。装配方式有嵌入式和整体式（与压边圈或凹模作成一体）。嵌入式拉深筋材料可用 T10A，淬火硬度为 58 ～ 62HRC。拉深筋一般装在压边圈上，而凹模压边面上开出相应的槽。由于拉深筋比拉深槛在采用的数量上、形式上都较灵活，故应用比较广泛。但其流动阻力不如拉深槛高。拉深筋的结构如图 7-58 所示，其尺寸参数可查表 7-34<br>图 7-58　拉深筋的结构 |
| 拉深槛 | 拉深槛的剖面呈梯形，安装于凹模的洞口。它的流动阻力比拉深筋大，主要用于成形深度浅而外形平滑的零件，这可减小压边圈下的凸线宽度及毛坯尺寸。其结构及尺寸如图 7-59 所示，其中如图 7-59（a）用于成形深度浅的覆盖件，如图 7-59（b）用于成形深度深的覆盖件<br>(a) 用于较浅的成形件　(b) 用于较深的成形件<br>图 7-59　拉深槛的结构及尺寸 |

续表

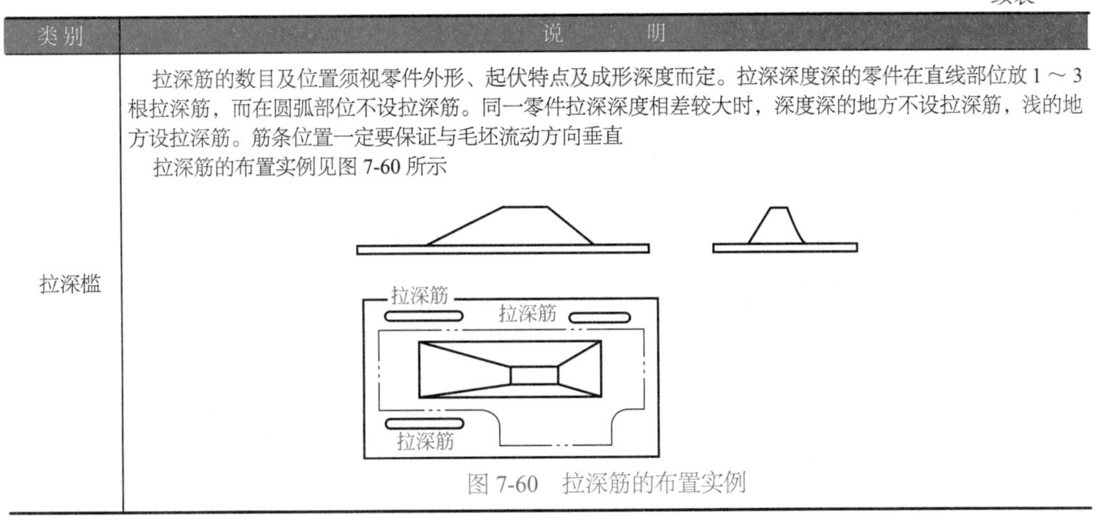

| 类别 | 说　　明 |
| --- | --- |
| 拉深槛 | 拉深筋的数目及位置须视零件外形、起伏特点及成形深度而定。拉深深度深的零件在直线部位放 1 ～ 3 根拉深筋，而在圆弧部位不设拉深筋。同一零件拉深深度相差较大时，深度深的地方不设拉深筋，浅的地方设拉深筋。筋条位置一定要保证与毛坯流动方向垂直<br>拉深筋的布置实例见图 7-60 所示<br>图 7-60　拉深筋的布置实例 |



表 7-34　拉深筋的结构尺寸参数　　单位：mm

| $W$ | $\varphi d$ | $h$ | $h_1$ | $K$ | $R$ |
| --- | --- | --- | --- | --- | --- |
| 12 | M6 | 11 | 6 | 5 | 6 |
| 16 | M8 | 13 | 7 | 6.5 | 8 |
| 20 | M10 | 15 | 8 | 8 | 10 |

## 5. 工艺孔和工艺切口

在一次成形中当需要在零件的中间部位上成形出某些深度较大的局部突起或鼓包时，往往由于不能从毛坯的外部得到材料的补充而导致零件的局部破裂。这时，可考虑在局部突起变形区的适当部位冲压出工艺孔或工艺切口，容易破裂的区域从变形区内部得到材料的补充。

工艺切口必须设置在容易破裂的区域附近，而这个切口又必须处在成形件的修边线以外，以便在修边工序中切除，而不影响零件形体，例如里、外门板和上后围的玻璃窗口部位（如图 7-61 所示）。

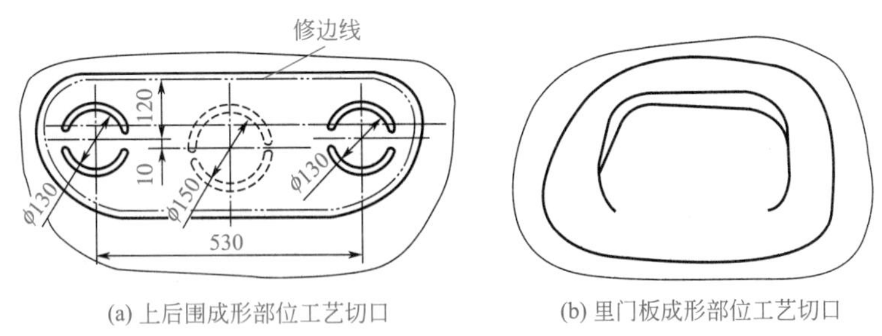



(a) 上后围成形部位工艺切口　　(b) 里门板成形部位工艺切口

图 7-61　工艺切口实例

工艺切口可在落料时冲压出，用于局部成形深度较浅的场合。或在成形过程中切出，这是常用的方法，它可充分利用材料的塑性，即在成形开始阶段利用材料径向延伸，然后切出工艺切口，利用材料切向延伸，这样成形深度可以深一些。

在成形过程中切割工艺切口时，并不希望切割材料与工件本体完全分离，切口废料可在以后的修边工序中一并切除，否则，将产生从冲模中清除废料的困难。

工艺切口的布置、工艺切口的大小和形状要视其所处的区域情况及其向外补充材料的要求而定。一般须注意下述几点：

① 切口应与局部突起周缘形状相适应，以使材料合理流动。

② 切口之间应留有足够的搭边，以使凸模张紧材料，保证成形清晰，避免波纹等缺陷，而且修切后可获得良好的窗口翻边孔缘质量。

③ 切口的切断部分（即开口）应邻近突起部位的边缘或容易破裂的区域。

④ 切口数量应保证突起部位各处材料变形趋于均匀，否则不一定能防止裂纹产生。如图 7-61 所示，原来只有左右两个工艺切口，结果中间仍产生裂纹，后来添加了中间的切口（虚线所示），才完全免除破裂现象。

## 四、覆盖件冲压成形性能、主要质量问题及解决办法

覆盖件的冲压成形性能是指覆盖件材料及其几何形状对冲压成形的适应能力。衡量冲压成形性能的指标很多，对材料而言，狭义上的冲压成形性能主要指有关破裂极限的材料性能。目前广泛采用成形极限图（FLD）来评定板料的局部成形性能，成形极限图的变形程度越高，板料的局部成形性能越好。

如图 7-62 所示中的曲线表示板材在不同应变比时产生破坏的变形程度，即成形极限图。当冲压成形中毛坯危险部位的应变值达到 *A* 点时，若变形路径不变，*A*、*B* 点间的距离即称为变形裕度。变形裕度越小，危险部位破裂的可能性越大，冲压变形的条件稍有变化，就可能导致废品的产生，因此，在大量生产中可取变形裕度的数值为 0.06 ～ 0.10 以上。

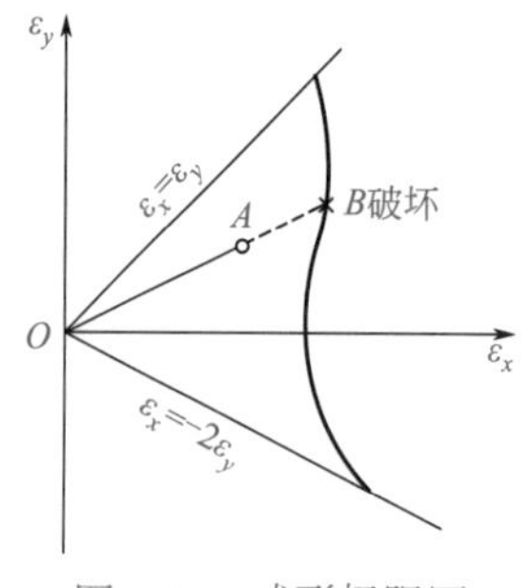

图 7-62　成形极限图

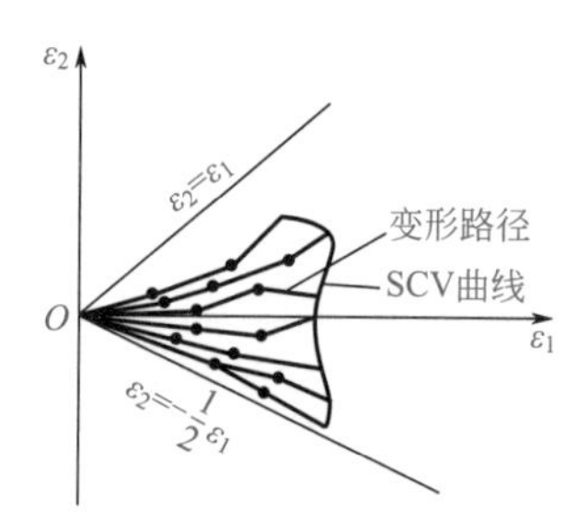

图 7-63　变形路径及 SCV 曲线

在应用成形极限时，必须对冲压件各部位的变形性质、变形过程（路径变化）和变形程度进行详细的分析，并初步判断变形最先达到危险程度的区域，以及冲压件的尺寸、形状，模具参数，工艺条件，毛坯的形状和尺寸因素对该部位的影响情况。

如果把网格变形分析技术和成形极限图结合起来，则可用来分析解决现场生产问题，使经验判断转变为定性的科学分析，从而真正起到指导生产的作用。例如利用网格变形分析法将同一时刻零件上各点测得的应变连成曲线，称为 SCV 曲线（如图 7-63 所示）。通过将 SCV 曲线和成形极限图比较，即可知道冲压件上哪些部位的变形较大或接近其成形极限，以及危险部位的变形程度与破坏时的变形程度之间的差值（即变形裕度），从而为合理选材，正确给定模具参数、工艺条件以及毛坯的形状和尺寸提供可靠依据。

试冲前，先在毛坯上被判断为变形较大和危险部位制作网格，然后将已制网格的毛坯放在压力机上分阶段成形（如全过程分成三次或四次完成），在成形一个高度后，测量各部位的变形量，然后再压一个高度，再测量相应点的变形，直到变形结束。将各点的最大变形连接成变形状态图——SCV 曲线（如图 7-63 所示）。

将 SCV 曲线绘入 FLD 内（如图 7-64 所示），就可得到冲压件上某一点的最大变形 $\varepsilon_z$，与极限变形 $\varepsilon_k$ 间的差别。可表示为

$$\Delta\varepsilon=\varepsilon_k-\varepsilon_z$$

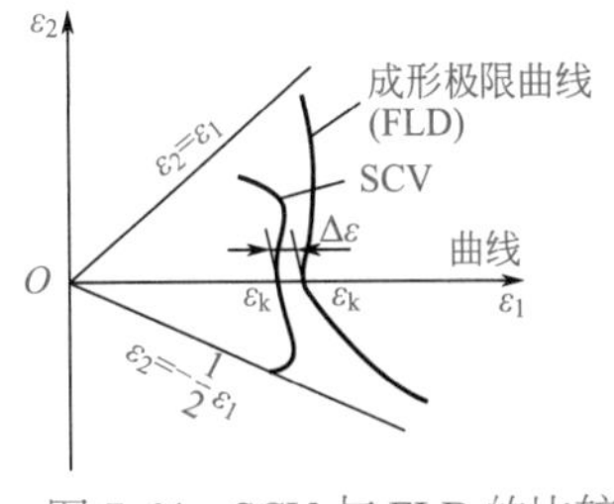

图 7-64　SCV 与 FLD 的比较

不同点的变形不同，其 $\Delta\varepsilon$ 也不同，其中必有一最小 $\Delta\varepsilon$，记为 $\Delta\varepsilon_{min}$，即为该零件的变形裕度。为了保证生产的稳定性，应取 $\Delta\varepsilon_{min} \geqslant 8\% \sim 10\%$。因此，应用成形极限图和网格变形分析法可以用于以下情况：

① 判断所设计工艺过程的安全裕度，选用合适的材料。

② 可有目的地调整对变形有影响的各可控因素，使冲压过程合理化。

③ 用于试模中发现问题，找出改进措施和修正毛坯形状。

④ 用于生产过程的控制和监视。

⑤ 用于改进工艺过程和工艺参数。

⑥ 用于查明故障原因。

覆盖件在冲压成形时，主要的质量问题有：

① 破裂。

② 成形表面形状不良，即所谓不贴模或叫贴模性差。

③ 尺寸精度不合格，即所谓定型性差。

解决这些问题具有十分重要的现实意义，它不仅决定冲压过程能否顺利地完成，而且也是影响冲压件质量的关键。

成形表面形状不良主要表现在板料在成形时的贴模性差（如起皱或表面翘曲影响贴模性）。从应力分析看，主要是由成形时应力不均匀引起压应力或切应力所致。尺寸精度不合格主要表现在成形后零件的定型性差，主要是由于回弹使零件尺寸与模具尺寸不一致，特别是成形产生的残余应力所引起。表 7-35 列出了覆盖件成形中常见的缺陷及参考解决办法。

表 7-35　覆盖件成形常见缺陷及解决办法

| 缺陷 | 产生原因 | 解决办法 |
|---|---|---|
| 破裂 | 变形程度过大，超过材料变形极限 | ① 选用塑性好，$n$、$r$ 值高的材料<br>② 减少压边力、使用润滑剂、增大凹模圆角半径；胀形变形时，增大凸模圆角半径、调节凸模头部的润滑条件<br>③ 通过改变坯料形状来改变破裂区变形状态和变形路径，提高变形裕度<br>④ 设置工艺孔或工艺切口 |
| 起皱 | 材料不均匀流动，板料平面内压缩应力过大使材料失稳 | ① 零件的凸缘上布置拉深筋，增加局部地区的流动阻力，绷紧内皱区域的材料<br>② 使用良好的润滑剂，增大压边力，变更毛坯尺寸及形状，增大附加拉力、降低压缩应力，并使拉力均匀 |
| “滑痕”和“黏着” | 毛坯和模具的摩擦以及模具本身的变形引起 | ① 调整模具材料、模具硬度、表面粗糙度和模具间隙<br>② 使用含有耐高压添加剂的润滑油<br>③ 清除毛坯剪切面的毛刺和黏在板料上的尘埃，或使用经表面处理的板料 |
| 折线 | 成形完毕之前，存在于凸模底面上的某棱线成为界线，当作用于毛坯上的力不能保证材料均匀流动时，由于材料的一部分超越棱线被拉到另一边，出现原有棱线的痕迹 | ① 防止加工前毛坯挠曲，在成形中期或后期可加进工艺孔或切口使棱线变形量保持平衡<br>② 增加拉深筋，使用阶梯成形等 |
| 表面粗糙与拉深滑带 | 材料晶粒粗大材料存在屈服平台 | ① 选用晶粒小的材料<br>② 选用镇静钢<br>③ 成形前将钢板用 0.5% ～ 3% 的压下量冷轧一下，以消除屈服平台 |

覆盖件形状复杂、厚度薄，成形时的变形十分复杂、成形难度较高，难以借助理论计算来准确设计冲压工艺过程和确定模具结构尺寸。许多情况下，只能凭经验靠类比初步设计这些零件的冲压工艺过程，再通过试冲发现问题，加以修改和完善。随着计算机及相关技术的进步，数值模拟技术在金属板材（料）成形中得到了越来越广泛的应用，并逐渐成为板料成形分析的重要发展方向，使得传统的冲压工艺与模具设计由技艺成为一门科学。如图 7-65 所示是利用弹塑性有限元对板材（料）成形过程进行数值模拟的结果。

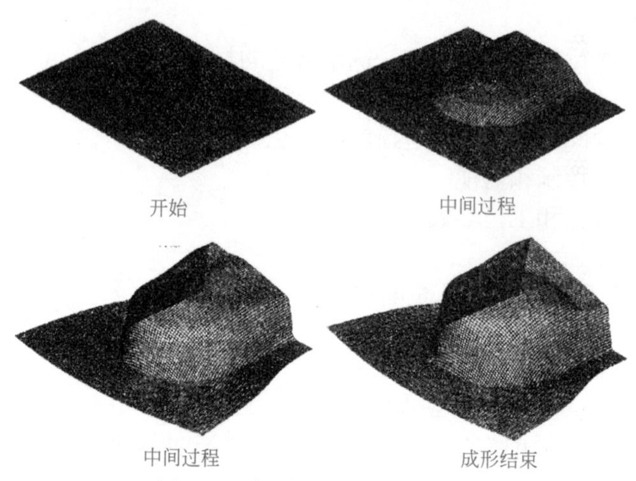


图 7-65　板料成形数值模拟实例

数值模拟可以考虑成形过程包括摩擦、模具几何形状、温度、板料特性等多种因素对成形的影响，得到成形各个阶段各个部位的应力或应变分布，发现难以通过经验或传统方式判断的板料破裂或起皱，从而为正确制订冲压工艺、设计模具提供重要的参考。

# 第八章 冲压零件加工尺寸及检测计算

## 第一节　冲压零件加工尺寸计算

### 一、圆弧直线连接的计算

① 如图 8-1（a）所示，已知：$R$、$r$、$A$，求：$\alpha$。

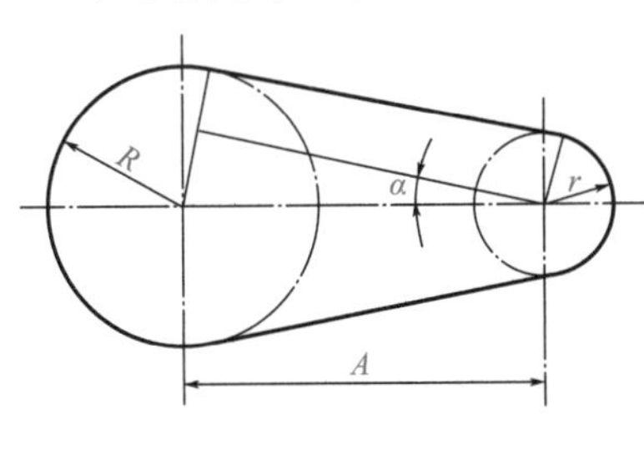


(a)

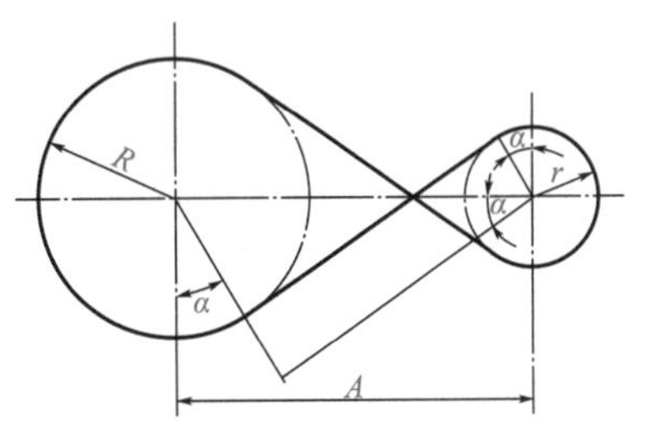


(b)

图 8-1　圆弧直线连接的计算（一）

**解：**

$$\sin\alpha = \frac{R-r}{A}$$

$$\alpha = \arcsin\frac{R-r}{A}$$

② 如图 8-1（b）所示，已知：$R$、$r$、$A$，求：$\alpha$。

**解：**

$$\sin\alpha = \frac{R+r}{A}$$

$$\alpha = \arcsin\frac{R+r}{A}$$

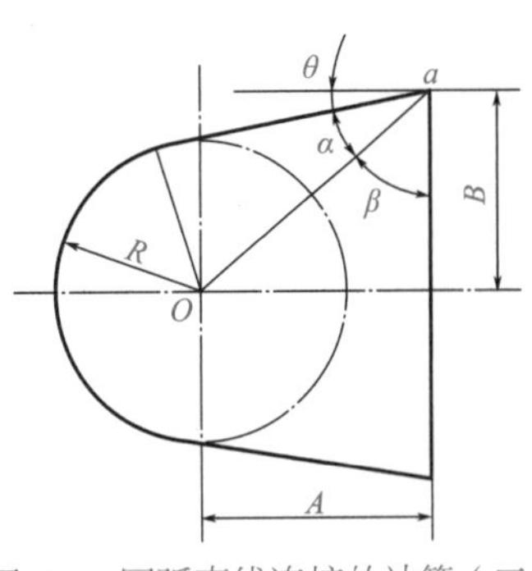


图 8-2　圆弧直线连接的计算（二）

③ 如图 8-2 所示，已知：$A$、$B$、$R$，求：$\theta$。

**解：**

$$\beta = \arctan\frac{A}{B}$$

$$\alpha = \arcsin\frac{R}{\overline{Oa}} = \arcsin\frac{R}{\sqrt{A^2+B^2}}$$

$$\theta = 90° - \alpha - \beta$$

## 二、圆弧连接的尺寸计算

① 如图 8-3（a）所示，已知：$A$、$R$、$r_1$，求：$r_2$。

**解：**根据勾股定理

$$(R-r_1)^2 = A^2 + (R-r_2)^2$$

$$r_2 = R - \sqrt{(R-r_1)^2 - A^2}$$

② 如图 8-3（b）所示，已知：$R_1$、$R_2$、$r_1$、$r_2$、$\alpha+\beta=45°$，求：$b$ 点坐标 $b_x$、$b_y$。

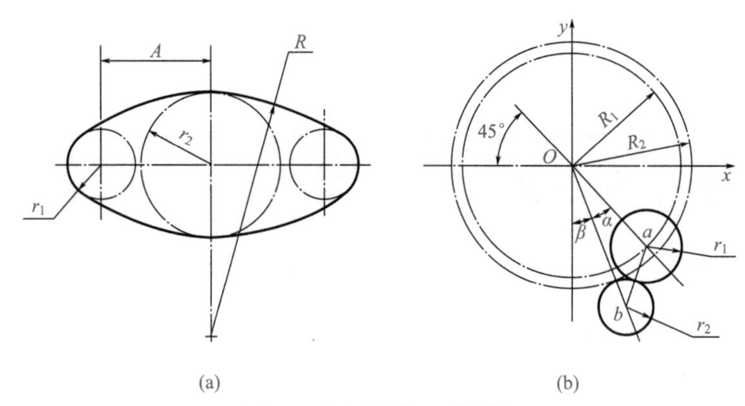


图 8-3　圆弧连接尺寸计算

**解：**在△ $aOb$ 中

$$\cos\alpha = \frac{\overline{Oa}^2 + \overline{Ob}^2 - \overline{ab}^2}{2\overline{Oa}\times\overline{Ob}}$$

其中 $\overline{Oa} = R_1$ 、$\overline{Ob} = R_2 + r_2$　　$\overline{ab} = r_1 + r_2$

则 $$\alpha = \arccos\frac{R_1^2 + (R_2+r_2)^2 - (r_1+r_2)^2}{2R_1(R_2+r_2)}$$

$$\beta = 45° - \alpha$$

$$b_x = \overline{Ob}\cdot\sin\beta = (R_2+r_2)\sin\beta$$

$$b_y = \overline{Ob}\cdot\cos\beta = (R_2+r_2)\cos\beta$$

## 三、圆切线的角度计算

在冲模制造中，常遇到如图 8-4 ～图 8-6 所示形状的凸模、凹模，在加工时需计算有关切线的角度，计算方法如下：

① 在图 8-4 所示的图形中，已知：$A$、$R$、$r$，求：$\theta$。

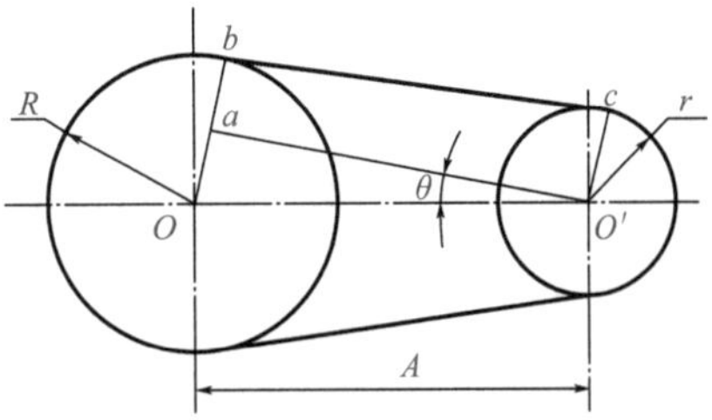

**解**：作

$$\overline{aO'}//\overline{bc}$$

$$\overline{Oa}=R-r$$

$$\theta=\arcsin\frac{\overline{Oa}}{A}=\arcsin\frac{R-r}{A}$$

图 8-4　示意图

② 在图 8-5 所示的图形中，已知：$A$、$R$、$r$，求：$\theta$。

**解**：

$$\overline{Oa}=\sqrt{A^2+B^2}$$

$$\beta=\arctan\frac{A}{B}$$

$$\alpha=\arcsin\frac{r}{\overline{Oa}}=\arcsin\frac{r}{\sqrt{A^2+B^2}}$$

$$\theta=90^\circ-\alpha-\beta$$

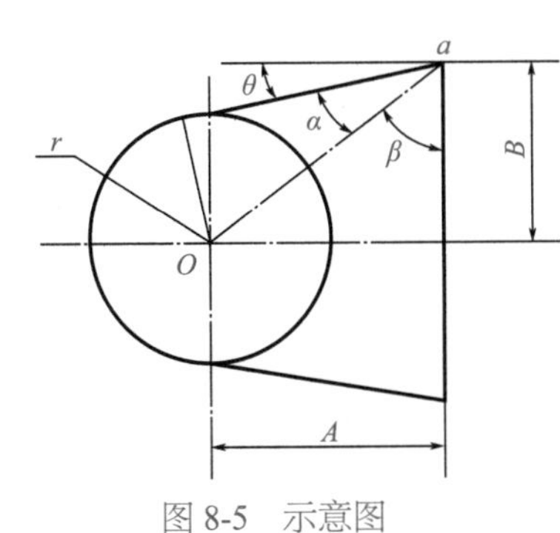

图 8-5　示意图

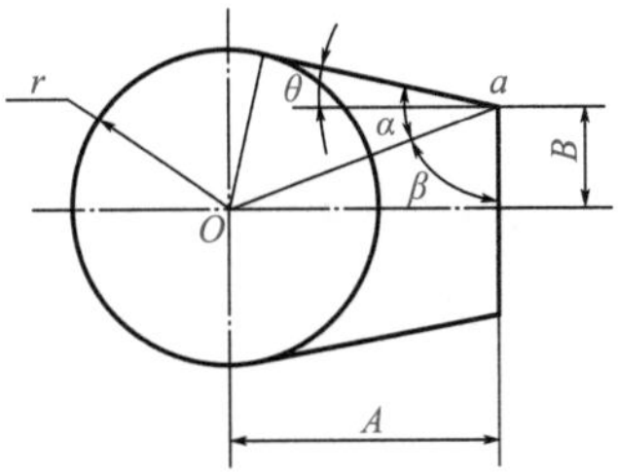

图 8-6　示意图

③ 在图 8-6 所示的图形中，已知：$A$、$R$、$r$，求：$\theta$。

**解**：

$$\overline{Oa}=\sqrt{A^2+B^2}$$

$$\beta=\arctan\frac{A}{B}$$

$$\alpha=\arcsin\frac{r}{\overline{Oa}}=\arcsin\frac{r}{\sqrt{A^2+B^2}}$$

$$\theta=\alpha+\beta-90^\circ$$

## 四、车凸模的尺寸计算

① 如图 8-7（a）所示凸模中，尺寸 $D$ 与 $d$ 的过渡圆弧尺寸为 $R$，车加工时需计算出 $R$ 的圆心位置尺寸 $x$。

已知：$D$、$d$、$R$，求：$x$。

**解**：根据勾股定理

$$R^2=x^2+\left(R-\frac{D-d}{2}\right)^2$$

$$x=\frac{1}{2}\sqrt{4R(D-d)-(D-d)^2}$$

② 如图 8-7（b）所示零件加工时尺寸 $H$ 的计算如下：

已知：$D$、$d$，求：$H$。

**解：** 根据勾股定理

$$\left(\frac{D}{2}\right)^2=\left(\frac{d}{2}\right)^2+\left(H-\frac{D}{2}\right)^2$$

$$H=\frac{D+\sqrt{D^2-d^2}}{2}$$

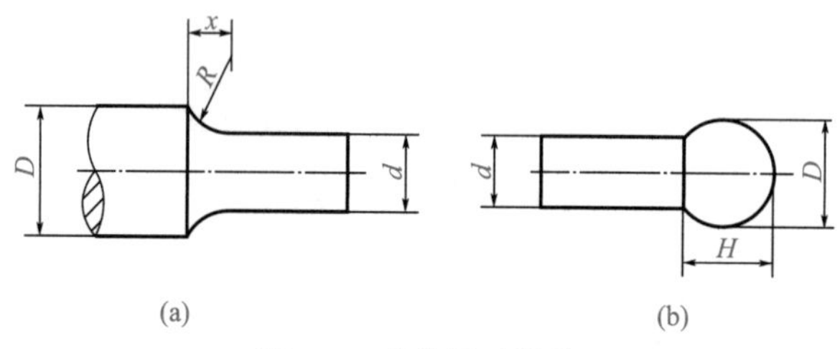


图 8-7　凸模尺寸计算

## 五、车锥体的加工计算

如图 8-8 所示为锥体零件图，可用转动小刀架车锥体和尾座偏移法两种加工方法。

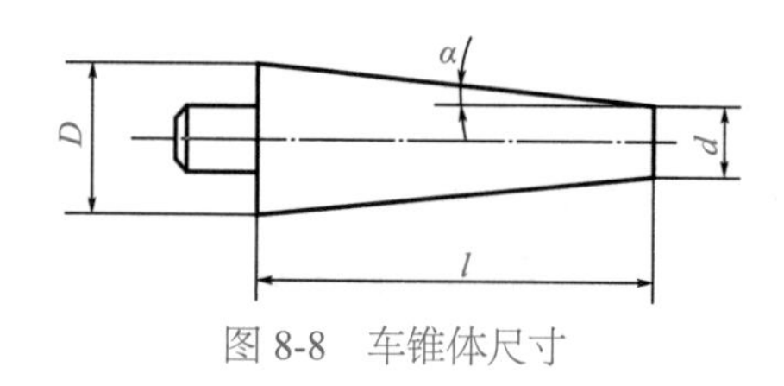


图 8-8　车锥体尺寸

### （1）转动小刀架车锥体法

$$K=\frac{D-d}{l}=2\tan\alpha$$

$$M=\tan\alpha=\frac{D-d}{2l}=\frac{1}{2}K$$

式中　$K$——锥体的锥度；

$M$——锥体的斜度，亦称半锥度；

$D$——锥体大端直径，mm；

$d$——锥体小端直径，mm；

$l$——锥体的锥度长，mm；

$\alpha$——锥体的斜角，(°)，即小刀架转动角度。

车标准锥度和常用锥度时，小刀架转动角度 $a$ 见表 8-1。

表 8-1　标准锥度和常用锥度的角度

| 锥体名称 | | 锥度 $K$ | 锥角 $2\alpha$ | 斜角 $\alpha$ |
|---|---|---|---|---|
| 公制 | 4<br>6 | 1 ∶ 20=0.05 | 2°51′51″ | 1°25′56″ |
| 公制 | 80<br>100<br>120<br>（140）<br>160<br>200 | 1 ∶ 20=0.05 | 2°51′51″ | 1°25′56″ |
| 摩氏 | 0 | 1 ∶ 19.212=0.05205 | 2°58′54″ | 1°29′27″ |
| | 1 | 1 ∶ 20.047=0.04988 | 2°51′26″ | 1°25′43″ |
| | 2 | 1 ∶ 20.020=0.04995 | 2°51′41″ | 1°25′51″ |
| | 3 | 1 ∶ 19.922=0.05019 | 2°52′32″ | 1°26′16″ |
| | 4 | 1 ∶ 19.254=0.05193 | 2°58′31″ | 1°29′16″ |
| | 5 | 1 ∶ 1 9.002=0.05262 | 3°00′53″ | 1°30′27″ |
| | 6 | 1 ∶ 19.180=0.05213 | 2°59′12″ | 1°29′36″ |
| 标准锥度 | 1 ∶ 200 | 1 ∶ 200 | 0°17′11″ | 0°8′36″ |
| | 1 ∶ 100 | 1 ∶ 100 | 0°34′23″ | 0°17′11″ |
| | 1 ∶ 50 | 1 ∶ 50 | 1°8′45″ | 0°34′23″ |
| | 1 ∶ 30 | 1 ∶ 30 | 1°54′35″ | 0°57′17″ |
| | 1 ∶ 20 | 1 ∶ 20 | 2°51′51″ | 1°25′56″ |
| | 1 ∶ 15 | 1 ∶ 15 | 3°49′6″ | 1°54′33″ |
| | 1 ∶ 12 | 1 ∶ 12 | 4°46′19″ | 2°23′9″ |
| | 1 ∶ 10 | 1 ∶ 10 | 5°43′29″ | 2°51′45″ |
| | 1 ∶ 8 | 1 ∶ 8 | 7°9′10″ | 3°34′35″ |
| | 1 ∶ 7 | 1 ∶ 7 | 8°10′16″ | 4°5′8″ |
| | 1 ∶ 6 | 1 ∶ 6 | 9°31′38″ | 4°45′49″ |
| | 1 ∶ 5 | 1 ∶ 5 | 11°25′16″ | 5°42′38″ |
| | 1 ∶ 3 | 1 ∶ 3 | 18°55′29″ | 9°27′44″ |
| | 30° | 1 ∶ 1.866 | 30° | 15° |
| | 45° | 1 ∶ 1.207 | 45° | 22°30′ |
| | 60° | 1 ∶ 0.866 | 60° | 30° |
| | 75° | 1 ∶ 0.652 | 75° | 37°30′ |
| | 90° | 1 ∶ 0.5 | 90° | 45° |
| | 120° | 1 ∶ 0.289 | 120° | 60° |
| 专用锥度 | 7 ∶ 24 | 1 ∶ 3.4286 | 16°35′34″ | 8°17′47″ |
| | 1 ∶ 16 | 1 ∶ 16 | 3°34′48″ | 1°47′24″ |

（2）尾座偏移法（如图 8-9 所示）

$$S=\frac{L(D-d)}{2l}$$

式中　$S$——偏移距，mm；

$L$——锥体工件总长度，mm；

$l$——锥体的锥度长，mm；

$D$——锥体大端直径，mm；

$d$——锥体小端直径，mm。

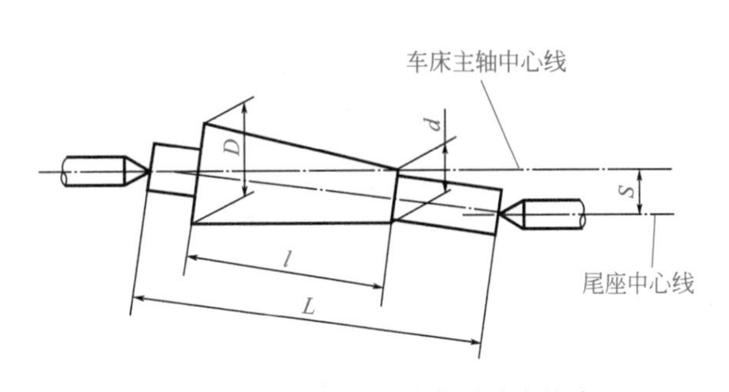


图 8-9　用尾座偏移法车锥度

## 六、车制导正销尺寸计算

如图 8-10 所示为常用导正销，设计尺寸一般给出 $D$、$R$、$r$ 和 $L$ 等结构尺寸。在备料和切削加工时，需计算 $x$ 尺寸。

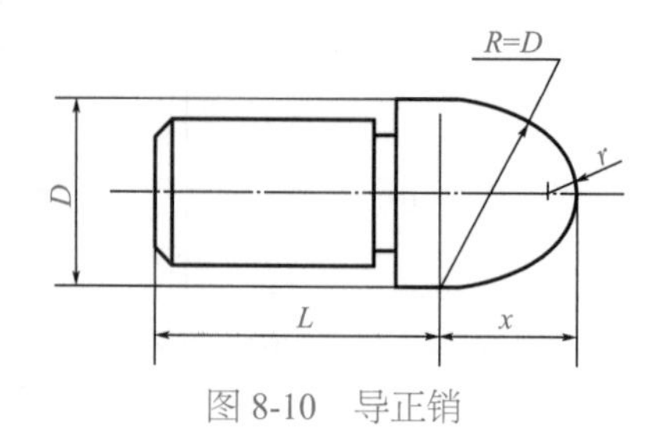


图 8-10　导正销

已知：$D$、$R$、$r$，其中 $R=D$，求：$x$。

**解：** 根据勾股定理

$$(R-r)^2=(x-r)^2+\left(\frac{D}{2}\right)^2$$

$$x=\sqrt{(R-r)^2-\left(\frac{D}{2}\right)^2}+r$$

将 $R=D$ 代入，得：

$$x=r+\sqrt{(D-r)^2-\left(\frac{D}{2}\right)^2}$$

## 七、修整角度砂轮的计算

用立式角度修整砂轮夹具修整砂轮角度时，垫块规尺寸计算见表 8-2。

表 8-2　用立式角度修整砂轮夹具修整砂轮的计算方法

| 砂轮位置 | 示意图 | 修整角度 | 计算公式 |
|---|---|---|---|
| 砂轮右侧 | 圆柱Ⅰ紧贴定位板 | $0°<\alpha\leqslant 45°$ | $H_1=L\sin(45°-\alpha)$ |
| | 圆柱Ⅱ紧贴定位板 | $45°<\alpha<90°$ | $H_2=L\sin(\alpha-45°)$ |

续表

| 砂轮位置 | 示意图 | 修整角度 | 计算公式 |
| --- | --- | --- | --- |
| 砂轮左侧 | 圆柱Ⅰ紧贴定位板 | $45°<\alpha<90°$ | $H_2 = L\sin(\alpha - 45°)$ |
| | 圆柱Ⅱ紧贴定位板 | $0°<\alpha\leqslant 45°$ | $H_2 = L\sin(45° - \alpha)$ |

## 八、冷绕弹簧时芯轴直径计算

如图 8-11 所示为在车床上冷绕弹簧，加工用总轴直径按下式计算：

$$D_0 = (0.75\sim 0.8)(D - 2d)$$

式中 $D_0$——芯轴直径，mm；

$D$——弹簧外径，mm；

$d$——弹簧钢丝直径，mm。

常用芯轴直径 $D_0$ 见表 8-3。

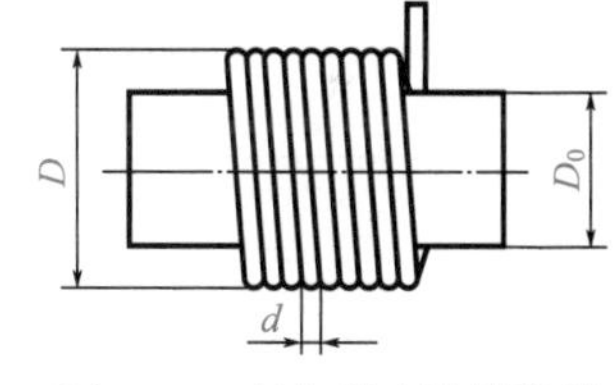

图 8-11 在车床上冷绕弹簧

表 8-3 常用弹簧的芯轴直径 单位：mm

| $d$ | 0.3 | 0.5 | 0.8 | 1.0 | 2.0 | 2.5 | 3.0 | 4.0 | 5.0 |
| --- | --- | --- | --- | --- | --- | --- | --- | --- | --- |
| $D$ | 芯轴直径 $D_0$ | | | | | | | | |
| 5 | 4.0 | 3.5 | 2.7 | 2.0 | — | — | — | — | — |
| 6 | 5.0 | 4.5 | 3.6 | 2.9 | — | — | — | — | — |
| 8 | — | 6.4 | 5.5 | 4.8 | — | — | — | — | — |
| 10 | — | 8.4 | 7.4 | 6.7 | — | — | — | — | — |
| 12 | — | — | 9.3 | 8.5 | 6.1 | 4.8 | — | — | — |
| 14 | — | — | 11.1 | 10.4 | 8.0 | 6.6 | 5.2 | — | — |
| 18 | — | — | — | 14.3 | 11.9 | 10.4 | 9.0 | — | — |
| 20 | — | — | — | 16.2 | 13.8 | 12.2 | 10.8 | — | — |
| 22 | — | — | — | — | 16.6 | 14.1 | 12.7 | 10.5 | — |
| 32 | — | — | — | — | 25.5 | 24.0 | 22.5 | 20.2 | 17.2 |

续表

| d | 0.3 | 0.5 | 0.8 | 1.0 | 2.0 | 2.5 | 3.0 | 4.0 | 5.0 |
|---|---|---|---|---|---|---|---|---|---|
| D | 芯轴直径 $D_0$ | | | | | | | | |
| 40 | — | — | — | — | — | — | 30.3 | 28.1 | 26.1 |
| 50 | — | — | — | — | — | — | — | 37.9 | 35.8 |
| 60 | — | — | — | — | — | — | — | 47.2 | 45.0 |

## 九、螺纹攻制前底孔尺寸的计算

① 攻公制螺纹前钻底孔的钻头直径 $d_z$ 的计算公式：

$t<1$mm 时 $$d_z=d-t$$

$t>1$mm 时 $$d_z=d-(1.04\sim1.06)t$$

式中 $t$——螺距，mm；

$d$——螺纹公称直径，mm；

$d_z$——攻螺纹前钻头直径，mm，见表 8-4。

表 8-4 公制螺纹钻底孔用钻头直径

| 公称直径 $d$ | 螺距 $t$ | | 钻头直径 $d_z$ | 公称直径 $d$ | 螺距 $t$ | | 钻头直径 $d_z$ |
|---|---|---|---|---|---|---|---|
| 1 | 粗 | 0.25 | 0.75 | 12 | 粗 | 1.75 | 10.2 |
| | 细 | 0.2 | 0.8 | | 细 | 1.5 | 10.5 |
| 2 | 粗 | 0.4 | 1.6 | | | 1.25 | 10.7 |
| | 细 | 0.25 | 1.75 | | | 1 | 11 |
| 3 | 粗 | 0.5 | 2.5 | 14 | 粗 | 2 | 11.9 |
| | 细 | 0.35 | 2.65 | | 细 | 1.5 | 12.5 |
| 4 | 粗 | 0.7 | 3.3 | | | 1.25 | 12.7 |
| | 细 | 0.5 | 3.5 | | | 1 | 13 |
| 5 | 粗 | 0.8 | 4.2 | 16 | 粗 | 2 | 13.9 |
| | 细 | 0.5 | 4.5 | | 细 | 1.5 | 14.5 |
| 6 | 粗 | 1 | 5 | | | 1 | 15 |
| | 细 | 0.75 | 5.2 | 18 | 粗 | 2.5 | 15.4 |
| 8 | 粗 | 1.25 | 6.7 | | 细 | 2 | 15.9 |
| | 细 | 1 | 7 | | | 1.5 | 16.5 |
| | | 0.75 | 7.2 | | | 1 | 17 |
| 10 | 粗 | 1.5 | 8.5 | 20 | 粗 | 2.5 | 17.4 |
| | 细 | 1.25 | 8.7 | | 细 | 2 | 17.9 |
| | | 1 | 9 | | | 1.5 | 18.5 |
| | | 0.75 | 9.2 | | | 1 | 19 |

续表

| 公称直径 $d$ | 螺距 $t$ | | 钻头直径 $d_z$ |
|---|---|---|---|
| 22 | 粗 | 2.5 | 19.4 |
| | 细 | 2 | 19.9 |
| | | 1.5 | 20.5 |
| | | 1 | 21 |
| 24 | 粗 | 3 | 20.9 |
| | 细 | 2 | 21.9 |
| | | 1.5 | 22.5 |
| | | 1 | 23 |
| 27 | 粗 | 3 | 23.9 |
| | 细 | 2 | 24.9 |
| | | 1.5 | 25.5 |
| | | 1 | 26 |
| 30 | 粗 | 3.5 | 26.3 |
| | 细 | 3 | 26.9 |
| | | 2 | 27.9 |
| | | 1.5 | 28.5 |
| | | 1 | 29 |
| 33 | 粗 | 3.5 | 29.3 |
| | 细 | 3 | 29.9 |
| | | 2 | 30.9 |
| | | 1.5 | 31.5 |
| 36 | 粗 | 4 | 31.8 |
| | 细 | 3 | 32.9 |
| | | 2 | 33.9 |
| | | 1.5 | 34.5 |

| 公称直径 $d$ | 螺距 $t$ | | 钻头直径 $d_z$ |
|---|---|---|---|
| 39 | 粗 | 4 | 34.8 |
| | 细 | 3 | 35.9 |
| | | 2 | 36.9 |
| | | 1.5 | 37.5 |
| 42 | 粗 | 4.5 | 37.3 |
| | 细 | 4 | 37.8 |
| | | 3 | 38.9 |
| | | 2 | 39.9 |
| | | 1.5 | 40.5 |
| 45 | 粗 | 4.5 | 40.3 |
| | 细 | 4 | 40.8 |
| | | 3 | 41.9 |
| | | 2 | 42.9 |
| | | 1.5 | 43.5 |
| 48 | 粗 | 5 | 42.7 |
| | 细 | 4 | 43.8 |
| | | 3 | 44.9 |
| | | 2 | 45.9 |
| | | 1.5 | 46.5 |
| 52 | 粗 | 5 | 46.7 |
| | 细 | 4 | 47.8 |
| | | 3 | 48.9 |
| | | 2 | 49.9 |
| | | 1.5 | 50.5 |

注：表中数值适用于钢、纯铜、对于铸铁、黄铜、青铜，应减小 0.1 ～ 0.2mm。

② 攻英制螺纹用钻底孔钻头直径计算公式见表 8-5。

表 8-5　攻英制螺纹用钻底孔钻头直径计算公式

| 螺纹公称直径 /in | 加工材料 | |
|---|---|---|
| | 铸铁、青铜 | 钢、黄铜 |
| $\frac{3}{16}$～$\frac{5}{8}$ | $d_z = 25\left(d - \frac{1}{n}\right)$ | $d_z = 25\left(d - \frac{1}{n}\right) + 0.1$ |
| $\frac{3}{4}$～$1\frac{1}{2}$ | $d_z = 25\left(d - \frac{1}{n}\right)$ | $d_z = 25\left(d - \frac{1}{n}\right) + 0.2$ |

注：1. 表中各物理量的含义是 $d_z$ 为攻螺纹前钻底孔钻头直径（mm）；$d$ 为螺纹公称直径（in）；$n$ 为每英寸牙数。

2.1in=25.4mm。

## 十、攻螺纹前钻底孔直径的尺寸计算

攻螺纹前的底孔直径，可按下列公式计算：

对于铸铁件：$d = D - (1.05 \sim 1.1)P$

对于钢件：$d = D - P$

式中 $d$——底孔直径，mm；

$D$——螺纹外径，mm；

$P$——螺距，mm。

为了使用方便，表 8-6 列出了常用的英制螺纹底孔直径，表 8-7 列出了常用的公制螺纹底孔直径。

表 8-6 英制螺纹钻底孔直径表

| 公称直径 /in | 每英寸牙数 | 螺纹外径 D/mm | 螺距 P/mm | 钻底孔直径 d/mm | |
|---|---|---|---|---|---|
| | | | | 铸铁 | 钢 |
| 3/16 | 24 | 4.762 | 1.058 | 3.7 | 3.7 |
| 1/4 | 20 | 6.35 | 1.270 | 5.0 | 5.1 |
| 5/16 | 18 | 7.938 | 1.411 | 6.4 | 6.5 |
| 3/8 | 16 | 9.525 | 1.588 | 7.8 | 7.9 |
| 1/2 | 12 | 12.70 | 2.117 | 10.4 | 10.5 |
| 5/8 | 11 | 15.875 | 2.309 | 13.3 | 13.5 |
| 3/4 | 10 | 19.05 | 2.54 | 16.3 | 16.4 |
| 7/8 | 9 | 22.225 | 2.822 | 19.1 | 19.3 |
| 1 | 8 | 25.40 | 3.175 | 21.9 | 22 |
| $1\frac{1}{8}$ | 7 | 28.575 | 3.629 | 24.6 | 24.7 |
| $1\frac{1}{4}$ | 7 | 31.75 | 3.629 | 27.8 | 27.9 |
| $1\frac{1}{2}$ | 6 | 38.10 | 4.233 | 33.4 | 33.5 |
| $1\frac{3}{4}$ | 5 | 44.45 | 5.08 | 38.9 | 39 |
| 2 | $4\frac{1}{2}$ | 50.80 | 5.644 | 44.6 | 44.7 |

表 8-7 公制螺纹钻底孔直径表

| 外径 D /mm | 螺距 P /mm | 钻底孔直径 d/mm | | 外径 D /mm | 螺距 P /mm | 钻底孔直径 d/mm | |
|---|---|---|---|---|---|---|---|
| | | 铸铁 | 钢 | | | 铸铁 | 钢 |
| 3 | 0.5 | 2.45 | 2.5 | 12 | 1.75 | 10.1 | 10.25 |
| | 0.35 | 2.62 | 2.65 | | 1.5 | 10.35 | 10.5 |
| 4 | 0.7 | 3.23 | 3.3 | | 1.25 | 10.63 | 10.75 |
| | 0.5 | 3.45 | 3.5 | | 1 | 10.9 | 11 |
| 5 | 0.8 | 4.12 | 4.2 | 14 | 2 | 11.8 | 12 |
| | 0.5 | 4.45 | 4.5 | | 1.5 | 12.35 | 12.5 |
| 6 | 1 | 4.9 | 5 | | 1.25 | 12.63 | 12.75 |
| | 0.75 | 5.2 | 5.25 | | 1 | 12.9 | 13 |
| 8 | 1.25 | 6.63 | 6.75 | 16 | 2 | 13.8 | 14 |
| | 1 | 6.9 | 7 | | 1.5 | 14.35 | 14.5 |
| 10 | 1.5 | 8.35 | 8.5 | | 1.25 | 14.65 | 14.75 |
| | 1 | 8.9 | 9 | | 1 | 14.9 | 15 |

续表

| 外径 $D$ /mm | 螺距 $P$ /mm | 钻底孔直径 $d$/mm | | 外径 $D$ /mm | 螺距 $P$ /mm | 钻底孔直径 $d$/mm | |
|---|---|---|---|---|---|---|---|
| | | 铸铁 | 钢 | | | 铸铁 | 钢 |
| 20 | 2.5 | 17.25 | 17.5 | 30 | 2 | 27.8 | 28 |
| | 2 | 17.8 | 18 | | 1 | 28.9 | 29 |
| | 1.5 | 18.35 | 18.5 | 36 | 4 | 31.6 | 32 |
| | 1 | 18.9 | 19 | | 3 | 32.7 | 33 |
| 24 | 3 | 20.7 | 21 | | 2 | 33.8 | 34 |
| | 2 | 21.8 | 22 | | 1.5 | 34.9 | 34.5 |
| | 1.5 | 22.35 | 22.5 | 42 | 4.5 | 37.1 | 37.5 |
| | 1 | 22.9 | 23 | | 4 | 37.6 | 38 |
| 27 | 3 | 23.7 | 24 | | 3 | 38.7 | 39 |
| | 2 | 24.8 | 25 | | 2 | 39.8 | 40 |
| | 1.5 | 25.35 | 25.5 | 45 | 4.5 | 40.1 | 40.5 |
| | 1 | 25.9 | 26 | | 4 | 40.6 | 41 |
| 30 | 3.5 | 26.15 | 26.5 | | 3 | 41.7 | 42 |
| | 3 | 26.7 | 27 | | 2 | 42.8 | 43 |

## 十一、成形砂轮磨削时砂轮尺寸计算

修整圆弧砂轮时砂轮的尺寸计算见表 8-8。

表 8-8　修整圆弧砂轮时的尺寸计算

| 简图 | 说明 | 计算公式 |
|---|---|---|
| $r_{砂}$ $r_{工}$ | 修整凸圆弧砂轮时 | $r_{砂} < r_{工} - (0.01 \sim 0.02)\text{mm}$ |
| $r_{砂}$ $r_{工}$ | 修整凹圆弧砂轮时 | $r_{砂} > r_{工} + (0.01 \sim 0.02)\text{mm}$ |
| $\alpha$ $\beta$ $d$ $R$ $a$ | 修整凹圆弧时，最大圆心角 $\alpha$ 与金刚石刀杆直径有关 | $\alpha = 180° - 2\beta$<br>$\sin\beta = \dfrac{\dfrac{d}{2} + a}{R} = \dfrac{d + 2a}{2R}$ |

注：$d$ 为刀杆直径；$R$ 为砂轮凹圆弧半径；$a$ 为刀杆与砂轮之间的间隙。

## 十二、用正弦夹具磨削斜面的计算

正弦夹具按其功能可分（见图 8-12 所示）为单向正弦夹具、双向正弦夹具和正负向正弦夹具（图 8-13 所示）三种形式。

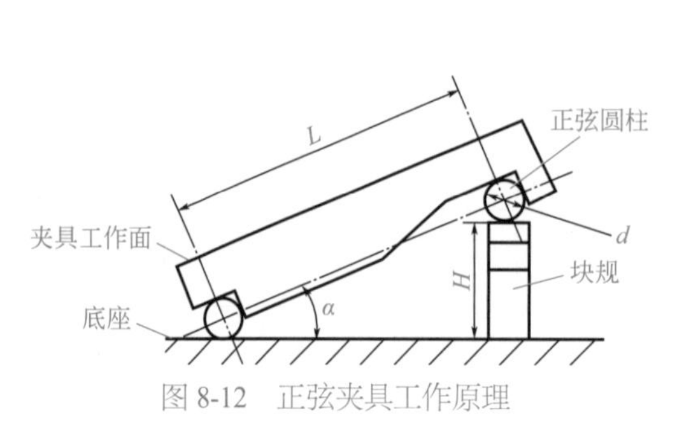


图 8-12　正弦夹具工作原理

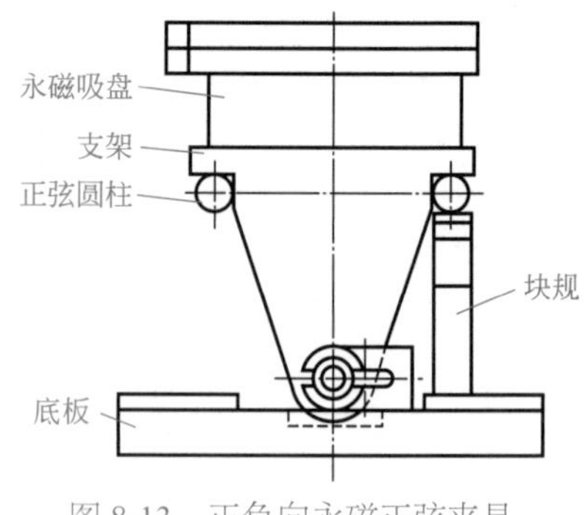


图 8-13　正负向永磁正弦夹具

正弦夹具可磨削斜面角度 $\alpha$:

$$\alpha = \arcsin\frac{H}{L}$$

式中　$H$——正弦圆柱下垫块规高度；

$L$——两正弦圆柱的中心距离。

用正弦夹具可磨削斜面时，常用计算公式见表 8-9。

表 8-9　正弦夹具可磨削斜面时的常用计算公式

| 项目 | 简　图 | 已知条件 | 计算公式 | 说明 |
|---|---|---|---|---|
| 块规值 $H$ 计算 | | $L$、$\alpha$，求：$H$ | $H = L\sin\alpha$ | 用于单向或双向正弦夹具 |
| | | $L$、$\alpha$，求：$H$ | $H = L\sin(45^\circ - \alpha)$ | 用于正负向正弦夹具 |
| 空间平面两相交成外凸角的计算 | | $\alpha$、$\beta$，求：$\beta_1$ | $\beta_1 = \arctan(\tan\beta\cos\alpha)$ | ①上正弦台绕 $x$ 轴转 $\alpha$ 角；②下正弦台绕 $y$ 轴转 $\beta$ 角；③用双向正弦夹具 |

续表

| 项目 | 简图 | 已知条件 | 计算公式 | 说明 |
|---|---|---|---|---|
| 空间平面两相交成外凹角的计算 |  | $A$、$2B$、$R$、$2\beta$、$\theta$<br>求：$\beta_1$ | $\beta_1=\arctan\left(\dfrac{B-R\sec\beta}{A\cos\theta-R}\right)$ | ① $\theta$ 为工件欲转的角度；② $2\beta_1$ 为成形砂轮欲修整的角度；③用于单向正弦夹具 |
| 空间平面两相交成外凸角的计算 |  | $A$、$2B$、$C$、$\theta$、$2\beta$<br>求：$\beta_1$、$\alpha$ | $\alpha=\arctan\dfrac{B}{C}$<br>$\beta_1=\arctan\dfrac{C\sin\alpha}{A}$ | ① $\theta$ 为工件欲转的角度；② $\beta_1$ 为成形砂轮欲修整的角度；③ $\alpha$ 为工件在平面上应旋转的角；④用于单向正弦夹具 |

## 十三、成形磨削工艺尺寸计算

如图 8-14 所示，使用分中夹具进行成形磨削时，垫块高度按下式进行计算：

$$b=120-100\sin\alpha-10$$
$$=110-100\sin\alpha$$

式中　$b$——垫块高度，mm；

　　$\alpha$——夹具回转角度，(°)。

有时，图样上标柱的尺寸不便于加工，需要进行换算。表 8-10 列出了各种常见图形的尺寸换算公式。

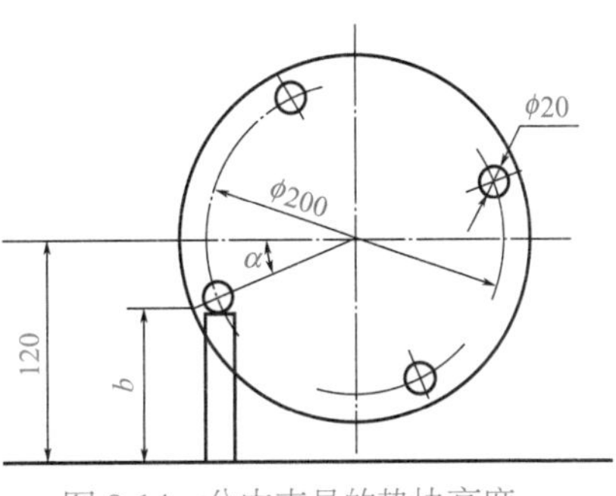


图 8-14　分中夹具的垫块高度

表 8-10　成形磨削尺寸换算公式表

| 图形 | 计算公式 |
|---|---|
|  | 已知：$x$，$y$，$R$，求：$\alpha$<br>$\alpha=\arctan\dfrac{y}{x}+\arcsin\dfrac{R}{\sqrt{x^2+y^2}}$ |
|  | 已知：$x$，$y$，$R_1$，$R_2$，求：$\alpha$<br>当 $R_2>R_1$ 时：$\alpha=\arctan\dfrac{y}{x}+\arcsin\dfrac{R_2-R_1}{\sqrt{x^2+y^2}}$<br>当 $R_2<R_1$ 时：$\alpha=\arctan\dfrac{y}{x}-\arcsin\dfrac{R_1-R_2}{\sqrt{x^2+y^2}}$ |

续表

| 图形 | 计算公式 |
| --- | --- |
| 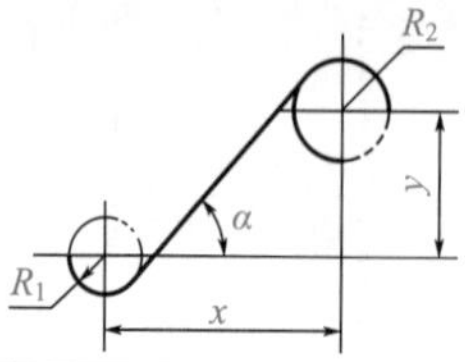 | 已知：$x$，$y$，$R_1$，$R_2$，求：$\alpha$<br>$\alpha=\arctan\dfrac{y}{x}+\arcsin\dfrac{R_1+R_2}{\sqrt{x^2+y^2}}$ |
| 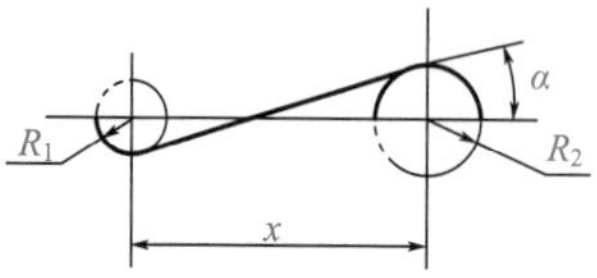 | 已知：$x$，$R_1$，$R_2$，求：$\alpha$<br>$\alpha=\arcsin\dfrac{R_1+R_2}{x}$ |
| 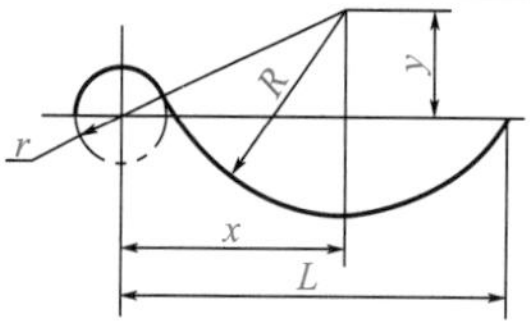 | 已知：$L$，$r$，$R$，求：$x$，$y$<br>$x=\dfrac{L}{2}+\dfrac{(r+R)^2-R^2}{2L}$<br>$y=\sqrt{(r+R)^2-x^2}$ |
| 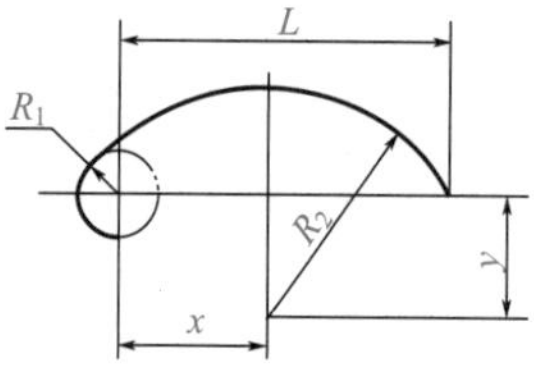 | 已知：$L$，$R_1$，$R_2$，求：$x$，$y$<br>$x=\dfrac{L}{2}+\dfrac{(R_2-R_1)^2-R_2^2}{2L}$<br>$y=\sqrt{(R_2-R_1)^2-x^2}$ |
| 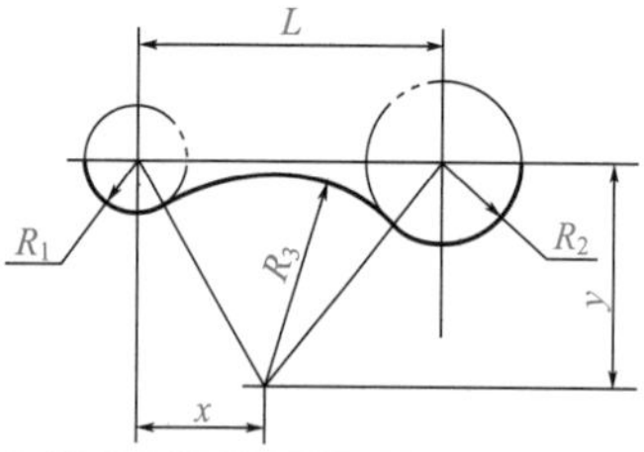 | 已知：$L$，$R_1$，$R_2$，$R_3$，求：$x$，$y$<br>$x=\dfrac{L}{2}+\dfrac{(R_1+R_3)^2-(R_2+R_3)^2}{2L}$<br>$y=\sqrt{(R_1+R_3)^2-x^2}$ |
| 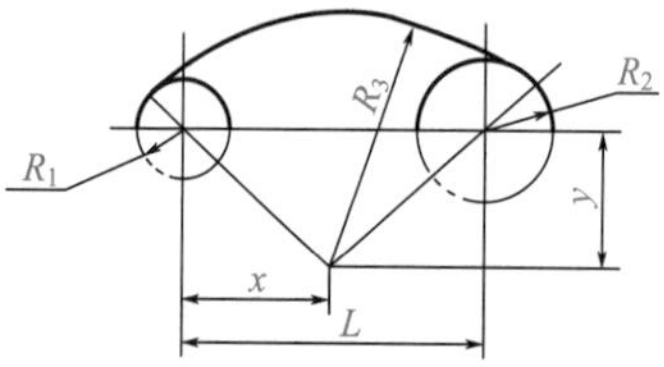 | 已知：$L$，$R_1$，$R_2$，$R_3$，求：$x$，$y$<br>$x=\dfrac{L}{2}+\dfrac{(R_3-R_1)^2-(R_3-R_2)^2}{2L}$<br>$y=\sqrt{(R_3-R_1)^2-x^2}$ |
| 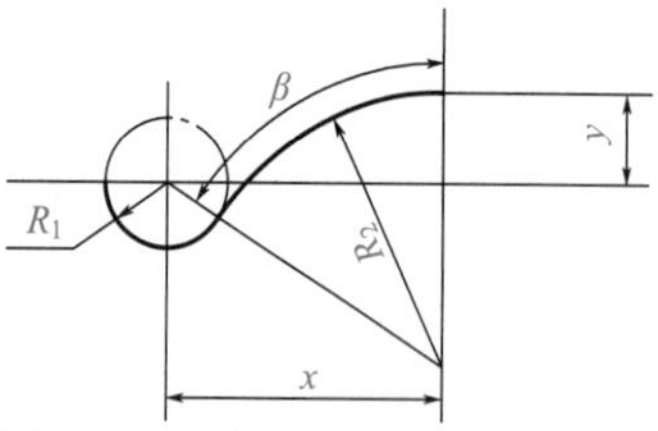 | 已知：$y$，$R_1$，$R_2$，求：$x$，$\beta$<br>$x=\sqrt{(R_1+R_2)^2-(R_2-y)^2}$<br>$\beta=\arccos\dfrac{R_2-y}{R_1+R_2}$ |
| 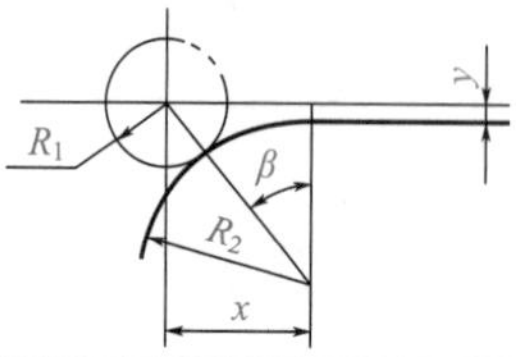 | 已知：$y$，$R_1$，$R_2$，求：$x$，$\beta$<br>$x=\sqrt{(R_1+R_2)^2-(R_2+y)^2}$<br>$\beta=\arccos\dfrac{R_2+y}{R_1+R_2}$ |

续表

| 图形 | 计算公式 |
| --- | --- |
| 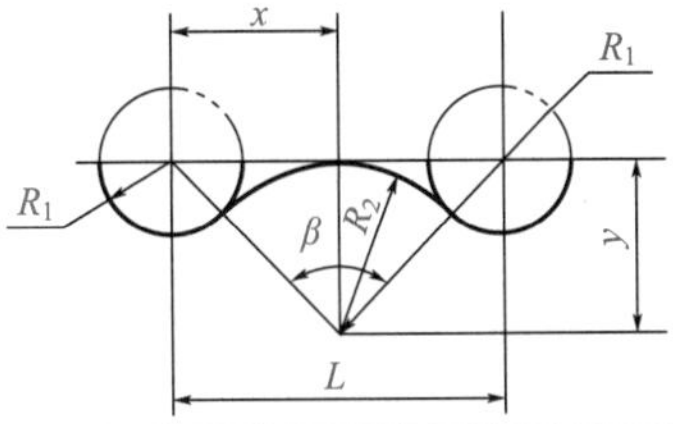  | 已知：$L$，$R_1$，$R_2$，求：$x$，$y$，$\beta$<br>$x=\frac{1}{2}L$<br>$y=\sqrt{(R_1+R_2)^2-\frac{L^2}{4}}$<br>$\beta=2\arcsin\frac{L}{2(R_1+R_2)}$ |
| 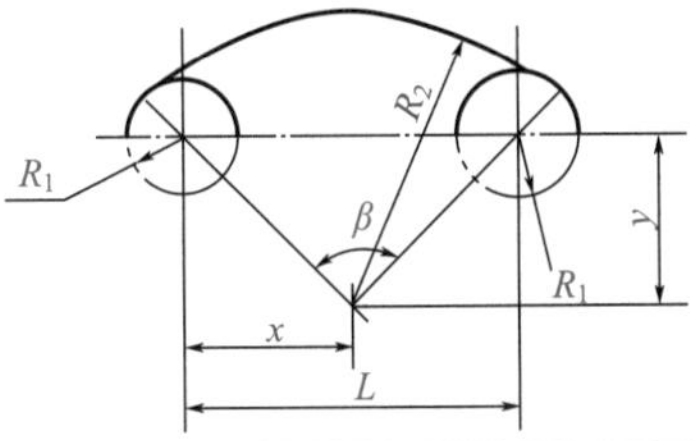  | 已知：$L$，$R_1$，$R_2$，求：$x$，$y$，$\beta$<br>$x=\frac{L}{2}$<br>$\beta=2\arcsin\frac{L}{2(R_2-R_1)}$<br>$y=\sqrt{(R_2-R_1)^2-\frac{L^2}{4}}$ |
| 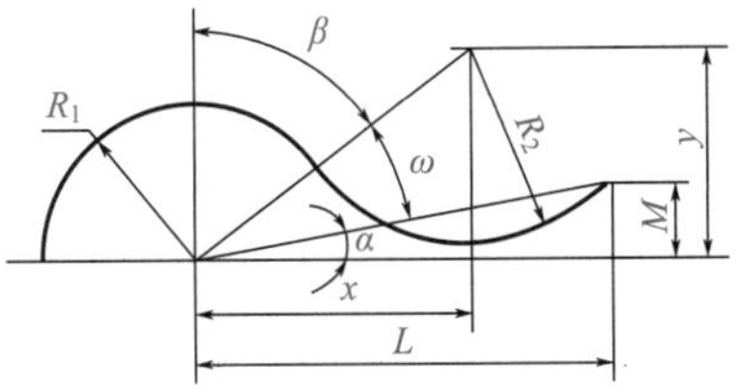  | 已知：$L$，$M$，$R_1$，$R_2$，求：$\alpha$，$\omega$，$\beta$，$x$，$y$<br>$\alpha=\arctan\frac{M}{L}$<br>$\omega=\arccos\frac{L^2+M^2+(R_1+R_2)^2-R_2^2}{2(R_1+R_2)\sqrt{L^2+M^2}}$<br>$\beta=90°-\alpha-\omega$<br>$x=(R_1+R_2)\sin\beta$<br>$y=(R_1+R_2)\cos\beta$ |
| 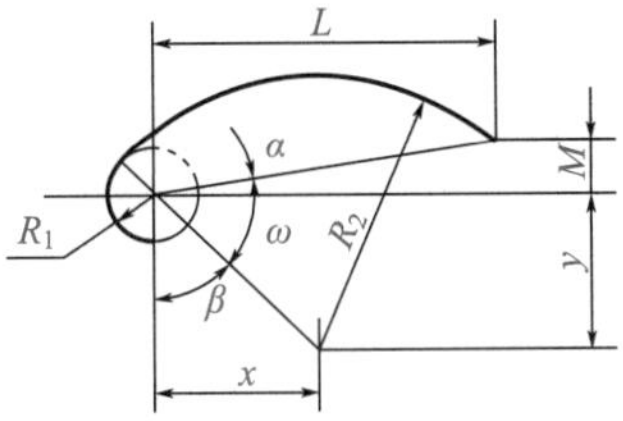  | 已知：$L$，$M$，$R_1$，$R_2$，求：$\alpha$，$\omega$，$\beta$，$x$，$y$<br>$\alpha=\arctan\frac{M}{L}$<br>$\omega+\alpha=\arccos\frac{L^2+M^2+(R_2-R_1)^2-R_2^2}{2(R_2-R_1)\sqrt{L^2+M^2}}$<br>$\beta=90°-\omega$<br>$x=(R_2-R_1)\sin\beta$<br>$y=(R_2-R_1)\cos\beta$ |
| 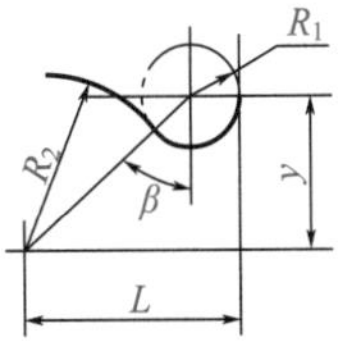  | 已知：$L$，$R_1$，$R_2$，求：$y$，$\beta$<br>$\beta=\arcsin\frac{L-R_1}{R_2+R_1}$<br>$y=\sqrt{(R_2+R_1)^2-(L-R)^2}$ |
| 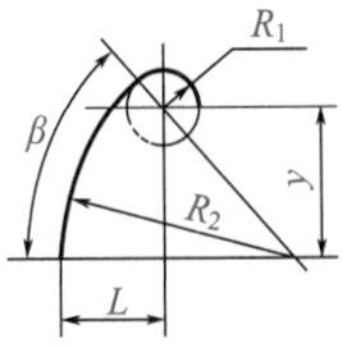  | 已知：$L$，$R_1$，$R_2$，求：$y$，$\beta$<br>$y=\sqrt{(R_2-R_1)^2-(R_2-L)^2}$<br>$\beta=\arccos\frac{R_2-L}{R_2-R_1}$ |
| 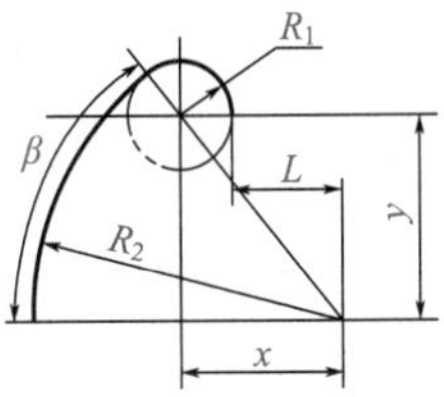  | 已知：$L$，$R_1$，$R_2$，求：$x$，$y$，$\beta$<br>$y=\sqrt{(R_2-R_1)^2-(L+R_1)^2}$<br>$x=L+R_1$<br>$\beta=\arccos\frac{L+R_1}{R_2-R_1}$ |

续表

| 图形 | 计算公式 |
| --- | --- |
| 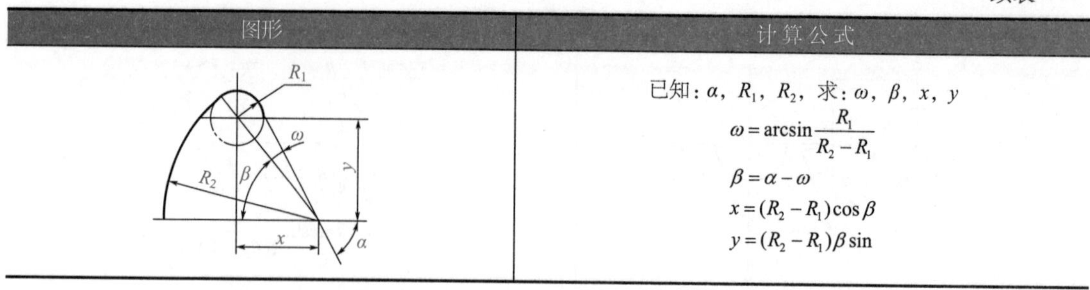 | 已知：$\alpha$，$R_1$，$R_2$，求：$\omega$，$\beta$，$x$，$y$<br>$\omega = \arcsin\dfrac{R_1}{R_2 - R_1}$<br>$\beta = \alpha - \omega$<br>$x = (R_2 - R_1)\cos\beta$<br>$y = (R_2 - R_1)\beta\sin$ |

## 十四、气缸垫的位置计算

如图 8-15 所示，汽车发动机的气缸垫有多个形孔，在气缸垫冲模上，也就有多个同样形状的凸模和凹模。为了准确地进行加工，需要知道各段圆弧中心的坐标位置。图中已给出 $O_1$、$O_3$、$O_4$ 的坐标，需计算 $O_2$ 和 $O_5$ 的坐标。计算方法如下：

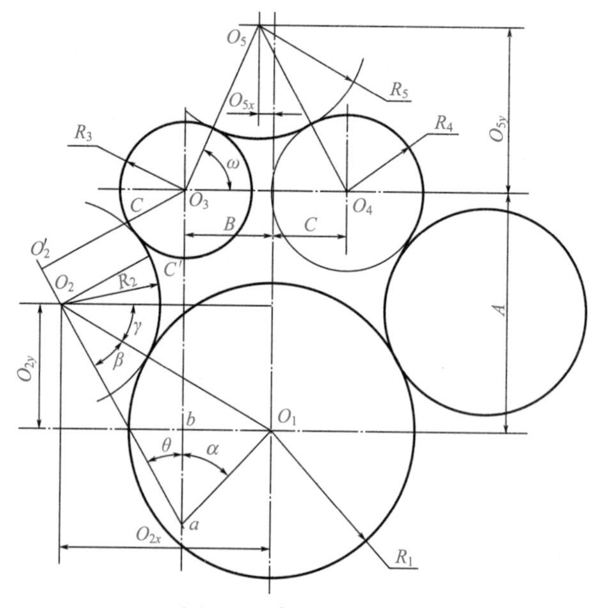

图 8-15　气缸垫的形孔

已知：$R_1$、$R_2$、$R_3$、$R_4$、$R_5$、$A$、$B$、$C$、$\theta$，求：$O_{2x}$、$O_{2y}$、$O_{5x}$、$O_{5y}$。

**解：**

$$\overline{O_3O_2'} = \overline{O_2C'} + \overline{O_3C'} = R_2 + R_3$$

$$\overline{aO_3} = \overline{O_3O_2'} \times \csc\theta = (R_2 + R_3)\csc\theta$$

$$\overline{ab} = \overline{aO_3} - \overline{O_3b} = (R_2 + R_3)\csc\theta - A$$

求得：

$$\alpha = \arctan\frac{\overline{bO_1}}{\overline{ab}} = \arctan\frac{B}{(R_2 + R_3)\csc\theta - A}$$

$$\frac{\overline{aO_1}}{\sin\beta} = \frac{\overline{O_1O_2}}{\sin(\theta + \alpha)}$$

得出：

$$\beta = \arcsin\frac{\overline{aO_1} \times \sin(\theta + \alpha)}{\overline{O_1O_2}} = \arcsin\frac{B\csc\alpha \times \sin(\theta + \alpha)}{R_1 + R_2}$$

$$\gamma = 90° - (\theta + \beta)$$

所以：

$$O_{2x} = \overline{O_1O_2} \times \cos\gamma = (R_1 + R_2)\cos\gamma$$

$$O_{2y} = \overline{O_1O_2} \times \sin\gamma = (R_1 + R_2)\sin\gamma$$

根据余弦定理：

$$\cos\omega = \left(\overline{O_3O_4}^2 + \overline{O_3O_5}^2 + \overline{O_4O_5}^2\right) / 2 \times \overline{O_3O_4} \times \overline{O_3O_5}$$

$$= \left[(R_3 + R_5)^2 + (B + C)^2 - (R_4 + R_5)^2\right] / 2 \times (B + C)(R_3 + R_5)$$

故：

$$O_{5x} = B - \overline{O_3O_5} \times \cos\omega = B - (R_3 + R_5)\cos\omega$$

$$O_{5y} = \overline{O_3O_5} \times \sin\omega = (R_3 + R_5)\sin\omega$$

## 十五、电火花穿孔用电极尺寸计算

### 1. 电极截面尺寸的确定

① 模具图样标注凹模尺寸和加工偏差要求时的计算方法，如图 8-16 所示。

电极截面尺寸：

$$a = A - 2g$$

$$b = B + 2g$$

$$c = C$$

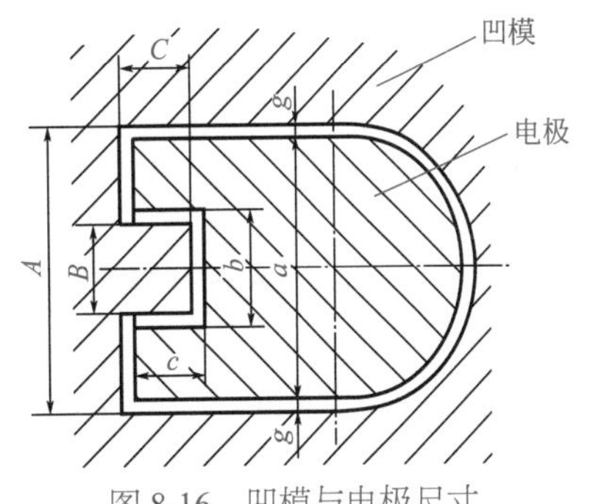


图 8-16　凹模与电极尺寸

式中　$a$，$b$，$c$——电极的名义尺寸；

$A$，$B$，$C$——凹模型孔相应的名义尺寸；

$g$——单面放电间隙（指精加工时的修整放电间隙），可取 $g$=0.01 ～ 0.03mm。

电极形状尺寸制造公差，可选取凹模型孔公差的$\frac{1}{2}$～$\frac{2}{3}$。

② 模具图样标注凸模尺寸和加工偏差要求时的计算方法，有两种情况。

a. 当凸、凹模间的单边间隙等于放电间隙时，电极形状尺寸与凸模尺寸相同；

b. 当凸、凹模间的单边间隙大于（或小于）放电间隙时，电极形状尺寸应比凸模轮廓尺寸每边均匀放大（或缩小）一个数值，但形状相似。

电极尺寸每边放大或缩小的数值 $a$，可用下值计算：

$$|a| = \frac{1}{2}(\varDelta - 2g)$$

式中　$a$——电极每边放大或缩小的数值；

$g$——精加工时单面放电间隙；

$\varDelta$——凸、凹模间双面间隙值。

电极制造公差取凸模制造公差的$\frac{1}{2}$～$\frac{2}{3}$。

### 2. 电极长度计算

电极长度 $L$：

$$L = l + KH$$

式中　$H$——凹模有效厚度，即凹模需电火花加工的厚度；

$K$——校正系数，视型孔锐角大小而定，对一般形状型孔，$K$=1.5；型孔带锐角时，$K$=1.8 ～ 2.0；

$l$——电极长度损耗（不包括校正部分的损耗），使用铸铁电极，加工钢工件时，$l$=0.9$H$，加工硬质合金工件时，$l$=1.7$H$；使用钢电极，加工钢工件时，$l$=1.1$H$，加工硬质合金工件时，$l$=2.1$H$。

$L$ 为电极工作部分长度。需要夹持时，应加上夹持部分长度 20 ～ 30mm，应使 $L_{max}$ ≤ 110 ～ 120mm。

### 3. 阶梯电极，如图 8-17 所示

阶梯部分长度 $L_2$：

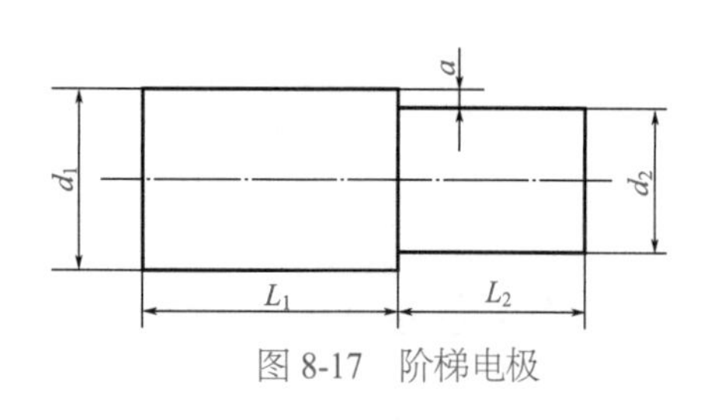

图 8-17　阶梯电极

$$L_2 = h + l$$

式中　$h$——凹模刃口高度；

$l$——电极长度损耗，取 $l$=（0.2 ～ 0.4）$h$。

对形状简单的电极，取 $L_2$=1.2$h$；形状复杂或带锐角的电极，取 $L_2$=1.4$h$。

阶梯部分截面尺寸 $d_2$：

$$d_2 = d_1 - 2a$$

式中　$d_1$——电极截面计算尺寸；

$a$——阶梯部分单边缩小量，考虑精加工余量和放电间隙等因素，一般取 $a$=0.1 ～ 0.5mm。

# 第二节　冲压件检测计算

## 一、冲压件典型工艺测量计算

### 1. 测量三针的尺寸计算

测量三针的尺寸计算如图 8-18 所示。

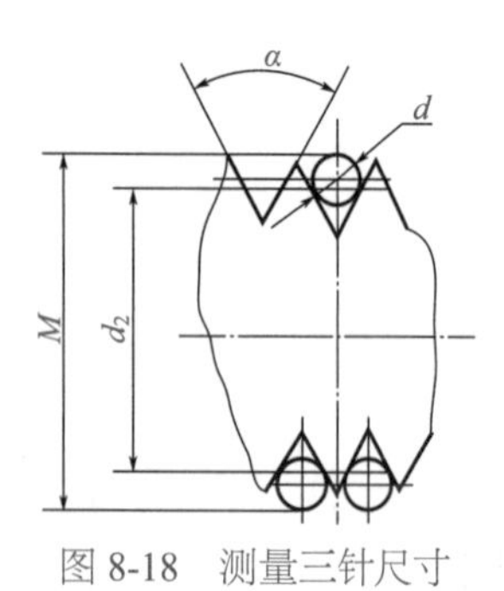

图 8-18　测量三针尺寸

当螺纹升角 $\mu \leq 3°$ 时：

$$M_1 = D\left(1 + \frac{1}{\sin\frac{\alpha}{2}}\right) - \frac{P}{2}\cot\frac{\alpha}{2}$$

当螺纹升角 $\mu > 3°$ 时，或选用量针 $d > 2$mm 时：

$$M_2 = d_2 + d\left(1 + \frac{1}{\sin\frac{\alpha}{2}}\right) - \frac{P}{2}\cot\frac{\alpha}{2} + d\cos\frac{\alpha}{2}\cot\frac{\alpha}{2}\sin^2\mu$$

式中　$M_1$——螺纹升角 $\mu \leq 3°$ 的测量值，mm；

$M_2$——螺纹升角 $\mu > 3°$ 的测量值，mm；

$d_2$——螺纹中径，mm；

$d$——量针直径，mm；

$P$——螺纹螺距，mm；

$\alpha$——螺纹牙形角，(°)；

$\mu$——螺纹升角，(°)，$\tan\mu = \dfrac{P}{\pi d_1}$。

表 8-11 列出了各种牙形角的测量值 $M$ 的计算公式（公式中的符号含义与上两式相同）。

表 8-11　各种牙形角三针测量 $M$ 值计算公式

| 牙形角 $\alpha$ | 测量值 $M$ 的计算公式 |
|---|---|
| 60° | $M_1 = d_2 + 3d - 0.866P$<br>$M_2 = d_2 + 3d - 0.866P + 1.5d\sin^2\mu$ |
| 55° | $M_1 = d_2 + 3.166d - 0.96P$<br>$M_2 = d_2 + 3.166d - 0.866P + 1.704d\sin^2\mu$ |
| 40° | $M_1 = d_2 + 3.924d - 1.374P$<br>$M_2 = d_2 + 3.924d - 1.374P + 2.583d\sin^2\mu$ |
| 30° | $M_1 = d_2 + 4.864d - 1.866P$<br>$M_2 = d_2 + 4.864d - 1.866P + 3.23d\sin^2\mu$ |
| 29° | $M_1 = d_2 + 4.994d - 1.933P$<br>$M_2 = d_2 + 4.994d - 1.933P + 3.743d\sin^2\mu$ |

## 2. 测量燕尾的尺寸计算

用量棒测量燕尾尺寸时，量棒 $M$ 的计算公式见表 8-12。

表 8-12　用量棒测量燕尾的尺寸计算

| 已知条件 | 计算公式 | 简图 |
|---|---|---|
| 已知：$\alpha$、$d$、$H$、$A$<br>求：$M$ | $M = A - 2H\cot\alpha + d\left(1+\cot\dfrac{\alpha}{2}\right)$ | |
| 已知：$\alpha$、$d$、$H$、$A$<br>求：$M$ | $M = A - d\left(1+\cot\dfrac{\alpha}{2}\right)$ | |
| 已知：$\alpha$、$d$、$H$、$A$ 或 $B$<br>求：$M$ | $M = B + \dfrac{d}{2}\left(1+\cot\dfrac{\alpha}{2}\right)$<br>$= A - H\cot\alpha + \dfrac{d}{2}\left(1+\cot\dfrac{\alpha}{2}\right)$ | |

续表

| 已知条件 | 计算公式 | 简图 |
|---|---|---|
| 已 知：$\alpha$、$d$、$H$、$A$ 或 $B$<br>求：$M$ | $M = A - \frac{d}{2}\left(1+\cot\frac{\alpha}{2}\right)$<br>$= B + H\cot\alpha - \frac{d}{2}\left(1+\cot\frac{\alpha}{2}\right)$ | |
| 已 知：$\alpha$、$d$、$H$、$L$ 或 $l$<br>求：$M$ | $M = l + d\left(1+\cot\frac{\alpha}{2}\right)$<br>$= L - 2H\cot\alpha + d\left(1+\cot\frac{\alpha}{2}\right)$ | |
| 已 知：$\alpha$、$d$、$H$、$L$ 或 $l$<br>求：$M$ | $M = L - d\left(1+\cot\frac{\alpha}{2}\right)$<br>$= l + 2H\cot\alpha - d\left(1+\cot\frac{\alpha}{2}\right)$ | |

### 3. 测量 V 形槽的尺寸计算

#### （1）用两个不同直径的量棒测量 V 形槽角度的计算（如图 8-19 所示）

已知：$D=2R$，$d=2r$，$H_1$，$H_2$　求：$\alpha$。

$$\sin\frac{\alpha}{2} = \frac{R-r}{(H_1-r)-(H_2-r)}$$

式中　$\alpha$——V 形槽的角度，（°）；

$R$——小量棒的半径，mm；

$r$——大量棒的半径，mm；

$H_1$，$H_2$——实际测量值，mm。

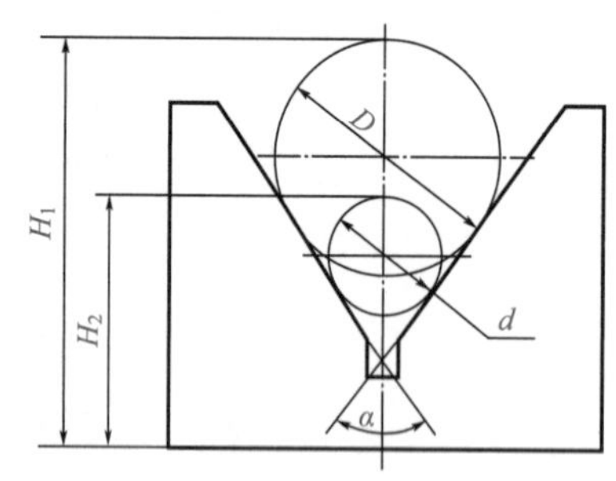


图 8-19　用两个不同直径的量棒测量 V 形槽角度

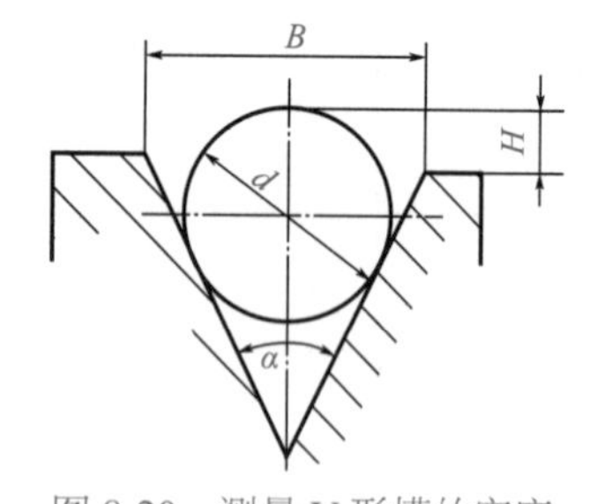


图 8-20　测量 V 形槽的宽度

#### （2）测量 V 形槽宽度的计算（如图 8-20 所示）

已知：$H$、$d$、$\alpha$，求：$B$。

**解：**

$$B = \left(d + \frac{d}{\sin\frac{\alpha}{2}} - 2H\right)\tan\frac{\alpha}{2}$$

式中 $d$——量棒直径，mm；

$\alpha$——V 形槽角度，(°)；

$B$——V 形槽口的宽度，mm；

$H$——实际测量值，mm。

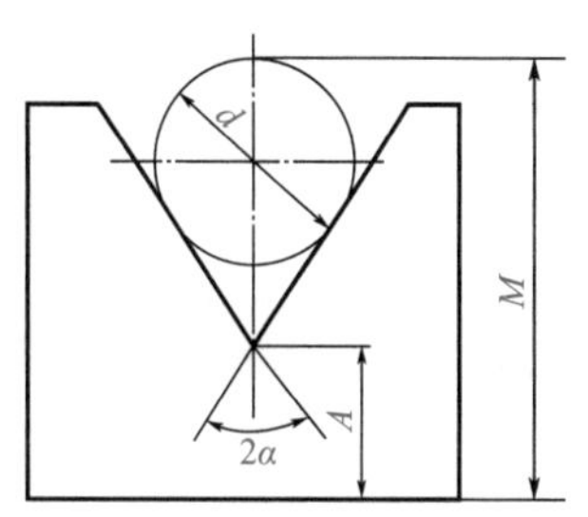

图 8-21 测量 V 形架的量棒 $M$ 值（角度对称的）

**（3）V 形架的量棒 *M* 值的测量计算**

① 角度对称型的计算，如图 8-21 所示。

已知：$A$、$d$、$\alpha$，求：$M$。

**解：**

$$M=\frac{d}{2}+\frac{d/2}{\sin\alpha}+A$$

$$=\frac{d}{2}+\left(1+\frac{1}{\sin\alpha}\right)+A$$

式中 $d$——量棒直径，mm；

$\alpha$——V 形槽的半角，(°)；

$M$——测量值，mm；

$A$——V 形槽给定尺寸，mm。

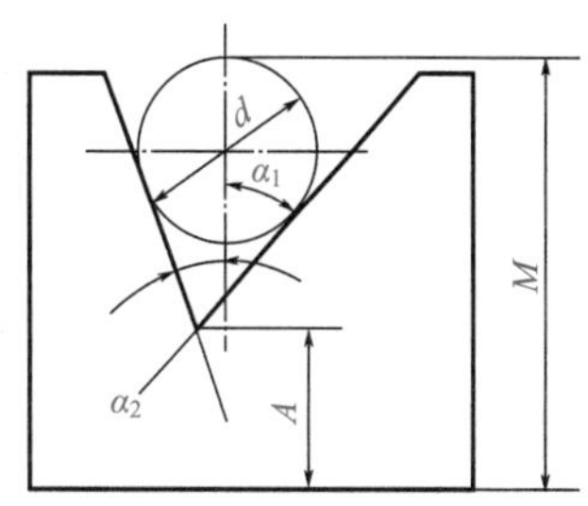

图 8-22 测量 V 形架的量棒 $M$ 值（角度不对称的）

② 角度不对称型的计算，见图 8-22 所示。

已知：$A$、$d$、$\alpha_1$、$\alpha_2$　　求：$M$。

**解：**

$$M=\frac{d}{2}+\frac{\frac{d}{2}\cos(\alpha_1-\alpha_2)}{\sin\frac{\alpha_1+\alpha_2}{2}}+A$$

$$=\frac{d}{2}+\left[1+\frac{\cos(\alpha_1-\alpha_2)}{\sin\frac{\alpha_1+\alpha_2}{2}}\right]+A$$

式中 $\alpha_1$，$\alpha_2$——V 形槽的角，(°)；

$d$——量棒直径，mm；

$M$——测量值，mm；

$A$——V 形槽给定尺寸，mm。

**4. 用 V 形槽测量螺纹中径的尺寸计算（如图 8-23 所示）**

$$M=\frac{d_2}{2}+\frac{d}{2}\left(1+\frac{1}{\sin\frac{\alpha}{2}}\right)-\frac{P}{4}\cot\frac{\alpha}{2}+A+\frac{d_1}{2\sin\frac{\psi}{2}}$$

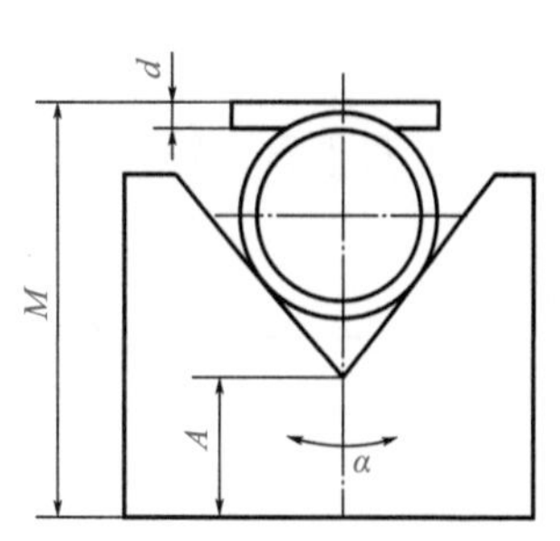

图 8-23 测量 V 形架的量棒 $M$ 值（角度不对称的）

式中 $d_1$——螺纹外径，mm；

$d_2$——螺纹中径，mm；

$d$——量针直径，mm；

$M$——实际测量值，mm；

$A$——V 形架定数，mm；

$P$——螺纹螺距，mm；

$\alpha$——螺纹牙形角，(°)；

$\Psi$——V 形架角度，(°)(一般取 $\Psi$=90°)。

表 8-13 列出了各种牙形角螺纹在 V 形架上测量螺纹中径的 $M$ 值计算公式。

表 8-13　在 V 形架上测量螺纹中径的 $M$ 值计算公式

| 牙形角 $\alpha$ | 测量值 $M$ 的计算公式 |
| --- | --- |
| 60° | $M=\frac{d_2}{2}+1.5d-0.433P+A+0.707d_1$ |
| 55° | $M=\frac{d_2}{2}+1.582d-0.48P+A+0.707d_1$ |
| 40° | $M=\frac{d_2}{2}+1.96d-0.687P+A+0.707d_1$ |
| 30° | $M=\frac{d_2}{2}+2.43d-0.933P+A+0.707d_1$ |
| 29° | $M=\frac{d_2}{2}+2.5d-0.967P+A+0.707d_1$ |

### 5. 齿条齿厚的测量计算（如图 8-24 所示）

$$d=\frac{\pi m}{2\cos\alpha_0}$$

$$A=\frac{\pi m(\sin\alpha_0+1)}{4\cos\alpha_0}-m$$

式中　$d$——量棒直径，mm；

$A$——测量值，mm；

$m$——模数，mm；

$\alpha_0$——压力角，(°)。

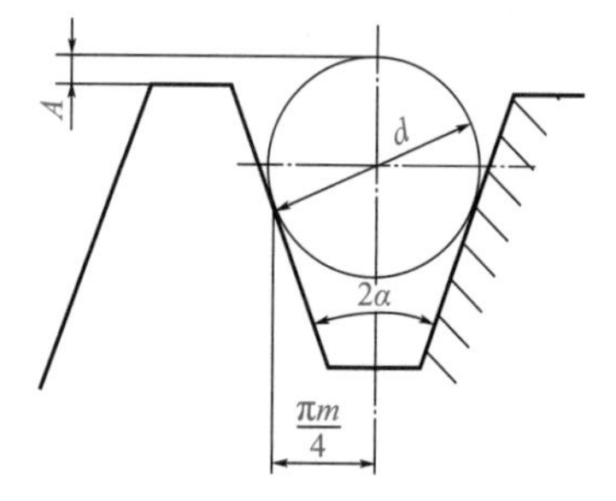


图 8-24　齿条齿厚的测量

### 6. 齿轮的测量计算

① 跨齿数的确定

a. 对于直齿轮：$n=\frac{\alpha}{\pi}Z+0.5$

b. 对于直齿修正齿轮：$n=\frac{1}{\pi}(\tan\alpha_{中}Z-Z\mathrm{inv}\alpha-2\xi\tan\alpha)+0.5$

c. 对于斜齿轮：$n_n=\frac{Z}{\pi}(\tan\alpha_t\tan^2\beta_{基}+\tan\alpha_t-\mathrm{inv}\alpha_t)+0.05$

式中　$n$——直齿轮跨齿数；

$n_n$——法向跨齿数；

$\alpha$——齿轮压力角，(°)；

$\alpha_t$——齿轮端面压力角，(°)；

$\alpha_{中}$——齿轮中径压力角，(°)；

$Z$——齿轮齿数；

$\mathrm{inv}\alpha_t$——渐开线函数，见表 8-14；

$\beta_{基}$——齿轮基圆螺旋角，(°)。

② 公法线长度的计算

a. 对于直齿圆柱齿轮：$L = m\left[\pi\cos\alpha\left(n-\frac{1}{2}\right)+Z\cos\alpha\,\mathrm{inv}\alpha+2\xi\sin\alpha\right]$

b. 对于螺旋齿轮：$L_n = m_n\left[\pi\cos\alpha_n\left(n_n-\frac{1}{2}\right)+Z\cos\alpha_n\mathrm{inv}\alpha_t+\frac{2\xi_n\sin\alpha_n}{\cos^2\beta}\right]$

式中 $L$——直齿公法线测量长度，mm；

$L_n$——螺旋齿法向公法线测量长度，mm；

$\alpha$——直齿轮压力角，(°)；

$\alpha_n$——螺旋齿轮法向压力角，(°)，$\tan\alpha_n=\tan\alpha_s\cos\beta$；

$\alpha_t$——螺旋齿轮端面压力角，(°)；

$Z$——齿轮齿数；

$m$——直齿轮模数，mm；

$m_n$——螺旋齿轮法向模数，mm，$m_n=m_s\cos\beta_f$；

$n$——直齿轮跨齿数；

$n_n$——螺旋齿轮法向跨齿数；

$\xi$——齿轮修正系数；

$\xi_n$——螺旋齿轮修正系数；

$\beta$——螺旋齿轮螺旋角，(°)；

$\mathrm{inv}\alpha_t$——渐开线函数，见表 8-14。

表 8-14 渐开线函数表

| α/(°) | 各行前几位相同的数字 | 0′ | 5′ | 10′ | 15′ | 20′ | 25′ | 30′ | 35′ | 40′ | 45′ | 50′ | 55′ |
|---|---|---|---|---|---|---|---|---|---|---|---|---|---|
| 1 | 0.000 | 00177 | 00225 | 00281 | 00346 | 00420 | 00504 | 00598 | 00704 | 00821 | 00950 | 01092 | 01248 |
| 2 | 0.000 | 01418 | 01603 | 01804 | 02020 | 02253 | 02503 | 02771 | 03058 | 03364 | 03689 | 04035 | 04402 |
| 3 | 0.000 | 04790 | 05201 | 05634 | 06091 | 06573 | 07079 | 07610 | 08167 | 08751 | 09362 | 10000 | 10668 |
| 4 | 0.000 | 11364 | 12090 | 12847 | 13634 | 14453 | 15305 | 16189 | 17107 | 18059 | 19045 | 20067 | 21125 |
| 5 | 0.000 | 22220 | 23352 | 24522 | 25731 | 26978 | 28266 | 29594 | 30963 | 32374 | 33827 | 35324 | 36864 |
| 6 | 0.00 | 03845 | 04008 | 04175 | 04347 | 04524 | 04706 | 04897 | 05093 | 05280 | 05481 | 05687 | 05898 |
| 7 | 0.00 | 06115 | 06337 | 06564 | 06797 | 07035 | 07279 | 07528 | 07783 | 08044 | 08310 | 08582 | 08861 |
| 8 | 0.00 | 09145 | 09435 | 09732 | 10034 | 10343 | 10559 | 10980 | 11308 | 11643 | 11984 | 12332 | 12687 |
| 9 | 0.00 | 13048 | 13416 | 13792 | 14174 | 14563 | 14960 | 15363 | 15774 | 16193 | 16618 | 17051 | 17492 |
| 10 | 0.00 | 17941 | 18397 | 18860 | 19332 | 19812 | 20299 | 20795 | 21299 | 21810 | 22330 | 22859 | 23396 |
| 11 | 0.00 | 23941 | 24495 | 25057 | 25628 | 26208 | 26797 | 27394 | 28001 | 28616 | 29241 | 29875 | 30518 |
| 12 | 0.00 | 31171 | 31832 | 32504 | 33185 | 33875 | 34575 | 35285 | 36005 | 36735 | 37474 | 38224 | 38984 |
| 13 | 0.00 | 39754 | 40534 | 41325 | 42126 | 42938 | 43760 | 44593 | 45437 | 46291 | 47157 | 48033 | 48921 |
| 14 | 0.00 | 49819 | 50729 | 51650 | 52582 | 53526 | 54482 | 55448 | 56427 | 57417 | 58420 | 59434 | 60460 |
| 15 | 0.00 | 61498 | 62548 | 63611 | 64686 | 65773 | 66873 | 67985 | 69110 | 70248 | 71398 | 72561 | 73738 |
| 16 | 0.0 | 07493 | 07613 | 07735 | 07857 | 07982 | 08107 | 08234 | 08362 | 08492 | 08623 | 08756 | 08889 |
| 17 | 0.0 | 09025 | 09161 | 09299 | 09439 | 09580 | 09722 | 09866 | 10012 | 10158 | 10307 | 10456 | 10608 |
| 18 | 0.0 | 10760 | 10915 | 11071 | 11228 | 11387 | 11547 | 11709 | 11873 | 12038 | 12205 | 12373 | 12543 |
| 19 | 0.0 | 12715 | 12888 | 13063 | 13240 | 13418 | 13598 | 13779 | 13963 | 14148 | 14334 | 14523 | 14713 |

续表

| α/（°） | 各行前几位相同的数字 | 0′ | 5′ | 10′ | 15′ | 20′ | 25′ | 30′ | 35′ | 40′ | 45′ | 50′ | 55′ |
|---|---|---|---|---|---|---|---|---|---|---|---|---|---|
| 20 | 0.0 | 14904 | 15098 | 15293 | 15490 | 15689 | 15890 | 16092 | 16296 | 16502 | 16710 | 16920 | 17132 |
| 21 | 0.0 | 17345 | 17560 | 17777 | 17996 | 18217 | 18440 | 18665 | 18891 | 19120 | 19350 | 19583 | 19817 |
| 22 | 0.0 | 20054 | 20292 | 20533 | 20775 | 21019 | 21266 | 21514 | 21765 | 22018 | 22272 | 22529 | 22788 |
| 23 | 0.0 | 23049 | 23312 | 23577 | 23845 | 24114 | 24386 | 24660 | 24936 | 25214 | 25495 | 25778 | 26062 |
| 24 | 0.0 | 26350 | 26639 | 26931 | 27225 | 27521 | 27820 | 28121 | 28424 | 28729 | 29037 | 29348 | 29660 |
| 25 | 0.0 | 29975 | 30293 | 30613 | 30935 | 31260 | 31587 | 31917 | 32249 | 32583 | 32920 | 33260 | 33602 |
| 26 | 0.0 | 33947 | 34294 | 34644 | 34997 | 35352 | 35709 | 36069 | 36432 | 36798 | 37166 | 37537 | 37910 |
| 27 | 0.0 | 38287 | 38666 | 39047 | 39432 | 39819 | 40209 | 40602 | 40997 | 41395 | 41797 | 42201 | 42607 |
| 28 | 0.0 | 43017 | 43430 | 43845 | 44264 | 44685 | 45110 | 45537 | 45967 | 46400 | 46837 | 47276 | 47718 |
| 29 | 0.0 | 48164 | 48612 | 49064 | 49518 | 49976 | 50437 | 50901 | 51368 | 51838 | 52312 | 52788 | 53268 |
| 30 | 0.0 | 53751 | 54238 | 54728 | 55221 | 55717 | 56217 | 56720 | 57226 | 57736 | 58249 | 58765 | 59285 |
| 31 | 0.0 | 59809 | 60336 | 60866 | 61400 | 61937 | 62478 | 63022 | 63570 | 64122 | 64677 | 65236 | 65799 |
| 32 | 0.0 | 66364 | 66934 | 67507 | 68084 | 68665 | 69250 | 69838 | 70430 | 71026 | 71626 | 72230 | 72838 |
| 33 | 0.0 | 73449 | 74064 | 74684 | 75307 | 75934 | 76565 | 77200 | 77839 | 78483 | 79130 | 79781 | 80437 |
| 34 | 0.0 | 81097 | 81760 | 82428 | 83100 | 83777 | 84457 | 85142 | 85832 | 86525 | 87223 | 87925 | 88631 |
| 35 | 0.0 | 89342 | 90058 | 90777 | 91502 | 92230 | 92963 | 93701 | 94443 | 95190 | 95924 | 96698 | 97459 |
| 36 | 0. | 09822 | 09899 | 09977 | 10055 | 10133 | 10212 | 10292 | 10371 | 10452 | 10533 | 10614 | 10696 |
| 37 | 0. | 10778 | 10861 | 10944 | 11028 | 11113 | 11197 | 11283 | 11369 | 11455 | 11542 | 11630 | 11718 |
| 38 | 0. | 11806 | 11895 | 11985 | 12075 | 12165 | 12257 | 12348 | 12441 | 12534 | 12627 | 12721 | 12815 |
| 39 | 0. | 12911 | 13006 | 13102 | 13199 | 13297 | 13395 | 13493 | 13592 | 13692 | 13792 | 13893 | 13995 |
| 40 | 0. | 14097 | 14200 | 14303 | 14407 | 14511 | 14616 | 14722 | 14829 | 14936 | 15043 | 15152 | 15261 |
| 41 | 0. | 15370 | 15480 | 15591 | 15703 | 15815 | 15928 | 16041 | 16156 | 16270 | 16386 | 16502 | 16619 |
| 42 | 0. | 16737 | 16855 | 16974 | 17093 | 17214 | 17336 | 17457 | 17579 | 17702 | 17826 | 17951 | 18076 |
| 43 | 0. | 18202 | 18329 | 18457 | 18585 | 18714 | 18844 | 18975 | 19106 | 19238 | 19371 | 19505 | 19639 |
| 44 | 0. | 19774 | 19910 | 20047 | 20185 | 20323 | 20463 | 20603 | 20743 | 20885 | 21028 | 21171 | 21315 |
| 45 | 0. | 21460 | 21606 | 21753 | 21900 | 22049 | 22198 | 22348 | 22499 | 22651 | 22804 | 22958 | 23112 |
| 46 | 0. | 23268 | 23424 | 23582 | 23740 | 23899 | 24059 | 24220 | 24382 | 24545 | 24709 | 24874 | 25040 |
| 47 | 0. | 25206 | 25374 | 25543 | 25713 | 25883 | 26055 | 26228 | 26401 | 26576 | 26752 | 26929 | 27107 |
| 48 | 0. | 27285 | 27465 | 27646 | 27828 | 28012 | 28196 | 28381 | 28567 | 28755 | 28943 | 29133 | 29324 |
| 49 | 0. | 29516 | 29709 | 29903 | 30098 | 30295 | 30492 | 30691 | 30891 | 31092 | 31295 | 31493 | 31703 |
| 50 | 0. | 31909 | 32116 | 32324 | 32534 | 32745 | 32957 | 33171 | 33385 | 33601 | 33818 | 34037 | 34257 |
| 51 | 0. | 34478 | 34700 | 34924 | 35149 | 35376 | 35604 | 35833 | 36063 | 36295 | 36529 | 36763 | 36999 |
| 52 | 0. | 37237 | 37476 | 37716 | 37958 | 38202 | 38446 | 38693 | 38941 | 39190 | 39441 | 39693 | 39947 |
| 53 | 0. | 40202 | 40459 | 40717 | 40977 | 41239 | 41502 | 41767 | 42034 | 42302 | 42571 | 42843 | 43116 |
| 54 | 0. | 43390 | 43667 | 43945 | 44225 | 44506 | 44789 | 45074 | 45361 | 45650 | 45904 | 46232 | 46526 |
| 55 | 0. | 46822 | 47119 | 47419 | 47720 | 48023 | 48328 | 48635 | 48944 | 49255 | 49568 | 49882 | 50199 |
| 56 | 0. | 50518 | 50838 | 51161 | 51486 | 51813 | 52141 | 52472 | 52805 | 53141 | 53478 | 53817 | 54159 |
| 57 | 0. | 54503 | 54849 | 55197 | 55547 | 55900 | 56255 | 56612 | 56972 | 57333 | 57698 | 58064 | 58433 |
| 58 | 0. | 58804 | 59178 | 59554 | 59933 | 60314 | 60697 | 61083 | 61472 | 61863 | 62257 | 62653 | 63052 |
| 59 | 0. | 63454 | 63858 | 64265 | 64674 | 65086 | 65501 | 65919 | 66340 | 66763 | 67189 | 67618 | 68050 |

注：用法说明，找出角 $\alpha$=14°30′的 inv$\alpha$=0.0055448；找出角 $\alpha$=22°18′25″的 inv。在表中找出 inv22°15′=0.020775。表中 5′（300″）的差为 0.000244，附加的 3′25″（205″）的 inv 数值应为 $\frac{0.000244\times205}{300}=0.000167$，因此 inv22°18′25″=0.020775+0.000167=0.020942。

如图 8-25 所示，标准直齿圆柱齿轮的跨测齿数及公法线长度值见表 8-15。

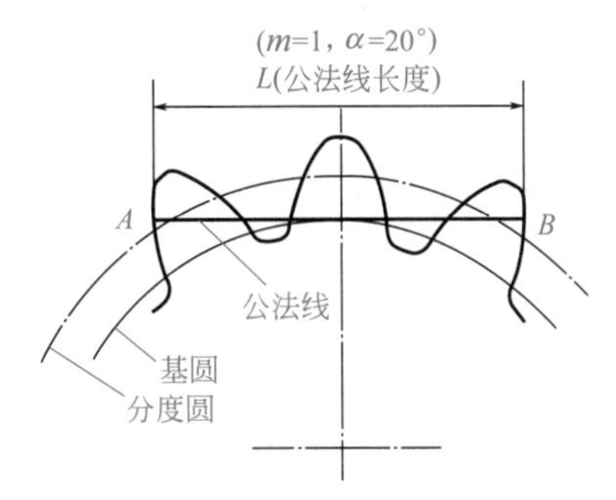


图 8-25　跨测齿数及公法线长度

表 8-15　标准直齿圆柱齿轮的跨测齿数及公法线长度值表

| 被测齿轮总齿数<br>$z$ | 跨测齿数<br>$n$ | 公法线长度值<br>$L$/mm | 被测齿轮总齿数<br>$z$ | 跨测齿数<br>$n$ | 公法线长度值<br>$L$/mm |
|---|---|---|---|---|---|
| 10 | 2 | 4.5683 | 37 | 5 | 13.8028 |
| 11 | 2 | 4.5823 | 38 | 5 | 13.8168 |
| 12 | 2 | 4.5963 | 39 | 5 | 13.8308 |
| 13 | 2 | 4.6103 | 40 | 5 | 13.8448 |
| 14 | 2 | 4.6243 | 41 | 5 | 13.8588 |
| 15 | 2 | 4.6383 | 42 | 5 | 13.8728 |
| 16 | 2 | 4.6523 | 43 | 5 | 13.8868 |
| 17 | 2 | 4.6663 | 44 | 5 | 13.9008 |
| 18 | 2 | 4.6803 | 45 | 5 | 13.9148 |
| 19 | 3 | 7.6464 | 46 | 6 | 16.8810 |
| 20 | 3 | 7.6604 | 47 | 6 | 16.8950 |
| 21 | 3 | 7.6744 | 48 | 6 | 16.9090 |
| 22 | 3 | 7.6884 | 49 | 6 | 16.9230 |
| 23 | 3 | 7.7025 | 50 | 6 | 16.9370 |
| 24 | 3 | 7.7165 | 51 | 6 | 16.9510 |
| 25 | 3 | 7.7305 | 52 | 6 | 16.9650 |
| 26 | 3 | 7.7445 | 53 | 6 | 16.9790 |
| 27 | 3 | 7.7585 | 54 | 6 | 16.9930 |
| 28 | 4 | 10.7246 | 55 | 7 | 19.9591 |
| 29 | 4 | 10.7386 | 56 | 7 | 19.9732 |
| 30 | 4 | 10.7526 | 57 | 7 | 19.9872 |
| 31 | 4 | 10.7666 | 58 | 7 | 20.0012 |
| 32 | 4 | 10.7806 | 59 | 7 | 20.0152 |
| 33 | 4 | 10.7946 | 60 | 7 | 20.0292 |
| 34 | 4 | 10.8086 | 61 | 7 | 20.0432 |
| 35 | 4 | 10.8226 | 62 | 7 | 20.0572 |
| 36 | 4 | 10.8367 | 63 | 7 | 20.0712 |

续表

| 被测齿轮总齿数 $z$ | 跨测齿数 $n$ | 公法线长度值 $L$/mm | 被测齿轮总齿数 $z$ | 跨测齿数 $n$ | 公法线长度值 $L$/mm |
|---|---|---|---|---|---|
| 64 | 8 | 23.0373 | 101 | 12 | 35.3641 |
| 65 | 8 | 23.0513 | 102 | 12 | 35.3781 |
| 66 | 8 | 23.0653 | 103 | 12 | 35.3921 |
| 67 | 8 | 23.0793 | 104 | 12 | 35.4061 |
| 68 | 8 | 23.0933 | 105 | 12 | 35.4201 |
| 69 | 8 | 23.1074 | 106 | 12 | 35.4341 |
| 70 | 8 | 23.1214 | 107 | 12 | 35.4481 |
| 71 | 8 | 23.1354 | 108 | 12 | 35.5572 |
| 72 | 8 | 23.1494 | 109 | 13 | 38.4282 |
| 73 | 9 | 26.1155 | 110 | 13 | 38.4422 |
| 74 | 9 | 26.1295 | 111 | 13 | 38.4563 |
| 75 | 9 | 26.1435 | 112 | 13 | 38.4703 |
| 76 | 9 | 26.1575 | 113 | 13 | 38.4843 |
| 77 | 9 | 26.1715 | 114 | 13 | 38.4983 |
| 78 | 9 | 26.1855 | 115 | 13 | 38.5123 |
| 79 | 9 | 26.1995 | 116 | 13 | 38.5263 |
| 80 | 9 | 26.2135 | 117 | 13 | 38.5403 |
| 81 | 9 | 26.2275 | 118 | 14 | 41.5064 |
| 82 | 10 | 29.1937 | 119 | 14 | 41.5205 |
| 83 | 10 | 29.2077 | 120 | 14 | 41.5344 |
| 84 | 10 | 29.2217 | 121 | 14 | 41.5484 |
| 85 | 10 | 29.2357 | 122 | 14 | 41.5625 |
| 86 | 10 | 29.2497 | 123 | 14 | 41.5765 |
| 87 | 10 | 29.2637 | 124 | 14 | 41.5905 |
| 88 | 10 | 29.2777 | 125 | 14 | 41.6045 |
| 89 | 10 | 29.2917 | 126 | 14 | 41.6185 |
| 90 | 10 | 29.3057 | 127 | 15 | 44 5846 |
| 91 | 11 | 32.2719 | 128 | 15 | 44.5986 |
| 92 | 11 | 32.2859 | 129 | 15 | 44.6126 |
| 93 | 11 | 32.2999 | 130 | 15 | 44.6266 |
| 94 | 11 | 32.3139 | 131 | 15 | 44.6406 |
| 95 | 11 | 32.3279 | 132 | 15 | 44.6546 |
| 96 | 11 | 32.3419 | 133 | 15 | 44.6686 |
| 97 | 11 | 32.3559 | 134 | 15 | 44.6826 |
| 98 | 11 | 32.3699 | 135 | 15 | 44.6966 |
| 99 | 11 | 32.3839 | 136 | 16 | 47.6628 |
| 100 | 12 | 35.3500 | 137 | 16 | 47.6768 |

续表

| 被测齿轮总齿数 $z$ | 跨测齿数 $n$ | 公法线长度值 $L$/mm | 被测齿轮总齿数 $z$ | 跨测齿数 $n$ | 公法线长度值 $L$/mm |
|---|---|---|---|---|---|
| 138 | 16 | 47.6908 | 170 | 19 | 56.9954 |
| 139 | 16 | 47.7048 | 171 | 19 | 57.0094 |
| 140 | 16 | 47.7188 | 172 | 20 | 59.9755 |
| 141 | 16 | 47.7328 | 173 | 20 | 59.9895 |
| 142 | 16 | 47.7468 | 174 | 20 | 60.0035 |
| 143 | 16 | 47.7608 | 175 | 20 | 60.0175 |
| 144 | 16 | 47.7748 | 176 | 20 | 60.0315 |
| 145 | 17 | 50.7410 | 177 | 20 | 60.0456 |
| 146 | 17 | 50.7550 | 178 | 20 | 60.0596 |
| 147 | 17 | 50.7690 | 179 | 20 | 60.0736 |
| 148 | 17 | 50.7830 | 180 | 20 | 60.0876 |
| 149 | 17 | 50.7970 | 181 | 21 | 63.0537 |
| 150 | 17 | 50.8110 | 182 | 21 | 63.0677 |
| 151 | 17 | 50.8250 | 183 | 21 | 63.0817 |
| 152 | 17 | 50.8390 | 184 | 21 | 63.0957 |
| 153 | 17 | 50.8530 | 185 | 21 | 63.1097 |
| 154 | 18 | 53.8192 | 186 | 21 | 63.1237 |
| 155 | 18 | 53.8332 | 187 | 21 | 63.1377 |
| 156 | 18 | 53.8472 | 188 | 21 | 63.1517 |
| 157 | 18 | 53.8612 | 189 | 21 | 63.1657 |
| 158 | 18 | 53.8752 | 190 | 22 | 66.1319 |
| 159 | 18 | 53.8892 | 191 | 22 | 66.1459 |
| 160 | 18 | 53.9032 | 192 | 22 | 66.1599 |
| 161 | 18 | 53.9172 | 193 | 22 | 66.1739 |
| 162 | 18 | 53.9312 | 194 | 22 | 66.1879 |
| 163 | 19 | 56.8973 | 195 | 22 | 66.2019 |
| 164 | 19 | 56.9113 | 196 | 22 | 66.2159 |
| 165 | 19 | 56.9254 | 197 | 22 | 66.2299 |
| 166 | 19 | 56.9394 | 198 | 22 | 66.2439 |
| 167 | 19 | 56.9534 | 199 | 23 | 69.2101 |
| 168 | 19 | 56.9674 | 200 | 23 | 69.2241 |
| 169 | 19 | 56.9814 | | | |

注：若模数 $m$ 不等于 1，其 $L$ 值等于表中的 $L$ 值乘以 $m$。

### 7. 量针测量齿轮 *M* 值的计算

（1）对于偶数齿（如图 8-26 所示）

$$M = mZ\rho \pm d$$

$$\Delta M = M' - M$$
$$= M' - (mZ\rho \pm d)$$

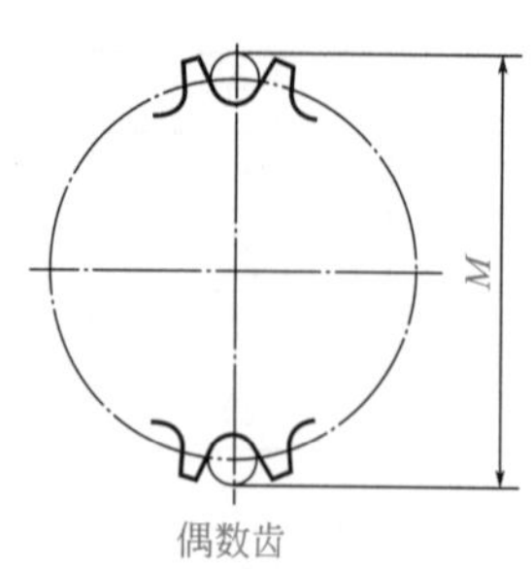

图 8-26　量针测量齿轮 $M$ 值

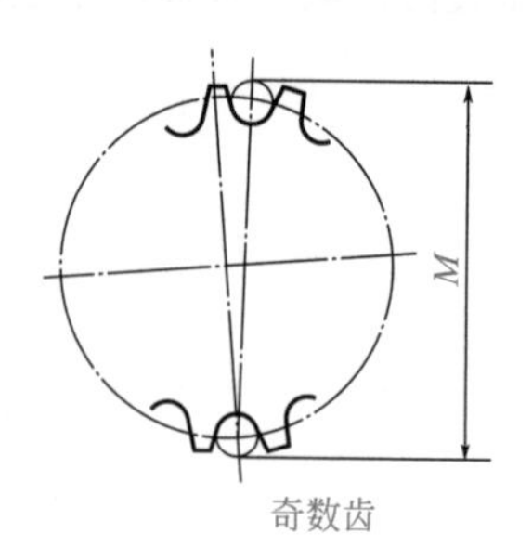

图 8-27　量针测量齿轮 $M$ 值

**（2）对于奇数齿（如图 8-27 所示）**

$$M = mZ\rho\cos\frac{90^\circ}{Z} \pm d$$

$$\Delta M = M' - M = M' - \left(mZ\rho\cos\frac{90^\circ}{Z} \pm d\right)$$

式中　$M$——理论量针测量值，mm；

$M'$——实际量针测量值，mm；

$\alpha_f$——节圆压力角，(°)；

$m$——齿轮模数，mm；

$Z$——齿轮齿数；

$d$——量针直径，mm，$\left(d = \frac{\pi m}{2}\cos\alpha_f\right)$；

$\rho$——系数$\left(\rho = \frac{\cos\alpha_f}{\cos\alpha_x}，标准齿轮\rho = 1\right)$；

$\alpha_x$——某处的齿轮压力角，(°)；

“+”——用于外啮合齿轮；

“−”——用于内啮合齿轮。

### 8. 链轮的测量计算

#### （1）滚子链轮的测量计算

① 对于偶数齿［如图 8-28（a）所示］

$$M = d_f + 2d$$

② 对于奇数齿［如图 8-28（b）所示］

$$M = d_f\cos\frac{90^\circ}{Z} + 2d$$

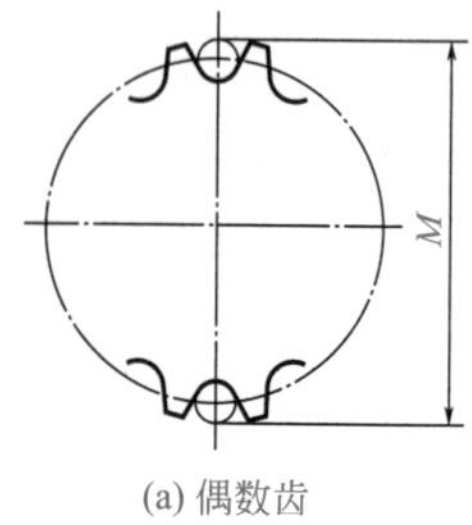

(a) 偶数齿

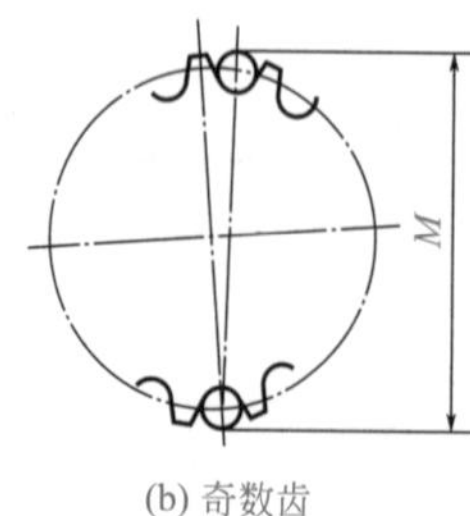

(b) 奇数齿

图 8-28　滚子链轮的测量

式中　$M$——测量值，mm；

$d_f$——链轮根圆直径，mm；

$d$——量棒直径，mm；

$Z$——链轮齿数。

(2) **齿形链轮的测量计算**

① 对于偶数齿（如图 8-29 所示）

$$M = D - \frac{0.125t}{\sin\beta} + d$$

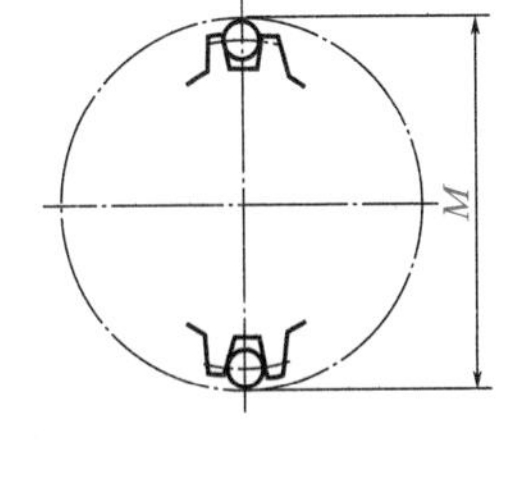


图 8-29　齿形链轮的测量（偶数齿）

② 对于奇数齿（如图 8-30 所示）

$$M = \left(D - \frac{0.125t}{\sin\beta}\right)\cos\frac{90°}{Z} + d$$

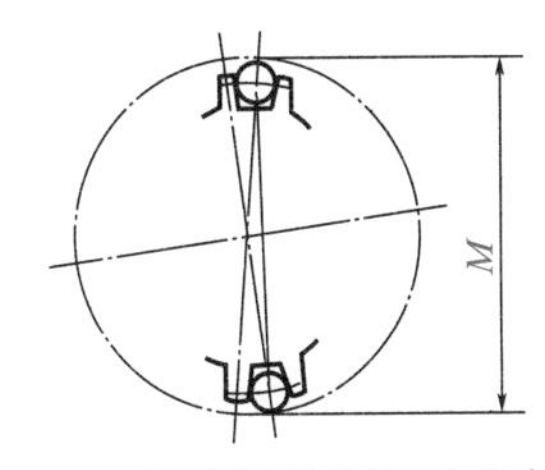


图 8-30　齿形链轮的测量（奇数齿）

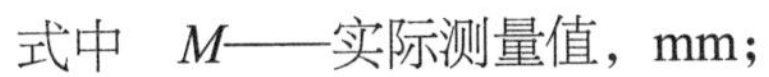

式中　$M$——实际测量值，mm；

$D$——链轮分度圆直径，mm；

$d$——量棒直径，$d = 0.625t$，mm；

$t$——链轮节距，mm；

$\beta$——链轮齿槽角度，(°)；

$Z$——链轮齿数。

## 9. 用钢球测量孔径的计算

用精密的钢球测量圆孔直径，可获得满意的精度。

### (1) 用一个钢球测量孔径的计算（如图 8-31 所示）

已知：$D$、$H$，求：$d$。

**解**：从直角三角形△ $OAB$ 中可得知：$\overline{AB} = \sqrt{\overline{AO}^2 - \overline{OB}^2}$

$$\overline{AO} = \frac{D}{2}\overline{OB} = \overline{CB} - \overline{CO} = H - \frac{D}{2}$$

$$d = 2\overline{AB} = 2\sqrt{\overline{AO}^2 - \overline{OB}^2} = 2\sqrt{\left(\frac{D}{2}\right)^2 - \left(H - \frac{D}{2}\right)^2}$$ 简化后得：$d = \sqrt{H(D-H)}$

式中　$d$——被测量的孔径，mm；

$H$——钢球高出平面的高度，mm；

$D$——钢球直径，mm。

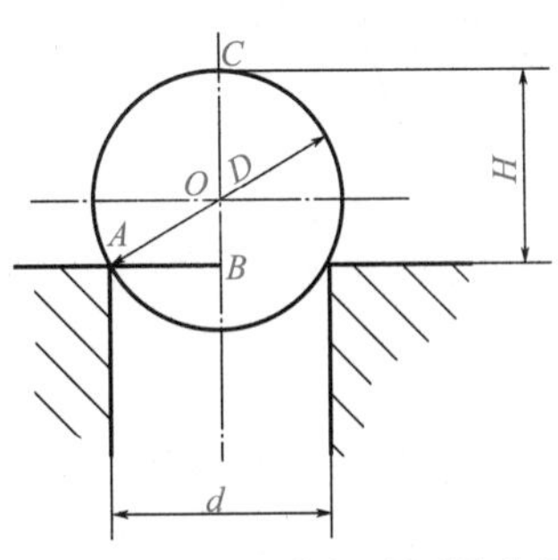


图 8-31　用一个钢球测量孔径

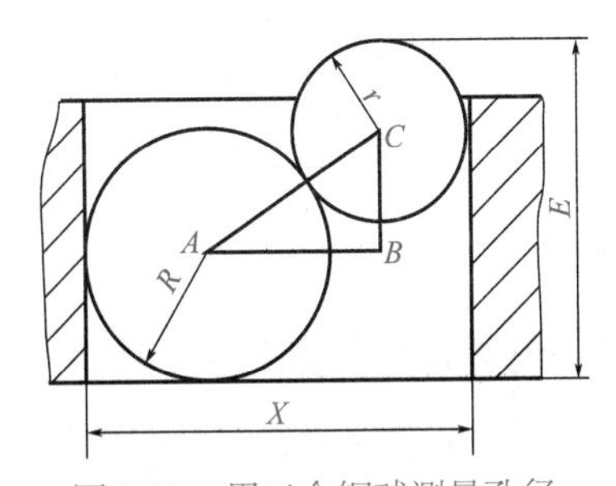


图 8-32　用二个钢球测量孔径

### (2) 用二个钢球测量孔径的计算（如图 8-32 所示）

已知：$r$、$R$、$E$，求：$x$。

解：$$x = R + r + \overline{AB}$$

因为 $\overline{AB} = \sqrt{(R+r)^2 - \overline{BC^2}} = \sqrt{(R+r)^2 - [E-(R+r)]^2}$

所以 $x = \sqrt{(R+r)^2 - [E-(R+r)]^2} + R + r$

式中 $x$——被测量的孔径，mm；

$r$——小钢球的半径，mm；

$R$——大钢球的半径，mm；

$E$——小钢球顶点至工件底面高度，mm。

如果两钢球的直径相同，公式可简化如下：

设钢球的直径为 $D$，则：

$$X = D + \overline{AB} = D + \sqrt{D^2 - (E-D)^2}$$

（3）用四个钢球测量孔径的计算（如图 8-33 所示）

已知：$R$、$B$，求：$x$。

解：$$\overline{AC} = 2R = D$$

$$\overline{BC} = E - 2R = E - D$$

$$\overline{AB} = \sqrt{\overline{AC^2} - \overline{BC^2}} = \sqrt{D^2 - (E-D)^2} = \sqrt{2ED - E^2}$$

$$= \sqrt{2ED - E^2} x = 2\overline{AB} + D = 2\sqrt{2ED - E^2} + D$$

式中 $x$——被测量的孔径，mm；

$E$——钢球顶点至工件底面距离，mm；

$D$——钢球直径，mm。

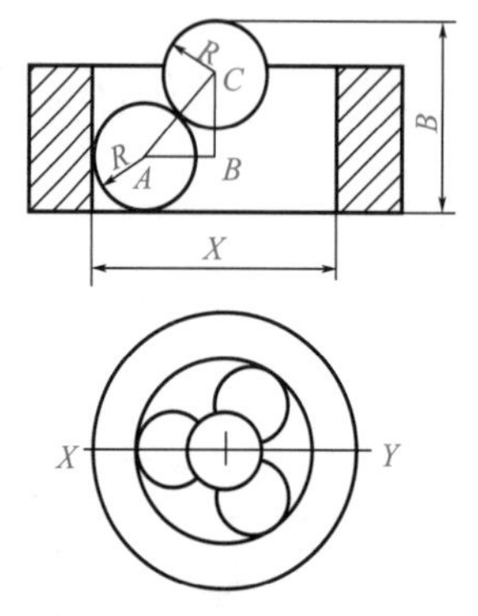

图 8-33　用四个钢球测量孔径

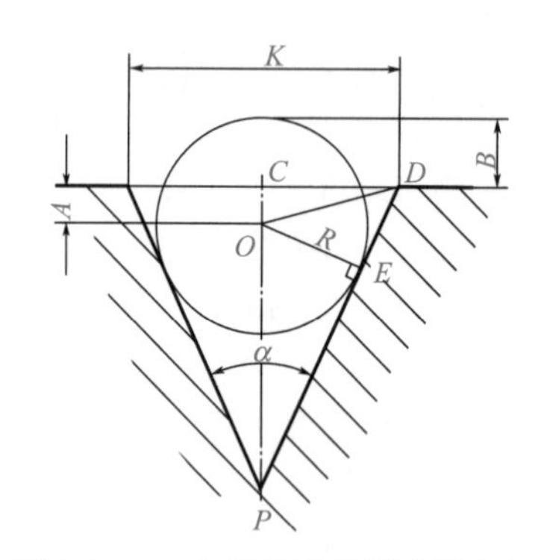

图 8-34　一个钢球测量锥孔的夹角

## 10. 用钢球测量锥孔的计算

（1）用一个钢球测量锥孔夹角的计算（如图 8-34 所示）

已知：$R$、$B$、$K$，求：$\alpha$。

解：$\overline{OE} = R$，$A = R - B$，$\overline{CD} = \dfrac{K}{2}$，$\tan\angle CON = \dfrac{\overline{CD}}{\overline{OC}} = \dfrac{K/2}{A} = \dfrac{K}{2(R-B)}$

$$\angle CON = \arctan\frac{K}{2(R-B)}$$

$$\cos\angle COD = \frac{\overline{OE}}{OD} = \frac{\overline{OE}}{\overline{OC}\sec\angle COD} = \frac{R}{A\sec\angle COD}$$

$$\angle COE = \arccos = \frac{R}{A\sec\angle COD}$$

$$\angle EOP = 180° - \angle COD - \angle COE$$

$$\angle EOE = 90° - \angle EOP$$

求出： $\alpha = 2\angle OPE$

### （2）用一个钢球测量锥孔直径的计算（如图 8-35 所示）

已知：$R$、$E$、$D$、$\alpha$，求：$A$、$B$。

**解**：延长圆锥的边到顶点 $O$，则：$F = G+R-E$

$$G = R\csc\frac{\alpha}{2}，所以：F = R\csc\frac{\alpha}{2} + R - E$$

$$A = 2F\tan\frac{\alpha}{2} = 2\left(R\csc\frac{\alpha}{2} + R - E\right)\tan\frac{\alpha}{2}，B = A - 2H$$

$$H = D\tan\frac{\alpha}{2}，故：B = A - 2D\tan\frac{\alpha}{2}$$

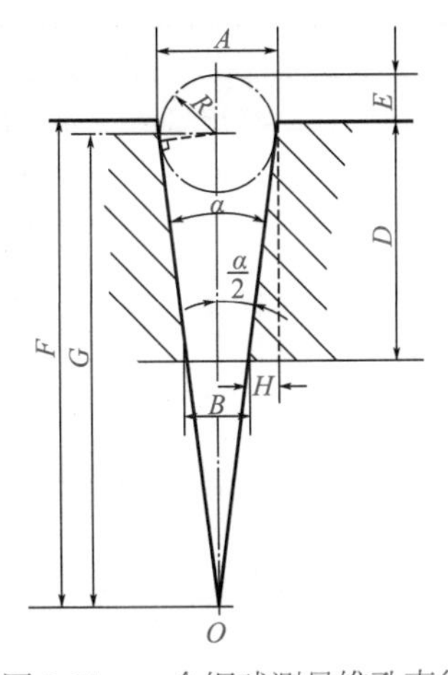

图 8-35　一个钢球测量锥孔直径

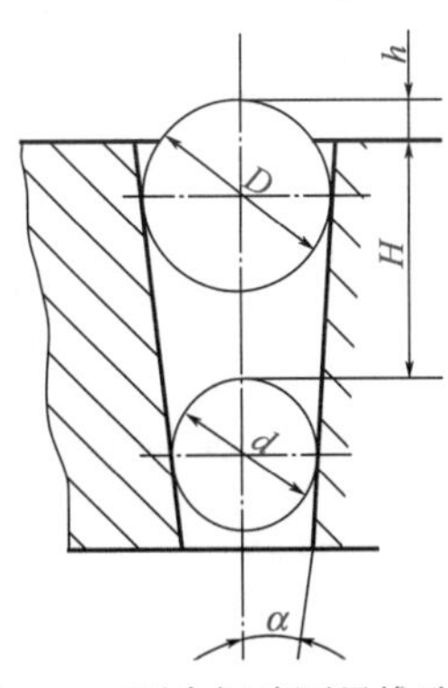

图 8-36　两个钢球测量锥孔角度

### （3）用两个钢球测量测量圆锥孔角度的计算（如图 8-36 所示）

已知：$H$、$d$、$D$、$h$　求：$\alpha$。

**解**：

$$\sin\alpha = \frac{(D-d)/2}{H+h+d/2-D/2}$$

$$\alpha = \arcsin\frac{D-d}{2H+2h+d-D}$$

式中　$\alpha$——内圆锥角度，（°）；

$h$——大钢球高出锥孔平面的高度，mm；
$H$——小钢球至锥孔平面的高度，mm；
$d$——小钢球直径，mm；
$D$——大钢球直径，mm。

## 二、冲压件表面质量检查

### 1. 冲裁件表面质量

#### （1）检查内容

① 如图 8-37 所示，金属材料冲裁件表面质量检查内容包括冲裁断面光亮带的相对宽度和毛刺高度，见表 8-16。

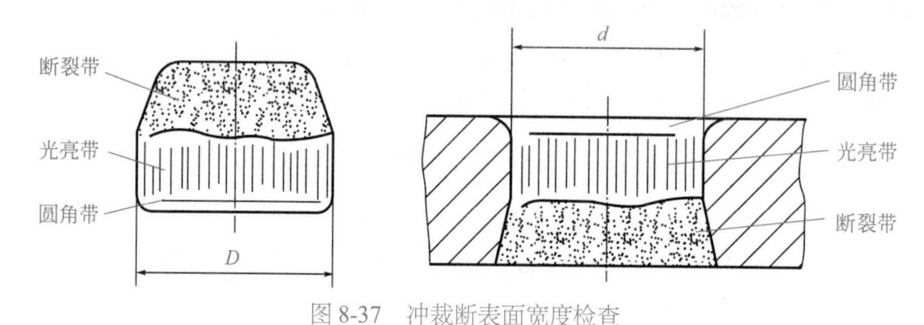

图 8-37　冲裁断表面宽度检查

表 8-16　冲裁断面光亮带相对宽度

| 材　料 | | 占料厚（$t$）百分比 /% | |
|---|---|---|---|
| | | 退火 | 硬化 |
| 钢板（碳的质量分数 %） | 0.1 | 50 | 38 |
| | 0.2 | 40 | 28 |
| | 0.3 | 33 | 22 |
| | 0.4 | 27 | 17 |
| | 0.6 | 20 | 9 |
| | 0.8 | 15 | 5 |
| | 1.0 | 10 | 2 |
| 硅钢片 | | 30 | — |
| 青铜板 | | 25 | 17 |
| 黄铜板 | | 50 | 20 |
| 纯铜板 | | 55 | 30 |
| 硬铝、铝板 | | 50 | 30 |

金属材料冲裁时产生的毛刺，可以控制在一定的范围，确定一个适用的允许毛刺高度，既可保证产品质量又可保持一定的经济效果。适用毛刺高度见表 8-17。表 8-17 使用说明如下：

a. 精度等级是按冲裁的精度要求分三种：

A 级（精密级），适用于要求较高的冲压件；

B 级（中等级），适用于中等要求的冲压件；

C 级（粗糙级），适用于一般要求的冲压件。

b. 冲压件生产检查时，应不超出表列数值上限，否则应修复模具。

c. 新模具试模时，应以接近下限数值检定。

d. 汽车冲压件未特殊注明者，按 C 级精度检查。

e. 表 8-17 所列数值适用于垂直整体刃口的冲裁工序件。对斜向冲裁时，允许表列数值乘以 2.0 的系数。镶块刃口接缝处按 1.5 倍，废料刀处按 2.0 倍。

表 8-17　金属冲压件毛刺高度　　单位：mm

| 材料抗拉强度/MPa | 常用材料 | 精度等级 | 材料厚度/mm | | | | | | | | | |
|---|---|---|---|---|---|---|---|---|---|---|---|---|
| | | | ≤ 0.1 | | > 0.1 ~ 0.25 | | > 0.25 ~ 0.4 | | > 0.4 ~ 0.63 | | > 0.63 ~ 1.0 | |
| | | | 从 | 到 | 从 | 到 | 从 | 到 | 从 | 到 | 从 | 到 |
| 100 ~ 250 | 电工硅钢（退火）铝 铝镁合金（退火） | A | 0.01 | 0.02 | 0.02 | 0.03 | 0.02 | 0.05 | 0.03 | 0.08 | 0.03 | 0.12 |
| | | B | 0.02 | 0.03 | 0.03 | 0.05 | 0.03 | 0.07 | 0.04 | 0.11 | 0.04 | 0.17 |
| | | C | 0.02 | 0.05 | 0.04 | 0.08 | 0.04 | 0.10 | 0.05 | 0.15 | 0.06 | 0.23 |
| 250 ~ 400 | 08 钢，10 钢，15 钢，20 钢，Q195，不锈钢 | A | 0.01 | 0.02 | 0.02 | 0.03 | 0.02 | 0.04 | 0.02 | 0.05 | 0.03 | 0.09 |
| | | B | 0.01 | 0.02 | 0.02 | 0.04 | 0.02 | 0.05 | 0.03 | 0.07 | 0.04 | 0.13 |
| | | C | 0.02 | 0.03 | 0.03 | 0.05 | 0.03 | 0.07 | 0.04 | 0.10 | 0.05 | 0.17 |
| 400 ~ 630 | Q235，15Mn，30 钢，35 钢，40 钢，硬铝 | A | 0.005 | 0.01 | 0.01 | 0.02 | 0.02 | 0.03 | 0.02 | 0.04 | 0.03 | 0.05 |
| | | B | 0.01 | 0.02 | 0.02 | 0.03 | 0.02 | 0.04 | 0.03 | 0.05 | 0.04 | 0.07 |
| | | C | 0.02 | 0.03 | 0.02 | 0.04 | 0.03 | 0.05 | 0.04 | 0.07 | 0.05 | 0.10 |
| > 630 | 45 钢，50 钢，65 钢，T7，T10，65Mn | A | 0.005 | 0.01 | 0.005 | 0.01 | 0.01 | 0.02 | 0.01 | 0.02 | 0.02 | 0.03 |
| | | B | 0.01 | 0.02 | 0.01 | 0.02 | 0.01 | 0.02 | 0.02 | 0.03 | 0.03 | 0.04 |
| | | C | 0.02 | 0.03 | 0.03 | 0.03 | 0.03 | 0.03 | 0.03 | 0.04 | 0.04 | 0.05 |

| 材料抗拉强度/MPa | 常用材料 | 精度等级 | 材料厚度/mm | | | | | | | | | |
|---|---|---|---|---|---|---|---|---|---|---|---|---|
| | | | > 1.0 ~ 1.6 | | > 1.6 ~ 2.5 | | > 2.5 ~ 4 | | > 4 ~ 6.3 | | > 6.3 ~ 10 | |
| | | | 从 | 到 | 从 | 到 | 从 | 到 | 从 | 到 | 从 | 到 |
| 100 ~ 250 | 电工硅钢（退火）铝 铝镁合金（退火） | A | 0.04 | 0.17 | 0.05 | 0.25 | 0.07 | 0.36 | 0.10 | 0.60 | 0.14 | 0.95 |
| | | B | 0.05 | 0.25 | 0.07 | 0.37 | 0.10 | 0.54 | 0.15 | 0.90 | 0.21 | 1.42 |
| | | C | 0.07 | 0.34 | 0.10 | 0.50 | 0.14 | 0.72 | 0.20 | 1.20 | 0.25 | 1.9 |
| 250 ~ 400 | 08 钢，10 钢，15 钢，20 钢，Q195，不锈钢 | A | 0.03 | 0.12 | 0.05 | 0.18 | 0.06 | 0.25 | 0.08 | 0.36 | 0.11 | 0.50 |
| | | B | 0.04 | 0.18 | 0.07 | 0.25 | 0.09 | 0.37 | 0.12 | 0.54 | 0.17 | 0.75 |
| | | C | 0.06 | 0.24 | 0.09 | 0.35 | 0.12 | 0.50 | 0.18 | 0.73 | 0.23 | 1.0 |
| 400 ~ 630 | Q235，15Mn，30 钢，35 钢，40 钢，硬铝 | A | 0.03 | 0.07 | 0.04 | 0.11 | 0.05 | 0.20 | 0.07 | 0.22 | 0.09 | 0.32 |
| | | B | 0.04 | 0.11 | 0.06 | 0.16 | 0.07 | 0.30 | 0.10 | 0.33 | 0.13 | 0.48 |
| | | C | 0.06 | 0.15 | 0.08 | 0.22 | 0.10 | 0.40 | 0.14 | 0.45 | 0.18 | 0.65 |
| > 630 | 45 钢，50 钢，65 钢，T7，T10，65Mn | A | 0.03 | 0.04 | 0.04 | 0.06 | 0.05 | 0.09 | 0.06 | 0.13 | 0.07 | 0.17 |
| | | B | 0.04 | 0.06 | 0.05 | 0.09 | 0.07 | 0.13 | 0.08 | 0.19 | 0.10 | 0.26 |
| | | C | 0.05 | 0.08 | 0.07 | 0.12 | 0.09 | 0.18 | 0.11 | 0.26 | 0.13 | 0.35 |

② 非金属材料冲裁件表面质量主要检查冲裁件边缘是否有分层和崩裂。如纸胶板、云

母片等材料冲裁时，易产生边缘分层和崩裂现象。

(2) 检查方法

冲裁件毛刺高度检测：材料厚度小于 1mm 时，用 β 透射式测厚仪，大于 1mm 时，用 $\alpha$ 透射式测厚仪。一般冲压生产现场条件不具备时，可用外径百分尺直接测量。冲裁断面光亮带的相对厚度检测，可采用游标卡尺或目测。除检查宽度大小外，还应检查光亮带宽度的均匀性，避免过大、过小或突变。非金属材料冲裁件断面状况一般采用目测的方法。

### 2. 成形件表面质量检查

(1) 弯曲成形件表面质量的主要瑕疵

① 曲角外侧裂纹；

② 外表面压痕、拉伤、表面挤压料变薄；

③ U 形弯曲件底部产生曲度（外鼓）；

④ 弯曲线两端部翘曲，如图 8-39（a）所示；

⑤ 弯曲件宽度方向变形，在宽度方向上出现弓形挠度，如图 8-39（b）所示。

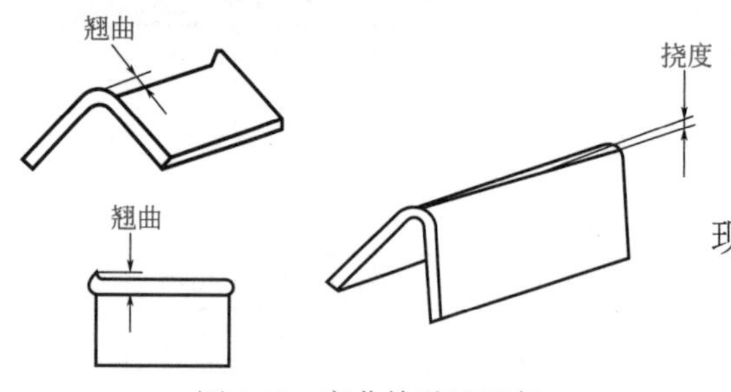


图 8-38　弯曲件质量瑕疵

(2) 拉深成形件表面质量的主要瑕疵

① 壁部破裂、裂纹；

② 凸缘部起皱，如图 8-39(a) 所示；

③ 锥形、球形件侧壁部分的纵向皱折和横向波纹，如图 8-39（b）、（c）所示；

④ 凸模圆角处过度变薄产生“缩颈”现象，如图 8-39（d）所示；

⑤ 侧壁部分外表面产生过大的拉伤（不锈钢拉深件出现较多），印痕；

⑥ 平底拉深件底部不平、鼓起；

⑦ 浅拉深件拉深后工件翘曲；

⑧ 矩形拉深件直边部分外弹松弛；

⑨ 冲压成形变形小、较平坦的部位出现线状、波纹状或树枝状凹凸的表面滑移线；

⑩ 大型覆盖件拉深后，大曲面处有“咕咚”声，刚性差。

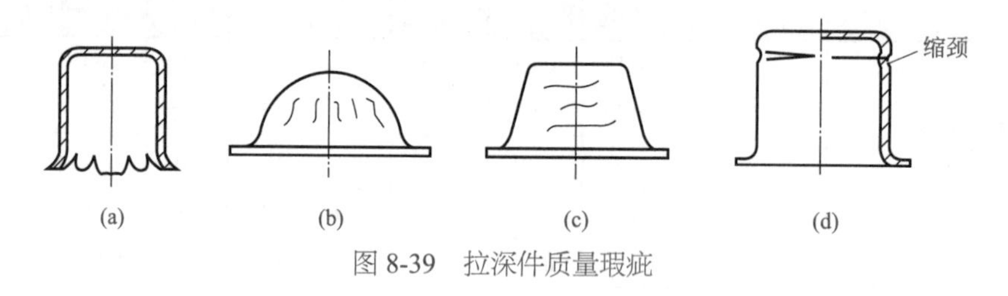


图 8-39　拉深件质量瑕疵

(3) 成形件表面质量检查方法

外观检查常用手摸、目测、光照反射、光照投影等方法进行检验。

## 三、冲压件常用测量方法

### 1. 冲压件质量检测范围

冲压件的质量检测分尺寸检测和表面质量检查两大类。

(1) 冲压件尺寸检测

对冲压件的尺寸使用一定的检测用具进行检查是冲压生产中不可缺少的环节，包括对成品冲压件和中间工序件的检测。

① 成品冲压件。成品冲压件的尺寸检测是根据产品零件图和冲压工艺文件（包括冲压工艺卡、检验卡等）对冲压件相应尺寸进行测量检查。

测量尺寸的范围包括线性尺寸、角（锥）度、形状位置尺寸和曲线、曲面形状等。

线性尺寸如长度、高度、深度、孔径、孔距、孔边距等尺寸。

形状位置尺寸如孔位的对称度、位移度、成形平面的平面度、直线度、平行度、垂直度等。

曲线、曲面形状是指经冲压后工件的曲线、曲面部分与设计要求的吻合程度。

② 中间工序件对冲压中间工序件的尺寸检测是根据冲压工艺文件（如冲压工艺卡，对产品的关键件还有检验卡）中要求检测的尺寸进行测量检查。

冲压工艺文件中要求检测的尺寸有重要线性尺寸和孔位尺寸等，主要是指因冲模调整、坯料（半成品件）定位、模具磨损等原因受到影响的尺寸。

#### （2）表面质量检查

冲压件表面质量包括冲裁件毛刺高度和断面质量、成形件表面拉伤、缩颈、开裂、皱折等。

### 2. 冲压件质量检查的方法

#### （1）冲压件质量检查的模式

冲压件生产均为批量生产，检查方式有首检、巡检、末检和抽检。首检模具调试合格后，确认模具质量和调试效果，决定能否进入正式批量冲压。一般检查 3 ～ 10 件，大尺寸零件取下限。

① 巡检：冲压过程中的检查，由检查员随意抽查几件，主要检查是否有因模具磨损、损坏、操作定位不正确等引起的质量缺陷。

② 末检：本批冲压完成时的检查，确定下批加工前模具是否需要修理。

③ 抽检：一批工件冲压后，确认此批制件质量作抽件检查。

#### （2）冲压件检查用工具

对冲压件表面质量检查除毛刺检查需进行测量外，其余多为目测检查。而尺寸检测则需使用一定的量具。冲压生产中使用的量具有通用量具和专用量具两大类。

① 通用量具：冲压生产中常用的通用量具有钢尺、游标卡尺、百分尺、万能角度尺、高度尺、直角尺、深度尺、塞尺、百分表等。精密测量的有工具显微镜、三坐标测量机等。

② 专用量具：专用量具是对某一零件使用的，主要检查曲线、曲面的符合程度。常用的有平面曲线样板、三维（立体）检验样架，后者可用于大型覆盖件的检查。

## 四、冲压件角度测量换算

一般情况下，冲裁件和各类成形工件的外角度可以直接采用万能角度尺进行测量，而内角度和一些形状复杂的工件，则需在测量后换算某些尺寸。尺寸换算可以用三角函数、几何的计算公式进行。举例说明如下：

**例 1**：如图 8-40 所示中冲裁件内孔中斜边角 $\alpha$ 无法直接用测量用具测量，试列出计算 $\alpha$ 角的方法。

**解**：用游标卡尺测量工件尺寸 $A$、$B$、$B_1$、$A_1$、$A_2$ 尺寸，可借助于游标高度划线的方法测得：

$$\tan\alpha = \frac{B - B_1}{A - A_1 - A_2}$$

$$\alpha = \arctan\frac{B - B_1}{A - A_1 - A_2}$$

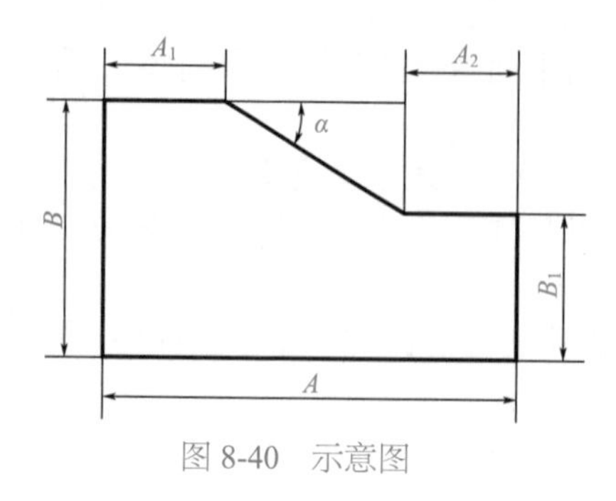

图 8-40　示意图

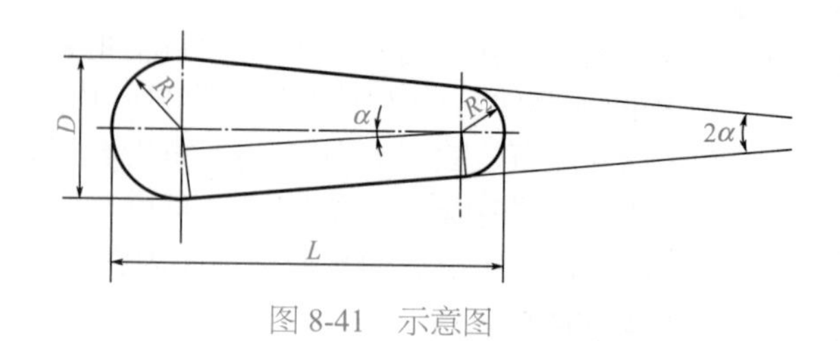

图 8-41　示意图

**例 2**：试测量图 8-41 所示工件尺寸。

**解**：图示零件尺寸 $R_2$ 无法直接测量，可通过尺寸关系换算得：

$$\sin\alpha = \frac{R_1 - R_2}{L - R_1 - R_2}$$

$$(L - R_1)\sin\alpha - R_2\sin\alpha = R_1 - R_2$$

$$R_2 - R_2\sin\alpha = R_1 - (L - R_1)\sin\alpha$$

$$(1 - \sin\alpha)R_2 = R_1 - (L - R_1)\sin\alpha$$

$$R_2 = \frac{R_1 - (L - R_1)\sin\alpha}{1 - \sin\alpha}$$

从图可以看出，上式中 $R_1$、$L$、$\alpha$ 可以直接测量。

$$R_1 = \frac{D}{2} = \frac{30}{2} = 15\text{mm},\ \ L = 85\text{mm},\ \ 2\alpha = 8°$$

$$R_2 = \frac{15 - (85 - 15)\sin 4°}{1 - \sin 4°} = \frac{10.12}{0.93} = 10.88(\text{mm})$$

## 五、非线性尺寸的检测

一般冲压件的线性尺寸、角度可以用量具直接测量，而对于形状复杂的零件（包括大型覆盖件），曲线、曲面形状使用通用量具难以完成冲压件质量的检测。常用的有三坐标测量机、平面曲线样板和三维检验样架等。

### 1. 三坐标测量机检测

#### （1）三坐标测量机的特点

① 可以在 $X$、$Y$、$Z$ 三个方向实现大尺寸范围的测量，测量精度高，示值误差可以达到 1 ～ 2μm。

② 采用计算机辅助测量，可以有连续轨迹的测量，实现三坐标测绘及反求设计。

③ 可采用功能完善的智能数显仪，测量读数准确、方便。

#### （2）应用场合

由于三坐标测量机的特点，可应用于汽车、航空等产品的大型覆盖件的尺寸检测，对于大批量生产的汽车覆盖件冲压质量检测，其应用效果尤为显著。

汽车覆盖件冲压生产过程中，抽检和末检可借助三坐标测量机进行质量控制。可以按设计、工艺要求进行定点测量，也可按预定程序进行连续检测。由于计算机辅助和采用数显装置，测量尺寸无须进行换算，可直接读数或进行比较。

### （3）国产三坐标测量机的规格尺寸（表 8-18）

表 8-18 国产三坐标测量机规格尺寸表

| 技术参数 | 型号 | | | |
|---|---|---|---|---|
| | PCM866 | PCM12106 | PCM18106 | PCM181010 |
| 测量范围（长 × 宽 × 高）/mm | 800×600×600 | 1200×1000×600 | 1800×1000×600 | 1800×1000×1000 |
| 工作台尺寸（长 × 宽）/mm | 1000×750 | 1250×1050 | 1600×1050 | 1600×1050 |
| 允许工件质量 /kg | 350 | 1000<br>（1400） | 1000<br>（1400） | 1000<br>（1400） |
| 长度测量示值误差 /μm | 1.8+L/300 | 2.2+L/300 | 2.8+L/200 | 3+L/150 |
| 分辨率 /μm | 0.1 | | | |

## 2. 曲线、曲面的检测

冲压件的线性尺寸、角度可以直接用量具进行测量，但对于曲线、曲面形状不能直接测量时，而产品设计、工艺要求必须进行检测的部位，可借助于平面曲线样板或三维检验样架。

### （1）平面曲线样板

采用弯曲工艺冲压成形的弹性件、插接件等，可以用样板来检查弯曲后的曲面形状是否合格（见图 8-42 所示）。

用样板检查属于比较测量，当工艺要求需用样板检测某一部分曲线形状时，应提出关键检测点、面与样板不符合程度的最大允许值。可用游标卡尺测量，也可用塞尺塞入其空隙。不符合程度的实测值作为检测结果。

塞尺又称厚薄规，是由一组不同厚度的薄钢片组成的测量工具，每一片上都标有厚度（见图 8-43 所示）。

塞尺的长度有 50mm、100mm、200mm 等三种。厚度有不同规格，如厚度是 0.03 ～ 0.1mm 时，中间每片间隔为 0.01mm；如厚度是 0.1 ～ 1mm 时，中间每片间隔为 0.05mm；有厚度是 0.02 ～ 0.5mm 且，小于 0.1mm 时的间隔为 0.1mm，大于 0.1mm 时的间隔为 0.05mm。使用时，根据间隙的大小，选用一片或数片（一般不超过三片），重叠一起塞入间隙内，以钢片在间隙内既能活动，又使钢片两面稍有轻微的摩擦为宜。

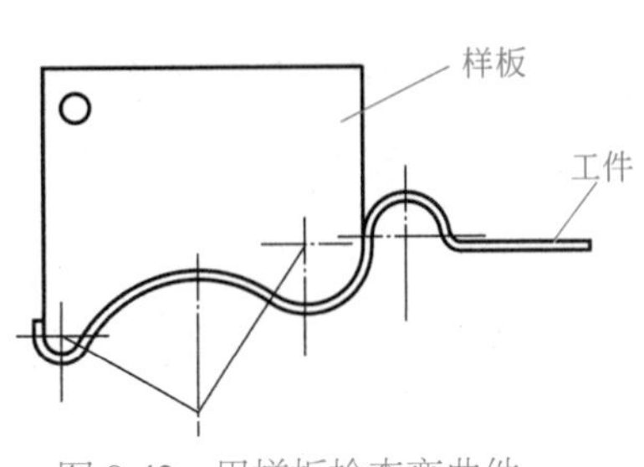

图 8-42 用样板检查弯曲件

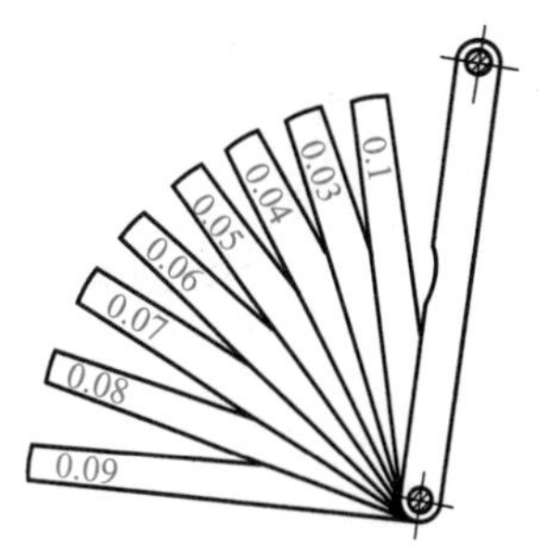

图 8-43 塞尺

### （2）三维检验样架

三维检验样架又称检验夹具，一般用于大批量生产情况下汽车覆盖零件的冲压精度检验。在检验夹具上测定的项目主要有外形尺寸（切边、翻边外形）、表面位置、孔的位置、各主要断面、零件的尺寸重复精度等。检验夹具可以检查一个冲压零件的外形尺寸，也可以检查一组装配在一起的冲压零件的配合尺寸。

冲压件在检验夹具的定位件上被夹持后，即处于装配状态下，此时夹具上相对于检验外形的定位基准与被检验的冲压件外形之间一般留有 3mm 的空隙（此空隙大小在工艺、工装设计时确定），用塞尺或游标卡尺检测此空隙实际大小，即可测出冲压件相应尺寸的偏差。

检验夹具是在产品零件的主模型、工艺模型的基础上翻制的。

## 六、形状位置偏差的检测

冲压件从某种意义上讲属于毛坯件，零件精度要求相对较低。除精密冲压件外，一般不单独提出形状和位置的允许偏差要求。但是，又由于冲压后工件尺寸要素形状和位置的偏差会影响到使用性能，如图 8-44 所示。如因落料洞口有倒梢，使冲裁件翘曲［图 8-44（a）］；拉深终了时对材料校正不够，使工件底部鼓起［图 8-44（b）所示］；冲压件毛坯定位不准或冲压时错移，使成形件孔位偏移［图 8-44（c）、（d）］；模具制造偏差等原因，使孔位产生偏移［图 8-44（e）、（f）］等。

对未提出形状位置精度要求的冲压件，为保证工件的使用效果，查相关冲压件公差标注尺寸建议表中提出标注规范建议，作为冲压生产现场检验的依据。

对未注公差的直线度、平行度、同轴度、圆度和椭圆度也有具体要求。

### 1. 冲压件形状位置偏差的检测

### （1）检测用工具

检查冲压件的直线度、平面度，如图 8-44（a）、（b）所示的情况，可直接用钢尺或游标卡尺主尺的直边比较测量，提出偏差要求的可用游标卡尺或游标高度尺、游标深度尺直接测量。

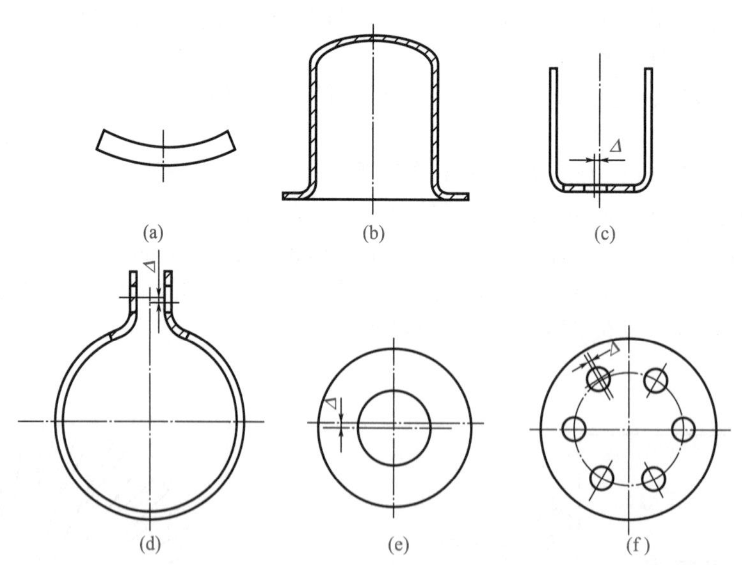


图 8-44　冲压件形状位置偏移

检查冲压件的平行度、同轴度、对称度、位置度等形位偏差用游标卡尺或高度游标尺等进行测量。对垂直度要求可用直角尺比较测量。

（2）检测的依据

产品零件图和相应工艺文件（冲压工艺卡、检验卡）要求，未提出公差要求的尺寸可参照相关要求检测。

（3）检测的方法

用通用量具直接测量是最常用的方法；直接测量有困难的，可用游标高度尺划线的方法进行。

## 2. 模具零件和装配后形位偏差的检测

模具零件和装配后形状和位置的偏差会直接影响冲压件质量，如冲裁凸模与凹模工作部分形状偏移，冲裁间隙不均匀，会影响冲裁件断面质量；凸模轴线对下模凹模平面垂直度的偏差，对薄料冲裁、拉深和冷挤模具等，不仅会降低冲压件质量，甚至会使拉深、冷挤工艺难以完成。

（1）模具常用零件形状和位置公差要求

① 凸模固定板上下两平面平行度允差和凸模安装孔对于基面 $A$ 的垂直度允差见图 8-45（a）所示。垫板、卸料板上下两平面平行度允差，如图 8-45（b）所示。凹模板上下二平面平行度允差和安装凹模孔对基面 $A$ 的垂直度允差，如图 8-45（c）所示。

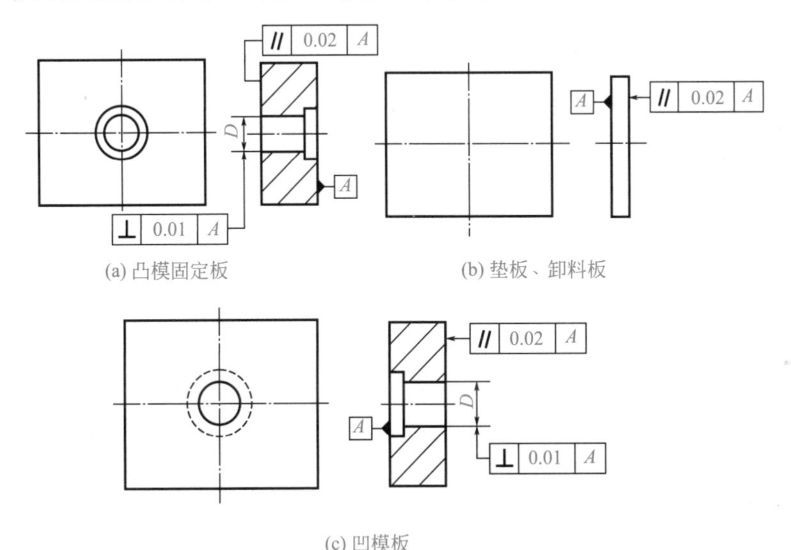


图 8-45 模具零件形位公差要求（一）

② 如图 8-46（a）所示为两种形式凸模工作部分尺寸对固定部分尺寸的同轴度允差。如图 8-46（b）所示为两种形式镶入式凹模形孔尺寸对固定部分尺寸的同轴度允差。

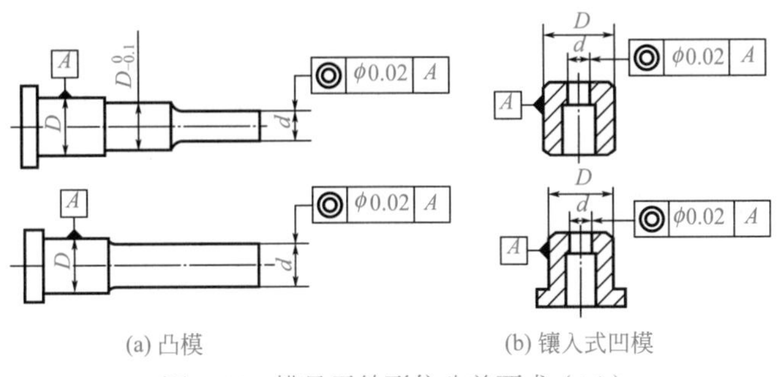


图 8-46 模具零件形位公差要求（二）

③ 冲模模座的形状和位置允差。上模座下平面对上平面的平行度，如图 8-47（a）所示。下模座上平面对下平面的平行度，如图 8-47（b）所示。

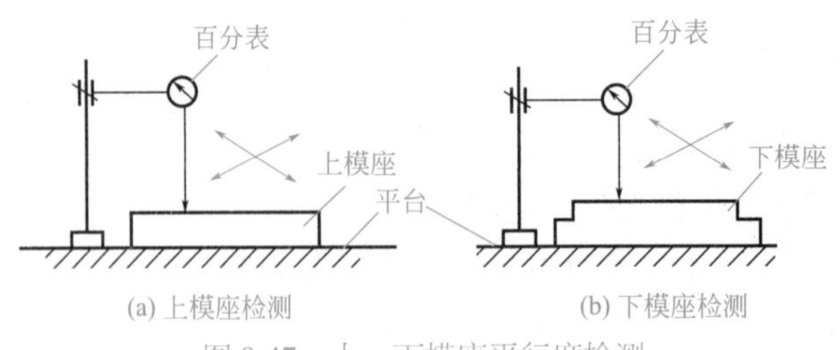


图 8-47　上、下模座平行度检测

标准冲模模架上、下模座平行度允差见表 8-19。

表 8-19　上、下模座平行度允差　　单位：mm

| 模架精度等级 | 模座尺寸 | | | | | | | |
|---|---|---|---|---|---|---|---|---|
| | ＞40～63 | ＞63～100 | ＞100～160 | ＞160～250 | ＞250～400 | ＞400～630 | ＞630～1000 | ＞1000～1600 |
| 0 Ⅰ、Ⅰ级 | 0.008 | 0.010 | 0.012 | 0.015 | 0.020 | 0.025 | 0.030 | 0.040 |
| 0 Ⅱ、Ⅱ级 | 0.012 | 0.015 | 0.020 | 0.025 | 0.030 | 0.040 | 0.050 | 0.060 |

表 8-19 中所示Ⅰ级和Ⅱ级为滑动导向模架的精度等级，0 Ⅰ级和 0 Ⅱ级为滚动导向模架的精度等级。

导柱轴心线对下模座下平面的垂直度如图 8-48 所示。标准冲模模架导柱轴线对下模座平面的垂直度允差见表 8-20。模架上模座上平面对下模座下平面的平行度见图 8-49 所示。

表 8-20　导柱垂直度允差　　单位：mm

| 模架精度等级 | 被测尺寸 | | | |
|---|---|---|---|---|
| | ＞40～63 | ＞63～100 | ＞100～160 | ＞160～250 |
| 0 Ⅰ、Ⅰ级 | 0.008 | 0.010 | 0.012 | 0.025 |
| 0 Ⅱ、Ⅱ级 | 0.012 | 0.015 | 0.020 | 0.040 |

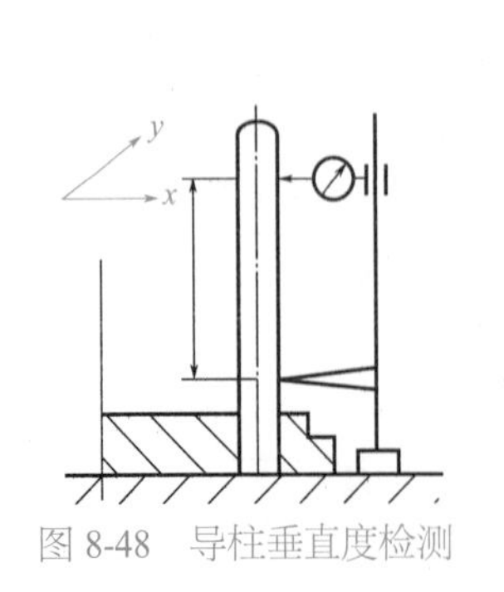


图 8-48　导柱垂直度检测

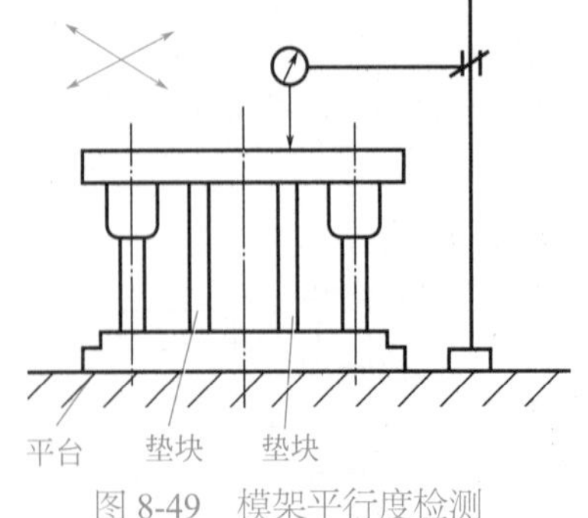


图 8-49　模架平行度检测

标准冲模模架上模座上平面对下模座下平面平行度允差，见表 8-21。非标准模架及零件的形状、位置偏差要求可参照标准模架的数值选用。

表 8-21　模架上下平面平行度允差　　　　单位：mm

| 模架精度等级 | 被测尺寸 | | | | | | | |
|---|---|---|---|---|---|---|---|---|
| | ＞40～63 | ＞63～100 | ＞100～160 | ＞160～250 | ＞250～400 | ＞400～630 | ＞630～1000 | ＞1000～1600 |
| 0Ⅰ、Ⅰ级 | 0.12 | 0.15 | 0.20 | 0.25 | 0.30 | 0.40 | 0.50 | 0.60 |
| 0Ⅱ、Ⅱ级 | 0.020 | 0.025 | 0.030 | 0.040 | 0.050 | 0.060 | 0.080 | 0.100 |

### （2）形状和位置偏差的检测

① 模具零件形状和位置偏差一般多采取直接测量的方法，测量工具有游标卡尺、高度游标尺、百分表等。

② 模架及其零件形位偏差的检测：上、下模座平行度检测见图 8-49 所示，一般采用百分表等检测。导柱轴线对下模座下平面的垂直度检测见图 8-48 所示，具体方法如下：

装有导柱的下模座放在测量平台上，将已用圆柱角度尺校正的专用指示器在 $x$、$y$ 两个方向上测量，其测量读数为两个方向的垂直度误差 $\Delta x$ 和 $\Delta y$。

导柱轴线的垂直度误差为 $\varDelta$：

$$\varDelta=\sqrt{\Delta x^2+\Delta y^2}$$

模架上模座上平面对下模座下平面的平行度检测见图 8-49 所示，检测时将模架放在测量平台上，在上、下模座之间用两块等高垫块支承上模座，等高垫块的高度必须控制在被测模架闭合高度范围内，用百分表指示器沿凹模周界对角线测量被测表面。

模架检测使用测量器具如下：

百分表（刻度值 0.01mm）；千分表（刻度值 0.001 mm）；外径千分尺（刻度值 0.001 mm）；测量平台（板）（1 级）；浮标式气动量仪（0.0005 ～ 0.002 mm）；圆柱角尺（0 级）；圆度仪、V 形架。

# 第九章

# 冲压模具的装配与调试

## 第一节　冲模零部件的组装

### 一、冲模的装配及要求

#### 1. 部件装配要求

（1）零件的外观要求（表 9-1）

表 9-1　零件的外观要求

| 项目 | 装 配 要 求 |
| --- | --- |
| 上、下模座<br>铸造表面 | ① 模座的铸造表面应清理干净，使其光洁无杂尘<br>② 铸造表面最好涂上灰漆保护 |
| 零件的各加工表面 | 模具各零件的已加工面应平整、无锈斑、锤痕及碰伤、焊补等 |
| 零件棱边应倒钝 | ① 零件各加工面除刃口及工作形孔外，锐边及光角均应倒钝，以防伤手<br>② 倒角的大小应根据模具大小而定，一般为 $C1 \sim C3$ |
| 起重孔的设置 | 模具重量≥ 25kg 时，应装有起重杆或吊钩、吊环 |
| 打刻编号 | 在模具正面模板上应按规定打刻编号，其中包括：冲模图号、制件号、使用压力机型号、工序号、推杆尺寸、件数及制造日期等 |

（2）紧固螺钉、圆柱销

冲模装配对紧固零件如内六角螺钉、圆柱销装配要求如下：

① 螺钉。装配时螺钉必须拧紧，不许有任何松动。螺钉拧紧长度：对于铸钢或钢件连接长度应不小于螺钉直径；而对于铸铁件应大于直径 1.5 倍。

② 圆柱销。圆柱销所连接的零件，对于每个零件的连接长度应大于圆柱销直径的 1.5 倍以上；圆柱销与销孔的配合松紧要适应，应按 H7/n6 或 H7/m6 过盈配合装配。

### （3）冲模闭合高度

冲模装配后，其模具的闭合高度应符合图样规定的要求，允差值见表 9-2。

表 9-2　冲模装配闭合高度允差值

| 模具闭合高度尺寸 /mm | 装配允差值 /mm | 模具闭合高度尺寸 /mm | 装配允差值 /mm |
|---|---|---|---|
| ≤ 200 | +3<br>–3 | ＞ 400 | +3<br>–7 |
| ＞ 200 ～ 400 | +2<br>–5 | — | — |

在装配时还应保证在同一压力机上联合安装的几副冲模闭合高度要保持一致。若冲裁冲模与拉深冲模联合安装时，闭合高度应以拉深冲模为准，冲裁模凸模进入凹模刃口的进入量应不小于 3mm。

### （4）模柄的安装要求（表 9-3）

表 9-3　模柄安装要求

| 装配部位 | 装　配　要　求 |
|---|---|
| 直径与凸台高度 | 按图样要求加工装配 |
| 模柄对上模板安装面垂直度 | 在 100mm 长度范围内应不大于 0.05mm |
| 浮动模柄安装 | 浮动模柄结构中，传递压力的凹凸球面必须在摇动及旋转的情况下吻合，其吻合接触面积应不少于应接触面的 80% |

### （5）模板间平行度

模具在装配中要保证上模板上平面对下模板下平面相互平行，其平行度允差见表 9-4。

表 9-4　模板间平行度允差值　　单位：mm

| 模具类型 | 刃口间隙 | 凹模尺寸（长＋宽或直径 2 倍） | 300mm 内平行度允差 |
|---|---|---|---|
| 冲裁模 | ≤ 0.06 | — | 0.06 |
| | ＞ 0.06 | ≤ 350 | 0.08 |
| | | ＞ 350 | 0.10 |
| 其他类冲模 | — | ≤ 350 | 0.10 |
| | | ＞ 350 | 0.14 |

注：1. 刃口间隙取平均值。
2. 包含有冲裁性质的其他类冲模按冲裁类冲模装配。

### （6）导向零件

导向零件装配要求部位与要求见表 9-5。

表 9-5　导向零件装配要求部位与要求

| 装配部位 | 装配要求 |
| --- | --- |
| 导柱压入模座后的垂直度 | 导柱压入下模座后的垂直度，在 100mm 长度内其允差应不超过<br>滚动导柱类模架：≤ 0.005mm<br>滑动导柱类模架：Ⅰ类≤ 0.01mm<br>Ⅱ类≤ 0.015mm |
| 导料板的安装 | ① 装配时导料板的导向面应与凹模进料中心线相互平行，一般冲裁模，应在 100mm 范围内，其允差值应≤ 0.05mm；而对于连续模应在 100mm 范围内，其允差≤ 0.02mm<br>② 左右导板的导向面之间的平行度在 100mm 范围内，其允差≤ 0.02mm |
| 斜楔及滑块导向装置安装 | ① 模具利用斜楔，滑块等零件做多方向运动时其相对斜面必须装配吻合。吻合程度在吻合面纵横方向上均不得小于 3/4 长度<br>② 预定方向在 100mm 范围内，其允差值≤ 0.03mm<br>③ 导滑部位必须活动正常，不能有阻滞现象 |

### （7）工作零件凸、凹模

工作零件凸、凹模装配要求见表 9-6。

表 9-6　工作零件凸、凹模装配要求

| 装配部位 | 装配要求 |
| --- | --- |
| 凸模、凹模、侧刃凸凹模与固定板安装基面的垂直度 | 凸模、凹模、凸凹模、侧刃凸模在安装时必须要与所安装固定板基面垂直，其允差为<br>刃口间隙：≤ 0.06mm 时，其垂直度在 100mm 范围内，其允差≤ 0.04mm<br>刃口间隙：>0.06 ～ 0.15mm 时，其垂直度在 100mm 范围内，其允差≤ 0.08mm<br>刃口间隙：≥ 1.15mm 时，其垂直度在 100mm 范围内，其允差≤ 0.12mm |
| 凸模与凹模和固定板的装配 | ① 安装后的尾部顶面要磨平：*Ra* 值为 1.6 ～ 0.8μm<br>② 多个凸模安装到同一固定板上时，其高度相对误差不应超过 0.1mm<br>③ 在不影响使用的情况下，允许用低熔点合金浇注固定 |
| 拼合凸、凹模的安装 | ① 装配后的冲裁凸模与凹模，若由拼块而组成，其刃口两侧的平面要完全一致，无接缝感<br>② 对于拉深、成形、弯曲模的多块凹模拼合，其接缝处允许有不平，但平直度不能大于 0.02mm<br>③ 冷挤压凸、凹模装配后不允许有细微的磨痕及其他缺陷；其分层凹模，必须接口分层处一致，不准有明显缝隙 |

### （8）凸、凹模间隙

冲模装配后，凸、凹模间隙控制要求见表 9-7。

表 9-7　凸、凹模间隙控制要求

| 模具类型 | | 间隙要求 |
| --- | --- | --- |
| 冲裁模 | | 间隙必须均匀一致，其允差不应大于规定的间隙 20%；局部尖角或转角处应不大于规定值的 30% |
| 压弯、成形类冲模 | | 间隙在四周必须均匀一致，其最大偏差不应超过“料厚 + 料厚的上偏差”值，而最小也不能超过“料厚 + 料厚下偏差值” |
| 拉深模 | 形状简单（圆柱） | 各向间隙应均匀一致 |
| | 形状复杂空间曲面 | 同压弯、成形类凸凹模间隙控制要求相同 |

### （9）顶出、卸料零件

冲模中的顶出、卸料零件装配要求见表 9-8。

表 9-8 顶出、卸料零件装配要求

| 安装部位 | 安装要求 |
| --- | --- |
| 卸料板、推件顶板的安装 | ① 卸料板、推件顶板安装时，均应露出凹模面或凸模顶端 0.5 ～ 1mm<br>② 图样另有要求时，按图样要求安装 |
| 弯曲模顶件板安装 | 弯曲模顶件板在处于工作最后位置时，应与相应弯曲拼块接齐，但允许低于相应拼块，其允差为：料厚≤ 1mm 时，为 0.01 ～ 0.02mm；料厚 >1mm 时，为 0.02 ～ 0.04mm |
| 顶杆、推杆安装 | 顶杆、推杆应保持长度一致。同一副模具中，其长度允差应不大于 0.1mm |
| 卸料螺钉安装 | ① 同一副模具中，卸料螺钉规格应一致<br>② 要保持卸料面与模具安装基面平行，允差不能超过 100：0.05mm |
| 螺杆孔与推杆孔 | 模具的上、下模座，凡安装弹顶装置的螺杆或推杆孔，应一律安装在坐标中心，其允许偏差不能大于 1mm |
| 漏料孔 | 下模座的漏料孔，按凹模尺寸安装加工，并要每边大于 0.5 ～ 1mm，要通畅无卡阻 |

## 2. 总体装配要求（表 9-9）

表 9-9 总体装配要求

| 类别 | 说明 |
| --- | --- |
| 外观和尺寸安装要求 | ① 装配后的外露部位棱边应倒钝，无明显毛边和划痕。安装表面应光滑、平整、无锈蚀击伤和明显的表面加工缺陷。如铸件的砂眼缩孔、锻件的夹层；所有的螺钉头部、圆柱销端面不能高出安装平面，一般应低于安装平面 1mm 以上<br>② 装配后模具的安装尺寸包括模具闭合高度，与压力机滑块连接的模柄、打料杆的位置或孔径、尺寸、下模顶杆位置和孔径，固紧冲模用的压板螺钉槽孔位置和尺寸，均应符合所选用的冲压设备规格尺寸<br>③ 大、中型冲模要设起吊用串钩或孔，并应能承受上、下模的总重量。为方便冲模组装、搬运和维修翻转，上、下模还应分别设吊钩<br>④ 装配和调试的模具，应在模板上打刻出模具的编号及冲件产品图号 |
| 装配精度要求 | ① 冲模各零件的材料、形状尺寸、加工精度、表面粗糙度和热处理等技术要求，均应符合图样设计要求<br>② 凸、凹模之间的配合间隙要符合设计要求，并要保障各向均匀一致<br>③ 模具的模板上平面对模板下平面要保证一定平行度要求，见表 9-4<br>④ 安装于压力机上、下模板安装孔（槽）之相对位置公差不应大于 ±1mm<br>⑤ 模柄装入上模板后，其圆柱部分与上模板上平面的垂直度允差应符合图样要求（表 9-3），凸模安装后其与固定板垂直度允差应符合图样或表 9-6 要求<br>⑥ 装配后的冲模，上模沿导柱上、下移动时，应平稳无滞涩现象。选用的导柱、导套在配对时应符合规定的等级要求；若选用标准模架，其模架的精度等级要满足制件所需的精度要求<br>⑦ 装配后冲模各活动部位应保证静态下位置准确，工作时配合间隙适当，运动平稳可靠<br>⑧ 装配后的冲模，在安装条件下要进行试冲，在试冲时，条料与坯件定位要准确，安全、可靠，对于连续及自动冲模要畅通无阻，同时出件、退料顺利 |

## 二、冲模装配工艺过程

### 1. 装配工艺过程（表 9-10）

表 9-10 装配工艺过程

| 类别 | 说明 |
|---|---|
| 装配前的准备工作 | ① 熟悉和研究装配图。装配图是冲模装配的依据，通过识读及分析，应了解所要装配模具的结构特点及技术要求：各零件的安装位置、作用以及零件间相互配合关系、连接固定方式。近而确定装配基准、装配方法和装配顺序<br>② 清理检查零件。根据装配图上的明细栏清理、清洗零件，并对主要工作零件如凸、凹模要进行检测，不合适时进行修配<br>③ 布置好工作场地，准备好装配所需工夹具，量具及设备<br>④ 准备标准件及装配所用材料：按图样要求备好标准螺钉、圆柱销以及弹簧、橡胶以及装配辅助材料如低熔点合金、环氧树脂无机黏合剂等 |
| 进行组件装配 | 组件装配是指模具在总体装配前将两个或两个以上零件按照规定的技术要求，连接成一个组件，如模架的组装、凸模与凹模在固定板上的固定、卸料零件的组装等。这类零件的组装要按技术要求进行 |
| 进行总体装配 | 总体装配是将零件及组件装配成总体，并用螺钉、圆柱销紧固连接的全过程。在总装前要选好装配基准，并安排好上、下模装配顺序装配方法，再着手进行装配，并在装配时要满足各项技术要求以及保证装配精度 |
| 调试与验收 | 模具完成装配后，要在指定的压力机上安装、试冲以验证模具质量和精度并能否验收使用 |

### 2. 装配方法选择

根据冲模的精度要求，选用合理的装配方法可提高模具的装配质量及生产效率。常用的装配方法，主要有修配、调整、分组、互换（直接装配）等多种方法，这要根据企业的技术水平来确定。如采用数控技术加工、零件精度较高，可选用互换法直接对零件装配，而生产条件较差，零件精度较差的企业则应采用修配、调整装配法为宜，各种装配方法见表 9-11。

表 9-11 模具的装配方法

| 装配方法 | 工艺说明 | 适用范围 |
|---|---|---|
| 修配装配法 | 装配时，选择其中易于拆装的零件作为修配件，采用机械加工、电动、风动修配等工具，修磨预留修配量与其相邻零件相配合，达到精度要求，如凸模、凹模、导柱、导套配作加工装配，可放宽其中一个零件制造公差，装配时，通过修磨达到装配精度要求 | 模具装配与制造中常用的方法，主要适用于缺少高效、高精度加工设备条件下，单件及批量较小的模具装配 |
| 调整装配法 | 装配时，采用调整补偿的实际尺寸或位置，如采用螺栓、斜面、挡环、垫片调整连接件的间隙，使其在装配后达到允许的公差和极限偏差，保证模具装配精度 | 在模具装配中采用比较多的方法，如组合冲模的装配以及无导向简易模具的装配，为保证凸、凹模间隙和组成刃口，常采用调节螺栓或斜面，来调节和固定拼合元件的位置以达到装配要求 |
| 分组装配法 | 装配时，将零部件分组，同组零件进行互换性装配，并保证各组相配零件的配合公差保证在允许范围内。如导套、导柱的生产加工可以互选配对分组，然后进行装配 | 适用于批量不大，装配精度较高，不宜采用控制加工误差，来保证互换性装配精度的模具装配 |
| 互换装配法 | 装配时，各相配零件或其装配单元无须选配直接装配后即可达到装配精度及要求 | 适用于大批量、专业化生产的模具装配，零件的互换性好，无须选配 |

### 3. 装配顺序的选择

在进行冲模装配时，为了确保凸、凹模间隙均匀，必须要选好装配顺序，才能开始总装其原则是：

① 无导向冲模；上、下模分别安装，在机床上安装后进行调整。

② 有导向装置的单工序冲模：组装部件后，可先选装上模（或下模）作为基准件，并将紧固螺钉、圆柱销紧固，再装下模（或上模），但不要将螺钉、圆柱销固死等与先组装的基准配合、间隙调好，其他零件以基准配装、试切合格后再将螺钉及销钉固紧。

③ 有导柱的复合模，一般先安装上模，然后借助上模中的冲孔凸模以及安装在上模的落料凹模孔，找出下模的凸凹模位置，并按冲孔凹模孔在下模板上加工出漏料孔，这样可以保证上模中的卸料装置能与模柄中心轴线对正，避免漏料孔错位，最后，将下模其他零件以上模为基准装配，但对于凹模在下模上的正装式复合模，最好先装配下模，并以其为基准再安装上模。

④ 有导柱的连续模，为了便于调整步距，一般先装配下模，再以下模凹模孔为基准，将凸模通过卸料板导向、装配上模。

各类冲模的装配顺序并非一成不变，主要根据冲模结构操作者的加工经验习惯而定。

### 4. 装配要点

① 要合理地选择装配方法，以保证模具的装配效率。

② 要合理地确定装配顺序，以确保装配质量及间隙的均匀性。

③ 要合理地控制凸、凹模间隙大小及均匀性。

④ 要保障装配后的冲模动作灵活、协调，能试切出合格的工件。

⑤ 要保证装配尺寸精度，如模具的闭合高度，及各零件的配合精度等均已符合图样要求。

⑥ 要保证各零件固紧牢固，螺钉、销钉不松动。

## 三、冲模调试内容及调试要求

### 1. 调试的目的与内容

冲模装配后，都要安装在相应的压力机上进行调整与试冲。其调试的内容与目的见表 9-12。

表 9-12　冲模调试的目的与内容

| 类别 | 说明 |
| --- | --- |
| 试模与调整的目的 | ① 发现模具设计与制造中存在的问题，以便对原设计、加工与装配中的工艺缺陷加以改正与修正，加工出合格的制品<br>② 通过试冲与调整、能初步提供出制品的成形条件及工艺规程<br>③ 试模调整后，可以确定前一道工序的毛坯形状及尺寸<br>④ 验证模具的质量与精度，作为交付使用依据 |
| 试模与调整的内容 | ① 将模具安装在指定的压力机上<br>② 用指定的材料（板料）在模具上试冲出成品<br>③ 检查制品质量，并分析质量缺陷，产生原因，设法修整模具直至能试生产出一批完全符合图样要求的合格制品<br>④ 排除影响生产、安全、质量和操作的各种不利因素<br>⑤ 根据设计要求，确定某些模具零件的尺寸如拉深模凸、凹模圆角大小以及拉深前、落料坯料尺寸及形状<br>⑥ 经试模，编制出冲压制品生产工艺规程 |

续表

| 类别 | 说　明 |
| --- | --- |
| 调试后对成品模具的要求 | ① 能顺利地安装到指定压力机上<br>② 能批量稳定地冲制出合格制品零件<br>③ 能安全地操作使用 |
| 试模与调整注意事项 | ① 试模所用材料的牌号、力学性能、厚度均应符合产品图样规定之要求，一般不得代用<br>② 试模条料宽度，应符合工艺规程要求。若连续模试模时，条料或卷料的宽度应比导板间距离小 0.1 ～ 0.15mm，而且宽窄一致，并在长度方向上要平直<br>③ 模具应在所要求设备上试冲，并要固紧无松动<br>④ 模具在试模前要进行一次全面检查，认为无误后才能安装试冲，并在使用中要加强润滑<br>⑤ 试模过程中，除模具装配者本人参加外，应邀请模具设计人员、工艺人员、质检人员、管理人员、用户共同参加分析 |

## 2. 冲模调试要求（表 9-13）

表 9-13　冲模调试要求

| 类别 | 说　明 |
| --- | --- |
| 冲模的质量与外观要求 | ① 冲模装配后，要按冲模技术条件全面检验合格后，方能安装在指定型号、规格压力机上试冲<br>② 冲模的外观应完好无损，各活动部位需在空载运行下，动作灵活，并应涂以润滑剂润滑后进行试模 |
| 试冲材料要求 | ① 试模用的原材料牌号、规格应符合工艺要求，并经检验合格<br>② 试模用的条料（卷料）形状和尺寸要符合工艺规定，其表面要平直，无油污及杂物 |
| 冲压设备要求 | 调试所用压力机主要技术参数（公称压力、行程、装模高度）应符合工艺要求，并能保证冲模顺利安装，压力机的运行状况应良好、稳定 |
| 试冲件数要求 | 试冲数量应根据用户要求而定：一般情况下，小型冲模≥ 50 件；硅钢片≥ 200 片<br>自动冲模连续时间≥ 3min |
| 冲件质量要求 | 试冲的制品经检查后，尺寸、形状及表面质量精度要符合制品规定要求。其冲裁模毛刺不得超过所规定数值，断面光亮带要分布合理均匀，弯曲、拉深、成形件要符合图样规定的要求 |
| 冲模交付使用要求 | ① 模具要能顺利、方便地安装到工艺要求的压力机上<br>② 能稳定地冲压出合格的零件<br>③ 能保证生产操作安全 |

# 四、凸、凹模的固定装配

## 1. 凸、凹模的安装固定要求

在装配冲模时，要根据设计图样要求来确定凸、凹模在固定板上的安装固定方法。其在设计图样上主要有机械固定法（紧固件紧固、挤压）低熔点合金浇注及黏合剂黏结法。但无论采用何种方法装配，除满足表 9-6 所规定的要求外，还应注意以下几点：

① 采用机械固定法，如螺钉紧固、压入或铆接安装后，凸、凹模与安装孔都应成 H7/m6 过盈配合形式。

② 采用低熔点合金浇注或无机黏结剂与环氧树脂等黏结的凸、凹模，与固定孔之间应保持有一定的浇注和黏结间隙。其间隙大小，应根据所选用的填充、黏结介质不同而选用。

③ 采用热套法固定时，其过盈量可选用配合尺寸的 0.1% ～ 0.2% 为宜。

④ 凸、凹模在固定板上固定后，其中轴心线必须与固定板安装面垂直。其薄板冲裁模不应大于 0.01mm；一般冲模也应控制在 0.02mm 以内。

⑤ 凸、凹模安装端面，在安装后应于固定板支承面在同一平面上。即安装后，应将固

定组合用平面磨床磨平。同时，凸模的上端面在装配时要紧贴垫板（不设垫板要紧贴模柄底面），不允许有缝隙存在。

### 2. 机械安装法固定

凸、凹模用机械安装固定法、操作步骤及注意事项如下：

#### （1）挤压固定法

挤压固定法的适用范围、操作方法及步序见表 9-14。

表 9-14　挤压固定法的适用范围、操作方法及步序

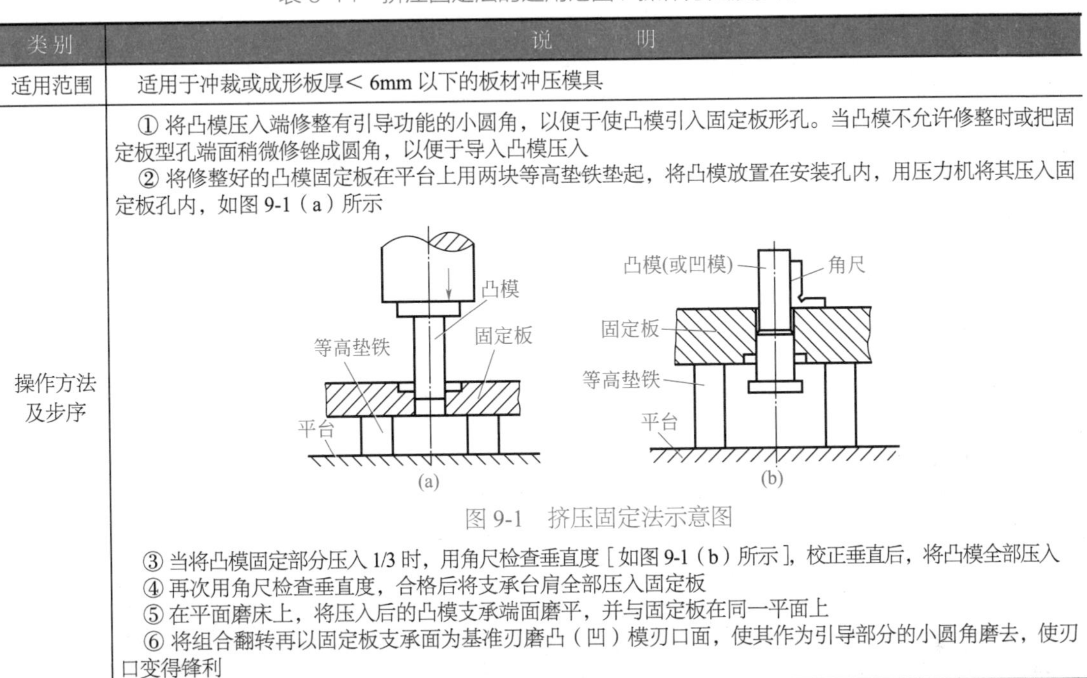

| 类别 | 说　　明 |
|---|---|
| 适用范围 | 适用于冲裁或成形板厚＜ 6mm 以下的板材冲压模具 |
| 操作方法及步序 | ① 将凸模压入端修整有引导功能的小圆角，以便于使凸模引入固定板形孔。当凸模不允许修整时或把固定板型孔端面稍微修锉成圆角，以便于导入凸模压入<br>② 将修整好的凸模固定板在平台上用两块等高垫铁垫起，将凸模放置在安装孔内，用压力机将其压入固定板孔内，如图 9-1（a）所示<br>凸模 固定板 等高垫铁 平台 (a) 凸模(或凹模) 角尺 固定板 等高垫铁 平台 (b)<br>图 9-1　挤压固定法示意图<br>③ 当将凸模固定部分压入 1/3 时，用角尺检查垂直度 [ 如图 9-1（b）所示 ]，校正垂直后，将凸模全部压入<br>④ 再次用角尺检查垂直度，合格后将支承台肩全部压入固定板<br>⑤ 在平面磨床上，将压入后的凸模支承端面磨平，并与固定板在同一平面上<br>⑥ 将组合翻转再以固定板支承面为基准刃磨凸（凹）模刃口面，使其作为引导部分的小圆角磨去，使刃口变得锋利 |

#### （2）紧固件固定法（表 9-15）

表 9-15　紧固件固定法

| 类别 | | 说　明 | 图示 |
|---|---|---|---|
| 适用范围 | | 主要适用于大中型凸模及凹模固定 | |
| 安装紧固方法 | 凸模固定 | 如右图所示的凸模 1，首先将其放入固定板 2 型孔内，借助直角尺将其调好位置后，使其垂直于固定板基面，将螺钉 3 紧固即可 | 凸模固定板2 螺钉3 模板4 凸模1 |
| | 凹模固定 | 如右图所示是利用斜压块 3 及螺钉紧固凹模的方法。在固定时，首先将凸凹模 4 置入固定板（模座）内，调好位置，压入斜压块 3 再拧紧螺钉 2 即可 | 凸凹模4 斜压块3 螺钉2 模座1(固定板) 10° |

## （3）铆翻固定法（表 9-16）

表 9-16 铆翻固定法

| 类别 | 说　　明 |
| --- | --- |
| 适用范围 | 常用于冲制工件厚度＜ 2mm 以下的各类冲模 |
| 安装紧固方法 | ① 准备凸模。即凸模非工作部位，可不经淬硬或硬度不超过 24 ～ 26HRC，而工作部位按要求淬硬<br>② 将固定板放在平台上，并用等高垫铁垫起使之平行于平台<br>③ 把准备好的凸模放入固定板相应孔中，用手锤或压力机压入孔中［如图 9-2（a）所示］<br>④ 用角尺检查凸模轴心线与固定板安装基面垂直度<br>⑤ 垂直度合适后，用手锤及扁錾将凸模端面铆翻并用骑缝螺钉紧固［如图 9-2（b）所示］<br>⑥ 将铆翻的支承面，用平面磨平。其表面粗糙度 $Ra$ 值应小于 1.6μm<br>⑦ 再用角尺检查垂直度，合适后即可使用<br>P　凸模　固定板　等高垫铁　平台　(a)<br>固定板　螺钉　凸模　垫块　平台　(b)<br>图 9-2 铆翻固定法示意 |

## 3. 低熔点合金浇注法固定

低熔点合金浇注法固定凸、凹模，与前述的用低熔点合金浇注固定导柱、导套一样，采用合金成分及熔融方法见表 9-17，而固定方法见表 9-18。

表 9-17 低熔点合金材料配比及熔化方法

| 合金配比［质量分数（%）］ | | | 熔化配制方法 |
| --- | --- | --- | --- |
| 材料名称 | 配制比例 | 熔点 /℃ | |
| 锑（Sb） | 9 | 630.5 | 将合金元素锑和铋分别打碎成 5 ～ 25mm 小块 |
| 铅（Ph） | 28.5 | 327.4 | 按配比将各元素称好质量，分开存放 |
| 铋（Bi）<br>锡（Sn） | 48<br>14.5 | 271<br>232 | 采用坩埚加热，并按熔点高低先加入锑使其熔化后再依次加入铅、铋、锡，并用搅拌棒搅拌，全部熔化后即可浇注 |

表 9-18 低熔点合金浇注法固定方法

| 类别 | 说　　明 |
| --- | --- |
| 零件浇注前制备 | 如图 9-3 所示为利用低熔点合金浇注固定凸模时，凸模安装部位及固定板型孔的几种形式，可供浇注时准备凸模及固定板预加工参考<br>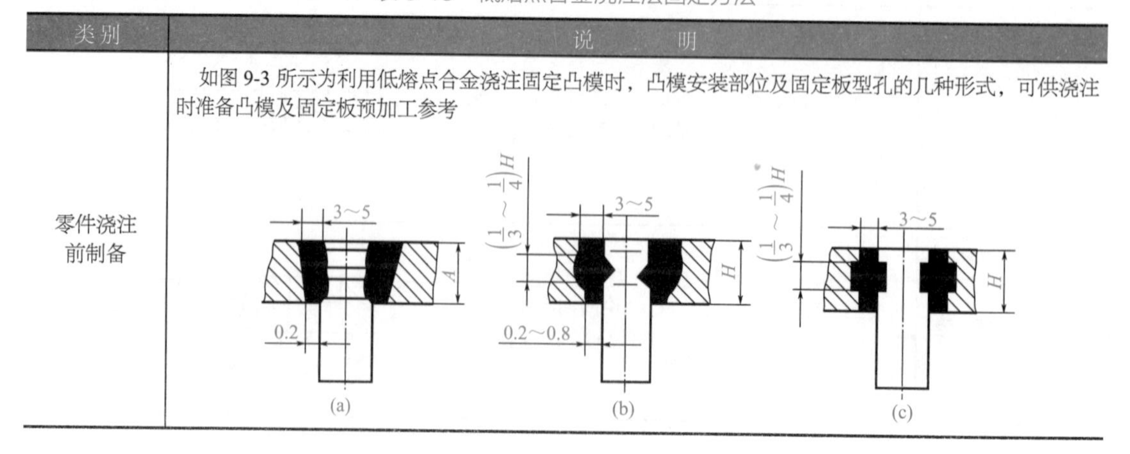<br> |

续表

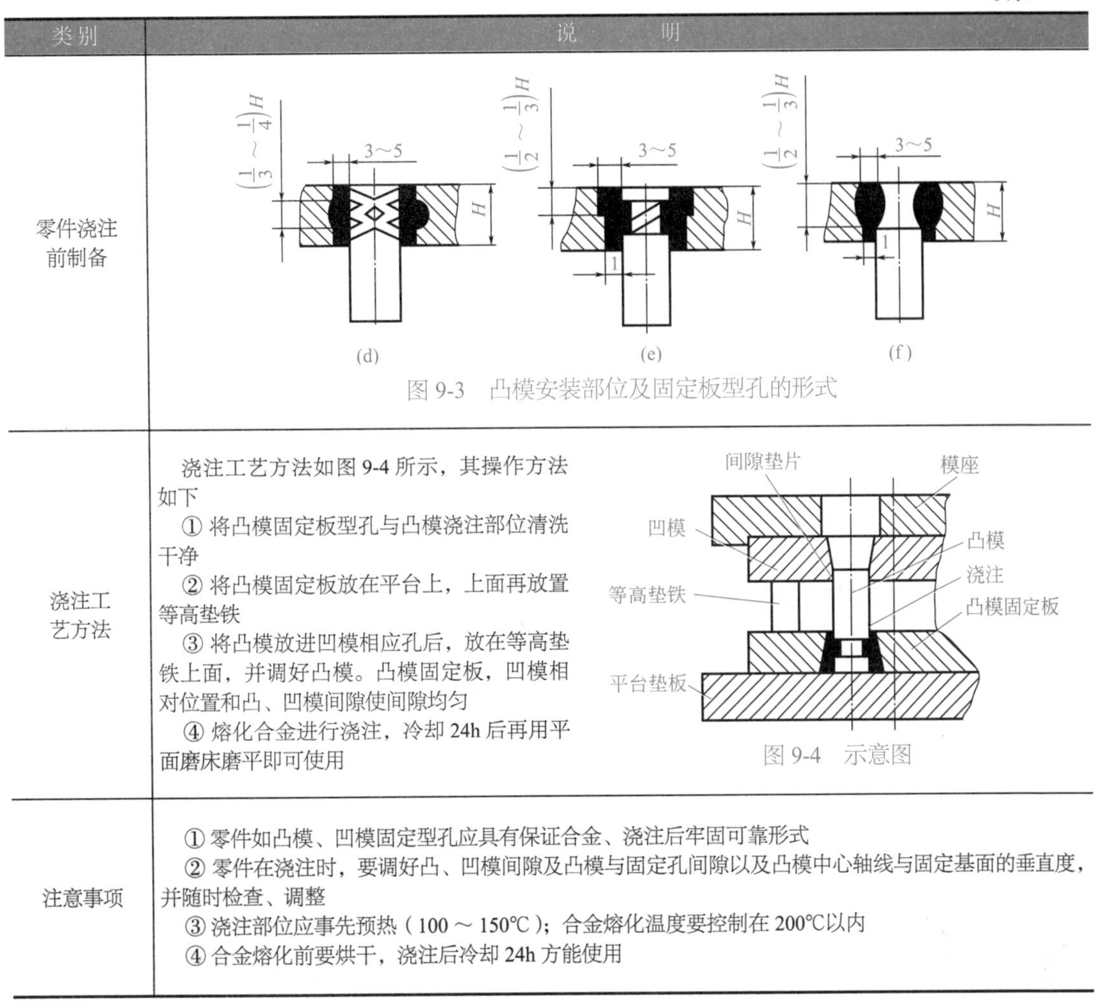

| 类别 | 说明 |
| --- | --- |
| 零件浇注前制备 | (d) (e) (f)<br>图 9-3　凸模安装部位及固定板型孔的形式 |
| 浇注工艺方法 | 浇注工艺方法如图 9-4 所示，其操作方法如下<br>① 将凸模固定板型孔与凸模浇注部位清洗干净<br>② 将凸模固定板放在平台上，上面再放置等高垫铁<br>③ 将凸模放进凹模相应孔后，放在等高垫铁上面，并调好凸模。凸模固定板，凹模相对位置和凸、凹模间隙使间隙均匀<br>④ 熔化合金进行浇注，冷却 24h 后再用平面磨床磨平即可使用<br>图 9-4　示意图 |
| 注意事项 | ① 零件如凸模、凹模固定型孔应具有保证合金、浇注后牢固可靠形式<br>② 零件在浇注时，要调好凸、凹模间隙及凸模与固定孔间隙以及凸模中心轴线与固定基面的垂直度，并随时检查、调整<br>③ 浇注部位应事先预热（100 ～ 150℃）；合金熔化温度要控制在 200℃以内<br>④ 合金熔化前要烘干，浇注后冷却 24h 方能使用 |



## 4. 黏结法固定

在装配过程中，对于冲裁力较小的薄板料冲模，为减少凸模固定的麻烦，可采用无机黏合剂、环氧树脂等黏合剂，将凸模固定黏结在凸模固定板型孔内。其利用环氧树脂黏结法如下：

### （1）选择配方、称好材料（按质量百分比）

按表 9-19 配方选择及称重好各材料。

表 9-19　环氧树脂配方

| 组成成分 | 材料名称 | 配比［质量分数（%）］ | |
| --- | --- | --- | --- |
| | | 1 | 2 |
| 黏合剂 | 环氧树脂 610 | 100 | 100 |
| 填充剂 | 铁粉（200 目） | 250 | 250 |
| 增塑剂 | 苯二甲酸二丁酯 | 15 ～ 20 | 15 ～ 20 |
| 固化剂 | 无水乙二胺 | 8 ～ 10 | 16 ～ 19 |

注：材料配比一定要严格要求。

### （2）调制黏合剂

调制黏合剂的操作方法及注意事项见表 9-20。

表 9-20　调制黏合剂的操作方法及注意事项

| 类别 | 说　　明 |
| --- | --- |
| 操作方法 | ① 将材料按比例称好<br>② 将环氧树脂加热 70 ～ 80℃，并将烘干的铁粉加入调匀，再加入二丁酯继续调匀<br>③ 当温度降到 40℃时，加入乙二胺并搅拌无气泡，待用 |
| 注意事项 | ① 在调配时不能混入任何杂物<br>② 填充剂在使用前要烘干（200℃）<br>③ 严格控制固化剂加入温度 |

### （3）黏结过程

黏结过程的操作方法及注意事项见表 9-21。

表 9-21　黏结过程的操作方法及注意事项

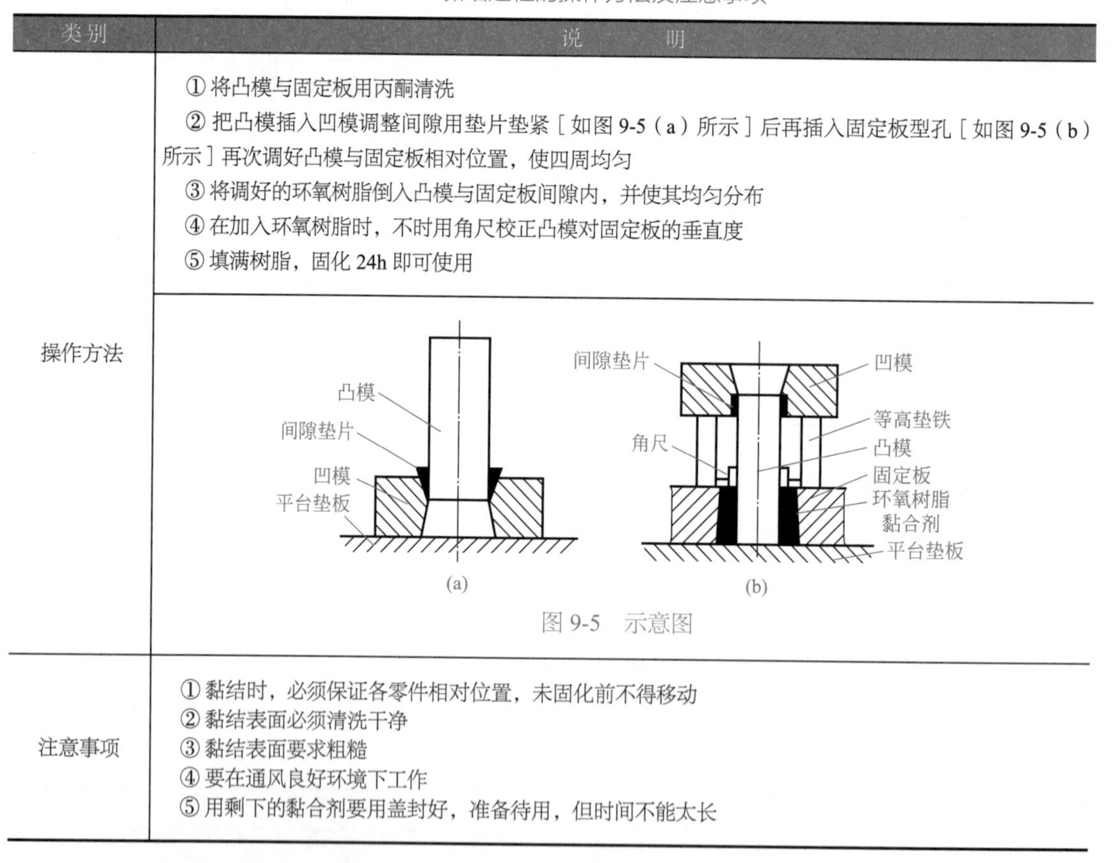

| 类别 | 说　　明 |
| --- | --- |
| 操作方法 | ① 将凸模与固定板用丙酮清洗<br>② 把凸模插入凹模调整间隙用垫片垫紧［如图 9-5（a）所示］后再插入固定板型孔［如图 9-5（b）所示］再次调好凸模与固定板相对位置，使四周均匀<br>③ 将调好的环氧树脂倒入凸模与固定板间隙内，并使其均匀分布<br>④ 在加入环氧树脂时，不时用角尺校正凸模对固定板的垂直度<br>⑤ 填满树脂，固化 24h 即可使用 |
| | 凸模 间隙垫片 凹模 平台垫板 (a)<br>间隙垫片 凹模 等高垫铁 角尺 凸模 固定板 环氧树脂黏合剂 平台垫板 (b)<br>图 9-5　示意图 |
| 注意事项 | ① 黏结时，必须保证各零件相对位置，未固化前不得移动<br>② 黏结表面必须清洗干净<br>③ 黏结表面要求粗糙<br>④ 要在通风良好环境下工作<br>⑤ 用剩下的黏合剂要用盖封好，准备待用，但时间不能太长 |

## 5. 多凸模及镶拼凹模固定

### （1）多凸模在同一固定板上的固定

在同一副冲模中（如图 9-6 所示），若有多个凸模同时固定在同一个凸模固定板上（如连续模）。其固定方法见表 9-22。

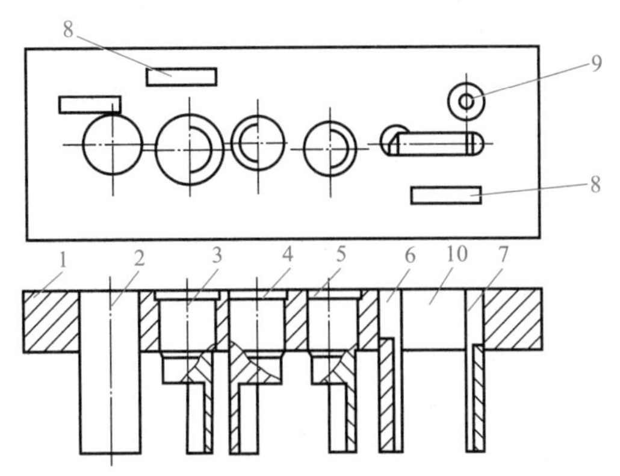


图 9-6　多凸模在同一固定板上的固定方法

1—凸模固定板；2—落料凸模；3，4，5—半环凸模；6，7—半圆凸模；8—侧刃凸模；9—圆凸模；10—垫块

表 9-22　多凸模在同一固定板上的固定方法

| 类别 | 说　　明 |
| --- | --- |
| 凸模安装顺序的选择原则 | ① 容易定位并能作为其他凸模基准的应首先装入<br>② 较难定位或要依据其他零件需通过一定的工艺方法才能定位的要后安装<br>③ 在各凸模有不同精度要求时，应先安装精度要求高且难控制精度的凸模再安装容易保证精度的凸模 |
| 压入顺序 | 如图 9-6 所示的多凸模，其固定压入顺序应该是半圆凸模 6、7（包括垫块 10）→依次压入半环凸模 3、4、5 →侧刃凸模 8 及落料凸模 2 →冲孔圆凸模 9 |
| 压入安装方法 | 先压入半圆凸模 6、7。因半圆凸模压入时容易定位、定向。压入时从固定板 1 正面用垫块同时压入，并在压入时，用 90°角尺检测，其与固定板安装基面的垂直度，如图 9-7（a）所示<br>① 压入半环凸模。用以装好的半圆凸模 6、7 为基准，垫好等高垫铁，插入凹模，调整好间隙。同时，将半环凸模 3，按凹模相应孔定位。卸去凹模，垫上等高垫铁先将半环凸模 3 压入。再以同样方法压入 4、5，如图 9-7（b）所示<br>② 压入两个侧刃凸模 8，再压入落料凸模 2，最后压入圆孔凸模 9<br>(a)　(b)<br>图 9-7　压入安装方法示意图 |
| 平面磨凸模端面使其刃口锋利 | ① 各凸模全部压入后，在平面磨床上将各凸模刃口磨平，保持锋利<br>② 为保护小凸模不在磨削中折断，磨削应将卸料板合到凸模上，并用等高垫铁垫起，使凸模端部从卸料板中露出 0.3 ～ 0.5mm，用小吃刀量将凸模磨成等高 |

### （2）镶拼式凹模安装法

在冲压复杂零件或窄槽、窄缝的零件时，其凹模常采用拼镶式结构，如图 9-8 所示的仪

表十字架凹模，是由四块镶块相拼而成的。尽管各镶块在精加工时，保证了各尺寸精度及位置要求，但拼合后因误差累计，也会影响整体凹模精度。因此在装配时，钳工必须对其研磨修正。其方法如下。

① 装配前应检查并修正各镶块宽度和中心距，使各相邻镶块配合要符合图样要求。

② 将拼合镶块按基准面排齐、磨平。将预制好的凸模插入拼合后的型孔中，检查拼合后的凹模与凸模配合情况以及间隙均匀性，若不合适应酌情修正。

③ 修正合适后，将凹模拼块压入凹模固定板中，压入后再对压入位置及尺寸精度做最后检查，并用凸模插入复查。修正间隙，无误后用平面磨床将上、下平面磨平即可。

当凹模镶块较多时，应在压入时，先选择各凹模镶块的压入次序。其选择的原则是凡装配容易定位的应优先压入，较难定位或要求依赖其他镶拼块才能保证型孔或步距精度的镶块，以及必须通过一定工艺方法加工后定位的镶块应后压入。

如图 9-9 所示的连续模各镶块的压入顺序是应先压入冲导正孔凹模 1、冲孔凹模 2，因为它已在精加工时保证了尺寸精度和步距精度，然后再以其为定位基准分别依次压入凹模镶块 3 ～ 6。

当各凹模镶块对精度有不同要求时，应先压入精度要求较高的镶块，再压入容易保证精度的镶块。如在冲孔、切槽、弯曲切断的连续模中，应先压入冲孔、切槽、切断的镶拼块，最后再压入弯曲镶拼块。这是因为前者型孔与定位面有尺寸精度和位置精度要求，而后者只要求位置精度，容易保证。

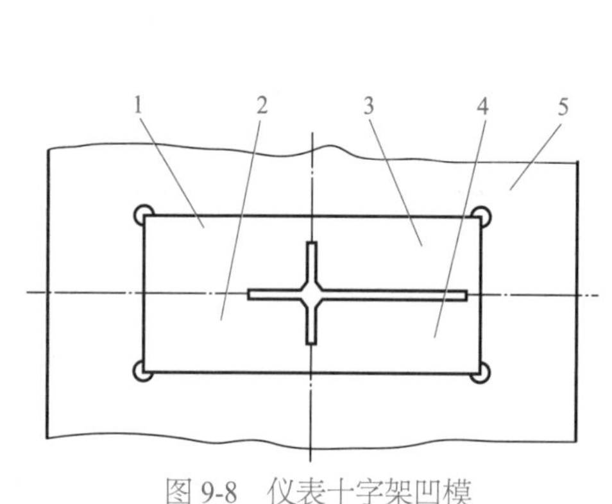


图 9-8 仪表十字架凹模

1，2，3，4—凹模镶块；5—凹模固定板

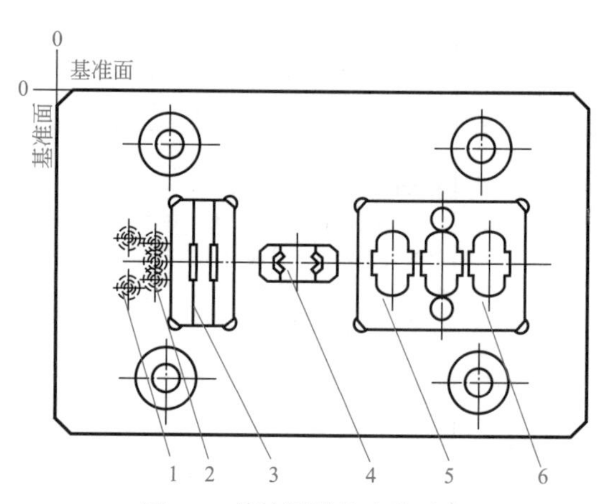


图 9-9 镶块凹模的安装示意

1—冲导正孔的凹模；2—冲孔凹模；3 ～ 6—凹模镶件

## 五、凸、凹模间隙控制

冲模凸、凹模之间的间隙大小及均匀性，是直接影响所冲制品质量和冲模使用寿命的重要因素。如冲裁模，冲裁间隙过大或过小以及分布不均匀，都会使冲裁后的冲压件产生毛刺而弯曲。拉深件则由间隙大小不均难以成形或起皱、裂纹。因此，在制造装配冲模时，操作者必须要严格进行间隙的调整和控制，尽量使其大小适中，各向均匀一致，符合图样要求。实际上，装配的主要工作，也就是要确定凸、凹模的正确位置，以确保它们之间的间隙均匀性。

### 1. 间隙控制工艺顺序选择

在装配时，为了确保凸模和凹模的正确位置、保证间隙大小适中，均匀一致，一般都是依据图样要求先确定其中一件（凸模或凹模）的位置，然后以该件为基准，用找正间隙的方法，确定另一件的准确位置。实际装配时，要根据模具结构特征、间隙大小及装配条件，来选择间隙控制的工艺顺序和方法。常采用的间隙控制顺序方法见表 9-23。

表 9-23 间隙控制顺序方法

| 类别 | 说 明 |
| --- | --- |
| 单工序冲裁模 | 先安装凹模，再以凹模为基准，配合安装凸模，并保证间隙的均匀性 |
| 连续模 | 先安装凹模，而各凸模的相对位置应在凸模安装固定时以各凹模孔为准，按多凸模安装方法保证各凸模相对位置和间隙值，只在上、下模装配时可作适当微量调整，以确保间隙均匀一致性 |
| 复合模 | 先安装凸凹模，再以其为基准用找正间隙的方法确定冲孔凸模和凹模位置，并按模具的复杂度决定先安装冲孔凸模还是落料凹模 |
| 弯曲拉深或成形模 | 在装配前，根据制品图样，先制作一个标准样件，在装配过程中，将样件放在凸、凹模之间，来控制及调整间隙大小及均匀程度 |

## 2. 间隙控制方法

在装配过程中，常用控制间隙方法及适用范围见表 9-24。

表 9-24 常用控制间隙方法及适用范围

| 类别 | 说 明 |
| --- | --- |
| 透光调整法 | 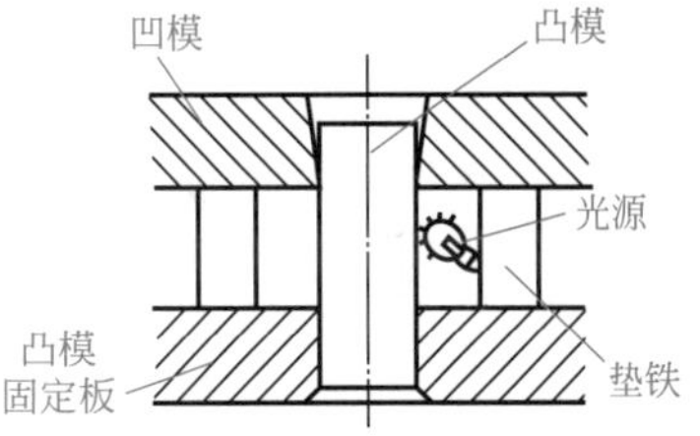 ① 分别装配上模与下模，其上模的螺钉不要固紧，而下模可固紧<br>② 将等高垫铁放在上、下模固定板和凹模之间，垫起后用夹钳夹紧<br>③ 翻转合模后的上、下模，并将模柄夹紧在平口钳上，如图 1 所示<br>④ 用手灯或手电筒照射凸凹模并在下模漏料孔中仔细观察。若发现凸模与凹模之间各向透光一致表明间隙合适；若光线在某一方向偏多，则表明间隙在此方向偏大，这时可用手锤击固定板侧面，使之向偏大方向移动。再反复透光观察、调整，直到合适为止<br>⑤ 调整合适后，再将上模用螺钉和销钉固紧<br>透光调整法适用于冲裁间隙较小的薄板料冲裁模，方法简单、便于操作、生产应用普遍<br>凹模 凸模 光源 凸模固定板 垫铁<br>图 1 |
| 垫片调整法 | ① 按图样分别组装上模及下模，但上模不要固紧，下模固紧<br>② 在凹模刃口四周垫入厚薄均匀、厚度等于所要求凸、凹模单面间隙的金属片或纸片<br>③ 将上、下模合模，使凸模进入相应的孔内，并用等高垫铁垫起<br>④ 观察各凸模是否顺利进入凹模，并与垫片能有良好的接触，若在某方向上与垫片松紧程度相差较大，表明间隙不均匀。这时，可用锤子轻轻敲打固定板侧面，使之调整到各方向松紧程度一致，凸模易于进入凹模孔为止<br>⑤ 调整合适后，再将上模螺钉紧固、穿入销钉<br>垫片调整法适用于冲裁比较厚的大间隙冲裁模，也适于拉、弯曲、成形模的间隙调整，其方法简便可行<br>凸模固定板 等高垫铁 垫片 凸模 凹模<br>图 2 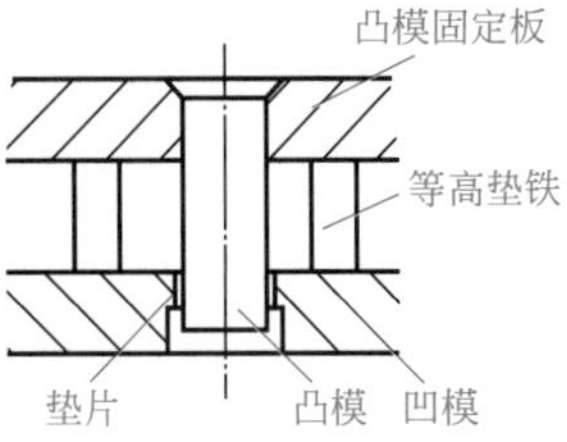 |

续表

| 类别 | 说明 |
| --- | --- |
| 涂淡金水法 | 在凸模表面涂上一层淡金水，待干燥后，再将机油与研磨砂调合成很薄的涂料均匀地涂在凸模表面上（厚度等于间隙值），然后将其垂直插入凹模相应孔内，即可装配。其工艺简单，装配方便，但涂法不当，易使间隙不准 |
| 镀铜法 | 采用电镀的方法。按图样要求将凸模镀一层与间隙厚度一样的铜层后，再将其垂直插入凹模孔进行装配。装配后试冲时镀层自然脱落。其间隙均匀但工艺复杂 |
| 利用工艺定位器法 | 装配时，将工艺定位器，使其 $d_1$ 与凸模，$d_2$ 与凹模，$d_3$ 与凸模孔都处于滑动配合形式，由于工艺定位器 $d_1$、$d_2$、$d_3$ 都是在车床上一次装夹成形。同轴度较高故能保证上、下模同轴，使间隙均匀一致。适用于复合模装配 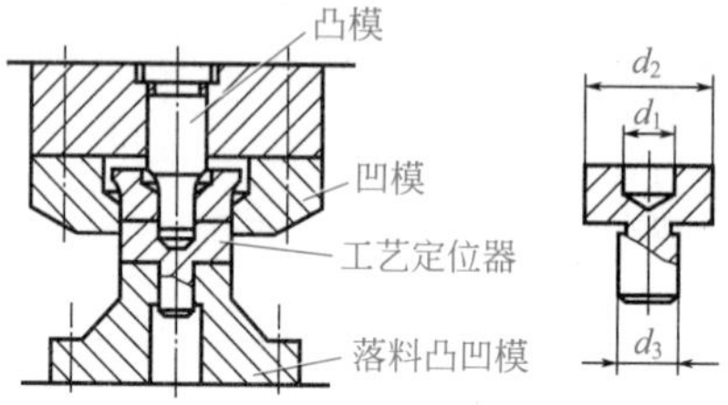<br>凸模 凹模 工艺定位器 落料凸凹模 $d_2$ $d_1$ $d_3$<br>图 3 |
| 塞尺测量法 | ① 将凹模紧固在下模板上，上模装配后暂不紧固；使上、下模合模，其凸模进入凹模孔内<br>② 用塞尺在凸、凹模间隙内测量<br>③ 根据测量结果进行调整；调整合适后再紧固上模<br>塞尺测量法适用于厚板料间隙较大冲模，工艺繁杂且麻烦，但间隙经测后均匀，也适用于拉深弯曲模调整 |
| 腐蚀法 | 在加工凸、凹模时，可将工作部位尺寸做成一致，装配后为得到相应间隙将凸模用酸腐蚀去除多余部位。其酸液配方：<br>① 硝酸 20%+ 醋酸 30%+ 水 50%<br>② 水 55%+ 双氧水 25%+ 草酸 20%+ 硫酸 1% ～ 2%<br>腐蚀时间根据间隙大小确定。其间隙均匀 |
| 涂漆法 | 利用磁漆或氨基醇酸绝缘漆，在凸模上涂以与间隙厚度一样的漆膜后，进行装配。方法为<br>① 将凸模浸入盛漆的容器内约 15mm，使刃口向下，如图 4 所示<br>② 取出凸模，端面用吸水纸擦一下，然后使刃口朝上，该漆慢慢向下倒流，自然形成一定锥度<br>③ 放入恒温箱内，在 100 ～ 120℃温度下烘干 0.5 ～ 1h，冷却后即可装配<br>方法简单适于小间隙冲模 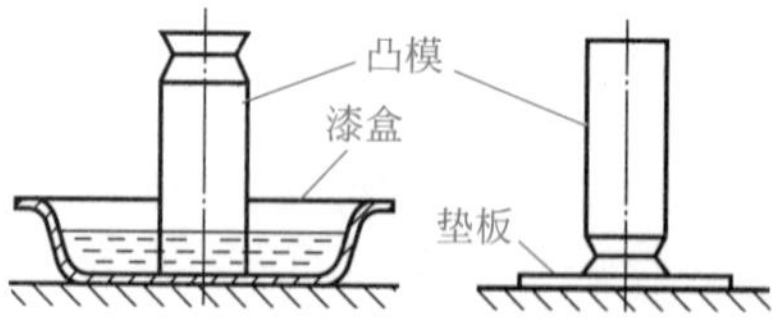<br>凸模 漆盒 垫板<br>图 4 |
| 工艺留量法 | 装配前先不要将凸模（凹模）刃口做到所需尺寸，而留出工艺余量使其成 H7/h6 配合，待装配后取下凸模（或凹模）去除工艺余量而获得间隙。其方法简单但增加工序 |
| 标准样件法 | 在调整装配前，按图样（制品）先制作一个样件，在装配调整时放在凸、凹模之间，以保证间隙。适于弯曲、拉深、成形模，方法简单易行 |
| 试切纸片法 | 无论采用何种方法来控制间隙，最后都要采用与制件厚度相同的纸片，在装配后的凸、凹模间试切，根据纸片的切口状态来验证间隙均匀度，从而确定间隙需往哪个方向调整。如果切口一致表明间隙均匀一致；如果在某处难以切下，表明此处间隙大应修配，若出现毛刺更应调整合适。其适于各种调整试切方法的最后试检 |

## 六、模架的装配与检验定级

冲模模架是由一对模座（或一组模板）、导柱和导套组成，其作用是用来安装模具工艺零件、传递工作压力，并使上、下模合模时有一定方向和正确位置。模架的制造精度直接影响到制品的精度和模具工作时的可靠性。

### 1. 冲模模架的类型及特点

冲模模架根据所冲压制品精度不同，可分为滑动导向模架、滚动导向模架两种类型。目前，中小尺寸的模架已纳入国家标准，并实现了专业化生产及市场化供应。在模具制造批量不是很大的情况下，可根据所制的模具大小，从市场中采购，这样可大大简化模具设计、提高模具制造质量、缩短模具制造周期。各种模架的结构特点及应用如下：

#### （1）滑动导向模架

滑动导向模架的结构特点及应用见表 9-25。

表 9-25　各种模架的结构特点及应用

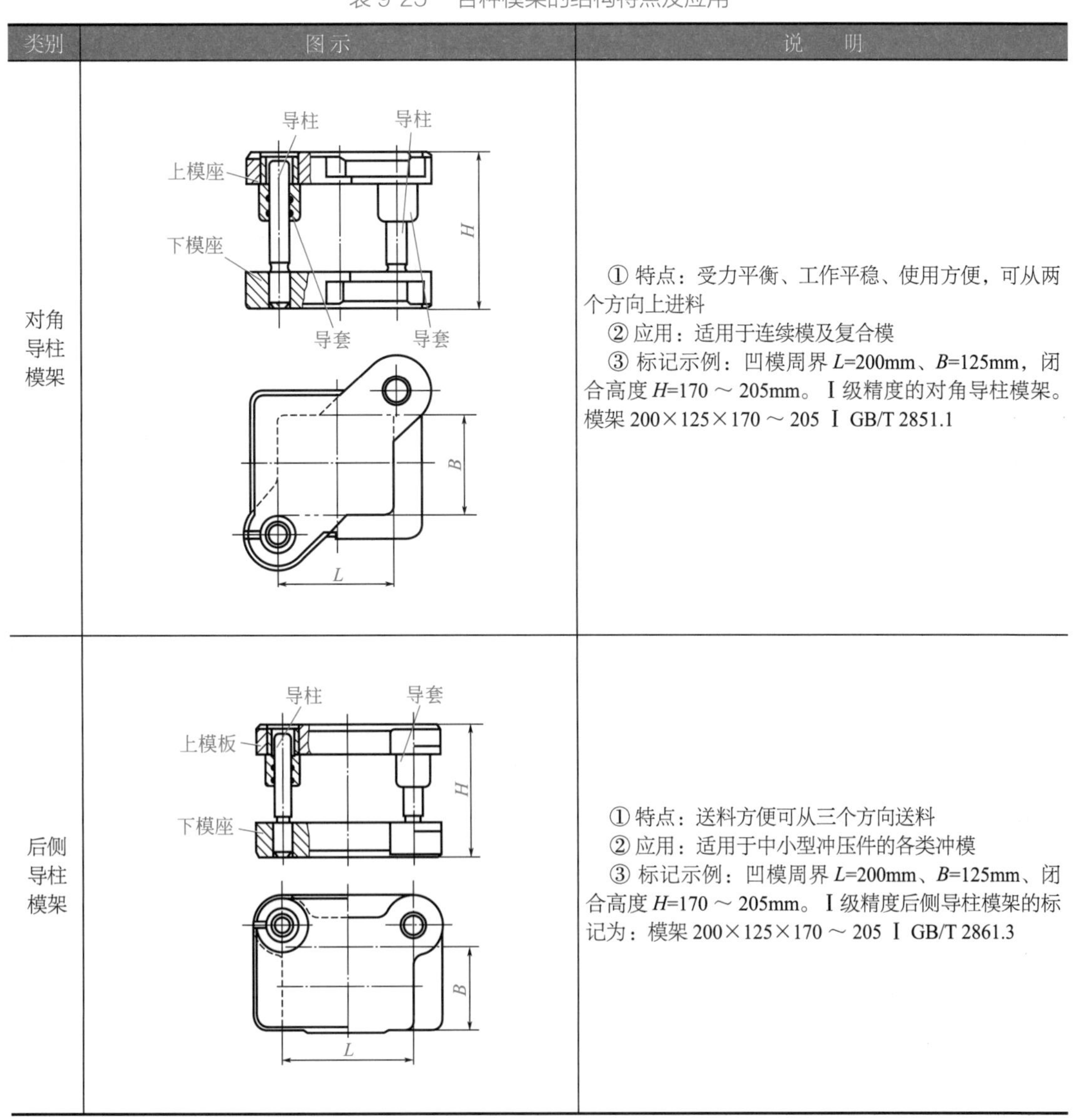


| 类别 | 图示 | 说　明 |
| --- | --- | --- |
| 对角导柱模架 | | ① 特点：受力平衡、工作平稳、使用方便，可从两个方向上进料<br>② 应用：适用于连续模及复合模<br>③ 标记示例：凹模周界 $L$=200mm、$B$=125mm，闭合高度 $H$=170 ～ 205mm。Ⅰ级精度的对角导柱模架。模架 200×125×170 ～ 205 Ⅰ GB/T 2851.1 |
| 后侧导柱模架 | | ① 特点：送料方便可从三个方向送料<br>② 应用：适用于中小型冲压件的各类冲模<br>③ 标记示例：凹模周界 $L$=200mm、$B$=125mm、闭合高度 $H$=170 ～ 205mm。Ⅰ级精度后侧导柱模架的标记为：模架 200×125×170 ～ 205 Ⅰ GB/T 2861.3 |

续表

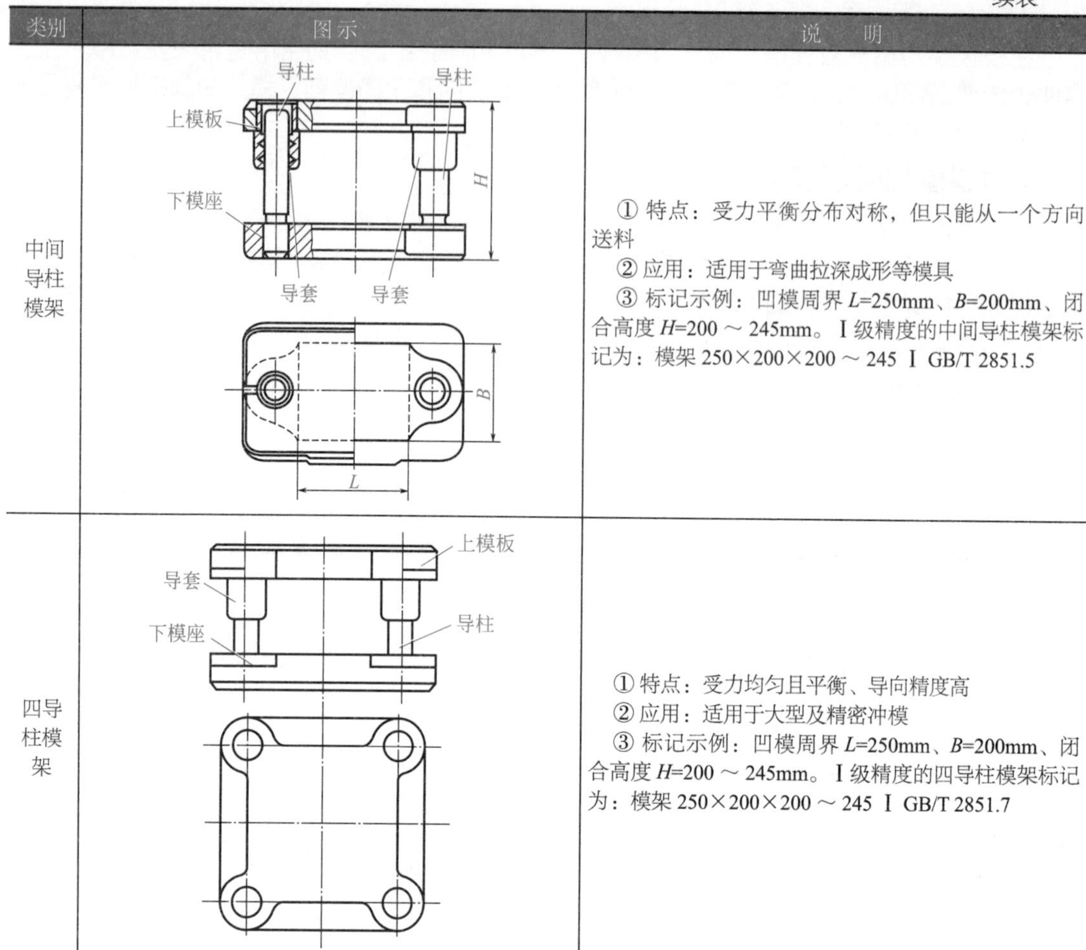

| 类别 | 图示 | 说明 |
| --- | --- | --- |
| 中间导柱模架 | 导柱 导柱 上模板 下模座 导套 导套 H B L | ① 特点：受力平衡分布对称，但只能从一个方向送料<br>② 应用：适用于弯曲拉深成形等模具<br>③ 标记示例：凹模周界 $L$=250mm、$B$=200mm、闭合高度 $H$=200 ～ 245mm。Ⅰ级精度的中间导柱模架标记为：模架 250×200×200 ～ 245 Ⅰ GB/T 2851.5 |
| 四导柱模架 | 上模板 导套 下模座 导柱 | ① 特点：受力均匀且平衡、导向精度高<br>② 应用：适用于大型及精密冲模<br>③ 标记示例：凹模周界 $L$=250mm、$B$=200mm、闭合高度 $H$=200 ～ 245mm。Ⅰ级精度的四导柱模架标记为：模架 250×200×200 ～ 245 Ⅰ GB/T 2851.7 |

（2）滚动导向模架（如图 9-10 所示）

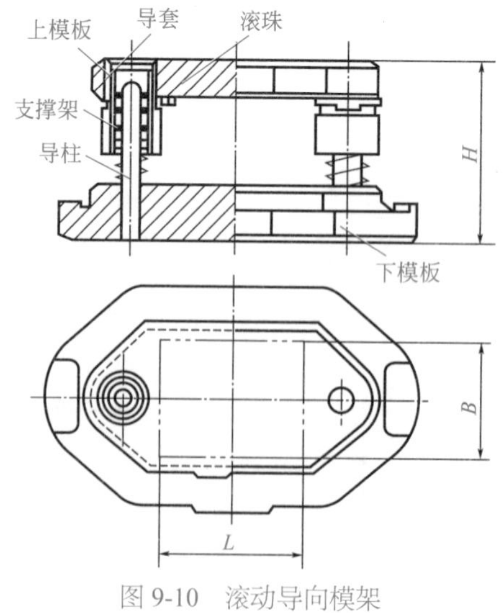


图 9-10　滚动导向模架

① 特点：导向精度高，使用寿命长，有足够的刚性。

② 应用：适用于精冲模及一般冲压精度较高的普通冲模。

③ 标记示例：凹模周界 $L$=200mm、$B$=160mm、闭合高度 $H$=220mm、0Ⅰ级精度的中间导柱模架标记为：模架 200×160×2200Ⅰ GB/T 12852.2。

## 2. 冲模模架钳工装配方法

### (1) 模架的装配工艺要求

在装配模架时，操作者应按如下工艺要求进行装配：

① 模架的上模板与下模座凹模尺寸必须要一致。即同一副模架的上、下模板凹模周界尺寸（$L$×$B$），必须要保持一致，不能偏大或偏小。

② 装入模板的每对导柱、导套，在装配前应认真成对选配。即在研磨导套时，应将研磨合格的导柱与导套相配并配对分组，其配合间隙应按表 9-26 所规定值选配，以尽量贴近国标分级标准配对装配。

表 9-26　导柱、导套分组配对选配精度

| 配合形式 | 导柱直径 /mm | 配合精度 /mm | | 配合后过盈值 /mm |
|---|---|---|---|---|
| | | H6/h5 | H7/h6 | |
| | | 配合后的间隙值 | | |
| 滑动导向模架 | ≤ 18 | 0.002 ～ 0.010 | 0.005 ～ 0.015 | — |
| | >18 ～ 28 | 0.004 ～ 0.011 | 0.005 ～ 0.018 | |
| | >28 ～ 50 | 0.005 ～ 0.013 | 0.007 ～ 0.022 | |
| | >50 ～ 80 | 0.005 ～ 0.015 | 0.008 ～ 0.025 | |
| | >80 ～ 100 | 0.006 ～ 0.018 | 0.009 ～ 0.028 | |
| 滚动导向模架 | >18 ～ 35 | — | — | 0.01 ～ 0.02 |

③ 装配后的模架闭合高度，必须要符合图样要求的允许尺寸范围，即在此范围内上、下模之间应实现良好的导向。

模架的闭合高度一般规定最大值和最小值，如图 9-11 所示。其中，图 9-11（a）所示为最小闭合高度、图 9-11（b）所示为最大闭合高度。模架装配后，当处于 $H_{min}$ 时，导柱上顶面与上模座上平面间距离不应小于 10mm；而处于 $H_{max}$ 状态时，导套与导柱的接触长度应为 30 ～ 60mm，以使模架达到理想的导向效果，确保模架精度。

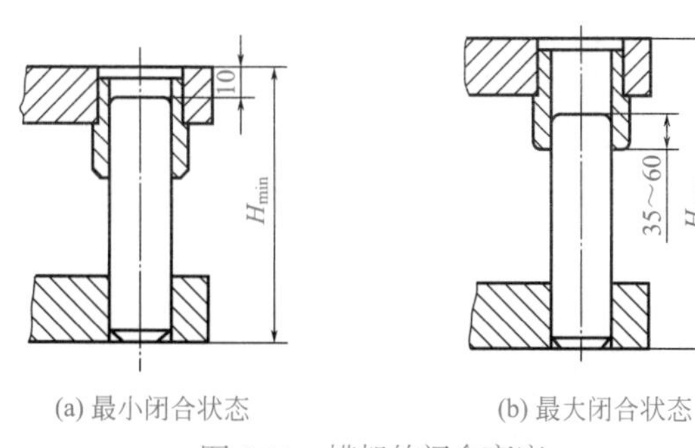


(a) 最小闭合状态　(b) 最大闭合状态

图 9-11　模架的闭合高度

④ 模架在装配时，其模架上模座上平面与模座下平面要保持平行，导柱轴线对下模座上平面要保持垂直，其允差可按表 9-27 所确定的数值，边装配边检测。

表 9-27　模架装配各指标值　　单位：mm

| 检查项目 | 被测尺寸 | 模架精度等级 | |
|---|---|---|---|
| | | 0 I、I 级 | 0 II、II 级 |
| 模架上模板上平面与下模板下平面的平行度 | >40 ~ 63 | 0.012 | 0.020 |
| | >63 ~ 100 | 0.015 | 0.023 |
| | >100 ~ 160 | 0.020 | 0.030 |
| | >160 ~ 250 | 0.025 | 0.040 |
| | >250 ~ 400 | 0.030 | 0.050 |
| | >400 ~ 630 | 0.060 | 0.100 |
| | >630 ~ 1000 | 0.080 | 0.120 |
| | >1000 ~ 1600 | 0.100 | 0.150 |
| 导柱轴线与下模座下平面的垂直度 | >40 ~ 63 | 0.008 | 0.012 |
| | >63 ~ 100 | 0.010 | 0.015 |
| | >100 ~ 160 | 0.012 | 0.020 |
| | >160 ~ 250 | 0.025 | 0.040 |

⑤ 在装配时，导柱与导套分别采用压入黏结及低熔点浇注方法与上、下模座固定，其一定要固定牢固，不能松动。

⑥ 装配后的模架，一定要按标准检测或定级，并打刻编号。

### （2）模架装配工艺方法

① 压入式装配法　压入式装配，即将导柱与导套，直接用机械压力压入上、下模板内。其方法有先压入导柱法（表 9-28）、先压入导套法（表 9-29）和导柱、导套、模柄分别压入法（表 9-30）。

表 9-28　先压入导柱装配模架法

| 工序名称 | 简图 | 装配工艺说明 |
|---|---|---|
| 选配导柱、导套使其配对使用 | — | 按模架精度等级，选配导柱、导套，即配对使用，使其配合间隙符合规定等级要求 |
| 先压入导柱检验导柱与下模座上平面的垂直度误差 | 压块<br>导柱<br>下模座 | 用压力机将导柱先压入下模座，在压入时，压块应放在导柱中心孔上，并用百分表或宽度角尺，校正导柱与模座上平面，使其垂直<br>导柱压入后，应用专用指示器或宽度角尺检查导柱中心轴线与下模座上平面垂直度，若超误差，应重新压入 |
| 装导套 | 导套<br>上模板<br>$\Delta_{max}$ | ① 将上模板反塞在导柱上，然后套入导套<br>② 转动导套，用千分表检查导套压配部分内外圆柱面的同轴度误差，并将 $\Delta_{max}$ 放在两导套中心线的垂直位置上 |

续表

| 工序名称 | 简图 | 装配工艺说明 |
| --- | --- | --- |
| 压入导套 | 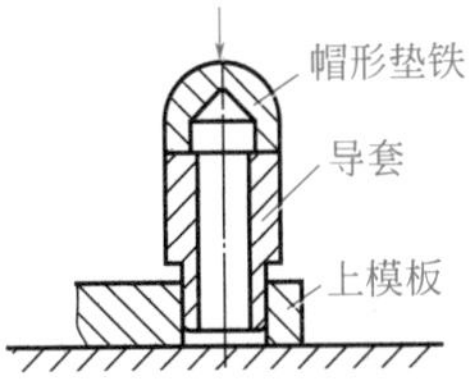 帽形垫铁<br>导套<br>上模板 | 用帽形垫块放在导套上（左图示），将导套压入模座一部分后取走带有导柱的下模座，再继续压入 |
| 检验 | 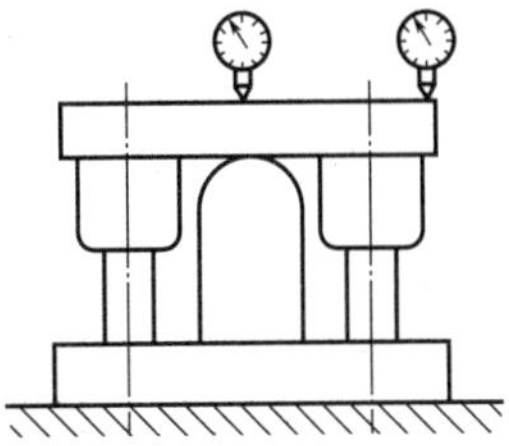 | 将压入导套、导柱的上、下模座对合，使导柱进入导套进行检测模架的装配质量，如上、下模座平行度误差 |

表 9-29　先压入导套装配法

| 工序名称 | 简　图 | 装配工艺说明 |
| --- | --- | --- |
| 选配导柱导套 | — | 将加工好的导柱、导套进行配对选配，使其配合间隙精度及表面粗糙度应符合技术要求 |
| 压入导套于上模板上 | 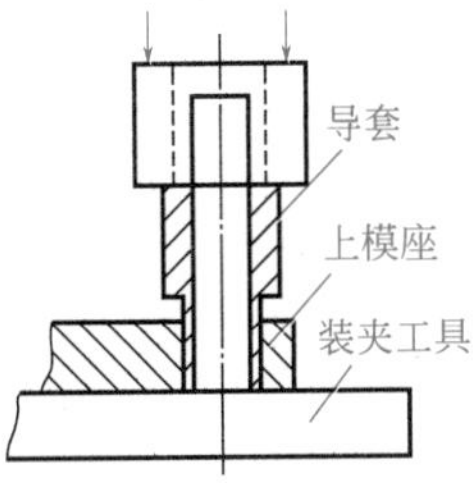 导套<br>上模座<br>装夹工具 | ① 将上模板放在专用夹具上，其专用夹具两圆柱应与底板垂直，圆柱直径与导套内孔直径相同<br>② 将两个导套分别套在二圆柱上，借助压力机压力压入导套在下模板上<br>③ 检验导套压入上模板垂直度 |
| 压入导柱于下模板上并检验 | 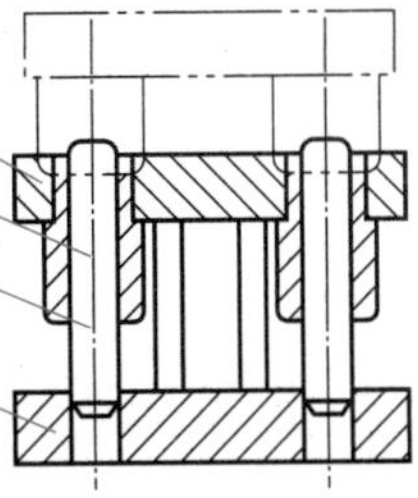 上模板<br>导柱<br>导套<br>下模板 | ① 用等高垫铁将上、下模板垫起在导套内插入二导柱<br>② 通过压力机将导柱压入下模板 5 ～ 16mm<br>③ 将上模板提升至不脱离导柱最高位置，然后再放下，如无滞涩则表示装配合适，如感觉发紧或松紧不一，则应调整导柱，再重新压入直到合适为止<br>④ 将上模对合进行检测 |

表 9-30　先压入模柄装配法

| 工序名称 | 简图 | 装配工艺说明 |
| --- | --- | --- |
| 先压入模柄于上模板上 | 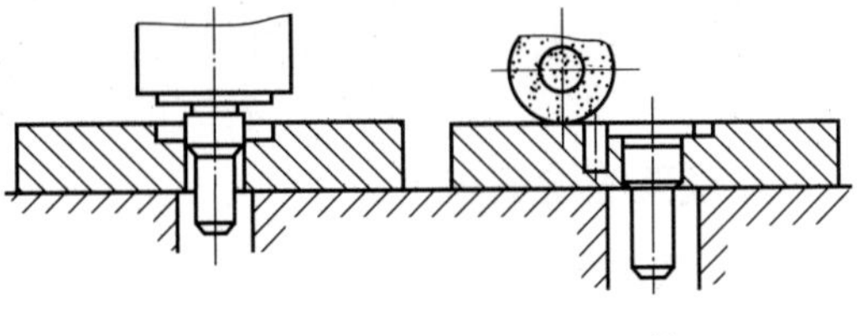 (a)　(b) | ① 直接将模柄先压入上模板内［如左图（a）所示］<br>② 加工骑缝孔或螺纹孔，装入螺钉紧固<br>③ 用平面磨床将上模板磨平［如左图（b）所示］ |

续表

| 工序名称 | 简图 | 装配工艺说明 |
| --- | --- | --- |
| 压入导柱于下模板上 | P 钢球 下模板 导柱 压导柱胎具 | 利用压导柱胎具将导柱压入下模板内，并在压入时随时检验导柱与下模板垂直度。压入要采用左图所示的胎具进行 |
| 压主导套于上模板上 | 导向柱 P 导套 上模板 压导套胎具 弹簧 | 利用压导套胎具将导套压入上模板内，压入时要以导向柱导向，借助于弹簧给以缓冲，以确保压入质量 |
| 合拢上、下模板检验质量 | — | 将压入后的上、下模板对合，检查安装质量 |

② 低熔点合金浇注法　在制作冲裁厚 2mm 以下所用冲模时，可采用低熔点合金浇注固定导柱、导套于上、下模板上（如图 9-12 所示）。其工艺简单、操作方便，且模板上安装孔也无须精密加工，很适于制品批量小的模具加工，其方法如下：

a. 将导柱、导套装在相应的模板孔内。

b. 熔化低熔点合金，其配制方法及熔化方法见表 9-17。

c. 先浇注导柱、边浇注边用宽度角尺，调整导柱与下模板基准面垂直度，使其保持垂直。

d. 待冷凝后，再用调整螺钉将上模板及导套支起，并使导柱进入导套孔内。

e. 调整合适后，浇注导套，如图 9-12 所示。

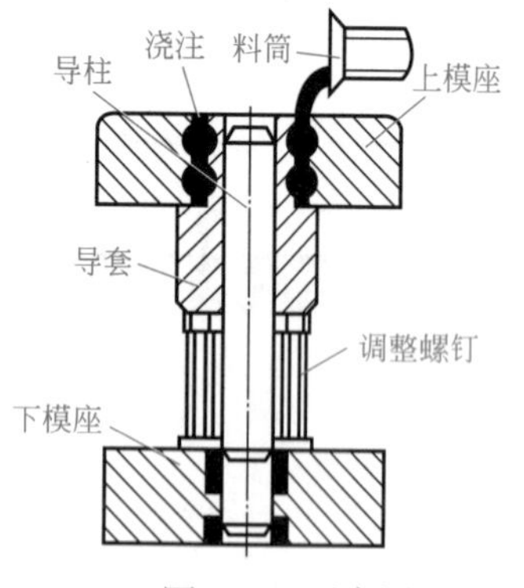

图 9-12　示意图

f. 冷凝 24h 后，检查若不合适，将合金熔化再重新浇注，直到合适为止。

注：若批量较大时，可采用专用胎具，以确保装配精度与质量。

对于单件或批量不大的模架装配，宜可采用环氧树脂、厌氧胶等黏合剂固定导柱、导套，其装配方法与低熔点合金浇注法基本相似，但组装后的模架精度较低，使用寿命也较短，只适于料厚在 2mm 以下的各类冲模。

### 3. 模架的检测与定级

#### （1）模架的分级标准

模架经装配以后，必须要经过检测。其检测内容及分级标准见表 9-31 及表 9-32。

表 9-31 模架的分级规定

| 项 | 技术指标名称 | 被测尺寸 /mm | 模架精度等级 | |
|---|---|---|---|---|
| | | | 0 Ⅰ、Ⅰ级 | 0 Ⅱ、Ⅱ级 |
| | | | 公差等级（IT） | |
| A | 上模座上平面与下模座下平面的平行度 | ≤ 400 | 5 | 6 |
| | | >400 | 6 | 7 |
| B | 导柱轴心线与下模座下平面的垂直度 | ≤ 160 | 4 | 5 |
| | | >160 | 4 | 5 |

表 9-32 导柱、导套配合间隙及过盈量分级规定

| 配合形式 | 导柱直径 | 模架精度等级 | | 配合后过盈量 |
|---|---|---|---|---|
| | | Ⅰ级 | Ⅱ级 | |
| | | 配合间隙值 | | |
| 滑动配合 | ≤ 18 | ≤ 0.010 | ≤ 0.015 | — |
| | >18 ～ 30 | ≤ 0.011 | ≤ 0.017 | |
| | >30 ～ 50 | ≤ 0.014 | ≤ 0.021 | |
| | >50 ～ 80 | ≤ 0.016 | ≤ 0.025 | |
| 滚动配合 | >18 ～ 35 | — | — | 0.01 ～ 0.02 |

## （2）检测方法

装配后的检测项目及方法见表 9-33。

表 9-33 装配后的检测项目及方法

| 类别 | 说 明 |
|---|---|
| 外观检查 | ① 模架的上、下模板应无明显的砂眼及明显的瑕疵和裂纹<br>② 模架的尺寸包括外形尺寸，凹模周界尺寸，闭合高度尺寸，必须符合图样规定的要求<br>③ 导柱、导套配合间隙要符合图样规定的要求，并且上模板上、下移动时应无滞阻现象，动作要灵活、平稳 |
| 上模板上平面与下模板下平面平行度的误差检查 | ① 将装配好的模架放在精密平板上<br>② 在上、下模板的中心位置上，用球面支撑杆支撑上模板<br>③ 用千分表按规定的测量线测量表面（测量时，球面支撑杆的高度必须控制在被测模架的闭合高度范围内）<br>④ 根据被测表面大小、推动千分表测量架测整个平面如图 9-13 所示<br>⑤ 取千分表最小、最大读数差值，即为模架上、下模板的平行度误差值<br>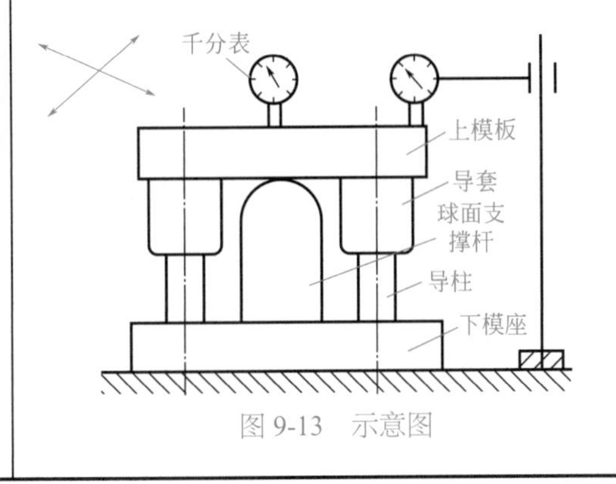<br><br>图 9-13 示意图<br>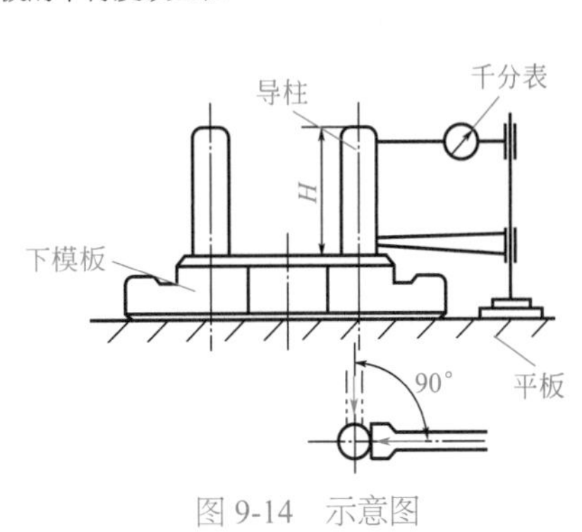<br><br>图 9-14 示意图 |

续表

| 类别 | 说明 |
|---|---|
| 导柱轴心线对下模板下平面的垂直度误差检测 | ① 将装好导柱的下模板放在校验平台上<br>② 用千分表对导柱垂直度检测，如图 9-14 所示<br>③ 读千分表（百分表）的最大、最小读数差即为导柱在图示两个方向的垂直度误差 $\Delta x$、$\Delta y$<br>④ 将 $\Delta x$、$\Delta y$ 做矢量合成，求在 360°范围内最大误差即<br>$\varDelta_{max}=\left\lvert\sqrt{\varDelta_x^2+\varDelta_y^2}\right\rvert$ |
| 导套孔轴心线对上模板的上平面垂直度误差检测 | 导套孔轴心线对上模板的上平面垂直度误差检测（如图 9-15 所示） 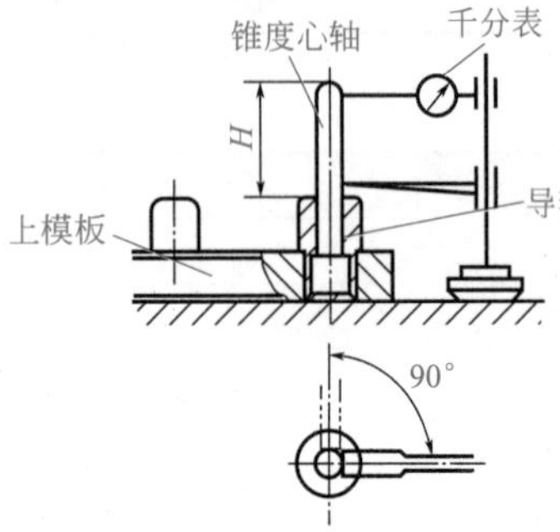<br>图 9-15　示意图<br>① 将装有导套的上模板放在平台上<br>② 在导套孔内插入带有 0.015 ： 200 锥度芯轴<br>③ 测量芯轴的垂直度作为导套孔轴线对上模板垂直度误差值，其测量方法与导柱相同，即<br>$\varDelta_{max}=\left\lvert\sqrt{\varDelta_x^2+\varDelta_y^2}\right\rvert$<br>④ $\varDelta_{max}$ 即为导套孔轴心线，对上模板上平面垂直度误差 |
| 导柱与导套配合间隙检测 | 导柱与导套配合间隙检测（如图 9-16 所示） 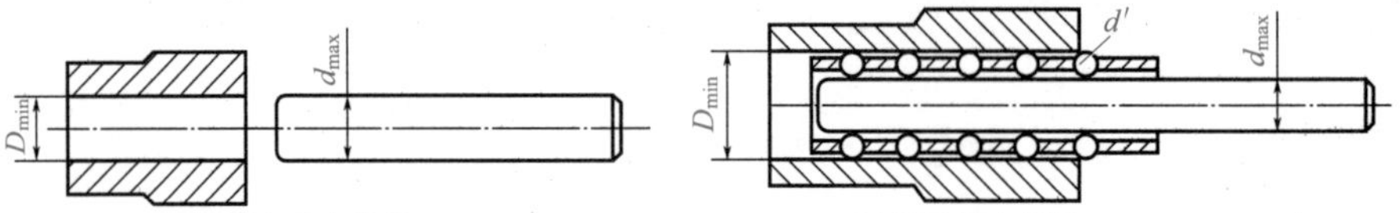<br>(a) 滑动导向模架　(b) 滚动导向模架<br>图 9-16　示意图<br>将组装后的模架上模取下，分别用通用测量工具（气动量仪外径、内径千分尺）测量导柱、导套孔及滚珠的实际尺寸，经计算，即可求出间隙量及过盈值，即滑动导向模架间隙值<br>$\varDelta_1=D_{max}-d_{min}$<br>滚动导向模架过盈量：<br>$\varDelta_2=d_{max}+2d_1-D_{min}$<br>式中　$d_{min}$，$d_{max}$——导柱最小最大直径<br>$D_{max}$，$D_{min}$——导套孔最大最小直径<br>$d_1$——钢球直径，mm<br>其中，导柱与导套配合，滑动导向模架为 H6/h5、H7/h6；滚动导向模架过盈量 $\varDelta_2$ 为 0.01 ～ 0.02mm 为合格<br>按以上所示的方法对装配好的模架检测，其检查各项数据与表 9-27、表 9-31、表 9-32 中各等级标准模架规定数值比较，即可确定出自行装配的模架标准等级 |

## 七、零件间配合尺寸的控制

冲模在制造装配过程中，要特别注意各模具零件的装配位置以及各零件间的配合关系，以确保模具的制造质量。冲模零件间配合尺寸要求及形式见表 9-34。

表 9-34　冲模零件常用配合尺寸要求

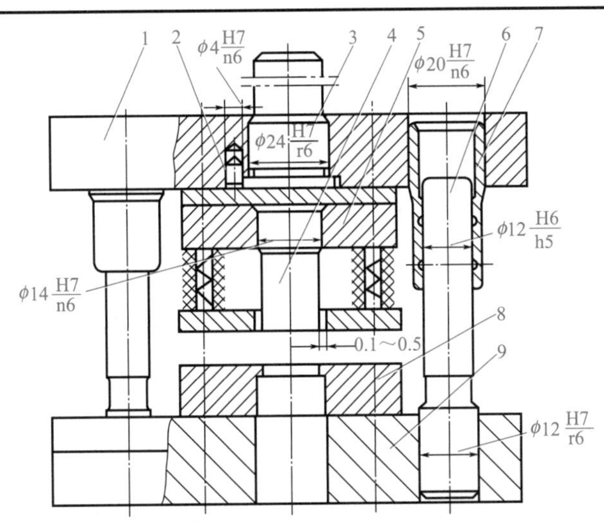


1—上模板；2—圆柱销；3—模柄；4—凸模；5—凸模固定板；6—导柱；7—导套；8—凹模；9—下模板

| 零件名称 | 配合类型与尺寸要求 | 零件名称 | 配合类型与尺寸要求 |
|---|---|---|---|
| 导柱与下模座 | H7/r6 | 活动挡料销与卸料板 | H9/h8 或 H9/h9 |
| 导套与上模座 | H7/r6 | 圆柱销与固定板及模座 | H7/n6 |
| 导柱与导套 | H6/h5 或 H7/h6 | 螺钉与螺钉孔 | 单边间隙：0.5 ～ 1mm |
| 模柄与上模座 | H7/n6 或 H9/n8 | 卸料板与凸模（凸凹模） | 单边间隙：0.1 ～ 0.5mm |
| 凸模与凸模固定板 | H7/m6 或 H7/k6 | 顶件器与凹模 | 单边间隙：0.1 ～ 0.5mm |
| 凹模与下模座 | H7/n6 | 打料杆与模柄 | 单边间隙：0.5 ～ 1mm |
| 固定挡料销与凹模 | H7/m6 或 H7/n6 | 顶杆（推杆）与凸模固定板 | 单边间隙：0.2 ～ 0.5mm |

## 八、螺钉与销钉的装配

### 1. 卸料螺钉的装配

冲模中的卸料螺钉装配，主要是确定卸料弹簧窝座深度及卸料螺钉沉孔深度，因为它直接影响卸料力大小。尽管在图样设计上有所规定，但在装配时操作者也应根据弹簧及螺钉的选用，进行核算后再加工，以保证其准确性。其计算方法见表 9-35。

表 9-35　卸料螺钉的装配

| 类别 | 图示 | 说　明 |
|---|---|---|
| 卸料弹簧窝座深度确定 |  | 在底板上的弹簧底座深度 $H$ 可按下式计算<br>$H=L-F+h_1+l+t-h_2$<br>式中　$L$——弹簧自由状态长度，mm<br>$h_1$——卸料板厚度，mm<br>$F$——弹簧最大容许压缩量，mm<br>$t$——材料厚度，mm<br>$h_2$——凸模（凸凹模）高度，mm<br>$l$——凸模（凸凹模）深进凹模的深度，mm |

续表

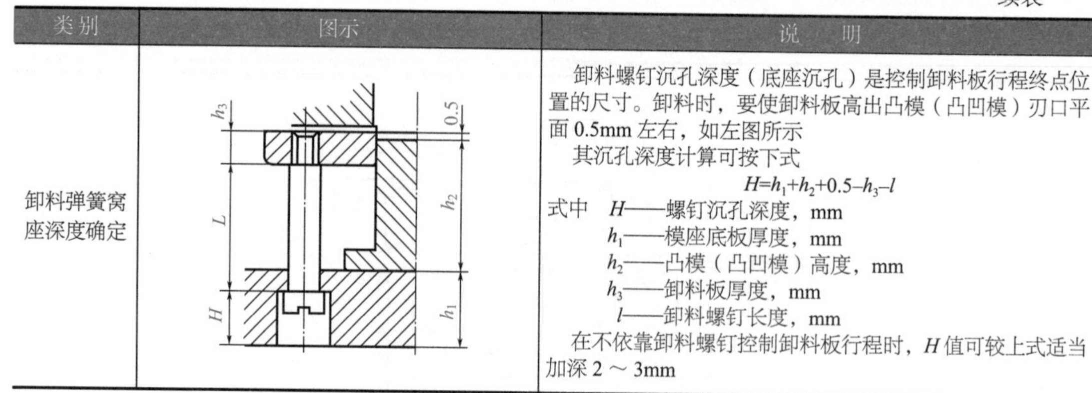

| 类别 | 图示 | 说明 |
| --- | --- | --- |
| 卸料弹簧窝座深度确定 | | 卸料螺钉沉孔深度（底座沉孔）是控制卸料板行程终点位置的尺寸。卸料时，要使卸料板高出凸模（凸凹模）刃口平面 0.5mm 左右，如左图所示<br>其沉孔深度计算可按下式<br>$H=h_1+h_2+0.5-h_3-l$<br>式中 $H$——螺钉沉孔深度，mm<br>$h_1$——模座底板厚度，mm<br>$h_2$——凸模（凸凹模）高度，mm<br>$h_3$——卸料板厚度，mm<br>$l$——卸料螺钉长度，mm<br>在不依靠卸料螺钉控制卸料板行程时，$H$ 值可较上式适当加深 2 ～ 3mm |



## 2. 内六角螺钉及圆柱销的装配

在冲模装配中，对于上、下模板上用来固定凸模固定板、卸料板及凹模板等零件的螺钉孔、圆柱销孔，一般都是采取配作的方法来加工。也就是说，上、下模板上的这些螺孔及销孔位置不是按图样划线确定的，而是在装配时根据被固定件已加工出的孔，采取配作配钻加工。但在加工中应注意以下几点：

① 选用的内六角螺钉应为 45 钢制成，其头部的淬火硬度应为 35 ～ 40HRC；销钉选用 T7、T8 钢淬火硬度应为 48 ～ 52HRC，其表面粗糙度 $Ra$ 应不大于 1.60μm。

② 在装配钻孔时，其内角螺钉过孔的尺寸应按表 9-36 钻取。

表 9-36　内角螺钉过孔的尺寸

| 过孔尺寸/mm | 螺钉规格/mm | | | | | |
| --- | --- | --- | --- | --- | --- | --- |
| | M6 | M8 | M10 | M12 | M16 | M20 |
| $d$ | 7 | 9 | 11.5 | 13.5 | 21.5 | 25.5 |
| $D$ | 11 | 13.5 | 16.5 | 19.5 | 31.5 | 37.5 |
| $H_{min}$ | 3 | 4 | 5 | 6 | 10 | 12 |
| $H_{max}$ | 25 | 35 | 45 | 55 | 85 | 95 |

③ 销钉与销孔配合精度应为 H7/m16 过渡配合形式。因销钉在模具中，不仅要起紧固作用，更主要的是还兼起各零件的定位作用。

④ 螺钉拧入基体内深度和圆柱销配合深度见表 9-37。

表 9-37　装配时螺钉拧入基体及圆柱销配合深度确定

| 类型 | 项目 | 说明 |
| --- | --- | --- |
| 内六角螺钉 | 拧入基体最小深度 | 钢件：$H_1 \geqslant d_1$<br>铸铁：$H_1 \geqslant 1.5d_1$<br>式中 $d_1$——螺钉直径，mm<br>$H_1$——拧入最小深度，mm |
| | 最小窝座深度 | $H_2 \geqslant d_1+1$<br>式中 $H_2$——最小窝座深度，mm<br>$d_1$——螺钉直径，mm |
| 圆柱销 | 最小配合深度 | $H_3 \geqslant 2d_2$<br>式中 $H_3$——圆柱销与基体配合深度，mm<br>$d_2$——圆柱销直径，mm |

### 3. 装配后模具闭合高度核算

冲模装配后，其闭合高度一定要满足图样所要求的闭合高度。其装配后测量核算方法见表 9-38。

表 9-38 冲模闭合高度核算方法

| 模具结构 | 图 示 | 闭合高度计算 |
|---|---|---|
| 冲裁（剪切）类冲模 | | 闭合高度 $H$ 计算公式<br>$H=h_1+h_2+h_3+h_4-\Delta$<br>式中 $h_1$——下模板厚度，mm<br>$h_2$——上模板厚度，mm<br>$h_3$——凹模厚度，mm<br>$h_4$——凸模高度，mm<br>$\Delta$——凸模刃口进入凹模刃口深度，对于普通冲裁模 $\Delta=1$，精冲模 $\Delta=0$ |
| 弯曲、拉深、成形类冲模 | | 闭合高度 $H$ 计算公式<br>$H=h_1+h_2+h_3+h_4+t-h_5$<br>式中 $h_1$——下模板厚度，mm<br>$h_2$——上模板厚度，mm<br>$h_3$——凸模高度，mm<br>$h_4$——压料板（或凹模）高度，mm<br>$t$——材料厚度，mm<br>$h_5$——下模板窝座深度，mm |

## 第二节 冲裁模的装配与调试

### 一、单工序冲裁模的装配

单工序冲裁模具指只完成单一冲裁工序的模具。如冲孔模、落料模、切边模等。按导向形式又分为无导向冲裁模和有导向冲裁模。

#### 1. 无导向冲裁模的装配

单工序无导向冲裁模装配比较简单（如图 9-17 所示）。在装配时，可按图样要求将上、下模分别装配。其凸凹模间隙是在冲模安装到压力机上进行调整的。其装配方法见表 9-39。

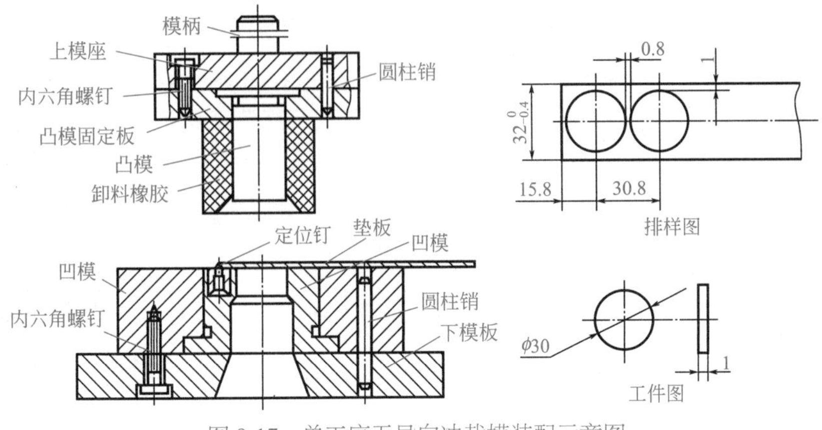


图 9-17 单工序无导向冲裁模装配示意图

表 9-39　无导向冲裁模的装配方法

| 类别 | 说　明 |
| --- | --- |
| 装配前的准备 | ① 按模具设计图样、装配工艺规程了解模具结构、特点及装配验收要求<br>② 按总装配图查对零件，并领取螺钉、销钉及橡胶等标准件和材料<br>③ 对凸模、凹模，凸、凹模固定板，进行逐个检测，确保符合要求<br>④ 确定装配方法及装配顺序，由于是无导向冲模，上、下模可分别装配 |
| 安装模柄 | ① 在手扳压力机上装模柄压入上模板上，在压入时，应随时检查校正模柄外圆柱面与上模板上平面的垂直度［如图 9-18（a）所示］，模柄装后再装入骑缝螺钉紧固<br>② 模柄压入后，以上模板上平面为基准在平面磨床上把模柄端面与模板下平面磨平［如图 9-18（b）所示］ 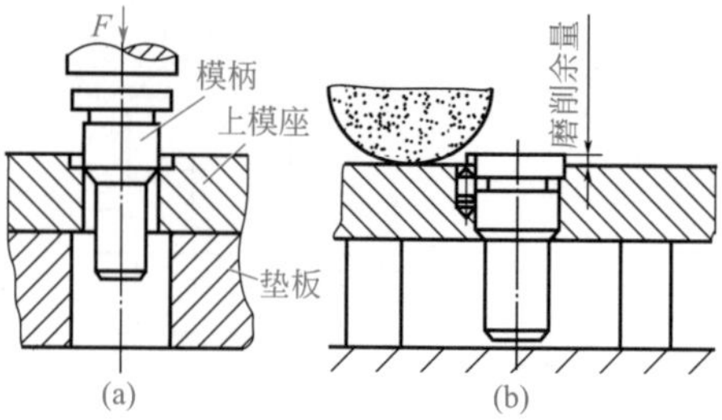<br>F　模柄　上模座　垫板　磨削余量　(a)　(b)<br>图 9-18　示意图 |
| 安装凸模 | 安装凸模（如图 9-19 所示）<br>① 采用压入法将凸模固定到凸模固定板上，并在固定时，随时检查与固定板安装面垂直度<br>② 以固定板下平面为基准面，将其上面与凸模安装尾部端面一起磨平在同一个平面上<br>③ 翻转后，再以磨平后的固定板上平面为基面，在平面磨床上刃磨凸模工作刃口，使其锋利 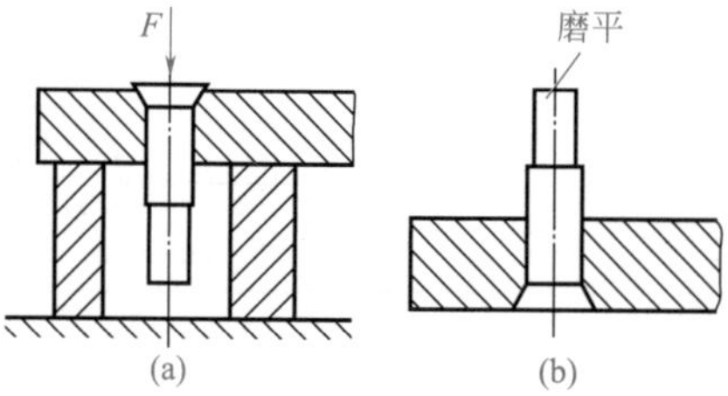<br>F　磨平　(a)　(b)<br>图 9-19　示意图 |
| 安装凹模 | 安装凹模（如图 9-20 所示）<br>① 用压入法将凹模压入凹模固定板中。为压入方便应将凹模端外轮廓棱角处修磨成 C0.5 圆角［如图 9-20（b）所示］，然后用手扳压力机压入<br>② 装配时注意两点：其一凹模固定板安装孔的台阶面 *A*［如图 9-20（a）所示］应在安装孔直径 *D* 和固定板支承面 *F* 一次装夹车成，并以下面为基准，先磨平 *E* 面，再以 *E* 面为基准磨平 *F* 面；其二安装孔尺寸 *D* 与凹模孔 $d_1$ 间，应留有 0.6 ～ 1mm 间隙，以保证凹模装配后凹模台阶处 *M* 面与固定板 *A* 面接触无缝隙<br>③ 凹模压入后应以 *E* 面为基准面磨平 *F* 面，使之凹模尾端与固定板在同一平面上；磨平后，再以下面为基准面，反过来磨平 *E* 面，使刃口锋利 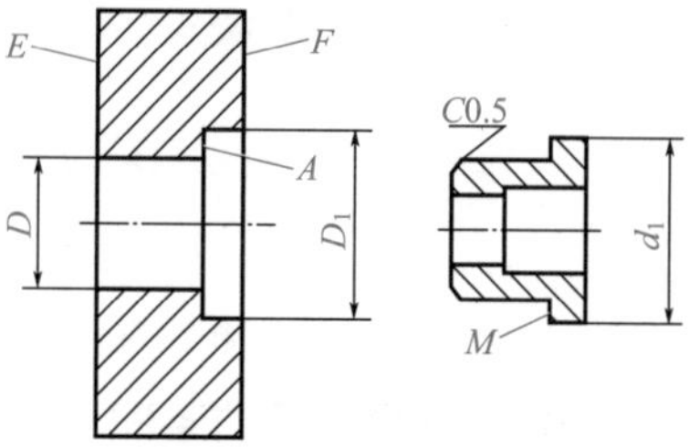<br>E　F　A　D　$D_1$　C0.5　$d_1$　M<br>(a) 凹模固定板　(b) 凹模<br>图 9-20　示意图 |
| 安装上、下模 | ① 将固定安装后的上模板与模柄的组合与凸模和凸模固定板的组合装配在一起，并用内六角螺钉、圆柱销紧固在一起构成上模<br>② 用同样方法，将凹模组合与底座连在一起，用螺钉、圆柱销固紧，组成下模 |
| 安装调试 | ① 将装配的上、下模分别安装到压力机滑块及工作台上，但下模不要固紧<br>② 用手搬压力机飞轮，将凸模深入凹模孔中。为保证凸凹模间隙便于安装，可采用图 9-21 所示定位器进行安装<br>③ 凸模进入凹模以后，采用垫片或透光法，将间隙调整均匀<br>④ 间隙调整均匀后，将下模固紧在工作台面上，套上卸料橡胶，并使其下平面高出凸模刃口 3 ～ 5mm<br>⑤ 开机试冲，检验制品质量是否合格，不合格时要进行修整，直到合适为止 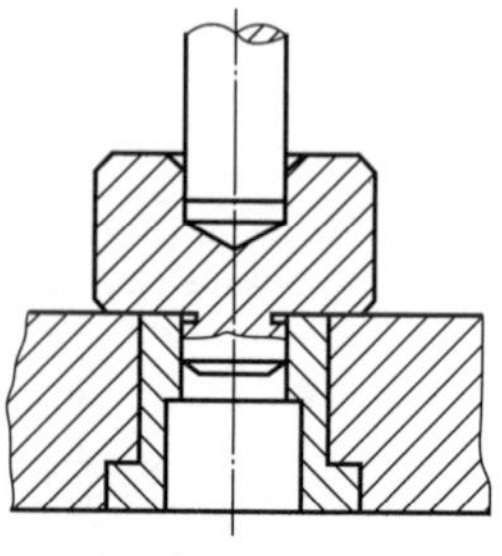<br>图 9-21　示意图 |

## 2. 有导向冲裁模的装配

单工序有导向冲裁模，是指用导柱、导套作为导向装置的冲模。其冲裁精度高，工作稳定可靠，装配后使用时，方便在压力机上安装。

有导向冲裁模，装配时首先要选择基准件，然后以基准件为准，配装其他零件，其装配顺序和步骤见表 9-40。

表 9-40　装配顺序和步骤

| 顺序 | 步　骤 |
| --- | --- |
| 组件装配 | 如模架装配，模柄在上模座上的装配，凸、凹模在固定板上的装配等 |
| 安装下模 | 将凹模放在下模板上，找正位置后，将下模板按凹模孔划线，加工出漏料孔，然后用内六角螺钉、圆柱销将下模板和凹模紧固，成为一体 |
| 安装上模 | 首先将凸模与凸模固定板组合放在安装好的下模凹模板上，并用等高垫铁垫起，将凸模导入相应的凹孔内，调整间隙使之均匀。然后，将上模板组合、垫板及凸模固定组合配好，并用夹钳夹紧取下，沿着上模板紧固螺孔，拧入螺钉但不要拧紧 |
| 调整间隙 | 将初装的上模与下模合模，查看凸模是否自如地进入相应凹孔内，并调好间隙。如不合适，可用锤子敲击凸模固定板侧面，直到间隙合适为止 |
| 固紧上模 | 间隙调整合适后，将上模螺钉拧紧，并卸下。沿销孔打入销钉及再配装其他辅助零件 |

## 3. 单工序有导向冲裁模装配方法及过程（表 9-41）

表 9-41　单工序有导向冲裁模装配方法及过程

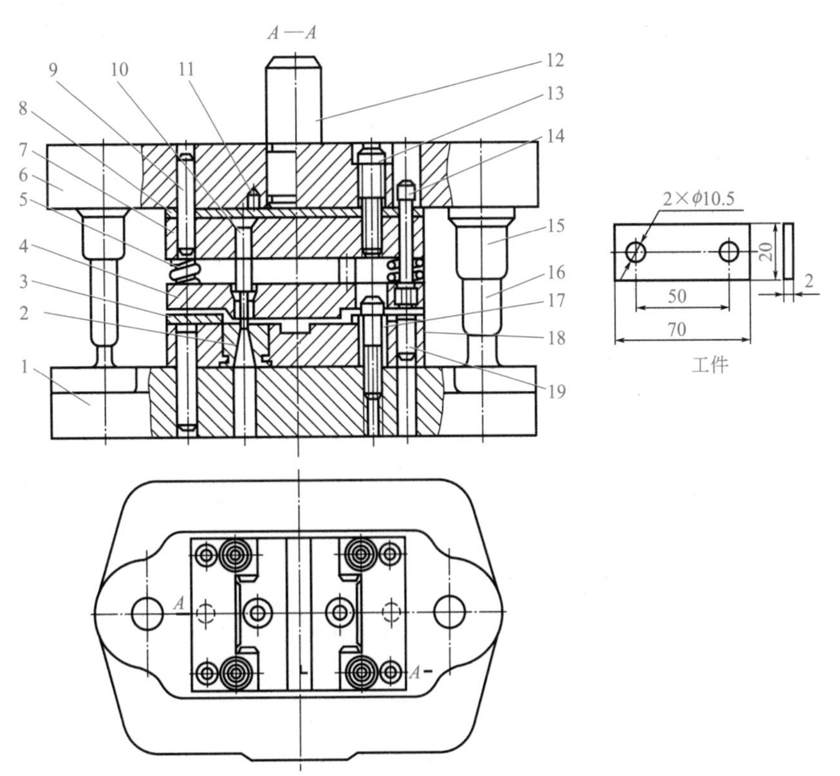


1—下模板；2—凹模；3—定位板；4—卸料板；5—弹簧；6—上模板；7，18—固定板；8—垫板；9，11，19—圆柱销；10—凸模；12—模柄；13，17—螺钉；14—卸料螺钉；15，16—导套，导柱

续表

| 装配项目 | 装 配 说 明 |
| --- | --- |
| 装前准备 | ① 通读图样，了解所要冲制品零件（固定板）形状精度要求，以及所用模具结构特点、动作过程<br>② 选择确定装配顺序及方法<br>③ 检查零件质量，备好标准件，如螺钉、圆柱销等组装部件 |
| 组装部件 | ① 装配模架，其方法见表 9-28、表 9-29<br>② 装配凸模与固定板，见表 9-15<br>③ 组装模柄采用压入法，见表 9-30 |
| 装配卸料板 | 将卸料板 4 套在已装入固定板 7 的凸模 10 上，在固定板与卸料板 4 之间垫上垫铁，并用夹板将其夹紧，然后按卸料板上的螺孔。在固定板相应位置上划线，拆开后钻铰固定板 7 上的螺钉孔 |
| 装配凹模 | ① 把凹模 2 装入固定板 18 中<br>② 用平面磨，磨固定板与凹模组合的上、下面，使刃口锋利 |
| 装配下模 | ① 在凹模与固定板组合上安装定位板 3<br>② 将固定板、凹模、定位板组合放在下模板上，划钻漏料孔后，再将其按配钻方法钻出模板螺钉过孔销孔，并用螺钉、销钉紧固 |
| 装配上模 | ① 装凸模固定组合，将凸模插入相应凹模孔，并在之间垫入等高垫铁<br>② 调好间隙后，把上模板 6、垫板 8 放在固定板上，调好相互位置后，用夹钳夹紧卸下<br>③ 在上模板上以事先加工好的卸料板及固定板螺孔销孔为准，配钻上模板、垫板、螺钉孔及卸料螺钉孔，然后分别拧入螺钉，但不要拧紧 |
| 调整间隙 | ① 将装好的上、下模合模，并翻转倒置，把模柄夹在平台钳上<br>② 用手电筒照射凸、凹模配合孔，从漏料孔中观测凸、凹模间隙是否均匀。若某方向偏大，则用锤子轻轻敲打上模固定板 7 侧面，以改变上模凸模进入凹模孔位置，直到各向透光一致，间隙均匀为止 |
| 紧固上模 | 间隙调整均匀后，将上模内六角螺钉拧紧并钻铰销孔，穿入圆柱销 |
| 装卸料板 | ① 将卸料板 4 装在已固紧的上模上<br>② 检查卸料板是否能灵活地在凸模间上、下移动，并使凸模缩入卸料孔 0.5 ～ 1mm，最后安装弹簧 |
| 试切与调整 | ① 冲模所有辅助零件按图样安装好后，用与制品同样厚度的硬纸板放在凸、凹模之间，用手锤敲击模柄进行试切<br>② 检查试件，若毛刺较小，切均匀，表明装配正确，否则应重新装配调整 |
| 调试打刻 | 装配好的冲模安装到压力机试冲与调整，直到能批量试制出合格零件，在模板上打刻交付使用 |

## 二、复合模的加工与装配

复合模是指在压力机的一次行程中，可在冲模同一工位上，同时完成落料、冲孔、弯曲、拉深等多个冲压工序的冲模。

如图 9-22 所示为一副用来冲制垫圈的倒装式复合模。其凸凹模 18 安装在下模固定板 17 上，其冲裁时，既起垫圈外缘的凸模作用又起冲孔凹模作用（制品的内孔），当冲模的上模随压力机滑块下行时，则冲孔凸模 6 与凸凹模 18 的内孔作用。冲出垫圈内孔，其冲孔废料随凸凹模的下面漏料孔落下；而此时凸凹模 18 外缘与装在上模上的凹模 9 作用，将零件与条料分开冲出垫圈的外形，并嵌在凹模孔中。待上模回升时，制品零件由顶件器 8 在顶出杆作用下，推出模外，完成冲裁工作。

复合模是在大批量生产情况下，经常采用的模具结构，其冲裁精度可达到 IT9 ～ IT10 级，而连续模为 IT10 ～ IT11 级，单工序冲裁模最高能达到 IT12 级。

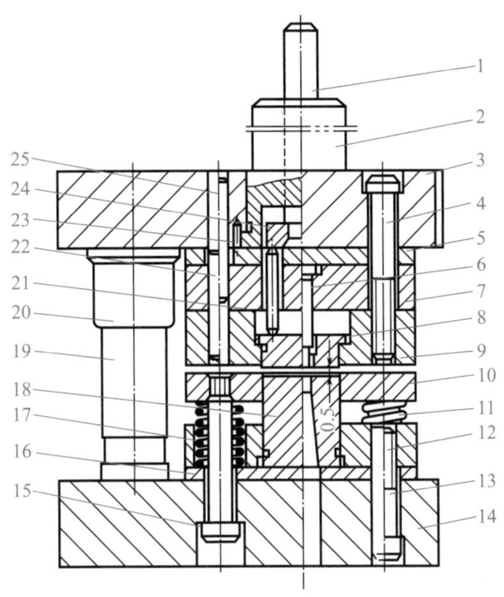


图 9-22　垫圈复合模

1—打料杆；2—模柄；3—上模板；4,13,15—螺钉；5,16—垫板；6—冲孔凸模；7,17—固定板；8—顶件器；9—凹模；10—卸料板；11—弹簧；12,22,23—销钉；14—下模板；16—垫板；18—凸凹模；19—导柱；20—导套；21—顶出杆；24—顶板；25—圆柱销

复合模的加工与装配说明见表 9-42。

表 9-42　复合模的加工与装配说明

| 类别 | 说　明 |
|---|---|
| 制造与装配要求 | ① 凸凹模、凸模、凹模必须符合加工要求<br>② 装配时，其冲孔与落料间隙要均匀一致<br>③ 装配后，上模的推件装置推力中心，应与模柄中心重合 |
| 加工与制作特点 | 在加工与制作复合模零件时，若电加工及精密加工齐全时，可首先用成形磨加工凸模，其凸模要比图样长一些，然后以此作为电极用电火花穿孔凸凹模内型孔；然后再做一个与凸凹模形状相同的电极，加工凹模孔；若有线切割情况下，可以先加工凹模，再以凹模配作凸凹模及冲孔凸模。利用电加工或精加工设备制作的零件一般精度较高，钳工稍加修整后，即可装配。但在缺少精加工及电加工设备情况下模具钳工用手工制作，可按以下顺序加工<br>① 首先加工冲孔凸模<br>② 对凸凹模进行粗加工，并按图样划线、粗加工后再用冲孔压印锉修凸凹模内部型孔<br>③ 制作一个与制品冲件形状、尺寸相同的标准样板，再把凸凹模与样板粘接在一起或划线、再刨、铣加工凸凹模外形<br>④ 经锉修后，将凸凹模锯下一块，可作为卸料器用<br>⑤ 将精加工成形的凸凹模淬硬，压印锉修凹模孔<br>⑥ 用冲孔凸模通过卸料器导向，压印凸模固定板型孔<br>⑦ 对于倒装式复合模，可先装上模，然后再配装下模，而正装式复合模先装下模，然后再配装上模 |
| 装配顺序选择 | 对于倒装式导柱复合模，一般先安装上模然后找正下模中凸凹模的位置，按照冲孔凹模型孔加工出漏料孔。这样既可以保证上模中的推件装置与模柄中心对正，又可避免排料孔错位，而后以凸凹模为基准分别调整落料孔间隙并使之均匀，最后再安装其他零件 |
| 装配方法与步骤 | 复合模的装配，有配作装配法和直接装配法。其主要步骤是<br>第一步：组装部件。主要包括模架、模柄装入、凸模及凸凹模在固定板上的固定<br>第二步：装配上模<br>第三步：装配下模<br>第四步：调整间隙<br>第五步：安装其他辅助零件<br>第六步：试冲与调整<br>如图 9-22 所示的垫圈复合模，其装配方法与步骤见表 9-43 |

表 9-43　装配方法与步骤

| 类别 | 说　　明 |
| --- | --- |
| 检查零件及组件 | 检查冲模各零件及组合，是否符合图样要求，并检查凸、凹模间隙均匀程度，各种辅助零件是否配齐 |
| 装配上模 | ①翻转上模板 3，放入顶杆组件 1 与 24；②把垫板 5、固定板 7 放到上模板上，再放入顶出杆 21，顶件器 8 和凹模 9；③用凸凹模 18 对冲孔凸模 6 和凹模 9 初找正其位置。夹紧上模所有部件，并检查卸料板的灵活程度；④按凹模 9 上的螺纹孔，配做上模各零件的螺孔过孔（配钻）；⑤拆开后分别进行扩孔、锪孔，然后再用螺钉连接起来 |
| 装配下模 | ①在下模板上放上垫板 16 和固定板 17，装入凸凹模 18；②合上冲模，根据上模找正凸凹模正确位置，并加工出漏料孔、螺钉孔，用螺钉连接起来；③按照凸凹模精确找正冲孔凸模位置，保证凸凹模与冲孔凸模、凹模间隙均匀后紧固螺钉，打入销钉；④安装卸料板；⑤安装其他零件 |
| 试冲与调整 | ①切纸试冲；②装机试冲 |

## 三、连续模的加工与装配

连续模又称级进模及跳步模，其结构与普通有导向冲裁模相似，主要由工作零件凸、凹模，凸、凹模固定板及标准模架以及卸料板、导料板等组成。只是卸料板常采用刚性卸料板卸料，一般与凹模一起固定在下模，如图 9-23 所示的模具结构，是冲压图 9-24 所示电镀表磁极冲片的连续模。

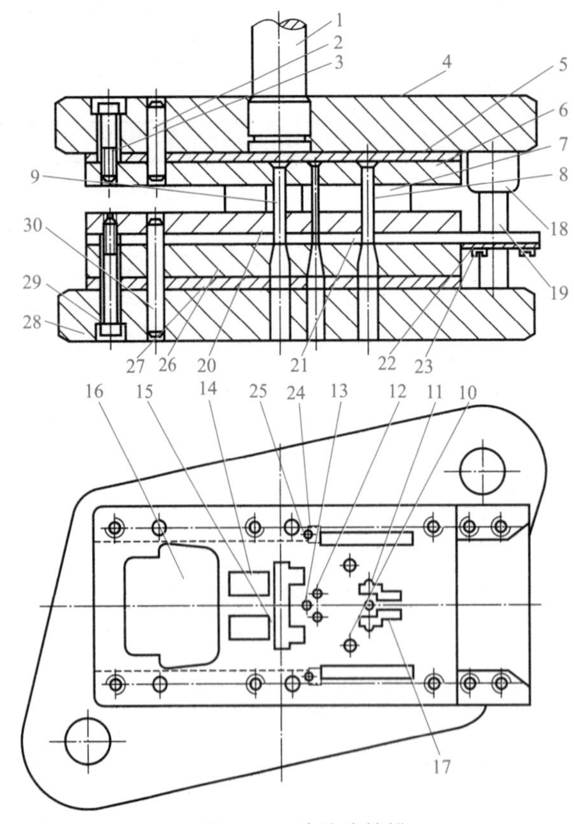


图 9-23　冲片连续模

1—模柄；2，25，30—圆柱销；3，23，29—螺钉；4—上模板；5，27—垫板；6—凸模固定板；7—侧刃凸模；8～15，17—冲孔凸模；16—落料凸模；18—导套；19—导柱；20—卸料板；21—导料板；22—托料板；24—挡料块；26—凹模；28—下模板

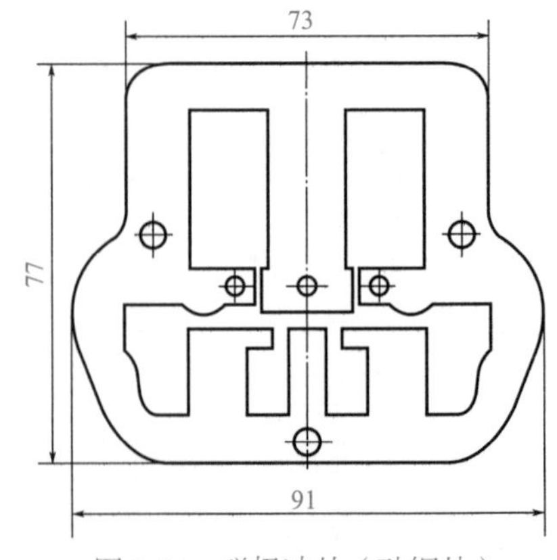


图 9-24　磁极冲片（硅钢片）

连续模的加工与装配方法见表 9-44。

表 9-44　连续模的加工与装配方法

| 类别 | 说　　明 |
| --- | --- |
| 加工装配要求 | ① 凹模各型孔的相对位置及步距一定要加工、装配准确<br>② 凹模型孔，凸模固定板固定凸模安装孔、卸料板导向孔三者位置必须要保持一致，即在加工与装配后，各对应形孔的中心轴线应保证同轴度的要求<br>③ 各凸、凹模间隙要均匀一致<br>④ 采用侧刃定位时，侧刃的断面长度应等于步距的长度 |
| 零件加工特点 | 连续模的零件加工，应根据企业设备条件来选定<br>在无线切割及精密数控机床条件下，可采用如下加工方法<br>① 先加工凸模，并经淬硬处理<br>② 对卸料板按图样划线，并利用机械及手工加工成形，其形孔留有一定加工余量以凸模压印成形，达到所配合尺寸精度，一般为 H7/h6<br>③ 将卸料板、凸模固定板、凹模四周对齐，用夹钳夹紧，同钻紧固螺钉孔及销孔<br>④ 把已加工好的卸料板与凹模板用销钉紧固，用加工好的卸料板型孔对凹模孔进行仿形划线，卸下后去除中间余料，再用凸模通过卸料板导向，压印锉修凹模，保证间隙均匀<br>⑤ 用上述方法，加工凸模固定板安装型孔和底座下模板上的漏料孔<br>若企业有电火花、线切割机床，应先加工出凹模，并以凹模为基准，按上述方法压印加工凸模，仿形加工卸料板、固定板型孔 |
| 装配顺序选择 | 连续模的装配，一般先装配下模，即以凹模为基准将下模装配后，再装配上模及其他辅助零件。若凹模采用拼装结构时，在装配时，为便于准确调整步距和保证间隙均匀，应先把步距调整准确，并进行各组凸、凹模的预配。间隙检查修正均匀后，再把凹模压入固定板。然后把固定板装入下模，再以凹模为定位基准把凸模依次装入上模固定板，待用切纸法试切合格后，用圆柱销、螺钉紧固定位，再将导料板等辅助零件装入。其多凸模固定及镶拼凹模的安装方法及顺序见图 9-6、图 9-8 及图 9-9 |
| 装配方法与步骤 | 连续模的装配方法与步骤是<br>第一步：各组凸、凹模预配。假如凹模是整体凹模，则凹模孔的步距是由凹模加工中保证的。若是镶拼结构，则在镶拼前，应仔细检查各镶块宽度（拼块一般以各型孔分段拼合，即拼块宽等于步距）和型孔中心距，使相邻两块宽度之和符合图样要求。在拼合时，应按基准面排齐，磨平。再将凸模逐个插入相对应的凹模型孔内，检查凸模与凹模的配合情况，目测间隙均匀程度，要不合适应进行修正<br>第二步：组装凹模。先按凹模镶块拼装后的实际尺寸及要求的过盈量，修正凹模固定板固定孔尺寸，然后把凹模拼块压入，并用三坐标测量机、坐标磨床、坐标镗床进行位置精度或步距精度检查（无此设备可用一般量具），再插入凸模、复查间隙均匀度<br>凹模装配后，将上、下平面用平面磨床磨平<br>第三步：凸模与卸料板导向孔预配。把卸料板合到已装配好的凹模上，对准各型孔再用夹钳夹紧。然后，把凸模逐个插入卸料孔并进入凹模刃口，用宽度角尺检查凸模与卸料垂直度误差，若误差太大，或凸模上、下移动后发涩发紧，应修整卸料板导向孔<br>第四步：组装凸模。按前述或见图 9-6 及表 9-22 多凸模固定方法，将凸模依次固定到凸模固定板上<br>第五步：装配下模。首先按下模板中心线找正凹模（板）位置，通过凹模板已加工好的螺孔及销孔尺寸、大小配钻下模板、垫板螺钉过孔及销孔，并用螺钉、销钉将卸料板、导板、凹模下模板，垫板紧固在一起<br>第六步：装配上模。将凸模组合的凸模相应插入各对应卸料孔及凹模型孔中，并用等高垫铁垫起，以防损坏凹模刃口。再将上模板及上垫板放在凸模固定板上，调整好位置及间隙后，将上模用夹钳夹好，取下，配钻上模板螺钉及销孔。钻好后拧入螺钉，但不要固紧<br>第七步：将上、下模合模，观察间隙是否均匀及导柱、导套配合状况，不合适时，继续调整间隙，直到合适为止，并拧紧螺钉、打入销钉<br>第八步：装机试模。将装配后的冲模安装在压力机上进行试冲、检验、调整、直到连续冲出合格制品再打刻、编号、交付使用 |

见图 9-23 所示的磁极冲片连续模，其装配方法见表 9-45。

表 9-45　连续模装配工艺方法

| 装配工序 | 装配操作说明 |
| --- | --- |
| 凸、凹模预配 | ①装配前仔细检查各凸模形状和尺寸以及凹模形孔，是否符合图样要求的尺寸精度、形状<br>②将各凸模分别与相应的凹模孔相配，检查其间隙是否加工均匀。不合适者应重新修磨或更换 |
| 凸模装入固定板 | 以凹模孔定位，将各凸模分别压入凹模固定板形孔中，并拧紧牢固 |
| 装配下模 | ①将下模板 28 上划中心线，按中心预装凹模 26、垫板 27、导料板 21、卸料板 20<br>②在下模板 28、垫板 27、导料板 21、卸料板 20 上，用已加工好的凹模分别复印螺钉位置，并分别钻孔，攻螺纹<br>③将下模板、垫板、导料板、卸料板、凹模用螺钉紧固，打入销钉 |
| 装配上模 | ①在已装好的下模上放等高垫铁，将凸模与固定板组合通过卸料孔导向，装入凹模<br>②预装上模板 4，划出与凸模固定板相应螺孔、销孔位置并钻铰螺孔、销孔<br>③用螺钉将固定板组合、垫板上模板连接在一起，但不要拧紧<br>④复查凸、凹模间隙并调整合适后，紧固螺钉<br>⑤切纸检查，合适后打入销钉 |
| 装辅助零件 | 装配辅助零件后，试冲 |

# 四、冲裁模的调试

## 1. 冲模安装调试前的准备（表 9-46）

表 9-46　冲模安装调试前的准备

| 类别 | 说明 |
| --- | --- |
| 熟悉冲模结构及工作过程 | ①熟悉制品零件的形状、尺寸精度及技术要求<br>②掌握所冲零件的工艺流程和各工序要点<br>③熟悉所要调试的冲模结构特点及动作原理<br>④了解冲模的安装方法及应注意的事项 |
| 检查冲模的安装条件 | ①冲模的闭合高度必须要与压力机的装模高度相适应，即冲模在安装前，冲模的闭合高度必须先进行测定（测定方法见表 9-38），其值应满足下式要求<br>$H_1-S \geqslant H_模 \geqslant H_2+10$<br>式中　$H_1$——压力机最大装模高度，mm<br>$H_2$——压力机最小装模高度，mm<br>$H_模$——冲模的闭合高度，mm<br>$S$——压力机行程。<br>当多套冲模联合安装在同一台压力机上实现多工序冲压时，其各套冲模的闭合高度应相同<br>②压力机的公称压力必须要大于模具所需工艺力的 1.2 ～ 1.3 倍<br>③冲模的各安装槽（孔）位置必须与压力机各安装槽（孔）相适应<br>④压力机工作台面漏料孔尺寸，应大于制件与废料尺寸。并且压力机工作台尺寸、滑块底面尺寸应能满足冲模的安装要求，即工作台面及滑块底面大小应适应安装冲模并应留有一定的余量。一般情况下，其台面应大于冲模模板尺寸 50 ～ 70mm 以上<br>⑤冲模打料杆的长度与直径应与压力机的打料机构相适应 |
| 检查压力机的技术状态 | ①压力机的制动（刹车）、离合器及操作机构应工作正常、灵活<br>②压力机上的打料螺钉，应调整到合适位置<br>③压力机上的压缩空气垫应操作灵活、可靠<br>④压力机的工作形式应与冲模结构形式相吻合，如开式压力机适于左、右方向送料，取件，而自动压力机要保证较高的生产率<br>⑤压力机滑块行程大小应满足制件高度尺寸要求，并能保证冲压后制件能顺利地从冲模中取出；其行程次数应符合生产率和材料变形速度的要求<br>⑥压力机的功率应大于冲模冲压时的功率值<br>⑦压力机能保证使用的方便与安全性 |
| 检查冲模表面质量 | ①根据冲模图样检查冲模零件是否齐全<br>②检查冲模表面是否符合技术要求<br>③检 查冲模凸、凹模工作部位、卸料、定位部位是否符合要求<br>④检查导向部位是否动作灵活、平稳<br>⑤检查各螺钉、销钉是否固紧 |

## 2. 冲模在单动压力机上的安装方法（表 9-47）

表 9-47　冲模在单动压力机上的安装方法

| 类别 | 说明 |
|---|---|
| 安装准备工作 | ① 清除压力机工作台面及冲模上、下底面异物不得有任何异物及渣屑存在<br>② 准备好安装冲模用的紧固螺栓、螺母、压板垫块、垫板及冲模用的顶杆、推杆等附件 |
| 调整压力机使其工作正常 | ① 开启压力机电源踩一下脚踏板或按手柄，查看滑块动作是否平稳，若有不正常的连冲现象应及时排除，使其工作正常<br>② 用手扳动飞轮（中、大型压力机采用微动按钮），将压力机滑块调节到压力机上止点（滑块运行最高位置）<br>③ 转动压力机的调节螺栓，将其调整到最短长度 |
| 安装固定上模 | ① 将冲模放在压力机工作台上。对于无导向冲模上、下模用木块将上模垫起，而有导向冲模则直接放入<br>② 用手扳动压力机飞轮，使滑块慢慢靠近上模并将模柄对准滑块孔，然后再使滑块慢慢下移，直到滑块下平面贴近上模上平面后，拧紧紧固螺钉，将上模紧固在滑块上 |
| 安装固定下模 | ① 上模装好后，将压力机滑块上调 3 ～ 5mm，开动压力机使滑块停在上止点<br>② 擦净导柱、导套及滑块各部位，加入润滑油<br>③ 开动压力机 2 ～ 3 次，将滑块停在下止点，依靠导柱、导套的自动调节，把上、下模导正<br>④ 检查一下间隙是否均匀<br>⑤ 间隙无误后，将下模的压板螺钉紧固 |
| 试冲 | ① 放上条料进行开机试冲。根据试冲情况，调节上滑块的高度，直至能冲下合格的零件后，再锁紧调节螺钉<br>② 若采用打料杆时（复合模、拉深模、弯曲模），则应调整压力机上的卸料螺栓到需要的高度；若冲模需要气垫，则应调节压缩空气到适当的压力 |

## 3. 调试要点（表 9-48）

表 9-48　调试要点

| 类别 | 图示 | 说明 |
|---|---|---|
| 凸、凹模间隙调整 | 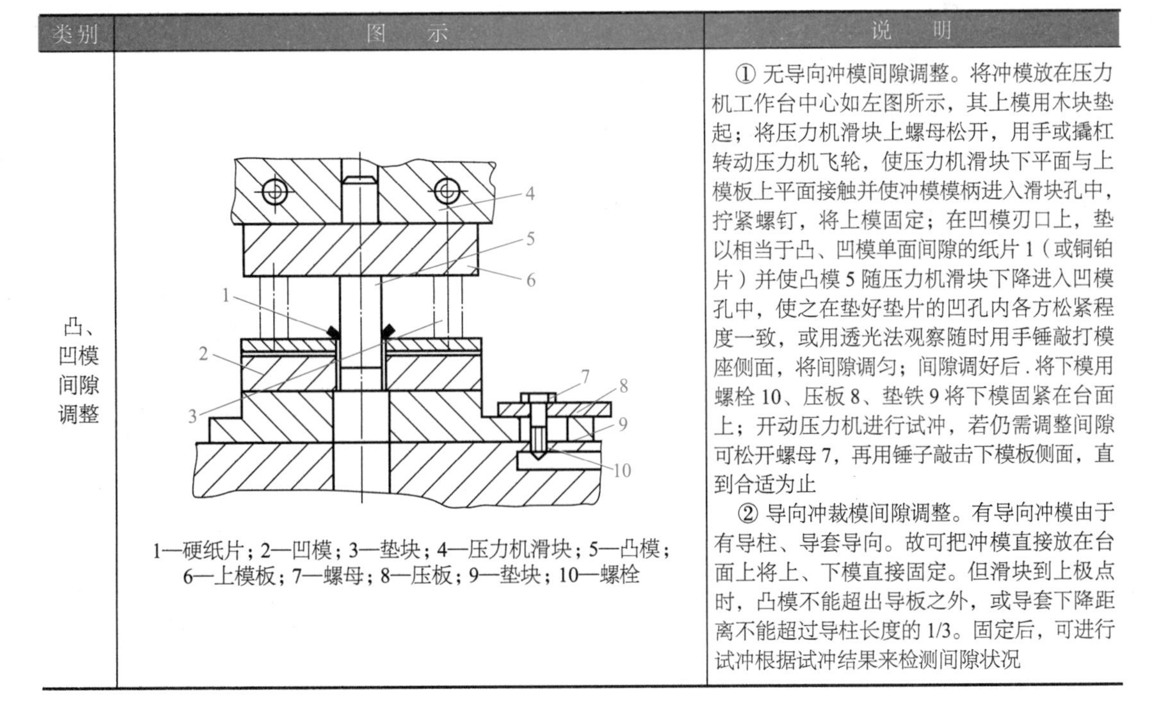<br>1—硬纸片；2—凹模；3—垫块；4—压力机滑块；5—凸模；6—上模板；7—螺母；8—压板；9—垫块；10—螺栓 | ① 无导向冲模间隙调整。将冲模放在压力机工作台中心如左图所示，其上模用木块垫起；将压力机滑块上螺母松开，用手或撬杠转动压力机飞轮，使压力机滑块下平面与上模板上平面接触并使冲模模柄进入滑块孔中，拧紧螺钉，将上模固定；在凹模刃口上，垫以相当于凸、凹模单面间隙的纸片 1（或铜铂片）并使凸模 5 随压力机滑块下降进入凹模孔中，使之在垫好垫片的凹孔内各方松紧程度一致，或用透光法观察随时用手锤敲打模座侧面，将间隙调匀；间隙调好后 . 将下模用螺栓 10、压板 8、垫铁 9 将下模固紧在台面上；开动压力机进行试冲，若仍需调整间隙可松开螺母 7，再用锤子敲击下模板侧面，直到合适为止<br>② 导向冲裁模间隙调整。有导向冲模由于有导柱、导套导向。故可把冲模直接放在台面上将上、下模直接固定。但滑块到上极点时，凸模不能超出导板之外，或导套下降距离不能超过导柱长度的 1/3。固定后，可进行试冲根据试冲结果来检测间隙状况 |

续表

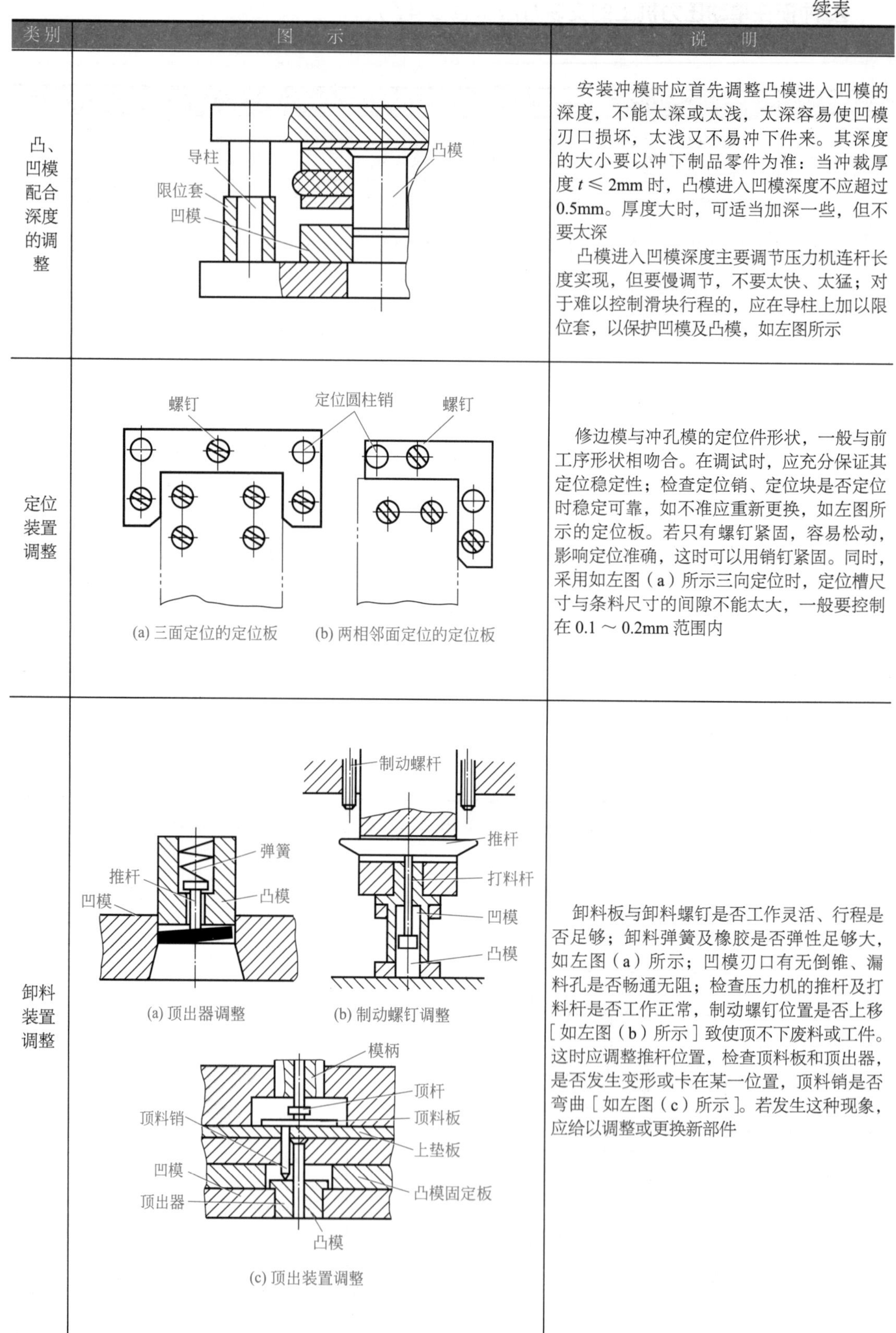

| 类别 | 图示 | 说明 |
| --- | --- | --- |
| 凸、凹模配合深度的调整 | 导柱、限位套、凹模、凸模 | 安装冲模时应首先调整凸模进入凹模的深度，不能太深或太浅，太深容易使凹模刃口损坏，太浅又不易冲下件来。其深度的大小要以冲下制品零件为准：当冲裁厚度 $t \leqslant 2$mm 时，凸模进入凹模深度不应超过 0.5mm。厚度大时，可适当加深一些，但不要太深<br>凸模进入凹模深度主要调节压力机连杆长度实现，但要慢调节，不要太快、太猛；对于难以控制滑块行程的，应在导柱上加以限位套，以保护凹模及凸模，如左图所示 |
| 定位装置调整 | 螺钉、定位圆柱销、螺钉<br>(a) 三面定位的定位板　(b) 两相邻面定位的定位板 | 修边模与冲孔模的定位件形状，一般与前工序形状相吻合。在调试时，应充分保证其定位稳定性；检查定位销、定位块是否定位时稳定可靠，如不准应重新更换，如左图所示的定位板。若只有螺钉紧固，容易松动，影响定位准确，这时可以用销钉紧固。同时，采用如左图（a）所示三向定位时，定位槽尺寸与条料尺寸的间隙不能太大，一般要控制在 0.1 ～ 0.2mm 范围内 |
| 卸料装置调整 | 弹簧、推杆、凹模、凸模<br>(a) 顶出器调整<br>制动螺杆、推杆、打料杆、凹模、凸模<br>(b) 制动螺钉调整<br>模柄、顶杆、顶料销、顶料板、上垫板、凹模、顶出器、凸模固定板、凸模<br>(c) 顶出装置调整 | 卸料板与卸料螺钉是否工作灵活、行程是否足够；卸料弹簧及橡胶是否弹性足够大，如左图（a）所示；凹模刃口有无倒锥、漏料孔是否畅通无阻；检查压力机的推杆及打料杆是否工作正常，制动螺钉位置是否上移［如左图（b）所示］致使顶不下废料或工件。这时应调整推杆位置，检查顶料板和顶出器，是否发生变形或卡在某一位置，顶料销是否弯曲［如左图（c）所示］。若发生这种现象，应给以调整或更换新部件 |

# 第三节　弯曲模和拉深模的装配与调试

## 一、弯曲模的装配方法

### 1. 装配顺序选择

在装配弯曲模时，其装配顺序的选择是保证弯曲模精度的基础。对于无导向弯曲模，上、下模一般按图样分开安装，凸、凹模的间隙控制借助试冲时压力机的滑块位置及靠垫片和标准样件来保证的；对于有导向弯曲模，一般先装下模，并以凹模为基准再安装上模，且凸模与凹模间隙，靠标准样件调试及研配。

### 2. 装配工艺方法

弯曲模的装配基本上与冲裁模相似，有配作和直接装配两种方法。对于一般弯曲模，其零件加工应按图样加工后直接进行装配；而对于复杂形状的弯曲模，应借助于事先准备好的样件，按凸模（凹模）研修凹模（凸模）的曲面形状后，分别装在上、下模上进行研配；对于大型弯曲模应安放在研配压力机上研配，并保证间隙值。

在装配时，一般是按样件调整凸凹模间隙值。同时，在选用卸料弹簧及卸料橡胶时，一定要保证有足够的弹力。

弯曲模的装配方法及过程见表 9-49。

表 9-49　弯曲模的装配方法及过程

<table>
<tr><th>类别</th><th>说　　明</th></tr>
<tr><td>装前准备工作</td><td>识读模具图样，了解模具结构组成及弯曲工作过程。如图 9-25 所示中模具是一无导向装置的 V 形与 U 形通用弯曲模，只要更换凸模 2 及两块凹模 7 即可弯曲不同形状及尺寸的制品。制品成形后由顶块 3 通过弹顶器（模座下无画出）带动顶杆 6 将件卸出。查对零件及准备标准螺钉、销钉等<br>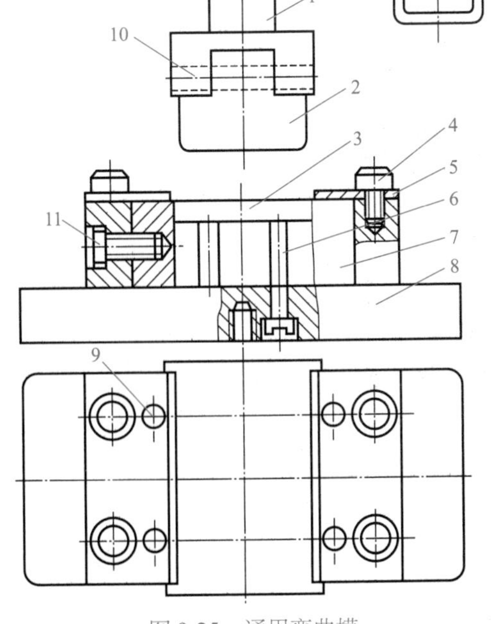<br><br>图 9-25　通用弯曲模<br>1—模柄；2—凸模；3—顶块；4, 9, 11—螺钉；5—定位板；6—顶杆；7—凹模；8—模座；10—销钉</td></tr>
</table>

续表

| 类别 | 说　　明 |
| --- | --- |
| 装下模 | 将二凹模 7 和 2 按图样要求安装在下模底座 8 上，并将定位板 5 装好，但不要固紧 |
| 装上模 | 将凸模 2 安装在模柄槽中，须使凸模上平面与模柄槽底接触并穿入销钉 10 |
| 制作标准样件 | 制作与制品一样的厚度标准样件（按产品图材料采用铜或铝板）套在凸模上 |
| 调整间隙及试冲 | 将装好的上、下模分别固定在压力机滑块及工作台面上，用制作的样件控制凸、凹模间隙，调好压力机行程，即可试冲合格。将下模螺钉紧固，可交付使用 |

## 二、弯曲模的调试

### 1. 上、下模在压力机上的相对位置调整

上、下模在压力机上的相对位置调整方法如下：

① 无导向装置的弯曲模，其在压力机上的相对位置，一般由调节压力机连杆调整。即使上模随滑块到下极点时，即能压实工件，又不发生硬性顶撞、顶住、咬死，即算调好。

② 有导向弯曲模，安装在压力机上后，其上、下模位置精度，由导向装置控制。

③ 在调整时最好把标准试件放在凸、凹模内工作位置上调整。

### 2. 凸、凹模间隙调整

凸、凹模间隙调整如图 9-26 所示。其调整方法为：一般采用标准样件法进行调整，即将标准样件套在凸模上，使凸模进入凹模内，用调整压力机螺杆长度的方法，一次又一次用手转动飞轮（或按钮），直到使滑块能正常通过下止点而无阻滞或盘不动（顶住）现象为止。这样盘动数次，合适后将下模紧固，卸下样件即可试冲弯曲。

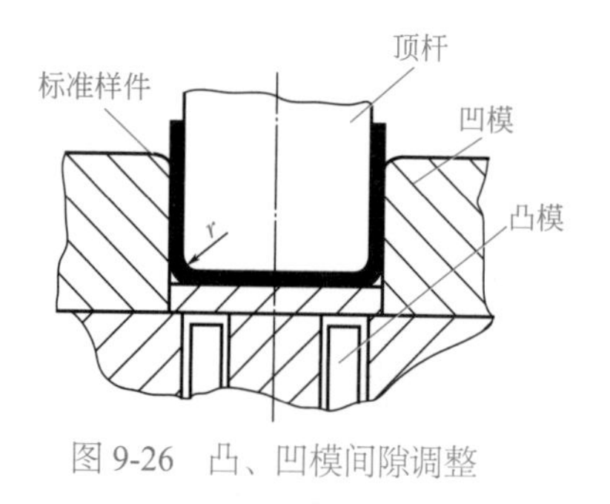

图 9-26　凸、凹模间隙调整

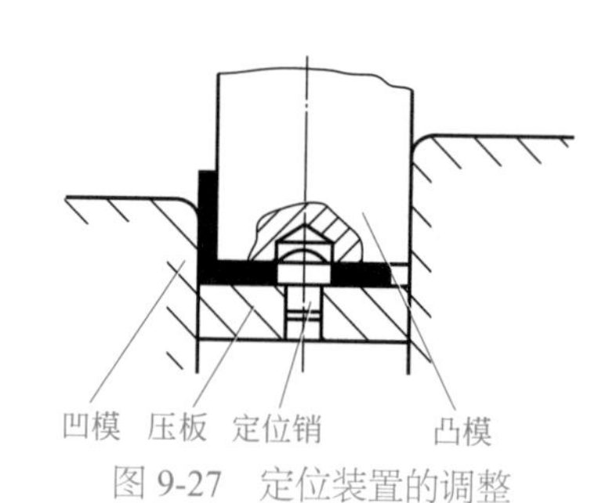

图 9-27　定位装置的调整

### 3. 定位装置的调整

定位装置的调整如图 9-27 所示。其调整方法为：弯曲模的定位零件内孔形状基本与坯件外形相一致，在调整时要试模合适后，将其紧固；若用定位块、定位钉定位，一定要调好其相对定位位置后，再紧固。

### 4. 卸料、送料装置调整

调整方法为：顶出器及卸料系统各零件应动作灵活，不应有卡紧现象；卸料系统的行程要足够大；卸料系统的卸料橡胶或卸料弹簧弹力应足够大；卸料系统作用于制品的作用力应均衡，以保证零件制品的底部平直及表面质量。

若制件底面不平或产生挠曲，在调整时，一方面要加大压力，另一方面可在冲模中增设

顶出装置（如图 9-28 所示）并使顶出器有足够的弹顶力以保证制品底面平整。

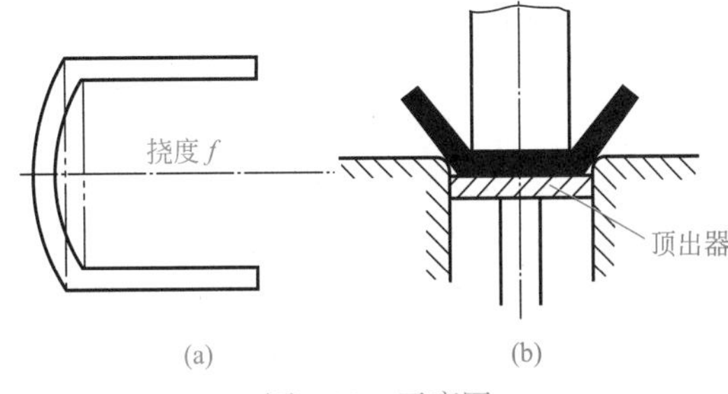

图 9-28　示意图

### 5. 弯曲件产生回弹现象的调整

弯曲件产生回弹现象的调整如图 9-29 所示。其调整方法为：采用弹性模量大、力学性能好的冲压材料，或在弯曲前对坯料进行退火软化处理、降低硬度、减少回弹；在凸模或凹模上修正出补偿回弹角，并减小凸、凹模间隙，使间隙等于或小于最小料厚。如图 9-29（a）、（b）所示或在 U 形件弯曲时将凸模顶块修整成弧形［如图 9-29（c）所示］使制件底部凹入，出模后由于回弹使底面伸直，促使两侧直边向内，以抵消两侧边向外的回弹；若试模时，产生回弹较大，则可以把凸模修整成局部凸起形，使校正力集中在弯曲的弯角处，对弯曲件的变形区进行整形，以减少回弹，如图 9-29（d）～（f）所示。弯曲后再增加一次校正工序。

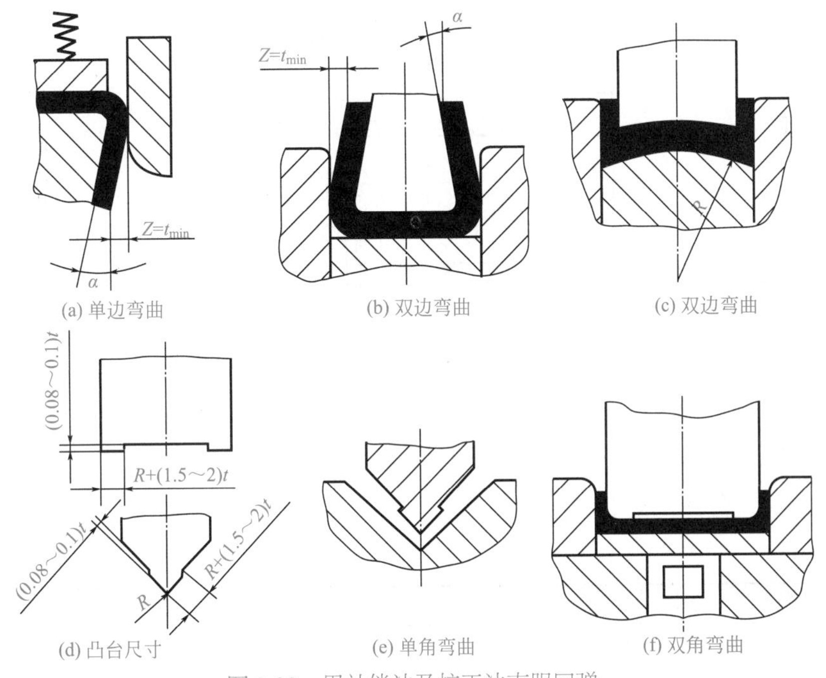

图 9-29　用补偿法及校正法克服回弹

## 三、拉深模的装配方法

拉深模的装配基本上与冲裁模、弯曲模装配方法相似，即可采用直接装配和配作装配两种方法进行。

### 1. 装配顺序的选择

① 无导向装置的拉深模，上、下模可分别按图样装配，其间隙的调整，待安装到压力机上试冲时进行。

② 有导向装置的拉深模，按其结构特点先选择组装上模（或下模）然后用标准样件或垫片法边调整间隙边组装下模（或上模），然后再进行调整。

### 2. 装配组装方法

① 形状简单的拉深模，如筒形零件及盒形件，其拉深凸、凹模一般按设计要求加工后直接进行装配，并要保证间隙值。

② 复杂形状的拉深模，其凸、凹模采用机械加工如铣、仿形及电火花加工后，需在装配时，借助样件锉修凸、凹模和调整间隙，即采用配作法进行加工与装配。

如图 9-30 所示为一落料拉深复合模结构形式。所冲板料经落料、拉深成形后。从上模由上顶件口推出，拉深时的压边力是由安装于模具下部的弹顶机构（图中未标出）通过顶杆 13 来提供的。本冲模适用于圆筒形拉深及矩形盒件的拉深。其加工及装配要点见表 9-50。

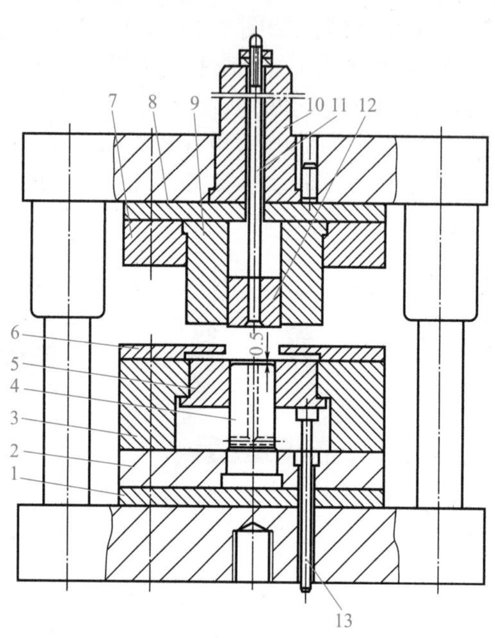


图 9-30　落料拉深复合模

1—下垫板；2—凸模固定板；3—落料凹模；4—凸模；5—下顶件器；6—卸料板；7—上固定板；8—上垫板；9—凸凹模；10—模柄；11—打料杆；12—顶件器；13—顶杆

表 9-50　落料拉深复合模加工装配要点

| 加工装配项目 | 加工装配说明 |
|---|---|
| 零件加工及部件装配 | ① 本模具所有零件由于形状简单、可直接通过机械加工完成，如凸凹模 9、落料凹模 3 以及凸模 4 均应按图样加工，并在精加工时确保表面质量及间隙值<br>② 模架选用标准模架<br>③ 凸模 4、凸凹模 9 采用压入固定法。安装在固定板上，并应固定牢固 |
| 装配上模 | ①选用凸凹模 9 作为基准件将上模进行安装及固定<br>②安装好上顶件机构 |
| 配装下模 | ① 以上模、凸凹模 9 为基准件安装下模各零件<br>② 将样件放在凸凹模、凹模、凸模之间调整好间隙后再紧固下模各零件<br>③ 配装下模时，应注意下述工艺要求<br>a. 拉深凸模 4 应低于落料凹模 3 约 0.15mm 左右<br>b. 下顶件器 5 应不高于落料凹模 3 的刃口平面<br>c. 上顶件器 12 的长度应长短一致，使其压边及顶料受力平衡，并要突出凸凹模 9 下平面<br>d. 上、下模顶件机构装配后应动作灵活，无涩滞现象 |
| 试冲与调整 | 将装配后的模具，安装到指定的压力机上，进行试冲拉深并调整，直到制出合格制品为止 |

## 四、拉深模的调试

拉深模在装配后，应将其安装到指定的压力机上进行试冲和调整。对于单动冲模，如简单筒形零件的拉深，可先将上模安装到压力机滑块上，下模放在工作台上先不必紧固，在其凹模洞口中放置标准样件，再使上、下模合模，使间隙各向均匀（凹模进入标准样件中），调好闭合高度后再把下模固紧在压力机工作台上，即可试冲调整。试冲调整项目及调试操作说明见表9-51。

表9-51 试冲调整项目及调试操作说明

| 调试项目 | 调试操作说明 |
| --- | --- |
| 进料阻力调整 | 在拉深过程中，若进料阻力过大则易使制品拉裂；若进料阻力小又易使制品起皱，故应使进料阻力调整合适。其方法是<br>①调节压力机滑块压力，使之处于正常压力下工作<br>②调节压边圈的压边面，使之与坯料良好接触<br>③修整凹模圆角半径，使之合适不能过大过小<br>④采用良好的润滑，或增加或减少润滑次数 |
| 凸模进入凹模深度的调整 | 拉深模在压力机上安装，要注重上、下模在压力机工作台上相对位置及凸模进入凹模的深度调整，其方法是<br>①有导向的拉深模，靠自身导向装置保证<br>②无导向拉深模，需采用控制间隙方法来控制凸模进入凹模深浅。即采用标准样件或垫片配合调整<br>③上、下模间隙调整合适并将上、下模紧固后，首先将压力机螺杆调整到使压力机滑块在下止点时，凸模进入凹模深度应为凸模圆角半径和凹模圆角半径之和再加5～10mm为宜<br>④在调整时，可把凸模进入凹模深度分2～3段进行调整。即先将较浅的一段调整合适后再往下调深一段，直到合适为止 |
| 压边力的调整 | 拉深模的压边力必须保持平稳。其调整方法是<br>①在安装凸模进入凹模10～20mm时，开始进行试冲，使拉深开始时材料即受压边作用并要受力均衡，在压边力调整到使拉深件凸缘部位无明显皱折又无材料破裂现象时再逐步加大拉深深度<br>②按上述方法应根据拉深高度分2～3次调整，每次调整都应无折皱和裂纹为准<br>③用压力机下部的压缩空气垫提供压边力时，应按压缩空气进气大小调整，一般压力为0.5～0.6MPa<br>④若用弹簧及橡胶提供压边力，应通过调节橡胶和弹簧压缩量来调节压边力大小 |
| 间隙调整 | 拉深间隙对拉深质量影响较大，必须进行仔细调整。其方法是<br>①先将上模紧固在压力机滑块上，下模放在工作台上，不固定<br>②将标准样件放进洞口中，使上、下模合模，凸模进入标准样件并压入凹模洞口中<br>③将下模紧固，即可进行试冲 |

# 第十章
# 冲压设备使用维修

在冲压生产中，为了适应不同的冲压工作情况，应采用不同类型的冲压设备。这些冲压设备都具有其特有的结构形式及作用特点。按冲压设备驱动方式分：机械压力机和液压机，其主要用途见表 10-1；按工艺用途分：剪切机（剪床）、板料冲压压力机及体积模压压力机，其分类及用途见表 10-2。

表 10-1　机械压力机和液压机的用途

| 类别 | 说　　明 |
| --- | --- |
| 机械压力机 | 机械压力机是利用各种机械传动来传递运动和压力的一类冲压设备，包括曲柄压力机、摩擦压力机等。机械压力机在生产中最为常用，极大部分冲压设备都是机械压力机。机械压力机中又以曲柄压力机应用最多 |
| 液压机 | 液压机是利用液压（油压或水压）传动来产生运动和压力的一种压力机械。液压机容易获得较大的压力和工作行程，且压力和速度可在较大范围内进行无级调节，但能量损失较大，生产效率较低。液压机主要用来进行深拉深、厚板弯曲、成形等 |

表 10-2　分类及用途

| 分类 | | 说　　明 |
| --- | --- | --- |
| 剪切机（剪床） | 板料剪切机 | 它用于裁剪板料 |
| | 棒料剪切机 | 它用于裁剪棒料 |
| 板料冲压压力机 | 通用曲柄压力机 | 它用来进行冲裁、弯曲、成形和浅拉深等工艺 |
| | 拉深压力机 | 它用来进行拉深工艺 |
| | 板冲高速自动机 | 它适用于连续级进送料的自动冲压工艺 |
| | 板冲多工位自动机 | 它适用于连续传送工件的自动冲压工艺 |

续表

| 分类 | | 说明 |
|---|---|---|
| 板料冲压压力机 | 精密冲裁压力机 | 它用于精密冲裁等工艺 |
| | 数控压力机 | 它适用于自动冲压、换模、换料等冲压工作 |
| | 摩擦压力机 | 它适用于弯曲、成形和拉深等工艺 |
| | 旋压机 | 它用于旋压工艺 |
| | 板料成形液压机 | 它用于进行深拉深、厚板弯曲、压印、校形等工艺 |
| 体积模压压力机 | 冷挤压机 | 它用于进行冷挤压工艺 |
| | 精压机 | 它用于进行平面精压、体积精压和表面压印等工艺 |

常用冲压设备主要有通用曲柄压力机、剪切机（剪床）、液压机、拉深压力机、精冲压力机及冷挤压机等。

# 第一节　下料设备

在冲压生产前，需要将板料或卷料剪切成条料、带料或块料，这种剪切工作是由剪板机来完成的，这一工序在冲压工艺中称为下料工序或备料工序，因此剪板机也称为下料设备，它是冲压生产中不可缺少的设备。

## 一、剪板机

剪板机外形结构及传动原理如图 10-1 所示。电动机 1 通过带轮的减速装置带动传动轴 2 转动，再经过齿轮减速装置和离合器 3 之后，带动偏心轴 4 转动。由曲柄连杆机构，将回转运动转变为滑块 5 沿导轨的上、下往复运动，即带动装在滑块上的刀片做上、下运动，从而进行剪切工作。

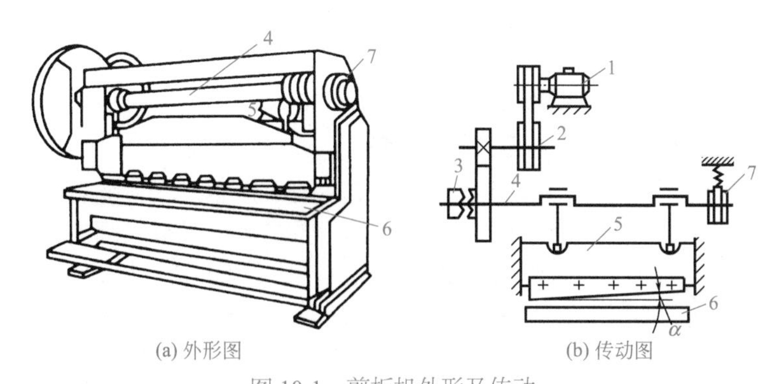

(a) 外形图　(b) 传动图

图 10-1　剪板机外形及传动

1—电动机；2—传动轴；3—离合器；4—偏心轴；5—滑块；6—工作台；7—制动器

### 1. 可剪板厚

剪板机可剪板料厚度主要受剪板机构件强度的限制，最终取决于剪切力。影响剪切力的因素很多，如刃口、间隙、刃口锋利程度、剪切角大小（对平刃剪切为板宽）、剪切速度、剪切温度、剪切面的宽度等，而最主要的还是被剪材料的强度。目前国内外剪板机的最大剪切厚度多为 32mm 以下，过大之后，从设备的利用率和经济性来看都是不可取的。

### 2. 可剪板宽

可剪板宽是指沿着剪板机剪刃方向，一次剪切完成板料的最大尺寸，它参照钢板宽度和使用厂家的要求制定（可剪板宽小于剪刃长度），这种剪切方式称为横切方式。纵切方式为多次接触剪切，只要条料宽度小于剪板机的凹口——喉口，剪切尺寸就不受限制。随着工业的发展，要求剪板宽度不断增大，目前剪板宽度为 6000mm 的剪板机已经比较普遍，国外最大板宽已达 10000mm。

用剪板机剪切冲压用的条料，长度在 2000mm 以下时，剪板机剪切条料宽度的最小公差见表 10-3。

表 10-3　剪板机剪切条料宽度的最小公差

| 板料厚度 /mm | 剪裁条料宽度 /mm | | | |
|---|---|---|---|---|
| | < 25 | > 25 ~ 50 | > 50 ~ 100 | > 100 ~ 200 |
| | 宽度最小公差 | | | |
| 0.5 以下 | ±0.3 | ±0.3 | ±0.4 | ±0.5 |
| 1 | ±0.4 | ±0.4 | ±0.5 | ±0.6 |
| 2 | ±0.5 | ±0.5 | ±0.6 | ±0.7 |
| 3 | ±0.6 | ±0.6 | ±0.7 | ±0.8 |
| 4 | — | ±0.8 | ±0.8 | ±1.0 |
| 5 | — | — | ±1.0 | ±1.3 |
| 6 | — | — | ±1.3 | ±1.5 |

### 3. 剪切角度

为了减少剪切板料的弯曲和扭曲，一般都采用较小的剪切角度，这样剪切力可能增大些，对剪板机受力部件的强度、刚度也会带来一些影响，但提高了剪切质量。

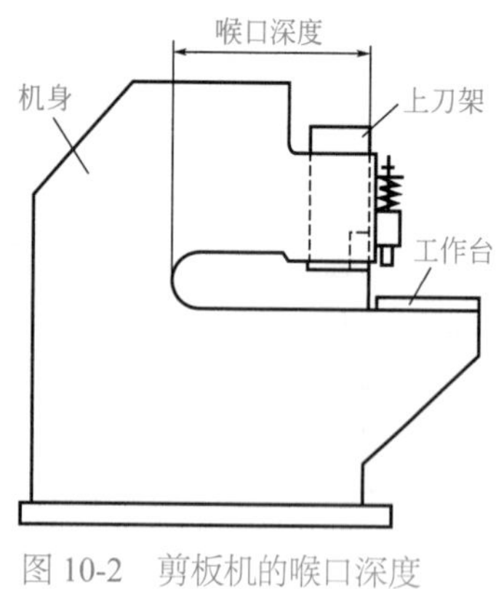

图 10-2　剪板机的喉口深度

### 4. 喉口深度

采用纵切方式对剪板机的喉口深度有要求，如图 10-2 所示。目前剪板机趋向于较小的喉口深度，这样可提高机架的刚度和使整机质量下降。

### 5. 行程次数

行程次数直接关系到生产效率，随着生产的发展及各种上下料装置的出现，要求剪板机有较高的行程次数。对于机械传动的小型剪板机，一般 50 次 /min 以上。

常用机械剪板机的主要技术参数见表 10-4，常用液压剪板机的主要技术参数见表 10-5，常用液压摆式剪板机的主要技术参数见表 10-6。

表 10-4　常用机械剪板机的主要技术参数

| 型号 | 技术参数 | | | | |
|---|---|---|---|---|---|
| | Q11-1×1000A | Q11-2.5×1600 | Q11-3×1200 | Q11-3×1800 | Q11-4×2000 |
| 剪板尺寸（厚 × 宽）/mm | 1×1000 | 2.5×1600 | 3×1200 | 3×1800 | 4×2000 |
| 剪切角度 | 1° | 1° 30′ | 2° 25′ | 2° 20′ | 1° 30′ |

续表

| 型号 | 技术参数 | | | | |
|---|---|---|---|---|---|
| | Q11-1×1000A | Q11-2.5×1600 | Q11-3×1200 | Q11-3×1800 | Q11-4×2000 |
| 行程次数 /（次 /min） | 100 | 55 | 55 | 38 | 45 |
| 板材强度 /MPa | ≤ 500 | ≤ 500 | ≤ 500 | ≤ 400 | ≤ 500 |
| 后挡料装置调节范围 /mm | 420 | 500 | 350 | 600 | 20 ～ 500 |
| 喉口深度 /mm | — | — | — | — | — |
| 电动机功率 /kW | 1.1 | 3.0 | 3.0 | 5.5 | 5.5 |
| 质量 /t | 0.55 | 1.64 | 1.38 | 2.9 | 2.9 |
| 外形尺寸（长 × 宽 × 高）/mm | 1553×1128×1040 | 2355×1300×1200 | 2015×1505×1300 | 2980×1900×1600 | 3100×1590×1280 |

| 型号 | 技术参数 | | | | |
|---|---|---|---|---|---|
| | Q11-6×1200 | Q11-6×3200 | Q11-6.3×2000 | Q11-6.3×2500A | Q11-7×2000A |
| 剪板尺寸（厚 × 宽）/mm | 6×1200 | 6×3200 | 6.3×2000 | 6.3×2500 | 7×2500 |
| 剪切角度 | 2° | 1° 30′ | 2° | 1° 30′ | 1° 30′ |
| 行程次数 /（次 /min） | 50 | 45 | 40 | 50 | 20 |
| 板材强度 /MPa | ≤ 500 | ≤ 500 | — | — | ≤ 500 |
| 后挡料装置调节范围 /mm | 500 | 630 | 600 | 630 | 0 ～ 500 |
| 喉口深度 /mm | — | — | — | — | — |
| 电动机功率 /kW | 7.5 | 10 | 7.5 | 7.5 | 10 |
| 质量 /t | 4 | 8 | 4.8 | 6.2 | 5.3 |
| 外形尺寸（长 × 宽 × 高）/mm | 2250×1650×1602 | 4455×2170×1720 | 3175×1765×1530 | 3710×2288×1560 | 3160×1843×1535 |

| 型号 | 技术参数 | | | | |
|---|---|---|---|---|---|
| | Q11-8×2000 | Q11-10x2500 | Q11-12×200 | Q11-13×2500 | Q11-6×2500 |
| 剪板尺寸（厚 × 宽）/mm | 8×2000 | 10×2500 | 12×2000 | 13×2500 | 6×2500 |
| 剪切角度 | 2° | 2° 30′ | 2° | 2° | 2° 30′ |
| 行程次数 /（次 /min） | 40 | 16 | 40 | 40 | 36 |
| 板材强度 /MPa | ≤ 500 | ≤ 500 | ≤ 500 | ≤ 500 | ≤ 500 |
| 后挡料装置调节范围 /mm | 20 ～ 500 | 0 ～ 460 | 5 ～ 800 | 800 | 460 |
| 喉口深度 /mm | — | — | — | — | 210 |
| 电动机功率 /kW | 10 | 15 | 17 | 1805 | 7.5 |
| 质量 /t | 505 | 8 | 8.5 | 10 | 6.5 |
| 外形尺寸（长 × 宽 × 高）/mm | 3270×1765×1530 | 3420×1720×2030 | 2100×3140×2358 | 2100×3640×2558 | 3610×2260×2120 |

表 10-5　常用液压剪板机的主要技术参数

| 型号 | 技术参数 | | | | |
|---|---|---|---|---|---|
| | Q11Y-6×2500 | Q11Y-7×7000 | Q11Y-12×3200 | Q11Y-16×2500B | Q11Y-20×2500 |
| 剪板尺寸（厚×宽）/mm | 6×2500 | 7×7000 | 12×3200 | 16×2500 | 20×2500 |
| 剪切角度 | 1°30′ | 1°30′ | 2° | 30′～2°30′ | 30′～3°30′ |
| 行程次数/（次/min） | 13 | 7 | 12 | 8 | 10 |
| 板材强度/MPa | ≤500 | ≤500 | ≤500 | ≤500 | ≤500 |
| 后挡料装置调节范围/mm | ≤750 | ≤700 | ≤750 | 5～1000 | ≤1000 |
| 喉口深度/mm | — | — | — | 300 | — |
| 电动机功率/kW | 7.5 | 22 | 18.5 | 18.5 | 40 |
| 质量/t | 5.6 | 34 | 14.5 | 15 | 20 |
| 外形尺寸（长×宽×高）/mm | 3427×2201×1610 | 7584×2600×2600 | 3685×2600×2430 | 3230×3300×2560 | 3650×3040×2540 |

表 10-6　常用液压摆式剪板机的主要技术参数

| 型号 | 技术参数 | | | | | | |
|---|---|---|---|---|---|---|---|
| | Q12Y-4×2500 | Q12Y-6×2500 | Q12Y-12×2000 | Q12Y-16×3200 | Q12Y-20×2500 | Q12Y-25×4000 | Q12Y-32×4000 |
| 剪板尺寸（厚×宽）/mm | 4×2500 | 6×2500 | 12×2000 | 16×3200 | 20×2500 | 25×4000 | 32×4000 |
| 剪切角度 | 1°30′ | 1°30′ | 1°30′ | 2° | 3° | 3° | 3°30′ |
| 行程次数/（次/min） | 28 | 24 | 16 | 11 | 8～12 | 6～12 | 3 |
| 板材强度/MPa | ≤500 | ≤500 | ≤500 | ≤500 | ≤500 | ≤500 | ≤500 |
| 后挡料装置调节范围/mm | ≤600 | ≤600 | ≤800 | ≤1100 | ≤750 | 约1000 | 约1000 |
| 喉口深度/mm | — | — | — | — | — | — | — |
| 电动机功率/kW | 7.5 | 11 | 18.5 | 22 | 40 | 40 | 55 |
| 质量/t | 3.7 | 6 | 8 | 14.5 | 19 | 41 | 43.6 |
| 外形尺寸（长×宽×高）/mm | 3040×1400×1540 | 3186×2696×1858 | 3045×2040×1820 | 3920×2440×2050 | 3390×2740×2635 | 5032×2300×3150 | 5200×2850×3250 |

## 二、圆盘剪切机

### 1. 圆盘剪切机的分类

圆盘剪切机是利用两个圆盘状剪刀。按其两剪刀轴线相互位置不同及与板料的夹角不同分为直滚剪、圆盘剪和斜滚剪，如图 10-3 所示。

直滚剪主要用于将板料裁成条料，或由板边向内剪裁圆形坯料，剪切时的咬角 $\alpha<14°$，重叠高度 $b=(0.2\sim0.3)t$，圆盘剪刀直径（板料厚度 $t<3$mm 时）$D=(35\sim50)t$，$h=20\sim35$mm。

圆盘剪主要用于剪裁条料、圆形坯料和环形坯料的剪切下料，剪切时两圆盘剪刀的轴线斜角 $\gamma$=30°～40°，圆盘剪刀直径（板料厚度 $t$＜3mm 时）$D$=28$t$，$h$=15～20mm。

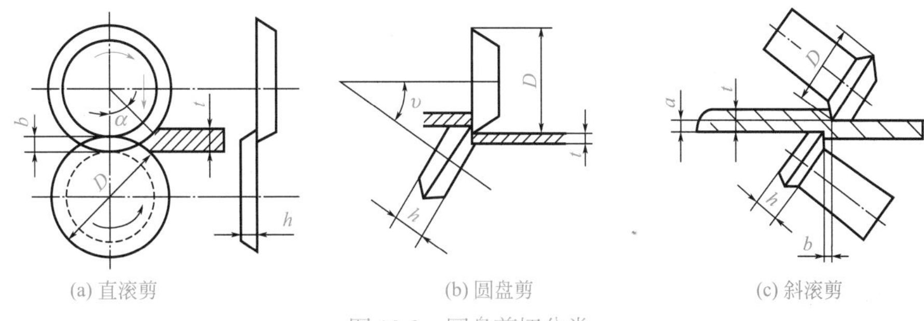


(a) 直滚剪　(b) 圆盘剪　(c) 斜滚剪

图 10-3　圆盘剪切分类

斜滚剪主要用剪切半径不大的圆形、环形和曲线形坯料，剪切时两圆盘剪刀的间隙 $a \leqslant 0.2t$，$b \leqslant 0.3t$，圆盘剪刀直径（板料厚度 $t$＜5mm）$D$=20$t$，$h$=10～15mm。

### 2. 圆盘剪切机的技术参数（表 10-7）

表 10-7　常用圆盘剪切机的技术参数

| 技术参数 | 机床型号 | | | | |
|---|---|---|---|---|---|
| | Q23-2.5×1500（斜滚剪） | Q23-3×1000（斜滚剪） | Q23-4×1000（直滚剪） | QD-4×1700（定位直滚剪） | QZ-1.5×300（自动圆盘剪） |
| 最大剪板厚度 /mm | 0.5～2.5 | 0.5～3 | 1～4 | 0.3～4 | 0.5～1.5 |
| 最大加工尺寸 /mm | φ300～1500 | φ400～1500 | φ350～1000 | φ1700 | φ300 |
| 工件送进速度 /（m/min） | 2.65 | 2.65 | 2.65 | — | — |
| | 4.24 | 4.35 | 4.30 | — | — |
| | 6.60 | 6.67 | 6.60 | — | — |
| 刀具直径 /mm | φ70 | φ60 | φ80 | φ50 | φ50 |
| 刀具倾斜角 /（°） | 45 | 45 | 0 | 0 | 下刃 45；上刃 0 |
| 材料抗拉强度 /MPa | ≤ 441 | ≤ 441 | ≤ 441 | — | ≤ 441 |
| 板料直线剪切宽度 /mm | 120～720 | 150～1200 | 150～750 | — | — |
| 电动机功率 /kW | 1.5 | 1.5 | 2.2 | — | — |
| 外形尺寸（长×宽×高）/mm | 900×3360×1350 | 690×4700×1750 | 900×3520×1600 | — | — |

## 三、振动剪切机

### 1. 振动剪切机的工作原理

振动剪切机又称冲型剪切机，其外形如图 10-4 所示。它的工作原理是通过曲柄连杆机构带动刀杆做高速往复运动，行程次数由每分钟数百次到数千次不等。它的传动原理如图 10-5 所示，电动机通过带轮、曲轴、连杆系统带动刀杆做往复运动。刀杆的运动有两种情况：当连杆在Ⅰ～Ⅱ位置间运动时，刀杆的运动速度为 1000 次 /min，当连杆在Ⅰ～Ⅲ位置间运动时，刀杆的运动速度为 2000 次 /min；刀杆运动速度的变换由手柄 A 来调节。刀杆的运动行程为 2.5～9mm，由手柄 A 和 B 来调节，当刀杆抬起时，剪刀做空行程运动，不进行剪切。

振动剪切机是一种万能板料加工设备，它在进行剪切下料时，先在板料上划线，然后刀杆上的上冲头能沿着划线或样板对被加工的板料进行逐步剪切。此外，振动剪切机还能进行冲孔、落料、冲口、冲槽、压肋、翻边、折弯和锁口等工序，用途相当广泛，适用于钣金件的中小批量和单件生产。被加工的板料厚度一般小于 10mm。

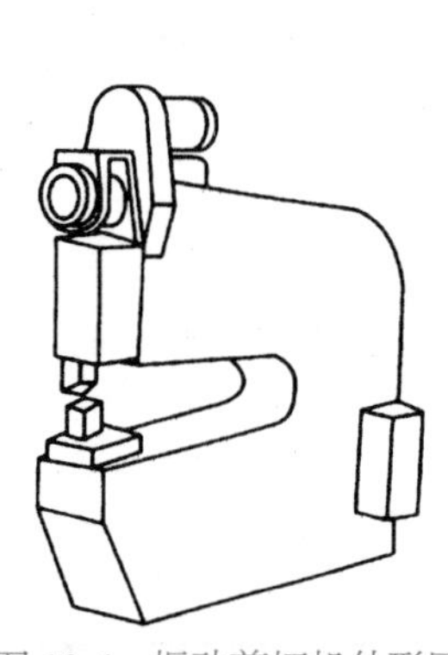

图 10-4　振动剪切机外形图

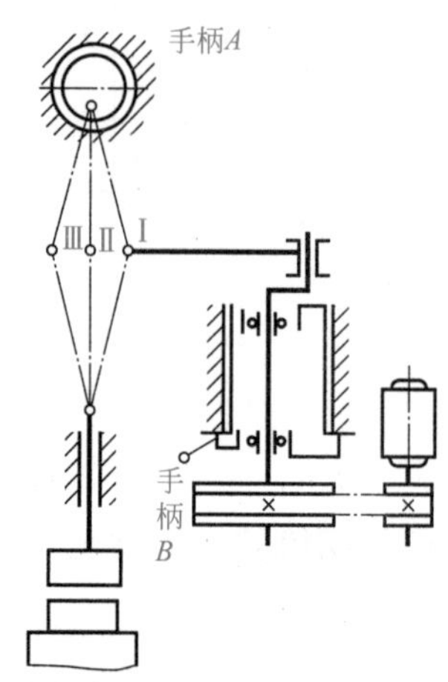


图 10-5　振动剪切机传动原理图

## 2. 振动剪切机的技术参数（表 10-8）

表 10-8　常用的振动剪切机的技术参数

| 技术参数 | 机床型号 | | | |
|---|---|---|---|---|
| | Q21-5<br>Q21-5A | Q21-10 | 仿英 P9 | 台式 |
| 最大剪切板厚 /mm | 5 | 边缘 10，内孔 8 | 9 | 15 |
| 最大冲切板厚 /mm | 2 | 边缘无孔内切 4<br>边缘有孔内切 6 | — | — |
| 可剪最大板料厚度 /mm | 1050 | 1350 | 1500 | 200 |
| 材料抗拉强度 /MPa | ≤ 441 | ≤ 441 | ≤ 490 | ≤ 441 |
| 最大成形板厚 /mm | 3 | 5 | — | — |
| 最大压肋板厚 /mm | 3 | 4 | — | — |
| 最大折弯板厚 /mm | 2 | 3 | — | — |
| 剪切通风窗厚 /mm | 4 | 4 | — | — |
| 圆形剪切直径 /mm | φ40 ～ 1040 | 最小 φ56 | 最大 φ2000 | — |
| 行程次数 /（次 /min） | 1400、2800 | 400 ～ 1300 | 2000 | 1400 |
| 行程长度 /mm | 1.7、3.5 | 10 | — | 2.3 |
| 电动机功率 /kW | 1.5 | 4 | 5.5 | 0.4 |
| 外形尺寸（长 × 宽 × 高）/mm | 2040×690×1620 | 3240×2670×1980 | 2390×850×1600 | 500×250×400 |

振动剪切机的优点是体积小、重量轻、容易制造、工艺适应性广、工具简单。它的缺点是生产率较低，剪切和工作时要人工操作，振动和噪声大，加工精度不高。

# 第二节 通用压力机

通用压力机是曲柄压力机的一种类型，是以曲柄传动的锻压机械。它能完成各种冲压工序，如冲裁、弯曲、拉深、胀形、挤压和模锻等，是冲压车间的主要设备。

## 一、主要技术参数

压力机的技术参数反映压力机的工艺能力和有关生产指标，是选择、使用压力机和设计模具的重要依据。通用压力机的主要技术参数见表 10-9。

由于压力机的许用负荷是随行程变化的，在选用压力机时，只根据最大工艺力，并不能正确选用压力机，正确的选用方法是根据制件工序分析，做出力 - 行程曲线，并与压力机许用负荷曲线进行比较，压力取许用压力的 75% ～ 80%，转矩取许用转矩的 90% ～ 95% 比较理想。

表 10-9 通用压力机的主要技术参数

| 类别 | 说明 |
|---|---|
| 公称压力 | 曲柄压力机的公称压力是指滑块离下死点前某一特定距离或曲柄旋转到离下死点前某一特定角度时，滑块上所允许承受的最大作用力。例如 J31–315 压力机的公称压力为 3150kN，它是指滑块离下死点前 10.5mm 或曲柄旋转到离下死点前 20°时，滑块上所允许承受的最大作用力。公称压力是压力机的一个主要参数，我国压力机的公称压力已经系列化 |
| 滑块行程 | 它是指滑块从上死点到下死点所经过的距离，其大小随工艺用途和公称压力的不同而不同。例如，冲裁用的曲柄压力机行程较小，拉深用的压力机行程较大 |
| 行程次数 | 它是指滑块每分钟从上死点到下死点，然后再回到上死点所往复的次数。一般小型压力机和用于冲裁的压力机行程次数较多，大型压力机和用于拉深的压力机行程次数较少 |
| 闭合高度 | 它是指滑块在下死点时，滑块下平面到工作台下平面的距离。当闭合高度调节装置将滑块调整到最上位置时，闭合高度最大，称为最大闭合高度；将滑块调整到最下位置时，闭合高度最小，称为最小闭合高度。闭合高度从最大到最小可以调节的范围，称为闭合高度调节量 |
| 装模高度 | 当工作台面上装有工作垫板，并且滑块在下死点时，滑块下平面到垫板上平面的距离为装模高度。在最大闭合高度状态时的装模高度为最大装模高度。在最小闭合高度状态时的装模高度为最小装模高度。装模高度与闭合高度之差为垫板厚度 |
| 台面尺寸及滑块底面尺寸 | 压力机工作台面尺寸与滑块底面尺寸是与模架安装平面尺寸有关的尺寸。通常对于闭式压力机，这两者尺寸大体相同，而开式压力机则前者大于后者。为了用压板对模座进行固定，这两者尺寸比模座尺寸大出必要的加压板空间 |
| 漏料孔尺寸 | 工作台的中间设有漏料孔，工作台或垫板上的漏料孔尺寸应大于模具下面的漏料孔尺寸。当模具需要装有弹性顶料装置时，弹性顶料装置的外形尺寸应小于漏料孔尺寸。模具下模板的外形尺寸应大于漏料孔尺寸，否则需要增加附加垫板 |
| 模柄孔尺寸 | 当模具需要模柄与滑块相连时，滑块内模柄孔的直径和深度应与模具模柄尺寸相协调 |
| 立柱间距与喉深 | 立柱间距是指双柱式压力机两立柱内侧之间的距离。对于开式压力机，其值主要关系到向后侧送料或出件机械的安装。对于闭式压力机，其值直接限制了模具和加工板料的最宽尺寸。喉深是开式压力机特有的参数，它是指滑块中心线到机身前后方向的距离（图 10-6 所示中尺寸 $R$），喉深直接限制了加工件的尺寸，也与压力机机身刚度有关 |
| 压力机许用负荷曲线 | 由压力机压力能力和转矩能力限定的压力 - 行程曲线称为压力机许用负荷曲线。由于曲柄压力机在冲压时，曲轴在各种不同的角度上，所允许使用的冲压力是不同的，压力机许用负荷曲线就是表明这种关系的曲线。曲线的横坐标是曲轴所处的角度 $\alpha$［如图 10-6（b）所示］，曲线纵坐标是许用压力的数值。压力机许用负荷曲线是根据压力机的主要零件，如曲轴、齿轮的许用负荷确定的 |

续表

| 类别 | 说明 |
| --- | --- |
| 压力机许用负荷曲线 | 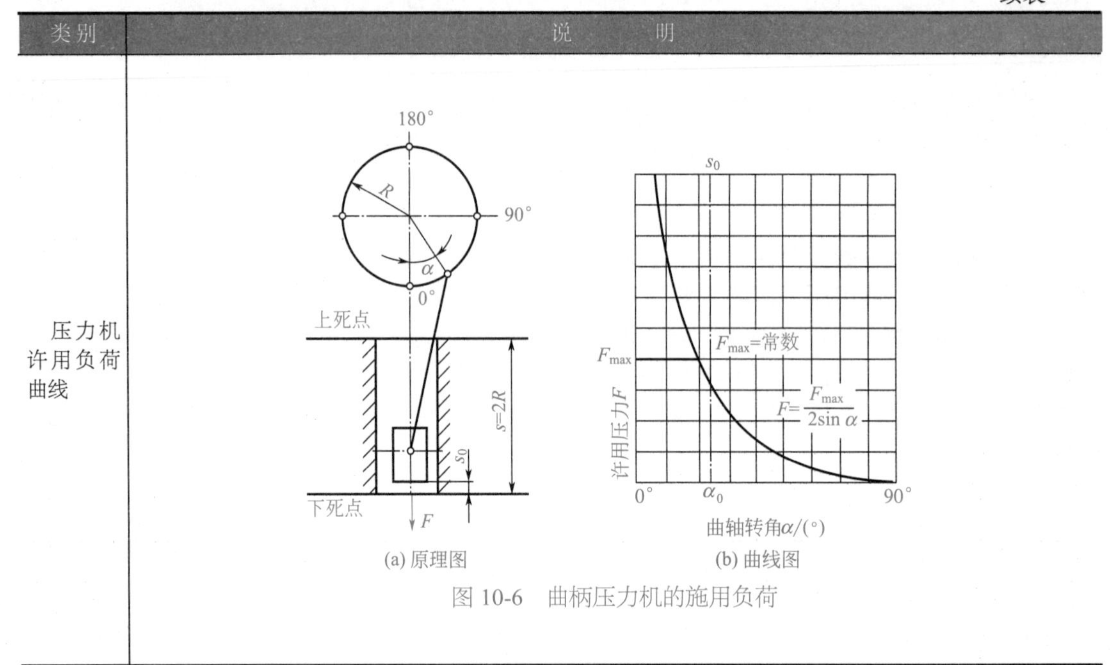 (a) 原理图　(b) 曲线图<br>图 10-6　曲柄压力机的施用负荷 |



## 二、通用压力机主要技术规格

### 1. 开式压力机形式及规格

① 开式压力机形式与公称压力范围。开式压力机分开式可倾压力机和开式固定台压力机，其公称压力范围可参见表 10-10。

表 10-10　开式压力机形式与公称压力范围

| 形式 | 类别 | 公称压力范围 /kN |
| --- | --- | --- |
| 可倾式 | 标准型（Ⅰ类） | 40 ～ 1600 |
| | 短行程型（Ⅱ类） | 250 ～ 1600 |
| | 长行程型（Ⅲ类） | 250 ～ 1600 |
| 固定台式 | 标准型（Ⅰ类） | 250 ～ 3000 |
| | 短行程型（Ⅱ类） | 250 ～ 3000 |
| | 长行程型（Ⅲ类） | 250 ～ 3000 |

② 开式固定台压力机技术规格，见表 10-11。

③ 开式双柱可倾式压力机规格，见表 10-12。

④ 常用小型压力机打料横杆、横杆孔尺寸及位置。在进行工艺及模具设计时，若选择曲柄压力机为冲压设备，有时还需要知道压力机的打料横杆尺寸和横杆孔的尺寸、位置，见表 10-13。

表 10-11　开式固定台压力机（部分）主要技术参数

| 型号 | 标称压力 /kN | 滑块行程 /mm | 行程次数 /（次 /min） | 最大封闭高度 /mm | 连杆调节长度 /mm | 工作台尺寸 /mm | | 垫板尺寸 /mm | | 模柄孔尺寸 /mm | | 电动机功率 /kW |
|---|---|---|---|---|---|---|---|---|---|---|---|---|
| | | | | | | 前后 | 左右 | 孔径 | 厚度 | 直径 | 深度 | |
| J21-40 | 400 | 80 | 80 | 330 | 70 | 460 | 00 | 150 | 65 | 50 | 70 | 5.5 |
| J21-63 | 630 | 100 | 45 | 400 | 80 | 480 | 710 | 150 | 80 | 50 | 60 | 5.5 |
| JB21-63 | 630 | 80 | 65 | 320 | 70 | 480 | 710 | 160 | 80 | 50 | 80 | 5.5 |
| J21-80 | 800 | 130 | 45 | 380 | 90 | 540 | 800 | 180 | 100 | 60 | 75 | 7.5 |
| J21-80A | 800 | 14 ～ 130 | 45 | 380 | 90 | 540 | 800 | 180 | 100 | 60 | 75 | 7.5 |
| JA21-100 | 1000 | 130 | 38 | 480 | 100 | 710 | 1080 | 200 | 100 | 60 | 75 | 7.5 |
| JB21-100 | 1000 | 60 ～ 100 | 70 | 390 | 85 | 600 | 850 | 145 | 80 | 60 | 80 | 7.5 |
| J21-160 | 1600 | 160 | 40 | 4505 | 1001 | 710 | 710 | 200 | 130 | 80 | 80 | 13 |
| J21-400 | 4000 | 200 | 25 | 50 | 50 | 900 | 1400 | — | — | 100 | 120 | 30 |

表 10-12　开式双柱可倾式压力机主要技术规格

| 型　号 | | J23-3.15 | J23-6.3 | J23-10 | J23-16 | J23-25 | J23-40 | J23-63 | J23-100 |
|---|---|---|---|---|---|---|---|---|---|
| 公称压力 /kN | | 31.5 | 63 | 100 | 160 | 250 | 400 | 630 | 1000 |
| 滑块行程 /mm | | 25 | 35 | 45 | 55 | 65 | 100 | 130 | 130 |
| 滑块行程次数 /（次 /min） | | 200 | 170 | 145 | 120 | 105 | 45 | 50 | 38 |
| 最大闭合高度 /mm | | 120 | 150 | 180 | 220 | 270 | 330 | 360 | 480 |
| 最大装模高度 /mm | | 95 | 120 | 145 | 180 | 220 | 265 | 280 | 380 |
| 连杆调节长度 / mm | | 25 | 30 | 35 | 45 | 55 | 65 | 80 | 100 |
| 滑块中心线至床身距离 /mm | | 90 | 110 | 130 | 160 | 200 | 250 | 260 | 380 |
| 床身两立柱间距离 /mm | | 120 | 150 | 180 | 220 | 270 | 340 | 350 | 450 |
| 工作台尺寸 / mm | 前后 | 160 | 200 | 240 | 300 | 370 | 460 | 480 | 710 |
| | 左右 | 250 | 310 | 370 | 450 | 560 | 700 | 710 | 1080 |
| 垫板尺寸 /mm | 厚度 | 25 | 30 | 35 | 40 | 50 | 65 | 80 | 100 |
| | 孔径 | 110 | 140 | 170 | 210 | 200 | 220 | 250 | 250 |
| 模柄孔尺寸 /mm | 直径 | 25 | 30 | 30 | 40 | 40 | 50 | 50 | 60 |
| | 深度 | 45 | 50 | 55 | 60 | 60 | 70 | 80 | 75 |
| 最大倾斜角度 /（°） | | 45 | 45 | 35 | 35 | 30 | 30 | 30 | 30 |
| 电动机功率 /kW | | 0.55 | 0.75 | 1.10 | 1.50 | 2.20 | 5.5 | 5.5 | 10 |
| 机床外形尺寸 /mm | 前后 | 675 | 776 | 895 | 1130 | 1335 | 1685 | 1700 | 2472 |
| | 左右 | 478 | 550 | 651 | 921 | 1112 | 1325 | 1373 | 1736 |
| | 高度 | 1310 | 1488 | 1673 | 1890 | 2120 | 2470 | 2750 | 3312 |
| 机床总质量 /kg | | 194 | 400 | 576 | 1055 | 1780 | 3540 | 4800 | 10000 |

表 10-13　部分小型压力机打料横杆、横杆孔尺寸及位置

| 压机型号 | 公称压力 /kN | 横杆断面尺寸（长 × 宽）/mm | 横杆孔尺寸（长 × 宽）/mm | 横杆孔距滑块下底面的距离 /mm |
|---|---|---|---|---|
| J23-16 | 160 | 35×15 | 70×20 | 62 |
| J23-40 | 400 | 50×18 | 90×25 | 70 |
| J23-63 | 630 | 60×25 | 110×35 | 85 |
| J23-80 | 800 | 70×30 | 130×35 | 80 |
| J23-100 | 1000 | 50×20 | 95×23 | 90 |

## 2. 闭式压力机规格

① 闭式单点单动压力机规格，见表 10-14 ～表 10-16。
② 闭式双点压力机规格，见表 10-17 ～表 10-19。
③ 闭式四点压力机技术规格，见表 10-20、表 10-21。

表 10-14　EIS 系列闭式单点单动压力机技术规格

| 参考名称 | 量值 | | | | | | |
|---|---|---|---|---|---|---|---|
| 公称压力 /kN | 6000 | 8000 | 10000 | 12000 | 12500 | 16000 | 30000 |
| 滑块行程 /mm | 300 | 350 | 350 | 350 | 500 | 350 | 400 |
| 行程次数 /（次 /min） | 15 ～ 30 | 15 ～ 30 | 15 ～ 30 | 15 ～ 30 | 10 | 15 ～ 30 | 15 ～ 30 |
| 最大闭合高度 /mm | 800 | 800 | 800 | 900 | 900 | 900 | 1200 |
| 闭合高度调节最 /mm | 200 | 300 | 300 | 300 | 500 | 300 | 300 |
| 工作台尺寸（左右 × 前后）/mm | 1200×1100 | 1200×110 | 1200×1100 | 1200×1100 | — | 1200×1100 | 1200×1100 |
| 垫板尺寸（左右 × 前后 × 厚度）/mm | — | — | — | — | 1800×1600×250 | — | — |
| 主电动机功率 /kW | 55 | 75 | 75 | 90 | 132 | 90 | 110 |

注：日本小松公司、第一重型机械集团公司。

表 10-15　S1 系列闭式单点单动压力机技术参数

| 名称 | 型号 | | | | | | | | |
|---|---|---|---|---|---|---|---|---|---|
| | SI-250 1000×900 | SI-400 900×900 | SI-500 1200×1000 | SI-600 1200×1200 | SI-800 1400×1400 | SI-1000 1400×1400 | SI-1250 1800×1600 | SI-1500 1500×1200 | SI-2000 1800×1800 |
| 公称压力 /kN | 2500 | 4000 | 5000 | 6000 | 8000 | 10000 | 12500 | 15000 | 20000 |
| 公称压力行程 /mm | 30 | 6 | 12 | 12 | 10 | 12 | 13 | 12 | 13 |
| 滑块行程 /mm | 660 | 250 | 125 | 600 | 760 | 300 | 500 | 450 | 500 |
| 行程次数 /（次 /min） | 22 | 40 | 30 | 15 ～ 25 | 16 ～ 24 | 20 | 10 | 14 | 9 |
| 最大装模调整量 /mm | 760 | 660 | 450 | 1200 | 1170 | 750 | 950 | 750 | 800 |
| 装模高度调整量 /mm | 200 | 200 | 200 | 150 | 200 | 250 | 300 | 400 | 300 |
| 工作台垫板（左右 × 前后）/mm | 1000×900 | 900×900 | 1200×1000 | 1200×1200 | 1400×1400 | 1400×1400 | 1800×1600 | 1500×1200 | 1800×1800 |

续表

| 名称 | 型号 | | | | | | | | |
|---|---|---|---|---|---|---|---|---|---|
| | SI-250 1000×900 | SI-400 900×900 | SI-500 1200×1000 | SI-600 1200×1200 | SI-800 1400×1400 | SI-1000 1400×1400 | SI-1250 1800×1600 | SI-1500 1500×1200 | SI-2000 1800×1800 |
| 工作台接板厚度 /mm | 150 | 150 | 200 | 250 | 250 | 250 | 250 | 250 | 250 |
| 电动机功率 /kW | 250 | 45 | 45 调速 | 90 | 395 调速 | 90 | 100 | 200 | 132 |

注：Verson 公司、济南第二机床集团有限公司。

表 10-16 闭式单点压力机（部分）主要技术参数

| 型号 | 标称压力 / kN | 滑块行程 / mm | 行程次数 /（次 /min） | 最大封闭高度 /mm | 封闭高度调节量 /mm | 工作台尺寸 /mm | | 工作台垫板厚度 /mm | 电动机功率 /kW |
|---|---|---|---|---|---|---|---|---|---|
| | | | | | | 前后 | 左右 | | |
| J31-100 | 1000 | 165 | 35 | 280 | 100 | 630 | 635 | — | 7.5 |
| J31-120 | 1200 | 100 | 46 | 550 | 200 | 600 | 800 | — | 10 |
| JA31-160A | 1600 | 160 | 32 | 480 | 120 | 790 | 710 | 105 | 10 |
| J31-250 | 2500 | 315 | 30 | 630 | 200 | 1000 | 950 | 140 | 30 |
| J31-315 | 3150 | 315 | 25 | 630 | 200 | 1100 | 1100 | 140 | 30 |
| J3-400 | 4000 | 230 | 23 | 660 | 160 | 1060 | 990 | 150 | 40 |
| J31-400A | 4000 | 400 | 20 | 710 | 250 | 1250 | 1200 | 160 | 40 |
| J31-630 | 6300 | 400 | 12 | 850 | 200 | 1500 | 1200 | — | 55 |

表 10-17 F2S 系列闭式双点单动压力机技术参数

| 参数名称 | 量值 | | | | | |
|---|---|---|---|---|---|---|
| 公称压力 /kN | 4000 | 5000 | 6000 | 8000 | 10000 | 3600① |
| 滑块行程 /mm | 600 | 600 | 600 | 600 | 650 | 600 |
| 行程次数 /（次 /min） | 24 | 24 | 24 | 24 | 24 | 10 |
| 最大闭合高度 /mm | 1350 | 1350 | 1350 | 1400 | 1400 | 1200 |
| 闭合高度调节量 /mm | 400 | 400 | 400 | 400 | 400 | 400 |
| 工作台尺寸（左右 × 前后）/mm | 2800×1500 | 3100×1700 | 3100×1700 | 3100×1700 | 3100×1700 | 1200×1800 |
| 主电动机功率 /kW | 55 | 75 | 75 | 90 | 110 | 300 |

① 表内数据来自样本。

注：第一重型机械集团公司、日本小松公司（适用于生产底盘梁）。

表 10-18 S2 系列闭式双点单动压力机技术规格

| 参数名称 | 型号 | | | | | | |
|---|---|---|---|---|---|---|---|
| | S2-200 2100×1200 | S2-250 2500×1500 | S2-300 3700×1500 | S2-400 2100×1400 | S2-400 4300×1500 | S2-500 6100×1500 | S2-600 3700×1500 |
| 公称压力 /kN | 2000 | 2500 | 3000 | 4000 | 4000 | 5000 | 6000 |
| 公称压力行程 /mm | 12 | 12 | 12 | 12 | 12 | 12 | 12 |

续表

| 参数名称 | 型号 | | | | | | |
|---|---|---|---|---|---|---|---|
| | S2-200<br>2100×1200 | S2-250<br>2500×1500 | S2-300<br>3700×1500 | S2-400<br>2100×1400 | S2-400<br>4300×1500 | S2-500<br>6100×1500 | S2-600<br>3700×1500 |
| 滑块行程 /mm | 400 | 300 | 300 | 350 | 300 | 300 | 640 |
| 行程次数 /（次 /min） | 24 | 13 ～ 26 | 25 ～ 50 | 20 ～ 40 | 15 | 16 ～ 30 | 12 |
| 最大装模高度 /mm | 650 | 900 | 550 | 550 | 500 | 520 | 880 |
| 装模高度调节量 /mm | 150 | 350 | 150 | 200 | 250 | 280 | 600 |
| 工作台垫板<br>（左右 × 前后）/mm | 2100×1200 | 2500×1500 | 3700×1500 | 2100×1400 | 4300×1500 | 6100×1500 | 3700×1500 |
| 垫板厚度 /mm | 150 | 160 | 180 | 200 | 175 | 180 | 220 |
| 主电动机功率 /kW | 30 | 30<br>调速 | 55<br>调速 | 25<br>调速 | 30 | 45<br>调速 | 55 |

| 参数名称 | 型号 | | | | | | |
|---|---|---|---|---|---|---|---|
| | S2-800<br>4000×1200 | S2-1200<br>3700×1500 | S2-1500<br>4000×1400 | S2-1600<br>6500×1600 | S2-2500<br>6700×1800 | S2-500<br>6100×1800 | S2-3000<br>6100×2440 |
| 公称压力 /kN | 8000 | 12000 | 15000 | 16000 | 25000 | 25000 | 30000 |
| 公称压力行程 /mm | 12 | 12 | 6.5 | 13 | 12 | 12 | 12 |
| 滑块行程 /mm | 350 | 450 | 250 | 500 | 450 | 460 | 710 |
| 行程次数 /（次 /min） | 20 | 15 ～ 30 | 6 ～ 15 | 10 | 12 | 12 | 8 ～ 35 |
| 最大装模高度 /mm | 650 | 1120 | 950 | 950 | 1050 | 720 | 925 |
| 装模高度调节量 /mm | 250 | 300 | 750 | 400 | 300 | 300 | 305 |
| 工作台垫板<br>（左右 × 前后）/mm | 4000×1200 | 3700×1500 | 4000×1400 | 6500×1600 | 6700×1800 | 6100×1800 | 6100×2440 |
| 垫板厚度 /mm | 200 | 250 | 350 | 300 | 300 | 280 | 305 |
| 主电动机功率 /kW | 75 | 200<br>调速 | 75<br>调速 | 100 | 132 | 132 | 155 |

注：Verson 公司、济南第二机床集团有限公司。

表 10-19　闭式双点压力机技术参数

| 名　称 | 量　值 | | | | | | | | | | | | | | |
|---|---|---|---|---|---|---|---|---|---|---|---|---|---|---|---|
| 公称压力 /kN | 1600 | 2000 | 2500 | 3150 | 4000 | 5000 | 6300 | 8000 | 10000 | 12500 | 16000 | 20000 | 25000 | 31500 | 40000 |
| 公称压力行程 /mm | 13 | 13 | 13 | 13 | 13 | 13 | 13 | 13 | 13 | 13 | 13 | 13 | 13 | 13 | 13 |
| 滑块行程 /mm | 400 | 400 | 400 | 500 | 500 | 500 | 500 | 630 | 630 | 500 | 500 | 500 | 500 | 500 | 500 |
| 行程次数 /（次 /min） | 18 | 18 | 18 | 14 | 14 | 12 | 12 | 10 | 10 | 10 | 10 | 8 | 8 | 8 | 8 |
| 最大装模高度 /mm | 600 | 600 | 700 | 700 | 800 | 800 | 950 | 1250 | 1250 | 950 | 950 | 950 | 950 | 950 | 950 |
| 装模高度调整量 /mm | 250 | 250 | 315 | 315 | 400 | 400 | 500 | 600 | 600 | 400 | 400 | 400 | 400 | 400 | 400 |
| 导轨间距 /mm | 1980 | 2430 | 2430 | 2880 | 2880 | 3230 | 3230 | 3230<br>4080 | 3230<br>4080 | 3230<br>4080 | 5080<br>6080 | 5080<br>7580 | 7580 | 7580<br>10080 | 10080 |

续表

| 名称 | | 量值 | | | | | | | | | | | | | | |
|---|---|---|---|---|---|---|---|---|---|---|---|---|---|---|---|---|
| 滑块底面前后尺寸 /mm | | 1020 | 1150 | 1150 | 1400 | 1400 | 1500 | 1500 | 1700 | 1700 | 1700 | 1700 | 1700 | 1700 | 1900 | 1900 |
| 工作台尺寸 | 左右[①] /mm | 1900 | 2350 | 2350 | 2800 | 2800 | 3150 | 3150 | 3150<br>4000 | 3150<br>4000 | 3150<br>4000 | 5000<br>6000 | 5000<br>7500 | 7500 | 7500<br>10000 | 10000 |
| | 前后 / mm | 1120 | 1250 | 1250 | 1500 | 1500 | 1600 | 1600 | 1800 | 1800 | 1800 | 1800 | 1800 | 1800 | 2000 | 2000 |

①下面数为大规格尺寸。

表 10-20　S4 系列闭式四点单动压力机技术规格

| 参数名称 | 型号 | | | | | | | | |
|---|---|---|---|---|---|---|---|---|---|
| | S4-250<br>2800×<br>1800 | S4-300<br>3000×<br>1800 | S4-400<br>4700×<br>2600 | S4-500<br>4700×<br>2800 | S4-600<br>4300×<br>1800 | S4-800<br>4600×<br>2500 | S4-1000<br>4600×<br>2500 | S4-1500<br>4700×<br>2800 | S4-2000<br>5500×<br>2500 |
| 公称压力 /kN | 2500 | 3000 | 4000 | 5000 | 6000 | 8000 | 10000 | 15000 | 20000 |
| 公称压力行程 /mm | 12 | 12 | 12 | 12 | 12 | 12 | 12 | 12 | 12 |
| 滑块行程 /mm | 450 | 800 | 300 | 300 | 400 | 760 | 900 | 300 | 350 |
| 行程次数 /（次 /min） | 26 | 20 ～ 25 | 8 ～ 24 | 10 ～ 50 | 15 ～ 45 | 11 | 16 | 15 ～ 45 | 15 ～ 30 |
| 最大装模高度 /mm | 1200 | 1500 | 1270 | 1200 | 750 | 900 | 1800 | 1600 | — |
| 装模高度调节量 /mm | 350 | 250 | 250 | 500 | 250 | 500 | 600 | 300 | 250 |
| 工作台垫板（左右 × 前后）/mm | 2300×<br>1800 | 3000×<br>1800 | 4700×<br>2600 | 4700×<br>2800 | 4300×<br>1800 | 4600×<br>2500 | 4600×<br>2500 | 4700×<br>2800 | 5500×<br>2500 |
| 工作台垫板厚度（左右 × 前后）/mm | 125 | 200 | 200 | 690 | 250 | 300 | 300 | 690 | 300 |
| 电动机功率 /kW | 37 | 75 | 55<br>调速 | 110<br>调速 | 132<br>调速 | 110 | 110 | 280<br>调速 | 250<br>调速 |

注：Verson 公司、济南第二机床集团有限公司。

表 10-21　E4S 系列闭式四点单动压力机技术规格

| 参数名称 | 量值 | | | | | | | |
|---|---|---|---|---|---|---|---|---|
| 公称压力 /kN | 4000 | 5000 | 6000 | 6000 | 8000 | 8000 | 10000 | 12000 |
| 公称压力行程 /mm | 600 | 600 | 750 | 600 | 750 | 700 | 850 | 850 |
| 行程次数 /（次 /min） | 24 | 24 | 20 | 20 | 20 | 20 | 20 | 18 |
| 最大装模高度 /mm | 1350 | 1350 | 1500 | 1400 | 1500 | 1400 | 1570 | 1570 |
| 装模高度调节量 /mm | 400 | 400 | 600 | 700 | 600 | 750 | 600 | 600 |
| 工作台垫板（左右 × 前后）/mm | 2800×<br>1850 | 2800×<br>1850 | 3400×<br>2000 | — | 3400×<br>2000 | — | 4000×<br>2150 | 4000×<br>2150 |
| 垫板尺寸（左右 × 前后 × 厚度）/mm | — | — | — | 3700×<br>2200×<br>260 | — | 4000×<br>2000×<br>270 | — | — |
| 电动机功率 /kW | 55 | 55 | 75 | 50、75<br>（双速） | 90 | 90 | 110 | 132 |

注：日本小松公司、第一重型机械集团公司。

## 三、压力机的正确使用和维护

正确使用和维护压力机，能延长压力机的寿命，充分发挥压力机的效能，更重要的是能确保工作过程中的人身和设备安全。使用和维护压力机应注意以下几点：

① 选用压力机时，应使所选压力机的加工能力（标称压力、许用负荷曲线、电动机额定功率等）留有余地。这对延长压力机及模具寿命、避免压力机出现超负荷而受到破坏都是至关重要的。

② 开机前，应检查压力机的润滑系统是否正常，并将润滑油压送至各润滑点。检查轴瓦间隙和制动器松紧程度是否合适以及运转部位是否有杂物等。

③ 在启动电动机后应观察飞轮的旋转方向是否与规定的方向（箭头标注）一致。确认方向一致后方可接通离合器，否则飞轮反转会使离合器零件和操纵机构损坏。

④ 空车检查制动器、离合器、操纵机构各部分的动作是否准确、灵活、可靠。检查的方法是先将转换开关置单次行程，然后踩动脚踏板或按动按钮，如果滑块有不正常的连冲现象，则应及时排除故障后再着手下一步的工作。

⑤ 模具的安装应准确、牢靠，保证模具间隙均匀，闭合状态良好，冲压过程中不移位。模具安装好以后，先用手动试转压力机，以检验模具的安装位置是否正确，然后再启动电动机。

⑥ 冲压过程中，严禁坯料重叠冲压，要及时清理工作台上的冲件及废料。清理时要用钩子或刷子等专用工具，切不可将手直接进入冲压危险区清理。

⑦ 随时注意压力机的工作情况，当发生不正常现象（如滑块自由下落、出现不正常的冲击声及噪声、冲件质量不合格、冲件或废料卡在冲模上等）时，应立即停止工作，切断电源，进行检查和处理。

⑧ 工作完毕后，应使离合器脱开，然后再切断电源，清除工作台上的杂物，用抹布将压力机和冲模揩拭干净，并在模具刃口及压力机未涂油漆的部分涂上一层防锈油。

⑨ 对压力机进行定期检修保养，包括离合器与制动器的保养，拉紧螺栓及其他各类螺栓的检修，给油装置的检修，供气系统的检修，传动与电气系统的检修，各种辅助装置的检修及定期精度检查等。

## 四、压力机的常见故障及排除方法

压力机在使用过程中由于正常的磨损、使用不当或维护不良，常会出现一些故障，影响正常的工作。曲柄压力机工作中常见的故障及其消除方法见表10-22。

表10-22 曲柄压力机工作中常见的故障及其消除方法

| 故障部位 | 故障现象 | 产生原因 | 消除方法 |
|---|---|---|---|
| 曲轴 | 曲轴的轴承发热 | ① 轴与轴瓦咬住<br>② 润滑油耗尽 | ① 重磨轴颈或刮研轴瓦<br>② 检查润滑油流动情况，清理油路及油槽 |
| | 流出的润滑油有铜末 | 油槽或油路堵塞 | 清洗油路及油槽 |
| 滑块 | 调节封闭高度时滑块不动 | ① 调节螺杆压弯<br>② 调节螺杆球头间隙过小，球头与球头座咬住<br>③ 导轨间隙太小<br>④ 平衡气缸气压过高或过低 | ① 更换或校直调节螺杆<br>② 放大球头间隙，清洗球头座，去伤痕<br>③ 调整间隙<br>④ 调整气压 |

续表

| 故障部位 | 故障现象 | 产生原因 | 消除方法 |
| --- | --- | --- | --- |
| 滑块 | 调节封闭高度时滑块无止境地上升或下降 | 限位开关失灵 | 修理限位开关，注意上限位与下限位行程开关的位置 |
| | 挡头螺钉或挡头座被顶弯或顶断 | 调节封闭高度时没有相应调节挡头螺钉 | ① 更换损坏零件<br>② 调节封闭高度时先将挡头螺钉调节到最高位置，待封闭高度调好以后再降低挡头螺钉到需要的位置 |
| | 润滑点流出的油发黑或有铜末 | 润滑不足 | 检查润滑油流动情况，清理油路、油槽及刮研轴瓦 |
| 连杆 | 连杆和螺杆自动松开 | 锁紧机构松动 | 用扳手拧紧锁紧机构 |
| | 连杆球头部分有响声 | ① 球形盖板有松动<br>② 压力机超载，压塌块损坏 | ① 旋紧球形盖板的螺钉，并用手扳动连杆调节螺杆以测松紧程度<br>② 更换新的压塌块 |
| 转键式离合器 | 单次行程离合器接合不上 | ① 转键的拉簧断裂或太松<br>② 转键尾部断裂<br>③ 打棒棱角磨损后打滑<br>④ 操纵机构拉杆长度没调好 | ① 更换或上紧拉簧<br>② 更换转键<br>③ 补焊或更换新的打棒<br>④ 调整拉杆至适当长度 |
| | 离合器分离时，有连续急剧撞击声 | ① 制动带太紧<br>② 转键拉簧松动 | ① 调节制动弹簧到正常<br>② 调节转键拉簧到正常 |
| | 飞轮空转时，离合器有节奏的响声 | ① 转键没有完全卧入凹槽中<br>② 转键曲面高于曲轴面 | 拆下修理 |
| 摩擦式离合器 | 离合器接合不紧，滑块不动或动作很慢 | ① 间隙过大<br>② 摩擦面有油<br>③ 密封件漏气<br>④ 气阀失灵<br>⑤ 导向销或导向键磨损 | ① 调整间隙或更换摩擦片<br>② 清洗摩擦面<br>③ 更换密封件<br>④ 检修气阀<br>⑤ 拆下修理或更换 |
| | 滑块下滑制动不住 | ① 制动器摩擦面间隙过大<br>② 制动弹簧断裂<br>③ 平衡气缸气压低<br>④ 气阀失灵<br>⑤ 导向销或导向键磨损 | ① 调整或更换摩擦片<br>② 更换制动弹簧<br>③ 送气或消除漏气<br>④ 检修气阀<br>⑤ 拆下修理或更换 |
| | 摩擦块磨损过快或温度异常升高 | ① 气动联锁不正常，离合器和制动器互相干扰<br>② 摩擦块厚度不一致<br>③ 摩擦面之间有异物<br>④ 摩擦盘偏斜 | ① 调整两个气阀的时差<br>② 重新更换摩擦块<br>③ 清除异物<br>④ 重新安装调整摩擦盘 |
| 传动装置 | 按下启动按钮时飞轮不转动 | V 带太松 | 调节 V 带的松紧程度 |
| 拉深垫 | 气垫柱塞不上升或上升不到顶点 | ① 密封圈太紧<br>② 压紧密封圈的力量不均匀<br>③ 托板卡住，原因：a. 导轨太紧；b. 废料或顶杆卡在托板与工作台板之间；c. 托板偏转被压力机座卡住；d. 气压不足 | ① 放松压紧螺钉或更换密封圈<br>② 调整密封圈使压紧力均匀<br>③ 措施：a. 放大导轨间隙；b. 清除废料，用堵头堵住工作台上不用的孔；c. 转正托板，上紧螺钉；d. 调整气压，消除漏气 |
| | 气垫柱塞不下降 | ① 密封圈压紧力不均或太紧<br>② 气垫气缸内的气体排不出<br>③ 托板导轨太紧<br>④ 活动面有磨损现象 | ① 调整压紧力<br>② 排气<br>③ 调整间隙<br>④ 修理活动面 |

续表

| 故障部位 | 故障现象 | 产生原因 | 消除方法 |
| --- | --- | --- | --- |
| 拉深垫 | 气垫柱塞上升不平稳，甚至有冲击上升 | ①缸壁与活塞润滑不良<br>②密封圈压紧力不均匀 | ①清洗除锈，加强润滑<br>②调整压紧力 |
| | 液压气垫得不到所需要的压料力 | ①液压油不够<br>②控制缸活塞卡住不动或气缸不进气 | ①增加液压油<br>②清洗气缸，检查气路管及气阀 |

# 第三节　拉深压力机

## 一、拉深压力机的类型

拉深压力机按驱动方式分为机械式拉深压力机和液压式拉深压力机。按压力机的主要用途分为通用压力机和专用拉深压力机。通用压力机只适用于简单形状的浅拉深成形。专用拉深压力机按滑块的动作分为单动、双动和三动拉深压力机。单动拉深压力机常利用气垫压边。而双动拉深压力机有两个分别运动的滑块，内滑块用于拉深，外滑块主要用于压边。所谓三动拉深压力机是在双动拉深压力机的工作台上增设气垫，气垫可进行局部拉深。拉深压力机按压力的传动方式分为上传动式和下传动式。

拉深压力机按滑块（内滑块）的连杆数目分为单点、双点和四点拉深压力机。按机身结构分为闭式和开式拉深压力机。

## 二、拉深压力机的主要技术参数

拉深压力机的主要技术参数见表10-23～表10-28。

表10-23　日本会田（AIDA）公司单动拉深压力机技术规格

| 参数名称 | 量　值 | | | | | | | |
| --- | --- | --- | --- | --- | --- | --- | --- | --- |
| 公称压力/kN | 4000 | | 5000 | | 6000 | | 8000 | |
| 公称压力行程/mm | 6 | 10.5 | 6 | 10.5 | 10.5 | 13 | 10.5 | 13 |
| 滑块行程/mm | 605 | 807 | 605 | 807 | 807 | 1008 | 807 | 1008 |
| 最大拉深深度/mm | 195 | 255 | 195 | 255 | 255 | 315 | 255 | 315 |
| 最大拉深力/kN | 2280 | 2540 | 2850 | 3180 | 3550 | 3770 | 5080 | |
| 滑块行程次数/（次/min） | 25 | 20 | 25 | 20 | 20 | 16 | 20 | 16 |
| 最大装模高度/mm | 1200 | 1200 | 1200 | 1500 | 1500 | 1500 | 1500 | 1500 |
| 装模高度调节量/mm | 600 | 600 | 600 | 600 | 600 | 600 | 600 | 600 |
| 工作台尺寸（左右×前后）/mm | 2750×1700 | 3050×1700 | 2750×1700 | 3050×1700 | 3350×1700 | 3550×1700 | 3350×1700 | 3550×1700 |
| 气垫压力/kN | 1200 | | 1500 | | 1800 | | 2400 | |
| 气垫行程/mm | 220 | 280 | 220 | 280 | 280 | 3400 | 280 | 340 |
| 主电动机功率/kW | 90 | | 110 | | 125 | | 150 | |

表 10-24　闭式上传动双动拉深压力机规格

| 主要技术规格 | | 型号 | | | |
|---|---|---|---|---|---|
| | | JA45-100 | JA45-200 | JA45-315 | JA46-315 |
| 公称压力 /kN | 内滑块 | 1000 | 2000 | 3150 | 3150 |
| | 外滑块 | 630 | 1250 | 3150 | 3150 |
| 滑块行程 /mm | 内滑块 | 420 | 670 | 850 | 850 |
| | 外滑块 | 260 | 425 | 530 | 530 |
| 滑块行程次数 /（次 /min） | | 15 | 8 | 5.5 ～ 9 | 10，低速 |
| 内外滑块闭合高度调节量 /mm | | 100 | 165 | 300 | 500 |
| 最大闭合高度 /mm | 内滑块 | 580 | 770 | 900 | 1300 |
| | 外滑块 | 530 | 665 | 850 | 1000 |
| 立柱间距离 /mm | | 950 | 1620 | 1930 | 3150 |
| 工作台板尺寸（前后 × 左右 × 厚度）/mm | | 900×930×100 | 1400×1540 | 1800×1600 | 1900× 3150 |
| 滑块底平面尺寸（前后 × 左右）/mm | 内滑块 | 560 ×560 | 900 × 960 | 1000×1000 | 1300×2500 |
| | 外滑块 | 850×850 | 1350×1420 | 1550×1600 | 1900×3150 |
| 气垫顶出力 /kN | | 100 | 80 | 120 | 500 |
| 气垫行程 /mm | | 210 | 315 | 400 | 440 |
| 主电动机功率 /kW | | 22 | 30 | 75 | 100 |

表 10-25　闭式双动拉深压力机技术规格

| 参数名称 | | 量值 | | | | | | | |
|---|---|---|---|---|---|---|---|---|---|
| | | 双点 | | | 四点 | | | | |
| 公称压力 /kN | 内滑块 | 5000 | 6000 | 8000 | 6000 | 8000 | 8000① | 10000 | 12500 |
| | 外滑块 | 3000 | 4000 | 5000 | 4000 | 5000 | 5000 | 6000 | 7500 |
| 滑块行程 /mm | 内滑块 | 860 | 860 | 950 | 990 | 940 | 940 | 990 | 990 |
| | 外滑块 | 660 | 660 | 800 | 740 | 690 | 690 | 835 | 835 |
| 滑块行程次数 /（次 /min） | | 18 | 18 | 16 | 18 | 16 | 10.15 双速 | 16 | 16 |
| 最大闭合高度 /mm | 内滑块 | 1800 | 1800 | 1800 | 1750 | 1900 | 1800 | 1920 | 1980 |
| | 外滑块 | 1500 | 1500 | 1500 | 1650 | 1700 | 1600 | 1720 | 1730 |
| 闭合高度调节量 /mm | 内滑块 | 600 | 600 | 600 | 750 | 600 | 600 | 500 | 500 |
| | 外滑块 | 600 | 600 | 600 | 650 | 600 | 600 | 500 | 500 |
| 工作台尺寸（左右 × 前后）/mm | | 2700×1700 | 2800×1850 | 2800×2200 | 3400×2000 | 3400×2000 | — | 4000×2150 | 4600×2200 |
| 垫板尺寸（左右 × 前后 × 厚度）/mm | | — | — | — | — | — | 3700×2200×300 | — | — |
| 主电动机功率 /kW | | 75 | 90 | 110 | 90 | 110 | 88，132 | 132 | 250 |

① 为第一重型机械集团公司产品，其余摘自样本。

注：日本小松公司、第一重型机械集团公司。

表 10-26 闭式双动拉深压力机技术规格

| 参数名称 | | 型号 | | | | | | |
|---|---|---|---|---|---|---|---|---|
| | | 双点 | | | | 四点 | | |
| | | D2-400-250<br>2750×1800 | D2-630-400<br>3660×2180 | D2-700-500<br>3050×2200 | D2-1000-600<br>2500×1500 | D4-600-400<br>3750×2200 | D4-800-500<br>3750×2200 | D4-900-600<br>4500×2500 |
| 公称压力/kN | 内滑块 | 4000 | 6300 | 7000 | 10000 | 6000 | 8000 | 9000 |
| | 外滑块 | 2500 | 3700 | 5000 | 6000 | 4000 | 5000 | 6000 |
| 公称压力行程/mm | 内滑块 | 12 | 12 | 12 | 12 | 12.7 | 12.7 | 12 |
| | 外滑块 | 6.5 | 6 | 6.5 | 6.5 | 6.5 | 6.5 | 6.5 |
| 滑块行程/mm | 内滑块 | 700 | 760 | 860 | 660 | 950 | 1000 | 1200 |
| | 外滑块 | 500 | 510 | 600 | 500 | 660 | 900 | 900 |
| 滑块行程次数/(次/min) | | 10～20 | 10～20 | 10～20 | 15 | 10 | 7～14 | 7.5～15 |
| 最大装模高度/mm | 内滑块 | 2000 | 2100 | 2125 | 1500 | 1425 | 1800 | 2550 |
| | 外滑块 | 1850 | 2000 | 1950 | 1250 | 1225 | 1650 | 2450 |
| 装模高度调节量/mm | 内滑块 | 400 | 410 | — | — | 250 | 500 | 600 |
| | 外滑块 | 400 | 410 | 460 | 250 | 250 | 500 | 600 |
| 滑块底面尺寸(左右×前后)/mm | 内滑块 | 2310×1350 | 3200×1730 | 2600×1750 | 1200×1200 | 3150×1700 | 3150×1700 | 3910×2060 |
| | 外滑块 | 2750 1800 | 3600×2180 | 3050×2200 | 2500×1500 | 3750×2200 | 3750×2200 | 4500×2500 |
| 工作台垫板尺寸(左右×前后)/mm | | 2750×1800 | 3600×2180 | 3048×2134 | 2500×1500 | 3750×2200 | 3750×2200 | 4500×2500 |
| 工作台垫板厚度/mm | | 200 | 250 | 250 | 250 | 235 | 430 | 250 |
| 移动工作台高度/mm | | 550 | | | | 550 | 500 | 550 |
| 最大拉深深度/mm | | 200 | 225 | 300 | 216 | 300 | 400 | 400 |
| 电动机功率/kW | | 160调速 | 185调速 | 185 | 185 | 95 | 115 | 395调速 |

注：Verson公司、济南二机床集团有限公司。

表 10-27 拉深液压机主要技术参数

| 参数名称 | 量值 | | | | |
|---|---|---|---|---|---|
| 公称压力/MN | 1 | 1.25 | 2 | 2 | 14 |
| 液体工作压强/$\times10^5$Pa | 200 | 200 | 200 | 200 | 200 |
| 最大开挡/mm | 2700 | 2600 | 3500 | 3200 | 3000 |
| 最大行程/mm | 1500 | 2100 | 2200 | 3000 | 1800 |
| 回程力/kN | 300 | 400 | 300 | 400 | 1800 |
| 工作速度/(mm/s) | 300 | 250～300 | 300 | 300 | 300 |
| 空、回程速度/(mm/s) | 600 | 350～400 | 600 | 400 | 350 |
| 工作台尺寸/mm | 800×800 | 1350×800 | 750×850 | 1400×800 | 1400×1300 |
| 地面以上高度/mm | 7093 | 4268 | 7520 | 8450 | 9300 |

续表

| 参数名称 | 量值 | | | | |
|---|---|---|---|---|---|
| 地下深度 /mm | 2500 | 3300 | 2500 | 4000 | 5500 |
| 外形尺寸（长 × 宽 × 高）/mm | 6260×6230×9539 | — | 6230×6960×7520 | 4270×6905×8450 | 8600×8000×9300 |
| 质量 /t | 27.4 | 20.1 | 33.2 | 36 | 290 |
| 生产厂 | 陕西锻压机床集团有限公司 | 沈阳重型机器集团公司 | 陕西锻压机床集团有限公司 | 太原重型机器集团公司 | 太原重型机器集团公司 |

表 10-28　双动薄板冲压液压机参考系列参数

| 参数 | | YCBD 2.5/1.6 | YCBS 4/2.5 | YCBS 5/3.15 | YCBS 6.3/4 | YCBS 8/5 | YCBS 10/6.3 | YCBS 12.5/8 | YCBS 16/10 |
|---|---|---|---|---|---|---|---|---|---|
| 公称总力 /MN | | 4 | 6.3 | 8 | 10 | 12.5 | 16 | 20 | 25 |
| 拉深滑块公称力 /MN | | 2.5 | 4 | 5 | 6.3 | 8 | 10 | 12.5 | 16 |
| 压边滑块公称力 /MN | | 1.6 | 2.5 | 3.15 | 4 | 5 | 6.3 | 8 | 10 |
| 拉深垫公称力 /MN | | 1 | 1.6 | 2 | 2.5 | 3.15 | 4 | 5 | 6.3 |
| 假设拉深深度 /mm | | 400 | 500 | 500 | 600 | 600 | 600 | 600 | 600 |
| 拉深滑块行程 /mm | | 950 | 1150 | 1150 | 1350 | 1350 | 1450 | 1450 | 1450 |
| 压边滑块行程 /mm | | 500 | 600 | 600 | 700 | 700 | 800 | 800 | 800 |
| 拉深垫行程 /mm | | 350 | 350 | 450 | 450 | 550 | 550 | 650 | 650 |
| 拉深滑块开口高度 /mm | | 1450 | 1750 | 150 | 2050 | 2050 | 2250 | 2250 | 2350 |
| 压边滑块开口高度 /mm | | 1000 | 1200 | 1200 | 1400 | 1400 | 1600 | 1600 | 1700 |
| 压边块及工作台面尺寸 /mm | 前后 | 1800 | 1800 | 2000 | 2000 | 2200 | 2200 | 2500 | 2500 |
| | 左右 | 3000 | 3500 | 3500 | 4000 | 4000 | 4500 | 4500 | 4500 |
| 拉深滑块及拉深垫台面尺寸 /mm | 前后 | 1200 | 1200 | 1400 | 1400 | 1600 | 1600 | 1800 | 1800 |
| | 左右 | 2600 | 3000 | 3000 | 3600 | 3600 | 4000 | 4000 | 4000 |

# 第四节　摩擦螺旋压力机

摩擦螺旋压力机是以摩擦传动机构带动螺杆滑块工作机构，依靠动能对毛坯进行压制，使毛坯吸收能量产生变形的成形设备。它兼有锻锤和压力机的双重工作特性，简称为摩擦压力机。

## 一、摩擦螺旋压力机结构

摩擦压力机曾经历过单盘摩擦压力机、双盘摩擦压力机、三盘摩擦压力机、双锥盘摩擦压力机及无盘摩擦压力机等多种型式，但经过长期生产考验，多数被相继淘汰，只有双盘摩擦压力机被广泛应用。

双盘摩擦压力机由机身部件、传动与制动部件、飞轮、螺杆滑块机构、操纵系统和辅助装置等组成（其说明见表 10-29）。

表 10-29　双盘摩擦压力机结构说明

| 结构类型 | 说　　明 |
|---|---|
| 机身 | 机身有组合式机身和整体式机身。机身上部有左、右支臂，用于安装横轴。机身横梁内装有抗冲击性良好的铜螺母，当滑块机构工作时，螺杆在螺母内做旋转运动。机身横梁下平面装有缓冲装置，用于吸收运动部件回升行程最后的剩余能量。机身内侧有顶出孔供顶出装置工作用 |
| 传动与制动部件 | 传动部分由电动机、带轮、横轴（传动轴）、摩擦盘等组成。横轴上装有两个摩擦轮。压力机滑块的升与降依靠飞轮与左右摩擦轮的压紧来带动。摩擦轮两端各有圆螺母，可以调节摩擦轮的位置，一般摩擦轮与飞轮之间的单边间隙为 4mm 左右<br>制动部件的作用是吸收回升行程运动部件的剩余能量，使滑块停止在规定的位置。采用的制动形式有机械带式制动器和气动或液力驱动的制动器，前者受机身内侧空间所限不能做得太长，因而影响制动力矩增大，并且螺杆及导轨处的润滑油难免溅到制动轮和制动带上，使制动力矩下降或不稳定；后者制动油缸固定在滑块的顶部，活塞杆外端通过球铰链连接制动块，制动块端部连接摩擦块，制动时摩擦块顶在飞轮内缘上，从而制动飞轮，这种制动器可以产生较大制动力矩，并可使滑块停止在任意位置上 |
| 飞轮、蜗杆和滑块 | 飞轮是储蓄能量的主要部件。飞轮轮缘上装有摩擦带，摩擦带由牛皮或铜丝橡胶石棉等材料制成。飞轮与螺杆以切向键或锥面加平键连接。工作时，飞轮除做旋转运动外，还做上下直线运动<br>螺杆与机身内的螺母组成螺旋副。螺杆用优质合金钢制作。牙形有矩形、梯形及锯齿形 3 种，大型机多采用梯形螺纹。小型压力机多采用箱形滑块。大型压力机则采用框架式或 V 形滑块，可以提高导向精度和抗偏载能力，并便于安设气动或液力制动器 |
| 操纵系统 | 其作用是控制横轴左右移动，并以一定的压力使旋转着的摩擦轮压紧飞轮，使飞轮螺杆做螺旋运动，从而带动滑块上下运动。控制系统有手动、气动和液压驱动等形式 |
| 辅助装置 | 包括顶出装置、缓冲装置和过载安全保护装置 |

## 二、摩擦螺旋压力机特点

① 利用飞轮积蓄能量。对变形量较大的工艺可提供较大的力量，对变形量较小的工艺可提供较小的力量，故螺旋压力机的工艺性能较广，可进行模锻、冲压、镦锻、挤压、精压、切边、弯曲、校正等工作。

② 有顶出装置，便于复杂零件的成形及精密模锻。

③ 设有严格的行程限制，尤其是无固定的下止点。当用于模锻时，只要打击能量足够，则直至模具打靠为止，锻件竖向精度依靠模具打靠来保证，与打击力及热膨胀无关，所以锻件的竖向精度高。

④ 行程速度较慢，生产率较低。由于滑块速度较慢，适于锻造一些对变形速度非常敏感的铝、铜等合金材料。

⑤ 设备结构简单、紧凑，安装基础简单，且工作时振动小，操作安全，劳动条件好。因为无严格的下止点，不会卡死，因此调整维修方便，使用成本低。

⑥ 摩擦传动效率低（其总效率为 10% ～ 15%）及摩擦盘的结构庞大等因素，限制了摩擦压力机继续向大能量方向发展。

## 三、摩擦螺旋压力机工作原理

摩擦螺旋压力机的工作原理如图 10-7 所示。电动机通过三角皮带带动带轮、摩擦轮转动，带轮与两个摩擦轮用固定键安装在可以轴向滑动的横轴上。当操作手柄扳在水平位置时，飞轮的轮缘与左右摩擦轮之间均存在一定间隙，飞轮静止。当操作手柄向下扳时，拨叉将横轴左拨，这样右摩擦轮与飞轮接触，摩擦盘的转动力矩通过摩擦传递给飞轮，飞轮与螺杆一同转动，滑块便向下移动；同样原理，当操作手柄向上扳时，拨叉将横轴右拨，左摩擦轮与飞轮接触，飞轮和螺杆反向旋转，滑块便向上移动。

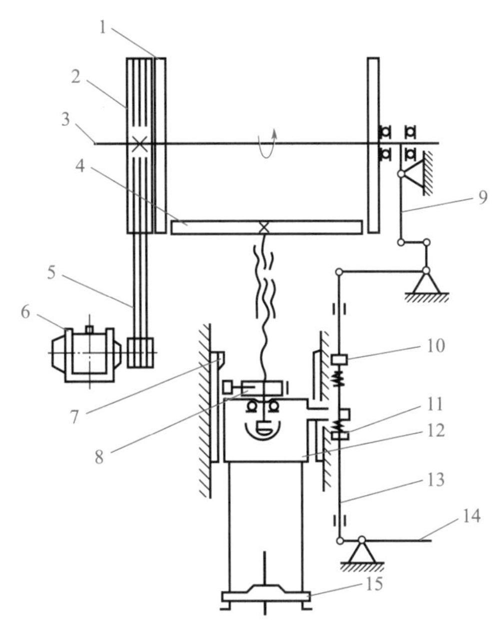


图 10-7　摩擦螺旋压力机工作原理图

1—摩擦轮；2—带轮；3—横轴；4—飞轮；5—三角皮带；6—电动机；7—刹车限位；8—制动装置；9—拨叉；10—上操纵板；11—下操纵板；12—滑块；13—杠杆；14—操纵手柄；15—顶料

摩擦盘与飞轮接触点在空间的轨迹为一条竖直线。下行程时，由于摩擦盘上接触点的速度增加，滑块加速下行。打击结束时，由于螺杆的螺纹不自锁，故在压力机受力零件、模具和锻件的弹性恢复力作用下，飞轮反转，滑块回升，受力零件卸载。接着，操纵系统操纵滑块继续回升，滑块上升到一定位置后，操纵系统使摩擦盘与飞轮脱开，滑块借惯性力，继续向上运动，至行程终点时，由制动器吸收剩余能量，滑块停止在上面位置。

## 四、摩擦螺旋压力机的规格及主要技术参数（表 10-30）

表 10-30　摩擦螺旋压力机（部分）的规格及主要技术参数

| 性能 | | 型号 | | |
|---|---|---|---|---|
| | | J53-63A | J53-100A | J53-160A |
| 标称压力 /kN | | 630 | 1000 | 1600 |
| 最大能量 /J | | 2500 | 5000 | 10000 |
| 滑块行程 /mm | | 270 | 310 | 360 |
| 滑块行程次数 /（次 /min） | | 22 | 19 | 17 |
| 最小封闭高度 / mm | | 190 | 220 | 260 |
| 导轨距离 / mm | | 350 | 400 | 460 |
| 滑块尺寸 / mm | 前后 | 315 | 380 | 400 |
| | 左右 | 348 | 355 | 458 |
| 滑块装模具尺寸 / mm | 孔径 | 60 | 70 | 70 |
| | 深度 | 80 | 90 | 90 |

续表

| 性能 | | 型号 | | |
|---|---|---|---|---|
| | | J53-63A | J53-100A | J53-160A |
| 工作台尺寸 / mm | 前后 | 450 | 500 | 560 |
| | 左右 | 400 | 450 | 510 |
| | 孔径 | 80 | 100 | 100 |
| 横轴转速 /（r/min） | | 240 | 230 | 220 |
| 主螺杆直径 / mm | | 130 | 145 | 180 |

# 第五节　多工位压力机

多工位压力机是一种适合于大批量生产，能够实现板料冲压自动化的压力机。近年来，国内多工位压力机在机械工业、无线电工业、电路仪表工业、轻工产品生产中的使用已逐渐增多，并显示了它的优势。国外已逐步以多工位压力机取代由通用压力机组成的冲压生产线。采用多工位压力机进行冲压生产是提高生产率的有效途径之一。

## 一、多工位压力机工作原理

多工位压力机在一个行程内可完成多种冲压工序，如落料、冲孔、拉深、弯曲、切边甚至电动机定子或转子的叠片压装，是一种高效的自动化冲压设备。

多工位压力机在汽车工业获得了广泛的应用，它可以替代多台单工位压力机组成生产线，具有节省占地面积和设备投资、节能高效的优点。例如，一台多工位压力机能代替一条 6 台压力机的汽车车身生产线，设备投资节省 20% ～ 40%，能耗减少 50% ～ 70%，占地面积减少 40% ～ 50%，生产率提高 30% ～ 70%，整个加工费用可节省 40% ～ 50%。自 20 世纪 80 年代以来，世界各大汽车厂纷纷进行技术改造，以多工位压力机武装汽车零件冲压生产线。

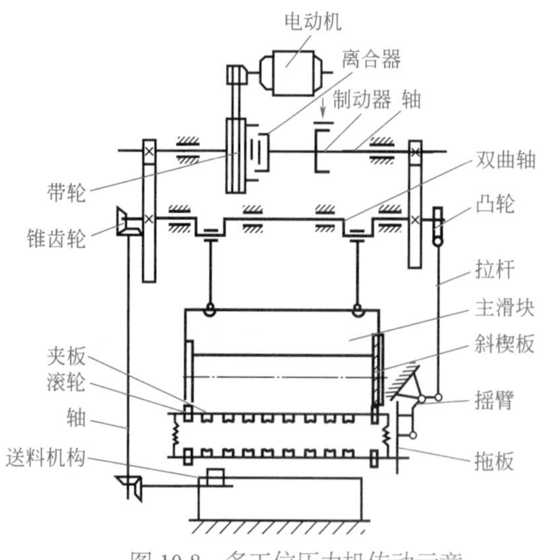

图 10-8　多工位压力机传动示意

如图 10-8 所示为多工位压力机传动示意。通过带轮、齿轮两级减速，将运动传递给双曲轴和滑块。双曲轴的左端通过锥齿轮、轴将运动传递给送料机构，使其送料与曲轴动作协调。双曲轴的右端通过凸轮、拉杆、摇臂、拖板控制夹板的进退（送料退回）动作。主滑块两侧各装有斜楔板以控制夹板的张合动作其进退与张合过程。该压力机可完成如下动作：滑块的往复冲程、材料的自动送进、各工位间工件的顺序传递，使压力机能自动连续运行。

根据工位间工件传递的方向不同，多工位压力机有直线传递、纵横传递和回转传递 3 种类型。大多数多工位压力机采取直线传递的形式。

## 二、多工位压力机结构

如图 10-9 所示的 Z81–125 多工位压力机，机身为组合式钢板焊接结构，通过拉紧螺栓预紧，将上梁、左右立柱及工作台连成整体。在上梁上有离合器轴承座、传动轴及曲轴轴承等零部件。左右立柱上装有导轨。主滑块上装有 8 个小滑块，小滑块的调节量为 50mm，每个小滑块都有顶料杆，顶料行程为 30 mm，整个滑块部件重量由两个气动平衡缸平衡，电动机通过一级 V 形带传动，经摩擦离合器带动二级齿轮传动系统，使两套曲柄连杆机构带动主滑块做往复运动。

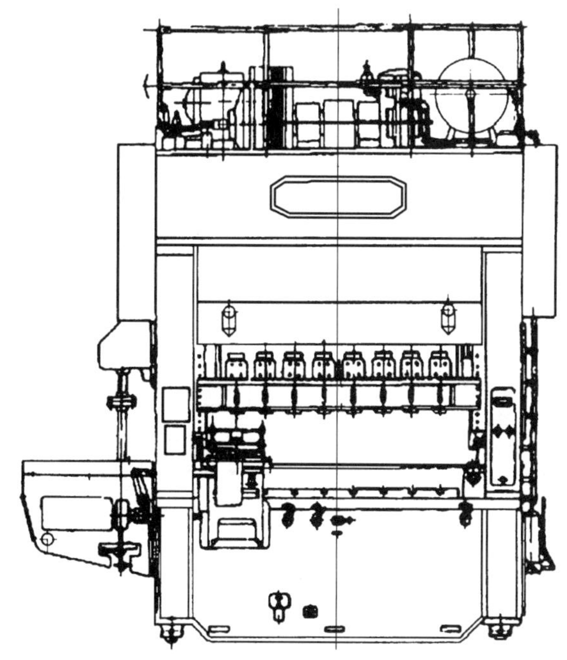

图 10-9　Z81-125 多工位压力机主体结构图

### 1. 滑块及打料装置

① 滑块。大型多工位压力机一般设置主滑块装模高度粗调和小滑块装模高度微调装置。中、小型多工位压力机一般只在小滑块上设置装模高度调节装置（如图 10-11 所示），装模高度可通过调节螺杆来实现，并用锁紧螺钉锁紧。

大型多工位压力机的主滑块均装有液压超载保护装置，某些多工位压力机各小滑块还有单独的液压超载保护装置。

② 打料装置。小滑块上一般装有气动式或机械式打料装置。如图 10-11 所示为机械式打料装置，固定在机身上的凸轮板可以通过螺钉上下调节，它驱动摆杆逆时针转动实现打料。在使用中，为了不使被冲零件冲完后让上模带走，一般当上模与下模分离时，便开始打料，以保证各工位的制件在工作台上有较正确的位置，便于夹板夹持送进。

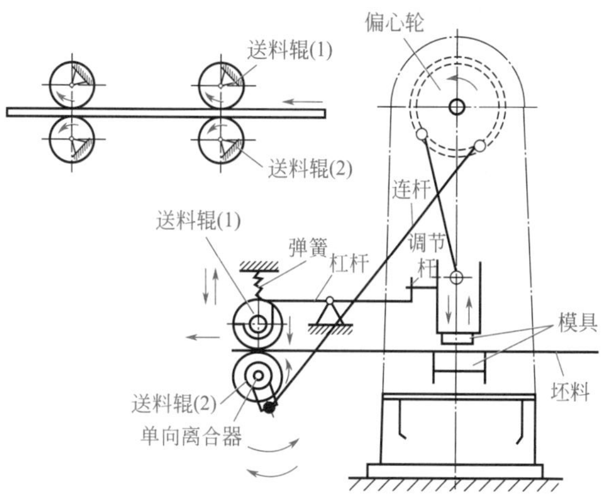


图 10-10　辊式送料装置简图

## 2. 自动送料装置

多工位压力机的材料送进形式常有卷料送进和平片（落料件）送进两种，以卷料送进多见。一般采用辊式送料装置，如图 10-10 所示。卷料送进量由送料辊（2）的旋转角度来控制，并可以调节。送料辊（1）借弹簧的压力相对着送料辊（2）压在条料上，实现转动并平稳送料。

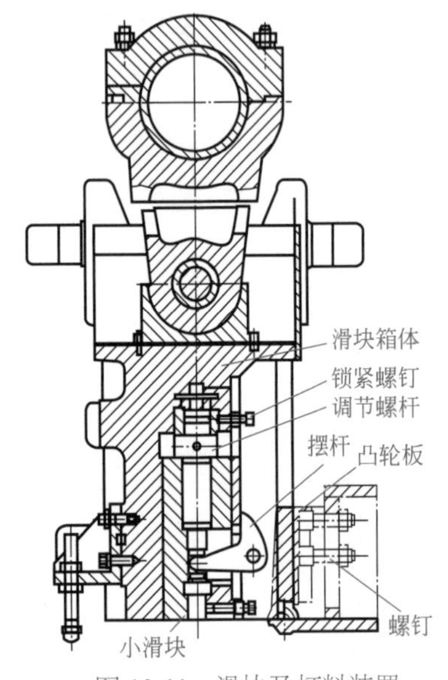

图 10-11 滑块及打料装置

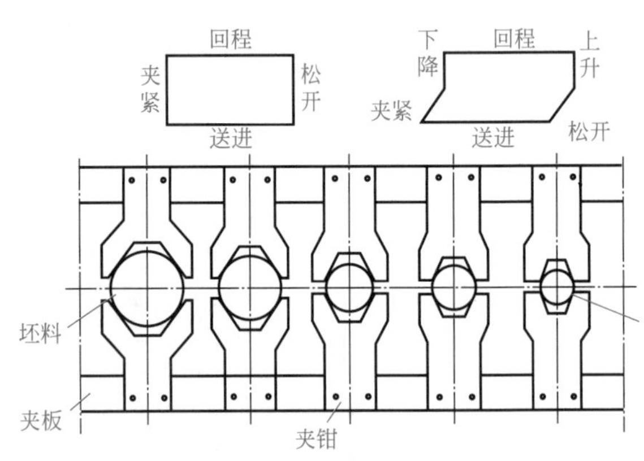

图 10-12 夹板机构动作示意图

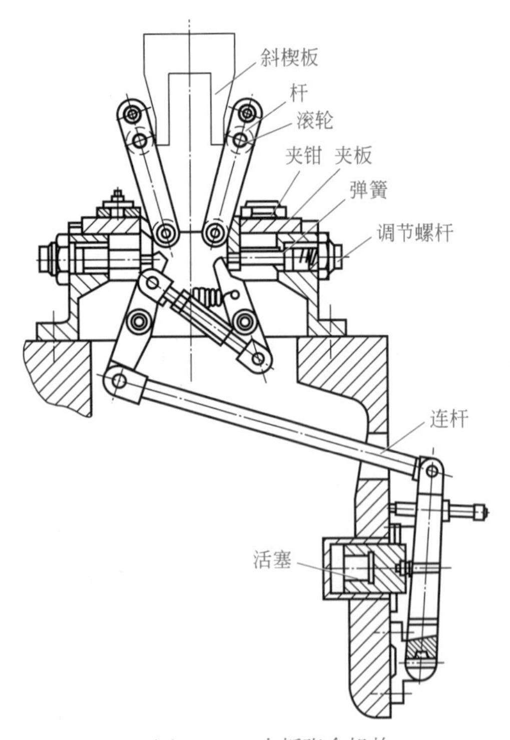

图 10-13 夹板张合机构

## 3. 夹板机构

多工位压力机上各工位间的工件传递由夹板机构的张合与进退完成。夹板机构动作示意图如图 10-12 所示在两平行的夹板上安装数对夹钳，夹钳之间的横向距离与压力机各工位间距离相一致，纵向距离与工件尺寸有关且可调节。此夹板可以完成夹紧—送进—松开—退回 4 个动作，可将各工位上的工件按顺序向右传递，进行冲压加工。如图 10-13 所示为夹板的张合机构。在滑块两侧装有斜楔板，当滑块下行时，斜楔板压向张开杆上的滚轮，使夹板向外张开，滑块回程时，在弹簧的作用下，夹板向中心合拢，即夹住工件（工件的夹紧力可通过螺钉进行调节）。此外，该机构还设置了夹板临时张开机构。该机构通过活塞、连杆等把夹板撑开，供试冲、安装模具、调整和排除故障等情况下使用。

为了保证连续、高效、安全生产，除上述机构外，多工位压力机上还设置有滑块平衡装置、安全检测装置、超载保护装置等辅助装置。

## 三、多工位压力机特点

### 1. 滑块结构较复杂

一般滑块均为箱体结构，其上根据需要设置了全套工位。为便于模具的安装、调整，扩大压力机的应用范围，在各工位上又单独设置了小滑块，这样每个小滑块可以按冲压工艺要求安装该工位的上模，工作台上安装相应的下模，并单独调节装模高度。

### 2. 自动送料、工位间传递与滑块三者间的运动保持同步协调

由图 10-12 可知，多工位压力机的主轴与自动送料机构、工位间传递机构采取机械连接，从而可使滑块、自动送料机构和工位间传递机构三者动作保持同步协调，使压力机可实现机械化与自动化生产。

### 3. 采用摩擦离合器—制动器

多工位压力机采用摩擦离合器—制动器，以达到压力机工作平稳、动作可靠、模具安装及调整方便的目的。另外，采用刚性较好的机身。

## 四、多工位压力机的选择

在选用多工位压力机时应注意下列问题（表 10-31）。

表 10-31　多工位压力机的选择

| 类别 | 说明 |
|---|---|
| 公称压力 | 每个工位的最大冲压力，一般不允许超过公称压力的 1/3，尽量避免因过大偏载而造成滑块倾斜，使运动精度降低，影响制件精度和模具寿命。为均衡各工位的冲压力，必要时可安排空工位 |
| 滑块行程 | 选择滑块行程要考虑冲压件的高度 $h$ 和夹板的送料行程 $s$，一般 $s$ 取冲压件高度的 3 倍 |
| 工位数 | 根据压力机的工位数来确定冲压件的工序，即在不影响压力机生产效率的情况下，可适当增加工序，以使模具结构简单。对某些特殊冲压件，在确定工位数时应注意留有余地，可适当增加空工位，供需要增加工序时用 |
| 工位距 | 根据冲压坯料的最大直径 $D$ 和模具强度要求确定 |
| 送料线高度 | 指纵向送料夹板底面（或送料平面）到工作台垫板上表面之间的距离，一般取冲压件高度的 3 ～ 4 倍 |

# 第六节　高速压力机

高速压力机是指滑块行程次数为相同公称压力普通压力机的 5 ～ 10 倍。高速压力机的行程次数已从每分钟几百次发展到一千多次，公称压力也从几百千牛（kN）发展到上千千牛。目前高速压力机主要用于电子仪器仪表、轻工、汽车等行业中特大批量的冲压生产。随着模具技术和冲压技术的发展，高速压力机的应用范围在不断扩大，数量在不断增加。

## 一、高速压力机工作原理

高速压力机由电动机通过飞轮直接驱动曲柄，因而使得滑块的行程次数很高。另外，为了充分发挥高速压力机的作用，主机配备有整套附属机构，包括开卷、校平和送料等装置，如图 10-14 所示，并使用高精度、高寿命的级进模，从而使高速压力机实现高速、自动化的生产，并且冲压件的精度高。

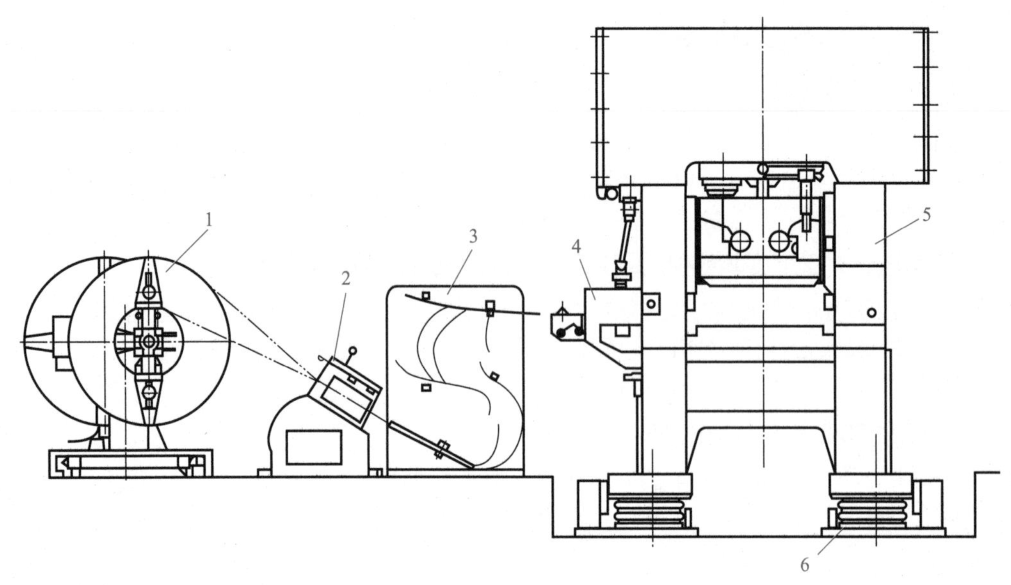


图 10-14 高速自动压力机及附属机构

1—开卷机；2—校平机械；3—供料缓冲装置；4—送料机械；5—高速自动压力机；6—弹性支承

## 二、高速压力机结构

### 1. 传动系统

如图 10-15 所示是一台下传动的高速压力机的传动原理，无级调速电动机经过带轮（兼飞轮）驱动曲轴，由拉杆带动滑块上下往复运动，进行冲压生产。被冲材料由辊式送料装置送进，剪断机构由凸轮通过拉杆驱动，将冲压后的材料（与工件连成一体）或废料剪断，以完成冲压的自动生产。

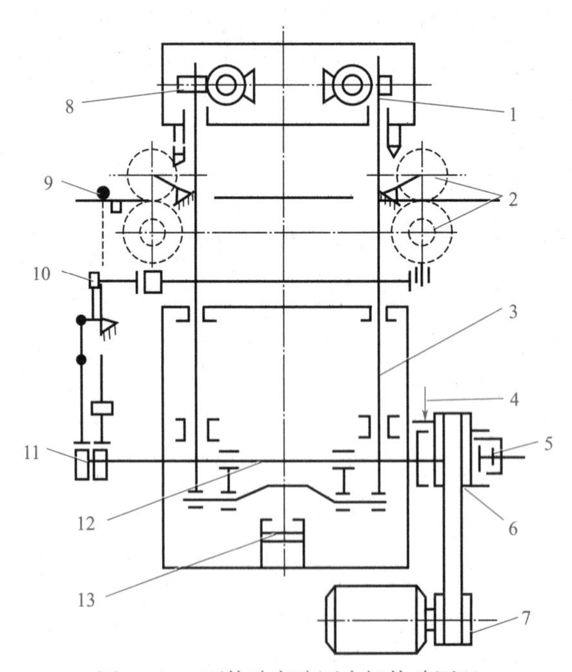


图 10-15 下传动高速压力机传动原理

1—滑块；2—辊式送料装置；3—拉杆；4—制动器；5—离合器；6—飞轮；7—电动机（无级调速）；8—封闭高度调节机构；9—剪断机构；10—辊式送料的传动机构；11—凸轮；12—曲轴；13—平衡器

## 2. 机身、滑块及导轨的结构

高速压力机的机身结构是保证高速冲压的关键部件。目前一般机身采用铸件整体封闭式结构或钢板框架焊接结构，并用 4 根拉紧螺杆预紧，以提高机身的刚度。为了提高滑块的导向精度和抗偏载能力，部分机身的导轨导滑面延长到模具工作面以下。国外大都采用预应力滚柱八面导轨（如图 10-16 所示），消除了横向间隙，从而消除了滑块在冲压过程中发生的水平位移，使高速冲压模具的寿命得以提高。

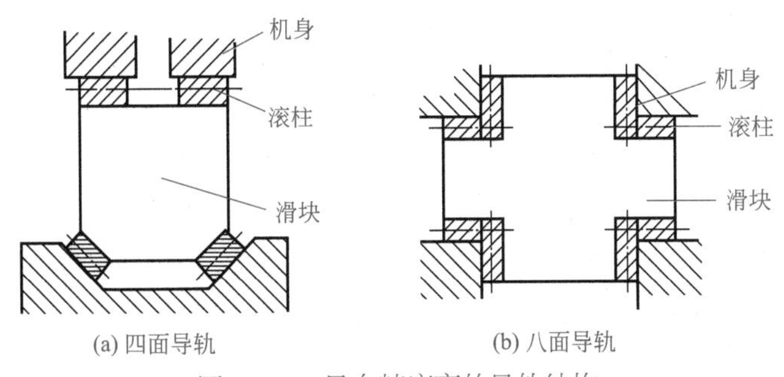


图 10-16　导向精度高的导轨结构

## 3. 附属机构（表 10-32）

表 10-32　附属机构

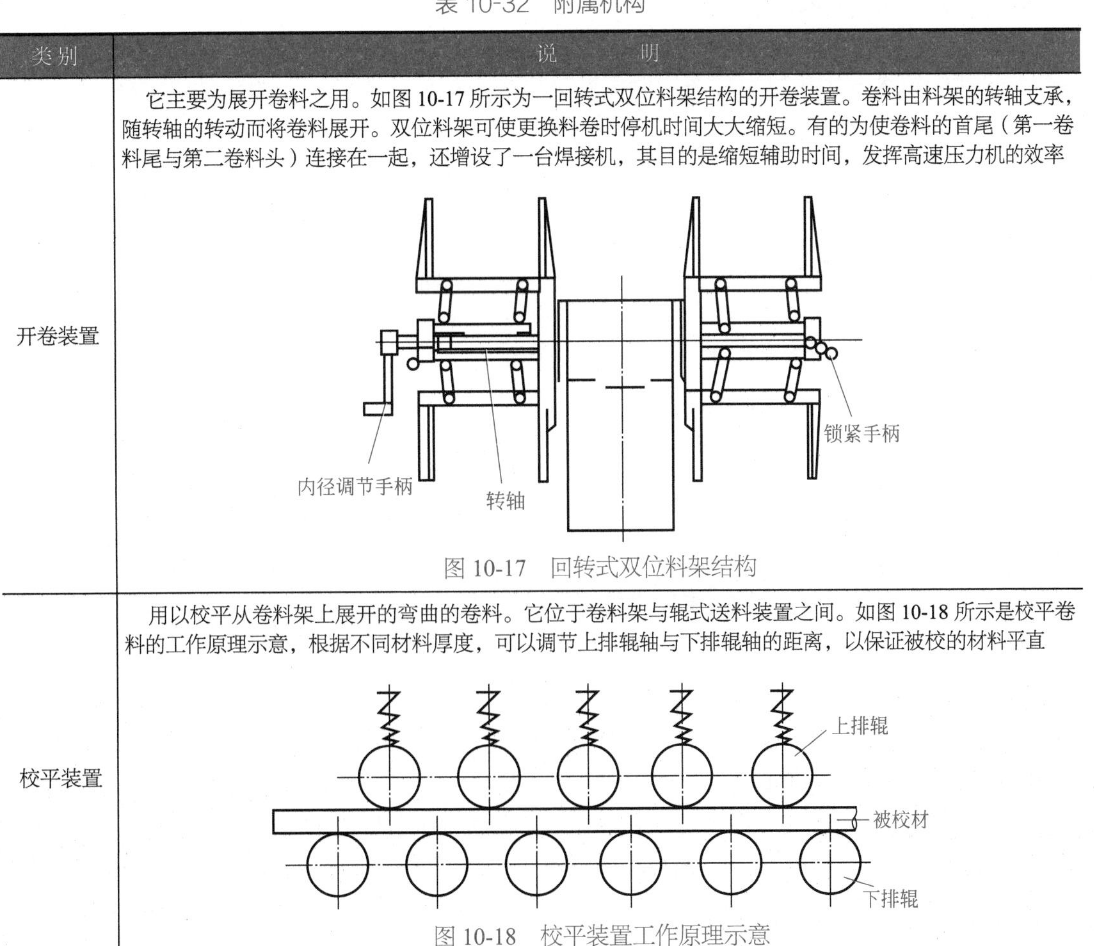


| 类别 | 说　　明 |
| --- | --- |
| 开卷装置 | 它主要为展开卷料之用。如图 10-17 所示为一回转式双位料架结构的开卷装置。卷料由料架的转轴支承，随转轴的转动而将卷料展开。双位料架可使更换料卷时停机时间大大缩短。有的为使卷料的首尾（第一卷料尾与第二卷料头）连接在一起，还增设了一台焊接机，其目的是缩短辅助时间，发挥高速压力机的效率<br>图 10-17　回转式双位料架结构 |
| 校平装置 | 用以校平从卷料架上展开的弯曲的卷料。它位于卷料架与辊式送料装置之间。如图 10-18 所示是校平卷料的工作原理示意，根据不同材料厚度，可以调节上排辊轴与下排辊轴的距离，以保证被校的材料平直<br>图 10-18　校平装置工作原理示意 |

续表

| 类别 | 说　　明 |
| --- | --- |
| 辊式送料装置 | 如图 10-18 所示，在高速压力机上一般设置两对辊，从而对材料形成一送一拉的状态，以确保材料在模具中的平直。一般送料长度可由辊的旋转角度来确定，辊在曲轴、拉杆的驱动下做间歇转动，使材料间歇送进。送料长度可以根据需要调节，并与滑块行程次数相匹配 |

## 三、高速压力机特点

### 1. 滑块行程次数高

高速压力机一般为普通压力机的 5 ～ 10 倍，超高速者可达 1000 ～ 3000 次 /min。

### 2. 滑块惯性大

滑块和模具在高速压力机的驱动下高速往复运动，会产生很大的惯性力，造成惯性振动（滑块惯性力与其行程次数的平方成正比）。另外，冲压过程中机身积蓄的弹性势能释放会进一步加大振动，直接影响压力机的性能，影响压力机和模具的寿命。为了减轻振动，缓解振动带来的不利，目前采取的措施有将滑块的材质由铸铁改为铝合金；采用滑块平衡装置；提高机身的刚度；提高滑块的导向精度和滑块抗偏载刚度；在高速压力机底座与基础之间设置水平橡胶弹性垫块，以吸收部分振动，并能降低噪声，有利于改善工作环境。

### 3. 设有紧急制动装置

传动系统具有良好的紧急制动特性（某些压力机采用双制动器），当安全检测装置发出警告信号时，能令压力机紧急停车，避免发生事故。另外，送料装置的精度要求高。

## 四、高速压力机的规格及主要技术参数

高速压力机的类型，按机身结构分，有开式、闭式和四柱式；按传动方式分，有上传动式、下传动式；按连杆数目分，有单点式和双点式。而从工艺用途和结构特点上分，有 3 大类：第一类是采用硬质合金材料的级进模或简单模来冲裁卷料，它的特点是行程很小，但行程次数很高；第二类是以级进模对卷料进行冲裁、弯曲、浅拉深和成形的多用途高速压力机，它的行程大于第一类压力机，但行程次数要低些；第三类是以第二类压力机为基础，将第一、第二类综合为一个统一系列，每个规格有 2 ～ 3 个型号，主要改变行程和行程次数，提高了压力机的通用化程度及经济效益。

# 第七节　液压机

## 一、液压机工作原理与特点

### 1. 液压机工作原理

液压机是根据帕斯卡原理制成的，是利用液体压力来驱动机器工作。液压机的工作原理如图 10-19 所示，两个充满液体的大小不一的容器（面积分别为 $A_1$、$A_2$）连通，并加以密封，使两容腔液体不会外泄。当对小柱塞施加向下的作用力 $F_1$ 时，则作用在液体上的压强 $p=F_1/A_1$。根据帕斯卡原理：在密闭的容器中，液体压强在各个方向上相等且压强将传递到容腔的每一点。因此，另一容腔的大柱塞将产生向上的推力 $F_2$，$F_2=pA_2=F_1(A_2/A_1)$。故只要增大大柱

塞的面积，就可以由小柱塞上一个较小的力 $F_1$，在大柱塞上获得一个很大的力 $F_2$。这里的小柱塞相当于液压泵中的柱塞，而大柱塞就是液压机中工作缸的柱塞。

### 2. 液压机的特点

液压机是施加固静压作用的机器，靠液体静压力使工件变形。这是与曲柄压力机、锻锤、螺旋压力机等其他锻压设备的不同点。液压机的特点见表 10-33。

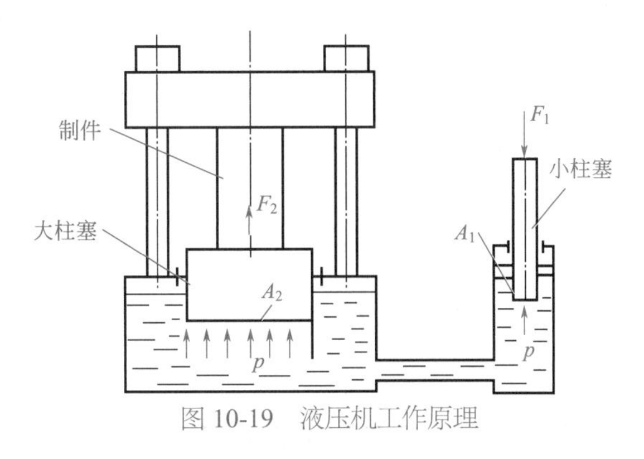

图 10-19 液压机工作原理

表 10-33 液压机的特点

| 类别 | 说明 |
| --- | --- |
| 容易获得大的压力 | 设备吨位越大，液压机的优点越突出，而靠机械机构传递能量的压力机，其压力的增大受到构件强度限制 |
| 工作压力可以调整 | 有的液压机在一个工作循环中可以用几级工作压力。液压系统设有限压装置，机器不易超载，使模具也受到保护 |
| 容易获得大的行程 | 液压机容易获得大的工作行程，并在行程的任意位置上都可产生额定最大压力，且能长时间持续保压。这对长行程的压制工艺特别有利，如板料的深拉深、型材的挤压等 |
| 调速方便 | 可调节液压系统实现各种行程速度，这种调速是无级的，操作方便 |
| 结构简单 | 液压机结构简单，能够适应多品种生产 |
| 工作振动及噪声小 | 工作振动及噪声小。液压机工作平稳，撞击、振动和噪声都较小，对厂房基础要求低，对环境保护及改善工人劳动条件有利 |
| 优缺点 | 优点是液压机具有压力和速度可在较大范围内无级调节、动作灵活等，是金属成形和塑料成形中广泛应用的液压机，易于实现自动化生产。缺点是如对密封技术要求较高，密封差产生液体渗漏会影响机器的效能，污染环境，由于液体的流动阻力，液压机的最高工作速度受到限制 |

## 二、液压机分类

### 1. 液压机按用途分类（表 10-34）

表 10-34 液压机按用途的分类

| 类别 | 说明 |
| --- | --- |
| 手动液压机 | 为小型液压机，用于试压、压装等要求力量不大的手工工序 |
| 锻造液压机 | 用于自由锻造、钢锭开坯以及有色与黑色金属模锻 |
| 冲压液压机 | 用于各种板料冲压，其中有单动、双动及橡胶模冲压等 |
| 一般用途液压机 | 用于各种工艺，通常称为万能或通用液压机 |
| 校正、压装用液压机 | 用于零件校形及装配 |
| 层压液压机 | 用于胶合板、刨花板、玻璃纤维增强材料等的压制 |
| 挤压液压机 | 用于挤压各种金属线材、管材、棒材、型材及工件的拉深、穿孔等工艺 |
| 压制液压机 | 用于压制各种粉末制品，如粉末冶金料、人造金刚石、热固性塑料及橡胶制品的压制等 |
| 打包、压块液压机 | 用于将金属切屑及废料压块与打包、非金属材料的打包等 |

续表

| 类别 | 说　　明 |
|---|---|
| 其他液压机 | 如模具研配、电缆包覆、轮轴压装等各种专用工序的液压机 |
| 工作介质 | 液压机的工作介质主要有两种：采用乳化水液作为工件介质的称为水压机，其公称压力一般在 10000kN 以上；用油作为工作介质的称为油压机，其公称压力一般小于 10000kN |

## 2. 液压机按动作方式分类（表 10-35）

表 10-35　液压机按动作方式分类

<table>
<tr><th>类别</th><th>说　　明</th></tr>
<tr><td>上压式液压机</td><td>工作缸安装在机身上部，如图 10-20 所示。活塞从上向下移动对工件加压，送料和取件操作是在固定工作台上进行，操作方便，而且易实现快速下行，应用最广
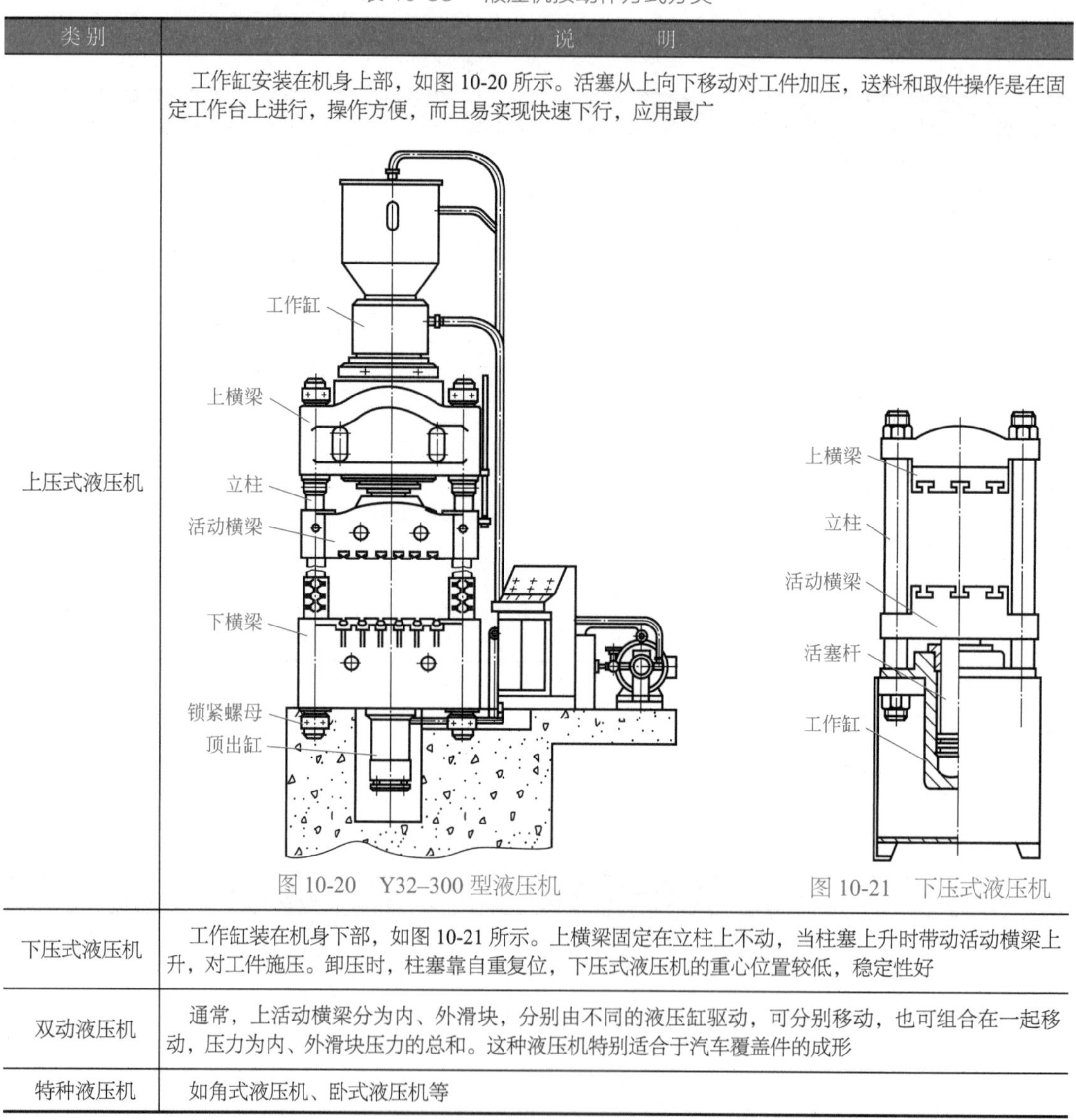

图 10-20　Y32–300 型液压机
图 10-21　下压式液压机</td></tr>
<tr><td>下压式液压机</td><td>工作缸装在机身下部，如图 10-21 所示。上横梁固定在立柱上不动，当柱塞上升时带动活动横梁上升，对工件施压。卸压时，柱塞靠自重复位，下压式液压机的重心位置较低，稳定性好</td></tr>
<tr><td>双动液压机</td><td>通常，上活动横梁分为内、外滑块，分别由不同的液压缸驱动，可分别移动，也可组合在一起移动，压力为内、外滑块压力的总和。这种液压机特别适合于汽车覆盖件的成形</td></tr>
<tr><td>特种液压机</td><td>如角式液压机、卧式液压机等</td></tr>
</table>

## 3. 按机身结构分类

① 三梁四柱式液压机：该液压机由上横梁、下横梁和活动横梁三部分组成，通过四根立柱和锁紧螺母将它们连接起来，如图 10-21 所示。该机身有较高的刚度、强度和制造精度，活动横梁运动平稳。

② 整体框架式液压机：该液压机机身由铸造或型钢焊接而成，一般为空心箱形结构，抗弯性能较好，立柱部分做成矩形截面，便于安装平面可调整导向装置。整体框架式机身在塑料制品和粉末冶金等行业中广泛使用。

## 三、液压机主要参数

① 公称压力 $F$：是指液压机名义上能产生的最大总压力，它是表示液压机压制能力的主要参数，一般用它来表示液压机的规格。公称压力可以用下式计算：

$$F = pA\eta$$

式中　$F$——公称压力，N；

$p$——工作液压力，MPa；

$A$——工作缸活塞有效面积，$m^2$；

$\eta$——效率，一般液压机效率 $\eta$=0.8 ～ 0.9。

一般大中型液压机公称压力分为二级或三级。

② 最大净空距（开口高度）$H$：当活动横梁停止在上限位置时，从工作台上表面到活动横梁下表面的距离 $H$ 成为最大净空距，如图 10-22 所示。最大净空距反映了液压机高度方向上工作空间的大小。

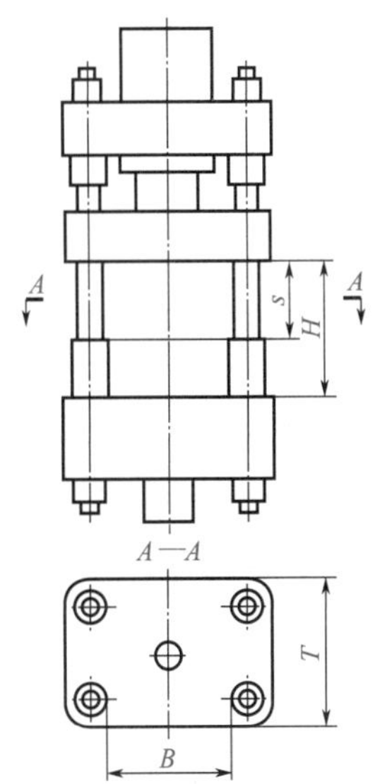

图 10-22　液压机参数示意图

③ 最大行程 $s$：活动横梁能够移动的最大距离即为最大行程。

④ 工作台尺寸 $T$×$B$（长 × 宽）：工作台尺寸指工作台面上可以利用的有效尺寸如图 10-22 所示中的 $T$ 和 $B$。它限制了安装模具的尺寸。

⑤ 回程力：液压机活动横梁在回程时要克服阻力和运动部件的重力，这就需要回程力。回程力由活塞缸下腔工作面积或单独设备的回程缸来实现。液压机的最大回程力约为公称压力的 20% ～ 50%。

⑥ 活动横梁运动速度：可分为工作行程速度、空行程速度及回程速度。工作行程速度由工艺要求来确定。空行程速度及回程速度可以高一些，以便提高生产率。

常用各类液压机的性能参数见表 10-36 ～表 10-38。

表 10-36　常用拉深液压机的性能参数

| 参数名称 | 量　值 | | | | |
|---|---|---|---|---|---|
| 公称压力 /MN | 3.0 | 4.0 | 5.0 | 6.5 | 12.0 |
| 液体工作压强 /×$10^5$Pa | 200 | 200 | 200 | 320 | 200 |
| 最大开口高度 /mm | 2000 | 2800 | 2700 | 1500 | 1700 |
| 最大行程 /mm | 1000 | 1600 | 1600 | 1000 | 900 |
| 回程力 /kN | 450 | 500 | 750 | 1600 | 2 100 |
| 工作速度 /（mm/s） | 300 ～ 350 | 250 | 300 ～ 350 | 300 | 300 |
| 空程速度 /（mm/s） | 400 ～ 450 | 400 | 400 ～ 450 | 400 | 400 |
| 回程速度 /（mm/s） | 400 ～ 450 | 400 | 400 ～ 450 | 400 | 400 |
| 顶料器行程 /mm | 50 | 800 | 1000 | — | 700 |
| 顶料力 /kN | 300 | 150 | 250 | 2 000 | 2100 |
| 工作台尺寸 /mm | 800×1000 | 1000×1200 | 1000×1200 | 1150×4000 | 1200×1200 |

续表

| 参数名称 | 量值 | | | | |
|---|---|---|---|---|---|
| 地面以上高度 /mm | 6 479 | 7 915 | 8131 | 7530 | 7745 |
| 地面以下深度 /mm | 1 800 | 2 860 | 3000 | | 4 000 |
| 质量 /t | 46 | 74 | 86.1 | 160 | 131 |
| 生产厂家 | 陕西锻压机床厂 | 太原重型机器厂 | 陕西锻压机床厂 | 太原重型机器厂 | 太原重型机器厂 |

表 10-37　常用四柱万能液压机的性能参数

| 液压机名称 | 型号 | 公称压力 /kN | 液压机最大工作压力 /MPa | 回程压力 /kN | 顶出缸压力 /kN | 活动横梁最大行程 /mm | 顶出缸活塞最大行程 /mm | 活动横梁至工作台最大距离 /mm | 顶出缸活塞至工作台最大距离 /mm | 活动横梁行程速度 | | |
|---|---|---|---|---|---|---|---|---|---|---|---|---|
| | | | | | | | | | | 空程速度 /（mm/s） | 工作时最大 /（mm/s） | 回程 /（mm/s） |
| 四柱式万能液压机 | YB32-63B | 630 | 25 | 190 | 190 | 400 | 150 | 600 | 160 | 22 | 9 | 50 |
| 四柱式万能液压机 | YB32-100B | 1000 | 25 | 320 | 190 | 600 | 200 | 900 | 215 | 22 | 14 | 47 |
| 四柱式万能液压机 | YT32-200B | 2000 | 25 | 480 | 400 | 710 | 250 | 1120 | 324 | 90 | 18 | 80 |
| 四柱式万能液压机 | YA32-200 | 2000 | 25 | 450 | 350 | 700 | 250 | 1100 | 345 | 60 | 10 | 52 |
| 塑料制品液压机 | YT71-250 | 2500 | 25 | 630 | 400 | 600 | 250 | 1200 | 380 | 65/6 | 3 | 65/6 |
| 四柱式万能液压机 | YT32-315 | 3150 | 25 | 630 | 630 | 800 | 300 | 1250 | 360 | 100 | 12 | 60 |
| 四柱式万能液压机 | YA32-315 | 3150 | 25 | 600 | 350 | 800 | 250 | 1250 | 445 | 80 | 8 | 42 |
| 四柱式万能液压机 | YT32-500C | 5000 | 25 | 1000 | 1000 | 900 | 355 | 1500 | 545 | 140 | 10 | 70 |
| 四柱式万能液压机 | Y132-500 | 5000 | 25 | 1000 | 1000 | 900 | 355 | 1500 | 385 | 100 | 10 | 80 |
| 塑料制品液压机 | YT71-500 | 5000 | 25 | 630 | 350 | 700 | 300 | 1400 | 850 | 30/3 | 1 | 30/3 |

表 10-38　立式四柱冲孔液压机性能参数

| 参数名称 | 量值 | | | | |
|---|---|---|---|---|---|
| 公称压力 /MN | 1 | 1.25 | 2 | 2 | 14 |
| 液体工作压强 /×$10^5$Pa | 200 | 200 | 200 | 200 | 200 |
| 最大开挡 /mm | 2700 | 2 600 | 3500 | 3200 | 3000 |
| 最大行程 /mm | 1500 | 2100 | 2200 | 3000 | 1800 |
| 回程力 /kN | 300 | 400 | 300 | 400 | 1800 |
| 工作速度 /(mm/s) | 300 | 250 ～ 300 | 300 | 300 | 300 |
| 空、回程速度 /(mm/s) | 600 | 350 ～ 400 | 600 | 400 | 350 |
| 工作台尺寸 /mm | 800×800 | 1350×800 | 750×850 | 1400×800 | 1400×1300 |
| 地面以上高度 /mm | 7093 | 4268 | 7520 | 8450 | 9300 |
| 地下深度 /mm | 2500 | 3300 | 2500 | 约 4000 | 5500 |
| 外形尺寸（长 × 宽 × 高）/mm | 6260×6230×9539 | — | 6230×6960×7520 | 4270×6905×8450 | 8600×8000×9300 |
| 质量 /t | 27.4 | 20.1 | 33.2 | 36 | 290 |
| 生产厂商 | 陕西锻一机床厂 | 沈阳重型机器厂 | 陕西锻压机床厂 | 太原重型机器厂 | 太原重型机器厂 |

## 四、其他液压机

### 1. 板料冲压液压机

板料冲压液压机是进行板料冲压加工的重要设备之一，可用于板料拉深、弯曲冲裁和成形等工艺。

冲压液压机的种类较多。按照加工板材的厚度分为薄板冲压液压机和厚板冲压液压机；按照施力方式分为单动和双动冲压液压机；按照液压机机身结构分为梁式和框架式液压机。本段着重介绍单动薄板冲压液压机和汽车纵梁（厚板）冲压液压机。

#### （1）单动薄板冲压液压机

如图 10-23 所示为单动薄板冲压液压机结构。上梁内装有主工作缸，带动活动横梁上下运动，完成各种冲压工作。下梁下部装有顶出缸，可将冲压完的制件从模具内顶出。顶出缸还可起液压垫作用，供拉深时压边用。有的单动薄板冲压液压机的下梁内由液压马达驱动，通过齿轮、齿条传动可将工作台移动，便于更换模具，改善了劳动条件，提高了生产效率。

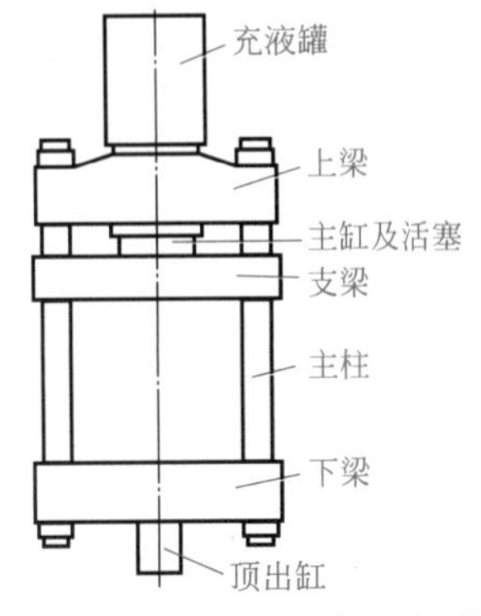

图 10-23　单动薄板冲压液压机

#### （2）汽车纵梁冲压液压机

是用于压制汽车大梁的。如图 10-24 所示为 40MN 汽车纵梁液压机，它为六立柱式组合结构，上横梁为 3 个独立的部件，每个部件上各装 1 个主工作缸，活动横梁和底座（下横梁）各为一个整体铸件，活动横梁长达 9.5m，由 6 个立柱将上横梁和底座连成一体。从侧面看，该液压机可视为 3 个受力的封闭框架，但从正面看，则不是一个整体框架结构，因此不能承受偏载。底座下部装有顶出缸，上横梁上装有回程缸。

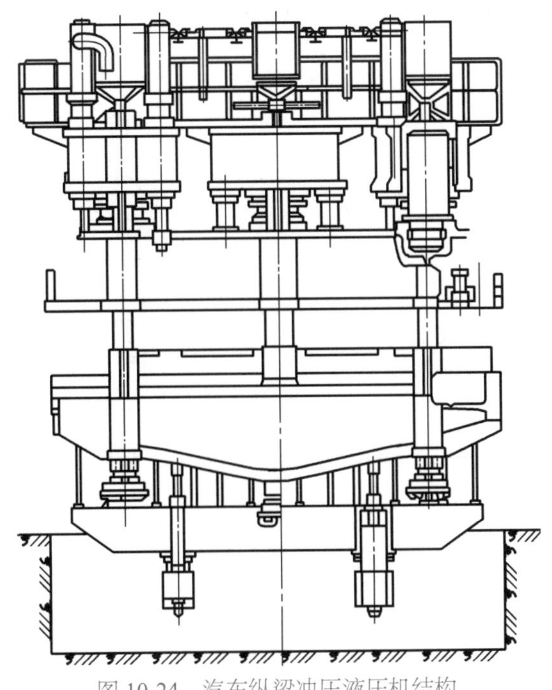
图 10-24　汽车纵梁冲压液压机结构

压制时，两侧液压缸先投入工作，将板料压入下模槽腔进行弯曲。当开始校形时，中间液压缸再投入工作，液压机发挥最大工作压力。为了避免纵梁弯曲时液压机承受偏心载荷，该机设置了活动横梁调平装置，调平装置工作原理如图 10-25 所示。调平装置以被弯曲坯料的上表面为基准，工作前按活动横梁下移速度要求，调节两个比例流量阀，保证活动横梁按给定速度平行下移。当弯曲凸模接触坯料上表面时，调平装置显示为零。当凸模继续下移时，负载不均匀使活动横梁倾斜，活动横梁两端的位移误差信号由位移传感器检测后经电控器反馈给比例流量阀，改变各工作缸的流量，使两端运动速度误差减小，直至活动横梁平行下移为止。调平装置可保证活动横梁在 9.5m 长度上，两端位移差仅为 0.5mm。

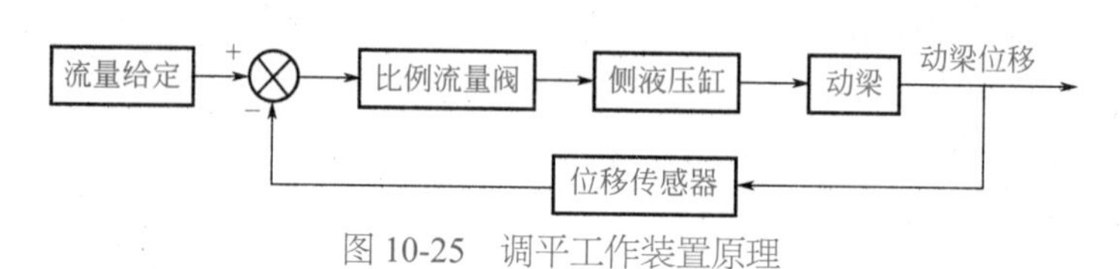


图 10-25　调平工作装置原理

### 2. 液压板料折弯机

板料折弯是塑性变形工艺的一种，广泛应用于钣金加工业。在板料折弯机上使用简单模具可对冷态金属板料进行各种角度的直线弯曲，操作简单，生产效率高。

板料折弯机由机身、滑块、托料机构、定位装置和控制系统组成。机身采用整体焊接结构，具有足够的强度和刚度。液压折弯机一般采用两个竖直油缸推动滑块运动，由于滑块和工作台较长，为了保证滑块的同步和制件成形质量，液压系统应充分注意滑块运动的同步控制。如图 10-26 所示是一种多杆机构同步系统，该系统由平行四边形杆机构 *CABD* 和 *EABF* 组成。其中点 *E*、*F* 与滑块铰接，点 *C*、*D* 与机身铰接。由于左、右两油缸推动滑块运动时受上述机构的制约，*E*、*F* 不可能偏斜，从而保证了滑块的同步精度。如图 10-27 所示为 HPB1025 型液压板料折弯机，它采用双缸驱动，多连杆机构起同步联锁作用。

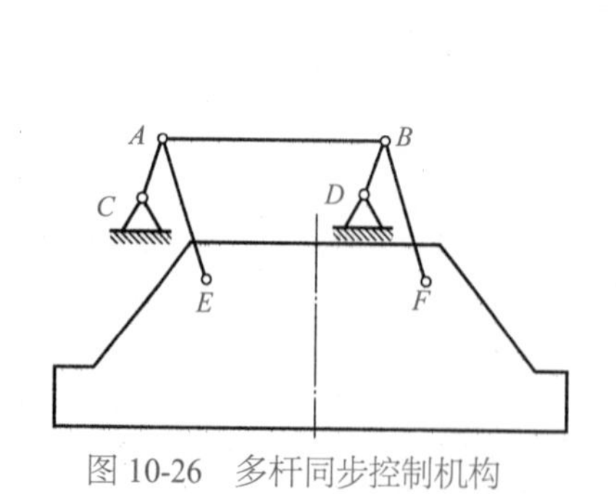


图 10-26　多杆同步控制机构

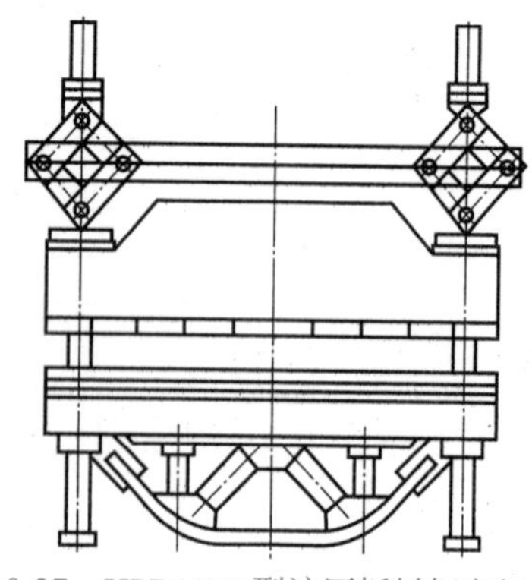

图 10-27　HPB1025 型液压板料折弯机

现代板料折弯机对滑块位移、工作台变形、挡料位置以及上、下料机构都要求自动控制，其中滑块位移的控制包括止点及运动转换点的控制。下止点位置会直接影响上模进入下模的深度，此深度的微小变化将导致弯曲角显著变化。

为了提高折弯件精度，近年来出现了三点弯曲板料折弯机，其工作原理如图 10-28 所示。

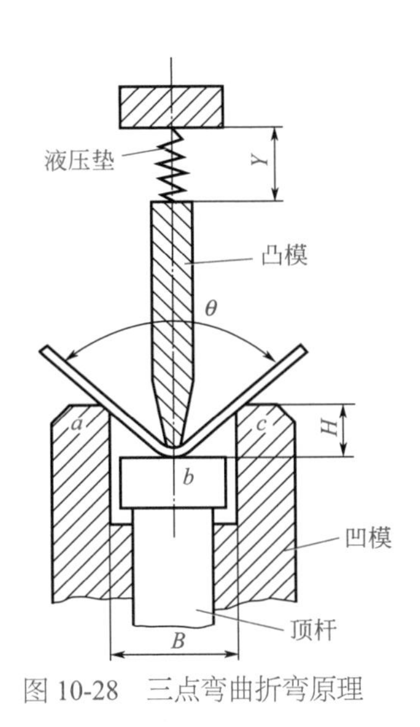

图 10-28　三点弯曲折弯原理

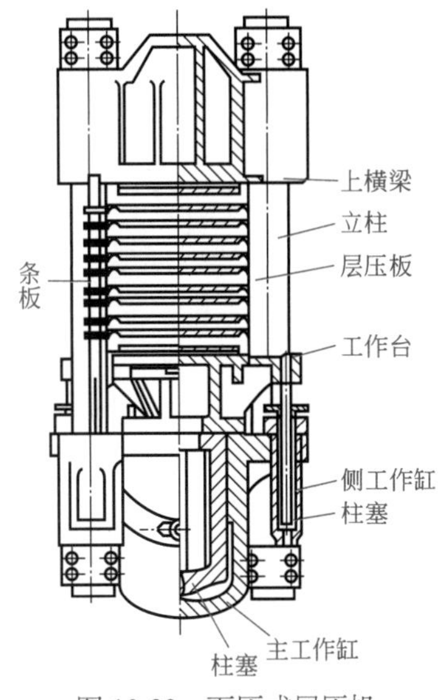

图 10-29　下压式层压机

在三点弯曲过程中，弯曲角 $\theta$ 由特殊凹模及在其中可移动的顶杆来确定。凹槽的开口 $B$ 是不变的，而凹模槽深 $H$ 则可由调节顶杆来改变。凸模和凹模槽顶两侧的圆角及顶杆的表面形成 3 个点 $a$、$b$、$c$，这 3 点精确地决定了弯曲角 $\theta$。在弯曲过程中，为了保证沿工具全长上板料均与 $a$、$b$、$c$ 点接触，以保证全长上的板料弯曲精度，必须补偿滑块及工作台的挠度。为此在上模及滑块之间有液压垫，它能使沿着整个弯曲长度上的压力均匀分布，液压垫上的力应根据板料的材料种类及厚度来设定。凹模中的顶杆，可借助一套气缸楔块机构来调节其高度。

### 3. 层压机

层压机的主要特点是在液压机的上、下横梁之间设有多层活动平板，一次可生产多层塑料板。层压机主要用来加工塑料板材、层压板、纤维板等。

层压机有上压式和下压式两种，但多采用下压式，而且多采用柱塞式工作缸，这样，柱塞行程可设计得较长，使层压空间大，对压制多层制品有利，装卸制品和料坯也比较方便。另外，运动部件的回程可靠自重完成，简化了机器结构。如图 10-29 所示为下压式层压机。主工作缸的柱塞和下工作台相连，下工作台的两侧还与辅助工作缸的柱塞连接，该油缸体积小，可以将工作台很快地举起，并且节省工作液。此时主工作缸充入低压油液，当至闭合位置时，即向主工作缸输入高压油液。

压制时，先将料坯片放于两层压板之间，然后加热到压制温度，并在此温度下保压一定时间，然后进行冷却，最后得到制品。

层压机的压板需要加热。通常，加热方式有蒸气加热和电加热两种。蒸气加热需有蒸气源，加热装置较为复杂，而电加热装置结构简单。蒸气加热装置是在压板上钻孔，并将孔道连接成循回通道。电加热装置是在压板孔道内插入电热棒。加热装置设计得是否合理对制件的影响很大。若设计不当，会使制件开裂，因受热或冷却不均匀而引起翘曲或开裂、表面发花等缺陷。

大型层压机一般在机台的左右两侧各设有一部升降台，升降台配置有推拉架，由推拉架将料坯推入压板间，或将压制好的层板拉出。这样，操作方便，缩短了生产周期，机台得到了充分利用。

# 第八节　精冲压力机

## 一、精冲压力机工作原理

精冲工艺最常见的方法是齿圈压板精冲法，其工作原理如图 10-30 所示。冲裁时，如图 10-30（a）所示，依靠齿圈压板对板料施压力 $P_{齿}$，同时，反向顶杆产生的压力 $P_{反}$与齿圈压板力作用方向相反，所以这两个力将材料夹紧。主冲裁力 $P_{冲}$由传动系统产生。金属材料因受此 3 种力的作用，其变形区处于三向压力状态。冲裁结束卸载时，如图 10-30（b）所示，齿圈压板产生卸料力 $P_{卸}$，反向顶杆产生顶件力 $P_{顶}$，实现制件或废料的卸除。

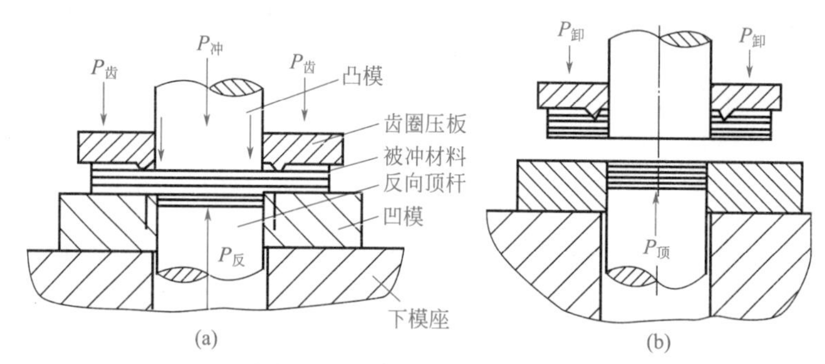

图 10-30　齿圈压板精冲简图

精冲压力机要实现自动、高效的工作，还需配置一些辅助装置，如材料的校直及检测、自动送料、制件或废料收集、模具安全保护等装置。图 10-31 所示为全自动精冲压力机整套设备示意。

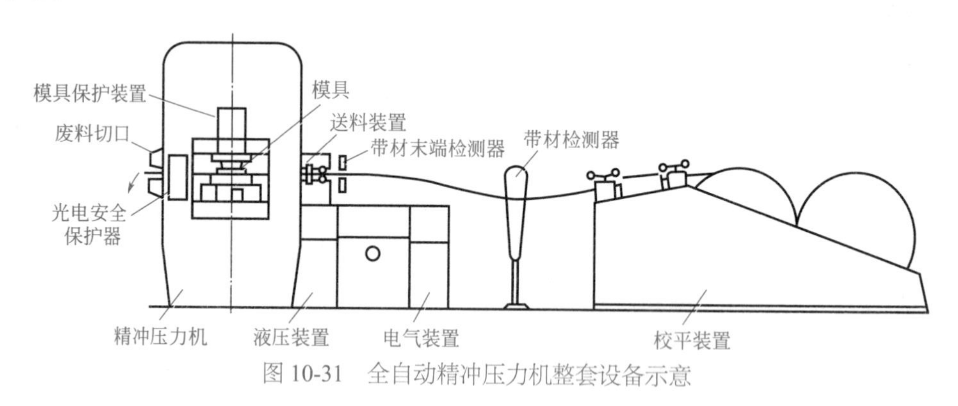

图 10-31　全自动精冲压力机整套设备示意

## 二、精冲压力机的类型

精密冲裁压力机简称精冲压力机，主要用于齿圈压板精冲模对材料进行精密冲裁加工。精冲压力机按主传动的结构不同分为机械式精冲压力机和液压式精冲压力机。目前小型精冲压力机多采用机械式；大型精冲压力机多采用液压式，总压力大于 3200kN 的一般为液压式。无论是机械式或液压式精冲压力机，其压边系统和反压系统都采用液压结构。精冲压力机按主传动和滑块的位置分为上传式精冲压机和下传式精冲压力机。传动系统在压力机下部的称为下传动式精冲压力机。下传动式精冲压力机结构简单，维修及安装方便，目前广泛采用。

精冲压力机按滑块的运动方向分为立式精冲压力机和卧式精冲压力机。立式精冲压力机结构紧凑，占地面积小，安装模具方便，压力机导轨磨损较均匀，便于辅助设备的安装和操作，安装隔声设备方便，噪声易控制。但卸件必须采用压缩空气吹卸或采用机械手抓取。目前大多数精冲压力机为立式。

## 三、精冲压力机结构

精冲压力机的类型按主传动形式分为两大类：机械式精冲压力机和液压式精冲压力机。目前，国外生产的机械式精冲压力机冲裁力一般小于 3200kN，液压式精冲压力机的主冲裁力一般大于 3200kN。下面介绍机械式精冲压力机。

### 1. 机械式精冲压力机的传动系统

如图 10-32 所示为 GKP-F 型机械式精冲压力机结构。它采用双肘杆下传动，主传动系统包括电动机、无级变速箱、带轮、飞轮、离合器、蜗杆蜗轮、双边传动齿轮、曲轴和双肘杆机构。机械式精冲压力机的齿圈压板的压边力和推件板的反压力通过液压系统的压边活塞和反压活塞提供，并满足调节压力和稳定压力的要求。

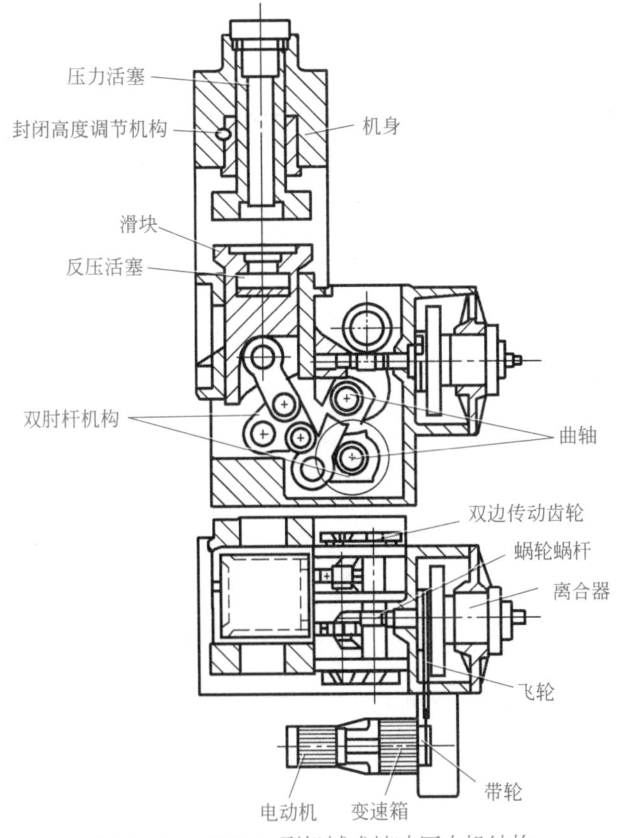


图 10-32　GKP–F 型机械式精冲压力机结构

### 2. 废料切断装置

废料切断装置是将已冲裁过的条料再进行切断，便于收集与输送。如图 10-33 所示是 YY99-25/40 精冲压力机废料切断装置结构。当压力油进入油缸时，活塞向上产生刚性接触，迫使油缸向下移动并带动上剪刀向下运动，进行剪切。然后油缸泄油，在压缩弹簧的作用下，上剪刀复位，完成切断工作。剪刀工作一定时间后会磨钝，要磨削刃口。磨削时不要引起刃口退火，以保证切断装置具有一定的使用寿命。

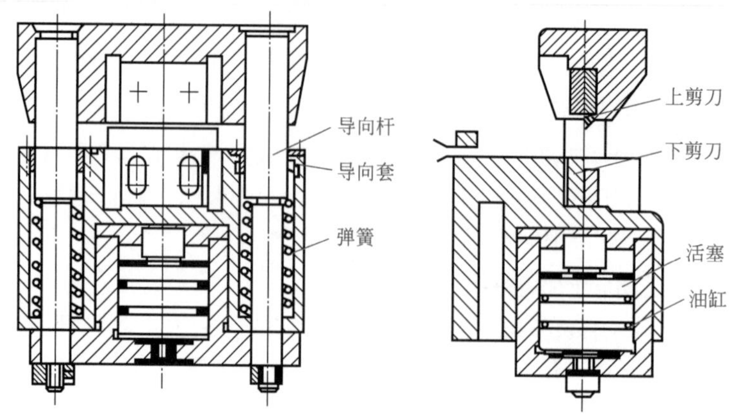

图 10-33　废料切断装置结构

## 四、精冲压力机特点（表 10-39）

表 10-39　精冲压力机特点

| 类别 | 说　明 |
|---|---|
| 工艺要求 | 精冲压力机要提供 5 种作用力：$P_{冲}$、$P_{齿}$、$P_{反}$、$P_{卸}$、$P_{顶}$。产生 $P_{冲}$的传动系统不同，相应的滑块运动也不相同。$P_{齿}$和 $P_{反}$均由液压系统产生（与主传动的形式无关），它们的大小可在一定的范围内单独调整，并在确定的时间内加载和卸载，在冲裁中 $P_{齿}$保持不变 |
| 滑块有较高的导向精度和限位精度 | 由于精密冲裁的冲裁间隙比普通冲裁小很多，为使上、下模精确对中，保证精冲件质量和模具寿命，精冲压力机的滑块在工作时有精确的导向和足够的刚度<br>由于精冲的冲裁间隙很小，并要求凸模不得进入凹模型孔，又要保证能够从条料上将制件冲下来，因此对滑块有较高的限位精度要求。滑块的下行位置可精确到 ±0.01mm |
| 滑块运动速度变化较大 | 为了高效生产，滑块的运动曲线如图 10-34 所示。在滑块进给和回程时速度较快（曲线变化较大），在冲裁时，速度较慢（曲线变化平缓）。机械传动的主滑块，其冲裁速度在 5 ～ 15mm/s 的范围内变化；液压传动的主滑块，冲裁速度在 3 ～ 37mm/s 范围内变化，并且可以无级调速<br>(a) 主滑块为机械传动　(b) 主滑块为液压传动<br>图 10-34　滑块运动曲线图 |
| 多数采用下传动结构 | 机械式和液压式的精冲压力机大多数采用下传动机构，即主滑块在工作面下面做上下往复运动。这种结构形式使整个压力机结构紧凑、重心低，大量的传动部件和液压装置均在机身下部体内，可降低机身的高度，运行平稳。其不足是滑块与下模座在精冲过程中不停地上下运动，使条料送进和定位比较困难，因此采用了自动送料和定位设置来加以弥补 |
| 刚性好 | 精冲压力机的机身一般为焊接结构，上横梁、中间立柱、下机身用螺钉连接并预紧，使整个压力机达到较好的刚性。在精冲时，上、下工作台之间具有较高的平行度 |
| 有可靠的模具保护装置 | 精冲压力机装有可靠的保护装置，当制件或废料遗留在模具内时，能自动监测，使压力机停车，避免损坏制件、模具和设备 |

## 五、精冲压力机的主要技术参数

技术参数“允许最大精冲料厚”与滑块的冲裁速度有关。为满足冲裁速度的要求，必须限制冲裁制件厚度。小型精冲压力机的“允许最大精冲料厚”参数较小。几种国内外精冲压力机的主要技术参数见表 10-40。

表 10-40 几种国内外精冲压力机的主要技术参数

| 性能 | | 压力机型号 | | | | | | | |
|---|---|---|---|---|---|---|---|---|---|
| | | Y26-100 | Y26-630 | GKP-F25/40 | GKP-F100/160 | HFP 240/400 | HFP 800/1200 | HFA630 | HFA800 |
| 总压力 /kN | | 1000 | 6300 | 400 | 1600 | 4000 | 12000 | 100 ～ 6300 | 100 ～ 8000 |
| 主冲裁力 /kN | | — | — | 250 | 1000 | 2400 | 8000 | — | — |
| 压料力 /kN | | 0 ～ 350 | 450 ～ 3000 | 30 ～ 120 | 100 ～ 500 | 1800 | 4500 | 100 ～ 3200 | 100 ～ 4000 |
| 反压力 /kN | | 0 ～ 150 | 200 ～ 1400 | 5 ～ 120 | 20 ～ 400 | 800 | 2500 | 50 ～ 1300 | 100 ～ 2000 |
| 滑块行程 /mm | | 最大 50 | 70 ～ 150 | 45 | 61 | — | — | 30 ～ 100 | 30 ～ 100 |
| 滑块行程次数 /（次 /min） | | 最大 30 | 5 ～ 24 | 36 ～ 90 | 18 ～ 72 | 28 | 17 | 最大 40 | 最大 28 |
| 冲裁速度 /（mm/s） | | 6 ～ 14 | 3 ～ 8 | 5 ～ 15 | 5 ～ 15 | 4 ～ 18 | 3 ～ 12 | 3 ～ 24 | 3 ～ 24 |
| 闭模速度 /（mm/s） | | — | — | — | — | 275 | 275 | 120 | 120 |
| 回程速度 /（mm/s） | | — | — | — | — | 275 | 275 | 135 | 135 |
| 模具闭合高度 | 最小 | 170 | 380 | 110 | 160 | 300 | 520 | 320 | 350 |
| | 最大 | 235 | 450 | 180 | 274 | 380 | 600 | 400 | 450 |
| 模具安装尺寸 /mm | 上台面 | 420×420 | $\phi$1020 | 280×280 | 500×470 | 800×800 | 1200×1200 | 900× 900 | 1000×1000 |
| | 下台面 | 420×400 | 800×800 | 300×280 | 470× 470 | 800×800 | 1200×1200 | 900×1260 | 1000×1200 |
| 允许最大精冲料厚 / mm | | 8 | 16 | 4 | 6 | 14 | 20 | 16 | 16 |
| 允许最大精冲料宽 / mm | | 150 | 380 | 70 | 210 | 350 | 600 | 450 | 450 |
| 送料最大长度 / mm | | 150 | 2×200 | — | — | 600 | 600 | — | — |
| 电动机功率 /kW | | 22 | 79 | 2.6 | 9.5 | 60 | 100 | 95 | 130 |
| 机床质量 /t | | 10 | 30 | 2.5 | 9 | 20 | 60 | — | — |

# 第九节 压力机的使用维护与故障排除

## 一、压力机类型的选择原则

机械压力机类型的选定依据是冲压的工艺性质、生产批量的大小、冲压件的几何尺寸和精度要求等。机械压力机类型选定的一般原则见表 10-41。

表 10-41 压力机类型的选择原则

| 类别 | 说明 |
|---|---|
| 中小型冲压件生产 | 中小型冲压件生产中，主要应用开式机械压力机。单柱机械压力机具有方便的操作条件，容易安装机械化附属装置，成本低廉；开式机械压力机具有左右方向送料、出料的优点。但是，这类机械压力机刚度差，在冲压变形力的作用下床身的变形能够破坏冲模间隙分布，降低模具的寿命或冲裁件的表面质量 |

续表

| 类别 | 说　　明 |
| --- | --- |
| 大中型冲压件生产 | 在大中型冲压件生产中，多用闭式机械压力机。其中，有一般用途的通用压力机，也有台面较小而刚度大的专用挤压压力机、精压机等。在大型拉深件生产中，可选用双动压力机，所用模具结构简单，调整方便 |
| 形状复杂零件的大批量生产 | 形状复杂零件的大批量生产中，应选用高速压力机或多工位自动压力机；在小批量生产中，尤其在大型厚板冲压件弯曲成形生产中，多采用高速压力机或摩擦压力机<br>液压机没有固定行程，不会因为板料厚度变化而超载，在需要很大的施力行程时，与机械压力机相比具有明显的优点，但是，液压机的生产效率低，而且冲压件的尺寸精度有时因操作因素的影响而不十分稳定。摩擦压力机结构简单、造价低廉，不易发生超负荷损坏，常用来完成弯曲等冲压工作。摩擦压力机的行程不是固定的，因而在冲压件的校平或校形中，不受板材厚度波动的影响，能保持比较稳定的校形精度。但是，摩擦压力机的行程次数较少，生产效率低，操作不方便 |
| 必须充分注意机械压力机的刚度和精度 | 机械压力机的刚度由床身刚度、传动刚度和导向刚度三部分组成。只有当压力机的刚度足够时，其静态精度（空载时测得的精度）才能在受负荷作用的条件下保持下来，否则，其静态精度也就失去了意义。压力机的刚度直接影响模具的寿命和冲裁件的质量<br>薄板零件冲裁应尽量选用精度高而刚度大的机械压力机，校正弯曲、校平、校形用机械压力机应该具有较大的刚度，以获得较高的冲压件尺寸精度 |

值得指出的是，提高机械压力机的结构刚度和传动刚度，虽然可以降低由于板材性能的波动、操作因素和前一道工序的不稳定等因素引起的成品零件的尺寸偏差，但是，只有厚度公差较小的高精度板材才适用于精度高而刚度大的机械压力机，否则，板材厚度的波动能够引起冲压变形力的急剧增大，这时，过大的设备刚度反而容易造成模具或设备的超负荷损坏。

## 二、压力机规格的选择原则

机械压力机的规格指机械压力机的主参数——公称压力。所选机械压力机的公称压力和功率必须大于冲压作业所需的压力和功率，以避免压力和功率的超载。因此，为了正确选择机械压力机，首先应弄清机械压力机的超载问题。压力机规格的选择原则见表 10-42。

表 10-42　压力机规格的选择原则

| 类别 | 说　　明 |
| --- | --- |
| 机械压力机的超载问题 | 机械压力机的超载有强度超载（冲压工序抗力超过机械压力机允许压力而发生的超载）、动力超载（曲轴上输入的扭矩不足以克服抗力所产生的扭矩而发生的超载）和平均功率超载（机械压力机滑块一次往复行程所需的平均功率超过电动机的额定功率而发生的超载）之分。强度超载一般是在滑块离下止点很近的时候发生的，出现强度超载会损坏机械压力机的主要零件（如使轴变形、床身破裂等）。因此，机械压力机上一般都有压力超载保险装置<br>动力超载在整个滑块行程中都可能发生，出现动力超载将使飞轮转速降低，严重时会导致电动机被烧毁。有的机械压力机设置了动力超载保险装置。平均功率超载的后果是使电动机持续减速，轻则缩短电动机的使用年限，重则烧坏电动机 |
| 机械压力机压力和功率的选定 | 机械压力机压力和功率的选择，实质上是为了使机械压力机在加工过程中不发生超载问题<br>机械压力机说明书上通常都有图 10-35 所示的压力 - 行程曲线。选择机械压力机时，必须保证工序抗力不超过曲线中的 *ABC* 线，这样才能避免发生强度超载和动力超载，一般情况下也不至于发生平均功率超载，但在有些施力行程较长的作业中也有可能发生平均功率超载。如图 10-35 所示中，曲线 *ABC* 是机械压力机的许用压力 - 行程曲线，抗力曲线是变形力与行程的关系曲线。由图 10-35（a）、（b）所示可以看出，在进行冲裁、弯曲加工时，所选机械压力机完全可以保证在全部行程里工序抗力都低于机械压力机的许用压力，所以是合理的。而从图 10-35（c）所示，虽然所选机械压力机的公称压力 $F_{max}$ 等于或大于拉深变形所需的最大力，但在全部行程中，许用压力 - 行程曲线 *ABC* 不能全部覆盖工序抗力 - 行程曲线，因而在这种情况下应选公称压力更大的机械压力机才合理 |

续表

<table>
<tr><th>类别</th><th>说明</th></tr>
<tr><td>机械压力机压力和功率的选定</td><td>

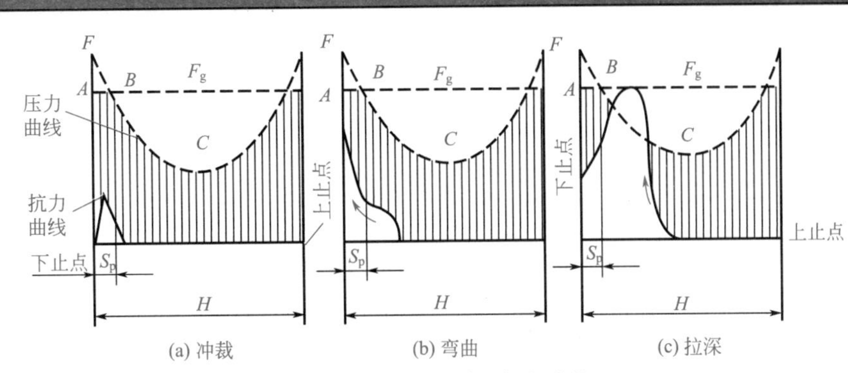


(a) 冲裁　(b) 弯曲　(c) 拉深

图 10-35　所示压力 - 行程曲线

应该指出，由于准确绘制工序抗力 - 行程曲线的工作较复杂，因而在实际生产中，通常是以变形力的计算结果和实际经验为依据来选择机械压力机的。假定 $F_{max}$ 为冲压加工时作用于滑块上力的总和，包括冲压变形力、推件力、卸料力、弹簧压缩力、气垫压缩力等。在进行冲裁或弯曲加工时，由于其施力行程较小，一般可按 $F_{max}$ 选取机械压力机吨位；当考虑众多波动因素时，可按比 $F_{max}$ 大 10% ～ 20% 选取机械压力机吨位；为了保证冲压件尺寸精度、提高模具寿命，也可按 $2F_{max}$ 选取机械压力机吨位。在进行拉深等冲压加工或采用复合模成形时，由于施力行程较大，这时不能单纯地按 $F_{max}$ 选用机械压力机，而应该以在机械压力机全部行程中工序变形力都不超过机械压力机允许压力曲线的范围为条件进行选择，如图 10-35（c）所示已超载

</td></tr>
<tr><td>按冲压零件和模具尺寸选定机械压力机规格</td><td>

选定机械压力机类型和规格后，还应进一步根据冲压零件和模具的尺寸来复核所选机械压力机是否合理。这时主要应考虑以下几点

① 机械压力机应有足够的行程，以保证毛坯能放进，工件在高度上能获得所需的尺寸，并使工件能方便地从模具中取出来。如拉深工序，要求滑块行程大于工序中零件高度的 2 倍以上

② 压力机的台面尺寸应大于冲模的平面尺寸，要留有模具固定安装的余地。压力机工作台尺寸最小应大于冲模相应尺寸 50 ～ 70mm。但在过大的工作台面上安装小尺寸的冲模时，工作台的受力将会不利

③ 压力机的闭合高度应与冲模的闭合高度相适应，即满足冲模的闭合高度介于压力机的最大闭合高度和最小闭合高度之间的要求。此外，压力机装模柄的孔尺寸也应与冲模的模柄尺寸适应

</td></tr>
</table>

除上述因素外，还要考虑机械压力机工作台或垫板上漏料孔的尺寸以及缓冲器的位置和尺寸是否满足冲模的要求。

## 三、压力机的正确使用

曲柄压力机同其他机械设备一样，只有操作者正确使用和切实地维护保养好，才能减少机械故障，延长其使用寿命，同时充分发挥其功能，保证产品质量，并最大限度地避免事故的发生。下面我们从压力机的能力、结构、操作、检修及模具使用等方面对此加以论述。

### 1. 压力机能力的正确发挥

压力机的使用者必须明确所使用压力机的加工能力（标称压力、许用负荷、电动机额定功率），并且在使用过程中，让压力机的能力留有余地，这对延长压力机部件寿命、模具寿命及避免超负荷使压力机破坏都是至关重要的。尤其是偏心负荷时，使用压力需低于标称压力很多。超负荷对压力机、模具及工件等均有不良影响，避免超负荷是使用压力机的最基本要求。

超负荷将出现的现象见表 10-43，也可以通过这些现象的出现来判定是否超负荷。

表 10-43　超负荷将出现的现象

| 类别 | 说　　明 |
| --- | --- |
| 电动机功率超负荷的现象 | 电动机的电流增高，电动机过热；单次行程时，每次作业的减速都很大；连续行程时，随着作用次数的增加，速度逐渐减小，直至滑块停止运转 |
| 工作负荷曲线超出许用负荷曲线 | 工作负荷曲线超出许用负荷曲线，将出现以下情况：曲柄发生扭曲变形、齿轮破损、连接键损坏、离合器打滑和过热 |
| 标称压力超负荷的现象 | 作业声音异常高，振动大；曲柄弯曲变形；连杆破损；机身出现裂纹；有过载保护装置的，则保护装置产生动作<br>在原来是进行单次行程加工的压力机上，安装上自动送料装置进行连续加工时，往往压力机功率不足。这种情况下，可把驱动电动机换成高一挡功率的电动机 |

## 2. 对压力机结构的正确使用

单点压力机在偏心载荷作用下会使滑块承受附加力矩 $M=Fe$，因而在滑块和导轨之间产生阻力矩 $F_R l$，如图 10-36（a）所示。附加力矩 $M$ 使滑块倾斜，加快了滑块与导轨间的不均匀磨损。因此，进行偏心负荷较大的冲压加正时，应避免使用单点压力机，而应使用双点压力机。双点压力机在承受偏心负荷时不产生附加力矩，如图 10-36（b）所示。

压力机各活动连接处的间隙不能太大，否则将降低精度。可用下面的方法检验：在滑块向下行程进行冲压时，用手指触摸滑块侧面，在下止点如有振动，说明间隙过大，必须进行调整。进行滑块导向间隙调整时，注意不要过分追求精度而使滑块过紧，过紧将发热磨损。有适当的间隙，对改善润滑、延长使用寿命是必要的。各相对运动部分都必须保证良好的润滑，按要求添加润滑油（脂）。

压力机的离合器、制动器是确保压力机安全运转的重要部件。离合器、制动器发生故障，必然会导致大的事故发生。因此，操作者必须充分了解所使用压力机的离合器、制动器的结构，而且，每天开机前都要试车检查离合器、制动器的动作是否准确、灵活、可靠。气动摩擦离合器、制动器使用的压缩空气必须达到要求的压力标准，如压力不足，对离合器来说，将产生传递转矩不足；对制动器来说，将产生摩擦盘脱离不准确，造成发热和磨损加剧。

滑块平衡装置，应在每次更换模具后，根据模具的重量加以调整，保证平衡效果。

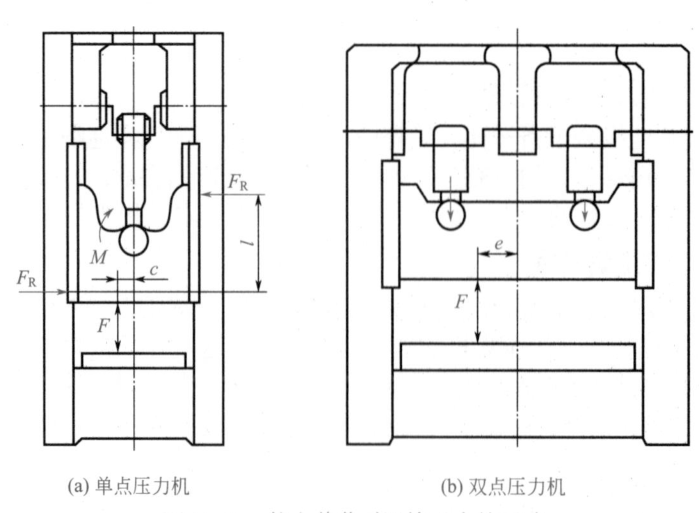


(a) 单点压力机　　(b) 双点压力机

图 10-36　偏心载荷对滑块受力的影响

### 3. 模具对压力机正确使用的影响

用小型模具进行冲压作业时，应在工作台面积较小的单点压力机上进行。如果工作台面积过大，则冲压力不能用到压力机的标称压力，否则，工作台及工作台垫板在集中负荷的作用下，将承受过大的弯矩，导致破坏。此外，在大工作台上使用小模具进行冲压作业，尽管冲压力不大，也多半会引起振动，故应特别注意。一般模具安装面积太小时，应加垫板，以分散压力。

### 4. 进行正确无误的操作

对于闭合高度较小的模具也应加垫板安装。避免调节螺杆过于伸出，否则将导致强度大大降低，产生危险。压力机的操作可以说是很简单的工作，然而，操作错误不仅会使压力机、模具、工件遭受破坏，甚至会导致人身事故的发生。因此，正确操作是安全使用压力机的重要环节，必须充分重视。

首先，必须准确牢靠地安装好模具，保证模具间隙均匀，闭合状态良好，作业过程不松动移位。其次，严格遵守压力机操作规程，一定要在离合器脱开后，才可以启动电动机。作业过程中，及时把工作台上的冲压件、废料清除掉，清除时要用钩子或刷子等专用工具，不能图省事而直接徒手进行。板料冲裁时，不应将两块坯料重叠在一起进行冲裁。随时注意压力机工作情况，当发生不正常（如滑块自由下落、出现不正常的冲击声及噪声，成品有毛刺或质量不好，以及工件卡在冲模上等）现象时，应立即停止工作，切断电源，进行检查和处理。工作完毕后，应使离合器脱开，然后才能切断电源，清除工作台上的杂物，用布揩拭，并在未涂油漆部分涂上一层防锈油。

## 四、定期检修保养

对压力机定期检修的目的，就是通过每日、每周、每月、每半年或一年的检查维修，使压力机始终保持良好的状态，以保证压力机的正常运转和确保操作者人身安全。定期检修保养包括以下几项内容，见表 10-44。

表 10-44　定期检修保养的内容

| 类别 | 说　　明 |
| --- | --- |
| 离合器、制动器的保养 | 要保证离合器、制动器动作顺利准确，摩擦盘的间隙必须调准。间隙过大将使动作时间延迟，密封件磨损，需气量增大，造成不良影响；间隙过小或摩擦盘的齿轮花键轴滑动不良、返回弹簧破损等，将造成离合器、制动器脱开时，摩擦盘互相碰撞，产生摩擦声，引起发热，使摩擦片磨损，而且主电动机电流值增大，摩擦盘脱离不好，甚至会出现滑块二次下落现象<br>离合器、制动器动作要准确，指定停止位置的误差在 ±5°以内为良好，如超出，就必须调整。这时应检查：制动器摩擦片有无磨损，动作是否不良；离合器、制动器摩擦片是否附着油污；气缸活塞部密封有无磨损漏气；空气压力是否变动；制动器和离合器的联锁时序是否被打乱。因此，检查和维修其动作的操作电路、旋转凸轮开关、电磁阀和空气源等都是十分必要的 |
| 拉紧螺栓检修 | 经过长时间使用或超负荷，都会使拉紧螺栓松动。松动现象的判定，只要在压力机接受负荷之后，观察机架的底座和立柱的结合面是否有油出入即可。有油出入，说明拉紧螺栓松动。在拉紧螺栓松动的状态下进行压力机作业是很危险的，必须重新紧固。紧固量可参照设计说明书来确定 |
| 其他螺栓类松动的修正 | 各部分螺栓（包括附属装置的安装螺栓）是否松动，也是应该定期检查的事项，如有松动应立即拧紧。压力机进行冲压作业，振动大，特别是高速压力机，振动频率高，螺栓松动得快。螺栓松动往往引起难以预料的事故，必须认真对待 |
| 给油装置的检修 | 压力机各相对旋转和滑动部分如果给油不足，自然引起烧损，出现故障。因此，应该经常认真检查供油情况，使其保持良好状态<br>首先要检查油箱、油池、油杯、泵等油量是否充足，有无污物；其次，检查各注油部位、输油管、接头有无漏油，如有漏油需立即更换密封件。漏出的油一旦黏附在离合器或制动器上，将影响其功能，造成危险，故应特别注意。另外，滤油器的清理，电磁阀前装设的油雾器的补油，油雾器的滴油量是否适当，都是不可遗漏的事项 |

续表

| 类别 | 说明 |
| --- | --- |
| 供气系统的检修 | 供气系统一旦漏气，必使气压降低，使气动部分动作不良。因此，要经常检查并更换密封件，保持空气管路正常。另外，空气中水分过多会使机器生锈，引起电磁阀和各种气缸的活塞动作不良，故应注意在供气管的初始端附近安装脱水装置，并经常检查保养 |
| 定期精度检查 | 随着使用时间的延续，压力机的精度也在下降。因此，应该定期进行精度检查，发现精度下降，及早使其恢复，以免影响冲压产品的精度及模具寿命。一般的压力机最低要求是，精度下降1级后，必须尽快修正恢复，这样也便于今后的质量管理 |

除上述各项外，压力机定期检修保养，还应包括传动系统、电气系统及各种辅助装置功能的检查维修。日常检查是定期检修保养的重要环节，可防患于未然，因此，必须列入压力机操作规程，在每天作业前、开机加工中、作业后，都进行相应项目的检查，发现问题及时解决。

## 五、压力机常见故障及其排除方法

压力机在使用中，由于维护不当或正常的损耗，常会出现一些故障，影响正常的工作。表10-45～表10-49是压力机关键零、部件常见故障及排除方法。

表10-45　曲柄压力常见故障及其排除方法

| 故障部位 | 故障性质 | 产生原因 | 消除方法 |
| --- | --- | --- | --- |
| 曲轴 | 曲轴轴承发热 | ①轴与轴瓦咬住<br>②润滑油耗尽 | ①重磨轴颈或刮研轴孔<br>②清洗油路及油槽刮研油瓦 |
| | 流出的润滑油有铜末 | 油槽或油路阻塞 | 清洗油路及油槽 |
| 滑块 | 制动器松开后，滑块不下去 | ①滑块与导轨咬住<br>②导轨压得太紧<br>③导轨内缺少润滑油 | ①放松导轨重新调整<br>②增添润滑油 |
| 连杆 | 连杆与螺杆自动松开 | 锁紧机构松动 | 用扳手拧紧锁紧机构 |
| | 球碗部位有响声 | 球碗夹紧，零件被松开 | 拧紧球形盖板螺钉，并用手搬动螺杆，以测松紧程度 |
| 离合器 | 脚踏开关后，离合器不起作用 | ①转键拉簧断裂或太松<br>②转键外部断裂 | ①更换拉簧<br>②更换新的转键 |
| 操纵机构 | ①离合器不起作用<br>②操纵杆挡头不能自由活动 | ①拉杆长度未调整好<br>②压力弹簧断裂或张力不够 | ①调好拉杆长度<br>②更换新的压力弹簧 |
| 制动器 | ①制动器发热<br>②曲轴停止时连杆超过上止点位置 | ①制动器钢带太紧<br>②制动带磨损或太松 | ①调节制动弹簧<br>②更换新的制动带 |
| 传动装置 | 启动按钮，飞轮不转 | V带太松或太紧 | 调节V带的松紧程度 |
| 电气装置 | 手按电钮，电动机不转动 | ①按钮开关损坏<br>②线路中断 | ①检查按钮接触点是否良好，更换新按钮<br>②检查供电线路 |
| 润滑部分 | 润滑油不能供到润滑点 | ①没有按时间润滑点供油致使堵塞<br>②油杯孔堵塞 | ①应按时转动油杯盖向润滑点压油<br>②检查油杯孔是否被损坏 |

表 10-46　转键式离合器常见故障及其排除方法

| 故障 | 产生原因 | 消除方法 |
| --- | --- | --- |
| 单次行程离合器接合不上 | ① 打棒（如图 10-37 所示）台阶面棱角磨圆打滑<br>② 弹簧 3（如图 10-37 所示）力量不足<br>③ 转键的拉簧（如图 10-38 所示）断裂或太松<br>④ 转键尾部断裂<br>⑤ 拉杆（如图 10-37 所示）长度未调整好 | ① 修复（补焊）或更换新的<br>② 调整或更换<br>③ 更换或上紧拉簧<br>④ 换新转键<br>⑤ 调整拉杆长度 |
| 滑块到下止点振动停顿 | ① 刹车带断裂<br>② 转键的拉簧断裂 | 更换新件 |
| 离合器分离时有连续急剧撞击声 | ① 刹车带太紧<br>② 转键拉簧松动 | ① 调节制动弹簧到正常<br>② 调节转键拉簧到正常 |
| 飞轮空转时离合器有节奏的响声 | ① 转键没有完全卧入凹槽内<br>② 转键曲面高于曲轴面 | 拆下修理 |
| 离合器分离时有沉重的响声 | 制动带太松 | 调节制动弹簧到正常 |
| 单次行程时打连车 | ① 弹簧 1（如图 10-37 所示）太松或断裂<br>② 弹簧 2（如图 10-37 所示）太紧或断裂 | 调到正常或更换弹簧 |
| 转键冲击严重 | ① 转键（如图 10-38 所示）磨出毛刺<br>② 曲轴凹槽磨出毛刺<br>③ 中套（如图 10-38 所示）磨出毛刺 | 拆下修理或更换 |

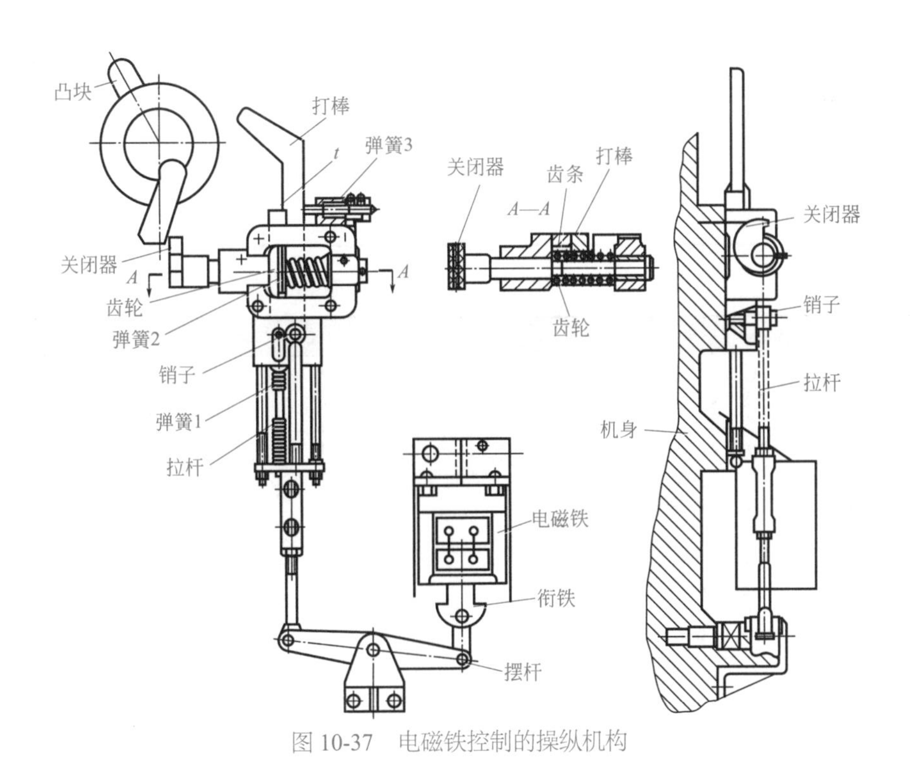


图 10-37　电磁铁控制的操纵机构

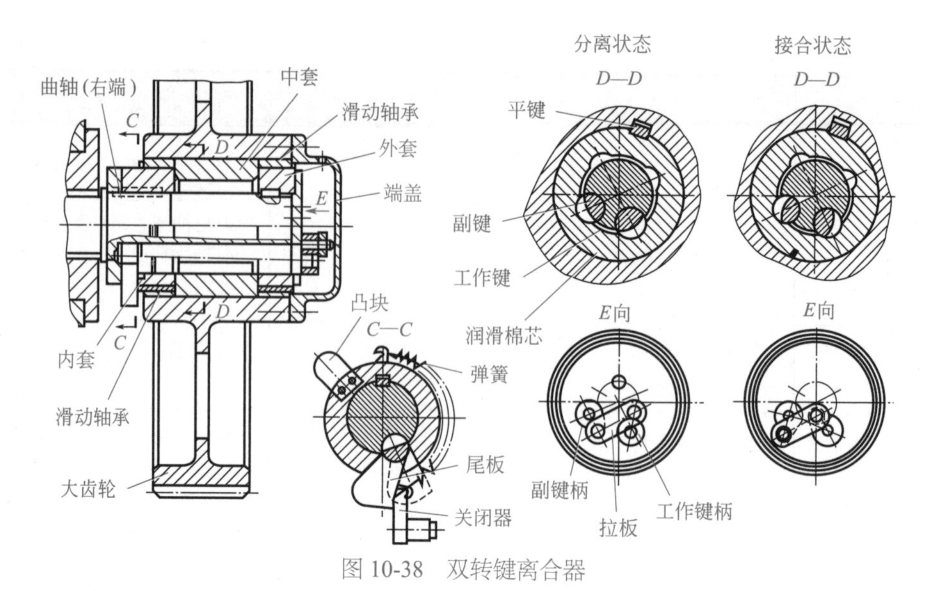


图 10-38　双转键离合器

表 10-47　摩擦离合器常见故障及其排除方法

| 故障 | 产生原因 | 消除方法 |
| --- | --- | --- |
| 离合器黏合不紧，滑块不动或动作很慢 | ① 间隙过大<br>② 气阀失灵<br>③ 密封件漏气<br>④ 摩擦面有油<br>⑤ 导向销或导向键磨损 | ① 调整间隙或更换摩擦片<br>② 检修气阀<br>③ 更换密封件<br>④ 清洗干净<br>⑤ 拆下修理或更换 |
| 滑块下滑刹不住车 | ① 制动器摩擦面间隙大<br>② 气阀失灵<br>③ 弹簧断裂<br>④ 平衡气缸没气或气压太低<br>⑤ 导向销或导向键磨损 | ① 调整或更换<br>② 检修气阀<br>③ 更换弹簧<br>④ 送气或消除漏气<br>⑤ 拆下修理或更换 |
| 摩擦块磨损过快或温度异常升高 | ① 气动联锁不正常，离合器和制动器互相干扰<br>② 摩擦块厚度不一致<br>③ 摩擦面之间有异物<br>④ 摩擦盘偏斜 | ① 调整两个气阀的时差<br>② 重新更换摩擦块<br>③ 清除异物<br>④ 重新安装调整 |
| 刹车时滑块下滑距离过长 | ① 刹车部分摩擦片间隙较大<br>② 凸轮位置不对，刹车时排气不及时 | ① 调整间隙<br>② 调整凸轮位置 |

表 10-48　滑块机构常见故障及其排除方法

| 故障 | 产生原因 | 消除方法 |
| --- | --- | --- |
| 调节闭合高度时滑块调不动 | ① 调节螺杆压弯<br>② 调节螺杆螺纹与连杆咬住<br>③ 蜗轮（或连同调节螺母一起）底面和侧面或牙齿膨胀部分与滑块体（或外壳）咬住<br>④ 调节螺杆球头间隙过小，球头与球头座咬合<br>⑤ 球头销松动卡在滑块上<br>⑥ 平衡气缸气压过高或过低<br>⑦ 蜗杆轴滚动轴承碎裂<br>⑧ 导轨间隙太小<br>⑨ 电动机、电气故障<br>⑩ 锁紧未松开 | ① 更换或校直<br>② 更换或修螺纹<br>③ 轻则修刮车削，重则更换新件<br>④ 放大间隙，清洗球座，去伤痕<br>⑤ 重新配销<br>⑥ 调整气压<br>⑦ 换轴承<br>⑧ 调整间隙<br>⑨ 电工检修<br>⑩ 松开 |
| 冲压过程中，滑块速度明显下降 | ① 润滑不足<br>② 导轨压得太紧<br>③ 电动机功率不足 | ①加足润滑油<br>②放松导轨重新调整<br>③更换电动机或改选压力机 |

续表

| 故障 | 产生原因 | 消除方法 |
| --- | --- | --- |
| 润滑点流出的油发黑或有青铜屑 | 润滑不足 | 检查润滑油流动情况，清理油路、油槽及刮研轴瓦 |
| 球头结构的连杆滑块在工作过程中，滑块闭合高度自动改变 | ① 没有锁紧机构的连杆滑块机构中出现这种现象，是由于蜗轮、蜗杆没有保证自锁<br>② 具有锁紧机构的连杆滑块机构，往往是由于调节闭合高度后忘了锁紧或锁紧不够 | ①减小螺旋角等，在双连杆压力机上可采用加抱闸的方法（临时措施）<br>②重新调整锁紧 |
| 连杆球头部分有响声 | ① 球形盖板松动<br>② 压力机超载，压塌块损坏 | ①旋紧球形盖板的螺钉，并用手扳动连杆调节螺杆以测松紧程度<br>②更换新的压塌块 |
| 调节闭合高度时滑块无止境地上升或下降 | 限位开关失灵 | 修理限位开关，但必须注意调节闭合高度的上限位和下限位行程开关的位置，不能任意拆掉，否则可能发生大事故 |
| 滑块在下止点被顶住 | ① V 带太松<br>② 超负荷（闭合高度调节不当，送料发生重叠） | ① 调节带的松紧度<br>② 在检查传动系统无其他原因后，将离合器脱开，开动电动机反转，达到回转速度时关闭电动机，靠飞轮惯性，人工操纵气阀使离合器接合，将滑块从卡紧中退出。一次不行可反复几次。不能反转的压力机，可调节装模高度，使滑块上升退出后再将曲柄转到上止点 |
| 挡头螺钉和挡头座被顶弯或顶断 | 调节闭合高度时，挡头螺钉没有做相应的调节 | ① 更换损坏零件<br>② 调闭合高度时，应首先将挡头螺钉调到最高位置，待闭合高度调好之后，再降低挡头螺钉到需要的位置 |

表 10-49　气垫的常见故障及其排除方法

| 故障 | 产生原因 | 消除方法 |
| --- | --- | --- |
| 气垫柱塞不上升或上升不到顶点 | ① 密封圈太紧<br>② 压紧密封圈的力量不均<br>③ 托板卡住，原因是<br>a. 导轨太紧<br>b. 废料或顶杆卡在托板与工作台板之间<br>c. 托板偏转被压力机座卡住<br>d. 气压不足<br>e. 压紧压力气缸活塞堵住进油口 | ① 放松压紧螺钉或更换密封圈<br>② 调整均匀<br>③ 办法是<br>a. 放大导轨间隙<br>b. 清除废料，用堵头堵上工作台上不用的孔<br>c. 转正托板，压紧螺钉<br>d. 调整气压，消除漏气<br>e. 排出此气缸中的空气 |
| 气垫柱塞不下降 | ① 密封圈压紧力不均匀或太紧<br>② 气垫缸内气排不出<br>③ 托板导轨太紧<br>④ 活动面有磨损现象 | ① 调整压紧力<br>② 排气<br>③ 调整间隙<br>④ 修理 |
| 液压气垫得不到所需的压料力 | ① 油不够<br>② 控制缸活塞卡住不动或气缸不进气，故活塞不动<br>③ 溢流阀阀面密封不严 | ① 加油<br>② 清洗气缸，检查气管路及气阀<br>③ 拆开研磨，检修 |
| 气垫柱塞上升不平稳，甚至有冲击上升 | ① 缸壁与活塞润滑不良，摩擦力大或液压气垫油液中混入过多的冷凝水而变质<br>② 密封圈压紧力量不均匀 | ① 清洗除锈，加强润滑，更换油液，并加强日常检查和放水<br>② 调整压紧力 |
| 液压气垫产生压紧力，但拉伸不出合格的零件 | ① 控制凸轮位置不对，压紧力产生不及时<br>② 气垫托板与模具压料圈不平行，压料力量不均匀 | ① 调整凸轮位置<br>② 调整平行度 |

# 参考文献


[1] 张正修. 冲压技术实用数据速查手册. 北京：机械工业出版社，2009.

[2] 丁松聚，等. 冷冲模设计. 北京：机械工业出版社，2001.

[3] 范玉成，等. 冲压工操作技术要领图解. 济南：山东科学技术出版社，2007.

[4] 张能武. 简明冲压工计算手册. 南京：江苏科学技术出版社，2008.

[5] 毕大森，等. 冲压工入门. 北京：机械工业出版社，2004.

[6] 薛启翔，等. 冲压模具设计制造难点与窍门. 北京：机械工业出版社，2005.

[7] 杨玉英，等. 实用冲压工艺及模具设计手册. 北京：机械工业出版社，2005.

[8] 顾迎新，等. 冲压工实际操作手册. 沈阳：辽宁科学技术出版社，2007.

[9] 翁其金. 冷冲压技术. 2 版. 北京：机械工业出版社，2015.

[10] 马朝兴. 冲压工艺与模具设计. 北京：化学工业出版社，2007.

[11] 钟翔山. 冲压模具结构设计及实例. 北京：化学工业出版社，2017.

[12] 王新华. 冲模设计与制造实用计算手册. 2 版. 北京：机械工业出版社，2011.

[13] 吴兆祥. 模具材料及表面热处理. 2 版. 北京：机械工业出版社，2008.